# INSETICIDAS BOTÂNICOS NO BRASIL

## APLICAÇÕES, POTENCIALIDADES E PERSPECTIVAS

Av. Centenário, 1080
13416-000 Piracicaba, SP, Brasil
Fone: 19-3417-6609
livros@fealq.org.br
fealq.org.br

# INSETICIDAS BOTÂNICOS NO BRASIL

## APLICAÇÕES, POTENCIALIDADES E PERSPECTIVAS

Leandro do Prado Ribeiro
José Djair Vendramim
Edson Luiz Lopes Baldin

**Esta obra é dedicada a todos aqueles que contribuíram para o desenvolvimento científico e tecnológico visando ao emprego de inseticidas botânicos no manejo integrado de pragas.**

**Dedicamos, em especial, ao Edson Baldin (in memoriam), pelo seu entusiasmo e desprendimento no desenvolvimento de todas as etapas da elaboração deste livro. Infelizmente, ele nos deixou precocemente; entretanto, seu legado de dedicação ao trabalho, honestidade de princípios e ética profissional são exemplos a serem seguidos.**

**Catalogação na Publicação**
**DIVISÃO DE BIBLIOTECA - DIBD/ESALQ/USP**

---

Inseticidas botânicos no Brasil: aplicações, potencialidades e perspectivas / edição de Leandro do Prado Ribeiro, José Djair Vendramim e Edson Luiz Lopes Baldin. - -Piracicaba : FEALQ, 2023.
652 p. : il.

ISBN: 978-65-89722-11-3

1. Aleloquímicos 2. Bioprospecção 3. Extratos vegetais 4. Plantas produtoras de inseticidas 5. Produtos naturais I. Ribeiro, L. do P., ed. II. Vendramim, J. D., ed. III. Baldin, E. L. L., ed. IV. Título

CDD 632.951

---

Elaborada por Maria Angela de Toledo Leme - CRB-8/3359

# SUMÁRIO

EDITORES ........ 11

AUTORES ........ 13

PREFÁCIO ........ 18

PARTE I - Aspectos conceituais e metodológicos do estudo de derivados botânicos com propriedades inseticidas ........ 21

1. Conceitos, histórico e estado da arte das pesquisas com inseticidas botânicos no Brasil..23

2. Mecanismos de ação dos inseticidas botânicos ........ 49

3. Processos de obtenção de derivados botânicos com propriedades inseticidas ........ 91

4. Métodos de caracterização e identificação de compostos inseticidas a partir de derivados botânicos ........ 129

5. Ensaios toxicológicos para triagem e caracterização da bioatividade de derivados botânicos sobre artrópodes ........ 175

6. Regulamentação de coleta e acesso ao patrimônio genético ........ 217

PARTE II. Principais famílias botânicas com potencial inseticida no Brasil ........ 261

7. Principais famílias botânicas com potencial inseticida no Brasil: Annonaceae ........ 263

8. Principais famílias botânicas com potencial inseticida no Brasil: Asteraceae ........ 295

9. Principais famílias botânicas com potencial inseticida no Brasil: Meliaceae ........ 345

10. Principais famílias botânicas com potencial inseticida no Brasil: Piperaceae ........ 399

11. Principais famílias botânicas com potencial inseticida no Brasil: Solanaceae ........ 459

PARTE III. Aplicações de inseticidas botânicos no manejo integrado de pragas (MIP) ........ 489

12. Compatibilidade de inseticidas botânicos com agentes de controle biológico ........ 491

13. Associações de inseticidas botânicos e inseticidas sintéticos ........ 513

14. Resistência de plantas a insetos: Perspectiva de associações com inseticidas botânicos ........ 533

15. Óleos essenciais como sinergistas de formulações inseticidas ........ 557

16. Obtenção e aplicações de inseticidas botânicos nano e microformulados ........ 617

# EDITORES

**Leandro do Prado Ribeiro**
Engenheiro-agrônomo
Doutor em Ciências (Entomologia) pela Escola Superior de Agricultura "Luiz de Queiroz"/Universidade de São Paulo (ESALQ/USP). Pesquisador, Centro de Pesquisa para Agricultura Familiar, Empresa de Pesquisa Agropecuária e Extensão Rural de Santa Catarina (CEPAF/EPAGRI), Chapecó, SC.
*leandroribeiro@epagri.sc.gov.br*

**José Djair Vendramim**
Engenheiro-agrônomo
Doutor em Agronomia (Entomologia) pela Escola Superior de Agricultura "Luiz de Queiroz"/Universidade de São Paulo (ESALQ/USP). Professor Titular aposentado (Colaborador Sênior), Departamento de Entomologia e Acarologia, Escola Superior de Agricultura "Luiz de Queiroz" (ESALQ/USP), Piracicaba, SP.
*jdvendra@usp.br*


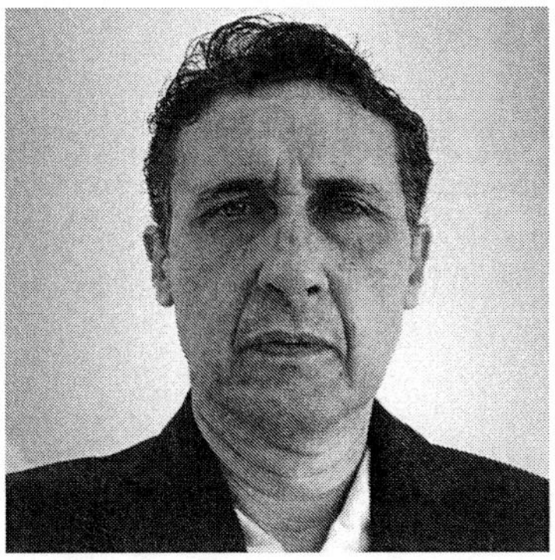


**Edson Luiz Lopes Baldin**
Engenheiro-agrônomo
Doutor em Ciências (Entomologia) pela Faculdade de Filosofia, Ciências e Letras de Ribeirão Preto/Universidade de São Paulo (FFCLRP/USP). Professor Associado, Departamento de Proteção Vegetal, Faculdade de Ciências Agronômicas, Universidade Estadual Paulista "Júlio de Mesquita Filho" (FCA/UNESP), Botucatu, SP.
*In memoriam*

# AUTORES

**Adalberto Alves Pereira Filho**
Doutor em Ciências (Parasitologia) pela Universidade Federal de Minas Gerais (UFMG). Pós-doutorando, Departamento de Parasitologia, Universidade Federal de Minas Gerais (UFMG), Belo Horizonte, MG.
*magneto_pa@hotmail.com;*
*aapfilho12@gmail.com*

**André Fábio Medeiros Monteiro**
Mestre em Ecologia pela Universidade de Brasília (UnB). Analista, Centro de Pesquisa Agroflorestal do Acre, Empresa Brasileira de Pesquisa Agropecuária (EMBRAPA Acre), Rio Branco, AC.
*andre.monteiro@embrapa.br*

**Anelize Bauermeister**
Doutora em Ciências (Química Orgânica) pela Faculdade de Filosofia, Ciências e Letras de Ribeirão Preto, Universidade de São Paulo (FFCLRP/USP). Pós-doutoranda, Instituto de Ciências Biomédicas, Universidade de São Paulo (ICB/USP), São Paulo, SP.
*ane.meister@usp.br*

**Angelina Maria Marcomini Giongo**
Doutora em Ciências (Entomologia) pela Escola Superior de Agricultura "Luiz de Queiroz", Universidade de São Paulo (ESALQ/USP). Professora temporária, Universidade Estadual de Goiás (UEG), Unidade Universitária de Santa Helena de Goiás, Santa Helena de Goiás, GO.
*ammarcomini@yahoo.com.br*

**Anna Thais Gomes Maroni Dias**
Especialista em Gestão da Inovação pela Universidade do Norte do Paraná (UNOPAR). Analista, Secretaria de Inovação e Negócios, Empresa Brasileira de Pesquisa Agropecuária (SIN/EMBRAPA), Brasília, DF.
*anna.thais@embrapa.br*

**Caroline Garcia Finkler da Silva**
Doutora em Engenharia e Tecnologia de Materiais pela Pontifícia Universidade Católica do Rio Grande do Sul (PUC-RS). Pesquisadora, Porto Alegre, RS.
*caroline.finkler@edu.pucrs.br*

**Daniel Bernardi**
Doutor em Ciências (Entomologia) pela Escola Superior de Agricultura "Luiz de Queiroz", Universidade de São Paulo (ESALQ/USP). Professor Adjunto, Departamento de Fitossanidade, Universidade Federal de Pelotas (UFPel), Pelotas, RS.
*dbernardi2004@yahoo.com.br*

**Deyvid de Souza Porto**
Mestre em Química (Química Orgânica) pela Universidade Federal de São Carlos (UFSCar). Doutorando, Instituto de Química de São Carlos, Universidade de São Paulo (IQSC/USP), São Carlos, SP.
*deyvid.porto@gmail.com*

**Dori Edson Nava**
Doutor em Ciências (Entomologia) pela Escola Superior de Agricultura "Luiz de Queiroz", Universidade de São Paulo (ESALQ/USP). Pesquisador, Empresa Brasileira de Pesquisa Agropecuária (EMBRAPA Clima Temperado), Pelotas, RS.
*dori.edson-nava@embrapa.br*

**Edson Luiz Lopes Baldin**
Doutor em Ciências (Entomologia) pela Faculdade de Filosofia, Ciências e Letras de Ribeirão Preto, Universidade de São Paulo (FFCLRP/USP). Professor Associado, Departamento de Proteção Vegetal, Faculdade de Ciências Agronômicas, Universidade Estadual Paulista "Júlio de Mesquita Filho" (FCA/UNESP), Botucatu, SP.
*edson.baldin@unesp.br*

**Eduardo Cassel**
Doutor em Engenharia Química pela Universidade Federal do Rio de Janeiro (COPPE/UFRJ). Professor Titular, Escola Politécnica, Pontifícia Universidade Católica do Rio Grande do Sul (PUC-RS), Porto Alegre, RS.
*cassel@pucrs.br*

**Eduardo José Crevelin**
Doutor em Ciências (Química Orgânica) pela Faculdade de Filosofia, Ciências e Letras de Ribeirão Preto, Universidade de São Paulo (FFCLRP/USP). Especialista de Laboratório, Laboratório de Espectrometria de Massas (LabMass), Departamento de Química, Faculdade de Filosofia, Ciências e Letras de Ribeirão Preto, Universidade de São Paulo (FFCLRP/USP), Ribeirão Preto, SP.
*ejcrevelin@ffclrp.usp.br*

**Élio César Guzzo**
Doutor em Ciências (Entomologia) pela Escola Superior de Agricultura "Luiz de Queiroz", Universidade de São Paulo (ESALQ/USP). Pesquisador, Unidade de Execução de Pesquisa de Rio Largo, Empresa Brasileira de Pesquisa Agropecuária (EMBRAPA Tabuleiros Costeiros), Rio Largo, AL.
*elio.guzzo@embrapa.br*

**Fábio Silva Macêdo**
Doutor em Agronomia (Fitotecnia) pela Universidade Federal de Lavras (UFLA). Pesquisador, Secretaria de Inovação e Negócios, Empresa Brasileira de Pesquisa Agropecuária (SIN/EMBRAPA), Brasília, DF.
*fabio.macedo@embrapa.br*

**Felipe Andreazza**
Mestre em Entomologia pela Universidade Federal de Viçosa (UFV). Doutorando, Universidade Federal de Viçosa (UFV) e Associado em Pesquisa, Departamento de Biologia, Universidade de Duke, Durham, Estados Unidos da América.
*felipe.andreazza@duke.edu*

**Fernando Wagner Malavazi**
Especialista em Gestão do Agronegócio pela Universidade Federal do Paraná (UFPR). Analista, Centro de Pesquisa Agroflorestal do Acre, Empresa Brasileira de Pesquisa Agropecuária (EMBRAPA Acre), Rio Branco, AC.
*fernando.malavazi@embrapa.br*

**Gabriel Luiz Padoan Gonçalves**
Mestre em Ciências (Entomologia) pela Escola Superior de Agricultura "Luiz de Queiroz", Universidade de São Paulo (ESALQ/USP). Doutorando, Departamento de Ciências Exatas-Química, Escola Superior de Agricultura "Luiz de Queiroz", Universidade de São Paulo (ESALQ/USP), Piracicaba, SP.
*gabrielpadoan@hotmail.com*

**Herlle Aparecido da Silva**
Mestre em Química (Química Analítica) pela Universidade Estadual do Sudoeste da Bahia (UESB). Doutorando, Instituto de Química, Universidade de São Paulo (IQ/USP), São Paulo, SP.
*herlle_silva@hotmail.com;*
*herllesilva@gmail.com*

**Jéssica Emiliane Rodrigues Gorri**
Mestra em Agronomia (Produção Vegetal) pela Universidade Federal de Viçosa (UFV - Campus Rio Paranaíba). Doutoranda, Departamento de Proteção Vegetal, Faculdade de Ciências Agronômicas, Universidade Estadual Paulista (UNESP), Botucatu, SP.
*gorrijer@gmail.com*

**João Batista Fernandes**
Doutor em Química Orgânica pela Universidade de São Paulo (USP). Professor Titular, Departamento de Química, Universidade Federal de São Carlos (DQ/UFSCar), São Carlos, SP.
*djbf@ufscar.br*

**João Luis Callegari Lopes**
Doutor em Química Orgânica pela Faculdade de Filosofia Ciências e Letras de Ribeirão Preto, Universidade de São Paulo (FFCLRP/USP), Professor Titular aposentado (Colaborador Sênior), Núcleo de Pesquisas em Produtos Naturais e Sintéticos (NPPNS), Faculdade de Ciências Farmacêuticas de Ribeirão Preto, Universidade de São Paulo (FCFRP/USP), Ribeirão Preto, SP.
*joaoluis@usp.br*

**Joelma Lima Vidal Estrela**
Mestra em Entomologia pela Universidade Federal de Viçosa (UFV). Bolsista, Centro de Pesquisa Agroflorestal do Acre, Empresa Brasileira de Pesquisa Agropecuária (EMBRAPA Acre), Rio Branco, AC.
*faz.olin@hotmail.com*

**Jonas Joaquim Mangabeira da Silva**
Doutor em Ciências (Ciências Farmacêuticas) pela Faculdade de Ciências Farmacêuticas de Ribeirão Preto, Universidade de São Paulo (FCFRP/USP). Pós-doutorando, Faculdade de Ciências Farmacêuticas de Ribeirão Preto, Universidade de São Paulo (FCFRP/USP), Ribeirão Preto, SP.
*jonas.mangabeira@yahoo.com.br*

**José Djair Vendramim**
Doutor em Agronomia (Entomologia) pela Escola Superior de Agricultura "Luiz de Queiroz", Universidade de São Paulo (ESALQ/USP). Professor Titular aposentado (Colaborador Sênior), Departamento de Entomologia e Acarologia, Escola Superior de Agricultura "Luiz de Queiroz" (ESALQ/USP), Piracicaba, SP.
*jdvendra@usp.br*

**Leandro do Prado Ribeiro**
Doutor em Ciências (Entomologia) pela Escola Superior de Agricultura "Luiz de Queiroz", Universidade de São Paulo (ESALQ/USP). Pesquisador, Centro de Pesquisa para Agricultura Familiar, Empresa de Pesquisa Agropecuária e Extensão Rural de Santa Catarina (CEPAF/EPAGRI), Chapecó, SC.
*leandroribeiro@epagri.sc.gov.br*

**Luciano da Silva Pinto**
Mestre em Química pela Universidade Estadual Paulista Júlio de Mesquita Filho (UNESP). Doutorando, Departamento de Química, Universidade Federal de São Carlos (DQ/UFSCar), São Carlos, SP.
*lucianosilva58@gmail.com*

**Lydia Fumiko Yamaguchi**
Doutora em Ciências (Bioquímica) pelo Instituto de Química, Universidade de São Paulo (IQ/USP). Pós-doutoranda, Instituto de Química, Universidade de São Paulo (IQ/USP), São Paulo, SP, Brasil.
*lydyama@iq.usp.br*

**Maíra Rosato Silveira Silvério**
Mestra em Ciências (Toxicologia) pela Faculdade de Ciências Farmacêuticas de Ribeirão Preto, Universidade de São Paulo (FCFRP/USP). Doutoranda, Núcleo de Pesquisa em Produtos Naturais e Sintéticos (NPPNS), Faculdade de Ciências Farmacêuticas de Ribeirão Preto, Universidade de São Paulo (FCFRP/USP), Ribeirão Preto, SP.
*mairarosato@gmail.com*

**Maria Aparecida Cassilha Zawadneak**
Doutora em Agronomia (Produção Vegetal) pela Universidade Federal do Paraná (UFPR). Professora Associada, Departamento de Patologia Básica, Universidade Federal do Paraná (UFPR), Curitiba, PR.
*mazawa@ufpr.br*

**Maria de Fátima das Graças Fernandes da Silva**
Doutora em Ciências (Química Orgânica) pelo Instituto de Química, Universidade de São Paulo (IQ/USP). Professora Titular, Departamento de Química, Universidade Federal de São Carlos (DQ/UFSCar), São Carlos, SP.
*dmfs@ufscar.br*

**Massuo Jorge Kato**
Doutor em Química Orgânica pela Universidade de São Paulo (USP). Professor Titular, Instituto de Química, Universidade de São Paulo (IQ/USP), São Paulo, SP.
*massuojorge@gmail.com*

**Moacir Rossi Forim**
Doutor em Ciências (Química Orgânica) pela Universidade Federal de São Carlos (UFSCar). Professor Associado, Departamento de Química, Universidade Federal de São Carlos (DQ/UFSCar), São Carlos, SP.
*mrforim@gmail.com*

**Muriel Cicatti Emanoeli Soares**
Mestra em Agronomia (Proteção de Plantas) pela Faculdade de Ciências Agronômicas, Universidade Estadual Paulista (FCA/UNESP). Doutoranda, Departamento de Proteção Vegetal, Faculdade de Ciências Agronômicas, Universidade Estadual Paulista (FCA/UNESP), Botucatu, SP.
*mu_emanoeli@hotmail.com*

**Murilo Fazolin**
Doutor em Ciências (Entomologia) pela Escola Superior de Agricultura "Luiz de Queiroz", Universidade de São Paulo (ESALQ/USP). Pesquisador, Centro de Pesquisa Agroflorestal do Acre, Empresa Brasileira de Pesquisa Agropecuária (EMBRAPA Acre), Rio Branco, AC.
*murilo.fazolin@embrapa.br*

**Norberto Peporine Lopes**
Doutor em Química Orgânica pela Universidade de São Paulo (USP). Professor Titular, Núcleo de Pesquisa em Produtos Naturais e Sintéticos (NPPNS), Faculdade de Ciências Farmacêuticas de Ribeirão Preto, Universidade de São Paulo (FCFRP/USP), Ribeirão Preto, SP.
*npelopes@fcfrp.usp.br*

**Odimar Zanuzo Zanardi**
Doutor em Ciências (Entomologia) pela Escola Superior de Agricultura "Luiz de Queiroz", Universidade de São Paulo (ESALQ/USP). Professor, Departamento de Ensino, Pesquisa e Extensão, Instituto Federal de Santa Catarina (IFSC), São Lourenço do Oeste, SC.
*odimar.zanardi@ifsc.edu.br*

**Paula Carolina Pires Bueno**
Doutora em Química pelo Instituto de Química de Araraquara, Universidade Estadual Paulista (UNESP). Pós-doutoranda, Faculdade de Ciências Farmacêuticas de Ribeirão Preto, Universidade de São Paulo (FCFRP/USP), Ribeirão Preto, SP.
*paulabueno@yahoo.com*

**Paulo Cezar Vieira**
Doutor em Química Orgânica pela Universidade de São Paulo (USP). Professor Titular, Núcleo de Pesquisa em Produtos Naturais e Sintéticos (NPPNS), Faculdade de Ciências Farmacêuticas de Ribeirão Preto, Universidade de São Paulo (FCFRP/USP), Ribeirão Preto, SP.
*pcvieira@fcfrp.usp.br*

**Rafael Nolibos Almeida**
Mestre em Engenharia Química pela Universidade Federal do Rio Grande do Sul (UFRGS). Doutorando em Engenharia e Tecnologia de Materiais pela Pontifícia Universidade Católica do Rio Grande do Sul (PUC-RS), Porto Alegre, RS.
*r.nolibos@edu.pucrs.br*

**Roberta Manzano Maria**
Doutora em Ciências (Química Analítica e Inorgânica) pelo Instituto de Química de São Carlos, Universidade de São Paulo (IQSC/USP). Pesquisadora, São Carlos, SP.
*robmmaria@gmail.com*

**Rosa Miriam de Vasconcelos**
Doutora em Direito pela Universidade de Queensland (Austrália). Analista, Secretaria de Inovação e Negócios, Empresa Brasileira de Pesquisa Agropecuária (SIN/EMBRAPA), Brasília, DF.
*rosa.miriam@embrapa.br*

**Rubem Mário Figueiró Vargas**
Doutor em Engenharia de Minas, Metalúrgica e de Materiais pela Universidade Federal do Rio Grande do Sul (UFRGS). Professor Titular, Escola Politécnica, Pontifícia Universidade Católica do Rio Grande do Sul (PUC-RS), Porto Alegre, RS.
*rvargas@pucrs.br*

**Simone Possedente de Lira**
Doutora em Ciências (Química Analítica) pelo Instituto de Química de São Carlos, Universidade de São Paulo (IQSC-USP). Professora Doutora, Departamento de Ciências Exatas-Química, Escola Superior de Agricultura "Luiz de Queiroz", Universidade de São Paulo (ESALQ-USP), Piracicaba, SP.
*splira@usp.br*

**Thiago Andrade Franco**
Doutor em Bioquímica pela Universidade Federal do Rio de Janeiro (UFRJ). Pós-doutorando, Instituto de Química, Universidade de São Paulo (IQ/USP), São Paulo, SP.
*thiago.biovr@gmail.com*

# PREFÁCIO

Plants have been waging chemical warfare against insects and other herbivores for at least 300 million years. In contrast, humans have been battling insects to protect their food and fiber crops for perhaps 2000-3000 years at most. In the past 80 years, humans have created some remarkable chemicals to thwart insect depredation on plants - organocholorine, organophosphorous, carbamate, pyrethroid and neonicotinoid insecticides - remarkable for their efficacy and speed of kill. This has been likened to trying to kill a fly with a sledgehammer. However, this ruthless efficiency has come with costs. Synthetic insecticides often kill natural enemies of our intended target pests with the same, or even greater efficacy; they poison natural environments, reducing populations of many other non-target organisms; and they can endanger human health. In addition, pests have proven to be particularly adept at evolving resistance to the best toxins we have created to kill them.

On the other hand, plants are far more subtle in their use of chemistry to manage potential enemies. Their *modus operandi* is not to kill insects per se, but rather to discourage herbivory. Rather than using a sledgehammer, nature uses a broom, one that discourages enemies without affecting other species. Therefore the proposition of using plant natural products to manage insect and related pests is intuitively attractive.

Prior to the discovery of synthetic insecticides in the late 1930s to late 1940s, botanical insecticides held an important place in the pest management arsenal. However, the cost and logistics of sourcing and extracting plants to produce botanical insecticides were no match for the synthesis of inexpensive chemicals such as DDT, and thus the botanicals were relegated to small niche markets as the multinational agrochemical industry rapidly grew.

Academic and commercial interest in botanical insecticides was rejuvenated in the 1970s with the introduction of the first new "bioinsecticides" – those that mimicked the action of juvenile hormones – and further with the "rediscovery" of the insect controlling potential of oils, extracts and derivatives from the Indian neem tree, *Azadirachta indica* A. Juss. (Meliaceae). Most recently, the discovery and development of botanical insecticides based on plant essential oils from aromatic and medicinal plants has ushered in a new of research and commercialization of botanicals.

Brazil has been at or near the forefront of much of the recent research on botanical insecticides. A bibliometric analysis of the published literature on botanical insecticides from 1980-2012 revealed that scientists in Brazil contributed the third most publications in this field, after India and China. In 2012, almost 7% of the published papers came from Brazil. Therefore, the publication of the present volume is entirely appropriate. Brazilian chemists enjoy a well-deserved reputation in the field of plant natural products, and the country is the center of biodiversity for at least two plant families widely reputed for their insecticidal properties, the Meliaceae and the Annonaceae. In addition, the domestic use of botanicals in Brazil has long been promoted.

This comprehensive collection of contributions from leading Brazilian chemists, botanists, and entomologists encompasses the entire R&D spectrum in a single volume. The first section provides a toolkit of contemporary methods for the discovery and characterization of natural products from plants with insecticidal properties, including extraction, isolation, structural elucidation and toxicological characterization of active principles. The second section reviews five major plant families from which insecticidal constituents have been obtained, including those mentioned above that are represented in Brazil by especially notable numbers of species, many of which have yet to be investigated. The third and final section explores the ways in which botanical insecticides fit into integrated pest management systems, including their compatibilities with biological control and conventional insecticides, potential role as synergists and recent developments in formulation with enhanced properties. Overall this book provides a wide portal into the science of botanical insecticides, and while the focus is clearly on research and development undertaken in Brazil, there is no doubt that the work described herein will have broad applicability worldwide.

---

**Murray B. Isman**
*Dean Emeritus*
*University of British Columbia*
*Vancouver, Canada*

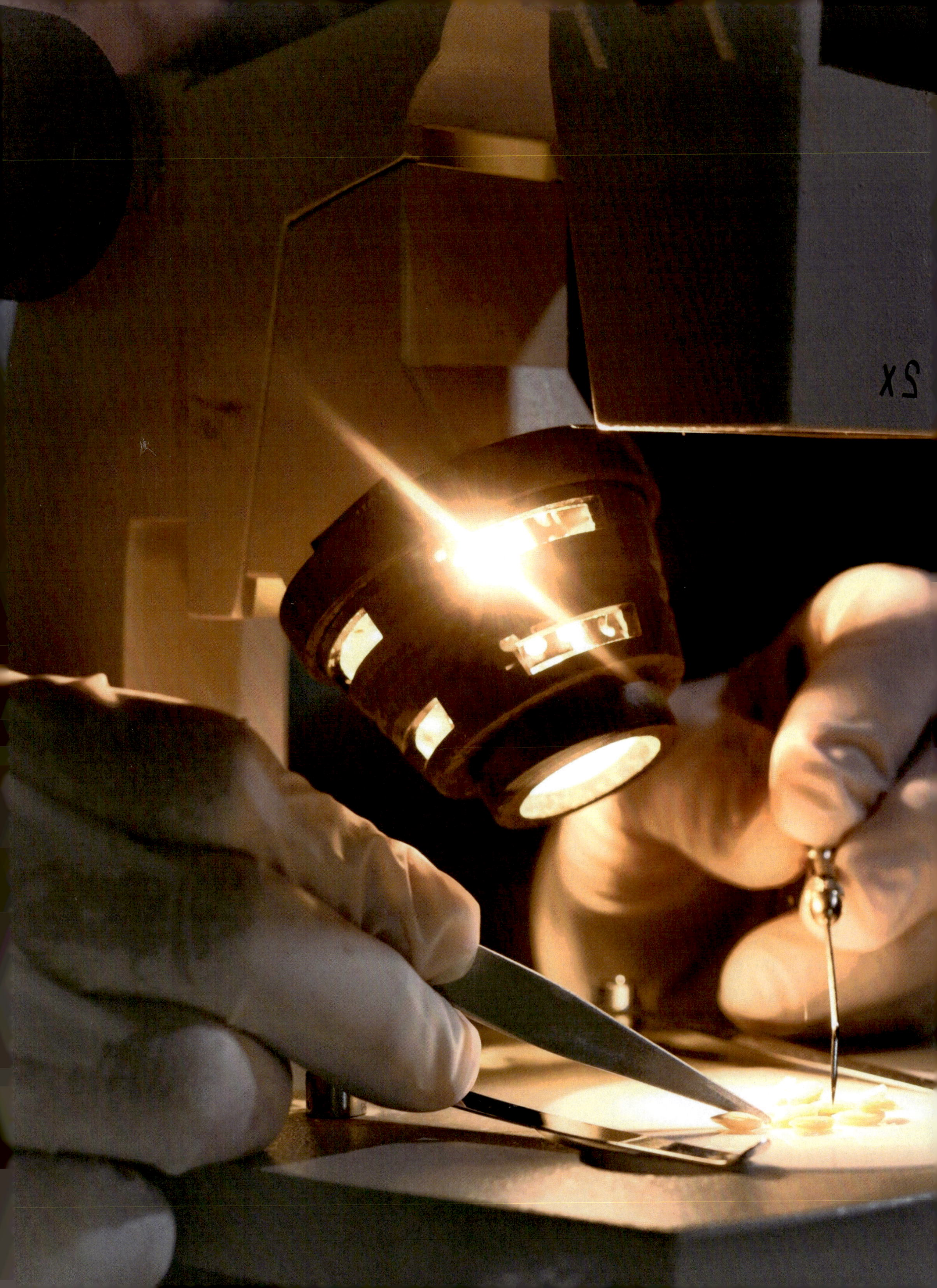

PARTE I

# Aspectos conceituais e metodológicos do estudo de derivados botânicos com propriedades inseticidas

Capítulo 1

# Conceitos, histórico e estado da arte das pesquisas com inseticidas botânicos no Brasil

José Djair Vendramim
Leandro do Prado Ribeiro
Edson Luiz Lopes Baldin

## 1. Introdução

O emprego de inseticidas botânicos, ou seja, de compostos de origem vegetal com atividade contra insetos-praga não é uma técnica recente, sendo o seu uso bastante comum, especialmente, nos países tropicais antes do advento dos inseticidas sintéticos. Em nível mundial, seu uso já ocorre há pelo menos dois milênios, quando os inseticidas botânicos foram considerados produtos importantes para o manejo de pragas na China antiga, Egito, Grécia e Índia (Isman, 2006; Long et al., 2006). Nos Estados Unidos da América e em alguns países europeus, os inseticidas botânicos foram amplamente utilizados antes da descoberta dos inseticidas organoclorados e organofosforados no final da década de 1930 e início dos anos 1940 (Isman, 1997; Isman e Seffrin, 2014).

Esses compostos bioativos, denominados metabólitos secundários ou aleloquímicos, são produzidos por meio de rotas metabólicas que constituem o metabolismo secundário da planta, em contraste com o metabolismo primário que, por meio de rotas metabólicas similares, é responsável pela síntese de compostos químicos como açúcares, aminoácidos, nucleotídeos e seus polímeros derivados (polissacarídeos, proteínas, lipídios e DNA), essenciais para o desenvolvimento, a sobrevivência e a reprodução da planta (Prates, 2003). Logo após a descoberta dos metabólitos secundários nas plantas, não era clara a sua importância, pelo fato de eles não terem função direta nos processos vitais das espécies vegetais, sendo, muitas vezes, considerados resíduos do metabolismo primário. Mais tarde, entretanto, descobriu-se a grande importância desses compostos, principalmente para a defesa contra o ataque de insetos, microrganismos e demais herbívoros (Wiesbrook, 2004). De qualquer modo, não existe uma separação clara entre os produtos do metabolismo primário e do metabolismo secundário do ponto de vista biológico, já que os mesmos estão inter-relacionados.

Segundo Vizzotto et al. (2010), os metabólitos secundários de plantas podem ser divididos em 3 grupos quimicamente distintos: terpenos, compostos fenólicos e compostos nitrogenados. Os terpenos ou terpenoides representam o maior grupo dos produtos secundários, sendo geralmente insolúveis em água e de baixo peso molecular. Os terpenos são subdivididos em monoterpenos (p. ex.: limoneno e mentol), sesquiterpenos (p. ex.: lactonas), diterpenos (p. ex.: giberelina e taxol), triterpenos (p. ex.: saponinas) e os tetraterpenos (p. ex.: carotenos e xantofilas). Os compostos fenólicos formam um grupo bastante heterogêneo de compostos que podem ser subdivididos em 4 grupos: os flavonoides (p. ex.: quercetina e canferol), os estilbenos (p. ex.: resveratrol), as lignanas e os taninos. Finalmente, os compostos contendo nitrogênio, onde se incluem os alcaloides, que são compostos orgânicos cíclicos que possuem pelo menos um átomo de nitrogênio no seu anel, podendo-se citar como exemplos a morfina, a cafeína, a nicotina, a atropina, a cocaína e a estricnina.

No que se refere à defesa contra insetos, há uma grande quantidade de compostos conhecidos em plantas, mas muito pouco se conhece em relação ao seu modo de ação a nível molecular sobre esses artrópodes (Rattan, 2010) (ver Capítulo 2). Ainda assim, seus efeitos sobre a biologia e o comportamento dos insetos são bem conhecidos, já que tais compostos de defesa interagem com os insetos por meio da ação tópica, de ingestão e de fumigação, provocando vários efeitos, tais como: repelência, fagodeterrência, ovideterrência, alterações no comportamento sexual, alongamento do período de desenvolvimento, redução do peso das formas imaturas e adultas, alterações morfogenéticas, mortalidades das fases imatura e adulta, redução da longevidade dos adultos, redução da fecundidade e da fertilidade dos ovos, entre outros efeitos (Mordue (Luntz) e Blackwell, 1993; Vendramim e Castiglioni, 2000; Gallo et al., 2002). Assim, ressalta-se que a mortalidade do inseto é apenas um dos efeitos e que nem sempre este deve ser o principal objetivo do uso de derivados vegetais, considerando que, nesse caso, geralmente são necessárias concentrações mais elevadas do produto, podendo tornar a técnica inviável sob o ponto de vista prático pela elevada demanda de matéria-prima, entre outras razões. De tal forma, é importante que se tenha como principal objetivo a inibição e, se possível, a supressão da oviposição e da alimentação do inseto, visando, consequentemente, a reduzir ou impedir o crescimento populacional da praga. Por essa razão, as plantas que são matérias-primas para obtenção dos inseticidas botânicos, ao invés de plantas inseticidas, deveriam ser denominadas plantas insetistáticas, devendo o seu emprego ser considerado uma técnica complementar dentro de um sistema de manejo biorracional de pragas. O termo planta inseticida, todavia, tem sido bem mais utilizado por ter sido consagrado ao longo dos anos e, principalmente, porque os primeiros inseticidas botânicos eram utilizados, de fato, com o objetivo de eliminar os insetos (Vendramim e Castiglioni, 2000; Gallo et al., 2002).

No estudo das plantas com atividade inseticida, os objetivos principais são: a descoberta de moléculas que permitam a obtenção de novos inseticidas sintéticos e a obtenção de inseticidas botânicos para uso direto no controle de pragas. Como exemplos, no primeiro caso, podem ser citadas a descoberta de compostos secundários, especialmente a fisostigmina, a partir de *Physostigma venenosum* Balfour (Fabaceae), utilizados como modelo para a síntese dos carbamatos e a obtenção das piretrinas extraídas do crisântemo *Tanacetum cinerariifolium* (Trevir.) Sch. Bip. [=*Chrysanthemum cinerariifolium* (Trevir.) Vis.] (Asteraceae), que foram os compostos precursores dos piretroides (Vendramim e Castiglioni, 2000; Gallo et al., 2002).

Entre os inseticidas botânicos para uso direto no controle de pragas podem ser citados os pós secos, os extratos aquosos e os orgânicos (metanólico, acetônico, etanólico, clorofórmico, diclorometânico, hexânico etc.), os óleos essenciais (extraídos principalmente de caule, folhas e flores) que se volatilizam quando em contato com o ar e os óleos fixos ou não essenciais (extraídos de sementes e frutos), que não se volatilizam completamente quando em contato com o ar. Esses derivados vegetais, uma vez obtidos, podem ser imediatamente utilizados ou então formulados (produtos comerciais ou semicomerciais) a partir da mistura com compostos inertes ou adjuvantes com a finalidade de facilitar a aplicação, aumentar a sua eficácia em condições de campo ou evitar a rápida degradação. Os pós e os extratos aquosos, por serem de fácil obtenção e aplicação, constituem-se na melhor opção para o agricultor menos tecnificado, que normalmente não dispõe de recursos econômicos e técnicos para aquisição e aplicação dos produtos sintéticos (Vendramim e Castiglioni, 2000). Como exemplo, nesse caso, está o uso de diversas preparações caseiras elaboradas à base de diferentes partes do nim (*Azadirachta indica* A. Juss.) (Meliaceae), prática comum em vários países orientais e regiões do Brasil adequadas ao cultivo dessa espécie.

## 2. Histórico

O uso de metabólitos secundários isolados de plantas no controle de insetos-praga é uma prática milenar (Pavela, 2016). Entre os primeiros inseticidas botânicos utilizados, incluem-se a nicotina, o piretro, a rotenona, a rianodina e a sabadilla (Lagunes-Tejeda e Rodríguez-Hernández, 1992; Vieira et al., 2001; Arnason et al., 2012).

A nicotina foi o primeiro produto comercial usado como inseticida botânico, o que ocorreu no século XVII, quando foi demonstrado que o referido composto provocava a mortalidade de besouros que atacavam plantas de ameixa (Pavela, 2016). A nicotina é um alcaloide simples encontrado em solanáceas do gênero *Nicotiana*, principalmente no tabaco, *Nicotiana tabacum* L., e em *Nicotiana rustica* L. Segundo Maranhão (1954), a nicotina tem sido utilizada como inseticida desde 1690. Outros alcaloides relacionados à nicotina são encontrados nessas espécies, como a nornicotina e a anabasina, que também possuem atividade inseticida, porém ocorrem em menores concentrações (Maranhão, 1954; Saito e Lucchini, 1998; Aguiar-Menezes, 2005). A nicotina serviu como molécula-modelo para a síntese dos inseticidas neonicotinoides, como o imidacloprido, o acetamiprido e o thiametoxan (ver Capítulo 11).

O piretro, também conhecido como pó da Pérsia, era usado desde 1800, no Irã e na antiga Iugoslávia e, a partir de 1828, passou a ser processado comercialmente para controle de insetos, sendo que, ao final da década de 1930, os Estados Unidos da América chegaram a importar cerca de 7 mil toneladas de piretro por ano (Viegas Jr., 2003). O piretro era usado na forma de pó seco, e podia ser misturado com alguns veículos inertes, como talco e gesso ou, ainda, podia ser utilizado por via líquida, na forma de extratos em álcool, acetona ou querosene misturados com terra de diatomácea (Saito e Lucchini, 1998). Originalmente extraído de várias espécies do gênero *Tanacetum* (Asteraceae), principalmente do crisântemo *T. cinerariifolium*, o piretro apresenta como princípios ativos as piretrinas I e II, as cinerinas I e II e as jasmolinas I e II, sendo a piretrina I o composto mais ativo (Saito e Lucchini, 1998; Vieira et al., 2001; Arnason et., 2012). A grande utilização desses compostos, especialmente até o final da década de 1950, deveu-se principalmente ao seu amplo espectro de ação contra insetos-praga, ação rápida (compostos com ação neurotóxica), eficácia em doses relativamente baixas, menor toxicidade para mamíferos e organismos não alvo e baixo poder residual. A maior restrição ao seu uso advém de sua baixa estabilidade fotoquímica e térmica. Atualmente, as piretrinas são utilizadas quase que exclusivamente para controle de pragas em ambientes domésticos. Por outro lado, como resultado de pesquisas com as piretrinas, surgiram, a partir de meados da década de 1960, os piretroides (deltametrina, cipermetrina, entre outros), inseticidas sintéticos de uso agrícola, veterinário e domissanitário, com maior poder residual e menos sujeitos à fotodecomposição (Gallo et al., 2002).

A rianodina, obtida de *Ryania speciosa* Vahl. (Salicaceae), tem sido considerada um dos melhores exemplos de sucesso comercial de inseticida natural obtido a partir da triagem de extratos botânicos. Além de *R. speciosa*, outras espécies do gênero, como *Ryania tomentosa* Miq. [= *Ryania speciosa* var. *tomentosa* (Miq.) Monach.], *Ryania acuminata* Spruce ex Eichler e *Ryania sagotiana* Eichler, dispersas ao norte da América do Sul e Bacia Amazônica, também são utilizadas como inseticidas (Vieira et al., 2001). Além de seu uso direto no controle de pragas, as rianodinas deram origem às diamidas antranílicas, uma classe de inseticidas com distinto modo de ação (interferência na contração muscular dos artrópodes-alvo), liberadas no mercado na década de 2000 (Cordova et al., 2006).

Os rotenoides, incluindo a rotenona, que é o principal composto inseticida do grupo, foram usados pela primeira vez em 1848, na Malásia, e segundo Duke (1990), preparações contendo esses compostos foram utilizados como inseticidas comerciais a partir da década de 1930. A rotenona foi originalmente isolada de *Lonchocarpus nicou* (Aubl.) DC (Fabaceae), em 1895 (Betarbet e Greenamyre, 2008). Além de presentes em *Lonchocarpus*, a rotenona e os rotenoides ocorrem também em leguminosas dos gêneros *Derris*, *Tephrosia* e *Mundulea* (Fabaceae), encontrados na África e América do Sul (Loyola-Vargas e Miranda-Ham, 1995). Na década de 1950, mais de 3,5 mil toneladas anuais de raízes de *Derris*, *Lonchocarpus* e *Tephrosia* (Fabaceae) foram importadas pelos Estados Unidos da América (Viegas Jr., 2003). O extrato bruto de *Derris* apresenta maior ação inseticida que a rotenona pura, sendo *Derris elliptica* (Roxb.) Benth. a espécie mais rica em rotenona, com 5 a 6% do composto. No Brasil, extratos das raízes de *D. elliptica*, planta conhecida por timbó, foram muito utilizados pelos índios, na pesca, por causa do seu efeito paralisante sobre peixes (Saito e Lucchini, 1998).

Finalmente, a sabadilla ou sabadilha, fonte de alcaloides veratrínicos e que está presente em diversos gêneros da família Melanthiaceae, como *Sabatina*, *Schoenocaulon*, *Veratrum* e *Zigadenus*. A veratrina é encontrada em sementes de *Schoenocaulon officinale* (Schltdl. & Cham.) A. Gray ex Benth. (= *Veratrum officinale* Schltdl. & Cham.), apresentando como uma das vantagens, o fato de o pó das sementes apresentar baixa toxicidade para organismos não alvo (Vieira et al., 2001).

A partir da Segunda Guerra Mundial, a descoberta das propriedades inseticidas do DDT (1939), do BHC (1942) e de diversos outros inseticidas clorados análogos viria mudar completamente o panorama referente ao controle de insetos-praga. Isso ocorreu devido aos bons resultados iniciais obtidos com o uso desses produtos sintéticos, o que fez com que os inseticidas de origem vegetal fossem amplamente substituídos e mantidos em posição secundária no controle químico de pragas agrícolas, restringindo-se o seu uso para o controle de insetos-praga em pequenas áreas de cultivos domésticos, cultivos em estufas, jardins ou como repelentes de insetos vetores de doenças. Ressalte-se que, naquela época, o objetivo único era eliminar completamente os insetos-praga, o que era possível com o uso dos produtos sintéticos recém-descobertos, que além de eficazes, tinham baixo custo e ofereciam amplo espectro de ação. A utilização de produtos sintéticos (principalmente no período de 1940 a 1960) gerou, entretanto, uma série de problemas, como a seleção de populações de insetos resistentes a esses produtos; resíduos nos alimentos, água e solo; aparecimento de novas pragas, antes consideradas secundárias; ressurgência de pragas; desequilíbrio biológico, com a redução da população de inimigos naturais, além de efeitos prejudiciais ao homem, artrópodes não alvo, peixes e outros organismos.

Essa época foi considerada o "período negro" do controle de pragas, de modo que, já a partir da metade da década de 1950, as questões relacionadas à proteção do meio ambiente começaram a receber forte atenção de pesquisadores, agricultores e consumidores, culminando com a publicação do livro *Silent Spring* (Primavera Silenciosa) por Raquel Carson, em 1962, e que evidenciava os problemas advindos do uso inadequado de produtos químicos (Vendramim, 1997). Assim, pressionados pela opinião pública e pelas entidades preocupadas com o meio ambiente, deu-se o ressurgimento das pesquisas com métodos alternativos ao controle químico, entre os quais o uso de inseticidas botânicos, que passaram a adquirir maior importância nas últimas décadas. Um dos principais incentivos à busca de novos inseticidas de origem vegetal foi a percepção da opinião pública de que os produtos naturais são mais seguros que os sintéticos. Além disso, a diminuição na diversidade de moléculas sintéticas com atividade inseticida e o incremento nos custos de produção das mesmas, também estimularam os estudos com inseticidas botânicos (Vendramim e Castiglioni, 2000).

Dessa forma, desde a segunda metade do século XX, diversos inseticidas botânicos foram descobertos e formulados, existindo, atualmente, um grande número de plantas que são fonte de compostos utilizados como produtos comerciais registrados para controle de pragas em diferentes países (Pavela, 2016) (Tabela 1). Ainda de acordo com Pavela (2016), há também dezenas de inseticidas botânicos formulados à base de óleos essenciais. Nesses casos, normalmente o produto é obtido a partir de várias plantas aromáticas, com o objetivo de utilizar dois ou mais óleos essenciais simultaneamente, visando a aumentar o efeito inseticida por meio de ação sinérgica. Os óleos essenciais mais amplamente utilizados, segundo o referido autor, são os obtidos a partir de *Rosmarinus officinalis* L., *Mentha* spp. e *Thymus vulgaris* L. (todas Lamiaceae), *Cymbopogon schoenanthus* (L.) Spreng. (Poaceae), *Syzygium aromaticum* (L.) Merr. & L.M. Perry (Myrtaceae) e *Citrus* spp. (Rutaceae), cujos óleos essenciais são utilizados em formulações de inseticidas botânicos.

**Tabela 1.** Exemplos de inseticidas botânicos produzidos comercialmente (adaptada e atualizada a partir de Pavela. *Plant Protection Science* 52: 229-241, 2016, com autorização).

| Espécies vegetais | Compostos ativos | Produtos comerciais (empresa, país) |
|---|---|---|
| *Allium sativum* L. (Amaryllidaceae) | Compostos sulfurados (dialil dissulfeto, dialil trissulfeto, metil alil trissulfeto) | AjoNey® (Invernaderos Hidroponicos Neisi, México); EcoA-Z®, L'EcoMix® e CapsiAlil® (EcofloraAgro, Colômbia) |
| *Annona squamosa* L. (Annonaceae) | Esquamocina (anonina) | Anosom® (AgriLife, Índia) |
| *Anonna* spp. (Annonaceae) | Esquamocina (anonina) | Bio Rakshak® (Nivshakti Bioenergy Pvt. Ltda., Índia); AnonaCin® (Biosynthetics Health & Pure, Índia) |
| *Azadirachta indica* A. Juss. (Meliaceae) | Azadiractina, salanina, nimbina | Margosom® (AgriLife, Índia); Molt-X® (BioWorks Inc., EUA); Azera TM (MGK®, EUA); Neem-X® (Marketing Arm International Inc., EUA); Neem® Plus (Neudorff, Alemanha); Pyrol® (Neudorff, EUA); Neem-F® e Neemate-10G® (Nico Orgo Manures, Índia); Azamax™ (UPL OpenAg Ltda., Brasil); Azadirect® (Gowan Company, EUA); FortuneAza® (Fortune Biotech, EUA); Neemix 4.5 (Certis, EUA); NeemAzal® T/S e Neem Pro®tect (Trifolio-M, Alemanha) |
| *Capsicum annuum* L. (Solanaceae) | Protoalcaloides (ex. capsaicina) | Hot Pepper Wax® (Rincon-Vitova Insectaries, EUA); ChileNey® (Invernaderos Hidroponicos Neisi, México); Captiva Prime®, Captiva® (EcoFloraAgro, Colômbia) |
| *Celastrus angulatus* Maxim. (Celastraceae) | Sesquiterpeno (ex. piridina), alcaloides | Celan-X SL® (Marketing Arm International Inc., EUA; Invernaderos Hidropônicos Neisi, México) |
| *Citrus sinensis* (L.) Osbeck (Rutaceae) | Limoneno, linalol | Demize® EC (Paragon Professional Pest Control Products, EUA); Prev-Am [Oro Agri SA (Pty) Ltd., África do Sul] |
| *Lonchocarpus* spp., *Derris* spp. (Fabaceae) | Rotenona | 5% Rotenone ME® (Beijing Kingbo Biotech Co., China); Rotenone Dust® (Bonide Products Inc., EUA) |
| *Nicotiana tabacum* L. (Solanaceae) | Nicotina | Nico Dust ou Nico Neem® (Nico Orgo Manures, Índia); 10% Nicotine AS® (Beijing Kingbo Biotech Co. Ltd., China) |
| *Melaleuca alternifolia* Cheel (Myrtaceae) | Monoterpenos (ex. terpineol e limoneno), sesquiterpenos | Timorex Gold® (STK Bio-ag Technologies, EUA) |
| *Origanum vulgare* L. (Lamiaceae) | Carvacrol | By-O-reg+® (By-O-reg+, EUA) |
| *Pongamia pinnata* (L.) Pierre (Fabaceae) | Caranjina | Derisom® (AgriLife, Índia); RockEffect® (Agro CS, República Tcheca); Symfonia® (Agro CS, Romênia) |
| *Reynoutria sachalinensis* (F. Schmidt ex Maxim) Nakai (Polygonaceae) | Flavonoides (ex. rutina e apigenina) | Regalia® Maxx (Financial Management Control, Brasil) |

Tabela 1. *continuação.*

| Espécies vegetais | Compostos ativos | Produtos comerciais (empresa, país) |
|---|---|---|
| *Sophora flavescens* Ait. (Fabaceae) | Alcaloides quinolizidínicos | Matrine® (Dinagro Agropecuária Ltda., Brasil); 0,6% Matrine® AS (Beijing Kingbo Biotech Co. Ltd., China) |
| *Schoenocaulon officinale* (Schltdl. & Cham.) A. Gray ex Benth (Melanthiaceae) | Cevadina e veratridina | Veratran D® (MGK, EUA) |
| *Swinglea glutinosa* Merr. (Rutaceae) | Alcaloides acridônicos, cumarinas e amidas | EcoSwing® (EcoFloraAgro, Colômbia) |
| *Tanacetum cinerariifolium* (Trevir.) Sch. Bip. (Asteraceae) | Piretrinas, cinerinas, jasmolinas | Spruzit® (Neudorff, Alemanha); PyGanic® Crop Protection EC 5.0 ou AZERATM (MGK®, EUA); 1.5% Aphkiller® AS (Beijing Kingbo Biotech Corp., China); BotaniGard® MAXX (BioWorks Inc., EUA); EverGreen® e Tersus® (MGK, EUA); Tri-Die® Silica, ULD® HydroPy-300, P.I. Contact Insecticide® e Microcare® (Paragon Professional Pest Control Products, EUA); Japanese Beetle Killer® e Pyrethrin Garden Insect Spray® (Bonide Products Inc., EUA) |
| *Thymus vulgaris* L. (Lamiaceae) | Monoterpenos (ex. geraniol e linalol) | EcoVia WD® (Rockwell Labs Ltd., EUA) |

## 3. Estado da arte: Avanços e dificuldades nas pesquisas com inseticidas botânicos no Brasil

As pesquisas com inseticidas botânicos no Brasil têm seguido as tendências mundiais, com uso relativamente intenso até a década de 1950, seguindo-se uma forte redução, a partir de então, com o surgimento dos primeiros inseticidas sintéticos durante a Segunda Guerra Mundial e um novo incremento nas últimas décadas, especialmente a partir da década de 1990. Isso pode ser comprovado pelo aumento no número de pesquisadores trabalhando nessa área, resultando em grande aumento no número de artigos publicados e de trabalhos apresentados em eventos científicos.

Isman e Grieneisen (2014) realizaram uma pesquisa cientométrica (> 20.000 artigos científicos) no intuito de evidenciar o aumento das pesquisas com derivados botânicos visando ao manejo de artrópodes-praga a nível mundial e os respectivos períodos (Figura 1). Essa realidade também representa, em parte, o que ocorreu no País. Com base nos trabalhos publicados entre 1980 e 2012, os autores destacaram o incremento anual de publicações sobre o tema ao longo do tempo (de 61 em 1980 para 1.207 em 2012) e também o aumento na proporção de trabalhos com inseticidas botânicos em relação a todos os estudos envolvendo inseticidas (de 1,43% em 1980 para 21,38% em 2012). Além disso, os autores identificaram duas fases que impulsionaram as pesquisas a nível mundial: 1ª) descoberta das propriedades do nim e, 2ª) a regulamentação do uso de óleos essênciais em alguns países [p. ex.: *GRAS list*, Estados Unidos da América (EPA, 1993)].

Entre as plantas fontes de compostos bioativos que passaram a ser pesquisadas nessa nova fase de busca de inseticidas botânicos, inclui-se, como mais importante, o nim (*A. indica*), espécie que acabou se tornando uma das responsáveis pelo grande interesse atual na busca de novas plantas e de novos compostos inseticidas.

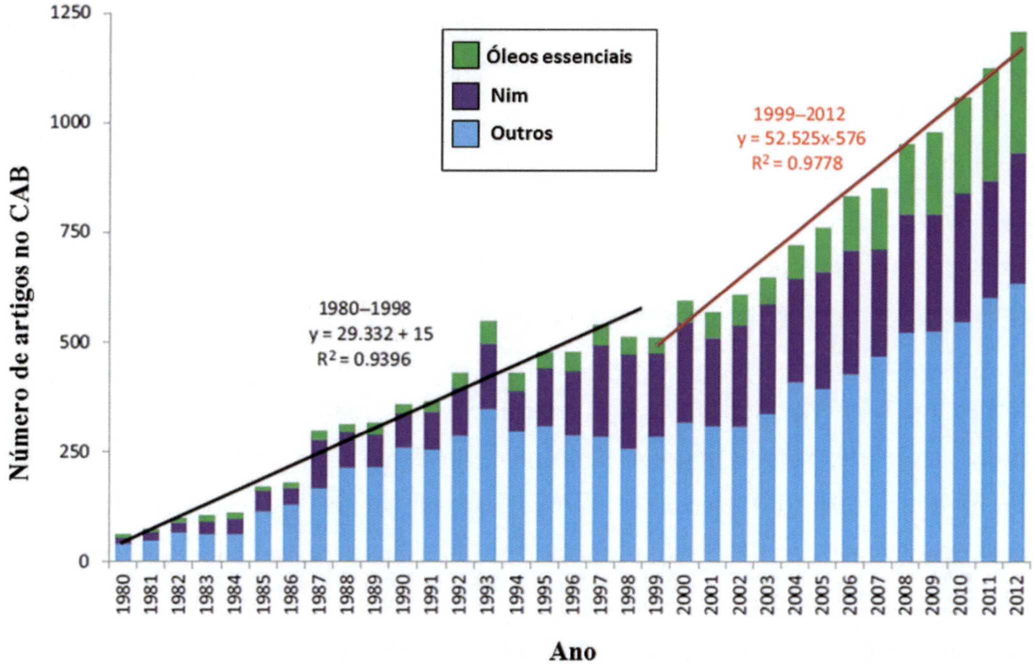


**Figura 1.** Literatura recuperada a partir de consulta ao CAB utilizando as buscas pelos termos (antifeed* or deterr* or repell* or acaricid* or insecticid*or larvicid*) e (precocene* or neem* or azadiracht* or margosan* or (plant and extract*) or'essential oil*'or'botanical insecticid*'or'plant oil*'or'vegetable oil*'or derris or'insecticid* plant*'or'leaf extract*'or limonoid* or triterpen* or diterpen* or sesquiterpen* or saponin* or terpenoid* or flavonoid**) até 24 de março de 2013. As equações de regressão indicam o crescimento desse tipo de literatura em aproximadamente 30 artigos por ano entre 1980 e 1998 e de mais de 50 artigos por ano entre 1999 e 2012. Em 2011 e 2012, o número de artigos sobre óleos essenciais e o nim e seus produtos foi semelhante. Mais da metade dos artigos envolvendo óleos essenciais (1.111) foram publicados entre 2007 e 2012 (adaptada de Isman e Grieneisen. *Trends in Plant Science* 19: 140-145, 2014, com autorização).

As pesquisas com o nim focando o controle de pragas no Brasil se iniciaram em 1986, no Instituto Agronômico do Paraná (IAPAR), em Londrina (PR), estendendo-se, a partir de 1990, para o estado de São Paulo, com a cooperação da UNESP/Jaboticabal e para o Distrito Federal, com a cooperação da Embrapa Recursos Genéticos, quando foram feitas as primeiras avaliações de material genético introduzido de diferentes países. Em 1992, o nim foi levado para a Embrapa Arroz e Feijão, em Goiânia (GO), onde se realizaram pesquisas com a planta e onde foi feito um valioso trabalho de divulgação das qualidades do nim e de incentivo a sua produção. A partir do início da década de 1990, pesquisadores de diversos institutos de pesquisa e universidades brasileiras têm incluído o nim em suas pesquisas, bem como, estimulados pelo sucesso obtido com essa meliácea, aprofundaram os estudos com várias outras plantas, pertencentes a diferentes famílias botânicas (Martinez, 2011).

A título de ilustração, caracterizando-se como um estudo de caso, menciona-se, a seguir, como se deu o início e a evolução dos estudos sobre inseticidas botânicos no Laboratório de Resistência de Plantas e Plantas Inseticidas da ESALQ/USP. As pesquisas começaram no início da década de 1990 e se concentraram, inicialmente, em plantas da família Meliaceae. Os primeiros trabalhos avaliaram a toxicidade de extratos aquosos (incorporados em dieta artificial) de 15 espécies de meliáceas comuns no Brasil, em relação à lagarta-do-cartucho-do-milho *Spodoptera frugiperda* (J.E. Smith) (Lepidoptera: Noctuidae), utilizando-se o nim como controle positivo. Os resultados revelaram a existência de diversas espécies promissoras, destacando-se, entre estas, *Trichilia pallida* Swartz, *Melia azedarach* L. e *Cabralea canjerana* (Vell.) Mart. (Rodríguez-Hernández e Vendramim, 1996, 1997, 1998). Em razão da elevada toxicidade para os primeiros estádios larvais do inseto, da abundante distribuição geográfica no Brasil (da Amazônia ao Paraná) e da carência de informações sobre a sua bioatividade, os estudos se concentraram, inicialmente, em *T. pallida*. Foram, então, realizados outros experimentos confirmando o efeito de extratos aquosos de folhas e de ramos de *T. pallida* sobre *S. frugiperda* (Torrecillas e Vendramim, 2001), constatando-se, a seguir, a eficácia também dos extratos em hexano, acetona, acetato de etila e metanol obtidos da referida planta sobre essa praga (Roel e Vendramim, 1999, 2006; Roel et al. 2000a,b).

A partir de então, além de *T. pallida*, as pesquisas, na ESALQ, passaram a incluir outras espécies de Meliaceae (usando, em alguns casos, *A. indica* como controle positivo), obtendo-se também resultados promissores em relação a *S. frugiperda* (Vendramim e Scampini, 1997; Bogorni e Vendramim, 2003, 2005; Gabriel et al., 2006; Conceschi et al., 2011; Giongo et al., 2015, 2016b); e também em relação à traça-do-tomateiro *Tuta absoluta* (Meyrick) (Lepidoptera: Gelechiidae) (Brunherotto e Vendramim, 2001; Thomazini et al., 2000; Vendramim e Thomazini, 2001; Gonçalves-Gervásio e Vendramim, 2004a,b; 2007; Cunha et al., 2005, 2006, 2008; Brunherotto et al., 2010); à mosca-branca *Bemisia tabaci* (Gennadius) biótipo B (Hemiptera: Aleyrodidae) (Souza e Vendramim, 2000a,b, 2001, 2004, 2005; Bezerra-Silva et al., 2010, 2012); ao ácaro-rajado *Tetranychus urticae* (Koch) (Acari: Tetranychidae) (Castiglioni et al., 2002); ao cupim *Heterotermes tenuis* (Hagen) (Isoptera: Rhinotermitidae) (Castiglioni e Vendramim, 2003a,b; Castiglioni et al., 2003, 2005); ao pulgão *Rhopalosiphum maidis* (Fitch) (Hemiptera: Aphididae) (Pitta, 2010) e às moscas-das-frutas *Ceratitis capitata* (Wiedemann) e *Anastrepha fraterculus* (Wiedemann) (Diptera: Tephritidae) (Silva et al., 2012, 2013a,b, 2015). Paralelamente, algumas pesquisas foram desenvolvidas utilizando nanoformulações à base de óleo de nim (*A. indica*) sobre *S. frugiperda* (Giongo et al., 2016a), *T. absoluta* (Ferreira et al., 2012) e *B. tabaci* biótipo B (Carvalho et al., 2012, 2015).

Além de Meliaceae, outras famílias botânicas vêm sendo pesquisadas na ESALQ, como Amaranthaceae em relação ao gorgulho-do-milho *Sitophilus zeamais* Motschulsky (Coleoptera: Curculionidae) (Tavares et al., 2005a,b; Tavares, 2006) e ao besourinho-dos-cereais *Rhyzopertha dominica* (Fabricius) (Coleoptera: Bostrichidae) (Tavares, 2006); Annonaceae em relação a *S. zeamais* (Ribeiro et al., 2013, 2014b, 2016b, 2018; Ribeiro e Vendramim, 2017, 2019; Domingues et al., 2020), a *S. frugiperda* (Ansante et al., 2015, 2017; Ribeiro et al., 2016a), à lagarta-mede-palmo *Trichoplusia ni* (Hübner) (Lepidoptera: Noctuidae), ao pulgão-verde *Myzus persicae* (Sulzer) (Hemiptera: Aphididae) (Ribeiro et al., 2014a), ao ácaro-purpúreo-dos-citros *Panonychus citri* (Koch) (Acari: Tetranychidae) (Ribeiro et al., 2014c), ao psilídeo-dos-citros *Diaphorina citri* Kuwayama (Hemiptera: Psyllidae) (Ribeiro et al., 2015b; Santos et al., 2015) e aos carunchos-do-feijão *Zabrotes subfasciatus* (Boehman) (Coleoptera: Chrysomelidae) (Gonçalves et al., 2015, 2017; Ribeiro et al., 2018) e *Callosobruchus maculatus (Fabricius)* (Coleoptera: Chrysomelidae) (Ribeiro et al., 2018); Solanaceae em relação a *S. frugiperda* (Lima, 2017), a *Z. subfasciatus* (Gonçalves et al., 2019) e a *S. zeamais* (Lima, 2019) e Myrtaceae em relação a *S. zeamais* (Ribeiro et al., 2015a; Niculau et al., 2018).

Ressalte-se que os estudos iniciais realizados na ESALQ, assim como, de modo geral, em outras instituições nacionais, eram pouco aprofundados, restringindo-se, em alguns casos, a avaliar o efeito de extratos e pós sobre os insetos-praga, enfatizando-se, principalmente a avaliação desses derivados vegetais na sobrevivência do inseto. Posteriormente, com as parcerias formadas, principalmente com pesquisadores da área de química, os estudos passaram a ser mais aprofundados, buscando-se, por meio de fracionamentos cromatográficos biomonitorados dos extratos promissores, determinar as frações semipurificadas mais ativas. Dessa forma, levando-se em conta não apenas a mortalidade, mas também os efeitos das frações ou compostos isolados sobre outros parâmetros biológicos ou comportamentais do inseto-alvo, foi possível, em diversos casos, a identificação dos compostos responsáveis pela bioatividade do derivado vegetal.

De modo geral, levando-se em conta as pesquisas que vêm sendo desenvolvidas no Brasil e os resultados até então obtidos, bem como a diversidade de espécies na flora brasileira, a disponibilidade de matéria-prima e o número de pesquisadores envolvidos, pode-se considerar, como mais promissoras, as famílias Annonaceae (ver Capítulo 7), Asteraceae (ver Capítulo 8), Meliaceae (ver Capítulo 9), Piperaceae (ver Capítulo 10) e Solanaceae (ver Capítulo 11). Além destas, podem ser incluídas também outras famílias como Amaranthaceae, Amaryllidaceae, Fabaceae, Lamiaceae, Myrtaceae, Poaceae, Salicaceae etc. Ressalte-se que, embora sejam expressivos os grupos de plantas já pesquisados, é relativamente pequeno o número de espécies já estudadas se for considerada a diversidade botânica existente, principalmente na região Neotropical, o que inclui o Brasil.

Apesar dos avanços obtidos nessa área, persistem algumas dificuldades, sendo oportuno destacar as principais questões relacionadas ao assunto, visando, principalmente, a estimular reflexões sobre o que pode ser feito para tornar mais eficazes as pesquisas com inseticidas botânicos no Brasil, de tal modo que os resultados obtidos possam ser repassados aos agricultores para emprego no controle de insetos-praga ou mesmo utilizados na elaboração de novos inseticidas botânicos a serem ofertados ao mercado (Isman, 2017).

**1) Multidisciplinaridade de pesquisas com inseticidas botânicos**: Com o crescimento dos estudos nessa área e com a necessidade de registro dos produtos obtidos para fins de comercialização, novas demandas vêm surgindo, tais como a necessidade da correta identificação das espécies vegetais fontes de matéria-prima (depósito de *voucher specimens* para fins de comprovação), o aperfeiçoamento das técnicas de extração, a identificação dos compostos bioativos, a obtenção de formulações mais estáveis, a determinação do custo em relação aos inseticidas sintéticos, o desenvolvimento de métodos de controle de qualidade etc.

Por essa razão, é cada vez mais comum a formação de equipes multidisciplinares envolvendo entomologistas, taxonomistas vegetais, fitoquímicos, bioquímicos, melhoristas de plantas e outros profissionais de áreas afins. Isso representa um avanço importante, considerando que, até há pouco tempo, o entomologista trabalhava de forma isolada, enfrentando dificuldades para o aprofundamento das pesquisas e para a publicação dos resultados em periódicos científicos de alto impacto. Por fim, é necessário estabelecer um processo eficaz de difusão e transferência de tecnologia aos interessados.

**2) Aperfeiçoamento das técnicas de extração e de formulações**: Uma das principais dificuldades nos estudos envolvendo inseticidas botânicos está relacionada às técnicas de extração empregadas, que podem alterar quali e quantitativamente o perfil químico dos compostos presentes nos extratos e, consequentemente, sua bioatividade (ver Capítulo 3).

Até há poucas décadas, a maioria dos derivados vegetais testados eram pós, óleos e extratos, sendo os últimos dos tipos aquoso ou etanólico e quando se utilizavam outros solventes, a extração normalmente se limitava à obtenção de extratos brutos. Contudo, nos últimos anos, houve crescente participação dos pesquisadores da área de química, tornando-se comum a realização de estudos biomonitorados, por meio do qual passou-se a utilizar solventes com diferentes polaridades e técnicas cromatográficas. Assim, por meio de sucessivos fracionamentos, tem sido possível determinar as frações portadoras dos compostos bioativos majoritários por meio de ensaios toxicológicos com artrópodes bioindicadores realizados em cada etapa do processo, visando-se, em última análise, à identificação dos compostos responsáveis pela bioatividade do derivado vegetal.

Avanços também têm sido obtidos no que se refere às formulações. Sabe-se que uma das limitações para o uso dos derivados botânicos a campo é a rápida degradação dos seus ingredientes ativos pela ação de fatores como temperatura, luz ultravioleta, pH e precipitação entre outros, ocasionando redução do período residual. Nesse sentido, pesquisas vêm sendo desenvolvidas no Brasil visando a prolongar o período de atividade dos derivados vegetais. Uma das estratégias mais promissoras para evitar essa rápida degradação é o uso de sistemas de proteção e liberação controlada das moléculas por meio de processos nanotecnológicos. A nanotecnologia refere-se ao uso de matéria em escala nanométrica (um nanômetro corresponde à milionésima parte de um milímetro). No Brasil, mais especificamente no Laboratório de Produtos Naturais da Universidade Federal de São Carlos (UFSCar), com o qual o Laboratório de Plantas Inseticidas do Departamento de Entomologia e Acarologia da ESALQ/USP vem mantendo parceria, no âmbito do INCT de Controle Biorracional de Insetos Pragas, novas formulações à base de nim vêm sendo produzidas por meio de processos nanotecnológicos (ver Capítulo 16).

Outro problema envolvendo as formulações de produtos naturais está relacionado à variação na quantidade de ingrediente ativo. A análise de produtos comerciais à base de nim (nacionais e importados) tem mostrado que os teores de azadiractina variam muito (Forim et al., 2010), sendo que, normalmente, os produtos nacionais apresentam menor quantidade do composto ativo do que os produtos importados e, consequentemente, menor tempo de prateleira. Dessa forma, para manter a competitividade dos produtos nacionais torna-se necessário o desenvolvimento no Brasil de sistemas de produção com maior controle de qualidade e de processos de enriquecimento das formulações.

**3) Parâmetros biológicos para avaliação da bioatividade e referências de comparação**: Também nessa questão têm sido obtidos avanços importantes. Até cerca de duas a 3 décadas, o objetivo das pesquisas com inseticidas botânicos no Brasil era obter derivados vegetais destinados unicamente a matar os insetos, razão pela qual, nos estudos de avaliação de bioatividade, a eficácia de um derivado vegetal era basicamente definida pela porcentagem de insetos mortos. Atualmente, entende-se que, ainda que importante, a mortalidade do inseto é apenas um dos efeitos e que nem sempre este deve ser o objetivo principal, sendo importante, como mencionado anteriormente, incluir também parâmetros relacionados ao comportamento e biologia do inseto, visando, consequentemente, a reduzir, inibir ou impedir o crescimento da população da praga.

Por outro lado, o uso de um controle positivo (p. ex.: outro inseticida botânico utilizado para a mesma finalidade ou mesmo um inseticida sintético convencional) em bioensaios de caracterização da bioatividade ou eficácia comparada de derivados botânicos ainda é pobremente difundido no Brasil. Segundo Isman e Grieneisen (2014), a utilização de um controle positivo apropriado fornece subsídios para avaliação da potência relativa dos derivados ou compostos em avaliação, dadas às enormes variações nos métodos e condições de bioensaios utilizados em distintos estudos. Segundo os autores, na ausência de um controle positivo, os relatos da potência dos derivados testados carecem de credibilidade e, na maioria das vezes, as publicações submetidas têm sido rejeitadas em revistas de maior impacto.

**4) Problemas no cálculo da concentração dos derivados botânicos**: O cálculo da concentração pode apresentar incorreções tanto com os extratos aquosos como com os orgânicos (não aquosos).

No caso dos extratos aquosos, o material vegetal passa pelos processos de secagem, moagem, imersão em água, homogeneização, extração propriamente dita (em repouso) e filtração. A seguir, o extrato filtrado pode ser misturado num determinado volume de água e aplicado diretamente na cultura ou ser submetido à liofilização para concentração do mesmo, o que irá permitir o armazenamento para posterior aplicação. Dessa forma, em razão dessas duas possibilidades, podem surgir divergências no cálculo da concentração. Na aplicação direta, a concentração normalmente é calculada com base na massa de pó vegetal (pesada antes da extração) utilizada para o preparo do extrato. Assim, por exemplo, se o extrato obtido de 10 g de pó vegetal em 200 ml de água for completado a 1.000 ml de água, a concentração resultante será de 1%. Ocorrendo liofilização, entretanto, se a massa resultante for, por exemplo, 0,1 g e for diluída nos mesmos 1.000 ml de água, a concentração obtida será de 0,01% a partir da mesma quantidade (10 g) de pó, sendo que ambas estarão, em princípio, contendo a mesma quantidade de ingredientes ativos. Esse é um aspecto importante a ser considerado porque nem sempre a técnica de obtenção do extrato e o cálculo da concentração são adequadamente mencionados, dificultando a comparação dos resultados obtidos em diferentes estudos, além de impossibilitar sua reprodutibilidade. Esse mesmo tipo de problema ocorre na comparação entre os extratos aquosos com aplicação direta e os extratos não aquosos em que se procede a evaporação do solvente após a extração.

Em relação aos extratos não aquosos, problemas podem surgir no momento do preparo da calda inseticida para aplicação. Como normalmente o extrato obtido com solventes orgânicos, principalmente os de menor polaridade, não dilui diretamente na água, há necessidade de ressuspensão do mesmo em solvente apropriado (comumente acetona) antes da mistura com água. Assim, como durante os procedimentos que precedem a aplicação da calda, tende a ocorrer evaporação de parte do solvente, irá ocorrer variação da concentração no momento da aplicação. Adicionalmente, a partir de certa proporção do solvente, é possível que ocorra fitotoxicidade, dependendo da espécie vegetal a ser pulverizada, ou mesmo dificuldades na obtenção de uma boa ressuspensão devido ao amplo espectro de compostos com diferentes polaridades presentes nos extratos orgânicos obtidos, principalmente, com o emprego de solventes que possuem capacidade de extrair uma grande amplitude de compostos (p. ex.: etanol).

**5) Descontinuidade das pesquisas**: Esse é um problema que até o momento se apresenta de difícil solução no Brasil, já que, embora haja muitos estudos com inseticidas botânicos, ainda são raros os programas de pesquisa duradouros com objetivos bem definidos a médio e longo prazo.

Como mencionado, nos últimos eventos científicos tem se constatado grande aumento no número de trabalhos com inseticidas botânicos. Em alguns casos, entretanto, tais publicações estão mais relacionadas à possibilidade de rápida obtenção de resultados, do que propriamente à existência de um programa de pesquisa minimamente estruturado. É algo que a comunidade científica nacional terá que rever e uma das formas seria a seleção mais rigorosa dos trabalhos a serem apresentados nos eventos por parte dos comitês científicos.

**6) Estudos majoritariamente conduzidos em laboratório com reduzida representatividade**: Seguindo a mesma tendência observada em estudos publicados em nível mundial (Isman e Grieneisen, 2014), a maioria dos estudos realizados no Brasil prioriza a avaliação laboratorial dos efeitos de extratos (não caracterizados quimicamente) produzidos a partir de um único exemplar de planta e sobre uma única espécie-praga alvo.

Dados os efeitos do ambiente no acúmulo de aleloquímicos (variações planta-planta) e a ocorrência de quimiótipos, o estudo do derivado obtido de partes de um exemplar único pode não contemplar a representatividade da espécie em termos de sua bioatividade ou perfil químico. Além disso, a utilização de ensaios majoritariamente conduzidos em condições de laboratório pode não agregar informações em relação ao uso aplicado desses derivados ou mesmo um progresso em direção à comercialização desses derivados botânicos ou avanço do conhecimento em direção a sua aplicação.

**7) Carência de publicações nacionais**: A falta de publicações nacionais na área de inseticidas botânicos é outro problema com o qual se defrontam os pesquisadores interessados no tema. Durante muito tempo, prevaleceram as publicações que relatavam o uso de derivados vegetais obtidos na forma de receitas caseiras (Guerra, 1985; Abreu Jr., 1998; Penteado, 1999).

Praticamente, apenas a partir dos anos 2000, as publicações passaram a divulgar resultados de pesquisas obtidos em experimentos com embasamento científico. Entre estas incluem-se as publicações de Vendramim e Castiglioni (2000), Ferreira et al. (2001), Aguiar-Menezes (2005) e Corrêa e Vieira (2007). Destaca-se também o livro "O nim *Azadirachta indica* - Natureza, usos múltiplos, produção" (Martinez, 2011), em sua segunda edição, que, embora se restrinja ao nim, faz uma abordagem aprofundada sobre o uso dos derivados dessa planta no controle de pragas. Entretanto, considerando o volume de informações produzidas e o número de pesquisadores atualmente envolvidos no estudo de inseticidas botânicos no País, bem como a riqueza da flora brasileira, certamente pode-se considerar muito modesta a disponibilidade de publicações na forma de livros e textos técnicos aos interessados no uso dessa técnica de controle de pragas.

**8) Legislação brasileira referente à coleta de espécies vegetais**: A legislação brasileira que regula os mecanismos de coleta e acesso ao patrimônio genético e/ou ao conhecimento tradicional associado está sendo paulatinamente aperfeiçoada procurando, por um lado, distinguir a pesquisa séria da biopirataria, por outro lado, assegurar o uso sustentável da biodiversidade, reduzindo o impacto sobre os ecossistemas, bem como buscando assegurar a repartição de benefícios com as comunidades envolvidas. Assim, a coleta sem regulamentação de espécies vegetais que ocorria nas primeiras décadas de uso de inseticidas botânicos, foi dando lugar, paulatinamente, a leis, regulamentos e resoluções que permitem o acesso às plantas para pesquisa e uso como inseticidas botânicos, e ao mesmo tempo, podem permitir que as espécies nativas sejam devidamente preservadas (ver Capítulo 6).

**9) Registro dos derivados vegetais**: Segundo a Anvisa (2020), ainda não existe no Brasil uma instrução normativa que estabeleça diferenciadamente o registro de produtos fitossanitários cujo ingrediente ativo seja de origem vegetal. No caso de alguns óleos essenciais, por exemplo, que evocam respostas comportamentais ou fisiológicas específicas em insetos, o registro tem sido realizado com base na Instrução Normativa Conjunta (INC) Mapa/Ibama/Anvisa nº 1, de 23 de janeiro de 2006 (Brasil, 2006a), que trata de produtos semioquímicos. Para alguns produtos à base de vegetais classificados como bioquímicos, o registro pode ser feito com base nas normas descritas na INC nº 32, de 26 de outubro de 2005 (Brasil, 2005). Já para os produtos que não se enquadrem em uma dessas categorias (semioquímico ou bioquímico), de acordo com a definição legal presente nas INCs citadas, a orientação é para o registro como produto químico convencional, sendo exigidos todos os requisitos e estudos constantes na legislação que regula o registro de agrotóxicos em geral [Decreto nº 4.074/2002 (Brasil, 2002), RDC nº 216/2006 (Brasil, 2006b) e Portaria nº 03/1992 (Brasil, 1992)].

Caso haja interesse de registro de produto fitossanitário de origem vegetal para uso na agricultura orgânica devem ser seguidas as normas descritas pelo Decreto 6.913, de 23 de julho de 2009 (Brasil, 2009) e a INC nº 1, de 24 de maio de 2011 (Brasil, 2011), que trata do registro de produtos biológicos com base em especificação de referência, em que, já havendo especificação e o produto em questão for comparável à esta, vários estudos toxicológicos, ecotoxicológicos e de eficácia são dispensados para o registro. Encontram-se em elaboração pelo Mapa, Ibama e Anvisa, novas instruções normativas, que prevêm o registro de agrotóxicos cujo ingrediente ativo se caracterize como produto de origem vegetal, à parte de produtos químicos.

Dessa forma, e considerando que os procedimentos para registro dos produtos à base de derivados botânicos têm sido constantemente revisados e aperfeiçoados, é importante que o interessado consulte periodicamente o portal da Anvisa ou Mapa para conhecer os procedimentos atualizados para o devido registro.

## 4. Considerações finais

Como resposta à necessidade de descobrir novos princípios ativos e desenvolver novos inseticidas, a pesquisa com inseticidas botânicos tem mostrado expressivo incremento no número de publicações desde 1980. Assim, considerando-se o número de artigos sobre inseticidas, apenas 61 (1,43% do total) versavam sobre inseticidas botânicos em 1980, sendo que esse número subiu para 1.207 (21,38%) em 2012 (Isman e Grieneisen, 2014).

Apesar de a maior parte dos estudos ainda estar sendo desenvolvido em ambiente laboratorial, os resultados comprovam que os extratos de plantas podem atuar no controle de insetos-praga tanto em condições de cultivo quanto de armazenamento, inibindo a alimentação e a oviposição, retardando o desenvolvimento, afetando a reprodução e causando mortalidade dos insetos.

Embora as pesquisas e o emprego de plantas inseticidas tenham sido incrementados nesses últimos anos, há diversos aspectos que precisam ser mais bem conhecidos para que esse método de controle seja empregado com maior eficiência, especialmente pelos pequenos agricultores que, por razões técnicas e econômicas, normalmente são os mais afetados pelos problemas causados pelas pragas. Isso remete a uma análise crítica das vantagens e desvantagens (ou limitações) envolvendo essa tática de controle. Há algumas vantagens bastante evidentes, como a menor probabilidade de seleção de populações resistentes porque normalmente há mais de um composto bioativo no produto vegetal, menor toxicidade a mamíferos e alta compatibilidade com outros métodos de controle, qualificando o uso dessa prática no manejo integrado de pragas.

Há, entretanto, segundo Vendramim e Castiglioni (2000), outros aspectos, discutidos a seguir, que podem ser considerados como vantagem ou desvantagem (ou limitação), dependendo do enfoque com que o mesmo é analisado. A disponibilidade de matéria-prima, por exemplo, tem sido apontada como uma vantagem porque as plantas fontes dos inseticidas botânicos estão sempre disponíveis na natureza. Por outro lado, isso pode também ser considerada uma limitação já que, considerando-se o elevado gasto de material para preparo dos produtos botânicos, esses recursos poderão se esgotar se não for adotado um planejamento de replantios para substituir as plantas utilizadas. É o caso, por exemplo, do nim, cuja disponibilidade de matéria-prima, tem se constituído num dos maiores problemas para a utilização do seu óleo no Brasil, já que ela é uma espécie exótica e as áreas com essa planta ainda estão em fase de implantação. Aliás, por essa razão, é sempre melhor quando a planta inseticida é nativa e pouco exigente em solo e clima. A coleta das estruturas vegetais deve ser feita de forma moderada, considerando, ainda, que a coleta de frutos e folhas causa menos problemas para a conservação da planta que a coleta de outros órgãos. Além disso, é também importante que a planta fonte de composto inseticida seja mantida em cultivo permanente.

A seletividade é um outro aspecto que tem sido discutido como vantajoso, já que os derivados vegetais, normalmente, pouco afetam os inimigos naturais, polinizadores e outros organismos não alvo. Isso, no entanto, também deve ser analisado sob o ponto de vista de que os produtos seletivos geralmente são eficazes apenas para uma espécie ou grupo correlato de organismos, obrigando a busca de outros métodos de controle para as demais pragas que eventualmente também estejam presentes na cultura.

Do mesmo modo, a rápida biodegradação é vantajosa quando se considera que, por essa razão, haverá menor contaminação do ambiente e menor probabilidade de seleção de populações de insetos resistentes, mas poderá ser considerada uma desvantagem quando se leva em conta que a menor persistência obriga reaplicações frequentes do produto.

Além desses aspectos, há diversos outros fatores que devem ser conhecidos para que o emprego de inseticidas botânicos tenha sucesso, especialmente quando se pretende que isso seja feito em larga escala. Dentre estes podem ser destacados: técnicas de cultivo das plantas inseticidas; composição química e variação na concentração dos ingredientes ativos nos diversos órgãos vegetais e ao longo do ciclo da planta; solventes mais efetivos para extração dos compostos bioativos e as técnicas mais adequadas de extração, formulação e conservação dos extratos; relação das pragas efetivamente controladas e a fase mais suscetível do artrópode-alvo; toxicidade ao homem e aos organismos não alvo; fitotoxicidade; dosagens e frequência de aplicação; técnicas de aplicação a campo e estabilidade do produto após a aplicação, entre outros aspectos. Em relação à extração, deve-se destacar que, sendo os ingredientes ativos solúveis em mais de um solvente, deve-se dar preferência aos mais polares (água, preferencialmente), pela maior facilidade de obtenção e utilização e pela menor persistência no ambiente (mais biodegradáveis).

Também para que o produto possa ser avaliado do ponto de vista econômico, há que se determinar o seu custo em relação aos inseticidas sintéticos, além de se buscar uma melhor padronização de sua bioatividade, o estabelecimento de um controle de qualidade e uma legislação mais clara e completa a respeito. Deve-se sempre levar em conta que a utilização do inseticida botânico deve ser feita quando há baixa densidade populacional da praga, já que esse método deve ser encarado mais como preventivo que curativo, em razão da sua ação relativamente lenta na redução da população da praga.

Assim, são necessárias mais informações e mais testes a campo para que se possa recomendar, com precisão, o melhor modo de preparação e conservação dos derivados botânicos, o momento da sua aplicação, o espectro de pragas controladas, as doses e a frequência de aplicações, bem como sua toxicidade, dentre outros. Para isso, é necessário maior incentivo para a pesquisa nessa área, por meio de programas de pesquisa governamentais, que possam não só aumentar o número de pesquisadores, mas principalmente, permitir maior intercâmbio nacional e internacional entre entomologistas, fitoquímicos, fitotaxonomistas, toxicologistas e outros profissionais de áreas afins, o que irá permitir a obtenção de produtos mais eficientes, seguros e economicamente viáveis.

Finalmente, outro ponto fundamental para o sucesso no uso de inseticidas botânicos é a credibilidade junto ao agricultor. O emprego desses produtos sem o adequado conhecimento das formulações tem resultado, em muitos casos, em baixa eficácia de controle, provocando, consequentemente, perda de credibilidade. De qualquer modo, deve ser lembrado que as primeiras recomendações de uso de inseticidas botânicos eram baseadas em receitas caseiras, obtidas, muitas vezes, por meio de observações empíricas, sem o devido rigor científico e que, em poucas décadas, houve evolução desse empirismo para a obtenção de formulações com composição química conhecida e com maior eficácia e estabilidade de tal modo que possam ser aplicadas de forma segura e com viabilidade econômica.

Assim, a recuperação da credibilidade vem sendo lentamente alcançada pela mudança na mentalidade das pessoas envolvidas nessa área, cientes do caráter multidisciplinar das pesquisas e preocupadas com a necessidade de conhecimentos básicos, antes de recomendar o emprego de inseticidas botânicos em condições de campo. De qualquer modo, o estudo e o emprego de plantas inseticidas vêm se intensificando rapidamente em todo o mundo, o que permite prever que essa técnica será definitivamente incorporada aos demais métodos de controle no âmbito do manejo integrado de pragas, contribuindo principalmente para a redução do uso de inseticidas químicos sintéticos.

# Referências bibliográficas


Abreu Jr., H., coord. 1998. Práticas alternativas de controle de pragas e doenças na agricultura. Emopi, Campinas, SP, Brasil.

Aguiar-Menezes, E.L. 2005. Inseticidas botânicos: Seus princípios ativos, modo de ação e uso agrícola. Série Documentos, 205. Embrapa Agrobiologia, Seropédica, RJ, Brasil.

Ansante, T.F.; Ribeiro, L.P.; Bicalho, K.U.; Fernandes, J.B.; Silva, M.F.G.F.; Vieira. P.C.; Vendramim, J.D. 2015. Secondary metabolites from Neotropical Annonaceae: Screening, bioguided fractionation, and toxicity to ***Spodoptera frugiperda*** (J.E. Smith) (Lepidoptera: Noctuidae). Industrial Crops and Products 74: 969-976.

Ansante, T.F.; Ribeiro, L.P.; Vendramim, J.D. 2017. Acute and chronic toxicities of an annonin-based commercial bioinsecticide and a joint mixture with a limonoid-based formulation to the fall armyworm. Neotropical Entomology 46: 216-222.

Anvisa. 2020. Regularização de Produtos - Agrotóxicos. Registro de Produtos Biológicos. Disponível em: <http://portal.anvisa.gov.br/registros-e-autorizacoes/agrotoxicos/produtos/registro-produtos-biologicos>. Acesso em: 31 mai. 2019.

Arnason, J.T.; Sims, S.R.; Scott, I.M. 2012. Natural products from plants as insecticides. In: Encyclopedia of Life Support Systems (EOLSS). UNESCO, Eolss Publishers, Oxford, England. 8p. Disponível em: <http://www.eolss.net/sample-chapters/c06/e6-151-13.pdf>. Acesso em: 15 abr. 2019.

Betarbet, R.; Greenamyre, J.T. 2008. Complex I inhibition, rotenone and Parkinson's disease. p.745-749. In: Nas, R.; Przedlovski, S., eds. Parkinson's disease: Molecular and therapeutic insights from model systems. Elsevier, New York, USA.

Bezerra-Silva, G.C.D.; Silva, M.A.; Vendramim, J.D.; Dias, C.T.S. 2012. Insecticidal and behavioral effects of secondary metabolites from Meliaceae on ***Bemisia tabaci*** (Hemiptera: Aleyrodidae). Florida Entomologist 59: 743-751.

Bezerra-Silva, G.C.D.; Vendramim, J.D.; Silva, M.A.; Dias, C.T.S. 2010. Efeito de extratos orgânicos de Meliaceae sobre ***Bemisia tabaci*** (Gennadius) biótipo B em tomateiro. Arquivos do Instituto Biológico 77: 477-485.

Bogorni, P.C.; Vendramim, J.D. 2003. Bioatividade de extratos aquosos de ***Trichilia*** spp. sobre ***Spodoptera frugiperda*** (J.E. Smith) (Lepidoptera: Noctuidae) em milho. Neotropical Entomology 32: 665-669.

Bogorni, P.C.; Vendramim, J.D. 2005. Efeito subletal de extratos aquosos de ***Trichilia*** spp. sobre o desenvolvimento de ***Spodoptera frugiperda*** (J.E. Smith) (Lepidoptera: Noctuidae) em milho. Neotropical Entomology 34: 311-317.

Brasil. 1992. Portaria Nº 3, de 16 de janeiro de 1992. Ratifica os termos das Diretrizes e orientações referentes à autorização de registros, renovação de registro e extensão de uso de produtos agrotóxicos e afins - nº 1, de 9 de dezembro de 1991. Diário Oficial [da] República Federativa do Brasil, Poder Executivo, Brasília, DF, 13 dez. 1991. Disponível em: <http://bvsms.saude.gov.br/bvs/saudelegis/svs1/1992/prt0003_16_01_1992.html>. Acesso em: 23 jun. 2020.

Brasil. 2002. Decreto Nº - 4.074, de 4 de janeiro de 2002. Regulamenta a Lei Nº 7.802, de 11 de julho de 1989. Dispõe sobre a pesquisa, a experimentação, a produção, a embalagem e rotulagem, o transporte, o armazenamento, a comercialização, a propaganda comercial, a utilização, a importação, a exportação, o destino final dos resíduos e embalagens, o registro, a classificação, o controle, a inspeção e a fiscalização de agrotóxicos, seus componentes e afins, e dá outras providências. Diário Oficial [da] República Federativa do Brasil, Poder Executivo, Brasília, DF, 8 jan. 2002. Disponível em: <http://www.planalto.gov.br/ccivil_03/decreto/2002/D4074.htm>. Acesso em: 23 jun. 2020.

Brasil. 2005. Instrução Normativa Conjunta Nº 32, de 26 de outubro de 2005. Estabelece procedimentos a serem adotados para efeito de registro de produtos bioquímicos que se caracterizem como produtos técnicos, agrotóxicos e afins, segundo definições estabelecidas no Decreto no - 4.074, de 4 de janeiro de 2002, art. 1º, incisos IV e XXXVII. Diário Oficial [da] República Federativa do Brasil, Poder Executivo, Brasília, DF, 3 nov. 2005. Disponível em: <http://sistemasweb.agricultura.gov.br/conjurnormas/index.php/INSTRU%C3%87%C3%83O_NORMATIVA_CONJUNTA_N%C2%BA_32,_DE_26_DE_OUTUBRO_DE_2005>. Acesso em: 23 jun. 2020.

Brasil. 2006b. Resolução-RDC Nº 216, de 15 de dezembro de 2006. Dispõe sobre estudos de resíduos de agrotóxicos e afins, em produtos de origem vegetal e cogumelos in natura, apresentados pelos requerentes e titulares do registro. Diário Oficial [da] República Federativa do Brasil, Poder Executivo, Brasília, DF, 18 dez. 2006. Disponível em: <https://www.diariodasleis.com.br/busca/exibelink.php?numlink=1-9-34-2006-12-15-216>. Acesso em: 23 jun. 2020.

Brasil. 2006a. Instrução Normativa Conjunta Mapa/Ibama/Anvisa Nº 1, de 23 de janeiro de 2006. Estabelece procedimentos a serem adotados para efeito de registro de produtos semioquímicos que se caracterizem como produtos técnicos, agrotóxicos ou afins, segundo definições estabelecidas no Decreto Nº 4.074, de 4 de janeiro de 2002, art. 1°, incisos IV e XXXVII. Diário Oficial [da] República Federativa do Brasil, Poder Executivo, Brasília, DF, 26 jan. 2006. Disponível em: <http://sistemasweb.agricultura.gov.br/conjurnormas/index.php/INSTRU%C3%87%C3%83O_NORMATIVA_CONJUNTA_N%C2%BA_1,_DE_23_DE_JANEIRO_DE_2006>. Acesso em: 23 jun. 2020.

Brasil. 2009. Decreto Nº 6.913, de 23 de julho de 2009. Acresce dispositivos ao Decreto N° 4.074, de 4 de janeiro de 2002, que regulamenta a Lei Nº 7.802, de 11 de julho de 1989, que dispõe sobre a pesquisa, a experimentação, a produção, a embalagem e rotulagem, o transporte, o armazenamento, a comercialização, a propaganda comercial, a utilização, a importação, a exportação, o destino final dos resíduos e embalagens, o registro, a classificação, o controle, a inspeção e a fiscalização de agrotóxicos, seus componentes e afins. Diário Oficial [da] República Federativa do Brasil, Poder Executivo, Brasília, DF, 24 jul. 2009. Disponível em: <https://www.planalto.gov.br/ccivil_03/_ato2007-2010/2009/decreto/d6913.htm>. Acesso em: 23 jun. 2020.

Brasil. 2011. Instrução Normativa Conjunta Nº 1, de 24 de maio de 2011. Estabelece os procedimentos para o registro de Produtos Fitossanitários com Uso Aprovado para a Agricultura Orgânica, na forma dos Anexos I e II à presente Instrução Normativa. Diário Oficial [da] República Federativa do Brasil, Poder Executivo, Brasília, DF, 25 mai. 2011. Disponível em: <http://sistemasweb.agricultura.gov.br/conjurnormas/index.php/INSTRU%C3%87%C3%83O_NORMATIVA_CONJUNTA_N%C2%BA_1,_DE_24_DE_MAIO_DE_2011>. Acesso em: 23 jun. 2020.

Brunherotto, R.; Vendramim, J.D. 2001. Bioatividade de extratos aquosos de ***Melia azedarach*** L. sobre o desenvolvimento de ***Tuta absoluta*** (Meyrick) (Lepidoptera: Gelechiidae) em tomateiro. Neotropical Entomology 30: 455-459.

Brunherotto, R.; Vendramim, J.D.; Oriani, M.A.G. 2010. Efeito de genótipos de tomateiro e de extratos aquosos de folhas de ***Melia azedarach*** e de sementes de ***Azadirachta indica*** sobre ***Tuta absoluta*** (Meyrick) (Lepidoptera: Gelechiidae). Neotropical Entomology 39: 784-791.

Carvalho, S.S.; Vendramim, J.D.; Pitta, R.M.; Forim, M.R. 2012. Efficiency of neem oil nanoformulations to ***Bemisia tabaci*** (Genn.) biotype B (Hemiptera: Aleyrodidae). Semina: Ciências Agrárias 33: 193-202.

Carvalho, S.S.; Vendramim, J.D.; Sá, I.C.G.; Silva, M.F.G.F.; Ribeiro, L.P.; Forim, M.R. 2015. Efeito sistêmico de nanoformulações à base de nim (***Azadirachta indica*** A. Juss) sobre ***Bemisia tabaci*** (Genn.) biótipo B (Hemiptera: Aleyrodidae) em tomateiro. Bragantia 74: 298-306.

Castiglioni, E.; Vendramim, J.D. 2003a. Evaluación de extractos de meliáceas para el control de ***Heterotermes tenuis***. Manejo Integrado de Plagas y Agroecologia 68: 34-40.

Castiglioni, E.; Vendramim, J.D. 2003b. Evaluación de repelencia de ***Heterotermes tenuis*** (Isoptera, Rhinotermitidae) a derivados de meliáceas. Agrociencia 7: 52-58.

Castiglioni, E.; Vendramim, J.D.; Alves, S.B. 2003. Compatibilidad de ***Beauveria bassiana*** y ***Metarhizium anisopliae*** con Nimkol-L® para el combate de ***Heterotermes tenuis***. Manejo Integrado de Plagas y Agroecologia 69: 38-44.

Castiglioni, E.; Vendramim, J.D.; Alves, S.B. 2005. Efecto asociado de derivados de meliáceas y hongos entomopatógenos en la supervivencia de ***Heterotermes tenuis*** (Hagen, 1858) (Isoptera, Rhinotermitidae). Agrociencia 9: 347-356.

Castiglioni, E.; Vendramim, J.D.; Tamai, M.A. 2002. Evaluación del efecto tóxico de extractos acuosos y derivados de meliáceas sobre ***Tetranychus urticae*** (Koch) (Acari, Tetranychidae). Agrociencia 6: 75-82.

Conceschi, M.R.; Ansante, T.F.; Mazzonetto, F.; Vendramim, J.D.; Sossai, V.L.M.; Pizetta, L.C.; Corbani, R.Z. 2011. Efeito de extratos aquosos de ***Azadirachta indica*** e de ***Trichilia pallida*** sobre lagartas de ***Spodoptera frugiperda*** (J.E. Smith) (Lepidoptera: Noctuidae) em milho. Bioassay 6: 1-6.

Cordova, D.; Benner, E.A.; Sacher, M.D.; Raush, J.J; Sopa, J.S.;

Lahm, G.P.; Selby, T.P.; Stevenson, T.M.; Flexner, L.; Gutteridge, S.; Rhoades, D.F.; Wu, L.; Smith, R.M.; Tao, Y. 2006. Anthranilic diamides: A new class of insecticides with a novel mode of action, ryanodine receptor activation. Pesticide Biochemistry and Physiology 84: 196-214.

Corrêa, A.G.; Vieira, P.C., orgs. 2007. Produtos naturais no controle de insetos. 2 ed., EdUFSCar, São Carlos, SP, Brasil.

Cunha, U.S.; Vendramim, J.D.; Rocha, W.C.; Vieira, P.C. 2005. Potencial de ***Trichilia pallida*** Swartz (Meliaceae) como fonte de substâncias com atividade inseticida sobre a traça-do-tomateiro, ***Tuta absoluta*** (Meyrick) (Lepidoptera: Gelechiidae). Neotropical Entomology 34: 667-673.

Cunha, U.S.; Vendramim, J.D.; Rocha, W.C.; Vieira, P.C. 2006. Frações de ***Trichilia pallens*** com atividade inseticida sobre ***Tuta absoluta***. Pesquisa Agropecuária Brasileira 41: 1579-1585.

Cunha, U.S.; Vendramim, J.D.; Rocha, W.C.; Vieira, P.C. 2008. Bioatividade de moléculas isoladas de ***Trichilia pallida*** Swartz (Meliaceae) sobre ***Tuta absoluta*** (Meyrick) (Lepidoptera: Gelechiidae). Neotropical Entomology 37: 709-715.

Domingues, V.C.; Ribeiro, L.P.; Gonçalves, G.L.P; Forim, M.R.; Silva, M.F.G.F.; Fernandes, J.B.; Vendramim, J.D. 2020. Grain-protectant compounds from ***Duguetia lanceolata*** (Annonaceae) derivatives: Bioassay-guided searching and toxicity against the maize weevil. Journal of Stored Products Research 85: e101549.

Duke, S.O. 1990. Natural pesticides from plants. p.511-517. *In*: Janick, J.; Simon, J.E., eds. Advances in new crops. Timber Press, Portland, USA.

EPA. 1993. Flower and vegetable oils: Prevention, pesticides, and toxic substances (7508W). EPA-738-F-93-027. Disponível em: <http://www.epa.gov/oppsrrd1/ REDs/factsheets/ 4097fact.pdf>. Acesso em: 20 abr. 2019.

Ferreira, F.T.R.; Vendramim, J.D.; Forim, M.R. 2012. Bioatividade de nanoformulações de nim sobre a traça-do-tomateiro. Ciência Rural 42: 1347-1353.

Ferreira, J.T.B.; Corrêa, A.G.; Vieira, P.C., orgs. 2001. Produtos naturais no controle de insetos. EdUFSCar, São Carlos, SP, Brasil.

Forim, M.R.; Matos, A.P.; Silva, M.F.G.F.; Cass, Q.B.; Vieira, P.C.; Fernandes, J.B. 2010. Uso de CLAE no controle de qualidade em produtos comerciais de nim: Reprodutibilidade da ação inseticida. Química Nova 33: 1082-1087.

Gabriel, P.; Tavares, M.A.G.C.; Vendramim, J.D. 2006. Avaliação da bioatividade de extratos de ***Trichilia pallida*** e ***T. pallens*** sobre ***Spodoptera frugiperda*** (J.E. Smith) (Lepidoptera: Noctuidae). Revista de Agricultura 81: 10-23.

Gallo, D.; Nakano, O.; Silveira Neto, S.; Carvalho, R.P.L.; Baptista, G.C.; Berti Filho, E.; Parra, J.R.P.; Zucchi, R.A.; Alves, S.B.; Vendramim, J.D.; Marchini, L.C.; Lopes, J.R.S.; Omoto, C. 2002. Entomologia agrícola. FEALQ, Piracicaba, SP, Brasil.

Giongo, A.M.M.; Vendramim, J.D.; Freitas, S.D.L.; Silva, M.F.G.F. 2015. Growth and nutritional physiology of ***Spodoptera frugiperda*** (Lepidoptera: Noctuidae) fed on Meliaceae fractions. Revista Colombiana de Entomologia 41: 33-40.

Giongo, A.M.M; Vendramim, J.D.; Freitas, S.D.L.; Silva, M.F.G.F. 2016a. Toxicity of secondary metabolites from Meliaceae against ***Spodoptera frugiperda*** (J.E. Smith) (Lepidoptera: Noctuidae). Neotropical Entomology 45: 725-733.

Giongo, A.M.M; Vendramim, J.D.; Forim, M.R. 2016b. Evaluation of neem-based nanoformulations as alternative to control fall armyworm. Ciência e Agrotecnologia 40: 26-36.

Gonçalves, G.L.P.; Crevelin, E.J.; Lira, S.P.; Vendramim, J.D. 2019. Effects of ***Brugmansia suaveolens*** fractions on ***Zabrotes subfasciatus*** (Coleoptera: Chrysomelidae: Bruchinae). Journal of Biopesticides 12: 19-29.

Gonçalves, G.L.P.; Domingues, V.C.; Ribeiro, L.P.; Fernandes, J.B.; Silva, M.F.G.F.; Forim, M.R.; Vendramim, J.D. 2017. Compounds from ***Duguetia lanceolata*** St.-Hil. (Annonaceae) bioactive against ***Zabrotes subfasciatus*** (Boheman) (Coleoptera: Chrysomelidae: Bruchinae). Industrial Crops and Products 97: 360-367.

Gonçalves, G.L.P.; Ribeiro, L.P.; Gimenes, L.; Vieira, P.C.; Silva, M.F.G.F.; Forim, M.R.; Fernandes, J.B.; Vendramim, J.D. 2015. Lethal and sublethal toxicities of ***Annona sylvatica*** (Magnoliales: Annonaceae) extracts to ***Zabrotes subfasciatus*** (Coleoptera: Chrysomelidae: Bruchinae). Florida Entomologist 98: 921-928.

Gonçalves-Gervásio, R.C.R.; Vendramim, J.D. 2004a. Efeito de extratos de meliáceas sobre o parasitóide de ovos ***Trichogramma pretiosum*** Riley (Hymenoptera: Trichogrammatidae). Neotropical Entomology 33: 607-612.

Gonçalves-Gervásio, R.C.R.; Vendramim, J.D. 2004b. Modo de ação de extratos de meliáceas sobre ***Tuta absoluta***

(Meyrick, 1917) (Lepidoptera: Gelechiidae). Arquivos do Instituto Biológico 71: 215-220.

Gonçalves-Gervásio, R.C.R.; Vendramim, J.D. 2007. Bioatividade do extrato aquoso de sementes de nim sobre ***Tuta absoluta*** (Meyrick, 1917) (Lepidoptera: Gelechiidae) em três formas de aplicação. Ciência e Agrotecnologia 31: 28-34.

Guerra, M.S. 1985. Receituário caseiro: Alternativas para controle de pragas e doenças de plantas cultivadas e seus produtos. Emater, Brasília, DF, Brasil.

Isman, M.B. 1997. Neem and other botanical insecticides: Barriers to commercialization. Phytoparasitica 25: 339-344.

Isman, M.B. 2006. Botanical insecticides, deterrents, and repellents in modern agriculture and an increasingly regulated world. Annual Review of Entomology 51: 45-66.

Isman, M.B. 2017. Bridging the gap: Moving botanical insecticides from the laboratory to the farm. Industrial Crops and Products 110: 10-14.

Isman, M.B.; Grieneisen, M.L. 2014. Botanical insecticide research: Many publications, limited useful data. Trends in Plant Science 19: 140-145.

Isman, M.B.; Seffrin, R. 2014. Natural insecticides from the Annonaceae: A unique example for developing biopesticides. p.21-33. ***In***: Singh, D., ed. Advances in plant biopesticides. Springer, New Delhi, India

Lagunes-Tejeda, A.; Rodríguez-Hernández, C. 1992. Los extractos acuosos vegetales com atividade insecticida: El combate de la conchuela del frijol. Temas selectos de manejo de insecticidas agrícolas, 3. CONACYT, Montecillo, México.

Lima, A.F. 2017. Potencial bioativo e investigações químicas de Solanaceae em relação a ***Spodoptera frugiperda*** (J.E. Smith) (Lepidoptera: Noctuidae). Piracicaba, 72p. Dissertação (Mestrado) - Escola Superior de Agricultura "Luiz de Queiroz", Universidade de São Paulo.

Lima, C.B.N. 2019. Extratos vegetais de Solanaceae: Investigação química e bioatividade sobre ***Sitophilus zeamais*** Mots. (Coleoptera: Curculionidae) em grãos de milho armazenado. Piracicaba, 81p. Dissertação (Mestrado) - Escola Superior de Agricultura "Luiz de Queiroz", Universidade de São Paulo.

Long, Z.; Hock, S.; Hung, S. 2006. Screening of Chinese medicinal herbs for bioactivity against ***Sitophilus zeamais*** Motschulsky and ***Tribolium castaneum*** (Herbst). Journal of Stored Products Research 43: 290-296.

Loyola-Vargas, V.M.; Miranda-Ham, M.L. 1995. Root culture as a source of secondary economic importance. p.217-248. ***In***: Arnason, J.T.; Mara, R.; Romeo, J.T., eds. Recent advances in phytochemistry. Plenum Press, New York, USA.

Maranhão, Z.C. 1954. Plantas-inseticidas. Revista de Agricultura 29: 113-121.

Martinez, S.S. 2011. O nim, ***Azadirachta indica***, natureza, usos múltiplos, produção. IAPAR, Londrina, PR, Brasil.

Mordue (Luntz), A.J.; Blackwell, A. 1993. Azadirachtin: An update. Journal of Insect Physiology 39: 903-924.

Niculau, E.S.; Ribeiro, L.P.; Ansante, T.A.; Fernandes, J.B.; Forim, M.R.; Vieira, P.C.; Vendramim, J.D.; Silva, M.F.G.F. 2018. Isolation of chavibetol and methyleugenol from essential oil of ***Pimenta pseudocaryophyllus*** by high performance liquid chromatography. Molecules 23: 2909-2918.

Pavela, R. 2016. History, presence and perspective of using plant extracts as commercial botanical insecticides and farm products for protection against insects - A review. Plant Protection Science 52: 229-241.

Penteado, S.R. 1999. Defensivos alternativos naturais: Para uma agricultura saudável. Via Orgânica, Campinas, SP, Brasil

Pitta, R.M. 2010. Bioatividade de extratos orgânicos de meliáceas e óleos essenciais de piperáceas sobre ***Rhopalosiphum maidis*** (Hemiptera: Aphididae). Piracicaba, 101p. Tese (Doutorado) - Escola Superior de Agricultura "Luiz de Queiroz", Universidade de São Paulo.

Prates, H.T. 2003. Defesa natural. Cultivar 46: 6-8.

Rattan, R.S. 2010. Mechanism of action of insecticidal secondary metabolites of plant origin. Crop Protection 29: 913-920.

Ribeiro, L.P.; Akhtar, Y.; Vendramim, J.D.; Isman, M.B. 2014a. Comparative bioactivity of selected seed extracts from Brazilian ***Annona*** species and an acetogenin-based commercial bioinsecticide against ***Trichoplusia ni*** and ***Myzus persicae***. Crop Protection 62: 100-106.

Ribeiro, L.P.; Ansante, T.A.; Vendramim, J.D. 2016a. Efeito do extrato etanólico de sementes de ***Annona mucosa*** no desenvolvimento e comportamento alimentar de ***Spodoptera frugiperda***. Bragantia 75: 322-330.

Ribeiro, L.P.; Ansante, T.F.; Niculau, E.S.; Pavarini, R.; Silva, M.F.G.F.; Seffrin, R.C.; Vendramim, J.D. 2015a. ***Pimenta pseudocaryophyllus*** (Myrtaceae) derivates: Extraction methods and bioactivity against ***Sitophilus zeamais*** Motschusky (Coleoptera: Curculionidae). Neotropical Entomology 44: 634-642.

Ribeiro, L.P.; Santos, M.S.; Gonçalves, G.L.P.; Vendramim, J.D. 2015b. Toxicity of an acetogenin-based bioinsecticide against ***Diaphorina citri*** (Hemiptera: Liviidae) and its parasitoid ***Tamarixia radiata*** (Hymenoptera: Eulophidae). Florida Entomologist 98: 835-842.

Ribeiro, L.P.; Vendramim, J.D. 2019. Associação de extratos vegetais e terra de diatomácea no controle do gorgulho-do-milho ***Sitophilus zeamais*** Mots. (Coleoptera: Curculionidae). Revista Brasileira de Agropecuária Sustentável 9: 9-16.

Ribeiro, L.P.; Vendramim, J.D. 2017. Effects of organic plant extracts on behavior of ***Sitophilus zeamais*** Mots. (Coleoptera: Curculionidae) adults. Brazilian Journal of Agriculture 92: 186-197.

Ribeiro, L.P.; Vendramim, J.D.; Andrade, M.S.; Fernandes, M.F.G.; Vieira, P.C.; Fernandes, J.B. 2014b. Tropical plant extracts as sources of grain-protectant compounds against ***Sitophilus zeamais*** Motschulsky (Coleoptera: Curculionidae). Neotropical Entomology 43: 470-482.

Ribeiro, L.P.; Vendramim, J.D.; Bicalho, K.U.; Andrade, M.S.; Fernandes, J.B.; Moral, R.A.; Demétrio, C.G.B. 2013. ***Annona mucosa*** Jacq. (Annonaceae): A promising source of bioactive compounds against ***Sitophilus zeamais*** Mots. (Coleoptera: Curculionidae). Journal of Stored Products Research 55: 6-14.

Ribeiro, L.P.; Vendramim, J.D.; Gonçalves, G.L.P.; Ansante, T.F.; Gloria, E.M.; Lopes, J.C.; Mello-Silva, R.; Fernandes, J.B. 2016b. Searching for promising sources of grain protectors in extracts from Neotropical Annonaceae. Boletín Latinoamericano y del Caribe de Plantas Medicinales y Aromáticas 15: 215-232.

Ribeiro, L.P.; Zanardi, O.Z.; Vendramim, J.D.; Yamamoto, P.T. 2014c. Comparative toxicity of an acetogenin-based extract and commercial pesticides against citrus red mite. Experimental and Applied Acarology 64: 87-98.

Ribeiro, L.P.; Zanardi, O.Z; Gonçalves, G.L.P.; Ansante, T.F.; Yamamoto; P.T.; Vendramim, J.D. 2018. Toxicity of an annonin-based commercial bioinsecticide against three primary pest species of stored products. Neotropical Entomology 47: 145-151.

Rodríguez-Hernández, C.; Vendramim, J.D. 1996. Toxicidad de extractos acuosos de Meliaceae en ***Spodoptera frugiperda*** (Lepidoptera: Noctuidae). Manejo Integrado de Plagas 42: 14-22.

Rodríguez-Hernández., C.; Vendramim, J.D. 1997. Avaliação da bioatividade de extratos aquosos de Meliaceae sobre ***Spodoptera frugiperda*** (J.E. Smith). Revista de Agricultura 72: 305-318.

Rodríguez-Hernández., C.; Vendramim, J.D. 1998. Uso de índices nutricionales para medir el efecto insectistático de extratos de meliáceas sobre ***Spodoptera frugiperda***. Manejo Integrado de Plagas 48: 11-18.

Roel, A.R.; Vendramim, J.D. 1999. Desenvolvimento de ***Spodoptera frugiperda*** (J.E. Smith) em genótipos de milho tratados com extrato acetato de etila de ***Trichilia pallida*** (Swartz). Scientia Agricola 56: 581-586.

Roel, A.R.; Vendramim, J.D. 2006. Efeito residual do extrato acetato de etila de ***Trichilia pallida*** Swartz (Meliaceae) para lagartas de diferentes idades de ***Spodoptera frugiperda*** (J.E. Smith, 1797) (Lepidoptera: Noctuidae). Ciência Rural 36: 1049-1054.

Roel, A.R.; Vendramim, J.D.; Frighetto, R.T.S.; Frighetto, N. 2000a. Efeito do extrato acetato de etila de ***Trichilia pallida*** (Swartz) (Meliaceae) no desenvolvimento e sobrevivência da lagarta-do-cartucho. Bragantia 59: 53-58.

Roel, A.R.; Vendramim, J.D.; Frighetto, R.T.S.; Frighetto, N. 2000b. Atividade tóxica de extratos orgânicos de ***Trichilia pallida*** (Swartz) (Meliaceae) sobre ***Spodoptera frugiperda*** (J.E. Smith). Anais da Sociedade Entomológica do Brasil 29: 799-808.

Saito, M.L.; Lucchini, F. 1998. Substâncias obtidas de plantas e a procura por praguicidas eficientes e seguros ao meio ambiente. Série Documentos, 12. Embrapa Meio Ambiente, Jaguariúna, SP, Brasil.

Santos, M.S.; Zanardi, O.Z.; Pauli, K.S.; Forim, M.R.; Yamamoto, P.T.; Vendramim, J.D. 2015. Toxicity of an azadirachtin-based biopesticide on ***Diaphorina citri*** Kuwayama (Hemiptera: Liviidae) and its ectoparasitoid ***Tamarixia radiata*** (Waterston) (Hymenoptera: Eulophidae). Crop Protection 74: 116-123.

Silva, M.A.; Bezerra-Silva, G.C.D.; Vendramim, J.D.; Mastrangelo, T. 2012. Inhibition of oviposition by neem extract: A behavioral perspective for the control of the Mediterranean fruit fly (Diptera: Tephritidae). Florida Entomologist 59: 333-337.

Silva, M.A.; Bezerra-Silva, G.C.D.; Vendramim, J.D.; Mastrangelo, T. 2013a. Sublethal effect of neem extract on Mediterranean fruit fly adults. Revista Brasileira de Fruticultura 35: 93-101.

Silva, M.A.; Bezerra-Silva, G.C.D.; Vendramim, J.D.; Mastrangelo, T.; Forim, M.R. 2013b. Neem derivatives are not effective as toxic bait for tephritid fruit flies. Journal of Economic Entomology 106: 1772-1779.

Silva, M.A.; Bezerra-Silva, G.C.D.; Vendramim, J.D.; Forim, M.R.; Sá, I.C.G. 2015. Threshold concentration of limonoids (Azamax) for preventing infestation by Mediterranean fruit fly (Diptera: Tephritidae). Journal of Economic Entomology 102: 629-639.

Souza, A.P.; Vendramim, J.D. 2000a. Atividade ovicida de extratos aquosos de meliáceas sobre a mosca-branca ***Bemisia tabaci*** (Gennadius) biótipo B em tomateiro. Scientia Agricola 57: 403-406.

Souza, A.P.; Vendramim, J.D. 2000b. Efeito de extratos aquosos de meliáceas sobre ***Bemisia tabaci*** biótipo B em tomateiro. Bragantia 59: 173-179.

Souza, A.P.; Vendramim, J.D. 2001. Atividade inseticida de extratos aquosos de meliáceas sobre a mosca-branca ***Bemisia tabaci*** (Gennadius) biótipo B (Hemiptera: Aleyrodidae). Neotropical Entomology 30: 133-137.

Souza, A.P.; Vendramim, J.D. 2004. Bioatividade de extratos orgânicos e aquosos de meliáceas sobre ***Bemisia tabaci*** (Genn.) biótipo B em tomateiro. Arquivos do Instituto Biológico 71: 493-497.

Souza, A.P.; Vendramim, J.D. 2005. Efeito translaminar, sistêmico e de contato de extrato aquoso de sementes de nim sobre ***Bemisia tabaci*** (Genn.) biótipo B em tomateiro. Neotropical Entomology 34: 83-87.

Tavares, M.A.G.C. 2006. Busca de compostos em ***Chenopodium*** spp. (Chenopodiaceae) com bioatividade em relação a pragas de grãos armazenados. Piracicaba, 111p. Tese (Doutorado) - Escola Superior de Agricultura "Luiz de Queiroz", Universidade de São Paulo.

Tavares, M.A.G.C.; Vendramim, J.D. 2005a. Atividade inseticida da erva-de-santa-maria, ***Chenopodium ambrosioides*** L. (Chenopodiaceae), em relação a ***Sitophilus zeamais*** Mots., 1855 (Col.: Curculionidae). Arquivos do Instituto Biológico 72: 51-55.

Tavares, M.A.G.C.; Vendramim, J.D. 2005b. Bioatividade da erva-de-santa-maria, ***Chenopodium ambrosioides*** L., sobre ***Sitophilus zeamais*** Mots. (Coleoptera: Curculionidae). Neotropical Entomology 34: 319-323.

Thomazini, A.P.B.W.; Vendramim, J.D.; Lopes, M.T.R. 2000. Extratos aquosos de ***Trichilia pallida*** e a traça-do-tomateiro. Scientia Agricola 57: 13-17.

Torrecillas, S.M.; Vendramim, J.D. 2001. Extrato aquoso de ramos de ***Trichilia pallida*** e o desenvolvimento de ***Spodoptera frugiperda*** em genótipos de milho. Scientia Agricola 58: 27-31.

Vendramim, J.D. 1997. Uso de plantas inseticidas no controle de pragas. p.64-69. ***In***: Imenes, S.L., coord. II Ciclo de Palestras sobre Agricultura Orgânica. Fundação Cargill, São Paulo, SP, Brasil.

Vendramim, J.D.; Castiglioni, E. 2000. Aleloquímicos, resistência de plantas e plantas inseticidas, p.113-135. ***In***: Guedes, J.C.; Costa, I.D.; Castiglioni, E., orgs. Bases e técnicas do manejo de insetos. Pallotti, Santa Maria, RS, Brasil.

Vendramim, J.D.; Scampini, P.J. 1997. Efeito do extrato aquoso de ***Melia azedarach*** sobre o desenvolvimento de ***Spodoptera frugiperda*** (J.E. Smith) em dois genótipos de milho. Revista de Agricultura 72: 159-170.

Vendramim, J.D.; Thomazini, A.P.B.W. 2001. Traça ***Tuta absoluta*** (Meyrick) em cultivares de tomateiro tratadas com extratos aquosos de ***Trichilia pallida*** Swartz. Scientia Agricola 58: 607-611.

Viegas Jr., C. 2003. Terpenos com atividade inseticida: Uma alternativa para o controle químico de insetos. Química Nova 26: 390-400.

Vieira, P.C.; Mafezoli J.; Biavatti, M.W. 2001. Inseticidas de origem vegetal, p.105-120. ***In***: Ferreira, J.T.B.; Corrêa A.G.; Vieira, P.C., orgs. Produtos naturais no controle de insetos. EdUFSCar, São Carlos, SP, Brasil.

Vizzotto, M.; Krolow, A.C.; Weber, G.E.B. 2010. Metabólitos secundários encontrados em plantas e sua importância. Série Documentos, 316. Embrapa Clima Temperado, Pelotas, RS, Brasil.

Wiesbrook, M.L. 2004. Natural indeed: Are natural insecticides safer and better than conventional insecticides? Illinois Pesticide Review 17: 1-3.

Capítulo 2

# Mecanismos de ação dos inseticidas botânicos

Angelina Maria Marcomini Giongo
José Djair Vendramim

## 1. Introdução

O desenvolvimento de estratégias de controle mais seguras para o homem e meio ambiente em relação ao uso de inseticidas sintéticos é um desafio constante no manejo de insetos-praga nas lavouras. Em grande parte, esse anseio é motivado pelo relato crescente de populações de insetos resistentes a muitos dos ingredientes ativos utilizados (Rattan, 2010). Alguns aleloquímicos provenientes do metabolismo secundário de plantas são responsáveis por sua defesa contra herbivoria (Taiz et al., 2017) e podem ser utilizados diretamente como inseticidas, na forma de extratos, pós ou óleos essenciais, ou ainda para obtenção de moléculas-modelo. Esses derivados botânicos apresentam rápida degradação pela ação da luz e da temperatura, tendo, portanto, baixa persistência, o que pode ser vantajoso em função da redução dos resíduos no ambiente. Contudo, tais características podem requerer um maior número de aplicações visando a manter as populações de artrópodes-praga abaixo dos níveis em que causam danos econômicos (Vendramim e Castiglioni, 2000; Aguiar-Menezes, 2005).

As espécies de plantas que vêm se mostrando mais promissoras como fonte de compostos inseticidas pertencem às famílias Meliaceae, Rutaceae, Annonaceae, Asteraceae, Lamiaceae, Malvaceae, Labiatae (Dimetry, 2014) e Piperaceae (Scott et al., 2008). A prospecção de plantas com potencial inseticida é uma atividade importante para a descoberta de novas moléculas ativas, que podem ser isoladas e/ou sintetizadas, ou ainda servir como protótipo-modelo para obtenção de um composto sintético mais eficaz e estável, por meio de modificações estruturais da molécula original (D'Incao et al., 2012). A obtenção de novos compostos por meio de modificação estrutural é possível graças a estudos de relação estrutura-atividade, em que a estrutura química da molécula é correlacionada com a atividade biológica (Walia et al., 2012).

Os inseticidas de origem vegetal com maior destaque no controle de insetos têm sido as piretrinas, a rotenona, os derivados de nim [*Azadirachta indica* A. Juss. (Meliaceae)] e óleos essenciais, juntamente com a rianodina, a nicotina e a sabadila, sendo estes 3 últimos de uso mais limitado (Isman, 2006; El-Wakeil, 2013). Alguns inseticidas botânicos foram desenvolvidos a partir do conhecimento tradicional, seguido da verificação de sua eficácia e identificação dos componentes ativos, como documentado para a nicotina e a rotenona. Por outro lado, outros compostos foram descobertos após a prospecção e a triagem de famílias/ espécies botânicas por meio de ensaios biológicos (prospecção biomonitorada), como a rianodina (Ntalli e Menkissoglu-Spiroudi, 2011).

Há uma grande quantidade de compostos secundários de plantas (aleloquímicos) com propriedades inseticida/insetistática reportadas, mas muito pouco se conhece em relação ao seu modo de ação em nível molecular. Moléculas com sítios de ação específicos ou múltiplos podem ser uma opção para a mitigação da evolução da resistência de insetos a inseticidas. Além disso, compostos ainda não explorados podem atuar em diferentes sítios de ação, podendo ainda ser mais seletivos e seguros ao homem e ao ambiente (Rattan, 2010).

O modo ou mecanismo de ação de um composto refere-se à interação bioquímica específica por meio da qual ele produz seu efeito (El-Wakeil, 2013). Compostos inseticidas geralmente afetam o sistema nervoso, o crescimento/desenvolvimento ou a produção de energia do inseto (Brown, 2005). Os efeitos observados podem ser classificados como comportamentais (p. ex.: repelência, fagodeterrência e ovideterrência) ou fisiológicos (p. ex.: toxicidade aguda, interrupção do desenvolvimento, inibição do crescimento) (Isman, 2017).

A determinação do modo de ação específico de um composto vegetal em insetos é um processo bastante complexo, uma vez que exige o entendimento de como os sistemas dos insetos funcionam. Além disso, pode haver mais de um modo de ação e sítio-alvo envolvidos. Contudo, esse conhecimento é importante para que esses compostos inseticidas possam ser utilizados adequadamente de forma rotacionada, a fim de retardar o surgimento de populações de insetos resistentes, resultando na manutenção dos níveis de eficácia desejados.

## 2. Mecanismos de ação de compostos de origem vegetal

### 2.1. Neurotóxicos

Compostos neurotóxicos atuam no sistema nervoso central ou periférico, interferindo na neurotransmissão química ou nos canais iônicos. Geralmente, neurotoxinas causam efeitos reversíveis, que podem, no entanto, ser letais em alguns casos (Costa et al., 2008).

Muitos compostos da classe dos alcaloides apresentam efeito neurotóxico (Yamane et al., 2010). Os alcaloides são um dos mais diversos e proeminentes grupos de produtos naturais com importância farmacológica e toxicológica (Harborne, 1993). Acredita-se que o papel ecológico desses compostos nas plantas, em conjunto com outras substâncias, seja fornecer uma defesa química contra predadores e patógenos por meio de múltiplos mecanismos biológicos (Wink, 1993; Brown e Trigo, 1995).

Um alcaloide é definido como um composto orgânico cíclico contendo nitrogênio em um estado de oxidação negativo, que ocorre principalmente nas plantas (Pelletier, 1983; Fester, 2010). A maioria dos alcaloides possui caráter básico e deriva do metabolismo de aminoácidos, dos quais provém o nitrogênio. Entretanto, há alcaloides que são aminas não heterocíclicas contendo nitrogênio em uma cadeia lateral (protoalcaloides), e alcaloides não derivados de aminoácidos que adquirem o nitrogênio por transaminação de um núcleo derivado principalmente de terpenos e esteroides, por isso chamados de alcaloides terpênicos e esteroidais (pseudoalcaloides) (Fester, 2010; Henning, 2013).

A nicotina (Figura 1) foi o primeiro e mais importante alcaloide com atividade inseticida que chegou a ser utilizado extensivamente no manejo de pragas; contudo, é reconhecidamente um dos inseticidas botânicos mais tóxicos para seres humanos. Esse alcaloide é encontrado em solanáceas do gênero *Nicotiana*, principalmente *Nicotiana tabacum* L. e *Nicotiana rustica* L. (Solanaceae), popularmente conhecidas por fumo ou tabaco. Outros alcaloides relacionados à nicotina são encontrados nessas espécies, como a nornicotina e a anabasina, que apesar de também possuírem atividade inseticida, ocorrem em menores concentrações (Saito e Lucchini, 1998; Aguiar-Menezes, 2005).

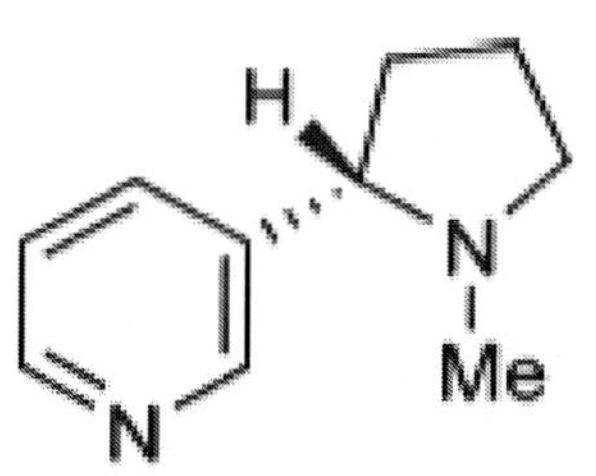


**Figura 1.** Estrutura química do alcaloide nicotina.

Baldwin et al. (1997) forneceram evidências de que a nicotina constitui um importante mecanismo de defesa química da planta. Em ensaios de laboratório, os autores demonstraram que o ferimento das folhas de *Nicotiana sylvestris* Speg. (Solanaceae) induz a síntese de nicotina, em concentrações suficientes para proteger os tecidos da planta dos herbívoros. Entretanto, há insetos adaptados à nicotina, como a lagarta *Manduca sexta* (L.) (Lepidoptera: Sphingidae), que pode tolerar altos níveis desse alcaloide em sua hemolinfa, se alimentando normalmente das plantas de fumo. Murray et al. (1994) caracterizaram uma barreira hematoencefálica capaz de proteger o sistema nervoso colinérgico de lagartas de *M. sexta* contra a nicotina. Nesse caso, os autores verificaram que o composto é bombeado por um sistema de transporte até o lúmen dos túbulos de Malpighi, onde é excretado sem ser metabolizado.

Yamamoto e colaboradores iniciaram, em 1959, os estudos sobre o modo de ação da nicotina e propuseram o termo "nicotinoides" para a nicotina e os compostos relacionados (Yamamoto et al., 1962), como a diidronicotirina, citada por Metcalf (1955) como uma molécula inseticida. A nicotina é uma toxina que age sobre o sistema nervoso e tem efeito muito rápido. No sistema nervoso central dos insetos há receptores nicotínicos de acetilcolina, neurotransmissor responsável pela transmissão nervosa nas sinapses e que é degradado pela enzima acetilcolinesterase. Esses receptores estão presentes em invertebrados e vertebrados; portanto, a nicotina exerce seu efeito sobre ambos (Yamamoto, 1999). A nicotina mimetiza o neurotransmissor acetilcolina, interagindo com o seu receptor nicotínico no neurônio, ativando-o e transmitindo impulsos nervosos de forma intermitente, uma vez que a acetilcolinesterase é incapaz de degradar a nicotina. Os efeitos resultantes são hiperexcitação, paralisia e morte do inseto (Reigart e Roberts, 1999). Os nicotinoides anabasina e nornicotina também apresentam efeito similar sobre os insetos (Hayes, 1982; Regnault-Roger e Philogène, 2008). Um modelo molecular 3D ilustrou que a acetilcolina e a nicotina se ligam ao mesmo sítio no receptor nicotínico de acetilcolina (Schapira et al., 2002).

Alguns alcaloides serviram de modelo para a síntese de novos analógos. Por exemplo, a partir da estrutura da nicotina foi obtida uma cópia sintética em laboratório, que deu origem aos inseticidas neonicotinoides, como imidacloprido (Yamamoto, 1999).

Outro exemplo é a fisostigmina (Figura 2), encontrada em *Physostigma venenosum* Balfour (Fabaceae), que serviu como modelo para a síntese dos carbamatos (Duke, 1990; Aguiar-Menezes, 2005). Esse alcaloide inibe a enzima acetilcolinesterase atuando como substrato e carbamilando a enzima. A fisostigmina é classificada como um inibidor reversível da acetilcolinesterase, que carbamila a enzima a uma taxa lenta (Triggle et al., 1998; Fifer, 2008). Como consequência, a acetilcolinesterase é impedida de degradar a acetilcolina na fenda sináptica, que permanece se ligando aos receptores na membrana pós-sináptica e disparando vários potenciais de ação, causando também hiperexcitação e morte (Patrick, 2017).

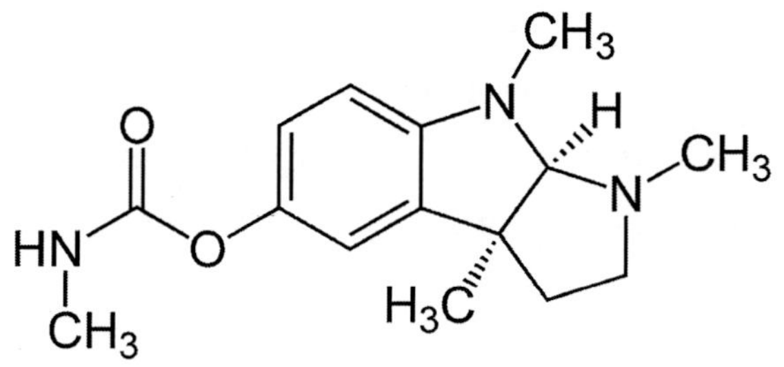

**Figura 2.** Estrutura química do alcaloide fisostigmina.

Mesmo apresentando elevada atividade inseticida, grande parte dos alcaloides não foram sintetizados devido a sua complexidade, sensibilidade à luz e, em alguns casos, pela possibilidade de serem altamente tóxicos para mamíferos. Exemplos de tais compostos são os alcaloides veratrina e rianodina (Casida, 1974). A veratrina é, na verdade, uma mistura dos alcaloides veratridina e cevadina, encontrada em sementes de um lírio chamado sabadila, *Schoenocaulon officinale* (Schltdl. & Cham.) A. Gray ex Benth. (Melanthiaceae), originária da América Latina. O pó de suas sementes foi muito utilizado pelos índios americanos como inseticida para o controle, por exemplo, de piolhos (Crosby, 1971).

A veratridina e a cevadina (Figura 3) possuem efeito de choque e podem causar paralisia, devido à hiperexcitação dos neurônios. Ambas atuam nos canais de sódio durante a transmissão do impulso nervoso, mantendo-os abertos por um período prolongado e, assim, aumentando o influxo de íons sódio ($Na^+$) no neurônio (Bloomquist, 1996). Estudos confirmaram que a veratridina e a cevadina atuam no mesmo local do canal de sódio, e acredita-se que elas sejam capazes de acessá-los movendo-se através da bicamada lipídica em sua forma de base livre, tornando-se protonadas e, então, interagindo com resíduos hidrofóbicos carregados negativamente na face interna do canal de sódio (Honerjager et al., 1992).

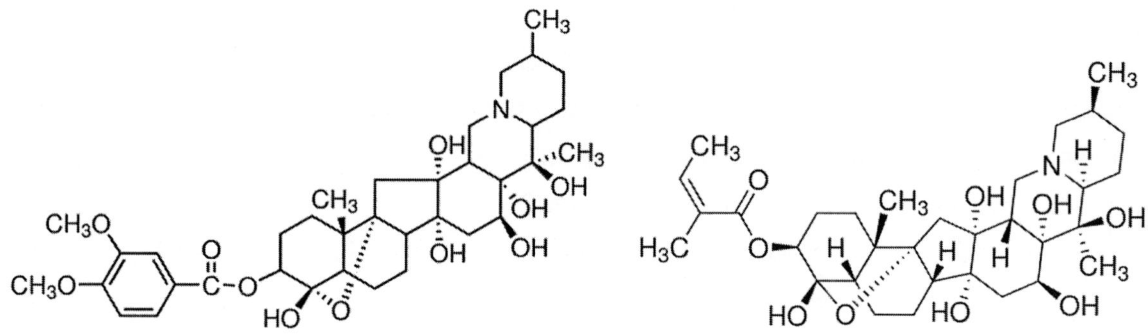

**Figura 3.** Estrutura química dos alcaloides veratridina (esquerda) e cevadina (direita).

A rianodina (Figura 4) é um alcaloide diterpênico, isolado a partir de ramos e raízes de *Ryania speciosa* Vahl (Flacourtiaceae) por Rogers et al. (1948), sendo a sua estrutura descrita por Wiesner (1972). A rianodina e o produto da sua hidrólise (rianodol) estão entre os compostos de síntese mais desafiadora até então relatados (Chuang et al., 2016). Alguns estudos obtiveram sucesso na síntese da rianodina e dos compostos relacionados, chamados rianoides (Masuda et al., 2016; Xu et al., 2017); entretanto, esses compostos ainda não estão disponíveis comercialmente, e os produtos comerciais são formulados a partir do pó da planta. É um inseticida de contato e ingestão, de ação lenta, que frequentemente é misturado com outras preparações botânicas; porém, seu uso é limitado (Ujváry, 2001).

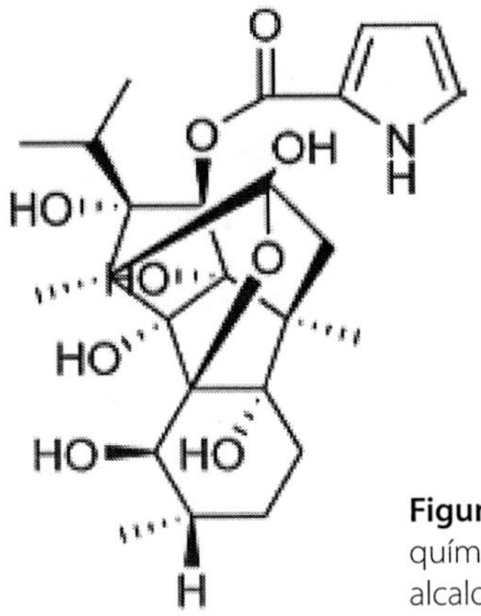


**Figura 4.** Estrutura química do alcaloide rianodina.

A rianodina permitiu a identificação e a caracterização parcial de uma família de moduladores de canais de cálcio intracelular, denominada receptores de rianodina (RyRs), associados principalmente ao retículo sarcoplasmático dos músculos esqueléticos e cardíacos. Esse alcaloide se liga irreversivelmente aos canais de cálcio das fibras musculares, que permanecem abertos, deixando os íons cálcio ($Ca^{+2}$) livres para inundar o interior das fibras, induzindo assim a contração dos músculos esqueléticos e a paralisia muscular (Rogers et al., 1948; Nauen, 2006). Logo após a ingestão, o inseto cessa a alimentação e, aos poucos, os movimentos. A rianodina age lentamente, mas é altamente efetiva (Sattelle et al., 2008).

A descoberta da rianodina e dos receptores de rianodina estimulou estudos visando ao desenvolvimento de compostos sintéticos para controle de insetos tendo esses receptores como alvo. Surgiram então as diamidas do ácido ftálico (que incluem a molécula flubendiamida) (Tohnishi et al., 2005; Ebbinghaus-Kintscher et al., 2006, 2007; Nauen, 2006) e as diamidas antranílicas (que incluem o clorantraniliprole e o ciantraniliprole) (Cordova et al., 2006, 2007; Lahm et al., 2007), ambas potentes ativadoras dos receptores de rianodina de insetos. Esses compostos apresentam a vantagem de serem seletivos para os receptores de insetos em comparação aos de mamíferos (Sattelle et al., 2008).

No grupo dos terpenos, destacam-se as piretrinas com ação neurotóxica. As piretrinas são extraídas de flores secas de piretro, *Tanacetum cinerariifolium* (Trevir.) Sch. Bip. [=*Chrysanthemum cinerariifolium* (Trevir.) Vis.] (Asteraceae). Por apresentarem amplo espectro de atividade, eficácia em doses baixas, ação rápida (*knock down*) e baixa toxicidade a mamíferos, tais compostos foram os mais importantes economicamente e mais utilizados no controle de insetos por muito tempo (Saito e Lucchini, 1998).

As piretrinas são ésteres formados pela combinação dos ácidos crisantêmico e pirétrico com os álcoois piretrolona, cinerolona e jasmolona. Os crisantematos compreendem a piretrina I, a cinerina I e a jasmolina I, formando a fração piretrinas I, e os piretratos compreendem a piretrina II, a cinerina II e a jasmolina II, formando a fração piretrinas II (Jacobson e Crosby, 1971; Tyler et al., 1979) (Figura 5).

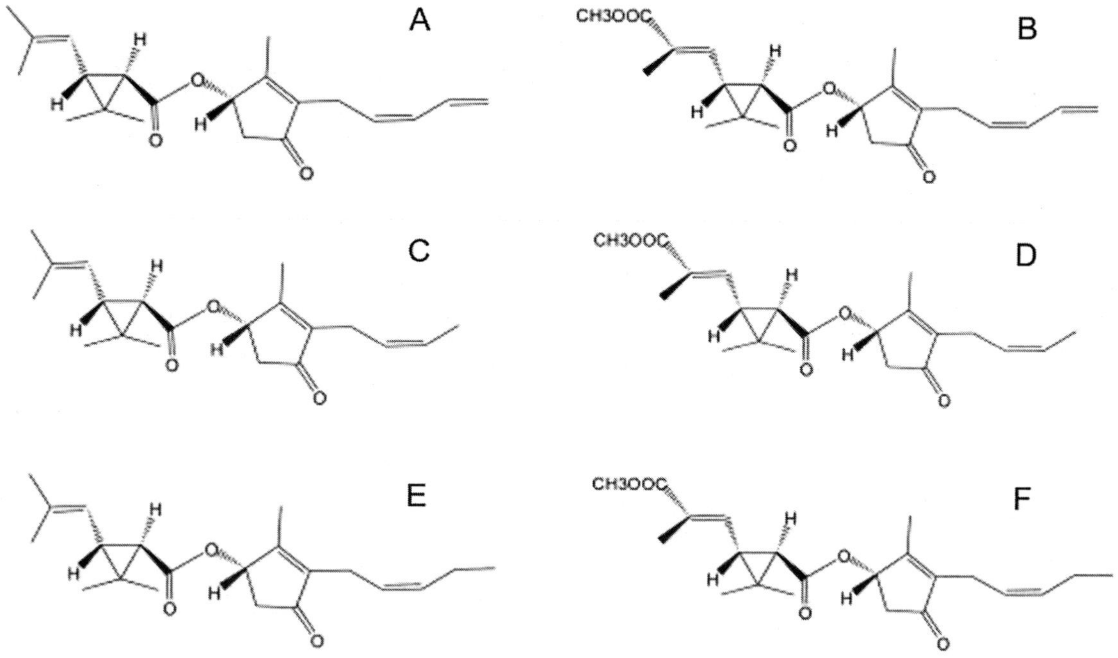


**Figura 5.** Estruturas químicas de algumas piretrinas: A) Piretrina I; B) Piretrina II; C) Cinerina I; D) Cinerina II; E) Jasmolina I; F) Jasmolina II.

O uso das piretrinas é limitado devido à baixa estabilidade, especialmente em razão da fotodegradação, o que reduz sua eficácia no controle de insetos em situações em que a atividade residual é essencial. A partir de pesquisas com esses compostos, foram desenvolvidos os piretroides, análogos sintéticos obtidos a partir de modificações estruturais das piretrinas, visando a aumentar a fotoestabilidade e manter a potente ação inseticida e a baixa toxicidade para mamíferos (Soderlund, 2010).

Antonious (2004) demonstrou que a meia-vida de piretrinas aplicadas em tomate (*Solanum lycopersicum* L.) e pimentão (*Capsicum annuum* L.) foi de 0,46 e 0,90 h, respectivamente. Em contraste, a meia-vida dos piretroides permetrina e bifentrina, quando aplicados em plantas de soja [*Glycine max* (L.) Merrill] cultivadas em casa de vegetação, foi de 45,5 e 15,4 dias, respectivamente (Scorza Jr. e Rigitano, 2007), evidenciando o maior poder residual dos análogos sintéticos. Produtos comerciais à base de piretrinas podem ser encontrados nos Estados Unidos da América, os quais são indicados para controle de pragas em olerícolas e plantas ornamentais, além de pragas urbanas como moscas, baratas e formigas (Moreira et al., 2006).

A baixa toxicidade para mamíferos se deve à oxidação e hidrólise da ligação éster, resultando em metabólitos não tóxicos, similar ao que ocorre com insetos que toleram as piretrinas. A adição de um sinergista como o butóxido de piperonila (PBO) aumenta o efeito sobre os insetos, mas não sobre mamíferos (Casida, 1980), e isso tem sido explorado em estudos visando a incrementar a eficácia de alguns ingredientes ativos.

As piretrinas atuam nos canais de sódio durante a transmissão do impulso nervoso impedindo seu fechamento, o que provoca aumento da duração do potencial de ação, gerando hiperexcitação e paralisia, modo de ação semelhante ao da veratridina e cevadina; entretanto, há estudos que indicam que o sítio de ligação é distinto (Ujváry, 2001).

Nas plantas da família Piperaceae encontram-se as piperamidas, do grupo dos alcaloides, sendo a piperina (Figura 6) a de maior destaque (Scott et al., 2008). As piperamidas são comumente encontradas no gênero *Piper* e possuem um grupo funcional isobutilamida que é combinada com uma fração metilenodioxifenil (MDP). Isso lhes confere dupla atividade biológica: a amida tem ação neurotóxica e o grupo MDP é um inibidor de enzimas de destoxificação, as monooxigenases dependentes do citocromo P450 (Debboun et al., 2014). Em ensaios in vitro, foi demonstrado que a piperina causa inibição da enzima P450 em *Leptinotarsa decemlineata* (Say) (Coleoptera: Chrysomelidae) (Scott et al., 2003).

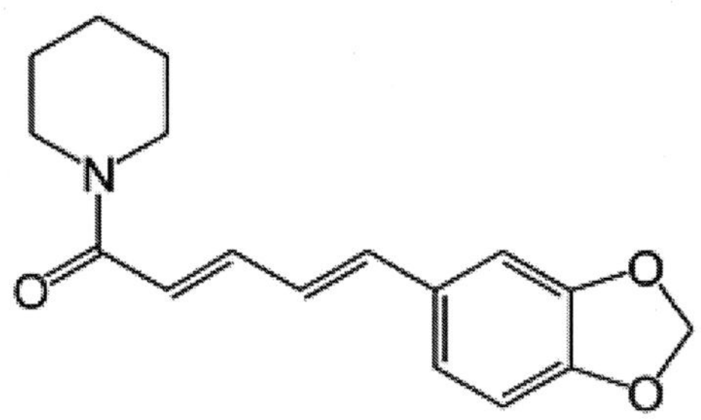


**Figura 6.**
Estrutura química da piperamida piperina.

Hatakoshi et al. (1984) demonstraram que a pipercida, isolada dos frutos de *Piper nigrum* L., é ativa contra a barata-americana, *Periplaneta americana* (L.) (Blattaria: Blattidae), e induz descargas repetitivas no cordão nervoso central. Por outro lado, verificou-se que a piperamida piperovatina aumenta a concentração intracelular de cálcio em culturas de células neuronais de baratas-americanas, e que esse efeito é revertido pelo pré-tratamento com tetrodotoxina, um inibidor dos canais de sódio voltagem-dependentes (McFerren et al., 2002). Da mesma forma, Suzuki e Yamato (2018) observaram que a piperovatina extraída de *Piper piscatorum* Trel. & Yunck. induz sintomas excitatórios como inquietação, hiperatividade e tremores em *P. americana* após injeção, e que induz efeito excitatório no cordão nervoso central, o qual pode ser inibido após aplicação de lidocaína, também um bloqueador de canais de sódio. Os autores demonstraram que ela se liga preferencialmente aos canais de sódio ativados, resultando em aumento da despolarização da membrana, e que esse composto acelera a inativação dos canais de sódio após a despolarização em milissegundos, mas inibe a inativação após a despolarização em escala de segundos.

O efeito das piperamidas é frequentemente comparado ao dos piretroides, pois ambos se ligam aos canais de sódio no estado ativado; entretanto, a piperovatina não induz abertura prolongada como fazem os piretroides, sendo, provavelmente, apenas um modulador sensível à tensão (Suzuki e Yamato, 2018).

Maleck et al. (2014) relataram também efeito citotóxico de piperamidas, em particular a piperlonguminina, sobre as células do tubo digestivo de larvas de *Aedes aegypti* (L.) (Diptera: Culicidae), causando destruição celular e morte do inseto.

Inseticidas com ação neurotóxica tornaram-se os mais utilizados, sendo muito úteis no controle de insetos de importância agrícola e médica. Neonicotinoides e piretroides, ambos neurotóxicos, têm a maior participação no mercado mundial de inseticidas (Soderlund, 2020), porém, o fato de terem o sistema nervoso como alvo faz com que afetem não somente insetos, mas também outros animais, inclusive o ser humano (Richardson et al., 2019). Tem sido crescente a preocupação em relação aos efeitos dos neonicotinoides sobre pássaros (Hallman et al., 2014) e abelhas (Whitehorn et al., 2012). Associado a isso, a resistência dos insetos a esses compostos levou à busca por novos mecanismos de ação. A gama de moléculas e modos de ação disponíveis aumentou, o que é importante para contornar os mecanismos de resistência; porém, ainda há fatores a serem considerados como o tempo que o composto leva para controlar o inseto e a seletividade a organismos não alvo (Casida e Durkin, 2013).

## 2.2. Inibidores da respiração celular

A rotenona (Figura 7) é um exemplo clássico de composto que atua inibindo a respiração celular. É um composto fenólico do tipo flavonoide, extraído de raízes de leguminosas (Fabaceae) dos gêneros *Derris*, *Lonchocarpus* e *Tephrosia*. A extração a partir de raízes de plantas desses gêneros com solventes orgânicos produz resinas contendo até 45% de rotenoides totais, dos quais os principais constituintes são rotenona (44%) e deguelina (22%) (Cabizza et al., 2004).

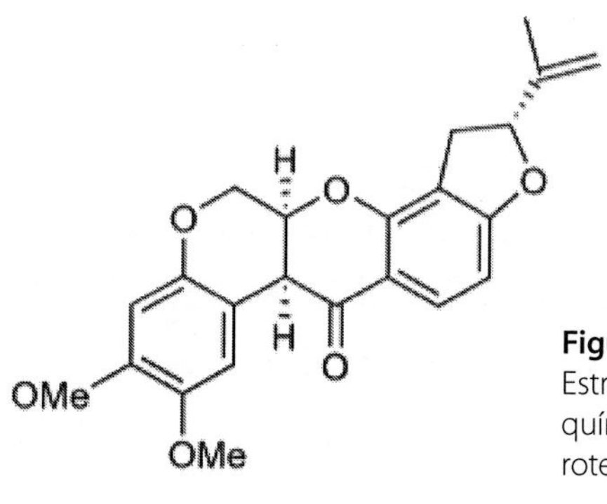


**Figura 7.** Estrutura química da rotenona.

Entre os compostos fenólicos, a rotenona é o único utilizado comercialmente como inseticida, embora outros compostos desse grupo tenham sido relacionados à resistência de plantas a insetos (Duke, 1990), como os taninos (Bernays, 1981). O composto é comercializado geralmente em forma de pó contendo 1 a 5% de ingrediente ativo para uso doméstico e em jardins, mas formulações líquidas para uso na agricultura orgânica podem conter até 8% de rotenona e 15% de rotenoides no total (Isman, 2006). Os insetos sob efeito da rotenona apresentam dificuldades de coordenação muscular, cessando lentamente seus movimentos até a morte (Saito e Lucchini, 1998).

Insetos e peixes são muito mais sensíveis à rotenona em comparação com mamíferos. Essa toxicidade seletiva pode ser explicada pelo seu metabolismo, uma vez que esse composto se converte em metabólitos altamente tóxicos em grandes quantidades em insetos e peixes, enquanto em mamíferos ele se converte em metabólitos não tóxicos. Além disso, a absorção pelo trato gastrointestinal em mamíferos é baixa (Gupta et al., 2019).

Além da rotenona, as acetogeninas também são inibidoras da respiração celular. Acetogeninas são compostos derivados de ácidos graxos de cadeia longa, combinados com uma unidade de 2-propanol. Elas são encontradas em folhas, ramos e, principalmente, em sementes de plantas da família Annonaceae (Alali et al., 1999), nos gêneros *Annona*, *Anomianthus*, *Asimina*, *Desepalum*, *Goniothalamus*, *Polyalthia*, *Porcelia*, *Uvaria* e *Xylopia* (Johnson et al., 2000).

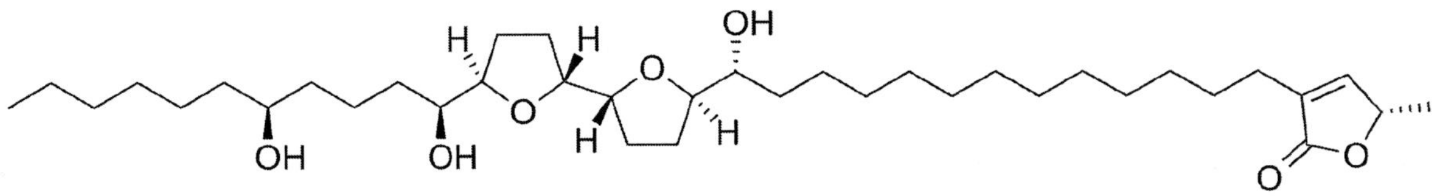


**Figura 8.** Estrutura química da acetogenina anonina I.

Muitos desses compostos apresentam atividade inseticida, atuando sobre várias espécies de insetos (Ansante et al., 2017; Ribeiro et al., 2017; Ribeiro e Vendramim, 2019). Dentre esses compostos se destacam a anonina, a *cis*-anonacina, a asimicina e a roliniastatina (Blessing et al., 2012; Hidalgo et al., 2018). A anonina I (ou esquamocina) (Figura 8) é a principal acetogenina obtida de sementes de *Annona squamosa* L. e a asimicina é encontrada na casca de *Asimina triloba* (L.) Dunal (McLaughlin et al., 1997; Johnson et al., 2000). Algumas acetogeninas são tóxicas para mamíferos, o que tem sido um impedimento para a sua regulamentação de uso; contudo, extratos padronizados de sementes de *A. squamosa* e de casca de *A. triloba* são bem menos tóxicos (Isman, 2006) e já estão sendo comercializados em alguns países.

As acetogeninas apresentam atividades biológicas variadas, incluindo efeitos inseticida, anti-helmíntico, antimalárico, antimicrobiano, antiprotozoário, citotóxico e antitumoral (Alali et al., 1999; Padmanabhan e Paliyath, 2016). Quanto ao efeito inseticida, os estudos de mecanismos de ação foram conduzidos inicialmente com base nos níveis de ATP em insetos; posteriormente, descobriu-se que tanto a atividade citotóxica quanto a inseticida estavam relacionadas à geração de ATP e à oxidação do NADH nas mitocôndrias (Liaw et al., 2010).

A rotenona e as acetogeninas atuam como inibidoras da cadeia de transporte de elétrons na mitocôndria (Londershausen et al., 1991; Lewis et al., 1993; Friedrich et al., 1994; Hollingworth et al., 1994; González-Coloma et al., 2002), inibindo a respiração celular por impedirem o transporte de elétrons e, consequentemente, a conversão de ADP e fosfato inorgânico em ATP (Gu et al., 1995; Zafra-Polo et al., 1998). O transporte de elétrons ao longo da cadeia segue uma ordem de complexos proteicos de I a IV. Ambos os compostos atuam no complexo I, também chamado de NADH: ubiquinona oxidorredutase. Nesse complexo, ocorre a transferência de elétrons do NADH até a ubiquinona, sendo uma etapa limitante na produção de energia pelas mitocôndrias (Zafra-Polo et al., 1998). Essa enzima é a via principal para a produção de ATP na célula, logo sua inibição interfere na produção de energia (Zeng et al., 1996).

O modo de ação da rotenona foi extensamente estudado e revisado (Tischler, 1936; Harvey e Brown, 1951; Metcalf, 1955; Fukami, 1956; Horgan et al., 1968; Yamamoto, 1970). Estudos de marcação por fotoafinidade indicaram que a rotenona se liga especificamente a um polipeptídeo de 33 kDa dentro do domínio lipofílico do complexo I (Ragan, 1987).

Gondal e Anderson (1985) demostraram que a ligação da rotenona parece causar mudanças conformacionais no complexo I de mitocôndrias de coração bovino. Além disso, a transferência incompleta de elétrons induzida pela rotenona pode levar à formação de espécies reativas do oxigênio (ERO), causando danos aos componentes da mitocôndria, incluindo o DNA mitocondrial, podendo eventualmente levar à apoptose (Li et al., 2003; Fato et al., 2009).

A inibição do complexo I da respiração mitocondrial pelas acetogeninas foi observada por Londershausen et al. (1991) e confirmada por diversos autores (Ahammadsahib et al., 1993; Lewis et al., 1993; Miyoshi et al., 1998; Zafra-Polo et al., 1998; Takada et al., 2000).

Em contraste aos sintomas de intoxicação causados por compostos neurotóxicos, insetos expostos a acetogeninas, como anonina e asimicina A, apresentam crescente letargia e redução de mobilidade (Rieske, 1980; Fukami, 1985), semelhante ao que ocorre com a rotenona. Lewis et al. (1993) observaram que a asimicina reduziu a taxa de consumo de oxigênio por lagartas de quarto instar de *Ostrinia nubilalis* (Hübner) (Lepidoptera: Crambidae), e evidenciaram esse efeito também em mitocôndrias isoladas do intestino médio das lagartas de quinto instar dessa espécie. Também foi observado que as acetogeninas são potentes inibidoras de NADH oxidases das membranas plasmáticas de células cancerígenas (Morré et al., 1995; Liaw et al., 2010).

Algumas acetogeninas são ainda mais potentes que a rotenona (Degli Esposti et al., 1994a) e inibem o complexo I de diferentes maneiras, atuando em diferentes locais dentro do sítio ativo da enzima (Degli Esposti et al., 1994b, 1996a,b; Darrouzet e Dupuis, 1997). Há relatos, ainda, de que algumas acetogeninas possuem efeito fagoterrente e hormonal (mais detalhes no item 2.3). Há também indícios de que, em doses subletais, elas causam danos no epitélio do intestino médio e nas células digestivas de insetos, diminuindo a expressão de genes associados ao transporte e absorção de nutrientes, metabólitos e não eletrólitos, aumentando a expressão de genes ligados à indução de autofagia (Costa et al., 2016).

## 2.3. Fagodeterrentes

Alguns compostos podem interferir na seleção hospedeira dos insetos, atuando nos seus quimiorreceptores, presentes geralmente nas peças bucais, ou menos frequentemente, nos tarsos e antenas (Pickett et al., 1997; Chapman, 2003). Quando esses compostos reduzem a alimentação do inseto pela atuação nos quimiorreceptores, são chamados fagodeterrentes (Frazier, 1986; Isman et al., 1996). Essa definição exclui os compostos que reduzem a alimentação do inseto após a ingestão e absorção da mesma, por ação no sistema nervoso central ou por efeito subletal, que muitos autores consideram como sendo também fagodeterrentes (Isman, 2002). Mordue (Luntz) e Blackwell (1993), por exemplo, classificaram a fagodeterrência em primária e secundária. A primária ocorre quando o composto afeta a alimentação agindo nos quimiorreceptores, e a secundária quando o inseto ingere o composto, causando assim efeitos tóxicos secundários, como distúrbios hormonais, alteração dos movimentos peristálticos do intestino, inibição da produção de enzimas digestivas, efeito sobre o sistema nervoso estomatogástrico etc. [Mordue (Luntz) et al., 1985; Koul e Isman, 1991; Timmins e Reynolds, 1992; Trumm e Dorn, 2000]. Entretanto, a maioria dos autores considera qualquer redução no consumo de alimento como fagodeterrência, e nem sempre é fácil fazer a distinção entre os efeitos primário e secundário.

Os terpenos são compostos que apresentam as formas mais potentes e diversificadas de fagodeterrentes (Isman, 2002). A azadiractina (Figura 9) é um exemplo clássico de terpeno fagodeterrente, tanto pela ação nos quimiorreceptores (fagodeterrência primária) quanto pelos efeitos secundários após a ingestão (fagodeterrência secundária) [Mordue (Luntz) e Blackwell, 1993]. Esse composto é um terpeno do grupo dos limonoides e é extraído principalmente de sementes de nim, mas também de outras meliáceas como *Melia azedarach* L. e *Melia toosendan* Sieb. et Zucc. (Duke, 1990; Viegas Jr., 2003). De fato, o interesse no nim e na azadiractina teve como base a observação da sua atividade fagodeterrente sobre o gafanhoto-do-deserto, *Schistocerca gregaria* (Forskål) (Orthoptera: Acrididae) [Mordue (Luntz) e Nisbet, 2000].

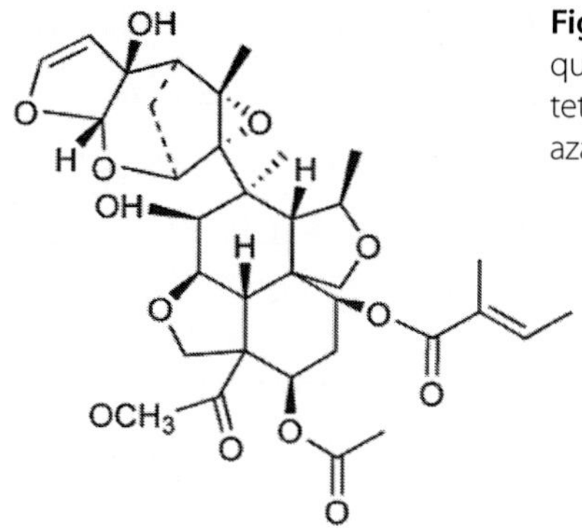

**Figura 9.** Estrutura química do tetranortriterpenoide azadiractina.

A azadiractina foi isolada das sementes de nim na década de 1960 (Butterworth e Morgan, 1968). No entanto, a estrutura química da molécula só foi completamente elucidada em 1987 devido à sua complexidade (Bilton et al., 1987; Kraus et al., 1987; Turner et al., 1987). Sua síntese em laboratório demorou 22 anos para ser concluída e, mesmo assim, esse processo apresenta baixo rendimento (Veitch et al., 2007; Ley et al., 2008), o que torna muito difícil a síntese em escala comercial. Assim, os produtos à base de azadiractina atualmente comercializados são preparados a partir do produto natural.

A azadiractina é um dos compostos naturais mais estudados em relação à sua atividade biológica, toxicidade, biodegradação e relação estrutura-atividade (Viegas Jr., 2003). Ela apresenta não apenas um potente efeito fagodeterrente, mas também regulador de crescimento sobre várias espécies de artrópodes. Estudos demonstraram que a azadiractina pode ser quebrada em dois fragmentos e que cada um deles atua de maneira distinta: a porção decalínica interrompe o crescimento e desenvolvimento do artrópode, enquanto a porção hidroxifurânica atua como fagodeterrente (Aldhous, 1992).

O efeito fagodeterrente é bastante variável dependendo da ordem e mesmo da espécie de inseto. Em geral, os insetos mais afetados pertencem às ordens Coleoptera, Hemiptera, Hymenoptera, Orthoptera e Lepidoptera, sendo os desta última os mais sensíveis e os da penúltima os que apresentam sensibilidade mais variável [Mordue (Luntz) e Nisbet, 2000]. Por exemplo, a azadiractina é extremamente potente para o gafanhoto *S. gregaria*, mas para outro gafanhoto da mesma família, *Locusta migratoria* (L.) (Orthoptera: Acrididae), é necessária uma dose 10 vezes maior para que haja efeito (Champagne et al., 1989). Há ainda a possibilidade de o inseto rapidamente se adaptar ao composto fagodeterrente após exposição prolongada. A azadiractina perde metade do efeito fagodeterrente sobre *Spodoptera litura* (Fabricius) (Lepidotera: Noctuidae) após 5 h (Bomford e Isman, 1996). Quanto à fotodegradação, para a azadiractina foi demonstrada uma meia-vida de 20 h (Caboni et al., 2002).

A inibição de alimentação provocada pela azadiractina está altamente correlacionada com a resposta sensorial dos quimiorreceptores nas peças bucais dos insetos [Schoonhoven, 1982; Mordue (Luntz) et al., 1998], o que foi demonstrado por estudos eletrofisiológicos em algumas espécies de Lepidoptera (Blaney et al., 1990). O composto estimula células deterrentes específicas nesses quimiorreceptores e também bloqueia a ativação de células receptoras de açúcar e inositol em algumas espécies (Schoonhoven, 1988; Simmonds e Blaney, 1996; Mordue (Luntz) et al., 1999), que normalmente estimulam a alimentação, e a especificidade das células receptoras pode explicar as diferenças de efeito observado entre espécies de insetos (Blaney et al., 1990).

A fagodeterrência secundária é decorrente da ingestão do composto que leva a efeitos tóxicos, e não da sensibilização ou inativação de quimiorreceptores específicos, resultando em redução no consumo alimentar e em alterações na eficiência de conversão do alimento (Schmutterer, 1985). Além disso, o efeito tóxico do composto pode causar redução na alimentação mesmo sem ter sido ingerido pelo inseto. Por exemplo, gafanhotos submetidos a injeções de azadiractina mostraram redução na ingestão de alimento, sem nem mesmo ter havido contato do limonoide com os receptores gustativos [Nasiruddin e Mordue (Luntz), 1993].

O óleo extraído de sementes de nim contém outros limonoides bioativos, além da azadiractina ("azadiractina A"), sendo os mais importantes a salanina, nimbina (Figura10), 3-tigloilazadiractol ("azadiractina B") e 1-tigloil-3-acetil-11-hidroximeliacarpina ("azadiractina D") e deacetilnimbina [Mordue (Luntz) e Blackwell, 1993; Govindachari et al., 1996, 2000; Mitchell et al., 1997; Morgan, 2009]. Govindachari et al. (1996) demonstraram que o efeito fagodeterrente da salanina, da nimbina e da deacetilnimbina sobre *S. litura*, *Pericallia ricini* Fabricius (Lepidoptera: Arctiidae) e *Oxya fuscovittata* (Marschall) (Orthoptera: Acrididae) é comparável ao da azadiractina. O meliantriol (Figura 10) é outro composto com ação fagodeterrente, isolado de *A. indica* e de *M. azedarach* por Lavie e Jain (1967), porém seu efeito é menos potente.

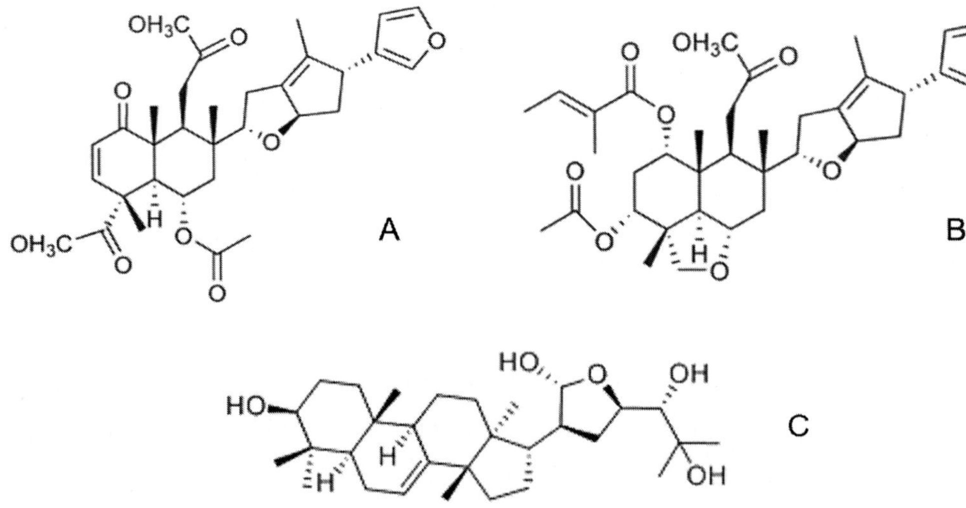


**Figura 10.** Estrutura química de alguns limonoides com ação fagodeterrente, extraídos do nim (*Azadirachta indica*): A) Nimbina; B) Salanina; C) Meliantriol.

A 6-hidroxigedunina, também isolada do nim, apresentou efeito fagodeterrente sobre *Helicoverpa armigera* (Hübner) (Lepidoptera: Noctuidae) e *S. litura*. Embora não seja um fagodeterrente tão ativo quanto a azadiractina, esse composto mostrou-se mais eficaz que outros limonoides como a gedunina, do qual é derivado (Koul et al., 2003), a qual possui efeito pouco pronunciado, seja como regulador de crescimento ou fagodeterrente (Kraus et al., 1993). Outros limonoides do nim, como nimbocinol, azadiradiona, 3-O-acetilsalanol e salanol, além da salanina já citada, também mostraram atividade fagodeterrente contra esses lepidópteros (Koul et al., 2004a,b). Em relação aos 3 últimos, não foi observado efeito tóxico ou alteração nos índices nutricionais, sugerindo efeito primariamente fagodeterrente.

Toosendanina, isolada de *M. toosendan* (Chiu e Zhang, 1987), também é um composto com ação fagodeterrente, além de regulador de crescimento, tendo sido demonstrado que, de forma similar à azadiractina, perde seu efeito fagodeterrente após 4,5 h (Isman, 2002). Outro terpeno fagodeterrente é a meliartenina, extraída de *M. azedarach*, e que apresenta efeito sobre várias espécies de Coleoptera, Lepidoptera e uma espécie de Orthoptera (Carpinella et al., 2003).

Outro terpeno, a cedrelona (Figura 11), teve seu efeito fagodeterrente demonstrado para o coleóptero *Epilachna* sp. (Coleoptera: Coccinellidae) (Koul, 1983) e para os lepidópteros *S. litura* (Koul, 1983), *Mamestra configurata* Walker e *Peridroma saucia* (Hübner) (ambas Lepidoptera: Noctuidae) (Koul e Isman, 1992) e, mais recentemente, para *Spodoptera frugiperda* (J.E. Smith) (Lepidoptera: Noctuidae) (Giongo et al., 2016). Para *S. frugiperda*, foi observada redução no peso larval após a ingestão de dieta contendo cedrelona; porém, os insetos se alimentaram normalmente nas primeiras 8 h, reduzindo gradativamente a alimentação após esse período. A redução tardia no consumo indica que houve efeito tóxico pós-ingestão, fazendo com que as atividades cessassem lentamente, e não que tenha havido interação do composto com quimiorreceptores do inseto (fagodeterrência primária), o que causaria redução imediata na alimentação.

Outros terpenos que causam fagodeterrência em insetos são o timol, de *Thymus vulgaris* L. (Lamiaceae), a ajugarina I, de *Ajuga remota* Wall. ex Benth. (Lamiaceae), o glaucolídeo A, de *Vernonia* spp. (Asteraceae), e o agrinosídeo, de *Allium porrum* L. (Amaryllidaceae). Há também alguns compostos fenólicos com efeito fagodeterrente, como a furanocumarina xantotoxina, de *Pastinaca sativa* L. (Apiaceae), e alcaloides de solanáceas, como a tomatina, de *Lycopersicon esculentum* Mill. (= *Solanum lycopersicum* L.) (Isman, 2002).

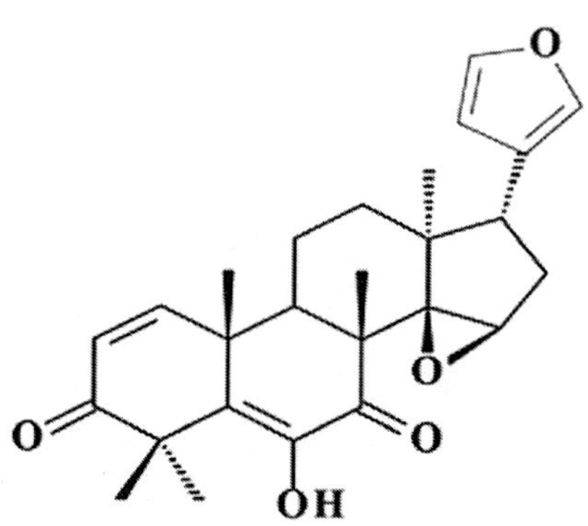

**Figura 11.** Estrutura química da cedrelona.

Um limonoide bastante estudado e encontrado nas famílias Meliaceae e Rutaceae é a fraxinelona (Figura 12), que ocorre principalmente nas espécies *Dictamnus dasycarpus* Trucz. (Liu et al., 2002), *Dictamnus angustifolius* G. Don ex Sweet (Hu et al., 1989) e *M. azadarach* (Nakatani et al., 1998). A molécula de fraxinelona foi totalmente sintetizada por Okamura et al. (1997) e está disponível comercialmente na China e nos Estados Unidos da América, como composto isolado.

A fraxinelona possui atividade fagodeterrente sobre os lepidópteros *Spodoptera littoralis* (Boisduval), *Mythimna separata* (Walker), *Agrotis ipsilon* (Hufnagel) (ambas Lepidoptera: Noctuidae) e *Plutella xylostella* (L.) (Lepidoptera: Plutellidae); sobre os coleópteros *Tribolium castaneum* (Herbst) (Coleoptera: Tenebrionidae) e *Sitophilus zeamais* Motschulsky (Coleoptera: Curculionidae) (Nakatani et al., 1998; Liu et al., 2002; Wei e Yuan, 2006; Lü et al., 2010, 2013).

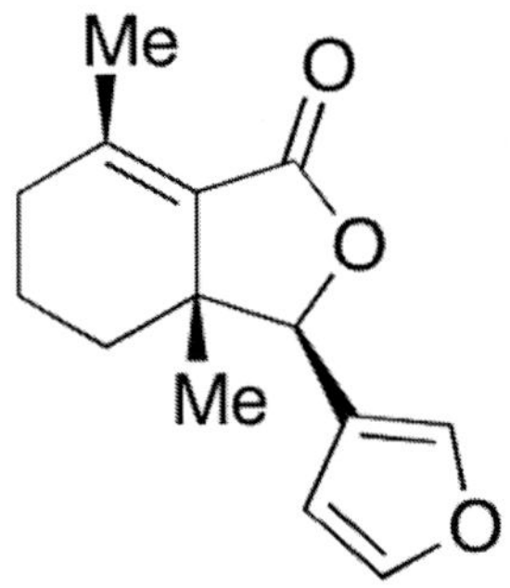


**Figura 12**. Estrutura química da fraxinelona.

Alguns efeitos observados são redução do crescimento e da taxa de consumo, que podem ou não ser acompanhados de alteração na utilização do alimento ingerido (Liu et al., 2002, 2009). Além disso, a fraxinelona causou redução na atividade de enzimas digestivas em algumas espécies de lepidópteros (mais detalhes no item 2.5), sugerindo que a sua ação fagodeterrente se deve a efeitos tóxicos pós-ingestão (Liu et al., 2008, 2009; Lü et al., 2013). O composto também demonstrou efeito citotóxico, sendo capaz de destruir a membrana peritrófica do mesêntero de lagartas de *M. separata* (Lü et al., 2010).

Blessing et al. (2010) relataram efeito fagodeterrente causado por acetogeninas que possuem anel monotetrahidrofurano na molécula sobre lagartas de *S. frugiperda*, bem como malformações em larvas e pupas, indicando também um possível efeito hormonal. Nenhuma relação com a enzima NADH oxidase foi observada, indicando que a inibição do complexo mitocondrial I não é o único modo de ação dessas acetogeninas. Os autores sugeriram, ainda, que a fagodeterrência está relacionada às acetogeninas que possuem um grupo carbonila ou um anel tetrahidrofurano (THF) em C-10, e também pode estar relacionada ao número de grupos THF na cadeia.

Apesar da vantagem que um fagodeterrente apresenta por inibir a alimentação do inseto e, portanto, o dano causado às culturas, a possibilidade de adaptação por parte da praga e consequente redução da eficácia desses compostos ao longo do tempo deve ser considerada, pois esse pode ser um fator limitante para a sua aplicação no manejo de pragas (Isman, 2002; Koul, 2008).

## 2.4. Reguladores de crescimento

Os reguladores de crescimento são compostos que afetam adversamente o crescimento e desenvolvimento dos insetos, podendo controlá-los por meio da interferência na metamorfose ou reprodução, causando anormalidades que prejudicam a sobrevivência do inseto (Siddall, 1976; Riddiford e Truman, 1978).

Esses compostos podem ser análogos ou antagonistas de hormônios de insetos. No óleo essencial de *Ageratum conyzoides* L. e de *Ageratum houstonianum* Mill. (Asteraceae) são encontrados os precocenos I e II (Figura 13), cromenos que são antagonistas do hormônio juvenil de insetos. Foi observado que esses compostos causavam metamorfose precoce em ninfas do percevejo *Oncopeltus fasciatus* (Dallas) (Hemiptera: Lygaeidae), que se desenvolviam em adultos estéreis (Bowers et al., 1976; Bowers, 1981). Os precocenos afetam o desenvolvimento, pois destroem os corpos alados de insetos, que são responsáveis pela produção do hormônio juvenil, reduzindo seus níveis e provocando, consequentemente, a metamorfose precoce do inseto para a fase adulta, fase em que os precocenos causam esterilidade (Bowers, 1981). Foi observado que eles atuam nos corpos alados apenas quando estes estão sintetizando e secretando ativamente o hormônio juvenil. Adultos oriundos de ninfas fêmeas tratadas com precocenos apresentaram, ainda, corpos alados e ovários menos desenvolvidos, sendo que o dano sobre os corpos alados foi irreversível, e atribuído à alquilação de elementos celulares por um epóxido intermediário reativo (Bowers, 1982).

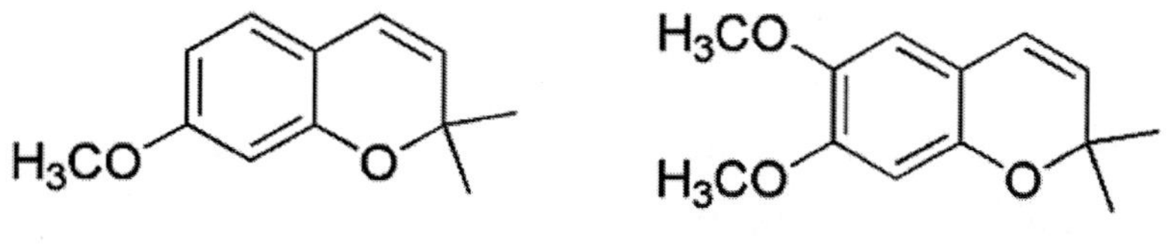


**Figura 13.** Estruturas químicas dos precocenos I (esquerda) e II (direita).

Análogos do hormônio juvenil de insetos também foram encontrados em plantas, incluindo os terpenos juvocimeno de *Ocimum basilicum* L. (Lamiaceae) e a juvabiona de *Abies balsamea* (L.) Mill. (Pinaceae) (Figura 14). Embora não tenham sido usados comercialmente, esses compostos serviram como modelos para o desenvolvimento de análogos sintéticos do hormônio juvenil, como o metopreno e o quinopreno (Staal, 1975). Juvocimeno e juvabiona mimetizam a ação do referido hormônio e podem, em teoria, interferir em todas as suas funções (Retnakaran et al., 1985).

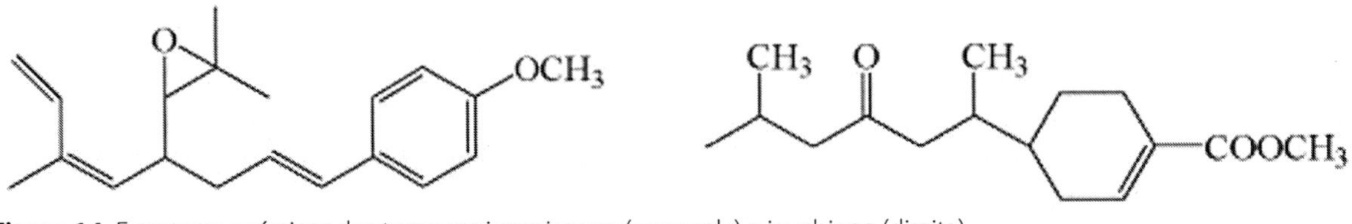


**Figura 14.** Estruturas químicas dos terpenos juvocimeno (esquerda) e juvabiona (direita).

A azadiractina também apresenta um potente efeito regulador de crescimento, além da fagodeterrência (Rembold et al., 1982; Isman et al., 1990). Muitas espécies de insetos são sensíveis aos efeitos neuroendócrinos da azadiractina (mais de 400 espécies estimadas até 2010), exibindo alterações como formas intermediárias larva-adulto, maior duração dos instares larvais, atraso e mortalidade durante a ecdise [Mordue (Luntz) et al., 2010].

A interferência da azadiractina no desenvolvimento do inseto parece ser resultado da atuação no processo de divisão celular dos corpos cardíacos, onde é produzido o hormônio protoracicotrópico, que regula a síntese e liberação de ecdisteroides (ecdisônio e 20-hidroxiecdisônio) pelas glândulas protorácicas, e que também liberam a alatotropina, que induz a produção de hormônio juvenil nos corpos alados. O efeito resultante é a ausência de ecdisteroides e de hormônio juvenil e, consequentemente, alterações no processo de ecdise e de maturação dos ovos, que acarretam malformações e esterilidade de fêmeas [Rembold et al.,1989; Mordue (Luntz) e Nisbet, 2000; Salehzadeh et al., 2003]. Mitchell et al. (1997) verificaram que a azadiractina, assim como a salanina e outros limonoides isolados das sementes de *A. indica*, atuam também inibindo a enzima ecdisônio-20-monoxigenase, que catalisa a reação que converte o ecdisônio em sua forma ativa, o 20-hidroxiecdisônio.

As meliacarpinas, terpenoides extraídos de *M. azedarach*, também apresentam efeito regulador de crescimento sobre insetos (Kraus, 2002). Entretanto, o desenvolvimento de inseticidas baseados em extratos dessa espécie vegetal é limitado em decorrência da presença de meliatoxinas nos frutos, terpenos tóxicos a mamíferos (Ascher et al., 2002).

Reguladores de crescimento possuem um papel importante no manejo de pragas, uma vez que apresentam maior especificidade em seu modo de ação e segurança para organismos não alvo quando comparados aos outros grupos de compostos (Tunaz e UyGun, 2004; Subramanian e Shankarganesh, 2016). Porém, eles atuam em estágios específicos da vida do inseto e seu efeito é mais lento (Pener e Dhadialla, 2012).

## 2.5. Inibidores e indutores enzimáticos

Algumas proteínas de plantas são capazes de formar complexos com enzimas digestivas, as proteases, e inibir a sua atividade proteolítica de forma competitiva (Ryan, 1990). A biossíntese desses inibidores de proteases é uma estratégia utilizada pelas plantas contra herbivoria de insetos, tanto na forma constitutiva como induzida, inibindo as enzimas proteásicas no intestino destes (Boulter, 1993; Lawrence e Koundal, 2002). A maioria dos inibidores de proteases estudados está presente nas plantas das famílias Fabaceae, Solanaceae e Poaceae (Richardson, 1991).

O inibidor se liga ao sítio ativo da enzima, formando um complexo com constante de dissociação ($K_d$) muito baixa, bloqueando efetivamente o sítio ativo, impedindo o mecanismo normal da enzima, que é a clivagem das ligações peptídicas das proteínas ingeridas pelo inseto, tornando os aminoácidos disponíveis (Walker et al., 1998). Assim, a inibição de proteases reduz a biodisponibilidade de aminoácidos para a síntese de proteínas necessárias ao crescimento, desenvolvimento e reprodução do inseto, comprometendo esses processos e podendo causar a morte do mesmo (Jongsma e Bolter, 1997). Acreditava-se que os inibidores poderiam ser bons candidatos à expressão em culturas transgênicas, porém não houve êxito devido à rápida adaptação dos insetos-alvo a tais compostos (Zhu-Salzman e Zeng, 2015).

Há compostos de origem vegetal capazes de agir como sinergistas de outros compostos, se ligando a enzimas específicas e interferindo em vias metabólicas gerais de destoxificação (Bernard e Philogène, 1993). Após a descoberta de que o óleo de sementes de gergelim, *Sesamum indicum* (L.) (Pedaliaceae), aumentava o efeito das piretrinas (Eagleson, 1940), o composto fenólico sesamina foi identificado como o responsável por esse sinergismo, e a presença do grupo metilenodioxifenil intacto no composto foi indicado como essencial para a atividade sinérgica da sesamina (Haller et al., 1942). Posteriormente, nesse mesmo óleo foi identificado outro sinergista de piretrinas, a sesamolina, cerca de 5 vezes mais potente que a sesamina (Beroza, 1954). Curiosamente, a sesamina foi encontrada também nas flores de piretro, *T. cinerariifolium*, sinergizando a atividade das piretrinas (Doskotch e El-Feraly, 1969). Ela ocorre, ainda, juntamente com os compostos inseticidas olefínicos e amidas acetilênicas em várias espécies de *Achillea* (Greger, 1981), em *Otanthus maritimus* (L.), ou com lactonas sesquiterpênicas em *Anacyclus pyrethrum* D.C., todas asteráceas (Burden e Crombie, 1969).

Dilapiol, um monômero de um lignano, é outro sinergista eficaz de piretrinas (Handa e Dewan, 1974), assim como do inseticida carbaril (Tomar et al., 1978). O composto é encontrado nas sementes da planta indiana *Anethum sowa* Roxb. ex Fleming (Apiaceae) (Singh, 2012), na piperácea *Piper novae-hollandiae* Miq. (Loder et al., 1969), e em duas espécies de Asteraceae, *Erigeron philadelphicus* L. e *Erigeron annuus* (L.) Pers. (Waddell et al., 1983; Villani e Gould, 1985). O safrol, encontrado na canela-sassafrás *Ocotea odorifera* (Vell.) Rohwer (Lauraceae) e na piperácea *Piper hispidinervum* C. DC., entre outras, também é um composto com efeito sinergista. A partir do safrol foi obtido o butóxido de piperonila, um sinergista sintético muito usado comercialmente como adjuvante de formulações de inseticidas sintéticos (Casida, 1970; Riva et al., 2011).

Esses compostos têm em comum o anel metilenodioxifenil (MDP), que é importante para o seu efeito, sendo, por isso, chamados sinergistas MDP (Casida, 1970). Ao serem ingeridos pelo inseto, esses compostos formam um complexo com importantes enzimas destoxificadoras, as monooxigenases dependentes do citocromo P450 (Wilkinson et al., 1984). Essas enzimas, também denominadas simplesmente de P450, são proteínas com grupamento heme ligado a um ânion tiolato, que participam de muitos processos de transformação, incluindo tanto reações de biossíntese de ecdisteroides e do hormônio juvenil de insetos, quanto de destoxificação de compostos de plantas e de inseticidas sintéticos (Berenbaum, 2002). Quando os sinergistas MDP se ligam às P450, ocorre metabolismo oxidativo do grupo metileno, levando à formação de um produto reativo (carbeno) que se complexa irreversivelmente ao ferro heme da enzima, inativando-a. Se houver uma molécula inseticida, a enzima fica impedida de se ligar a ela e de metabolizá-la (Testa e Jenner, 1981; Hodgson, 1985). Esse é um mecanismo de inibição que pode ocorrer de forma competitiva ou não (Benet et al., 1996).

As glutationa-S-transferases (GST) também são importantes enzimas envolvidas em processos de destoxificação de xenobióticos, que catalisam a conjugação de glutationa reduzida (GSH) com compostos endógenos e xenobióticos que possuem um centro eletrofílico (Armstrong, 1991). Alguns compostos fenólicos de plantas causaram inibição de GST em lagartas de *S. frugiperda*, como os flavonoides pigenina, luteolina, acacetina, diosmina, miricetina, quercetina, morina, rutina, naringenina, taxifolina, e os fenóis ácido tânico, ácido elágico, juglona, dicumarol, alizarina, menadiona, plumbagina e floretina. Esses aleloquímicos são potenciais sinergistas, interferindo na destoxificação mediada por GST em insetos fitófagos (Yu e Abo-Elghar, 2000). O ácido elágico inibiu as GST de forma não competitiva em relação ao substrato 1-cloro-2,4-dinitrobenzeno (CDNB) e de forma competitiva em relação ao GSH em *S. frugiperda* (Yu e Abo-Elghar, 2000) e em *Papilio polyxenes* Fabricius (Lepidoptera: Papilionidae) (Lee, 1991).

Certos compostos, ao contrário, podem causar indução das enzimas de destoxificação. As GST e P450 foram induzidas em *Chrysodeixis includens* (Walker) [(=*Pseudoplusia includens* (Walker)] (Lepidoptera: Noctuidae) pela isoflavona coumestrol, encontrada em uma cultivar resistente de soja (Rose et al., 1989). Essas enzimas também foram induzidas pelos aleloquímicos α-pineno, β-cariofileno, umbeliferona e escopoletina em lagartas de *H. virescens* e em adultos de *Anthonomus grandis* Boheman (Coleoptera: Curculionidae) (Brattsten, 1987). Outro exemplo é a indução das P450 no lepidóptero *P. polyxenes* pelas furanocumarinas presentes na sua planta hospedeira, *Pastinaca sativa* L. (Apiaceae) (Cohen et al., 1989; Harrison et al., 2001; Petersen et al., 2001). Foi demonstrado que a furanocumarina xantotoxina, além de induzir as P450 (Cohen et al., 1989), também é capaz de induzir as GST em espécies generalistas de Lepidoptera como *S. frugiperda* (Yu, 1984).

A indução das P450 está geralmente relacionada a um aumento da expressão gênica e da atividade enzimática, podendo alterar a eliminação da molécula, acelerando o processo de destoxificação, levando inclusive ao desenvolvimento de tolerância àquele composto (Benet et al., 1996; Parkinson et al., 2001). Muitas vezes, esse mecanismo de indução é a chave para a adaptação dos insetos herbívoros às suas plantas hospedeiras (Feyereisen, 2005). Um exemplo é a indução das P450 pela nicotina na lagarta *M. sexta*, que então metaboliza o composto, sendo essencial para a capacidade do inseto em se alimentar de tabaco (Snyder et al., 1993a; Snyder e Glendinning, 1996). Em compensação, lagartas que nunca se alimentaram de nicotina são severamente afetadas por esse composto na dieta (Snyder et al., 1993b).

A indução enzimática é uma condição temporária e não herdável; entretanto, a capacidade de induzir enzimas de destoxificação pode ser herdada (Brattsten, 1987). Portanto, é importante para o estudo da resistência de insetos a inseticidas. A indução de enzimas de destoxificação pode conferir uma plasticidade adaptativa aos insetos, como observado após a exposição das larvas de *H. zea* à xantotoxina, em que os insetos sobreviventes e seus descendentes apresentaram maior tolerância ao inseticida piretroide cipermetrina (Li et al., 2000).

Alguns limonoides causaram também redução na atividade de enzimas digestivas em insetos. A azadiractina reduziu a atividade de tripsina após tratamento por injeção em lagartas de *M. sexta*, sem afetar a ingestão de alimento, não atuando diretamente na enzima, mas inibindo a secreção no lúmen do intestino médio (Timmins e Reynolds, 1992), e reduziu a atividade de enzimas digestivas de *S. litura* e *Cnaphalocrocis medinalis* (Guenée) (Lepidoptera: Pyralidae), após ingestão de folhas tratadas (Senthil-Nathan et al., 2005a,b). A azadiractina também causou inibição da atividade de acetilcolinesterase em *Nilaparvata lugens* (Stål) (Hemiptera: Delphacidae) (Senthil-Nathan et al., 2008).

O limonoide fraxinelona também causou redução da atividade de proteases não específicas e de α-amilases em lagartas de *Ostrinia furnacalis* (Guenée) (Lepidoptera: Crambidae) e de *Heliothis virescens* (Fabricius) (Lepidoptera: Noctuidae) após 24 h de alimentação em dieta com o composto, porém não inibiu a atividade in vitro (Liu et al., 2008, 2009). Segundo os autores, a redução provavelmente não foi devida ao efeito inibitório direto do composto sobre a enzima, sendo possível que a fraxinelona tenha inibido a secreção das enzimas no mesêntero desses insetos por ação tóxica direta no epitélio. As enzimas de destoxificação GST não foram afetadas, enquanto as P450 foram induzidas pela fraxinelona, sugerindo que estejam envolvidas no metabolismo do composto. A interferência nas enzimas digestivas pode também estar relacionada ao efeito fagodeterrente da azadiractina e da fraxinelona, uma vez que a menor ingestão de alimento resulta em menor produção de enzimas digestivas.

## 2.6. Outros modos de ação

### 2.6.1. Óleos essenciais

Óleos essenciais são definidos como quaisquer voláteis que possuem componentes aromáticos e que conferem odor, sabor ou aroma característico a uma planta. A maioria dos óleos essenciais são monoterpenos, com 10 átomos de carbono frequentemente arranjados em um anel ou em forma acíclica, e sesquiterpenos, com 15 átomos de carbono. Terpenos com maiores cadeias carbônicas podem também estar presentes como constituintes minoritários (Koul et al., 2008). Eles são obtidos por destilação a vapor de folhas de plantas de várias famílias, principalmente de Myrtaceae e de Lamiaceae. Tanto os óleos como as próprias folhas das plantas aromáticas podem ser utilizados para proteger grãos armazenados contra insetos-praga, e para repelir insetos em ambientes domésticos (Isman, 2000).

É difícil classificar esse grupo de compostos em apenas um modo de ação, embora sejam mais conhecidos pelo efeito repelente. Os óleos essenciais podem ter efeitos tóxicos diretos sobre os insetos, via contato, ingestão ou fumigação, apresentando efeito de choque e podem também causar efeitos comportamentais, como repelência e fagodeterrência (Isman et al., 2011). Os óleos parecem ter múltiplos modos e sítios de ação no sistema nervoso de insetos e em outros locais, o que explica os variados efeitos observados (Enan, 2001, 2005a,b; Kostyukovsky et al., 2002; Priestley et al., 2003).

Alguns estudos com óleos essenciais apontam para uma ação neurotóxica, pelo seu rápido efeito. O efeito de choque e a toxicidade letal por contato foi demonstrada sobre as baratas *P. americana* (Ngoh et al., 1998) e *Blatella germanica* (L.) (Blattaria: Blattellidae), assim como sobre a mosca-doméstica (*Musca domestica* L.) (Diptera: Muscidae) (Coats et al., 1991; Rice e Coats, 1994). Os 3 principais componentes do óleo essencial de *O. basilicum*, trans-anetol, estragol (metil-chavicol) e linalol (Figura 15) apresentaram efeito inseticida de choque sobre as moscas-das-frutas *Ceratitis capitata* (Wiedemann), *Bactrocera dorsalis* (Hendel) e *Bactrocera cucurbitae* (Coquillett) (todas Diptera: Tephritidae) (Chang et al., 2009).

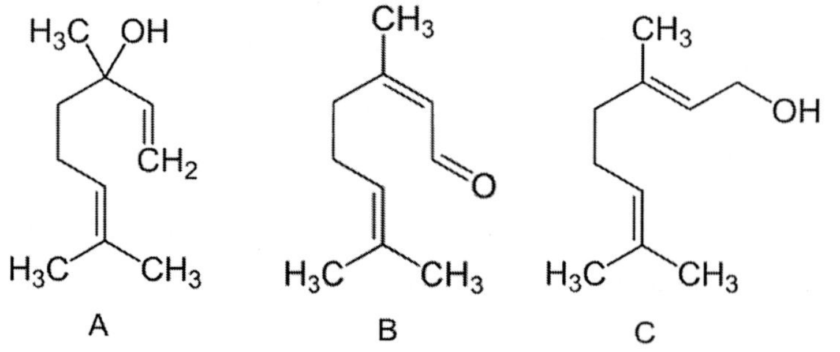


**Figura 15.** Estrutura química de alguns terpenos presentes em óleos essenciais: A) Linalol; B) Citral; C) Geraniol.

Estudos com *P. americana* e com *Drosophila melanogaster* Meigen (Diptera: Drosophilidae) (Enan, 2005a,b) indicam como sítio de ação o sistema nervoso octopaminérgico. Este parece ser o sítio de ação principal de compostos ativos de óleos essenciais como álcool cinâmico, eugenol, trans-anetol e 2-feniletil propionato e, em parte, α-terpineol.

Kostyukovsky et al. (2002) também reforçaram essa possibilidade, ao estudarem dois compostos isolados da família Labiatae (terpenos identificados como ZP-51 e SEM-76), verificando aumento significativo nos níveis do mensageiro intracelular AMP-cíclico do tecido epidérmico abdominal de *H. armigera*, efeito que se assemelha ao observado após tratamento com octopamina. Além disso, o tratamento subsequente com fentolamina, um antagonista octopaminérgico, reduziu os níveis de AMP-cíclico induzidos pelo tratamento com óleo essencial, indicando possível ativação competitiva dos receptores octopaminérgicos pelos constituintes do óleo essencial. Um sítio de ação octopaminérgico é plausível, considerando que óleos essenciais em geral são tóxicos para insetos, mas apresentam baixa toxicidade para mamíferos. Como os vertebrados não têm receptores de octopamina, os óleos essenciais que possuem esse modo de ação são seletivos a eles (Enan, 2005a).

Em contrapartida, em estudos de Price e Berry (2006) com *P. americana*, o eugenol não imitou o efeito da octopamina nos neurônios dorsais medianos não pareados, causando inibição, e não excitação. Citral e geraniol (Figura 15) apresentaram mais semelhanças com a octopamina do que o eugenol. Os autores sugeriram então que o eugenol não interage com a octopamina, mas sim com outros componentes do óleo essencial. Além do indicativo de ação octopaminérgica de óleos essenciais, há também evidências de interferência nos canais de cloro controlados pelo GABA, por exemplo, pelo timol em *D. melanogaster* (Priestley et al., 2003).

Os receptores para a tiramina, que é um precursor da octopamina, também foram relatados como sítio de ação de monoterpenos como carvacrol, α-terpineol e timol, em células de *D. melonogaster*. O timol elevou os níveis intracelulares de AMP-cíclico, enquanto o carvacrol e o α-terpineol causaram diminuição desse composto, modulando os níveis intracelulares de cálcio (Enan, 2001, 2005a,b).

Alguns óleos essenciais são bastante conhecidos, como o óleo de citronela, *Cymbopogon* spp. (Poaceae), que é usado há mais de 50 anos. Ele possui efeito repelente a insetos, o qual é atribuído ao seu principal composto monoterpênico, o citronelal, além de ação larvicida (Zaridah et al., 2003). As espécies mais ricas em citronelal são as poáceas *Cymbopogon nardus* (L.) Rendle e *C. winterianus* Jowitt ex Bor, além do eucalipto *Corymbia citriodora* (Hook.) Hill & Johnson (Myrtaceae), mas pode também estar presente em menor concentração em plantas de outras famílias (Saito, 2004).

Kwon et al. (2010) demonstraram que o citronelal interage com o co-receptor olfativo (Orco) e com uma família de canais iônicos receptores de potencial transitório (TRPA1) em *Anopheles gambiae* Giles (Diptera: Culicidae) e *D. melanogaster*, sendo que no primeiro inseto o citronelal ativa diretamente o canal TRPA1, enquanto que em *Drosophila* o composto pode regular a atividade de um canal de potássio ($K^{+}$) ativado por cálcio ($Ca^{+2}$), interagindo com TRPA1.

Certos compostos repelentes também são capazes de causar fagodeterrência (Klun et al., 2006). De fato, foi demonstrado que o citronelal estimula um neurônio receptor gustativo na labela da probóscide de *Aedes aegypti* (L.) (Diptera: Culicidae) que é sensível a fagodeterrentes, mostrando pela primeira vez uma via neurossensorial para o efeito fagodeterrente apresentado por alguns repelentes de insetos (Sanford et al., 2013).

Alguns óleos essenciais são constituídos por monoterpenos que atuam como inibidores competitivos da acetilcolinesterase in vitro (Grundy e Still, 1985; Miyazawa et al., 1997). Os terpenos pulegona, gossipol, citral, linalol, bornil acetato e cineol inibiram a enzima acetilcolinesterase de forma reversível em *T. castaneum* (Coleoptera: Tenebrionidae). O gossipol é um inibidor não competitivo da enzima, ou seja, não se liga diretamente à ela, mas sim ao complexo enzima-substrato, enquanto os outros 5 compostos são inibidores competitivos, competindo com o substrato pelo sítio ativo da enzima (Ryan e Byrne, 1988). Além do linalol, outros monoterpenos causaram elevada inibição de acetilcolinesterase em outras pragas de produtos armazenados [*Sitophilus oryzae* (L.) (Coleoptera: Curculionidae), *Rhyzopertha dominica* (Fabricius) (Coleoptera: Bostrichidae) e *Cryptolestes pusillus (*Schönherr) (Coleoptera: Cucujidae)]. Observou-se que compostos como geraniol, linalol, γ-terpineno e fenchona se ligam ao sítio ativo da enzima acetilcolinesterase, resultando em inibição competitiva reversível. Outros, como cânfora, estragol e *S*-carvona, mostraram inibição não competitiva, ligando-se à enzima livre ou ao complexo enzima-substrato em locais diferentes do sítio ativo (López e Pascual-Villalobos, 2010).

Outros exemplos são os α- e β-pinenos presentes nos óleos extraídos da resina de pinheiro, *Pinus* sp. (Pinaceae); o nerol extraído do óleo essencial do capim-limão, *Cymbopogon citratus* (DC) Stapf. (Poaceae); o eugenol do cravo-da-índia, *Eugenia caryophyllata* (L.) Merr. & Perry (Myrtaceae); o mentol da hortelã, *Mentha piperita* L. (Lamiaceae); a piperina da pimenta-do-reino, *Piper nigrum* L. (Piperaceae) e os compostos sulfurados obtidos do extrato do alho, *Allium sativum* L. (Amaryllidaceae) (Saito, 2004).

A mistura de compostos presente nos óleos essenciais torna seu uso mais interessante do que dos compostos isolados, uma vez que pode apresentar efeito sinérgico, o que resulta em maior eficácia. Além disso, a aplicação de um único composto aumenta a probabilidade de seleção de populações resitentes (Hummelbrunner e Isman, 2001).

### 2.6.2. Compostos fototóxicos

A fototoxicidade é compreendida como o aumento da toxicidade de uma molécula quando irradiada por luz, podendo gerar espécies reativas de oxigênio ou reagir diretamente com o DNA. Nesse último caso o composto é chamado de fotogenotóxico (Berenbaum, 1995).

As cumarinas são os compostos fototóxicos mais estudados. Consistem em moléculas que possuem um anel benzênico fundido com uma lactona, e são agrupadas em cumarinas simples (possuem apenas dois anéis, como a cumarina) e furanocumarinas (possuem um anel adicional de furano, como a xantotoxina). As cumarinas simples são tóxicas ou deterrentes para os insetos e são amplamente distribuídas entre as famílias de angiospermas, enquanto as furanocumarinas são mais restritas à Rutaceae e Apiaceae (Berenbaum, 1991).

As furanocumarinas apresentam fototoxicidade para insetos, pois absorvem fortemente a radiação ultravioleta (UV) e, por isso, são altamente reativas sob a incidência da luz. Sob radiação UV, elas reticulam as cadeias de DNA por ligação às bases de pirimidina, o que inibe a replicação e transcrição do DNA (Berenbaum, 1991). Para evitar a fototoxicidade, alguns insetos enrolam as folhas e se alimentam no interior das mesmas, evitando assim a radiação UV (Berenbaum, 1978). Insetos especializados se alimentam de plantas contendo furanocumarinas (Apiaceae e Rutaceae), como as borboletas da família Papilionidae, destoxificando-as pela ação das monooxigenases dependentes do citocromo P450. Em apiáceas, entretanto, além das furanocumarinas, foram encontrados compostos que inibem as P450, inibindo a destoxificação de furanocumarinas e aumentando sua toxicidade (Zeng et al., 2007).

### 2.6.3. Aminoácidos não proteicos

Os aminoácidos não proteicos são aqueles que não fazem parte dos 20 aminoácidos incorporados nas proteínas e, embora relatados em uma ampla variedade de plantas, são mais frequentemente encontrados em sementes de leguminosas (Fabaceae), os quais foram relacionados à defesa de plantas contra predadores (Rosenthal e Bell, 1979; Birch et al., 1986).

Devido a sua semelhança com os aminoácidos proteicos, eles funcionam como mímicos destes e por isso são erroneamente incorporados a proteínas, levando à produção de proteínas não naturais e que não funcionam adequadamente. É o caso do ácido azetidina-2-carboxílico, encontrado em *Convallaria majalis* L. (Asparagaceae), que mimetiza a prolina, e uma toxina de leguminosa, a canavanina, que ocorre nas sementes de feijão-de-porco, *Canavalia ensiformis* (L.) DC. e *Dioclea megacarpa* Rolfe (ambas Fabaceae), em concentrações muito altas, e que é um mimetizador de arginina. Por outro lado, a 3,4-diidroxifenilalanina (L-DOPA), encontrada em altas concentrações em sementes de mucuna, *Mucuna* spp. (Fabaceae), atua de modo diferente, provavelmente afetando a atividade da enzima tirosinase, importante no processo de esclerotização da cutícula de insetos (Harborne, 1993).

As larvas do besouro *Caryedes brasiliensis* Thunberg (Coleoptera: Bruchidae), entretanto, se alimentam de sementes de *D. megacarpa* ricas em canavanina, pois a arginil-tRNA sintetase do besouro pode discriminar entre arginina e canavanina, evitando a incorporação errônea de canavanina em proteínas (Rosenthal et al., 1976; Rosenthal, 1991).

### 2.6.4. Detergentes

As saponinas são glicosídeos de esteroides ou de terpenos (Figura 16) com propriedades detergentes, devido à presença de componentes hidrofóbicos (agliconas) e hidrofílicos (açúcares). Ocorrem constitutivamente em muitas espécies vegetais, tanto selvagens quanto cultivadas (De Geyter et al., 2007), e seu papel na defesa de plantas foi reportado em vários estudos (Appelbaum et al., 1969; Potter e Kimmerer, 1989; Harmat ha, 2000). Várias saponinas são extraídas de espécies como *Glycyrrhiza glabra* L. (Fabaceae), *Agave attenuata* Salm-Dyck (Asparagaceae), *Panax ginseng* C.A. Mey. (Araliaceae), *Saponaria officinalis* L. (Caryophyllaceae) (Cheeke, 1971), *A. sativum* (De Geyter et al., 2007), *Medicago sativa* L. (Fabaceae) (Pracros, 1988; De Geyter et al., 2007), *Cestrum parqui* L'Hér. (Solanaceae) (Chaieb et al., 2009), *Passiflora alata* Curtis (Passifloraceae) (D'Incao et al., 2012) e *Quillaja saponaria* Molina (Quillajaceae) (De Geyter et al., 2012a,b), entre outras.

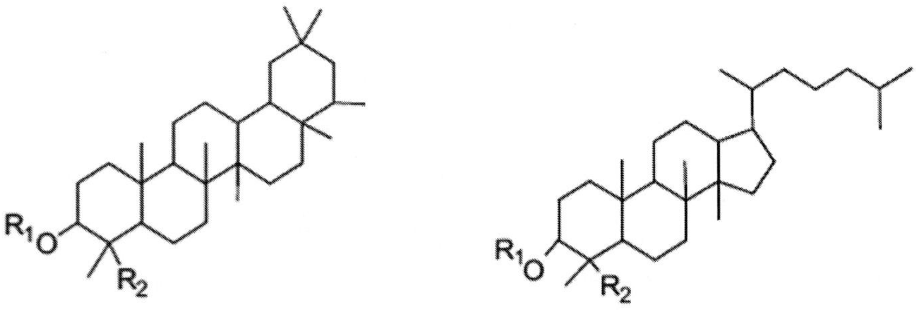


**Figura 16.** Estrutura química de uma saponina triterpênica (esquerda) e esteroidal (direita).

A atividade desses compostos está associada a efeitos variados como fagodeterrência, inibição de proteases digestivas e alterações no processo de ecdise (Chaieb, 2010; De Geyter et al., 2007), mas a base fisiológica da toxicidade das saponinas ainda não é bem compreendida. Alguns autores acreditavam na possibilidade de interação das saponinas com os receptores de ecdisteroides (Dinan et al., 2001; De Geyter et al., 2007), uma vez que em muitos estudos foram observadas falhas de esclerotização da cutícula, pupas malformadas e morte de larvas e pupas durante o processo de ecdise, além da semelhança estrutural entre as saponinas esteroidais e o 20-hidroxiecdisônio (D'Incao et al., 2012). Entretanto, as saponinas terpênicas (saponina e aescina) e as saponinas esteroidais (digitonina e diosgenina) de *Q. saponaria* exerceram uma atividade antagonista dependente da concentração sobre os receptores de ecdisteroides de células embrionárias (Schneider S2) de *D. melanogaster*, diminuindo significativamente sua resposta (De Geyter et al., 2012a). Esse efeito, porém, não está relacionado a um verdadeiro antagonismo e sim à ação citotóxica das saponinas, devido à permeabilização da membrana celular. As saponinas são capazes também de penetrar na membrana celular e induzir apoptose em células de lepidópteros (De Geyter et al., 2012b).

A interação entre as saponinas e as membranas celulares altera a permeabilidade destas, pois são capazes de formar complexos insolúveis com esteróis, por exemplo, colesterol estrutural (de membrana) ou do alimento (Gestetener et al., 1972; Mitra e Dungan, 2000; De Geyter et al., 2011, 2012b). De fato, as saponinas são caracterizadas pelas suas propriedades tensoativas, dissolvendo-se em água e formando uma solução espumante, capaz de formar micélios com lipídios. Seu nome, inclusive, tem origem no latim *sapo* ou *saponis* = sabão (Chaieb, 2010). Ao formarem complexos com esteróis no alimento ou nas membranas celulares do intestino dos insetos, as saponinas tornam esses compostos indisponíveis, afetando a biossíntese do ecdisônio, um dos hormônios envolvidos no processo de ecdise e que tem os esteróis como precursores (Harmatha, 2000; De Geyter et al., 2012a), o que explicaria os distúrbios da ecdise observados em vários insetos após a ingestão de saponinas (Chaieb, 2010). Essa hipótese é reforçada pelo fato de que insetos que se alimentam de dieta contendo saponinas suplementadas com colesterol toleram mais os efeitos das saponinas (Chaieb et al., 2006), e a adição de colesterol à cultura de células neutraliza os efeitos desses compostos (De Geyter et al., 2012a).

Algumas saponinas podem também formar complexos com proteínas (Potter et al., 1993) e, por essa ação, aparentemente inibem proteinases e afetam a digestão no intestino de insetos (De Geyter et al., 2012b; Amtul e Shakoori, 2014; Soetan et al., 2014). Portanto, há evidências de que as saponinas tenham o epitélio do intestino médio como tecido-alvo primário, resultando também em jejum e levando à morte lenta dos insetos (Hakim et al., 2010; Hussain et al., 2017), o que pode explicar os efeitos fagodeterrentes observados.

Embora as saponinas sejam utilizadas como surfactantes, além de comporem bebidas, ingredientes alimentícios, xampus, detergentes líquidos, cremes dentais e extintores como emulsificante (Kregiel et al., 2017), o efeito citotóxico, hemolítico e a capacidade de inibir proteases torna as saponinas tóxicas não somente para insetos, mas também para mamíferos, o que representa uma restrição ao seu uso em campo (Chaieb, 2010).

## 3. Considerações finais

A compreensão dos mecanismos de defesa das plantas tem auxiliado no desenvolvimento de métodos de controle de pragas menos agressivos ao ambiente. O conhecimento da composição e função dos metabólitos secundários de plantas é importante não somente para sua aplicação direta no controle de pragas, mas também para a obtenção de protótipos para síntese de novos ingredientes ativos.

Em adição, o uso intensivo de inseticidas sintéticos acarreta em riscos ambientais e toxicológicos, além da recorrente perda de eficácia pela seleção de populações de insetos resistentes, o que tem gerado uma crescente demanda por novos compostos com distintos mecanismos de ação e que possam ser empregados de forma segura em programas de manejo integrado de pragas (Isman, 2006). Esses fatores fazem com que seja contínua e crescente a busca por moléculas com modos de ação alternativos e elevada segurança ecotoxicológica, assim como o interesse em promover o uso daqueles que já estão bem estabelecidos (Bernard e Philogène, 1993; Grdiša e Gršić, 2013). A prospecção de plantas é extremamente importante para a descoberta de novos compostos; entretanto, há que se dar mais atenção às moléculas bioativas já conhecidas e que ainda precisam ter sua atividade e modo de ação mais bem elucidados.

Hoje, são conhecidos vários compostos do metabolismo secundário de plantas com atividade inseticida, em comparação a algumas décadas, e inclusive com modos de ação variados, que permitem uma melhor utilização no manejo de pragas. Apesar disso, ainda pouco se sabe a respeito da bioatividade e do mecanismo de ação de muitos deles, sendo necessárias mais pesquisas nesse sentido, particularmente no Brasil.

## Referências bibliográficas


Aguiar-Menezes, E.L. 2005. Inseticidas botânicos: Seus princípios ativos, modo de ação e uso agrícola. Embrapa Agrobiologia, Seropédica, RJ, Brasil.

Ahammadsahib, K.I.; Hollingworth, R.M.; McGovren, J.P.; Hui, Y.H.; McLaughlin, J.L. 1993. Mode of action of bullatacin: A potent antitumor and pesticidal annonaceous acetogenin. Life Sciences 53: 1113-1120.

Alali, F.Q.; Liu; X.X.; Mclaughlin, J.L. 1999. Annonaceous acetogenins: Recent progress. Journal of Natural Products 62: 504-540.

Aldhous, P. 1992. Neem chemical: The pieces fall in place. Science 258: 893-893.

Amtul, J.S.; Shakoori, A.R. 2014. Potential of azadirachtin and neem (***Azadirachta indica***) based saponins as biopesticides for in vitro insect pests cellulase (beta-1,4-endoglucanase) enzyme inhibition and in vivo repellency on ***Tribolium castaneum***. British Biotechnology Journal 4: 904-917.

Ansante, T.F.; Ribeiro, L.P.; Vendramim, J.D. 2017. Acute and chronic toxicities of an annonin-based commercial bioinsecticide and a joint mixture with a limonoid-based formulation to the fall armyworm. Neotropical Entomology 46: 216-222.

Antonious, G.F. 2004. Residues and half-lives of pyrethrins on field-grown pepper and tomato. Journal of Environmental Science Health B 39: 491-503.

Appelbaum, S.W.; Marco, S.; Birk, Y. 1969. Saponins as possible factor of resistance of legume seeds to the attack of insects. Journal of Agricultural and Food Chemistry 17: 618-622.

Armstrong, R.N. 1991. Glutathione S-transferases: Reaction mechanism, structure, and function. Chemical Research in Toxicology 4: 131-140.

Ascher, K.R.S.; Schmutterer, H.; Mazor, M.; Zebitz, C.P.W.; Naqvi, S.N.H. 2002. The Persian lilac or chinaberry tree: ***Melia azedarach***. p.605-642. ***In:*** Schmutterer, H., ed. The neem tree ***Azadirachta indica*** A. Juss and other meliaceous plants. VCH, Weinheim, Germany.

Baldwin, I.T.; Zhang, Z.P.; Diad, N.; Ohnmeiss, T.E.; McCloud, E.S.; Gladys, G.Y.; Schmelz, E.A. 1997. Quantification, correlations, and manipulation sofwound-induced changes in jasmonic acid and nicotine in ***Nicotiana sylvestris***. Planta 201: 397-404.

Benet, L.Z.; Kroetz, D.L.; Sheiner, L.B. 1996. Farmacocinética: A dinâmica da absorção, distribuição e eliminação dos fármacos. p.3-20. ***In:*** Hardman, J.G.; Limbird, L.E., eds. As bases farmacológicas da terapêutica. McGraw-Hill, Santiago, Chile.

Berenbaum, M.R. 1978. Toxicity of a furanocoumarin to armyworms: A case of biosynthetic escape from insect herbivores. Science 201: 532-534.

Berenbaum, M.R. 1991. Coumarins. p.221-249. ***In:*** Rosenthal, G.A.; Berenbaum, M.R., eds. Herbivores. Academic Press, San Diego, USA.

Berenbaum, M. 1995. Phototoxicity of plant secondary metabolites: Insect and mammalian perspectives. Archives of Insect Biochemistry and Physiology 29: 119-134.

Berenbaum, M.R. 2002. Postgenomic chemical ecology: From genetic code to ecological interactions. Journal of Chemical Ecology 28: 873-896.

Bernard, C.B.; Philogène, B.J. 1993. Insecticide synergists: Role, importance, and perspectives. Journal of Toxicology and Environmental Health 38: 199-223.

Bernays, E.A. 1981. Plant tannins and insect herbivores: An appraisal. Ecological Entomology 6: 353-360.

Bernays, E.A. 1990. Plant secondary compounds deterrent but not toxic to the grass specialist acridid ***Locusta migratoria***: Implications for the evolution of graminivory. Entomologia Experimentalis et Applicata 54: 53-56.

Bernays, E.A. 1991. Relationship between deterrence and toxicity of plant secondary compounds for the grasshopper ***Schistocerca americana***. Journal of Chemical Ecology 17: 2519-2526.

Beroza, M. 1954. Pyrethrum synergists in sesame oil. Sesamolin, a potent synergist. The Journal of the American Oil Chemists' Society 31: 302-305.

Bilton, J.N.; Broughton, H.B.; Jones, P.S.; Ley, S.V.; Lidert, Z.; Morgan, E.D.; Rzepa, H.S.; Sheppard, R.H.; Slawin, A.M.Z.; Williams, D.J. 1987. An X-ray crystallographic, mass spectroscopic, and NMR study of the limonoid insect antifeedant azadirachtin and related derivatives. Tetrahedron 43: 2805-2815.

Birch, A.N.E.; Fellows, I.E.; Evans, S.V.; Doherty, K. 1986. Para-aminophenylalanyne in ***Vigna***: Possible taxonomic and ecological significance as a seed defence against bruchids. Phytochemistry 25: 2745-2749.

Blaney, W.M.; Simmonds, M.S.J.; Ley, W.V.; Anderson, J.C.; Toogood, P.L. 1990. Antifeedant effects of azadirachtin and structurally related compounds on lepidopterous larvae. Entomologia Experimentalis et Applicata 55: 149-160.

Blessing, L.D.; Colom, O.A.; Popich, S.; Neske, A.; Bardón, A. 2010. Antifeedant and toxic effects of acetogenins from ***Annona montana*** on ***Spodoptera frugiperda***. Journal of Pest Science 83: 307-310.

Blessing, L.D.; Ramos, J.; Diaz, S.; Altabef, A.B.; Bardón, A.; Brovetto, M.; Seoane, G.; Neske, A. 2012. Insecticidal properties of annonaceous acetogenins and their analogues. Interaction with lipid membranes. Natural Product Communications 7: 1215-1218.

Bloomquist, J.R. 1996. Ion channels as targets for insecticides. Annual Review of Entomology 41: 163-190.

Bomford, M.K.; Isman, M.B. 1996. Desensitization of fifth instar ***Spodoptera litura*** to azadirachtin and neem. Entomologia Experimentalis et Applicata 81: 301-313.

Boulter, D. 1993. Insect pest control by copying nature using genetically engineered crops. Biochemistry 34: 1453-1466.

Bowers, W.S.; Ohta, T.; Cleere, J.S.; Marsella, P.A. 1976. Discovery of insect anti-juvenil hormones in plants. Science 193: 542-547.

Bowers, W.S. 1981. How anti-juvenile hormones work. American Zoologist 21: 737-742.

Bowers, W.S. 1982. Endocrine strategies for insect control. Entomologia Experimentalis et Applicata 31: 3-14.

Brattsten, L.B. 1987. Inducibility of metabolic insecticide defenses in boll weevils and tobacco budworm caterpillars. Pesticide Biochemistry and Physiology 27: 13-23.

Brown, K.S.; Trigo, J.R. 1995. The ecological activity of alkaloids. p.227-354. ***In:*** Brossi, A., ed. The alkaloids: Chemistry and pharmacology. Academic Press, London, England.

Brown, A.E. 2005. Mode of action of insecticides and related pest control chemicals for production agriculture, ornamentals, and turf. Pesticide Information Leaflet 43: 1-13.

Burden, R.S.; Crombie, L. 1969. Amides of vegetable origin. Part XII. A new series of alka-2,4-dienoic tyramine-amides from ***Anacyclus pyrethrum*** D.C. (Compositae). Journal of Chemical Society 19: 2477-2481.

Butterworth, J.H.; Morgan, E.D. 1968. Isolation of a substance that suppresses feeding in locusts. Journal of Chemical Society 1: 23-24.

Cabizza, M.; Angioni, A.; Melis, M.; Cabras, M.; Tuberoso, C.V.; Cabras, P. 2004. Rotenone and rotenoids in cubè resins, formulations, and residues on olives. Journal of Agricultural and Food Chemistry 52: 288-93.

Caboni, P.; Cabras, M.; Angioni, A.; Russo, M.; Cabras, P. 2002. Persistence of azadirachtin residues on olives after field treatment. Journal of Agricultural and Food Chemistry 50: 3491-3494.

Carpinella, M.C.; Defago, M.T.; Valladares, G.; Palacios, S.M. 2003. Antifeedant and insecticide properties of a limonoid from ***Melia azedarach*** (Meliaceae) with potential use for pest management. Journal of Agricultural and Food Chemistry 51: 369-374.

Casida, E. 1970. Mixed-function oxidase of insecticide synergists involvement in the biochemistry of insecticide synergists. Journal of Agricultural and Food Chemistry 18: 753-772.

Casida, J.E. 1974. Prospects for new types of insecticides. p.349-369. ***In***: Metcalf, R.L.; Mckelvey Jr., J.J., eds. The future for insecticides: Needs and prospects. Wiley Interscience, New York, USA.

Casida, J.E. 1980. Pyrethrum flowers and pyrethroid insecticides. Environmental Health Perspectives 34: 189-202.

Casida, J.E.; Durkin, K.A. 2013. Neuroactive insecticides: Targets, selectivity, resistance, and secondary effects. Annual Review of Entomology 58: 99-117.

Champagne, D.E.; Isman, M.B.; Towers, G.H.N. 1989. Insecticidal activity of phytochemicals and extracts of the Meliaceae. p.95-109. ***In:*** Arnason, J.T.; Philogène, B.J.R.; Morand, P., eds. Insecticides of plant origin. ACS Symposium Series, Washington, USA.

Chaieb, I.; Ben Halima-Kamel, M.; Ben Hamouda, M.H. 2006. Insect growth regulator activity of ***Cestrum parqui*** saponins: An interaction with cholesterol metabolism. Communications in Agricultural and Applied Biological Sciences 71: 489-496.

Chaieb, I.; Ben Hamouda, A.; Trabelsi, M.; Ben Halima, M.; Ben Hamouda, M.H. 2009. Toxicity investigation of ***Cestrum parquii*** saponins to ***Culex pipiens*** larvae. Pest Technology 3: 73-75.

Chaieb, I. 2010. Saponins as insecticides: A review. Tunisian Journal of Plant Protection 5: 39-50.

Chang, C.L.; Cho, I.K.; Li, Q.X. 2009. Insecticidal activity of basil oil, trans-anethole, estragole, and linalool to adult fruit flies of ***Ceratitis capitata***, ***Bactrocera dorsalis***, and ***Bactrocera cucurbitae***. Journal of Economic Entomology 102: 203-209.

Chapman, R.F. 2003. Contact chemoreception in feeding by phytophagous insects. Annual Review of Entomology 48: 455-484.

Cheeke, P.R. 1971. Nutritional and physiological implications of saponins: A review. Canadian Journal of Animal Science 51: 621-632.

Chiu, S.F.; Zhang, X. 1987. A critical review of toosendanin, a novel insecticide isolated from ***Melia toosendan*** Sied et Zucc (Meliaceae). Journal of South China Agricultural University 8: 57-67.

Chuang, K.V.; Xu, C.; Reisman, S.E. 2016. A 15-step synthesis of (+)-ryanodol. Science 353: 912-915.

Coats, J.R.; Karr, L.L.; Drewes, C.D. 1991. Toxicity and neurotoxic effects of monoterpenoids in insects and earthworms. p.305-316. ***In:*** Hedin, P.A., ed. Naturally occurring pest bioregulators. ACS Symposium Series, Washington, USA.

Cohen, M.B.; Berenbaum, M.R.; Schuler, M.A. 1989. Induction of cytochrome P450-mediated detoxification of xanthotoxin in the black swallowtail. Journal of Chemical Ecology 15: 2347-2355.

Cordova, D.; Benner, E.; Sacher, M.D.; Rauh, J.J.; Sopa, J.S.; Lahm, G.P.; Selby, T.P.; Stevenson, T.M.; Flexner, L.; Gutteridge, S.; Rhoades, D.F.; Wu, L.; Smith, R.M.; Tao, Y. 2006. Anthranilic diamides: A new class of insecticides with a novel mode of action, ryanodine receptor activation. Pesticide Biochemistry and Physiology 84: 196-214.

Cordova, D.; Benner, E.; Sacher, M.D.; Rauh, J.J.; Sopa, J.S.; Lahm, G.P.; Selby, T.P.; Stevenson, T.M.; Flexner, L.; Gutteridge, S.; Rhoades, D.F.; Wu, L.; Smith, R.M.; Tao, Y. 2007. The novel mode of action of anthranilic diamide insecticides: Ryanodine receptor activation. ACS Symposium Series 948: 223-234.

Costa, L.C.; Giordano, G.; Guizzetti, M.; Vitalone, A. 2008. Neurotoxicity of pesticides: A brief review. Frontiers in Bioscience 13: 1240-1249.

Costa, M.S.; Paula, S.O.; Martins, G.F.; Zanuncio, J.C.; Santana, A.E.G.; Serrão, J.E. 2016. Multiple modes of action of the squamocin in the midgut cells of ***Aedes aegypti*** larvae. PLoS ONE 11: 1-13.

Crosby, D.G. 1971. Minor insecticides of plant origin. p.177-239. ***In***: Jacobson, M.; Crosby, D.G., eds. Naturally occurring insecticides. Marcel Dekker, New York, USA.

D'incao, M.P.; Gosmann, G.; Machado, V.; Fiuza, L.M.; Moreira, G.R.P. 2012. Effect of saponin extracted from ***Passiflora alata*** Dryander (Passifloraceae) on development of the ***Spodoptera frugiperda*** (J.E. Smith) (Lepidoptera, Noctuidae). International Journal of Plant Research 2: 151-159.

Darrouzet, E.; Dupuis, A. 1997. Genetic evidence for the existence of two quinone related inhibitor binding sites in NADH-CoQ reductase. Biochimica et Biophysica Acta 1319: 1-4.

De Geyter, E.; Lambert, E.; Geelen, D.; Smagghe, G. 2007. Novel advances with plant saponins as natural insecticides to control pest insects. Pest Technology 1: 96-105.

De Geyter, E.; Smagghe, G.; Rahbé, Y.; Geelen, D. 2011. Triterpene saponins of ***Quillaja saponaria*** show strong aphicidal and deterrent activity against the pea aphid ***Acyrthosiphon pisum***. Pest Management Science 68: 164-169.

De Geyter, E.; Swevers, L.; Soin, T.; Geelen, D.; Smagghe, G. 2012a. Saponins do not affect the ecdysteroid receptor complex but cause membrane permeation in insect culture cell lines. Journal Insect Physiology 58: 18-23.

De Geyter, E.; Swevers, L.; Caccia, S.; Geelen, D.; Smagghe, G. 2012b. Saponins show high entomotoxicity by cell membrane permeation in Lepidoptera. Pest Management Science 68: 1199-1205.

Debboun, M.; Frances, S.P.; Strickman, D. 2014. Insect repellents handbook. CRC Press, Boca Raton, USA.

Degli Esposti, M.; Ghelli, A.; Ratta, M.; Cortes, D.; Estornell, E. 1994a. Natural substances (acetogenins) from the family Annonaceae are powerful inhibitors of mitochondrial NADH dehydrogenase (complex I). Biochemistry Journal 301: 161-167.

Degli Esposti, M.; Ghelli, A. 1994b. The mechanism of proton and electron transport in mitochondrial complex I. Biochimica et Biophysica Acta 1187: 116-120.

Degli Esposti, M.; Ngo, A.; Ghelli, A.; Benelli, B.; Carelli, V.; McLennan, H.; Linnane, A.W. 1996a. The interaction of Q analogs, particularly hydroxydecyl benzoquinone (idebenone), with the respiratory complexes of heart mitochondria. Archives of Biochemistry and Biophysics 330: 395-400.

Degli Esposti, M.; Ngo, A.; McMullen, G.L.; Ghelli, A.; Sparla, F.; Benelli, B.; Ratta, M.; Linnane, A.W. 1996b. The specificity of mitochondrial complex I for ubiquinones. Biochemical Journal 313: 327-334.

Dimetry, N.Z. 2014. Different plant families as bioresource for pesticides. p.1-20. ***In:*** Singh, D., ed. Advances in plant biopesticides. Springer, New Delhi, India.

Dinan, L.; Bourne, P.C.; Meng, Y., Sarker, S.D.; Tolentino, R.B.; Whiting, P. 2001. Assessment of natural products in the ***Drosophila melanogaster*** BII cell bioassay for ecdysteroid agonist and antagonist activities. Cellular and Molecular Life Sciences 58: 321-342.

Doskotch, R.W.; El-Feraly, F.S. 1969. Isolation and characterization of (+)-sesamin and β-cyclopyrethrosin from pyrethrum flowers. Canadian Journal of Chemistry 47: 1139-1142.

Duke, S.O. 1990. Natural pesticides from plants. p.511-517. ***In:*** Janick, J.; Simon, J.E., eds. Advances in new crops. Timber Press, Portland, USA.

Eagleson, C.U.S. 1940. Oil synergist for insecticides. Patent 2.202.145. Application granted: May 28, 1940.

Ebbinghaus-Kintscher, U.; Luemmen, P.; Lobitz, N.; Schulte, T.; Funke, C.; Fischer, R.; Masaki, T.; Yasokawa, N.; Tohnishi, M. 2006. Phthalic acid diamides activate ryanodine-sensitive $Ca^{2+}$ release channels in insects. Cell Calcium 39: 21-33.

Ebbinghaus-Kintscher, U.; Lummen, P.; Raming, K.; Masaki, T.; Yasokawa, N. 2007. Flubendiamide, the first insecticide with a novel mode of action on insect ryanodine receptors. Pflanzenschutz Nachrichten Bayer 60: 117-140.

El-Wakeil, N. 2013. Botanical pesticides and their mode of action. Gesunde Pflanzen 65: 125-149.

Enan, E. 2001. Insecticidal activity of essential oils: Octopaminergic sites of action. Comparative Biochemistry and Physiology 130: 325-337.

Enan, E. 2005a. Molecular and pharmacological analysis of an octopamine receptor from American cockroach and fruit fly in response to plant essential oils. Archives of Insect Biochemistry and Physiology 59: 161-171.

Enan, E. 2005b. Molecular response of ***Drosophila melanogaster*** tyramine response cascade to plant essential oils. Insect Biochemistry and Molecular Biology 35: 309-321.

Fato, R.; Bergamini, C.; Bortolus, M.; Maniero, A.L.; Leoni, S.; Ohnishi, T.; Lenaz, G. 2009. Differential effects of mitochondrial complex I inhibitors on production of reactive oxygen species. Biochimica et Biophysica Acta 1787: 384-392.

Fester, K. 2010. Plant alkaloids. p.1-11. ***In:*** Encyclopedia of life sciences. John Wiley & Sons, Chichester, England.

Feyereisen, R. 2005. Insect cytochrome P450. p.1-77. ***In:*** Gilbert, L.I.; Iatrou, K.; Gill, S.S., eds. Comprehensive molecular insect science. Elsevier, Oxford, England.

Fifer, E.K. 2008. Drugs affecting cholinergic neurotransmission. p.361-391. ***In:*** Foye, W.O.; Lemke, T.L.; Williams, D.A., eds. Foye's principles of medicinal chemistry. Lippincott Williams & Wilkins, Philadelphia, USA.

Frazier, J.L. 1986. The perception of plant allelochemicals that inhibit feeding. p.1-42. ***In:*** Brattsten, L.B.; Ahmad, S., eds. Molecular aspects of insect-plant associations. Plenum Press, New York, USA.

Friedrich, T.; Ohnishi, T.; Forche, E.; Kunze, B.; Jansen, R.; Trowitzsch, W.; Hoefle, G.; Reichenbach, H.; Weiss, H. 1994. Two binding sites for naturally occurring inhibitors in mitochondrial and bacterial NADH: ubiquinone oxidoreductase (complex I). Biochemical Society Transactions 22: 226-230.

Fukami, J.I. 1956. Effect of some insecticides on the respiration of insect organs, with special reference to the effects of rotenone. Botyu-Kagaku 21: 122-128.

Fukami, J.I. 1985. Rotenone and rotenoids. p.291-311. ***In:*** Kerkut, G.A.; Gilbert, L.I., eds. Comprehensive insect physiology, biochemistry and pharmacology. Pergamon Press, Oxford, England.

Gestetener, B.; Assa, Y.; Henis, Y.; Tencer, Y.; Rotman, M.; Birk, Y.; Bondi, A. 1972. Interaction of lucerne saponin with sterols. Biochimica et Biophysica Acta 270: 81-187.

Giongo, A.M.M.; Vendramim, J.D.; Freitas, S.D.L.; Silva, M.F.G.F. 2016. Toxicity of secondary metabolites from Meliaceae against ***Spodoptera frugiperda*** (J.E. Smith) (Lepidoptera: Noctuidae). Neotropical Entomology 45: 725-733.

Gondal, S.A.; Anderson, W.M. 1985. The molecular morphology of bovine heart mitochondrial NADH: ubiquinone reductase. The Journal of Biological Chemistry 260: 12690-12694.

González-Coloma, A.; Guadaño, A.; Inés, C.; Martínez-Díaz, R.; Cortes, D. 2002. Selective action of acetogenin mitochondrial complex I inhibitors. Journal of Bioscience 57: 1028-1034.

Govindachari, T.R.; Narasimhan, N.S.; Suresh, G.; Partho, P.D.; Gopalakrishnan, G. 1996. Insect antifeedant and growth-regulating activities of salannin and other C-seco limonoids from neem oil in relation to azadirachtin. Journal of Chemical Ecology 22: 1453-1461.

Govindachari, T.R.; Suresh, G.; Gopalakrishnan, G.; Wesley, S.D. 2000. Insect antifeedant and growth-regulating activities of neem seed oil: The role of major tetranortriterpenoids. Journal of Applied Entomology 124: 287-291.

Grdiša, M.; Gršić, K. 2013. Botanical insecticides in plant protection. Agriculturae Conspectus Scientificus 78: 85-93.

Greger, H. 1981. Sesamin-type lignans as chemical markers within ***Artemisia.*** Biochemical Systematics and Ecology 9: 165-169.

Grundy, D.L.; Still, C.C. 1985. Inhibition of acetylcholinesterases by pulegone-1,2-epoxide. Pesticide Biochemistry and Physiology 23: 383-388.

Gu, Z.M.; Zhao, G.S.; Oberlies, N.H.; Zeng, L.; Mclaughlin, J.L. 1995. Annonaceous acetogenins: Potent mitochondrial inhibitors with diverse applications. p.249-310. ***In:*** Arnason, J.T., ed. Phytochemistry of medicinal plants. Plenum Press, New York, USA.

Gupta, R.C.; Mukherjee, I.R.M.; Malik, J.K.; Doss, R.B.; Dettbarn, W.D.; Milatovic, D. 2019. Insecticides. p.455-475. ***In:*** Gupta, R.C., ed. Biomarkers in toxicology. Academic Press, London, England.

Hakim, R.S.; Baldwin, K.; Smagghe, G. 2010. Regulation of midgut growth, development, and metamorphosis. Annual Review of Entomology 55: 593-608.

Haller, H.L.; Mcgovran, E.R.; Goodhue, L.D.; Sullivan, W.N. 1942. The synergistic action of sesamin with pyrethrum insecticides. Journal of Organic Chemistry 7: 183-185.

Hallmann, C.A.; Foppen, R.P.B.; Turnhout, C.A.M.; Kroon, H.; Jongejans, E. 2014. Declines in insectivorous birds are associated with high neonicotinoid concentrations. Nature 511: 341-343.

Handa, S.K.; Dewan, R.S. 1974. Evaluation of dillapiole and dihydrodillapiole as synergists for pyrethrins in dust formulations. Pyrethrum Post 13: 45-46.

Harborne, J.B. 1993. Introduction to ecological biochemistry. Academic Press, London, England.

Harmatha, J. 2000. Chemo-ecological role of spirostanol saponins in the interaction between plants and insects. p.129-141. ***In***: Olezek, W.; Marston, A.; Kluwer, E., eds. Saponin in food, feed stuffs and medicinal plants. Kluwer Academic Publishers, Dordrecht, The Netherlands.

Harrison, T.L.; Zangerl, A.R.; Schuler, M.A.; Berenbaum, M.R. 2001. Developmental variation in cytochrome P450 expression in ***Papilio polyxenes*** in response to xanthotoxin, a hostplant allelochemical. Archives of Insect Biochemistry and Physiology 48: 179-189.

Harvey, G.T.; Brown, A.W.A. 1951. The effect of insecticides on the rate of oxygen consumption in ***Blattella***. Canadian Journal of Zoology 29: 42-53.

Hatakoshi, M.; Miyakado, M.; Ohno, N.; Nakayama, I. 1984. The knockdown activity and nervous effect of pipercide against American cockroach, ***Periplaneta americana.*** Applied Entomology and Zoology 19: 288-292.

Hayes, W.J. 1982. Pesticides studied in man. Williams and Wilkins, Baltimore, USA.

Henning, C.P. 2013. Compuestos secundarios nitrogenados: Alcaloides. p.18-61. ***In***: Ringuelet, J.A.; Viña, S., eds. Productos naturales vegetales. Edulp, La Plata, Argentina.

Hidalgo, J.R.; Parellada, E.A.; Bardón, A.; Vera, N.; Neskel, A. 2018. Insecticidal activity of annonaceous acetogenins and their derivatives on ***Spodoptera frugiperda*** Smith (Lepidoptera: Noctuidae). Journal of Agricultural Chemistry and Environment 7: 105-116.

Hodgson, E. 1985. Microsomal monooxygenases. p.225-321. ***In:*** Kerkut, G.A.; Gilbert, L.I., eds. Comprehensive insect physiology, biochemistry and pharmacology. Pergamon Press, Oxford, England.

Hollingworth, R.M.; Ahammadsahib, K.I.; Gadelhak, G.; McLaughlin. J.L. 1994. New inhibitors of complex I of the mitochondrial electron transport chain with activity as pesticides. Biochemical Society Transactions 22: 230-233.

Honerjager, P.; Dugas, M.; Zong, X. 1992. Mutually exclusive action of cationic veratridine and cevadine at an intracellular site of the cardiac sodium channel. The Journal of General Physiology 99: 699-720.

Horgan, D.J.; Singer, T.P.; Casida, J.E. 1968. Studies on therespiratory chain-linked reduced nicotinamide adenine dinucleotide dehydrogenase: XIII. Binding sites of rotenone, piericidin A and amytal in the respiratory chain. The Journal of Biological Chemistry 243: 834-843.

Hu, C.Q.; Han, J.W.; Zhao, J.G.; Song, G.Q.; Li, Y.H. 1989. Limonoids from Dictamnus angustifolius. Journal of Integrative Plant Biology 31:453-458.

Hummelbrunner, L.A.; Ismam, M.B. 2001. Acute, sub-lethal, antifeedant, and synergistic efects of monoterpenoid essential oil compounds on the tobacco cutworm, ***Spodoptera litura*** (Lep. Noctuidae). Journal of Agriculture and Food Chemistry 49: 715-720.

Hussain, M.; Qasim, M.; Bamisile, B.S.; Wang, L. 2017. Role of saponins in plant defense against the diamondback moth, ***Plutella xylostella*** (L.). Preprints 1: 1-28.

Isman, M.B.; Koul, O.; Luczynski, A.; Kaminskis, J. 1990. Insecticidal and antifeedant bioactivities of neem oils and their relationship to azadirachtin content. Journal of Agricultural and Food Chemistry 38: 1406-1411.

Isman, M.B.; Matsuura, H.; Mackinnon, S.; Durst, T.; Towers, G.H.N.; Arnason, J.T. 1996. Phytochemistry of the Meliaceae: So many terpenoids, so few insecticides. Recent Advances in Phytochemistry 30: 155-178.

Isman, M.B. 2000. Plant essential oils for pest and disease management. Crop Protection 19: 603-608.

Isman, M.B. 2002. Insect antifeedants. Pesticide Outlook 13: 152-157.

Isman, M.B. 2006. Botanical insecticides, deterrents, and repellents in modern agriculture and an increasingly regulated world. Annual Review of Entomology 51: 45-66.

Isman, M.B.; Miresmailli, S.; Machial, C. 2011. Commercial opportunities for pesticides based on plant essential oils in agriculture, industry and consumer products. Phytochemistry 10: 197-204.

Isman, M.B. 2017. Bridging the gap: Moving botanical insecticides from the laboratory to the farm. Industrial Crops and Products 110: 10-14.

Jacobson, M.; Crosby, D.G. 1971. Naturally occurring insecticides. Mareei Dekker, New York, USA.

Johnson, H.A.; Oberlies, N.H.; Alali, F.Q.; McLaughlin, J.E. 2000. Thwarting resistance: Annonaceous acetogenins as new pesticidal and antitumor agents. p.173-183. ***In:*** Cutler, S.J.; Cutler, J.G., eds. Biological active natural products: Pharmaceuticals. CRC Press, Washington, USA.

Jongsma, M.A.; Bolter, C. 1997. The adaptation of insects to plant protease inhibitors. Journal of Insect Physiology 43: 885-895.

Klun, J.A.; Khrimian, A.; Debboun, M. 2006. Repellent and deterrent effects of SS220, picaridin, and DEET suppress human blood feeding by ***Aedes aegypti***, ***Anopheles stephensi***, and ***Phlebotomus papatasi***. Journal of Medical Entomology 43: 34-39.

Kostyukovsky, M.; Rafaeli, A.; Gileadi, C.; Demchenko, N.; Shaaya, E. 2002. Activation of octopaminergic receptors by essential oil constituents isolated from aromatic plants: Possible mode of action against insect pests. Pest Management Science 58: 1101-1106.

Koul, O. 1983. Feeding deterrence induced by plant limonoids in the larvae of ***Spodoptera litura*** (F.) Zeitschrift fuer Angewandte Entomologie 95: 166-171.

Koul, O.; Isman, M.B. 1991. Effects of azadirachtin on the dietary utilization and development of the variegated cutworm ***Peridroma saucia***. Journal of Insect Physiology 37: 591-598.

Koul, O.; Isman, M.B. 1992. Toxicity of the limonoid allelochemical cedrelona to noctuid larvae. Entomologia Experimentalis et Applicata 64: 281-287.

Koul, O.; Multani, J.S.; Singh, G.; Daniewski, W.M.; Berlozecki, S.J. 2003. 6β-hydroxygedunin from ***Azadirachta indica***. Its potentiation effects with some non-azadirachtin limonoids in neem against lepidopteran larvae. Journal of Agricultural and Food Chemistry 51: 2937-2942.

Koul, O.; Multani, J.S.; Goomber, S.; Daniewski, W.M.; Berlozecki, S. 2004a. Activity of some non-azadirachtin limonoids from ***Azadirachta indica*** against lepidopteran larvae. Australian Journal of Entomology 43: 189-195.

Koul, O.; Singh, G.; Singh, R.; Singh, J.; Daniewski, W.M.; Berlozecki, S. 2004b. Bioefficacy and mode-of-action of some limonoids of salannin group from ***Azadirachta indica*** A. Juss. and their role in a multicomponent system against lepidopteran larvae. Journal of Biosciences 9: 409-416.

Koul, O.; Walia, S.; Dhaliwal, G.S. 2008. Essential oils as green pesticides: Potential and constraints. Biopesticides International 4: 63-84.

Kraus, W.; Bokel, M.; Schwinger, M.; Vogler, B.; Soellner, R.; Wendisch, D.; Steffens, R.; Wachendorff, U. 1993. The chemistry of azadirachtin and other insecticidal constituents of Meliaceae. p.18-39. ***In***: Van Beek, T.A.; Breteler, H., ed. Phytochemistry and agriculture. Clarendon Press, Oxford, England.

Koul, O. 2008. Phytochemicals and insect control: An antifeedant approach. Critical Reviews in Plant Sciences 27: 1-24.

Kraus, W. 2002. Azadirachtin and other triterpenoids. p.39-111. ***In:*** Schmutterer, H., ed. The neem tree. Neem Foundation, Mumbai, India.

Kraus, W.; Bokel, M.; Bruhn, A.; Cramer, R.; Klaiber, I.; Klenk, A.; Nagl, G.; Pöhnl, H.; Sadlo, H.; Vogler, B. 1987. Structure determination by NMR of azadirachtinan drelated compounds from ***Azadirachta indica*** A. Juss (Meliaceae). Tetrahedron 43: 2817-2830.

Kregiel, D.; Berlowska, J.; Witońska, I.; Antolak, H.; Proestos, C.; Babic, M.; Babic, L.; Zhang, B. 2017. Saponin-based, biological-active surfactants from plants. p.183-205. ***In***: Najjar, R., ed. Application and characterization of surfactants. InTech Open, London, England.

Kumar, C.S.S.R.; Srinivas, M.; Yakkundi, S. 1996. Limonoids from the seeds of ***Azadirachta indica***. Phytochemistry 43: 451-455.

Kwon, Y.; Kim, S.H.; Ronderos, D.S.; Lee, Y.; Akitake, B.; Woodward, O.M.; Guggino, W.B.; Smith, D.P.; Montell, C. 2010. ***Drosophila*** TRPA1 channel is required to avoid the naturally occurring insect repellent citronellal. Current Biology 20: 1672-1678.

Lahm, G.P.; Stevenson, T.M.; Selby, T.P.; Freudenberger, J.H.; Cordova, D.; Flexner, L.; Benner, E.A. 2007. Rynaxypyr™: A new insecticidal anthranilic diamide that acts as a potent and selective ryanodine receptor activator. Bioorganic and Medicinal Chemistry Letters 17: 6274-6279.

Lavie, D.; Jain, M.K. 1967. Tetranortriterpenoids from ***Melia azadirachta*** L. Chemical Communications 6: 278-280.

Lawrence, P.K.; Koundal, K.R. 2002. Plant protease inhibitors in control of phytophagous insects. Electronic Journal of Biotechnology 5: 93-109.

Lee, K. 1991. Glutathione-S-transferase activities in phytophagous insects: Induction and inhibition by plant phototoxins. Insect Biochemistry 21: 353-361.

Lewis, M.A.; Arnason, J.T.; Philogène, B.J.R.; Rupprecht, J.K.; McLaughlin, J.L. 1993. Inhibition of respiration at site I by asimicin, an insecticidal acetogenin of the pawpaw, ***Asimina triloba*** (Annonaceae). Pesticide Biochemistry and Physiology 45: 15-23.

Ley, S.V.; Abad-Somovilla, A.; Anderson, J.C.; Ayats, R.B.; Beckmann, E.; Boyer, A.; Brasca, M.G.; Brice, A.; Broughton, H.B.; Burke, B.J.; Cleator, E.; Craig, D.; Denholm, A.A.; Denton, R.M.; Durand-Reville, T.; Gobbi, L.B.; Göbel, M.; Gray, B.L.; Grossmann, R.B.; Gutteridge, C.E.; Hahn, N.; Harding, S.L.; Jennens, D.C.; Jennens, L.; Lovell, P.J.; Lovell, H.J.; Puente, M.L.; Kolb, H.C.; Koot, W.; Maslen, S.L.; McCusker, C.F.; Mattes, A.; Pape, A.R.; Pinto, A.; Santafianos, D.; Scott, J.S.; Smith, S.C.; Somers, A.Q.; Spilling, C.D.; Stelzer, F.; Toogood, P.L.; Turner, R.M.; Veitch, G.E.; Wood, A.; Zumbrunn, C. 2008. The synthesis of azadirachtin: A potent insect antifeedant. Chemistry 14: 10683-10704.

Li, X.; Zangerl, A.R.; Schuler, M.A.; Berenbaum, M.R. 2000. Cross-resistance to alpha-cypermethrin after xanthotoxin ingestion in ***Helicoverpa zea*** (Lepidoptera: Noctuidae). Journal of Economic Entomology 93: 18-25.

Li, N.; Ragheb, K.; Lawler, G.; Sturgis, J.; Rajwa, B.; Melendez, J.A.; Robinson, J.P. 2003. Mitochondrial complex I inhibitor rotenone induces apoptosis through enhancing mitochondrial reactive oxygen species production. Journal of Biological Chemistry 278: 8516-8525.

Liaw, C.C.; Wu, T.Y.; Chang, F.R.; Wu, Y.C. 2010. Historic perspectives on annonaceous acetogenins from the chemical bench to preclinical trials. Planta Medica 76: 1390-1404.

Liu, Z.L.; Xu, Y.J.; Wu, J.; Goh, S.H.; Ho, S.H. 2002. Feeding deterrents from ***Dictamnus dasycarpus*** Turcz against two stored-product insects. Journal of Agricultural and Food Chemistry 50: 1447-1450.

Liu, Z.L.; Ho, S.H.; Goh, S.H. 2008. Effect of fraxinellone on growth and digestive physiology of Asian corn borer, ***Ostrinia furnacalis*** Guenée. Pesticide Biochemistry and Physiology 91: 122-127.

Liu, Z.L.; Ho, S.H.; Goh, S.H. 2009. Modes of action of fraxinellone against the tobacco budworm, ***Heliothis virescens***. Insect Science 16: 147-155.

Loder, J.M.; Moorhouse, A.; Rüssel, G.B. 1969. Tumor inhibitory plants: Amides of ***Piper novae-hollandiae*** (Piperaceae). Australian Journal of Chemistry 22: 1531-1538.

Londershausen, M.; Leight, W.; Lieb, F.; Moeschler, H. 1991. Molecular mode of action of annonins. Pesticide Science 33: 427-438.

López, M.D.; Pascual-Villalobos, M.J. 2010. Mode of inhibition of acetylcholinesterase by monoterpenoids and implications for pest control. Industrial Crops and Products 31: 284-288.

Lü, M.; Wu, W.; Liu, H. 2010. Effects of fraxinellone on the midgut ultrastructural changes of ***Mythimna separata*** (Walker). Pesticide Biochemistry and Physiology 98: 263-268.

Lü, M.; Wu, W.; Liu, H. 2013. Insecticidal and feeding deterrent effects of fraxinellone from ***Dictamnus dasycarpus*** against four major pests. Molecules 18: 2754-2762.

Maleck, M.; Ferreira, B.; Mallet, J.; Guimarães, A.; Kato, M. 2014. Cytotoxicity of piperamides towards ***Aedes aegypti*** (Diptera: Culicidae). Journal of Medical Entomology 51: 458-463.

Masuda, K.; Koshimizu, M.; Nagatomo, M.; Inoue, M. 2016. Asymmetric total synthesis of (++)-ryanodol and (+)-ryanodine. Chemistry European Journal 22: 230-236.

McFerren, M.A.; Cordova, D.; Rodriguez, E.; Rauh, J.J. 2002. In vitro neuropharmacological evaluation of piperovatine, an isobutylamide from ***Piper piscatorum*** (Piperaceae). Journal of Ethnopharmacology 83: 201-207.

McLaughlin, J.L.; Zeng, L.; Oberlies, N.H.; Alfonso, D.; Johnson, H.A.; Cummings, B.A. 1997. Annonaceous acetogenins as new natural pesticides: Recent progress. p.117-133. ***In:*** Hedin, P.A.; Hollingworth, R.M.; Masler, E.P.; Miyamoto, J., eds. Phytochemicals for pest control. American Chemical Society, Washington, USA.

Metcalf, R.L. 1955. Organic insecticides: Their chemistry and mode of action. Interscience Publishers, New York, USA.

Mitchell, M.J.; Smith, S.L.; Johnson, S.; Morgan, E.D. 1997. Effects of the neem tree compounds azadirachtin, salannin, nimbin, and 6-desacetylnimbin on ecdysone 20-monooxygenase activity. Archives of Insect Biochemistry and Physiology 35: 199-209.

Mitra, S.; Dungan, S.R. 2000. Micellar properties of ***Quillaja saponin***. 2. Effect of solubilized cholesterol on solution properties. Colloids and Surfaces B: Biointerfaces 17: 117-133.

Miyazawa, M.; Watanabe, H.; Kameoka, H. 1997. Inhibition of acetylcholinesterase activity by monoterpenods with a p-menthane skeleton. Journal of Agricultural and Food Chemistry 45: 677-679.

Mordue (Luntz), A.J.; Simmonds, M.S.; Ley, S.V.; Blaney, W.M.; Mordue, W.; Nasiruddin, M.; Nisbet, A.J. 1998. Actions of azadirachtin, a plant allelochemical, against insects. Pesticide Science 54: 277-284.

Mordue (Luntz), A.J.; Nisbet, A.J.; Jennens, L.; Ley, S.V.; Mordue, W. 1999. Tritiated dihydroazadirachtin binding to ***Schistocerca gregaria*** testes and ***Spodoptera*** Sf9 cells suggests a similar cellular mechanism of action for azadirachtin. p.247-258. ***In***: Singh, R.P.; Saxena, R.C., eds. ***Azadirachta indica*** A. Juss. IBH Publishing Company, New Delhi, India.

Mordue (Luntz), A.J.; Morgan, E.D.; Nisbet, A.J. 2010. Azadirachtin: A natural product in insect control. p.185-202. ***In:*** Gilbert, L.I.; Gill, S.S., eds. Insect control: Biological and synthetic agents. Academic Press, London, England.

Mordue (Luntz), A.J.; Blackwell, A. 1993. Azadirachtin: An update. Journal of Insect Physiology 39: 903-924.

Mordue (Luntz), A.J.; Cottee, P.K.; Evans, K.A. 1985. Azadirachtin: Its effect on gut motility, growth and moulting in ***Locusta***. Physiological Entomology 10: 431-437.

Mordue (Luntz), A.J.; Nisbet, A.J. 2000. Azadirachtin from the neem tree ***Azadirachta indica***: Its action against insects. Anais da Sociedade Entomológica do Brasil 29: 615-632.

Moreira, M.D.; Picanço, M.C.; Silva, E.M.; Moreno, S.C.; Martins, J.C. 2006. Uso de inseticidas botânicos no controle de pragas. p.89-120. ***In:*** Venzon, M.; Paula Jr., T.J.; Pallini, A., eds. Controle alternativo de pragas e doenças. EPAMIG/ CTZM, Viçosa, MG, Brasil.

Morgan, E.D. 2009. Azadirachtin, a scientific gold mine. Bioorganic and Medicinal Chemistry 17: 4096-4105.

Morré, D.J.; Cabo, R.; Farley, C.; Oberlies, N.H.; McLaughlin, J.L. 1995. Mode of action of bullatacin, a potent antitumor acetogenin: Inhibition of NADH oxidase activity of HeLa and HL-60, but not liver, plasma membranes. Life Sciences 56: 343-348.

Murray, C.L.; Quaglia, M.; Arnason, J.T.; Morris, C.E. 1994. A putative nicotine pump at the metabolic blood-brain barrier of the tobacco hornworm. Journal of Neurobiology 25: 23-34.

Miyoshi, H.; Ohshima, M.; Shimada, H.; Akagi, T.; Iwamura, H.; McLaughlin, J.L. 1998. Essential structural factors of annonaceous acetogenins as potent inhibitors of mitochondrial complex I. Biochimica et Biophysica Acta 20: 443-452.

Nakatani, M.; Huang, R.C.; Okamura, H.; Iwagawa, T.; Tadera, K. 1998. Degraded limonoids from ***Melia azedarach***. Phytochemistry 49: 1773-1776.

Nasiruddin, M; Mordue (Luntz), A.J. 1993. The effect of azadirachtin on the midgut histology of the locusts, ***Schistocerca gregaria*** and ***Locusta migratoria***. Tissue Cell 25: 875-884.

Nauen, R. 2006. Insecticide mode of action: Return of the ryanodine receptor. Pest Management Science 62: 690-692.

Ngoh, S.P.; Hoo, L.; Pang, F.Y.; Huang, Y.; Kini, M.R.; Ho, S.H. 1998. Insecticidal and repellent properties of nine volatile constituents of essential oils against the American cockroach, ***Periplaneta americana*** (L.). Pesticide Science 54: 261-268.

Ntalli, N.G.; Menkissoglu-Spiroudi, U. 2011. Pesticides of botanical origin: A promising tool in plant protection. p.3-24. ***In:*** Stoytcheva, M., ed. Pesticides: Formulations, effects, fate. InTech Open, London, England.

Okamura, H.; Yamauchi, K.; Miyawaki, K.; Iwagawa, T.; Nakatani, M. 1997. Synthesis and biological activities of degraded limonoids, (±)-fraxinellonone and its related compounds. Tetrahedron Letters 38: 263-266.

Padmanabhan, P.; Paliyath, G. 2016. Annonaceous fruits. p.169-173. ***In:*** Caballero, B.; Finglas, P.M.; Toldrá, F., eds. Encyclopedia of food and health. Academic Press, San Diego, USA.

Parkinson, A.; Ogilvie, B.W.; Buckley, D.B.; Kazmi, F.; Czerwinski, M.; Parkinson, O. 2001. Biotransformation of xenobiotics. p.133-224. ***In:*** Klaassen, C.D., ed. Casarett & Doull's Toxicology: The basic science of poisons. McGraw-Hill, New York, USA.

Patrick, G. 2017. Organic chemistry: A very short introduction. Oxford University Press, Oxford, England.

Pelletier, S.W. 1983. Alkaloids chemical and biological perspectives. Willey, New York, USA.

Pener, M.P.; Dhadialla, T.S. 2012. An overview of insect growth disruptors: Applied aspects. p.1-162. ***In:*** Dhadialla, T.S., ed. Advances in insect physiology. Academic Press, San Diego, USA.

Petersen, R.A.; Zangerl, A.R.; Berenbaum, M.R.; Schuler, M.A. 2001. Expression of CYP6B1 and CYP6B3 cytochrome P450 monooxygenases and furanocoumarin metabolism in different tissues of ***Papilio polyxenes*** (Lepidoptera: Papilionidae). Insect Biochemistry and Molecular Biology 31: 679-690.

Pickett, J.A.; Wadhams, L.J.; Woodcock, C.M. 1997. Developing sustainable pest control from chemical ecology. Agriculture, Ecosystems and Environment 64: 149-156.

Potter, D.A.; Kimmerer, T.W. 1989. Inhibition of herbivory on young holly leaves evidence for defensive role of saponins. Oecologia 78: 322-329.

Potter, S.M.; Jimenez-Flores, R.; Pollack, J.; Lone, T.A.; Berber-Jimenez, D.M. 1993. Protein-saponin interaction and its influence on blood lipids. Journal of Agricultural and Food Chemistry 41: 1287-1291.

Pracros, P. 1988. Mesure de l'activité des saponines de la luzerne par les larves du ver de la farine: ***Tenebrio molitor*** L. (Coléoptère, Tenebrionidae). I - Comparaison avec les divers tests biologiques. Agronomie 8: 257-263.

Price, D.N.; Berry, M.S. 2006. Comparison of effects of octopamine and insecticidal essential oils on activity in the nerve cord, foregut and dorsal unpaired median neurons of cockroaches. Journal of Insect Physiology 52: 309-319.

Priestley, C.M.; Williamson, E.M.; Wafford, K.A.; Sattelle, D.B. 2003. Thymol, a constituent of thyme essential oil, is a positive allosteric modulator of human GABA(A) receptors and a homo-oligomeric GABA receptor from ***Drosophila melanogaster***. British Journal of Pharmacology 140: 1363-1372.

Ragan, C.I. 1987. Structure of NADH-ubiquinone reductase (Complex I). p.1-36. ***In:*** Lee, C.P., ed. Current topics in bioenergetics. Academic Press, London, Engla nd.

Rattan, R.S. 2010. Mechanism of action of insecticidal secondary metabolites of plant origin. Crop Protection 29: 913-920.

Regnault-Roger, C.; Philogène, B.J.R. 2008. Past and current prospects for the use of botanicals and plant allelochemicals in integrated pest management. Pharmaceutical Biology 46: 41-52.

Reigart, J.R.; Roberts, J.R. 1999. Biologicals and insecticides of biological origin. p.63-73. ***In:*** Reigart, J.R.; Roberts, J.R., eds. Recognition and management of pesticide poisonings. National Pesticide Information Center, Washington, USA.

Rembold, H.; Sharma, G.K.; Gzoppelt, C.; Schmutterer, H. 1982. Azadirachtin: A potent insect growth regulator of plant origin. Journal of Applied Entomology 93: 12-17.

Rembold, H.; Subrahmanyam, B.; Müller, T. 1989. Corpus cardiacum: A target for azadirachtin. Experientia 45: 361-363.

Retnakaran, A.; Granett, J.; Ennis, T. 1985. Insect growth regulators. p.529-601. ***In:*** Kerkut, G.A.; Gilbert, L.I., eds. Comprehensive insect physiology, biochemistry and pharmacology. Pergamon Press, Oxford, England.

Ribeiro, L.P.; Souza, C.M.; Bicalho, K.U.; Baldin, E.L.L.; Forim, M.R.; Fernandes, J.B.; Vendramim, J.D. 2017. The potential use of ***Annona*** (Annonaceae) by products as a source of botanical insecticides. Boletín SEEA 2: 26-29.

Ribeiro, L.P.; Vendramim, J.D. 2019. Associação de extratos vegetais e terra de diatomácea no controle do gorgulho-do-milho ***Sitophilus zeamais*** Mots. (Coleoptera: Curculionidae). Revista Brasileira de Agropecuária Sustentável 9: 9-16.

Rice, P.J.; Coats, J.R. 1994. Insecticidal properties of monoterpenoid derivatives to the house fly (Diptera: Muscidae) and red flour beetle (Coleoptera: Tenebrionidae). Pesticide Science 41: 195-202.

Richardson, M.J. 1991. Seed storage proteins: The enzyme inhibitors. p.259-305. ***In:*** Richardson, M.J., ed. Methods in plant biochemistry. Academic Press, New York, USA.

Richardson, J.R.; Fitsanakis, V.; Westerink, R.H.S.; Kanthasamy, G.A. 2019. Neurotoxicity of pesticides. Acta Neuropathologica 138: 343-362.

Riddiford, L.M.; Truman, J.W. 1978. Biochemistry of insect hormones and insect growth regulators. p.307-357. ***In:*** Rockstein, M., ed. Biochemistry of insects. Academic Press, New York, USA.

Rieske, J.S. 1980. Inhibitors of respiration at energy-coupling site 2 of the respiratory chain. p.415-450. ***In:*** Erecinska, M.; Wilson, D.F., eds. Inhibitors of mitochondrial functions. Pergamon Press, Oxford, England.

Riva, D.; Simionatto, E.L.; Wisniewski, A.; Salerno, A.R.; Schallenberger, T.H. 2011. Estudo da adaptação da espécie ***Piper hispidinervum*** C. DC. (pimenta longa) à região do Vale do Itajaí - SC, através da composição química do óleo essencial obtido por hidrodestilação por micro-ondas e convencional. Acta Amazonica 41: 297-302.

Rogers, E.F.; Koniusky, F.R.; Shavel Jr., J.; Folkers, K. 1948. Plant insecticides. I. Ryanodine, a new alkaloid from ***Ryania speciosa*** Vahl. Journal of the American Chemical Society 70: 3086-3088.

Rose, R.L.; Sparks, T.C.; Smith, C.M. 1989. The influence of resistant soybean (PI 227687) foliage and coumestrol on the metabolism of xenobiotics by the soybean looper, ***Pseudoplusia includens*** (Walker). Pesticide Biochemistry and Physiology 34: 17-26.

Rosenthal, G.A.; Bell, E.A. 1979. Naturally occurring, toxic non-protein amino acids. p.353-385. ***In:*** Rosenthal, G.A.; Janze, D.H., eds. Herbivores: Their interactions with secondary plant metabolites. Academic Press, San Diego, USA.

Rosenthal, G.A.; Dahlman, D.L.; Janzen, D.H. 1976. A novel means for dealing with L-canavanine, a toxic metabolite. Science 192: 256-258.

Rosenthal, G.A. 1991. Nonprotein amino acids as protective allelochemicals. p.1-34. ***In:*** Rosenthal, G.A.; Berenbaum, M., eds. Herbivores: Their interaction with secondary plant metabolites. Academic Press, San Diego, USA.

Ryan, M.F.; Byrne, O. 1988. Plant-insect coevolution and inhibition of acetylcholine esterase. Journal of Chemical Ecology 14: 1965-1975.

Ryan, C.A. 1990. Protease inhibitors in plants: Genes for improving defenses against insects and pathogens. Annual Review of Phytopathology 28: 425-449.

Saito, M.L.; Lucchini, F. 1998. Substâncias obtidas de plantas e a procura por praguicidas eficientes e seguros ao meio ambiente. EMBRAPA-CNPMA, Jaguariúna, SP, Brasil.

Saito, M.L. 2004. As plantas praguicidas: Alternativa para o controle de pragas da agricultura. EMBRAPA-CNPMA, Jaguariúna, SP, Brasil.

Salehzadeh, A.; Akhkha, A.; Cushley, W.; Adams, R.L.P.; Kusel, J.R.; Strang, R.H.C. 2003. The antimitotic effect of the neem terpenoid azadirachtin on cultured insect cells. Insect Biochemistry and Molecular Biology 33: 681-689.

Sanford, J.L.; Shields, V.D.C.; Dickens, J.C. 2013. Gustatory receptor neuron responds to DEET and other insect repellents in the yellow fever mosquito, ***Aedes aegypti***. The Science of Nature 100: 269-273.

Sattelle, D.B.; Cordova, D.; Cheek, T.R. 2008. Insect ryanodine receptors: Molecular targets for novel pest control chemicals. Invertebrate Neuroscience 8: 107-119.

Schapira, M.; Abagyan, R.; Totrov, M. 2002. Structural model of nicotinic acetylcholine receptor isotypes bound to acetylcholine and nicotine. BMC Structural Biology 2: 1-8.

Schmutterer, H. 1985. The neem tree ***Azadirachtia indica*** A. Juss and other meliaceous plants: Sources of unique natural products for integrated pest management, medicine, industry and other purposes. VCH, Weinheim, Germany.

Schoonhoven, L.M. 1982. Biological aspects of antifeedants. Entomologia Experimentalis et Applicata 31: 57-69.

Schoonhoven, L.M.; Blom, E. 1988. Chemoreception and feeding behaviour in a caterpillar: Towards a model of brain functioning in insects. Entomologia Experimentalis et Applicata 49: 123-129.

Scorza Jr., R.P.; Rigitano, R.L.O. 2007. Dissipação dos inseticidas bifentrina, permetrina e metamidofós em folhas de soja (***Glycine max*** L.) em ambiente controlado. Embrapa Agropecuária Oeste, Dourados, MS, Brasil.

Scott, I.M.; Jensen, H.; Scott, J.G.; Isman, M.B.; Arnason, J.T.; Philogène, B.J.R. 2003. Botanical insecticides for controlling agricultural pests: Piperamides and the Colorado potato beetle ***Leptinotarsa decemlineata*** Say (Coleoptera: Chrysomelidae). Archives of Insect Biochemistry and Physiology 54: 212-225.

Scott, I.M.; Jensen, H.R.; Philogène, B.J.R.; Arnason, J.T. 2008. A review of ***Piper*** spp. (Piperaceae) phytochemistry, insecticidal activity and mode of action. Phytochemistry Reviews 7: 65-75.

Senthil-Nathan, S.; Kalaivani, K.; Chung, P.G. 2005a. The effects of azadirachtin and nucleopolyhedrovirus on midgut enzymatic profile of ***Spodoptera litura*** Fab. (Lepidoptera: Noctuidae). Pesticide Biochemistry and Physiology 83: 46-57.

Senthil-Nathan, S.; Kalaivani, K.; Murugan, K.; Chung, P.G. 2005b. The toxicity and physiological effect of neem limonoids on ***Cnaphalocrocis medinalis*** (Guenée) the rice leaffolder. Pesticide Biochemistry and Physiology 81: 113-122.

Senthil-Nathan, S.; Choi, M.Y.; Paik, C.H.; Seo, H.Y.; Kalaivani, K.; Kim, J.D. 2008. Effect of azadirachtin on acetylcholinesterase (AChE) activity and histology of the brown planthopper ***Nilaparvata lugens*** (Stal). Ecotoxicology and Environmental Safety 70: 244-250.

Siddall, J.B. 1976. Insect growth regulators and insect control: A critical appraisal. Environmental Health Perspectives 14: 119-126.

Simmonds, M.S.J.; Blaney, W.M. 1996. Azadirachtin: Advances in understanding its activity as an antifeedant. Entomologia Experimentalis et Applicata 80: 23-26.

Singh, S. 2012. Chemical constituents of essential oil from ***Anethum sowa*** Kurz. seed. Journal of Chemical and Pharmaceutical Research 4: 4156-4160.

Snyder, M.J.; Glendinning, J.I. 1996. Causal connection between detoxification enzyme activity and consumption of a toxic plant compound. Journal of Comparative Physiology A 179: 255-261.

Snyder, M.J.; Hsu, E.; Feyereisen, R. 1993a. Induction of cytochrome P-450 activities by nicotine in the tobacco hornworm, ***Manduca sexta***. Journal of Chemical Ecology 19: 2903-2916.

Snyder, M.J.; Walding, J.K.; Feyereisen, R. 1993b. Metabolic fate of the allelochemical nicotine in the tobacco hornworm ***Manduca sexta***. Insect Biochemistry and Molecular Biology 24: 837-846.

Soderlund, D.M. 2010. Toxicology and mode of action of pyrethroid insecticides. p.1665-1686. ***In:*** Krieger, R., ed. Hayes' handbook of pesticide toxicology. Academic Press, San Diego, USA.

Soderlund, D.M. 2020. Neurotoxicology of pyrethroid insecticides. p.113-166. ***In:*** Aschner, M.; Costa, L.G., eds. Neurotoxicity of pesticides. Academic Press, San Diego, USA.

Soetan, K.; Ajibade, T.; Akinrinde, A. 2014. Saponins - A ubiquitous phytochemical: A review of its biochemical, physiological and pharmacological effects. Recent Progress in Medicinal Plants 43: 1-24.

Staal, G.B. 1975. Insect growth regulators with juvenile hormone activity. Annual Review of Entomology 20: 417-460.

Subramanian, S.; Shankarganesh, K. 2016. Insect hormones (as pesticides). p.613-650. ***In:*** Omkar, ed. Ecofriendly pest management for food security. Academic Press, San Diego, USA.

Suzuki, T.; Yamato, S. 2018. Mode of action of piperovatine, an insecticidal piperamide isolated from ***Piper piscatorum*** (Piperaceae), against voltage-gated sodium channels. NeuroToxicology 29: 288-295.

Takada, M.; Kuwabara, K.; Nakato, H.; Tanaka, A.; Iwamura, H.; Miyoshi, H. 2000. Definition of crucial structural factors of acetogenins, potent inhibitors of mitochondrial complex I. Biochimica et Biophysica Acta 1460: 302-310.

Taiz, L.; Zeiger, E.; Moller, I.M.; Murphy, A. 2017. Fisiologia e desenvolvimento vegetal. Artmed, Porto Alegre, RS, Brasil.

Testa, B.; Jenner, P. 1981. Inhibitors of cytochrome P-450s and their mechanism of action. Drug Metabolism Reviews 12: 1-117.

Timmins, W.A.; Reynolds, S.F. 1992. Azadirachtin inhibits secretion of trypsin in midgut of ***Manduca sexta*** caterpillars: Reduced growth due to impaired protein digestion. Entomologia Experimentalis et Applicata 63: 47-54.

Tischler, N. 1936. Studies on how derris kill insects. Journal of Economic Entomology 28: 215-220.

Tohnishi, M.; Nakao, H.; Furuya, T. 2005. Flubendiamide, a novel insecticide highly active against lepidopterous insect pests. Journal of Pesticide Science 30: 354-360.

Tomar, S.S.; Saxena, V.S.; Mahweshwari, M.L.; Sarup, P.; Mukerjee, S.K. 1978. New carbaryl synergist derived from dillapiole. Indian Journal of Entomology 40: 113-116.

Triggle, D.J.: Mitchell, J.M.; Filler, R. 1998. The pharmacology of physostigmine. CNS Drug Reviews 4: 87-136.

Trumm, P.; Dorn, A. 2000. Effects of azadirachtin on the regulation of midgut peristalsis by the stomatogastric nervous system in ***Locusta migratoria***. Phytoparasitica 28: 7-26.

Tunaz, H.; Uygun, N. 2004. Insect growth regulators for insect pest control. Turkish Journal of Agriculture and Forestry 28: 377-387.

Turner, C.J.; Tempesta, M.S.; Taylor, R.B.; Zagorski, M.G.; Termini, J.C.; Schroeder, D.R.; Nakanishi, K. 1987. An NMR spectroscopic study of azadirachtin and its trimethyl ether. Tetrahedron 43: 2789-2803.

Tyler, V.E.; Brandy, L.R.; Robbers, J.E.; Coussio, J.D.; Marino, M. 1979. Farmacognosia. El Ateneo, Buenos Aires, Argentina.

Ujváry, I. 2001. Pest control agents from natural products. p.109-179. ***In:*** Krieger, R., ed. Handbook of pesticide toxicology. Academic Press, San Diego, USA.

Veitch, G.E.; Beckmann, E.; Burke, B.J.; Boyer, A.; Maslen, S.L.; Ley, S.L. 2007. Synthesis of azadirachtin: A long but successful journey. Angewandte Chemie International Edition 46: 7629-7632.

Vendramim, J.D.; Castiglioni, E. 2000. Aleloquímicos, resistência de plantas e plantas inseticidas. p.113-128. ***In:*** Guedes, J.C.; Costa, I.D.; Castiglioni, E., eds. Bases e técnicas do manejo de insetos. Pallotti, Santa Maria, RS, Brasil.

Viegas Jr., C. 2003. Terpenos com atividade inseticida: Uma alternativa para o controle químico de insetos. Química Nova 26: 390-400.

Villani, M.; Gould, F. 1985. Screening of crude plant extracts as feeding deterrents of the wireworm, ***Melanotus communis***. Entomologia Experimentalis et Applicata 37: 69-75.

Waddell, T.G.; Osborne, C.B.; Collison, R.; Levine, M.J.; Cross, M.C. 1983. Erigerol, a new labdane diterpene from ***Erigeron philadelphicus***. Journal of Organic Chemistry 48: 4450-4453.

Walker, A.J.; Ford, L.; Majerus, M.E.N.; Geoghegan, I.E.; Birch, N.; Gatehouse, J.A.; Gatehouse, A.M.R. 1998. Characterization of the midgut digestive proteinase activity of the two-spot ladybird (***Adalia bipunctata*** L.) and its sensitivity to proteinase inhibitors. Insect Biochemistry and Molecular Biology 28: 173-180.

Walia, S.; Kumar, D.; Koul, O. 2012. Botanical pesticides in pest management: Potential and constraints. p.182-211. ***In:*** Koul, O.; Dhaliwal, G.; Khokhar, S.; Singh, R., eds. Biopesticides in environment and food security: Issues and strategies. Scientific Publishers, New Delhi, India.

Wei, F.Y.; Yuan, C.L. 2006. Isolation and identification of pesticidal activity components in ***Dictamnus dasycarpus*** Turcz. Acta Agriculturae Boreali Occidentalis Sinica 15: 93-95.

Whitehorn, P.R.; O'Connor, S.; Wackers, F.L.; Goulson, D. 2012. Neonicotinoid pesticide reduces bumble bee colony growth and queen production. Science 336: 351-352.

Wiesner, K. 1972. The structure of ryanodine. Advanced Organic Chemistry 8: 295-316.

Wilkinson, C.F.; Murray, M.; Marcus, C.B. 1984. Interaction of methylenedioxyphenyl compounds with cytochrome P-450 and microsomal oxidation. Reviews in Biochemical Toxicology 6: 27-63.

Wink, M. 1993. Allelochemical properties and the raison d'etre of alkaloids. Alkaloids 43: 1-118.

Wink, M.; Schimmer, O. 2010. Molecular modes of action of defensive secondary metabolites. p.21-161. ***In:*** Wink, M., ed. Functions and biotechnology of plant secondary metabolites. Blackwell Publishing, Oxford, England.

Wink, M. 2015. Modes of action of herbal medicines and plant secondary metabolites. Medicines 2: 251-286.

Xu, C.; Han, A.; Virgil, S.C.; Reisman, S.E. 2017. Chemical synthesis of (+)-ryanodine and (+)-20-deoxyspiganthine. ACS Central Science 3: 278-282.

Yamamoto, I. 1970. Mode of action of pyrethroids, nicotinoids, and rotenoids. Annual Review of Entomology 15: 257-272.

Yamamoto, I. 1999. Nicotine to nicotinoids: 1962 to 1997. p.2-28. ***In:*** Yamamoto, I.; Casida, J.E., eds. Nicotinoid insecticides and the nicotinic acetylcholine receptor. Springer, Tokyo, Japan.

Yamamoto, I.; Kamimura, H.; Yamamoto, R.; Sakai, S.; Goda, M. 1962. Studies on nicotinoids as an insecticide: Relation of structure to toxicity. Agricultural and Biological Chemistry 26: 709-716.

Yamane, H.; Konno, K.; Sabelis, M.; Takabayashi, J.; Sassa, T.; Oikawa, H. 2010. Chemical defence and toxins of plants. p.339-385. ***In:*** Mander, L.; Liu, H.B., eds. Comprehensive natural products II: Chemistry and biology. Elsevier, Oxford, England.

Yu, S.J.; Abo-Elghar, G.E. 2000. Allelochemicals as inhibitors of glutathione-S-transferases in the fall armyworm. Pesticide Biochemistry and Physiology 68: 173-183.

Yu, S.J. 1984. Interactions of allelochemicals with detoxification enzymes of insect-susceptible and resistant armyworm. Pesticide Biochemistry and Physiology 22: 60-68.

Zafra-Polo, M.C.; Figadère, B.; Gallardo, T.; Tormo, J.R.; Cortes, D. 1998. Natural acetogenins from Annonaceae, synthesis and mechanisms of action. Phytochemistry 48: 1087-1117.

Zaridah, M.; Nor, A.; Abu, A.; Mohd, Z. 2003. Larvicidal properties of citronellal and ***Cymbopogon nardus*** essential oils from two different localities. Tropical Biomedicine 20: 169-174.

Zeng, R.S.; Wen, Z; Niu, G.; Schuler, M.A.; Berenbaum, M.R. 2007. Allelochemical induction of cytochrome P450 monooxygenases and amelioration of xenobiotic toxicity in ***Helicoverpa zea***. Journal of Chemical Ecology 33: 449-461.

Zeng, L.; Ye, Q.; Oberlies, N.H.; Shi, G.; Gu, Z.M.; He, K.; McLaughlin, J. 1996. Recent advances in annonaceous acetogenins. Natural Product Reports 13: 275-280.

Zhu-Salzman, K.; Zeng, R. 2015. Insect response to plant defensive protease inhibitors. Annual Review of Entomology 60: 233-252.

Capítulo 3

# Processos de obtenção de derivados botânicos com propriedades inseticidas

Eduardo Cassel
Rafael Nolibos Almeida
Rubem Mário Figueiró Vargas
Caroline Garcia Finkler da Silva

## 1. Introdução

Os derivados botânicos com propriedades inseticidas são altamente dependentes do conhecimento da cadeia produtiva, que envolve desde a obtenção da matéria-prima, passando pelos processos de extração, purificação, fracionamento e pelo controle dos produtos obtidos por meio de procedimentos analíticos. A etapa final, que consiste na formulação de derivados botânicos, tem ganhado importância devido ao desenvolvimento de novas tecnologias, como é o caso da nanotecnologia. Logo, nesse contexto, o capítulo em questão abordará os processos aplicados à obtenção de derivados botânicos com o objetivo de incorporar conhecimento ao setor.

Entre os derivados botânicos com propriedades inseticidas, há dois grupos principais: o dos extratos voláteis, formado basicamente por compostos terpênicos, e o dos extratos não voláteis, formado em grande parte por compostos fenólicos como alcaloides, taninos, flavonoides, ligninas e cumarinas. Em razão das diferenças de propriedades entre os compostos desses dois grupos, os processos de extração utilizados na obtenção dos mesmos também são diferentes. Tradicionalmente, os processos de destilação por arraste a vapor e hidrodestilação são utilizados para a obtenção de compostos voláteis e os processos de extração com solventes como maceração, lixiviação, Soxhlet e refluxo assistidos ou não por ultrassons, micro-ondas e extrações aceleradas são utilizados para a obtenção de compostos não voláteis. Há um grupo de processos que operam a alta pressão e que são aplicados para os dois grupos de compostos, tendo como destaque a extração supercrítica.

Um grande desafio a ser superado no desenvolvimento de processos de extração de derivados botânicos é a transposição de escalas entre os estudos realizados em laboratório e a aplicação dos resultados em processos industriais. Nesse contexto, a modelagem matemática das curvas de extração consiste em uma ferramenta que permite determinar parâmetros do processo, sendo importante na predição, otimização e *scale-up*[1] da extração. A incorporação desses procedimentos tradicionais da indústria química aos processos aplicados a produtos naturais visa a diminuir o empirismo do setor, assim como aplicar conceitos já estabelecidos industrialmente.

A abordagem dos processos aplicados à obtenção de derivados botânicos apresenta como diferencial o fato de que a matéria-prima é dependente de fatores climáticos e geográficos, havendo, consequentemente, heterogeneidade nos produtos obtidos. Nesse contexto, o objetivo deste capítulo é apresentar processos e estratégias utilizadas para a obtenção de extratos oriundos de matérias-primas vegetais visando a sua aplicação como (bio)inseticidas. O texto foi dividido entre processos aplicados a extratos voláteis e a extratos não voláteis, além da apresentação dos respectivos modelos matemáticos que são utilizados na representação das curvas de extração.

## 2. Processos de obtenção de derivados botânicos voláteis

Os extratos voláteis, conhecidos como óleos essenciais, são misturas complexas de substâncias voláteis, lipofílicas, geralmente odoríferas e líquidas. Seus principais componentes são terpenoides e fenilpropanoides, substâncias que conferem suas características organolépticas. São extraídos de matérias-primas vegetais por meio de operações unitárias como hidrodestilação, arraste a vapor, extração com solventes orgânicos, prensagem a frio, *enfleurage*[2], extração supercrítica, extração com micro-ondas e outros. A seleção do método de extração depende do tipo de composto que se deseja obter, da quantidade de extrato volátil presente e da localização do mesmo na planta. A técnica de extração comumente utilizada na obtenção dos óleos essenciais é a técnica de extração por arraste a vapor devido a sua simplicidade e economia.

Os óleos essenciais são extraídos de raízes, caules, cascas, rizomas, folhas, flores, frutos ou sementes e apresentam solubilidade limitada em água e boa solubilidade em solventes orgânicos (Simões e Spitzer, 2007; Czepak e Bandoni, 2008). Uma vez extraídos, são normalmente incolores ou amarelados e instáveis na presença de luz e calor, umidade e metais (Bizzo et al., 2009).

A estrutura química base dos compostos presentes nos óleos essenciais parte da molécula do isopreno [$(C_5H_8)n$], onde o subíndice n representa o número de moléculas do isopreno que forma o esqueleto dos terpenos. Os terpenos são classificados quanto ao número de unidades de isopreno, conforme a Tabela 1.

[1] *Scale-up:* aumento de escala; escalonamento do processo.
[2] *Enfleurage:* Extração de compostos voláteis através do uso de carregadores lipofílicos (gorduras).

**Tabela 1.** Classificação dos terpenos de acordo com o número de unidades de isopreno.

| Átomos de carbono | Unidades de isopreno | Classificações |
|---|---|---|
| 10 | 2 | Monoterpenos |
| 15 | 3 | Sesquiterpenos |
| 20 | 4 | Diterpenos |
| 25 | 5 | Sesterpenos |
| 30 | 6 | Triterpenos |
| 40 | 8 | Tetraterpenos |

## 2.1. Extração por arraste a vapor

O processo de extração por arraste a vapor é baseado nos mesmos princípios da hidrodestilação, com a diferença de não haver contato direto do material vegetal com a água líquida em ebulição e sim com o vapor d'água, reduzindo assim possíveis alterações químicas das moléculas terpênicas. Durante a extração, água e moléculas do óleo essencial, ambas no estado de vapor, formam uma mistura homogênea no qual os compostos da mistura são destilados simultaneamente. A imiscibilidade em estado líquido da água com a maioria das moléculas terpênicas é uma vantagem na sua utilização como solvente, pois possibilita a separação do óleo essencial obtido por uma simples etapa de separação líquido-líquido, após a condensação da mistura. Esse processo consiste basicamente na passagem de um fluxo de vapor d'água por um leito de material vegetal, carregando consigo os compostos voláteis. Em seguida, a mistura vapor d'água e óleo essencial é introduzida em um condensador, onde a mistura é liquefeita. Por fim, devido à imiscibilidade entre o óleo essencial e a água, a separação do óleo essencial pode ser realizada por decantação. Na Figura 1 é apresentado um processo em escala laboratorial (Lucas, 2011).

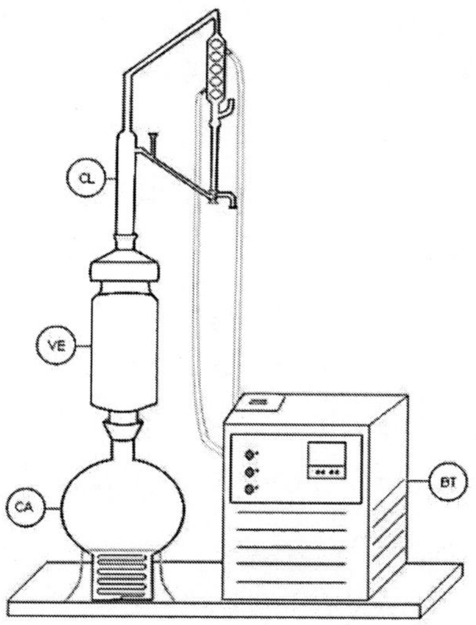


**Figura 1.** Equipamento de extração por arraste a vapor em escala laboratorial. CA = Caldeira com aquecimento; VE = Vaso de extração, onde se localiza o material vegetal; BT = Banho termostático; CL = clevenger, onde ocorre a condensação e separação dos líquidos imiscíveis (adaptada de Lucas, 2011, com autorização).

Diferentemente do processo em escala laboratorial, nos processos em escala piloto (Figura 2) e em escala industrial, a fase aquosa líquida não recircula pelo leito de material vegetal, sendo então removida ao final no processo. Esses processos extrativos são divididos em duas etapas: a primeira etapa tem por objetivo gerar vapor saturado, em pressão previamente definida, e aquecer o leito de material vegetal, enquanto a segunda etapa consiste na extração propriamente dita. A etapa de extração é encerrada quando a variação de volume de óleo essencial no recipiente separador não é observada durante um determinado tempo (Oliveira, 2015).

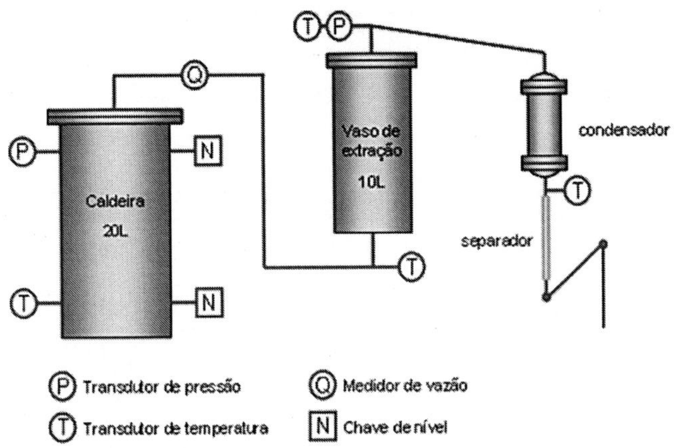


**Figura 2.** Esquema do processo de destilação por arraste a vapor em escala piloto (adaptada de Oliveira, 2015, com autorização).

O uso de unidade piloto de extração por arraste a vapor com dimensões proporcionais ao equipamento utilizado em escalas industriais (Figura 3) para obtenção de dados para a otimização de processo e em experimentos com novos materiais vegetais tem como meta a mudança de paradigma do setor produtivo de óleos essenciais, isto é, a incorporação tecnológica de um setor com forte base empírica. O objetivo dessa estratégia é se apropriar da base tecnológica da indústria química tradicional e aplicar ao setor de produtos naturais. Nesse contexto, o emprego de softwares capazes de gerenciar e simular os processos de extração de óleos essenciais a partir de dados históricos de extrações e de dados agronômicos tem trazido ganhos tecnológicos e econômicos ao setor (Torres, 2010).

Devido às diferenças de equipamento e de operação entre as unidades em escala laboratorial e industrial, o rendimento de óleo essencial e o tempo necessário para obtê-lo, para uma mesma planta, não são os mesmos. Nos experimentos em escala laboratorial, o excesso de solvente em relação à massa de planta é maior do que em um processo em escala industrial; consequentemente, o tempo de extração, principalmente, e o rendimento são menores. Devido a esse fato, quando o objetivo é a obtenção de dados para avaliar a viabilidade da produção de um determinado óleo essencial, é necessário o uso de uma unidade piloto, visto que nessa escala é possível extrapolar os resultados para uma escala industrial.

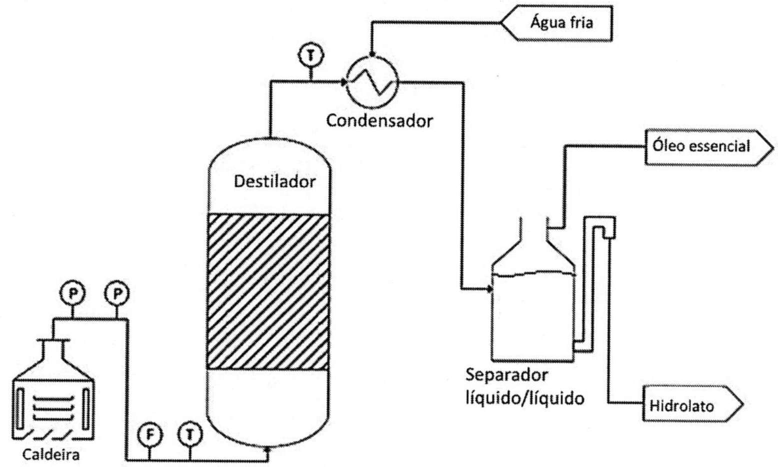


**Figura 3.** Esquema do processo de destilação por arraste a vapor em escala industrial (adaptada de Sartor et al. *Industrial Engineering and Chemistry Research* 50: 3955-3959, com autorização).

## 2.2. Variáveis do processo de extração por arraste a vapor

As variáveis pressão, temperatura, porosidade do leito (Equação 1) e tempo de extração influenciam diretamente no rendimento de óleo essencial (Equação 2), enquanto variáveis como umidade, densidade e capacidade calorífica do material vegetal são importantes para cálculos associados ao processo de extração como os balanços de massa e de energia.

No estudo realizado por Sartor et al. (2011), em uma unidade em escala industrial, é possível observar o efeito da porosidade do leito no rendimento do óleo essencial de alecrim [*Rosmarinus officinalis* L. (Lamiaceae)] (Tabela 2).

$$\varepsilon = \frac{V_v}{V_t} = 1 - \frac{V_s}{V_t} = 1 - \frac{\frac{m_s}{\rho_s}}{AH} \qquad (1)$$

onde: $\varepsilon$ é a porosidade do leito, $V_v$ é o volume de vazios, $V_t$ é o volume total, $V_s$ é o volume da planta, $m_s$ é a massa de planta, $\rho_s$ é a massa específica da planta, A é a área da seção transversal do leito e H é a altura do leito.

$$rend = \frac{m_{OE}}{m_{planta\,seca}} = \frac{V_{OE} \cdot \rho_{OE}}{m_{planta\,seca}} \qquad (2)$$

onde: rend é o rendimento de óleo essencial, $m_{OE}$ é a massa de óleo essencial, $m_{planta\,seca}$ é a massa de planta em base seca, $V_{OE}$ é o volume de óleo essencial e $\rho_{OE}$ é a densidade do óleo essencial.

**Tabela 2.** Efeito da porosidade no rendimento de óleo essencial de *Rosmarinus officinalis* avaliado em uma unidade industrial (adaptada de Sartor et al. *Industrial Engineering and Chemistry Research* 50: 3955-3959, 2011, com autorização).

| Experimentos | Massas $_{(planta)}$ (kg) | Rendimentos ($g_{óleo}/g_{planta}$) |
|---|---|---|
| 1 | 430 | 0,051 |
| 2 | 580 | 0,062 |
| 3 | 630 | 0,059 |

Rossa et al. (2018), trabalhando em uma unidade em escala piloto, avaliaram o efeito da pressão, temperatura e porosidade no rendimento do óleo essencial de pimenta-longa [*Piper hispidinervum* C. DC. (Piperaceae)] e obtiveram os resultados apresentados na Tabela 3. Não foi observada diferença significativa na composição desse óleo essencial obtido nos diferentes experimentos; porém, para a condição de maior temperatura e menor porosidade (Experimento 4), o tempo de extração foi 50% menor.

**Tabela 3.** Rendimento de óleo essencial de *Piper hispidinervum* obtido por arraste a vapor em diferentes condições de temperatura, pressão e porosidade (adaptada de Rossa et al. *The Canadian Journal of Chemical Engineering* 96: 756-762, 2018, com autorização).

| Experimentos | Pressões (bar) | Temperaturas (K) | Porosidades iniciais do leito | Rendimentos ($g_{óleo}/g_{planta}$)[1] |
|---|---|---|---|---|
| 1 | 1,00 | 373,15 | 0,91 | 0,02625a |
| 2 | 1,00 | 373,15 | 0,82 | 0,01453b |
| 3 | 2,50 | 400,55 | 0,91 | 0,01715a |
| 4 | 2,50 | 400,55 | 0,82 | 0,01518b |
| 5 | 1,75 | 389,19 | 0,86 | 0,01335c |
| 6 | 1,75 | 389,19 | 0,86 | 0,01214c |
| 7 | 1,75 | 389,19 | 0,86 | 0,01288c |

[1]Letras distintas representam diferenças significativas no rendimento dos experimentos (teste F, $p < 0,1$).

## 2.3. Análise da composição dos óleos essenciais

Uma etapa fundamental nos estudos envolvendo extratos voláteis obtidos de matérias-primas vegetais são as análises qualitativa e quantitativa. Os métodos indicados para a realização dessas análises são a cromatografia gasosa com detectores de ionização de chama (CG/DIC) e o espectrômetro de massas (CG/EM), respectivamente. O DIC é um detector sensível a moléculas que contenham carbono e hidrogênio (Collins et al., 2007), e por isso pode ser utilizado para quantificar amostras ricas em compostos com carbono e hidrogênio sem a utilização de um padrão interno. Os óleos essenciais são formados basicamente por terpenos, que são moléculas compostas essencialmente de carbono e hidrogênio. Por sua vez, o EM é indicado para a identificação dos compostos presentes nos óleos essenciais, visto que é possível definir os compostos por comparação dos índices de retenção (Equação 3), determinados a partir de uma série de alcanos (C8-C20), como os de padrões puros ou citados na literatura (Adams, 2007). Somado a esse procedimento é realizada a comparação dos espectros de massas com dados presentes em bibliotecas de espectros para compostos presentes em óleos essenciais (Adams, 2007).

$$RI = 100n + 100\frac{t_{Rx} - t_{Rz}}{t_{R(z+1)} - t_{Rz}} \qquad (3)$$

onde: *RI* é o índice de retenção, *n* é o número de átomos de carbono de cada alcano normal da mistura, $t_{Rx}$ é o tempo de retenção ajustado do composto *x*, $t_{Rz}$ e $t_{R(z+1)}$ são os tempos de retenção ajustados de alcanos de cadeia normal, sendo que $t_{Rx}$ é intermediário a $t_{Rz}$ e $t_{(R(z+1))}$.

## 2.4. Fracionamento de extratos voláteis

A obtenção de derivados botânicos voláteis vem contemplar a atual busca por alternativas a substâncias sintéticas por parte de diferentes setores produtivos como o agropecuário e a indústria. Entretanto, por se tratar de uma mistura complexa, também se torna interessante a obtenção, além do óleo essencial, de frações desse extrato enriquecidas de determinados compostos, gerando produtos de alto valor agregado (Bruneton, 2001). A produção de extratos voláteis possui um pequeno volume comparado a setores mais tradicionais da indústria, e dessa forma, a destilação contínua não é uma opção viável para o seu fracionamento, abrindo caminho para o processo em batelada (Mujtaba, 2004). Outra vantagem é a possibilidade de uso do processo em batelada com diferentes cargas, ou seja, adaptado a produções sazonais, bastante frequentes dentro da indústria de óleos essenciais.

A destilação fracionada a vácuo é um processo de fracionamento apropriado para separar misturas com compostos termolábeis como é o caso dos óleos essenciais, pois o mesmo opera a baixas temperaturas, evitando assim a degradação dos compostos presentes no extrato. Esse processo tem sido utilizado também para a purificação de óleos essenciais de compostos indesejados como, por exemplo, a remoção de bergapteno, composto fotossensível, presente no óleo essencial de bergamota [*Citrus bergamia* Risso et Poit. (Rutaceae)]. Segundo Belsito et al. (2007), utilizando um processo adaptado de destilação fracionada a vácuo é possível produzir óleo essencial de bergamota sem bergapteno e com as mesmas propriedades do extrato volátil produzido por prensagem a frio.

Diferentemente da destilação contínua, na destilação em batelada (Figura 4) uma carga líquida da mistura inicial é adicionada à coluna e, durante o processo, esta é continuamente vaporizada. O vapor de topo é condensado e parte dele é coletado, enquanto outra parte retorna à coluna. Dessa forma, a mistura inicial vai sendo consumida dinamicamente e as composições ao longo da coluna mudam, conforme o consumo de cada componente. Alterações de composição alteram o equilíbrio e, consequentemente, a temperatura em cada estágio (Mujtaba, 2004).

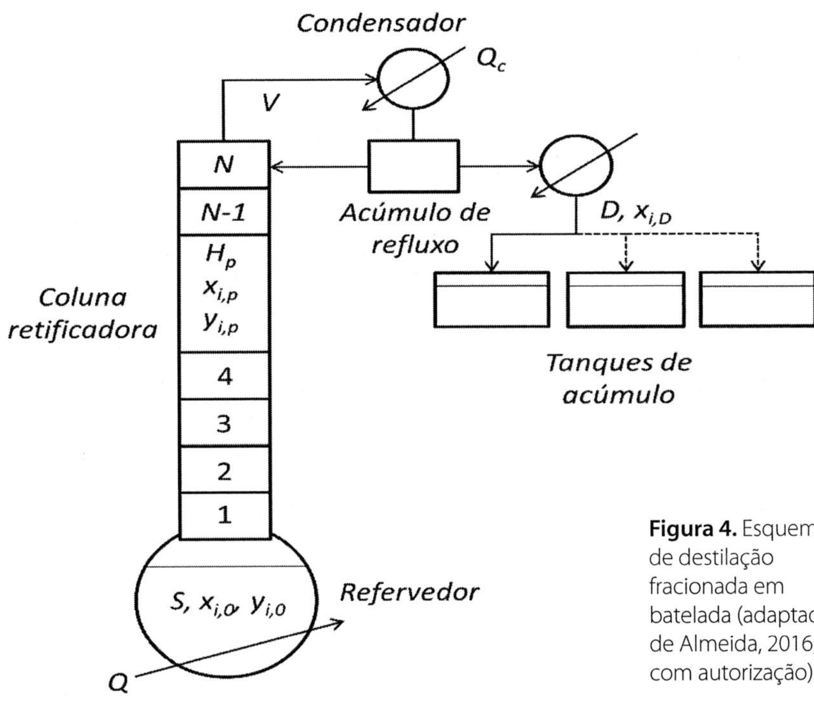


**Figura 4.** Esquema de destilação fracionada em batelada (adaptada de Almeida, 2016, com autorização).

O maior impeditivo para que a aplicação de conhecimentos de engenharia no fracionamento de óleos essenciais seja mais difundida é a distância existente entre os setores que trabalham com produtos naturais e o setor químico tradicional. Como forma de aproximar esses setores, Almeida et al. (2018) propuseram um método para a simulação do processo de fracionamento de óleos essenciais. O software desenvolvido pelos autores incorpora o cálculo de propriedades termofísicas dos constituintes de óleos essenciais por meio de métodos preditivos a um modelo dinâmico de destilação fracionada a vácuo em batelada. Os resultados gerados são consistentes e promissores com relação ao potencial comercial desses produtos, uma vez que o método permite que qualquer óleo essencial, de composição conhecida, seja passível de tratamento no modelo apresentado. O método de simulação desenvolvido foi aplicado ao óleo essencial de marcela [*Achyrocline satureioides* Lam. DC. (Asteraceae)] por Pires (2017), demonstrando a viabilidade de obtenção de frações ricas em α-pineno, α-humuleno e E-cariofileno (Figura 5).

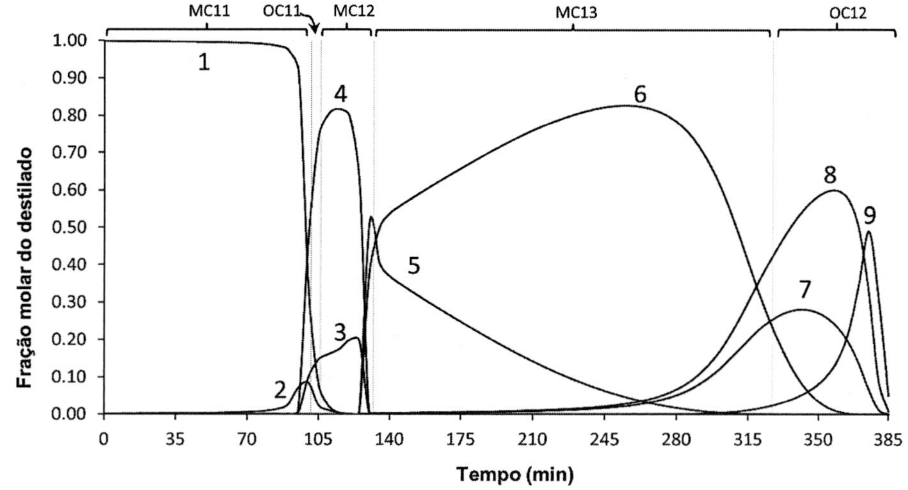


**Figura 5.** Composição versus tempo: Simulação do processo de destilação do óleo essencial de marcela (*Achyrocline satureioides*): 1) α-Pineno; 2) β-Pineno; 3) Limoneno; 4) α-Humuleno; 5) α-Copaeno; 6) E-cariofileno; 7) γ-Cadineno; 8) δ-Cadineno; 9) α-Muroleno (adaptada de Pires, 2017, com autorização).

## 2.5. Formulação de extratos voláteis

A alta volatilidade, a baixa solubilidade em água e a suscetibilidade à degradação por agente físicos e químicos (p. ex.: luz UV, temperatura, pH, ar e umidade) dos óleos essenciais podem comprometer a sua atividade inseticida. Em função disso, pesquisadores buscam uma forma de melhorar sua estabilidade, protegendo esses compostos dos fatores citados anteriormente com o objetivo de aumentar o tempo de ação pela liberação controlada do óleo essencial (Pavela, 2015). Uma técnica que vem sendo estudada é a encapsulação de óleos essenciais em matrizes poliméricas (Chung et al., 2013; Oliveira et al., 2014). O principal objetivo da encapsulação é a proteção físico-química de compostos bioativos por meio da incorporação destes no núcleo/parede/matriz da partícula formada. Com esse processo, podem-se produzir esferas ou cápsulas com diâmetro micrométrico ou nanométrico. As nanocápsulas/microcápsulas são partículas que possuem um núcleo oleoso, onde geralmente a substância de interesse está dissolvida e envolta por uma parede polimérica. Dependendo de características como solubilidade, volatilidade e polaridade, o composto de interesse pode se localizar também no invólucro polimérico (Freixo, 2013; Bakry et al., 2016). As nano/microesferas possuem a substância retida (heterogênea) ou adsorvida (homogênea) na matriz polimérica sem a presença de um núcleo oleoso (Figura 6).

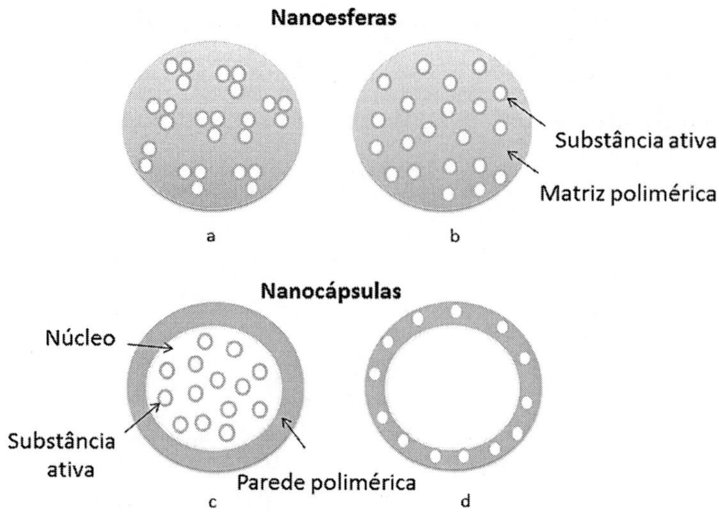


**Figura 6.** Esquema das nanocápsulas e nanoesferas poliméricas: a) Composto ativo retido na matriz polimérica; b) Composto ativo adsorvido na matriz polimérica; c) Composto ativo no núcleo oleoso; d) Composto ativo na parede da cápsula (adaptada de Fianco, 2018, com autorização).

Um conjunto de métodos que consiste na produção de partículas com dimensões nanométricas encontra-se descrito na literatura, destacando as substâncias que são revestidas por um agente encapsulante, geralmente polímeros (p. ex.: polietilenoglicol) ou biopolímeros (p. ex.: quitosana, gelatina e goma-arábica) (Oliveira et al., 2014). Os principais métodos aplicados a óleos essenciais são nanoprecipitação, coacervação simples ou complexa e *spray drying* (Tabela 4). Para mais detalhes, consultar Capítulo 16 desta obra.

O estudo realizado por Fianco (2018) com óleo essencial livre e com nanocápsulas do óleo essencial de *Baccharis psiadioides* (Less) Joch. Müll. (Asteraceae) frente ao carrapato-do-boi *Rhipicephalus* (*Boophilus*) *microplus* (Canestrini) Acarina: Ixodidae demonstrou a ação praguicida do óleo essencial livre, causando 100% de mortalidade nas primeiras 12 h de ensaio (Figura 7). Com a encapsulação, constatou-se liberação mais lenta do óleo essencial, visto que a mortalidade atingiu 50% somente a partir de 36 h de exposição. Esse fato é um indicativo que a encapsulação atingiu um dos objetivos que consiste em aumentar o tempo de disponibilização do óleo essencial, isto é, aumentar o tempo de ação do óleo essencial frente aos carrapatos.

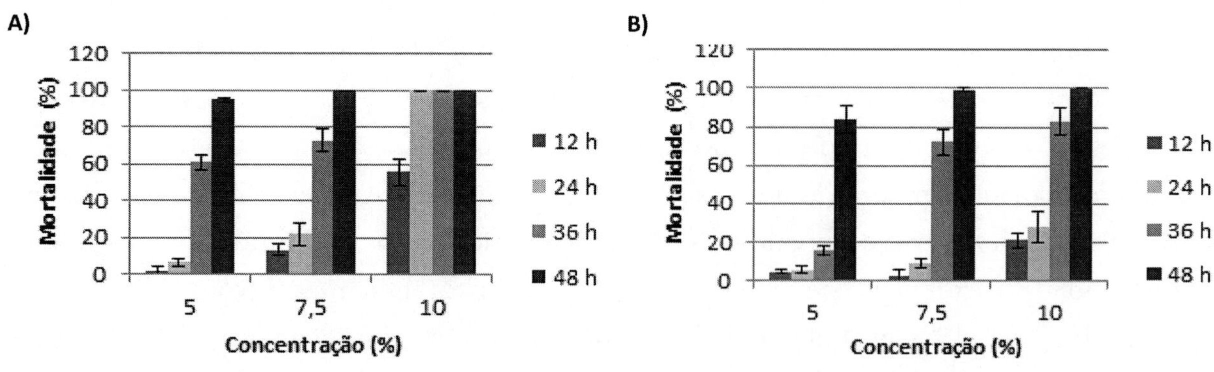


**Figura 7.** Mortalidade (%) do carrapato-do-boi, ***Rhipicephalus*** **(*Boophilus*) *microplus***, causada pelo óleo essencial de ***Baccharis psiadiodies*** puro (A) e encapsulado (B) em diferentes tempos de exposição (adaptada de Fianco, 2018, com autorização).

**Tabela 4.** Alguns exemplos de estudos sobre encapsulação de óleos essenciais (adaptada de Rossa, 2019, com autorização).

| Plantas produtoras de óleos essenciais ou compostos terpênicos | Agentes encapsulantes | Métodos | Finalidades e aplicações | Referências |
|---|---|---|---|---|
| Alecrim-pimenta (*Lippia sidoides* Cham.) | Quitosana, goma e policaprolactona | Coacervação complexa e nanoprecipitação | Prolongar a liberação e melhorar a atividade biológica | Abreu et al. (2012); Pinto et al. (2016) |
| Capim-limão (*Cymbopogon citratus* (DC.) Stapf ) | Álcool polivinílico | Coacervação simples | Prolongar a liberação | Leimann et al. (2009) |
| Hortelã-pimenta (*Mentha piperita* L.) | Quitosana | Gelatinização iônica | Aprimorar a atividade biológica antimicrobiana e aumentar a estabilidade | Beyki et al. (2014) |
| Mamica-de-cadela (*Zanthoxylum rhoifolium* Lam.) | Policaprolactona | Nanoprecipitação | Aprimorar a atividade biológica | Christofoli et al. (2015) |
| Orégano (*Origanum vulgare* L.) | Inulina | *Spray drying* | Avaliar o perfil de liberação do óleo essencial encapsulado | Beirão-da-Costa et al. (2013) |
| Pimenteira-bastarda (*Schinus molle* L.) | Maltodextrina e goma arábica | *Spray drying* | Prolongar o efeito inseticida | López et al. (2014) |
| Tulsi (*Ocimum sanctum* L.) | Gelatina | Coacervação simples | Promover a estabilidade | Chitprasert e Sutaphanit (2014) |
| Carvacrol | PLGA | Nanoprecipitação | Aprimorar a atividade antimicrobiana | Iannitelli et al. (2011) |
| Eugenol | Quitosana | Gelatinização iônica | Promover a estabilidade térmica | Woranuch e Yoksan (2013) |

Outra proposta para melhorar a estabilidade dos extratos voláteis empregados como inseticida é a formulação dos óleos essenciais como nanoemulsões. Em escala nanométrica, algumas propriedades dos óleos essenciais são aprimoradas devido à melhor difusão dos compostos ativos através de membranas biológicas, além de minimizar o efeito negativo em propriedades organolépticas (Prakash et al., 2018). Diferentes métodos são utilizados na preparação de nanoemulsões contendo óleo essencial, podendo ser separadas em duas abordagens distintas, chamadas de *top down* e *bottom up*. Os métodos baseados na abordagem *top down* consistem na redução do tamanho de gotícula do óleo por ação mecânica, necessitando fornecer uma grande quantidade de energia ao sistema para a produção da nanoemulsão. Cita-se como exemplo a homogeneização a alta pressão e a ultrassonicação. Por sua vez, os métodos baseados na abordagem *bottom up* produzem nanoemulsões a partir da associação espontânea dos surfactantes ao redor das moléculas do óleo essencial, como, por exemplo, o método por dispersão e evaporação de solvente e o método por inversão de fases (Prakash et al., 2018).

O desenvolvimento de uma formulação carrapaticida à base de óleos essenciais enriquecido com terpenos foi o foco do estudo desenvolvido por Cassel et al. (2016). Nesse trabalho foi avaliado o controle in vitro da formulação de extratos voláteis de *P. hispidinervum* e óleos essenciais ricos em terpinoleno sobre o carrapato-do-boi (*R. microplus*). Os testes com as formulações desenvolvidas com extratos voláteis provocaram mortalidade de 100% das larvas do carrapato na concentração de 20 $\mu g_{amostra}/\mu g_{solução}$ e com Acibelte® (cipermetrina 0,5%), esse mesmo resultado foi obtido com 5 $\mu g_{amostra}/\mu g_{solução}$.

No estudo de Torres et al. (2012) foi avaliada a atividade de frações de óleos essenciais de citronela (*Cymbopogon winterianus* Jowitt ex Bor) e aroeira (*Schinus molle* L.) frente a larvas do carrapato-do-boi (*R. microplus*). Algumas frações do óleo de citronela apresentaram maior toxicidade às larvas quando comparadas ao óleo puro. Já as frações do óleo de aroeira mostraram-se atóxicas às larvas, enquanto o óleo essencial apresentou 100% de atividade na concentração de 8,8 μL/mL.

## 3. Processos de obtenção de derivados botânicos não voláteis

As técnicas de extração de derivados botânicos não voláteis são divididas entre processos que operam a baixa e alta pressão. O procedimento geral de extração pode ser dividido em 3 fases, compreendendo a dessorção dos solutos da matriz sólida, a difusão do soluto no solvente que penetrou na matriz e a transferência desse soluto para a fase solvente.

### 3.1. Processo de extração de derivados botânicos a baixa pressão

No geral, técnicas de extração de extratos não voláteis a partir de matrizes vegetais podem ser classificadas em duas categorias: convencionais e processos assistidos por aceleradores. Entre as técnicas convencionais, as mais utilizadas são maceração, lixiviação, Soxhlet e refluxo, enquanto que, entre os processos assistidos, as técnicas mais empregadas são as que envolvem ultrassom, micro-ondas e extrações aceleradas por solventes. Extrações convencionais são baseadas na solubilidade do soluto presente na matéria vegetal em solventes. Portanto, frequentemente, essas técnicas utilizam grandes quantidades de solvente para obter o soluto de interesse, mesmo quando o processo ocorre sob temperatura elevada e agitação mecânica.

Uma análise da literatura demonstra claramente que os pesquisadores estão mais inclinados à seleção das técnicas de extração convencionais. A seleção desses métodos está, geralmente, relacionada ao foco dos estudos conduzidos. Para o isolamento de novos compostos e estudos farmacológicos, as técnicas convencionais são as mais empregadas. Por outro lado, trabalhos com foco em estudos de quantificação e otimização favorecem o uso de tecnologias não convencionais, uma vez que visam a reduzir o uso de solventes e a produção de resíduos. As técnicas menos difundidas utilizam-se de aceleradores do processo de extração, como, por exemplo, campo elétrico, ultrassom e micro-ondas.

#### 3.1.1. Maceração

O processo de maceração é uma extração sólido-líquido, onde o composto bioativo, também denominado de soluto, é extraído por meio da imersão da matriz vegetal, in natura ou moída, em um solvente específico por, no mínimo, 3 dias, com agitação periódica. O processo tem como objetivo enfraquecer e quebrar as paredes celulares vegetais a fim de liberar os compostos solúveis. A eficiência da maceração é determinada pelos fatores solubilidade e difusão efetiva. A solubilidade é governada pela regra básica de "igual dissolve igual", ou seja, compostos polares dissolvem em solventes polares e compostos apolares dissolvem em solventes apolares (Meireles, 2008; Nn, 2015). A taxa de dissolução de um soluto no solvente é determinada pela taxa de transferência de massa do soluto da matriz vegetal para o solvente. A transferência do soluto entre a matriz vegetal e o solvente ocorre devido ao gradiente de concentração na interface sólido-líquido, característica da difusão efetiva. Os equipamentos necessários são bastante simples, o que explica a popularidade do método entre pesquisadores. Infusão e decocção são outros dois processos que usam os mesmos princípios da maceração e ambos embebem a matriz vegetal em água fria ou quente.

### 3.1.2. Extração em Soxhlet

Extração em Soxhlet envolve contato sólido-líquido para a remoção de um ou mais compostos de uma matriz sólida por meio de dissolução em um regime de refluxo da fase líquida. É um método de extração a quente, em sistema fechado e que utiliza solventes voláteis para a extração do soluto. O processo apresenta a vantagem de utilizar uma quantidade reduzida de solvente, quando comparado aos outros métodos tradicionais como a maceração. Isso ocorre devido ao fato de o material vegetal entrar em contato com solvente renovado a cada ciclo de operação. Além disso, como a temperatura do sistema é levemente mais alta do que o ponto de ebulição do solvente, o excesso de energia na forma de calor favorece a cinética de extração do sistema.

O sistema para extração é constituído basicamente por um balão de destilação, uma manta de aquecimento, o aparelho de Soxhlet e um condensador (Vongsangnak et al., 2004; Silva, 2011). O solvente presente no balão vaporiza; ao entrar no condensador, o mesmo retorna ao estado líquido e, por fim, entra em contato com a matriz vegetal no recipiente denominado de Soxhlet. O solvente líquido acumula até o momento em que a altura do líquido atinge um sifão e, então, a mistura solvente-extrato escoa para o balão, caracterizando um ciclo. Recomenda-se que a amostra seja finamente moída e colocada em "envelopes" de material poroso. A desvantagem do método é a exposição a solventes orgânicos líquidos perigosos e inflamáveis, com potenciais emissões tóxicas durante a extração, assim como a temperatura do processo que pode degradar compostos termolábeis presentes na matriz vegetal. Os solventes usados devem ser de alta pureza, o que acarreta aumento do custo de processamento. Idealmente, a amostra deve estar seca e ter uma granulometria fina, e muitos fatores como temperatura, proporção entre amostra e solvente e velocidade de agitação devem ser consideradas para esse método (Nn, 2015).

### 3.1.3. Extração assistida por campo elétrico

Campos elétricos aplicados a processos extrativos de produtos naturais surgiram como uma alternativa a processamentos térmicos e, por anos, atribuíam-se seus efeitos apenas ao aumento de temperatura pela aplicação de um campo elétrico sem efeito biológico nas células dos tecidos. Tratamentos com campo elétrico usados como facilitadores na extração de compostos intracelulares de tecidos vegetais têm sido alvo de estudos recentes (Jaeschke et al., 2019). A técnica consiste na aplicação de um campo elétrico em um meio onde estejam localizadas células vegetais ou animais, que podem ser consideradas um corpo condutor rodeado por uma camada dielétrica. A presença de um potencial induzido na membrana fornece energia livre suficiente para rearranjar as estruturas dos fosfolipídios da membrana, permitindo a formação de poros hidrofílicos. Esse efeito é chamado de eletroporação ou eletropermeabilização, que consiste na formação de poros e consequente aumento da permeabilidade da membrana celular (Loghavi et al., 2009). A ocorrência de poros acarreta menor resistência à transferência de massa, facilitando a difusão de componentes internos da célula.

Se o campo elétrico aplicado for superior a um valor crítico, sua ação resultará num dano celular irreversível, ocasionando a ruptura da célula, ou seja, ocorrerá a formação de poros permanentes. Por outro lado, se o campo elétrico for menor do que o valor crítico, os danos serão reversíveis e, assim, quando a aplicação do campo for cessada a célula recupera sua estrutura e funcionalidade. Na Figura 8 está representado um esquema do processo de eletroporação em uma célula vegetal com danos celulares reversíveis e irreversíveis, onde há a representação de um composto interno à célula que permeia a membrana celular até atingir o meio. Campos elétricos com maiores tensões e menores frequências apresentam resultados melhores em relação ao processo difusivo. Essa facilitação é mais evidente quando o produto a ser tratado possui células intactas (Kulshrestha e Sastry, 2003).

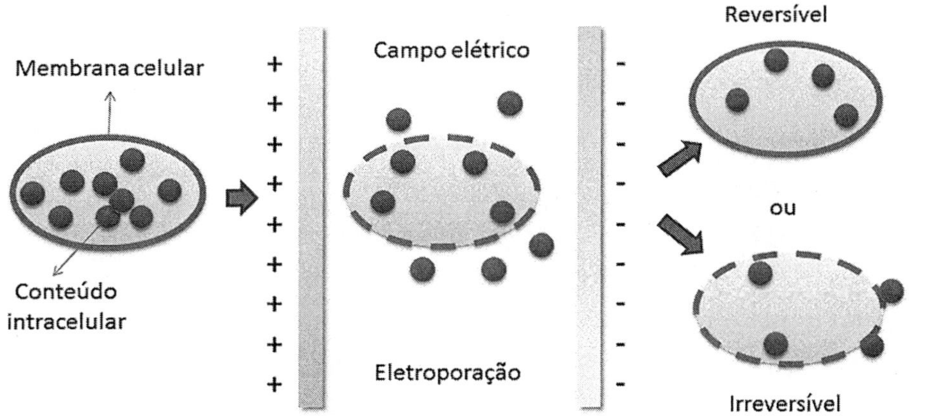


**Figura 8.** Mecanismo de eletroporação (adaptada de Silva, 2016, com autorização).

O processamento de extração assistido com campo elétrico que envolve a aplicação de corrente alternada, normalmente com frequência de 50 Hz, de intensidade de campo elétrico inferior a 1000 V/cm e sem efeito térmico é denominado "campo elétrico moderado". Quando efeitos térmicos são o objetivo da ação do campo elétrico, a técnica passa a ser denominada "aquecimento ôhmico". O tratamento também pode ser feito com o uso de corrente contínua por períodos curtos, no intervalo de micro e milissegundos, o chamado "campo elétrico pulsado". Conforme a exposição elétrica e térmica a que a célula será exposta em cada processamento, é possível obterem-se inúmeras combinações de efeitos em materiais biológicos e ainda existe um grande número de aplicações potenciais para serem investigadas (Vorobiev e Lebovka, 2008).

### 3.1.4. Extração assistida por ultrassom

Ultrassom é o método usado para melhorar o fenômeno de transferência de massa do soluto em um processo de extração. Sua viabilidade para a extração de metabólitos secundários, como flavonoides e polifenois de plantas medicinais, tem sido alvo de inúmeros estudos (Wu et al., 2001; Corrales et al., 2008). O ultrassom é uma onda mecânica que se diferencia do som audível pelos seres humanos por apresentar frequências maiores que 20 kHz (Luque de Castro et al., 2011). Um dos fenômenos produzidos pela propagação de ultrassons em líquidos é a cavitação, que é caracterizada pela formação de cavidades, para onde os gases dissolvidos no sistema migram formando microbolhas, que aumentam e diminuem de tamanho, gerando ciclos de expansão e compressão até que as bolhas entrem em colapso, muitas vezes, de forma violenta, liberando grande quantidade de calor e exercendo elevadas pressões próximas à região da implosão (Figura 9).

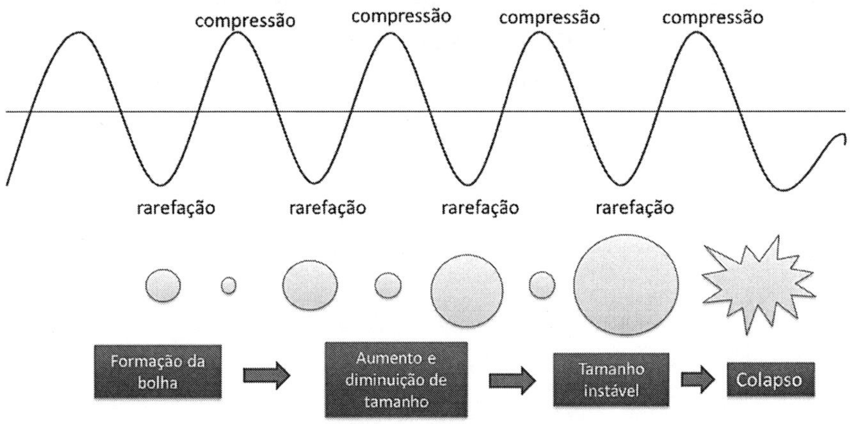


**Figura 9.** Mecanismo de cavitação ultrassônica (adaptada de Silva, 2016, com autorização).

Efeitos mecânicos do ultrassom permitem uma penetração mais rápida e mais completa do solvente no interior das células, melhorando a transferência de massa. A presença de materiais sólidos no sistema provoca uma implosão assimétrica das microbolhas, gerando jatos que colidem com as superfícies sólidas e ocasionam a circulação de líquidos devido à turbulência gerada. Essas colisões fazem com que as paredes das células vegetais sejam rompidas, facilitando a difusão do solvente (Capote e Luque de Castro, 2007). Soma-se a isso, o calor liberado pelas implosões que aumenta a solubilidade dos solutos e, consequentemente, a eficiência de extração. O uso de ultrassom resulta na diminuição do tempo de operação e da quantidade de solvente necessária. Baixas frequências (20 kHz) são eficazes para a extração de compostos provenientes de fontes vegetais, uma vez que as bolhas formadas em baixas frequências são maiores que as formadas em altas frequências, e implodem de maneira mais violenta, sendo mais eficientes nos processos de extração (Esclapez et al., 2011).

As principais variáveis que devem ser observadas no processo de sonicação são: a natureza do tecido do material a ser extraído e a localização dos compostos de interesse na estrutura desse tecido, o tipo de composto que se deseja extrair, os efeitos da disruptura celular causada pelo ultrassom, o aumento da superfície de transferência de massa, a difusão intraparticular e a redução do tempo de extração (Vilkhu et al., 2008).

### 3.1.5. Extração assistida por micro-ondas

Micro-ondas são ondas eletromagnéticas com frequências entre 0,3 e 300 GHz. Devido a sua natureza eletromagnética, as micro-ondas possuem campos elétrico e magnético perpendiculares. O campo elétrico causa aquecimento por meio de dois mecanismos simultâneos: rotação dipolar e condução iônica. Ao contrário de métodos com aquecimento convencionais, onde o calor é transferido do meio emissor para o interior da amostra, em extrações assistidas por micro-ondas o calor é dissipado volumetricamente dentro do meio irradiado. O uso de micro-ondas durante a extração sólido-líquido acelera o processo e melhora o rendimento devido à ação sinérgica dos gradientes de calor e massa gerados. Uma das principais vantagens é o rápido aquecimento do solvente. Para o uso de micro-ondas, a escolha do solvente deve levar em conta sua natureza. De modo geral, o solvente deve absorver micro-ondas sem resultar em um aquecimento proeminente, a fim de evitar degradação térmica dos compostos. O uso de misturas binárias como solventes é comum, como, por exemplo, o n-hexano e a acetona, em que apenas um dos solventes absorve micro-ondas (Veggi et al., 2012). Existem dois tipos de instrumentos disponíveis comercialmente: o mais comum utiliza uma câmara fechada, com pressão e temperatura controladas; o outro usa uma câmara aberta à pressão atmosférica. É importante ressaltar que o uso de equipamentos domésticos de micro-ondas não é adequado para aplicações laboratoriais, pois a reprodutibilidade pode ser afetada pela falta de homogeneidade do campo de micro-ondas produzido (Christen e Kaufmann, 2002).

## 3.2. Processo de extração de derivados botânicos a alta pressão

Processos de extração que operam a alta pressão têm adquirido seu espaço no cenário dos produtos naturais, principalmente após as restrições do uso de solventes tóxicos como os solventes clorados, na obtenção de derivados botânicos. O processo de maior notoriedade é a extração com fluidos em estado supercrítico, porém processos de extração com líquido pressurizado e extração subcrítica também têm crescido de importância nos últimos anos (Silva et al., 2018; Tan et al., 2018).

A extração por fluido supercrítico é um método de separação e purificação utilizado em processos de extração de compostos bioativos a partir de matrizes sólidas. A aplicação industrial desse processo iniciou-se no final dos anos 1970 com a implantação do processo de descafeinização de café e de chá (Taylor, 1996). Essa tecnologia utiliza um solvente no estado supercrítico, isto é, sob temperatura e pressão acima do ponto crítico (Figura 10). O fluido supercrítico apresenta propriedades tais como alta difusividade, baixa viscosidade e baixa tensão superficial, o que lhe confere características atraentes como solvente para extração de componentes de matrizes sólidas. A extração por fluido supercrítico é altamente seletiva;

o solvente é facilmente removido do extrato de interesse e as temperaturas operacionais são moderadas quando se utiliza o dióxido de carbono ($CO_2$) como como solvente, o que permite a preservação de compostos termolábeis no extrato.

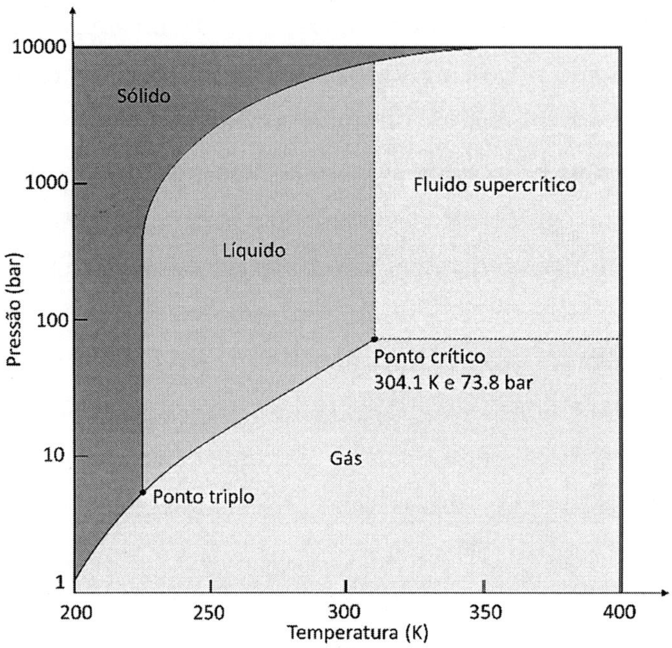


**Figura 10.** Diagrama de fase do dióxido de carbono ($CO_2$).

O $CO_2$ é o solvente mais empregado por ser considerado atóxico e seguro, e por ser produzido com alta pureza a um custo relativamente baixo, quando comparado a outros solventes orgânicos. No entanto, o $CO_2$ possui capacidade limitada em dissolver compostos polares a altas pressões, como no caso dos polifenois; logo o uso de cossolventes, geralmente água ou etanol, auxilia no aumento do poder de solvência e na seletividade do processo de extração supercrítica (Taylor, 1996).

O processo de extração com fluido supercrítico de derivados botânicos (Figura 11) consiste em passar um solvente no estado supercrítico através de um leito poroso formado por uma matriz sólida em um vaso extrator, solubilizando e arrastando compostos (soluto) até a válvula de expansão, onde ocorre a despressurização do sistema, fazendo com que o solvente passe para o estado de vapor e o soluto precipite. Quando se soma ao processo o uso de cossolvente, este é bombeado de um reservatório para um vaso de mistura localizado antes do pré-aquecedor e, nesse vaso, ocorre a homogeneização com o solvente. A facilidade com a qual ocorre a separação solvente-soluto é um dos motivos para o destaque da extração supercrítica nos setores alimentício e farmacêutico (Cassel et al., 2008). Em processos em escala laboratorial e piloto, normalmente, não há a recirculação de solvente, porém no processo em escala industrial há o reciclo deste.

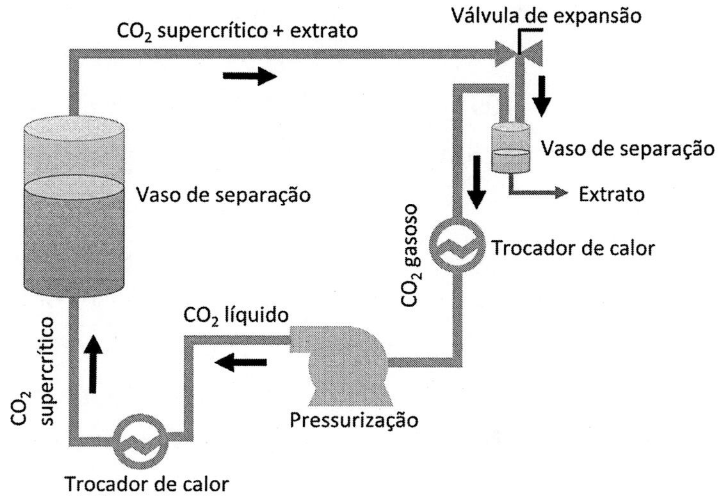


**Figura 11.** Esquema simplificado do processo de extração com fluido supercrítico.

Em termos de processo, a seletividade e o rendimento na extração por fluido supercrítico dependem do ajuste adequado das variáveis do processo, entre as quais se destacam pressão, temperatura, granulometria da matéria-prima, cossolvente e vazão de solvente ou solvente + cossolvente. O aumento da capacidade de extração por incremento da vazão é maior do que o incremento obtido pela variação dos demais parâmetros do processo (Mukhopadhyay, 2000), enquanto que o poder de solvência do fluido supercrítico está diretamente relacionado a sua densidade, a qual varia em função da pressão e da temperatura do processo. Assim, o aumento da temperatura provoca aumento da taxa de extração, exceto se a pressão estiver próxima do ponto crítico, caso em que ocorre um comportamento retrógrado da solubilidade. De uma forma geral, o aumento da pressão promove aumento da capacidade de solubilização do fluido supercrítico (Mukhopadhyay, 2000). O uso de cossolvente está relacionado ao ajuste da polaridade da mistura, resultando no aumento do poder de solubilização do solvente e/ou no aumento da seletividade do processo extrativo em determinada condição de temperatura e pressão (Mukhopadhyay, 2000). A seletividade dos compostos extraídos com fluidos no estado supercrítico é dependente diretamente da densidade do fluido, visto que essa variável é fortemente sensível à temperatura e à pressão. Outro fator determinante para a seletividade é a polaridade do solvente, que no caso do $CO_2$ ainda pode ser manipulada com o uso de cossolvente polares.

A combinação e/ou comparação do efeito do processo extrativo na atividade inseticida dos extratos foi estudada por Pavela et al. (2010), usando como matéria-prima as partes aéreas do crisântemo [*Tanacetum parthenium* (L.) Schultz Bip. (Asteraceae)]. Extratos voláteis obtidos por hidrodestilação e extratos não voláteis obtidos por extração supercrítica foram avaliados quanto aos efeitos sobre a mortalidade e a inibição da alimentação e do crescimento de lagartas de *Spodoptera littoralis* (Boisduval) (Lepidoptera: Noctuidae). A mortalidade se mostrou significativamente relacionada com o teor de terpenoides nas amostras, sendo os extratos obtidos com $CO_2$ puro e $CO_2$ + acetona mais eficientes do que o óleo essencial isoladamente. Nos trabalhos de Lehotay (1997), Scott et al. (2008) e Martín et al. (2012) são apresentadas revisões sobre os estudos relacionados à produção de biopesticidas utilizando processos que operam à alta pressão.

A caracterização dos compostos não voláteis é geralmente realizada por meio de cromatografia líquida de alta eficiência. A técnica permite a separação e análise conforme o tipo de detector empregado no equipamento. Para uma grande gama de detectores é necessária a construção de uma curva de calibração com o padrão do composto analisado, considerando que o mesmo já foi anteriormente identificado. Os compostos presentes no extrato podem ser isolados por meio de cromatografia em coluna, onde a interação entre composto-fase estacionária-fase móvel promove a separação. Outra técnica é a partição a partir de solventes orgânicos em que o agente promotor de separação é a diferença de polaridade utilizada dos diferentes solventes. Uma vez isolados, diferentes técnicas podem auxiliar na caracterização precisa dos compostos analisados como a espectrometria de massas, espectrometria infravermelha ou ainda a ressonância magnética nuclear.

O desenvolvimento de produtos utilizando extratos não voláteis pode ainda envolver etapas subsequentes à extração, como o seu fracionamento e a formulação para aplicação final do produto (emulsão, loção, solução e encapsulação). Além dos métodos tradicionais de fracionamento, como cromatografia em coluna e partição com solventes orgânicos, o processo com fluido supercrítico ainda permite uma operação em sequência à extração, fracionando o extrato com vasos de expansão em série. Os diferentes vasos de expansão são mantidos em pressões intermediárias e, dessa forma, a solubilidade dos diferentes compostos em cada pressão faz com que o fracionamento ocorra por precipitação. Uma vez fracionado ou ainda em seu estado bruto, o extrato pode ser submetido a diversos processos dependendo do tipo de aplicação, desde incorporações simples a diferentes matrizes como a mistura em uma base cosmética e farmacêutica (creme, loção ou pomada), em que o extrato é apenas misturado mecanicamente à base, até a formação de sistemas mais complexos como nanoemulsões e sistemas encapsulados. O processo de impregnação assistida por dióxido de carbono supercrítico surge também como um método eficaz para impregnar materiais sólidos. Suas múltiplas vantagens incluem alta difusão, o que permite obter materiais livres de solventes e operar sob baixas temperaturas, possibilitando, consequentemente, processar solutos termolábeis. Essas características permitem sua aplicação em escala industrial para a impregnação de madeira com fungicidas e a impregnação de extratos antimicrobianos em tecidos.

Por fim, visando ao total aproveitamento da matriz vegetal, processos sequenciais podem ser planejados de forma a esgotar a planta. Uma forma de processamento sequencial é a extração de compostos voláteis por arraste a vapor ou hidrodestilação, seguido de secagem e moagem para posterior extração por fluido supercrítico. O restante de material vegetal ainda pode ser ativado e utilizado como adsorvente para tratamento de efluentes, ou mesmo como catalisador. Rossa et al. (2018) apresentaram resultados referentes à aplicação de processos sequenciais em pimenta-longa, *P. hispidinervum*. A primeira etapa consistiu na obtenção, por arraste a vapor, de óleo essencial com atividade carrapaticida, seguido da obtenção de extrato não volátil por extração supercrítica e o fracionamento do mesmo em coluna cromatográfica, obtendo-se, finalmente, o composto 6-metoxieugenol, com alta atividade antioxidante.

## 4. Modelagem matemática das curvas de extração

A modelagem matemática das curvas de extração é uma ferramenta que permite determinar parâmetros do processo, sendo importante na predição, otimização e *scale-up* da extração. Por essa razão, muitos modelos são propostos na literatura. De um modo geral, há modelos empíricos, modelos baseados na transferência de massa em uma única fase do processo (fase fluida ou partícula sólida), modelos que consideram a transferência em ambas as fases, modelos estabelecidos por analogia ao transporte de calor e combinações entre eles. Entretanto, como a curva de extração pode variar conforme as condições operacionais, tipo de produto obtido, tipo de matéria-prima, solvente utilizado, forma geométrica do extrator e estrutura vegetal do material usado na extração, não há um modelo que possa ser considerado aplicável a qualquer fenômeno de transferência de massa, sendo que cada um deles considera diferentes características de um determinado processo (Gaspar et al., 2003; Cassel et al., 2008).

Os modelos podem ser construídos a partir de hipóteses que buscam representar o fenômeno real associado ao processo extrativo. A inclusão detalhada dos mecanismos da extração faz com que os modelos representem de modo mais satisfatório o fenômeno; entretanto, isso pode acarretar um aumento desnecessário da complexidade do modelo, dificultando a sua solução matemática, tornando-o pouco atraente para uso em processos industriais, onde respostas rápidas e de fácil obtenção são desejadas, mesmo apresentando certo grau de imprecisão.

A busca por modelos matemáticos aplicados a tecnologias de extração é uma parte de grande vulto nas práticas científicas, visando a compreender, controlar e prever processos industriais sem a necessidade de procedimentos experimentais repetitivos para conhecer o comportamento do processo da extração. Consequentemente, a importância da modelagem matemática do processo extrativo é permitir estratégias alternativas para avaliar a seleção das condições das variáveis do processo. A seguir é apresentada uma revisão abordando alguns dos diferentes modelos aplicados a técnicas de extração em processos que utilizam matérias-primas naturais. As operações de extração consideradas são a hidrodestilação, o arraste a vapor e a extração com fluido supercrítico. Destaca-se que essas não são as únicas opções de operações de extração possíveis de serem utilizadas no contexto de aplicação a produtos naturais.

Não é incomum encontrar modelos empíricos, que muitas vezes são pouco mais que uma interpolação de dados experimentais, sendo utilizados para correlacionar os efeitos do processo extrativo. Segundo Reverchon e Marrone (1997), os modelos empíricos servem para representar de forma aproximada processos de extração em casos em que não estão disponíveis informações sobre os mecanismos de transferência de massa e relações de equilíbrio e, dessa forma, tais equações não expressam o fenômeno físico do processo. De qualquer forma, esses modelos são simples e não deixam de exercer a função de modelar a extração, podendo ser utilizados nos estudos de mudança de escala e na previsão sobre dimensionamentos e condições operacionais do processo de extração.

Modelos de Lei de Potência, notavelmente usados para descrever extrações sólido-líquido também são frequentemente usados para modelar a extração de compostos intracelulares (Vorobiev e Lebovka, 2006; Segovia et al., 2015; Luengo et al., 2016). Esses modelos são característicos por apresentar um único parâmetro ajustável que leva em consideração o coeficiente de difusão do composto de interesse, a área de superfície total, o volume de solvente e a geometria das partículas sólidas. As equações dos modelos de Lei de Potência têm a forma $Y = kX^n$, onde $X$ e $Y$ são as variáveis de interesse, $n$ indica a ordem da equação e $K$ é uma constante. Do balanço de massa para o solvente onde o soluto é acumulado devido a sua remoção do material vegetal, a seguinte equação diferencial é válida:

$$\dot{m}_e - \dot{m}_s = \frac{\partial m}{\partial t} \tag{4}$$

onde: $\dot{m}$ é a taxa de massa, $m$ é a massa e $t$ é o tempo, o subíndice $e$ é vinculado à entrada do sistema e o subíndice $s$ é vinculado à saída do mesmo.

O termo $\dot{m}_s$ é nulo para processos em batelada. Multiplicando pelo volume tem-se:

$$Vk(C_s - C) = \frac{\partial CV}{\partial t} \tag{5}$$

onde: $K$ é a constante de extração, $C_s$ é a concentração de soluto na saturação e $C$ é a concentração de extrato no solvente para um tempo $t$ (Dagostin et al., 2015). Considerando a cinética de extração representada por um modelo tipo Lei de Potência, este assume a forma de:

$$\frac{dC}{dt} = k(\Delta C^n) = k(C_\infty - C)^n \tag{6}$$

sendo que $C_\infty$ ($\mu g_{extrato}/g_{fruto\ seco}$) é a concentração de soluto em equilíbrio com o solvente junto à superfície externa do sólido. Dependendo da ordem de cinética ($n$) considerada, a equação diferencial anterior produz diferentes respostas para a concentração do extrato no solvente.

Para o caso de primeira ordem, $n$ será igual a 1. Além disso, se no início do processo ($t = 0$), a concentração de extrato no solvente é nula ($C = 0$), a Equação 6, quando integrada, gera a seguinte expressão para a concentração de soluto no solvente como função do tempo:

$$C = C_\infty(1 - e^{-k_1 t}) \qquad (7)$$

Modelos de segunda ordem são apontados como os que descrevem mais apropriadamente os processos de extração sólido-líquido. Inicialmente, a maior parte do soluto é extraída rapidamente devido ao contato com o solvente novo; em um segundo momento, o processo torna-se mais lento, sendo governado pela difusão externa do soluto restante na solução (Sayyar et al., 2009). Assumindo as mesmas condições iniciais da primeira ordem, após a integração da Equação 6, e considerando $n = 2$, obtém-se:

$$C = t\left(\frac{1}{k_2 {C_\infty}^2} + \frac{t}{C_\infty}\right)^{-1} \qquad (8)$$

Nguyen et al. (1991) consideraram que a taxa de extração é proporcional à concentração de óleo resina no material vegetal, o que remete a hipóteses semelhantes da modelagem da cinética de reações químicas. Esses autores determinaram o valor da constante cinética para a extração supercrítica de baunilha [*Vanilla planifolia* Andrews (Orchidaceae)] e relacionaram essa constante com o coeficiente de difusão interna para o caso em que o mecanismo difusivo controla a transferência de massa.

Os modelos difusivos deduzidos a partir da 2ª Lei de Fick são bastante empregados para modelar o fenômeno de transporte de massa (Barba et al., 2015). Esse tipo de modelo considera que a concentração do extrato em uma partícula do leito de extração, onde ocorre a recuperação do soluto, é a mesma em qualquer posição do leito, o que é uma aproximação, pois a corrente do solvente vai se impregnando do soluto assim como a matéria-prima vai se empobrecendo desse soluto, durante a execução do processo de forma distinta em diferentes regiões do extrator. Tal fato implica que, num processo contínuo, as partículas na região de entrada se esgotam antes que as partículas posicionadas junto à saída do solvente. No entanto, vários autores (Reverchon e Marrone, 1997; Gaspar et al., 2003; Cassel e Vargas, 2006) têm usado esse tipo de modelo em diferentes geometrias para descrever a transferência de massa em diferentes técnicas de extração.

Para a hidrodestilação, o modelo difusivo pode ser usado para modelar a transferência do soluto para o líquido. Considerando que uma esfera é suspensa em um volume de solução tão grande que a quantidade de soluto dessorvido pela esfera é uma fração negligenciável do todo, e a solução é bem agitada, então a concentração na solução permanece constante. Entretanto, se existe apenas um volume limitado de solução, a concentração do soluto na solução aumenta conforme o soluto sai da esfera. Sendo a solução bem agitada, a concentração na solução depende apenas do tempo, e é determinada essencialmente pela condição de que a quantidade total de soluto no sistema, ou seja, a soma do que está na solução com a quantidade presente na esfera permanece constante durante o processo difusivo. Em casos onde a difusão é radial, a 2ª Lei de Fick para um coeficiente de difusão constante é expressa como:

$$\frac{\partial u}{\partial t} = D\frac{\partial^2 u}{\partial x^2} \tag{9}$$

onde:

$$u = Cr \tag{10}$$

A solução estabelecida por Crank (1979) é obtida por meio de transformada de Laplace assumindo como condições:

$$t = 0 \qquad u = aC_0 \qquad 0 < r < a \tag{11}$$

$$t > 0 \qquad u = rf(r) \qquad 0 < r < a \tag{12}$$

Supõe-se que a esfera ocupe o espaço $r < a$, enquanto o volume de solução (excluindo o espaço ocupado pela esfera) é $V$. A concentração de soluto na solução é sempre uniforme e inicialmente a esfera está livre do solvente. A quantidade total de soluto $M_t$ na solução depois de um tempo $t$ é expressa como uma fração da quantidade total extraída depois de um tempo infinito ($M_\infty$) pela relação (Crank, 1979):

$$\frac{M_t}{M_\infty} = 1 - \sum_{n=1}^{\infty} \frac{6 \propto (\propto +1)\exp\left(-\frac{Dq_n^2 t}{a^2}\right)}{9 + 9 \propto + q_n^2 \propto^2} \tag{13}$$

onde: $q_n$ são as raízes positivas de

$$tanq_n = \frac{3q_n}{3 + \propto q_n^2} \tag{14}$$

e

$$\propto = \frac{3V}{K * 4\pi a^3} \tag{15}$$

onde: $K$ é um adimensional, chamado de coeficiente de partição entre o soluto em equilíbrio na esfera e na solução. Isso significa dizer que a concentração de soluto na superfície da esfera é $K$ vezes a concentração na solução. Silva et al. (2018) realizaram extração de saponinas dos frutos não maduros da erva-mate [*Ilex paraguariensis* A. St.-Hil. (Aquifoliaceae)], empregando diferentes técnicas extrativas, entre elas a extração com etanol assistida por ultrassom e campo elétrico moderado que foi modelada pela Equação 13, demonstrando excelente desempenho para ajustar os dados de extrato obtido em função do tempo.

O processo de transferência de massa associado ao estudo em leito fixo de extração supercrítica pode ser modelado por equações diferenciais vinculadas ao balanço material realizado na fase solvente e outro na fase sólida que constitui esse leito. Esse tipo de procedimento de cálculo é usado por vários pesquisadores e Sovová (2005) apresenta uma extensa revisão sobre sua aplicação a produtos naturais, mostrando que os trabalhos publicados diferem na descrição de equilíbrio de fases, do padrão de fluxo e de difusão de soluto na fase sólida. A abordagem, com base em balanços de massa diferencial ao longo do leito de extração, requer mecanismos de transferência de massa e uma relação de equilíbrio. Para esse modelo, parâmetros ajustáveis derivados de dados experimentais são necessários (Marrone et al., 1998; Vargas et al., 2006).

Um dos primeiros modelos a considerar o balanço diferencial para as fases envolvidas na extração supercrítica aplicado para obtenção de óleos essenciais foi proposto por Sovová (1994). A autora propõe que a matriz a ser extraída pode ser representada como um sistema composto de células rompidas, originadas do processo de moagem, e células intactas. A partir dessas considerações, o modelo é separado em estágios diferentes dependendo de qual das resistências à transferência de massa considerada esteja controlando o processo de extração. A primeira etapa do modelo está relacionada à transferência de massa do soluto de fácil acesso, ou seja, o soluto proveniente das células rompidas. Uma vez esgotado o soluto de fácil acesso, inicia-se a fase lenta da extração, onde o óleo essencial localizado no interior da partícula começa a ser extraído ao longo de todo leito; nessa etapa, a resistência à transferência de massa apresentada é superior, quando comparada à da primeira. Entre as duas etapas mencionadas existe um período onde tanto o soluto de fácil acesso como o de difícil acesso, estão sendo extraídos dependendo da região do leito considerada.

O modelo proposto por Sovová (1994) descreve o processo considerando um vaso extrator cilíndrico onde o solvente flui em direção axial com determinada velocidade superficial ($u$) através de um leito que contém a matéria vegetal a ser submetida à extração. O tamanho das partículas e sua concentração inicial de soluto são considerados homogêneos. Outra hipótese é de que a pressão e a temperatura no leito são constantes. O balanço material do sistema é descrito pelas Equações 16 e 17.

$$-\rho_s(1-\varepsilon)\frac{\partial x}{\partial t} = J(x,y) \tag{16}$$

$$\rho\varepsilon\left(\frac{\partial y}{\partial t} + u\frac{\partial y}{\partial h}\right) = J(x,y) \tag{17}$$

Nas equações acima, $p$ é a massa específica do fluido, $p_s$ é a massa específica do sólido, $\varepsilon$ é a porosidade, $t$ é o tempo de extração, $h$ é a coordenada na direção axial, $J$ é a taxa de transferência de massa interfacial, $x$ é a concentração de soluto na fase sólida e y é a concentração de soluto no solvente.

Para possibilitar a solução de uma forma analítica, a autora desconsidera o termo de acúmulo na equação diferencial associada ao balanço na fase fluida ($\partial y / \partial t$) e considerando as condições:

$$y|_{h=0,t} = 0;\ x|_{h,t=0} = x_0 \tag{18}$$

A taxa de massa é descrita pelas Equações 19 e 20 para as fases fluida e sólida, respectivamente, sendo $x_k$ a concentração inicial do soluto de fácil acesso no interior das partículas e $y_r$ a solubilidade.

$$J(x > x_k, y) = k_f a_0 \rho (y_r - y) \tag{19}$$

$$J(x \leq x_k, y) = k_s a_0 \rho_s (1 - \frac{y}{y_r}) \tag{20}$$

A partir das considerações apresentadas anteriormente, Sovová (1994) apresenta a solução:

$$e = \begin{cases} q y_r [1 - \exp(-Z)], & q < q_m \\ y_r [q - q_m \exp(z_w - Z)], & q_m \leq q \leq q_n \\ x_0 - \frac{y_r}{W} \ln\left\{1 + \left[\exp\left(W\frac{x_0}{y_r} - 1\right)\exp[W(q_m - q)]\frac{x_k}{x_0}\right]\right\}, & q \geq q_n \end{cases} \tag{21}$$

onde: $e$ a massa de extrato relativa à massa de sólido sem contabilizar a massa de soluto. Nas equações anteriores:

$$q = \frac{Qt}{N} \tag{22}$$

$$q_m = \frac{(x_0 - x_k)}{y_r Z} \tag{23}$$

$$q_n = q_m + \frac{1}{W} ln \frac{x_k + (x_0 - x_k)\exp(\frac{Wx_0}{y_r})}{x_0} \quad (24)$$

$$\frac{z_w}{Z} = \frac{y_r}{wx_0} ln \frac{x_0 \exp[W(q - q_m)] - x_k}{x_0 - x_k} \quad (25)$$

Os parâmetros ajustáveis $Z$ e $W$, relativos aos períodos rápido e lento, respectivamente, são diretamente proporcionais aos coeficientes de transferência de massa de cada fase. A quantidade específica de solvente é $q$, e os subscritos $m$ e $n$ correspondem ao início da extração do interior das partículas e ao fim da extração do soluto de fácil acesso. O equacionamento dos mesmos está descrito a seguir:

$$Z = \frac{k_f a_0 \rho}{\dot{q}(1 - \varepsilon)\rho_s} \quad (26)$$

$$W = \frac{k_s a_0}{\dot{q}(1 - \varepsilon)} \quad (27)$$

onde: $a_0$ é a área especifica, $k_f$ e $k_s$ são os coeficientes de transferência de massa da fase fluida e da sólida, respectivamente, $\varepsilon$ é a porosidade, $p_s$ é a massa específica do sólido, $p$ é a massa específica do $CO_2$ e $\dot{q}$ é a vazão mássica de solvente.

Esse modelo tem sido largamente utilizado para representar dados de extração e o fato de sua solução estar apresentada de forma analítica facilita a implantação da técnica de ajuste de dados. Vargas et al. (2006), estudando a extração supercrítica da carqueja [*Baccharis trimera* Less. DC. (Asteraceae)] devido ao interesse em substâncias com propriedades anti-inflamatória e analgésica, modelaram as curvas de extração obtidas para as condições de 313,15 K e 343,15 K e pressão de 90 bar com excelente qualidade.

Outro modelo que realiza um balanço de massa para as fases sólida e fluida no leito de extração com o objetivo de gerar as equações diferenciais que descrevem o processo de separação foi proposto por Reverchon (1996). O modelo foi desenvolvido para investigar a extração supercrítica de óleo de sálvia [*Salvia officinalis* L. (Lamiaceae)]. Tal autor considera o óleo essencial um único composto e que após o processo de moagem apenas uma pequena fração do óleo está disponível na superfície das partículas. Por essa razão, o autor admite que a transferência de massa é controlada pela resistência interna, sendo desprezado no modelo a transferência de massa relacionada à resistência externa. O autor considera a dispersão axial negligenciável e que a densidade e a vazão do solvente são constantes ao longo do leito, o balanço de massa para um elemento do extrator de altura *dh* é representado pelas Equações 28 para a fase fluida e 29 para a fase sólida.

$$uV\frac{\partial c}{\partial h} + \varepsilon V\frac{\partial c}{\partial t} + (1-\varepsilon)V\frac{\partial q}{\partial t} = 0 \qquad (28)$$

$$(1-\varepsilon)V\frac{\partial q}{\partial t} = -A_p k_{TM}(q - q^*) \qquad (29)$$

As condições iniciais e de contorno são: $t = 0$, $c(h,0) = 0$, $q(h,0) = q_0$ e h=0, c(0,t) = 0.

Nas equações acima, $u$ é a velocidade superficial do solvente, $V$ é o volume do extrator, $c$ é a concentração de extrato na fase fluida, $q$ é a concentração de extrato na fase sólida, $\varepsilon$ é a porosidade do leito, $h$ é a coordenada espacial ao longo do leito, $A_p$ é a área total das partículas, $K_{TM}$ é o coeficiente de transferência de massa interna, $q^*$ corresponde à concentração na interface sólido-fluido (de acordo com o modelo da resistência interna, é suposta em equilíbrio com a fase fluida) e $t$ é o tempo de extração.

O balanço de massa é resolvido conhecendo-se a relação de equilíbrio das fases. Devido à falta de dados experimentais, uma relação linear é geralmente utilizada para os processos de extração supercrítica (Reverchon, 1996):

$$q^* = K\,c \qquad (30)$$

onde: $K$ é o coeficiente de equilíbrio do extrato entre as fases fluida e sólida.

Reverchon (1996) define o tempo de difusão interna como:

$$t_i = \frac{(1-\varepsilon)V}{A_p k_{TM}} \qquad (31)$$

Então, a Equação 29 pode ser reescrita como:

$$\frac{\partial q}{\partial t} = -\frac{1}{t_i}(q - q^*) \qquad (32)$$

Assumindo como válida a hipótese de Villermaux (1987) para o tempo de difusão interna (Equação 33), é possível determinar o coeficiente de difusão interna $D_i$.

$$t_i = \frac{\mu\, l^2}{D_i} \qquad (33)$$

onde: $\mu$ é uma constante relacionada à geometria da partícula (igual a 1/3 para placas) e $l$ é a dimensão característica dada pela relação entre o volume e a área da partícula.

Sartor et al. (2011) estudaram a extração do óleo essencial de alecrim (*R. officinalis*) por arraste a vapor em unidade industrial considerando que os balanços nas fases sólida e fluida presentes no leito de extração para o caso em que se usa fluido supercrítico são aplicáveis ao caso com vapor de água como solvente. Com sucesso, os autores modelaram as curvas de extração para os dados experimentais produzidos na indústria quando a planta coletada em diferentes estações do ano foi utilizada.

Outro modelo descrito por Sovová (2005) também parte do balanço nas fases presentes no extrator. O modelo, semelhante ao publicado pela mesma autora em 1994, considera a existência de células quebradas e células intactas dentro do leito do extrator, e simula basicamente dois períodos da extração; o primeiro governado pelo equilíbrio de fases e o segundo regido pela difusão interna na partícula do material vegetal, sendo seu principal destaque a descrição detalhada do primeiro período. O modelo é desenvolvido adequadamente para a utilização em extração de óleos essenciais que se caracterizam pela presença em pequenas quantidades na matriz vegetal, o que faz com que a interação matriz vegetal-soluto seja a controladora do processo de equilíbrio.

Assumindo que a resistência à transferência de massa no interior do fluido seja nula e que a quantidade inicial de soluto livre não seja o suficiente para saturar o solvente, as Equações 34 e 35 são utilizadas para modelar o fenômeno de transferência de massa:

$$e = q\frac{Kx_u}{1+K(\gamma/r)} \qquad para\ 0 \leq q \leq q_c \tag{34}$$

$$e = x_u[1 - C_1\exp(-C_2 q)] \qquad para\ q > q_c \tag{35}$$

onde: $e$ é o rendimento da extração, $Cq$ é a quantidade relativa de solvente que foi utilizada, $K$ é o coeficiente de partição, $x_u$ é a concentração não extraída no sólido. A relação entre a matriz vegetal e o solvente no leito do extrator é representada por $y$ (Equação 36), r é a eficiência da moagem do material vegetal (Equação 37), $q_c$ é a quantidade relativa do solvente vinculada à posição onde se encontra a transição da região de extração de células com soluto de fácil acesso para a região onde a extração passa a ser realizada das células intactas e, $C_1$ e $C_2$ são as constantes do modelo.

$$\gamma = \rho_f\varepsilon/[\rho_e(1-\varepsilon)] \tag{36}$$

Nessa equação, $p_f$ e $p_s$ são as massas específicas do solvente e do material vegetal, respectivamente, e $\varepsilon$ é a porosidade do leito.

$$r = 1 - C_1\exp(-C_2 q_c) \tag{37}$$

Para a estimativa dos coeficientes de transferência de massa na fase sólida, a Equação 38 pode ser utilizada:

$$K_s a_s = \frac{(1-r)(1-\varepsilon)\dot{q}C_2}{N_m\{1-[(1-r)\,C_2/K]\}} \tag{38}$$

onde: $k_s$ é o coeficiente de transferência de massa na fase sólida, $a_s$ é a área específica entre as regiões de células intactas e quebradas, $\dot{q}$ é a vazão mássica do solvente e $N_m$ é a carga de sólido insolúvel.

Scopel et al. (2016), obtendo óleo volátil de anis [*Pimpinella anisum* L. (Apiaceae)] por extração supercrítica, investigaram o comportamento da solubilidade do extrato no fluido supercrítico considerando equações de estado termodinâmicas e os valores obtidos com o uso de dados experimentais de extração e do modelo proposto por Sovová (2005) na condição em que o equilíbrio é controlado pela interação entre o soluto e a matriz vegetal. As curvas de extração obtidas em diferentes condições de vazão de solvente e de pressão são compatíveis com o modelo matemático.

Para a hidrodestilação foi desenvolvido um modelo por Sovová e Aleksovski (2006) e segue o princípio de células quebradas e células intactas dentro do leito de extração, sendo com isso, dois diferentes períodos contabilizados: um primeiro onde o soluto presente nas células quebradas é rapidamente extraído, governado pelo equilíbrio de fases; e um segundo onde o soluto das células intactas difunde lentamente para a superfície do material vegetal, regido pela difusão interna. Para tanto, diversas considerações são feitas: o óleo essencial é considerado um pseudo-componente de propriedades constantes durante todo o processo; as partículas da planta são iguais em tamanho, forma e teor de óleo inicial; o termo $r$ representa o óleo essencial presente nas células quebradas, de fácil acesso, e a fração $1-r$ representa o óleo contido nas células intactas, de difícil acesso; a água fervendo, as bolhas de vapor e as partículas de material vegetal são consideradas como um leito fluidizado perfeitamente misturado; a concentração inicial no núcleo de partículas de células intactas é igual à concentração na matriz; a resistência à transferência de massa nas células quebradas, água fervente e fase de vapor são consideradas insignificantes; sendo assim, o equilíbrio é estabelecido instantaneamente entre as fases (Equação 39):

$$x_v = k_v x_w = k_v k_w x_b \tag{39}$$

onde: $x_v$ é a concentração do soluto no vapor; $k_v$ é o coeficiente de partição líquido-vapor; $x_w$ é a concentração de soluto na água; $k_w$ é o coeficiente de partição líquido-células quebradas e $x_b$ é a concentração de soluto nas células quebradas.

Sovová e Aleksovski (2006) assumem essas considerações e o balanço de massa para o óleo essencial no vaso extrator, conforme a Equação 40:

$$(1-r)N\frac{dx_i}{dt}+rN\frac{dx_b}{dt}+N_w\frac{dx_w}{dt}+Q(x_v-x_s)=0 \quad (40)$$

onde: $N$ é a massa de planta; $x_i$ é a concentração de soluto nas células intactas; $N_w$ é a massa de água; $Q$ é a vazão de vapor; $x_s$ é a concentração de soluto no líquido que volta para o vaso extrator após o processo de separação.

O balanço de massa apenas na fase sólida pode ser representado pela Equação 41:

$$-\frac{dx_i}{dt}=\frac{k}{\lambda}(x_i-x_b) \quad (41)$$

onde: $k$ é o coeficiente de transferência de massa e $\lambda$ é a dimensão característica da partícula.

As Equações 39 e 40 foram combinadas e as variáveis $x_b$ e $x_{sw}$ foram eliminadas resultando na Equação 41. Essa equação então passou por uma adimensionalização e foi resolvida por transformada de Laplace (Sovová e Aleksovski, 2006) gerando a Equação 42:

$$Y=Y_\infty\left[1-f exp\left(-\frac{t}{T_1}\right)-(1-f)exp\left(-\frac{t}{T_2}\right)\right], \quad T_2>T_1 \quad (42)$$

onde: $Y$ é o rendimento de óleo essencial; $Y_\infty$ é o rendimento total da extração; $f$ é a proporção relativa de células quebradas com o número total de células; e $T_1$ e $T_2$ são constantes de tempo do modelo.

Garcez et al. (2017), investigando a extração do óleo essencial de endro [*Anethum graveolens* L. (Apiaceae)], empregaram com sucesso o modelo representado pela Equação 42 para ajustar os dados experimentais obtidos. Os autores determinaram dois parâmetros para conduzir adequadamente a simulação. O modelo representou apropriadamente a curva experimental, produzindo um coeficiente de correlação de 0,9986 o que indica a consistência do modelo com o fenômeno físico.

Outra categoria de modelo matemático é a equação proveniente da metodologia de superfície de resposta (MSR). Esta consiste de diversas técnicas matemáticas e estatísticas utilizadas na modelagem e na avaliação da influência de variáveis nas respostas de um experimento. Possui como objetivo principal a otimização dessa resposta por meio do emprego de polinômios de ordens inferiores. A ordem do polinômio é definida pela forma dada pela resposta do problema; se uma função linear das variáveis independentes modelar bem essa resposta, a função de aproximação empregada será de primeira ordem. Porém, caso o sistema apresentar alguma curvatura, será necessária a utilização de um modelo de segunda ordem (Montgomery e Runger, 2010). A relação entre as variáveis e a resposta é modelada com o auxílio do método dos mínimos quadrados, ajustando-se os resultados experimentais por meio de modelos polinomiais para a estimação dos parâmetros. As respostas geralmente são representadas em gráficos de superfície em espaços tridimensionais. Gráficos de contorno da resposta de superfície são bastante utilizados para facilitar essa visualização (Montgomery e Runger, 2010). Silva et al. (2015), com o objetivo de projetar o processo de extração supercrítica de licopodina utilizando o *Lycopodium clavatum* L. (Lycopodiaceae), analisaram a influência das variáveis temperatura, pressão e tempo de exposição a uma solução salina pela técnica de superfície de resposta. Os autores identificaram a condição que levava ao maior rendimento de extrato e para essa condição determinaram os valores dos coeficientes de transferência de massa presentes em um modelo físico escolhido.

## 5. Considerações finais

A mudança de paradigma dos processos extrativos aplicados a produtos naturais, ainda embasados no empirismo das ações experimentais, está diretamente relacionada com a proposta deste capítulo que visa a introduzir os conceitos teórico-experimentais de diferentes operações unitárias de extração utilizadas na obtenção de derivados botânicos. Informações dessa natureza visam a contribuir no processo de tomada de decisão em relação à seleção dos processos extrativos. A análise inicial a ser feita é sobre o tipo de extrato que deve ser obtido a partir de dois grupos de compostos: extratos voláteis e extratos não voláteis, visto que os processos extrativos são definidos a partir das propriedades dos compostos de interesse. Fatores como tipo de solvente, condições operacionais do processo, rendimento e pureza do extrato e custos de processamento também consistem no arcabouço de informações que devem ser levadas em conta no processo decisório.

Destaca-se também que a abordagem sobre os processos de obtenção de derivados botânicos deve estar vinculada à cadeia produtiva e não somente à etapa de extração. A origem do material vegetal e suas propriedades como a localização do extrato na planta (raízes, folhas, flores, frutos e outros órgãos), granulometria, umidade e outros fatores influenciam diretamente na seleção do processo, assim como as propriedades dos extratos e suas possíveis aplicações. Uma análise ampla, incluindo os processos extrativos, consiste num fundamento importante para viabilizar comercialmente um derivado botânico com atividade inseticida, que perpassa os resultados específicos de toxicidade. Nesse contexto, o setor carece de estudos de mudança de escala, tema no qual o presente capítulo buscou trazer alguma contribuição.

## Referências bibliográficas


Abreu, F.O.M.S.; Oliveira, E.F.; Paula, H.C.B.; Paula, R.C.M. 2012. Chitosan/cashew gum nanogels for essential oil encapsulation. Carbohydrate Polymers 89: 1277-1282.

Adams, R.P. 2007. Identification of essential oil components by gas chromatography/mass spectrometry. Allured Pub. Corp., Carol Stream, USA.

Almeida, R.N. 2016. Processo de retificação de óleos essenciais por destilação em batelada: Termodinâmica, modelagem e simulação. Porto Alegre, 97p. Dissertação (Mestrado) - Universidade Federal do Rio Grande do Sul.

Almeida, R.N.; Soares, R.D.P.; Cassel, E. 2018. Fractionation process of essential oils by batch distillation. Brazilian Journal of Chemical Engineering 35: 1129-1140.

Bakry, A.; Abbas, S.; Ali, B.; Majeed, H.; Abouelwafa, M.Y.; Mousa, A.; Liang, L. 2016. Microencapsulation of oils: A comprehensive review of benefits, techniques, and applications. Comprehensive Reviews in Food Science and Food Safety 15: 143-181.

Barba, F.J.; Grimi, N.; Vorobiev, E. 2015. Evaluating the potential of cell disruption technologies for green selective extraction of antioxidant compounds from ***Stevia rebaudiana*** Bertoni leaves. Journal of Food Engineering 149: 222-228.

Beirão-da-Costa, S.; Duarte, C.; Bourbon, A.I.; Pinheiro, A.C.; Januário, M.I.N.; Vicente, A.A.; Beirão-da-Costa, M.L.; Delgadillo, I. 2013. Inulin potential for encapsulation and controlled delivery of Oregano essential oil. Food Hydrocolloids 33: 199-206.

Belsito, E.L.; Carbone, C.; Di Giola, M.L.; Leggio, A.; Liguori, A.; Perri, F.; Siciliano, C.; Viscomi, M.C. 2007. Comparison of the volatile constituents in cold-pressed bergamot oil and a volatile oil isolated by vacuum distillation. Journal of Agricultural and Food Chemistry 55: 7847-7851.

Beyki, M.; Zhaveh, S.; Khalili, S.T.; Rahmani-Cherati, T.; Abollahi, A.; Bayat, M.; Mohsenifar, A. 2014. Encapsulation of ***Mentha piperita*** essential oils in chitosan-cinnamic acid nanogel with enhanced antimicrobial activity against ***Aspergillus flavus***. Industrial Crops and Products 54: 310-319.

Bizzo, H.R.; Howell, A.M.C.; Rezende, C.M. 2009. Óleos essenciais no Brasil: Aspectos gerais, desenvolvimento e perspectivas. Química Nova 32: 588-594.

Bruneton, J. 2001. Farmacognosia: Fitoquímica, plantas medicinales. Acribia, Zaragoza, Espanha.

Capote, F.P.; Luque De Castro, M. 2007. Analytical applications of ultrasound. Elsevier. Córdoba, Espanha.

Cassel, E.; Vargas, R.M. 2006. Experiments and modeling of the ***Cymbopogon winterianus*** essential oil extraction by steam distillation. Journal of the Mexican Chemical Society 50: 126-129.

Cassel, E.; Vargas, R.M.; Brun, G.W. 2008. Supercritical extraction of essential oil from ***Ilex paraguariensis*** leaves. Natural Product Communications 3: 300-313.

Cassel, E.; Vargas, R.M.F.; Lucas, A.M.; Rossa, G.E.; Gonzalez--Coloma, A.; Andres, M.F.; Hernandez, C.E.D.; Artiles, M.R.; Gracia, A.S.O. Composição ixodicida e método para controle de carrapatos. Titular: Pontifícia Universidade Católica do Rio Grande do Sul. BR n. 102016029883-0 A2. Depósito: 19 dez. 2016.

Cassel, E.; Vargas, R.M.F.; Martinez, N.; Lorenzo, D.; Dellacasa, E. 2009. Steam distillation modeling for essential oil extraction process. Industrial Crops and Products 29: 171-176.

Chitprasert, P.; Sutaphanit, P. 2014. Holy basil (***Ocimum sanctum*** Linn.) essential oil delivery to swine gastrointestinal tract using gelatin microcapsules coated with aluminum carboxymethyl cellulose and beeswax. Journal of Agricultural and Food Chemistry 62: 12641-12648.

Christen, P.; Kaufmann, B. 2002. Recent extraction techniques for natural products: Microwave-assisted extraction and pressurized solvent extraction. Phytochemical Analysis 113: 105-113.

Christofoli, M.; Costa, E.C.C.; Bicalho, K.U.; Domingues, V.C.; Peixoto, M.F.; Alves, C.C.F.; Araújo, W.L.; Cazal, C.M. 2015. Insecticidal effect of nanoencapsulated essential oils from ***Zanthoxylum rhoifolium*** (Rutaceae) in ***Bemisia tabaci*** populations. Industrial Crops and Products 70: 301-308.

Chung, S.K.; Seo, J.Y.; Lim, J.H.; Park; H.H.; Yea, M.J.; Park, H.J. 2013. Microencapsulation of essential oil for insect repellent in food packaging system. Journal of Food Science 78: 709-714.

Collins, C.H.; Braga, G.L.; Bonato, P.S. 2007. Fundamentos de cromatografia. Editora da UNICAMP, Campinas, SP, Brasil.

Corrales, M.; Toepfl, S.; Butz, P.; Knorr, D.; Tauscher, B. 2008. Extraction of anthocyanins from grape by-products assisted by ultrasonics, high hydrostatic pressure or pulsed electric fields: A comparison. Innovative Food Science and Emerging Technologies 9: 85-91.

Crank, J. 1979. The mathematics of diffusion. Oxford University Press, Bristol, England.

Czepak, M.P.; Bandoni, A. 2008. Os recursos vegetais aromáticos no Brasil: Seu aproveitamento para a produção de aromas e sabores. EDUFES, Vitória, ES, Brasil.

Dagostin, J.L.A.; Carpiné, D.; Corazza, M.L. 2015. Extraction of soybean oil using ethanol and mixtures with alkyl esters (biodiesel) as co-solvent: Kinetics and thermodynamics. Industrial Crops and Products 74: 69-75.

Esclapez, M.D.; García-Pérez, J.V.; Mulet, A.; Cárcel, J.A. 2011. Ultrasound-assisted extraction of natural products. Food Engineering Reviews 3: 108-120.

Fianco, A.L.B. 2018. Obtenção de óleos essenciais de plantas nativas do Sul do Brasil e avaliação frente a diferentes tipos de pragas. Porto Alegre, 99p. Tese (Doutorado) - Pontifícia Universidade Católica do Rio Grande do Sul.

Freixo, L.C.A. 2013. Micro e nanoencapsulação como estratégias de estabilização de entidades bioativas: Proteínas, enzimas e bacteriófagos. Porto, 63p. Dissertação (Mestrado) - Universidade Fernando Pessoa.

Garcez, J.J.; Barros, F.; Lucas, A.M.; Xavier, V.B.; Fianco, A.L.; Cassel, E.; Vargas, R.M.F. 2017. Evaluation and mathematical modeling of processing variables for a supercritical fluid extraction of aromatic compounds from ***Anethum graveolens***. Industrial Crops and Products 95: 733-741.

Gaspar, F.; Lu, T.; Santos, R.; Al-Duri, B. 2003. Modelling the extraction of essential oils with compressed carbon dioxide. The Journal of Supercritical Fluids 25: 247-260.

Iannitelli, A.; Grande, R.; Di Stefano, A.; Di Giulio, M.; Sozio, P.; Bessa, L.J.; Laserra, S.; Paolini, C.; Prostasi, F.; Cellini, L. 2011. Potential antibacterial activity of carvacrol-loaded poly (DL-lactide-co-glycolide) (PLGA) nanoparticles against microbial biofilm. International Journal of Molecular Sciences 12: 5039-5051.

Jaeschke, D.P.; Mercali, G.D.; Marczak, L.D.F.; Müller, G.; Frey, W.; Gusbeth, C. 2019. Extraction of valuable compounds from ***Arthrospira platensis*** using pulsed electric field treatment. Bioresource Technology 283: 207-212.

Kulshrestha, S.; Sastry, S. 2003. Frequency and voltage effects on enhanced diffusion during moderate electric field (MEF) treatment. Innovative Food Science and Emerging Technologies 4: 189-194.

Lehotay, S.J. 1997. Supercritical fluid extraction of pesticides in foods. Journal of Chromatography A 785: 289-312.

Leimann, F.V.; Gonçalves, O.H.; Machado, R.A.F.; Bolzan, A. 2009. Antimicrobial activity of microencapsulated lemongrass essential oil and the effect of experimental parameters on microcapsules size and morphology. Materials Science and Engineering C 29: 430-436.

Loghavi, L.; Sastry, S.K.; Yousef, A.E. 2009. Effect of moderate electric field frequency and growth stage on the cell membrane permeability of ***Lactobacillus acidophilus***. Biotechnology Progress 25: 85-94.

López, A.; Castro, S.; Andina, M.J.; Ures, X.; Munguía, B.; Llabot, J.M.; Elder, H.; Dellacassa, E.; Palma, S.; Domínguez, L. 2014. Insecticidal activity of microencapsulated ***Schinus molle*** essential oil. Industrial Crops and Products 53: 209-216.

Lucas, A.M. 2011 Estudo comparativo de extratos voláteis de eucaliptos geneticamente modificados e não geneticamente modificados. Porto Alegre, 76p. Dissertação (Mestrado) - Pontifícia Universidade Católica do Rio Grande do Sul.

Luengo, E.; Martínez, J.M.; Álvarez, I.; Raso, J. 2016. Effects of millisecond and microsecond pulsed electric fields on red beet cell disintegration and extraction of betanines. Industrial Crops and Products 84: 28-33.

Luque de Castro, M.D.; Priego-Capote, F.; Peralbo-Molina, A. 2011. The role of ultrasound in analytical derivatizations. Journal of Chromatography B: Analytical Technologies in the Biomedical and Life Sciences 879: 1189-1195.

Marrone, C.; Poletto, M.; Reverchon, E.; Stassi, A. 1998. Almond oil extraction by supercritical $CO_2$: Experiments and modelling. Chemical Engineering Science 53: 3711-3718.

Martín, L.; Marqués, J.L.; González-Coloma, A.; Mainar, A.M.; Palavra, A.M.F.; Urieta, J.S. 2012. Supercritical methodologies applied to the production of biopesticides: A review. Phytochemistry Reviews 11: 413-431.

Meireles, M.A.A. 2008. Extracting bioactive compounds for food products: Theory and applications. CRC Press, Boca Raton, USA.

Montgomery, D.C.; Runger, G.C. 2010. Applied statistics and probability for engineers. John Wiley & Sons, New York, USA.

Mujtaba, I.M. 2004. Batch distillation: Design and operation. World Scientific Publishing Company, London, England.

Mukhopadhyay, M. 2000. Natural extracts using supercritical carbon dioxide. CRC Press, Boca Raton, USA.

Nguyen, K.; Barton, P.; Spencer, J.S. 1991. Supercritical carbon dioxide extraction of vanilla. The Journal of Supercritical Fluids 4: 40-46.

Nn, A. 2015. A review on the extraction methods use in medicinal plants, principle, strength and limitation. Medicinal and Aromatic Plants 4: 3-8.

Oliveira, F.C.M. 2015. Caracterização dos resíduos industriais gerados no processo de extração de óleos essenciais por arraste a vapor. Porto Alegre, 122p. Dissertação (Mestrado) - Pontifícia Universidade Católica do Rio Grande do Sul.

Oliveira, J.L.; Campos, E.V.; Bakshi, M.; Abhilash P.C.; Fraceto, L.F. 2014. Application of nanotechnology for the encapsulation of botanical insecticides for sustainable agriculture: Prospects and promises. Biotechnology Advances 32: 1550-1561.

Pavela, R. 2015. Essential oils for the development of eco-friendly mosquito larvicides: A review. Industrial Crops and Products 76: 174-87.

Pavela, R.; Sajfrtová, M.; Sovová, H.; Bárnet, M.; Karban, J. 2010. The insecticidal activity of ***Tanacetum parthenium*** (L.) Schultz Bip. extracts obtained by supercritical fluid extraction and hydrodistillation. Industrial Crops and Products 31: 449-454.

Pinto, N.O.F.; Rodrigues, T.H.S.; Pereira, R.C.A.; Silva, L.M.A.; Cáceres, C.A.; Azeredo, H.M.C.; Muniz, C.R.; Brito, E.S.; Canuto, K.M. 2016. Production and physico-chemical characterization of nanocapsules of the essential oil from ***Lippia sidoides*** Cham. Industrial Crops and Products 86: 279-288.

Pires, V.P. 2017. Processo de extração de óleo essencial de ***Achyrocline satureioides*** (Lam.) DC. por arraste a vapor: Modelagem, análise do potencial aromático e retificação de compostos. Porto Alegre, 93p. Dissertação (Mestrado) - Pontifícia Universidade Católica do Rio Grande do Sul.

Prakash, B.; Kujur, A.; Yadav, A.; Kumar, A.; Singh, P.P.; Dubey, N.K. 2018. Nanoencapsulation: An efficient technology to boost the antimicrobial potential of plant essential oils in food system. Food Control 89: 1-11.

Reverchon, E. 1996. Mathematical modeling of supercritical extraction of sage oil. AIChE Journal 42: 1765-1771.

Reverchon, E.; Marrone, C. 1997. Supercritical extraction of clove bud essential oil: Isolation and mathematical modeling. Chemical Engineering Science 52: 3421-3428.

Rossa, G.E. 2019. Extração e fracionamento de óleo essencial de ***Piper hispidinervum*** e produção de nanoemulsão e nanocápsulas: Experimentos e modelagem. Porto Alegre, 107p. Tese (Doutorado) - Pontifícia Universidade Católica do Rio Grande do Sul.

Rossa, G.E.; Almeida, R.N.; Vargas, R.M.F.; Cassel, E.; Moyna, G. 2018. Sequential extraction methods applied to ***Piper hispidinervum***: An improvement in the processing of natural products. The Canadian Journal of Chemical Engineering 96: 756-762.

Sartor, R.B.; Secchi, A.R.; Soares, R.P.; Cassel, E. 2011. Dynamic simulation of rosemary essential oil extraction in an industrial steam distillation unit. Industrial Engineering and Chemistry Research 50: 3955-3959.

Sayyar, S.; Abidin, Z.Z.; Yunus, R.; Muhammad, A. 2009. Extraction of oil from ***Jatropha*** seeds-optimization and kinetics. American Journal of Applied Sciences 6: 1390-1395.

Scopel, R.; Silva, C.F.; Lucas, A.M.; Garcez, J.J.; Espirito Santo, A.T.; Almeida, R.N.; Vargas, R.M.F. 2016. Fluid phase equilibria and mass transfer studies applied to supercritical fluid extraction of ***Illicium verum*** volatile oil. Fluid Phase Equilibria 417: 203-211.

Scott, I.M.; Jensen, H.R.; Philogène, B.J.; Arnason, J.T. 2008. A review of ***Piper*** spp. (Piperaceae) phytochemistry, insecticidal activity and mode of action. Phytochemistry Reviews 7: 65-75.

Segovia, F.J.; Luengo, E.; Corral-Pérez, J.J.; Raso, J.; Almajano, M.P. 2015. Improvements in the aqueous extraction of polyphenols from borage (***Borago officinalis*** L.) leaves by pulsed electric fields: Pulsed electric fields (PEF) applications. Industrial Crops and Products 65: 390-396.

Silva, C.G.F. 2016. Estudo de técnicas de extração de saponinas do fruto de erva mate (***Ilex paraguariensis*** St. Hill). Porto Alegre, 107p. Dissertação (Mestrado) - Universidade Federal do Rio Grande do Sul.

Silva, C.G.F.; Cassel, E.; Vargas, R.M.F.; Marczak, L.D.F. 2018. Selective extraction of saponins from ***Ilex paraguariensis*** St.-Hil. unripe fruits. Food and Bioproducts Processing 111: 72-82.

Silva, G.F. 2011. Extração supercrítica de ***Lycopodium clavatum*** L. Porto Alegre, 82p. Dissertação (Mestrado) - Pontifícia Universidade Católica do Rio Grande do Sul.

Silva, G.F.; Gandolfi, P.H.K.; Almeida, R.N.; Lucas, A.M.; Cassel, E.; Vargas, R.M.F. 2015. Analysis of supercritical fluid extraction of lycopodine using response surface methodology and process mathematical modeling. Chemical Engineering Research and Design 100: 353-361.

Simões, C.M.O.; Spitzer, V. 2007. Óleos voláteis. p.467-485. ***In***: Simões, C.M.O.; Schenkel, E.P.; Gosmann, G.; Mello, J.C.P.; Mentz, L.A.; Petrovick, P.R., org. Farmacognosia: Da planta ao medicamento. Editora da UFRGS, Porto Alegre, RS, Brasil.

Sovová, H. 1994. Rate of the vegetable oil extraction with supercritical $CO_2$ - I. Modelling of extraction curves. Chemical Engineering Science 49: 409-414.

Sovová, H. 2005. Mathematical model for supercritical fluid extraction of natural products and extraction curve evaluation. The Journal of Supercritical Fluids 33: 35-52.

Sovová, H.; Aleksovski, S.A. 2006. Mathematical model for hydrodistillation of essential oils. Flavour and Fragrance Journal 21: 881-889.

Tan, C.X.; Chong, G.H.; Hamzah, H.; Ghazali, H.M. 2018. Comparison of subcritical $CO_2$ and ultrasound-assisted aqueous methods with the conventional solvent method in the extraction of avocado oil. The Journal of Supercritical Fluids 135: 45-51.

Taylor, L.T. 1996. Supercritical fluid extraction. John Wiley & Sons, New York, USA.

Torres, F.C. 2010 Avaliação da atividade carrapaticida das frações dos óleos essenciais de citronela (***Cymbopogon winterianus***), alecrim (***Rosmarinus officinalis***) e aroeira (***Schinus molle***). Porto Alegre, 69p. Dissertação (Mestrado) - Pontifícia Universidade Católica do Rio Grande do Sul.

Torres, F.C.; Lucas, A.M.; Ribeiro, V.L.; Martins, J.R.; Poser, G.L.V.; Guala, M.S.; Elder, H.V.; Cassel, E. 2012. Influence of essential oil fractionation by vacuum distillation on acaricidal activity against the cattle tick. Brazilian Archives of Biology and Technology 55: 613-621.

Vargas, R.M.F.; Cassel, E.; Gomes, G.M.F.; Longhi, L.G.S.; Atti-Serafini, L.; Atti-Santos, A.C. 2006. Supercritical extraction of carqueja essential oil: Experiments and modeling. Brazilian Journal of Chemical Engineering 23: 375-382.

Veggi, P.C.; Martinez, J.; Meireles, M.A.A. 2012. Fundamentals of microwave extraction. p.15-52. ***In***: Chemat, F.; Cravotto, G., eds. Microwave-assisted extraction for bioactive compounds. Springer, Boston, USA.

Vilkhu, K.; Mawson, R.; Simons, L.; Bates, D. 2008. Applications and opportunities for ultrasound assisted extraction in the food industry - A review. Innovative Food Science and Emerging Technologies 9: 61-169.

Villermaux, J. 1987. Chemical engineering approach to dynamic modelling of linear chromatography: A flexible method for representing complex phenomena from simple concepts. Journal of Chromatography A 406: 11-26.

Vongsangnak, W.; Gua, J.; Chauvatcharin, S.; Zhong, J.J. 2004. Towards efficient extraction of notoginseng saponins from cultured cells of ***Panax notoginseng***. Biochemical Engineering Journal 18: 115-120.

Vorobiev, E.; Lebovka, N. 2008. Electrotechnologies for extraction from food plants and biomaterials. Springer, New York, USA.

Vorobiev, E.; Lebovka, N.I. 2006. Extraction of intercellular components by pulsed electric fields. p.153-193. ***In***: Raso, J.; Heinz, V., eds. Pulsed electric fields technology for the food industry. Springer, Boston, USA.

Woranuch, S.; Yoksan, R. 2013. Eugenol-loaded chitosan nanoparticles: I. Thermal stability improvement of eugenol through encapsulation. Carbohydrate Polymers 96: 578-585.

Wu, J.; Lin, L.; Chau, F.T. 2001. Ultrasound-assisted extraction of ginseng saponins from ginseng roots and cultured ginseng cells. Ultrasonics Sonochemistry 8: 347-352.

Capítulo 4

# Métodos de caracterização e identificação de compostos inseticidas a partir de derivados botânicos

Anelize Bauermeister
Eduardo José Crevelin
Paula Carolina Pires Bueno
Jonas Joaquim Mangabeira da Silva
Simone Possedente de Lira

## 1. Introdução

Há milênios, os seres humanos têm utilizado espécies vegetais em seu benefício para os mais diversos fins, incluindo alimentação, ornamentação, tratamento de doenças, profilaxia, proteção contra organismos nocivos, entre outros. As plantas, bem como os microrganismos e alguns grupos de animais, produzem uma enorme diversidade de substâncias químicas, as quais exercem as mais variadas funções biológicas. Em sua maioria, as substâncias de origem natural provenientes do metabolismo secundário desempenham funções fisiológicas, biológicas, e até mesmo ecológicas muito importantes. Assim, por exemplo, um metabólito secundário de uma planta pode atuar na sua própria defesa contra herbívoros e patógenos, ou até mesmo como atrativo para artrópodes polinizadores.

Derivados botânicos com propriedades inseticidas têm sido utilizados na agricultura como ferramenta alternativa ao uso de compostos sintéticos ou mesmo como modelo para a síntese de novos produtos. Por serem oriundos de fontes naturais, espera-se que tais produtos sejam mais seguros para o meio ambiente e para a saúde humana, contribuindo para a melhoria da qualidade de vida da população. Além disso, podem ter menor custo de produção quando comparados aos inseticidas sintéticos, podendo, inclusive, contribuir para a redução da dependência tecnológica de países subdesenvolvidos ou em desenvolvimento (Belmain et al., 2001; Moreira et al., 2007). Como exemplo, pode ser citada a planta de nim, *Azadirachta indica* A. Juss. (Meliaceae), que tem sido usada mundialmente como fonte de inseticida botânico para prevenir ou controlar infestações de insetos-praga em diversas culturas de importância agrícola (Loiseleur, 2017).

Na literatura podem ser encontradas informações sobre substâncias oriundas de plantas com atividade inseticida de diferentes classes químicas, como por exemplo, os terpenoides, os compostos fenólicos e as substâncias nitrogenadas (Ibanez et al., 2012). Essas classes químicas são comumente encontradas nos mais diversos grupos de espécies botânicas, sendo, portanto, muito promissor o desenvolvimento de extratos ou produtos tecnológicos de origem natural com atividade inseticida. No entanto, ambos devem ser devidamente testados e avaliados com relação à dose ideal de aplicação, uma vez que sua atividade inseticida depende diretamente da concentração das substâncias presentes, do tempo de exposição e da sua natureza química.

Não apenas os extratos brutos de origem natural, mas também as substâncias isoladas e os derivados semissintéticos podem e devem ser investigados quanto as suas mais diversas propriedades químicas e biológicas, incluindo a toxicidade letal por meio de diferentes modos de exposição, as atividades repelentes ou atrativas, as atividades reguladoras do crescimento e deterrentes de oviposição e alimentação, dentre outras (Niroumand et al., 2016). Todavia, para que tais atividades possam ser determinadas, as espécies de interesse devem passar por um criterioso processo de seleção, identificação e catalogação botânica, e no caso específico de extrato bruto, pelo processo de caracterização do seu perfil químico (Simões et al., 2016).

Apesar de ter sido constatado um crescimento considerável no número de artigos publicados anualmente sobre inseticidas botânicos, uma análise cientométrica contemplando mais de 20.000 artigos publicados no período de 1980 a 2012 indicou que apenas uma baixa porcentagem desses artigos incluía dados de caracterização química, o que limita consideravelmente a reprodutibilidade e a comparação com outros estudos, bem como o avanço no conhecimento e a possibilidade de comercialização (Isman e Grieneisen, 2014).

É interessante pontuar que os inseticidas botânicos já foram mais utilizados em décadas passadas, mas foram sendo gradativamente substituídos pelos sintéticos, devido principalmente, às variações na eficácia. Dentre as principais causas dessas variações, podem ser destacadas diferenças nas concentrações dos ingredientes ativos, as quais são sujeitas à variabilidade química intraespecífica, à existência de diferentes quimiótipos para a mesma espécie vegetal, além da influência sazonal, geográfica e fenológica, entre outras. Além disso, os princípios ativos dos inseticidas botânicos são, normalmente, compostos por uma mistura complexa de substâncias, o que requer, para o registro como produto inseticida no órgão competente, a identificação do princípio ativo ou dos níveis de marcadores químicos ativos, além da realização de testes toxicológicos (Aguiar-Menezes, 2005).

Portanto, a identificação das substâncias botânicas inseticidas é uma etapa imprescindível, porque é a estrutura de uma molécula que determinará suas propriedades físicas, químicas e biológicas. É necessário, além disso, um melhor conhecimento dos diversos fatores que levam às variações nas concentrações dos metabólitos secundários nas plantas; dentre eles a idade e a fase de desenvolvimento da planta, os tipos de órgãos estudados, a indução pela presença de patógenos e outros organismos, a disponibilidade de nutrientes, além dos fatores ambientais como temperatura, altitude, disponibilidade hídrica, radiação ultravioleta, poluição atmosférica, dentre outros (Gobbo-Neto e Lopes, 2007; Isman e Grieneisen, 2014).

O Brasil dispõe de uma imensa diversidade genética vegetal, com mais de 55 mil espécies já classificadas de um total estimado entre 350 e 550 mil espécies (Simões et al., 2007). Em termos mundiais, apenas uma pequena parte (cerca de 5 a 10%) da biodiversidade total já foi investigada em relação a algum tipo de bioatividade (Sarker et al., 2006). Esses dados ressaltam o potencial da diversificada flora brasileira como fonte de novos inseticidas botânicos ou substâncias bioativas passíveis de serem utilizadas como modelos na síntese de novos inseticidas sintéticos.

Embora existam outras, as técnicas espectroscópicas são normalmente as mais utilizadas para identificar a estrutura química de um composto orgânico. Dentre as principais técnicas empregadas para caracterização estrutural de um inseticida natural, encontram-se a espectroscopia no ultravioleta (UV), a espectroscopia no infravermelho (IV), a espectroscopia de ressonância magnética nuclear (RMN) e a espectrometria de massas (EM), sendo que essas duas últimas fornecem importantes informações a respeito das estruturas químicas, razão pela qual ambas serão mais exploradas neste capítulo.

Cabe ressaltar que uma caracterização prévia do material botânico é muito importante para o estudo, como, por exemplo, uma pesquisa de dados etnobotânicos e etnofarmacológicos, assim como, o levantamento bibliográfico a respeito da espécie, gênero, família e tribo; a coleta adequada do material vegetal; o registro de dados climáticos e da localização geográfica; o preparo do material vegetal, incluindo moagem e acondicionamento sob condições adequadas; o processo de extração e processamento do extrato, como os fracionamentos e os isolamentos; e por fim, a caracterização química da amostra, seja ela um extrato bruto ou um composto isolado.

Uma representação geral do processo de caracterização de inseticidas naturais de origem botânica é mostrada na Figura 1.

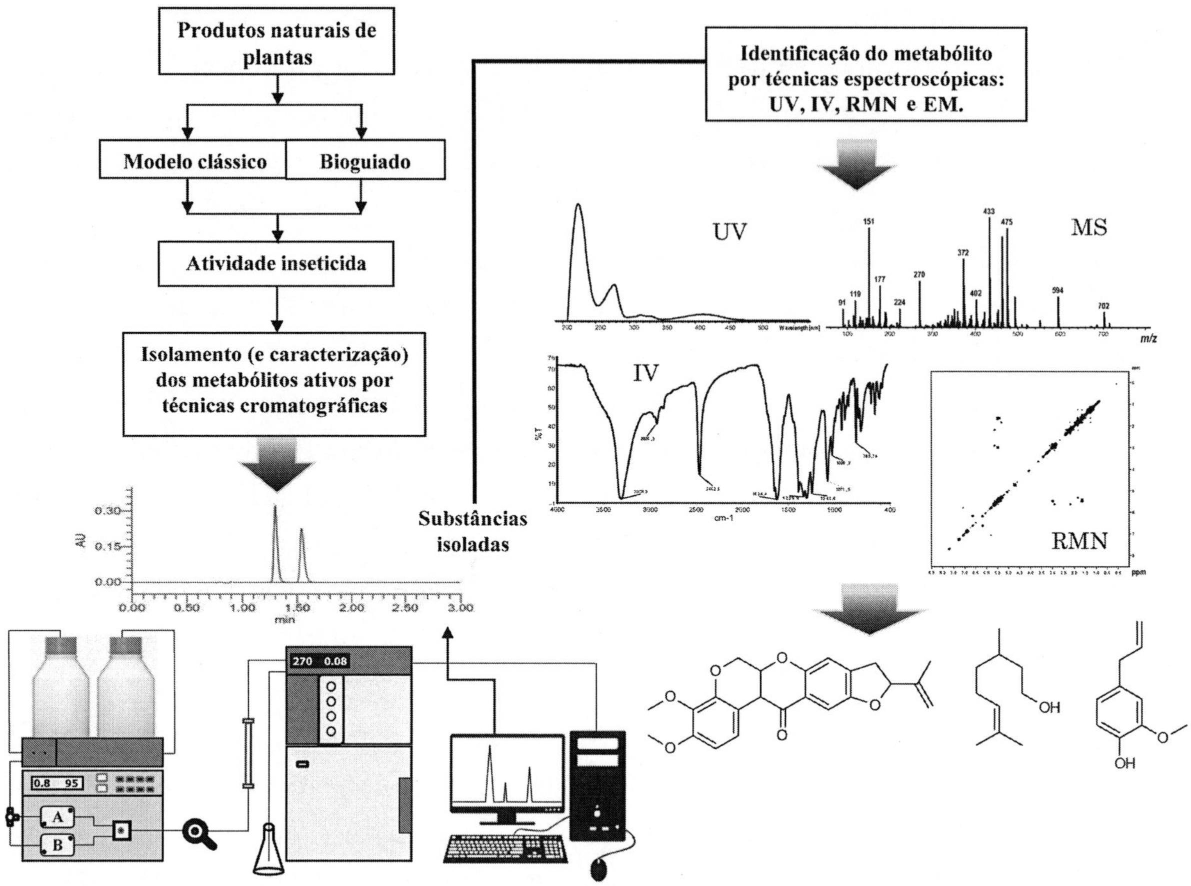


Figura 1. Representação geral das etapas e técnicas envolvidas no processo de caracterização de substâncias de origem botânica com propriedades inseticidas/insetistáticas.

## 2. Design experimental

A seleção das espécies-fonte, extratos, frações ou substâncias como candidatos apropriados para pesquisa visando à caracterização das suas propriedades ativas é um processo complexo que requer habilidade e experiência do pesquisador, que deve levar em consideração vários fatores, incluindo os extensos procedimentos de obtenção dos ativos naturais até o produto final, uma vez que as matrizes vegetais geralmente possuem um grande número de compostos químicos (Patra et al., 2018; Fu et al., 2019). Assim, a triagem por substâncias ativas pode seguir diferentes estratégias, sendo que os modelos clássico e bioguiado são as duas abordagens mais utilizadas (Jacobsen e Nordling, 2016). Em ambos os casos, ainda que por abordagens diferentes, o extrato pode ser submetido a diversas separações cromatográficas (que serão apresentadas adiante neste capítulo), as quais têm por objetivo separar os compostos presentes em um extrato de composição complexa, para que finalmente possam ser realizados experimentos objetivando a sua caracterização estrutural.

## 2.1. Modelo clássico

O modelo clássico é baseado no conhecimento dos constituintes químicos da espécie botânica em estudo, sem um monitoramento biológico contínuo, ainda que análises biológicas possam ser realizadas entre algumas etapas do processo e/ou no final do mesmo, caso em que a abordagem é realizada com os compostos isolados. Esse modelo pode ser empregado a qualquer matriz, não somente ao estudo de plantas. Dessa forma, a pesquisa fitoquímica tem por objetivo geral conhecer os constituintes químicos das espécies vegetais, tendo em vista a identificação do maior número possível de metabólitos ou, pelo menos, a identificação das classes químicas presentes. Geralmente, nesses estudos são utilizados métodos de extrações e partições específicas, como os roteiros clássicos feitos pelo método Stas-Otto (ácido/base), desenvolvidos para análises de misturas complexas (Falkenberg et al., 1999), e posteriormente, uma caracterização química dos metabólitos presentes, como, por exemplo, as cumarinas, polifenóis (p. ex.: flavonoides, taninos e antraquinonas), alcaloides, terpenos e esteroides (p. ex.: saponinas e glicosídeos); geralmente, essas análises são realizadas por reações colorimétricas.

## 2.2. Modelo bioguiado

No modelo bioguiado, todas as etapas de processamento do extrato bruto são biomonitoradas, ou seja, todas as etapas de separação cromatográfica são guiadas em resposta aos ensaios biológicos, obtendo-se assim uma substância pura e bioativa. Diversas técnicas de triagem biomonitorada têm sido desenvolvidas para múltiplos alvos biológicos, podendo ser classificadas como técnicas *in vivo* que incluem modelo animal e de farmacologia sérica, e técnicas in vitro que aplicam modelos de cultura de células e tecidos, receptor/enzima, equilíbrio de diálise, ultrafiltração, biocromatografia acoplada à espectrometria de massas ou outros detectores e modelos genômicos (Wang et al., 2011; Fu et al., 2019). No contexto da prospecção de compostos inseticidas de origem natural, em especial de origem botânica, os modelos *in vivo* e in vitro são empregados na investigação das atividades contra insetos nocivos a plantas e a animais.

Os principais tipos de ação avaliadas nos testes *in vivo* são: ação letal, em que é verificada a capacidade das amostras em provocar a morte do inseto em alguma das suas fases do desenvolvimento; ação reguladora do crescimento, a qual provoca distúrbios no metabolismo do inseto e ação repelente, que tem por finalidade impedir o contato do inseto com a planta que seria atacada (Niroumand et al., 2016).

Já os principais testes in vitro envolvem experimentos de atividade inseticida em cultura de células e de inibição enzimática, que compreende a exposição de uma determinada enzima fundamental para o desenvolvimento do inseto a uma determinada amostra. Há também abordagens computacionais que sugerem dados preditivos de atividade inseticida para um conjunto de amostras investigadas com base em dados de composição química (Gonzalez-Coloma et al., 2013; Niroumand et al., 2016).

## 3. Técnicas cromatográficas utilizadas no isolamento para caracterização de derivados botânicos bioativos

### 3.1. Considerações gerais sobre cromatografia

A obtenção de metabólitos inseticidas a partir do material vegetal se dá por meio de diferentes técnicas de extração, geralmente sólido/líquido utilizando solventes de polaridades crescentes, com intuito de obter uma extração fracionada contendo compostos também em ordem crescente de polaridade (Simões et al., 2007). Os principais procedimentos de extração aplicados a produtos naturais de origem botânica incluem maceração, percolação, extração com Soxhlet, extração com solvente pressurizado, extração com solvente assistido por ultrassom, extração sob refluxo e destilação a vapor (Sarker et al., 2006). Mais informações sobre métodos e processos de obtenção de derivados botânicos com propriedades inseticidas encontram-se no Capítulo 3 deste livro. Após a extração, os extratos brutos obtidos são submetidos ao fracionamento cromatográfico com intuito de isolar e, posteriormente, caracterizar (com outras técnicas analíticas) os metabólitos presentes e eliminar possíveis compostos interferentes para a realização de testes de atividade biológica in vitro e *in vivo* (Bucar et al., 2013), como já relatado anteriormente.

Do ponto de vista conceitual, a cromatografia pode ser definida como um método físico-químico que permite a separação por meio da migração diferencial, ou até mesmo a identificação de compostos químicos presentes em uma mistura complexa em seus componentes individuais, os quais estão distribuídos entre duas fases: uma fase estacionária (FE) e uma fase móvel (FM) (Scott et al., 2002). O termo cromatografia origina-se das palavras gregas *chrom* (cor) e *grafe* (escrever), embora a cor não seja uma condição estritamente necessária para que o processo ocorra.

A FE em cromatografia é um sólido ou um líquido, enquanto que a FM pode ser um gás, um líquido ou um fluido supercrítico. De acordo com a forma física do sistema, a cromatografia pode ser classificada como cromatografia planar ou cromatografia em coluna (Degani et al., 1998). Quando a FE está imobilizada sobre uma superfície plana como uma placa (de papel, vidro ou metal), o processo é denominado cromatografia planar, e quando a imobilização ocorre em uma coluna (de vidro, metal, plástico ou outro material), o processo é denominado cromatografia em coluna (Skoog et al., 2006).

Outra classificação também amplamente utilizada baseia-se na natureza da FM e FE utilizada na cromatografia em coluna. Esta pode ser classificada utilizando diferentes abordagens com respeito ao tipo de FM e FE utilizada, bem como pelo modo como ocorre a separação dos compostos.

Considerando os vários tipos de cromatografia, neste capítulo será dada ênfase às técnicas cromatográficas mais empregadas no isolamento de produtos naturais, em especial às que compreendem a cromatografia planar [cromatografia em camada delgada analítica (CCD) e preparativa (CCDP), cromatografia em camada delgada preparativa centrífuga (CCDPC) e cromatografia em camada delgada de alta eficiência (CCDAE)] e a cromatografia em coluna [cromatografia líquida em coluna clássica (CLCC), cromatografia flash (CF), cromatografia líquida a vácuo (CLV), cromatografia contracorrente (CCC), cromatografia líquida de alta e ultra eficiência (CLAE e CLUE), cromatografia supercrítica (CS) e cromatografia gasosa de alta resolução (CGAR)]. Detalhes sobre essas técnicas e suas aplicações no isolamento de compostos inseticidas de origem botânica serão abordados nas próximas seções.

## 3.2. Cromatografia planar e suas aplicações nas análises de compostos inseticidas de origem botânica

A cromatografia em camada delgada (CCD) em escala analítica é muito utilizada para caracterização dos compostos contidos em uma mistura, como em extratos botânicos brutos. Essa técnica utiliza o mecanismo de separação líquido/sólido de compostos orgânicos em misturas por meio de camadas finas de adsorventes revestidas sobre uma superfície de vidro, de plástico ou de alumínio (Sarker et al., 2006), onde as separações têm sido aprimoradas devido à síntese de diversas FE, tais como sílica ($SiO_2$), celulose, alumina ($Al_2O_3$), poliamida e por troca iônica (Collins, 2010). A FE mais utilizada em estudos de produtos naturais é a sílica, a qual apresenta um caráter fracamente ácido e é empregada na separação de compostos lipofílicos tais como alcaloides, terpenoides, fenóis, ácidos graxos, aminoácidos e esteroides, entre outros, por meio do mecanismo de adsorção (Collins et al., 2006). Convém ressaltar que, além da sílica, a alumina é também um adsorvente muito utilizado para separar vitaminas lipossolúveis, alcaloides e aminas, podendo ser preparada para apresentar um caráter ácido, neutro ou básico (Collins et al., 2006).

Com relação à FM, os solventes ou a mistura destes possuem um papel fundamental na separação dos compostos presentes nas amostras, e, para tanto, a escolha dos mesmos deve ser bastante criteriosa, os quais devem ter pureza apropriada. O principal parâmetro a ser considerado na escolha do solvente que irá compor a FM é a polaridade, a qual está diretamente relacionada com a força de eluição (Collins et al., 2006). Na Tabela 1, estão listados alguns solventes utilizados em CCD de acordo com os seus respectivos valores de índices de polaridade.

**Tabela 1.** Índices de polaridade de solventes orgânicos.

| Solventes | Índices de polaridade |
|---|---|
| *n*-Pentano | 0,0 |
| *n*-Hexano | 0,06 |
| *n*-Heptano | 0,2 |
| Tolueno | 2,4 |
| Diclorometano | 3,1 |
| 2-Propanol | 3,9 |
| Tetrahidrofurano | 4,0 |
| Clorofórmio | 4,1 |
| Acetato de etila | 4,3 |
| Etanol | 5,2 |
| Acetona | 5,4 |
| Acetonitrila | 5,8 |
| Metanol | 6,6 |

O cálculo do fator de retenção ($R_F$) é muito importante em CCD. Esse valor é obtido pela divisão (razão) das distâncias percorridas pela substância (dividendo) e pela FM (divisor). Esse valor é característico de um determinado composto e pode ser utilizado para identificação de uma substância mantendo-se constantes as condições de FM e FE, se aplicado em comparação a um composto padrão (Collins et al., 2006).

Para detectar as substâncias incolores separadas em CCD após o desenvolvimento cromatográfico e secagem das placas, alguns métodos físicos, químicos e até mesmo biológicos podem ser utilizados. Esse processo é conhecido como "revelação" das placas de CCD. Para as substâncias que possuem grupos cromóforos que absorvem radiações UV, o mais comum é o uso de lâmpadas UV (comprimentos de onda de 254 e 365 nm) em câmaras escuras como método físico não destrutivo. Para os métodos químicos destrutivos, utiliza-se uma solução reveladora que é geralmente borrifada sobre a placa de CCD, ocorrendo então a reação da solução com as substâncias de uma classe química específica.

Existem várias soluções reveladoras disponíveis, como, por exemplo, a solução de Dragendorff, a qual é empregada para revelação de alcaloides e compostos nitrogenados; o ácido fosfomolíbdico para compostos redutores e terpenos e a solução de ninidrina para aminas primárias e secundárias. Em alguns casos, há necessidade de aquecimento para revelação. Existem ainda, métodos biológicos que são mais específicos, pois utilizam sustâncias que podem inibir o crescimento de microrganismos ou métodos enzimáticos para localizar enzimas ou substratos (Collins et al., 2006). Ainda, como exemplo, têm-se os ensaios de bioautografia, o qual consiste em realizar um ensaio biológico diretamente em uma placa de CCD contendo o extrato bruto ou a substância alvo eluída, sobre a qual aplica-se o meio de cultura, seguido de uma suspensão de bactéria. Posteriormente, a placa é colocada na estufa por um tempo determinado para o crescimento do microrganismo que é então revelada com sal de tetrazólio, cuja função é evidenciar se há o crescimento microbiano por meio de uma coloração avermelhada. Na Figura 2 estão alguns exemplos de desenvolvimento cromatográfico obtido por CCD para alguns extratos vegetais (Ribeiro, 2010).

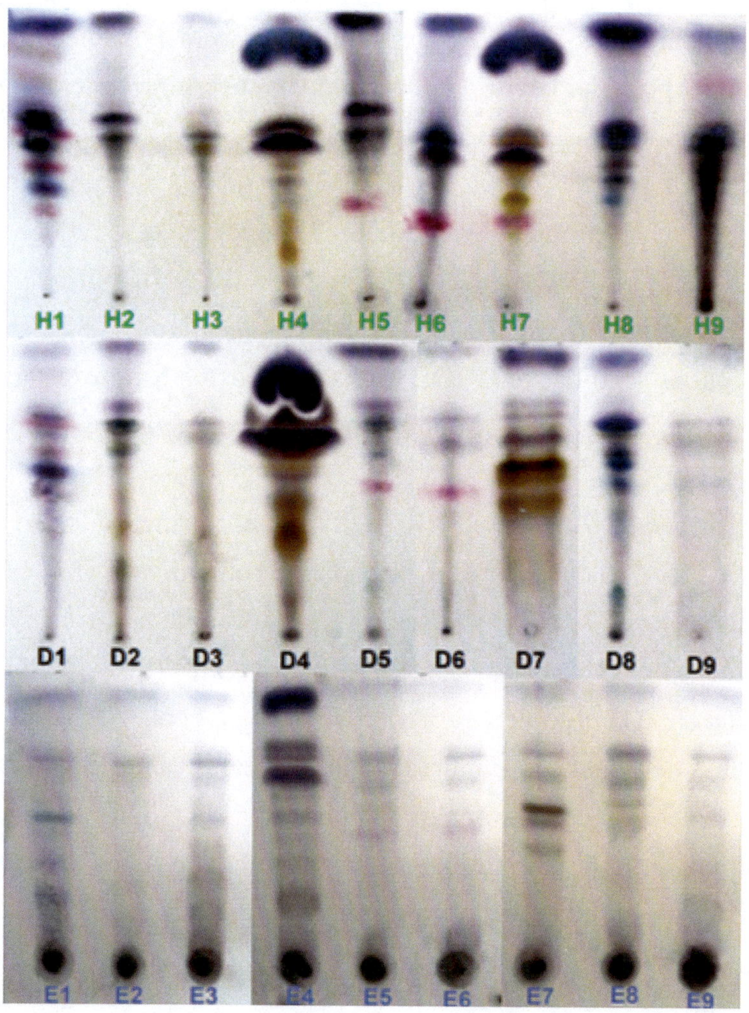


**Figura 2.** Perfil cromatográfico dos extratos brutos, obtidos por cromatografia em camada delgada (CCD), utilizando-se como fase móvel uma solução de hexano: acetona (3:2, v/v) e revelados por meio de uma solução de vanilina sulfúrica. Solvente empregado na preparação dos extratos: H) Hexano; D) Diclorometano; E) Etanol. Espécie e estrutura vegetal empregada: 1) ***Aristolochia paulistana*** (ramos); 2) ***Annona montana*** (folhas); 3) ***A. montana*** (ramos); 4) ***A. montana*** (sementes); 5) ***Annona mucosa*** (folhas); 6) ***A. mucosa*** (ramos); 7) ***A. mucosa*** (sementes); 8) ***Casearia sylvestris*** (folhas); 9) ***C. sylvestris*** (ramos) (Ribeiro, 2010, com autorização).

Outra técnica planar que permite boa separação cromatográfica é a cromatografia em camada delgada preparativa centrífuga (CCDPC), a qual trabalha com o desenvolvimento cromatográfico circular de um disco de 24 cm de diâmetro contendo uma camada de adsorvente girando com o auxílio de um motor (Sarker et al., 2006). Nesse caso, a amostra é colocada em um círculo central, e em seguida, a FM é introduzida através de uma bomba peristáltica (Collins et al., 2006). Um equipamento simples e eficiente para o desenvolvimento circular é o Chromatotron®, em que o processo de separação ocorre do centro para as bordas da placa, devido ao movimento circular com velocidade controlada (Sarker et al., 2006).

Com o aperfeiçoamento das tecnologias de fabricação das FEs, partículas cada vez menores e mais uniformes foram sendo sintetizadas com a finalidade de melhorar a eficiência de separação e a resolução cromatográfica. Dessa forma, surgiu então a cromatografia em camada delgada de alta eficiência - CCDAE (*HPTLC - high-performance thin-layer chromatography*), processo em que o tamanho das partículas dos adsorventes varia de dois a 5 µm, com camada de sílica monolítica e espessura de 10 µm (Collins, 2010).

Aplicações da técnica de CCD e suas variações na separação, isolamento e detecção qualitativa e quantitativa, têm sido amplamente reportadas em estudos visando à obtenção de inseticidas botânicos. Como exemplo, pode ser citada a análise por CCDAE utilizando sílica gel como FE, seguida da análise off-line por espectrometria de massas para detecção e identificação de ésteres de sacarose a partir das folhas de *Nicotiana tabacum* L. (Solanaceae), os quais foram efetivos contra *Myzus persicae* (Sulzer) (Hemiptera: Aphididae) (Simonovska et al., 2006).

Metabólitos como o beta-sitosterol 3-O-beta-D-glicopiranosídeo e o oxiresveratrol foram isolados dos extratos obtidos dos rizomas secos de *Veratrum album* L. (Liliaceae) utilizando cromatografia em coluna seguida de CCDP. Esses compostos foram testados e causaram 100% de mortalidade de adultos de *Leptinotarsa decemlineata* (Say) (Coleoptera: Chrysomelidae) (Aydin et al., 2014).

O extrato de folhas secas de *Artemisia arborescens* L. (Asteraceae) foi analisado por CCDAE em placas de sílica gel 60 F ($10 \times 10$ cm$^2$) e desenvolvido com tolueno: acetato de etila: ácido acético (8:2:0,2, v/v/v) como FM. O extrato bruto apresentou tujona e outros constituintes que preveniram a infestação de frutos de macieira [*Malus domestica* (Suckow) Borkh. (Rosaceae)] por *Cydia pomonella* (L.) (Lepidoptera: Tortricidae) (Creed et al., 2015).

Análise de CCDAE das folhas de *A. indica* foram realizadas utilizando sílica gel 60 como FE (2 µm de espessura) e acetato de etila: diclorometano: ácido acético: ácido fórmico: água (100:25:10:10:11, v/v/v/v/v) como FM. Nesse estudo, os constituintes químicos do extrato das folhas apresentaram atividade inseticida e foram identificados por CCDAE como pertencente à classe dos limonoides, em comparação aos compostos padrões (Nicoletti, 2011; Sujarwo et al., 2016).

Utilizando cromatografia planar é possível obter um perfil químico do extrato em estudo de modo a obter informações a respeito da polaridade dos compostos que compõem a amostra, se estes possuem sistemas de duplas ligações conjugadas, o que pode ser inferido por meio da propriedade que tais substâncias possuem em absorver luz UV nos comprimentos de onda de 254 e 365 nm, ou se as manchas se revelam nos principais relevadores químicos utilizados em química de produtos naturais, os quais podem ser específicos para determinadas classes de substâncias. Além disso, a partir da cromatografia planar, pode-se inferir também o comportamento de diferentes classes de substâncias, a fim de caracterizá-las posteriormente e, inclusive, identificá-las por meio da comparação com padrões autênticos de compostos conhecidos.

### 3.3. Cromatografia em coluna e suas aplicações nas análises de compostos inseticidas de origem botânica

Na cromatografia líquida em coluna clássica (CLCC) utiliza-se uma coluna de vidro na posição vertical e com comprimentos e diâmetros variados, empacotada com a FE, onde a parte superior da coluna permanece aberta e a inferior, estreita, possui um dispositivo (torneira) para controlar o fluxo da FM, que, por sua vez, move-se através do tubo pela ação da gravidade (Figura 3).

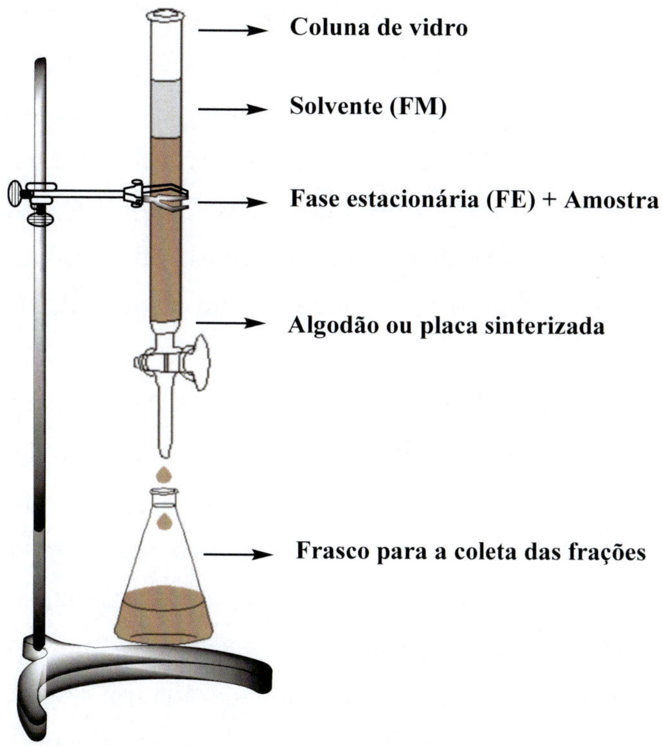


**Figura 3.** Ilustração do aparato para a realização da cromatografia em coluna.

Dentre as FE mais utilizadas em CLCC para o isolamento de produtos naturais, podem se destacar a sílica e a alumina, sendo que outras fases como os silicatos e os óxidos de magnésio, o carvão ativo, a dextrana e os polímeros de estireno também têm sido utilizados (Collins et al., 2006).

A escolha da FM é também uma etapa crucial para alcançar uma separação eficiente; todavia, deve-se considerar se a amostra possui ou não solubilidade na FM inicial. Assim, a escolha das FE e FM apropriadas são etapas determinantes para se obterem as condições ótimas para separação de um produto natural de interesse. Vale a pena mencionar que as frações de eluente coletadas na saída da coluna podem ser subsequentemente analisadas utilizando outras técnicas cromatográficas, como a CCD e suas variações.

O emprego de técnicas que operam com pressão negativa (vácuo), como a cromatografia líquida a vácuo (CLV), e com aplicação de pressão no topo da coluna, como a cromatografia flash (CF), tem sido considerados como alternativas à cromatografia por gravidade.

A CLV, por exemplo, não utiliza nenhuma vidraria especial e compreende apenas uma coluna de vidro afunilado na parte inferior contendo uma placa sinterizada. Na parte inferior da coluna é acoplado o sistema para realizar o processo de vácuo, sendo esse processo utilizado para o empacotamento da coluna com a FE e a eluição da FM após a aplicação da amostra (Maurya et al., 2018). O tamanho da coluna, assim como o tamanho das partículas pode variar (Bucar et al., 2013; Maurya et al., 2018). O processo de eluição da FM pode ser tanto em modo gradiente como isocrático, embora o primeiro seja mais adotado.

No caso da CF, a mesma difere das demais pela aplicação de média pressão por meio de nitrogênio ou ar comprimido (cerca de 10 a 15 psi) no topo da coluna para o empacotamento da FE e eluição da FM. A CF tem sido muito empregada em trabalhos em que se deseja obter um fracionamento rápido de extratos brutos ou frações semipurificadas, desde que os constituintes químicos de interesse não sejam isômeros ou estruturalmente muito semelhantes, pois pode haver coeluição dos compostos e concomitante prejuízo da eficiência de separação cromatográfica.

Novas tecnologias no desenvolvimento de FE com partículas cada vez menores em busca da eficiência de separação cromatográfica levaram ao surgimento da cromatografia líquida de alta eficiência (CLAE) ou (*HPLC - high performance liquid chromatography*) e ultra eficiência (CLUE) ou (*UPLC - ultra performance liquid chromatography* ou *UHPLC - ultra high performance liquid chromatography*), que consiste de um sistema automatizado contendo bombas de alta pressão para eluição da fase móvel e colunas que suportam altas pressões (Degani et al., 1998). Atualmente, essa técnica é considerada imprescindível em vários laboratórios químicos, farmacêuticos, biomédicos e bioquímicos, entre outros, para a realização de análises tanto em modo analítico (qualitativas e quantitativas), quanto em modo preparativo (isolamento de compostos de interesse a partir de uma matriz) (Collins et al., 2006).

A CLAE (ou *HPLC*, em sua sigla em inglês) exige que os solventes utilizados como FM possuam alta pureza (> 99%, grau *HPLC*), visto que impurezas e partículas em suspensão presentes na FM podem danificar as partes que compõem a bomba, os injetores e a coluna, bem como eluir juntamente com os picos de interesse e interferir na identificação dos compostos. Assim, é desejável que se faça uma filtração e desgaseificação dos solventes (evitar a formação de bolhas que interferem no desempenho da análise) antes de acondicionar a FM nos frascos-reservatório do equipamento (Snyder et al., 2010).

As bombas de alta pressão existentes atualmente são bastante robustas e possuem a capacidade de realizar a eluição com apenas um solvente ou com misturas de solventes de composição constante em modo isocrático (sem variação na proporção do(s) eluente(s) durante a corrida cromatográfica), com dois ou até mais solventes de diferentes polaridades em modo gradiente (quando há variação na proporção dos solventes na corrida cromatográfca) (Skoog et al., 2006).

Em CLAE, as colunas são de tubo de aço inoxidável com tamanho variando de 10 a 25 cm de comprimento para as colunas analíticas e de 25 a 30 cm para as colunas preparativas, com diâmetros variados e FE com partículas entre 3 e 10 μm (Skoog et al., 2006). Os diferentes tipos de mecanismos de separação e FE em CLAE incluem partição, adsorção, troca iônica, interação hidrofílica, exclusão molecular, afinidade e quiral. Contudo, para o isolamento e purificação de produtos naturais, as colunas com FE de sílica e revestimento apolar (fase ligada) como o octadecilsilano ($C_{18}$) ainda são as mais utilizadas, apesar de outras FE modificadas, tais como aminas secundárias e terciárias, ciano, fenil, trimetilsilano e triazóis também serem utilizadas (Bucar et al., 2013). Desse modo, o desenvolvimento de diferentes tipos de FE permitiu a separação de praticamente todo tipo de produto natural, graças às tecnologias que introduziram FE estáveis em diferentes valores de pH e partículas monolíticas, aumentando assim o desempenho e a faixa de trabalho em CLAE, gerando uma melhora considerável dos parâmetros de resolução cromatográfica, velocidade e reprodutibilidade analítica (Wolfender, 2009).

Com o desenvolvimento de FE com partículas menores que 2 μm, houve um avanço da cromatografia líquida, proporcionando o surgimento da cromatografia líquida de ultraeficiência (CLUE). Com essa técnica, as análises se tornaram mais rápidas, com menor volume morto e com injetores que operam com volumes pequenos (0,1 a 50 μL) e de maneira precisa, aumentando assim a resolução e a detectabilidade dos compostos por utilizar instrumentos capazes de atingir pressões acima de 6.000 psi, que é o limite superior da CLAE convencional (Maldaner e Jardim, 2009).

Sem dúvida, devido aos grandes avanços em novas tecnologias de FE nas últimas décadas, os extratos contendo compostos polares (tidos como difíceis de trabalhar na linguagem dos químicos de produtos naturais) anteriormente separados de forma não muito eficiente por meio de coluna de sílica operando em fase normal, atualmente podem ser separados eficientemente utilizando um novo conceito de cromatografia com interação hidrofílica - CIH (*HILIC - hydrophilic interaction liquid chromatography*). Essa técnica utiliza coluna polar com FE recheada de sílica pura não derivatizada, fases quimicamente ligadas (grupos ciano, diol e amino), troca iônica (resina de troca iônica à base de estireno entrecruzado com divinilbenzeno), zwiteriônicas, entre outras (Lanças, 2010; Bucar et al., 2013). Ao contrário da eluição em fase reversa (quando a FM é mais polar que a FE), para uma separação eficiente usando CIH, a FM inicial deve possui maior concentração de solvente orgânico (geralmente acetonitrila) e pouca quantidade de água (Bucar et al., 2013). Sendo assim, nesse tipo de cromatografia a retenção na FE está relacionada diretamente à polaridade do soluto e, de forma inversamente proporcional, à polaridade da FM (Lanças, 2010).

O detector empregado em CLAE depende da natureza química dos compostos presentes nas amostras, de modo que a diminuição do alargamento de banda na coluna é influenciada em parte pelo volume morto do detector (Skoog et al., 2006). Os detectores que operam baseados em absorção de radiação ultravioleta ou visível (UV-vis) são os mais empregados em CLAE, como, por exemplo, o detector de arranjo de diodos - DAD (*DAD - diode array detector*). Todavia, outros detectores são bastante utilizados nas análises de produtos naturais, tais como, detector de fluorescência - DFL (*FLD - fluorescence detector*), detector por índice de refração - DIR (*RID - refractive index detector*), detector por espalhamento de luz evaporativo - DELE (*ELSD - evaporative light scattering detector*), detector com detecção por aerossol carregado - DDA (*CAD - charged aerosol detector*), detector por ressonância magnética nuclear - RMN (*NMR - nuclear magnetic resonance*), e detector por espectrometria de massas - EM (*MS - mass spectrometry*) (Swartz, 2010; Urano et al., 2012). Considerando que os produtos naturais possuem uma diversidade estrutural ampla, convém ainda mencionar que a escolha do método de detecção adequado é fundamental para o alcance da seletividade analítica, salientando-se, entretanto, que a detecção de todos os produtos naturais em uma amostra é praticamente impossível devido à falta de especificidade e sensibilidade, os quais são parâmetros inerentes à cada sistema de detecção (Wolfender, 2009).

O sistema de injeção pode ser manual ou automático, bem como o coletor de frações, sendo que o módulo de coletor de frações em CLAE é ideal para as aplicações em modo preparativo, uma vez que as frações da amostra provenientes das separações são coletadas individualmente com precisão. Por fim, toda a aquisição de dados pode ser registrada utilizando um computador contendo um software específico para o controle total dos parâmetros de cada sistema. Como exemplo, pode ser citado o uso de CLAE-EM no controle de qualidade em produtos comerciais oriundos de *A. indica*, cujas sementes apresentam o limonoide azadiractina (componente majoritário), composto com alta atividade inseticida (Forim et al., 2010).

Scott et al. (2002), estudando a atividade inseticida dos extratos das folhas de *Piper tuberculatum* Jacq. (Piperaceae) contra o mosquito *Aedes atropalpus* (Coquillett) (Diptera: Culicidae), encontraram uma $CE_{50}$ (concentração que causa metade do efeito máximo) de 1,5 μg/mL. As análises cromatográficas por CLAE-DAD determinaram a concentração de 4 piperamidas (4,5-dihidropiperlonguminina, 4,5-dihidropiperina, piperina e piperlonguminina) nos extratos de *P. tuberculatum* usando uma coluna de fase reversa $C_{18}$ como FE e acetonitrila/água com gradiente linear de 40 a 80% (v/v) como FM.

Outras duas técnicas cromatográficas que também têm sido utilizadas na separação e na purificação de produtos naturais são a cromatografia em contracorrente (CCC) e a cromatografia supercrítica (CS). A separação em CCC baseia-se no princípio da partição líquido-líquido dos solutos entre os dois solventes imiscíveis (separação em função do seu coeficiente de partição), onde ambas, FM e FE, são líquidas (Yin et al., 2010; Hu e Pan, 2012). Os primeiros equipamentos que empregaram essa técnica surgiram por volta da década de 1970, os quais pela ação de um campo gravitacional mantinham a FE líquida retida na coluna. Posteriormente, outros equipamentos operando por meio de um campo de força centrífuga foram sendo produzidos, permitindo a obtenção de fluxos maiores de solventes (Leitão, 2005).

Ao contrário da CCC, a CS consiste da utilização de um fluido supercrítico[1] como FM, de modo que algumas de suas características situam-se entre a cromatografia gasosa e a líquida (Skoog et al., 2006). Um fluido supercrítico apresenta propriedades físico-químicas intermediárias àquelas dos gases e dos líquidos, e para sua formação é necessário que as condições de pressão e temperatura sejam superiores aos seus parâmetros críticos (Carrilho et al., 2001). Como exemplo, pode se citar o dióxido de carbono ($CO_2$), o qual consiste de um fluido supercrítico a temperaturas críticas acima de 31°C e pressão crítica de 73 atm (Skoog et al., 2006). Há diversos compostos que podem ser utilizados como FM, tais como metano, pentano e diclorodifluorometano, dentre outros; contudo, a FM mais empregada é o $CO_2$, o qual possui a capacidade de separar uma grande variedade de moléculas orgânicas apolares, ser atóxico, inodoro e ter baixo custo, além de ser compatível com os detectores espectrofotométricos, ionização em chama (DIC) e EM (Simões et al., 2016). Essa técnica também tem a vantagem de ser uma alternativa ambientalmente mais segura às técnicas cromatográficas que utilizam solventes orgânicos como FM (Eisath et al., 2018).

El-Saeid e Khan (2015) desenvolveram um método utilizando CS-DAD para determinação de 7 inseticidas piretroides (aletrina, resmetrina, fenotrina, permetrina, tetrametrina, cipermetrina e deltametrina) e o metabólito comum, o álcool fenoxibenzil, em diferentes tipos de matrizes vegetais. Uma coluna de sílica foi usada como FE, o $CO_2$ como FM e o metanol

[1] **Fluido supercrítico:** é um estado físico de uma substância mantida acima de sua temperatura crítica (aquela acima da qual uma substância não pode ser liquefeita) (Skoog et al., 2006).

2% como modificador da FM. Os limites de detecção dos piretroides variaram de 0,31 a 0,54 ppm e foi de 0,62 ppm para o álcool fenoxibenzil (El-Saeid e Khan, 2015).

A análise cromatográfica de produtos naturais botânicos de forma qualitativa e quantitativa também pode ser realizada utilizando-se a cromatografia gasosa (CG). Essa técnica de separação possui alta resolução e é capaz de analisar muitas substâncias em uma mesma amostra em escala de nanogramas, podendo ainda ser considerada como uma das técnicas analíticas de separação cromatográfica mais utilizadas em química de produtos naturais para análise de componentes voláteis, como os óleos essenciais (Bucar et al., 2013). Para tanto, a técnica exige que as amostras a serem analisadas sejam voláteis e termicamente estáveis; todavia, para amostras que não possuem esses requisitos é desejável que se faça um processo de derivatização química para torná-las analisáveis por CG (Degani et al., 1998). Ao contrário da cromatografia líquida, os componentes da amostra são vaporizados e a separação ocorre dentro da coluna em virtude do processo de partição que há entre a FM gasosa e uma FE líquida ou sólida (Collins et al., 2006; Skoog et al., 2006). A CG pode ser classificada quanto às condições de temperatura empregadas durante as análises em cromatografia isotérmica (temperatura mantém-se constante durante a análise) e cromatografia com temperatura programada (alteração linear ou não durante a análise) (Collins et al., 2006; Skoog et al., 2006). Os tipos mais comuns de cromatografia gasosa são a cromatografia gás-liquido[2] (CGL) e a cromatografia gás-sólido[3] (CGS) (Skoog et al., 2006).

Na cromatografia gasosa, a eluição dos componentes dentro da coluna é realizada pela FM gasosa denominada gás de arraste (não há interação com as moléculas do analito), o qual deve possuir alta pureza (> 99,999%). Este, por sua vez, fica acondicionado sob alta pressão em um cilindro como fonte de FM para o sistema, e a sua vazão é controlada por meio de reguladores de pressão com o intuito de manter constante a pressão na entrada do cromatógrafo (Collins et al., 2006). Os gases mais utilizados como FM em CG são o hélio, o nitrogênio e o hidrogênio. Convém ressaltar que o uso de gases de arraste contendo impurezas pode interferir de forma drástica na estabilidade e resposta dos detectores (Collins et al., 2006).

---

[2] **Cromatografia gás-liquido:** a fase móvel é um gás, enquanto a fase estacionária é um líquido retido na superfície de um sólido inerte por adsorção ou ligação química (Skoog et al., 2006).

[3] **Cromatografia gás-sólido:** a fase móvel é um gás, enquanto a fase estacionária é um sólido que retém os analitos por adsorção física. A cromatografia gás-sólido permite a separação de gases de baixa massa molecular, como os componentes do ar, sulfeto de hidrogênio, monóxido de carbono e óxido de nitrogênio (Skoog et al., 2006).

As amostras geralmente são líquidas e injetadas no equipamento utilizando-se micros-seringas por meio do sistema de injeção contendo um septo[4]. Em razão de injeções repetidas, o septo pode, com o tempo, apresentar vazamentos que acarretam instabilidade na linha base do cromatograma, bem como o surgimento de picos "fantasmas" (Collins et al., 2006). Dessa forma, recomenda-se que se verifique frequentemente o estado físico do septo e, caso haja necessidade, o operador deve realizar a troca do mesmo antes de iniciar a análise para evitar qualquer interferência.

No sistema CG as colunas podem ser classificadas em colunas capilares e recheadas. As colunas capilares, com comprimento de 10 a 100 m e diâmetro interno de 0,10 a 0,75 mm, possuem uma quantidade inferior de FE em relação às colunas recheadas (analíticas e preparativas construídas com aço inoxidável ou vidro). Diferentemente, as colunas recheadas possuem comprimento de 1 a 3 m e diâmetro interno de 1 a 4 mm (Collins et al., 2006).

Após a separação na coluna cromatográfica, os componentes da amostra passam pelo detector, onde será gerado um sinal e posteriormente um espectro. Similar ao que foi descrito para os detectores utilizados em CLAE, a escolha do detector, também nesse caso, dependerá exclusivamente da finalidade analítica e da natureza química dos compostos presentes nas amostras, visto que apenas um detector não é capaz de atender a todas as substâncias. Nesse sentido, existem os chamados detectores universais capazes de responder a qualquer composto, os detectores seletivos usados exclusivamente para uma determinada classe de compostos e os detectores específicos, que respondem aos compostos que possuem um determinado grupo funcional específico. Assim, pode-se dizer que o detector é uma parte fundamental que compõe um cromatógrafo a gás, pois ele torna possível a detecção dos compostos com alta ou baixa seletividade e sensibilidade (relativo à quantidade detectada) (Collins et al., 2006).

Outros parâmetros avaliados e de grande importância são inerentes ao tipo de detector utilizado, tais como a presença de ruído (alterações na linha de base), quantidade mínima detectável, faixa linear (resposta do detector inerente à concentração mais alta e mais baixa da amostra), mudanças no decorrer da análise na vazão do gás de arraste e temperatura do forno (Collins et al., 2006). Esses parâmetros precisam ser minimizados ou corrigidos para que se obtenha uma análise cromatográfica eficiente e bem-sucedida. Os principais detectores utilizados em CGAR são: 1) Detector por ionização em chama (DIC): utilizado de maneira quase universal em razão da sua capacidade de detecção. Seu funcionamento ocorre devido à produção de íons obtidos a partir da combustão da amostra na presença de gás hidrogênio ($H_2$) e oxigênio ($O_2$); 2) Detector por captura de elétrons (DCE): responde de maneira seletiva e é muito utilizado para análise de compostos halogenados (como, por exemplo, pesticidas).

[4] **Septo:** construído de silicone e/ou PTFE (politetrafluoretileno) (Collins et al., 2006).

Alguns dos elétrons das moléculas da amostra que passam pelo detector são capturados por espécies eletrofílicas, reduzindo assim a corrente medida; 3) Detector por espectrometria de massas (DEM): o cromatógrafo a gás acoplado ao espectrômetro de massas com fonte de ionização por elétrons (*EI - electron ionization*) possui certa seletividade, pois apenas moléculas de média e baixa polaridade e com baixo peso molecular são detectadas. Esse é o principal detector empregado para análise de centenas de compostos de produtos naturais botânicos, em especial os óleos essenciais (Crevelin et al., 2015), flavonoides, terpenoides, ácidos graxos e orgânicos, entre outros (Carnevale Neto et al., 2016). De maneira bem simples, o detector opera pela formação de íons por meio da ionização por elétrons, onde as moléculas da amostra vaporizada se "chocam" com elétrons provenientes de um filamento de tungstênio aquecido com energia típica de 70 eV. Durante esse processo pode ocorrer a retirada ou a captura de elétrons (relacionado com a afinidade eletrônica) das moléculas, formando espécies iônicas denominadas de íons moleculares ($M^{+\cdot}$ ou $M^{-\cdot}$) e fragmentos. Posteriormente, esses íons são separados no analisador de massas (tempo de voo ou quadrupolo) utilizando propriedades magnéticas ou elétricas. O sistema de registro e tratamento dos dados é realizado em computadores contendo um software específico que registra os tempos de retenção e as áreas de cada pico no cromatograma.

As técnicas de separação cromatográfica descritas nesta seção têm sido muito utilizadas no processo de isolamento em escala preparativa de um produto natural, bem como em análises de perfil químico de extratos brutos. O aumento da capacidade analítica dessas técnicas cromatográficas tornou-se possível após o acoplamento das técnicas de separação com os diferentes sistemas de detecção espectroscópicos como CLAE-DAD, CLAE-FT-IV, CLAE--RMN, e espectrométricos como CG-EM, CLAE-EM, dentre outros, os quais receberam a denominação de técnicas hifenadas (Ibekwe e Ameh, 2015). Esses instrumentos estão sendo cada vez mais aprimorados com o intuito de elevar a sua capacidade de efetuar a detecção e o isolamento de produtos naturais complexos, bem como para fornecer informações possíveis de realizar a caracterização química dos compostos on-line, principalmente, após a inclusão de dois ou mais sistemas de detecção (CLAE-DAD-EM, CLAE-EM/EM, CLAE-RMN-EM, CLAE-DAD-RMN-EM) (Patel et al., 2010).

Os sistemas CG-EM, CLAE-DAD e CLAE-EM são as principais técnicas hifenadas utilizadas para análise de inseticidas obtidos a partir de produtos naturais botânicos. Nebo et al. (2010) demonstraram que o extrato metanólico obtido de frutos de *Trichilia claussenii* C. DC. (Meliaceae) apresentou atividade inseticida, provocando 64% de mortalidade larval em *Spodoptera frugiperda* (J.E. Smith) (Lepidoptera: Noctuidae). Os compostos responsáveis pela atividade biológica foram os ácidos ω-fenil alcanoicos e alquenoicos, os quais foram isolados do extrato bruto metanólico utilizando CLCC empacotada com sílica gel (70 a 230 mesh) como FE, e os solventes hexano/acetato de etila/metanol em gradiente crescente de polaridade como FM. Além disso, a técnica hifenada CG-EM auxiliou na identificação dos ésteres metílicos obtidos dos ácidos ω-fenil alcanoicos e alquenoicos utilizando uma coluna capilar DB-5 (5% de fenil-metilpolisiloxano) e tendo hélio como gás de arraste (Nebo et al., 2010).

Muitos estudos ainda utilizam as técnicas CLAE-EM e CG-EM, como, por exemplo, o conduzido por Erenler et al. (2018), que testaram a atividade inseticida do extrato bruto metanólico e do óleo essencial obtidos das partes aéreas de *Origanum onites* L. (Lamiaceae) contra os besouros *Sitophilus granarius* (L.) e *Sitophilus oryzae* (L.) (Coleoptera: Curculionidae). Os autores constataram que o extrato metanólico causou mortalidade de 66,7% para *S. granarius*, enquanto o óleo essencial provocou mortalidade de 99,8 e 98,0% para *S. granarius* e *S. oryzae*, respectivamente. Os compostos presentes no extrato metanólico (ácido rosmarínico, ácido gentísico, ácido 4-hidroxibenzoico, ácido protocatecuico, ácido cafeico, ácido vanílico, 4-hidroxibenzaldeído, ácido *p*-cumárico, ácido ferúlico, apigenina-7-glicosídeo e narigenina) foram identificados pela técnica de CLAE-TOF/EM, utilizando uma coluna de fase reversa $C_{18}$ como FE e ácido fórmico a 0,1%/acetonitrila com gradiente linear de 10 a 80% (v/v) de acetonitrila como FM. O perfil químico do óleo essencial foi também analisado por CG-DIC e os seus constituintes químicos [carvacrol (88,71%) e *p*-cimeno (3,01%)] identificados por CG-EM, utilizando uma coluna capilar apolar BPX-5 e hélio como gás de arraste (Erenler et al., 2018). Sendo assim, o uso dessas técnicas hifenadas tem acelerado o processo de identificação de compostos diretamente em extratos brutos, principalmente em estudos de desreplicação, o qual consiste na identificação prévia dos compostos conhecidos nos extratos brutos como uma estratégia de busca por novos metabólitos secundários bioativos (Crevelin et al., 2014; Gaudencio e Pereira, 2015).

Detalhes a respeito do princípio de funcionamento e da capacidade analítica dos espectrômetros de massas e de ressonância magnética nuclear serão tratados nas próximas seções deste capítulo, não apenas como sistemas de detecção, mas também como importantes ferramentas analíticas para detectar qualitativamente e quantitativamente, bem como caracterizar quimicamente os inseticidas botânicos.

## 4. Técnicas espectroscópicas e espectrométricas utilizadas para identificação de compostos orgânicos

A estrutura molecular de uma substância química determina suas propriedades físico-químicas, bem como, auxilia na compreensão dos mecanismos envolvidos em suas atividades biológicas. As principais técnicas analíticas utilizadas para identificação dos compostos orgânicos são: espectroscopia no ultravioleta (UV), espectroscopia no infravermelho (IV), espectroscopia de ressonância magnética nuclear (RMN) e espectrometria de massas (EM); sendo que essas duas últimas fazem uma combinação bastante importante para elucidação dos compostos orgânicos e, por isso, maior ênfase será dada a elas.

### 4.1. Espectroscopia na região do ultravioleta/visível (UV-Vis)

A espectroscopia na região ultravioleta/visível (UV-Vis) consiste em uma ferramenta importante para identificação de grupos funcionais na molécula, assim como na análise quantitativa de compostos contendo grupamentos cromóforos. Quando uma radiação atravessa um material, parte dela pode ser absorvida por átomos ou moléculas que passam de um estado de menor energia (estado fundamental) para um estado de maior energia (estado excitado). A radiação eletromagnética absorvida tem energia proporcional à diferença de energia entre os estados excitado e fundamental. No caso da espectroscopia de UV-Vis, essas transições ocorrem a nível eletrônico, devido à transferência de um elétron de um orbital molecular ou atômico de baixa energia para outro orbital de maior energia. Sendo assim, de maneira geral, as transições mais prováveis ocorrem do orbital molecular ocupado mais alto (*HOMO - highest occupied molecular orbital*) para o orbital molecular não ocupado mais baixo (*LUMO - lowest unoccupied molecular orbital*). A frequência em que a luz é absorvida por cada composto é afetada pela estrutura que contém o cromóforo (espécie ou conjunto de átomos em uma molécula que absorve luz).

O espectrofotômetro de UV-Vis é constituído basicamente por uma fonte de luz, um monocromador e um detector. A fonte de luz é composta por uma lâmpada de deutério (que emite radiação na região do UV, com comprimento de onda de 200 a 400 nm) e uma segunda lâmpada de tungstênio (que emite radiação na região visível do espectro, com comprimento de onda de 400 a 800 nm).

O espectro de UV-Vis é obtido em função da absorbância (antiga densidade óptica) versus comprimento de onda. A amostra a ser analisada geralmente é liquida e a escolha do solvente, portanto, não deve, preferencialmente, absorver na região do UV. Outras características a serem observadas dizem respeito à polaridade do solvente e às possíveis formações de ligações intermoleculares, como as ligações de hidrogênio com as moléculas do soluto. A escolha do solvente é uma etapa muito importante na espectroscopia de ultravioleta e pode influenciar no comprimento de onda da amostra aumentando as energias de transição eletrônica nas moléculas (uso de solventes polares).

A espectroscopia de UV-Vis também pode ser utilizada para inferir sobre a presença de ligações conjugadas nos compostos; contudo, a ampla aplicação dessa técnica está no acoplamento com os cromatógrafos líquidos, para serem utilizados principalmente na quantificação de compostos, a partir da construção de curvas analíticas. Assim, do ponto de vista quantitativo, todo o processo de absorção é regido pela lei de Lambert-Beer, o qual depende da concentração das moléculas que absorvem luz e da extensão do caminho pelo qual ocorre a absorção (Skoog et al., 2006).

## 4.2. Espectroscopia na região do infravermelho

Grande parte dos compostos que realizam ligações covalentes absorvem frequências de radiações eletromagnéticas na região do infravermelho (IV) do espectro eletromagnético. As moléculas ao absorverem radiação no IV são excitadas para atingir um estado de maior energia; contudo, ao contrário da radiação UV-Vis, a radiação IV não é capaz de causar transições eletrônicas. A radiação nessa faixa de energia induz às transições nos estados vibracionais e rotacionais das moléculas, o que corresponde à faixa de frequências vibracionais de estiramento e vibrações de deformação angular das ligações covalentes. Contudo, nem todas as moléculas são capazes de absorver energia nessa faixa, mas apenas as moléculas nas quais as variações nas distâncias ou ângulos de ligações produzem variações do momento de dipolo elétrico; portanto, $H_2$ e $Cl_2$, por exemplo, não absorvem radiação no IV (Pavia et al., 2014).

Cada tipo de ligação tem sua própria frequência de vibração; mesmo ligações idênticas em compostos diferentes estarão em ambientes diferentes e, portanto, terão padrões e espectros sutilmente diferentes. Por outro lado, é comum a comparação dos espectros de IV em uma região do espectro de IV denominado região da "impressão digital" (*fingerprint*). Essa região do espectro possui certa complexidade devido ao grande número de bandas de absorção, de modo que cada molécula apresenta um padrão de absorção característico e único, como se fosse uma "impressão digital" da substância.

A função mais importante do espectro IV é fornecer informações estruturais da molécula a respeito dos grupos funcionais presentes, bem como de algumas ligações, tais como, $N-H$; $C-H$; $O-H$; $C-C$; $C=C$; $C=O$, entre outras.

O instrumento que adquire o espectro de IV é chamado de espectrômetro de infravermelho ou espectrofotômetro de IV, dos quais existem dois tipos: os dispersivos e o de transformada de Fourier (FT-IV). Ambos produzem espectros idênticos; contudo, os FT-IV são mais precisos e possuem a capacidade de detectar todos os comprimentos de onda ao mesmo tempo (Skoog et al., 2006). Em termos de amostragem, as amostras podem ser analisadas em estado líquido (amostra colocada entre as pastilhas de brometo de potássio ou aplicada em pastilhas de outro material) ou sólidas (misturadas em um almofariz a um a quantidade especificada de brometo de potássio).

Na técnica de IV, as absorções de cada grupo funcional possuem intensidades características e posições definidas das bandas (ou picos), na região do IV. Na literatura, há tabelas de correlações que fornecem informações das faixas de absorção dos grupos funcionais de determinadas classes químicas de moléculas que absorvem na região do IV, tais como, ácidos carboxílicos, ésteres, anidridos, aldeídos, cetonas, amidas, aminas, éteres, anéis aromáticos, ligações duplas e triplas e grupos nitros.

Diversos exemplos são encontrados na literatura a respeito de estudos que utilizam essa técnica, tanto para completar os dados de identificação de compostos que estão sendo relatados pela primeira vez na literatura, como também em outras aplicações, como no controle de qualidade ou verificação de perfil químico para algum outro propósito. Por exemplo, por meio de um estudo com folhas de cafeeiro (*Coffea arabica* L., Rubiaceae) por espectroscopia de IV foi possível discriminar os perfis espectrais por meio do táxon e do estágio de envelhecimento (folhas maduras e senescentes - alteração da cor das folhas no outono em consequência do fotoperíodo) e, posteriormente, determinar o melhor período de colheita (Mees et al., 2018).

No caso de extratos botânicos com propriedades inseticidas, o acompanhamento por IV pode ser útil não somente para caracterizar as amostras, mas também para comparar diferentes amostragens e coletas em diferentes períodos, buscando assim manter o padrão e a presença do composto ativo no material coletado, como, por exemplo, em estudos de variabilidade sazonal.

## 4.3. Ressonância magnética nuclear (RMN)

O desenvolvimento de técnicas espectroscópicas modernas vem revolucionando a identificação e quantificação de substâncias de origem natural. Até poucas décadas, a elucidação estrutural de moléculas complexas apoiava-se em laboriosos procedimentos de isolamento e purificação e dependiam de grandes quantidades da substância em questão. Essas substâncias eram então submetidas a uma série de experimentos de derivatização visando à dedução das caraterísticas estruturais presentes a partir dos fragmentos formados. Atualmente, como resultado do extensivo avanço tecnológico em sensibilidade e resolução de equipamentos de ressonância magnética nuclear (RMN), a análise de quantidades da ordem de microgramas de substância tornou-se rotina (Edison e Schroeder, 2010). Assim, a RMN contribui de forma significativa na elucidação de estruturas de moléculas orgânicas, determinando os arranjos espaciais entre os átomos que as compõem por meio da aplicação de campos magnéticos em experimentos uni e bidimensionais. Por conta desse e de outros fatores, a RMN tornou-se um dos métodos espectroscópicos de análise mais importantes para a elucidação estrutural de moléculas orgânicas, sejam elas de origem natural ou sintética, sendo altamente aplicável à análise qualitativa ou quantitativa de qualquer substância, inclusive com potencial agroquímico ou pesticida (Bright e Ratcliffe, 1990).

Os primeiros experimentos de RMN bem-sucedidos foram publicados em 1946 por Bloch, Hansen e Packard (Universidade de Stanford) e por Purcell, Torrey e Pound (Universidade de Harvard), sendo que, em 1952, Bloch e Purcel receberam o Prêmio Nobel de Física, pela importância de suas descobertas. Desde então, com o desenvolvimento e as novas aplicações da técnica, a RMN se tornou uma das ferramentas mais importantes tanto em química analítica quanto nos estudos de moléculas orgânicas.

De forma geral, a RMN baseia-se nas propriedades magnéticas dos núcleos atômicos que, sob a ação de um campo magnético, são induzidos a absorver energia e mudar a orientação de *spin* em relação ao campo magnético aplicado ($B_0$). A absorção dessa energia é um processo quantizado, sendo que a energia absorvida é igual à diferença de energia entre os dois estados envolvidos, o que ocorre em função da intensidade do campo magnético aplicado. Ao se analisar a frequência correspondente a essa energia (frequência de ressonância) e o tempo em que os núcleos (após irradiação) levam para voltar ao estado inicial à temperatura ambiente (tempo de relaxação), é possível caracterizar cada núcleo sujeito a esse campo, permitindo assim a obtenção de informações acerca das características estruturais da amostra. Assim, os núcleos de certos elementos e isótopos se comportam como se fossem magnetos rodando ao redor de um eixo. Os núcleos de hidrogênio simples ($^1H$) e de carbono-13 ($^{13}C$), por exemplo, apresentam essa propriedade.

Para a análise de compostos de origem natural, os núcleos de hidrogênio e carbono são os mais utilizados, sendo possível determinar tanto o número quanto os tipos de núcleos presentes na molécula. É interessante destacar que, apesar de vários tipos de núcleos serem detectáveis por RMN, o hidrogênio, também denominado de próton ($^1H$), é o mais utilizado devido a sua maior sensibilidade, além de sua grande abundância isotópica natural (99,985% contra 1,108% de $^{13}C$) e sua disseminada presença em substâncias orgânicas (Elipe, 2003).

Rotineiramente, a análise espectroscópica de uma molécula orgânica inicia-se pelo exame de um espectro monodimensional de RMN de $^1H$, o que permite, além de determinar a complexidade do esqueleto da amostra, também acessar a pureza, a concentração de substâncias minoritárias ou contaminantes (se presentes), avaliar a escolha do solvente utilizado ou os parâmetros de aquisição dos dados. Tais informações são obtidas por meio da verificação dos deslocamentos químicos, multiplicidades e constantes de acoplamento presentes nesses espectros monodimensionais (Wolfender, 2009; Pavia et al., 2014). Dependendo da complexidade da molécula, se ela é inédita ou não, os passos seguintes incluem a obtenção do espectro de RMN de $^{13}C$, assim como espectros bidimensionais, tais como ($^1H$,$^1H$)-COSY, ($^1H$,$^1H$)-TOCSY, ($^1H$,$^1H$)-NOESY, ($^1H$,$^1H$)- ROESY, ($^1H$,$^{13}C$)-HSQC e ($^1H$,$^{13}C$)-HMBC e/ou outros, para uma elucidação estrutural completa.

Tradicionalmente, a caracterização espectroscópica de moléculas orgânicas por RMN requeria a obtenção de substâncias isoladas e finamente purificadas (alto nível de pureza), geralmente obtidas por meio de técnicas cromatográficas. Para tais moléculas, até meados da década de 1980, a elucidação estrutural por RMN era baseada, sobretudo, na análise das informações obtidas dos espectros unidimensionais, tais como, o deslocamento químico, a intensidade relativa e a multiplicidade do sinal, o que, invariavelmente, dependia da pureza da amostra. No entanto, a partir da década de 1990, a análise de substâncias presentes em misturas foi amplamente difundida, tendo como principal vantagem a redução de tempo e do custo de análise, bem como a prevenção da degradação de moléculas lábeis e a formação de artefatos. Em contrapartida, a principal desvantagem da análise de substâncias presentes em misturas é a dificuldade de se resolverem sinais sobrepostos, além da baixa faixa dinâmica de trabalho, o que impossibilita, de certa forma, a determinação estrutural das moléculas presentes em baixas concentrações (Edison e Schroeder, 2010).

### 4.3.1. Vantagens e limitações da técnica de RMN

Além do inegável potencial para a realização de análises qualitativas e determinação estrutural de forma universal, tanto de moléculas isoladas quanto em misturas, podem-se destacar, como outras vantagens da técnica, sua excelente robustez, alta reprodutibilidade e aplicabilidade em análises quantitativas, uma vez que a intensidade dos sinais é diretamente proporcional ao número de núcleos presentes. Em contrapartida, por causa das pequenas diferenças entre os níveis de energia entre os estados fundamentais e os excitados, a RMN possui como principal desvantagem a baixa sensibilidade (Dunn et al., 2011). No entanto, esse problema tem sido superado com a utilização de diferentes tipos de sondas (*probes*), que permitem a utilização de quantidades cada vez menores de amostras com menor tempo de aquisição. A escolha da melhor sonda depende da quantidade de amostra disponível, da sua solubilidade e do equipamento disponível. A sonda mais comum é a padrão de 5 mm com uso à temperatura ambiente. Sondas de diâmetros menores, tais como as de 2 ou 3 mm, proporcionam melhor sensibilidade uma vez que o volume de solvente utilizado é reduzido, melhorando consideravelmente a relação sinal/ruído. No entanto, tais sondas não são adequadas quando a amostra possui solubilidade limitada (Edison e Schroeder, 2010; Dunn et al., 2011).

Uma alternativa é a utilização de sondas criogênicas (que trabalham a baixas temperaturas), que possuem diâmetro reduzido, porém com a desvantagem de terem alto custo (Edison e Schroeder, 2010). Essas sondas são particularmente utilizadas quando se deseja melhorar a relação sinal/ruído em experimentos de metabolômica baseados em $^{13}C$. Tais sondas trabalham com circuito eletrônico e amplificador sob baixas temperaturas, visando a diminuir o ruído eletrônico, proporcionando melhorias na ordem de 4 vezes para os experimentos com $^{13}C$. Isso é muito significativo porque a sua abundância isotópica do $^{13}C$ corresponde a 1,1% do $^{12}C$ e sua sensibilidade é apenas 1,6% do $^{1}H$, ou seja, a sensibilidade total de $^{13}C$ comparada à de $^{1}H$ é de 1/5.700 (Silverstein et al., 2014). Finalmente, a utilização de bobinas menores (parte do espectrômetro responsável pelo fornecimento da energia eletromagnética que irá direcionar a orientação dos *spins* dos núcleos) ou do uso de geometria do tipo solenoide são também alternativas para uma melhoria considerável da sensibilidade (Collins et al., 2006; Dunn et al., 2011; Pavia et al., 2014).

Adicionalmente às limitações associadas à sensibilidade de limites de detecção, a espectroscopia de $^{1}H$ é também impactada por um grande número de co-ressonâncias, principalmente quando se analisam substâncias em misturas, visto que diferentes metabólitos apresentam sinais de ressonância na mesma região do espectro. Uma maneira de resolver esse problema é a utilização de técnicas bidimensionais ou pela análise de núcleos de maior dispersão no espectro, a exemplo do $^{13}C$ (Dunn et al., 2011).

O alto custo de manutenção dos equipamentos e da aquisição de consumíveis é também outro fator que deve ser considerado na escolha da RMN como técnica de análise dos inseticidas de origem natural, uma vez que a técnica requer a utilização de solventes deuterados e de excelente qualidade para o preparo das amostras, além da necessidade do aporte constante de suprimentos de gases especiais (p. ex.: nitrogênio e hélio) para o resfriamento dos supercondutores. Finalmente, apesar de não se configurar como uma desvantagem em potencial, mas sim caracterizando-se como potencial de versatilidade, é importante atentar-se à escolha do solvente para a análise, principalmente quando se deseja comparar os resultados com dados previamente publicados ou disponíveis em bases de dados. Dependendo do solvente escolhido para o preparo da amostra, podem ocorrer diferenças nos deslocamentos químicos e nos padrões de multiplicidade, o que requer maior atenção no pré-tratamento dos dados (Bright e Ratcliffe, 1990).

### 4.3.2. Preparo da amostra para análise de RMN

Em experimentos de elucidação estrutural de moléculas orgânicas é necessário que a substância em análise seja isolada da matriz botânica, purificada e devidamente dessecada, ou seja, esteja totalmente livre de água, o que permite a obtenção de espectros de boa qualidade e com sinais bem resolvidos. No caso de extratos brutos ou misturas complexas, o procedimento de secagem é igualmente importante, pois o excesso de água ou outro solvente na amostra prejudicará a obtenção de espectros de boa qualidade.

A amostra deve ser solubilizada em solventes, como, por exemplo, clorofórmio deuterado ($CDCl_3$), dimetilsulfóxido deuterado (DMSO-$_{d6}$), metanol deuterado (MeOH-$_{d4}$), acetonitrila deuterada (MeCN-$_{d3}$), acetona deuterada (acetona-$_{d6}$), benzeno deuterado (benzeno-$_{d6}$) e água deuterada ($D_2O$), dentre outros. A escolha do melhor solvente é feita de acordo com a solubilidade da amostra e a observância da não sobreposição dos sinais do solvente com os sinais da amostra. Em seguida, a amostra deve ser filtrada e transferida para o tubo de RMN devidamente limpo e seco. Adicionalmente, um composto de referência tal como tetrametilsilano [$Si(CH_3)_4$, abreviado como TMS], um dos mais usados, deve ser adicionado como padrão de referência de deslocamento químico. Para a escolha do composto de referência, é desejável que ele seja quimicamente inerte, volátil, bem como, apresente um único sinal em campo mais alto que a maioria dos sinais, possibilitando rápida recuperação da amostra. Além disso, dependendo da natureza química da amostra, pode ser necessário o uso de um tampão, evitando-se, assim, variações significativas nos desvios químicos dependentes do pH, o que ocorre principalmente com substâncias que apresentem hidrogênios ionizáveis em suas estruturas químicas.

Finalmente, a quantidade de amostra utilizada vai variar de acordo com a sonda a ser utilizada e com o campo do equipamento. Por exemplo, em experimentos utilizando espectrômetros de RMN de 500 MHz e sonda de 5 mm, é possível obter bons espectros de hidrogênio a partir de 0,1 a 1 mg de amostra, em condições ideais. Entretanto, quanto maior for o campo do equipamento e menor o tamanho da sonda (principalmente com a utilização de sondas criogênicas, ou *cryoprobes*), melhor será a sensibilidade e uma menor quantidade de amostra será necessária. Ainda, nesse contexto, espectrômetros de 9,4 a 17,6 T, ou seja, de 400 a 750 MHz, para a frequência de $^1H$, respectivamente, permitem atingir um limite de detecção da ordem de nanogramas de substância. É importante destacar também que a quantidade da amostra interfere também no tempo de aquisição dos espectros; em condições ótimas, quanto maior a quantidade de amostra, menor será o tempo de aquisição dos espectros (Korhammer e Bernreuther, 1996; Dunn et al., 2011; Silverstein et al., 2014).

### 4.3.3 Acoplamento com cromatografia líquida de alta eficiência (CLAE-RMN)

Os primeiros resultados versando sobre o acoplamento direto entre um cromatógrafo líquido e um espectrômetro de RMN foram publicados por Watanabe e Niki (1978), utilizando a técnica *stopped-flow*, procedimento em que o bombeamento de solvente do sistema cromatográfico é suspenso ou desviado, de modo que o pico cromatográfico fique parado na sonda, permitindo um maior tempo de aquisição por RMN (Griffiths, 1995). Nos anos subsequentes, muitos trabalhos foram reportados com o objetivo de se contornarem as inúmeras limitações dessa técnica.

Um dos principais desafios da hifenização entre a cromatografia líquida e a RMN foi a baixa sensibilidade da RMN, especialmente quando comparada com a espectrometria de massas, além da dificuldade em se trabalhar dentro da faixa dinâmica necessária e das dificuldades com alargamento de picos. Também as células de fluxo e sondas de maior sensibilidade não estavam ainda disponíveis comercialmente e, finalmente, a qualidade da supressão do solvente não era satisfatória, visto que o uso de solventes é um pré-requisito necessário para se trabalhar com a cromatografia líquida, sendo inviável trabalhar com grandes quantidades de solventes deuterados (Korhammer e Bernreuther, 1996; Wolfender et al., 2001).

A baixa sensibilidade da RMN às pequenas quantidades de substâncias separadas em colunas convencionais de CLAE, que são da ordem de microgramas, requer o uso de magnetos potentes e sondas especiais (*microprobes* ou *cryoprobes*, por exemplo). Além disso, para análises em fluxo (on-line ou *on-flow*), são necessários ajustes entre o tempo de aquisição do espectro e o tempo de eluição dos picos cromatográficos, o que interfere significativamente na razão sinal/ruído e na qualidade do espectro obtido. Ainda, o acoplamento CLAE-RMN, o qual é também conhecido como hifenação CLAE-RMN no modo on-line, requer a utilização de solventes deuterados na composição das fases móveis utilizadas nas separações cromatográficas, aumentando consideravelmente o custo. Ainda assim, mesmo com a utilização de tais solventes deuterados, existe a necessidade de se suprimirem sinais de prótons residuais do solvente, impactando também na perda de sinais de analitos localizados na mesma região de supressão (Elipe, 2003; Wolfender, 2009).

Recentemente, novas abordagens para a hifenação entre CLAE-RMN vêm sendo desenvolvidas, as quais, apesar de serem mais laboriosas e, com isso, requererem maior envolvimento do analista no preparo das amostras, permitem superar as desvantagens anteriormente descritas. Tais abordagens incluem o uso da técnica *at-line* (e não on-line), por meio da pré-concentração dos picos coletados em cartucho de extração em fase sólida (EFS-RMN ou *SPE-NMR*) ou pelo microfracionamento, seguido de secagem, dissolução em solvente deuterado e reinjeção usando uma sonda capilar de microfluxo (*microflow capillary HPLC-NMR probes* ou *Cap-NMR*) (Wolfender, 2009).

Apesar das dificuldades durante o desenvolvimento da técnica, que é relativamente recente, a hifenação CLAE-RMN é considerada um dos principais métodos universais de detecção, sendo bastante útil na obtenção de informações estruturais acerca de moléculas presentes em misturas complexas, pois alia um método de separação com um de detecção universal (RMN de $^1H$). De fato, o uso de CLAE-RMN possibilita a obtenção de dados espectroscópicos sem que haja a necessidade de que as inúmeras substâncias presentes num extrato de alta complexidade sejam isoladas e purificadas, desde que os picos correspondentes estejam suficientemente bem resolvidos cromatograficamente (Elipe, 2003; Wolfender, 2009).

Substâncias de origem natural com potencial inseticida têm sido objeto de diversos estudos relacionados as suas atividades biológicas e, consequentemente, sua caracterização estrutural. Por exemplo, as famílias botânicas Rutaceae e Meliaceae são reconhecidas por biossintetizarem limonoides, compostos altamente oxigenados com comprovada ação inseticida, fitotóxica e alelopática, dentre outras (Nebo et al., 2015). Diversos exemplos de estudos envolvendo o isolamento e a caracterização de limonoides podem ser encontrados na literatura. Severino et al. (2014) descreveram o isolamento e a caracterização de limonoides em extratos de *Hortia oreadica* Groppo, Kallunki & Pirani, *Hortia brasiliana* Vand. ex DC. e *Hortia superba* Ducke (todas Rutaceae). De forma semelhante, nos estudos de Schefer et al. (2006), 8 limonoides dos extratos de raízes de *Swietenia macrophylla* King (Meliaceae) foram caracterizados por CLAE-RMN, utilizando espectros mono e bidimensionais, tais como RMN de $^{1}H$, TOCSY, gHSQC e gHMBC, sem a necessidade da utilização de procedimentos de fracionamento e de isolamento convencionais. Além disso, considerando a importância taxonômica, ecológica e biológica de *S. macrophilla*, Pamplona et al. (2018) conduziram a caracterização de 8 novos limonoides a partir dos extratos hexânicos das folhas dessa espécie, os quais também apresentaram atividade larvicida contra *Hypsipyla grandella* (Zeller) (Lepidoptera: Pyralidae).

**Tabela 2.** Exemplos do uso de ressonância magnética nuclear (RMN) no estudo de metabólitos secundários com atividade inseticida, isolados a partir de derivados botânicos.

| Metabólitos secundários | Classes químicas | Espécies relacionadas | Referências |
|---|---|---|---|
| Anabasina | Alcaloide | *Anabasis aphylla* L., *Nicotiana glauca* Graham, *Nicotiana tabacum* L. e outras espécies de *Nicotiana* | Watson et al. (1990); Saloranta e Leino (2011) |
| Azadiractina | Limonoide | *Azadirachta indica* A. Juss. | Kraus et al. (1985); Kumar et al. (1996) |
| Nicotina | Alcaloide | *N. tabacum* | Leete (1977); Wigle et al. (1982) |
| Pipercida | Alcaloide | *Piper nigrum* L. | Miyakado et al. (1979) |
| Piretrinas I e II | Piretroide | *Tanacetum cinerariifolium* (Trevir.) Sch. Bip. | Rugutt et al. (1999); Matsuda et al. (2005) |
| Precocenos | Cromeno | *Ageratum houstonianum* Mill. e *Ageratum conyzoides* L. | González et al. (1991); Sharma e Sharma (1995); Adebayo et al. (2011) |
| Psoralenos | Furanocumarina | *Psoralea corylifolia* L. e outras espécies de Fabaceae | Miranda et al. (1994); Liu et al. (2004) |
| Rotenona | Isoflavona | *Derris elliptica* (Roxb.) Benth. | Abidi e Abidi (1983); Blasko et al. (1989) |
| Rianodina | Alcaloide | *Ryania speciosa* Vahl | Ruest e Dodier (1996) |

Além dos limonoides, outras classes de metabólitos secundários como os alcaloides, os piretroides, os psolarenos e os cromenos têm sido alvo de estudos químicos e biológicos devido ao seu potencial e comprovada atividade inseticida. Exemplos da significativa relevância do estudo e caracterização química de tais compostos podem ser verificados na Tabela 2, que evidencia a utilização da RMN na elucidação estrutural de metabólitos secundários de diversas classes químicas isolados a partir de diferentes espécies vegetais, com reconhecida atividade inseticida.

## 4.4. Espectrometria de massas

### 4.4.1. Espectrometria de massas e suas aplicações

A espectrometria de massas (EM) é uma técnica analítica amplamente empregada na elucidação estrutural de moléculas orgânicas obtidas a partir de fontes naturais, sendo, consequentemente, uma importante ferramenta utilizada na caracterização estrutural de inseticidas botânicos. Essa técnica é baseada na análise da razão massa/carga ($m/z$) e na abundância isotópica dos íons em fase gasosa.

A espectrometria de massas pode também fornecer valiosa informação estrutural que pode ser utilizada no processo de identificação da composição das amostras em análise, por meio de: 1) massa exata, o que leva a um número reduzido de possíveis fórmulas moleculares; 2) padrão isotópico, o que permite a identificação da presença de heteroátomos, como, por exemplo, a presença de átomos de cloro e bromo, na estrutura da substância investigada; e 3) padrão de fragmentação, o que fornece detalhes estruturais da substância (fragmentos de partes da estrutura química) em análise, especialmente com relação à presença de grupos funcionais. Mais especificamente, em fase gasosa alguns íons apresentam tempo de vida relativamente longo, o que permite o seu isolamento e fragmentação. Nesse processo, os íons são acelerados por um campo elétrico, enquanto a energia interna do íon aumenta por colisão com um gás inerte, e então essa energia é dissipada por meio de processos de fragmentação estrutural (rompimento de ligações químicas). Esse tipo de experimento em EM é conhecido como dissociação induzida por colisão - DIC (*CID - colision induced dissociation*) e é amplamente empregado em estudos de elucidação estrutural, especialmente no campo de pesquisa de produtos naturais (Bauermeister et al., 2016; Demarque et al., 2016; Amaral et al., 2017).

Um espectrômetro de massas é composto principalmente por uma fonte de ionização, a qual gera íons em fase gasosa; um analisador de massas, que separa os íons de acordo com suas razões $m/z$, e pode ter diferentes aplicações de acordo com o tipo de analisador empregado; e finalmente um detector, de modo que os íons detectados na forma de sinal elétrico são enviados para um computador onde são apresentados em forma de espectro de massas. Mais adiante serão descritos alguns espectrômetros de massas que possuem mais de um analisador acoplado, os quais são denominados de espectrômetros híbridos.

A história da EM começou com Rutherford, Thomson e Langevin, com seus experimentos e observações de condução de eletricidade nos gases (Langevin, 1903). No entanto, Joseph John Thomson, considerado o pai da EM, foi quem, em 1913, construiu o primeiro espectrômetro de massas por setor magnético (Thomson, 1911). No experimento de Thomson, os íons foram gerados por uma fonte de íons direcionados por um analisador de campo magnético e elétrico e registrados em chapas fotográficas (Griffiths, 2008).

Inicialmente, a EM foi aplicada para a análise apenas de pequenas moléculas termicamente estáveis e de baixa polaridade. Posteriormente, com o desenvolvimento de novas fontes de ionização, chamadas de ionização branda (*soft ionization*), tornou-se possível a análise de macromoléculas termicamente instáveis, como polímeros, peptídeos e proteínas, dentre outras. Dessa forma, a EM que antes era uma técnica aplicada apenas nos campos da física e química, passou a ser disseminada em outras áreas de pesquisa como farmacêutica, biológica e até na medicina. Atualmente, a EM avançou tanto que já pode ser empregada, por exemplo, em cirurgias de câncer de cérebro (Santagata et al., 2014); por geólogos para testar reservas de petróleos; em aeroportos para detectar vestígios de explosivos, além de diversas outras aplicações.

### 4.4.2. Fontes de ionização

Dentre as fontes de ionização mais comumente utilizadas em EM, podem ser citadas a ionização por elétrons (*EI, electron ionization*), a eletrospray (*ESI, electrospray ionization*) e a ionização e dessorção a laser assistida por matrix (*MALDI, matrix-assisted laser desorption/ionization*). No entanto, outras fontes de ionização com diferentes mecanismos de ionização foram criadas para EM, como, por exemplo: ionização química (*CI, chemical ionization*), ionização química à pressão atmosférica (*APCI, atmospheric pressure chemical ionization*), fotoionização à pressão atmosférica (*APPI, atmospheric pression photo-ionization*), dentre outras. A evolução de algumas técnicas de ionização à pressão ambiente como a dessorção de ionização por eletrospray (*DESI, desorption electrospray ionization*) e a ionização ambiente por spray sônico (*EASI, easy ambient sonic-spray ionization*), revolucionaram as análises por EM, pois permitiram a análise de amostras em ambiente aberto no laboratório, sem necessidade de muitas etapas de preparo de amostra.

A ionização por elétrons (*EI*) é historicamente conhecida como uma das primeiras fontes de ionização para estudo de moléculas em fase gasosa, de baixo peso molecular e baixa polaridade. Sendo assim, essa fonte é geralmente utilizada como detector nos equipamentos de cromatografia gasosa acoplada à espectrometria de massas (CG-EM). Em termos gerais, nessa técnica o íon é gerado pela colisão das moléculas da amostra com um fluxo de elétrons (geralmente utilizando um feixe de elétrons padrão de 70 eV) proveniente de um filamento de tungstênio aquecido, de modo que ocorra a retirada de um elétron da molécula, gerando um íon com excesso de energia interna e, consequentemente, o íon gerado dissipa energia gerando fragmentação extensiva de partes da molécula, as quais são utilizadas na caracterização estrutural. Pelo fato de a energia de fragmentação e os outros parâmetros de análise serem constantes, essa técnica resulta em espectros de massas reprodutíveis, permitindo a construção de uma biblioteca de espectros de massas que auxilia a rápida identificação das substâncias conhecidas, mesmo em amostras complexas. Consequentemente, a *EI* tornou-se uma técnica bastante popular entre pesquisadores de produtos naturais, ainda que seja bastante limitada, pois pode ser aplicada apenas para análise de moléculas de média e baixa polaridade e baixo peso molecular (~700 Da), voláteis e termoestáveis, ou seja, moléculas orgânicas relativamente pequenas. Além disso, devido à fragmentação extensiva produzida pela alta energia empregada, muitas vezes a informação de massa do íon molecular é perdida. Ainda assim, no entanto, a técnica é bastante empregada em estudos de produtos naturais, inclusive de plantas para descoberta de novos inseticidas (Khani e Asghari, 2012; Zhang et al., 2016; Spielmeyer et al., 2019).

A introdução da ionização por eletrospray (*ESI*) foi um grande avanço na área de EM para a análise de biomoléculas (Fenn et al., 1989). Atualmente, a *ESI* é a fonte de ionização mais empregada em diversos laboratórios em todo mundo, principalmente pela facilidade de acoplamento com o CLAE (*HPLC*), além de ser facilmente combinada com diversos tipos de analisadores de massas. Nessa fonte de ionização, a amostra passa por um capilar com diferença de potencial onde um spray é gerado. A alta voltagem faz com que ocorra um acúmulo de íons carregados positiva ou negativamente dentro das gotículas de solvente orgânico. Um gás inerte contracorrente ajuda a evaporar o solvente, secando a gota até o ponto em que a energia de repulsão entre íons se torne maior que a energia da superfície da gota, ocorrendo então, a explosão coulômbica, o que finalmente, leva os íons para a fase gasosa. Em seguida, esses íons são atraídos por um campo magnético, dentro do espectrômetro de massas. Por ser uma fonte de ionização branda, ela permite a geração dos íons de forma intacta e sem fragmentação, o que facilita a obtenção da massa molecular das substâncias de interesse. Essa fonte pode operar em dois modos diferentes de ionização (positivo e negativo), dependendo das características químicas dos compostos (acidez e basicidade). No modo de ionização positiva (compostos básicos), as moléculas podem estar protonadas formando os íons $[M+H]^+$ ou na forma de adutos com cátions $[M+Na]^+$,

$[M+NH_4]^+$ e $[M+K]^+$, enquanto que no modo negativo (compostos ácidos) as moléculas sofrem desprotonação de sítios ácidos formando os íons $[M-H]^-$ ou complexos com íons carregados negativamente, como $Cl^-$ $[M+Cl]^-$.

A fonte de ionização *MALDI* (Karas e Hillenkamp, 1988) é amplamente utilizada para análise de peptídeos e proteínas, mas nos últimos anos essa técnica tem sido também muito empregada para mapear pequenas moléculas em tecidos biológicos e reconstruir a imagem com a distribuição espacial da molécula estudada em uma matriz de interesse. Para análise com *MALDI*, a amostra é dissolvida em um solvente que contém outro sólido dissolvido, a matriz. A evaporação do solvente produz idealmente uma solução sólida da amostra na matriz. Essa solução sólida, sob vácuo, é atingida por um pulso de um feixe de laser, cujo comprimento de onda corresponde a uma banda de absorção da matriz. A energia é então transferida da matriz para a amostra, o que faz gerar os íons e transferi-los para a fase gasosa. Nesse caso, os íons geralmente são gerados com uma única carga, ou com poucas cargas.

### 4.4.3. Analisadores de massas

Após a geração dos íons na fonte de ionização, os mesmos serão analisados no analisador de massas. A análise depende do objetivo do estudo, o qual pode ser a obtenção de um valor de massas em alta/baixa-resolução, ou fragmentação, ou apenas a seleção/separação de um ou mais íons específicos. Existem diversos analisadores de massas comercialmente disponíveis, os quais podem se diferenciar de acordo com os seguintes parâmetros: tamanho, preço, poder de resolução, faixa de massas capaz de analisar e fragmentação. A seguir, será feita uma breve descrição dos analisadores mais comumente utilizados para estudos de produtos naturais, inclusive inseticidas.

Os analisadores de massas do tipo quadrupolo e iontrap são baseados na estabilidade da trajetória dos íons sob influência de potencial elétrico (DC) e de rádio frequência (RF) e, por isso, funcionam como um filtro de íons. Os analisadores do tipo quadrupolo são compostos de 4 cilindros metálicos paralelos nos quais as tensões de DC e RF podem ser aplicadas em combinação. Os íons são acelerados de acordo com a combinação das voltagens aplicadas; no entanto, aqueles que não se 'enquadram' nessas voltagens, de acordo com massa e carga, irão colidir com os cilindros e, consequentemente, não serão detectados. Dessa forma, esses analisadores funcionam como um filtro e só permitem a análise de íons específicos. Esses tipos de analisadores são menores e geralmente de menor custo, de baixa resolução (resolução unitária) e operam com menor faixa de massas (até 2000 Da). Particularmente, o iontrap é muito empregado nos estudos de fragmentação, uma vez que é possível selecionar o fragmento de um íon precursor e fragmentá-lo novamente por até 12 vezes ($MS_n$), teoricamente. Esse tipo de abordagem é muito interessante para a identificação de substâncias em misturas complexas, por estudo da fragmentação da molécula investigada. O quadrupolo sozinho não é capaz de fragmentar íons e somente o faz quando em conjunto com outros analisadores em sequência, como, por exemplo, um triplo-quadrupolo. O triplo-quadrupolo (QqQ) é formado pela união de 3 quadrupolos: os dois das extremidades (Q1 e Q3) são analisadores, enquanto que o do meio (q2) é uma câmara de colisão. Esse analisador é amplamente aplicado em estudos de quantificação devido a sua alta sensibilidade, podendo detectar metabólitos na escala de fentomol. Esse tipo de construção permite diferentes tipos de análises do tipo tandem-EM, o que será discutido com maior detalhamento mais à frente neste capítulo.

O princípio básico de funcionamento do analisador por tempo de voo (TOF, *time of flight*) baseia-se na dispersão no tempo de íons de diferentes *m/z*, os quais chegam ao detector em tempos diferentes. Esse processo ocorre em um tubo com comprimento de aproximadamente 1 m operando em alto-vácuo, e devido à ionização pulsada (~0,25 a 1 ms) os íons são acelerados pela aplicação de uma voltagem (~1 a 10 KV), adquirindo velocidades proporcionais as suas *m/z*. Devido ao rápido deslocamento dos íons e à pequena diferença de tempo de chegada ao detector, foi necessário o desenvolvimento de alta tecnologia dos detectores para permitir a aquisição de forma rápida, eficiente e com aumento da resolução. Existem dois tipos principais de TOF, os lineares e os *reflectors* (espelhos eletrostáticos). O TOF linear gera espectros de baixa resolução, enquanto que o *reflector* apresenta uma série de grades ou eletrodos, onde se aplica um potencial repulsivo crescente que irá refletir os íons, aumentando seu percurso, corrigindo pequenas diferenças de energia cinética e gerando, assim, espectros de alta resolução. Esse analisador por si só não realiza experimentos de íons produtos, mas permite que seja acoplado a outros analisadores que irão permitir a análise por EM/EM, como o quadrupolo-tempo de voo (QqTOF), sendo este amplamente empregado em estudo de metabolômica.

Outro analisador de alta resolução é o orbitrap, o qual é baseado em novas técnicas de potencial eletrostático, sendo considerado um dos mais novos analisadores de massas e também um dos mais caros. Nesse equipamento, os íons são injetados por uma das extremidades e ficam oscilando em torno de um eletrodo central. Essas oscilações induzem uma amplificação da corrente, que é convertida em frequência e intensidade por aplicação da transformada de Fourier, e então convertida em valores de *m/z* para gerar o espectro de massas. Para obtenção de alta resolução, os íons devem ter um movimento coerente, sendo necessário que o equipamento esteja em alto-vácuo.

### 4.4.4. Tandem-EM

O termo tandem é muito utilizado na espectrometria de massas para designar os instrumentos híbridos que utilizam analisadores de massas em sequência, os quais contêm uma câmara de colisão, sendo possível, nesse caso, a realização de experimentos denominados de EM/EM (*MS/MS*). Há duas categorias de instrumentos que permitem experimentos de EM/EM, os chamados instrumentos que operam em tandem no espaço (*tandem-in-space*) e no tempo (*tandem-in-time*). No primeiro tipo de equipamento, o processo total de fragmentação ocorre em diferentes câmaras, ou seja, em diferentes posições no espaço; primeiramente ocorre o isolamento do íon precursor em uma câmara, seguido da dissociação do mesmo íon na câmara seguinte também chamada de câmara de colisão, seguido de posterior análise dos íons produtos em uma terceira câmara. Os equipamentos capazes de efetuar esse procedimento são os espectrômetros de massas QqQ e os híbridos quadrupolo-tempo de voo (Qq-TOF) e tempo de voo-tempo de voo (TOF-TOF). No segundo tipo de equipamento o processo todo ocorre em uma única câmara, e portanto, além de experimentos de EM/EM (*MS/MS*), é possível a realização de experimentos de $EM_n$ ($MS^n$), em que os eventos ocorrem na mesma posição no espaço, mas em diferentes tempos. Os instrumentos utilizados para esses experimentos são os espectrômetros de massas quadrupolo *ion trap* (QIT), orbitrap e de ressonância ciclotrônica de íons com transformada de Fourier (FT-ICR). Sendo assim, esses experimentos de tandem no espaço e tandem no tempo fornecem informações importantes sobre os caminhos de fragmentação que leva à identificação estrutural de um produto natural ou de outro composto de interesse.

Particularmente, o QqQ é capaz de fazer alguns outros tipos de aquisição em tandem-EM mais específicos e direcionados à análise de compostos alvo em matrizes biológicas, como, por exemplo, aquisição no modo de monitoramento de reações múltiplas (*MRM, multiple reaction monitoring*). Dependendo das características dos íons analisados, é possível empregar diferentes métodos de *MRM* para melhor detecção dos mesmos. A configuração desse equipamento nesse modo de aquisição permite que o espectrômetro de massas seja o mais sensível e seletivo. Essas características credenciam o QqQ como o método de escolha mais empregado em avaliações de quantificação, como, por exemplo, estudos com inseticidas e herbicidas em amostras alimentícias, análise essa amplamente empregada no controle de qualidade dos alimentos. Os diferentes modos de aquisição do QqQ são: a) *full scan*, que é um tipo de varredura em que o analisador de massas detecta todos os íons dentro de uma faixa de massas definida pelo usuário (até 2000 Da); b) monitoramento seletivo de íons (*SIM, single ions monitoring*), no qual apenas um íon ou um pequeno conjunto de íons de interesse são monitorados em uma amostra, enquanto os demais íons não são detectados; c) íons produtos ou filhas (*product or daughter ions*), quando um íon precursor específico é selecionado no primeiro quadrupolo, sendo, em seguida, o íon submetido a colisões com as moléculas de um gás inerte (Ar ou $N_2$) na câmara de colisão (segundo quadrupolo) fazendo-o fragmentar-se e produzir íons produtos que serão analisados no terceiro quadrupolo; d) monitoramento de reações múltiplas (MRM), que monitora a corrente de íons associada com a transição *m/z* de um íon precursor → íon produto específico do analito de interesse. Nesse caso, há simultaneamente a seleção do íon precursor no primeiro quadrupolo e do seu respectivo íon produto no terceiro quadrupolo, ambos previamente definidos pelo usuário, aumentando a sensibilidade e a seletividade analítica nas análises de quantificação; e) íons precursores (*precursor ions*), em que o íon produto é selecionado no terceiro quadrupolo, enquanto que no primeiro quadrupolo há varredura das massas dos íons precursores que deram origem ao íon produto. Essa técnica é geralmente utilizada para detectar compostos pertencentes à mesma classe química; e f) perda neutra (*neutral loss*), em que há varredura no primeiro e no terceiro quadrupolo em uma mesma taxa com uma diferença de *m/z* fixada entre eles. Essa técnica permite detectar compostos que compartilham alguma característica estrutural comum.

## 5. Abordagens recentes

### 5.1. Metabolômica

Metabolômica é um termo empregado para estudo do conteúdo metabólico de um organismo e/ou parte dele em um determinado momento e em uma determinada condição (Rochfort, 2005). O metabolismo celular, seja ele de um microrganismo, planta ou animal, está constantemente sujeito a alterações; por isso, em um estudo de metabolômica, é importante que se deixem bem definidas as condições do meio em que o organismo estava vivendo, bem como as condições de coleta, preparo e análise das amostras. Dentro desse contexto, a aplicação de ferramentas metabolômicas pode ser de grande valia para a identificação de compostos, entre os quais se incluem inseticidas obtidos a partir de derivados botânicos, pois permite o estudo de substâncias em misturas complexas sem necessidade de isolamento.

O principal objetivo de um estudo de metabolômica é investigar o maior número possível de metabólitos, incluindo aqueles em baixa concentração. Por isso, o planejamento experimental é indispensável, pois, as características físico-químicas, como solubilidade e polaridade dos metabólitos podem ser completamente diferentes dependendo do tipo de amostra. Além disso, a escolha de um solvente mais abrangente irá garantir a extração de um maior número de metabólitos e, assim, ter uma maior representatividade metabólica da amostra (Pilon et al., 2016). No caso de derivados botânicos, a escolha do solvente extrator dependerá também da parte da planta objeto de estudo, como raízes, caule, folhas, flores ou frutos.

Sendo assim, não só a escolha do solvente é importante, mas também a escolha do método de análise, o que, consequentemente, torna tais escolhas relacionadas. Por exemplo, se a amostra é composta por metabólitos mais apolares, ou se o objetivo for estudar os metabólitos mais apolares, como, por exemplo, os terpenos, que são conhecidos por ampla aplicação como inseticidas, então o ideal é usar um método de extração para substâncias mais apolares, e consequentemente, selecionar um método de análise para substâncias com tais características. De forma geral, como método de análise, é necessário se pensar em uma ferramenta analítica de detecção, sendo a espectrometria de massas e a ressonância magnética nuclear as mais amplamente empregadas. Não menos importante, porém menos utilizados, são o UV-Vis e o IV. Essas técnicas de detecção podem ser usadas para análise direta da amostra para obtenção de um perfil metabólico, porém, essa abordagem acaba muitas vezes perdendo informações da amostra, principalmente com relação aos metabólitos em menor concentração. Por isso, em estudos de metabolômica, essas técnicas são geralmente acopladas com algum sistema cromatográfico, permitindo assim a análise muito mais minuciosa e detalhada da amostra, principalmente em amostras complexas, como extratos de origem vegetal.

A sensibilidade do método de detecção é outro fator importante que deve ser discutido, já que quanto maior a sensibilidade do equipamento, maior o número de informações que poderão ser obtidas da amostra. Por isso, a escolha do equipamento a ser utilizado em um estudo de metabolômica é um ponto muito importante que deve ser detalhadamente analisado de acordo com o objetivo do estudo e as características da amostra. Muitas vezes, as plantas produzem metabólitos para autodefesa contra insetos, mas nem sempre esses metabólitos são majoritários no extrato, razão pela qual a sensibilidade no processo de investigação da composição química torna-se ainda mais importante.

Recentes avanços tecnológicos, principalmente para as técnicas de EM e de RMN, têm permitido a aquisição de um número cada vez maior de dados/espectros. Para estudos de metabolômica, quanto maior o número de dados, melhor; porém, a análise manual dos dados se torna cada vez mais complexa. Por isso, a demanda por softwares de tratamento e análise de grande número de espectros tem se tornado cada vez maior. Várias ferramentas têm sido desenvolvidas e/ou melhoradas, mas ainda há uma demanda muito grande por avanços nessa área de pesquisa (Brunetti et al., 2018).

Recentemente, pesquisadores americanos juntamente com o apoio de pesquisadores de diferentes lugares do mundo, incluindo o grupo de pesquisa brasileiro NPPNS (Núcleo de Produtos Naturais e Sintéticos), liderado pelo professor Dr. Norberto Peporine Lopes, criaram uma plataforma pública de espectros de espectrometria de massas chamado GNPS (*Global Social Natural Products Molecular Networking*) (Wang et al., 2016). Essa plataforma é baseada em espectros de fragmentação, os quais são agrupados em redes moleculares por similaridade espectral, uma vez que substâncias químicas similares geralmente apresentam o mesmo perfil de fragmentação. Além disso, essa plataforma é composta por uma biblioteca de espectros de fragmentação de substâncias conhecidas, que podem ser automaticamente correlacionadas com os espectros a serem analisados, no intuito de acelerar a identificação de substâncias conhecidas dentro de um conjunto de dados (Bauermeister et al., 2018; 2019; Soares et al., 2019). Uma atualização no GNPS, em 2017, passou a permitir a identificação não mais apenas das substâncias conhecidas depositadas no banco de espectros, mas também, a identificação de classes químicas por meio de similaridade de perfil espectral; em outras palavras, mesmo que a amostra em análise não tenha exatamente a mesma substância do banco de dados, a classe poderá ser detectada desde que a amostra contenha uma outra substância de mesma classe química.

Sendo assim, a utilização da ferramenta *Molecular Networking* da plataforma GNPS pode ser de grande vantagem para identificação de novas substâncias inseticidas em extratos botânicos. No entanto, apesar de essa ferramenta já estar sendo amplamente utilizada, ela ainda precisa ser melhorada. Como existem vários tipos diferentes de espectrômetros de massas, fontes de ionização, analisadores e ainda diferentes marcas/fabricantes, há ainda uma grande diferença entre os parâmetros de análises utilizados em diferentes equipamentos para os quais os espectros de massas são adquiridos, mesmo que para uma mesma substância, já que essas diferenças nem sempre podem ser normalizadas a ponto de permitir a comparação entre os espectros de massas. Por isso, a identificação de substâncias conhecidas ainda está condicionada à qualidade do espectro depositado no banco de dados de espectros de massas e também do tipo de equipamento no qual o espectro foi adquirido.

De forma geral, o uso dessas ferramentas na identificação das substâncias componentes de um extrato botânico é uma excelente estratégia para evitar o isolamento de substâncias que não são de interesse e, assim, evitar o desperdício de tempo e investimento com reagentes e equipamentos. Assim, é nesse contexto que a biblioteca espectral do GNPS se torna uma excelente ferramenta, já que, além de pública, ou seja, de livre acesso, ela ainda disponibiliza os espectros de fragmentação, dados que dificilmente são encontrados em outros bancos de dados, ou até mesmo em artigos científicos. Existem outros bancos de dados de substâncias químicas que podem ser utilizados para a identificação de substâncias conhecidas, porém nenhum deles é completo e/ou apresentam as informações necessárias, o que torna, na maioria das vezes, necessária a busca em mais de um banco de dados. Outro banco de dados amplamente utilizado, porém, não de livre acesso, é o *Dictionary of Natural Products* (*DNP*). Esse banco de dados é um dos mais completos, onde é possível encontrar dados de substâncias que já foram isoladas, como o nome técnico, a massa exata da substância, a estrutura química, a fonte biológica, e a referência de onde está publicada, dentre outros.

Quando se fala em metabolômica, é impossível não pensar nas ferramentas estatísticas para análise, uma vez que se obtém um grande conjunto de dados e, nesse caso, é essencial uma avaliação estatística dos dados para validação do estudo. Para isso, existem análises estatísticas multivariadas não supervisionadas e supervisionadas. Dentre as análises não supervisionadas, podem ser citadas a Análise de Agrupamento Hierárquico (*HCA - hierarchical clustering analysis*) e a Análise de Componentes Principais (*PCA - principal component analysis*). Ambas são empregadas para observação de tendências de agrupamento nas amostras, como uma classificação das amostras em diferentes grupos. Esse tipo de análise é amplamente empregado para avaliação da similaridade de perfil metabólico. No caso das análises multivariadas supervisionadas, geralmente é adicionada alguma informação ou característica já conhecida sobre as amostras, com o intuito de direcionar o agrupamento. Esse tipo de procedimento é muito empregado quando se tem atividade biológica relacionada; nesse caso, pode ser mencionada a atividade inseticida, de modo que é possível determinar quais são os metabólitos dentro de um extrato bruto que podem ser os responsáveis pela atividade observada e, assim, direcionar o seu isolamento e caracterização estrutural.

Tendo em vista o que foi apresentado, pode se dizer que as ferramentas metabolômicas disponíveis podem ser amplamente exploradas e empregadas com sucesso em estudos que envolvem a investigação de grande número de amostras de origem botânica para a descoberta e identificação de novos extratos ou substâncias inseticidas, de forma mais rápida e eficiente.

## 5.2. Cartografia molecular

Cartografia é o termo usado para fazer mapas, o qual apresenta a posição espacial de objetos em um determinado espaço. Nesse contexto, o termo "cartografia molecular" foi criado para representar a distribuição de moléculas químicas na superfície de um ambiente biológico (Protsyuk et al., 2018). O desenvolvimento de imagens em 3D tem crescido muito recentemente, especialmente devido à criação de novos jogos virtuais. Sendo assim, o grupo de pesquisa liderado pelo professor Dr. Pieter Dorrestein, da Universidade da Califórnia - San Diego (UCSD), Estados Unidos da América, integrou essa tecnologia com a química para investigar a distribuição molecular em superfícies. Esse método inclui a digitalização 3D da superfície em estudo, dissecação da amostra biológica (em alguns casos), análise das amostras por CLAE-EM para detecção dos metabólitos e, por fim, organização desses dados por métodos computacionais para construir um modelo de visualização em 3D dos dados químicos. Dessa forma, pode se dizer que esse processo é o mesmo que visualizar as substâncias químicas e sua distribuição diretamente na amostra em sua forma original, o que facilita a interpretação dos dados e a criação das melhores hipóteses.

Inicialmente, a cartografia molecular foi empregada para investigação da superfície da pele humana (Bouslimani et al., 2015), o que revelou que a composição da pele apresenta diversos perfis de distribuição química e que a composição é definida não apenas pelas células da pele e microrganismos presentes, mas também por nossa rotina, incluindo a aplicação de produtos de higiene pessoal. Depois disso, o grupo de pesquisa aplicou a mesma abordagem para construir a imagem 3D de plantas, mapeando assim os metabólitos de plantas de pimenta (*Capsicum annuum* L.) e de tomate (*Solanum lycopersicum* L.), ambas Solanaceae, formando uma base para estudos de metabolismo e também de interações de plantas com o meio ambiente (Floros et al., 2017). Assim, pode-se começar a pensar na aplicação dessa abordagem para estudos de interação inseto-planta com o intuito de compreender melhor suas relações e, assim, contribuir para o desenvolvimento de inseticidas mais eficientes e menos prejudiciais ao ambiente.

## 6. Considerações finais

Diversos métodos de caracterização e identificação de compostos inseticidas oriundos de derivados botânicos têm sido desenvolvidos visando à obtenção de novas alternativas para o controle de insetos-praga. Espécies vegetais são consideradas promissoras fontes de substâncias e podem apresentar um amplo espectro de atividades contra insetos. Contudo, para uma exploração racional e adequada das fontes botânicas como fornecedoras de produtos que possam auxiliar no controle de insetos na agricultura, diversos procedimentos devem ser empregados, buscando caracterizar e identificar quais analitos possuem efetiva atividade inseticida. Desse modo, plantas de interesse devem passar por um criterioso processo de seleção, autenticação, caracterização do perfil químico e reconhecimento das suas atividades inseticidas, empregando técnicas de coleta e identificação botânica, extração e separação dos metabólitos por técnicas cromatográficas e, finalmente, a elucidação estrutural dos compostos químicos com as técnicas espectroscópicas, tais como, UV-Vis, ressonância magnética nuclear e espectrometria de massas, entre outras.

Salienta-se, ainda, que o desenvolvimento tecnológico continua contribuindo para o avanço do conhecimento, com o auxílio da combinação de técnicas como CLAE/CLUE-UV, CLAE/CLUE-EM, CLAE/CLUE-RMN, CG-DIC e CG-EM, bem como, com o emprego de novas abordagens, a exemplo da metabolômica e da cartografia molecular. Assim, os métodos de caracterização e identificação de substâncias inseticidas de origem botânica abordados neste capítulo indicam a versatilidade dos recursos tecnológicos que podem ser empregados na busca de compostos de espécies vegetais para essa finalidade em específico, além de outras de interesse.

# Referências bibliográficas


Abidi, S.; Abidi, M. 1983. $^{13}C$ NMR spectral characterization of epimeric rotenone and some related tetrahydrobenzopyranofurobenzopyranones. Journal of Heterocyclic Chemistry 20: 1687-1692.

Adebayo, A.H.; Ji, C.J.; Zhang, Y.M.; He, W.J.; Zeng, G.Z.; Han, H.J.; Xu, J.J.; Akindahunsi, A.A.; Tan, N.H. 2011. A new chromene isolated from ***Ageratum conyzoides***. Natural Product Communications 6: 1263-1265.

Aguiar-Menezes, E.L. 2005. Inseticidas botânicos: Seus princípios ativos, modo de ação e uso agrícola. Embrapa Agrobiologia, Seropédica, Rio de Janeiro, RJ, Brasil.

Amaral, J.G.; Bauermeister, A.; Pilon, A.C.; Gouvea, D.R.; Sakamoto, H.T.; Gobbo-Neto, L.; Lopes, J.L.C.; Lopes, N.P. 2017. Fragmentation pathway and structural characterization of new glycosylated phenolic derivatives from ***Eremanthus glomerulatus*** Less (Asteraceae) by electrospray ionization tandem mass spectrometry. Journal of Mass Spectrometry 52: 783-787.

Aydin, T.; Cakir, A.; Kazaz, C.; Bayrak, N.; Bayir, Y.; Taskesenligil, Y. 2014. Insecticidal metabolites from the rhizomes of ***Veratrum album*** against adults of colorado potato beetle, ***Leptinotarsa decemlineata***. Chemistry & Biodiversity 11: 1192-1204.

Bauermeister, A.; Pereira, F.; Grilo, I.R.; Godinho, C.C.; Paulino, M.; Almeida, V.; Gobbo-Neto, L.; Prieto-Davo, A.; Sobral, R.G.; Lopes, N.P.; Gaudencio, S.P. 2019. Intra-clade metabolomic profiling of MAR4 ***Streptomyces*** from the Macaronesia Atlantic region reveals a source of anti-biofilm metabolites. Environmental Microbiology 21: 1099-1112.

Bauermeister, A.; Velasco-Alzate, K.; Dias, T.; Macedo, H.; Ferreira, E.G.; Jimenez, P.C.; Lotufo, T.M.C.; Lopes, N.P.; Gaudencio, S.P.; Costa-Lotufo, L.V. 2018. Metabolomic fingerprinting of ***Salinispora*** from Atlantic oceanic islands. Frontiers in Microbiology 9: e3021.

Bauermeister, A.; Zucchi, T.D.; Moraes, L.A.B. 2016. Mass spectrometric approaches for the identification of anthracycline analogs produced by actinobacteria. Journal of Mass Spectrometry 51: 437-445.

Belmain, S.R.; Neal, G.E.; Ray, D.E.; Golob, P. 2001. Insecticidal and vertebrate toxicity associated with ethnobotanicals used as post-harvest protectants in Ghana. Food and Chemical Toxicology 39: 287-291.

Blasko, G.; Shieh, H.L.; Pezzuto, J.M.; Cordell, G.A. 1989. $^{13}C$-NMR spectral assignment and evaluation of the cytotoxic potential of rotenone. Journal of Natural Products 52: 1363-1366.

Bouslimani, A.; Porto, C.; Rath, C.M.; Wang, M.X.; Guo, Y.R.; González, A.; Berg-Lyon, D.; Ackermann, G.; Christensen, G.J.M.; Nakatsuji, T.; Zhang, L.J.; Borkowski, A.W.; Meehan, M.J.; Dorrestein, K.; Gallo, R.L.; Bandeira, N.; Knight, R.; Alexandrov, T.; Dorrestein, P.C. 2015. Molecular cartography of the human skin surface in 3D. Proceedings of the National Academy of Sciences of the United States of America 112: E2120-E2129.

Bright, A.; Ratcliffe, R. 1990. Applications of NMR in the analysis of agrochemicals and pesticides. p.139-203. ***In***: Annual reports on NMR spectroscopy. Elsevier, Amsterdam, The Netherlands.

Brunetti, A.E.; Carnevale Neto, F.; Vera, M.C.; Taboada, C.; Pavarini, D.P.; Bauermeister, A.; Lopes, N.P. 2018. An integrative omics perspective for the analysis of chemical signals in ecological interactions. Chemical Society Reviews 47: 1574-1591.

Bucar, F.; Wube, A.; Schmid, M. 2013. Natural product isolation - How to get from biological material to pure compounds. Natural Product Reports 30: 525-545.

Carnevale Neto, F.; Pilon, A.C.; Selegato, D.M.; Freire, R.T.; Gu, H.W.; Raftery, D.; Lopes, N.P.; Castro-Gamboa, I. 2016. Dereplication of natural products using GC-TOF mass spectrometry: Improved metabolite identification by spectral deconvolution ratio analysis. Frontiers in Molecular Biosciences 3: e59.

Carrilho, E.; Tavares, M.C.H.; Lanças, F.M. 2001. Fluidos supercríticos em química analítica. I. Cromatografia com fluido supercrítico: Conceitos termodinâmicos. Química Nova 24: 509-515.

Collins, C.H. 2010. O desenvolvimento da cromatografia em camada delgada. Science Chromatographica 2: 5-12.

Collins, C.H.; Braga, G.L.; Bonato, P.S. 2006. Fundamentos de cromatografia. Editora da Unicamp, Campinas, SP, Brasil.

Creed, C.; Mollhagen, A.; Mollhagen, N.; Pszczolkowski, M.A. 2015. ***Artemisia arborescens*** "Powis Castle" extracts and α-thujone prevent fruit infestation by codling moth neonates. Pharmaceutical Biology 53: 1458-1464.

Crevelin, E.J.; Caixeta, S.C.; Dias, H.; Groppo, M.; Cunha, W.R.; Martins, C.H.G.; Crotti, A.E.M. 2015. Antimicrobial activity of the essential oil of ***Plectranthus neochilus*** against cariogenic bacteria. Evidence-Based Complementary and Alternative Medicine 2015: 1-6.

Crevelin, E.J.; Crotti, A.E.M.; Zucchi, T.D.; Melo, I.S.; Moraes, L.A.B. 2014. Dereplication of ***Streptomyces*** sp. AMC 23 polyether ionophore antibiotics by accurate-mass electrospray tandem mass spectrometry. Journal of Mass Spectrometry 49: 1117-1126.

Degani, A.L.G.; Cass, Q.B.; Vieira, P.C. 1998. Cromatografia: Um breve ensaio. Química Nova na Escola 7: 21-25.

Demarque, D.P.; Crotti, A.E.M.; Vessecchi, R.; Lopes, J.L.C.; Lopes, N.P. 2016. Fragmentation reactions using electrospray ionization mass spectrometry: An important tool for the structural elucidation and characterization of synthetic and natural products. Natural Product Reports 33: 432-455.

Dunn, W.B.; Broadhurst, D.I.; Atherton, H.J.; Goodacre, R.; Griffin, J.L. 2011. Systems level studies of mammalian metabolomes: The roles of mass spectrometry and nuclear magnetic resonance spectroscopy. Chemical Society Reviews 40: 387-426.

Edison, A.S.; Schroeder, F.C. 2010. NMR - Small molecules and analysis of complex mixtures. p.169-196. ***In***: Mander, L.; Liu, H.W., eds. Comprehensive natural products II: Chemistry and biology. Elsevier, Oxford, England.

Eisath, N.G.; Sturm, S.; Stuppner, H. 2018. Supercritical fluid chromatography in natural product analysis - An update. Planta Medica 84: 361-371.

El-Saeid, M.H.; Khan, H.A. 2015. Determination of pyrethroid insecticides in crude and canned vegetable samples by supercritical fluid chromatography. International Journal of Food Properties 18: 1119-1127.

Elipe, M.V.S. 2003. Advantages and disadvantages of nuclear magnetic resonance spectroscopy as a hyphenated technique. Analytica Chimica Acta 497: 1-25.

Erenler, R.; Demirtas, I.; Karan, T.; Gul, F.; Kayir, O.; Karakoc, O.C. 2018. Chemical constituents, quantitative analysis and insecticidal activities of plant extract and essential oil from ***Origanum onites*** L. Trends in Phytochemical Research 2: 91-96.

Falkenberg, M.B.; Santos, R.I.; Simões, C.M.O. 1999. Introdução à análise fitoquímica. p.230-245. ***In***: Simões, C.M.O.; Schenkel, E.P.; Gosmann, G.; Mello, J.C.P.; Mentz, L.A.; Petrovick, P.R., eds. Farmacognosia da planta ao medicamento. UFRGS e UFSC, Porto Alegre, RS e Florianópolis, SC, Brasil.

Fenn, J.B.; Mann, M.; Meng, C.K.; Wong, S.F.; Whitehouse, C.M. 1989. Electrospray ionization for mass-spectrometry of large biomolecules. Science 246: 64-71.

Floros, D.J.; Petras, D.; Kapono, C.A.; Melnik, A.V.; Ling, T.J.; Knight, R.; Dorrestein, P.C. 2017. Mass spectrometry based molecular 3D-cartography of plant metabolites. Frontiers in Plant Science 8: e429.

Forim, M.R.; Matos, A.P.; Silva, M.F.G.F.; Cass, Q.B.; Vieira, P.C.; Fernandes, J.B. 2010. Uso de CLAE no controle de qualidade em produtos comerciais de nim: Reprodutibilidade da ação inseticida. Química Nova 33: 1082-1087.

Fu, Y.W.; Luo, J.Y.; Qin, J.A.; Yang, M.H. 2019. Screening techniques for the identification of bioactive compounds in natural products. Journal of Pharmaceutical and Biomedical Analysis 168: 189-200.

Gaudencio, S.P.; Pereira, F. 2015. Dereplication: Racing to speed up the natural products discovery process. Natural Product Reports 32: 779-810.

Gobbo-Neto, L.; Lopes, N.P. 2007. Plantas medicinais: Fatores de influência no conteúdo de metabólitos secundários. Química Nova 30: 374-381.

Gonzalez-Coloma, A.; Reina, M.; Diaz, C.E.; Fraga, B.M.; Santana-Meridas, O. 2013. Natural product-based biopesticides for insect control. p.237-268. ***In***: Molecular Sciences and Chemical Engineering, Elsevier, New York, USA.

González, A.G.; Aguiar, Z.E.; Grillo, T.A.; Luis, J.G.; Rivera, A.; Calle, J. 1991. Chromenes from ***Ageratum conyzoides***. Phytochemistry 30: 1137-1139.

Griffiths, J. 2008. A brief history of mass spectrometry. Analytical Chemistry 80: 5678-5683.

Griffiths, L. 1995. Optimization of NMR and HPLC conditions for LC-NMR. Analytical Chemistry 67: 4091-4095.

Hu, R.L.; Pan, Y.J. 2012. Recent trends in counter-current chromatography. Trac-Trends in Analytical Chemistry 40: 15-27.

Ibanez, S.; Gallet, C.; Despres, L. 2012. Plant insecticidal toxins in ecological networks. Toxins 4: 228-243.

Ibekwe, N.N.; Ameh, S.J. 2015. Hyphenated techniques in liquid chromatography as current trends in natural products analysis. International Research Journal of Pure and Applied Chemistry 7: 132-149.

Isman, M.B.; Grieneisen, M.L. 2014. Botanical insecticide research: Many publications, limited useful data. Trends in Plant Science 19: 140-145.

Jacobsen, E.W.; Nordling, T.E.M. 2016. Robust target identification for drug discovery. IFAC-PapersOnLine 49: 815-820.

Karas, M.; Hillenkamp, F. 1988. Laser desorption ionization of proteins with molecular masses exceeding 10000 daltons. Analytical Chemistry 60: 2299-2301.

Khani, A.; Asghari, J. 2012. Insecticide activity of essential oils of ***Mentha longifolia***, ***Pulicaria gnaphalodes*** and ***Achillea wilhelmsii*** against two stored product pests, the flour beetle, ***Tribolium castaneum***, and the cowpea weevil, ***Callosobruchus maculatus***. Journal of Insect Science 12: 73.

Korhammer, S.A.; Bernreuther, A. 1996. Hyphenation of high-performance liquid chromatography (HPLC) and other chromatographic techniques (SFC, GPC, GC, CE) with nuclear magnetic resonance (NMR): A review. Fresenius Journal of Analytical Chemistry 354: 131-135.

Kraus, W.; Bokel, M.; Klenk, A.; Pohnl, H. 1985. The structure of azadirachtin and 22,23-dihydro-23-beta-methoxyazadirachtin. Tetrahedron Letters 26: 6435-6438.

Kumar, C.S.S.R.; Srinivas, M.; Yakkundi, S. 1996. Limonoids from the seeds of ***Azadirachta indica***. Phytochemistry 43: 451-455.

Lanças, F.M. 2010. Cromatografia líquida com interação hidrofílica (HILIC). Scientia Chromatographica 2: 49-57.

Langevin, P. 1903. The ionisation of gases. Annales de Chimie et de Physique 28: 289-384.

Leete, E. 1977. The incorporation of [5, 6-13C2] nicotinic acid into the tobacco alkaloids examined by the use of $^{13}C$ nuclear magnetic resonance. Bioorganic Chemistry 6: 273-286.

Leitão, G.G. 2005. Use of countercurrent chromatography for the preparation of standard compounds from plants. Revista Fitos 1: 48-52.

Liu, R.M.; Li, A.F.; Sun, A.L.; Kong, L.Y. 2004. Preparative isolation and purification of psoralen and isopsoralen from ***Psoralea corylifolia*** by high-speed counter-current chromatography. Journal of Chromatography A 1057: 225-228.

Loiseleur, O. 2017. Natural products in the discovery of agrochemicals. Chimia 71: 810-822.

Maldaner, L.; Jardim, I.C.S.F. 2009. O estado da arte da cromatografia líquida de ultra eficiência. Química Nova 32: 214-222.

Matsuda, K.; Kikuta, Y.; Haba, A.; Nakayama, K.; Katsuda, Y.; Hatanaka, A.; Komai, K. 2005. Biosynthesis of pyrethrin I in seedlings of ***Chrysanthemum cinerariaefolium***. Phytochemistry 66: 1529-1535.

Maurya, A.; Kalani, K.; Verma, S.C.; Singh, R.; Srivastava, A. 2018. Vacuum liquid chromatography: Simple, efficient and versatile separation technique for natural products. Organic & Medicinal Chemistry International Journal 7: 1-3.

Mees, C.; Souard, F.; Delporte, C.; Deconinck, E.; Stoffelen, P.; Stevigny, C.; Kauffmann, J.M.; De Braekeleer, K. 2018. Identification of coffee leaves using FT-NIR spectroscopy and SIMCA. Talanta 177: 4-11.

Miranda, R.; Santana, L.; Uriarte, E.; Zagotto, G. 1994. NMR study of some coumarins and furocoumarins methylated. Spectrochimica Acta Part A - Molecular Spectroscopy 50: 161-167.

Miyakado, M.; Nakayama, I.; Yoshioka, H.; Nakatani, N. 1979. The Piperaceae amides I: Structure of pipercide, a new insecticidal amide from ***Piper nigrum*** L. Agricultural and Biological Chemistry 43: 1609-1611.

Moreira, M.D.; Picanço, M.C.; Barbosa, L.C.D.; Guedes, R.N.C.; Campos, M.R.; Silva, G.A.; Martins, J.C. 2007. Plant compounds insecticide activity against Coleoptera pests of stored products. Pesquisa Agropecuária Brasileira 42: 909-915.

Nebo, L.; Matos, A.P.; Vieira, P.C.; Fernandes, J.B.; Silva, M.F.G.F.; Rodrigues, R.R. 2010. Atividade inseticida dos frutos de ***Trichilia claussenii*** (Meliaceae) sobre ***Spodoptera frugiperda***. Química Nova 33: 1849-1852.

Nebo, L.; Varela, R.M.; Molinillo, J.M.G.; Severino, V.G.P.; Sarria, A.L.F.; Cazal, C.M.; Fernandes, M.F.G.; Fernandes, J.B.; Macias, F.A. 2015. Phytotoxicity of triterpenes and limonoids from the Rutaceae and Meliaceae. 5 alpha,6 beta,8 alpha,12 alpha-tetrahydro-28-norisotoonafolin - A potent phytotoxin from ***Toona ciliata***. Natural Product Communications 10: 17-20.

Nicoletti, M. 2011. HPTLC fingerprint: A modern approach for the analytical determination of botanicals. Revista Brasileira de Farmacognosia 21: 818-823.

Niroumand, M.C.; Farzaei, M.H.; Karimpour-Raz-kenari, E.E.; Amin, G.; Khanavi, M.; Akbarzadeh, T.; Shams-Ardekani, M.R. 2016. An evidence-based review on medicinal plants used as insecticide and insect repellent in traditional Iranian medicine. Iranian Red Crescent Medical Journal 18: e22361.

Pamplona, S.G.S.R.; Arruda, M.S.P.; Castro, K.C.F.; Silva, C.Y.Y.E.; Ferreira, A.G.; Silva, M.F.G.F.; Ohashi, O.S.; Silva, M.N. 2018. Phragmalin limonoids from ***Swietenia macrophylla*** and their antifeedant assay against mahogany predator. Journal of the Brazilian Chemical Society 29: 1621-1629.

Patel, K.N.; Patel, J.K.; Patel, M.P.; Rajput, G.C.; Patel, H.A. 2010. Introduction to hyphenated techniques and their applications in pharmacy. Pharmaceutical Methods 1: 2-13.

Patra, J.K.; Das, G.; Lee, S.; Kang, S.S.; Shin, H.S. 2018. Selected commercial plants: A review of extraction and isolation of bioactive compounds and their pharmacological market value. Trends in Food Science & Technology 82: 89-109.

Pavia, D.L.; Lampman, G.M.; Kriz, G.S.; Vyvyan, J.A. 2014. Introduction to spectroscopy. Cengage Learning, Belmont, USA.

Pilon, A.C.; Neto, F.C.; Freire, R.T.; Cardoso, P.; Carneiro, R.L.; Bolzani, V.D.; Castro-Gamboa, I. 2016. Partial least squares model and design of experiments toward the analysis of the metabolome of ***Jatropha gossypifolia*** leaves: Extraction and chromatographic fingerprint optimization. Journal of Separation Science 39: 1023-1030.

Protsyuk, I.; Melnik, A.V.; Nothias, L.F.; Rappez, L.; Phapale, P.; Aksenov, A.A.; Bouslimani, A.; Ryazanov, S.; Dorrestein, P.C.; Alexandrov, T. 2018. 3D molecular cartography using LC-MS facilitated by Optimus and 'ili software. Nature Protocols 13: 134-154.

Ribeiro, L.P. 2010. Bioprospecção de extratos vegetais e sua interação com protetores de grãos no controle de ***Sitophilus zeamais*** Mots. (Coleoptera: Curculionidae). Piracicaba, 154p. Dissertação (Mestrado) - Escola Superior de Agricultura "Luiz de Queiroz", Universidade de São Paulo.

Rochfort, S. 2005. Metabolomics reviewed: A new "omics" platform technology for systems biology and implications for natural products research. Journal of Natural Products 68: 1813-1820.

Ruest, L.; Dodier, M. 1996. Ryanoids and related compounds. Identification of five new ryanoids from the plant ***Ryania speciosa*** Vahl. Formal total syntheses of 3-deoxyryanodol (cinnzeylanol), 10-O-acetyl-3-deoxyryanodol (cinnzeylanine), 2-deoxyryanodol, 2-deoxy-2-epiryanodol, 2,3-dideoxy-2,3-dihydroryanodol, 2-deoxy-3-epiryanodol, and 2-deoxy-3-epiryanodine. Canadian Journal of Chemistry 74: 2424-2433.

Rugutt, J.K.; Henry, C.W.; Franzblau, S.G.; Warner, I.M. 1999. NMR and molecular mechanics study of pyrethrins I and II. Journal of Agricultural and Food Chemistry 47: 3402-3410.

Saloranta, T.; Leino, R. 2011. From building block to natural products: A short synthesis and complete NMR spectroscopic characterization of (+/-)-anatabine and (+/-)-anabasine. Tetrahedron Letters 52: 4619-4621.

Santagata, S.; Eberlin, L.S.; Norton, I.; Calligaris, D.; Feldman, D.R.; Ide, J.L.; Liu, X.H.; Wiley, J.S.; Vestal, M.L.; Ramkissoon, S.H.; Orringer, D.A.; Gill, K.K.; Dunn, I.F.; Dias-Santagata, D.; Ligon, K.L.; Jolesz, F.A.; Golby, A.J.; Cooks, R.G.; Agar, N.Y.R. 2014. Intraoperative mass spectrometry mapping of an onco-metabolite to guide brain tumor surgery. Proceedings of the National Academy of Sciences of the United States of America 111: 11121-11126.

Sarker, S.D.; Latif, Z.; Gray, A.I. 2006. Natural product isolation. p.1-25. ***In***: Sarker, S.D., ed. Natural products isolation. Springer, Totowa, USA.

Schefer, A.B.; Braumann, U.; Tseng, L.H.; Spraul, M.; Soares, M.G.; Fernandes, J.B.; Silva, M.F.G.F.; Vieira, P.C.; Ferreira, A.G. 2006. Application of high-performance liquid chromatography-nuclear magnetic resonance coupling to the identification of limonoids from mahogany tree (***Swietenia macrophylla***, Meliaceae) by stopped-flow 1D and 2D NMR spectroscopy. Journal of Chromatography A 1128: 152-163.

Scott, I.M.; Puniani, E.; Durst, T.; Phelps, D.; Merali, S.; Assabgui, R.A.; Sanchez-Vindas, P.; Poveda, L.; Philogene, B.J.R.; Arnason, J.T. 2002. Insecticidal activity of ***Piper tuberculatum*** Jacq. extracts: Synergistic interaction of piperamides. Agricultural and Forest Entomology 4: 137-144.

Severino, V.G.P.; Freitas, S.D.L.; Braga, P.A.C.; Forim, M.R.; Silva, M.F.G.F.; Fernandes, J.B.; Vieira, P.C.; Venancio, T. 2014. New limonoids from ***Hortia oreadica*** and unexpected coumarin from ***H. superba*** using chromatography over cleaning sephadex with sodium hypochlorite. Molecules 19: 12031-12047.

Sharma, P.D.; Sharma, O.P. 1995. Natural products chemistry and biological properties of the ***Ageratum*** plant. Toxicological & Environmental Chemistry 50: 213-232.

Silverstein, R.M.; Webster, F.X.; Kiemle, D.J. 2014. Spectrometric identification of organic compounds. Wiley, Chichester, England.

Simões, C.M.O.; Schenkel, E.P.; de Mello, J.C.P.; Mentz, L.A.; Petrovick, P.R. 2016. Farmacognosia: Do produto natural ao medicamento. Artmed Editora, Porto Alegre, RS, Brasil.

Simões, C.M.O.; Schenkel, E.P.; Gosmann, G.; Mello, J.C.P.; Mentz, L.A.; Petrovick, P.R. 2007. Farmacognosia: Da planta ao medicamento. Editora da UFSC, Florianópolis, SC, Brasil.

Simonovska, B.; Srbinoska, M.; Vovk, I. 2006. Analysis of sucrose esters - Insecticides from the surface of tobacco plant leaves. Journal of Chromatography A 1127: 273-277.

Skoog, D.A.; Holler, F.; Crouch, S.R. eds. 2006. Liquid chromatography. Principles of Instrumental Analysis. Gengage Learning, Boston, USA.

Snyder, L.R.; Kirkland, J.J.; Dolan, J.W. 2010. Introduction to modern liquid chromatography. John Wiley & Sons, Hoboken, USA.

Soares, V.; Taujale, R.; Garrett, R.; Silva, A.J.R.; Borges, R.M. 2019. Extending compound identification for molecular network using the LipidXplorer database independent method: A proof of concept using glycoalkaloids from ***Solanum pseudoquina*** A. St.-Hil. Phytochemical Analysis 30: 132-138.

Spielmeyer, A.; Schetelig, M.F.; Etang, J. 2019. High-throughput analysis of insecticides on malaria vectors using liquid chromatography tandem mass spectrometry. PLoS ONE 14: e0211064.

Sujarwo, W.; Keim, A.P.; Caneva, G.; Toniolo, C.; Nicoletti, M. 2016. Ethnobotanical uses of neem (***Azadirachta indica*** A. Juss.; Meliaceae) leaves in Bali (Indonesia) and the Indian subcontinent in relation with historical background and phytochemical properties. Journal of Ethnopharmacology 189: 186-193.

Swartz, M. 2010. HPLC detectors: A brief review. Journal of Liquid Chromatography & Related Technologies 33: 1130-1150.

Thomson, J.J. 1911. Rays of positive electricity. Philosophical Magazine 21: 225-249.

Urano, R.; Rodrigues, F.; Berlinck, R. 2012. Utilização de detecção por espalhamento de luz evaporativo para análise de produtos naturais. Química Nova 35: 1198-1208.

Wang, B.C.; Deng, J.; Gao, Y.M.; Zhu, L.C.; He, R.; Xu, Y.Q. 2011. The screening toolbox of bioactive substances from natural products: A review. Fitoterapia 82: 1141-1151.

Wang, M.X.; Carver, J.J.; Phelan, V.V.; Sanchez, L.M.; Garg, N.; Peng, Y.; Nguyen, D.D.; Watrous, J.; Kapono, C.A.; Luzzatto-Knaan, T.; Porto, C.; Bouslimani, A.; Melnik, A.V.; Meehan, M.J.; Liu, W.T.; Criisemann, M.; Boudreau, P.D.; Esquenazi, E.; Sandoval-Calderon, M.; Kersten, R.D.; Pace, L.A.; Quinn, R.A.; Duncan, K.R.; Hsu, C.C.; Floros, D.J.; Gavilan, R.G.; Kleigrewe, K.; Northen, T.; Dutton, R.J.; Parrot, D.; Carlson, E.E.; Aigle, B.; Michelsen, C.F.; Jelsbak, L.; Sohlenkamp, C.; Pevzner, P.; Edlund, A.; McLean, J.; Piel, J.; Murphy, B.T.; Gerwick, L.; Liaw, C.C.; Yang, Y.L.; Humpf, H.U.; Maansson, M.; Keyzers, R.A.; Sims, A.C.; Johnson, A.R.; Sidebottom, A.M.; Sedio, B.E.; Klitgaard, A.; Larson, C.B.; Boya, C.A.; Torres-Mendoza, D.; Gonzalez, D.J.; Silva, D.B.; Marques, L.M.; Demarque, D.P.; Pociute, E.; O'Neill, E.C.; Briand, E.; Helfrich, E.J.N.; Granatosky, E.A.; Glukhov, E.; Ryffel, F.; Houson, H.; Mohimani, H.; Kharbush, J.J.; Zeng, Y.; Vorholt, J.A.; Kurita, K.L.; Charusanti, P.; McPhail, K.L.; Nielsen, K.F.; Vuong, L.; Elfeki, M.; Traxler, M.F.; Engene, N.; Koyama, N.; Vining, O.B.; Baric, R.; Silva, R.R.; Mascuch, S.J.; Tomasi, S.; Jenkins, S.; Macherla, V.; Hoffman, T.; Agarwal, V.; Williams, P.G.; Dai, J.Q.; Neupane, R.; Gurr, J.; Rodríguez, A.M.C.; Lamsa, A.; Zhang, C.; Dorrestein, K.; Duggan, B.M.; Almaliti, J.; Allard, P.M.; Phapale, P.; Nothias, L.F.; Alexandrovr, T.; Litaudon, M.; Wolfender, J.L.; Kyle, J.E.; Metz, T.O.; Peryea, T.; Nguyen, D.T.; VanLeer, D.; Shinn, P.; Jadhav, A.; Muller, R.; Waters, K.M.; Shi, W.Y.; Liu, X.T.; Zhang, L.X.; Knight, R.; Jensen, P.R.; Palsson, B.O.; Pogliano, K.; Linington, R.G.; Gutierrez, M.; Lopes, N.P.; Gerwick, W.H.; Moore, B.S.; Dorrestein, P.C.; Bandeira, N. 2016. Sharing and community curation of mass spectrometry data with global natural products social molecular networking. Nature Biotechnology 34: 828-837.

Watanabe, N.; Niki, E. 1978. Direct-coupling of FT-NMR to high-performance liquid-chromatography. Proceedings of the Japan Academy Series B - Physical and Biological Sciences 54: 194-199.

Watson, A.B.; Brown, A.M.; Colquhoun, I.J.; Walton, N.J.; Robins, D.J. 1990. Biosynthesis of anabasine in transformed root cultures of ***Nicotiana*** species. Journal of the Chemical Society - Perkin Transactions 1 9: 2607-2610.

Wigle, I.D.; Mestichelli, L.J.J.; Spenser, I.D. 1982. $^{2}$H n.m.r. spectroscopy as a probe of the stereochemistry of biosynthetic reactions. The biosynthesis of nicotine. Journal of the Chemical Society, Chemical Communications 12: 662-664.

Wolfender, J.L. 2009. HPLC in natural product analysis: The detection issue. Planta Medica 75: 719-734.

Wolfender, J.L.; Ndjoko, K.; Hostettmann, K. 2001. The potential of LC-NMR in phytochemical analysis. Phytochemical Analysis 12: 2-22.

Yin, L.H.; Li, Y.N.; Lu, B.N.; Jia, Y.J.; Peng, J.Y. 2010. Trends in counter-current chromatography: Applications to natural products purification. Separation and Purification Reviews 39: 33-62.

Zhang, Q.; Wu, X.; Liu, Z.P. 2016. Primary screening of plant essential oils as insecticides, fumigants, and repellents against the health pest ***Paederus fuscipes*** (Coleoptera: Staphylinidae). Journal of Economic Entomology 109: 2388-2396.

Capítulo 5

# Ensaios toxicológicos para triagem e caracterização da bioatividade de derivados botânicos sobre artrópodes

Odimar Zanuzo Zanardi
Leandro do Prado Ribeiro

## 1. Introdução

A demanda por produtos fitossanitários ambientalmente mais adequados para incorporação em programas de manejo integrado de pragas (MIP) tem crescido consideravelmente nos últimos anos (Zanardi et al., 2015). Tal demanda é resultado da expansão dos sistemas de produção de alimentos de base ecológica (incluindo a produção orgânica) e da crescente conscientização e pressão dos consumidores por produtos agroalimentares mais seguros e saudáveis (Isman e Grieneisen, 2014; Isman, 2015; Pavela, 2016; Campos et al., 2018). Nesses sistemas de produção de alimentos, os inseticidas/acaricidas botânicos, juntamente com ferramentas de controle biológico, podem desempenhar um importante papel na regulação populacional das principais espécies-praga de diferentes cultivos, especialmente naqueles onde o uso de compostos sintéticos não é permitido (Zehnder et al., 2007; Bernardi et al., 2013) ou mesmo naqueles onde a disponibilidade de produtos registrados é bastante limitada. Além da aplicação direta no controle de pragas por meio da utilização caseira de pós, extratos aquosos e óleos preparados em pequenas e médias propriedades, compostos do metabolismo secundário de plantas (aleloquímicos) são potenciais fontes de novas moléculas inseticidas/acaricidas, as quais são utilizadas na síntese de análogos sintéticos mais seletivos, menos tóxicos aos organismos não alvo e adequados às novas tendências do mercado (Cantrell et al., 2012).

Considerando esse potencial, vários estudos têm sido conduzidos no Brasil de modo a explorar a enorme riqueza da flora tropical e subtropical com seu complexo e diversificado metabolismo secundário (Stefanazzi et al., 2011; Moreno et al., 2012; Fernandes et al., 2013; Ribeiro et al., 2013, 2014a,b, 2016a; Souza et al., 2019) e algumas formulações comerciais à base de derivados botânicos já estão disponíveis no mercado (Isman, 2017). Os inseticidas/

acaricidas botânicos não apenas provocam mortalidade dos insetos/ácaros, mas também podem inibir a alimentação e oviposição, aumentar a duração do período de desenvolvimento, reduzir ou estimular a motilidade, interferir na biossíntese de quitina e de ecdisteroides, inibir o crescimento, provocar alterações morfológicas em diferentes fases, reduzir a longevidade e a fecundidade dos artrópodes adultos, entre outros efeitos biológicos e comportamentais [Mordue (Luntz) e Blackwell, 1993; Vendramim e Castiglioni, 2000]. Nesse contexto, o uso de métodos de bioensaios toxicológicos adequados são necessários para avaliar com maior acurácia os efeitos desses derivados sobre as espécies-alvo em diferentes condições (laboratório, semi-campo e campo), tanto em estudos prospectivos quanto de formulações já desenvolvidas e liberadas no mercado, garantindo, dessa forma, a credibilidade da tecnologia e a confiabilidade e repetibilidade dos dados obtidos.

Um bioensaio é qualquer experimento em que um organismo vivo é usado como objeto de estudo ou bioindicador (Robertson et al., 2017). Nesse contexto, quando um estímulo é aplicado em concentrações/doses adequadas, espera-se que o organismo apresente respostas em termos de toxicidade letal (mortalidade) ou efeitos subletais (alterações nas variáveis biológicas e/ou comportamentais dos indivíduos) e, assim, o bioensaio configura-se no meio pelo qual tais respostas são quantificadas, mensuradas ou registradas. Todavia, a origem e a qualidade dos indivíduos bioindicadores (insetos ou ácaros) e a representatividade destes em relação à população de campo que se pretende controlar são fatores importantes para a confiabilidade dos resultados e a sua aplicabilidade (Carvalho et al., 2017). Dessa forma, o estabelecimento de criações laboratoriais com rigoroso controle de qualidade (em termos genéticos e de sanidade) e a utilização de indivíduos com características conhecidas (p. ex.: estágio de desenvolvimento, idade, sexo, exposição prévia a agroquímicos, período de inanição etc.) são aspectos importantes a serem considerados.

Várias estratégias são utilizadas no desenvolvimento de novos agentes para controle de artrópodes-praga com base em aleloquímicos (Mulla e Tianyun, 1999). De maneira geral, no que se refere aos estudos da bioatividade dos derivados vegetais, a pesquisa inicia-se com extratos brutos de plantas preparados com diversos solventes (hexano, diclorometano, acetato de etila, etanol, metanol ou água), os quais são avaliados sobre organismos bioindicadores em uma triagem inicial, geralmente utilizando concentrações/doses diagnósticas pré-estabelecidas e pautadas em resultados prévios ou registros da literatura. Em seguida, os extratos ativos são fracionados por meio de métodos cromatográficos e as frações obtidas são novamente testadas, repetindo-se o processo até a obtenção dos compostos ativos (Shaalan et al., 2005; Carvalho et al., 2017). A escolha do método de bioensaio mais apropriado depende dos hábitos dos artrópodes a serem controlados (Simões et al., 1998), e as variáveis a serem analisadas são escolhidas com base nos objetivos elencados para o estudo. Por exemplo, para ensaios com pragas de produtos armazenados podem ser utilizadas amostras de grãos tratadas com os respectivos compostos e infestadas após a secagem dos resíduos (bioensaio de contato residual), avaliando-se, posteriormente, a diferença na oviposição, duração do ciclo biológico, peso, tamanho, mortalidade/sobrevivência dos estágios imaturo e adulto, alterações morfológicas, períodos de pré-oviposição e oviposição, fecundidade, fertilidade e longevidade, bem como alterações comportamentais nos organismos-alvo. No entanto, adaptações nos métodos de bioensaio devem ser realizadas de acordo com as condições do estudo, infraestrutura laboratorial e massa disponível do derivado botânico a ser testado. Diante da importância do assunto para programas de pesquisa nessa área, neste capítulo serão apresentados e discutidos os principais métodos utilizados em ensaios toxicológicos para triagem e caracterização dos derivados botânicos com propriedades inseticidas/acaricidas e/ou insetistáticas/acaristáticas.

## 2. Métodos de bioensaios toxicológicos para estudos com derivados botânicos

A toxicidade é a medida do potencial nocivo de determinado derivado ou composto em teste sobre o organismo-alvo, sendo seu efeito variável de acordo com a concentração/dose ao nível do sítio-alvo (sítio de ação), o tempo de exposição e a natureza química desses compostos (Finney, 1971). A toxicidade aguda pode decorrer de um único contato (exposição única) ou de múltiplas exposições (efeitos cumulativos) com o agente tóxico, num período aproximado de 24 h. Por sua vez, a intoxicação crônica resulta de exposições prolongadas a doses cumulativas do agente nocivo, num período consideravelmente longo. Em detrimento de tais formas de exposição, os efeitos toxicológicos podem ser caracterizados na entomotoxicologia em letal (quando leva o indivíduo à morte no período observado) ou subletais (quando interferem no desenvolvimento/reprodução ou no comportamento dos indivíduos) sem, contudo, causar significativa mortalidade dos indivíduos expostos (Desneux et al., 2007; Biondi et al., 2013; Barbosa et al., 2015).

### 2.1. Ensaios para avaliação da toxicidade letal

Tradicionalmente, a mensuração da toxicidade letal de biopesticidas sobre artrópodes tem sido realizada na perspectiva da determinação da mortalidade sob uma única concentração/dose previamente estipulada (p. ex.: ensaios iniciais de triagens) ou então sob concentrações/doses variáveis a partir da construção de curvas de concentração/dose-resposta. De modo geral, o tempo de exposição pode ser único (*endpoint* do ensaio) ou as avaliações podem ser realizadas em intervalos pré-estabelecidos por um longo período de tempo. O tempo de exposição é determinado com base nas características biológicas do artrópode-alvo, da potência relativa dos compostos/derivados em teste e do objetivo do estudo. Para isso, informações disponíveis na literatura ou experiências prévias devem ser utilizadas para determinação dos métodos de bioensaios a serem adotados nas pesquisas.

A toxicidade letal pode ser avaliada por diferentes formas de exposição ou contaminação do artrópode-alvo, incluindo contato via aplicação tópica, contato residual, ingestão, fumigação e ação de profundidade, sistêmica ou translaminar. Todavia, as formas de contaminação e métodos de ensaio apresentam implicações marcantes no tempo dispensado, no custo de execução dos bioensaios e, principalmente, nos resultados obtidos. Assim, o tipo de bioensaio é escolhido de acordo com os hábitos alimentares e comportamentais das espécies-alvo, massa disponível do derivado ou composto a ser testado, infraestrutura laboratorial disponível e consonância desses métodos de bioensaios com sua aplicação prática ou finalidade. Galdino et al. (2011) estudaram possíveis métodos de bioensaios para avaliar a toxicidade de inseticidas de ação rápida (neurotoxinas e inibidores da respiração) e lenta (*Bacillus thuringiensis* e desreguladores de crescimento) sobre a traça-do-tomateiro, *Tuta absoluta* (Meyrick) (Lepidoptera: Gelechiidae). Os autores concluíram que a aplicação dos xenobióticos (por definição, compostos químicos estranhos a um organismo ou sistema biológico) por imersão na calda e a aplicação tópica foram os métodos que demandaram os menores custos e tempos para execução quando comparados às aplicações em torre de Potter e em papel filtro, sugerindo que esses procedimentos são mais indicados para estudos dessa natureza frente à traça-do-tomateiro.

### 2.1.1. Ação por contato via aplicação tópica

Extratos ou compostos isolados com propriedades inseticidas/acaricidas exercem toxicidade por meio do contato tópico quando as características de lipofilicidade dos princípios ativos contidos nesses produtos permitem sua aderência e penetração na cutícula dos organismos-alvo. Todavia, procedimentos de formulação podem contornar possíveis lipofobicidades dessas substâncias, o que não ocorre em etapas de triagem conduzidas nos estágios iniciais de um programa de pesquisa nessa área. No entanto, o emprego de pequenas quantidades dos derivados para execução dos ensaios é uma vantagem considerável desse tipo de teste, uma vez que preserva a massa extraída para etapas subsequentes de fracionamento e identificação de compostos ativos (Carvalho et al., 2017; Paramasivam e Selvi, 2017).

Para execução desse tipo de bioensaio, uma pequena quantidade do derivado (p. ex.: 1 μL) é aplicada, geralmente, na região dorsal do tórax do artrópode-alvo por meio de microsseringas do tipo Hamilton® (Figura 1A, B). Para isso, os derivados são previamente solubilizados em solventes orgânicos de acordo com a polaridade dos compostos a serem dissolvidos (especialmente acetona devido sua alta volatilidade) ou mesmo surfactantes (p. ex.: Tween® 20 ou Tween® 80) de modo a melhorar a dispersão dos mesmos em meio aquoso. Além disso, a aplicação também pode ser realizada por meio de pulverização em torre de Potter (Figura 1C) ou por meio de microatomizadores acoplados a bombas pneumáticas (Figura 1D). Aplicações no pronoto do artrópode utilizando microsseringas apresentam a vantagem de se conhecer mais facilmente a quantidade exata do derivado/composto aplicado sobre cada indivíduo testado (mg do derivado/mg de peso corpóreo do artrópode-alvo).

Independentemente do equipamento utilizado, a variável resposta analisada é a mortalidade (fixa no *endpoint* do ensaio ou ao longo do tempo), sendo comum o uso de concentrações/doses diagnósticas (fixas) em ensaios de triagem inicial e variáveis em ensaios de concentração/dose-resposta. O tempo de exposição é variável de acordo com as características biológicas do artrópode-alvo e do modo de ação dos possíveis componentes ativos presentes no referido derivado, em especial para aqueles com efeito *knock down*.

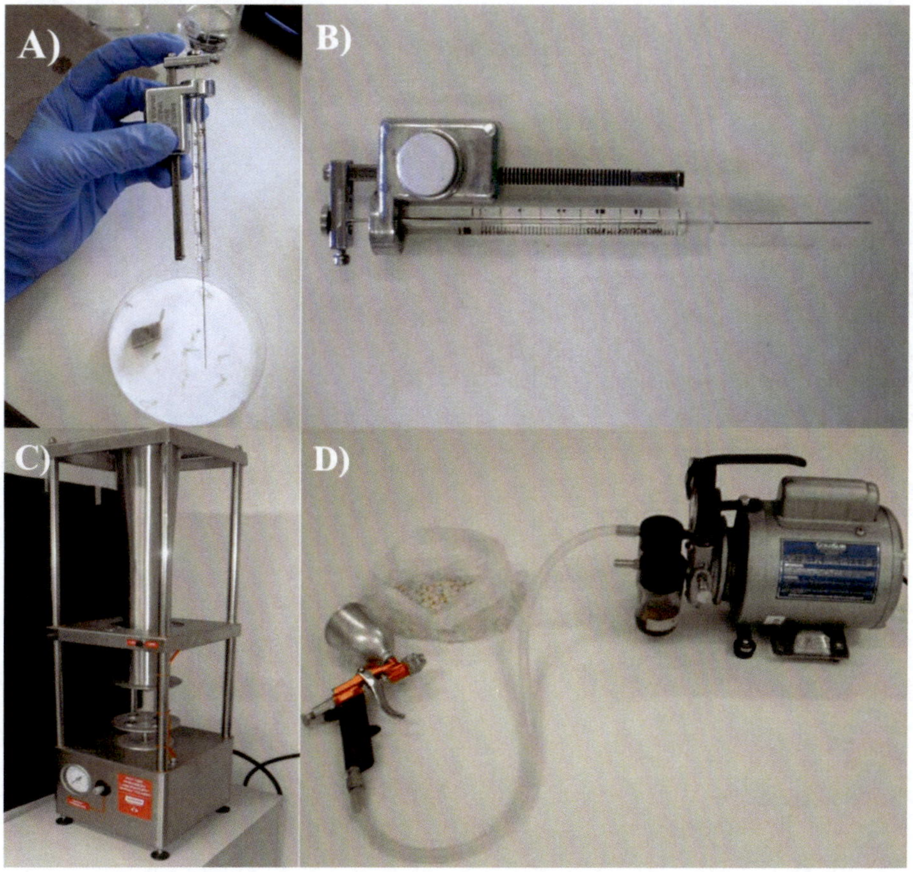


**Figura 1.** Equipamentos utilizados em ensaios de contato via aplicação tópica de derivados botânicos: A e B) Microsseringa do tipo Hamilton®; C) Torre de Potter® e; D) Microatomizador acoplado à bomba pneumática.

### 2.1.2. Ação por contato residual

Diferentemente do método de bioensaio descrito anteriormente (aplicação tópica), a exposição do artrópode via contato residual ocorre a partir do contato tarsal ou de outras partes do corpo do indivíduo durante a sua movimentação sobre os resíduos da pulverização. Para essa modalidade de ensaio, os derivados são solubilizados em solventes ou surfactantes adequados e pulverizados sobre as superfícies a serem tratadas (folhas, frutos, ramos ou amostras de grãos) e, após a completa secagem dos resíduos (tempo de evaporação do solvente utilizado na solubilização), as unidades experimentais tratadas são infestadas com o artrópode-alvo (Figura 2). Feito isso, a mortalidade dos indivíduos expostos é avaliada em tempos de exposição pré-estabelecidos de acordo com as características biológicas do organismo bioindicador e da potência relativa dos compostos em teste.

Bioensaios de contato residual são empregados nos casos em que se deseja avaliar a capacidade protetiva dos derivados ou compostos em teste contra espécies-praga que infestam ou colonizam plantas ou massas de grãos em etapas posteriores ao tratamento. Todavia, a modalidade de ensaio escolhida deve ser representativa das formas de contaminação e exposição da praga a ser controlada nas condições de cultivo ou armazenamento. Apesar da relativa praticidade de execução, esse tipo de bioensaio apresenta como desvantagem a necessidade de uma maior quantidade de massa do derivado/composto em teste em comparação aos ensaios de aplicação tópica.

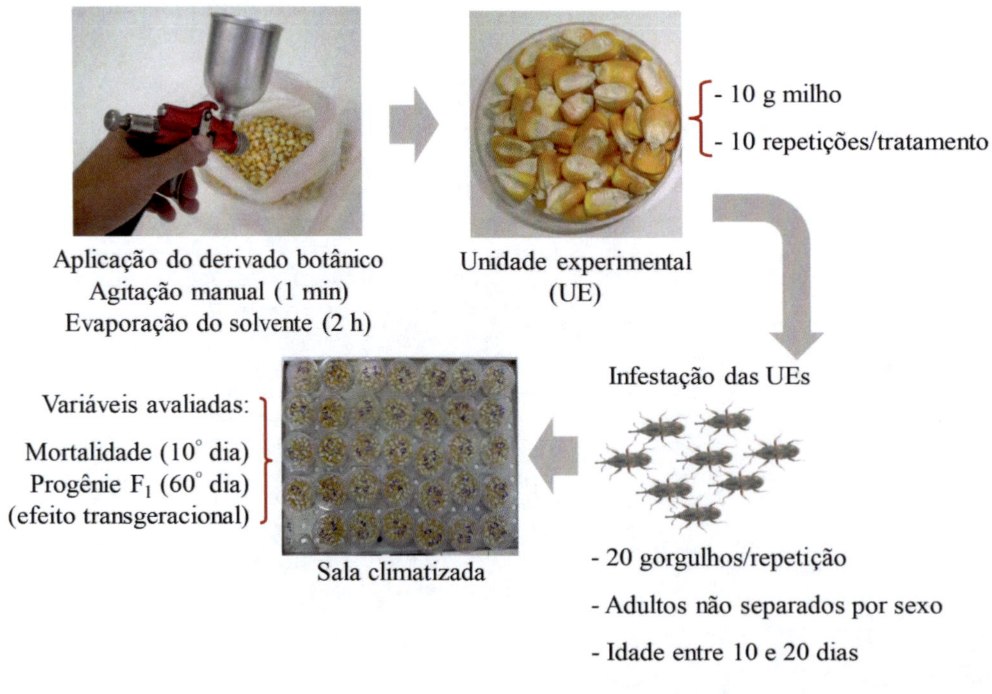


**Figura 2.** Exemplo de procedimento empregado em um bioensaio de contato residual visando a avaliar a toxicidade letal (mortalidade) e o efeito transgeracional de derivados botânicos sobre uma espécie-praga de grãos armazenados (adaptada de Ribeiro, 2014).

### 2.1.3. Ação por ingestão

Ensaios que visam à avaliação de derivados botânicos ou compostos isolados via ingestão são realizados por meio da incorporação em meio artificial ou mesmo pelo tratamento do substrato natural (folhas, colmos/ramos, frutos ou grãos). Em ambas as situações, o meio ou substrato tratado é oferecido para alimentação do artrópode-alvo e a mortalidade avaliada em tempos de exposição previamente estabelecidos. Em geral, ensaios em meios artificiais apresentam maior praticidade e facilidade de serem executados, pois não dependem do cultivo e manutenção das plantas. Além disso, apresentam melhor repetibilidade dos resultados em virtude das menores variações da composição do meio em relação às dietas naturais. Todavia, somente são exequíveis para aquelas espécies-praga que dispõem de meios artificiais disponíveis e consolidados.

Para realização de ensaios de ingestão via incorporação em meios artificiais, os derivados botânicos em teste são solubilizados em solventes orgânicos apropriados (p. ex.: acetona, metanol) ou surfactantes e incorporados no meio artificial antes de sua solidificação (geralmente à temperatura de aproximadamente 50°C) (Figura 3). A temperatura de incorporação ao meio é um aspecto importante em ensaios com compostos naturais, uma vez que boa parte deles são termolábeis e sua incorporação em temperaturas elevadas resultaria na degradação dos ativos presentes antes mesmo de serem oferecidos aos artrópodes-alvo. Outro detalhe a ser considerado nesse tipo de bioensaio é a uniformidade de distribuição dos produtos em teste no meio, operação facilitada pela utilização de *mixers* homogeneizadores domésticos. A eliminação do solvente utilizado na solubilização dos derivados é realizada mantendo-se as unidades experimentais tratadas em temperatura ambiente [preferencialmente protegida da luz (prevenindo a degradação das substâncias fotoinstáveis)] ou mesmo utilizando rotaevaporadores (Carvalho et al., 2017).

Para condução de bioensaios de ingestão empregando-se substrato alimentar natural (p. ex.: folhas, colmos/ramos, frutos ou grãos), os derivados em teste devem ser solubilizados em solvente adequado ou surfactantes que não causem fitotoxicidade às estruturas vegetativas/reprodutivas das plantas (Nakai e Wang, 2012; Paramasivam e Selvi, 2017). Por sua vez, para o tratamento das partes da planta a serem fornecidas às pragas-alvo utilizam-se diferentes métodos, incluindo a imersão do substrato (p. ex.: folhas, colmos/ramos ou frutos destacados) na calda preparada ou mesmo a pulverização da planta por meio de pulverizadores ou microatomizadores. Após a completa secagem dos resíduos, o substrato tratado é fornecido aos artrópodes-alvo.

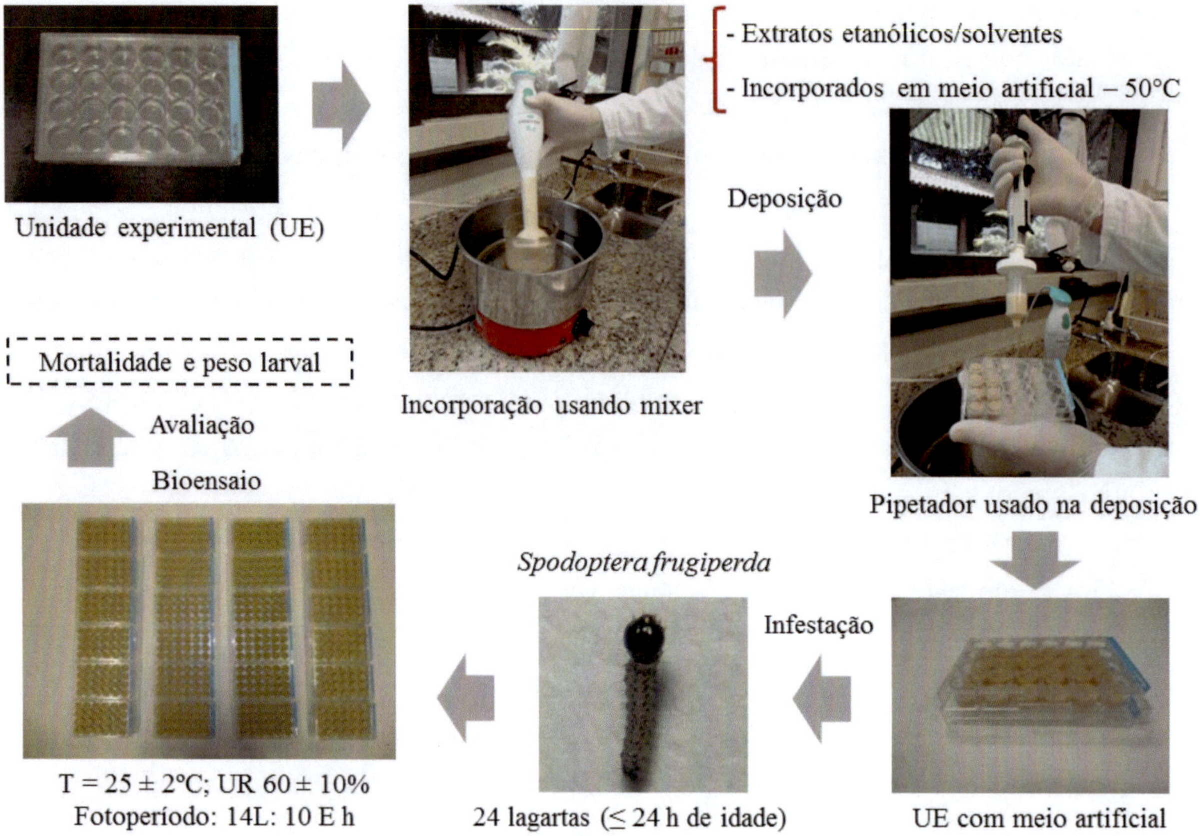


**Figura 3.** Exemplo de procedimento experimental para avaliação de extratos botânicos por meio da incorporação em meio artificial (ingestão) (adaptada de Ansante, 2014, com autorização).

### 2.1.4. Ação fumigante

Para o teste de derivados contendo em sua composição misturas complexas de substâncias de baixo peso molecular (p. ex.: óleos essenciais), o bioensaio amplamente utilizado é de ação fumigante ou fumigação, especialmente visando ao controle de espécies-praga de produtos armazenados. Nesse tipo de ensaio, o inseto não deve entrar em contato direto com o derivado, uma vez que a forma de contaminação deve ocorrer por meio das vias respiratórias.

Para execução de testes de fumigação, os derivados podem ser aplicados puros ou solubilizados em solventes voláteis (p. ex.: acetona), aplicados sobre pedaços de papel filtro dispostos em câmeras de fumigação (Figura 4). Após a aplicação, as câmeras são infestadas e fechadas, sendo a mortalidade avaliada ao término do tempo de exposição previamente estabelecido (geralmente variável entre 24 e 72 h).

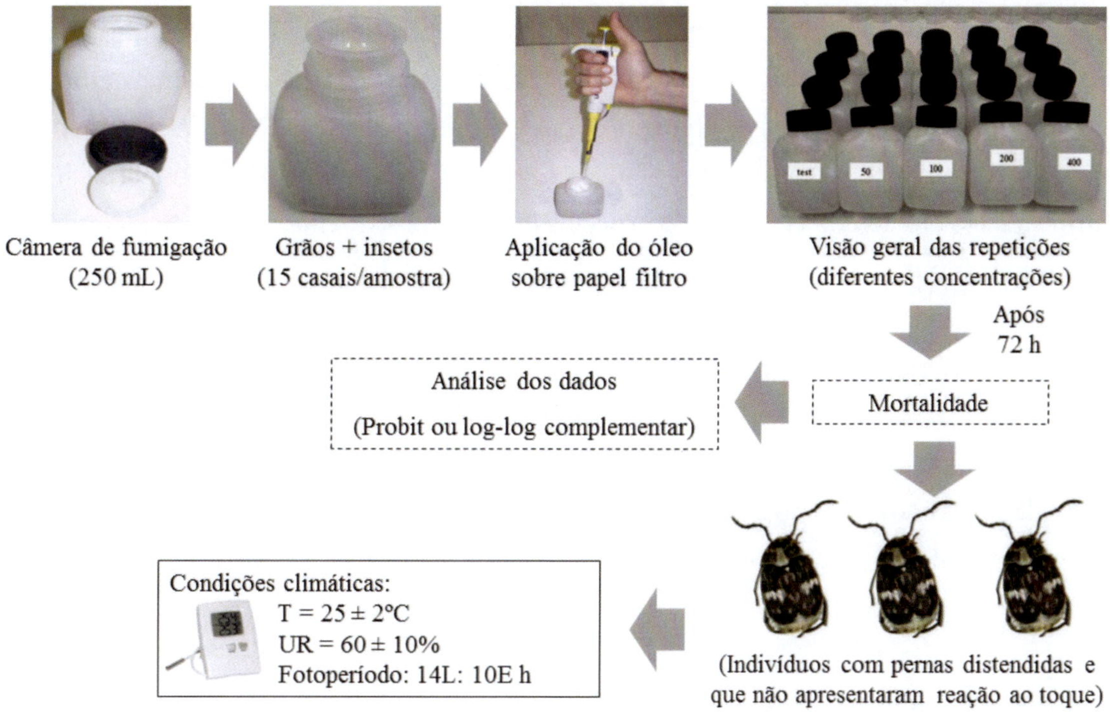


**Figura 4.** Exemplo de procedimento experimental para avaliação do efeito fumigante de óleos essenciais sobre uma espécie-praga de grãos armazenados, testados em diferentes concentrações em uma curva de concentração-resposta (adaptada de Ribeiro et al., 2012).

### 2.1.5. Ação translaminar e de profundidade

A avaliação da ação translaminar de determinado derivado ou composto em teste se faz necessária para verificar a sua efetividade no controle de insetos minadores, alojados na região parenquimática, ou mesmo daqueles que se dispõem sobre a face abaxial da folha/folíolo e, consequentemente, são menos expostos ao maior volume de calda depositado sobre a face adaxial em qualquer modalidade de pulverização. Por sua vez, a ação de profundidade é a capacidade de determinado xenobiótico de atingir o artrópode-alvo através do tecido vegetal, especialmente de larvas de *Phyllocnistis citrella* Stainton (Lepidoptera: Gracillariidae) e de espécies dos gêneros *Agromyza* spp. e *Liriomyza* spp. (ambas Diptera: Agromyzidae) que se alojam no interior do parênquima foliar e de larvas de moscas-das-frutas (Diptera: Tephritidae), que se desenvolvem no interior de frutos.

Para determinação do efeito translaminar, o método geralmente utilizado consiste na infestação das folhas ou folíolos das plantas com o artrópode-alvo e posterior aplicação dos tratamentos sobre a face adaxial (Souza e Vendramim, 2005). A mortalidade dos insetos expostos na face abaxial ou no interior dos tecidos parenquimáticos (minadores) é determinada após períodos de exposição pré-determinados.

Para avaliação do efeito de profundidade, podem-se utilizar frutos naturais ou mesmo artificiais (Nondillo et al., 2007; Machota Jr. et al., 2013), com vantagem do primeiro método por se aproximar das condições reais de aplicação desses produtos em condições de campo no que tange à resistência dos tecidos à penetração dos compostos ativos. Independentemente do tipo de fruto, estes são oferecidos às fêmeas da espécie em teste previamente acasaladas e confinadas em gaiolas, por um período variável (geralmente entre 24 e 48 h), para obtenção de ovos. Feito isso, os frutos são retirados das gaiolas e mantidos em condições controladas para o desenvolvimento embrionário e/ou pós-embrionário, de acordo com a fase de desenvolvimento do inseto a ser exposta. Decorrido esse período, os frutos são tratados com os derivados em teste (geralmente pelo método de imersão na calda) e, após a secagem dos resíduos, são mantidos em condições laboratoriais visando a avaliar não somente a mortalidade das larvas no interior dos frutos (em intervalos pré-determinados), mas também a ocorrência de pupas ou de adultos.

#### 2.1.6. Ação sistêmica

Dada à baixa persistência dos biopesticidas botânicos, uma das formas de redução de sua exposição aos fatores de degradação (especialmente à radiação ultravioleta, UV) é realizar a sua aplicação sistêmica via água de irrigação (Carvalho et al., 2015). Nesse contexto, Souza e Vendramim (2005) verificaram que a aplicação via irrigação (quimigação) do extrato aquoso de nim pode aumentar sua persistência em comparação à aplicação foliar, em que ocorre rápida degradação das substâncias ativas (~ 6 dias).

Além da quimigação, um produto ou derivado botânico pode ser avaliado por meio da aplicação em *drench* ou mesmo pela pulverização de parte da planta (p. ex.: parte inferior do dossel) não infestada e posterior avaliação da mortalidade dos insetos confinados em partes não tratadas. Além disso, a movimentação desses compostos nos vasos condutores (xilema ou floema) pode ser inferida por meio de bioensaios conduzidos em partes infestadas e não infestadas (p. ex.: infestação na parte superior e aplicação na parte inferior e vice-versa). A translocação dos compostos ativos na planta também pode ser monitorada por métodos cromatográficos (Carvalho et al., 2012), melhorando a confiabilidade dos resultados obtidos.

### 2.2. Métodos estatísticos para avaliação da toxicidade letal de biopesticidas

#### 2.2.1. Estimativa das concentrações/doses letais

Após a determinação do efeito inseticida/acaricida por meio dos distintos modos de contaminação, a etapa seguinte de um programa de pesquisa com derivados botânicos consiste na construção das curvas de concentração ou dose-resposta, de modo a estimar os valores das concentrações ou doses letais de interesse (p. ex.: $CL_{30}$ ou $DL_{30}$, $CL_{50}$ ou $DL_{50}$ e $CL_{90}$ ou $DL_{90}$, que correspondem às concentrações ou doses necessárias para matar 30, 50 ou 90% da população dos artrópodes expostos, respectivamente) (Carvalho et al., 2017).

Conceitualmente, dose é a quantidade de um agente tóxico administrado para um indivíduo, sendo geralmente expressa em unidades de massa por massa (p. ex.: mg do xenobiótico/mg de peso corpóreo do artrópode-alvo). O termo concentração é utilizado quando se realiza a exposição do indivíduo a uma determinada quantidade de um agente tóxico no ambiente externo (p. ex.: solo, água ou ar) (Paramasivam e Selvi, 2017). Em síntese, utiliza-se dose quando se conhece exatamente quanto o organismo ingeriu ou absorveu do produto ou com quanto do produto ele teve contato. Por outro lado, utiliza-se concentração quando se aplica o produto no ambiente e não se conhece exatamente quanto o organismo ingeriu ou absorveu.

Para as estimativas de doses ou concentrações letais, são realizados testes preliminares com os referidos derivados ou produtos em teste para verificar as concentrações/doses que provocam mortalidade de aproximadamente 95% e aquelas que proporcionam mortalidade semelhante à verificada no controle. Com base na mortalidade observada nas concentrações/doses utilizadas nos testes preliminares, as concentrações/doses a serem testadas nos bioensaios são estabelecidas por meio da fórmula proposta por Finney (1971):

$$q = \sqrt[n+1]{\frac{a_n}{a_1}}$$

onde: q = razão de progressão geométrica (p.g.); n = número de concentrações/doses a extrapolar; $a_n$ = limite superior da p.g. (concentração/dose que provoca mortalidade de aproximadamente 95%, estimada por meio de teste preliminar); $a_1$ = limite inferior da p.g. (concentração/dose que provoca mortalidade semelhante ao controle, estimada por meio de teste preliminar). Com base nos resultados dos bioensaios nas distintas concentrações/doses estabelecidas, uma curva sigmoide é ajustada com base no número de sobreviventes e a concentração ou dose do derivado ou substância em teste. Para as estimativas dos valores de CLs ou DLs, geralmente empregam-se modelos de regressão de Probit ou log-log complementar (Robertson et al., 2017).

Na tabela 1, são exemplificados os parâmetros utilizados para demonstrar a qualidade do ajuste dos dados aos modelos utilizados na análise de dados toxicológicos. Com base nesses parâmetros, algumas inferências em relação à qualidade do ajuste dos dados aos modelos podem ser realizadas: a) para os valores estimados serem aceitáveis, o valor de $\chi^2$ calculado deve ser menor que o $\chi^2$ tabelado ($\alpha = 0,05$) e o fator de heterogeneidade [$\chi^2$/graus de liberdade (g.l.)] deve ser inferior a 3, assim como o valor do coeficiente angular deve ser significativo ($p < 0,05$); b) quanto maior o coeficiente angular ajustado, maior a homogeneidade de resposta da população e; c) quanto maior o intervalo de confiança dos valores estimados (CLs ou DLs), menor a precisão do ajuste.

Caso os dados não se ajustem aos referidos modelos, uma análise gráfica dos resíduos pode ser realizada de modo a verificar possíveis *outliers* ou dados inconsistentes incluídos nas análises. Além disso, as diferenças nos valores ajustados nas curvas de concentração/dose-resposta de diferentes espécies expostas a determinado tratamento ou mesmo de diferentes produtos podem ser realizadas por meio da comparação da sobreposição do intervalo de confiança dos valores ajustados.

**Tabela1.** Estimativas da concentração letal mediana ($CL_{50}$, em µL/kg de grãos tratados) e do intervalo de confiança dos valores ajustados de um bioinseticida comercial à base de anonina (acetogenina) para 3 espécies primárias de produtos armazenados (adaptada de Ribeiro et al. *Neotropical Entomology* 47: 145-151, 2018, com autorização).

| Espécies-praga | N(1) | Coeficiente angular (± EP) | (2)$CL_{50}$ (IC) | (3)$\chi^2$ | (4)g.l. | (5)h |
|---|---|---|---|---|---|---|
| *Callosobruchus maculatus* (Fabricius) | 700 | 2,21 ± 0,26 (p < 0,0001) | 6.890 (5.588 – 8.961) | 3,16 | 4 | 0,79 |
| *Sitophilus zeamais* Motschulsky | 1400 | 12,98 ± 0,94 (p < 0,0001) | 2.781 (2.640 – 2.930) | 4,13 | 4 | 1,03 |
| *Zabrotes subfasciatus* (Boheman) | 700 | 6,08 ± 0,63 (p < 0,0001) | 2.120 (1.920 – 2.310) | 2,46 | 4 | 0,61 |

(1)N: número de insetos expostos; (2)IC: intervalo de confiança a 95% de probabilidade de erro; (3)$\chi^2$: valor de qui-quadrado; (4)g.l.: graus de liberdade; (5)h.: fator de heterogeneidade.

### 2.2.2. Estimativa dos tempos letais medianos

O tempo letal mediano ($TL_{50}$) corresponde ao tempo necessário para matar 50% dos indivíduos de uma população expostos a um agente letal. Em estudos de pesticidas botânicos, o efeito do tempo na porcentagem de mortalidade sob uma única concentração/dose é importante não somente para determinar a velocidade na qual tais derivados ou produtos ocasionam a mortalidade da praga-alvo e do tempo necessário para atingir a desejada proteção dos cultivos ou produtos armazenados, mas também para fornecer indícios preliminares dos possíveis modos de ação dos compostos ativos.

Diferentemente das estimativas das concentrações/doses letais, que utilizam um tempo de exposição fixo (avaliação da mortalidade no *endpoint* do ensaio) e concentrações/doses variáveis, na estimativa do $TL_{50}$ fixa-se a concentração/dose e avalia-se a mortalidade em tempos variáveis (p. ex.: 12, 24, 48, 72, 96 e 120 h após a aplicação). Com base na mortalidade obtida na série de tempos avaliados, uma curva sigmoide é ajustada em função do número de indivíduos sobreviventes ao longo do tempo. Regressões probíticas ou log-log complementar podem ser utilizadas para estimativa dos $TL_{50}$ quando as avaliações são realizadas em amostras independentes. No entanto, quando múltiplas observações são realizadas ao longo do tempo nas mesmas unidades experimentais, tal método não é adequado porque os dados obtidos apresentam erros correlacionados. Para esses casos, Throne et al. (1995) desenvolveram um método de transformação dos dados de modo a contornar tal inconveniente e propuseram um programa computacional para ser utilizado em tais estimativas.

### 2.2.3. Determinação da toxicidade relativa ou diferencial e índice de toxicidade

Os valores obtidos em análises toxicológicas (concentração letal, dose letal ou tempo letal) podem ser comparados por meio da determinação da toxicidade relativa ou diferencial e do índice de toxicidade. Esses parâmetros são utilizados, por exemplo, para verificar a sensibilidade relativa de diferentes estágios de desenvolvimento de uma determinada espécie-praga exposta a um composto ou produto em teste, a razão de tolerância de diferentes espécies submetidas a um mesmo tratamento ou mesmo a comparação da toxicidade de um composto ou produto em teste em relação a um inseticida/acaricida de referência (controle positivo) (Sun, 1950).

A toxicidade relativa ou diferencial consiste na razão de toxicidade entre os valores estimados, refletindo em quantas vezes uma espécie ou fase de desenvolvimento é mais tolerante/suscetível em relação à outra espécie ou fase. Por exemplo, se o objetivo é comparar a tolerância entre duas espécies-praga de uma cultura ou sistema de produção a um determinado derivado ou produto, a toxicidade relativa ou diferencial pode ser estimada por:

$$\text{Toxicidade relativa} = \frac{CL\ ou\ DL\ estimada\ para\ espécie\ X}{CL\ ou\ DL\ estimada\ para\ espécie\ Y}$$

Por sua vez, o índice de toxicidade é definido como a razão entre a CL ou DL (p. ex.: $CL_{50}$ ou $DL_{50}$) de um derivado ou produto de referência (padrão) e a CL ou DL estimada para o derivado ou produto em teste, multiplicado por 100 (Sun, 1950). Nesse caso, o índice de toxicidade do derivado ou produto de referência será sempre 100 e, caso o derivado ou produto em teste seja mais tóxico que o produto de referência, deverá apresentar um índice de toxicidade maior que 100, ou vice-versa.

$$\text{Índice de toxicidade} = \frac{CL\ ou\ DL\ do\ derivado\ em\ teste}{CL\ ou\ DL\ do\ padrão\ de\ referência} x\ 100$$

Em ambas as estimativas descritas anteriormente, os valores de tempos letais medianos ($TL_{50}$) também poderão ser utilizados para fins de comparação pelos mesmos índices descritos anteriormente, especialmente nos casos em que se deseja comparar a velocidade na qual os derivados ou produtos levam o artrópode-alvo à morte (toxicidade letal). Além dos métodos convencionais, os níveis de suscetibilidade diferencial ou de toxicidade relativa podem ser comparados por meio de curvas de análise de sobrevivência (Rimoldi et al., 2017).

## 2.3. Avaliação dos efeitos subletais de bioinseticidas/bioacaricidas

Os efeitos subletais de bioinseticidas ou bioacaricidas descritos na literatura são reportados sobre diferentes estágios de desenvolvimento dos artrópodes-alvo ou mesmo de alterações comportamentais destes (ver item 3). Em geral, para avaliar os efeitos subletais são utilizadas concentrações ou doses que ocasionam a mortalidade de pequena parcela dos indivíduos expostos (p. ex.: $CL_{10}$ ou $CL_{20}$), as quais são determinadas com base na construção de curvas de concentração/dose-resposta (ver item 2.2.1). Para tal finalidade, também poderão ser utilizadas as subconcentrações/subdoses do bioinseticida ou produto em teste (p. ex.: 1/10 ou 1/100 da concentração ou dose recomendada ou registrada), desde que se conheça o comportamento de mortalidade da população-alvo em relação ao incremento da dose ou da concentração do produto.

Para avaliação dos efeitos subletais, os mesmos métodos de bioensaio descritos anteriormente para avaliação da toxicidade letal, nas distintas formas de contaminação, são utilizados. Após a aplicação dos tratamentos, avaliações em períodos pré-determinados (geralmente a cada 24 h) são realizadas por meio da avaliação da sobrevivência e da duração das diferentes fases do ciclo biológico, do peso e do tamanho dos indivíduos expostos, da ocorrência de deformidades ou alterações morfológicas, da razão sexual, da duração dos períodos de pré-oviposição e oviposição, da fecundidade, da fertilidade e da longevidade dos machos e das fêmeas.

## 2.4. Métodos estatísticos para estimativa dos efeitos subletais

Modelos logísticos não lineares são comumente utilizados para estimar as concentrações efetivas médias ($CE_{50}$) ou as concentrações que inibem a muda ($CIM_{50}$) do inseto. Para essas determinações, bioensaios com diferentes doses ou concentrações são necessários, os quais são construídos de forma similar àqueles utilizados nas estimativas de concentrações ou doses letais.

A $CE_{50}$ representa a concentração necessária para reduzir em 50% uma determinada variável de interesse (p. ex.: o peso larval, a fecundidade, a fertilidade, o número de descendentes na geração $F_1$ etc.) (Sims e Berberich, 1996; Sims et al., 1996) e se constitui em uma forma interessante de modelar um efeito subletal, permitindo a comparação entre diferentes tratamentos e espécies-alvo. Para tais determinações, *scripts* encontram-se disponíveis para execução dessas estimativas em programas estatísticos específicos (SAS®, JMP SAS® ou ambiente R®).

Por outro lado, a $CIM_{50}$ representa a quantidade de agente tóxico necessária para reduzir em 50% a muda ou ecdise, sendo uma determinação importante para comparação da potência de compostos que interferem nos hormônios ligados ao desenvolvimento das espécies-alvo (p. ex.: hormônios juvenil e/ou ecdisteroides). Para determinação da $CIM_{50}$, utilizam-se, geralmente, regressões probíticas executadas em programas estatísticos, tais como Polo®, PoloPlus® ou SAS®.

## 3. Ação de derivados botânicos no comportamento de artrópodes

Derivados botânicos podem conter substâncias que proporcionam alterações no comportamento dos artrópodes, seja para afastá-los (efeito repelente) ou para aproximá-los (efeito atrativo) da fonte de estímulo. Em geral, os compostos repelentes atuam localmente ou a curtas distâncias, impedindo o inseto de se deslocar em direção à fonte de estímulo ou de pousar sobre seus hospedeiros (Blackwell et al., 2003; Choochote et al., 2007). Entre os compostos com propriedades repelentes, os mono e sesquiterpenos têm sido os mais abundantes e efetivos contra diversos artrópodes (Regnault-Roger et al., 2012) devido ao baixo peso molecular e à alta volatilidade (Isman, 2006; Nerio et al., 2010). Atividade repelente do sesquiterpeno β-cariofileno foi demonstrada não somente para *Aedes aegypti* (L.) (Diptera: Culicidae), transmissor de patógenos causadores de doenças em humanos (Gillij et al., 2008), mas também para *Diaphorina citri* Kuwayama (Hemiptera: Psyllidae), vetor das bactérias de floema '*Candidatus* Liberibacter spp.' associadas ao *huanglongbing* (HLB) ou *greening* em plantas cítricas (Alquézar et al., 2018). Da mesma forma, os compostos benzoato de benzila, β-mirceno e carvona mostraram atividade repelente para *Tribolium castaneum* (Herbst) (Coleoptera: Tenebrionidae) (Caballero-Gallardo et al., 2011), enquanto β-citronelol, farnesol, geraniol e linalool foram repelentes para *Rhopalosiphum maidis* (Fitch) (Hemiptera: Aphididae) (Halbert et al., 2009).

Apesar de alguns compostos induzirem o afastamento dos artrópodes da fonte de estímulo, outros podem atuar como pistas químicas que auxiliam os artrópodes na localização e seleção do substrato mais adequado à alimentação e reprodução (Kim et al., 2003). Hernández-Sánchez et al. (2001) relataram que adultos de *Ceratitis capitata* (Wiedemann) (Diptera: Tephritidae) foram altamente atraídos aos monoterpenos *p*-cimeno e limoneno produzidos por frutos de *Mangifera indica* L. (Anacardiaceae). Katerinopoulos et al. (2005) verificaram que 1,8-cineol [constituinte majoritário do óleo essencial de *Rosmarinus officinalis* L. (Lamiaceae)], *p*-anisaldeído, linalol e salicilaldeído proporcionaram alta atratividade para *Frankliniella occidentalis* (Pergande) (Thysanoptera: Thripidae). O óleo essencial de casca de *Citrus limonum* L. (Rutaceae) contendo diversos terpenos (incluindo geraniol) mostrou-se muito atrativo para tripes, moscas-dos-fungos (*fungus gnats*), cochonilhas, besouros, pulgões e moscas-brancas (Koul et al., 2008). Esses mesmos autores também relataram que adultos de lepidópteros foram atraídos ao cis-jasmona aplicado isoladamente ou em mistura com linalol e/ou fenilacetaldeído. Portanto, a identificação e o reconhecimento das propriedades repelentes/atraentes de derivados botânicos podem contribuir para o desenvolvimento de ferramentas efetivas para monitoramento e redução das injúrias/danos causados pelos artrópodes às plantas cultivadas, aos animais domésticos e ao próprio homem.

### 3.1. Atividade repelente/atraente de derivados botânicos

A atividade repelente/atraente de um composto ou derivado botânico pode ser determinada por métodos e dispositivos que permitem a avaliação da resposta comportamental do artrópode-alvo a um determinado estímulo. Diversos métodos de ensaios estão disponíveis para avaliar as alterações comportamentais dos artrópodes expostos aos estímulos sensoriais. No entanto, a maioria dos procedimentos utilizados em estudos de repelência na ecologia química e comportamento de artrópodes envolve a adição de um composto em um gradiente de concentração capaz de induzir uma resposta repulsiva ou atrativa ao artrópode-alvo por repetidas vezes, até que o número de observações seja representativo da população e suficiente para se obter alta confiabilidade no resultado gerado.

Para coleópteros, a atividade repelente/atraente de um derivado botânico pode ser avaliada usando placas de Petri com um disco de papel filtro dividido em duas seções (semicírculos) de mesma área. Em uma das seções, o composto bioativo é dissolvido em um solvente volátil (geralmente acetona) e aplicado uniformemente sobre o semicírculo, enquanto na outra seção, o mesmo volume de solvente é aplicado como controle. Feito isso, um número conhecido de insetos (p. ex.: 20) é liberado no centro do papel filtro (Iram et al., 2013). Após um tempo pré-determinado (alguns minutos ou horas), o número de insetos em cada seção é registrado e a porcentagem de repelência/atratividade é calculada (Wang et al., 2006; Chaubey, 2007). Esse método permite avaliar, ao mesmo tempo, apenas uma concentração do composto em cada unidade experimental. Diante disso, um dispositivo mais versátil e que permite a avaliação da atividade repelente ou atraente de diferentes derivados botânicos ao mesmo tempo foi aprimorado para investigar as alterações comportamentais de alguns coleópteros, especialmente para espécies que causam danos aos produtos armazenados. Nesse método, além dos estímulos olfativos emitidos pelo substrato (p. ex.: grãos de milho, feijão, trigo etc.), solvente e/ou derivados botânicos, estímulos visuais também estão disponíveis aos artrópodes. Os estímulos visuais são componentes sensoriais importantes para algumas espécies de artrópodes e devem ser considerados em estudos comportamentais com repelentes/atraentes. Esse dispositivo é constituído por um sistema de ar inodoro e de fluxo constante fornecido por um compressor e de 5 placas acrílicas ou de vidro (6 cm de diâmetro × dois cm de altura) hermeticamente fechadas e acopladas sobre uma base rígida (30 × 30 cm) (Figura 5). Nesse dispositivo, uma das placas encontra-se fixa no centro da base, sendo conectada às demais por meio de tubos de teflon ou de vidro de igual diâmetro e comprimento. Em uma das placas acrílicas são adicionados 10 g do substrato (grãos de milho, feijão, trigo etc.) tratado apenas com o solvente utilizado para dissolução do derivado botânico, enquanto nas outras placas são adicionados 10 g do substrato tratado com diferentes derivados botânicos ou concentrações a serem testadas no bioensaio. Feito isso, um número representativo de insetos (p. ex.: 50) são liberados na placa central.

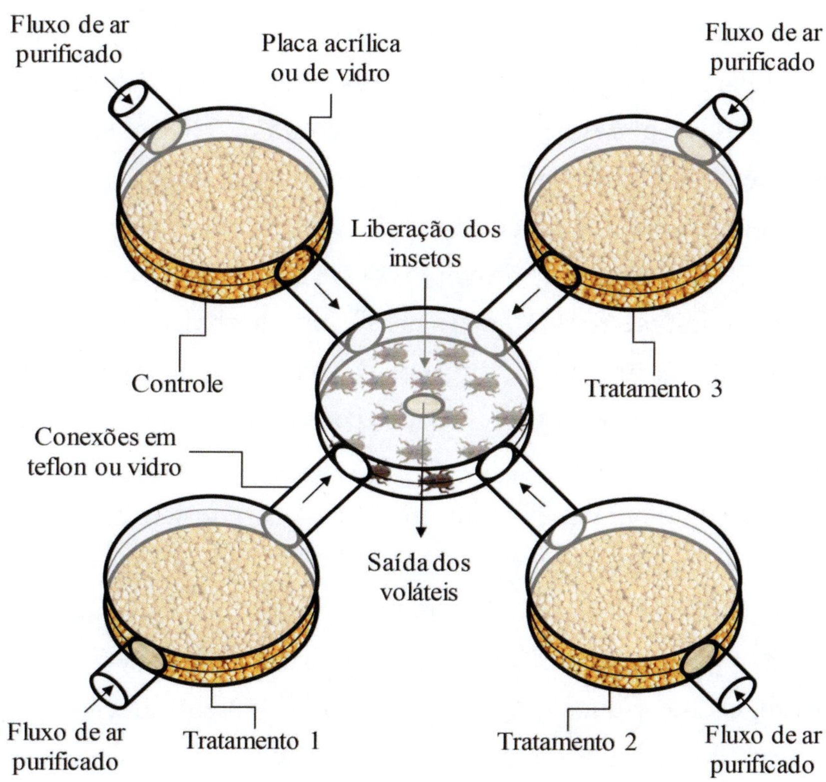


**Figura 5.** Dispositivo utilizado para avaliação da atividade repelente ou atraente de diferentes concentrações e/ou derivados botânicos.

Após decorrido um determinado período de tempo (minutos ou horas), o número de insetos em cada placa é contabilizado e os dados utilizados para calcular o índice de repelência (IR) ou atratividade (IA) usando as fórmulas IR ou IA = 2G/(G + P) adaptada de Lin et al. (1990), onde: G = porcentagem de insetos nos substratos tratados com o composto em teste e P = porcentagem de insetos no substrato-controle. Com base no IR ou IA e no desvio padrão, o intervalo de classificação (IC) para as médias dos tratamentos será determinado pela fórmula $1 \pm t_{(n-1;\ \alpha:\ 0,05)} \times (DP/\sqrt{n})$, onde: t = valor de "t" tabelado; DP = desvio padrão; n = número de repetições. Com base nos resultados obtidos, os derivados botânicos podem ser considerados neutros quando o valor de IR ou IA estiver dentro do IC avaliado; repelente quando o valor do IR for inferior ao menor valor do IC obtido e atraente quando o IA for superior ao maior valor do IC obtido.

Além desse dispositivo, olfatômetros que proporcionam a avaliação da atividade repelente ou atraente de derivados botânicos utilizando apenas pistas olfativas também têm demonstrado alta correlação com as respostas comportamentais dos artrópodes. Nesses dispositivos os estímulos são incorporados em um fluxo constante de ar úmido e inodoro com temperatura controlada, a fim de evitar a estimulação mecânica ou térmica dos insetos/ácaros expostos. Dentre os modelos de olfatômetros, os dispositivos de duas vias, também conhecidos como olfatômetro "Y" ou "T-maze" e de múltiplas vias (p. ex.: 4, 6, 8, entre outros) têm sido os mais utilizados em estudos comportamentais de diferentes espécies de artrópodes.

O olfatômetro "Y" consiste em um tubo de vidro com uma via principal e dois braços laterais formando ângulos de 120 graus entre eles (Figura 6). Esse dispositivo pode ser utilizado tanto na posição horizontal (artrópodes não fototrópicos) como na vertical (espécies fototrópicas positivas). Por sua vez, o olfatômetro "T-maze" é um dispositivo desenvolvido para aumentar a porcentagem de resposta de espécies fototrópicas positivas aos estímulos (Stelinski e Tiwari, 2013) (Figura 7). No entanto, os princípios desse dispositivo são similares aos do olfatômetro "Y". Em ambos olfatômetros ("Y" e "T-maze"), um dos braços laterais recebe os odores do composto repelente ou atraente e o outro recebe o tratamento controle. Os compostos em teste (repelentes/atraentes) e os solventes usados como controle são carreados por meio de conexões (tubos de teflon, vidro ou acrílico) conectadas à parte distal dos braços laterais em direção à via principal do olfatômetro por um fluxo de ar constante, úmido e inodoro fornecido por um compressor (Figuras 6 e 7).

Feito isso, insetos ou ácaros são liberados individualmente ou em grupos na via principal e a resposta comportamental registrada de acordo com o objetivo do estudo, espécie de artrópode e tempo de exposição. Os indivíduos que não se locomoverem em direção a um dos braços laterais do olfatômetro durante um tempo pré-determinado serão considerados

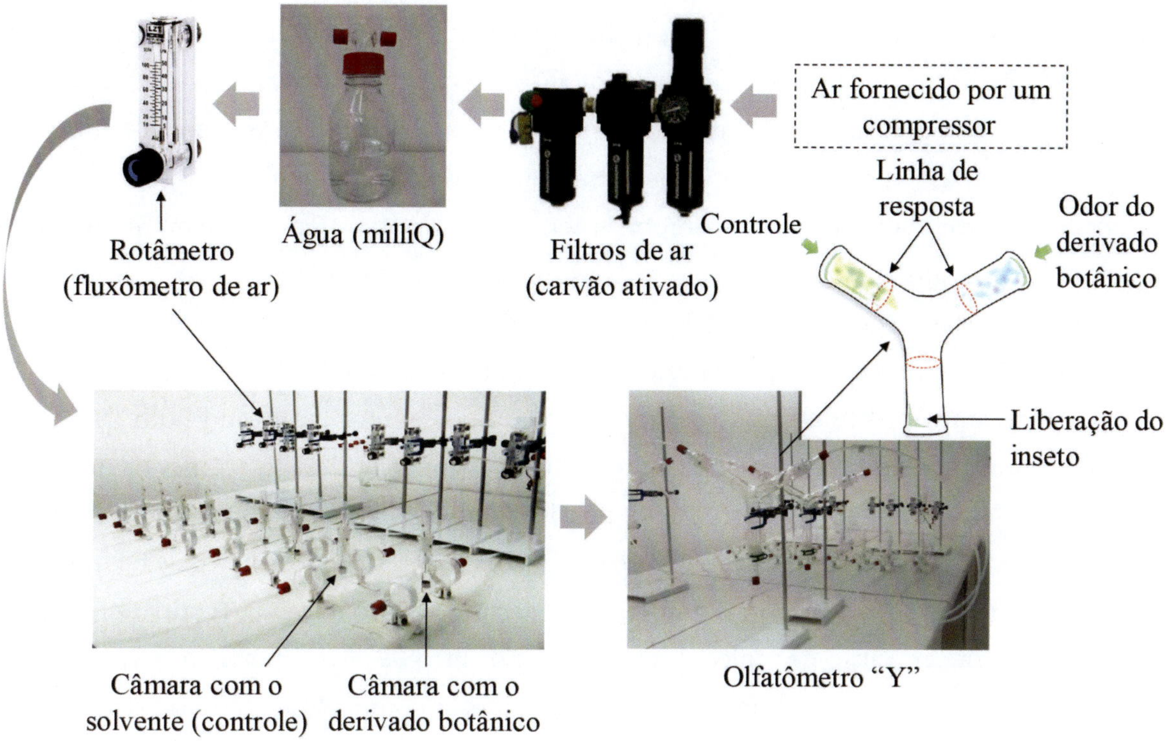


**Figura 6.** Sistema de olfatometria "Y" utilizado para avaliação da atividade repelente ou atraente de derivados botânicos.

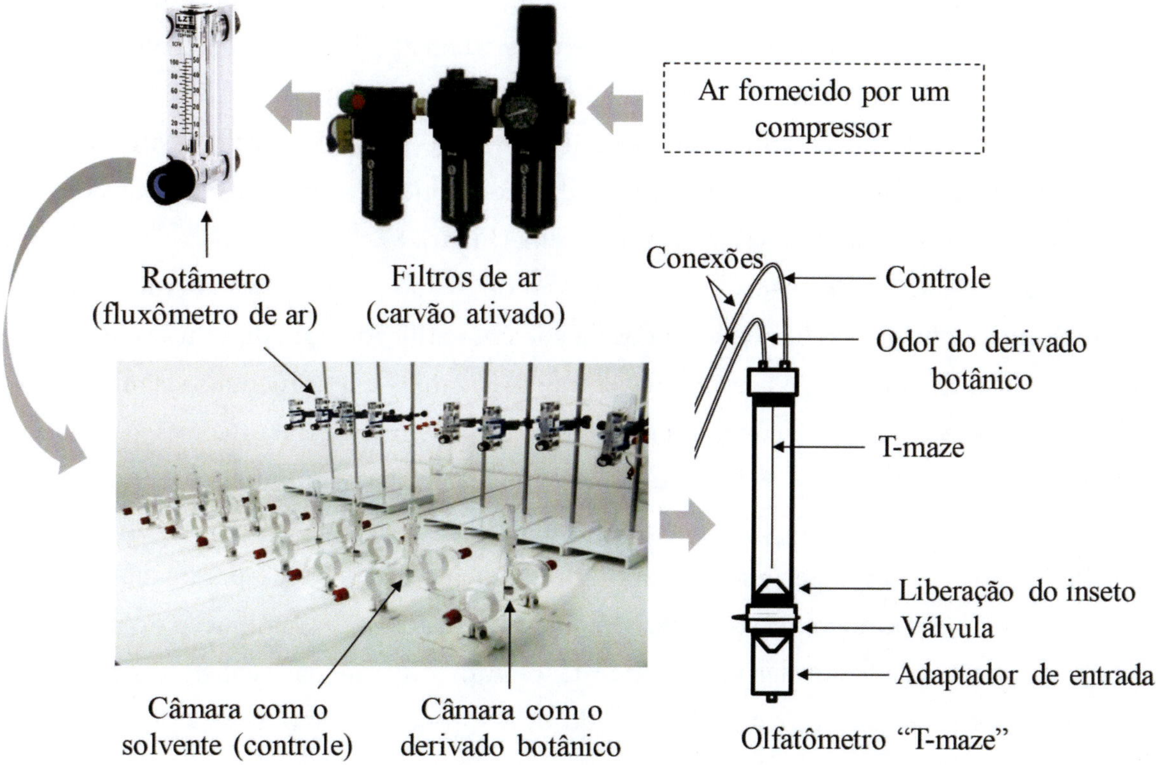


**Figura 7.** Sistema de olfatometria "T-maze" utilizado para avaliação da atividade repelente ou atraente de derivados botânicos.

"sem resposta" e devem ser desconsiderados das análises, enquanto aqueles que se deslocarem em direção a um dos braços laterais do olfatômetro são considerados "com resposta". Para cada indivíduo ou grupo de indivíduos testados, o dispositivo deve ser rotacionado 180 graus para reduzir/evitar possíveis variações e influências dos fatores abióticos (especialmente intensidade e qualidade de luz) no comportamento do artrópode. Com base no número de indivíduos "com resposta" registrados em cada braço (tratamento × controle) do olfatômetro, os índices de repelência/atratividade (IR ou IA) dos derivados em teste serão determinados seguindo o mesmo procedimento e critério descrito anteriormente.

Apesar de amplamente utilizados, estudos de comportamento utilizando olfatômetros "Y" com compostos/derivados repelentes têm sido questionados devido ao menor número de indivíduos "com resposta", em virtude da possibilidade de ocorrência de efeito repelente que reduz o deslocamento do inseto ao longo da via principal, e pela possibilidade de mistura dos odores emitidos pelo derivado botânico (tratamento) com o solvente (controle), o que pode reduzir a concentração de moléculas bioativas por litro de ar que percorre a via principal do olfatômetro e, consequentemente, alterar a resposta comportamental do artrópode e subestimar a atividade repelente do derivado botânico.

Por essas razões, dispositivos de múltiplas vias vêm sendo utilizados com maior frequência em estudos de comportamento de artrópodes, pois permitem avaliar mais de um composto ou concentração ao mesmo tempo e no mesmo bioensaio sem permitir misturas de odores. Esses dispositivos são constituídos de uma arena acrílica com 4, 6, 8 ou mais vias de acesso aos odores dos derivados botânicos e/ou solvente (controle). Nesses dispositivos, os odores são carreados por um fluxo de ar (geralmente de 0,1 a 0,4 L/min) inodoro e úmido (água milliQ) fornecido por um compressor utilizando conexões circulares (tubulações de teflon, acrílica ou vidro) fixadas nas laterais da arena (Figura 8).

Uma vez instalado o dispositivo, cada conexão ou grupo de conexões laterais receberá os odores emitidos pelos derivados botânicos ou solvente utilizado para dissolução dos compostos (controle). Nesse caso, é recomendável que os arranjos experimentais sejam realizados de modo que o número de conexões laterais que recebem cada tratamento seja igual ao número de conexões controles. Feito isso, os artrópodes em teste são liberados individualmente ou em grupos no centro da arena para avaliação do comportamento. Os indivíduos serão observados por um determinado tempo previamente estabelecido para cada espécie-alvo. As escolhas dos indivíduos serão registradas para posterior determinação do índice de repelência ou atratividade dos derivados em teste. O indivíduo que não realizar uma escolha ("sem resposta") após um determinado período de tempo será desconsiderado da análise. Em caso de resposta, a porcentagem e a frequência de escolhas realizadas pelos indivíduos em cada campo de odor e o tempo de permanência de cada indivíduo em cada campo podem ser registrados e utilizados para determinação da atividade repelente ou atraente do derivado botânico. Para cada indivíduo ou grupo de indivíduos testados, o dispositivo deve ser rotacionado 180 graus para reduzir/evitar possíveis variações e influências dos fatores abióticos (especialmente intensidade e qualidade de luz) no comportamento do artrópode. Com base na porcentagem de indivíduos em cada campo de odor (derivado botânico × controle) do olfatômetro, o índice de repelência/atratividade pode ser calculado.

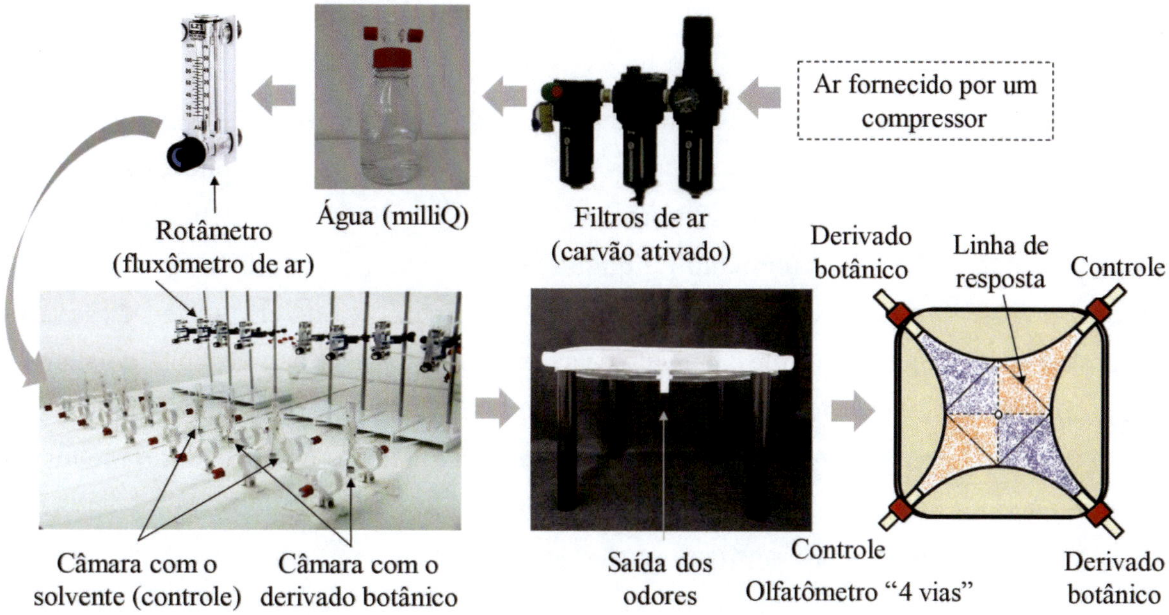


**Figura 8.** Sistema de olfatometria "4 vias" utilizado para avaliação da atividade repelente ou atraente de derivados botânicos.

### 3.2. Efeito deterrente de oviposição e alimentação

Os derivados botânicos podem causar diferentes alterações na preferência para oviposição e alimentação dos insetos ou ácaros devido à ação direta desses metabólitos sobre as sensilas periféricas desses artrópodes (Isman, 2002). Algumas substâncias podem interferir nas características do substrato, tornando-os impróprios para oviposição, ou mesmo alterar os níveis dos estimulantes de oviposição presentes nos substratos suscetíveis (Gomez et al., 1983). A deterrência alimentar é um efeito associado aos mecanismos sensoriais que causam redução do consumo de alimento (Isman, 2006) e depende da integração do sistema nervoso central com os quimiorreceptores localizados nos tarsos, peças bucais e cavidade oral [Mordue (Luntz) e Nisbet, 2000]. Monoterpenos, diterpenos, sesquiterpenos, glicosídeos complexos e alcaloides presentes em diversos vegetais podem atuar sobre os quimiorreceptores, estimulando as "células deterrentes específicas" ou bloqueando os fagoestimulantes, como as "células receptoras de açúcar", inibindo a alimentação (Isman, 2006).

A deterrência de oviposição (= ovideterrência) e de alimentação (= fagodeterrência) pode ser estimada utilizando ensaios sem e com chance de escolha. Nos testes sem chance de escolha, os indivíduos são expostos por um determinado tempo ao substrato de oviposição ou alimentação previamente tratado com o derivado botânico ou com o controle (substrato tratado apenas com o solvente utilizado para dissolução do derivado em teste). Por sua vez, nos testes com chance de escolha, os substratos tratados e o controle são oferecidos simultaneamente aos indivíduos para oviposição ou para alimentação (Figura 9). Em ambos os métodos e finalidades, o substrato deve ser oferecido aos indivíduos em quantidades (massa fresca ou seca, área ou volume) conhecidas e suficientes para suprir o potencial máximo de oviposição ou de consumo da espécie durante o período de avaliação. Vale ressaltar que em estudos de deterrência que utilizam dietas artificiais como substrato para aplicação dos tratamentos (p. ex.: algumas espécies de lepidópteros, dípteros e coleópteros), além dos tratamentos de interesse, amostras de alimento (alíquotas) sem aplicação e sem infestação do inseto devem ser mantidas paralelamente ao bioensaio para permitir a determinação da taxa de desidratação do alimento durante o período de avaliação (Ribeiro et al., 2016b). As avaliações (contagem de ovos e aferição da massa fresca ou seca, área foliar e volume de alimento excedente) podem ser realizadas periodicamente em tempos distintos ou ao final do bioensaio. De modo geral, a atividade fagodeterrente de um determinado derivado ou composto é demonstrada em bioensaios laboratoriais (com ou sem chance de escolha) após curtos períodos de tempo (geralmente 24 h). Longas exposições conduzem a uma redução na alimentação do inseto em decorrência da toxicidade pós-ingestão, que afeta a fisiologia do inseto e não necessariamente em decorrência da alteração do seu comportamento alimentar (Isman, 2002).

Com base no número de ovos e na quantidade de alimento consumido pelos indivíduos, pode-se calcular o índice de deterrência de oviposição (IDO) e de alimentação (IDA) dos derivados botânicos em teste usando a fórmula $IDO = IDA = [(C - T)/C] \times 100$, onde: C é o número de ovos ou quantidade de alimento consumido no controle e T é o número de ovos ou quantidade de alimento consumido no tratamento (Fenemore, 1980; Isman et al., 1990).

**Figura 9.** Unidade experimental utilizada para avaliar a atividade deterrente de alimentação de derivados botânicos para lagartas de *Spodoptera frugiperda* em bioensaio com chance de escolha: A) Lagarta liberada no centro da unidade experimental no início do bioensaio e B) Disco foliar consumido pela lagarta 24 h após a liberação (adaptada de Marcomini, 2009, com autorização).

Além dos métodos diretos, a técnica de EPG (*Electrical Penetration Graph*) também pode auxiliar, de forma indireta, na avaliação das etapas envolvidas no processo de alimentação de insetos sugadores (especialmente afídeos, moscas-brancas, psilídeos e cigarrinhas) e de oviposição endofítica de moscas (p. ex.: *Drosophila*) (Tjallingii, 1978; Guedes et al., 2019) tratados com pesticidas sintéticos (inseticidas ou fungicidas) ou derivados botânicos. Apesar de ser um instrumento importante para avaliação do comportamento alimentar e/ou de oviposição dos insetos, essa ferramenta não permite determinar a quantidade de alimento ingerido pelos indivíduos. Essa técnica consiste no uso de um equipamento (AC-DC Monitor®), cujo funcionamento se baseia em um circuito elétrico composto por uma caixa com uma fonte de voltagem conectada a um resistor e dois fios, um ligado à entrada (resistor) e o outro à saída (fonte de voltagem) da caixa, com dois eletrodos em sua extremidade, um ligando-se ao solo ou à planta e o outro colado com cola de prata condutora de eletricidade no pronoto do inseto. Quando este insere os estiletes no tecido vegetal, o circuito é fechado, e uma variação de voltagem é obtida e gravada em um computador em forma de ondas, conforme as etapas de alimentação, incluindo salivação e os diferentes tecidos vegetais que são alcançados pelos estiletes (Walker, 2000) (Figura 10).

A técnica de EPG vem sendo utilizada em estudos que visam a avaliar não somente a preferência alimentar e os efeitos de derivados botânicos na alimentação de insetos, mas também compreender os processos de transmissão de fitopatógenos por insetos vetores (Golawska et al., 2008; Déla et al., 2014; Dancewicz et al., 2016).

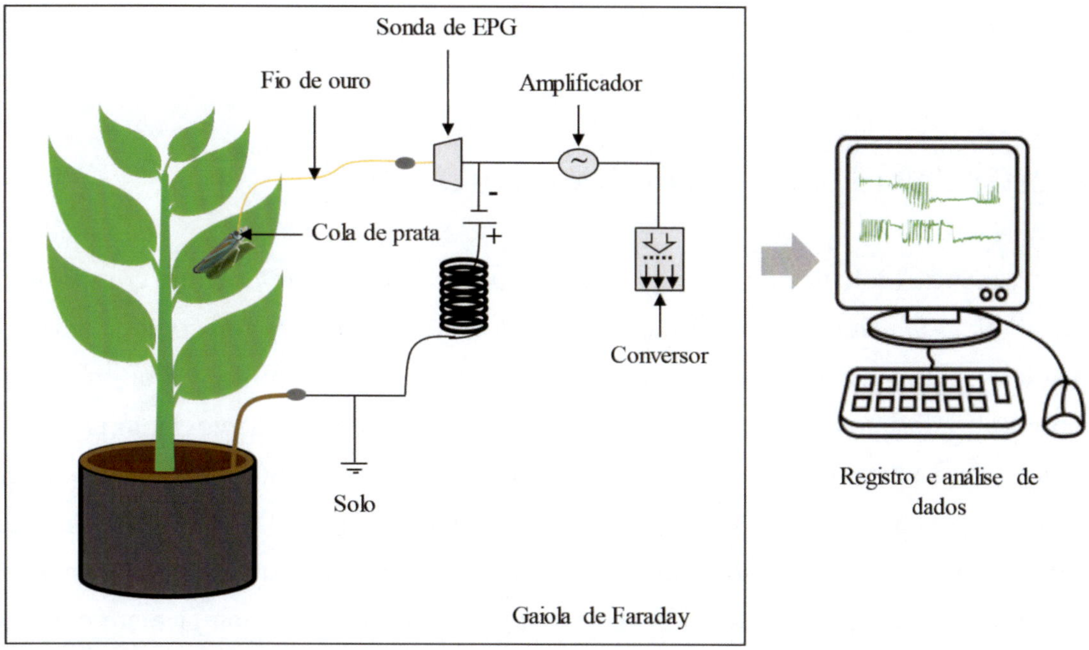


**Figura 10.** Sistema de EPG (*Electrical Penetration Graph*) utilizado na caracterização de comportamento alimentar e/ou de oviposição de insetos.

### 3.3. Efeito irritante ou desalojante dos derivados botânicos

O efeito irritante ou desalojante é caracterizado pelo movimento orientado do artrópode-alvo para fora das áreas tratadas (Desneux et al., 2007; Deletre et al., 2013). Esse conceito tem sido frequentemente utilizado de forma errônea para caracterizar a atividade repelente de algumas substâncias bioativas em estudos de comportamento de artrópodes. Diferentemente da repelência, que é o movimento orientado do inseto exposto a uma fonte de odor sem o contato direto do artrópode com o substrato (Matthews e Matthews, 1978), o efeito irritante ou desalojante é caracterizado pelo movimento orientado dos artrópodes para fora das áreas tratadas após o contato direto dos indivíduos com os resíduos do produto aplicado sobre o substrato (Roberts et al., 2000). Esse ato reflexo é uma resposta dada pelo sistema sensorial (quimiorreceptores ou mecanorreceptores) presentes nos insetos ou ácaros aos derivados botânicos (Reingold e Camhi, 1978; Deletre et al., 2013).

Compostos com propriedades irritantes ou desalojantes são importantes para o manejo de pragas agrícolas (Guerreiro et al., 2013), em especial para espécies que colonizam ou abrigam-se em locais protegidos (p. ex.: fendas na casca, lesões mecânicas, lesões causadas por outros artrópodes, depressões em tecidos vegetais ou produtos armazenados). A atividade irritante dos derivados botânicos pode ser estimada por meio de estudos comportamentais que consideram o tempo de permanência dos indivíduos sobre os substratos tratados e o controle. Mais recentemente, sistemas automatizados de avaliação do comportamento de artrópodes por meio de vídeo (p. ex.: Ethovision®) têm sido utilizados para tal finalidade (Noldus et al., 2002).

## 4. Persistência biológica dos derivados botânicos

A persistência biológica representa o tempo após a aplicação no qual um composto ou seus metabólicos induzem alterações biológicas, fisiológicas, ecológicas ou comportamentais significativas sobre a espécie-alvo (Greenhalgh, 1980). Termos como estável ou inerte, comumente utilizados em química e física, não são apropriados em toxicologia, uma vez que não caracterizam adequadamente a natureza dos compostos persistentes. Em ecotoxicologia, a determinação da persistência biológica de um xenobiótico é importante não somente para determinar a duração da atividade tóxica do produto, mas também para auxiliar na definição do momento mais adequado para a liberação de agentes de controle biológico em conjunto com aplicações de pesticidas nos programas de manejo integrado de pragas (Pérez-Aguilar et al., 2018).

De modo geral, produtos de origem botânica possuem baixa persistência biológica (Prakash et al., 2008; Mpumi et al., 2016; Ghodake et al., 2018). Isso se deve, principalmente, à alta instabilidade das substâncias bioativas e de seus metabólitos em relação às variações de umidade relativa do ar, à ocorrência de precipitações e, especialmente, à incidência de radiações ultravioleta (UV) (Sandoval-Mojica e Capinera, 2011; Turek e Stintzing, 2013).

Para a determinação da persistência biológica, o derivado botânico deve ser aplicado no substrato do hospedeiro do artrópode-alvo (p. ex.: partes das plantas a serem protegidas) em condições ambientais controladas ou em ambiente aberto, conforme as características da praga-alvo e das propriedades físico-químicas e bioquímicas do produto. Além do derivado botânico, um controle positivo (inseticida com alta persistência biológica para o organismo-alvo) e um controle negativo (solvente utilizado para a dissolução do produto) também devem ser utilizados nos ensaios para comparação. Feito isso, unidades experimentais são tratadas com os diferentes níveis de tratamento em tempos distintos (p. ex.: 30, 21, 15, 10, 7, 3 e 1 dia antes do início da infestação do artrópode-alvo). Para cada tempo (dias após a aplicação), amostras do substrato tratado são coletadas, transportadas ao laboratório, onde serão confeccionadas unidades experimentais e infestadas com o artrópode-alvo. A mortalidade e os efeitos subletais sobre as variáveis biológicas, ecológicas e comportamentais dos artrópodes devem ser periodicamente monitoradas e registradas para determinação dos níveis de toxicidade do produto em cada tempo. Durante o período de avaliação, as condições climáticas (especialmente temperatura, umidade relativa do ar e precipitação) também devem ser periodicamente aferidas (Balan et al., 2016).

Com base nos dados de mortalidade e dos efeitos subletais observados nas unidades experimentais em cada tempo (dias após a aplicação), a duração da atividade nociva do derivado botânico é determinada. Além disso, a persistência biológica (duração da atividade nociva) da substância/composto botânico pode ser comparada estatisticamente. Nesse caso, testes de medidas repetidas no tempo devem ser realizadas para verificar a interação do fator de unidade (tempo, em dias após a aplicação) com o fator de tratamento [derivado botânico e o(s) controle(s)] na variável aleatória (mortalidade ou efeitos subletais). O tempo e os tratamentos devem ser considerados como fatores fixos, enquanto as variáveis mensuradas são consideradas aleatórias. Os efeitos de tempo e de tratamento podem ser avaliados por meio de testes de razão de verossimilhança entre um modelo completo (com interação) e um modelo reduzido (sem interação). Além disso, testes de modelo de distribuição e de comparação de médias também podem ser utilizados para comparação dos tratamentos em cada tempo de avaliação.

## 5. Determinação do período residual de derivados botânicos

Entende-se por período residual de um derivado botânico ou de seus metabólitos o tempo de permanência do produto biologicamente ativo no solo, nos alimentos, nas plantas, no ar ou na água e que podem trazer implicações de ordem toxicológica aos organismos não alvo expostos ao referido xenobiótico. Os organismos podem ser expostos diretamente às substâncias tóxicas por meio do contato tópico, residual ou pela ingestão de alimentos contaminados e, indiretamente, pela contaminação do ambiente. No Brasil, os limites de resíduos de produtos nos alimentos estão sob regulamentação da Agência Nacional de Vigilância Sanitária (ANVISA) (Anvisa, 2014).

Nesses estudos, o Limite Máximo de Resíduos (LMR), a Dose de Referência Aguda (DRfA) e a Ingestão Diária Aceitável (IDA) são definidos para cada substância bioativa ou de seus metabólitos. O LMR corresponde à quantidade máxima de resíduos (expresso em mg de produto por kg de peso vivo) de uma substância nociva legalmente permitida nos alimentos ou no ambiente. Esses limites devem ser assegurados com base no número correto de aplicações, respeitando o intervalo de segurança entre a última aplicação e a exposição dos organismos (Srivastava et al., 2011). Por sua vez, a DRfA representa um parâmetro de segurança toxicológica aguda obtido a partir da estimativa da quantidade de resíduos (expresso em mg de resíduo por kg de peso corpóreo) presente nos alimentos ou no ambiente que o indivíduo pode ser exposto por um período de 24 h sem causar efeitos deletérios a sua saúde. Da mesma forma, a IDA é outro parâmetro de segurança que leva em consideração a quantidade máxima da substância ou de seus metabólitos (expressa em mg de produto por kg de peso corpóreo) que pode ser diariamente ingerida, durante toda a vida, sem causar qualquer efeito adverso ao indivíduo.

Para determinação da IDA, o Nível de Não Efeito (NNE) do derivado botânico deve ser previamente definido (Watanabe e Nutti, 2002). Esse parâmetro é obtido pela divisão do NNE por um fator de segurança, que depende da substância, sendo geralmente utilizado o valor 100, podendo, entretanto, ser maior ou menor dependendo da substância em estudo (Jardim e Caldas, 2009). Esse fator de segurança está associado aos fatores que influenciam nos níveis de toxicidade de uma substância e os danos que estes podem causar ao ser humano. Primeiramente, são considerados os fatores relacionados ao sistema biológico (idade, peso corpóreo, temperatura, estado nutricional e patológico e fatores genéticos) e, posteriormente, as características da substância (forma e o tamanho das partículas, concentração ingerida, afinidade, solubilidade e sensibilidade dos organismos às diferentes substâncias) (Oliveira, 2008).

Para a determinação do NNE são necessários diversos testes toxicológicos, incluindo os estudos de toxicidade aguda, subcrônica e crônica, genotoxicidade, carcinogenicidade, imunotoxicidade, efeitos na reprodução (teratogenicidade), entre outros (Watanabe e Nutti, 2002). A toxicidade aguda ocorre pelo contato único ou múltiplo com o agente tóxico por um período de aproximadamente 24 h. Nesses estudos são avaliados os efeitos dos derivados botânicos nas variáveis biológicas e comportamentais dos organismos e sua influência nas reações bioquímicas e/ou no metabolismo (Pimentel et al., 2006; Amaral e Silva, 2007). Além da toxicidade aguda, testes de toxidade crônica e subcrônica também podem auxiliar na avaliação dos efeitos das substâncias bioativas no crescimento, desenvolvimento, reprodução, longevidade e deformações de um organismo após um longo período de exposição a doses acumulativas do xenobiótico (Romanelli, 2004). Todos esses testes podem ser requeridos pelas agências reguladoras para análise dos efeitos nocivos e aprovação de novos produtos para uso nos sistemas de produção (Palaez et al., 2010).

## 6. Determinação da eficácia de derivados botânicos no manejo de pragas

A bioatividade de compostos botânicos sobre as pragas-alvo deve ser avaliada tanto em sistemas de cultivo protegido (tais como casas de vegetação ou túneis de cultivo) como em campo aberto. Esses testes revelam não somente o potencial do derivado botânico em suprimir a população da praga-alvo, mas também fornecem subsídios para estimar a viabilidade econômica no uso dessas tecnologias nos sistemas de produção.

### 6.1. Determinação da eficácia de derivados botânicos em condições de semi-campo

Em etapas subsequentes de um estudo laboratorial, a eficácia dos produtos de origem botânica é geralmente testada em condições de semi-campo (casa de vegetação), onde algumas variáveis ambientais (p. ex.: precipitação, orvalho, temperatura e radiação UV) são parcialmente ou totalmente controladas. Esses estudos indicam o potencial dos derivados botânicos em causar mortalidade, repelência e deterrência de alimentação e/ou oviposição nos artrópodes-alvo, confirmando os resultados obtidos previamente em condições laboratoriais.

Nessas investigações, o pesquisador geralmente utiliza indivíduos provenientes de criações mantidas em condições laboratoriais para verificar a efetividade do bioinseticida sobre a variável resposta do seu interesse. Vale ressaltar que os indivíduos utilizados nesses testes devem apresentar elevada sanidade e mesmo estágio de vida e idade para evitar possíveis alterações nos níveis de suscetibilidade/tolerância do artrópode-alvo às substâncias bioativas. Uma vez que todas as variáveis que podem interferir na eficácia dos derivados botânicos tenham sido aferidas, as unidades experimentais são tratadas com o derivado botânico (utilizando uma ou mais concentrações) de interesse e os controles positivo (outro derivado botânico ou produto sintético cujo efeito sobre a variável resposta é conhecida) e negativo (solvente utilizado para dissolução do derivado em teste). As avaliações podem ser realizadas em tempos regulares (p. ex.: a cada 24 h por 5, 7 ou 10 dias após a aplicação) ou pré-estabelecido (uma única avaliação no *endpoint* do ensaio) em todas as unidades experimentais de cada tratamento.

A eficácia do derivado botânico no controle da praga-alvo é calculada com base nos dados registrados nas unidades experimentais dos tratamentos em relação àqueles obtidos nos controles (positivo e/ou negativo). Além disso, a eficácia do biopesticida pode ser comparada estatisticamente. Para isso, um teste de hipóteses de modelos de distribuição deve ser inicialmente realizado para verificar a adequação dos dados às pressuposições do modelo escolhido, seguido pela definição do teste estatístico de comparação de médias mais adequado (no caso de tratamentos com níveis qualitativos) para as variáveis mensuradas no ensaio que apresentarem efeito de tratamento.

## 6.2. Determinação da eficácia de biopesticidas em condições de campo

A eficácia de biopesticidas no controle de pragas também pode ser avaliada em áreas de produção sem qualquer controle de precipitações, orvalho, temperatura e radiação incidente. Esses testes podem ser realizados tanto com infestação artificial (artrópodes criados em laboratório) ou em áreas com infestação natural (população residente) da praga-alvo. Nos experimentos com infestação artificial, o pesquisador possui maior controle da qualidade dos organismos-alvo (idade, estágio de vida, sanidade e níveis de suscetibilidade) e da quantidade de indivíduos testados, mas a população mantida em laboratório pode ser menos adaptada às variações climáticas predominantes no local dos ensaios. Por essas razões, a maioria dos estudos de campo tem utilizado áreas com infestação natural da praga-alvo.

Para ensaios que utilizam infestação natural, uma amostragem deve ser realizada momentos antes da aplicação dos tratamentos para caracterizar os níveis de infestação inicial da praga-alvo nas unidades experimentais. Feito isso, o biopesticida em teste é aplicado em uma ou mais concentrações utilizando volumes de calda e tecnologias de aplicação pré-definidas. Além do derivado botânico, um controle positivo (outro biopesticida ou pesticida sintético com eficácia comprovada sobre o artrópode-alvo) e um negativo (solvente utilizado para a dissolução do biopesticida) devem ser adicionados nos ensaios para efeito de comparação da eficácia do derivado botânico de interesse sobre a praga. As avaliações podem ser realizadas em tempos regulares (p. ex.: a cada 24 h por 5, 7 ou 10 dias após a aplicação) ou em uma única avaliação no *endpoint* do ensaio, contando-se os indivíduos vivos ou mortos (ensaios que utilizam infestação artificial) ou por meio de amostragem de indivíduos (geralmente vivos, em ensaios que utilizam infestação natural) presentes no substrato tratado em cada unidade experimental.

Com base no número médio de indivíduos vivos ou mortos registrados nas avaliações realizadas após a aplicação, a eficácia de controle ($E$) do derivado botânico pode ser determinada pelas fórmulas propostas por Abbott (1925) e Schneider e Orelli (1947) para populações uniformes (p. ex.: infestação artificial; onde a quantidade de indivíduos utilizados em cada unidade experimental, tratamento ou ensaio é conhecida pelo pesquisador) e, nas avaliações, são considerados os indivíduos vivos ou mortos, respectivamente (Tabela 2). Para ensaios que utilizam populações desuniformes (infestação natural; onde o número de indivíduos nas unidades experimentais é variável) e nas avaliações são considerados os indivíduos vivos ou mortos, a eficácia dos tratamentos pode ser calculada pelas fórmulas propostas por Henderson e Tilton (1955) e Sun-Shepard (Püntener, 1981), respectivamente (Tabela 2).

**Tabela 2.** Fórmulas que podem ser utilizadas para determinar a eficácia dos tratamentos em ensaios que utilizam populações uniformes ou não uniformes e de acordo com a variável avaliada.

| Variáveis avaliadas | Populações uniformes | Populações não uniformes mes |
|---|---|---|
| Indivíduos vivos ou sobreviventes | Abbott<br>$E_{(\%)} = \left[1 - \left(\frac{N_{tf}}{N_{cf}}\right)\right] \times 100$ | Henderson-Tilton<br>$E_{(\%)} = \left[1 - \left(\frac{N_{ci} \times N_{tf}}{N_{cf} \times N_{ti}}\right)\right] \times 100$ |
| Mortalidade | Schneider-Orelli<br>$E_{(\%)} = \left(\frac{\%M_t - \%M_c}{100 - \%M_c}\right) \times 100$ | Sun-Shepard<br>$E_{(\%)} = \left(\frac{\%M_t \pm \Delta\%M_c}{100 \pm \Delta\%M_c}\right) \times 100$ |

$N_{tf}$ = número médio de indivíduos vivos no tratamento após a aplicação; $N_{cf}$ = número médio de indivíduos vivos no controle negativo após a aplicação; $N_{ci}$ = número médio de indivíduos vivos no controle negativo antes da aplicação; $N_{ti}$ = número médio de indivíduos vivos no tratamento antes da aplicação; $\%M_t$ = porcentagem de mortalidade no tratamento após a aplicação; $\%M_c$ = porcentagem de mortalidade no controle após a aplicação e $\Delta\%M_c$ = variação na porcentagem de mortalidade no controle antes e após a aplicação.

Além da eficácia de controle, os dados de sobrevivência/mortalidade obtidos nos diferentes níveis de tratamentos podem ser analisados e comparados estatisticamente. Para isso, um teste de hipóteses de modelos de distribuição deverá ser realizado para comparar a adequação dos dados às pressuposições do modelo escolhido, seguido pela definição do teste estatístico de comparação de médias mais adequado para as variáveis qualitativas mensuradas no ensaio que apresentarem efeito de tratamento.

## 7. Efeitos de derivados botânicos sobre os níveis populacionais

Tradicionalmente, os níveis de toxicidade dos agentes xenobióticos são determinados por meio da avaliação da mortalidade (estimativa das doses/concentrações letais médias ou no nível de toxicidade aguda sob determinada dose/concentração) e de alguns efeitos subletais (especialmente fecundidade, fertilidade e alterações no comportamento) sobre os indivíduos das espécies-alvo. Embora esses estudos sejam, na maioria das vezes, os principais resultados de interesse do pesquisador, essas métricas têm sido consideradas bastante simplistas e podem subestimar os efeitos nocivos totais dos compostos sobre um determinado grupo de indivíduos (Stark et al., 2007).

Em geral, derivados de origem botânica são constituídos por mais de um composto bioativo, os quais podem desencadear diversos efeitos subletais sobre as variáveis biológicas (reduzir/aumentar o tempo de desenvolvimento dos estágios imaturos, razão sexual, períodos de pré-oviposição, oviposição e pós-oviposição, fecundidade, fertilidade e longevidade) e comportamentais (mobilidade, orientação, capacidade de busca, preferência de alimentação e oviposição etc.) dos artrópodes (Desneux et al., 2005, 2007; Ahmad et al., 2013; Yousaf et al., 2018). Além disso, cada espécie reage de uma forma diferente aos mesmos níveis de estresse (Stark et al., 2004). Algumas podem suportar altos níveis de mortalidade e os níveis populacionais são rapidamente restabelecidos nos agroecossistemas devido à alta taxa reprodutiva e/ou de crescimento e desenvolvimento dos estágios imaturos, reduzido intervalo entre gerações, início da atividade reprodutiva bastante precoce ou a combinação de duas ou mais dessas variáveis biológicas. Outras espécies, porém, podem ser suprimidas após a exposição a um agente estressor que não induz mortalidade total dos indivíduos, mas que afeta negativamente o crescimento, o desenvolvimento, a reprodução e/ou a longevidade dos indivíduos (Stark et al., 2007). Por essa razão, estudos que consideram os efeitos letal e subletais dos derivados botânicos sobre os artrópodes-alvo são importantes para elucidar não somente o potencial nocivo dos biopesticidas sobre os indivíduos, mas também estimar os impactos desses compostos na dinâmica populacional das espécies-alvo nos agroecossistemas (Ahmad et al., 2013; Biondi et al., 2013; Jafarbeigi et al., 2014).

### 7.1. Efeito dos derivados botânicos nos parâmetros demográficos dos artrópodes

A estimativa dos parâmetros demográficos ou de tabela de vida tem sido uma ferramenta importante para verificar, de forma mais ampla, os efeitos nocivos dos agentes estressores na duração e sobrevivência dos diferentes estádios de desenvolvimento, na reprodução e na longevidade dos indivíduos, características fundamentais para compreender as variações na dinâmica populacional dos artrópodes após a aplicação de um xenobiótico (Southwood, 1978). A estimativa dos parâmetros demográficos também contribui para a detecção de pequenas alterações nas variáveis biológicas dos indivíduos que resultam no aumento/redução populacional dos artrópodes nos agroecossistemas (Stark e Banks, 2003; Rezaei et al., 2007). Os parâmetros demográficos podem ser estimados com base nos dados biológicos obtidos ao longo de uma geração (completa) ou durante uma ou mais fases de desenvolvimento/ reprodução da espécie (incompleta). Esses parâmetros são estimados a partir dos dados de sobrevivência, duração dos diferentes estádios/estágios de desenvolvimento, fecundidade, fertilidade e longevidade dos indivíduos ou de um grupo de indivíduos após exposição a um determinado derivado botânico, concentração e/ou tempo de exposição. Obviamente que nos tratamentos em que houver mortalidade total dos indivíduos, os parâmetros demográficos não poderão ser estimados.

A maioria dos estudos de tabela de vida iniciam com um número limitado de insetos ou ácaros recém-eclodidos onde são observadas as taxas de sobrevivência, desenvolvimento e de fecundidade em intervalos de tempo regulares, desde a eclosão até a morte dos indivíduos (Chi, 1988). Isso é compreensível devido à onerosidade e longo ciclo de vida de algumas espécies (especialmente aquelas de ciclo de vida uni ou bivoltinas), o que dificulta ou até mesmo impede a repetibilidade do estudo em tempo hábil para verificar possíveis alterações dos biopesticidas nos parâmetros demográficos dos artrópodes. Por essas razões, esses estudos são mais adequados para espécies multivoltinas (ciclo curto e com várias gerações anuais), pois os efeitos dos derivados botânicos podem ser mais facilmente detectados e demonstrados pelos métodos estatísticos.

Entre os métodos estatísticos, Jackknife tem sido amplamente utilizado para quantificar as incertezas associadas aos parâmetros populacionais quando estes são difíceis de serem estimados por meio de métodos analíticos (Tukey, 1958). No entanto, esse método não considera os indivíduos machos, as variações nas taxas de desenvolvimento individuais e aqueles que morrem antes de atingir o estágio adulto (Chi e Yang, 2003; Huang e Chi, 2012; Yin et al., 2013). O negligenciamento dos indivíduos machos e das taxas de desenvolvimento diferencial entre os indivíduos pode resultar em erros nas estimativas dos parâmetros demográficos (Chi e Liu, 1985). Diante dessas limitações, Chi e Liu (1985) e Chi (1988) desenvolveram um modelo teórico de análise de tabela de vida que leva em consideração não somente as variações nas taxas de desenvolvimento entre os indivíduos de ambos os sexos, mas também todos os indivíduos machos, fêmeas e os que morrem antes de atingir o estágio adulto para estimar a taxa de sobrevivência de cada idade/estágio específico, a taxa de sobrevivência na idade específica, a fecundidade na idade específica, a expectativa de sobrevivência na idade/estágio específico e os valores da reprodução na idade/estágio específico. Além disso, esse modelo permite estimar com maior acurácia a taxa líquida de reprodução ($R_o$), que representa a estimativa do número médio de fêmeas gerado por fêmea ao longo do período de oviposição e que chegarão na geração seguinte:

$$R_o = \sum_{x=0}^{\infty} l_x m_x \,,$$

a taxa intrínseca de crescimento ($r$) que é o fator relacionado com a velocidade de crescimento da população:

$$\sum_{x=0}^{\infty} e^{-r(x+1)} l_x m_x = 1,$$

o intervalo médio entre gerações ($T$), que representa o tempo médio entre a oviposição de uma geração e a oviposição da geração seguinte:

$$T = \ln R_o / r$$

e a razão finita de aumento ($\lambda$), que é o fator de multiplicação de crescimento diário da população:

$$\lambda = e^r$$

Nesse modelo, as médias e os erros padrões de cada variável biológica e de cada parâmetro demográfico são estimados pelo método de Bootstrap (Huang e Chi, 2012). Durante o procedimento de bootstrap, os dados de cada variável biológica e de cada parâmetro demográfico podem ser reamostrados, por no mínimo, 100.000 vezes e as médias dos tratamentos comparadas pelo teste de Bootstrap pareado (Efron e Tibshirani, 1993; Polat-Akköprü et al., 2015).

## 7.2. Efeito de derivados botânicos na taxa instantânea de crescimento dos artrópodes-alvo

Diante da necessidade de conhecer os efeitos dos derivados botânicos sobre os níveis populacionais das pragas-alvo e da dificuldade na condução de estudos de tabela de vida para algumas espécies de artrópodes, a estimativa da taxa instantânea de crescimento ($ri$) tem sido bastante útil, pois indica de forma mais detalhada o impacto de um agente estressor sobre uma população (Stark et al., 1997; Talebi et al., 2008). Esse parâmetro demográfico tem sido frequentemente utilizado em estudos que consideram os níveis populacionais dos artrópodes como critério para determinação da eficácia dos biopesticidas tanto em estudos laboratoriais como em campo (Venzon et al., 2007; Breda et al., 2011; Andrade et al., 2012; Zanardi et al., 2015; Araújo et al., 2017; Viteri-Jumbo et al., 2018).

Para estimativa da *ri*, o pesquisador deve conhecer os níveis populacionais iniciais e finais do artrópode-alvo. Dessa forma, uma contagem inicial do número de ovos e das formas imaturas e/ou adultos antes da aplicação do produto (pré-amostragem ou pré-contagem) deve ser realizada para caracterizar os níveis populacionais iniciais da espécie-alvo. Feito isso, uma ou mais concentrações do derivado botânico em teste serão aplicadas nos substratos (grãos, planta, frutos etc.) a serem utilizados como unidades experimentais. A avaliação final deve ser realizada seguindo os mesmos procedimentos e critérios adotados na pré-amostragem. Com base no número de ovos e de formas imaturas e/ou adultos obtidos na avaliação final e na pré-amostragem, a *ri* da espécie-alvo é estimada usando a fórmula proposta por Stark e Banks (2003):

$$ri = ln\left(\frac{N_f}{N_i}\right)/\Delta_t$$

onde: $N_f$ = é o número médio de indivíduos registrados na avaliação final; $N_i$ = é o número médio de indivíduos registrados na pré-amostragem e $\Delta_t$ = é o tempo transcorrido entre a pré-amostragem e a avaliação final.

Valores de *ri* positivos e negativos indicam um crescimento e uma redução na população do artrópode, respectivamente, enquanto que valores de *ri* = 0 indicam que a população do artrópode se manteve estável durante o período de avaliação (Stark e Banks, 2003). Além disso, os valores de $N_{is}$ e/ou $N_{fs}$ dos diferentes níveis de tratamentos podem ser analisados e comparados estatisticamente usando, inicialmente, um teste de hipóteses de distribuição para verificar o ajuste dos dados aos modelos e, posteriormente, definir o teste estatístico de comparação de médias mais adequado para as variáveis qualitativas mensuradas que apresentarem efeito de tratamento.

## 8. Considerações finais

A crescente demanda por alimentos produzidos em sistemas agrícolas ambientalmente mais sustentáveis tem crescido consideravelmente nos últimos anos, impulsionando mudanças significativas no modo de produzir e manejar os agentes bióticos de dano. Nesse contexto, a busca por alternativas de manejo de pragas tem sido fortemente estimulada, na tentativa de reduzir não somente a dependência dos agrotóxicos sintéticos, mas também os efeitos adversos causados pelo uso desordenado desses produtos ao homem e ao ambiente. Assim, o uso e os estudos com derivados botânicos com propriedades inseticidas/acaricidas, assim como ferramentas de controle biológico de pragas, têm sido retomados e impulsionados pelo interesse dos diferentes partícipes das cadeias produtivas (produtores, profissionais atuantes do setor e consumidores). Por parte da indústria química tradicional, o metabolismo secundário de plantas tem sido visto como fonte potencial de novas moléculas inseticidas/acaricidas passíveis de serem utilizadas na síntese de novos análogos sintéticos, especialmente daqueles dotados de distintos modos de ação sobre as espécies-praga alvo e características de segurança e seletividade aprimoradas.

Além da mortalidade (toxicidade aguda), compostos secundários de plantas (aleloquímicos) podem induzir alterações significativas nas variáveis biológicas (taxa de crescimento e desenvolvimento dos estágios imaturos, razão sexual, períodos de pré-oviposição e oviposição, fecundidade, fertilidade e longevidade) e comportamentais (repelência/atratividade, deterrência de alimentação e oviposição, irritabilidade etc.) dos artrópodes-alvo. Portanto, a avaliação da intensidade dessas alterações nos organismos-alvo é indispensável para caracterizar a capacidade dos derivados botânicos em reduzir os níveis populacionais das pragas-alvo nos agroecossistemas (Desneux et al., 2007; Biondi et al., 2013). Nesse contexto, a utilização de métodos de ensaios adequados aos diferentes objetivos dos estudos propostos e finalidades é fundamental para uma criteriosa avaliação desses derivados e segurança em sua recomendação prática. Não obstante, métodos de bioensaios que permitem investigar com acurácia os efeitos agudos e crônicos dos derivados botânicos sobre os organismos-alvo são indispensáveis no desenvolvimento de produtos de alta performance agronômica.

Em geral, a efetividade dos biopesticidas é averiguada em amostras da população e, as informações geradas, são extrapoladas para toda população. Por isso, os métodos de estudos de toxicidade aguda e de efeitos subletais estão em constante atualização para diminuir os riscos de negligenciamento dos efeitos desses xenobióticos sobre os organismos. Dessa forma, os procedimentos descritos neste capítulo visam a atender os requisitos básicos para avaliação dos efeitos letal e subletais dos derivados botânicos sobre os indivíduos e seus impactos sobre os níveis populacionais dos artrópodes-alvo. Vale ressaltar, ainda, que atualizações e/ou adequações nos procedimentos de bioensaios devem ser realizados de acordo com a infraestrutura e recursos disponíveis, sendo a criatividade e a inovação um dos preceitos dessa área.

## Referências bibliográficas


Abbott, W.S. 1925. A method of computing the effectiveness of an insecticide. Journal of Economic Entomology 18: 265-267.

Ahmad, S.; Ansari, M.S.; Moraiet, M.A. 2013. Demographic changes in ***Helicoverpa armigera*** after exposure to Neemazal (1% EC azadirachtin). Crop Protection 50: 30-36.

Alquézar, B.; Volpe, H.X.L.; Magnani, R.F.; Miranda, M.P.; Santos, M.A.; Wulff, N.A.; Bento, J.M.S.; Parra, J.R.P.; Bouwmeester, H.; Peña, L. 2017. β-caryophyllene emitted from a transgenic ***Arabidopsis*** or chemical dispenser repels ***Diaphorina citri***, vector of ***Candidatus*** Liberibacters. Scientific Reports 7: e5639.

Amaral, E.A.; Silva, R.M.G. 2007. Avaliação da toxicidade aguda de angico (***Anadenanthera falcata***), pau-santo (***Kilmeyera coreacea***), aroeira (***Myracrodruon urundeuva***) e cipó-de-são-joão (***Pyrostegia venusta***), por meio do bioensaio com ***Artemia salina***. Revista Eletrônica da Pesquisa. Disponível em: <http://www.unipam.edu.br/perquirere/file/file/2008_cb/artigo_eni.pdf >. Acesso em: 10 mai. 2019.

Andrade, L.H.; Oliveira, J.V.; Breda, M.O.; Marques, E.J.; Lima, I.M.M. 2012. Effects of botanical insecticides on the instantaneous population growth rate of ***Aphis gossypii*** Glover (Hemiptera: Aphididae) in cotton. Acta Scientiarum. Agronomy 34: 119-124.

Ansante, T.F. 2014. Metabólitos secundários de Annonaceae: Triagem, fracionamento biomonitorado e bioatividade frente a ***Spodoptera frugiperda*** (J.E. Smith, 1797) (Lepidoptera: Noctuidae). Piracicaba, 103p. Dissertação (Mestrado) - Escola Superior de Agricultura "Luiz de Queiroz", Universidade de São Paulo.

Anvisa – Agência Nacional de Vigilância Sanitária. 2014. Programa de análise de resíduos de agrotóxicos em alimentos – PARA. Relatório complementar relativo à segunda etapa das análises de amostras coletadas em 2012. Disponível em: <http://portal.anvisa.gov.br/documents/111215/117818/Relat%25C3%25B3rio%2BPARA%2B2012%2B2%25C2%25AA%2BEtapa%2B-%2B17_10_14-Final.pdf/3bc220f9-8475-44ad-9d96-cbbc988e28fa>. Acesso em: 23 abr. 2019.

Araújo, A.M.N.; Faroni, D.L.R.; Oliveira, J.V.; Navarro, D.M.A.F.; Barbosa, D.R.S.; Breda, M.O.; França, S.M. 2017. Lethal and sublethal responses of ***Sitophilus zeamais*** populations to essential oils. Journal of Pest Science 90: 589-600.

Balan, M.G.; Saab, O.J.G.A.; Ecker, A.E.A.; Migliorini, G.O. 2016. Description of the application method in technical and scientific work on insecticides. Acta Scientiarum. Agronomy 38: 9-17.

Barbosa, W.F.; Tomé, H.V.V.; Bernardes, R.C.; Siqueira, M.A.L.; Smagghe, G.; Guedes, R.N.C. 2015. Biopesticide-induced behavioral and morphological alterations in the stingless bee ***Melipona quadrifasciata***. Environmental Toxicology and Chemistry 34: 2149-2158.

Bernardi, D.; Botton, M.; Cunha, U.S.; Bernardi, O.; Malausa, T.; Garcia, M.S.; Nava, D.E. 2013. Effects of azadirachtin on ***Tetranychus urticae*** (Acari: Tetranychidae) and its compatibility with predatory mites (Acari: Phytoseiidae) on strawberry. Pest Management Science 69: 75-80.

Biondi, A.; Zappalà, L.; Stark, J.D.; Desneux, N. 2013. Do biopesticides affect the demographic traits of a parasitoid wasp and its biocontrol services through sublethal effects? PLoS ONE 8: e76548.

Blackwell, A.; Stuart, A.E.; Estambale, B.A. 2003. The repellent and antifeedant activity of oil of ***Myrica gale*** against ***Aedes aegypti*** mosquitoes and its enhancement by the addition of salicyluric acid. Journal of the Royal College of Physicians of Edinburgh 33: 209-214.

Breda, M.O.; Oliveira, J.V.; Marques, E.M.; Ferreira, R.G.; Santana, M.F. 2011. Botanical insecticides applied on ***Aphis gossypii*** and its predator ***Cycloneda sanguinea*** on naturally colored cotton. Pesquisa Agropecuária Brasileira 46: 1424-1431.

Caballero-Gallardo, K.; Olivero-Verbel, J.; Stashenko, E.E. 2011. Repellent activity of essential oils and some of their individual constituents against ***Tribolium castaneum*** Herbst. Journal of Agricultural and Food Chemistry 59: 1690-1696.

Campos, E.V.R.; Proença, P.L.F.; Oliveira, J.L.; Bakshi, M.; Abhilash, P.C.; Fraceto, F. 2018. Use of botanical insecticides for sustainable agriculture: Future perspectives. Ecological Indicators 105: 483-495.

Cantrell, C.L.; Dayan, C.L.; Duke, S.O. 2012. Natural products as sources for new pesticides. Journal of Natural Products 75: 1231-1242.

Carvalho, G.A.; Alves, D.S.; Oliveira, D.F. 2017. Bioensaios para a seleção de metabólitos secundários de plantas ativos contra insetos. p.50-85. *In*: Lopes, E.A.; Carvalho Filho, A.; Nobre, D.A.C.; Mendes, F.Q.; Fernandes, F.L.; Pinto, F.G.; Silva, G.H.S.; Tronto, J.; Visotto, L.E.; Borges, P.D.; Good, P.I.V., orgs. A química na produção vegetal. Ed. Rio Paranaíba, Lavras, MG, Brasil.

Carvalho, S.S.; Vendramim, J.D.; Pitta, R.M.; Forim, M.R. 2012. Efficiency of neem oil nanoformulations to ***Bemisia tabaci*** (Genn.) biotype B (Hemiptera: Aleyrodidae). Semina: Ciências Agrárias 33: 193-202.

Carvalho, S.S.; Vendramim, J.D.; Sá, I.C.G.; Silva, M.F.G.F.; Ribeiro, L.P.; Forim, M.R. 2015. Efeito inseticida sistêmico de nanoformulações à base de nim sobre ***Bemisia tabaci*** (Hemiptera: Aleyrodidae) biótipo B em tomateiro. Bragantia 74: 298-306.

Chaubey, M.K. 2007. Insecticidal activity of ***Trachyspermum ammi*** (Umbelliferae), ***Anethum graveolens*** (Umbelliferae) and ***Nigella sativa*** (Ranunculaceae) against stored-product beetle ***Tribolium castaneum*** Herbst (Coleoptera: Tenebrionidae). African Journal of Agricultural Research 2: 596-600.

Chi, H. 1988. Life table analysis incorporating both sexes and variable development rates among individuals. Environmental Entomology 17: 26-34.

Chi, H.; Liu, H. 1985. Two new methods for the study of insect population ecology. Bulletin of the Institute of Zoology, Academia Sinica 24: 225-240.

Chi, H.; Yang, T.C. 2003. Two-sex life table and predation rate of ***Propylaea japonica*** Thunberg (Coleoptera: Coccinellidae) fed on ***Myzus persicae*** (Sulzer) (Homoptera: Aphididae). Environmental Entomology 32: 327-333.

Choochote, W.; Chaithong, U.; Kamsuk, K.; Jitpakdi, A.; Tippawangkosol, P.; Tuetun, B.; Champakaew, D.; Pitasawat, B. 2007. Repellent activity of selected essential oils against ***Aedes aegypti***. Fitoterapia 78: 359-364.

Dancewicz, K.; Sznajder, K.; Załuski, D.; Kordan, B.; Gabryś, B. 2016. Behavioral sensitivity of ***Myzus persicae*** to volatile isoprenoids in plant tissues. Entomologia Experimentalis et Applicata 160: 229-240.

Déla, M.A.; Koffivi, K.G.; Komina, A.; Arnaud, A.; Philippe, G.; Adolé, G.I. 2014. Evaluation of neem leaves-based preparations as insecticidal agents against the green peach aphid, ***Myzus persicae*** (Sternorrhyncha: Aphididae). African Journal of Agricultural Research 9: 1344-1352.

Deletre, E.; Martin, T.; Campagne, P.; Bourguet, D.; Cadin, A.; Menut, C.; Bonafos, R.; Chandre, F. 2013. Repellent, irritant and toxic effects of 20 plant extracts on adults of the malaria vector ***Anopheles gambiae*** mosquito. PLoS ONE 8: e82103.

Desneux, N.; Decourtye, A.; Delpuech, J.M. 2007. The sublethal effects of pesticides on beneficial arthropods. Annual Review of Entomology 52: 81-106.

Desneux, N.; Fauvergue, X.; Dechaume-Moncharmont, F.X.; Kerhoas, L.; Ballanger, Y.; Kaiser, L. 2005. ***Diaeretiella rapae*** limits ***Myzus persicae*** populations after applications of deltamethrin in oilseed rape. Journal of Economic Entomology 98: 9-17.

Efron, B.; Tibshirani, R.J.A. 1993. An introduction to the Bootstrap. Boca Raton London, Washington, USA.

Fenemore, P.G. 1980. Oviposition of potato tuber moth, ***Phthorimaea operculella*** Zell. (Lepidoptera: Gelechidae); identification of host-plant factors influencing oviposition response. New Zealand Journal of Zoology 7: 435-39.

Fernandes, C.P.; Xavier, A.; Pacheco, J.P.F.; Santos, M.G.; Mexas, R.; Ratcliffe, N.A.; Gonzalez, M.S.; Mello, C.B.; Rocha, L.; Feder, D. 2013. Laboratory evaluation of the effects of ***Manilkara subsericea*** (Mart.) Dubard extracts and triterpenes on the development of ***Dysdercus peruvianus*** and ***Oncopeltus fasciatus***. Pest Management Science 69: 292-301.

Finney, D.J. 1971. Probit analysis. Cambridge University Press, Cambridge, England.

Galdino, T.V.S.; Picanço, M.C.; Morais, E.G.F.; Silva, N.R.; Silva, G.A.R.; Lopes, M.C. 2011. Bioassay method for toxicity studies of insecticide formulations to ***Tuta absoluta*** (Meyrick, 1917). Ciência & Agrotecnologia 35: 869-877.

Ghodake, V.N.; Naik, S.V.; Bhukhanwala, K.N.; Kande, K.V.; Bhor, N.J.; Patravale, V.B. 2018. Nanoengineered systems for biopesticides. p.243-259. *In*: Hussain, C.M., ed. Handbook of nanomaterials for industrial applications. Elsevier, Amsterdan, The Netherlands.

Gillij, Y.G.; Gleiser, R.M.; Zygadlo, J.A. 2008. Mosquito repellent activity of essential oils of aromatic plants growing in Argentina. Bioresource Technology 99: 2507-2515.

Golawska, S.; Lukasik, I.; Leszczynski, B. 2008. Effect of alfalfa saponins and flavonoids on pea aphid. Entomologia Experimentalis et Applicata 128: 147-153.

Gomez, L.A.; Rodriguez, J.G.; Poneleit, C.G.; Blake, D.F.; Smith Jr., C.R. 1983. Chemosensory responses of the rice weevil (Coleoptera: Curculionidae) to a susceptible and resistant corn genotype. Journal of Economic Entomology 76: 1044-1048.

Greenhalgh, R. 1980. Definition of persistence in pesticide chemistry. Pure and Applied Chemistry 52: 2563-2566.

Guedes, R.N.C.; Cervantes, F.A.; Backus, E.A.; Walse, S.S. 2019. Electropenetrography of spotted wing drosophila (***Drosophila suzukii***) on pesticide treated strawberry. Journal of Pest Science 93: 91-102.

Guerreiro, J.C.; Camolese, P.H.; Busol, A.C. 2013. Eficiência de inseticidas associados a enxofre no controle de ***Spodoptera frugiperda*** em milho convencional. Scientia Agraria Paranaensis 12: 275-285.

Halbert, S.E.; Corsini, D.; Wiebe, M.; Vaughn, S.F. 2009. Plant-derived compounds and extracts with potential as aphid repellents. Annals of Applied Biology 154: 303-307.

Henderson, C.F.; Tilton, E.W. 1955. Tests with acaricides against the brow wheat mite. Journal of Economic Entomology 48: 157-161.

Hernández-Sánchez, G.; Sanz-Berzosa, I.; Casana-Giner, V.; Primo-Yufera, E. 2001. Attractiveness for ***Ceratitis capitata*** (Wiedemann) (Dipt., Tephritidae) of mango (***Mangifera indica***, cv. Tommy Atkins) airborne terpenes. Journal of Applied Entomology 125: 189-192.

Huang, Y.B.; Chi, H. 2012. Age-stage, two-sex life tables of ***Bactrocera cucurbitae*** (Coquillett) (Diptera: Tephritidae) with a discussion on the problem of applying female age-specific life tables to insect populations. Insect Science 19: 263-273.

Iram, N.; Arshad, M.; Akhter, N. 2013. Evaluation of botanical and synthetic insecticide for the control of ***Tribolium castaneum*** (Herbst) (Coleoptera: Tenebrionidae). BioAssay 8: 1-10.

Isman, M.B. 2002. Insect antifeedants. Pesticide Outlook 13: 152-157.

Isman, M.B. 2006. Botanical insecticides, deterrents and repellents in modern agriculture and an increasingly regulated world. Annual Review of Entomology 51: 45-66.

Isman, M.B. 2015. A renaissance for botanical insecticides? Pest Management Science 71: 1587-1590.

Isman, M.B. 2017. Bridging the gap: Moving botanical insecticides from the laboratory to the farm. Industrial Crops and Products 110: 10-15.

Isman, M.B.; Grieneisen, M.L. 2014. Botanical insecticide research: Many publications, limited useful data. Trends in Plant Science 19: 140-145.

Isman, M.B.; Koul, O.; Luczynski, A.; Kaminski, J. 1990. Insecticidal and antifeedant bioactivities of neem oils and their relationship to azadirachtin content. Journal of Agricultural and Food Chemistry 38: 1406-1411.

Jafarbeigi, F.; Samih, M.A.; Zarabi, M.; Esmaeily, S. 2014. Sublethal effects of some botanical and chemical insecticides on the cotton whitefly, ***Bemisia tabaci*** (Hemiptera: Aleyrodidae). Arthropods 3: 127-137.

Jardim, A.N.O.; Caldas, E.D. 2009. Exposição humana a substâncias químicas potencialmente tóxicas na dieta e os riscos para saúde. Química Nova 32: 1898-1909.

Katerinopoulos, H.E.; Pagona, G.; Afratis, A.; Stratigakis, N.; Roditakis, N. 2005. Composition and insect attracting activity of the essential oil of ***Rosmarinus officinalis***. Journal of Chemical Ecology 31: 111-122.

Kim, S.I.; Roh, J.Y.; Kim, D.H.; Lee, H.S.; Ahn, Y.J. 2003. Insecticidal activities of aromatic plant extracts and essential oils against ***Sitophilus oryzae*** and ***Callosobruchus chinensis***. Journal of Stored Products Research 39: 293-303.

Koul, O.; Walia, S.; Dhaliwal, G.S. 2008. Essential oils as green pesticides: Potential and constraints. Biopesticides International 4: 63-84.

Lin, H.; Kogan, M.; Fischer, D. 1990. Induced resistance in soybean to the Mexican bean beetle (Coleoptera: Coccinellidae): Comparisons of inducing factors. Environmental Entomology 19: 1852-1857.

Machota Jr., R.; Formolo, R.; Bernardi, D.; Botton, M.; Rufato, L. 2013. Efeito de inseticidas sobre ***Anastrepha fraterculus*** (Wied.) (Diptera: Tephritidae) em uva de mesa 'Itália' sob cultivo protegido. Investigación Agraria 15: 113-120.

Marcomini, A.M. 2009. Bioatividade e efeito residual de nanoformulações de nim sobre ***Spodoptera frugiperda*** (J.E. Smith). Piracicaba, 81p. Dissertação (Mestrado) - Escola Superior de Agricultura "Luiz de Queiroz", Universidade de São Paulo.

Matthews, R.W.; Matthews, J.R. 1978. Insect behavior. Wiley, New York, USA.

Mordue (Luntz), A.J.; Blackwell, A. 1993. Azadirachtin: An update. Journal of Insect Physiology 39: 903-924.

Mordue (Luntz), A.J.; Nisbet, A.J. 2000. Azadirachtin from de neem tree ***Azadirachta indica***: Its actions against insects. Anais da Sociedade de Entomologia do Brasil 29: 615-632.

Moreno, S.C.; Carvalho, G.A.; Picanço, M.C.; Morais, E.G.F.; Pereira, R.M. 2012. Bioactivity of compounds from ***Acmella oleracea*** against ***Tuta absoluta*** (Meyrick) (Lepidoptera: Gelechiidae) and selectivity to two non-target species. Pest Management Science 68: 386-393.

Mpumi, N.; Mtei, K.; Machunda, R.; Ndakidemi, P.A. 2016. The toxicity, persistence and mode of actions of selected botanical pesticides in Africa against insect pests in common beans, ***P. vulgaris***: A review. American Journal of Plant Sciences 7: 138-151.

Mulla, M.S.; Tianyun, S. 1999. Activity and biological effects of neem products against arthropods of medicinal and veterinary importance. Journal of the American Mosquito Control Association 15: 133-152.

Nakai, Y.C.L.; Wang, X.L. 2012. Isolation of active substances and bioactivity of ***Aconitum sinomontanum***. Natural Product Research 26: 2099-2102.

Nerio, L.S.; Olivero-Verbel, J.; Stashenko, E. 2010. Repellent activity of essential oils: A review. Bioresource Technology 101: 372-378.

Noldus, L.P.J.; Spink, A.J.; Tegelenbosch, R.A.J. 2002. Computerised video tracking, movement analysis and behavior recognition in insects. Computers and Electronics in Agriculture 35: 201-227.

Nondillo, A.; Zanardi, O.; Afonso, A.P.; Benedetti, A.J.; Botton, M. 2007. Efeito de inseticidas neonicotinóides sobre a mosca-das-frutas Sul Americana ***Anastrepha fraterculus*** (Wiedemann) (Diptera: Tephritidae) na cultura da videira. Bioassay 2: 1-9.

Oliveira, C.C. 2008. Estudo toxicológico pré-clínico do extrato aquoso e do óleo essencial das folhas de ***Alpinia zerumbet*** (Pers.) Burtt & Smith. Fortaleza, 90p. Dissertação (Mestrado) - Universidade Federal do Ceará.

Paramasivam, M.; Selvi, C. 2017. Laboratory bioassay methods to assess the insecticide toxicity against insect pests - A review. Journal of Entomology and Zoology Studies 5: 1441-1445.

Pavela, R. 2016. History, presence and perspective of using plant extracts as commercial botanical insecticides and farm products for protection against insects - A review. Plant Protection Science 52: 229-241.

Pelaez, V.; Terra, F.H.B.; Silva, L.R. 2010. A regulamentação dos agrotóxicos no Brasil: Entre o poder de mercado e a defesa da saúde e do meio ambiente. Revista de Economia 36: 27-48.

Pérez-Aguilar, D.A.; Soares, M.A.; Passos, L.C.; Martínez, A.M.; Pineda, S.; Carvalho, G.A. 2018. Lethal and sublethal effects of insecticides on ***Engytatus varians*** (Heteroptera: Miridae), a predator of ***Tuta absoluta*** (Lepidoptera: Gelechiidae). Ecotoxicology 27: 719-728.

Pimentel, L.C.F.; Chaves, C.R.; Freire, L.A.; Afonso, J.C. 2006. O inacreditável emprego de produtos químicos perigosos no passado. Química Nova 29: 1138-1149.

Polat-Akköprü, E.; Atlihan, R.; Okut, H.; Chi, H. 2015. Demographic assessment of plant cultivar resistance to insect pests: A case study of the dusky-veined walnut aphid (Hemiptera: Callaphididae) on five walnut cultivars. Journal of Economic Entomology 108: 378-387.

Prakash, A.; Rao, J.; Nandagopal, V. 2008. Future of botanical pesticides in rice, wheat, pulses and vegetables pest management. Journal of Biopesticides 1: 154-169.

Püntener, W. 1981. Manual for field trials in plant protection. Agricultural Division, Ciba-Geigy Limited, Basel, Switzerland.

Regnault-Roger, C.; Vincent, C.; Arnason, J.T. 2012. Essential oils in insect control: Low-risk products in a high-stakes world. Annual Review of Entomology 57: 405-424.

Reingold, S.C.; Camhi, J.M. 1978. Abdominal grooming in the cockroach: Development of an adult behavior. Journal of Insect Physiology 24: 101-110.

Rezaei, M.; Talebi, K.; Naveh, V.H.; Kavousi, A. 2007. Impacts of the pesticides imidacloprid, propargite, and pymetrozine on ***Chrysoperla carnea*** (Stephens) (Neuroptera: Chrysopidae): IOBC and life table assays. BioControl 52: 385-398.

Ribeiro, L.P. 2014. Exploring genetic biodiversity: Secondary metabolites from Neotropical Annonaceae as a potential source of new pesticides. Piracicaba, 169p. Tese (Doutorado) - Escola Superior de Agricultura "Luiz de Queiroz", Universidade de São Paulo.

Ribeiro, L.P.; Akhtar, Y.; Vendramim, J.D.; Isman, M.B. 2014b. Comparative bioactivity of selected seed extracts from Brazilian ***Annona*** species and an acetogenin-based commercial bioinsecticide against ***Trichoplusia ni*** and ***Myzus persicae***. Crop Protection 62: 100-106.

Ribeiro, L.P.; Ansante, T.F.; Vendramim, J.D. 2016b. Efeito do extrato etanólico de sementes de ***Annona mucosa*** no desenvolvimento e comportamento alimentar de ***Spodoptera frugiperda***. Bragantia 75: 322-330.

Ribeiro, L.P.; Vendramim, J.D.; Andrade, M.S.; Bicalho, K.U.; Silva, M.F.G.F.; Vieira, P.C.; Fernandes, J.B. 2014a. Tropical plant extracts as sources of grain-protectant compounds against ***Sitophilus zeamais*** Motschulsky (Coleoptera: Curculionidae). Neotropical Entomology 43: 470-482.

Ribeiro, L.P.; Vendramim, J.D.; Ansante, T.F.; Gonçalves, G.L.P.; Pauli, K.; Niculau, E.S. 2012. Chemical composition and fumigant insecticidal activity of essential oil of ***Pimenta pseudocaryophyllus*** (Myrtaceae) leaves against Mexican bean weevil. ***In***: XXIV Congresso Brasileiro de Entomologia, 24. Resumos. Sociedade Entomológica do Brasil, Curitiba, PR, Brasil.

Ribeiro, L.P.; Vendramim, J.D.; Bicalho, K.U.; Andrade, M.S.; Fernandes, J.B.; Moral, R.A.; Demétrio, C.G.B. 2013. ***Annona mucosa*** Jacq. (Annonaceae): A promising source of bioactive compounds against ***Sitophilus zeamais*** Mots. (Coleoptera: Curculionidae). Journal of Stored Products Research 55: 6-14.

Ribeiro, L.P.; Vendramim, J.D.; Gonçalves, G.L.P.; Ansante, T.F.; Gloria, E.M.; Lopes, J.C.; Mello-Silva, R.; Fernandes, J.B. 2016a. Searching for promising sources of grain protectors in extracts from Neotropical Annonaceae. Boletin Latinoamericano y del Caribe de Plantas Medicinales y Aromaticas 15: 215-232.

Ribeiro, L.P.; Zanardi, O.Z.; Gonçalves, G.L.P.; Ansante, T.F.; Yamamoto, P.T.; Vendramim, J.D. 2018. Toxicity of an annonin-based commercial bioinsecticide against three primary pest species of stored products. Neotropical Entomology 47: 145-151.

Rimoldi, F.; Fogel, M.N.; Ronco, A.E.; Schneider, M.I. 2017. Comparative susceptibility of two Neotropical predators, ***Eriopis connexa*** and ***Chrysoperla externa***, to acetamiprid and pyriproxyfen: Short and long-term effects after egg exposure. Environmental Pollution 231: 1042-1050.

Roberts, D.R.; Alecrim, W.D.; Hshieh, P.; Grieco, J.P.; Bangs, M.; Andre, R.G.; Chareonviriphap, T. 2000. A probability model of vector behavior: Effects of DDT repellency, irritancy, and toxicity in malaria control. Journal of Vector Ecology 25: 48-61.

Robertson, J.L.; Jones, M.M.; Olguim, E.; Alberts, B. 2017. Bioassays with arthropods. CRC Press, Boca Raton, Florida, USA.

Romanelli, M.F. 2004. Avaliação da toxicidade aguda e crônica dos surfactantes DSS e LAS submetidos à irradiação com feixes de elétrons. São Paulo, 75p. Dissertação (Mestrado) - Instituto de Pesquisas Energéticas e Nucleares, Universidade de São Paulo.

Sandoval-Mojica, A.F.; Capinera, J.L. 2011. Antifeedant effect of commercial chemicals and plant extracts against ***Schistocerca americana*** (Orthoptera: Acrididae) and ***Diaprepes abbreviatus*** (Coleoptera: Curculionidae). Pest Management Science 67: 860-868.

Schneider-Orelli, O. 1947. Entomologisches practicum. Aarau, Sauerländer, Suisse.

Shaalan, E.A.S.; Canyon, D.; Younes, M.W.F.; Abdel-Wahab, H.; Mansour, A.H. 2005. A review of botanical phytochemicals with mosquitocidal potential. Environment International 31: 1149-1166.

Simões, C.M.O.; Mentz, L.A.; Schenkel, E.P.; Irgang, B.E.; Stehmann, J.R. 1998. Plantas da medicina popular do Rio Grande do Sul. UFRGS, Porto Alegre, RS, Brasil.

Sims, S.R.; Beberich, S.A. 1996. ***Bacillus thuringiensis*** CryIA protein levels in raw and processed seed of transgenic cotton: Determination using insect bioassay and Elisa. Journal of Economic Entomology 89: 247-251.

Sims, S.R.; Greenplate, J.T.; Stone, B.; Caprio, M.A.; Gould, F. 1996. Monitoring strategies for early detection of Lepidoptera resistance to ***Bacillus thuringiensis*** insecticidal proteins. p.229-242. ***In***: Brown, T.M., ed. Molecular genetics and evolution of pesticide resistance. American Chemical Society, Washington, USA.

Southwood, T.R.E. 1978. Ecological methods, with particular reference to the study of insect populations. The English Language Book Society and Chopan-Hall, Springer, London, England.

Souza, A.P.; Vendramim, J.D. 2005. Efeito translaminar, sistêmico e de contato do extrato aquoso de sementes de nim sobre ***Bemisia tabaci*** (Genn.) biótipo B em tomateiro. Neotropical Entomology 34: 83-87.

Souza, C.M.; Baldin, E.L.L.; Ribeiro, L.P.; Santos, T.L.B.; Silva, I.F.; Morando, R.; Vendramim, J.D. 2019. Antifeedant and growth inhibitory effects of Annonaceae derivatives on ***Helicoverpa armigera*** (Hübner). Crop Protection 121: 45-50.

Srivastava, A.K.; Trivedi, P.; Srivastava, M.K.; Lohani, M.; Srivastava, L.P. 2011. Monitoring of pesticide residues in market basket samples of vegetable from Lucknow city, India: Quechers method. Environmental Monitoring and Assessment 176: 465-472.

Stark, J.D.; Banks, J.E. 2003. Population level effects of pesticides and other toxicants on arthropods. Annual Review of Entomology 48: 505-519.

Stark, J.D.; Banks, J.E.; Acheampong, S. 2004. Estimating susceptibility of biological control agents to pesticides: Influence of .life history strategies and population structure. Biological Control 29: 392-398.

Stark, J.D.; Sugayama, R.L.; Kovaleski, A. 2007. Why demographic and modeling approaches should be adopted for estimating the effects of pesticides on biocontrol agents. BioControl 52: 365-374.

Stark, J.D.; Tanigoshi, L.; Bounfour, M.; Antonelli, A. 1997. Reproductive potential: Its influence on the susceptibility of a species to pesticides. Ecotoxicology and Environmental Safety 37: 273-279.

Stefanazzi, N.; Stadler, T.; Ferrero, A. 2011. Composition and toxic, repellent and feeding deterrent activity of essential oils against the stored-grain pests ***Tribolium castaneum*** (Coleoptera: Tenebrionidae) and ***Sitophilus oryzae*** (Coleoptera: Curculionidae). Pest Management Science 67: 639-646.

Stelinski, L.; Tiwari, S. 2013. Vertical T-maze choice assay for arthropod response to odorants. Journal of Visualized Experiments 72: e50229.

Sun, Y.P. 1950. Toxicity index - An improved method of comparing the relative toxicity of insecticides. Journal of Economic Entomology 43: 45-53.

Talebi, K.; Kavousi, A.; Sabahi, Q. 2008. Impacts of pesticides on arthropod biological control agents. Pest Technology 2: 87-97.

Tjallingii, W.F. 1978. Electronic recording of penetration behavior by aphids. Entomologia Experimentalis et Aplicatta 24: 521-530.

Throne, J.E.; Weaver, D.K.; Chew, V.B; James, E. 1995. Probit analysis of correlated data: Multiple observations over time at one concentration. Journal of Economic Entomology 88: 1510-1512.

Tukey, J. 1958. Bias and confidence in not-quite large samples. Annals of Mathematical Statistics 29: 614-623.

Turek, C.; Stintzing, F.C. 2013. Stability of essential oils: A review. Comprehensive Reviews in Food Science and Food Safety 12: 40-53.

Vendramim, J.D.; Castiglioni, E. 2000. Aleloquímicos, resistência de plantas e plantas inseticidas. p.113:128. ***In***: Guedes, J.C.; Costa, I.D.; Castiglioni, E., eds. Bases e técnicas do manejo de insetos. Pallotti, Santa Maria, RS, Brasil.

Venzon, M.; Rosado, M.C.; Pallini, A.; Fialho, A.; Pereira, C.J. 2007. Lethal and sublethal toxicity of neem on green peach aphid and on its predator ***Eriopis connexa***. Pesquisa Agropecuária Brasileira 42: 627-631.

Viteri-Jumbo, L.O.; Haddi, K.; Faroni, L.R.D.; Heleno, F.F.; Pinto, F.G.; Oliveira, E.E. 2018. Toxicity to, oviposition and population growth impairments of ***Callosobruchus maculatus*** exposed to clove and cinnamon essential oils. PLoS ONE 13: e0207618.

Wang, J.; Zhu, F.; Zhou, X.M.; Niu, C.Y.; Lei, C.L. 2006. Repellent and fumigant activity of essential oil from ***Artemisia vulgaris*** to ***Tribolium castaneum*** (Herbst) (Coleoptera: Tenebrionidae). Journal of Stored Products Research 42: 339-347.

Watanabe, E.; Nutti, M.R. 2002. Alimentos geneticamente modificados: Avaliação de segurança e melhorias de qualidade em desenvolvimento. Revista Brasileira de Milho e Sorgo 1: 1-14.

Walker, G.P. 2000. A beginner's guide to electronic monitoring of homopteran probing behavior. ***In***: XIX International Congress of Entomology, 19. Proceedings. Entomological Society of America, Annapolis, USA.

Yin, W.D.; Qiu, G.S.; Yan, W.T.; Sun, L.N.; Zhang, H.J.; Ma, C.S.;

Adaobi, U.P. 2013. Age-stage two-sex life tables of ***Panonychus ulmi*** (Acari: Tetranychidae), on different apple varieties. Journal of Economic Entomology 106: 2118-2125.

Yousaf, H.K.; Shan, T.; Chen, X.; Ma, K.; Shi, X.; Desneux, N.; Biondi, A.; Gao, X. 2018. Impact of the secondary plant metabolite cucurbitacin B on the demographical traits of the melon aphid, ***Aphis gossypii***. Scientific Reports 8: e16473.

Zanardi, O.Z.; Ribeiro, L.P.; Ansante, T.F.; Santos, M.S.; Bordini, G.P.; Yamamoto, P.T.; Vendramim, J.D. 2015. Bioactivity of a matrine-based biopesticide against four pest species of agricultural importance. Crop Protection 67: 160-167.

Zehnder, G.; Gurr, G.M.; Kühne, S.; Wade, M.R.; Wratten, S.D.; Wyss, E. 2007. Arthropod management in organic crops. Annual Review of Entomology 52: 57-80.

Capítulo 6

# Regulamentação de coleta e acesso ao patrimônio genético

Anna Thais Gomes Maroni Dias
Rosa Miriam de Vasconcelos
Fabio Silva Macêdo

## 1. Introdução

O Brasil detém a maior diversidade biológica do planeta, ou seja, a maior variabilidade de organismos vivos de todas as origens, compreendendo, dentre outros, os ecossistemas terrestres, marinhos, além de outros ecossistemas aquáticos e os complexos ecológicos de que fazem parte. Conta, ainda, com a maior diversidade dentro de espécies, entre espécies e de ecossistemas.

Diante disso, é imprescindível o estabelecimento de políticas públicas para regular o uso e exploração dos componentes dessa biodiversidade. Nesse sentido, a partir de 29/05/1994, o Brasil ratificou a Convenção sobre Diversidade Biológica (CDB) por meio do Decreto Federal nº 2.519 de 16 de março de 1998, sendo que atualmente a CDB possui 190 países membros (Brasil, 1998).

Os objetivos dessa Convenção são a conservação da diversidade biológica, a utilização sustentável de seus componentes e a repartição justa e equitativa dos benefícios derivados da utilização dos recursos genéticos, mediante, inclusive, o acesso adequado aos mesmos e a transferência adequada de tecnologias pertinentes, levando em conta todos os direitos sobre tais recursos e tecnologias, e mediante financiamento adequado.

A CDB prevê que a conservação da diversidade biológica é uma preocupação comum à humanidade, mas, em reconhecimento dos direitos soberanos dos Estados sobre seus recursos naturais, os governos nacionais detêm a autoridade para determinar as regras para o acesso aos seus recursos genéticos, conforme legislação nacional própria. Dessa forma, o Brasil, em 30/06/2000, editou a Medida Provisória nº 2.186-16, de 2001 para regular o acesso ao patrimônio genético, a proteção e o acesso ao conhecimento tradicional associado e a repartição de benefícios para conservação e uso sustentável da biodiversidade

(Brasil, 2001). No entanto, a referida Medida Provisória estabeleceu procedimentos extremamente burocráticos, demorados e que causavam atrasos significativos nas atividades de pesquisa e desenvolvimento, visto que eram exigidas 3 autorizações prévias para obtenção e exploração econômica de um produto ou processo oriundo do acesso ao patrimônio genético e/ou do conhecimento tradicional associado. Além disso, impôs grande insegurança jurídica às instituições usuárias e não cumpriu seu objetivo de garantir a repartição justa e equitativa dos benefícios derivados da exploração econômica de componentes da biodiversidade brasileira.

Apesar de sua complexidade, a Medida Provisória nº 2.186-16, de 2001, vigorou por mais de 15 anos, sendo revogada somente em 17/11/2015, quando entrou em vigor a Lei nº 13.123, de 2015, também conhecida como a Lei da Biodiversidade (Brasil, 2015).

A Lei da Biodiversidade promoveu importantes avanços, dentre os quais, cabe destacar a substituição de autorizações prévias por um cadastro eletrônico autodeclaratório de pesquisa e/ou desenvolvimento tecnológico junto ao Sistema Nacional de Gestão do Patrimônio Genético e do Conhecimento Tradicional Associado (SisGen), sistema eletrônico criado pelo Decreto nº 8.772, de 11 de maio de 2016, mantido e operacionalizado pela Secretaria-Executiva do Conselho de Gestão do Patrimônio Genético (CGen) para implementar a gestão do patrimônio genético e do conhecimento tradicional associado, o que contribuiu significativamente para a agilidade e a eficiência do sistema, redução do custo de transação, além de assegurar às instituições usuárias maior previsibilidade e segurança jurídica. Outro aspecto importante refere-se à restrição de incidência da repartição de benefícios no produto acabado ou no material reprodutivo nas atividades agrícolas (último elo da cadeia). Essa restrição foi introduzida para evitar o efeito em cascata, o qual poderia onerar em demasia os produtos da biodiversidade brasileira, criando uma desvantagem competitiva. Além disso, a repartição de benefícios monetária foi padronizada em 1% sobre a receita líquida advinda de comercialização de produto acabado ou material reprodutivo. Ao estabelecer um percentual previamente fixo, eliminam-se os custos de transação relacionados à negociação caso a caso e a falta de parâmetros claros para o estabelecimento da repartição justa e equitativa. Esse percentual poderá ser reduzido a até 0,1% mediante a celebração de acordo setorial com a União.

A Lei da Biodiversidade estabeleceu, ainda, regras especiais para a regularização das atividades executadas em desacordo com a Medida Provisória nº 2.186-16, de 2001, e também para adequação de atividades devidamente autorizadas no período de vigência desse marco legal (entre 30/06/2000 e 17/11/2015).

## 2. Conceitos, escopo e exigências previstas pela Lei da Biodiversidade

A Lei da Biodiversidade (Lei nº 13.123, de 2015), regulamentada pelo Decreto nº 8.772, de 2016, estabelece regras e condições para:

I. O acesso ao patrimônio genético encontrado em condições *in situ*, inclusive as espécies domesticadas e populações espontâneas, ou mantido em condições *ex situ*, desde que encontrado em condições *in situ* no território nacional, na plataforma continental, no mar territorial e na zona econômica exclusiva;

II. O conhecimento tradicional associado ao patrimônio genético;

III. O acesso à tecnologia e à transferência de tecnologia para a conservação e a utilização da diversidade biológica;

IV. A exploração econômica de produto acabado ou material reprodutivo oriundo de acesso ao patrimônio genético ou ao conhecimento tradicional associado;

V. A repartição justa e equitativa dos benefícios derivados da exploração econômica de produto acabado ou material reprodutivo oriundo de acesso ao patrimônio genético ou ao conhecimento tradicional associado, para conservação e uso sustentável da biodiversidade;

VI. A remessa para o exterior de parte ou do todo de organismos, vivos ou mortos, de espécies animais, vegetais, microbianas ou de outra natureza, que se destine ao acesso ao patrimônio genético;

VII. A implementação de tratados internacionais sobre o patrimônio genético ou conhecimento tradicional associado aprovados pelo Congresso Nacional e promulgados.

Além disso, esse marco legal estabeleceu regras para a adequação de autorizações obtidas durante a vigência da Medida Provisória nº 2.186-16, de 2001, e regularização de atividades executadas em desacordo com a referida Medida Provisória.

Conforme já mencionado, um dos principais objetivos da Lei da Biodiversidade é regular o acesso ao patrimônio genético. De acordo com o conceito estabelecido por essa lei, "Patrimônio Genético" consiste de "Informação de origem genética de espécies vegetais, animais, microbianas ou espécies de outra natureza, incluindo substâncias oriundas do metabolismo desses seres vivos". A partir dessa definição e da leitura conjunta das disposições dessa lei e do Decreto nº 8.772, de 2016, é possível concluir que integram o patrimônio genético brasileiro:

I. Espécies animais, vegetais, microbianas ou de outra natureza encontradas em condições *in situ* no território nacional, na plataforma continental, no mar territorial e na zona econômica exclusiva, mesmo que as amostras se encontrem mantidas em condições *ex situ*;

II. Variedades de espécies vegetais ou animais, domesticadas ou cultivadas, que foram introduzidas no território nacional, utilizadas nas atividades agrícolas, que formem populações espontâneas e tenham adquirido propriedades características distintivas no País;

III. Variedade tradicional local ou crioula;

IV. Raça localmente adaptada ou crioula;

V. Microrganismos isolados a partir de substratos coletados no território nacional, do mar territorial, da zona econômica exclusiva ou da plataforma continental.

As espécies encontradas em condições *in situ* mencionadas no item I tratam-se basicamente das espécies nativas do Brasil. Não existe uma lista oficial dessas espécies, mas existem bases referenciais que o usuário pode consultar para determinar se a espécie objeto do trabalho encontra-se ou não incluída no conceito de patrimônio genético brasileiro, como por exemplo, as bases da flora e da fauna do Jardim Botânico do Rio de Janeiro (http://floradobrasil.jbrj.gov.br e http://fauna.jbrj.gov.br).

No que se refere ao item II, cabe ao Ministério da Agricultura, Pecuária e Abastecimento (MAPA) elaborar, publicar e revisar, periodicamente, a lista de referência de espécies animais e vegetais, domesticadas ou cultivadas, que foram introduzidas no território nacional, que não integram o patrimônio genético brasileiro e, que, portanto, não estão sujeitas às exigências da Lei da Biodiversidade. Nesse mesmo ato, o MAPA deve indicar as eventuais variedades daquelas espécies que formam populações espontâneas e que tenham adquirido propriedades características distintivas no País, ou seja, eventuais variedades de espécies exóticas integrantes do patrimônio genético brasileiro.

A lista de espécies vegetais introduzidas no território nacional foi publicada pela Instrução Normativa MAPA nº 23, de 14 de junho de 2017 (Brasil, 2017), posteriormente atualizada e ampliada pela Instrução Normativa MAPA nº 3, de 20 de março de 2019 (Brasil, 2019). Nessa última versão da lista, foi destacado que:

I. Dentre as espécies integrantes da lista, não foi identificada nenhuma variedade que tenha adquirido propriedades características distintivas no País.

II. As espécies de plantas daninhas constantes da Lista de Pragas Quarentenárias Ausentes e da Lista de Pragas Quarentenárias Presentes do MAPA não são consideradas patrimônio genético encontrado em condições *in situ* no território nacional.

A lista de espécies animais introduzidas no território nacional foi publicada pela Instrução Normativa nº 19, de 16 de abril de 2018 (Brasil, 2018), posteriormente atualizada e ampliada pela Instrução Normativa nº 16, de 4 de junho de 2019 (Brasil, 2019) para a inclusão de espécies animais aquáticas e espécies animais pragas de vegetais. Do mesmo modo, essas Instruções Normativas estabelecem que:

I. Dentre as espécies integrantes da lista, não foi identificada nenhuma variedade que tenha adquirido propriedades características distintivas no País.

II. As espécies constantes da Lista de Pragas Quarentenárias Ausentes e da Lista de Pragas Quarentenárias Presentes do MAPA não são consideradas patrimônio genético encontrado em condições *in situ* no território nacional.

A variedade tradicional local ou crioula mencionada no item III corresponde à "variedade proveniente de espécie que ocorre em condição *in situ* ou mantida em condição *ex situ*, composta por grupo de plantas dentro de um táxon no nível mais baixo conhecido, com diversidade genética desenvolvida ou adaptada por população indígena, comunidade tradicional ou agricultor tradicional, incluindo seleção natural combinada com seleção humana no ambiente local, que não seja substancialmente semelhante a cultivares comerciais".

Já a raça localmente adaptada ou crioula mencionada no item IV, consiste da "raça proveniente de espécie que ocorre em condição *in situ* ou mantida em condição *ex situ*, representada por grupo de animais com diversidade genética desenvolvida ou adaptada a um determinado nicho ecológico e formada a partir de seleção natural ou seleção realizada ou adaptada por população indígena, comunidade tradicional ou agricultor tradicional".

Em relação aos componentes do patrimônio genético a que se referem os itens III e IV, caberá ao MAPA divulgar as listas de variedades tradicionais locais ou crioulas e de raças localmente adaptadas ou crioulas, sendo que, conforme Resolução CGen nº 16/2018, de 09 de outubro de 2018 (Brasil, 2018) as exigências legais previstas pela Lei da Biodiversidade somente serão aplicáveis a essas variedades e raças após a publicação dessas listas e apenas para os materiais incluídos.

Conforme item V, todos os microrganismos isolados de substratos coletados no território nacional, no mar territorial, na zona econômica exclusiva ou na plataforma continental integram o patrimônio genético brasileiro. O microrganismo não será considerado patrimônio genético nacional somente quando o usuário comprovar, cumulativamente: a) que o microrganismo foi isolado a partir de substratos que não sejam do território nacional, do mar territorial, da zona econômica exclusiva ou da plataforma continental; b) a regularidade de sua importação. Destaca-se que é indiferente o fato de o microrganismo ser cosmopolita ou de ter sido isolado de substrato de uma espécie exótica. O fato determinante para sua inclusão no escopo da lei é o seu isolamento ter sido feito de substrato coletado no território nacional.

O conceito de "acesso ao patrimônio genético" refere-se a qualquer atividade de pesquisa ou desenvolvimento tecnológico realizado sobre amostra de patrimônio genético.

O termo "Pesquisa" envolve qualquer "atividade, experimental ou teórica, realizada sobre o patrimônio genético ou conhecimento tradicional associado, com o objetivo de produzir novos conhecimentos, por meio de um processo sistemático de construção do conhecimento que gera e testa hipóteses e teorias, descreve e interpreta os fundamentos de fenômenos e fatos observáveis". Já o termo "Desenvolvimento Tecnológico" refere-se a qualquer "trabalho sistemático sobre o patrimônio genético ou sobre o conhecimento tradicional associado, baseado nos procedimentos existentes, obtidos pela pesquisa ou pela experiência prática, realizado com o objetivo de desenvolver novos materiais, produtos ou dispositivos, aperfeiçoar ou desenvolver novos processos para exploração econômica".

Diferentemente da Medida Provisória nº 2.186-16, de 2001 (que vigorou entre 30/06/2000 e 17/11/2015), que continha algumas situações de exceções ao enquadramento no seu escopo ou no conceito de acesso, a Lei da Biodiversidade tem escopo mais amplo, alcançando, sem exceções, todas as atividades de pesquisa e desenvolvimento executadas com amostras de componentes do patrimônio genético nacional.

Nesse contexto, é importante destacar, no entanto, que os testes, exames e atividades a seguir listados não configuram acesso ao patrimônio genético e não estão sujeitos às exigências da Lei, conforme art. 107 do Decreto nº 8.772, de 2016 (Brasil, 2016) e Orientação Técnica CGen nº 09, de 2018 (Brasil, 2018), quando não for parte integrante de pesquisa ou desenvolvimento tecnológico:

I. Teste de filiação ou paternidade, técnica de sexagem e análise de cariótipo ou de ADN e outras análises moleculares que visem à identificação de uma espécie ou espécime;

II. Testes e exames clínicos de diagnóstico para a identificação direta ou indireta de agentes etiológicos ou patologias hereditárias em um indivíduo;

III. Extração, por método de moagem, prensagem ou sangria que resulte em óleos fixos;

IV. Purificação de óleos fixos que resulte em produto cujas características sejam idênticas às da matéria-prima original;

V. Teste que visa a aferir taxas de mortalidade, crescimento ou multiplicação de parasitas, agentes patogênicos, pragas e vetores de doenças;

VI. Comparação e extração de informações de origem genética disponíveis em bancos de dados nacionais e internacionais;

VII. Processamento de extratos, separação física, pasteurização, fermentação, avaliação de pH, acidez total, sólidos solúveis, contagem de bactérias e leveduras, bolores, coliformes fecais e totais das amostras de patrimônio genético;

VIII. Caracterização física, química e físico-química para a determinação da informação nutricional de alimentos;

IX. Relatórios técnicos que incluam inventário, levantamento ou monitoramento de patrimônio genético, para fins de licenciamento ambiental, avaliação de potencial para exploração de recursos naturais ou ações de recuperação e recomposição ambiental de áreas degradadas;

X. Identificação ou confirmação da identificação taxonômica do patrimônio genético a ser incorporado ao acervo de uma coleção *ex situ*;

XI. Caracterização física, química, físico-química ou bioquímica de extratos, ceras, manteigas e óleos;

XII. Testes de controle de qualidade de produtos oriundos de acesso ao patrimônio genético ou ao conhecimento tradicional associado, bem como ensaios de proficiência realizados em laboratórios;

XIII. A realização de testes que usam o patrimônio genético exclusivamente na condição de organismos-alvo.

Além disso, não configura acesso ao patrimônio genético a leitura ou a consulta de informações de origem genética disponíveis em bancos de dados nacionais e internacionais, ainda que sejam parte integrante de pesquisa e desenvolvimento tecnológico. No entanto, as demais atividades realizadas a partir da manipulação dessas informações se enquadram no conceito de acesso ao patrimônio genético e, portanto, estão sujeitas às exigências legais.

Cabe ressaltar ainda que não se deve confundir "acesso" com "coleta", visto que o conceito de acesso está diretamente relacionado à execução de atividades de pesquisa e desenvolvimento tecnológico, enquanto que o conceito de coleta se refere unicamente à obtenção da amostra de material biológico. As atividades de coleta de material biológico, assim como a manutenção de espécimes em cativeiro, são reguladas pela Instrução Normativa ICMBio nº 03/2014 (Brasil, 2014).

O conceito de "Conhecimento Tradicional Associado" refere-se a qualquer "informação ou prática de população indígena, comunidade tradicional ou agricultor tradicional sobre propriedades ou usos diretos ou indiretos associada ao patrimônio genético".

A Lei da Biodiversidade classifica o conhecimento tradicional associado (CTA) de duas formas, conforme a sua origem:

I. CTA de origem não identificável: quando não for possível vincular sua origem a, pelo menos, uma população indígena, comunidade tradicional ou agricultor tradicional.

II. CTA de origem identificável: quando for possível vincular sua origem a, pelo menos, uma população indígena, comunidade tradicional ou agricultor tradicional.

Qualquer população indígena, comunidade tradicional ou agricultor tradicional que detém e fornece informação sobre CTA é considerada, pela lei, como provedora desse conhecimento.

Destaca-se que a Lei da Biodiversidade convenciona que as atividades de pesquisa ou de desenvolvimento tecnológico, no âmbito das atividades agrícolas, envolvendo acesso à variedade tradicional local ou crioula ou raça localmente adaptada ou crioula, compreendem também o acesso ao conhecimento tradicional associado, que para os efeitos dessa Lei, será intrínseco ao patrimônio genético. Além disso, a lei considera que nesse caso, o conhecimento tradicional é tido como sendo de origem não identificável e, por isso, o usuário fica desobrigado de obter o consentimento prévio da população indígena, da comunidade tradicional ou do agricultor tradicional que cria, desenvolve, detém ou conserva a variedade ou a raça.

A definição de Atividades Agrícolas "abrange as atividades de produção, processamento e comercialização de alimentos, bebidas, fibras, energia e florestas plantadas".

Somente quando o acesso a essas variedades ou raças for realizado para atividades não enquadradas no conceito de atividades agrícolas, o CTA poderá, conforme o caso, ser considerado de origem identificável.

A seguir são apresentadas outras definições da Lei acerca dos provedores do conhecimento tradicional associado:

I. Comunidade tradicional: grupo culturalmente diferenciado que se reconhece como tal, possui forma própria de organização social e ocupa e usa territórios e recursos naturais como condição para a sua reprodução cultural, social, religiosa, ancestral e econômica, utilizando conhecimentos, inovações e práticas geradas e transmitidas pela tradição;

II. Agricultor tradicional: pessoa natural que utiliza variedades tradicionais locais ou crioulas ou raças localmente adaptadas ou crioulas e mantém e conserva a diversidade genética, incluído o agricultor familiar.

Nesse particular, apesar de a Lei incluir expressamente o agricultor familiar, destaca-se que nem todo agricultor familiar será considerado como agricultor tradicional, para os efeitos da Lei. Para que uma pessoa física seja efetivamente enquadrada nesse conceito, faz-se necessário atender condições para tal. Além de utilizar variedades tradicionais locais ou crioulas e raças localmente adaptadas, o agricultor familiar deve também manter e conservar a diversidade genética dessas variedades e raças. Somente os agricultores que atenderem cumulativamente essas duas condições é que serão considerados, para efeito da Lei, agricultores tradicionais.

A definição de "Acesso ao Conhecimento Tradicional Associado" abrange qualquer "pesquisa ou desenvolvimento tecnológico realizado sobre conhecimento tradicional associado ao patrimônio genético que possibilite ou facilite o acesso ao patrimônio genético, ainda que obtido de fontes secundárias tais como feiras, publicações, inventários, filmes, artigos científicos, cadastros e outras formas de sistematização e registro de conhecimentos tradicionais associados".

Assim sendo, segundo a Lei da Biodiversidade, o conhecimento tradicional associado pode ser acessado por meio de contato direto com a população indígena, a comunidade local ou com o agricultor tradicional detentor do conhecimento, bem como por meio de informações obtidas de forma indireta como, por exemplo, por meio de publicações científicas, registros em cadastros ou bancos de dados, inventários culturais, feiras e filmes.

## 3. Exigências e prazos fixados pela Lei da Biodiversidade

### 3.1. Exigências e prazos para cadastro junto ao SisGen

De acordo com o Art. 3º da Lei da Biodiversidade, o acesso ao patrimônio genético e ao conhecimento tradicional associado, para fins de pesquisa ou desenvolvimento tecnológico, bem como a exploração econômica de produto acabado ou material reprodutivo oriundo desse acesso, serão objeto de cadastro, autorização ou notificação, e estarão sujeitos à fiscalização, restrições e repartição de benefícios nos termos e nas condições estabelecidos da referida Lei e no Decreto nº 8.772, de 2016.

O cadastramento junto ao SisGen (https://sisgen.gov.br) é exigido para as seguintes atividades:

I. Acesso ao patrimônio ou ao conhecimento tradicional associado dentro do País, realizado por pessoa física ou jurídica nacional, pública ou privada;

II. Acesso ao patrimônio ou ao conhecimento tradicional associado por pessoa jurídica sediada no exterior, associada à instituição nacional de pesquisa científica ou tecnológica, pública ou privada;

III. Acesso ao patrimônio ou ao conhecimento tradicional associado no exterior, por pessoa física ou jurídica nacional, pública ou privada;

IV. Remessa para o exterior de amostras de patrimônio genético, para fins de acesso ao patrimônio genético e ao conhecimento tradicional associado;

V. Envio para o exterior de amostra para prestação de serviços ou execução de atividade em parceria, como parte de pesquisa ou desenvolvimento tecnológico de interesse da instituição nacional;

VI. Notificação de produto acabado ou material reprodutivo oriundo de acesso ao patrimônio genético ou ao conhecimento tradicional associado.

Como regra geral, o cadastramento deverá ser realizado previamente à remessa, ou ao requerimento de qualquer direito de propriedade intelectual, ou à comercialização do produto intermediário, ou à divulgação dos resultados, finais ou parciais, em meios científicos ou de comunicação, ou à notificação de produto acabado ou material reprodutivo desenvolvido em decorrência do acesso.

Assim sendo, deve-se observar que o usuário pode iniciar as suas atividades de pesquisa ou desenvolvimento tecnológico sem a efetivação do cadastro. No entanto, deve estar atento para fazê-lo antes de praticar qualquer uma das ações acima mencionadas. Caso seja executada qualquer uma das atividades listadas acima sem a efetivação de cadastro prévio, o usuário cometerá infração contra a Lei da Biodiversidade, e, por isso, ficará sujeito às penalidades previstas na legislação.

É importante salientar, no entanto, que, apesar de a Lei da Biodiversidade ter entrado em vigor em 17/11/2015, o SisGen foi disponibilizado aos usuários somente em 06/11/2017. Com isso, o art. 118 do Decreto nº 8.772, de 2016, determinou que o usuário que requereu qualquer direito de propriedade intelectual, explorou economicamente produto acabado ou material reprodutivo ou divulgou resultados, finais ou parciais, em meios científicos ou de comunicação, entre 17/11/2015 e 06/11/2017, deveria cadastrar, até 06/11/2018, as atividades executadas e notificar o produto acabado ou o material reprodutivo desenvolvido em decorrência do acesso.

Além disso, devido a limitações de algumas funcionalidades do SisGen que comprometeram o cadastro dentro do prazo legal de algumas atividades, o CGen aprovou algumas resoluções, a seguir indicadas, fixando novo prazo para o cadastro das atividades indicadas expressamente nessas resoluções.

A versão atual do SisGen não contém todas as funcionalidades necessárias para a efetivação do cadastro dentro de prazo regular. Por isso, o CGen editou algumas resoluções especificando as situações nas quais o prazo para a efetivação do cadastro está suspenso, cuja síntese consta na Tabela 1.

**Tabela 1.** Situações de suspensão de prazo para cadastramento de atividades realizadas no âmbito da Lei nº 13.123, de 2015.

| | Atividades realizadas | Referências normativas | Prazos |
|---|---|---|---|
| Pesquisa | Com o objetivo de avaliar ou elucidar a diversidade genética ou a história evolutiva de uma espécie ou grupo taxonômico | Resolução CGen nº 6, de 20/03/2018 | * |
| | Em que sejam necessários mais de cem registros de procedência por cadastro | Resolução CGen nº 7, de 20/03/2018 | * |
| | Envolvendo amostras de substratos contendo microrganismos não isolados | Resolução CGen nº 8, de 20/03/2018 | * |
| | Nos casos de filogenia, taxonomia, sistemática, ecologia, biogeografia e epidemiologia | Resolução CGen nº 10, de 19/06/2018 | * |
| | Quando não for possível a obtenção do número do Cadastro de Pessoa Física (CPF) do provedor do conhecimento tradicional associado (CTA) de Origem Identificável | Orientação Técnica CGen nº 7, de 18/09/2018 | * |
| | Envolvendo amostra de patrimônio genético obtido *in silico* | Resolução CGen nº 13, de 18/09/2018 | * |

Tabela 1. *continuação.*

| | Atividades realizadas | Referências normativas | Prazos |
|---|---|---|---|
| Pesquisa | Quando a coleção *ex situ* não dispuser da informação sobre o local da coleta em condições *in situ* ("estado" ou "município") do patrimônio genético | Orientação Técnica CGen nº 10, de 09/10/2018 | * |
| | Quando o cadastro de acesso ou a notificação de produto acabado ou material reprodutivo que necessite do número de cadastro da autorização de acesso que tenha sido emitida pelo CNPq ou IBAMA | Orientação Técnica CGen nº 10, de 09/10/2018 | * |
| | Envolvendo acesso a variedades tradicionais locais ou crioulas ou raças localmente adaptadas ou crioulas | Resolução CGen nº 16, de 09/10/2018 | ** |
| Pesquisa e desenvolvimento tecnológico | Envolvendo amostras de substratos contendo microrganismos não isolados | Resolução CGen nº 8, de 20/03/2018 e Art. 118 do Decreto nº 8.772, de 11/05/2016 | * |
| | Quando não for possível a obtenção do número do CPF do provedor do CTA de Origem Identificável | Orientação Técnica CGen nº 7, de 18/09/2018 e Art. 118 do Decreto nº 8.772, de 11/05/2016 | * |
| | Envolvendo amostra de patrimônio genético obtido *in silico* | Resolução CGen nº 13, de 18/09/2018 e Art. 118 do Decreto nº 8.772, de 11/05/2016 | * |
| | Quando a coleção *ex situ* não dispuser da informação sobre o local da coleta em condições *in situ* ("estado" ou "município") do patrimônio genético | Orientação Técnica CGen nº 10, de 09/10/2018 e Art. 118 do Decreto nº 8.772, de 11/05/2016 | * |
| | Quando o cadastro de acesso ou a notificação de produto acabado ou material reprodutivo que necessite do número de cadastro da autorização de acesso que tenha sido emitida pelo CNPq ou IBAMA | Orientação Técnica CGen nº 10, de 09/10/2018 e Art. 118 do Decreto nº 8.772, de 11/05/2016 | * |
| | Envolvendo acesso a variedades tradicionais locais ou crioulas ou raças localmente adaptadas ou crioulas | Resolução CGen nº 16, de 09/10/2018 | ** |
| Desenvolvimento tecnológico | Envolvendo amostras de substratos contendo microrganismos não isolados | Resolução CGen nº 8, de 20/03/2018 e Art. 118 do Decreto nº 8.772, de 11/05/2016 | * |
| | Quando não for possível a obtenção do número do CPF do provedor do CTA de Origem Identificável | Orientação Técnica CGen nº 7, de 18/09/2018 e Art. 118 do Decreto nº 8.772, de 11/05/2016 | * |

Tabela 1. *continuação.*

| | Atividades realizadas | Referências normativas | Prazos |
|---|---|---|---|
| **Desenvolvimento tecnológico** | Envolvendo amostra de patrimônio genético obtido *in silico* | Resolução CGen nº 13, de 18/09/2018 e Art. 118 do Decreto nº 8.772, de 11/05/2016 | * |
| | Quando a coleção *ex situ* não dispuser da informação sobre o local da coleta em condições *in situ* ("estado" ou "município") do patrimônio genético | Orientação Técnica CGen nº 10, de 09/10/2018 e Art. 118 do Decreto nº 8.772, de 11/05/2016 | * |
| | Quando o cadastro de acesso ou a notificação de produto acabado ou material reprodutivo que necessite do número de cadastro da autorização de acesso que tenha sido emitida pelo CNPq ou IBAMA | Orientação Técnica CGen nº 10, de 09/10/2018 e Art. 118 do Decreto nº 8.772, de 11/05/2016 | * |
| | Envolvendo acesso a variedades tradicionais locais ou crioulas ou raças localmente adaptadas ou crioulas | Resolução CGen nº 16, de 09/10/2018 | ** |

* Prazo de 1 (um) ano, contado somente a partir da disponibilização da nova versão do SisGen;
** Prazo de 1 (um) ano, contado somente a partir da inclusão da variedade tradicional local ou crioula ou da raça localmente adaptada ou crioula objeto do acesso na lista de que trata o art. 114 do Decreto nº 8.772, de 2016.

Deve-se considerar ainda que o acesso ao patrimônio genético ou ao conhecimento tradicional associado e/ou a remessa em áreas indispensáveis à segurança nacional, em águas jurisdicionais brasileiras, na plataforma continental e na zona econômica exclusiva estarão sujeitos à autorização prévia, quando o usuário for:

I. Pessoa jurídica nacional, cujos acionistas controladores ou sócios sejam pessoas naturais ou jurídicas estrangeiras;

II. Instituição nacional de pesquisa científica e tecnológica, pública ou privada, quando o acesso for feito em associação com a pessoa jurídica sediada no exterior;

III. Pessoa natural brasileira associada, financiada ou contratada por pessoa jurídica sediada no exterior.

A autorização prévia do CGen é exigida para as situações mencionadas anteriormente, independentemente da data da coleta e da fonte de origem das amostras, sendo que o pedido de autorização deverá ser cadastrado junto ao SisGen antes do início das atividades do projeto.

No caso de acesso por pessoa jurídica sediada no exterior associada à instituição brasileira, pública ou privada, o cadastro ou autorização é de responsabilidade da instituição brasileira, uma vez que, de acordo com a Lei da Biodiversidade, o acesso ao patrimônio genético ou ao conhecimento tradicional por pessoa jurídica estrangeira está condicionado a sua vinculação a uma instituição nacional de pesquisa.

É importante observar ainda que é vedado o acesso ao patrimônio genético ou ao conhecimento tradicional associado por pessoa natural estrangeira.

### 3.2. Exigências específicas para o cadastro junto ao SisGen de acesso ao conhecimento tradicional associado de origem identificável

No caso de previsão de acesso ao conhecimento tradicional associado de origem identificável, a Lei da Biodiversidade exige que, antes do cadastro ou pedido de autorização no SisGen, seja obtido o consentimento prévio informado da população indígena, comunidade local ou agricultor tradicional provedor do conhecimento.

O Consentimento Prévio Informado consiste do "consentimento formal, previamente concedido por população indígena ou comunidade tradicional segundo os seus usos, costumes e tradições ou protocolos comunitários".

A comprovação do Consentimento Prévio Informado poderá ocorrer, a critério da população indígena, da comunidade tradicional ou do agricultor tradicional, pelos seguintes instrumentos:

I. Assinatura de termo de consentimento prévio;

II. Registro audiovisual do consentimento;

III. Parecer do órgão oficial competente;

IV. Adesão na forma prevista em protocolo comunitário.

De acordo com o Decreto nº 8.772, de 2016, para a obtenção do Consentimento Prévio Informado, o usuário deverá observar as seguintes diretrizes:

I. Esclarecimento à população indígena, comunidade tradicional ou agricultor tradicional provedor sobre o(s):

a) Impactos sociais, culturais e ambientais decorrentes da execução da atividade envolvendo acesso ao conhecimento tradicional associado;

b) Direitos e responsabilidades de cada uma das partes na execução da atividade e em seus resultados;

c) Direito de negar o consentimento para o acesso ao conhecimento tradicional associado.

II. Estabelecimento, em conjunto com a população indígena, comunidade tradicional ou agricultor tradicional provedor do conhecimento, as regras para repartição de benefícios, incluindo a modalidade aplicável (monetária ou não monetária), valor e prazo;

III. Respeitar o direito da população indígena, comunidade tradicional e agricultor tradicional de recusar o acesso ao conhecimento tradicional associado, durante o processo de consentimento prévio.

Além disso, o instrumento de comprovação de obtenção do consentimento prévio informado será formalizado em linguagem acessível ao provedor do Conhecimento Tradicional Associado e deverá conter:

I. A descrição do histórico do processo para a obtenção do consentimento prévio informado;

II. A descrição das formas tradicionais de organização e representação da população indígena, comunidade tradicional ou agricultor tradicional;

III. O objetivo da pesquisa, bem como sua metodologia, duração, orçamento, possíveis benefícios e fontes de financiamento do projeto;

IV. O uso que se pretende dar ao conhecimento tradicional associado a ser acessado;

V. A área geográfica abrangida pelo projeto e as populações indígenas, comunidades tradicionais ou agricultores tradicionais envolvidos;

VI. Esclarecimento se houve ou não assessoramento técnico ou jurídico à população indígena, a comunidade tradicional ou agricultor tradicional durante o processo de obtenção do consentimento prévio informado.

Conforme mencionado acima, durante o processo de consentimento prévio, o provedor possui o direito de recusar o acesso ao seu conhecimento tradicional associado. No entanto, em caso de recusa, o usuário poderá procurar outra população indígena, comunidade, ou agricultor tradicional que detenha o mesmo conhecimento tradicional associado a fim de viabilizar a execução de sua atividade.

## 3.3. Exigências legais para o cadastro junto ao SisGen de remessa de amostra de patrimônio genético para o exterior com a finalidade de acesso

Segundo a Lei da Biodiversidade, a "remessa" refere-se à transferência de amostra de patrimônio genético para instituição localizada fora do País com a finalidade de acesso para fins de pesquisa ou desenvolvimento tecnológico, na qual a responsabilidade sobre a amostra é transferida para a destinatária.

A remessa de amostra de patrimônio genético para o exterior para execução de atividade de pesquisa e/ou desenvolvimento tecnológico depende de:

I. Prévia celebração de Termo de Transferência de Material entre o remetente e o destinatário, conforme modelo da Resolução CGen nº 12/2018, acompanhado da respectiva Guia de Remessa com o detalhamento das amostras;

II. Cadastro prévio de remessa junto ao SisGen.

No caso de remessa de amostra de variedade tradicional local ou crioula ou raça localmente adaptada ou crioula para execução de atividade não enquadrada no conceito de atividade agrícola, o cadastro deve ser instruído com o Consentimento Prévio Informado do Provedor do Conhecimento Tradicional Associado.

O modelo de Termo de Transferência de Material (TTM) foi aprovado pelo CGen, por meio da Resolução nº 12, de 18 de setembro de 2018 (Brasil, 2018), e poderá, a critério do usuário, ter validade pelo prazo máximo de 10 (dez) anos, passível de renovação. Durante esse período, o remetente poderá efetivar novas remessas mediante Guias de Remessa numeradas sequencialmente e respectivos cadastros de remessa.

Logo após a efetivação do cadastro de remessa pelo usuário, será emitido comprovante de cadastro de remessa, que é o documento hábil para demonstrar que o usuário prestou as informações que lhe eram exigidas pela legislação e que permite a efetivação da remessa.

Para serem regularmente remetidas, as amostras do patrimônio genético deverão estar acompanhadas de:

I. Comprovante de cadastro de remessa;

II. Cópia do TTM firmado entre o remetente e o destinatário;

III. Guia de remessa contendo o detalhamento das amostras remetidas.

É importante lembrar que essas exigências não afastam a necessidade de apresentação de outros documentos exigidos por outras legislações específicas, como, por exemplo, licença ou autorização para exportação emitida pelo MAPA e pelo IBAMA, bem como a permissão de importação (*Import Permit*), emitida pela autoridade competente do país destinatário, entre outros documentos que se fizerem necessários.

### 3.4. Exigências legais para o cadastro junto ao SisGen de envio de amostra de patrimônio genético para o exterior

A expressão "envio de amostra" é utilizada para referir-se ao envio de amostra que contenha patrimônio genético para a prestação de serviços no exterior como parte de pesquisa ou desenvolvimento tecnológico na qual a responsabilidade sobre a amostra é de quem realiza o acesso no Brasil. Assim sendo, a instituição colaboradora ou prestadora de serviços sediada no exterior deverá devolver ou destruir as amostras do patrimônio genético. Importante lembrar que o fato de as amostras serem transportadas pessoalmente pelo pesquisador interessado não descaracteriza o envio.

O envio de amostra ao exterior deverá ser cadastrado em módulo específico integrante do cadastro de acesso do projeto junto ao SisGen, sendo que tal procedimento deve ser realizado dentro dos prazos legais definidos para o cadastro de acesso, ou seja, previamente à remessa, ou ao requerimento de qualquer direito de propriedade intelectual, ou à comercialização do produto intermediário, ou à divulgação dos resultados, finais ou parciais, em meios científicos ou de comunicação, ou à notificação de produto acabado ou material reprodutivo desenvolvido em decorrência do acesso.

Considera-se prestação de serviços a execução de testes ou atividades técnicas especializadas por instituição sediada no exterior, parceira da instituição nacional responsável pelo acesso ou por ela contratada, mediante retribuição ou contrapartida. No entanto, a retribuição ou contrapartida poderá ser dispensada quando a instituição parceira sediada no exterior integrar a pesquisa como coautora.

Por ocasião do efetivo envio das amostras, há necessidade de prévia celebração de instrumento jurídico entre a instituição nacional responsável pelo acesso e a instituição parceira ou contratada sediada no exterior, o qual deverá conter:

I. Identificação do patrimônio genético no nível taxonômico mais estrito possível;

II. Informações sobre o tipo de amostra e a forma de acondicionamento e sobre a quantidade de recipientes, o volume ou o peso;

III. Indicação do prazo para a prestação dos serviços, com detalhamento por atividade a ser executada, quando couber;

IV. Descrição dos serviços objeto da prestação;

V. Obrigação de devolver ou destruir as amostras enviadas;

VI. Cláusulas proibindo a instituição parceira ou contratada de:

a) Repassar para terceiros a amostra, informações associadas ou substâncias oriundas de seu metabolismo;

b) Utilizar a amostra, informações associadas ou substâncias oriundas de seu metabolismo para quaisquer outras finalidades além das previstas;

c) Explorar economicamente produto intermediário ou acabado ou material reprodutivo decorrente do acesso;

d) Requerer qualquer tipo de direito de propriedade intelectual sobre a amostra, informações associadas ou substâncias oriundas de seu metabolismo.

No entanto, no caso de envio de amostras para finalidade exclusiva de sequenciamento genético, o instrumento jurídico não é obrigatório. Nesse caso, o remetente deverá comunicar, formalmente, à instituição parceira ou contratada as obrigações previstas nos itens "V" e "VI" supra. A comunicação formal poderá ser feita por meio de carta ou e-mail, por exemplo.

Por ocasião do envio, as amostras deverão estar acompanhadas de:

I. Comunicado formal à instituição destinatária, no caso de finalidade de sequenciamento genético, ou do instrumento jurídico firmado entre as partes, no caso de outras finalidades;

II. Consentimento prévio informado do provedor do conhecimento tradicional associado, em caso de envio de amostra de patrimônio genético de variedade tradicional local ou crioula ou raça localmente adaptada ou crioula no âmbito de projeto que não se enquadre no conceito de atividade agrícola.

Não será necessário incluir o comprovante de cadastro junto ao SisGen, uma vez que o cadastro de envio poderá ser realizado posteriormente, nos mesmos prazos definidos para o cadastro de atividades de acesso.

Assim como no caso da remessa, a apresentação dos documentos acima mencionados, não afasta a necessidade de apresentação de outros documentos exigidos por outras legislações específicas, como, por exemplo, licença ou autorização para exportação emitida pelo MAPA e pelo IBAMA, bem como a permissão de importação (*Import Permit*), emitida pela autoridade competente do país destinatário, entre outros documentos que se fizerem necessários.

### 3.5. Exigências legais para exploração econômica de produto acabado ou material reprodutivo oriundo de acesso ao patrimônio genético e/ou do conhecimento tradicional associado

Conforme o art. 33 do Decreto nº 8.772, de 2016, a exploração econômica de produto acabado ou material reprodutivo oriundo de acesso ao patrimônio genético ou conhecimento tradicional associado realizado após a vigência da Lei da Biodiversidade, deve ser notificada ao CGen, por meio do SisGen, antes do seu início, sendo considerado como "início da exploração econômica" o momento em que ocorrer a emissão da primeira nota fiscal de venda do produto acabado ou material reprodutivo.

A Orientação Técnica do CGen nº 01, de 28 de junho de 2017 (Brasil, 2017) explicita que a obrigação de notificar está diretamente associada à obrigação de repartir benefícios. Assim sendo, são obrigados a notificar o fabricante do produto acabado e o produtor responsável pelo último elo do material reprodutivo, que sejam alcançados pela obrigação de repartir benefícios.

Por ocasião da notificação, o usuário deverá indicar a modalidade da repartição de benefícios e apresentar o acordo de repartição de benefícios, quando couber.

Ao finalizar o preenchimento do formulário eletrônico para notificação do produto acabado ou do material reprodutivo no SisGen, o responsável poderá emitir o comprovante de notificação. O referido comprovante é documento hábil para demonstrar que o usuário prestou as informações exigidas pela lei e permite a exploração econômica do produto acabado ou material reprodutivo.

### 3.6. Repartição de benefícios

De acordo com a Lei da Biodiversidade, os benefícios resultantes da exploração econômica de produto acabado ou de material reprodutivo desenvolvidos a partir de acesso ao patrimônio genético ou ao conhecimento tradicional associado, ainda que produzido fora do País, devem ser repartidos, de forma justa e equitativa.

Destaca-se que, no caso de produto acabado, para que este seja enquadrado na obrigação de repartir benefícios, a presença do patrimônio genético ou do conhecimento tradicional associado no produto acabado deve ser determinante para a existência das características funcionais ou para a formação do apelo mercadológico.

De acordo com a lei, independentemente de quem tenha realizado o acesso anteriormente, a obrigação de repartir benefícios recairá sobre o:

I. Produtor responsável pelo último elo da cadeia produtiva do material reprodutivo, quando utilizado para fins de atividade agrícola. Para os efeitos da lei, considera-se último elo da cadeia o produtor responsável pela venda de material reprodutivo para a produção, processamento e comercialização de alimentos, bebidas, fibras, energia e florestas plantadas;

II. Fabricante do produto acabado, cujo patrimônio genético ou conhecimento tradicional associado seja um dos elementos principais de agregação de valor;

III. Fabricante do produto acabado desenvolvido a partir de material reprodutivo.

Entretanto, está prevista a isenção da obrigação de repartição de benefícios do produto acabado ou material reprodutivo desenvolvido por:

a) Agricultores tradicionais e suas cooperativas, com receita bruta anual igual ou inferior a R$ 3.600.000,00;

b) Microempresas, empresas de pequeno porte e microempreendedores individuais.

Também estarão isentos da repartição de benefícios:

I. Os produtos intermediários ao longo da cadeia produtiva, incluindo os insumos utilizados nas atividades agrícolas;

II. O material reprodutivo ao longo da cadeia produtiva de material reprodutivo, exceto a exploração econômica realizada pelo último elo da cadeia produtiva;

III. O produto acabado ou material reprodutivo desenvolvido a partir de espécies introduzidas no território nacional pela ação humana, ainda que domesticadas, que não tenha adquirido característica distintiva própria no País (consultar a lista de referência do MAPA anexas às Instruções Normativas nº 3, de 20 de março de 2019 (Brasil, 2019) e nº 16, de 4 de junho de 2019 (Brasil, 2019);

IV. As operações de licenciamento, transferência ou permissão de utilização por terceiros de qualquer forma de direito de propriedade intelectual sobre produto acabado, processo ou material reprodutivo;

V. A repartição de benefícios, o intercâmbio e a difusão de patrimônio genético ou de conhecimento tradicional associado praticados, entre si, por populações indígenas, comunidade tradicional ou agricultor tradicional para seu próprio benefício e baseados em seus usos, costumes e tradições.

A obrigação de repartição de benefícios decorrente da exploração econômica de produto acabado ou material reprodutivo poderá ser cumprida mediante adoção das seguintes modalidades:

I. Monetária;

II. Não monetária, incluindo, entre outras:

a) Projeto para conservação ou uso sustentável de biodiversidade ou para proteção e manutenção de conhecimento, inovação ou prática de população indígena, comunidade tradicional ou agricultor tradicional;

b) Transferência de tecnologia;

c) Disponibilização em domínio público, sem proteção por direito de propriedade intelectual ou restrição tecnológica;

d) Licenciamento, livre de ônus, do produto acabado ou material reprodutivo desenvolvido a partir do acesso;

e) Capacitação de recursos humanos em temas relacionados à conservação e ao uso sustentável de patrimônio genético ou conhecimento tradicional associado;

f) Distribuição gratuita em programas de interesse social.

No caso de repartição de benefícios de produto acabado ou material reprodutivo desenvolvido, exclusivamente, a partir de acesso ao patrimônio genético, o usuário poderá optar, a seu critério, por uma das modalidades, monetária ou não monetária.

Caso seja feita a opção pela modalidade monetária, a repartição de benefícios decorrente da exploração econômica do produto ou material reprodutivo devida será uma parcela de 1% (um por cento) da receita líquida anual obtida com a exploração econômica, que poderá ser reduzida para até 0,1% (um décimo por cento) por ocasião de acordo setorial entre o setor produtivo e a União, na forma prevista no art. 21 da Lei da Biodiversidade. O valor devido a título de repartição de benefícios poderá ser depositado diretamente no Fundo Nacional de Repartição de Benefícios (FNRB) pelo usuário, sem necessidade de celebração de acordo de repartição de benefícios.

Nas situações listadas nos incisos i, v e vi, da alínea "b", que trata da modalidade não monetária, o valor devido a título de repartição de benefícios será equivalente a 75% do valor previsto para a modalidade monetária, conforme critérios a serem definidos pelo CGen. Para as demais situações, a repartição será equivalente ao valor previsto para a modalidade monetária.

No caso de opção pela modalidade não monetária, o usuário deverá celebrar Acordo de Repartição de Benefícios junto à União, o qual deve ser negociado de forma justa e equitativa entre as partes, atendendo a parâmetros de clareza, lealdade e transparência nas cláusulas pactuadas, que deverão indicar condições, obrigações, tipos e duração dos benefícios de curto, médio e longo prazo, sem prejuízo de outras diretrizes e critérios a serem estabelecidos pelo CGen.

O acordo de repartição de benefícios deve ser apresentado em até 365 dias a partir do momento da notificação do produto acabado ou do material reprodutivo.

No caso de produto acabado ou material reprodutivo for desenvolvido a partir de acesso ao conhecimento tradicional associado de origem identificável, os valores devidos a título de repartição de benefícios serão livremente negociados entre o provedor do conhecimento e o usuário responsável pelo acesso, sendo que todas as condições também deverão ser formalizadas mediante Acordo de Repartição de Benefícios antes do início da exploração econômica. Além disso, o usuário ficará também obrigado a depositar no FNRB valor equivalente à metade do valor previsto para a modalidade monetária.

Para fins de repartição de benefícios de produto acabado ou material reprodutivo oriundo de acesso ao conhecimento tradicional associado de origem não identificável, incluindo aqueles desenvolvidos a partir do acesso a variedades tradicionais locais ou crioulas e raças localmente adaptadas, para fins de atividades agrícolas, serão considerados beneficiários todas as populações indígenas, comunidades locais e agricultores tradicionais existentes no País. Assim sendo, os valores devidos a título de repartição de benefícios deverão ser depositados diretamente no FNRB. Posteriormente esses recursos serão aplicados na execução de atividades de interesse de todos os provedores desse conhecimento.

Especificamente no caso de acesso a variedades tradicionais locais e crioulas e raças localmente adaptadas para atividades não enquadradas no conceito de atividade agrícola, a exploração econômica dos produtos resultantes deve seguir as mesmas regras aplicáveis para o acesso ao conhecimento tradicional associado de origem identificável, ou seja, livre negociação do provedor do conhecimento tradicional associado com o usuário responsável pelo acesso e, ao mesmo tempo, depósito no FNRB de valor equivalente à metade do valor previsto para a modalidade monetária.

Quando um único produto acabado ou material reprodutivo for o resultado de acessos distintos, estes não serão considerados cumulativamente para o cálculo da repartição de benefícios, ou seja, a repartição dos benefícios pelo acesso ao conhecimento tradicional associado afasta a obrigação de repartição de benefícios pelo acesso ao patrimônio genético.

## 4. Procedimento Administrativo de Verificação

O Procedimento Administrativo de Verificação é gerenciado pela Secretaria-Executiva do CGen e foi estabelecido pelo Decreto nº 8.772, de 2016, com a finalidade de checagem de todas as informações inseridas pelo usuário no SisGen por ocasião do cadastro ou da notificação, a fim de identificar eventuais irregularidades.

O processo de verificação terá início logo após a emissão pelo SisGen do comprovante de cadastro de acesso, de cadastro da remessa ou da notificação. No período de verificação, a Secretaria-Executiva do CGen:

I. Cientificará os conselheiros do CGen sobre os cadastros ou sobre a notificação;

II. Encaminhará aos integrantes das câmaras setoriais competentes informações relativas à espécie objeto de acesso e o Município de sua localização, de forma dissociada dos respectivos cadastros e das demais informações dele constantes;

III. Cientificará os órgãos federais de proteção dos direitos de populações indígenas e comunidades tradicionais sobre o registro em cadastro de acesso a conhecimentos tradicionais associados;

IV. Poderá identificar, de ofício, eventuais irregularidades na realização dos cadastros ou da notificação, ocasião em que solicitará a ratificação das informações ou procederá à retificação de erros formais.

Caso durante o processo de verificação sejam constatadas irregularidades ou inconsistências passíveis de retificação nos cadastros apresentados, os usuários responsáveis pelo referido cadastro serão notificados para que se manifestem e apresentem sua defesa no prazo de 15 dias. Esgotado esse prazo, a Secretaria-Executiva encaminhará o processo para deliberação do Plenário do CGen, que poderá não acatar o mérito do requerimento; ou acatar o requerimento, ocasião em que determinará a retificação dos cadastros de acesso ou de remessa, ou ainda a notificação. O CGen poderá ainda cancelar os cadastros de acesso ou de remessa, ou ainda a notificação, caso a irregularidade seja insanável.

De acordo com a lei, são consideradas irregularidades insanáveis:

I. A existência de conhecimento tradicional associado de origem identificável quando o cadastro ou a notificação indicar apenas a previsão de acesso ao patrimônio genético;

II. A existência de conhecimento tradicional associado de origem identificável, quando o cadastro ou a notificação indicar apenas a previsão de acesso ao conhecimento tradicional associado de origem não identificável;

III. A obtenção de consentimento prévio informado em desacordo com o disposto na Lei da Biodiversidade e no Decreto nº 8.772, de 2016.

Assim sendo, caso sejam identificados indícios de irregularidades insanáveis pelos conselheiros, o CGen:

I. Cancelará, conforme for o caso, o cadastro de acesso, o cadastro da remessa ou a notificação e notificará o usuário para que faça novo cadastro ou apresente nova notificação;

II. Notificará o fato aos órgãos de fiscalização e aos órgãos responsáveis pela concessão de eventual direito de propriedade intelectual.

Diante da notificação, o órgão fiscalizador poderá ou não instaurar processo administrativo para apuração de infrações contra a Lei da Biodiversidade. O órgão responsável pela concessão do direito de propriedade intelectual ficará impedido de conceder a proteção requerida. Se a constatação de indícios de irregularidades ocorrer quando já tiver sido iniciada a exploração econômica do produto acabado ou do material reprodutivo, o CGen, excepcionalmente, e desde que não se configure má-fé, poderá determinar que o usuário retifique o cadastro ou a notificação, e apresente, no prazo de 90 dias, o acordo de repartição de benefícios com o provedor do conhecimento tradicional associado. Nesse caso, a repartição de benefícios relativa a todo o período de apuração correspondente será calculada e recolhida em favor dos beneficiários e nos valores previstos no acordo de repartição de benefícios vigente na data do pagamento.

Além do comprovante de acesso, remessa ou notificação, os quais são emitidos imediatamente após a conclusão do cadastro pelo usuário, poderão ainda ser emitidos pelo CGen ou por sua Secretaria-Executiva, a pedido do usuário, os seguintes documentos:

I. Certidão, emitida pela Secretaria-Executiva do CGen, declarando que:

a) Não foram admitidos requerimentos de verificação no decurso do prazo para verificação;

b) O requerimento de verificação apresentado não foi acatado pelo CGen.

II. Atestado de regularidade, emitido pelo CGen, declarando o cumprimento dos requisitos da Lei da Biodiversidade.

A certidão a que se refere o item "a", possui eficácia para, no caso de autuação por qualquer um dos órgãos de fiscalização relacionada com atividade cadastrada ou notificada no SisGen, este aplique, num primeiro momento, pena de advertência, antes de aplicar qualquer outra sanção administrativa.

Já o atestado de regularidade produz os seguintes efeitos jurídicos:

I. Declara a regularidade do acesso até a data de sua emissão pelo CGen;

II. Afasta a aplicação de sanções administrativas por parte do órgão ou entidade competente especificamente em relação às atividades de acesso realizadas até a emissão do atestado. Se, após a emissão do atestado de regularidade, for constatado erro ou fraude no acesso, o órgão responsável pela fiscalização adotará medidas administrativas junto ao CGen para anular o referido atestado.

## 5. Infrações contra a Lei da Biodiversidade e aplicação de penalidades

As infrações administrativas contra o patrimônio genético ou ao conhecimento tradicional associado estão dispostas nos artigos 78 a 91 do Decreto nº 8.772, de 2016, e serão passíveis da aplicação de penalidades como advertência, multa, apreensão das amostras de patrimônio genético ou dos produtos derivados dessas amostras e/ou de conhecimento tradicional associado, cancelamento de registro, patente, entre outras.

O tipo de sanção a ser aplicada, bem como o valor da multa, quando for o caso, serão apurados por meio de processo administrativo a ser instaurado pela autoridade competente, considerando a gravidade da infração. O valor da multa será arbitrado pela autoridade competente, por infração cometida, e pode variar de R$ 1.000,00 a R$ 100.000,00, quando praticada por pessoa física, e de R$ 10.000,00 a R$ 10.000.000,00, para pessoa jurídica.

São consideradas infrações contra o patrimônio genético ou contra o conhecimento tradicional associado:

I. Explorar economicamente produto acabado ou material reprodutivo oriundo de acesso ao patrimônio genético ou conhecimento tradicional associado sem notificação prévia;

II. Remeter amostra de patrimônio genético ao exterior sem o cadastro prévio ou em desacordo com esse;

III. Requerer direito de propriedade intelectual resultante de acesso ao patrimônio genético ou conhecimento tradicional associado sem realização de cadastro prévio;

IV. Divulgar resultados, finais ou parciais, em meios científicos ou de comunicação sem cadastro prévio;

V. Deixar de realizar cadastro de acesso antes da comercialização de produto intermediário;

VI. Acessar conhecimento tradicional associado de origem identificável sem a obtenção do consentimento prévio informado, ou em desacordo com este;

VII. Deixar de indicar a origem do conhecimento tradicional associado de origem identificável em publicações, utilizações, explorações e divulgações dos resultados do acesso;

VIII. Deixar de pagar a parcela anualmente devida ao FNRB decorrente da exploração econômica de produto acabado ou material reprodutivo desenvolvido em decorrência do acesso ao patrimônio genético ou conhecimento tradicional associado;

IX. Elaborar ou apresentar informação, documento, estudo, laudo ou relatório total ou parcialmente falso, ou enganoso, seja nos sistemas oficiais ou em qualquer outro procedimento administrativo relacionado ao patrimônio genético ou ao conhecimento tradicional associado;

X. Descumprir suspensão, embargo ou interdição decorrente de infração administrativa contra o patrimônio genético ou ao conhecimento tradicional associado;

XI. Obstar ou dificultar a fiscalização das obrigações previstas na Lei da Biodiversidade;

XII. Deixar de se adequar às regras fixadas pela Lei da Biodiversidade no prazo estabelecido no seu artigo 37;

XIII. Deixar de se regularizar de acordo com as regras fixadas pela Lei da Biodiversidade no prazo estabelecido no seu artigo 38;

XIV. Deixar de atender às exigências legais ou regulamentares, quando notificado pela autoridade competente no prazo concedido.

A seguir, são apresentados alguns exemplos de penalidades que poderão ser aplicadas pelo CGen (Tabela 2):

**Tabela 2.** Exemplos de infrações contra a Lei da Biodiversidade e respectivas penalidades.

| Infrações | Multas |
|---|---|
| Exploração econômica sem notificação prévia | De R$ 3.000,00 a 10.000.000,00 |
| Remeter amostra sem cadastro prévio | De R$ 20.000,00 a 10.000.000,00 |
| Requerer direito de propriedade intelectual sem cadastro prévio | De 3.000,00 a 10.000.000,00 |
| Divulgar resultados sem cadastro prévio | De 1.000,00 a 500.000,00 |
| Comercializar produto intermediário sem cadastro | De 1.000,00 a 500.000,00 |
| Acessar CTA de origem identificável sem CPI | De 20.000,00 a 10.000.000,00 |
| Deixar de indicar origem do CTA identificável em divulgações | De 1.000,00 a 500.000,00 |
| Deixar de pagar parcela anual ao FNRB | De 1.000,00 a 10.000.000,00 |
| Apresentar informação falsa | De 10.000,00 a 5.000.000,00 |
| Deixar de atender às exigências legais, quando notificado | De 1.000,00 a 5.000.000,00 |

## 6. Procedimento de adequação de autorizações obtidas durante a Medida Provisória nº 2.186-16, de 2001

A Orientação Técnica do CGen nº 4, de 22 de maio de 2018 (Brasil, 2018), esclarece que a obrigação de adequação prevista no artigo 37 da Lei da Biodiversidade será considerada cumprida pelos usuários quando o CGen inserir no SisGen as informações constantes às autorizações concedidas durante a vigência da Medida Provisória nº 2.186-16, de 2001.

## 7. Regularização de atividades executadas em desacordo com a Medida Provisória nº 2.186-16, de 2001

O prazo regular, inicialmente fixado pelo Artigo 38 da Lei da Biodiversidade para a regularização das atividades executadas entre 30/06/2000 e 17/11/2015 em desacordo com a Medida Provisória nº 2.186-16, de 2001 venceu no dia 06/11/2018.

Em caráter de excepcionalidade, devido a problemas operacionais do SisGen, o CGen aprovou resoluções alterando, em situações pontuais descritas na Tabela 3, o prazo para regularização.

**Tabela 3.** Situações de suspensão de prazo para regularização de atividades executadas entre 30/06/2000 e 17/11/2015 em desacordo com a Medida Provisória nº 2.186-16, de 2001.

| | Atividades realizadas | Referências normativas | Prazos |
|---|---|---|---|
| **Pesquisa científica** | Em que sejam necessários mais de 100 registros de procedência de patrimônio genético por cadastro | Resolução CGen nº 7, de 20/03/2018 | * |
| | Envolvendo amostras de substratos contendo microrganismos não isolados | Resolução CGen nº 8, de 20/03/2018 | * |
| | Quando não for possível a obtenção do número do Cadastro de Pessoa Física (CPF) do provedor do conhecimento tradicional associado (CTA) de Origem Identificável | Orientação Técnica CGen nº 7, de 18/09/2018 | * |
| | Quando usou patrimônio genético oriundo de coleção *ex situ* que não dispuser da informação do "estado" ou do "município" do local da coleta em condições *in situ* do patrimônio genético | Orientação Técnica CGen nº 10, de 09/10/2018 | * |
| | Envolvendo amostra de patrimônio genético obtido *in silico* | Resolução CGen nº 13, de 18/09/2018 | * |
| | Quando o cadastro de acesso for de desenvolvimento de produto acabado ou material reprodutivo que necessite do número de cadastro da autorização de acesso anterior e que tenha sido emitida pelo CNPq ou IBAMA | Orientação Técnica CGen nº 10, de 09/10/2018 | * |
| | Nos casos de acesso ao CTA de origem identificável quando não tenha sido obtido o Consentimento Prévio Informado do provedor | Resolução CGen nº 17, de 09/10/2018 | ** |

Tabela 3. *continuação.*

| | Atividades realizadas | Referências normativas | Prazos |
|---|---|---|---|
| **Bioprospecção e desenvolvimento tecnológico – Sem exploração econômica** | Envolvendo amostras de substratos contendo microrganismos não isolados | Resolução CGen nº 8, de 20/03/2018 | * |
| | Quando não for possível a obtenção do número do CPF do provedor do CTA de Origem Identificável. | Orientação Técnica CGen nº 7, de 18/09/2018 | * |
| | Quando usou patrimônio genético oriundo de coleção *ex situ* que não dispuser da informação do "estado" ou do "município" do local da coleta em condições *in situ* do patrimônio genético | Orientação Técnica CGen nº 10, de 09/10/2018 | * |
| | Envolvendo amostra de patrimônio genético obtido *in silico* | Resolução CGen nº 13, de 18/09/2018 | * |
| | Quando o cadastro de acesso for de desenvolvimento de produto acabado ou material reprodutivo que necessite do número de cadastro da autorização de acesso anterior e que tenha sido emitida pelo CNPq ou IBAMA | Orientação Técnica CGen nº 10, de 09/10/2018 | * |
| | Nos casos de acesso ao CTA de Origem Identificável quando não tenha sido obtido o Consentimento Prévio Informado do provedor | Resolução CGen nº 17, de 09/10/2018 | ** |
| **Bioprospecção e desenvolvimento tecnológico - Com exploração econômica, inclusive nos casos de isenção da obrigação de repartir benefícios** | Envolvendo amostras de substratos contendo microrganismos não isolados | Resolução CGen nº 8, de 20/03/2018 | * |
| | Quando não for possível a obtenção do número do CPF do provedor do CTA de Origem Identificável. | Orientação Técnica CGen nº 7, de 18/09/2018 | * |
| | Quando usou patrimônio genético oriundo de coleção *ex situ* que não dispuser da informação do "estado" ou do "município" do local da coleta em condições *in situ* do patrimônio genético | Orientação Técnica CGen nº 10, de 09/10/2018 | * |
| | Envolvendo amostra de patrimônio genético obtido *in silico* | Resolução CGen nº 13, de 18/09/2018 | * |
| | Quando o cadastro de acesso for de desenvolvimento de produto acabado ou material reprodutivo que necessite do número de cadastro da autorização de acesso anterior e que tenha sido emitida pelo CNPq ou IBAMA | Orientação Técnica CGen nº 10, de 09/10/2018 | * |
| | Nos casos de acesso ao CTA de Origem Identificável quando não tenha sido obtido o Consentimento Prévio Informado do provedor | Resolução CGen nº 17, de 09/10/2018 | ** |

* Prazo de 1 (um) ano, contado somente a partir da disponibilização da nova versão do SisGen;

** Prazo de 1 (um) ano, contado a partir da publicação da Resolução, ou seja, até 26/10/2019. Deverá ser obtido um Termo de Consentimento do Provedor do CTA de origem identificável, contendo todos os elementos indicados no art. 17 do Decreto nº 8.772, de 2016.

Como regra, a regularização das atividades de pesquisa estava condicionada apenas ao cadastro do projeto/atividade no SisGen. Para a regularização de atividades enquadradas nos conceitos de bioprospecção e desenvolvimento tecnológico, bem como para as atividades de exploração econômica de produto ou processo oriundo do acesso a patrimônio genético ou ao conhecimento tradicional associado e de remessa ao exterior de amostra de patrimônio genético, a regularização dependia da prévia assinatura de Termo de Compromisso entre o usuário e a União, representada pelo ministro do Ministério do Meio Ambiente (MMA). Foram disponibilizados, por meio da Portaria MMA n° 422, de 06 de novembro de 2017 (Brasil, 2017), 7 modelos de Termos de Compromisso a serem firmados entre o usuário e a União. Posteriormente, por meio da Portaria MMA nº 378, de 01 de outubro de 2018 (Brasil, 2018) esses modelos de Termo foram modificados para o estabelecimento de cláusula contratual prevendo que o usuário terá prazo de 1 (um) ano, contado da data de assinatura do Termo de Compromisso pelo MMA, para especificar as atividades a serem regularizadas. Após o término desse prazo, terão mais 1 (um) ano para cadastrar as atividades a serem regularizadas.

Na véspera do vencimento do prazo inicial para regularização, considerando o pleito de academia e de outros setores, o CGen aprovou a Resolução nº 19, de 31/10/2018 (Brasil, 2018), estendendo também aos casos de regularização de atividade de pesquisa a possibilidade de assinatura, até o dia 07/11/2018, do Termo de Compromisso previsto no Anexo VII da Portaria MMA nº 378, de 1º de outubro de 2018. Nessa situação, ficou assegurado ao usuário o prazo de 1 (um) ano, contado da data de assinatura do Termo de Compromisso pelo representante da União, para especificar em anexos próprios as atividades a serem regularizadas, e mais 1 (um) ano para cadastrar as atividades de acesso ao patrimônio genético ou conhecimento tradicional associado, a serem regularizadas.

Os novos prazos e condições estabelecidas para cada um dos novos modelos de Termo de Compromisso encontram-se detalhadas na Tabela 4. Destaca-se que os signatários das versões anteriores dos Termos de Compromisso também poderão se utilizar dos prazos constantes dos modelos da Portaria MMA nº 378, de 01 de outubro de 2018.

A regularização extingue a exigibilidade das sanções administrativas previstas na Medida Provisória nº 2.186-16, de 23 de agosto de 2001 e especificadas no Decreto nº 5.459, de 7 de junho de 2005, exceto no caso dos arts. 19, 21, 22, 23 e 24 do Decreto nº 5.459, de 7 de junho de 2005 (Brasil, 2005), os quais terão os valores das multas reduzidos em 90% (noventa por cento), após atualização monetária.

**Tabela 4.** Prazos e condições estabelecidos para cumprimento das obrigações assumidas no Termo de Compromisso previsto na Portaria MMA nº 378, de 1º de outubro de 2018.

| Anexos | Prazos para inventariar e apresentar lista de atividades a serem regularizadas | Prazos para cadastrar/notificar | Prazos para apresentação do Acordo de Repartição de Benefícios ou Depósito no FNRB |
|---|---|---|---|
| Anexo I - Acesso a patrimônio genético (PG) com exploração econômica e repartição de benefícios na modalidade não monetária | Não aplicável<br><br>A lista de atividades realizadas é parte integrante do TC e deveria ter sido apresentada para assinatura até 06/11/2018 | 1 (um) ano, contado da data de assinatura deste TC pelo representante da União, para:<br>a) cadastrar o acesso; e<br>b) notificar cada produto ou processo oriundo do acesso que houver sido explorado economicamente. (Item 2.1 do TC) | 6 (seis) meses contados após publicação da Portaria sobre o modelo de ARB para apresentação do Acordo de Repartição de Benefícios. (Itens 2.2 de 2.3 do TC) |
| Anexo II - Acesso a PG com exploração econômica e repartição de benefícios na modalidade monetária | Não aplicável<br><br>A lista de atividades realizadas é parte integrante do TC e deveria ter sido apresentada para assinatura até 06/11/2018 | 1 (um) ano, contado da data de assinatura deste TC pelo representante da União, para:<br>a) cadastrar o acesso; e<br>b) notificar cada produto ou processo oriundo do acesso que houver sido explorado economicamente. (Item 2.1 do TC) | 30 (trinta) dias, contados após a abertura da conta do Fundo, para depósito no Fundo Nacional de Repartição de Benefícios (FNRB) - 1% da receita líquida obtida de 2013 a 2017). (Itens 2.3 e 2.4. do TC) |
| Anexo III - Acesso a conhecimento tradicional associado (CTA) de origem não identificável com exploração econômica | Não aplicável<br><br>A lista de atividades realizadas é parte integrante do TC e deveria ter sido apresentada para assinatura até 06/11/2018 | 1 (um) ano, contado da data de assinatura deste TC pelo representante da União, para:<br>a) cadastrar o acesso; e<br>b) notificar cada produto ou processo oriundo do acesso que houver sido explorado economicamente. (Item 2.1 do TC) | 30 (trinta) dias, contados após a abertura da conta do Fundo, para depósito no FNRB - 1% da receita líquida obtida de 2013 a 2017). (Itens 2.3 e 2.4. do TC) |

Tabela 4. *continuação.*

| Anexos | Prazos para inventariar e apresentar lista de atividades a serem regularizadas | Prazos para cadastrar/notificar | Prazos para apresentação do Acordo de Repartição de Benefícios ou Depósito no FNRB |
|---|---|---|---|
| Anexo IV - Acesso a CTA de Origem Identificável com exploração econômica | Não aplicável<br><br>A lista de atividades realizadas é parte integrante do TC e deveria ter sido apresentada para assinatura até 06/11/2018 | 1 (um) ano, contado da data de assinatura deste TC pelo representante da União, para:<br>a) cadastrar o acesso; e<br>b) notificar cada produto ou processo oriundo do acesso que houver sido explorado economicamente. (Item 2.1 do TC) | Apresentação do Acordo de Repartição de Benefícios no Ato da Notificação (livre negociação pelo provedor)<br>(Item 2.1, alínea "c" do TC)<br>30 (trinta) dias, contados após a abertura da conta do Fundo, para depósito no FNRB - 0,5% da receita líquida obtida de 2013 a 2017). (Itens 2.3 e 2.4. do TC) |
| Anexo V - Acesso e exploração econômica realizados por usuário com Contrato de Utilização do Patrimônio Genético e de Repartição de Benefícios (CURB) ou Projeto de Repartição de Benefícios anuído pelo CGen nos termos da MP n° 2.186-16, de 23 de agosto de 2001 | 1 (um) ano, contado da data de assinatura do TC pelo representante da União, para:<br>a) levantamento das atividades relacionadas ao CURB ou Projeto de RB anuído pelo CGen; e<br>b) apresentação ao MMA do anexo do TC. (Itens 1.1 e 1.2 do TC) | 1 (um) ano, para validação da autorização no SisGen, contado do fim do prazo concedido para levantamento das atividades relacionadas ao CURB ou Projeto de RB anuído pelo CGen, na forma prevista no item 1.2. (Item 2.1 do TC) | Não aplicável |

Tabela 4. *continuação.*

| Anexos | Prazos para inventariar e apresentar lista de atividades a serem regularizadas | Prazos para cadastrar/notificar | Prazos para apresentação do Acordo de Repartição de Benefícios ou Depósito no FNRB |
|---|---|---|---|
| Anexo VI - Acesso e exploração econômica realizados por usuário que se enquadre em um dos casos de isenção de repartição de benefícios previstos na Lei n° 13.123, de 20 de maio de 2015 | 1 (um) ano, contado da data de assinatura do TC pelo representante da União, para:<br>a) levantamento do passivo da Medida Provisória; e<br>b) apresentação ao MMA do anexo do TC.<br>(Item 1.2 do TC) | 1 (um) ano, contado do fim do prazo concedido para levantamento do passivo, na forma prevista no item 1.2:<br>a) cadastrar o acesso ou remessa, conforme o caso;<br>b) validar o cadastro realizado pela Secretaria-Executiva do CGen no SisGen, conforme o caso; e<br>c) notificar cada produto ou processo oriundo do acesso que houver sido explorado economicamente, conforme o caso. (Item 3.1 do TC) | 1 (um) ano, contado da data de assinatura do TC pelo representante da União, para apresentação de documentos que comprovem a situação de isenção da obrigação de repartir benefícios. (Item 2.1.1 do TC) |
| Anexo VII - Remessa, bioprospecção ou desenvolvimento tecnológico sem exploração econômica | 1 (um) ano, contado da data de assinatura do TC pelo representante da União, para:<br>a) levantamento do passivo da Medida Provisória; e<br>b) apresentação ao MMA do anexo do TC. (Item 1.3 do TC) | 1 (um) ano, contado do fim do prazo concedido para especificação das atividades previstas no item 1.3, para:<br>a) cadastrar o acesso ou remessa, conforme o caso; ou<br>b) validar o cadastro realizado pela Secretaria-Executiva do CGen no SisGen, conforme o caso. (Item 2.1 do TC) | Não aplicável |

## 8. Operacionalização do SisGen

O SisGen é um sistema eletrônico criado pelo Decreto nº 8.772, de 11 de maio de 2016, mantido e operacionalizado pela Secretaria-Executiva do CGen para implementar a gestão do patrimônio genético e do conhecimento tradicional associado. É por meio do SisGen que os usuários poderão:

I. Cadastrar as atividades de acesso ao patrimônio genético ou ao conhecimento tradicional associado;

II. Cadastrar o envio de amostra que contenha patrimônio genético para prestação de serviços no exterior;

III. Cadastrar remessa de amostra de patrimônio genético;

IV. Notificar produto acabado ou material reprodutivo;

V. Solicitar autorização de acesso ao patrimônio genético ou ao conhecimento tradicional associado e de remessa ao exterior;

VI. Solicitar credenciamento de instituições mantenedoras das coleções *ex situ* que contenham amostras de patrimônio genético;

VII. Obter comprovantes de cadastros, de remessa e de notificações;

VIII. Obter certidões do procedimento administrativo de verificação;

IX. Solicitar atestados de regularidade de acesso.

O SisGen poderá ser acessado pelo endereço eletrônico: https://sisgen.gov.br, sendo que, para acessar o sistema, será requerida a instalação de um módulo de segurança. O primeiro passo para ingressar no SisGen é cadastrar-se como pessoa física por meio do acesso à página principal do sistema. Durante o cadastro como pessoa física, além de apresentar seus dados pessoais, o usuário terá que indicar se possui vínculo com instituição nacional e se é associado ou contratado por pessoa jurídica sediada no exterior. Após efetivação de seu cadastro de pessoa física, o usuário poderá acessar o SisGen com seu login e senha. Caso o usuário não possua vínculo institucional, o seu "tipo de usuário" constará como "Independente" no sistema, enquanto que, se houver vínculo no momento do cadastro, deverá ser selecionada a respectiva instituição.

### 8.1. Cadastro de Atividades de Acesso no SisGen

Serão abordados a seguir os pontos principais do cadastro de atividade de acesso, notadamente no que se refere ao tipo de cadastro, objeto do acesso, finalidade do acesso, período de atividade, componentes do patrimônio genético, conhecimento tradicional acessado e inclusão de resultados. É importante destacar que a data do cadastro da atividade de acesso ou de remessa deve preceder a divulgação de resultados, a remessa e o requerimento de propriedade intelectual, por exemplo.

Para o cadastro no SisGen, o usuário responsável pelo acesso deverá fornecer todas as informações sobre as atividades de pesquisa ou desenvolvimento tecnológico, incluindo:

**Objeto de acesso:** o usuário deverá optar entre patrimônio genético, conhecimento tradicional associado ou patrimônio genético e conhecimento tradicional associado, conforme o caso concreto. Destaque-se que é necessário ter certeza do enquadramento da atividade, uma vez que indicar apenas o uso de patrimônio genético quando houver indícios de acesso ao conhecimento tradicional associado, é considerado por Lei como irregularidade insanável, sendo passível de cancelamento do cadastro e aplicação de penalidades.

**Indicação de acesso realizado antes ou depois da entrada em vigor da Lei da Biodiversidade:** o usuário deverá esclarecer se as atividades a serem cadastradas foram executadas antes ou depois de 17/11/2015, ou seja, se o cadastro envolve atividades executadas no âmbito da Medida Provisória nº 2.186-16, de 2001 (que vigorou entre 30/06/2000 e 17/11/2015) ou atividades executadas já no escopo da Lei nº 13.123, de 2015 (a partir de 17/11/2015).

Nesse particular, é importante lembrar que o período para regularização das atividades executadas sem autorização durante a vigência da Medida Provisória nº 2.186-16, de 2001, foi encerrado em 06/11/2018. Assim sendo, na maior parte dos casos, salvo exceções em que o usuário tenha firmado Termo de Compromisso junto à União, a resposta ao questionamento apresentado pelo SisGen – "*O acesso foi realizado antes de 17/11/2015 ou obteve autorização de acesso antes de 17/11/2015?*" – será: "*Não, sem solicitação de autorização em tramitação*".

**Finalidade do acesso:** o usuário deve indicar a finalidade do acesso, se para fins de Pesquisa, Desenvolvimento Tecnológico ou ambos. Caso seja feita opção por Desenvolvimento Tecnológico, é necessário indicar o Setor de Aplicação, conforme a Classificação Nacional de Atividades Econômicas (CNAE).

**Acesso realizado anteriormente:** neste campo deve ser informado se a atividade a ser cadastrada está vinculada ou é continuidade de outra atividade de acesso realizada anteriormente. Se sim, será necessário informar o número do cadastro anterior.

**Cadastro anterior de remessa:** o usuário deve indicar se a atividade a ser cadastrada está vinculada com cadastro de remessa realizado anteriormente. Em caso positivo, será obrigatório informar o número de cadastro de remessa.

**Título e resumo da atividade:** o título e o resumo da atividade devem refletir o que será/foi executado. O campo referente ao título possui o limite máximo de 500 caracteres e o campo referente ao resumo tem limite máximo de 3.000 caracteres. O resumo apresentado irá delimitar o escopo do cadastro, sendo que o usuário deve apresentar, de forma clara e objetiva, os objetivos e resultados esperados e/ou obtidos, conforme o caso. As informações apresentadas devem ser compatíveis com os demais campos preenchidos, como, por exemplo, os componentes do patrimônio genético e os resultados obtidos.

**Equipe responsável:** o usuário deve inserir todos os membros, incluindo pesquisadores, técnicos, empregados e bolsistas que serão responsáveis pela execução da atividade, inclusive os autores e coautores de publicações inseridas no item referente aos "resultados obtidos". Será necessário apresentar o nome completo, instituição, CPF e nacionalidade. Para estrangeiros, não é exigido o número do CPF, devendo ser indicado o número do documento de identificação pertinente.

**Período de execução das atividades:** o usuário deve incluir a data de início e a data de término da atividade. Caso a atividade ainda permaneça em execução ou não tenha iniciado, deverá ser selecionada essa opção no momento do cadastro. As datas apresentadas determinam o escopo temporal do cadastro e devem ser compatíveis com os resultados apresentados.

**Componente do patrimônio genético acessado:** o usuário deve informar os componentes do patrimônio genético utilizados para a execução das atividades, selecionando o tipo de componente (entre fauna, flora, fungos, algas, microrganismos, vírus e "impossibilidade de identificação"). Poderão ser incluídos diferentes tipos de componentes, se for o caso.

Em relação à identificação do patrimônio genético, a alínea "f" do item II, do artigo 22 do Decreto nº 8.772 de 2016 determina que esta seja apresentada no nível taxonômico mais estrito possível. Nesse sentido, ao cadastrar uma atividade no SisGen, via de regra, o sistema exige a indicação do nome científico da espécie que será utilizada para a execução do projeto/atividade, mediante apresentação do gênero e epíteto específico.

Quando não for possível identificar a espécie no momento do cadastro, poderá ser utilizada a opção "impossibilidade de identificação". No entanto, o usuário deverá fornecer a identificação taxonômica mais específica possível que estiver disponível no momento do cadastro, ou seja, deve ser informada pelo menos uma das classificações taxonômicas disponíveis entre Domínio, Reino, Filo/Divisão, Classe, Ordem, Família ou Gênero. Além disso, será necessário também inserir justificativa técnica, clara e objetiva, da impossibilidade de identificação taxonômica e declarar que o cadastro será atualizado caso os espécimes sejam identificados. Na versão vigente do SisGen, não há um campo específico para realizar essa atualização para indicação das espécies identificadas. Desse modo, no momento, recomenda-se que a atualização seja feita por meio do campo "Resultados obtidos/Outros".

A opção "impossibilidade de identificação" deve ser selecionada em casos pontuais, ou seja, quando de fato, no momento da efetivação do cadastro, ainda não tenha sido possível realizar a identificação taxonômica do material biológico utilizado nas atividades do projeto. Não é possível selecionar essa opção com a intenção de posteriormente executar atividades e/ou publicação de resultados com espécies diferentes daquelas que não estavam previstas no âmbito da atividade cadastrada inicialmente. O § 5º combinado com o disposto na alínea 'f' do inciso II, ambos do artigo 22 do Decreto nº 8.772, é bem claro ao dispor que o usuário deverá realizar novo cadastro quando houver mudança do patrimônio genético ou do conhecimento tradicional associado acessado ou do objetivo do acesso. Assim sendo, é importante destacar que não é permitido incluir novas espécies em um cadastro já efetivado no sistema.

Após a identificação da espécie, deverão ser adicionadas as procedências das amostras dos componentes cadastrados, indicando a fonte de obtenção do material biológico, entre:

I. *In situ*: caso as amostras tenham sido obtidas em condições *in situ*, será obrigatório informar, além de estado e município, as coordenadas georreferenciadas ('latitude' e 'longitude') e o 'bioma'. Para variedade tradicional local ou crioula ou raça localmente adaptada ou crioula as áreas de cultivo e criação são consideradas *in situ*.

II. *Ex situ*: caso as amostras tenham sido obtidas em condições *ex situ*, será necessário indicar sua origem, selecionando entre as opções de:

a) *Ex situ* - Coleção biológica: para os casos de coleções que se enquadrem na definição da Instrução Normativa IBAMA nº 160/2007 (Brasil, 2007). Será necessário informar qual a instituição mantenedora da coleção, nome da coleção, além das informações referentes à(s) amostra(s) na coleção como o número do voucher ou de código de acesso do depósito concedido pela coleção, estado, município, bioma e data de obtenção. Somente será necessário indicar as coordenadas georreferenciadas se a amostra tiver sido incluída na coleção após 17/11/2015;

b) *Ex situ* - Comércio: para as amostras obtidas em estabelecimento comercial, sem possibilidade de identificar a origem. Será obrigatório informar o nome do estabelecimento comercial em que a amostra foi adquirida, além do estado, município e data de obtenção;

c) *Ex situ* - Cultivo ou criadouro: caso tenham sido obtidas em cultivos ou criadouros. O usuário deverá obrigatoriamente informar estado, município, as coordenadas georreferenciadas e a data de obtenção;

d) *Ex situ* - Outras coleções *ex situ*: para as amostras que tenham sido obtidas a partir de outras coleções *ex situ*, que não se enquadrem na definição de coleção biológica da Instrução Normativa IBAMA nº 160/2007. O usuário deverá informar a instituição mantenedora da coleção e o nome da coleção, além das informações referentes à amostra, como o estado, município, bioma e data de obtenção. Somente será necessário indicar as coordenadas georreferenciadas se a amostra tiver sido incluída na coleção após 17/11/2015.

III. *In silico*: para as amostras que tenham sido obtidas em condições *in silico*. Será necessário identificar o banco de dados de obtenção da informação, além de informar 'código de acesso no banco de dados' e 'link para acesso à informação no banco de dados'. No entanto, por meio da Resolução nº 13, de 18 de setembro de 2018 (Brasil, 2018), o CGen estabeleceu forma alternativa de registrar no SisGen a identificação do patrimônio genético e sua procedência, nos casos de pesquisa ou desenvolvimento tecnológico em que as amostras de patrimônio genético tenham sido obtidas *in silico*. Para esses casos, será disponibilizado um formulário específico na próxima versão do sistema onde poderão ser indicados os bancos de dados, repositórios ou sistemas que contenham as informações exigidas no item 1 da alínea 'f' do inciso II do art. 22 do Decreto nº 8.772, de 2016, mediante apenas a apresentação dos números de acesso, de registro, indicadores únicos ou do localizador padrão de recursos (URL), ou equivalentes. Para as situações previstas nessa Resolução, o CGen admitiu novo prazo para o cadastro, o qual será de 12 (doze) meses, contados da publicação pelo CGen de ato informando sobre a disponibilização da versão atualizada do SisGen.

IV. Produto intermediário: no caso de amostras que tenham sido obtidas diretamente na forma de produto intermediário desenvolvido no âmbito de outra atividade de acesso.

No item referente ao tipo de componente do patrimônio genético acessado será necessário ainda informar se o componente se trata de variedade tradicional local ou crioula e/ou raça localmente adaptada e se o acesso será realizado em área indispensável à segurança nacional (faixa de fronteira ou ilhas oceânicas) e/ou águas jurisdicionais brasileiras, plataforma continental e zona econômica exclusiva. Caso a resposta seja positiva, o usuário deve informar se o cadastro necessita de autorização prévia, se já possui autorização prévia que pode ser utilizada para o cadastro (nos termos do § 6º do art. 27 do Decreto nº 8.772, de 2016), ou se não necessita de autorização prévia. Caso o cadastro não necessite de autorização prévia, é obrigatório que o usuário declare que a atividade não se enquadra no disposto nos incisos I, II e III do art. 27 do Decreto nº 8.772, de 2016.

Quando for indicado pelo usuário que a atividade envolve o uso de variedade tradicional local ou crioula ou raça localmente adaptada ou crioula, o sistema alterará automaticamente o formulário para considerar também o acesso ao conhecimento tradicional associado.

**Conhecimento tradicional acessado:** caso as atividades executadas envolvam o acesso ao conhecimento tradicional associado, o usuário deve identificar o provedor e a fonte de obtenção do conhecimento tradicional associado, informando se o CTA é de origem identificável, obtido diretamente do provedor, de origem identificável obtido através de fontes secundárias (publicações como livros, revistas, artigos científicos, ou outras fontes); ou ainda se o conhecimento tradicional associado é de origem não identificável. O usuário deve ainda descrever qual o conhecimento tradicional associado acessado e indicar a espécie associada ao conhecimento tradicional acessado.

Quando houver acesso ao CTA de origem identificável, tanto diretamente do provedor quando por fontes secundárias, é necessário apresentar informações de identificação do provedor do conhecimento tradicional associado, assim como de seu representante e carregar no sistema o instrumento de Consentimento Prévio Informado.

Também é necessário informar se o acesso será realizado em área indispensável à segurança nacional (faixa de fronteira ou ilhas oceânicas) e/ou águas jurisdicionais brasileiras, plataforma continental e zona econômica exclusiva. Caso a resposta seja positiva, o usuário deve informar se o cadastro necessita de autorização prévia, se já possui autorização prévia que pode ser utilizada para o cadastro (nos termos do § 6º do art. 27 do Decreto nº 8.772, de 2016), ou se não necessita de autorização prévia. Caso o cadastro não necessite de autorização prévia, é obrigatório que o usuário declare que a atividade não se enquadra no disposto nos incisos I, II e III do art. 27 do Decreto nº 8.772, de 2016.

**Parceria de instituição nacional com instituição sediada no exterior:** o usuário deve incluir as instituições parceiras, conforme o caso.

**Resultados obtidos:** o usuário deve incluir todos os resultados obtidos durante a execução da atividade, optando entre: requerimento de propriedade intelectual, licenciamento de patente, desenvolvimento/comercialização de produto intermediário, divulgação de resultados em meios científicos ou de comunicação, substância oriunda de metabolismo de microrganismo idêntica à substância de origem fóssil já existente e outros resultados. Destaca-se que, conforme §2º do art. 20 do Decreto nº 8.772, de 2016, havendo modificações de fato ou de direito nas informações prestadas ao SisGen, inclusive no que se refere aos resultados obtidos, o usuário deverá fazer a atualização dos seus cadastros, pelo menos uma vez por ano.

Poderão ser adicionados quantos resultados forem necessários. No caso de publicações e artigos, por exemplo, para os quais será utilizada a opção "divulgação de resultados em meios científicos ou de comunicação", os resultados devem ser incluídos individualmente. O limite máximo permitido para a inserção de dados é de 200 caracteres. Assim sendo, o usuário deve, preferencialmente, citar apenas o nome do veículo (revista ou jornal), o volume e a página na qual foi feita a publicação, ou seja, sem a menção ao título do artigo e aos nomes dos autores. Importante lembrar que todos os resultados inseridos no cadastro devem ser vinculados ao projeto/atividade objeto do cadastro, ou seja, os resultados devem ser compatíveis com o escopo temporal (período de execução indicado) e substantivo (resumo, objeto e finalidade do acesso, componentes do patrimônio genético etc.) do cadastro.

Quando houver interesse por parte da Instituição, pode ser solicitado o sigilo de determinadas informações, mediante a apresentação da fundamentação legal pertinente e de resumo não sigiloso. Sempre que houver necessidade de efetivar novo cadastro, o usuário deverá selecionar o campo "novo cadastro". Caso seja necessário atualizar o cadastro, o usuário deverá acessar os cadastros já realizados por meio do campo "acessos cadastrados". Quando for constatado pelo usuário algum erro de preenchimento ou impropriedade no cadastro realizado, será possível solicitar retificação por meio do campo "retificação de cadastro". No entanto, a retificação não será permitida, por exemplo, para inclusão de espécies, resumo, modificação da data de início da atividade, objeto de acesso, entre outros. Além disso, para fins de atualização ou edição do cadastro, o SisGen permite ao usuário:

I. Alterar os responsáveis pelo cadastro;

II. Alterar a data final do período da atividade de acesso;

III. Incluir integrante da equipe;

IV. Incluir novas procedências para um patrimônio genético já cadastrado;

V. Incluir instituições parceiras, tanto nacionais quanto sediadas no exterior, somente quando o cadastro não envolver acesso ao conhecimento tradicional associado;

VI. Cadastrar novos envios de amostras para o exterior.

## 8.2. Cadastro de Envio no SisGen

Diferentemente da remessa, que possui local próprio para cadastro no menu inicial do SisGen, o envio será cadastrado pelo usuário em seção disponibilizada para esse fim dentro do cadastro de atividade de acesso. O usuário poderá cadastrar quantos envios forem necessários.

Para proceder ao cadastro de envio, o usuário deverá:

I. Indicar as atividades que serão realizadas no exterior com as amostras que serão objeto do envio;

II. Informar a finalidade do envio, se para fins de sequenciamento genético ou outras finalidades;

III. Identificar a instituição destinatária no exterior, inclusive com informações de contato e identificação do representante legal.

Caso o envio possua a finalidade exclusiva de sequenciamento genético, por ocasião da disponibilização das amostras, o usuário deverá comunicar formalmente à instituição parceira ou contratada as seguintes obrigações:

I. Obrigação de devolver ou destruir as amostras enviadas;

II. Proibição de:

a) Repassar a amostra do patrimônio genético ou a informação de origem genética da espécie objeto do envio, incluindo substâncias oriundas do metabolismo desses seres para terceiros;

b) Utilizar a amostra do patrimônio genético ou a informação de origem genética da espécie objeto do envio para quaisquer outras finalidades além das previstas;

c) Explorar economicamente produto intermediário ou acabado ou material reprodutivo decorrente do acesso;

d) Requerer qualquer tipo de direito de propriedade intelectual.

Por outro lado, caso o envio possua outra finalidade, o usuário deve celebrar previamente Instrumento Jurídico entre as partes, observando todas as condições previstas no § 6º do art. 24 do Decreto nº 8.772, de 2016.

O cadastro de envio de amostra deverá ser realizado dentro dos prazos definidos para o cadastro de acesso, ou seja, previamente à remessa, ou ao requerimento de qualquer direito de propriedade intelectual, ou à comercialização do produto intermediário, ou à divulgação dos resultados, finais ou parciais, em meios científicos ou de comunicação, ou à notificação de produto acabado ou material reprodutivo desenvolvido em decorrência do acesso.

## 8.3. Cadastro de Remessa no SisGen

Para cadastrar uma remessa, o usuário deve selecionar a opção 'Novo Cadastro' no menu 'Remessa' na página principal do SisGen e informar o:

I. Tipo de usuário: identificar a instituição a qual está vinculado o responsável pelas atividades de acesso a serem cadastradas. No caso de remessa realizada por pessoas físicas, deve ser selecionada a opção "independente";

II. Responsável pelo cadastro: poderá ser inserido mais de um responsável pelo cadastro, mediante inclusão do CPF.

O usuário deve informar se a remessa foi realizada antes ou após 17/11/2015 e se o cadastro está vinculado a cadastro anterior de acesso. Se a resposta for positiva, será necessário informar o número do cadastro. Cabe destacar que não é mais possível efetivar regularização de remessas executadas antes de 17/11/2015. Somente poderá regularizar remessas efetivadas durante a vigência da Medida Provisória nº 2.186-16 de 2001, o usuário que firmou Termo de Compromisso junto ao Ministério do Meio Ambiente (MMA) até 06/11/2018.

O usuário deve carregar o Termo de Transferência de Material (TTM) firmado com a instituição destinatária, acompanhado da respectiva guia de remessa, e a seguir informar as atividades a serem realizadas no exterior, os objetivos e uso pretendido e o setor de aplicação das atividades. Em seguida, devem-se apresentar as informações sobre o componente do patrimônio genético a ser remetido, os dados da instituição destinatária e os dados do representante legal.

Para serem regularmente remetidas, as amostras a serem remetidas deverão estar acompanhadas do comprovante do cadastro de remessa, do Termo de Transferência de Material e da Guia de Remessa.

O modelo de Termo de Transferência de Material e da Guia de remessa anexa foram aprovados pelo CGen por meio da Resolução nº 12 de 18 de setembro de 2018.

## 8. Considerações finais

Um dos temas de grande relevância para as instituições de pesquisa científica tem sido o uso da biodiversidade brasileira como fonte de inovação. Devido ao seu grande potencial, muitos pesquisadores de diversas instituições públicas têm como objetivo não só estudar a nossa biodiversidade, mas também dar novos usos e novo significado a ela, bem como garantir o uso sustentável e a conservação das espécies. A Lei nº 13.123, de 2015, que ficou conhecida como Lei da Biodiversidade, estabelece regras para acesso ao patrimônio genético, para acesso ao conhecimento tradicional associado e repartição de benefícios e impacta diretamente as atividades de P&D realizadas pelas instituições de pesquisa e seus pesquisadores, uma vez que atividades como a pesquisa básica, por exemplo, quando realizadas com patrimônio genético nativo e/ou envolvendo conhecimento tradicional associado, estão sujeitas a regras que, se não cumpridas, poderão implicar em advertências e aplicação de penalidades.

Nesses casos, é obrigatório que o usuário acesse a plataforma eletrônica do SisGen antes da realização de qualquer uma das seguintes ações: a remessa de amostras para terceiros; o requerimento de direito de propriedade intelectual sobre processo, produto ou cultivar desenvolvido a partir do acesso; a notificação ao CGen do produto acabado ou do material reprodutivo desenvolvido em decorrência do acesso; a comercialização de produto intermediário ou a divulgação de resultados, finais ou parciais, em meios científicos ou de comunicação.

Além disso, é importante lembrar que novas normas, portarias, deliberações e resoluções podem ser editadas e aprovadas regularmente pelo CGen e, assim, recomenda-se que o usuário verifique regularmente as informações contidas no site eletrônico do Ministério do Meio Ambiente.

## Referências bibliográficas

Brasil. 1998. Decreto nº 2.519, de 16 de março de 1998. Promulga a Convenção sobre Diversidade Biológica, assinada no Rio de Janeiro, em 05 de junho de 1992. Diário Oficial [da] República Federativa do Brasil, Poder Executivo, Brasília, DF, 17 mar. 1998. Disponível em: <https://www.planalto.gov.br/ccivil_03/decreto/D2519.htm>. Acesso em: 11 mai. 2020.

Brasil. 2001. Medida Provisória nº 2.186-16, de 23 de agosto de 2001. Regulamenta o inciso II do § 1° e o § 4° do art. 225 da Constituição, os arts. 1°, 8°, alínea "j", 10, alínea "c", 15 e 16, alíneas 3 e 4 da Convenção sobre Diversidade Biológica, dispõe sobre o acesso ao patrimônio genético, a proteção e o acesso ao conhecimento tradicional associado, a repartição de benefícios e o acesso à tecnologia e transferência de tecnologia para sua conservação e utilização, e dá outras providências. Diário Oficial [da] República Federativa do Brasil, Poder Executivo, Brasília, DF, 24 ago. 2001. Disponível em: <http://www.planalto.gov.br/ccivil_03/MPV/2186-16.htm>. Acesso em: 15 mai. 2020.

Brasil. 2005. Decreto nº 5.459, de 7 de junho de 2005. Regulamenta o art. 30 da Medida Provisória nº 2.186-16, de 23 de agosto de 2001, disciplinando as sanções aplicáveis às condutas e atividades lesivas ao patrimônio genético ou ao conhecimento tradicional associado e dá outras providências. Diário Oficial [da] República Federativa do Brasil, Poder Executivo, Brasília, DF, 8 jun. 2005. Disponível em: <https://www2.camara.leg.br/legin/fed/decret/2005/decreto-5459-7-junho-2005-537214-publicacaooriginal-29309-pe.html>. Acesso em: 23 mai. 2020.

Brasil. 2007. Instrução Normativa IBAMA nº 160, de 27 de abril de 2007. Institui o Cadastro Nacional de Coleções Biológicas (CCBIO) e disciplina o transporte e o intercâmbio de material biológico consignado às coleções. Diário Oficial [da] República Federativa do Brasil, Poder Executivo, Brasília, DF, 30 abr. 2007. Disponível em: <https://www.icmbio.gov.br/sisbio/images/stories/instrucoes_normativas/IN_160_270407_colecoes.pdf>. Acesso em: 26 mai. 2020.

Brasil. 2014. Instrução Normativa ICMBio nº 03/2014. Fixa normas para a utilização do Sistema de Autorização e Informação em Biodiversidade - SISBio, na forma das diretrizes e condições previstas nesta Instrução Normativa, e regulamenta a disponibilização, o acesso e o uso de dados e informações recebidos pelo Instituto Chico Mendes de Conservação da Biodiversidade por meio do SISBio. Diário Oficial [da] República Federativa do Brasil, Poder Executivo, Brasília, DF, 2 set. 2014. Disponível em: <https://www.icmbio.gov.br/sisbio/images/stories/instrucoes_normativas/INSTRU%C3%87%C3%83O_NORMATIVA_ICMBio_N%C2%BA_3_DE_2014__com_retifica%C3%A7%C3%A3o_do_DOU18062015.pdf>. Acesso em: 11 mai. 2020.

Brasil. 2015. Lei nº 13.123, de 20 de maio de 2015. Regulamenta o inciso II do § 1º e o § 4º do art. 225 da Constituição Federal, o Artigo 1º, a alínea j do Artigo 8º, a alínea c do Artigo 10, o Artigo 15 e os §§ 3º e 4º do Artigo 16 da Convenção sobre Diversidade Biológica, promulgada pelo Decreto no 2.519, de 16 de março de 1998; dispõe sobre o acesso ao patrimônio genético, sobre a proteção e o acesso ao conhecimento tradicional associado e sobre a repartição de benefícios para conservação e uso sustentável da biodiversidade; revoga a Medida Provisória no 2.186-16, de 23 de agosto de 2001; e dá outras providências. Diário Oficial [da] República Federativa do Brasil, Poder Executivo, Brasília, DF, 21 mai. 2015. Disponível em: <http://pesquisa.in.gov.br/imprensa/jsp/visualiza/index.jsp?data=21/05/2015&jornal=1&pagina=1&totalArquivos=140>. Acesso em: 11 mai. 2020.

Brasil. 2016. Decreto nº 8.772, de 11 de maio de 2016. Regulamenta a Lei nº 13.123, de 20 de maio de 2015. Dispõe sobre o acesso ao patrimônio genético, sobre a proteção e o acesso ao conhecimento tradicional associado e sobre a repartição de benefícios para conservação e uso sustentável da biodiversidade. Diário Oficial [da] República Federativa do Brasil, Poder Executivo, Brasília, DF, 12 mai. 2016. Disponível em: <http://www.planalto.gov.br/ccivil_03/_ato2015-2018/2016/decreto/D8772.htm>. Acesso em: 11 mai. 2020.

Brasil. 2017. Instrução Normativa MAPA nº 23, de 14 de junho de 2017. Torna pública a lista de referência de espécies vegetais domesticadas ou cultivadas que foram introduzidas no território nacional. Diário Oficial [da] República Federativa do Brasil, Poder Executivo, Brasília, DF, 16 jun. 2017. Disponível em <https://www.planalto.gov.br/ccivil_03/decreto/D2519.htm>. Acesso em: 11 mai. 2019.

Brasil. 2017. Orientação Técnica CGen – Conselho de Gestão do Patrimônio Genético nº 01, de 28 de junho de 2017. Aprova Orientação Técnica, para notificação de produto acabado ou material reprodutivo. Diário Oficial [da] República Federativa do Brasil, Poder Executivo, Brasília, DF, 25 set. 2017. Disponível em: <https://www.mma.gov.br/images/arquivo/80043/orientacao-tecnica/ot1-cgen.pdf>. Acesso em: 11 mai. 2020.

Brasil. 2017. Portaria MMA – Ministério do Meio Ambiente nº 422, de 06 de novembro de 2017. Aprova os instrumentos de Termos de Compromisso a serem firmados entre o usuário e a União, para fins de regularização do acesso ao patrimônio genético e ao conhecimento tradicional associado, nos termos da Lei n° 13.123, de 20 de maio de 2015. Diário Oficial [da] República Federativa do Brasil, Poder Executivo, Brasília, DF, 07 nov. 2017. Disponível em: <http://www.in.gov.br/materia/-/asset_publisher/Kujrw0TZC2Mb/content/id/19398313/do1-2017-11-07-portaria-n-422-de-6-de-novembro-de-2017-19398213>. Acesso em: 11 mai. 2020.

Brasil. 2018. Instrução Normativa MAPA nº 19, de 16 de abril de 2018. Torna pública a lista de referência de espécies animais que foram introduzidas no território nacional. Diário Oficial [da] República Federativa do Brasil, Poder Executivo, Brasília, DF, 27 abr. 2018. Disponível em: <http://www.in.gov.br/materia/-/asset_publisher/Kujrw0TZC2Mb/content/id/12164687/do1-2018-04-27-instrucao-normativa-n-19-de-16-de-abril-de-2018-12164683>. Acesso em: 11 mai. 2020.

Brasil. 2018. Orientação Técnica CGen - Conselho de Gestão do Patrimônio Genético nº 10, de 09 de outubro de 2018. Esclarece sobre a "data da disponibilização do cadastro pelo CGen" para fins de aplicação do disposto nos artigos 16, 36, 37 e 38 da Lei nº 13.123, de 20 de maio de 2015, e dos arts. 22, 34, 103, 104 e 118 do Decreto nº 8.772, de 11 de maio de 2016. Diário Oficial [da] República Federativa do Brasil, Poder Executivo, Brasília, DF, 26 out. 2018. Disponível em: <https://www.mma.gov.br/images/arquivo/80043/orientacao-tecnica/ot10-cgen.pdf>. Acesso em: 11 mai. 2020.

Brasil. 2018. Orientação Técnica CGen – Conselho de Gestão do Patrimônio Genético nº 04, de 22 de maio de 2018. Esclarece sobre a forma de cumprimento da obrigação de adequação de atividades de acesso ao patrimônio genético ou ao conhecimento tradicional associado de que trata o art. 37 da Lei nº 13.123, de 2015. Diário Oficial [da] República Federativa do Brasil, Poder Executivo, Brasília, DF, 3 ago. 2018. Disponível em: <https://www.mma.gov.br/images/arquivo/80043/orientacao-tecnica/ot4-cgen.pdf>. Acesso em: 11 mai. 2020.

Brasil. 2018. Orientação Técnica CGen – Conselho de Gestão do Patrimônio Genético nº 07, de 18 de setembro de 2018. Esclarece sobre a "data de disponibilização do cadastro pelo CGen" para fins de aplicação do disposto nos artigos 16, 36, 37 e 38 da Lei nº 13.123, de 20 de maio de 2015, e nos arts. 22, 34, 103, 104 e 118 do Decreto nº 8.772, de 11 de maio de 2016. Diário Oficial [da] República Federativa do Brasil, Poder Executivo, Brasília, DF, 19 out. 2018. Disponível em: <https://www.mma.gov.br/images/arquivo/80043/orientacao-tecnica/ot7-cgen.pdf>. Acesso em: 11 mai. 2020.

Brasil. 2018. Orientação Técnica CGen – Conselho de Gestão do Patrimônio Genético nº 09, de 18 de setembro de 2018. Esclarece sobre as atividades e testes que não são considerados acesso ao patrimônio genético, por se equipararem àqueles previstos no art. 107 do Decreto nº 8.772, de 11 de maio de 2016. Diário Oficial [da] República Federativa do Brasil, Poder Executivo, Brasília, DF, 19 out. 2018. Disponível em: <https://www.mma.gov.br/images/arquivo/80043/orientacao-tecnica/ot9-cgen.pdf>. Acesso em: 11 mai. 2020.

Brasil. 2018. Portaria MMA – Ministério do Meio Ambiente nº 378, de 01 de outubro de 2018. Altera os Anexos I a VII da Portaria nº 422, de 6 de novembro de 2017. Diário Oficial [da] República Federativa do Brasil, Poder Executivo, Brasília, DF, 2 out. 2018. Disponível em: <http://www.in.gov.br/materia/-/asset_publisher/Kujrw0TZC2Mb/content/id/43461168/do1-2018-10-02-portaria-n-378-de-1-de-outubro-de-2018-43461078>. Acesso em: 11 mai. 2020.

Brasil. 2018. Resolução CGen - Conselho de Gestão do Patrimônio Genético nº 6, de 20 de março de 2018. Estabelece o nível taxonômico mais estrito a ser informado nos casos de pesquisa com o objetivo de avaliar ou elucidar a diversidade genética ou a história evolutiva de uma espécie ou grupo taxonômico. Diário Oficial [da] República Federativa do Brasil, Poder Executivo, Brasília, DF, 11 abr. 2018. Disponível em: <https://www.mma.gov.br/images/arquivo/80043/resolucoes/res6-cgen.pdf>. Acesso em: 11 mai. 2020.

Brasil. 2018. Resolução CGen - Conselho de Gestão do Patrimônio Genético nº 7, de 20 de março de 2018. Estabelece a forma de indicar a localização geográfica mais específica possível nos casos em que o acesso seja exclusivamente para fins de pesquisa em que sejam necessários mais de cem registros de procedência por cadastro. Diário Oficial [da] República Federativa do Brasil, Poder Executivo, Brasília, DF, 11 abr. 2018. Disponível em: <https://www.mma.gov.br/images/arquivo/80043/resolucoes/res7-cgen.pdf>. Acesso em: 11 mai. 2020.

Brasil. 2018. Resolução CGen - Conselho de Gestão do Patrimônio Genético nº 10, de 19 de junho de 2018. Estabelece forma alternativa de registrar no Sistema Nacional de Gestão do Patrimônio Genético e do Conhecimento Tradicional Associado - SisGen - a identificação do patrimônio genético e sua procedência, exclusivamente nos casos de pesquisa em filogenia, taxonomia, sistemática, ecologia, biogeografia e epidemiologia. Diário Oficial [da] República Federativa do Brasil, Poder Executivo, Brasília, DF, 3 ago. 2018. Disponível em: <https://www.mma.gov.br/images/arquivo/80043/resolucoes/res10-cgen.pdf>. Acesso em: 11 mai. 2020.

Brasil. 2018. Resolução CGen - Conselho de Gestão do Patrimônio Genético nº 12, de 18 de setembro de 2018. Aprova o modelo de Termo de Transferência de Material - TTM, e revoga a Resolução CGen nº 05, de 2018. Diário Oficial [da] República Federativa do Brasil, Poder Executivo, Brasília, DF, 19 out. 2018. Disponível em: <https://www.mma.gov.br/images/arquivo/80043/resolucoes/res12-cgen.pdf>. Acesso em: 11 mai. 2020.

Brasil. 2018. Resolução CGen - Conselho de Gestão do Patrimônio Genético nº 13, de 18 de setembro de 2018. Estabelece forma alternativa de registrar no Sistema Nacional de Gestão do Patrimônio Genético e do Conhecimento Tradicional Associado - SisGen - a identificação do patrimônio genético e sua procedência, nos casos de pesquisa ou desenvolvimento tecnológico em que as amostras de patrimônio genético tenham sido obtidas in silico. Diário Oficial [da] República Federativa do Brasil, Poder Executivo, Brasília, DF, 19 out. 2018. Disponível em: <https://www.mma.gov.br/images/arquivo/80043/resolucoes/res13-cgen.pdf>. Acesso em: 11 mai. 2020.

Brasil. 2018. Resolução CGen - Conselho de Gestão do Patrimônio Genético nº 16, de 09 de outubro de 2018. Estabelece prazo para cumprimento das obrigações previstas na Lei nº 13.123, de 2015, e seus regulamentos, relativas a variedades tradicionais locais ou crioulas e raças localmente adaptadas ou crioulas. Diário Oficial [da] República Federativa do Brasil, Poder Executivo, Brasília, DF, 26 out. 2018. Disponível em: <https://www.mma.gov.br/images/arquivo/80043/resolucoes/res16-cgen.pdf>. Acesso em: 11 mai. 2020.

Brasil. 2018. Resolução CGen - Conselho de Gestão do Patrimônio Genético nº 19, de 31 de outubro de 2018. Estabelece forma alternativa de cumprimento da obrigação de regularização nas hipóteses de acesso ao patrimônio genético ou ao conhecimento tradicional associado unicamente para fins de pesquisa científica. Diário Oficial [da] República Federativa do Brasil, Poder Executivo, Brasília, DF, 5 nov. 2018. Disponível em: <https://www.mma.gov.br/images/arquivo/80043/resolucoes/res19-cgen.pdf>. Acesso em: 11 mai. 2020.

Brasil. 2018. Resolução CGen - Conselho de Gestão do Patrimônio Genético nº 8, de 20 de março de 2018. Estabelece a forma de indicar o patrimônio genético nos casos de acesso a partir de amostras de substratos contendo microrganismos não isolados. Diário Oficial [da] República Federativa do Brasil, Poder Executivo, Brasília, DF, 11 abr. 2018. Disponível em: <https://www.mma.gov.br/images/arquivo/80043/resolucoes/res8-cgen.pdf>. Acesso em: 11 mai. 2020.

Brasil. 2019. Instrução Normativa MAPA nº 3, de 20 de março de 2019. Torna pública a lista de referência de espécies vegetais domesticadas ou cultivadas que foram introduzidas no território nacional. Diário Oficial [da] República Federativa do Brasil, Poder Executivo, Brasília, DF, 22 mar. 2019. Disponível em: <http://www.in.gov.br/materia/-/asset_publisher/Kujrw0TZC2Mb/content/id/68159861>. Acesso em: 11 mai. 2020.

CBD – Convention on Biological Diversity. National information: List of parties. Disponível em: <https://www.cbd.int/information/parties.shtml>. Acesso em: 22 mai. 2020.

JBRJ – Jardim Botânico do Rio de Janeiro. Plataforma Reflora – Flora do Brasil 2020 – Algas, Fungos e Plantas – em construção. Rio de Janeiro, RJ, Brasil. Disponível em: <http://floradobrasil.jbrj.gov.br/>. Acesso em: 26 mai. 2020

JBRJ – Jardim Botânico do Rio de Janeiro. Catálogo Taxonômico da Fauna do Brasil. Rio de Janeiro, RJ, Brasil. Disponível em: <http://fauna.jbrj.gov.br/fauna/listaBrasil/ConsultaPublicaUC/ConsultaPublicaUC.do>. Acesso em: 26 mai. 2020.

PARTE II

# Principais famílias botânicas com potencial inseticida no Brasil

Capítulo 7

# Principais famílias botânicas com potencial inseticida no Brasil: Annonaceae

Leandro do Prado Ribeiro
José Djair Vendramim
Moacir Rossi Forim
João Batista Fernandes
Edson Luiz Lopes Baldin

## 1. Introdução

Ofertar ao mercado nacional e internacional alimentos de qualidade e livres de contaminantes químicos, aliando competitividade e sustentabilidade ambiental durante o processo produtivo, é o grande desafio dos diferentes segmentos do setor primário, e em especial da comunidade científica, responsável pela geração e validação de tecnologias capazes de impulsionar mudanças nos sistemas produtivos de modo a se adequar às novas tendências do mercado (Ribeiro, 2014). Entre as ações necessárias para superar os desafios impostos ao agronegócio, o desenvolvimento de métodos biorracionais de manejo de artrópodes-praga tem assumido importância estratégica, visto que esses organismos e as respectivas ações de controle correspondem a um percentual significativo dos custos de produção na maioria das culturas agrícolas. Historicamente, a presença constante desses artrópodes em diversos estágios de desenvolvimento de plantas de interesse agronômico vem causando enormes prejuízos econômicos, além de implicações negativas na área ambiental e social decorrentes do constante uso de pesticidas sintéticos na tentativa de contenção de suas populações e, consequente, proteção de cultivos (Kogan, 1998).

Em geral, o sucesso das tradicionais práticas agrícolas depende do uso de substâncias químicas para o controle de artrópodes-praga na maioria dos sistemas de produção agrícola. No entanto, o manejo baseado exclusivamente na aplicação de inseticidas sintéticos vem enfrentando, atualmente, significativas limitações, seja pela permanência de resíduos nos produtos agroalimentares, em virtude da alta persistência dos ingredientes ativos empregados, ou por apresentar ineficácia no controle das espécies-praga em decorrência da seleção de populações resistentes a diversos ingredientes ativos de diferentes grupos químicos (Boyer et al., 2012; Sparks e Nauen, 2015; Guedes, 2017). Diante desse contexto, novas abordagens e o desenvolvimento de novos compostos inseticidas/acaricidas são necessários para o efetivo controle de pragas, especialmente de ingredientes ativos dotados de diferentes modos de ação sobre as espécies-alvo e que apresentem maior segurança, seletividade, biodegradabilidade e aplicabilidade em programas de manejo integrado de pragas (Viegas Jr., 2003).

A diversidade estrutural e funcional de metabólitos secundários (aleloquímicos) é um fator-chave para a sobrevivência e o sucesso evolutivo de espécies vegetais que habitam um ambiente com abundância de organismos herbívoros, especialmente em ambientes tropicais com alta competição interespecífica (Levin e York Jr., 1978; Jones e Firn, 1991; Coley e Barone, 1996; Wink, 2003). Portanto, a flora tropical, com sua biodiversidade única, é um promissor reservatório natural de substâncias bioativas, inclusive de novos compostos inseticidas/acaricidas (Ramesha et al., 2011; Valli et al., 2012). Nesse contexto, compostos derivados de plantas apresentam grande potencial para o manejo de populações de artrópodes-praga, tanto por meio de preparações caseiras para uso direto no campo, como no desenvolvimento de defensivos botânicos, além de moléculas-modelo para a síntese de novos análogos sintéticos (Vendramim e Castiglioni, 2000; Cantrell et al., 2012).

Nessa linha, o Brasil, país detentor da maior diversidade genética vegetal do mundo, com mais de 55.000 espécies catalogadas (Simões e Schenkel, 2002), possui enorme potencial para o desenvolvimento de novos produtos naturais, configurando-se em uma ação estratégica para a geração de ferramentas de manejo diferenciadas e com alto valor agregado, como os defensivos agrícolas (Ribeiro et al., 2013, 2016b). Em consonância a isso, a importância medicinal, econômica e ecológica de espécies nativas, bem como o risco de extinção pela ação predatória do homem, têm motivado os estudos dessas plantas visando a sua preservação e aproveitamento racional (Souza et al., 2003; Cunha et al., 2009; Rezende et al., 2015).

Entre as famílias botânicas ocorrentes na região Neotropical, Annonaceae é uma das mais promissoras fontes de moléculas bioativas em virtude de sua grande diversidade de metabólitos secundários com atividade biológica (Pinheiro et al., 2009; Isman e Seffrin, 2014; Ribeiro et al., 2016a,b). Estudos fitoquímicos com espécies de Annonaceae despertaram maior interesse a partir da década de 1980, com a descoberta das acetogeninas de anonáceas, uma classe de compostos que apresenta diversas atividades biológicas, como anti-helmíntica, antimalárica, antimicrobiana, antiprotozoária e pesticida, além de ser tóxica para células tumorais (Correa e Bernal, 1989; Alali et al., 1999; Ocampo e Ocampo, 2006; Moghadamtousi et al., 2015; Liaw et al., 2016; Bakri et al., 2017; Ngbolua et al., 2018; Novaes et al., 2018). Além disso, os estudos fitoquímicos já realizados com essa família botânica têm indicado grande quantidade de compostos de natureza química diversificada em diferentes estruturas e espécies (Leboeuf et al., 1980; Chang et al., 1998; Kotkar et al., 2001; Bermejo et al., 2005; Castillo-Sánchez et al., 2010; Dang et al., 2011; Blessing et al., 2015; Hidalgo et al., 2016; Liaw et al., 2016; Tundis et al., 2017), com potencial para o desenvolvimento de estudos prospectivos de novas substâncias com aplicações em diferentes áreas.

## 2. A família Annonaceae: Distribuição geográfica, principais espécies e importância econômica

Annonaceae é uma família de plantas dicotiledôneas composta por um grande número de gêneros e espécies de árvores e arbustos, e raramente lianas (Westra e Maas, 2012). As anonáceas são sistematicamente alocadas na classe Magnoliopsida e subclasse Magnolidae (Maas et al., 2001) e compreende, até o momento, 135 gêneros e 2.500 espécies descritas (Chatrou et al., 2004; Maas et al., 2011; 2013). Com exceção de dois gêneros nativos da América do Norte (*Asimina* e *Deeringothamnus*), todos os demais gêneros da família Annonaceae são de origem tropical (Thomas e Doyle, 1996), conforme ilustrado na Figura 1.

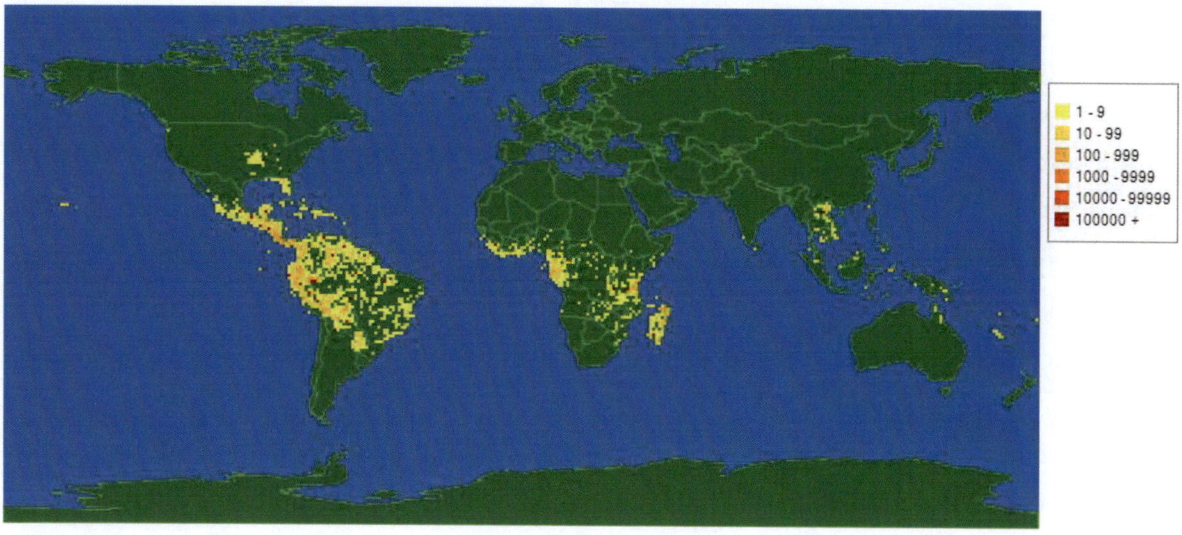


**Figura 1.** Distribuição das espécies de Annonaceae no mundo (adaptada de Tropicos.org, Missouri Botanical Garden, 2020, com autorização).

Na região Neotropical, encontram-se descritos, até o momento, 40 gêneros e 900 espécies de anonáceas (Maas et al., 2013). No Brasil, a família é representada por 29 gêneros (1 endêmico) e 386 espécies, sendo que uma grande proporção dessa diversidade é encontrada na Floresta Amazônica, Mata Atlântica e Cerrado (Maas et al., 2013; Lopes e

Mello-Silva, 2014). A Amazônia (considerando também a parte externa ao Brasil) abriga 3/4 da diversidade de Annonaceae, com 27 gêneros e 280 espécies; a Mata Atlântica comporta a maior parte restante, com 15 gêneros e 91 espécies (Maas et al., 2013), sendo que, destas, cerca de 40 espécies e dois gêneros são endêmicos (Lopes e Mello-Silva, 2014). No Cerrado, são encontrados 10 gêneros, nenhum dos quais endêmico desse domínio, e 47 espécies de Annonaceae (Maas et al., 2013), algumas de ampla distribuição e bastante comuns, como *Annona crassiflora* Mart., *Duguetia furfuracea* (A.St.-Hil.) Saff. e *Xylopia aromatica* (Lam.) Mart. (Lopes e Mello-Silva, 2014). Os representantes de cada subfamília no Brasil, com seus principais gêneros e espécies, bem como suas características morfológicas e de distribuição são descritos em Lopes e Mello-Silva (2014). Além disso, chaves de identificação para os gêneros de Annonaceae estão disponíveis em Kessler (1993) e Couvreur et al. (2012).

Várias espécies da família Annonaceae produzem frutos comestíveis cultivados em pomares comerciais ou coletados de forma extrativista em diversas partes do mundo (São José et al., 2014). Em nível internacional, das 13 espécies do gênero *Annona* que produzem frutos comestíveis, 9 são cultivadas e 5 delas possuem maior importância econômica, sendo que destas, 3 se destacam no mercado: graviola (*Annona muricata* L.), pinha (*Annona squamosa* L.) e cherimoia (*Annona cherimola* Mill.) (Freitas et al., 2013; São José et al., 2014). No Brasil, os cultivos comerciais mais relevantes são de graviola e pinha, com recente expansão dos cultivos de cherimoia e atemoia (Figura 2), espécies introduzidas no País em meados da década de 1980 (Nogueira et al., 2005; Pereira et al., 2011; Lemos, 2014; São José et al., 2014). A pinha e a graviola têm como centro de origem as terras baixas da América Central e as Antilhas (Pereira et al., 2011). No Brasil, a introdução da graviola e da pinha ocorreu nos séculos XVI e XVII, respectivamente, enquanto que a atemoia foi originada em 1850 na Austrália, a partir de uma hibridação natural entre duas espécies (*A. cherimola* × *A. squamosa*) e, posteriormente, em 1907, por meio de hibridações artificiais introduzida por J.P. Webster no estado da Flórida, EUA (Popenoe, 1974).

Algumas espécies da família Annonaceae têm despertado grande interesse no mercado internacional de frutas in natura, particularmente algumas variedades de cherimoia, de pinha e de seus híbridos. O mercado de frutas processadas exige espécies com maior teor de acidez e tem na graviola o principal representante no grupo das anonáceas. Algumas outras espécies e híbridos de anonáceas apresentam bom potencial para os dois mercados, mas carecem de maior divulgação e de pesquisas que selecionem tipos superiores e técnicas de produção compatíveis com sua exploração comercial. Entre essas espécies estão: *Annona crassiflora* Mart., *Annona diversifolia* Saff., *Annona mucosa* Jacq. [anteriormente *Rollinia mucosa* (Rainer, 2007)], *Annona reticulata* L., *Annona salzmannii* A. DC. e *An-*

**Figura 2.** Exemplos de cultivos de Annonaceae no Brasil: A e B) Cultivos de graviola (Campo Alegre, AL)], C e D) Pinha (Rio Largo, AL), E e F) Atemoia e, G e H) Cherimoia (ambos em Itapetininga, SP) [imagens cedidas por Eurico Eduardo Pinto de Lemos (A-D) e Valdir Tanabe (E-H)].

**Figura 3.** Espécies silvestres de Annonaceae ocorrentes em fragmentos da Mata Atlântica brasileira: A) *Anaxagorea dolichocarpa*, B) *Annona glabra*, C) *Duguetia gardneriana*, D) *Guatteria vilosissima*, E) *Hornschuchia citriodora* e, F) *Xylopia frutescens*. (imagens cedidas por Jenifer de Carvalho Lopes e Renato de Mello-Silva).

*nona sylvatica* A.St-Hil. (Lemos, 2014). Várias espécies de anonáceas também despertam o interesse para a produção de biocompostos extraídos de várias partes das plantas por apresentarem importância medicinal, alelopática ou praguicida, tais como: *Annona bullata* A. Rich., *A. crassiflora*, *Annona glabra* L., *A. mucosa*, *A. muricata*, *A. squamosa*, *A. sylvatica*, *Duguetia furfuracea* (A.St.-Hil.) Saff. e *Xylopia cericea* A.St.-Hil. (Inoue et al., 2009). Algumas espécies silvestres de Annonaceae ocorrentes em fragmentos da Mata Atlântica brasileira encontram-se ilustradas na Figura 3.

Além da importância ecológica das espécies nativas, algumas outras pertencentes ao gênero *Annona* têm apresentado franca expansão da demanda no mercado nacional e internacional e, consequentemente, aumento considerável de área cultivada no Brasil (Pereira et al., 2011; Freitas et al., 2013; Lemos, 2014; São José et al., 2014). Devido à grande perecibilidade e curto tempo de prateleira desses frutos, a maior parte da produção dessas espécies de *Annona* (especialmente graviola) é destinada às indústrias de processamento de frutas e comercializada como polpa congelada para preparações de sucos, doces, além de outras finalidades específicas nas indústrias alimentícias e de cosméticos. Assim, as sementes ricas em compostos bioativos (que compõem aproximadamente 7% do peso total dos frutos) são descartadas, desperdiçando-se uma fonte de biomassa barata e prontamente disponível para o desenvolvimento de inseticidas botânicos (Isman e Seffrin, 2014). Diante desse potencial, alguns estudos têm sido realizados com o objetivo de transformar esses resíduos industriais em soluções ecologicamente corretas para o controle de pragas (Bernardi et al., 2017; Ribeiro et al., 2017). Diante dessa potencialidade, algumas formulações à base de derivados de sementes de espécies de *Annona* (Anosom®, BioRakshak® e AnonaCin®) foram recentemente lançadas no mercado de países orientais (p. ex.: Índia). Contudo, esse potencial ainda é subexplorado nos principais centros de cultivo e diversidade dessas espécies no Brasil e demais países neotropicais.

## 3. Compostos de Annonaceae com potencial inseticida/acaricida

Apesar do número relativamente limitado de estudos fitoquímicos disponíveis em comparação a outras famílias botânicas, um grande número de compostos de natureza química diversificada foi isolado de várias partes de diferentes espécies de Annonaceae. Entres estes, incluem-se alcaloides, classe de compostos de amplo interesse de investigação até a década de 1980 (Leboeuf et al., 1980) e constituintes não alcaloides, compreendendo carboidratos, lipídeos, aminoácidos, proteínas, polifenóis, óleos essenciais, terpenos, acetogeninas, flavonoides, lactonas e compostos aromáticos (Leboeuf et al., 1980; Zafra-Polo et al., 1996; Cavé et al., 1997; Santos e Salatino, 2000; Caloprisco et al., 2002; González-Esquinca et al., 2014; Liaw et al., 2016) (Figura 4). Segundo González-Esquinca et al. (2014), aproximadamente 500 alcaloides foram identificados em 138 espécies de Annonaceae pertencentes a 43 diferentes gêneros e, até 2004, 593 acetogeninas haviam sido identificadas a partir de 51 espécies de Annonaceae.

**a) Acetogeninas**

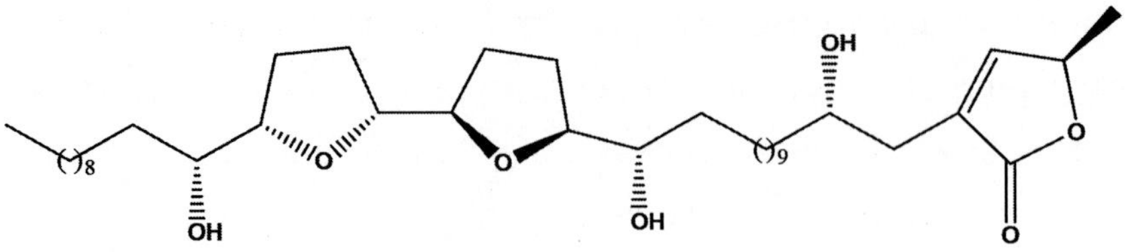

Roliniastatina-1 (acetogenina bis-THF)

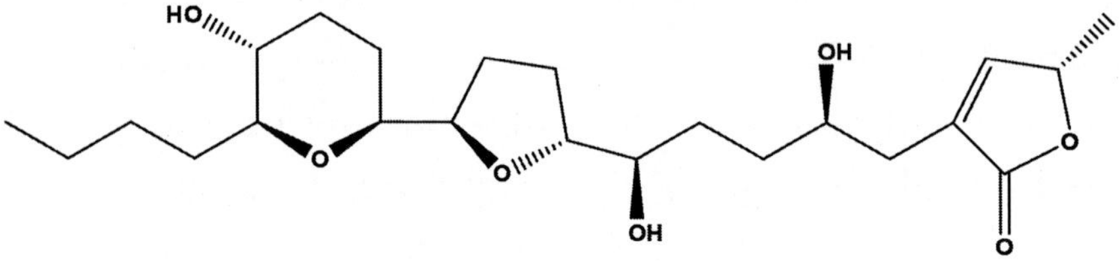

Jimenezina (acetogenina não clássica)

**b) Alcaloides**

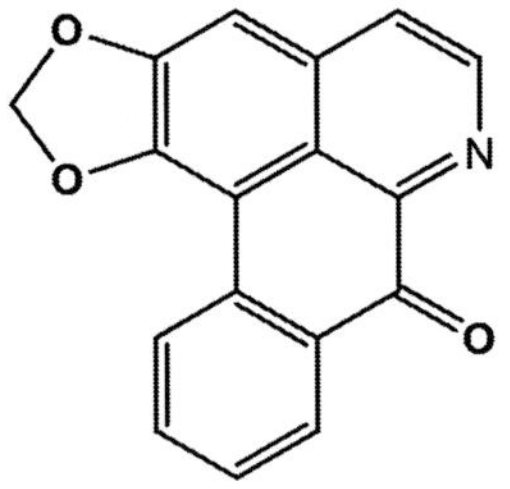

Lioderina

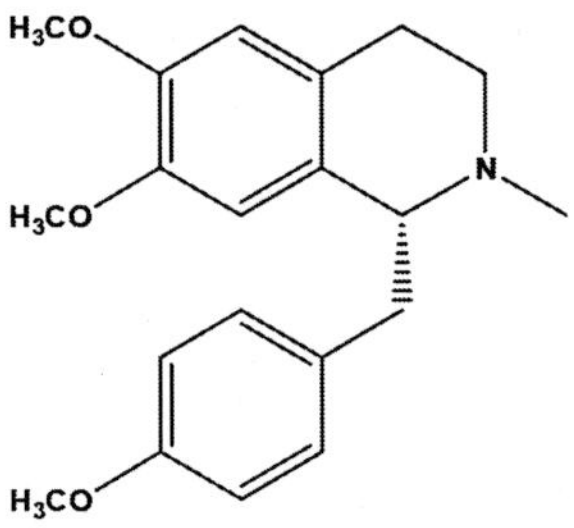

(+)-O-metilarmepavaína

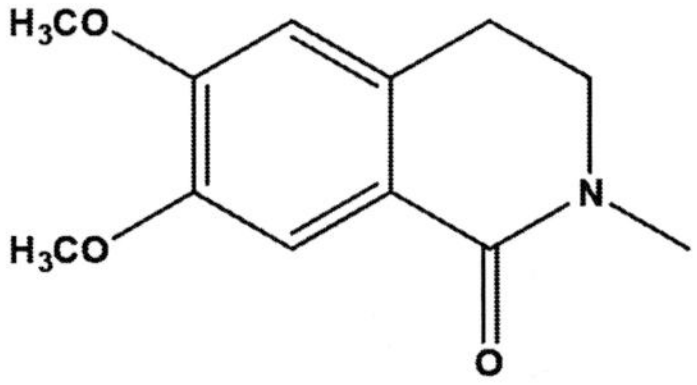

N-metilcoridaldina

**c) Flavonoide**

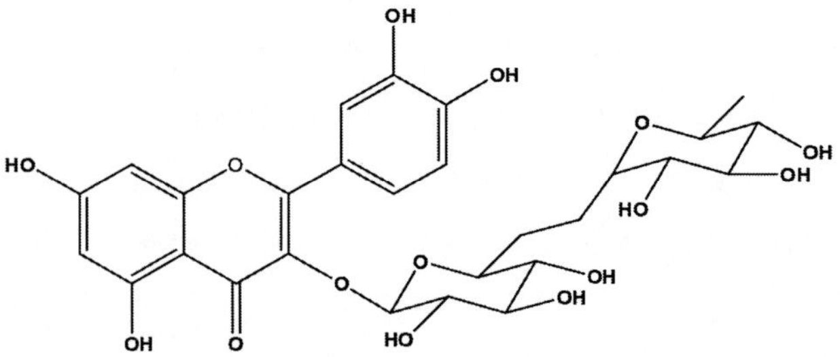

Rutina

**d) Lignana**

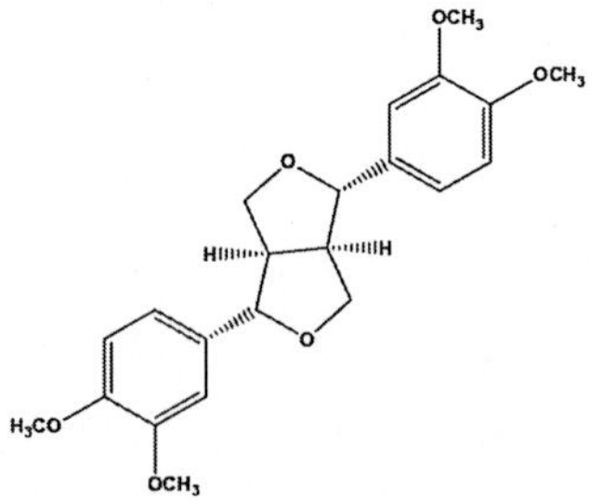

Eudesmina

**e) Estireno**

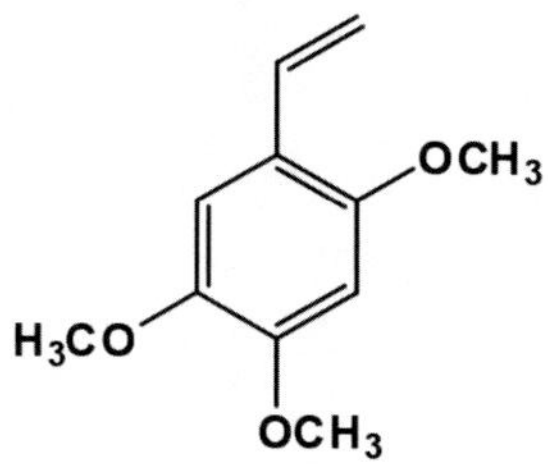

2,4,5-Trimetoxiestireno

**f) Naftalenona**

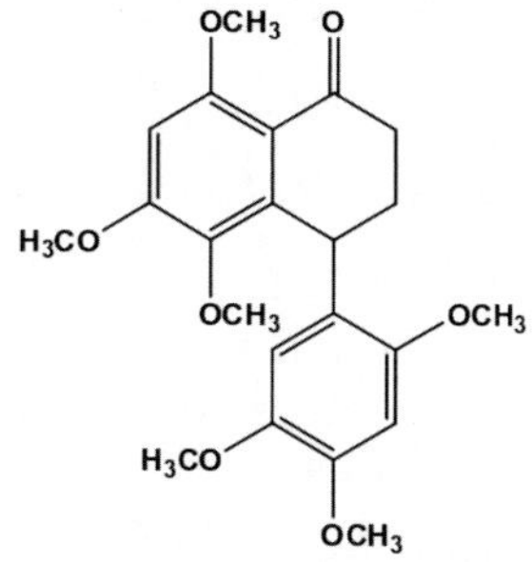

2,6,8-Trimetoxi-4-(2,4,5-trimetoxifenil)-3,4-dihidro-1(*2H*)-naftalenona

**g) Sesquiterpeno**

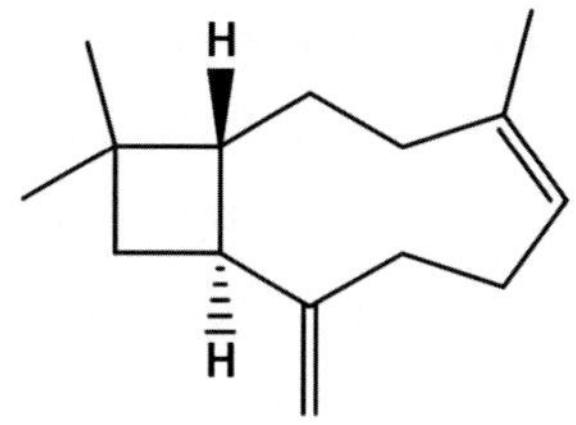

β-Cariofileno

**h) Esteroide**

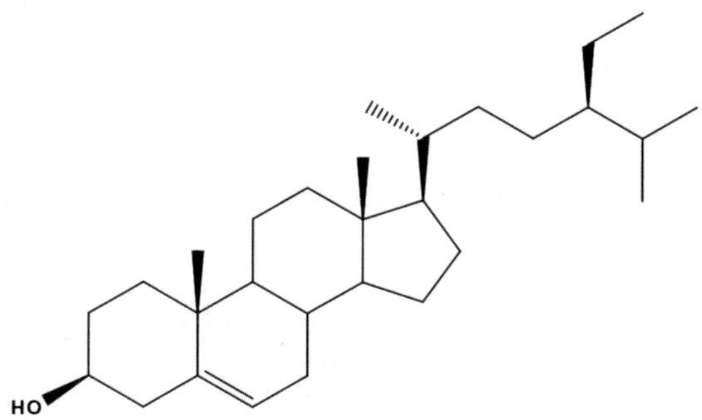

β-Sitosterol

**i) Derivado de Ácido Cinâmico**

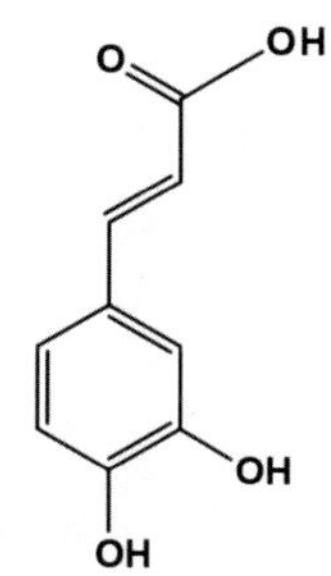

Ácido cafeico

**j) Procianidina**

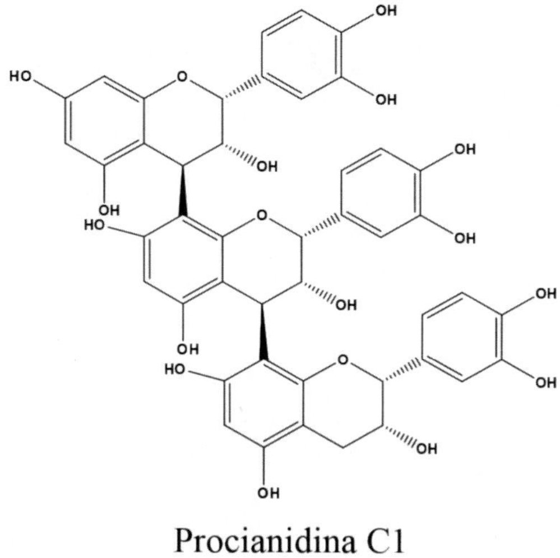

Procianidina C1

**k) Ciclopepitídeo**

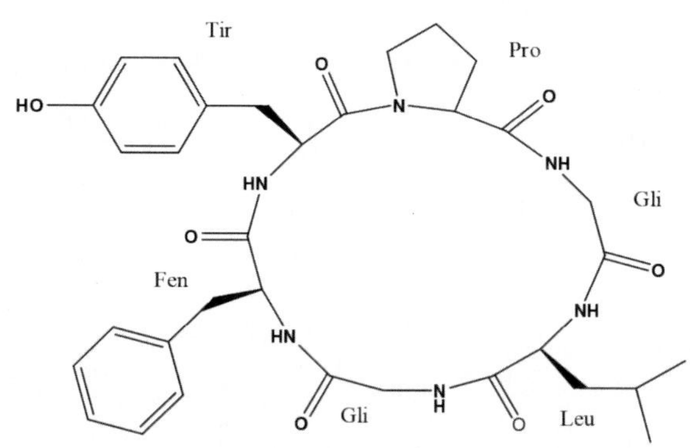


Cherimolaciclopeptídeo E

**Figura 4.** Exemplos de estruturas químicas das principais classes de compostos secundários encontrados em Annonaceae.

Entre as classes de compostos secundários de Annonaceae, destacam-se as acetogeninas devido a sua diversidade estrutural e ampla gama de atividades biológicas, com destaque para o potencial inseticida e/ou acaricida (Cavé et al., 1997; Colom et al. 2008; Liaw et al., 2016). As espécies *Asimina triloba* (L.) Dunal., *A. muricata* e *A. squamosa* têm sido as mais investigadas em relação às atividades inseticidas e insetistáticas (Isman e Seffrin, 2014). Segundo esses autores, cada uma dessas espécies contém uma mistura complexa de acetogeninas, compreendendo pelo menos 30 compostos. No entanto, Ribeiro et al. (2013, 2014d) também verificaram, com base em análises químicas (RMN de $^{1}H$, CLAE e CCD), a presença de alcaloides e acetogeninas nas frações ativas (semipurificadas) dos extratos de sementes de *A. mucosa* e de *A. montana*, os quais podem estar relacionadas com a bioatividade observada frente ao gorgulho-do-milho *Sitophilus zeamais* Motschulsky (Coleoptera: Curculionidae). Segundo os autores, é possível que esses compostos tenham interagido aditivamente ou sinergisticamente para desempenhar a atividade inseticida dos respectivos derivados botânicos, fato que deve ser mais bem investigado em futuros estudos. Sesquiterpenos e monoterpenos são as principais classes de compostos presentes nos óleos essenciais das espécies de *Annona* (Rios et al., 2003).

As acetogeninas compreendem uma série de produtos naturais (C-35/C-37) derivados de ácidos graxos de cadeia longa (C-32/C-34) combinados com uma unidade de 2-propanol (Figura 4) (Alali et al., 1999). Essa classe de compostos é tipicamente caracterizada pela presença de uma longa cadeia alifática com uma unidade terminal metil-substituído α,β insaturado γ-lactônicas com 1, 2 ou 3 anéis tetrahidrofurânicos (THF) localizados ao longo da cadeia de hidrocarbonetos e vários grupos oxigenados (hidroxilas, acetoxilas, cetonas, epóxidos) e/ou duplas ligações (Tundis et al., 2017). Acetogeninas de anonáceas são classificadas em acetogeninas mono-THF, bis-THF adjacentes, bis-THF não adjacentes e não clássicas (Tundis et al., 2017; Figura 5).

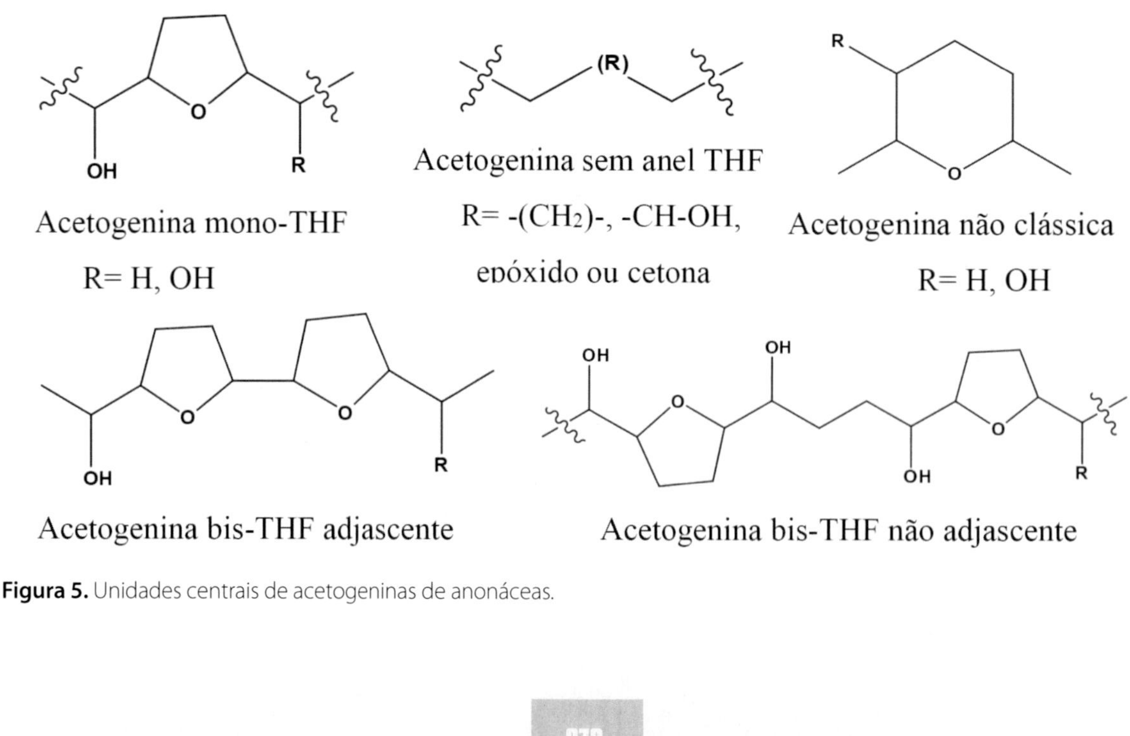


**Figura 5.** Unidades centrais de acetogeninas de anonáceas.

A primeira acetogenina, denominada uvaricina, foi isolada em 1982 a partir das raízes de *Uvaria accuminata* Oliv. (Jolad et al., 1982). Essa descoberta despertou grande interesse de grupos de pesquisa em fitoquímica de diferentes partes do mundo nessa família botânica. Entre esses grupos, destaca-se o do Prof. Jerry McLaughlin, cujos estudos conduzidos, na Universidade de Purdue (EUA), resultaram no isolamento e caracterização de cerca de 200 novas acetogeninas de anonáceas (Isman e Seffrin, 2014).

De acordo com o levantamento realizado por Liaw et al. (2016), o isolamento de acetogeninas ocorreu, até o referido levantamento, a partir de 15 gêneros de Annonaceae, incluindo *Annona* (19 espécies), *Uvaria* (10 espécies), *Rollinia* [7 espécies (gênero atualmente incluído em *Annona*)], *Polyalthia* (6 espécies), *Goniothalamus* (5 espécies), *Asimina* (3 espécies), *Artabotrys* (duas espécies), *Cananga* (duas espécies), *Fissistigma* (duas espécies), *Mitrephora* (duas espécies), além de *Dasymaschalon*, *Disepalum*, *Ophrypetalum*, *Saccopetalum* e *Xylopia*, com uma espécie cada. Interessantemente, um estudo publicado em 2008 reportou o isolamento de uma nova acetogenina a partir das raízes de uma espécie de *Ampelocissus* (Vitaceae) coletada nas Filipinas (Pettit et al., 2008), o qual permanece como o único exemplo, até o momento, de isolamento de acetogeninas a partir de espécies de outras famílias botânicas (Liaw et al., 2016).

As acetogeninas são encontradas em folhas, polpa das frutas, raízes, galhos e ramos e, majoritariamente, nas sementes das anonáceas (Johnson, 2000; Bermejo et al., 2005; Castillo-Sánchez et al., 2010; Isman e Seffrin, 2014). Entre a grande variedade de acetogeninas até então isoladas, esquamocina e anonacina são aquelas que mostram o maior potencial sobre insetos-praga de diferentes ordens (Colom et al., 2008). Liaw et al. (2016) reportaram uma lista das estruturas de mais de 200 acetogeninas de anonáceaes isoladas e publicadas, de 1996 a 2014, complementando a revisão realizada por Cavé et al. (1997), que sistematizaram mais de 160 acetogeninas isoladas e descritas desde a descoberta dessa classe de compostos. Smith et al. (2014) também sumarizaram uma lista de espécies de anonáceas como potenciais fontes de acetogeninas.

Embora estudos da relação estrutura-atividade de acetogeninas sobre artrópodes-praga sejam bastante escassos na literatura, alguns ensaios realizados com compostos isolados indicam que as acetogeninas que possuem anéis bis-tetrahidrofurânicos (THF) adjacentes apresentam maior toxicidade (He et al., 1997). Nesse contexto, Colom et al. (2008) estudaram a bioatividade de acetogeninas isoladas de *A. cherimolia* e de *A. montana* sobre *Oncopeltus fasciatus* (Dallas) (Hemiptera: Lygaeidae) e verificaram que as acetogeninas esquamocina, molvizarina e itrabiana, contendo em suas estruturas dois anéis tetrahidrofurânicos adjacentes, foram as mais tóxicas dentre as testadas. Segundo os autores, aparentemente o número e a localização dos grupos OH e a presença de unidades de THF adjacentes são características estruturais que determinam a bioatividade sobre insetos.

Miyoshi et al. (1998) observaram que o espaçador alquílico entre os anéis γ-lactônicos e THF e as hidroxilas desempenham uma importante função na capacidade de inibição da atividade da enzima NADH oxidase por acetogeninas. Com base no estudo conduzido, esses autores sumarizaram algumas observações em relação à estrutura-atividade dessa classe de compostos: a) os anéis bis-THF adjacentes não são um fator estrutural essencial para inibição, e acetogninas mono-THF podem ocasionar potentes atividades; 2) a configuração estereoquímica da porção do anel THF não é essencial para a potência da atividade, independentemente do número (1 ou 2) de anéis THF; 3) os anéis THFs das acetogeninas apresentam fortes interações com a interface de bicamadas lipídicas, independentemente da configuração na região de THF; 4) o comprimento da cadeia alquílica lateral é muito importante para a elicitação de potentes atividades.

## 4. Modo de ação de acetogeninas de anonáceas

As acetogeninas são potentes inibidores mitocondriais, afetando a produção de energia em nível celular (Isman e Seffrin, 2014). Mais especificamente, as acetogeninas bloqueiam a cadeia respiratória no complexo I (NADH: ubiquinona oxidoredutase) do sistema de transporte de elétrons mitocondrial e da enzima NADH: oxidase na membrana celular de artrópodes-alvo, afetando diretamente o transporte de elétrons na mitocôndria e causando apoptose (morte celular programada) como resultado da privação de ATP (Alali et al., 1999; Tormo et al., 1999). As propriedades inseticidas das acetogeninas são comparadas com as da rotenona e da piericidina, potentes inibidores do complexo I mitocondrial (Esposti et al., 1994).

Blessing et al. (2010) investigaram a possível correlação entre a capacidade de inibição de NADH oxidase de acetogeninas isoladas de folhas de *A. montana* e o seu efeito larvicida sobre a lagarta-do-cartucho, *Spodoptera frugiperda* (J.E. Smith) (Lepidoptera: Noctuidae), com base na comparação entre a $DL_{50}$ (dose letal média) para as lagartas e a $CI_{50}$ (concentração inibitória média) para a referida enzima. No entanto, os autores não verificaram correlação entre a $DL_{50}$ e a $CI_{50}$ dos compostos, o que comprova que a inibição do complexo mitocondrial I não é o único mecanismo de ação de acetogeninas de anonáceas sobre os insetos. Ainda, de acordo com os autores, acetogeninas isoladas de folhas de *A. montana* aplicadas em dieta artificial na concentração de 100 ppm podem produzir alterações morfológicas em lagartas e pupas de *S. frugiperda*. Assim, os autores verificaram que as lagartas expostas ao composto *cis*-anonacina-10-ona retinham, após a ecdise, a parte da exúvia que recobria a cabeça, e que o composto gigantetronenina ocasionava alta frequência de retenção de exúvia em lagartas e de deformação de pupas de *S. frugiperda*. Esses efeitos são característicos de compostos que interferem na atividade hormonal de Lepidoptera, fato já observado com extratos de meliáceas [Mordue (Luntz) e Blackwell, 1993]. Alterações morfológicas significativas (Figura 6) foram também observadas em lagartas de *S. frugiperda* alimentadas em meio artificial tratado com o extrato etanólico das sementes de *A. mucosa* (Ribeiro et al., 2016a).

Estudos mais recentes sugerem que acetogeninas em doses subletais causam danos no epitélio do intestino médio e na célula digestiva, diminuindo a expressão de genes associados ao transporte e absorção de nutrientes, metabólitos e não eletrólitos, bem como aumentando a expressão de genes ligados à indução de autofagia celular (Costa et al., 2016). Avaliações dos índices de crescimento e de consumo e utilização de alimento indicaram que o extrato de sementes de *A. mucosa* (ESAM) e o bioinseticida Anosom® 1 EC, quando incorporados na dieta artificial de lagartas de terceiro instar de *Helicoverpa armigera* (Hübner) (Lepidoptera: Noctuidae), reduzem significativamente a taxa de crescimento e a eficiência de conversão do alimento ingerido em biomassa (Souza et al., 2019).

**Figura 6.** Alterações morfológicas em lagartas de ***Spodoptera frugiperda*** alimentadas em meio artificial tratado com o extrato etanólico das sementes de ***Annona mucosa*** (ESAM), na concentração equivalente à $CL_{50}$ previamente estimada (842,97 mg/kg): A) Redução do tamanho das lagartas (esquerda) alimentadas em meio tratado com ESAM em relação às lagartas do controle (direita); B) Retenção da exúvia em lagartas expostas ao ESAM; C) Pupa defeituosa com a exúvia retida ao final da fase larval (esquerda) e diferença entre tamanhos de pupas obtidas de lagartas alimentadas em meio contendo ESAM (esquerda) em relação ao controle (direita); D) Adultos defeituosos com retenção de carapaça frontal da pupa (esquerda) e com deformidades das asas anteriores e posteriores (direita) (adaptada de Ribeiro et al. ***Bragantia*** 75: 322-330, 2016a, com autorização).

## 5. Efeitos toxicológicos de derivados de Annonaceae

### 5.1. Ação sobre artrópodes-praga

Krinski et al. (2014) demostraram, com base em uma extensa revisão de literatura, que apenas 42 espécies de anonáceas possuem informações sobre a bioatividade de seus derivados sobre artrópodes. De acordo com essa revisão, os autores levantaram 65 espécies-alvo, especialmente insetos-praga das ordens Lepidoptera, Coleoptera, Hemiptera, Diptera e Blattaria. Além disso, os autores verificaram que as espécies de Annonaceae até então estudadas em relação ao seu potencial inseticida são distribuídas em apenas 14 gêneros (*Annona*, *Artabotrys*, *Asimina*, *Cardiopetalum*, *Dennettia*, *Duguetia*, *Guatteria*, *Monodora*, *Mkilua*, *Oxandra*, *Polyathia*, *Rollinia*, *Unonopsis* e *Xylopia*), com destaque para as espécies *A. muricata*, *A. squamosa* e *A. triloba*, que constituem as espécies mais estudadas em relação ao seu potencial inseticida (Isman e Seffrin, 2014).

Os estudos já realizados elucidam diversos efeitos bioativos (inseticida e/ou insetistático) de derivados ou substâncias isoladas de Annonaceae sobre artrópodes-praga, com potencial variável de acordo com a espécie vegetal testada, forma de extração (métodos e solventes empregados) e grau de purificação do derivado, assim como da sensibilidade do artrópode-alvo. Dada à grande variabilidade de métodos e condições de ensaios utilizados e ausência de controles positivos em boa parte dos estudos publicados, a comparação da potencialidade de tais derivados é amplamente comprometida (Isman e Grieneisen, 2014).

Além da toxicidade letal, que equivale ao efeito bioativo mais reportado em diferentes estudos sobre distintas espécies-praga de importância agrícola, veterinária ou para saúde pública, extratos ricos em acetogeninas ou compostos isolados de anonáceas também afetam o desenvolvimento dos insetos e o comportamento de alimentação e oviposição de espécies de diferentes ordens e hábitos alimentares. Como exemplo, o extrato etanólico das sementes de *A. mucosa* - ESAM (na concentração equivalente à $CL_{25}$ estimada) reduziu significativamente o número de ovos e a alimentação de adultos do psílideo-dos-citros, *Diaphorina citri* Kuwayama (Hemiptera: Psyllidae) (Figura 7), indicando que tal derivado possui promissora ação deterrente de oviposição e de alimentação (Ribeiro et al., 2015). Para *S. frugiperda*, ESAM interferiu significativamente no desenvolvimento pós-embrionário, sem, contudo, afetar o comportamento alimentar da espécie-praga (fagodeterrência) (Ribeiro et al., 2016a). Esses mesmos efeitos também foram observados, mais recentemente, para *H. armigera* (Souza et al., 2019). Por outro lado, avaliado sobre *Drosophila suzukii* (Matsumura) (Diptera: Drosophilidae), em frutos de morango, o ESAM reduziu em aproximadamente 45% a oviposição, indicando significativa ovideterrência (Bernardi et al., 2017).

De modo geral, a atividade fagodeterrente de determinado derivado vegetal ou composto químico sobre insetos é demonstrada por meio de bioensaios laboratoriais (com ou sem chance de escolha) realizados em curtos períodos (geralmente 24 h). Longas exposições podem conduzir a uma redução na alimentação do inseto em decorrência da toxicidade pós-ingestão, que afeta a fisiologia do inseto e não o seu comportamento alimentar (Isman, 2002). Segundo Kusari et al. (2012), compostos de origem natural com ação fagodeterrente produzem estimulações específicas nos quimiorreceptores gustativos dos indivíduos expostos, desencadeando interferência na percepção fagoestimulante de outros quimiorreceptores também presentes na região periférica do aparelho bucal. Variações na composição, disposição e sensibilidade dos quimiorreceptores gustativos de indivíduos de diferentes espécies (Chapman, 2012) podem explicar a fagodeterrência de uma maneira espécie-específica de determinado derivado em teste. Informações adicionais sobre ensaios toxicológicos para triagem e avaliação da bioatividade de derivados botânicos podem ser obtidas no Capítulo 5.

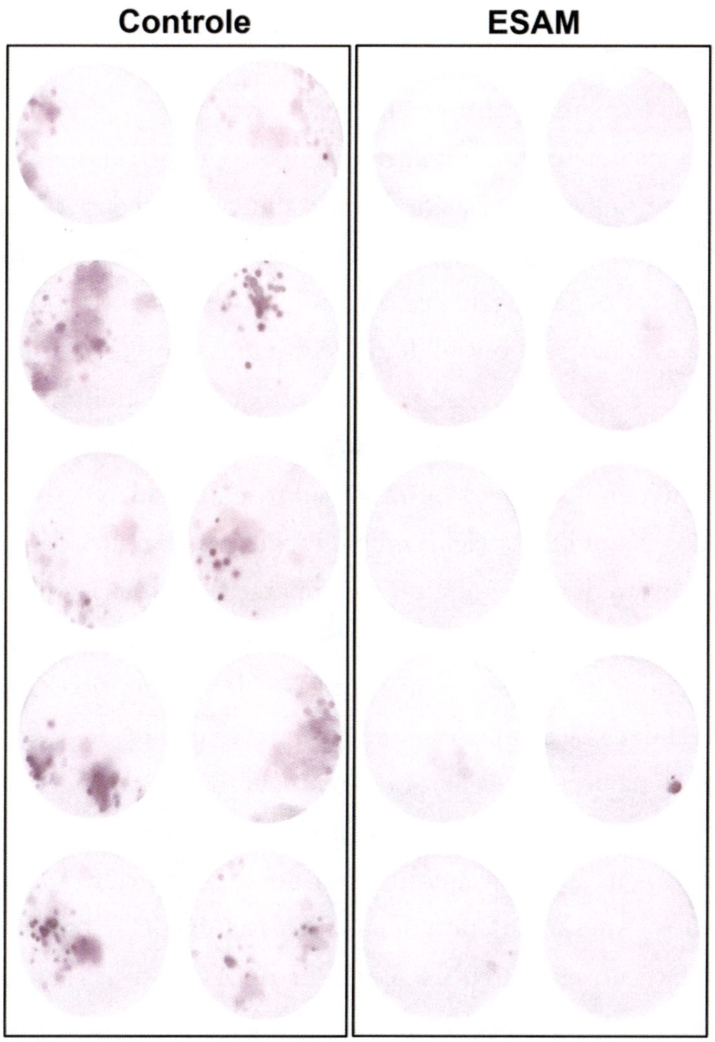


**Figura 7.** Discos de papel de filtro (unidades experimentais) do tratamento controle e do tratamento constituído pelo extrato etanólico de sementes de *Annona mucosa* (ESAM). Manchas escuras nos discos representam o ***honeydew*** excretado por adultos de ***Diaphorina citri*** expostos aos referidos tratamentos, os quais foram corados com uma solução de ninidrina:acetona [1% (v/v)] (adaptada de Ribeiro et al. ***Florida Entomologist*** 98: 835-842, 2015, com autorização).

## 5.2. Ação sobre inimigos naturais e organismos não alvo

A toxicidade de um composto químico de origem natural sobre determinada espécie-praga não o qualifica necessariamente como um inseticida ou acaricida ou, tampouco, denota que ele seja mais seguro que um composto sintético disponível comercialmente (Miresmailli e Isman, 2014; Isman, 2015). Diversas propriedades devem estar associadas à atividade, tais como eficácia mesmo em baixas concentrações, ausência de toxicidade frente a mamíferos e animais superiores, ausência de fitotoxicidade, facilidade de obtenção, manipulação e aplicação, viabilidade econômica e não ser cumulativa no tecido adiposo humano e de animais domésticos (Viegas Jr., 2003). Nesse contexto, estudos prévios devem ser criteriosamente realizados antes da recomendação do uso de tais produtos. No entanto, vale destacar que muitos compostos bioativos isolados ainda poderão ser submetidos a ensaios de biotransformação para tentativas de modificações estruturais visando à potencialização e/ou expansão do espectro de atividade biológica ou mesmo atenuar eventuais inconvenientes ou incompatibilidades (Blessing et al., 2015; Hidalgo et al., 2016).

### 5.2.1. Ação de derivados de Annonaceae sobre inimigos naturais

A utilização conjunta de inseticidas botânicos e o controle biológico, tanto natural como aplicado, pode ser uma estratégia interessante, já que, além da mortalidade independente provocada por cada uma dessas técnicas, podem ainda ocorrer efeitos positivos de interação (aditividade ou sinergismo), aumentando a eficácia de controle. Segundo Mordue e Nisbet (2000), antes da utilização de um inseticida, mesmo sendo este de origem natural, a margem de segurança sobre organismos não alvo deve ser determinada. No entanto, a compatibilização do controle biológico com inseticidas botânicos à base de derivados de Annonaceae ainda não pode ser largamente difundida, pois faltam dados padronizados sobre a atividade seletiva dos diferentes compostos ativos utilizados como bioinseticidas. Essa inconsistência metodológica compromete a precisão dos mesmos, além de impossibilitar a comparação de seus resultados. Em adição, os estudos visando a avaliar a ação de inseticidas botânicos sobre entomófagos e entomopatógenos têm sido desenvolvidos basicamente em condições de laboratório, ou seja, podem não ser representativos da realidade de campo, onde se permite a mobilidade dos insetos expostos, bem como a sua proteção na própria vegetação ("efeito guarda-chuva").

Os efeitos letais e subletais de derivados de anonáceas sobre agentes de controle biológico ainda são pobremente relatados na literatura, configurando-se uma extensa lacuna a ser preenchida em futuros estudos. Apesar dos potenciais efeitos sobre *D. citri*, Ribeiro et al. (2015) verificaram que o extrato etanólico de sementes de *A. mucosa* reduziu a emergência do ectoparasitoide *Tamarixia radiata* (Waterston) (Hymenoptera: Eulophidae) quando larvas de segundo segundo instar foram expostas ao referido extrato (contato residual) aplicado na respectiva $CL_{90}$ estimada para o controle de adultos de *D. citri*. Visando a avaliar o efeito do extrato de sementes de *A. squamosa* sobre predadores generalistas, Leatemia e Isman (2004) conduziram testes de pulverização direta e de contato residual sobre larvas de *Chrysoperla carnea* (Stephens) (Neuroptera: Chrysopidae) e adultos de *Orius insidiosus* (Say) (Hemiptera: Anthocoridae), verificando que o neuróptero foi menos sensível que o hemíptero.

Para *Trichopria anastrephae* Lima (Hymenoptera: Diapriidae), parasitoide de pupas de *D. suzukii* no Brasil, Bernardi et al. (2017) verificaram que a exposição (contato) de adultos do parasitoide ao extrato formulado de sementes de *A. mucosa* e do inseticida sintético espinetoram (ambos testados na $CL_{90}$ estimada) resultaram em mortalidades semelhantes, sendo ambas superiores à observada no controle positivo. Contudo, no bioensaio de ingestão, a mortalidade causada pelo extrato formulado foi significativamente menor que a provocada pelo inseticida espinetoram, e nenhum dos tratamentos afetou a taxa de parasitismo de pupas de *D. suzukii* por *T. anastrephae*. O extrato etanólico de sementes de *A. muricata* foi inócuo ao ácaro predador *Amblyseius aerialis* (Muma) (Acari: Phytoseiidae) e apresentou efeito reduzido sobre a sua reprodução (Maciel et al., 2017). Resultados similares foram reportados por Turchen et al. (2014) para o extrato de *A. crassiflora*, que se mostrou seletivo ao parasitoide *Trissolcus urichi* (Crawford) (Hymenoptera: Platygastridae), importante agente de controle biológico de ovos de percevejos-da-soja.

O potencial de entomopatógenos para o manejo de artrópodes-praga em diferentes agroecossistemas tem sido cada vez mais difundido e diversas formulações comerciais de micoinseticidas encontram-se disponíveis no mercado (Maina et al., 2018; Mascarin et al., 2018). Assim, estudo conduzido por Ribeiro et al. (2014c) investigou a compatibilidade do extrato etanólico de sementes de *A. mucosa* (ESAM) sobre 3 espécies de fungos entomopatogênicos: *Beauveria bassiana* (Bals.-Criv.) Vuill (isolado ESALQ-PL63), *Isaria fumosorosea* (Wise) (isolado ESALQ-1296) e *Metarhizium anisopliae* (Metchnikoff) (isolado ESALQ-E9), em diferentes concentrações e formas de bioensaios. Com base nos resultados, os autores verificaram que os efeitos do inseticida botânico foram variáveis de acordo com o isolado fúngico exposto, bem como a variável biológica analisada e a concentração utilizada. Porém, com base no índice de compatibilidade adotado, ESAM foi classificado como compatível com as 3 espécies de fungos, exceto com *M. anisopliae* na maior concentração testada (8.000 mg/L), caso em que foi classificado como moderadamente tóxico. Diferentemente desses resultados, alguns estudos até então desenvolvidos, conduzidos na perspectiva do desenvolvimento de novos biofungicidas, relatam a toxicidade de derivados de *A. squamosa* ou de acetogeninas isoladas dos extratos preparados a partir de suas diferentes estruturas sobre distintas espécies de fungos causadores de doenças ao homem e às plantas cultivadas, assim como de espécies produtoras de micotoxinas em alimentos armazenados (Gopalakrishnan et al., 2010; Dang et al., 2011; Vidyasagar e Shivakumar, 2012). Todavia, variações no perfil químico de acetogeninas (com suas marcantes peculiaridades no que tange à relação estrutura-atividade) presentes nos derivados das diferentes espécies, o emprego de distintos solventes e/ou métodos de extração (com seus diferentes níveis de seletividade/capacidade de extração), bem como a tolerância diferencial das espécies fúngicas aos componentes ativos são fatores que podem justificar, hipoteticamente, as diferenças observadas nos diferentes estudos (Ribeiro et al., 2012; Ribeiro, 2014).

### 5.2.2. Ação de derivados de Annonaceae sobre mamíferos

Em complemento aos aspectos relacionados à eficácia agronômica de derivados de Annonaceae sobre artrópodes-praga e sua seletividade frente aos agentes de controle biológico, ainda se faz necessária uma cuidadosa avaliação dos possíveis efeitos desses compostos sobre outros organismos não alvo (especialmente mamíferos) e seu comportamento no ambiente, aspectos regulatórios importantes para liberação de um possível bioinseticida ou mesmo de um análogo sintético no mercado. No entanto, os estudos sobre a ação de acetogeninas ou de outras classes de compostos de Annonaceae sobre mamíferos são bastante escassos na literatura e os poucos resultados disponíveis apresentam resultados contraditórios, requerendo um aprofundamento para uma melhor elucidação dos aspectos de segurança toxicológica desses derivados.

Em termos de compostos purificados, certas acetogeninas são comprovadamente tóxicas a mamíferos ($DL_{50}$ = < 20 mg/kg), sendo este um impedimento à aprovação regulatória em alguns países europeus e no Canadá, embora extratos padronizados de sementes de *Annona* e de cascas de *Asimina* sejam muito menos tóxicos (Isman, 2006). O extrato metanólico de *Uvaria chamae* P. Beauv., utilizado na medicina popular em terapias antimaláricas, causou citotoxicidade e genotoxicidade para ratos de uma maneira dependente da dose administrada (Awodiran et al., 2017). Ainda utilizando ratos como bioindicador, Nascimento et al. (2012) verificaram que a administração por gavagem (alimentação forçada) do extrato etanólico das sementes de *Annona coriacea* Mart. causou efeitos hepatotóxicos, mas sem danos ao cérebro e rins dos mamíferos expostos. Por outro lado, a acetogenina bis-tretrahidrofurânica esquamocina ($C_{37}H_{66}O_7$) purificada de *A. mucosa*, altamente tóxica a larvas de *Aedes aegypti* (L.) (Diptera: Culicidae) ($CL_{50}$ = 0,01 µg/mL), não causou citotoxicidade para leucócitos humanos (Costa et al., 2017).

González-Coloma et al. (2002) constataram, em uma abordagem preliminar, que as células do ovário do hamster chinês, *Cricetus griseus* (Milne-Edwards) (Rodentia: Cricetidae), foram menos sensíveis (~ 400 vezes) à acetogenina roliniastatina-1 do que as células de *S. frugiperda* (Sf9), embora estudos enzimáticos e imunoquímicos tenham revelado alta similaridade entre as enzimas envolvidas na respiração celular em insetos, mamíferos e fungos (Lümmen, 1998). Entretanto, os fatores de membrana dependentes da estrutura e a capacidade metabólica de inativar as acetogeninas em diferentes grupos podem fornecer diferentes níveis de sensibilidade (Ribeiro, 2014), um aspecto que deve ser mais investigado.

Segundo Johnson (2000), apesar dos esforços realizados na busca de novas moléculas-modelo direcionadas à síntese de inibidores do Complexo I, problemas toxicológicos relacionados a esse mecanismo de ação frente a mamíferos e peixes, ainda são fatores a serem superados, pois têm dificultado a introdução desses produtos no mercado de defensivos agrícolas. Além disso, o potencial neurotóxico e a capacidade de geração de sintomas de parkinsonismo atípico por acetogeninas e alcaloides dopaminérgicos presentes em derivados de Annonaceae alertam para a necessidade de uma criteriosa avaliação da sua composição e dos seus potenciais efeitos colaterais (Liaw et al., 2016).

## 6. Estudos bioprospectivos com anonáceas neotropicais: Exemplo de um programa de pesquisa multidisciplinar e multi-institucional no Brasil

Diante da diversidade de espécies de Annonaceae na região Neotropical e do potencial bioativo de seus derivados, o Instituto Nacional de Ciência e Tecnologia em Controle Biorracional de Insetos Pragas (INCT-CBIP), que agrega 7 instituições brasileiras de 5 Estados, estabeleceu em 2011 um programa de pesquisa multidisciplinar visando à obtenção de aleloquímicos de anonáceaes neotropicais com potencialidade de emprego no manejo de artrópodes-praga. Utilizando o gorgulho-do-milho (*S. zeamais*) como bioindicador, foi realizada, inicialmente, uma abrangente triagem inicial para avaliar a bioatividade de 66 extratos etanólicos produzidos de diferentes partes de 29 espécies de Annonaceae (7,5% de todas as espécies até então descritas no Brasil) pertencentes a 11 gêneros distintos. Como resultados, sementes do gênero *Annona* foram identificadas como os principais locais de acúmulo de compostos com atividade contra o gorgulho-do-milho, sendo os extratos etanólicos preparados a partir das sementes de *A. mucosa*, *A. sylvatica*, *A. montana* e *A. muricata* os tratamentos mais ativos (Ribeiro et al., 2016b; Figura 8). Dentre esses derivados, o extrato das sementes de *A. mucosa* - ESAM (Figura 9) demonstrou os menores valores de $CL_{50}$ (288,33 mg/kg por

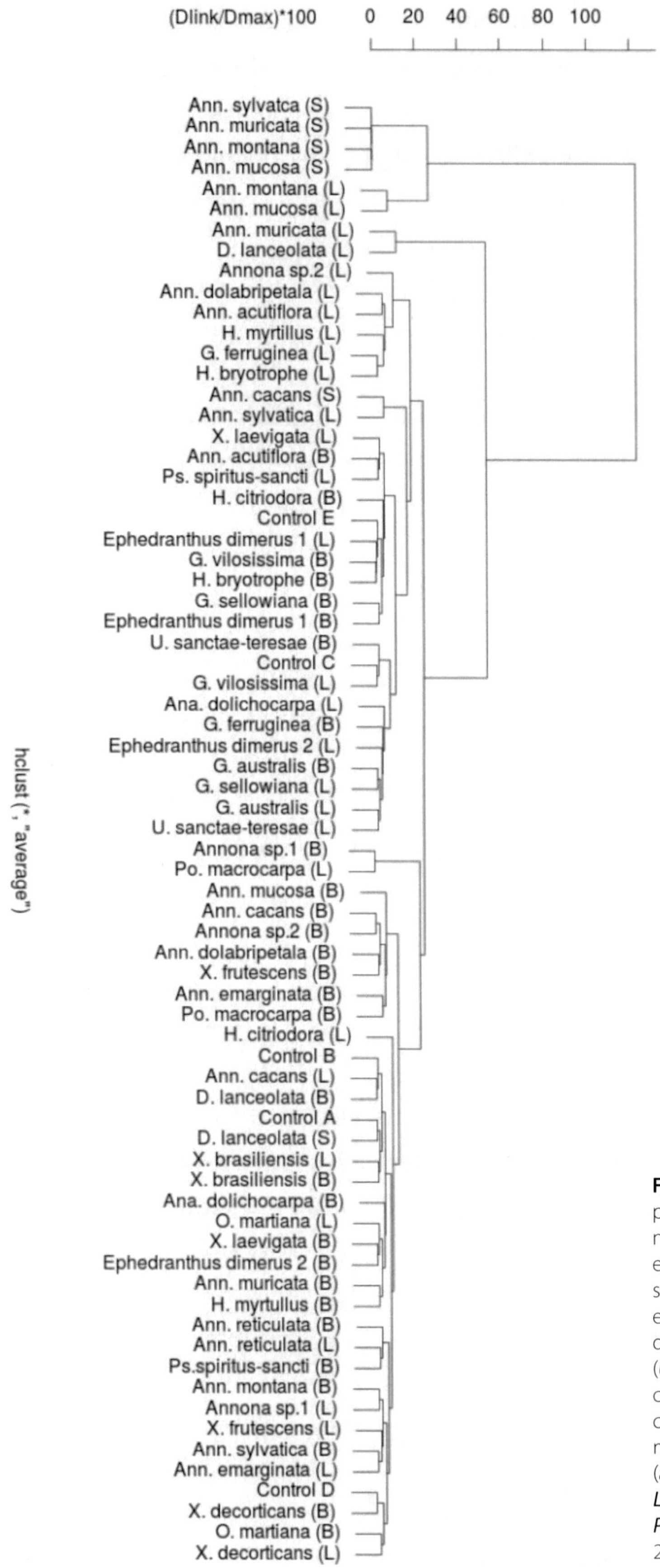


**Figura 8.** Dendograma obtido a partir de análise de Cluster com base na similaridade da bioatividade de extratos etanólicos de Annonaceae sobre ***Sitophilus zeamais*** [distância euclidiana média como medida de dissimilaridade e método UPGMA (***Unweighted Pair Group Method***) como estratégia de agrupamento], na concentração diagnóstica de 3.000 mg/kg em ensaio de contato residual (adaptada de Ribeiro et al. ***Boletín Latinoamericano y del Caribe de Plantas Medicinales y Aromáticas*** 15: 215-232, 2016b, com autorização).

Figura 9. Árvore, frutos e sementes de *Annona mucosa*.

contato residual) frente ao gorgulho-do-milho e, consequentemente, a atividade protetora de grãos mais pronunciada. Dessa forma, ESAM foi selecionado para condução de subsequentes fracionamentos biomonitorados e a realização de estudos complementares, visando a avaliar o espectro de ação desse derivado sobre diferentes artrópodes-praga de distintos hábitos alimentares e de importância em diferentes sistemas de produção agrícola.

Além da promissora bioatividade sobre *S. zeamais*, ESAM causou potenciais efeitos inseticidas/insetistáticos sobre outras espécies-praga de importância para olerícolas, frutíferas tropicais e temperadas e *commodities* (cereais e oleaginosas) em testes com extratos brutos, formulados e compostos isolados, tanto em condições de laboratório, como em testes em cultivos protegidos ou em campo (Tabela 1). Posteriormente, fracionamentos biomonitorados utilizando diferentes técnicas cromatográficas indicaram que a toxicidade aguda e crônica desse derivado se deve à interação sinérgica de acetogeninas estruturalmente diversificadas, tendo a acetogenina bis-tetrahidrofurano roliniastatina-1 (Figuras 10 e 11) como principal composto ativo (Ribeiro, 2014; Ansante et al., 2015; Souza et al., 2017), a qual pode ser utilizada como marcador químico em processos de controle de qualidade de seus derivados.

Em continuação ao programa de pesquisa estabelecido, a síntese e a semi-síntese das acetogeninas isoladas de ESAM foram conduzidas (Bicalho, 2016) de modo a subsidiar a compreensão da relação estrutura-atividade, o modo de ação desses compostos e a sua potencialidade como moléculas-modelo na síntese de novos análogos sintéticos. Além disso, formulações microencapsuladas contendo o composto ativo encapsulado em materiais como gelatina, amido, celulose, alginato de sódio etc. (Burges, 1998) estão em andamento usando métodos desenvol-

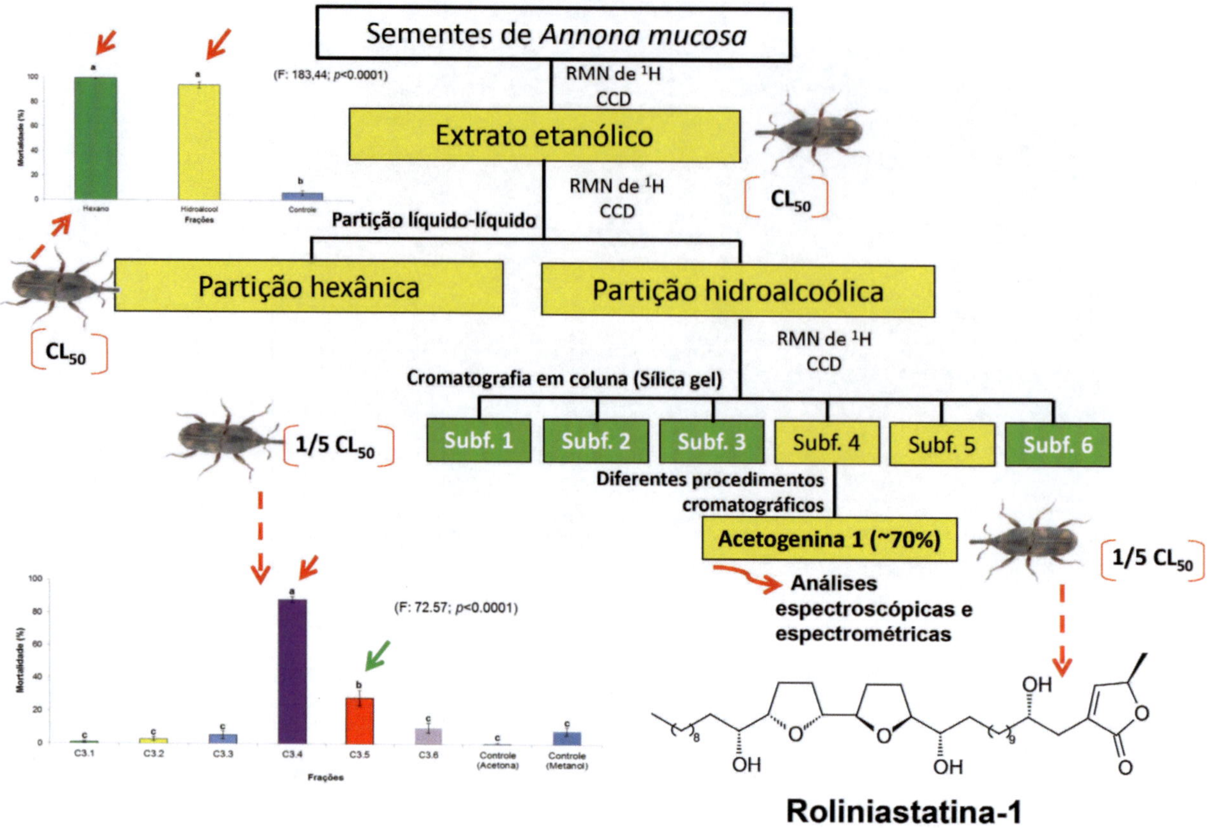


**Figura 10.** Esquema simplificado do processo de isolamento biomonitorado da acetogenina roliniastatina-1 a partir do extrato etanólico de sementes de *Annona mucosa*, utilizando *Sitophilus zeamais* como bioindicador.

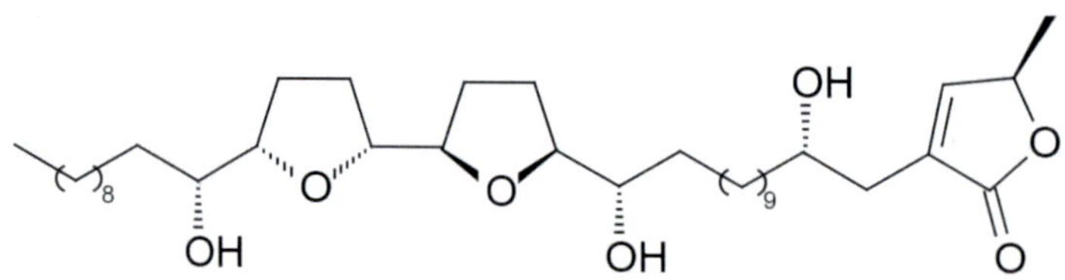

**Figura 11.** Estrutura química da acetogenina roliniastatina-1, composto ativo majoritário do extrato etanólico de sementes de *Annona mucosa*.

vidos pelo grupo do INCT-CBIP (Carvalho et al., 2015; Giongo et al., 2016a; Rodrigues et al., 2016). Nesse caso, cada partícula pode conter várias moléculas e, após o processo de secagem (com maior período de armazenamento), a formulação está pronta para uso agrícola e pode ser aplicada diretamente no solo ou sobre a praga-alvo, e até mesmo sobre plantas, sem a necessidade de dispersão em meio aquoso, facilitando a utilização (Rodrigues et al., 2016). As substâncias puras ou frações de extratos ou microrganismos encapsuladas podem ser usadas para controlar várias pragas, devido ao amplo espectro do(s) composto(s) usado(s), tais como a mosca-branca

Tabela 1. Toxicidade de derivados de sementes de *Annona mucosa* (ESAM) sobre alguns artrópodes-praga de importância agrícola no Brasil.

| Artrópodes-praga | Derivados testados (locais de ensaio) | $CL_{50}/DL_{50}$ (formas de exposição) | Efeitos subletais | Referências |
|---|---|---|---|---|
| *Panonychus citri* (McGregor) | Extrato etanólico (laboratório) | $CL_{50}$ = 2.608 ppm (contato residual) | Ovideterrência ($CE_{50}$ = 3.194,80 ppm) | Ribeiro et al. (2014e) |
| *Trichoplusia ni* (Hübner) | Extrato etanólico bruto e extrato formulado (laboratório e casa de vegetação) | $CL_{50}$ = 328,86 ppm (ingestão); $DL_{50}$ = 12,61 µg/lagarta (aplicação tópica) | Inibição do desenvolvimento ($CE_{50}$ = 114,71ppm) | Ribeiro et al. (2014a) |
| *Myzus persicae* (Sulzer) | Extrato formulado (casa de vegetação) | -- | Redução da taxa de crescimento populacional (2.500 ppm) | Ribeiro et al. (2014a) |
| *Spodoptera frugiperda* (J.E. Smith) | Extrato etanólico bruto e acetogenina isolada (laboratório) | 842,90 ppm (ingestão) | Inibição do crescimento larval ($CE_{50}$ = 580,4 ppm), interferência no desenvolvimento do inseto e incremento na proporção de pupas e adultos com anomalias morfológicas | Ansante et al. (2015) Ribeiro et al. (2016a) |
| *Diaphorina citri* Kuwayama | Extrato etanólico bruto e extrato formulado (laboratório, casa de vegetação e campo) | $CL_{50}$ = 57,76 ppm (contato residual) | Fagodeterrência e ovideterrência | Ribeiro et al. (2015) |
| *Sitophilus zeamais* Motschulsky | Extrato etanólico (laboratório) | 621,70 ppm (contato residual) | Inibição da progênie $F_1$ e redução na perda de grãos | Ribeiro et al. (2016b) |
| *Atta sexdens rubropilosa* Forel | Extrato etanólico (laboratório) | MD = 3 dias (2,0 mg/mL, ingestão) | -o- | Bicalho (2016) |
| *Helicoverpa armigera* (Hübner) | Extrato etanólico bruto, acetogenina isolada e extrato formulado (laboratório e casa de vegetação) | $CL_{50}$ = 1.479 ppm (ingestão) | Inibição do crescimento larval ($CE_{50}$ = 239,0 ppm), interferência no desenvolvimento do inseto e incremento na proporção de pupas e adultos com anomalias morfológicas | Souza et al. (2017); Souza et al. (2019) |
| *Drosophila suzukii* Matsumura | Extrato etanólico formulado (laboratório) | $CL_{50}$ = 500,43 ppm (ingestão); $CL_{50}$ = 440,71 pm (contato) | Ovideterrência | Bernardi et al. (2017) |

*Bemisia tabaci* (Gennadius) (Hemiptera: Aleyrodidae) (Carvalho et al., 2015), a broca-da-cana *Diatraea saccharalis* (Fabricius) (Lepidoptera: Crambidae) (Rodrigues et al., 2016), as formigas cortadeiras (Gimenes, 2013; Bicalho, 2016; Domingues, 2016) e a lagarta-do-cartucho *S. frugiperda* (Bicalho, 2016; Giongo et al., 2016b).

## 7. Considerações finais

O uso de derivados de Annonaceae visando ao manejo de artrópodes-praga despertou grande interesse na última década no Brasil, o que se refletiu no número de publicações geradas no País (Figura 12A). Com base em levantamento realizado em 3 bases indexadoras (CABI, Web of Science e Scopus) durante o período de 1990-2014, Ribeiro et al. (2014b) constataram que o Brasil encontra-se na terceira colocação em relação ao número de artigos publicados com o tema (considerando a nacionalidade do primeiro autor como critério), permanecendo atrás apenas da Índia e da Nigéria (Figura 12B).

Apesar do número crescente de investigações, as pesquisas até então realizadas, com poucas exceções, objetivavam apenas a avaliação laboratorial da bioatividade de extratos brutos oriundos de diferentes partes de Annonaceae, sem, contudo, estarem diretamente relacionadas com a detecção das substâncias responsáveis pelos efeitos biológicos observados, fato que compromete a aplicabilidade e o uso seguro desses derivados no manejo de pragas (Isman e Grieneisen, 2014). Nesse contexto, programas multidisciplinares deverão ser constituídos de modo a sanar as principais lacunas de conhecimento existentes para o desenvolvimento de bioinseticidas à base de derivados de Annonaceae no Brasil. As principais ações deverão focar: a) no aperfeiçoamento dos métodos de extração (em escalas laboratoriais e indústrias-piloto); b) na identificação dos compostos ativos majoritários dos derivados em estudo e a possibilidade de sua utilização como marcadores químicos para o controle de qualidade das formulações geradas; c) em estudos da relação estrutura-atividade (SAR) dos compostos ativos a partir de sua síntese e/ou semi-síntese; d) na avaliação do potencial de transformação de moléculas, especialmente de acetogeninas; e) no desenvolvimento de formulações "simples" ou "em mistura" com derivados de outras espécies/famílias botânicas, tanto por técnicas convencionais de formulação quanto pelo uso da nanotecnologia; f) na avaliação dos efeitos toxicológicos sobre organismos não alvo e seu comportamento no ambiente e; g) em testes de campo e semicampo visando a avaliar a potencialidade desses derivados em estratégias de manejo integrado (MIP), especialmente em cultivos orgânicos ou de base ecológica.

As dificuldades de registro de inseticidas botânicos ou biológicos no Brasil foram contornadas, em sua maior parte, pela promulgação e implementação de uma legislação específica para o registro de produtos para uso na agricultura orgânica [Decreto 6.913/2009 (Brasil, 2009)], criando oportunidades para comercialização de novos produtos elaborados com base na flora brasileira (Zanardi et al., 2015). Derivados de Annonaceae ricos em acetogeninas constituem uma promissora fonte de novos inseticidas botânicos ou moléculas-modelo com potencial de emprego no manejo de artrópodes-praga em diferentes sistemas de produção agrícola. Nesse contexto, as sementes de algumas espécies de *Annona* amplamente cultivadas no Brasil (p. ex.: *A. squamosa* e *A. muricata*), as quais são descartadas em indústrias de processamento de frutas, constituem uma fonte barata e prontamente disponível de biomassa para elaboração de bioinseticidas (Seffrin et al., 2010). Além disso, constitui-se em uma oportunidade de transformar esses resíduos industriais em soluções ecologicamente corretas para o manejo de artrópodes-praga na agricultura (Bernardi et al., 2017; Ribeiro et al., 2017).

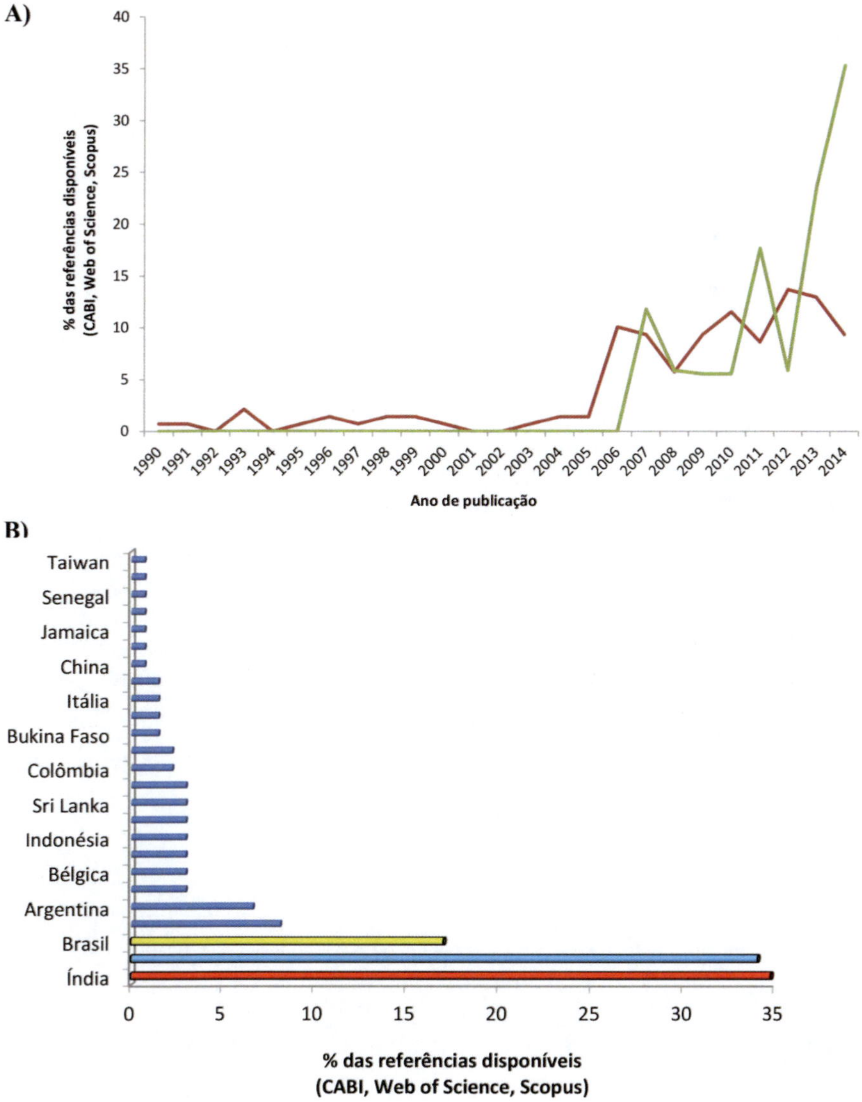


**Figura 12.** Evolução das pesquisas (no mundo e no Brasil), envolvendo derivados de Annonaceae e artrópodes-praga no período de 1990-2014, com base no levantamento realizado em 3 bases indexadoras (CABI, Web of Science e Scopus): A) Porcentagem das referências disponíveis no Brasil e no mundo (por ano) em relação ao total publicado no período (n=135); B) Origem das referências publicadas, considerando como critério a nacionalidade do primeiro autor. Palavras-chave utilizadas: "Annonaceae" and "insect"; "Annonaceae" and "mites"; "Acetogenins" and "insects"; "Acetogenins" and "mites". (adaptada de Ribeiro et al., 2014b).

# Referências bibliográficas


Alali, F.Q.; Liu, X.; McLaughlin, J.L. 1999. Annonaceous acetogenins: Recent progress. Journal of Natural Products 62: 504-540.

Ansante, T.F.; Ribeiro, L.P.; Bicalho, K.U.; Fernandes, J.B.; Silva, M.F.G.F.; Vieira, P.C.; Vendramim, J.D. 2015. Secondary metabolites from Neotropical Annonaceae: Screening, bioguided fractionation, and toxicity to ***Spodoptera frugiperda*** (JE Smith) (Lepidoptera: Noctuidae). Industrial Crops and Products 74: 969-976.

Awodiran, M.O.; Adepitib, A.O.; Akinwunmic, K.F. 2017. Assessment of the cytotoxicity and genotoxicity properties of ***Uvaria chamae*** P. Beauv (Annonaceae) and ***Morinda lucida*** Benth (Rubiaceae) in mice. Drug and Chemical Toxicology 41: 232-237.

Bakri, Y.M.; Talip, M.A.; Azziz, S.S.A. 2017. A mini review on ***Alphonsea*** sp. (Annonaceae): Traditional uses, biological activities and phytochemistry. Journal of Applied Pharmaceutical Science 7: 200-203.

Bermejo, A.; Figadera, B.; Zafra-Polo, M.C.; Barrachina, I.; Estornell, E.; Cortes, D. 2005. Acetogenins from annonaceae: Recent progress in isolation, synthesis and mechanisms of action. Natural Products Reports 22: 269-303.

Bernardi, D.; Ribeiro, L.P.; Andreazza, F.; Neitzke, C.; Oliveira, E.O.; Botton, M.; Nava, D.E.; Vendramim, J.D. 2017. Potential use of ***Annona*** by products to control ***Drosophila suzukii*** and toxicity to its parasitoid ***Trichopria anastrephae***. Industrial Crops and Products 110: 30-35.

Bicalho, K.U. 2016. ***Annona mucosa*** (Annonaceae) para o controle de pragas: Estudo fitoquímico biomonitorado, síntese de mímicos e desenvolvimento de processos de nanoencapsulação. São Carlos, 196p. Tese (Doutorado) - Universidade Federal de São Carlos.

Blessing, L.T.; Budeguer, F.; Ramos, J.; Bardón, A.; Diaz, S.; Brovetto, M.; Seoane, G.; Neske, A. 2015. Structural factors of annonaceous acetogenins and their semisynthetic analogues related with the toxicity on ***Spodoptera frugiperda***. Journal of Agricultural Chemistry and Environment 4: 56-61.

Blessing, L.T.; Colom, O.A.; Popich, S.; Neske, A.; Bardón, A. 2010. Antifeedant and toxic effects of acetogenins from ***Annona montana*** on ***Spodoptera frugiperda***. Journal of Pest Science 83: 307-310.

Boyer, S.; Zhang, H.; Lempérière, G. 2012. A review of control methods and resistance mechanisms in stored-product insects. Bulletin of Entomological Research 102: 213-229.

Brasil. 2009. Decreto No. 6.913, de 23 de julho de 2009. Acresce dispositivos ao Decreto nº 4.074, de 4 de janeiro de 2002, que regulamenta a Lei nº 7.802, de 11 de julho de 1989, que dispõe sobre a pesquisa, a experimentação, a produção, a embalagem e rotulagem, o transporte, o armazenamento, a comercialização, a propaganda comercial, a utilização, a importação, a exportação, o destino final dos resíduos e embalagens, o registro, a classificação, o controle, a inspeção e a fiscalização de agrotóxicos, seus componentes e afins. Diário Oficial [da] República Federativa do Brasil, Poder Executivo, Brasília, DF, 20 abr. 2019. Disponível em:<http://www.planalto.gov.br/ccivil_03/_ato2007-2010/2009/decreto/d6913.htm>. Acesso em: 24 out. 2020.

Burges, H.D. 1998. Formulation of microbial pesticides. Springer, Dordrecht, The Netherlands.

Caloprisco, E.; Fourneron, J.D.; Faure, R.; Demarne, F.E. 2002. Unusual lactones from ***Cananga odorata*** (Annonaceae). Journal of Agriculture and Food Chemistry 50: 78-80.

Cantrell, C.L.; Dayan, C.L.; Duke, S.O. 2012. Natural products as sources for new pesticides. Journal of Natural Products 75: 1231-1242.

Carvalho, S.S.; Vendramim, J.D.; Sá, I.C.G.; Silva, M.F.G.F.; Ribeiro, L.P.; Forim, M.R. 2015. Efeito inseticida sistêmico de nanoformulações à base de nim sobre ***Bemisia tabaci*** (Hemiptera: Aleyrodidae) biótipo B em tomateiro. Bragantia 74: 298-306.

Castillo-Sánchez, L.E.; Jiménez-Osornio, J.J.; Delgado-Herrera, M.A. 2010. Secondary metabolites of the Annonaceae, Solanaceae and Meliaceae families used as biological control of insects. Tropical and Subtropical Agroecosystems 12: 445-462.

Cavé, A.; Figadére, B.; Laurens, A.; Cortes, D. 1997. Acetogenins from Annonaceae. Progress in the Chemistry of Organic Natural Products 70: 81-288.

Chang, F.R.; Yang, P.Y.; Lin, J.Y.; Lee, K.H.; Wu, Y.C. 1998. Bioactive kaurane diterpenoids from ***Annona glabra***. Journal of Natural Products 61: 437-439.

Chapman, R.F. 2012. The insects: Structure and function. Cambridge, University Press, England.

Chatrou, L.W.; Rainer, H.; Maas, P.J.M. 2004. Annonaceae. p.18-20. *In*: Smith, N.; Mori, S.A.; Henderson, A.; Stevenson, D.W.; Heald, S.V., eds. Flowering plants of the Neotropics. Princeton University Press. Published in association with The New York Botanical Garden, Princeton, USA.

Coley, P.D.; Barone, J.A. 1996. Herbivory and plant defenses in tropical forests. Annual Review of Ecology and Systematics 27: 305-335.

Colom, O.A.; Barrachima, I.; Mingol, I.A.; Mas, M.C.G.; Sanz, P.M.; Neske, A.; Bardon, A. 2008. Toxic effects of annonaceous acetogenins on ***Oncopeltus fasciatus***. Journal of Pest Science 81: 85-89.

Correa, J.E.; Bernal, H.Y. 1989. Especies vegetales promisorias de los países del convenio Front Cover, Secretaria Ejecutiva del Convenio Andrés Bello, Bogotá, Colômbia.

Costa, M.S.; Antônio, E.G.; Santana, A.E.G.; Oliveira, L.L.; Zanuncio, J.C.; Serrão, J.E. 2017. Toxicity of squamocin on ***Aedes aegypti*** larvae, its predators and human cells. Pest Management Science 73: 636-640.

Costa, S.M.; Paula, S.O.; Martins, G.F.; Zanuncio, J.C.; Santana, A.E.G. 2016. Multiple modes of action of the squamocin in the midgut cells of ***Aedes aegypti*** larvae. PLoS ONE 11: e0160928.

Couvreur, T.L.P.; Maas, P.J.M.; Meinke, S.; Johnson, D.M.; Kessler, P.J.A. 2012. Keys to the genera of Annonaceae. Botanical Journal of the Linnean Society 169: 74-83.

Cunha, P.L.R.; Paula, R.C.M.; Feitosa, J.P.A. 2009. Polissacarídeos da biodiversidade brasileira: Uma oportunidade de transformar conhecimento em valor econômico. Química Nova 32: 649-660.

Dang, Q.L.; Kim, W.K.; Nguyen, C.M.; Choy, Y.H.; Choi, G.J.; Jang, K.S.; Park, M.S.; Lim, C.H.; Luu, N.H.; Kim, J.C. 2011. Nematicidal and antifungal activities of annonaceous acetogenins from ***Annona squamosa*** against various plant pathogens. Journal of Agriculture and Food Chemistry 59: 1160-1167.

Domingues, V.C. 2016. Estudo fitoquímico biomonitorado de ***Duguetia lanceolata*** e ***Lithraea molleoides*** no controle de pragas agrícolas e processos de nanoencapsulamento. São Carlos, 167p. Tese (Doutorado) - Universidade Federal de São Carlos.

Esposti, D.; Ghelli, A.; Ratta, M.; Cortes, D.; Estornell. E. 1994. Natural substances (acetogenins) from the family Annonaceae are powerful inhibitors of mitochondrial NADH dehydrogenase (complex I). Biochemical Journal 301: 161-167.

Freitas, A.L.G.E.; Vilasboas, F.S.; Pires, M.M.; São José, A.R. 2013. Caracterização da produção e do mercado da graviola (***Annona muricata*** L.) no estado da Bahia. Informações Econômicas 43: 23-34.

Gimenes, L. 2013. Estudo fitoquímico de ***Annona sylvatica*** (Annonaceae): Avaliação das atividades inseticida e fungicida frente às formigas cortadeiras e seu fungo simbionte e ao gorgulho do milho. São Carlos, 192p. Dissertação (Mestrado) - Universidade Federal de São Carlos.

Giongo, A.M.M.; Vendramim, J.D.; Forim, M.R. 2016a. Evaluation of neem-based nanoformulations as alternative to control fall armyworm. Ciência & Agrotecnologia 40: 26-36.

Giongo, A.M.M; Vendramim, J.D.; Freitas, S.D.L.; Silva, M.F.G.F. 2016b. Toxicity of secondary metabolites from Meliaceae against ***Spodoptera frugiperda*** (J.E. Smith) (Lepidoptera: Noctuidae). Neotropical Entomology 45: 725-733.

González-Coloma, A.; Guadaño, A.; Inés, C.; Martínez-Díaz, R.; Cortes, D. 2002. Selective action of acetogenin mitochondrial complex I inhibitors. Journal of Bioscience 57: 1028-1034.

González-Esquinca, A.R.; Chacón, I.C.; Castro-Moreno, M.; Orozco-Castilho, J.A.; Riley-Saldaña, C.A. 2014. Alkaloids and acetogenins in Annonaceae development: Biological considerations. Revista Brasileira de Fruticultura 36: 1-16.

Gopalakrishnan, S.; Kannan, I.G.K.; Alekhya, G.; Humayun, P.; Meesala, S.V.; Kanala, D. 2010. Efficacy of ***Jatropha***, ***Annona*** and ***Parthenium*** biowash on ***Sclerotium rolfsii***, ***Fusarium oxysporum*** f. sp. ***ciceri*** and ***Macrophomina phaseolina***, pathogens of chickpea and sorghum. African Journal of Biotechnology 9: 8048-8057.

Guedes, R.N.C. 2017. Insecticide resistance, control failure likelihood and the first law of geography. Pest Management Science 73: 479-484.

He, K.; Zeng, L.; Ye, Q.; Shi, G.; Oberlies, N.; Zhao, G.; Njoku, C.; McLaughlin, J. 1997. Comparative SAR evaluations of annonaceous acetogenins for pesticidal activity. Pesticide Science 49: 372-378.

Hidalgo, J.R.; Parellada, E.A.; Blessing, L.T.; Bardón, A.; Ameta, K.L.; Vera, N.; Neske, A. 2016. Natural and derivatized acetogenins promising for the control of ***Spodoptera frugiperda*** Smith. Journal of Agricultural Chemistry and Environment 5: 200-210.

Inoue, M.H.; Santana, D.C.; Pereira, M.J.B.; Possamai, A.C.S.; Azevedo, V.H. 2009. Aqueous extracts of ***Xylopia aromatica*** and ***Annona crassiflora*** on marandu grass (***Brachiaria brizantha***) and soybean. Scientia Agraria 10: 245-250.

Isman, M.B. 2002. Insect antifeedants. Pesticide Outlook 13: 152-157.

Isman, M.B. 2006. Botanical insecticides, deterrents, and repellents in modern agriculture and increasingly regulated world. Annual Review of Entomology 51: 45-66.

Isman, M.B. 2015. A renaissance for botanical insecticides? Pest Management Science 71: 1587-1590.

Isman, M.B.; Grieneisen, M.L. 2014. Botanical insecticide research: Many publications, limited useful data. Trends in Plant Science 19: 140-145.

Isman, M.B.; Seffrin, R. 2014. Natural insecticides from the Annonaceae: A unique example for developing biopesticides. p.21-33. ***In***: Singh, D., ed. Advances in plant biopesticides. Springer, New Delhi, India.

Johnson, H.A. 2000. Thwarting resistance: Annonaceous acetogenins as news pesticidal and antitumor agents. p.173-184. ***In***: Cutler, S.J.; Cutler, H.G., eds. Biologically active natural products: Pharmaceuticals. CRC Press, New York, USA.

Jolad, S.D.; Hoffmann, J.J.; Schram, K.H.; Cole, J.R.; Tempesta, M.S.; Kriek, G.R.; Bates, R.B. 1982. Uvaricin, a new antitumor agent from ***Uvaria accuminata*** (Annonaceae). Journal of Organic Chemistry 47: 3151-3153.

Jones, C.G.; Firn, R.D. 1991. On the evolution of plant secondary chemical diversity. Philosophical Transactions of the Royal Society of London 333: 273-280.

Kessler, P.J.A. 1993. Annonaceae. p.93-129. ***In***: Kubitzki, K.; Rohwer, J.G.; Bittrich, V., eds. The families and genera of vascular plants. II. Flowering plants. Dicotyledons. Magnoliid, Hamamelid and Caryophyllid families. Springer Verlag, Berlin, Germany.

Kogan, M. 1998. Integrated pest management: Historical perspectives and contemporary developments. Annual Review of Entomology 43: 243-270.

Kotkar, H.M.; Prashant, S.M.; Sangeetha, V.G.S.S.; Shipra, R.J.; Shripad, M.U.; Maheshwari, V.L. 2001. Antimicrobial and pesticidal activity of partially purified flavonoids of ***Annona squamosa***. Pest Management Science 58: 33-37.

Krinski, D.; Massaroli, A.; Machado, M. 2014. Potencial inseticida de plantas da família Annonaceae. Revista Brasileira de Fruticultura 36: 224-243.

Kusari, S.; Verma, V.C.; Lamshoeeft, M. 2012. An endophytic fungus from ***Azadirachta indica*** A. Juss. that produces azadirachtin. World Journal of Microbiology & Biotechnology 28: 1287-1294.

Leatemia, J.A.; Isman, M.B. 2004. Toxicity and antifeedant activity of crude seed extracts of ***Annona squamosa*** (Annonaceae) against lepidopteran pests and natural enemies. International Journal of Tropical Insect Science 24: 150-158.

Leboeuf, M.; Cavé, A.; Bhaumik, P.K.; Mukherjee, B.; Mukherjee, R. 1980. The phytochemistry of the Annonaceae. Phytochemistry 21: 2783-2813.

Lemos, E.E.P. 2014. A produção de anonáceas no Brasil. Revista Brasileira de Fruticultura 36: 77-85.

Levin, D.A.; York Jr., B.M. 1978. The toxicity of plant alkaloids: An ecogeographic perspective. Biochemical Systematics and Ecology 6: 61-76.

Liaw, C.C.; Liou, J.R.; Wu, T.Y.; Chang, F.R.; Wu, Y.C. 2016. Acetogenins from Annonaceae. p.101-113. ***In***: Kinghorn, A.; Falk, H.; Gibbons, S.; Kobayashi, J., eds. Progress in the chemistry of organic natural products, Springer, Berlin, Germany.

Lopes, J.C.; Mello-Silva, R. 2014. Diversidade e caracterização das Annonaceae do Brasil. Revista Brasileira de Fruticultura 36: 125-131.

Lümmen, P. 1998. Complex 1 inhibitors as insecticides and acaricides. Biochimica et Biophysica Acta 1364: 287-296.

Maas, P.J.M.; Kamer, H.M.; Junikka, L.; Mello-Silva, R.; Hainer, H. 2001. Annonaceae of eastern and south-eastern Brazil (Bahia, Espírito Santo, Goiás, Minas Gerais, Mato Grosso, São Paulo & Rio de Janeiro). Rodriguésia 52: 61-94.

Maas, P.J.M.; Rainer, H.; Lobão, A.Q. 2013. Annonaceae. ***In***: Lista de espécies da flora do Brasil. Rio de Janeiro: Jardim Botânico do Rio de Janeiro. Disponível em: <http://floradobrasil.jbj.gov.br/jabot/floradobrasil/FB110572>. Acesso em: 29 de mai. 2020.

Maas, P.J.M.; Westra, L.Y.T.; Rainer, H.; Lobão, A.Q.; Erkens,

R.H.J. 2011. An updated index to genera, species, and infraspecific taxa of Neotropical Annonaceae. Nordic Journal of Botany 29: 257-356.

Maciel, A.G.S.; Santos, M.D.; Trindade, R.C.P.; Duarte, A.G. 2017. Seletividade do extrato etanólico de ***Annona muricata*** (L., 1753) (Annonaceae) e de abamectin ao ácaro predador ***Amblyseius aerialis*** (Muma, 1955) (Acari: Phytoseiidae). Ciência Agrícola 15: 53-58.

Maina, U.M.; Galadima, I.B.; Gambo, F.M.; Zakaria, D. 2018. A review on the use of entomopathogenic fungi in the management of insect pests of field crops. Journal of Entomology and Zoology Studies 6: 27-32.

Mascarin, G.M.; Lopes, R.B.; Delalibera Jr., I.; Fernandes, E.K.K.; Luz, C.; Faria, M. 2018. Current status and perspectives of fungal entomopathogens used for microbial control of arthropod pests in Brazil. Journal of Invertebrate Pathology 2018: 1-34.

Miresmailli, S.; Isman, M.B. 2014. Botanical insecticides inspired by plant-herbivore chemical interactions. Trends in Plant Science 19: 29-35.

Miyoshi, H.; Ohshima, M.; Shimada, H.; Akagi, T.; Iwamura, H.; McLaughlin, J.L. 1998. Essential structural factors of annonaceous acetogenins as potent inhibitors of mitochondrial complex. Biochimica et Biophysica Acta 1365: 443-452.

Moghadamtousi, S.Z.; Fadaeinasab, M.; Nikzad, S.; Mohan, G.; Ali, H.M.; Kadir, H.A. 2015. ***Annona muricata*** (Annonaceae): A review of its traditional uses, isolated acetogenins and biological activities. International Journal of Molecular Sciences 16: 15625-15658.

Mordue (Luntz), A.J.; Blackwell, A. 1993. Azadirachtin: An update. Journal of Insect Physiology 39: 903-924.

Mordue, A.J.M.; Nisbet, A.J. 2000. Azadirachtin from de neem tree ***Azadirachta indica***: Its actions against insects. Anais da Sociedade Entomológica do Brasil 29: 615-632.

Nascimento, G.N.L.; Valadares, M.C.; Nishijo, H.; Aversi-Ferreira, T.A. 2012. Investigation of the toxic potential of crude ethanol extract of ***Annona coriacea*** (araticum) seeds in acute exposed mice. Revista Brasileira de Farmacognosia 22: 580-586.

Ngbolua, K.T.N.; Inkoto, C.L.; Bongo, G.; Moke, L.E.; Lufuluabo, L.G.; Ashande, C.M.; Tshibangu, D.S.T.; Tshilanda, D.D.; Mpiana, P.T. 2018. Phytochemistry and bioactivity of ***Annona reticulata*** L. (Annonaceae): A mini-review. South Asian Research Journal of Natural Products 1: 1-11.

Nogueira, E.A.; Mello, N.T.C.; Maia, M.L. 2005. Produção e comercialização de anonáceas em São Paulo e Brasil. Informações Econômicas 35: 51-54.

Novaes, P.; Ferreira, M.J.P.; Santos, D.Y.A.C. 2018. Flavonols from ***Annona coriacea*** Mart. (Annonaceae). Biochemical Systematics and Ecology 78: 77-80.

Ocampo, D.; Ocampo, R. 2006. Bioactividad de la família Annonaceae. Revista Universidad de Caldas 26: 135-155.

Pereira, M.C.T.; Nietsche, S.; Costa, M.R.; Crane, J.H.; Corsato, C.D.A.; Mizobutsi, E.H. 2011. Anonáceas: Pinha, atemoia e graviola. Informe Agropecuário 32: 1-9.

Pettit, G.R.; Mukku, V.J.R.V.; Cragg, G.; Herald, D.L.; Knight, J.C.; Herald, C.L.; Chapuis, J.C. 2008. Antineoplastic agents. 558. ***Ampelocissus*** sp. cancer cell growth inhibitory constituents. Journal of Natural Products 71: 130-133.

Pinheiro, M.L.B.; Xavier, C.M.; Souza, A.D.L.; Rabelo, D.M.; Batista, C.L.; Batista, R.L.; Costa, E.M.; Campos, F.R.; Barison, A.; Valdez, R.H.; Ueda-Nakamura, T.; Nakamura, C.V. 2009. Acanthoic acid and other constituents from the stem of ***Annona amazonica*** (Annonaceae). Journal of the Brazilian Chemical Society 20: 1095-117.

Popenoe, W. 1974. The Anonaceous fruits: The cherimoya. p.161-189. ***In***: ____. Manual of tropical and subtropical fruits. Hafner, New York, USA.

Rainer, H. 2007. Monographic studies in the genus ***Annona*** L. (Annonaceae): Inclusion of the genus ***Rollinia*** A.St.-Hil. Annalen des Naturhistorischen Museums in Wien: Serie B: für Botanik und Zoologie 108: 191-205.

Ramesha, B.T.; Gertsch, J.; Ravikanth, G.; Priti, V.; Ganeshaiah, K.N.; Shanker, R.U. 2011. Biodiversity and chemodiversity: Future perspectives in bioprospecting. Current Drug Targets 12: 1515-1530.

Rezende, V.L.; Oliveira-Filho, A.T.; Eisenlohr, P.V.; Kamino, L.H.Y.; Vibrans, A.C. 2015. Restricted geographic distribution of tree species calls for urgent conservation efforts in the Subtropical Atlantic Forest. Biodiversity Conservation 24: 1057-1071.

Ribeiro, L.P. 2014. Exploring genetic biodiversity: Secondary metabolites from Neotropical Annonaceae as a potential source of new pesticides. Piracicaba, 181p. Tese (Doutorado) - Escola Superior de Agricultura "Luiz de Queiroz", Universidade de São Paulo.

Ribeiro, L.P., Ansante, T.F.; Vendramim, J.D. 2016a. Efeito do extrato etanólico de sementes de ***Annona mucosa*** no desenvolvimento e comportamento alimentar de ***Spodoptera frugiperda***. Bragantia 75: 322-330.

Ribeiro, L.P.; Akhtar, Y.; Vendramim, J.D.; Isman, M.B. 2014a. Comparative bioactivity of selected seed extracts from Brazilian ***Annona*** species and an acetogenin-based commercial bioinsecticide against ***Trichoplusia ni*** and ***Myzus persicae***. Crop Protection 62: 100-106.

Ribeiro, L.P.; Blume, E.; Bogorni, P.C.; Dequech, S.T.B.; Brand, S.C.; Junges, E. 2012. Compatibility of ***Beauveria bassiana*** commercial isolate with botanical insecticides utilized in organic crops in southern Brazil. Biological Agriculture & Horticulture 28: 1-18.

Ribeiro, L.P.; Fernandes, J.B.; Vendramim, J.D. 2014b. Aleloquímicos de Annonaceae como fonte de inseticidas botânicos: O estado da arte das pesquisas no Brasil. ***In***: XXV Congresso Brasileiro de Entomologia, 25. Resumos. Sociedade Entomológica do Brasil, Goiânia, GO, Brasil.

Ribeiro, L.P.; Mota, L.H.C.; D'Alessandro, C.P.; Vendramim, J.D.; Delalibera Jr., I. 2014c. In vitro compatibility of an acetogenin-based bioinsecticide with three species of entomopathogenic fungi. Florida Entomologist 97: 1395-1403.

Ribeiro, L.P.; Santos, M.S.; Gonçalves, G.L.P.; Vendramim, J.D. 2015. Toxicity of an acetogenin-based bioinsecticide against ***Diaphorina citri*** (Hemiptera: Liviidae) and its parasitoid ***Tamarixia radiata*** (Hymenoptera: Eulophidae). Florida Entomologist 98: 835-842.

Ribeiro, L.P.; Souza, C.M.; Bicalho, K.U.; Baldin, E.L.L; Forim, M.R.; Fernandes, J.B.; Vendramim, J.D. 2017. The potential use of ***Annona*** (Annonaceae) by products as a source of botanical insecticides. Boletín SEEA 2: 26-29.

Ribeiro, L.P.; Vendramim, J.D.; Andrade, M.S.; Bicalho, K.U.; Silva, M.F.G.F.; Vieira, P.C.; Fernandes, J.B. 2014d. Tropical plant extracts as sources of grain-protectant compounds against ***Sitophilus zeamais*** Motschulsky (Coleoptera: Curculionidae). Neotropical Entomology 43: 470-482.

Ribeiro, L.P.; Vendramim, J.D.; Bicalho, K.U.; Andrade, M.S.; Fernandes, J.B.; Moral, R.A.; Demétrio, C.G.B. 2013. ***Annona mucosa*** Jacq. (Annonaceae): A promising source of bioactive compounds against ***Sitophilus zeamais*** Mots. (Coleoptera: Curculionidae). Journal of Stored Products Research 55: 6-14.

Ribeiro, L.P.; Vendramim, J.D.; Gonçalves, G.L.P.; Ansante, T.F.; Gloria, E.M.; Lopes, J.C.; Mello-Silva, R.; Fernandes, J.B. 2016b. Searching for promising sources of grain protectors in extracts from Neotropical Annonaceae. Boletín Latinoamericano y del Caribe de Plantas Medicinales y Aromáticas 15: 215-232.

Ribeiro, L.P.; Zanardi, O.Z.; Vendramim, J.D.; Yamamoto, P.T. 2014e. Comparative toxicity of an acetogenin-based extract and commercial pesticides against citrus red mite. Experimental and Applied Acarology 64: 87-98.

Rios, M.Y.; Castrejun, F.; Robledo, N.; Léon, I.; Rojas, G.; Navarro, V. 2003. Chemical composition and antimicrobial activity of the essential oils from ***Annona cherimola*** (Annonaceae). Journal of the Mexican Chemical Society 47: 134-142.

Rodrigues, I.M.W.; Forim, M.R.; Silva, M.F.G.F.; Fernandes, J.B.; Batista Filho, A. 2016. Effect of ultraviolet radiation on fungi ***Beauveria bassiana*** and ***Metarhizium anisopliae***, pure and encapsulated, and bio-insecticide action on ***Diatraea saccharalis.*** Advances in Entomology 4: 151-162.

Santos, D.Y.A.C.; Salatino, M.L.F. 2000. Foliar flavonoids of Annonaceae from Brazil: Taxonomic significance. Phytochemistry 55: 567-573.

São José, A.R.; Pires, M.M.; Freitas, A.L.G.E.; Ribeiro, D.P.; Perez, L.A.A. 2014. Atualidades e perspectivas das anonáceas no mundo. Revista Brasileira de Fruticultura 36: 86-93.

Seffrin, R.C.; Shikano, I.; Akhtar, Y.; Isman, M.B. 2010. Effects of crude seed extracts of ***Annona atemoya*** and ***Annona squamosa*** L. against the cabbage looper, ***Trichoplusia ni*** in the laboratory and greenhouse. Crop Protection 29: 20-24.

Simões, C.M.O.; Schenkel, E.P. 2002. A pesquisa e a produção brasileira de medicamentos a partir de plantas medicinais: A necessária interação da indústria com a academia. Revista Brasileira de Farmacognosia 12: 35-40.

Smith, R.E.; Tran, K.; Richards, K.M. 2014. Bioactive annonaceous acetogenins. Studies in Natural Products Chemistry 41: 95-117.

Souza, C.M.; Baldin, E.L.L.; Ribeiro, L.P.; Santos, T.L.B.; Silva, I.F.;

Morando, R.; Vendramim, J.D. 2019. Antifeedant and growth inhibitory effects of Annonaceae derivatives on ***Helicoverpa armigera*** (Hübner). Crop Protection 121: 45-50.

Souza, C.M.; Baldin, E.L.L.; Ribeiro, L.P.; Silva, I.F.; Morando, R.; Bicalho, K.U.; Vendramim, J.D.; Fernandes, J.B. 2017. Lethal and growth inhibitory activities of Neotropical Annonaceae-derived extracts, commercial formulation, and an isolated acetogenin against ***Helicoverpa armigera***. Journal of Pest Science 90: 701-709.

Souza, L.A.; Mourão, K.S.M.; Moscheta, I.S.; Rosa, S.M. 2003. Morfologia e anatomia da flor de ***Pilocarpus pennatifolius*** Lem. (Rutaceae). Revista Brasileira de Botânica 26: 175-184.

Sparks, T.; Nauen, R. 2015. IRAC: Mode of action classification and insecticide resistance management. Pesticide Biochemistry and Physiology 121: 122-128.

Thomas, A.; Doyle, J.A. 1996. Geographic relationships of Malagasy Annonaceae. Biogéographie de Madagascar 1996: 85-94.

Tormo, J.R.; Gallardo, T.; González, M.C.; Bermejo, A.; Cabedo, N.; Andreu, I.; Estornell, E. 1999. Annonaceous acetogenins as inhibitors of mitochondrial complex I. Current Topics in Phytochemistry 2: 69-90.

Tropicos.org. Missouri Botanical Garden. 2020. Annonaceae Juss. Disponível em: <http://legacy.tropicos.org/Name/42000007?tab=maps>. Acesso em: 29 de mai. 2020.

Tundis, R.; Xiao, J.; Loizzo, M.R. 2017. ***Annona*** species (Annonaceae): A rich source of potential antitumor agents? Annals of the New York Academy of Sciences 1398: 30-36.

Turchen, L.M.; Golin, V.; Butnariu, A.R.; Pereira, M.J.B. 2014. Selectivity of ***Annona*** (Annonaceae) extract on egg parasitoid ***Trissolcus urichi*** (Hymenoptera: Platygastridae). Revista Colombiana de Entomologia 40: 176-180.

Valli, M.; Pivatto, M.; Danuello, A.; Castro-Gamboa, I.; Silva, D.H.S.; Cavalheiro, A.J.; Araújo, A.R.; Furlan, M.; Lopes, M.N.; Bolzan, V.S. 2012. Tropical biodiversity: Has it been a potential source of secondary metabolites useful for medicinal chemistry? Química Nova 35: 2278-2287.

Vendramim, J.D.; Castiglioni, E. 2000. Aleloquímicos, resistência de plantas e plantas inseticidas. p.113:128. ***In***: Guedes, J.C.; Costa, I.D.; Castiglioni, E., eds. Bases e técnicas do manejo de insetos. Pallotti, Santa Maria, RS, Brasil.

Vidyasagar, G.M.; Shivakumar, S.P. 2012. A comparative antimicrobial activity of methanolic root, leaf, seed cotyledon extracts of ***Annona squamosa*** L. International Journal of Pharmaceutical Science 4: 289-292.

Viegas Jr., C. 2003. Terpenos com atividade inseticida: Uma alternativa para o controle químico de insetos. Química Nova 26: 390-400.

Westra, L.Y.T.; Maas, P.J.M. 2012. ***Tetrameranthus*** (Annonaceae) revisited including a new species. PhytoKeys 12: 1-21.

Wink, M. 2003. Evolution of secondary metabolites from an ecological and molecular phylogenetic perspective. Phytochemistry 64: 3-9.

Zafra-Polo, M.C.; González, M.C.; Estornell, E.; Sahpaz, S.; Cortes, D. 1996. Acetogenins from Annonaceae, inhibitors of mitochondrial complex I. Phytochemistry 42: 253-271.

Zanardi, O.Z.; Ribeiro, L.P.; Ansante, T.F.; Santos, M.S.; Bordini, G.P.; Yamamoto, P.T.; Vendramim, J.D. 2015. Bioactivity of a matrine-based biopesticide against four pest species of agricultural importance. Crop Protection 67: 160-167.

Capítulo 8

# Principais famílias botânicas com potencial inseticida no Brasil: Asteraceae

Maíra Rosato Silveira Silvério
Paulo Cezar Vieira
João Luis Callegari Lopes
Norberto Peporine Lopes

## 1. Introdução

Asteraceae Bercht. & J. Presl, também conhecida como Compositae, é uma família botânica da Ordem Asterales considerada a de maior importância dentre as espermatófitas, representando cerca de 10% de todas as Angiospermas (Bremer, 1994; Funk et al., 2005). A família Asteraceae é considerada também a maior família dentre as Eudicotiledoneas e possui entre 24 e 30 mil espécies descritas em cerca de 1,6 mil gêneros (Funk et al., 2005). O Brasil apresenta cerca de 2 mil espécies de asteráceas descritas, das quais aproximadamente 1,3 mil são endêmicas. Asteraceae é uma das 10 principais famílias de plantas nos biomas brasileiros, exceto na região Amazônica, sendo a de maior número de espécies nos biomas Cerrado e Pampa (The Brazil Flora Group, 2015). A família está organizada em 13 subfamílias e 40 tribos, das quais Vernonieae e Eupatorieae representam táxons bastante diversos, em especial nos neotrópicos (Pruski e Sancho, 2004).

As asteráceas possuem distribuição geográfica cosmopolita, ocorrendo em todos os continentes, com exceção do Antártico, porém com representação mais ampla nas regiões temperadas e semiáridas dos trópicos e subtrópicos (Bremer, 1994; Funk et al., 2005). Apresentam sinapomorfias morfológicas, químicas e moleculares (Jansen e Palmer, 1987; Kim et al., 1992; Panero e Funk, 2002; Panero et al., 2014).

A diversidade da família pode estar associada à ocorrência de metabólitos secundários (aleloquímicos) bioativos contra competidores, juntamente com a presença de mecanismos muito eficientes de polinização e dispersão, além de duplicações do genoma (Funk et al., 2009a; Panero e Crozier, 2016). Devido ao grande número de metabólitos secundários, essa família apresenta grande interesse medicinal e para a saúde pública, incluindo, como exemplo, sua aplicação como bioinseticida. A oleorresina piretro, obtida das flores secas da margarida-pintada (*Chrysanthemum coccineum* Willd.) e do crisântemo-dálmata {*Tanacetum cinerariifolium* (Trevir.) Sch. Bip. [=*Chrysanthemum cinerariifolium* (Trevir.) Vis.]}, é utilizada como inseticida há cerca de 150 anos e continua sendo um dos principais inseticidas botânicos utilizados ao redor do mundo (Isman, 2017). Além da aplicação medicinal e inseticida, muitas espécies de asteráceas são cultivadas para fins alimentícios [p. ex.: alface (*Lactuca sativa* L.), girassol (*Helianthus annuus* L.), alcachofra (*Cynara scolymus* L.) e chicória (*Cichorium intybus* L.)], cosméticos [p. ex.: margarida (*Chrysanthemum leucanthemum* L.) e camomila (*Chamomilla recutita* (L.)] e ainda como plantas ornamentais [p. ex.: dália (*Dahlia* spp.), calêndula (*Calendula* spp.) e girassol] (Funk et al., 2009b).

## 2. Asteraceae versus insetos vetores de patógenos causadores de doenças para humanos

Cerca de 20% das doenças infecciosas são causadas por agentes etiológicos transmitidos por insetos (WHO, 2019) e, em geral, a transmissão se dá pela picada da fêmea durante a hematofagia, essencial para a maturação de seus ovos (Consoli e Oliveira, 1994). No entanto, a transmissão de agentes etiológicos e, consequentemente, a disseminação de doenças, também pode ser realizada de maneira mecânica, ou seja, pelo deslocamento mecânico do exoesqueleto, deposição fecal e regurgitação do inseto, especialmente em alimentos e água consumidos pelos seres humanos (Graczyk et al., 2005).

Muitos estudos têm demonstrado que a forma mais eficiente de controlar doenças tropicais causadas por agentes etiológicos é eliminar o inseto vetor, em especial os mosquitos (Pohlit et al., 2011; Geris et al., 2012). O controle pode ser obtido a partir da morte do inseto tanto nos estágios imaturos quanto na fase adulta (toxicidade letal), evitando que o artrópode entre em contato com o ser humano (repelência) ou que deposite seus ovos (ovideterrência), ou mesmo atraindo os insetos para armadilhas, para posterior eliminação (Benelli, 2015a; Benelli et al., 2016). Em estudos comparativos de toxicidade, inseticidas sintéticos ou de origem natural são comumente empregados como controle positivo, sendo alguns exemplos representados na Figura 1.

A Figura 2 ilustra alguns dos principais insetos vetores de importância sanitária e econômica, para os quais alguma atividade inseticida de derivados de espécies de Asteraceae já foi descrita. Os insetos ilustrados representam importantes gêneros vetores de agentes etiológicos causadores de doenças (Figura 2). Salienta-se, contudo, que há também outras espécies de vetores sensíveis às ações tóxicas de derivados de Asteraceae (Tabela 2).

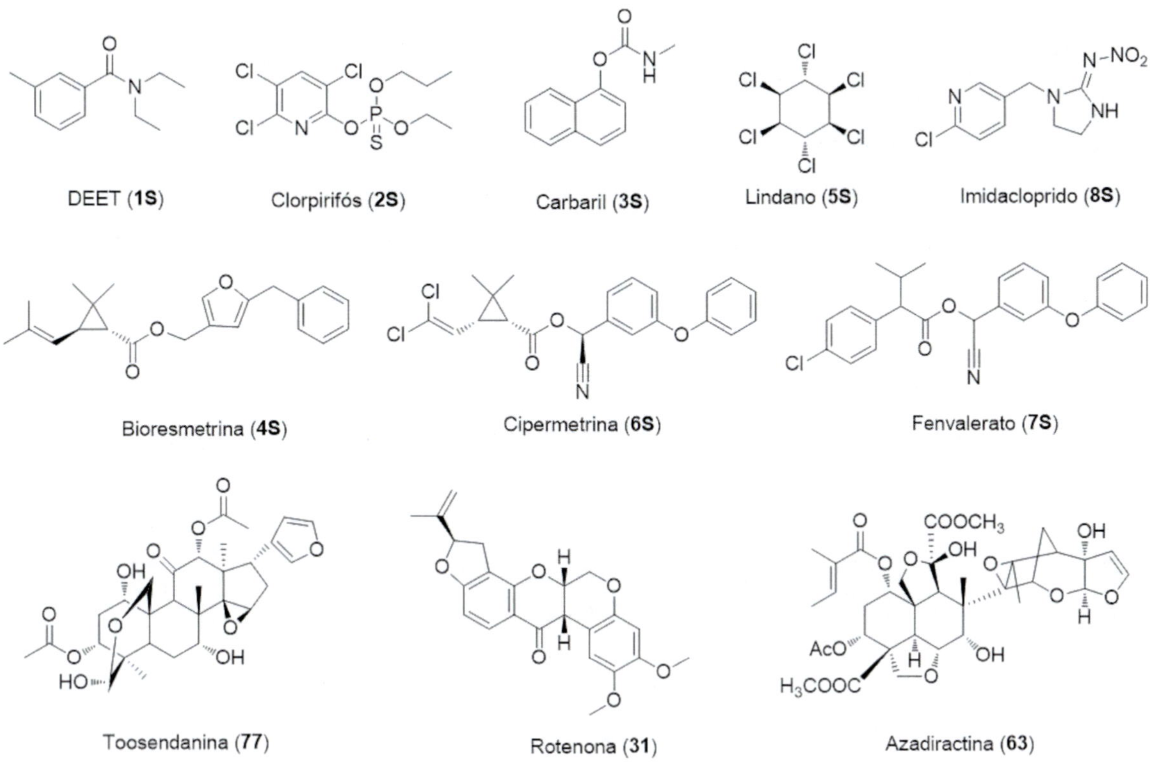


**Figura 1.** Estruturas químicas de substâncias comerciais de origem sintética ou botânica, amplamente utilizadas como controles positivos em estudos comparativos de bioatividade.

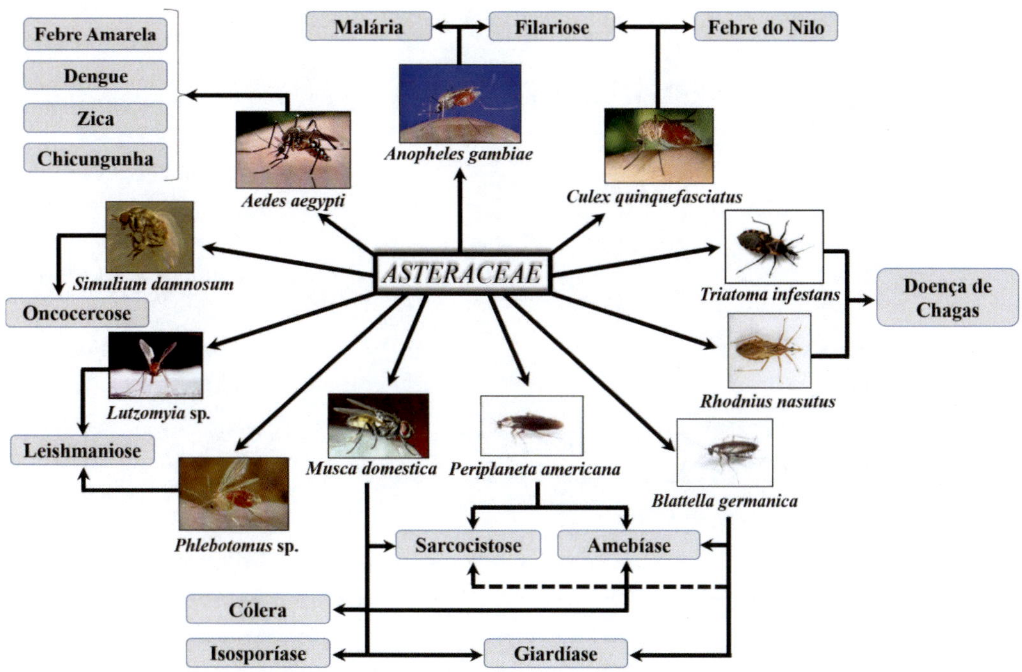


**Figura 2.** Alguns exemplos de derivados botânicos provenientes de espécies da família Asteraceae utilizados para controle de insetos transmissores de patógenos causadores de doenças em humanos. Obs: Figura construída a partir da modificação de imagens publicadas nos sites livres: ***Rhodnius nasutus/Triatoma infestans***: http://triatokey.cpqrr.fiocruz.br; ***Aedes aegypti/Anopheles gambiae/Culex quinquefasciatus/ Musca domestica***: www.vectorbase.org/organisms/; ***Lutzomyia*** sp: www.dbbm.fiocruz.br/tropical/leishman/leishext/html/ciclo_biol_gico.html; ***Phlebotomus*** sp: https://ecdc.europa.eu/en/disease-vectors/facts/phlebotomine-sand-flies; ***Periplaneta americana/Blatella germanica***: www.fiocruz.br/biosseguranca/Bis/virtual%20tour/hipertextos/up2/viver_sem_baratas.html; ***Simulium damnosum***: www.riverblindness.eu/onchocerciasis/simulium-vectors/.

## 2.1. Vetores biológicos

Alguns exemplos de doenças relacionadas aos seres humanos, com seus respectivos agentes etiológicos, local de ocorrência e insetos vetores estão descritas na Tabela 1, seguindo-se a citação dos vetores suscetíveis à ação tóxica de derivados de espécies de Asteraceae. As estruturas químicas dos metabólitos secundários vegetais identificados ou testados foram ilustradas em figuras apresentadas ao longo da discussão sobre os respectivos vetores.

**Tabela 1.** Doenças, agentes etiológicos, ocorrência e insetos vetores associados (adaptada de *Centers for Disease Control and Prevention*, 2019; WHO, 2019).

| Doenças | Agentes etiológicos | Ocorrência | Insetos vetores |
|---|---|---|---|
| Febre amarela | *Flavivirus* sp. | África e América Latina | Mosquitos [*Aedes aegypti* (L.) e *Aedes albopictus* (Skuse)] |
| Dengue | *Flavivirus* sp. | África, Américas, Leste do Mediterrâneo, Oeste do Pacífico e Sul e Leste da Ásia | Mosquitos (*A. aegypti* e *A. albopictus*) |
| Zica | *Flavivirus* sp. | Américas, África, Sudeste da Ásia e Ilhas do Pacífico | Mosquitos (*A. aegypti* e *A. albopictus*) |
| Chicungunha | *Alphavirus* sp. | Américas, África, Sudeste da Ásia, Ilhas do Pacífico e algumas regiões da Europa | Mosquitos (*A. aegypti* e *A. albopictus*) |
| Malária | *Plasmodium* spp. | México, América Central e do Sul, África e Ásia | Mosquitos (*Anopheles* sp.) |
| Filariose | *Wuchereria bancrofti* (Cobbold) | Áfria, Ásia e América do Sul | Mosquitos (*Aedes* sp., *Anopheles* sp. e *Culex* sp.) |
| Febre do Nilo | *Flavivirus* sp. | África, Europa, Oriente Médio, América do Norte e Ásia Ocidental | Mosquitos (*Culex* sp.) |
| Doença de Chagas | *Trypanosoma cruzi* Chagas | Américas e Europa | Barbeiros (*Triatoma* sp. e *Rhodnius* sp.) |
| Leishmaniose | *Leishmania* sp. | Ásia, América Central e do Sul, Norte e Leste da África, Europa e Índia | Mosquito-palha (*Lutzomyia* sp. e *Phlebotomus* sp.) |
| Oncocercose | *Onchocerca volvulus* Bickel | África, América Latina e Iêmen | Borrachudo (*Simulium* sp.) |

### 2.1.1. Mosquitos do gênero *Aedes*

Os mosquitos do gênero *Aedes* (Diptera: Culicidae) são os principais transmissores dos arbovírus causadores da dengue, zica, chicungunha e febre amarela, com destaque para *Aedes aegypti* (L). Em relatório publicado, o governo brasileiro divulgou que foram gastos, em

2016, cerca de 2,3 bilhões de reais (2% do orçamento anual previsto para a saúde) apenas com as ações de combate desse mosquito. Desse total, 805 milhões de reais foram destinados ao tratamento das doenças provocadas pelos vírus transmitidos pelo mosquito, incluindo gastos médicos diretos e custos indiretos, além de cerca de 1,5 bilhões de reais para o combate ao vetor (Teich et al., 2017).

As arboviroses são causadas pelos vírus do gênero *Flavivirus* (Flaviviridae), exceto chicungunha, cujo agente causal pertence ao gênero *Alphavirus* (Togaviridae). Os sintomas decorrentes dessas doenças são semelhantes, incluindo febre, mal-estar geral, náuseas, dores de cabeça e no corpo, extremo cansaço, entre outros (WHO, 2019). Diante das recentes epidemias de arboviroses em diversas regiões do Brasil e do mundo e considerando a deficiência e/ou mesmo a ausência de vacinas e de medicamentos efetivos contra esses patógenos, faz-se necessário buscar alternativas viáveis visando a minimizar as manifestações clínicas, especialmente alternativas para o combate dos mosquitos vetores (Benelli e Mehlhorn, 2016).

#### 2.1.1.1. Bioatividade de derivados de Asteraceae sobre *Aedes aegypti*

Por meio da incorporação de derivados vegetais em nanopartículas foi demonstrada a atividade larvicida de extratos aquosos das folhas de *Artemisia herba-alba* Asso (Aziz et al., 2018), de *Ambrosia arborescens* Mill. (Morejón et al., 2018) e de *Parthenium hysterophorus* L. (Thandapani et al., 2018) sobre *A. aegypti*. Para as duas primeiras asteráceas, os derivados foram incorporados em nanopartículas de prata, enquanto que para a última isso foi feito com nanopartículas de dióxido de titânio.

O extrato aquoso de *A. herba-alba* apresentou média e baixa toxicidade às larvas de populações indianas e árabes de *A. aegypti*, com valores de concentração letal média ($CL_{50}$) de 117,18 e de 614 μg/mL, respectivamente, tendo sua atividade tóxica aumentada quando incorporado em nanopartícula de prata para as duas populações ($CL_{50}$ de 10,70 e 33,58 μg/mL, respectivamente). O aumento da toxicidade a partir da nanoparticulação do extrato também foi verificado para os adultos da referida espécie de mosquito. Os metabólitos secundários, identificados no extrato por meio das análises de CL-DAD-EM e RMN de $^{1}H$, são derivados fenólicos e saponinas (Aziz et al., 2018). Já o extrato de *A. arborescens*, inativo na formulação comum, mostrou-se bastante tóxico ($CL_{50}$ = 0,28 μg/mL) na forma nanoparticulada (Morejón et al., 2018). Finalmente, para o extrato de *P. hysterophorus*, a atividade larvicida ($CL_{50}$ = 73,89μg/mL), foi bastante incrementada com a sua incorporação em dióxido de titânio ($CL_{50}$ = 11,62 μg/mL) (Thandapani et al., 2018). Os resultados obtidos nesses estudos indicam que a incorporação de extratos de Asteraceae em formulações nanoparticuladas aumenta a eficácia desses derivados no controle do mosquito *A. aegypti*. É importante ressaltar que o dióxido de titânio é um nanomaterial biocompatível e que tem sido utilizado em múltiplas aplicações (Thandapani et al., 2018).

Os óleos essenciais de diversas espécies de Asteraceae são promissores mosquiticidas devido à elevada toxicidade sobre larvas, como é o caso dos óleos essenciais obtidos de *Galinsoga parviflora* Cav. e de *Blumea eriantha* DC. ( Benelli et al., 2017; Govindarajan et al., 2018). Normalmente, os óleos essenciais são compostos por mono e sesquiterpenos e compostos fenólicos voláteis, substâncias de estruturas químicas simples e que são rapidamente degradadas por mecanismos naturais, além de também demonstrarem importante atividade larvicida (Isman, 2000).

A erva *G. parviflora* é comestível e apresenta grande valor nutricional, embora seja considerada erva daninha em muitos locais (Wehmeyer e Rose, 1983). Por outro lado, o óleo essencial de suas folhas é tóxico para *A. aegypti* ($CL_{50}$ = 34,22 µg/mL), assim como seu componente majoritário, o monoterpeno [*Z*]-γ-bisaboleno (**1**) ($CL_{50}$ = 2,26 µg/mL), ilustrado na Figura 3 (Govindarajan et al., 2018). De maneira semelhante, o óleo essencial das folhas de *B. eriantha* apresenta potente ação inseticida para larvas de *A. aegypti* ($CL_{50}$ = 44,82 µg/mL), assim como seus metabólitos majoritários demonstrados na Figura 3, os monoterpenos (4*E*,6*Z*)-alo-ocimeno (**2**) e carvotanacetona (**3**), com valores de $CL_{50}$ de 4,52 e 6,77 µg/mL, respectivamente (Benelli et al., 2017).

O óleo essencial de *G. parviflora* pode também ser utilizado como ovideterrente do mosquito, assim como seu metabólito majoritário, o [*Z*]-γ-bisaboleno (**1**) (Govindarajan et al., 2018). Esse mesmo efeito também pode ser observado com *Ageratum houstonianum* Mill. e para *P. hysterophorus* (Kumar et al., 2011; Tennyson et al., 2012).

Os óleos essenciais de outras espécies de Asteraceae são menos ativos contra *A. aegypti*, com valores de $CL_{50}$ acima de 100 µg/mL, como *Porophyllum ruderale* (Jacq.) Cass., *Baccharis reticularia* DC. e *Sphaeranthus indicus* L. (Fontes Jr. et al., 2012; Botas et al., 2017; Chellappandian et al., 2018).

Os extratos orgânicos apresentam composição química mais variada do que os óleos essenciais e são mais explorados em estudos visando a sua aplicação como inseticida. Outras espécies de Asteraceae como *Dendranthema grandiflorum* (Ramat) Kitamura, *Spilanthes mauritiana* DC e *Tagetes patula* L. também são muito tóxicas a *A. aegypti*, causando mortalidade larval em concentrações inferiores a 20 µg/mL (Munhoz et al., 2014; Prabhakaran et al., 2015; Spindola et al., 2016).

A espécie *D. grandiflorum* é uma planta híbrida ornamental, cujos extratos metanólico e diclorometânico das flores apresentaram efeito tóxico ao mosquito *A. aegypti*, com valores de $CL_{50}$ de 5,02 µg/mL e 5,93 µg/mL, respectivamente. Os componentes presentes no extrato metanólico são derivados de ácidos graxos, flavonoides e ácido cafeico, enquanto que no extrato em diclorometano são derivados de ácidos graxos, esteroides e triterpenos (Spindola et al., 2016). O extrato acetônico das flores de *T. patula* matou 100% das larvas na concentração de 1 μg/mL (Munhoz et al., 2014).

O extrato em acetato de etila de *S. mauritiana* demonstrou importante atividade larvicida visto que a $CL_{50}$ foi de 14,1 μg/mL, assim como seu princípio ativo isolado, a amida **4** (Figura 3), cuja $CL_{50}$ foi de 2,84 μg/mL (Prabhakaran et al., 2015). Outros estudos demonstraram a toxicidade de amidas para espécies de outras famílias de plantas, como os derivados de *N*-butilamida das espécies de piperáceas do gênero *Piper* (Park et al., 2002; Yang et al., 2002; Siddiqui et al., 2005).

Um estudo utilizando derivados de duas subespécies de *Tanacetum argenteum* (Lam.) Willd. demonstrou que os níveis de bioatividade podem ser distintos, mesmo quando apresentam o mesmo componente majoritário, o que pode ser resultante do efeito sinérgico ou antagônico dos componentes presentes nas misturas de óleos essenciais (Pavela, 2016). O monoterpeno α-pineno (**5**) (Figura 5) é o componente majoritário em ambos os óleos essenciais obtidos das partes aéreas de *Tanacetum argenteum* subsp. *argenteum* (Lam.) e *Tanacetum argenteum* subsp. *canum* (C. Koch) Grierson, entretanto a subespécie *T. argenteum canun* apresenta menor atividade, causando mortalidade de 40% das larvas a 125 μg/mL, enquanto para a subespécie *T. argenteum argenteum* a mortalidade foi de 50% na concentração de 93,3 μg/mL. Os terpenos presentes nos óleos essenciais que são muito tóxicos estão ilustrados na Figura 3, como β-cariofileno (**6**) ($CL_{50}$ = 26,0 μg/mL); óxido de cariofileno (**11**) ($CL_{50}$ = 29,8 μg/mL), (-)-β-pineno (**10**) ($CL_{50}$ = 35,9 μg/mL) e (-)-α-pineno (**8**) ($CL_{50}$ = 49,5 μg/mL); em menores níveis de atividade, os terpenos (+)-α-pineno (**7**) ($CL_{50}$ = 65,7 μg/mL) e (+)-β-pineno (**9**) ($CL_{50}$ = 56,5 μg/mL) (Ali et al., 2014).

Os tiofenos presentes na raiz de *Echinops transiliensis* Golosk. apresentam elevada toxicidade, com valores de $CL_{50}$ variáveis entre 0,16 e 19,97 μg/mL (Figura 4). A substância com maior número de grupos tiofeno, o composto terc-tiofeno α-tertienila (**12**), apresenta a maior atividade, com $CL_{50}$ de 0,16 μg/mL, seguido dos bitiofenos (**15**, **16** e **19**) ($CL_{50}$ de 4,22; 7,45 e 9,89 μg/mL, respectivamente) e, por último, os monotiofenos (**13**, **15**, **17**, **18** e **20**) ($CL_{50}$ de 14,71; 17,95; 18,55; 19,97 e 12,45 μg/mL, respectivamente) (Nakano et al., 2014). Com base em tais resultados, conclui-se que o aumento do número de anéis tiofeno está diretamente relacionado ao aumento da atividade larvicida.

As espécies de Asteraceae cujos extratos orgânicos apresentam moderada atividade larvicida são *Eupatorium odoratum* L. e *Eclipta alba* (L.) Hassk. (Alam et al., 2011; Govindarajan e Karuppannan, 2011).

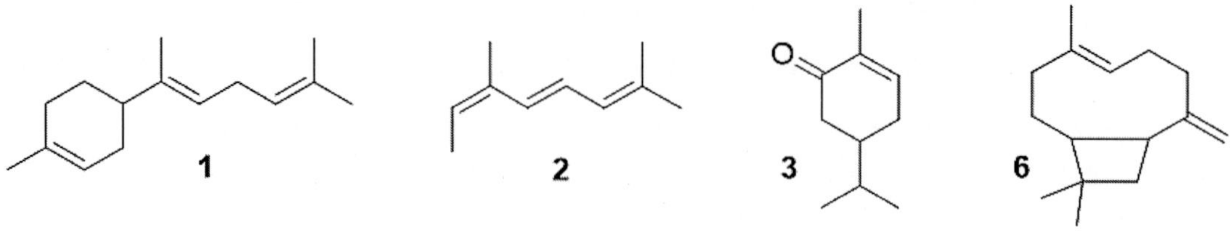

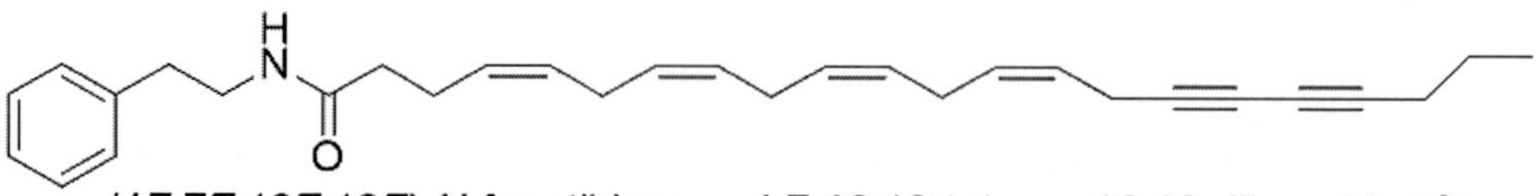

(4*Z*,7*Z*,10*Z*,13*Z*)-*N*-fenetildocosa-4,7,10,13-tetraen-16,18-diinamida (**4**)

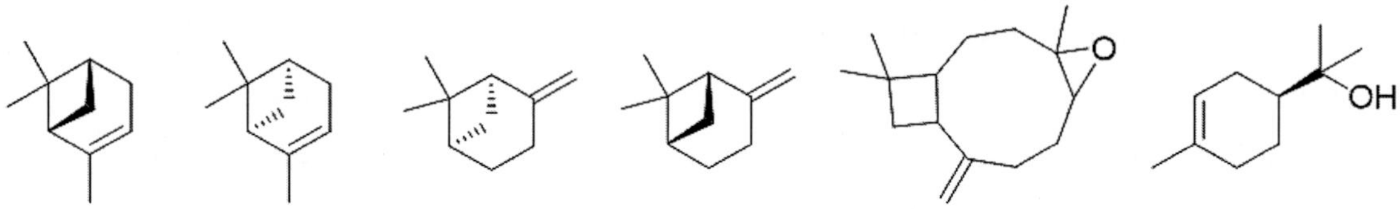

**Figura 3.** Terpenos encontrados nas asteráceas *Galinsoga parviflora, Blumea eriantha, Tanacetum argenteum* e *Matricaria discoidea* e a amida isolada de *Spilanthes mauritiana* com toxicidade contra o mosquito *Aedes aegypti*.

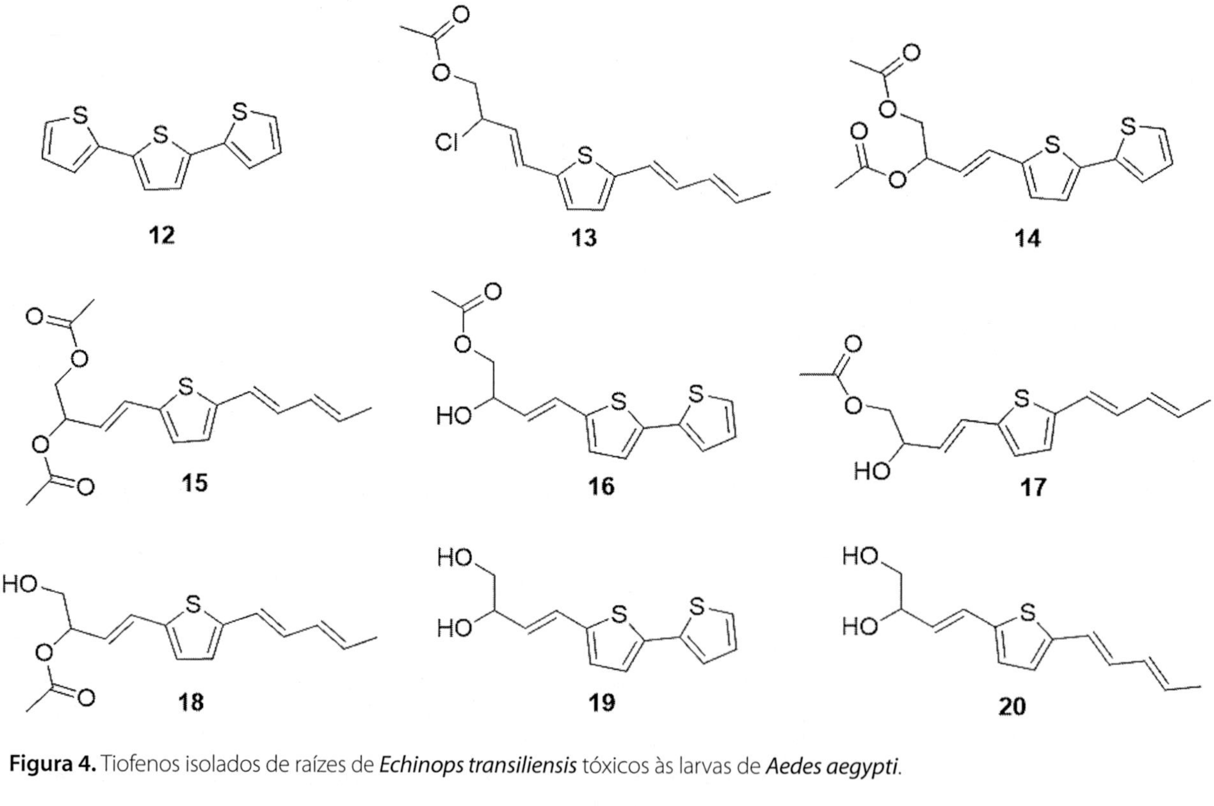

**Figura 4.** Tiofenos isolados de raízes de *Echinops transiliensis* tóxicos às larvas de *Aedes aegypti*.

A atividade de repelência é bastante explorada para espécies que apresentam compostos voláteis, cujo odor repele os mosquitos. Assim, *Matricaria discoidea* DC., conhecida como camomila-selvagem ou erva-de-abacaxi, é utilizada como repelente por grupos indígenas da

América do Norte. No estudo de Cantrell et al. (2018), a ação repelente de *M. discoidea* para *A. aegypti* foi confirmada, sendo o monoterpeno α-terpineol (**21**) o mais ativo e tendo como controle positivo o DEET (**1S**). As estruturas químicas desses compostos estão ilustradas nas Figuras 3 e 1, respectivamente. O DEET é muito utilizado em formulações de repelentes, mas pode ocasionar reações alérgicas (dérmicas) aos usuários, e quando aplicado sobre as roupas, com o intuito de evitar o contato direto com a pele, o DEET pode danificar tecidos plásticos e sintéticos que normalmente constituem as vestimentas (Patel et al., 2016).

Outras espécies de Asteraceae que podem ser utilizadas em formulações repelentes são *Rhanterium epapposum* Oliver, *Pluchea carolinensis* (Jacq.) G. Don, *Baccharis spartioides* (Hook. & Arn. ex DC) (carqueja) e *Tagetes minuta* L. (calêndula-mexicana), com destaque para o óleo essencial das flores de *P. carolinensis*, cuja repelência foi maior do que a do DEET. Esse óleo essencial apresenta o sesquiterpeno selin-11-en-4-ol (**25**) como composto majoritário, além de dois outros sesquiterpenos, o 5-angeloiloxicarvotagetona (**26**) e o 5-isovaleroiloxicarvotagetona (**27**) (Kerdudo et al., 2016). Já os óleos essenciais das demais espécies são constituídos principalmente por monoterpenos, sendo canfeno (**22**), mirceno (**23**), limoneno (**24**) e α-pineno (**5**) para *R. epapposum*; cânfora (**28**) para carqueja e limoneno (**24**) para calêndula-mexicana (Gillij et al., 2008; Demirci et al., 2017).

A Figura 5 ilustra as estruturas químicas dos terpenos (**5**), (**22**)-(**28**) identificados nos óleos essenciais de asteráceas.

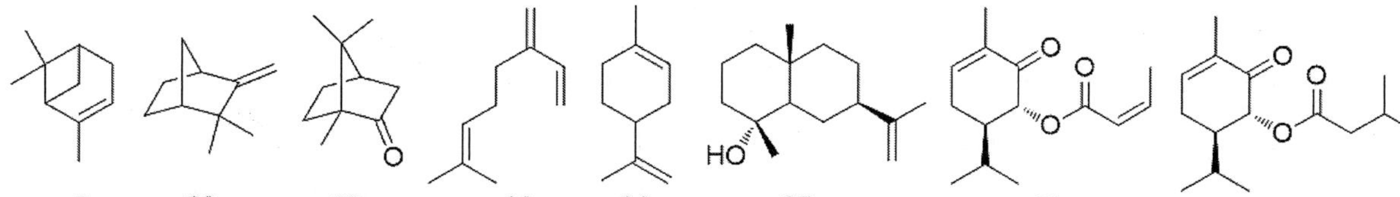


**Figura 5.** Metabólitos secundários identificados em óleos essenciais de algumas espécies de Asteraceae (*Baccharis spartioides, Pluchea carolinensis, Rhanterium epapposum, Tanacetum argenteum* e *Tagetes minuta*) que apresentam atividade inseticida contra *Aedes aegypti*.

### 2.1.1.2. Bioatividade de derivados de Asteraceae sobre *Aedes albopictus*

Derivados de *G. parviflora* e *B. eriantha* são também importantes para o controle do mosquito *A. albopictus*, visto que a toxicidade para as larvas dessa espécie ($CL_{50}$ = 45,55 μg/mL) foi semelhante àquela observada para *A. aegypti* ($CL_{50}$ = 56,36 μg/mL). Os metabólitos secundários (*Z*)-γ-bisaboleno (**1**), (4*E*,6*Z*)-alo-ocimeno (**2**) e carvotanacetona (**3**) (Figura 6), são extremamente tóxicos, com valores de $CL_{50}$ de 4,09; 6,14 e 8,43 μg/mL, respectivamente, para larvas de *A. albopictus*. Ainda, o óleo essencial das folhas de *G. parviflora* atua como larcivida e ovideterrente (Benelli et al., 2017; Govindarajan et al., 2018).

Tiofenos obtidos do óleo essencial de *Echinops grijsii* Hance também são extremamente tóxicos às larvas de *A. albopictus*, com valores de $CL_{50}$ de 0,34 µg/mL para 5-(3-buten-1-in-1-il)-2,20-bitiofeno (5-BBT) (**29**), de 0,45 µg/mL para 5-(4-isovaleroiloxibut-1-inil)-2,20-bitiofeno (5-IBT) (**30**) e de 1,41 µg/mL para α-tertienila (α-T) (**12**), assim como para o óleo essencial bruto, com $CL_{50}$ de 2,65 µg/mL (Zhao et al., 2017). Esses tiofenos (Figura 7) apresentam atividade larvicida superior à do inseticida botânico rotenona (**31**), usado como controle positivo (Zhao et al., 2017).

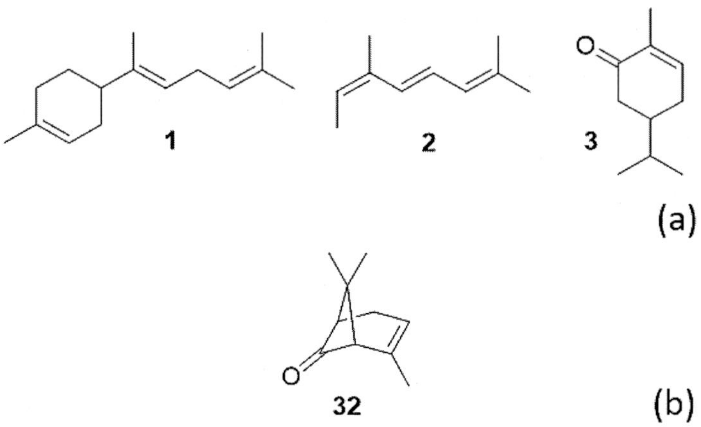


**Figura 6.** Terpenos presentes nos óleos essenciais de *Galinsoga parviflora* e *Blumea eriantha* com atividade larvicida contra *Aedes albopictus* (a) e terpeno (crisantenona) identificado no óleo essencial de *Artemisia verlotiorum* com repelência contra a mesma espécie de mosquito (b).

*Artemisia verlotiorum* Lamotte é outra espécie promissora, visto que a ação repelente do seu óleo essencial, cujo componente majoritário é o monoterpeno crisantenona (**32,** Figura 6), pode ser superior à do DEET (**1S**, Figura 1). Essa atividade repelente evita a picada de fêmeas adultas, além de interferir na oviposição (Bedini et al., 2018).

As lactonas sesquiterpênicas isoladas de espécies de Asteraceae constituem uma outra classe química de compostos com potencial para o combate às larvas desse inseto vetor. O extrato etanólico das raízes de *Inula racemosa* Hook. f. e seus princípios ativos isolados 11,13-diidroisoalantolactona (**33**), macrofililactona E (**34**), 5-$\alpha$-epoxialantolactona (**35**) e epoxiisoalantolactona (**36**) apresentam toxicidades semelhantes ($CL_{50}$ de 25,23; 21,86; 18,65; 29,37 e 35,13 µg/mL, respectivamente) (He et al., 2014). Em adição, as lactonas sesquiter-

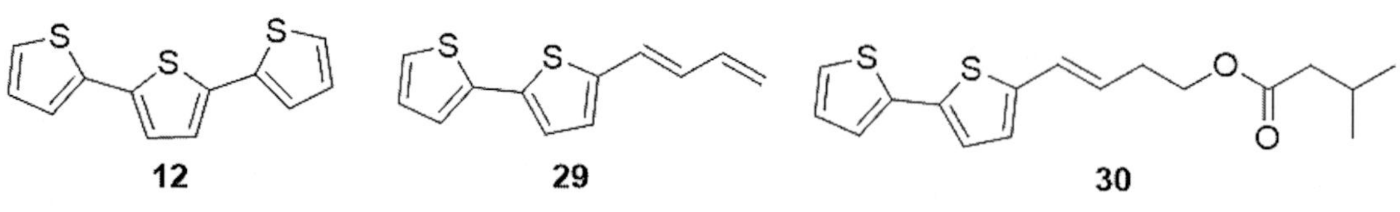


**Figura 7.** Tiofenos isolados do óleo essencial de *Echinops grijsii* com potente atividade larvicida contra *Aedes albopictus* e *Anopheles sinensis*.

pênicas alantolactona (**37**) e isoalantolactona (**38**), isoladas das raízes de *Inula helenium* L. apresentam maior toxicidade, com valores de $CL_{50}$ de 2,7 e 11,9 µg/mL, respectivamente, assim como a lactona desidrocostus (**39**) e costunolida (**40**), isoladas das raízes de *Saussurea lappa* Clarke, com $CL_{50}$ de 2,34 e 3,26 µg/mL, respectivamente (Konishi et al., 2008; Liu et al., 2012). As estruturas químicas das lactonas sesquiterpênicas (**33-40**) encontram-se representadas na Figura 8.

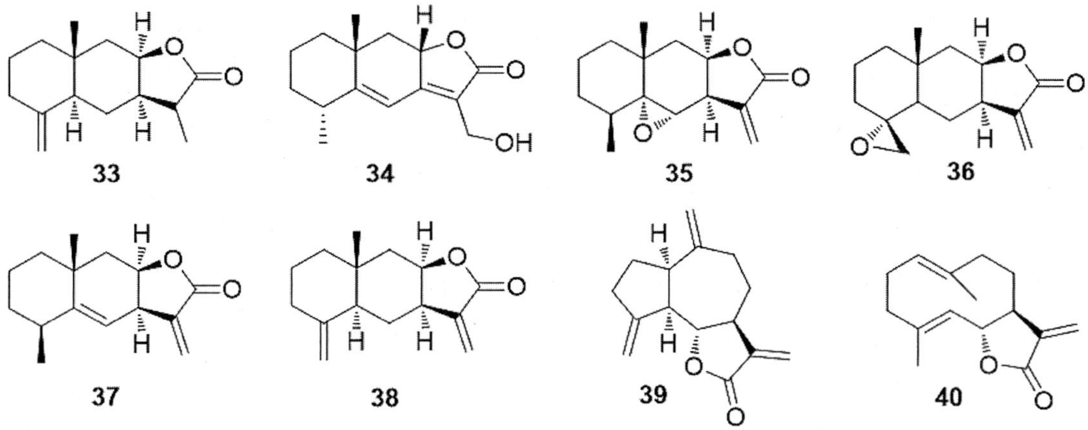

**Figura 8.** Lactonas sesquiterpênicas isoladas das raízes das asteráceas *Inula racemosa, Inula helenium* e *Saussurea lappa*, tóxicas para larvas de *Aedes albopictus*.

### 2.1.2. Mosquitos do gênero *Anopheles*

Embora já exista uma vacina (aprovada em 2021, pela Organização Mundial da Saúde, OMS) para prevenção e medicamentos para o tratamento da malária, essa doença, causada por protozoários do gênero *Plasmodium* (em especial *Plasmodium falciparum* Welch) e transmitida pelo mosquito *Anopheles* sp. (Diptera: Culicidae), acometeu 219 milhões de pessoas ao redor do mundo, ocasionando 435 mil mortes, apenas em 2017 (WHO, 2019). De acordo com boletins epidemiológicos disponíveis no site do Ministério da Saúde (MS, 2019), o número de pessoas infectadas no Brasil foi de 194.271 em 2018, com redução de 38% dos casos, no primeiro trimestre de 2019 em relação ao mesmo período do ano anterior. Segundo o Ministério da Saúde (MS, 2019), 99% dos casos de malária no Brasil estão registrados na região Amazônica. Essa região apresenta condições climáticas, hidrografia abundante, chuvas frequentes e enchentes que favorecem os criadouros dos insetos-vetores. A prevenção por meio do combate ao mosquito faz parte dos principais desafios do governo federal para diminuição dos casos da doença.

Algumas espécies de *Anopheles* também são responsáveis pela transmissão da filariose, como *Anopheles gambiae* Giles (WHO, 2019).

#### 2.1.2.1. Bioatividade de derivados de Asteraceae sobre *Anopheles stephensi*

Para mosquitos do gênero *Anopheles*, o maior número de estudos já realizados sobre a aplicação de derivados de Asteraceae visou ao controle de *Anopheles stephensi* Liston (Diptera: Culicidae), considerado o principal vetor associado à transmissão de protozoários causadores da malária (WHO, 2019). Mais de 50% das espécies vegetais com ação tóxica contra esse mosquito são também ativas contra *A. aegypti*, sugerindo dessa maneira, um espectro de ação mais amplo.

O extrato nanoparticulado de prata de *A. herba-alba* também se mostrou extremamente tóxico contra larvas e adultos de *A. stephensi*, sendo os valores de $CL_{50}$ de 9,76 e 8,22 μg/mL, respectivamente (Aziz et al., 2018). O extrato aquoso das folhas apresenta atividades inseticidas moderadas, conforme verificado para outras espécies de mosquitos do gênero *Aedes*.

Os óleos essenciais das folhas de *G. parviflora* e *B. eriantha* mostraram-se tóxicos para larvas de *A. stephensi*, com $CL_{50}$ de 31,04 e 41,61 μg/mL, respectivamente. Já seus metabólitos secundários foram extremamente tóxicos, com valores de $CL_{50}$ inferiores a 10 μg/mL [monoterpenos **1**, **2** e **3** (Figura 10) com $CL_{50}$ de 2,04; 4,06 e 6,20 μg/mL, respectivamente]. Ainda, tanto o óleo essencial de *G. parviflora*, quanto seu metabolito majoritário, [*Z*]-γ-bisaboleno (**1**), podem ser aplicados na inibição de oviposição devido à elevada repelência que provocam (Benelli et al., 2017; Govindarajan et al., 2018). A ovideterrência também foi demonstrada com o uso do extrato de folhas de *A. houstonianum* (Tennyson et al., 2012).

Os extratos de flores de *Spilanthes* spp. causaram toxicidade para as larvas do mosquito *A. stephensi* e possuem derivados de amida como seus principais componentes ativos. A substância **4** (fenetilamida), isolada de *S. mauritiana*, mostra alta atividade contra as larvas desse mosquito ($CL_{50}$ = 1,65 μg/mL), assim como para as larvas de *C. quinquefasciatus* e de *A. aegypti* ($CL_{50}$ de 0,55 e 1,65 μg/mL, respectivamente). Os extratos hexânicos de *Spilanthes acmella* Murr., *Spilanthes calva* DC. e *Spilanthes paniculata* Wall. ex DC. demonstraram promissora bioatividade, com valores de $CL_{50}$ de 4,57; 5,10 e 5,09 μg/mL, respectivamente, além do extrato em acetato de etila de *S. mauritiana* ($CL_{50}$ = 11,5 μg/mL) (Pandey et al., 2007; Prabhakaran et al., 2015). Os derivados de amida majoritários isolados do extrato de flores de *S. acmella* foram N-isobutil-2,6,8-decatrienamida (**41**), N-isobutil-2*E*,7*Z*,9*E*-undecatrienamida (**42**) e (2*E*)-N-(2-metilbutil)-2-undeceno-8,10-diinamida (**43**) (Pandey et al., 2011) (Figura 9).

Outras asteráceas com propriedades inseticidas contra *A. stephensi* são *E. odoratum*, *P. hysterophorus* e *Stevia reubaudiana* (Bert.) Bertoni (Ahmad et al., 2011; Alam et al., 2011).

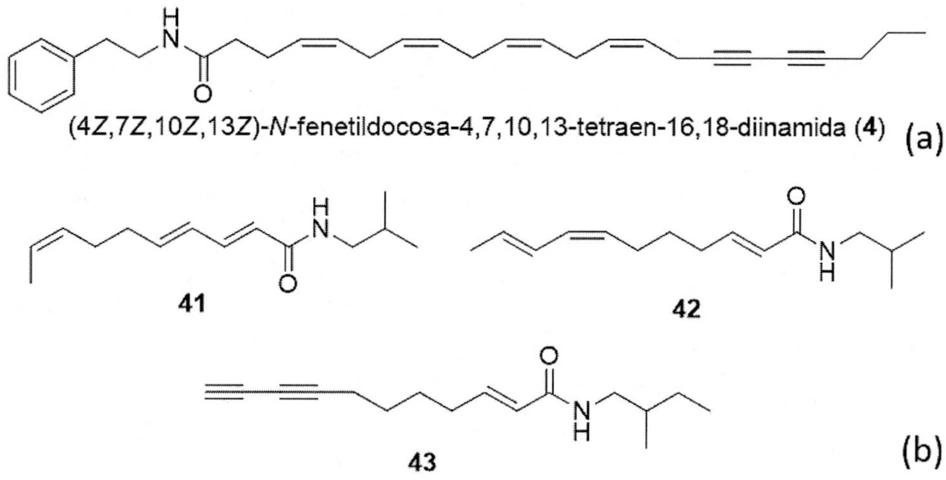


**Figura 9.** Amida fenetilamida isolada de *Spilanthes mauritiana* com atividade larvicida contra *Anopheles stephensi* (a) e amidas identificadas no extrato de *Spilanthes acmella* (b).

### 2.1.2.2. Bioatividade de derivados de Asteraceae sobre *Anopheles subpictus*

O extrato aquoso das folhas de *Eclipta prostrata* (L.) L. foi bioativo contra as larvas de *Anopheles subpictus* Grassi (Diptera: Culicidae), com $CL_{50}$ de 27,85 µg/mL. Por sua vez, quando incorporado em nanopartículas de prata, o efeito bioativo foi ainda mais pronunciado ($CL_{50}$ = 5,14 µg/mL) (Rajakumar e Rahuman, 2011).

De maneira semelhante ao efeito sobre *A. stephensi*, os óleos essenciais de *G. parviflora* e de *B. eriantha* e seus metabólitos secundários majoritários apresentaram pronunciada atividade larvicida para *A. subpictus*, sendo os valores de $CL_{50}$ inferiores a 50 µg/mL (Benelli et al., 2017; Govindarajan et al., 2018).

Para *Chrysanthemum indicum* L., a ação inseticida ocorrre pela inibição da alimentação, o que leva à mortalidade das larvas por inanição (Elango e Rahuman, 2011). O extrato metanólico dessa espécie causou 100% de mortalidade larval, enquanto que em acetato de etila a mortalidade atingiu apenas 62% (Elango e Rahuman, 2011). Essa espécie de planta é muito consumida na Coréia como chá, condimento e aditivo alimentar desde os tempos antigos (Luyen et al., 2014).

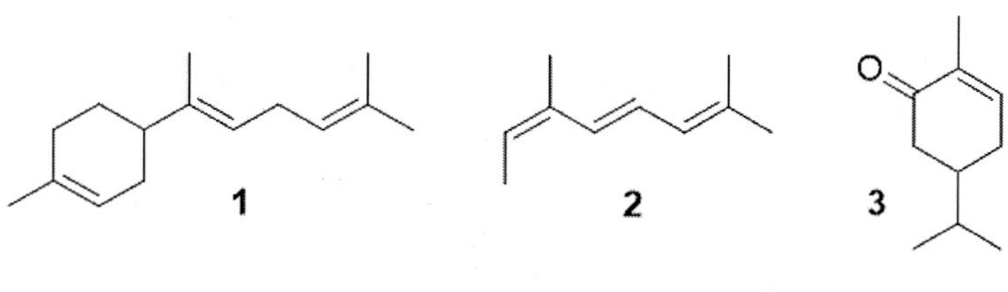

**Figura 10.** Terpenos isolados dos óleos essenciais de *Galinsoga parviflora* e *Blumea eriantha* com atividade larvicida contra *Anopheles stephensi, Anopheles subpictus* e *Culex quinquefasciatus*.

#### 2.1.2.3. Bioatividade de derivados de Asteraceae sobre *Anopheles sinensis*

Os tiofenos isolados das raízes de *E. grijsii*, cujas estruturas químicas estão apresentadas na Figura 7, foram tão tóxicos para as larvas de *Anopheles sinensis* Wiedemann (Diptera: Culicidade), quanto para o mosquito *A. albopictus*, com valores de $CL_{50}$ de 1,36 μg/mL para 5-BBT (**29**), 5,36 μg/mL para 5-IBT (**30**) e 1,79 μg/mL para α-T (**12**) (Zhao et al., 2017).

Já os derivados de *Artemisia annua* L. mostraram-se menos ativos contra as larvas de *A. sinensis* ($CL_{50}$ = 244,55 μg/mL de extrato bruto), apesar de os mesmos reduzirem significativamente a oviposição devido à alta repelência provocada, o que indica sua possível aplicação em potenciais formulações (Cheah et al., 2013).

#### 2.1.2.4. Bioatividade de derivados de Asteraceae sobre outras espécies de *Anopheles*

Espécies de Asteraceae do gênero *Blumea* apresentam potencial de aplicação como inseticida no controle do mosquito *Anopheles anthropophagus* Xu & Feng (Diptera: Culicidae), uma vez que os óleos essenciais das partes aéreas de *Blumea densiflora* DC. e de *Blumea martiniana* Vaniot apresentam atividade larvicida, assim como os terpenos majoritários isolados de *B. martiniana* (Zhu e Tian, 2011a,b). A potente ação tóxica do óleo essencial de *B. densiflora* ($CL_{50}$ = 10,55 μg/mL) pode estar relacionada ao sinergismo de seus metabólitos secundários (Figura 11): borneol (**44**), D-germacreno (**45**), β-cariofileno (**6**), γ-terpineno (**46**) e β-bisaboleno (**47**), visto que as atividades larvicidas de alguns desses terpenos isolados apresentaram valores superiores em curvas de concentração-resposta ($CL_{50}$ de 35,89 μg/mL para **44**; 44,61 μg/mL para **45** e 29,21 μg/mL para **46**). Mesmo com maior valor de $CL_{50}$ (46,86 μg/mL), o óleo essencial de *B. martiniana* ainda é considerado muito ativo, assim como o terpeno linalool (**48**), com $CL_{50}$ de 35,87 μg/mL (Zhu e Tian, 2011a,b).

Além da propriedade nutricional que permite seu consumo como alimento, a alface-selvagem-africana [*Launaea taraxacifolia* (Willd.) Amin ex C. Jeffrey] apresenta possibilidade

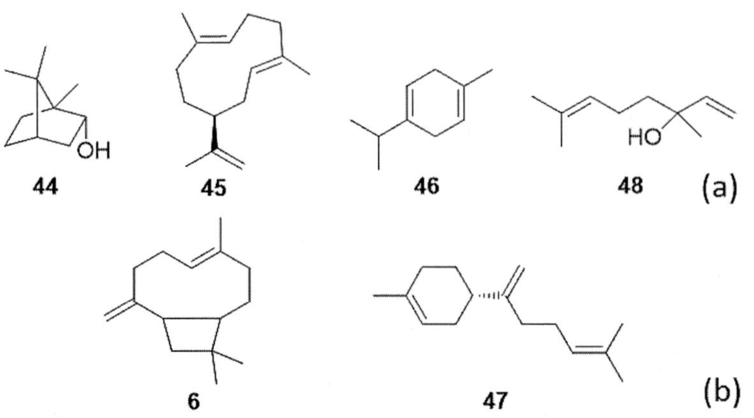


**Figura 11.** Terpenos isolados do óleo essencial de *Blumea densiflora* e *Blumea martiniana* com atividade larvicida contra *Anopheles anthropophagus* (a) e terpenos identificados no óleo essencial de *B. densiflora* (b).

de uso como inseticida por ser tóxica às larvas de *A. gambiae*. Essa espécie de mosquito é o vetor mais importante associado à malária na África (NIAID, 2018). O extrato hidrometanólico das partes aéreas de *L. taraxacifolia*, composto por taninos, flavonoides, antocianinas e triterpenos, demonstrou atividade larvicida contra dois biotipos desse mosquito (Ayidé et al., 2017). Além disso, essa planta, comumente consumida como salada, sopas e molhos, ainda não foi explorada no que se refere ao seu potencial medicinal (Bello et al., 2018).

A eficácia de uma formulação repelente a um inseto depende de vários fatores, como idade, sexo e espécie-alvo, bem como da temperatura, precipitação pluvial e velocidade do vento (Fradin, 1998). Além disso, quando se trata de um extrato vegetal, a composição química pode interferir de maneira significativa, conforme foi demonstrado por Mayeku et al. (2014), para uma mesma espécie de asterácea (*Conyza newii* Oliv. & Hiern.) cultivada em regiões diferentes do Quênia. Nesse estudo, os autores verificaram que plantas de diferentes regiões apresentam diferenças epigenéticas, e consequentemente, diferenças marcantes na composição química e na atividade repelente. Os índices de repelência dos óleos essenciais de *C. newii*, provenientes de diferentes regiões, variaram de 79 a 100%, sendo alguns superiores ao nível de atividade obtido com o DEET (**1S**), cuja repelência foi de 80% nas mesmas condições de bioensaio.

Outra espécie vegetal comestível que apresenta propriedade inseticida sobre o mosquito *Anopheles pharoensis* Theobald (Diptera: Culicidae) é a chicória, considerada uma espécie muito ativa, com valores de $CL_{50}$ variando de 10 a 15 μg/g para atividade larvicida e de 10 a 93 $\mu g/cm^3$ para a atividade adulticida. Os extratos são compostos de ácidos graxos, esteroides e hidrocarbonetos (Luyen et al., 2014).

### 2.1.3. Mosquitos do gênero *Culex*

A filariose é uma doença ocasionada a partir da infecção do sistema linfático pelo nematoide *Wuchereria bancrofti* (Cobbold) (Spirurida: Onchocercidae), o qual é transmitido por mosquitos dos gêneros *Culex* (Diptera: Culicidae) (em centros urbanos e áreas semi-urbanas), *Anopheles* (em áreas rurais da África) e *Aedes* (em ilhas do Pacífico). As pessoas infectadas por essa doença concentram-se nas regiões tropicais e subtropicais, mas principalmente na região Sudeste da Ásia e África (WHO, 2019).

A filariose é comumente conhecida como elefantíase, devido ao enorme inchaço nas pernas das pessoas acometidas pela enfermidade. É uma doença dolorosa, que pode causar incapacidade temporária ou permanente. Em países endêmicos, causa grande impacto econômico e social (Chakraborty et al., 2013). Embora essa doença possa ser tratada com medicamentos, a prevenção é fundamental para a redução de epidemias, o que pode ser realizada por meio do combate aos mosquitos vetores (Benelli, 2015b).

Já a febre do Nilo Ocidental é causada pela infecção do vírus do Nilo Ocidental - *WNV* (*West Nile virus*, em inglês), um membro do gênero *Flavivirus*. Os principais vetores do vírus são mosquitos do gênero *Culex*, em especial *Culex pipiens* L. (Diptera: Culicidae) e os pássaros são os principais hospedeiros do *WNV* (WHO, 2019). O *WNV* é comumente encontrado na África, Europa, Oriente Médio, América do Norte e Ásia Ocidental, e há evidências sorológicas desse vírus em diferentes regiões do Brasil, onde foi isolado pela primeira vez em um cavalo em 2018 (Martins et al., 2019). Cabe salientar, no entanto, que apenas 20% das pessoas infectadas apresentam os sintomas da doença, que são febre, dor de cabeça, cansaço e dores no corpo, náuseas, vômitos, ocasionalmente com erupção cutânea e glândulas linfáticas inchadas (Tyler, 2014; WHO, 2022).

#### 2.1.3.1. Bioatividade de derivados de Asteraceae sobre *Culex pipiens pallens*

A espécie *A. herba-alba* também apresenta ação tóxica contra *C. pipens* e, assim como para as demais espécies de mosquitos citadas, a formulação do extrato aquoso incorporado em nanoparticulas de prata é mais tóxica contra larvas e adultos do que o respectivo extrato aquoso (Aziz et al., 2018).

A potente ação larvicida dos tiofenos ilustrados na Figura 12 também foi demonstrada para essa espécie de mosquito, com $CL_{50}$ de 0,12 μg/mL para BBT (**29**), 0,33 μg/mL para 5-IBT (**30**) e 1,38 μg/mL para α-T (**12**) (Zhao et al., 2017). Essa classe de substâncias é também encontrada abundantemente no alho *Allium sativum* L. (Amaryllidaceae) (Al-Snafi, 2013). Existem inúmeras estudos sobre diversas aplicações biológicas de derivados de alho, incluindo a ação inseticida (Shi et al., 2015; Chaubey, 2017).

Mil-em-rama (*Achillea millefolium* L.), também conhecida como novalgina, aquileia-mil-flores e mil-folhas, é uma planta medicinal popularmente utilizada contra diversas enfermidades, sendo que, em estudo conduzido por Benelli et al. (2015), foi demonstrada ação inseticida de derivados dessa espécie sobre *C. pipiens*. O óleo essencial das partes aéreas, com moderada atividade larvicida ($CL_{50}$ = 154,19 μg/mL) possui os monoterpenos crisantenona (**32**) e borneol (**44**) como seus principais constituintes (Figura 12).

O óleo essencial das folhas frescas de *Anthemis melampodina* Delile, assim como o óleo essencial de mil-em-rama, mostraram-se moderadamente ativo para larvas de *C. pipiens*, com $CL_{50}$ de 139,42 μg/mL. Em sua composição, os monoterpenos hidrocarbonetos são os mais abundantes, sendo santolinatrieno (**49**) o constituinte majoritário (Grace, 2002) (Figura 12).

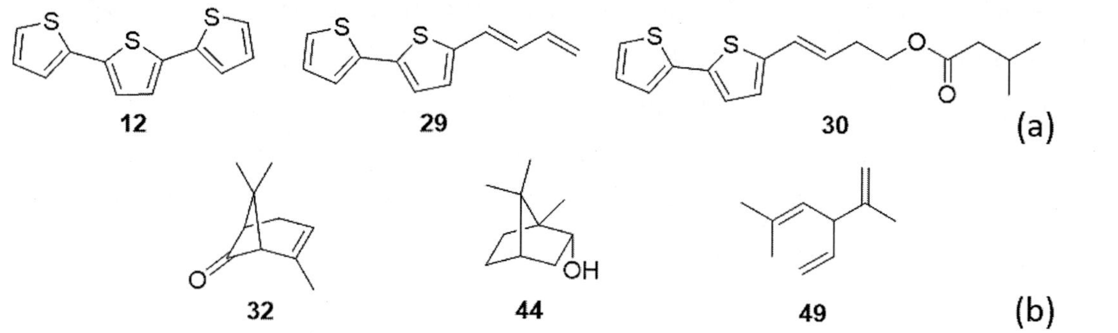


**Figura 12.** Tiofenos isolados do óleo essencial de *Echinops grijsii* com atividade larvicida contra *Culex pipiens* (a) e terpenos identificados nos óleos essenciais das asteráceas *Achillea millefolium* e *Anthemis melampodina* com ação tóxica contra *C. pipiens* (b).

### 2.1.3.2. Bioatividade de derivados de Asteraceae sobre *Culex quinquefasciatus*

A erva comestível jambu [*Acmella oleracea* (L.) R.K. Jansen], típica da região amazônica, apresenta promissora atividade larvicida contra *Culex quinquefasciatus* Say (Diptera: Culicidae), cujo óleo essencial das inflorescências apresenta $CL_{50}$ de 44,2 µg/mL (Benelli et al., 2019).

A ação inseticida das formulações nanoparticuladas foi também testada sobre essa espécie de *Culex*. Os extratos aquosos de *A. herba-alba* e *E. prostrata* incorporados em nanopartículas de prata são muito ativos, assim como já discutido anteriormente para diversas espécies de mosquitos abordados neste capítulo, com valores de $CL_{50}$ inferiores a 15 µg/mL, incluindo atividade sobre mosquitos adultos (Rajakumar e Rahuman, 2011; Aziz et al., 2018).

De forma semelhante, também foi reportada a toxicidade das ervas *G. parviflora* e *B. eriantha*, cujos óleos essenciais e metabólitos secundários mostraram ação inseticida para essa espécie de inseto (Benelli et al., 2017; Govindarajan et al., 2018).

A potente toxicidade de *S. mauritiana* e de seu metabólito secundário, a amida fenetilamida (**4**), contra *C. quinquefasciatus* é semelhante à ação contra os mosquitos *A. aegypti* e *A. stephensi*. A $CL_{50}$ do extrato em acetato de etila das flores foi de 6,80 µg/mL e do composto ativo **4** foi de 3,30 µg/mL (Prabhakaran et al., 2015).

A atividade larvicida altamente tóxica de 3 outras espécies do gênero *Spilanthes* para *A. stephensi* também foi demonstrada para *C. quinquefasciatus*, cujos extratos hexânicos das flores de *S. acmella*, de *S. calva* e de *S. paniculata* apresentaram valores de $CL_{50}$ de 3,11; 3,54 e 3,36 µg/mL, respectivamente (Pandey et al., 2007).

Outras 4 espécies (*A. annua, Artemisia houstonianum* Mill., *S. indicus, E. odoratum*) apresentaram efeito larvicida, repelente e ovideterrente sobre esse mosquito, com destaque para os níveis de repelência verificados a partir da aplicação de *A. houstonianum*, interferindo significativamente na deposição de ovos pelas fêmeas (Alam et al., 2011; Tennyson et al., 2012; Cheah, et al., 2013; Chellappandian et al., 2018).

### 2.1.4. Espécies de mosquitos-borrachudos e bioatividade de derivados de Asteraceae

Os mosquitos-borrachudos, *Simulium* spp. (Diptera: Simuliidae), transmitem o nematoide *Onchocerca volvulus* Bickel (Spirurida: Onchocercidae), causador da oncocercose ou cegueira dos rios, doença que ocorre em países da África, da América Latina e no Iêmen, sendo que 99% da população infectada localiza-se na África Subsaariana (WHO, 2019).

O extrato aquoso das folhas de *Chromolaena odorata* L. apresenta toxicidade semelhante à do inseticida sintético clorpirifós (**2S**, organofosforado) para as larvas de *Simulium damnosum* Theobald (Diptera: Simuliidae), demonstrando ser uma "alternativa verde" para o controle desse borrachudo (Matur e Davou, 2007).

Já como repelente de borrachudos pode-se utilizar o óleo essencial das folhas da erva-de-são-joão (*Ageratum conyzoides* L.), cuja eficácia foi maior do que a do repelente comercial à base de DEET (**1S**) (Hazarika et al., 2011).

### 2.1.5. Espécies de percevejos hematófagos e bioatividade de derivados de Asteraceae

Os triatomíneos (Hemiptera: Reduviidae), percevejos hematófagos popularmente conhecidos como barbeiros, são os insetos responsáveis pela transmissão, durante a hematofagia, do protozoário *Trypanosoma cruzi* Chagas (Trypanosomatida: Trypanosomatidae), causador da doença de Chagas. Estima-se que haja mais de 8 milhões de pessoas infectadas no mundo, a maioria na América Latina, com um total de aproximadamente 10 mil óbitos anuais (WHO, 2019). O combate aos vetores, principalmente às espécies dos gêneros *Triatoma* e *Rhodnius*, é uma das formas de prevenção da doença (Pita et al., 2018). Os piretroides têm sido utilizados para o combate dos triatomíneos; entretanto, já foram detectadas populações resistentes a inseticidas desse grupo químico (Picollo et al., 2005; Mougabure-Cueto e Picollo, 2015).

O óleo essencial das partes aéreas de *Eupatorium buniifolium* Hook. ex Arn. apresenta toxicidade contra o vetor *Triatoma infestans* Klug (Hemiptera: Reduviidae), incluindo ação fumigante, ovicida, toxicidade de contato e repelência, sendo o monoterpeno *S,S*-(-)-α-pineno (**8**) (Figura 13) seu metabólito majoritário (Guerreiro et al., 2018). Para a atividade ovicida é necessária a aplicação em altas concentrações do óleo essencial; entretanto, o óleo apresenta potente ação fumigante, ocasionando de 92 a 100% de mortalidade das ninfas do triatomíneo e de cerca de 90% de repelência (Guerreiro et al., 2018).

A atividade repelente contra *T. infestans* também foi demonstrada para espécies do gênero *Tagetes*, dentre as quais *T. minuta*, *Tagetes rupestris* Cabrera e *Tagetes filifolia* Lag., cujos óleos essenciais das partes aéreas provocaram 100% de repelência na concentração de 0,5% (m/v) após 24 h da aplicação. Após 72 h, os óleos de *T. minuta* e de *T. filifolia* mantiveram altos níveis de repelência. Foi constatado ainda que os constituintes majoritários dos óleos são: *cis*-tagetona (**50**) para *T. minuta*, *trans*-ocimenona (**51**) e *trans*-tagetona (**52**) para *T. rupestris* e *trans*-anetol (**53**) para *T. filifolia* (López et al., 2011), cujas estruturas químicas estão representadas na Figura 13.

Ainda para *T. infestans*, constatou-se que o extrato hexânico de folhas de *Achyrocline satureioides* (Lam.) DC., ocasionou toxicidade, por via tópica, às ninfas de quarto instar do percevejo (Rojas de Arias et al., 1995). A atividade inseticida contra o vetor *Rhodnius nasutus* Stål foi avaliada para o extrato etanólico das partes aéreas de *Ageratum fastigiatum* (Gardner) R. M. King & H. Rob, o qual, na concentração de 50 mg/mL, provocou mortalidade de 77% de ninfas de quarto instar após 72 h de exposição (Avelar-Freitas et al., 2013).

### 2.1.6. Espécies de mosquito-palha e bioatividade de derivados de Asteraceae

A leishmaniose é uma doença causada por mais de 20 espécies de protozoários do gênero *Leishmania*, os quais são transmitidos aos seres humanos através da picada das fêmeas de diversas espécies de mosquito-palha pertencentes aos gêneros *Lutzomya* e *Phlebotomus* (Diptera: Psychodidae) (WHO, 2019).

Assim como demonstrado para várias espécies de mosquitos aqui discutidos, tanto o óleo essencial quanto os extratos orgânicos de *T. minuta* também atuam como inseticidas sobre *Phlebotomus duboscqi* Neveu-Lemaire (Diptera: Psychodidae). Os extratos metanólico e em acetato de etila das partes aéreas de *T. minuta* mataram 100% dos mosquitos na concentração de 5 mg/mL (Ireri et al., 2010). Já o óleo essencial, na concentração de 1 mg/mL, ocasionou a morte de 82% dos insetos expostos. A análise química evidenciou, como componentes majoritários do óleo, a (*E*)-tagetona (**50**), a (*Z*)-tagetona (**52**) e a diidro-tagetona (**54**) (Kimutai et al., 2015), cujas estruturas químicas estão demonstradas na Figura 13. Ainda, o óleo essencial das folhas dessa asterácea causou pronunciada repelência (89%) na concentração de 1 mg/mL (Kimutai et al., 2017).

O óleo essencial e os extratos metanólico e aquoso das partes aéreas de *Monticalia greenmaniana* (Hieron.) C. Jeffrey apresentaram atividade adulticida para as fêmeas de *Lutzomyia migonei* França (Diptera: Psychodidae), sendo o óleo essencial extremamente tóxico ($CL_{50}$ = 5 µg/mL). Para os extratos metanólico e aquoso, os valores de $CL_{50}$ foram de 130 e 487 µg/mL, respectivamente. Verificou-se, ainda, que o óleo essencial tem efeito de choque (*knock down*), sendo o tempo letal mediano estimado em 48,7 min (Cárdenas et al., 2012).

Os óleos essenciais das folhas de *Ageratina jahnii* (B. L. Rob.) R. M. King & H. Rob e de *Ageratina pichinchensis* (Kunth.) R. M. King & H. Rob também se mostraram muito ativos para fêmeas de *L. migonei*, com valores de $CL_{50}$ de 39 e 31 µg/mL, respectivamente (Torres et al., 2017).

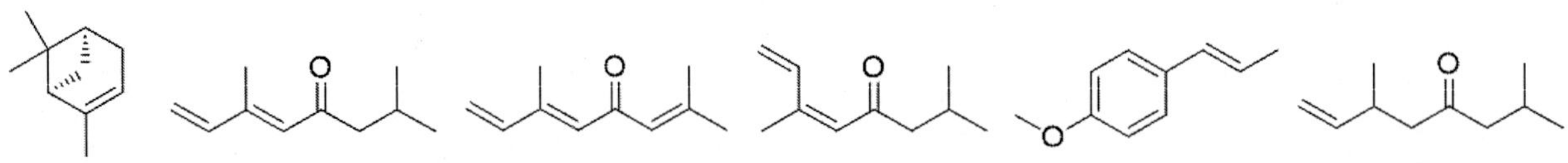

8 50 51 52 53 54

**Figura 13.** Monoterpenos identificados nos óleos essenciais de ***Eupatorium buniifolium***, ***Tagetes minuta*** e ***Tagetes rupestris*** com atividade inseticida contra ***Triatoma infestans*** e/ou ***Phlebotomus duboscqi***.

Na Tabela 2 estão resumidas as atividades inseticidas das espécies da família Asteraceae descritas para os insetos vetores associados com importantes doenças do ser humano. As espécies vegetais destacadas com asterisco são aquelas cujos metabólitos secundários foram isolados e testados contra os insetos.

## 2.2. Vetores mecânicos

Na Tabela 3 estão listadas outras doenças dos seres humanos cujos vetores foram sensíveis a efeitos deletérios de espécies da família Asteraceae, seus respectivos agentes etiológicos e locais de ocorrência. As estruturas químicas dos metabólitos secundários vegetais identificados ou testados são ilustradas em figuras inseridas ao longo do texto.

A mosca-doméstica [*Musca domestica* L. (Diptera: Muscidae)] é o principal inseto vetor envolvido no processo de transmissão e associada com todas as enfermidades listadas na Tabela 3. Os outros insetos envolvidos são duas espécies de baratas (Blattaria): *Blattella germanica* (L.) (Ectobiidae) e *Periplaneta americana* (L.) (Blattidae).

Em geral, as doenças listadas na Tabela 3 são encontradas em países subdesenvolvidos e/ou com condições sanitárias precárias, embora amebíase e giardíase possam ocorrer em qualquer região, incluindo as desenvolvidas. Os principais sintomas dessas doenças estão relacionados com distúrbios gastrointestinais, especialmente diarreia, náusea e vômito.

### 2.2.1. Bioatividade de derivados de Asteraceae sobre *Musca domestica*

A mosca-doméstica é uma das espécies de muscídeos (Diptera) mais importantes, pois é muito bem adaptada ao ambiente e é o agente disseminador de inúmeros agentes patogênicos aos seres humanos e animais domésticos.

A transmissão das doenças ocorre após o contato do inseto com fezes, feridas e animais mortos contaminados, momento em que o patógeno passa para a saliva, pernas e cerdas do corpo e daí para o alimento humano ou a água, sobre os quais o inseto pousa muitas vezes atraído por odores, havendo então a transmissão por contato, também chamada de transmissão mecânica (Tardelli et al., 2004). Assim, o controle desse inseto é de grande importância, pois sua infestação pode trazer riscos à saúde humana e prejuízos à economia.

**Tabela 2.** Insetos vetores de patógenos causadores de doenças e toxicidade de espécies de Asteraceae.

| Insetos | Espécies | Derivados | Partes | Atividades | Referências |
|---|---|---|---|---|---|
| *Aedes aegypti* (L.) | *Ageratum houstonianum* Mill. | Extratos hexânico, metanólico e em acetato de etila | Folhas | Ovideterrente | Tennyson et al. (2012) |
| | *Ambrosia arborescens* Mill | Extrato aquoso | Folhas | Larvicida | Morejón et al. (2018) |
| | *Artemisia herba-alba* Asso | Extrato aquoso | Folhas | Larvicida/adulticida | Aziz et al. (2018) |
| | *Baccharis reticularia* DC. | Óleo essencial | Folhas | Larvicida | Botas et al. (2017) |
| | *Baccharis spartioides* (Hook. & Arn. ex DC) | Óleo essencial | - | Repelente | Gillij et al. (2008) |
| | *Blumea eriantha* DC.* | Óleo essencial | Folhas | Larvicida | Benelli et al. (2017) |
| | *Dendranthema grandiflorum* (Ramat) Kitamura | Extratos metanólico e diclorometânico | Flores | Larvicida | Spindola et al. (2016) |
| | *Eclipta alba* (L.) Hassk. | - | Folhas | Larvicida | Govindarajan e Karuppannan (2011) |
| | *Echinops transiliensis* Golosk* | - | - | Larvicida | Nakano et al. (2014) |
| | *Galinsoga parviflora* Cav.* | Óleo essencial | Folhas | Larvicida/ ovideterrente | Govindarajan et al. (2018) |
| | *Matricaria discoidea* DC.* | Óleo essencial | Partes aéreas | Repelente | Cantrell et al. (2018) |
| | *Parthenium hysterophorus* L. | Extrato aquoso | Folhas | Larvicida | Thandapani et al. (2018) |
| | | Extratos acetônico, benzênico, hexânico, em éter de petróleo e em éter etílico | Folhas | Ovideterrente | Kumar et al. (2011) |
| | *Pluchea carolinensis* (Jacq.) G. Don | Óleo essencial | Folhas | Repelente | Kerdudo et al. (2016) |
| | *Porophyllum ruderale* (Jacq.) Cass. | Óleo essencial | Flores e folhas | Larvicida | Fontes Jr. et al. (2012) |

Tabela 2. *continuação.*

| Insetos | Espécies | Derivados | Partes | Atividades | Referências |
|---|---|---|---|---|---|
| | *Rhanterium epapposum* Oliver | Óleo essencial | Partes aéreas | Repelente | Demirci et al. (2017) |
| | *Sphaeranthus indicus* L. | Óleo essencial | Folhas | Larvicida | Chellappandian et al. (2018) |
| | *Spilanthes mauritiana* DC* | Extrato em acetato de etila | Flores | Larvicida | Prabhakaran et al. (2015) |
| | *Tagetes minuta* L. | Óleo essencial | - | Repelente | Gillij et al. (2008) |
| | *Tagetes patula* L. | Extrato acetônico | Flores | Larvicida | Munhoz et al. (2014) |
| | *Tanacetum argenteum* (Lam.) Willd.* | Óleo essencial | Partes aéreas | Larvicida/ ovideterrente | Ali et al. (2014) |
| *Aedes albopictus* (Skuse) | *Artemisia verlotiorum* Lamotte | Óleo essencial | - | Larvicida/ repelente/ ovideterrente | Bedini et al. (2018) |
| | *B. eriantha** | Óleo essencial | Folhas | Larvicida | Benelli et al. (2017) |
| | *Echinops grijsii* Hance* | Óleo essencial | Raízes | Larvicida | Zhao et al. (2017) |
| | *G. parviflora** | Óleo essencial | Folhas | Larvicida | Govindarajan et al. (2018) |
| | *Inula helenium* L.* | - | Raízes | Larvicida | Konishi et al. (2008) |
| | *Inula racemosa* Hook. f. * | Extrato etanólico | Raízes | Larvicida | He et al. (2014) |
| | *Saussurea lappa* Clarke* | Óleo essencial | Raízes | Larvicida | Liu et al. (2012) |
| *Anopheles anthropophagus* Xu & Feng | *Blumea densiflora* DC. | Óleo essencial | Partes aéreas | Larvicida | Zhu e Tian (2011a) |
| | *Blumea martiniana* Vaniot.* | Óleo essencial | Partes aéreas | Larvicida | Zhu e Tian (2011b) |
| *Anopheles gambiae* Giles | *Conyza newii* Oliv. & Hiern. | Óleo essencial | Folhas | Repelente | Mayeku et al. (2014) |
| | *Launaea taraxacifolia* (Willd.) Amin ex C. Jeffrey | Extrato em metanol-água | Partes aéreas | Larvicida | Bello et al. (2018) |

Tabela 2. *continuação.*

| Insetos | Espécies | Derivados | Partes | Atividades | Referências |
|---|---|---|---|---|---|
| *Anopheles pharoensis* Theobald | *Cichorium intybus* L. | Extrato em éter petróleo e clorofórmio | - | Larvicida/ adulticida | Luyen et al. (2014) |
| *Anopheles sinensis* Wiedemann | *Artemisia annua* L. | Extrato hexânico | Cultura de células | Larvicida/ ovicida/ ovideterrente | Cheah et al. (2013) |
| | *E. grijsii** | Óleo essencial | Raízes | Larvicida | Zhao et al. (2017) |
| *Anopheles stephensi* Liston | *A. houstonianum* | Extrato hexânico, metanólico e em acetato de etila | Folhas | Ovideterrente | Tennyson et al. (2012) |
| | *A. herba-alba* | Extrato aquoso | Folhas | Larvicida/ adulticida | Aziz et al. (2018) |
| | *B. eriantha** | Óleo essencial | Folhas | Larvicida | Benelli et al. (2017) |
| | *Eupatorium odoratum* L. | Extrato em éter de petróleo | Folhas | Larvicida | Alam et al. (2011) |
| | *G. parviflora** | Óleo essencial | Folhas | Larvicida/ ovideterrente | Govindarajan et al. (2018) |
| | *P. hysterophorus* | Extrato aquoso | Folhas | Larvicida | Thandapani et al. (2018) |
| | *Spilanthes acmella* Murr. | Extrato hexânico | Flores | Larvicida | Pandey et al. (2007) |
| | *Spilanthes calva* DC. | Extrato hexânico | Flores | Larvicida | Pandey et al. (2007) |
| | *S. mauritiana** | Extrato em acetato de etila | Flores | Larvicida | Prabhakaran et al. (2015) |
| | *Spilanthes paniculata* Wall. ex DC. | Extrato hexânico | Flores | Larvicida | Pandey et al. (2007) |
| | *Stevia reubaudiana* (Bert.) Bertoni | Extrato etanólico e metanólico | - | Larvicida | Ahmad et al. (2011) |
| *Anopheles subpictus* Grassi | *B. eriantha** | Óleo essencial | Folhas | Larvicida | Benelli et al. (2017) |
| | *Chrysanthemum indicum* L. | Extrato metanólico e em acetato de etila | - | Fagodeterrente | Elango e Rahuman (2011) |
| | *Eclipta prostrata* (L.) L. | Extrao aquoso | Folhas | Larvicida | Rajakumar e Rahuman (2011) |
| | *G. parviflora** | Óleo essencial | Folhas | Larvicida/ ovideterrente | Govindarajan et al. (2018) |

Tabela 2. *continuação.*

| Insetos | Espécies | Derivados | Partes | Atividades | Referências |
|---|---|---|---|---|---|
| *Culex pipiens* L. | *Achillea millefolium* L. | Óleo essencial | Partes aéreas | Larvicida | Benelli et al. (2015) |
| | *Anthemis melampodina* Delile | Óleo essencial | Folhas | Larvicida | Grace (2002) |
| | *A. herba-alba* | Extrato aquoso | Folhas | Larvicida/ adulticida | Aziz et al. (2018) |
| | *E. grijsii** | Óleo essencial | Raízes | Larvicida | Zhao et al. (2017) |
| *Culex quinquefasciatus* Say | *Acmella oleracea* (L.) R.K. Jansen | Óleo essencial | Inflorescência | Larvicida | Benelli et al. (2019) |
| | *A. houstonianum* | Extrato hexânico, metanólico e em acetato de etila | Folhas | Ovideterrente | Tennyson et al. (2012) |
| | *A. annua* | Extrato hexânico | Cultura de células | Larvicida/ ovicida/ ovideterrente | Cheah et al. (2013) |
| | *A. herba-alba* | Extrato aquoso | Folhas | Larvicida/ adulticida | Aziz et al. (2018) |
| | *B. eriantha** | Óleo essencial | Folhas | Larvicida | Benelli et al. (2017) |
| | *E. prostrata* | Extrato aquoso | Folhas | Larvicida | Rajakumar e Rahuman (2011) |
| | *E. odoratum* | Extrato em éter de petróleo | Folhas | Larvicida | Alam et al. (2011) |
| | *G. parviflora** | Óleo essencial | Folhas | Larvicida/ ovideterrente | Govindarajan et al. (2018) |
| | *S. indicus* | Óleo essencial | Folhas | Larvicida | Chellappandian et al. (2018) |
| | *S. acmella* | Extrato hexânico | Flores | Larvicida | Pandey et al. (2007) |
| | *S. calva* | Extrato hexânico | Flores | Larvicida | Pandey et al. (2007) |
| | *S. mauritiana** | Extrato em acetato de etila | Flores | Larvicida | Prabhakaran et al. (2015) |
| | *S. paniculata* | Extrato hexânico | Flores | Larvicida | Pandey et al. (2007) |

Tabela 2. *continuação.*

| Insetos | Espécies | Derivados | Partes | Atividades | Referências |
|---|---|---|---|---|---|
| *Lutzomyia migonei* França | *Ageratina jahnii* (B.L. Rob.) R.M. King & H. Rob | Óleo essencial | Folhas | Adulticida | Torres et al. (2017) |
| | *Ageratina pichinchensis* (Kunth.) R.M. King & H. Rob | Óleo essencial | Folhas | Adulticida | Torres et al. (2017) |
| | *Monticalia greenmaniana* (Hieron.) C. Jeffrey | Extrato aquoso, metanólico e óleo essencial | Partes aéreas | Adulticida Paralisia | Cárdenas et al. (2012) |
| *Phlebotomus duboscqi* Neveu Lemaire | *T. minuta* | Óleo essencial | Folhas | Repelente | Kimutai et al. (2017) |
| | *T. minuta* | Óleo essencial | Partes aéreas | Adulticida | Kimutai et al. (2015) |
| | *T. minuta* | Extrato em acetato de etila e aquoso | Partes aéreas | Adulticida | Ireri et al. (2010) |
| *Rhodnius nasutus* Stål | *Ageratum fastigiatum* (Gardner) R.M. King & H. Rob. | Extrato etanólico | Partes aéreas | Ninficida | Avelar-Freitas et al. (2013) |
| *Simulium damnosum* Theobald | *Ageratum conyzoides* L. | Óleo essencial | Folhas | Repelente | Hazarika et al. (2011) |
| | *Chromolaena odorata* L. | Extrato aquoso | Folhas | Larvicida | Matur e Davou (2007) |
| *Triatoma infestans* Klug | *Achyrocline satureioides* (Lam.) DC. | Extrato hexânico | Folhas | Ninficida | Rojas de Arias et al. (1995) |
| | *Eupatorium buniifolium* Hook. ex Arn. | Óleo essencial | Partes aéreas | Ovicida/fumigante/repelente | Guerreiro et al. (2018) |
| | *Tagetes filifolia* Lag. | Óleo essencial | Partes aéreas | Repelente | López et al. (2011) |
| | *T. minuta* | Óleo essencial | Partes aéreas | Repelente | López et al. (2011) |
| | *Tagetes rupestris* Cabrera | Óleo essencial | Partes aéreas | Repelente | López et al. (2011) |

*Espécies que tiveram seus metabólitos isolados e testados frente às respectivas espécies-praga.

**Tabela 3.** Doenças, agentes etiológicos, locais de ocorrência e insetos vetores associados (adaptada de *Centers for Disease Control and Prevention*, 2019; WHO, 2019).

| Doenças | Agentes etiológicos | Ocorrência | Insetos vetores (nomes científicos) |
|---|---|---|---|
| Amebíase | *Entamoeba histolytica* Shaudinn | Mundial, especialmente em áreas tropicais | Mosca-doméstica (*Musca domestica* L.) e baratas [*Blattella germanica* (L.) e *Periplaneta americana* (L.)] |
| Cólera | *Vibrio cholerae* Pacini | África e Haiti | Mosca-doméstica (*M. domestica*) |
| Giardíase | *Giardia lamblia* Kunstler | Mundial, especialmente em áreas tropicais | Barata (*B. germanica*) e mosca-doméstica (*M. domestica*) |
| Isosporíase | *Isospora belli* Wenyon | Mundial, especialmente em áreas tropicais e sub-tropicais | Mosca-doméstica (*M. domestica*) |
| Sarcocistose | *Sarcocystis* spp. | Países tropicais e sub-tropicais e sudeste asiático | Mosca-doméstica (*M. domestica*) e baratas (*B. germanica* e *P. americana*) |

O óleo essencial das inflorescências de jambu, já citado no controle do mosquito *C. quinquefasciatus*, também apresenta elevada toxicidade contra as fêmeas adultas da mosca--doméstica, com $CL_{50}$ de 44,3 µg/adulto. Os metabólitos secundários majoritários do óleo (Figura 14) são os terpenos β-cariofileno (**6**), β-pineno (**55**), mirceno (**23**) e óxido de cariofileno (**11**), além do derivado de amida espilantol (**56**) (Benelli et al., 2019).

Outra espécie comestível de Asteraceae passível de emprego como inseticida contra a mosca-doméstica é a chicória, que também é tóxica para *A. pharoensis*. O extrato em éter de petróleo da erva fresca foi ativo contra as larvas ($CL_{50}$ = 65,8 µg/mL) e muito ativo contra os adultos ($CL_{50}$ = 0,112 µg/adulto). A toxicidade do extrato clorofórmico foi semelhante, com $CL_{50}$ de 100 e 0,15 µg/inseto para larvas e adultos, respectivamente (Mansour et al., 2014).

Extratos metanólicos de diferentes partes da asterácea *Cacalia tangutica* (Franch.) H.-M apresentam atividade adulticida contra a mosca-doméstica. Os valores de $CL_{50}$ (mg/g de açúcar, em ensaio de ingestão) foram de 2,60 (raízes), 2,74 (flores), 3,00 (folhas) e 5,16 (haste). Adicionalmente, o metabólito secundário friedelina (**57**) (Figura 14) apresentou atividade adulticida semelhante ao controle positivo à base de rotenona (**31**) (Figura 1), causando 86% de mortalidade após 24 h e 100% após 48 h de exposição (Huang et al., 2009).

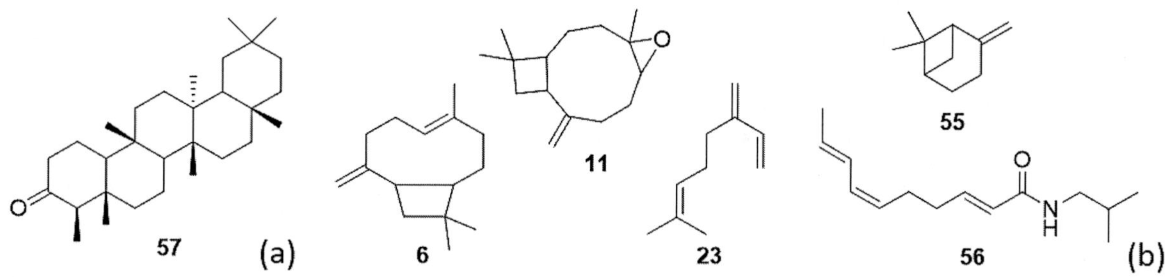


**Figura 14.** Triterpeno friedelina isolado de *Cacalia tangutica* (a) e metabólitos secundários (b) identificados no óleo essencial de *Acmella oleracea* com atividade inseticida contra *Musca domestica*.

### 2.2.2. Baratas (Blattaria)

As baratas são insetos de grande importância econômica, pois habitam praticamente todos os tipos de residências, tanto em centros urbanos quanto rurais. São pragas urbanas de difícil controle devido ao grande potencial biótico, proteção dos ovos em uma estrutura na forma de estojo denominada ooteca e ocorrência de populações resistentes a muitos dos inseticidas convencionalmente utilizados (Chang et al., 2009). As duas principais espécies de baratas são *Blatella germanica* (L.) (Blattaria: Ectobiidae), conhecida como baratinha ou francesinha, que vive não mais que um ano e *Periplaneta americana* (L.) (Blattaria: Blattidae), conhecida como barata-de-esgoto que pode viver até 4 anos (Fundação Oswaldo Cruz, 2019). Além das baratas causarem incômodo devido ao seu aspecto repulsivo e odor desagradável, tais insetos são potenciais disseminadores de doenças, como amebíase, giardíase e sarcocistose.

#### 2.2.2.1. Bioatividade de derivados de Asteraceae sobre *Blattella germanica*

Populações de *B. germanica* resistentes aos inseticidas sintéticos convencionais têm sido reportadas, especialmente àqueles pertencentes ao grupo dos piretroides (Chang et al., 2009). Esse aspecto reforça a importância da descoberta de alternativas para o manejo de tais populações, bem como a aplicação de inseticidas menos tóxicos aos organismos não alvo em ambientes domésticos.

Diante desse contexto, Yeom et al. (2015) testaram 16 óleos essenciais de espécies de Asteraceae em relação à ação adulticida sobre baratas machos e fêmeas de *B. germanica*. As fêmeas mostram-se mais tolerantes que os machos, tanto por fumigação quanto por contato. Para a toxicidade via fumigação em machos, os óleos essenciais mais ativos [mortalidade > 80%, a 20 mg/papel de filtro (9 cm diâmetro)] foram os provenientes de *Artemisia arborescens* (L.), de santolina [*Santolina chamaecyparissus* (L.)], de estragão [*Artemisia dracunculus* (L.)] e de camomila-romana (*Anthemis nobilis* L.). Já como espécies produtoras de óleos moderadamente ativos destacaram-se *Artemisia afra* (Jacq. ex Willd.), camomila-marroquina

[*Ormensis multicaulis* (L.) Dumort.] e *I. racemosa*. Por sua vez, em relação às fêmeas, apenas o óleo essencial de estragão matou 100% das baratas via fumigação, enquanto que o óleo de *I. racemosa* apresentou moderada ação inseticida.

Para a toxicidade de contato em machos, os óleos com elevada bioatividade (mortalidade > 80%, a 2 mg/adulto) foram os de *A. arborescens*, de *O. multicaulis*, de *Helichrysum bracteiferum* (Vent.) Andrews, de *Helichrysum angustifolium* (Roth) G. Don fil., de *S. chamaecyparissus* e de *A. dracunculus*. Já os óleos de *A. afra*, camomila-azul (*Chamomilla matricaria* L.), de crisântemo (*Chrysanthemum morifolium* Ramat.), de *S. lappa*, de davana (*Artemisia pallens* Wall ex DC), de *I. racemosa, Coniza canadensis* (L.) Cronquist. e de *T. minuta* apresentaram apenas atividade moderada (mortalidade entre 40 e 79%, a 2 mg/adulto). Para as fêmeas, o único óleo com elevada atividade foi o obtido de *A. dracunculus*, seguido dos óleos de *S. chamaecyparissus*, de *O. multicaulis* e de *H. angustifolium* (Yeom et al., 2015).

A toxicidade por fumigação foi determinada para os principais metabólitos secundários comuns às 3 espécies mais ativas (*A. arborescens*, *S. chamaecyparissus* e *A. dracunculus*), e a toxicidade por contato para os metabólitos secundários de *S. chamaecyparissus* e de *A. dracunculus*. O metabólito secundário com maior atividade foi o fenilpropanoide estragol (**58**), considerado muito ativo (100% de mortalidade) contra as baratas machos, tanto via fumigação [concentração de 2,5 mg/papel filtro (9 cm diâmetro)] quanto contato (concentração de 0,5 mg/adulto). Esse fenilpropanoide também foi muito ativo para as baratas fêmeas, causando 100% de mortalidade na concentração de 20 mg/papel de filtro (9 cm diâmetro), via fumigação. Os monoterpenos β-felandreno (**59**) e *cis*-ocimeno (**60**) apresentaram elevada atividade fumigante para a barata macho e β-tujona (**61**) para ambos os sexos. O β-felandreno foi moderadamente tóxico por contato para baratas machos, assim como o β-cariofileno (**6**) e a artemisia-cetona (**62**), único metabólito secundário com toxicidade de contato para baratas fêmeas (Yeom et al., 2015). A Figura 15 contempla os metabólitos secundários das asteráceas *A. arborescens*, *S. chamaecyparissus* e *A. dracunculus* testados contra as baratas.

#### 2.2.2.2. Bioatividade de derivados de Asteraceae sobre *Periplaneta americana*

Além de ser tóxica para larvas dos mosquitos *A. stephensi* e *C. quinquefasciatus*, a amida espilantol (**56**), isolada de *S. acmella* é também tóxica para machos de *P. americana*. A mortalidade dos insetos adultos foi significativa quando utilizados extratos orgânicos das flores, sendo que o metabólito secundário isolado (**56**) (Figura 15) demonstrou elevada toxicidade ($CL_{50}$ = 2,46 μg/g inseto). A toxicidade de contato desse derivado de amida supera a de inseticidas sintéticos comumente utilizados, tais como o carbamato carbaril (**3S**), o piretroide bioresmetrina (**4S**) e o organoclorado lindano (**5S**) (Kadir et al., 1989), todos representados na Figura 1.

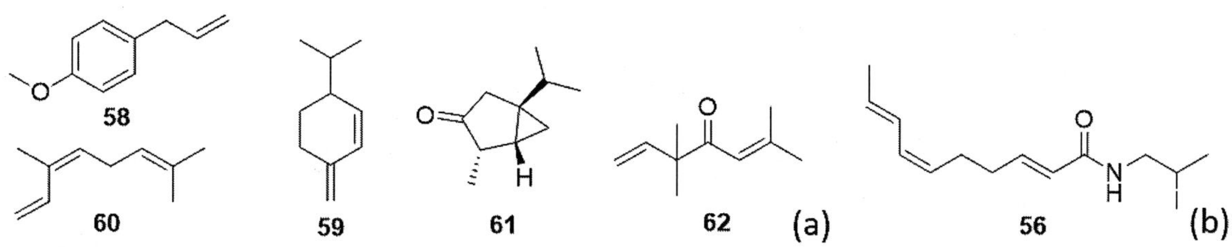

**Figura 15.** Metabólitos secundários presentes nas espécies *Artemisia arborescens, Santolina chamaecyparissus* e *Artemisia dracunculus* com ações tóxicas em baratas, sendo: a) Compostos com ação sobre *Blattella germanica* e; b) Compostos com bioatividade sobre *Periplaneta americana.*

Na Tabela 4 estão descritas as espécies de Asteraceae com suas respectivas atividades inseticidas sobre insetos vetores mecânicos de doenças. As espécies vegetais marcadas com asterisco representam aquelas cujos metabólitos secundários foram isolados e testados contra os insetos, apresentando bioatividade pronunciada.

**Tabela 4.** Insetos vetores (mecânicos) sensíveis a derivados de espécies de Asteraceae.

| Insetos | Espécies | Derivados | Partes | Atividades | Referências |
|---|---|---|---|---|---|
| *Blatella germanica* (L.) | *Anthemis nobilis* L. | Óleo essencial | Flores | Adulticida | Yeom et al. (2015) |
| | *Artemisia afra* (Jacq. ex Willd.) | Óleo essencial | Planta com flores | Adulticida | Yeom et al. (2015) |
| | *Artemisia arborescens* (L.)* | Óleo esencial | Planta com flores | Adulticida | Yeom et al. (2015) |
| | *Artemisia dracunculus* (L.)* | Óleo essencial | Planta inteira | Adulticida | Yeom et al. (2015) |
| | *Artemisia pallens* Wall ex DC | Óleo essencial | Folhas | Adulticida | Yeom et al. (2015) |
| | *Chamomilla matricaria* L. | Óleo essencial | Flores | Adulticida | Yeom et al. (2015) |
| | *Chrysanthemum morifolium* Ramat. | Óleo essencial | Folhas | Adulticida | Yeom et al. (2015) |
| | *Coniza canadensis* (L.) Cronquist | Óleo essencial | Planta com flores | Adulticida | Yeom et al. (2015) |
| | *Helichrysum angustifolium* (Roth) G. Don fil. | Óleo essencial | Flores | Adulticida | Yeom et al. (2015) |

Tabela 4. *continuação.*

| Insetos | Espécies | Derivados | Partes | Atividades | Referências |
|---|---|---|---|---|---|
| | *Helichrysum bracteiferum* (Vent.) Andrews | Óleo essencial | Flores | Adulticida | Yeom et al. (2015) |
| | *Inula racemosa* Hook.f. | Óleo essencial | Raízes | Adulticida | Yeom et al. (2015) |
| | *Ormensis multicaulis* (L.) Dumort | Óleo essencial | Flores | Adulticida | Yeom et al. (2015) |
| | *Santolina chamaecyparissus* (L.)* | Óleo essencial | Planta | Adulticida | Yeom et al. (2015) |
| | *Saussurea lappa* Clarke | Óleo essencial | Raízes | Adulticida | Yeom et al. (2015) |
| | *Tagetes minuta* L. | Óleo essencial | Flores | Adulticida | Yeom et al. (2015) |
| *Musca domestica* (L.) | *Acmella oleracea* ( L.) R. K. Jansen | Óleo essencial | Inflorescênci-cias | Adulticida | Benelli et al. (2019) |
| | *Cichorium intybus* L. | Extratos em éter de petróleo e em clorofórmio | - | Larvicida/adulticida | Mansour et al. (2014) |
| | *Cacalia tangutica* (Franch.) H.-M* | Extrato metanólico | Raízes/folhas /flores/hastes | Adulticida | Huang et al. (2009) |
| *Periplaneta americana* (L.) | *Spilanthes acmella* Murr. | Extratos clorofórmico e metanólico | Flores | Adulticida | Kadir et al. (1989) |

*Espécies que tiveram seus metabólitos isolados e testados frente às respectivas espécies-praga.

## 3. Asteraceae e insetos-praga de importância agrícola

Os insetos-praga incidentes em cultivos agrícolas representam uma ameaça ao agronegócio dos países ou à segurança alimentar de regiões importadoras (Soliman, 2007). Nesse sentido, espécies de Asteraceae também têm sido estudadas e podem ser aplicadas no manejo de artrópodes de importância para agricultura.

A seguir, constam alguns exemplos da bioatividade de derivados de Asteraceae sobre algumas culturas de importância agrícola.

### 3.1. Bioatividade de derivados de Asteraceae sobre *Helicoverpa armigera*

*Helicoverpa armigera* (Hübner) (Lepidoptera: Noctuidae) é uma das principais pragas polífagas ocorrentes no mundo, a qual foi documentada no Brasil durante a safra 2011/2012 e que prejudica, especialmente, as culturas da soja (*Glycine max* (L.) Merrill), do milho (*Zea mays* L.) e do algodão (*Gossypium hirsutum* L.) (MAPA, 2019).

Em nível mundial, o prejuízo decorrente do ataque de *H. armigera* pode chegar a 5 bilhões de dólares por ano, sendo o gasto anual com inseticidas para seu controle ao redor de 500 milhões de dólares. Na Bahia, durante a safra 2011/2012, houve grande surto dessa praga na cultura do algodão, gerando prejuízo médio de R$ 140,00/ha, além de gastos adicionais com aplicação de inseticidas para a safra no ano posterior (Ávila et al., 2013). Além disso, populações resistentes foram reportadas para diferentes inseticidas sintéticos, dentre eles os piretroides cipermetrina (**6S**) e fenvalerato (**7S**) (Figura 1), além de organofosforados e carbamatos (Kranthi et al., 1997; Torres-Vila et al., 2002; Hussain et al., 2015), justificando o fato de sua incidência ter sido declarada como "estado de emergência fitossanitária" pelo MAPA.

A artemísia *A. annua* apresenta potencial para aplicação no controle de *H. armigera*, interferindo no desenvolvimento embrionário e larval. O óleo essencial de *A. annua* (2%) adicionado à dieta artificial promoveu redução de 70% do peso das lagartas expostas, enquanto que o extrato metanólico das folhas (2%) ocasionou redução de 60% no peso larval, limitando significativamente a progressão dos indivíduos à fase pupal. Como regulador de crescimento, o óleo essencial e o extrato metanólico das folhas apresentaram, respectivamente, 60 e 50% de atividade, respectivamente, causando morte de lagartas e pupas, além de deformidades em lagartas, pupas e adultos. O efeito ovicida foi pouco pronunciado já que os valores de viabilidade dos ovos tratados com os extratos metanólicos de folhas, de ramos e de sementes e com o óleo essencial variaram de 70 a 85%, valores que não diferiram do obtido no controle negativo (95%) (Anshul et al., 2014).

Outro estudo confirmou a bioatividade do extrato metanólico das folhas de *A. annua* sobre *H. armigera*, causando 100% de mortalidade larval, assim como os controles positivos, constituídos por extrato de sementes de nim [*Azadirachta indica* A. Juss. (Meliaceae)] e o limonoide azadiractina (**63**) (Figura 1). Foram isolados dois flavonoides isoméricos, crisosplenetеína (**64**) e casticina (**65**) (Figura 16), cuja mistura, na concentração de 0,1% incorporada em dieta semi-sintética, provocou importante redução no peso larval (58,5% quando comparado com o controle negativo), inibição de crescimento das larvas em 50% e aumento do período pupal (17,7 dias, enquanto que no controle negativo foi de 14 dias) (Anshul et al., 2013).

O manejo das populações de insetos também pode ser alcançado por meio da atração e depois eliminação dos artrópodes por procedimentos que causem sua morte (estratégias de *push-pull*). No estudo conduzido por Socorro et al. (2010), várias plantas foram utilizadas para atrair mariposas de *H. armigera*. Segundo os autores, focar nessa fase do ciclo do inseto é muito importante para o seu manejo, pois uma mariposa é capaz de depositar mais de 1.000 ovos ao longo de sua vida.

Dentre as espécies de Asteraceae avaliadas para atração de adultos de *H. armigera*, destaca-se a espécie ornamental calêndula (*Calendula officinalis* L.), que apresentou 70% de resposta de atração, sendo seu principal constituinte, o monoterpeno α-tujona (**66**) (Figura 16). As demais espécies apresentaram atração moderada (45% a 63%), incluindo as nativas da Austrália *Ixiolaena brevicompta* F. Muell. e *Helipterum floribundum* DC., o girassol e as ervas daninhas serralha (*Sonchus oleraceus* L.), *G. parviflora*, picão-preto (*Bidens pilosa* L.) e chicória. Os metabólitos secundários identificados nessas espécies vegetais foram ácidos graxos, compostos aromáticos, mono e sesquiterpenos (Socorro et al., 2010).

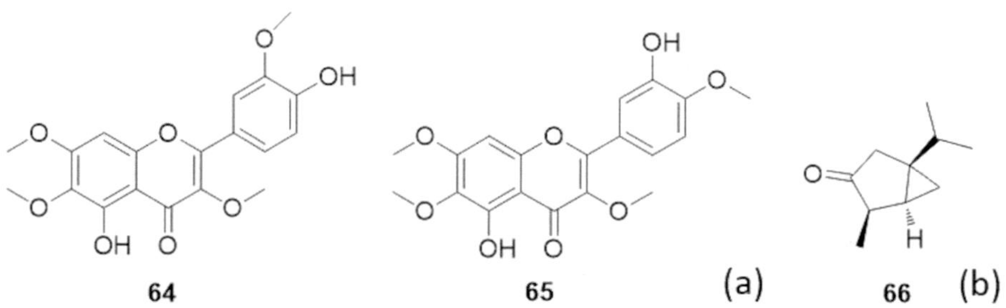


**Figura 16.** Flavonoides isolados do extrato metanólico das folhas de ***Artemisia annua*** com ação tóxica para ***Helicoverpa armigera*** (a) e o monoterpeno (α-tujona) identificado em ***Calendula officinalis*** com atividade atrativa para o inseto (b).

## 3.2. Bioatividade de derivados de Asteraceae sobre *Spodoptera frugiperda*

A lagarta-militar [*Spodoptera frugiperda* (J.E. Smith) (Lepidoptera: Noctuidae)], também conhecida como lagarta-do-cartucho, se aloja preferencialmente na parte central da planta com folhas enroladas ou imbricadas do milho (cartucho), embora possa acometer outras partes da planta, incluindo a espiga, bem como as folhas de outras culturas hospedeiras (Ávila et al., 2013). Na África, essa praga tem se expandido rapidamente desde sua recente introdução. Os primeiros registros de sua ocorrência no continente africano datam do início de 2016 e, no ano seguinte, a praga já tinha sido notificada em 12 países, número que rapidamente subiu para 28 em agosto do mesmo ano. Na ausência de medidas de controle, as perdas potenciais, apenas para a cultura do milho foram estimadas entre 8,3 e 20,6 milhões de toneladas por ano, o que representa prejuízos entre 2,5 e 6,2 milhões de dólares (Day et al., 2017).

As principais atividades de derivados botânicos descritas para *S. frugiperda* são relacionadas à inibição do crescimento das lagartas. Na maioria desses estudos, os extratos vegetais ou substâncias isoladas são incorporados à dieta da lagarta, avaliando-se o peso, crescimento e o ciclo de desenvolvimento do inseto. Para mais detalhes dos métodos de bioensaio para caracterização da bioatividade de derivados botânicos, consultar o Capítulo 5 dessa obra.

Para a asterácea *Senecio salignus* DC., a ação larvicida foi baixa, com $CL_{50}$ de 440 μg/mL do extrato hexânico das partes aéreas da planta, com aumento da fase larval para indivíduos expostos ao referido derivado na concentração de 500 μg/mL (Romo-Asunción et al., 2016). Ainda nessa mesma concentração, o peso de pupas foi 35% inferior ao verificado no controle negativo. Os principais constituintes do extrato de *S. salignus* são γ-sitosterol (**67**), ácido palmítico (**68**), lupeol (**69**) e β-amirina (**70**) (Romo-Asunción et al., 2016) (Figura 17).

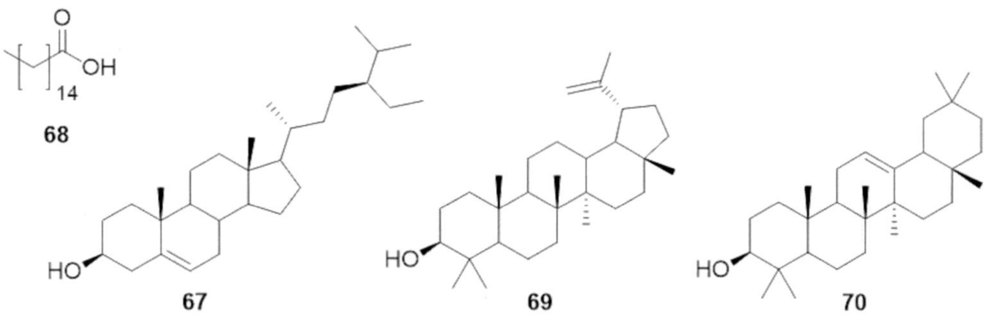


**68** **67** **69** **70**

**Figura 17.** Metabólitos secundários identificados no extrato hexânico de *Senecio salignus* com efeito tóxico para *Spodoptera frugiperda*.

O flavonoide pinocebrina (**71**) (Figura 18), isolado do extrato etanólico das partes aéreas de *Flourensia oolepis* S. F. Blake ocasionou efeito fagodeterrente para *S. frugiperda*. A concentração necessária para causar 50% de inibição alimentar nas lagartas foi de 8,86 μg de substância por $cm^2$ de planta (Napal et al., 2009).

Em estudo utilizando diferentes espécies de Asteraceae, verificou-se que *Chromolaena chaseae* (B. L. Rob.) R. M. King & H. Rob, *Lychnophora ramosissima* Gardner e *Vernonia holosenicea* Mart. ex DC. propiciaram os melhores resultados. Para isso, os autores incorporaram 1% de extrato etanólico das folhas na dieta do inseto, e verificaram que as lagartas expostas apresentaram redução de cerca de 79% de peso para essas 3 espécies de Asteraceae, quando comparadas com as lagartas expostas ao controle negativo (Tavares et al., 2009).

A espécie *Pluchea sagittalis* (Lam.) é rica em sesquiterpenos do tipo eudesmol e dois metabólitos secundários dessa classe química foram isolados do extrato clorofórmico das partes aéreas da planta: 3α-(2,3-epoxi-2-metilbutiriloxi)-4α-formoxi-11-hidroxi-6,7-desidroeudesman-8-ona (**72**) e 3α-(2,3-epoxi-2-metilbutiriloxi)-4α-formoxicuautemona (**73**) (Vera et al., 2008), os quais afetaram o desenvolvimento das lagartas de *S. frugiperda* (Figura 18).

O óleo essencial de *Acanthospermum hispidum* (DC) incorporado à dieta de lagartas de *S. frugiperda* na concentração de 250 µg/g causou redução de 66% do crescimento larval e de 70% na oviposição das mariposas, quando comparados aos respectivos controles negativos (Alva et al., 2011).

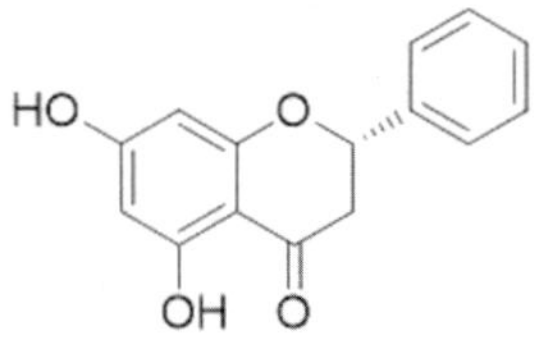

**71**

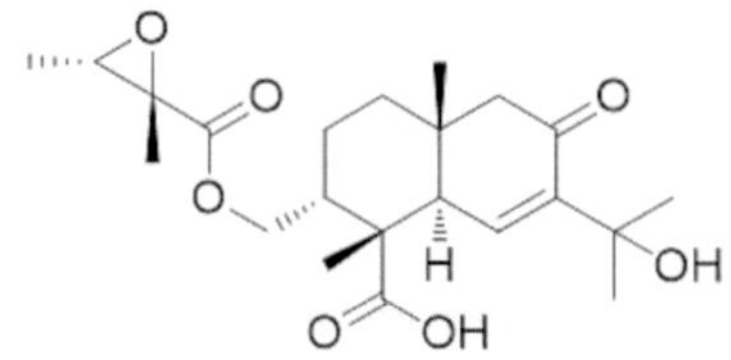

**72**

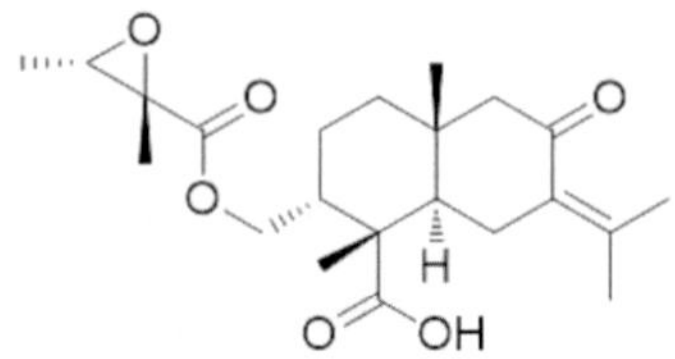

**73**

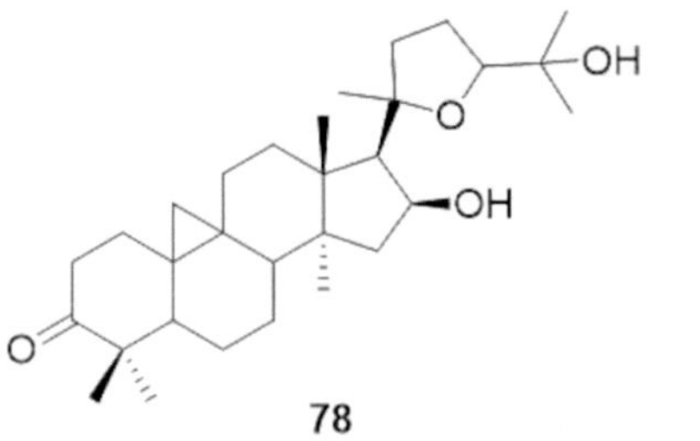

**78**

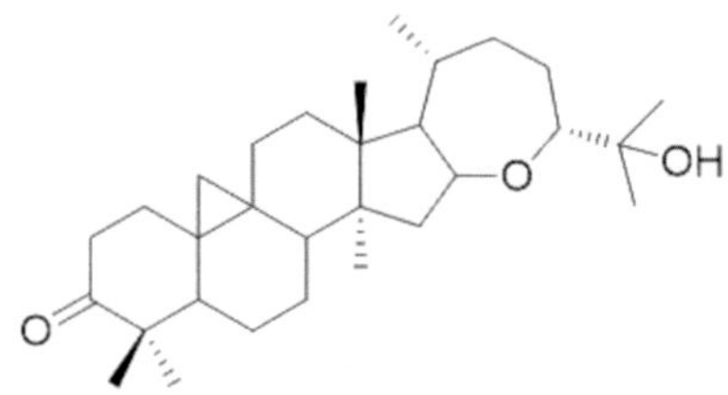

**79**

**Figura 18.** Metabólitos secundários presentes em *Flourensia oolepis*, *Parthenium argentatum* e *Pluchea sagittalis*, tóxicos para *Spodoptera frugiperda*.

Tocotrienóis e hidroquinonas isoladas do extrato metanólico das partes aéreas de *Roldana barba-johannis* (DC.) H. Rob. & Brettell provocaram inibição do crescimento e toxicidade via contato para lagartas de *S. frugiperda*. O tocotrienol sargacromenol (**74**) foi o mais ativo, com dose letal mediana ($DL_{50}$) de 2,94 µg/mL via contato, enquanto que na concentração de 20 µg/mL houve total inibição do crescimento, seguido do acetato de sargacromenol (**75**) com mesmo resultado de inibição de crescimento e toxicidade de contato, com $DL_{50}$ de 3,89 µg/mL. O ácido diacetoxi-sargoidroquinóico (**76**) inibiu 100% do crescimento na concentração de 35 µg/mL, com $DL_{50}$ de 4,83 µg/mL (Céspedes et al., 2004). A Figura 19 ilustra os metabólitos secundários isolados do extrato metanólico das partes aéreas de *R. barba-johannis*.

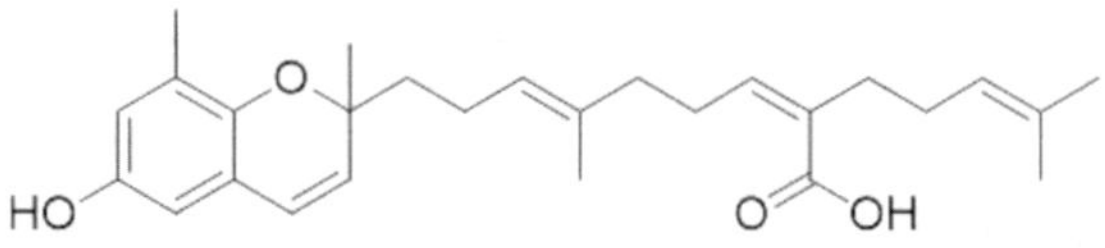

[74]

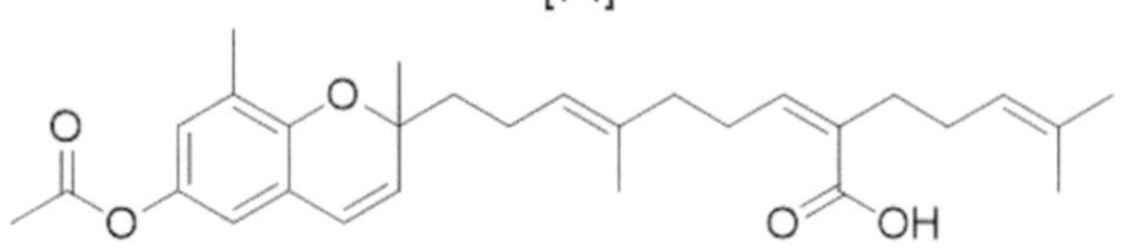

[75]

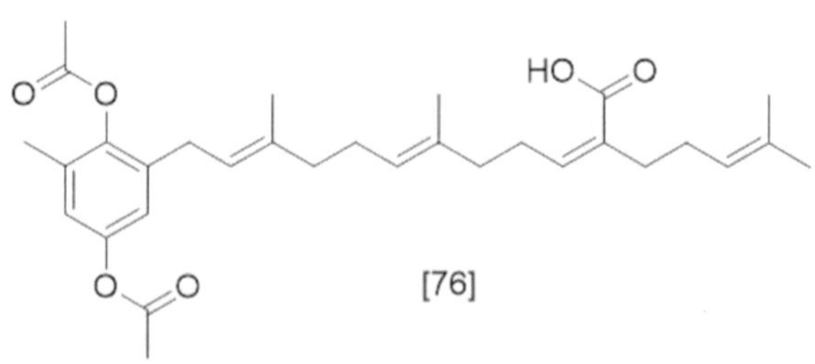

[76]

**Figura 19.** Metabólitos secundários (tocotrienóis e hidroquinona) isolados de *Roldana barba-johannis* tóxicos para *Spodoptera frugiperda*.

O guaiúle (*Parthenium argentatum* A. Gray) apresenta resultados promissores no controle de *S. frugiperda*. O extrato metanólico das partes aéreas da planta causou elevada toxicidade por contato, com $DL_{50}$ de 3,1 µg/mL, superior ao controle positivo toosendanina (**77**) ($DL_{50}$ = 11,5 µg/mL), seguido dos triterpenos isolados argentatina A (**78**), com $DL_{50}$ de 12,4 µg/mL, e argentatina B (**79**), com $DL_{50}$ de 19,8 µg/mL. Os melhores resultados de inibição do desenvolvimento foram verificados com o extrato metanólico (Céspedes et al., 2001). As estruturas químicas dos triterpenos estão ilustradas na Figura 18, enquanto que do controle positivo (toosendanina) encontra-se na Figura 1.

### 3.3. Bioatividade de derivados de Asteraceae sobre *Chloridea virescens*

Conhecida como lagarta-das-maçãs, *Chloridea virescens* (Fabricius) (Lepidoptera: Noctuidae) é uma das principais pragas da soja, milho e algodão (*Gossypium hirsutum* L., Malvaceae) no Brasil. Durante a fase larval, que dura cerca de 26 dias, o inseto se alimenta das estruturas reprodutivas das plantas, especialmente dos botões florais. Juntamente com o bicudo [*Anthonomus grandis* Boheman (Coleoptera: Curculionidae)], são consideradas pragas-chave da cultura do algodão em todo o mundo (MAPA, 2019).

Dois metabólitos secundários muito comuns em diferentes espécies de Asteraceae apresentaram ação inseticida sobre a lagarta-das-maçãs, sendo o sesquiterpeno D-germacreno (**45**) e o tiofeno α-T (**12**) (Figura 20), também comprovadamente bioativos para outras espécies de insetos de importância médica como os mosquitos dos gêneros *Aedes* e *Anopheles* (Nakano et al., 2014; Zhao et al., 2017). O tiofeno α-tertienil aplicado via tópica sobre a lagarta, causou 50% de mortalidade larval na concentração de 474 µg/mL, o que pode ser considerada uma baixa toxicidade, mas ainda assim se apresenta como uma alternativa para combate dessa praga (Iyengar et al., 1987). Já o D-germacreno (**45**) demonstrou potencial para atrair as mariposas fêmeas a depositarem seus ovos em local onde esse sesquiterpeno é aplicado (Mozuraitis et al., 2002). Dessa maneira, essa substância pode ser utilizada como isca em armadilhas para a captura do inseto ou em estratégias de atrai-mata.

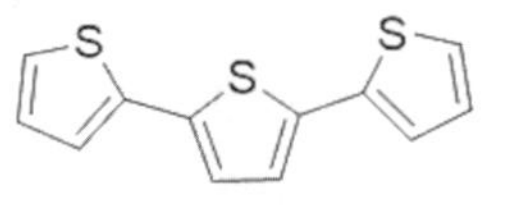

**12**

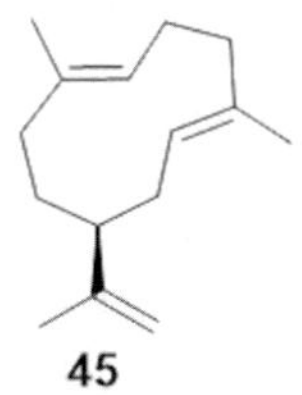

**45**

**Figura 20.** Tiofeno α-tertienil e sesquiterpeno D-germacreno, presentes em diferentes espécies de asteráceas, com efeitos tóxicos sobre a lagarta *Chloridea virescens*.

### 3.4. Bioatividade de derivados de Asteraceae sobre *Bemisia tabaci*

A mosca-branca, *Bemisia tabaci* (Gennadius) (Hemiptera: Aleyrodidae), é uma espécie-praga polífaga que ocasiona danos diretos (sucção de seiva e injeção de toxinas) e indiretos (transmissão de fitopatógenos) às culturas das quais se alimenta. Além disso, o *honeydew* excretado durante sua alimentação propicia o desenvolvimento de fumagina (causada pelo fungo *Capnodium* sp.), reduzindo a área fotossintética das plantas (Byrne, 1991; Oriani et al., 2011; Gangwar e Gangwar, 2018). No Brasil, as principais culturas afetadas pela mosca-branca são feijão (*Phaseolus vulgaris* L.), tomate (*Solanum lycopersicum* L.), melão (*Cucumis melo* L.) e soja, e os inseticidas mais empregados no manejo dessa praga pertencem ao grupo dos neonicotinoides (Villas-Bôas e Castelo-Branco, 2009).

Entre as espécies de Asteraceae avaliadas contra a mosca-branca, destacam-se os derivados preparados a partir de espécies dos gêneros *Artemisia* e *Achillea*, sendo a toxicidade avaliada tanto para os estágios imaturos (ovos e ninfas) como para a fase adulta. Os extratos metanólicos da planta inteira de *Achillea damascena* DC e de *Anthemis hebronica* Boiss. & Kotschy causaram cerca de 50% de mortalidade das moscas adultas em comparação ao controle negativo (moscas tratadas apenas com solvente), eficácia semelhante à dos extratos metanólicos das folhas de *Anthemis scariosa* DC e de *Calendula palestina* Boiss. Já em relação à ação tóxica sobre as ninfas, a espécie mais ativa foi *A. hebronica*, seguida de *A. damascena*, *C. palestina* e *A. scariosa*. Quando utilizado o extrato metanólico das flores, as espécies mais bioativas para ninfas foram *Ranunculus myosuroides, Verbascum blanchearum* e *Echinops gaillardoti* (Hammad et al., 2014).

As partes aéreas das espécies do gênero *Artemisia* foram utilizadas para obtenção de óleos essenciais, cujas toxicidades foram verificadas contra ovos e ninfas da mosca-branca. O óleo de *A. herba-alba*, também ativo contra os mosquitos *A. aegypti*, *A. stephensi*, *C. quinquefasciatus* e *C. pipiens*, apresentou $CL_{50}$ de 4,2 g/mL sobre ovos e 7,4 g/mL sobre ninfas, sendo capaz de diminuir em 87% a infestação da praga em culturas tratadas. A ação tóxica do óleo de *Artemisia monosperma* Delile foi inferior ao óleo essencial de *A. herba-alba* ($CL_{50}$ de 7,5 e 18,6 g/mL sobre ovos e ninfas, respectivamente), com capacidade de diminuição da infestação em 82%. Ambos os óleos essenciais apresentaram em sua composição terpenos hidrocarbonetos e terpenos oxigenados (Soliman, 2007).

Em outro estudo, os extratos aquosos das partes aéreas de *Achillea biebersteinii* Afan e *Artemisia inculta* Delile foram avaliados em relação à toxicidade para formas imaturas e adultas e comparadas a um controle positivo (neonicotinoide imidacloprido, **8S**). Em relação à atividade ovicida, a ação tóxica de *A. inculta* foi apenas 17% inferior à do controle positivo e a de *A. biebersteinii* foi de 22%. Para as ninfas, os extratos aquosos provocaram a morte de 42,8% das ninfas para *A. biebersteinii* e de 55,4% para *A. inculta*. Das ninfas tratadas com *A.*

*inculta*, 39,6% se transformaram em moscas adultas e das tratadas com o extrato aquoso de *A. biebersteinii* esse índice foi de 45%, confirmando menor atividade inseticida dessa espécie vegetal contra essa praga. Ambas as espécies vegetais foram pouco ativas contra adultos de *B. tabaci* (Ateyyat et al., 2009).

### 3.5. Bioatividade de derivados de Asteraceae sobre *Ceratitis capitata*

A mosca-das-frutas, *Ceratitis capitata* (Wiedemann) (Diptera: Tephritidae), também conhecida como mosca-do-mediterrâneo, ataca preferencialmente frutas, as quais servem de alimento para as larvas do inseto. Na casca que apodrece, após ataque da praga, há o desenvolvimento de fungos, o que contribui para um maior prejuízo na cultura atacada.

Uma das formas de controle da mosca-do-mediterrâneo é a utilização de armadilhas para capturar o inseto na forma adulta, sendo utilizados atrativos alimentares ou feromônios sexuais (Navarro-Llopis et al., 2013). Dessa maneira, estudos têm sido voltados para a busca de espécies vegetais com poder de atração do inseto, como verificado para as asteráceas *Baccharis spartoides* (Hook. & Arn. ex DC) e *Tagetes* spp. (López et al., 2001; Barud et al., 2014).

O óleo essencial das partes aéreas de *B. spartiodes* foi atrativo para as fêmeas, propiciando aumento da competitividade sexual dos machos, além de apresentar atividade adulticida sobre ambos os sexos, sendo ligeiramente mais tóxico para as fêmeas ($CL_{50}$ de 10,7 e 14,6 µg/inseto para fêmeas e machos, respectivamente). Os principais constituintes do óleo essencial foram os monoterpenos α-felandreno (**80**), sabineno (**81**) e β-pineno (**55**) (Figura 21) (Barud et al., 2014).

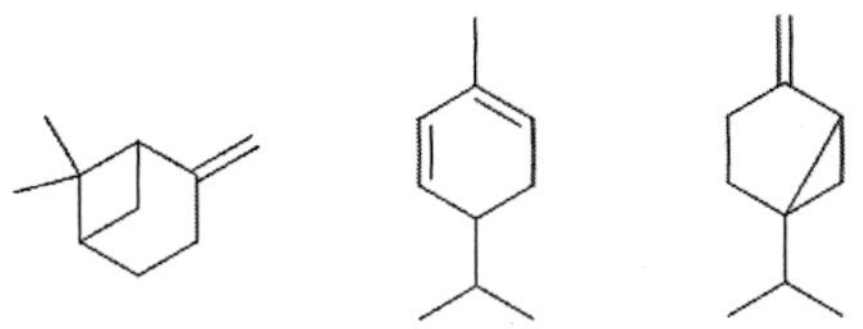

55 80 81

**Figura 21.** Monoterpenos identificados no óleo essencial de *Baccharis spartiodes* com ação tóxica sobre *Ceratitis capitata*.

As espécies do gênero *Tagetes* avaliadas apresentaram diferentes resultados em relação à atratividade; entretanto, a elevada toxicidade contra as moscas adultas de ambos os sexos foi bastante semelhante. Os óleos essenciais das partes aéreas de *T. minuta*, *T. rupestris* e *Tagetes terniflora* Kunth apresentaram $CL_{50}$ de 14,74 µg/fêmea e 18,32 µg/macho; 5,69 µg/fêmea e 14,50 µg/macho e 16,17 µg/fêmea e 19,97 µg/macho, respectivamente. O óleo essencial de *T. minuta* atraiu machos, mas foi evitado pelas fêmeas, enquanto que *T. terniflora* atraiu ambos os sexos e *T. rupestris* não apresentou atividade atrativa, independentemente do sexo exposto (López et al., 2011).

Extratos de *Gutierrezia repens* Griseb. e *Gutierrezia mandonii* (Sch. Bip.) apresentaram atividade inseticida contra *C. capitata* no estágio larval, além de atraso no desenvolvimento, sendo os óleos essenciais das partes aéreas e extratos metanólicos os mais bioativos. Para as duas atividades, *G. repens* foi mais efetiva que *G. mandonii* (Clemente et al., 2008).

A Tabela 5 contém um resumo das informações sobre os efeitos bioativos das espécies de Asteraceae sobre as pragas agrícolas discutidas no item 3.

## 4. Considerações finais

Derivados da família Asteraceae apresentam potencial de aplicação como insecticidas botânicos sobre várias espécies de insetos de importância domissanitária e fitossanitária, as quais podem ser vetores de microrganismos causadores de graves doenças ou causar significativos prejuízos para os cultivos agrícolas. A ação tóxica das espécies vegetais se dá por meio dos seus extratos brutos, óleos essenciais e/ou de seus metabólitos secundários (isolados e/ou em mistura) em distintos estágios do desenvolvimento do inseto-alvo. No entanto, a maioria da toxicidade letal reportada nos estudos disponíveis ocorre sobre as fases imaturas (larval ou ninfal).

As espécies de Asteraceae que apresentam destaque para aplicação como inseticida são aquelas que apresentam elevada toxicidade ao inseto e/ou que podem ser aplicadas sobre várias espécies (amplo espectro de ação), além daquelas que possuem substâncias com elevado potencial tóxico passíveis de serem utilizadas na síntese de novos análogos sintéticos. Nesse contexto, as espécies *B. eriantha*, *D. grandiflorum* e *G. parviflora* e os gêneros *Echinops*, *Inula* e *Spilanthes* apresentam extratos brutos (orgânicos ou aquosos) ou óleos essenciais com potentes ações tóxicas, cujas concentrações letais são consideravelmente baixas. Já as espécies *B. eriantha*, *C. intybus*, *G. parviflora* e *S. lappa* e os gêneros *Artemisia, Ageratum*, *Spilanthes* e *Tagetes* se destacam pelo amplo espectro de aplicação.

A espécie *T. minuta* apresenta diferentes efeitos bioativos contra distintas espécies de insetos prejudiciais, tanto vetores de patógenos causadores de doenças para os seres humanos como pragas da agricultura. Essas variadas bioatividades possibilitam o seu emprego de diferentes maneiras, como repelentes, como atraentes para captura em armadilhas e como inseticidas. Esse grupo vegetal é descrito como um dos mais adequados para preparações de inseticidas de origem botânica (Isman, 2017).

Ultimamente, formulações de extratos vegetais incorporados em nanopartículas estão sendo bastante estudadas, visto que aumentam a toxicidade ao organismo-alvo de forma significativa. O maior efeito tóxico pode ser observado para os mosquitos dos gêneros *Aedes*, *Anopheles* e *Culex*.

Entre os metabólitos secundários, a classe dos tiofenos demonstra elevada toxicidade para diferentes insetos, incluindo os mosquitos vetores de arbovírus causadores de dengue, zica, chicungunha e febre amarela (*A. aegypti* e *A. albopictus*), de patógenos causadores de malária (*A. sinensis*), filariose e febre do Nilo (*C. pipiens*), além da lagarta-da-maçã (*C. virescens*), importante praga da agricultura.

Os terpenos mostram-se, em alguns casos, tóxicos a muitos insetos, tanto vetores de patógenos causadores de doenças quanto pragas da agricultura. Essa classe química é a de maior número de substâncias com algum tipo de ação nociva aos insetos descritos neste capítulo. Em geral, os monoterpenos e sesquiterpenos estão presentes nos óleos essenciais e são mais tóxicos aos vetores, enquanto os diterpenos e triterpenos estão presentes em extratos orgânicos.

Os derivados de amida mostram importante atividade inseticida sobre mosquitos dos gêneros *Aedes* e *Anopheles* e em baratas, além de estarem presentes em extratos vegetais com elevada toxicidade a *C. pipiens* e à mosca-doméstica. A classe das lactonas sesquiterpênicas, muito encontrada em espécies da família Asteraceae, demonstra potencial aplicação para o controle de *A. albopictus*.

Flavonoides, fenilpropanoides, fitoesteróis, ácidos graxos, hidroquinona e tocotrienóis estão presentes em espécies de Asteraceae e apresentam algum tipo de ação tóxica ou mostram-se presentes em extratos vegetais ativos contra os insetos abordados neste capítulo. Dessa forma, pode-se concluir que a família Asteraceae, detentora de uma grande variedade de plantas, incluindo algumas comestíveis, apresenta grande potencial para utilização no controle de importantes insetos vetores e pragas da agricultura, sendo algumas extremamente tóxicas e/ou com amplo espectro de ação.

**Tabela 5.** Exemplos de insetos-praga da agricultura brasileira suscetíveis aos aleloquímicos de espécies de Asteraceae: derivado testado, partes da planta utilizadas e suas respectivas bioatividades.

| Insetos | Espécies vegetais | Derivados | Partes | Atividades | Referências |
|---|---|---|---|---|---|
| *Bemisia tabaci* (Gennadius) | *Achillea damascena* DC. | Extrato metanólico | Toda planta | Adulticida e ninficida | Hammad et al. (2014) |
| | *Achillea biebersteinii* Afan | Extrato aquoso | Partes aéreas | Adulticida e ninficida | Ateyyat et al. (2009) |
| | *Anthemis hebronica* Boiss. & Kotschy | Extrato metanólico | Toda planta | Adulticida e ninficida | Hammad et al. (2014) |
| | *Anthemis scariosa* DC. | Extrato metanólico | Folhas | Adulticida e ninficida | Hammad et al. (2014) |
| | *Artemisia herba-alba* Asso | Óleo essencial | Partes aéreas | Ovicida e ninficida | Soliman (2007) |
| | *Artemisia inculta* Delile | Extrato aquoso | Partes aéreas | Adulticida e ninficida | Ateyyat et al. (2009) |
| | *Artemisia monosperma* Delile | Óleo essencial | Partes aéreas | Ovicida e ninficida | Soliman (2007) |
| | *Calendula palestina* Boiss. | Extrato metanólico | Folhas | Adulticida e ninficida | Hammad et al. (2014) |
| *Ceratitis capitata* (Wiedemann) | *Baccharis spartoides* (Hook. & Arn. ex DC.) | Óleo essencial | Partes aéreas | Adulticida, atratividade e competição sexual | Barud et al. (2014) |
| | *Gutierrezia mandonii* (Sch. Bip.) | Óleo essencial/ extrato metanólico | Partes aéreas | Larvicida | Clemente et al. (2008) |
| | *Gutierrezia repens* Griseb. | Óleo essencial/ extrato metanólico | Partes aéreas | Larvicida | Clemente et al. (2008) |
| | *Tagetes minuta* L. | Óleo essencial | Partes aéreas | Adulticida e atratividade | López et al. (2011) |
| | *Tagetes rupestris* Cabrera | Óleo essencial | Partes aéreas | Adulticida e atratividade | López et al. (2011) |
| | *Tagetes terniflora* Kunth. | Óleo essencial | Partes aéreas | Adulticida e atratividade | López et al. (2011) |
| *Helicoverpa armigera* (Hübner) | *Artemisia annua* L.* | Óleo essencial/ extrato metanólico | Folhas | Interferência no desenvolvimento e ovicida | Anshul et al. (2014) |
| | *Artemisia annua* L.* | Extrato metanólico | Folhas | Larvicida | Anshul et al. (2013) |
| | *Bidens pilosa* L. | - | Folhas e flores frescas | Atratividade | Socorro et al. (2010) |
| | *Calendula officinalis* L. | - | Folhas e flores frescas | Atratividade | Socorro et al. (2010) |
| | *Cichorium intybus* L. | - | Folhas e flores frescas | Atratividade | Socorro et al. (2010) |

Tabela 5. *continuação.*

| Insetos | Espécies vegetais | Derivados | Partes | Atividades | Referências |
|---|---|---|---|---|---|
| | *Galinsoga parviflora* Cav. | - | Folhas e flores frescas | Atratividade | Socorro et al. (2010) |
| | *Helianthus annuus* L. | - | Folhas e flores frescas | Atratividade | Socorro et al. (2010) |
| | *Helipterum floribundum* DC. | - | Folhas e flores frescas | Atratividade | Socorro et al. (2010) |
| | *Ixiolaena brevicompta* F. Muell. | - | Folhas e flores frescas | Atratividade | Socorro et al. (2010) |
| | *Sonchus oleraceus* L. | - | Folhas e flores frescas | Atratividade | Socorro et al. (2010) |
| *Chloridea virescens* (Fabricius) | Diferentes espécies | D-germacreno | - | Atração para oviposição | Mozuraitis et al. (2002) |
| | Diferentes espécies | α-Tertienil | | Larvicida | Iyengar et al. (1987) |
| *Spodoptera frugiperda* (J.E. Smith) | *Acanthospermum hispidum* (DC.) | Óleo essencial | - | Interferência no desenvolvimento e ovideterrência | Alva et al. (2011) |
| | *Chromolaena chaseae* (B.L.Rob.) R.M.King & H.Rob | Extrato etanólico | Folhas | Interferência no desenvolvimento | Tavares et al. (2009) |
| | *Flourensia oolepis* S.F.Blake* | Extrato etanólico | Partes aéreas | Interferência na alimentação | Napal et al. (2009) |
| | *Lychnophora ramosissima* Gardner | Extrato etanólico | Folhas | Interferência no desenvolvimento | Tavares et al. (2009) |
| | *Parthenium argentatum* A.Gray | Extrato metanólico | Partes aéreas | Interferência no desenvolvimento e larvicida | Céspedes et al. (2001) |
| | *Pluchea sagittalis* (Lam.)* | Extrato clorofórmico | Partes aéreas | Interferência no desenvolvimento | Vera et al. (2008) |
| | *Roldana barba-johannis* (DC.) H. Rob. & Brettell * | Extrato metanólico | Partes aéreas | Interferência no desenvolvimento e larvicida | Céspedes et al. (2004) |
| | *Senecio salignus* DC. | Extrato hexânico | Partes aéreas | Interferência no desenvolvimento e larvicida | Romo-Asunción et al. (2016) |
| | *Vernonia holosenicea* Mart. ex DC. | Extrato etanólico | Folhas | Interferência no desenvolvimento | Tavares et al. (2009) |

*Espécies que tiveram seus metabólitos isolados e testados frente às respectivas espécies-praga.

## Referências bibliográficas

Ahmad, N.; Fazal, H.; Abbasi, B.H.; Iqbal, M. 2011. In vitro larvicidal potential against ***Anopheles stephensi*** and antioxidative enzyme activities of ***Ginkgo biloba***, ***Stevia rebaudiana*** and ***Parthenium hysterophorous***. Asian Pacific Journal of Tropical Medicine 4: 169-175.

Al-Snafi, A.E. 2013. Pharmacological effects of ***Allium*** species grown in Iraq: An overview. International Journal of Pharmaceuticals and Health Care Research 1: 132-155.

Alam, M.F.; Safhi, M.M.; Chopra, A.K.; Dua, V.K. 2011. Toxicological properties of several medicinal plants from the Himalayas (India) against vectors of malaria, filariasis and dengue. Tropical Biomedicine 28: 343-350.

Ali, A.; Tabanca, N.; Kukcuoglu, M.; Duran, A.; Blythe, E.K.; Khan, I.A.; Baser, K.H.C. 2014. Chemical composition, larvicidal, and biting deterrent activity of essential oils of two subspecies of ***Tanacetum argenteum*** (Asterales: Asteraceae) and individual constituents against ***Aedes aegypti*** (Diptera: Culicidae). Journal of Medical Entomology 41: 824-830.

Alva, M.; Popich, S.; Borkosky, S.; Cartagena, E. 2011. Bioactivity of the essential oil of an Argentine collection of ***Acanthospermum hispidum*** (Asteraceae). Natural Product Communications 7: 245-248.

Anshul, N.; Bhakuni, R.S.; Gaur, R.; Singh, D. 2013. Isomeric flavonoids of ***Artemisia annua*** (Asterales: Asteraceae) as insect growth inhibitors against ***Helicoverpa armigera*** (Lepidoptera: Noctuidae). Florida Entomologist 96: 897-903.

Anshul, N.; Kalra, A.; Singh, D. 2014. Biological effect of sweet wormwood, ***Artemisia annua*** methanol extracts and essential oil against ***Helicoverpa armigera*** Hub. (Lepidoptera: Noctuidae). Journal of Entomology and Zoology Studies 2: 304-307.

Ateyyat, M.A.; Al-Mazra, M.; Abu-Rjai, T.; Shatnawi, M.A. 2009. Aqueous extracts of some medicinal plants are as toxic as imidacloprid to the sweet potato whitefly, ***Bemisia tabaci***. Journal of Insect Science 9: 1-6.

Avelar-Freitas, B.A.; Dias, J.V.L.; Tibães, G.G.; Rocha, C.A.; Bahia-Oliveira, G.H.; Grael, C.F.F.; Pires, H.H.R. 2013. The effect of ***Ageratum fastigiatum*** extract on ***Rhodnius nasustu***s, vector of Chagas disease. Brazilian Journal of Pharmacognosy 23: 366-369.

Ávila, C.J.; Vivan, L.M.; Tomquelski, G.V. 2013. Ocorrência, aspectos biológicos, danos e estratégias de manejo de ***Helicoverpa armigera*** (Hübner) (Lepidoptera: Noctuidae) nos sistemas de produção agrícolas. Circular Técnica, 23. Embrapa Agropecuária Oeste, Dourados, MS, Brasil.

Ayidé, A.C.; Louis, F.; Sèdami, M.F.; Alban, H.G.; Siméon, K.; Fernand, G.A. 2017. Inhibition effects of ***Elaeis oleifera*** (Arecaceae) and ***Launaea taraxacifolia*** (Asteraceae) on two genotypes of ***Anopheles gambiae*** larvae. International Journal of Current Research in Biosciences and Plant Biology 4: 39-46.

Aziz, A.T.; Alshehri, M.A.; Panneerselvam, C.; Murugan, K.; Trivedi, S.; Mahyoub, J.A.; Hassan, M.M.; Maggi, F.; Sut, S.; Dall'acqua, S.; Canale, A.; Benelli, G. 2018. The desert wormwood (***Artemisia herba-alba***) - From Arabian folk medicine to a source of green and effective nanoinsecticides against mosquito vectors. Journal of Photochemistry and Photobiology B: Biology 180: 225-234.

Barud, F.J.; López, S.; Tapia, A.; Feresin, G.E.; López, M.L. 2014. Attractant, sexual competitiveness enhancing and toxic activities of the essential oils from ***Baccharis spartioides*** and ***Schinus polygama*** on ***Ceratitis capitata*** Wiedemann. Industrial Crops and Products 62: 299-304.

Bedini, S.; Flamini, G.; Ascrizzi, R.; Venturi, F.; Ferroni, G.; Bader, A.; Girardi, J.; Conti, B. 2018. Essential oils sensory quality and their bioactivity against the mosquito ***Aedes albopictus***. Scientific Reports 8: 1-10.

Bello, M.O.; Obiodun, B.O.; Uduma, A.U. 2018. ***Launaea taraxacifolia***, a neglected vegetable from Nigeria, its anti-inflammatory and antioxidant activities. ChemSearch Journal 9: 9-12.

Benelli, G. 2015a. Plant-borne ovicides in the fight against mosquito vectors of medical and veterinary importance: A systematic review. Parasitology Research 114: 3201-3212.

Benelli, G. 2015b. Research in mosquito control: Current challenges for a brighter future. Parasitology Research 114: 2801-2805.

Benelli, G.; Bedini, S.; Flamini, G.; Cosci, F.; Cioni, P.L.; Amira, S.; Benchikh, F.; Laouer, H.; Di Giuseppe, G.; Conti, B. 2015. Mediterranean essential oils as effective weapons against the West Nile vector ***Culex pipiens*** and the ***Echinostoma*** intermediate host ***Physella acuta***: What happens around? An acute toxicity survey on non-target mayflies. Parasitology Research 114: 1011-1021.

Benelli, G.; Govindarajan, M.; Rajeswary, M.; Senthilmurugan, S.; Vijayan, P.; Alharbi, N.S.; Kadaikunnan, S.; Khaled, J.M. 2017. Larvicidal activity of ***Blumea eriantha*** essential oil and its components against six mosquito species, including Zika virus vectors: The promising potential of (4E,6Z)-allo-ocimene, carvotanacetone and dodecyl acetate. Parasitology Research 116: 1175-1188.

Benelli, G.; Jeffries, C.L.; Walker, T. 2016. Biological control of mosquito vectors: Past, present, and future. Insects 7: 1-18.

Benelli, G.; Mehlhorn, H. 2016. Declining malaria, rising of dengue and Zika virus: Insights for mosquito vector control. Parasitology Research 115: 1747-1754.

Benelli, G.; Pavela, R.; Drenaggi, E.; Maggi, F. 2019. Insecticidal efficacy of the essential oil of jambú (***Acmella oleracea*** (L.) R.K. Jansen) cultivated in central Italy against filariasis mosquito vectors, houseflies and moth pests. Journal of Ethnopharmacology 229: 272-279.

Botas, G.S.; Cruz, R.A.S.; Almeida, F.B.; Duarte, J.L.; Araujo, R.S.; Souto, R.N.P.; Ferreira, R.; Carvalho, J.C.T.; Santos, M.G.; Rocha, L.; Pereira, V.L.P.; Fernandes, C.P. 2017. ***Baccharis reticularia*** DC. and limonene nanoemulsions: Promising larvicidal agents for ***Aedes aegypti*** (Diptera: Culicidae) control. Molecules 22: 1-15.

Bremer, K. 1994. Asteraceae: Cladistics and classification. Timber Press, Portland, USA.

Byrne, D.N. 1991. Whitefly biology. Annual Review of Entomology 36: 431-457.

Cantrell, C.L.; Ali, A.; Jones, A.M.P. 2018. Isolation and identification of mosquito biting deterrents from the North American mosquito repelling folk remedy plant, ***Matricaria discoidea*** DC. PLoS ONE 13: 1-12.

Cárdenas, J.; Rojas, J.; Rondón, M.; Nieves, E. 2012. Adulticide effect of ***Monticalia greenmaniana*** (Asteraceae) against ***Lutzomyia migonei*** (Diptera: Psychodidae). Parasitology Research 111: 787-794.

Centers for Disease Control and Prevention. 2019. Disponível em: <www.cdc.gov>. Acesso em: 10 jan. 2019.

Céspedes, C.L.; Martinez-Vázquez, M.; Calderón, J.S.; Salazar, J.R.; Eduardo, A. 2001. Insect growth regulatory activity of some extracts and compounds from ***Parthenium argentatum*** on fall armyworm ***Spodoptera frugiperda***. Bioscience 56: 95-105.

Céspedes, C.L.; Torres, P.; Marín, J.C.; Arciniegas, A.; Vivar, A.R.; Pérez-Castorena, A.L.; Aranda, E. 2004. Insect growth inhibition by tocotrienols and hydroquinones from ***Roldana barba-johannis***. Phytochemistry 65: 1963-1975.

Chakraborty, S.; Gurusamy, M.; Zawieja, D.C.; Mariappan, M. 2013. Lymphatic filariasis: Perspectives on lymphatic remodeling and contractile dysfunction in filarial disease pathogenesis. Microcirculation 20: 349-364.

Chang, K.; Jung, J.; Park, C.; Lee, H.; Lee, W.; Lee, D. 2009. Insecticide susceptibility and resistance of ***Blattella germanica*** (Blattaria: Blattellidae) in Seoul, Republic of Korea, 2007. Entomological Research 39: 243-247.

Chaubey, M.K. 2017. Study of insecticidal properties of garlic, ***Allium sativum*** (Alliaceae) and Bel, ***Aegle marmelos*** (Rutaceae) essential oils against ***Sitophilus zeamais*** L. (Coleoptera: Curculionidae). Journal of Entomology 14: 191-198.

Cheah, S.; Tay, J.; Chan, L.; Jaal, Z. 2013. Larvicidal, oviposition, and ovicidal effects of ***Artemisia annua*** (Asterales: Asteraceae) against ***Aedes aegypti***, ***Anopheles sinensis***, and ***Culex quinquefasciatus*** (Diptera: Culicidae). Parasitology Research 112: 3275-3282.

Chellappandian, M.; Thanigaivel, A.; Vasantha-Srinivasan, P.; Edwin, E.S.; Ponsankar, A.; Selin-Rani, S.; Kalaivani, K.; Senthil-Nathan, S.; Benelli, G. 2018. Toxicological effects of ***Sphaeranthus indicus*** Linn. (Asteraceae) leaf essential oil against human disease vectors, ***Culex quinquefasciatus*** Say and ***Aedes aegypti*** Linn., and impacts on a beneficial mosquito predator. Environmental Science and Pollution Research 25: 10294-10306.

Clemente, S.V.; Mareggiani, G.; Juárez, B.E.; María, E.; Baren, C.M.V.; Di, P.; Lira, L.; Adriana, M.; Bandoni, A.L.; Ferraro, G.E. 2008. Insecticidal activity of the essential oil and extracts of ***Gutierrezia mandonii*** and ***G. repens*** (Asteraceae) growing in Argentina. Journal of Essential Oil Research 20: 276-278.

Consoli, R.A.G.B; Oliveira, R.L. 1994. Principais mosquitos de importância sanitária no Brasil. Fiocruz, Rio de Janeiro, RJ, Brasil.

Day, R.; Abrahams, P.; Bateman, M.; Beale, T.; Clottey, V.; Cock,

M.; Colmenarez, Y.; Corniani, N.; Early, R.; Godwin, J.; Gomez, J.; González-Moreno, P.; Murphy, S.T.; Oppong-Mensah, B; Phiri, N.; Pratt, C.; Silvestri, S.; Witt, A. 2017. Fall armyworm: Impacts and implications for Africa. Outlooks on Pest Management 28: 196-201.

Demirci, B.; Soliman, H.; Tabanca, N.; Edip, H.; Bernier, U.R.; Agramonte, N.M.; Ibrahim, S.; Al-rehaily, A.J.; Baser, K.H.C.; Demirci, F. 2017. ***Rhanterium epapposum*** Oliv. essential oil: Chemical composition and antimicrobial, insect-repellent and anticholinesterase activities. Saudi Pharmaceutical Journal 25: 703-708.

Elango, G.; Rahuman, A.A.; Kamaraj, C.; Bagavan, A.; Zahir, A.A. 2011. Screening for feeding deterrent activity of herbal extracts against the larvae of malaria vector ***Anopheles subpictus*** Grassi. Parasitology Research 109: 715-726.

Fontes Jr., U.R.; Ramos, C.S.; Serafini, M.R.; Cavalcanti, S.C.H.; Alves, P.B.; Lima, G.M.; Andrade, P.H.S.; Bonjardim, L.R.; Quintans Jr., L.J.; Araujo, A.A.S. 2012. Evaluation of the lethality of ***Porophyllum ruderale*** essential oil against ***Biomphalaria glabrata***, ***Aedes aegypti*** and ***Artemia salina***. African Journal of Biotechnology 11: 3169-3172.

Fradin, M.S. 1998. Mosquitoes and mosquito repellents: A clinician's guide. Annals of Internal Medicine 128: 931-940.

Fundação Oswaldo Cruz. 2019. Disponível em: <http://www.portal.fiocruz.br>. Acesso em: 28 fev. 2019.

Funk, V.A.; Bayer, R.J.; Keeley, S.; Chan, R.; Watson, L.; Gemeinholzer, B.; Schiling, E.; Panero, J.L.; Baldwin, B.G.; Garcia-Jacas, N.; Susanna, A.; Jansen, R.K. 2005. Everywhere but Antartica: Using a supertree to understand the diversity and distribution of Compositae. Biologiske Skrifter Kongelige Danske Videnskabernes Selskab 55: 343-374.

Funk, V.A.; Susanna, A.; Stuessy, T.F.; Robinson, H. 2009a. Secondary chemistry of Compositae. p.73-86. ***In***: Calabria, L.M.; Emerenciano, V.P.; Scott, M.T.; Mabry, T.J., eds. Systematics, evolution, and biogeography of Compositae. International Association for Plant Taxonomy, Vienna, Austria.

Funk, V.A.; Susanna, A.; Stuessy, T.F.; Robinson, H. 2009b. Economic importance of Compositae. p.45-57. ***In***: Simpson, B.B., ed. Systematics, evolution, and biogeography of Compositae. International Association for Plant Taxonomy, Vienna, Austria.

Gangwar, R.K.; Gangwar, C. 2018. Lifecycle, distribution, nature of damage and economic importance of whitefly, ***Bemisia tabaci*** (Gennadius). Acta Scientific Agriculture 2: 36-39.

Geris, R.; Ribeiro, P.R.; Silva, M.B.; Silva, H.H.G.; Silva, I.G. 2012. Bioactive natural products as potential candidates to control ***Aedes aegypti***, the vector of dengue. p.277-376. ***In***: ____. Studies in natural products chemistry. Elsevier, Amsterdam, The Netherlands.

Gillij, Y.G.; Gleiser, R.M.; Zygadlo, J.A. 2008. Mosquito repellent activity of essential oils of aromatic plants growing in Argentina. Bioresource Technology 99: 2507-2515.

Govindarajan, M.; Karuppannan, P. 2011. Mosquito larvicidal and ovicidal properties of ***Eclipta alba*** (L.) Hassk (Asteraceae) against chikungunya vector, ***Aedes aegypti*** (Linn.) (Diptera: Culicidae). Asian Pacific Journal of Tropical Medicine 4: 24-28.

Govindarajan, M.; Vaseeharan, B.; Alharbi, N.S.; Kadaikunnan, S. 2018. High efficacy of (Z)-γ-bisabolene from the essential oil of ***Galinsoga parviflora*** (Asteraceae) as larvicide and oviposition deterrent against six mosquito vectors. Environmental Science and Pollution Research 25: 10555-10566.

Grace, M.H. 2002. Chemical composition and biological activity of the volatiles of ***Anthemis melampodina*** and ***Pluchea dioscoridis***. Phytotherapy Research 16: 183-185.

Graczyk, T.K.; Knight, R.; Tamang, L. 2005. Mechanical transmission of human protozoan parasites by insects. Clinical Microbiology Reviews 18: 128-132.

Guerreiro, A.C.G.; Cecati, F.M.C.; Ardanáz, C.E.A.; Donadel, O.J.D.; Tonn, C.E.T.; Sosa, M.E.S. 2018. Assessment of the insecticidal potential of the ***Eupatorium buniifolium*** essential oil against ***Triatoma infestans*** (Hemiptera: Reduviidae). A chiral recognition approach. Neotropical Entomology 47: 418-428.

Hammad, E.A.; Zeaiter, A.; Saliba, N.; Talhouk, S. 2014. Bioactivity of indigenous medicinal plants against the cotton whitefly, ***Bemisia tabaci***. Journal of Insect Science 14: 105-123.

Hazarika, S.; Dhiman, S.; Rabha, B.; Bhola, R.K.; Singh, L. 2011. Repellent activity of some essential oils against ***Simulium*** species in India. Journal of Insect Science 12: 5-14.

He, Q.; Liu, X.C.; Sun, R.Q.; Deng, Z.W.; Du, S.S.; Liu, L.Z. 2014. Mosquito larvicidal constituents from the ethanol extract of ***Inula racemosa*** Hook. f. roots against ***Aedes albopictus***. Journal of Chemistry 2014: 1-7.

Huang, J.G.; Zhou, L.J.; Xu, H.H.; Li, W.O. 2009. Insecticidal and cytotoxic activities of extracts of ***Cacalia tangutica*** and its two active ingredients against ***Musca domestica*** and ***Aedes albopictus.*** Journal of Economic Entomology 102: 1444-1447.

Hussain, D.; Saleem, M.; Ghouse, G.; Abbas, M. 2015. Insecticide resistance in field populations of ***Helicoverpa armigera*** (Hübner) (Lepidoptera: Noctuidae). Journal of Entomological Science 50: 119-128.

Ireri, L.N.; Kongoro, J.; Ngure, P.; Mutai, C.; Langat, B.; Toniu, W.; Kimutai, A.; Mucheru, O. 2010. The potential of the extracts of ***Tagetes minuta*** Linnaeus (Asteraceae), ***Acalypha fruticos***a Forssk (Euphorbiaceae) and ***Tarchonanthus camphoratus*** L. (Compositae) against ***Phlebotomus duboscqi*** Neveu Lemaire (Diptera: Psychodidae), the vector for Leishmania major Yakimoff and Schokhor. Journal of Vector Borne Disease 47: 168-174.

Isman, M.B. 2000. Plant essential oils for pest and disease management. Crop Protection 19: 603-608.

Isman, M.B. 2017. Bridging the gap: Moving botanical insecticides from the laboratory to the farm. Industrial Crops and Products 110: 10-14.

Iyengar, S.; Arnason, J.T.; Philogène, B.J.R.; Morand, P.; Werstiuk, N.H.; Timmins, G. 1987. Toxicokinetics of the phototoxic allelochemical α-terthienyl in three herbivorous Lepidoptera. Pesticide Biochemistry and Physiology 29: 1-9.

Jansen, R.K.; Palmer, J.D. 1987. A DNA chloroplast inversion marks an ancient evolutionary split in the sunflower family (Asteraceae). Proceedings of the National Academy of Sciences of the United States of America 84: 5818-5822.

Kadir, H.A.; Zakaria, M.B.; Kechil, A.A.; Azirun, M.S. 1989. Toxicity and electrophysiological effects of ***Spilanthes acmella*** Murr. extracts on ***Periplaneta americana*** L. Pesticide Science 25: 329-335.

Kerdudo, A.; Gonnot, V.; Ellong, E.N.; Boyer, L.; Chandre, F.; Adenet, S.; Rochefort, K.; Michel, T.; Fernandez, X. 2016. Composition and bioactivity of ***Pluchea carolinensis*** (Jack.) G. essential oil from Martinique. Industrial Crops and Products 89: 295-302.

Kim, K.; Jansen, R.K.; Turner, B.L. 1992. Evolutionary implications of intraspecific chloroplast DNA variation in dwarf dandelions (Krigia: Asteraceae). American Journal of Botany 79: 708-715.

Kimutai, A.; Ngeiywa, M.; Njagi, P.G.N.; Mulaa, M.; Ingonga, J.; Nyamwamu, L.B.; Ombati, C.; Ngumbi, P. 2015. Effects of essential oils of lemon grass, ***Cymbopogon citratus*** and the Mexican marigold, ***Tagetes minuta*** on mortality and oviposition in adult sandflies, ***Phlebotomus duboscqi***. International Journal of Biomedical Research 6: 679-688.

Kimutai, A.; Ngeiywa, M.; Mulaa, M.; Njagi, P.G.N.; Ingonga, J.; Nyamwamu, L.B.; Ombati, C.; Ngumbi, P. 2017. Repellent effects of the essential oils of ***Cymbopogon citratus*** and ***Tagetes minuta*** on the sandfly, ***Phlebotomus duboscqi***. BMC Research Notes 10: 98-106.

Konishi, T.K.; Kondo, S.K.; Uchiyama, N.U. 2008. Larvicidal activities of sesquiterpenes from ***Inula helenium*** (Compositae) against ***Aedes albopictus*** (Diptera: Culicidae) and ***Paratanytarsus grimmii*** (Diptera: Chironomidae). Applied Entomology and Zoology 43: 77-81.

Kranthi, K.R.; Armes, N.J.; Rao, N.G.V.; Raj, S.; Sundaramurth, V.T. 1997. Seasonal dynamics of metabolic mechanisms mediating pyrethroid resistance in ***Helicoverpa armigera*** in central India. Pesticide Science 50: 91-98.

Kumar, S.; Singh, A.P.; Nair, G.; Batra, S.; Seth, A.; Wahab, N.; Warikoo, R. 2011. Impact of ***Parthenium hysterophorus*** leaf extracts on the fecundity, fertility and behavioural response of ***Aedes aegypti*** L. Parasitology Research 108: 853-859.

Liu, Z.L.; He, Q.; Chu, S.S.; Wang, C.F.; Du, S.S.; Deng, Z.W. 2012. Essential oil composition and larvicidal activity of ***Saussurea lappa*** roots against the mosquito ***Aedes albopictus*** (Diptera: Culicidae). Parasitology Research 110: 2125-2130.

López, S.B.; López, M.L.; Aragón, L.M.; Tereschuk, M.L.; Slanis, A.C.; Feresin, G.E.; Zygadlo, J.A.; Tapia, A.A. 2011. Composition and anti-insect activity of essential oils from ***Tagetes*** L. species (Asteraceae, Helenieae) on ***Ceratitis capitata*** Wiedemann and ***Triatoma infestans*** Klug. Journal of Agricultural and Food Chemistry 59: 5286-5292.

Luyen, B.T.T.; Tai, H.B.; Thao, N.P.; Cha, J.Y.; Lee, H.Y.; Kim, Y.H. 2014. Anti-inflammatory components of ***Chrysanthemum indicum*** flowers. Bioorganic & Medicinal Chemistry Letters 25: 266-269.

Mansour, S.A.; Ibrahim, R.M.; El-Gengaihi, S.E. 2014. Insecticidal activity of chicory (***Cichorium intybus*** L.) extracts against two dipterous insect-disease vectors: Mosquito and housefly. Industrial Crops and Products 54: 192-202.

MAPA. 2019. Ministério da Agricultura, Pecuária e Abastecimento. Disponível em: <http://www.agricultura.gov.br>. Acesso em: 06 mar. 2019.

Martins, L.C.; Silva, E.V.P.; Casseb, L.M.N.; Silva, S.P.; Cruz, A.C.R.; Pantoja, J.A.S.; Martins Filho, A.J.; Cruz, E.R.M.; Araújo, M.T.F.; Romano, A.P.M.; Cunha, M.A.C.R.; Almada, G.L.; Santos, M.G.D.P.; Rodrigues, G.A.P.; Chiang, J.O.; Quaresma, J.A.S.; Carvalho, V.L.; Vasconcelos, P.F.C. 2019. First isolation of West Nile virus in Brazil. Memórias do Instituto Oswaldo Cruz 114: e180332.

Matur, B.M.; Davou, B.J. 2007. Comparative larvicidal property of leaf extract of ***Chromolaena odorata*** L (Composidae) and chlorpyrifos (organophosphorus compound) on ***Simulium*** larvae. Biomedical and Environmental Sciences 20: 313-316.

Mayeku, W.P.; Omollo, N.I.; Odalo, O.J.; Hassanali, A. 2014. Chemical composition and mosquito repellency of essential oil of ***Conyza newii*** propagated in different geographical locations of Kenya. Medical and Veterinary Entomology 28: 253-256.

Morejón, B.; Pilaquinga, F.; Domenech, F.; Ganchala, D.; Debut, A.; Neira, M. 2018. Larvicidal activity of silver nanoparticles synthesized using extracts of ***Ambrosia arborescens*** (Asteraceae) to control ***Aedes aegypti*** L. (Diptera: Culicidae). Journal of Nanotechnology 2018: 1-8.

Mougabure-Cueto, G.; Picollo, M.I. 2015. Insecticide resistance in vector Chagas disease: Evolution, mechanisms and management. Acta Tropica 149: 70-85.

Mozuraitis, R.; Stranden, M.; Ramirez, M.I.; Mustaparta, H. 2002. (–)-Germacrene D increases attraction and oviposition by the tobacco budworm moth ***Heliothis virescens***. Chemical Senses 27: 505-509.

MS. 2019. Ministério da Saúde. Disponível em: <http://www.saude.gov.br>. Acesso em: 10 abr. 2019.

Munhoz, M.V.; Longhini, R.; Zeqqui, J.A.C.; Mello, E.V.S.L.; Lopes, G.C.; Mello, J.C.P. 2014. Extraction of flavonoids from ***Tagetes patula***: Process optimization and screening for biological activity. Revista Brasileira de Farmacognosia 24: 576-583.

Nakano, H.; Ali, A.; Ur Rehman, J.; Mamonov, L.K.; Cantrell, C.L.; Khan, I.A. 2014. Toxicity of thiophenes from ***Echinops transiliensis*** (Asteraceae) against ***Aedes aegypti*** (Diptera: Culicidae) larvae. Chemistry and Biodiversity 11: 1001-1009.

Napal, G.N.D.; Carpinella, M.C.; Palacios, S.M. 2009. Antifeedant activity of ethanolic extract from ***Flourensia oolepi***s and isolation of pinocembrin as its active principle compound. Bioresource Technology 100: 3669-3673.

NIAID. 2018. National Institute of Allergy and Infectious Diseases, Bioinformatics Resource Center (BRC). Disponível em: <http//www.vectorbase.org>. Acesso em: 19 dez. 2018.

Navarro-Llopis, V.; Primo, J.; Vacas, S. 2013. Efficacy of attract-and-kill devices for the control of ***Ceratitis capitata***. Pest Management Science 69: 478-482.

Oriani, M.A.G.; Vendramim, J.D.; Vasconcelos, C.J. 2011. Biology of ***Bemisia tabaci*** (Genn.) B biotype (Hemiptera, Aleyrodidae) on tomato genotypes. Scientia Agricola 68: 37-41.

Pandey, V.; Agrawal, V.; Raghavendra, K.; Dashi, A.P. 2007. Strong larvicidal activity of three species of ***Spilanthes*** (Akarkara) against malaria (***Anopheles stephensi*** Liston, ***Anopheles culicifacies***, species C) and filaria vector (***Culex quinquefasciatus*** Say). Parasitology Research 102: 171-174.

Pandey, V.; Chopra, M.; Agrawal, V. 2011. In vitro isolation and characterization of biolarvicidal compounds from micropropagated plants of ***Spilanthes acmella***. Parasitology Research 108: 297-304.

Panero, J.L.; Crozier, B.S. 2016. Macroevolutionary dynamic in the early diversifictation of Asteraceae. Molecular Phylogenetics and Evolution 99: 116-132.

Panero, J.L.; Freire, S.E.; Espinar, L.A.; Crozier, B.S.; Barboza, G.E.; Cantero, J.J. 2014. Resolution of deep nodes yields an improved backbone phylogeny and new basal lineage to study early evolution of Asteraceae. Molecular Phylogenetics and Evolution 80: 43-53.

Panero, J.L.; Funk, V.; Vicki, A. 2002. Toward a phylogenetic subfamilial classification for the Compositae (Asteraceae). Proceedings of the Biological Society of Washington 115: 909-922.

Park, I.K.; Lee, S.G.; Shin, S.C.; Park, J.D.; Ahn, Y.J. 2002. Larvicidal activity of isobutylamides identified in ***Piper nigrum*** fruits against three mosquito species. Journal of Agricultural and Food Chemistry 50: 1866-1870.

Patel, R.V.; Shaeer, K.M.; Patel, P.; Garmaza, A.; Wiangkham, K.; Franks, R.B.; Pane, O.; Carris, N.W. 2016. EPA - Registered repellents for mosquitoes transmitting emerging viral disease. Pharmacotherapy 36: 1272-1280.

Pavela, R. 2016. History, presence and perspective of using plant extracts as commercial botanical insecticides and farm products for protection against insects - A review. Plant Protection Science 52: 229-241.

Picollo, M.I.; Vassena, C.; Orihuela, P.S.; Barrios, S.; Zaidemberg, M.; Zerba, E. 2005. High resistance to pyrethroid insecticides associated with ineffective field treatments in ***Triatoma infestans*** (Hemiptera: Reduviidae) from Northern Argentina. Vector Control, Pest Management, Resistance, Repellents 42: 637-642.

Pita, S.; Mora, P.; Palomeque, T.; Antonio, S.; Panzera, F.; Lorite, P. 2018. Comparative analysis of repetitive DNA between the main vectors of Chagas disease: ***Triatoma infestans*** and ***Rhodnius prolixus***. International Journal of Molecular Sciences 19: e1277.

Pohlit, A.M.; Rezende, A.R.; Baldin, E.L.L.; Lopes, N.P.; Neto, V.F. 2011. Plant extracts, isolated phytochemicals, and plant-derived agents which are lethal to arthropod vectors of human tropical diseases - A review. Planta Medica 77: 618-630.

Prabhakaran, P.K.; Thimmappa, S.P.; Achuthan, V. 2015. Mosquito larvicidal efficacy of a novel phenethylamide derivative isolated from ***Spilanthes mauritiana*** DC. International Journal of Green and Herbal Chemistry 4: 68-77.

Pruski, J.F.; Sancho, G. 2004. Asteraceae. p.33-39. ***In***: Smith, N.P.; Mori, S.A; Henderson, A.; Heald, S.V.; Stevenson, D.W., eds. Flowering plants of the neotropics. Princeton University Press, Princeton, USA.

Rajakumar, G.; Rahuman, A.A. 2011. Larvicidal activity of synthesized silver nanoparticles using ***Eclipta prostrata*** leaf extract against filariasis and malaria vectors. Acta Tropica 118: 196-203.

Rojas de Arias, A.; Ferro, E.; Inchausti, A.; Ascurra, M.; Acosta, N.; Rodriguez, E.; Fournet, A. 1995. Mutagenicity, insecticidal and trypanocidal activity of some Paraguayan Asteraceae. Journal of Ethnopharmacology 45: 35-41.

Romo-Asunción, D.; Ávila-Calderón, M.A.; Ramos, M.A.; Barranco-Florido, J.E.; Rodríguez-Navarro, S.; Romero-Gomez, S.; Aldeco-Pérez, E.J.; Pacheco-Aguilar, J.R.; Rico-Rodríguez, M.A. 2016. Juvenomimetic and insecticidal activities of ***Senecio salignus*** (Asteraceae) and ***Salvia microphylla*** (Lamiaceae) on ***Spodoptera frugiperda*** (Lepidoptera: Noctuidae). Florida Entomologist 99: 345-351.

Shi, J.; Liu, X.; Li, Z.; Zheng, Y.; Zhang, Q.; Liu, X. 2015. Laboratory evaluation of acute toxicity of the essential oil of ***Allium tuberosum*** leaves and its selected major constituents against ***Apolygus lucorum*** (Hemiptera: Miridae). Journal of Insect Science 15: 117-121.

Siddiqui, B.S.; Gulzar, T.; Begum, S.; Afshan, F.; Sattar, F.A. 2005. Insecticidal amides from fruits of ***Piper nigrum*** Linn. Natural Product Research 19: 143-150.

Socorro, A.P.D.; Gregg, P.C.; Alter, D.; Moore, C.J. 2010. Development of a synthetic plant volatile-based attracticide for female noctuid moths. I. Potential sources of volatiles attractive to ***Helicoverpa armigera*** (Hübner) (Lepidoptera: Noctuidae). Australian Journal of Entomology 49: 10-20.

Soliman, M.M.M. 2007. Phytochemical and toxicological studies of ***Artemisia*** L. (Compositae) essential oil against some insect pests. Archives of Phytopathology and Plant Protection 40: 128-138.

Spindola, K.C.V.W.; Simas, N.K.; Santos, C.E.; Silva, A.G.; Romão, W.; Vanini, G.; Silva, S.R.C.; Borges, G.R.; Souza, F.G.; Kuster, R.M. 2016. ***Dendranthema grandiflorum***, a hybrid ornamental plant, is a source of larvicidal compounds against ***Aedes aegypti*** larvae. Revista Brasileira de Farmacognosia 26: 342-346.

Tardelli, C.A.; Godoy, W.A.C.; Mancera, P.F.A. 2004. Population dynamics of ***Musca domestica*** (Diptera: Muscidae): Experimental and theoretical studies at different temperatures. Brazilian Archives of Biology and Technology 47: 775-783.

Tavares, W.S.; Cruz, I.; Petacci, F.; Assis Jr., S.L.; Freitas, S.S.; Zanuncio, J.C.; Serrão, J.E. 2009. Potential use of Asteraceae extracts to control ***Spodoptera frugiperda*** (Lepidoptera: Noctuidae) and selectivity to their parasitoids ***Trichogramma pretiosum*** (Hymenoptera: Trichogrammatidae) and ***Telenomus remus*** (Hymenoptera: Scelionidae). Industrial Crops and Products 30: 384-388.

Teich, V.; Arinelli, R.; Fahham, L. 2017. ***Aedes aegypti*** e sociedade: O impacto econômico das arboviroses no Brasil. Jornal Brasileiro de Economia da Saúde 9: 267-276.

Tennyson, S.; Ravindran, K.J.; Eapen, A.; William, S.J. 2012. Effect of ***Ageratum houstonianum*** Mill. (Asteraceae) leaf extracts on the oviposition activity of ***Anopheles stephensi***, ***Aedes aegypti*** and ***Culex quinquefasciatus*** (Diptera: Culicidae). Parasitology Research 111: 2295-2299.

Thandapani, K.; Kathiravan, M.; Namasivayam, E.; Padiksan, I.A.; Natesan, G.; Tiwari, M.; Giovanni, B.; Perumal, V. 2018. Enhanced larvicidal, antibacterial, and photocatalytic efficacy of $TiO_2$ nanohybrids green synthesized using the aqueous leaf extract of ***Parthenium hysterophorus***. Environmental Science and Pollution Research 25: 10328-10339.

The Brazil Flora Group. 2015. Growing knowledge: An overview of seed plant diversity in Brazil. Rodriguésia 66: 1085-1113.

Torres, L.; Rojas, J.; Rondón, M.; Morales, A.; Nieves, E. 2017. Insecticide activity of ***Ageratina jahnii*** and ***Ageratina pichinchensis*** (Asteraceae) against ***Lutzomyia migonei*** (Diptera: Psychodidae). Advanced Biomedical Research 6: 53-66.

Torres-Vila, L.M.; Rodríguez-Molina, M.C.; Lacasa-Plasencia, A.; Bielza-Lino, P. 2002. Insecticide resistance of ***Helicoverpa armigera*** to endosulfan, carbamates and organophosphates: The Spanish case. Crop Protection 21: 1003-1013.

Tyler, K.L. 2014. Current developments in understanding of West Nile virus central nervous system disease. Current Opinion in Neurology 27: 342-348.

Vera, N.; Misico, R.; Sierra, M.G.; Asakawa, Y.; Bardón, A. 2008. Eudesmanes from ***Pluchea sagittalis***: Their antifeedant activity on ***Spodoptera frugiperda***. Phytochemistry 69: 1689-1694.

Villas-Bôas, G.L; Castelo-Branco, M. 2009. Manejo integrado da mosca-branca (***Bemisia tabaci*** biótipo B) em sistema de produção integrada de tomate indústria (PITI). Circular Técnica 70. Embrapa Hortaliças, Brasília, DF, Brasil.

Wehmeyer, A.S.; Rose, E.F. 1983. Important indigenous plants used in the Transkei as food supplements. Bothalia 615: 613-615.

WHO. 2019. World Health Organization. Disponível em: <http://www.who.int>. Acesso em: 12 mar. 2019.

WHO. 2022. World Health Organization. Disponível em: <http://www.who.int>. Acesso em: 27 jul. 2022.

Yang, Y.C.; Lee, S.G.; Lee, H.K.; Kim, M.K.; Lee, S.H.; Lee, H.S. 2002. A piperidine amide extracted from ***Piper longum*** L. fruit shows activity against ***Aedes aegypti*** mosquito larvae. Journal of Agricultural and Food Chemistry 50: 3765-3767.

Yeom, H.J.; Jung, C.S.; Kang, J.; Kim, J.; Lee, J.H.; Kim, D.S.; Kim, H.; Park, P.; Kang, K.; Park, I. 2015. Insecticidal and acetylcholine esterase inhibition activity of Asteraceae plant essential oils and their constituents against adults of the German cockroach (***Blattella germanica***). Journal of Agricultural and Food Chemistry 63: 2241-2248.

Zhao, M.P.; Liu, Q.Z.; Liu, Q.; Liu, Z.L. 2017. Identification of larvicidal constituents of the essential oil of ***Echinops grijsii*** roots against the species of mosquitoes. Molecules 22: 205-2016.

Zhu, L.; Tian, Y. 2011a. Chemical composition and larvicidal activity of ***Blumea densiflora*** essential oils against ***Anopheles anthropophagus***: A malarial vector mosquito. Parasitology Research 109: 1417-1422.

Zhu, L.; Tian, Y. 2011b. Chemical composition and larvicidal effects of essential oil of ***Blumea martiniana*** against ***Anopheles anthropophagus***. Asian Pacific Journal of Tropical Medicine 4: 371-374.

Capítulo 9

# Principais famílias botânicas com potencial inseticida no Brasil: Meliaceae

Edson Luiz Lopes Baldin
Muriel Cicatti Emanoeli Soares
Jéssica Emiliane Rodrigues Gorri
José Djair Vendramim

## 1. Introdução

A utilização de fitoinseticidas para o controle de insetos-praga é uma atividade relativamente antiga, que foi gradativamente substituída ao final da década de 1940 com a introdução do DDT (diclorodifeniltricloroetano) e de outros inseticidas sintéticos (Isman et al., 1996; D'amato et al., 2002). Fatores como a facilidade de produção em escala industrial devido à baixa complexidade das moléculas, elevada eficácia, amplo espectro de ação, facilidade de uso, além do baixo custo de aquisição pelos agricultores foram preponderantes para o estabelecimento definitivo dos inseticidas sintéticos na agricultura moderna (Saito e Lucchini, 1998; Regnault-Roger, 2005; Hilje e Mora, 2006).

Todavia, com o surgimento e a adoção massiva dos inseticidas sintéticos na agricultura, aumentaram as preocupações com a saúde humana e os impactos ambientais decorrentes de seu uso abusivo (Isman et al., 1996). Somado a isso, com a expansão da agricultura orgânica, tem aumentado a demanda pelo desenvolvimento de novas modalidades de controle que sejam eficientes e, ao mesmo tempo, mais seguras ao homem e ao meio ambiente (Aguiar-Menezes, 2005), adequando-se aos preceitos do Manejo Integrado de Pragas (MIP). Esse cenário abriu novas perspectivas para os estudos com inseticidas botânicos, seja para o uso direto pelos produtores no combate às espécies-praga ou servindo como modelo químico para as indústrias, visando à síntese de novos análogos sintéticos (Ghini e Bettiol, 2000; Vendramim e Castiglioni, 2000; Isman, 2006).

Os inseticidas botânicos apresentam diversas vantagens em relação aos inseticidas químicos convencionais, com destaque para a baixa toxicidade a mamíferos e a menor persistência no ambiente, o que confere maior segurança ambiental, além de apresentarem uma maior diversidade de moléculas ativas (D'amato et al., 2002; Cloyd, 2004) em comparação com a maioria dos produtos sintéticos formulados. Ainda assim, mesmo com a maior procura por produtos mais seletivos e seguros (Isman et al., 2011), é relativamente baixo o número de formulações de inseticidas/acaricidas botânicos disponíveis no mercado mundial (Isman e Grieneisen, 2014).

De fato, a descoberta das propriedades inseticida/insetistática do nim, *Azadirachta indica* A. Juss. (Meliaceae), é a maior responsável por reacender o interesse e a credibilidade na prospecção, desenvolvimento e uso de derivados botânicos. Mais de 3 décadas de pesquisa com o nim geraram diversas conferências internacionais, publicações variadas, com um compilado de diversos resultados de pesquisa sobre essa espécie botânica (Isman et al., 1996). Isso se deve ao fato de a azadiractina (principal molécula ativa presente no nim) apresentar eficácia comparável a de alguns inseticidas sintéticos, sendo a bioatividade de seus derivados relatada sobre mais de 600 espécies de artrópodes-praga (Forim et al., 2010).

De modo geral, a bioatividade de derivados de nim e dos demais extratos botânicos sobre artrópodes-praga é decorrente do sinergismo de diferentes compostos e raramente é dependente de uma só molécula. Frequentemente, essas misturas são constituídas de séries de compostos estruturalmente relacionados, e os extratos brutos são frequentemente mais bioativos do que os seus respectivos constituintes majoritários isolados (Isman et al., 1996). Porém, o fato de muitos derivados botânicos serem fotoinstáveis e termolábeis tem limitado a eficácia das formulações empregadas a campo (Stokes e Redfern, 1982).

O gênero *Trichilia* vem recebendo atenção da comunidade científica em função da diversidade de espécies na flora da região Neotropical, disponibilidade de matéria-prima e grande número de compostos com ação inseticida (Bogorni e Vendramim, 2003). Em adição, muitas das espécies do gênero são nativas do Brasil, considerado um dos países com maior potencial para estudos nessa área, devido a sua ampla biodiversidade (abrange aproximadamente 20% do total de espécies da flora do planeta), além de comportar a maior floresta equatorial e tropical úmida do mundo (Pinto et al., 2002; Simões e Schenkel, 2002). Além de *Azadirachta* e *Trichilia*, derivados botânicos de plantas dos gêneros *Melia* e *Toona* também apresentam eficácia comprovada sobre algumas espécies de insetos-praga, os quais serão devidamente caracterizados neste capítulo.

## 2. A família Meliaceae

A família Meliaceae pertence à ordem Spindales e compreende mais de 50 gêneros (Tabela 1), com cerca de 1.400 espécies (Nakatani et al., 2001) e está incluída no grupo das angiospermas, com ampla distribução subtropical e tropical, ocorrendo em uma grande variedade de hábitats, desde florestas tropicais e mangues até regiões semi-desérticas (Pérez-Flores et al., 2012).

**Classificação Taxonômica**

Reino: Plantae
Sub-reino: Tracheobionta
Superdivisão: Spermatophyta
Divisão: Magnoliophyta
Classe: Magnoliopsida
Subclasse: Rosidae
Ordem: Spindales
Família: Meliaceae

**Tabela 1.** Principais gêneros descritos na família Meliaceae (adaptada de Yadav et al. *World Journal of Pharmaceutical Sciences* 3: 1572-1577, 2015, com autorização).

| | | |
|---|---|---|
| *Aglaia* | *Guarea* | *Pterorhachis* |
| *Anthocarapa* | *Heckeldora* | *Reinwardtiodendron* |
| *Aphanamixis* | *Heynea* | *Ruagea* |
| *Astrotrichilia* | *Humbertioturraea* | *Sandoricum* |
| *Azadirachta* | *Khaya* | *Schmardaea* |
| *Cabralea* | *Lansium* | *Soymida* |
| *Calodecarya* | *Lepidotrichilia* | *Sphaerosacme* |
| *Capuronianthus* | *Lovoa* | *Swietenia* |
| *Carapa* | *Malleastrum* | *Synoum* |
| *Cedrela* | *Melia* | *Toona* |
| *Cedrelopsis* | *Munronia* | *Trichilia* |
| *Chisocheton* | *Naregamia* | *Turraea* |
| *Chukrasia* | *Neobeguea* | *Turraeanthus* |
| *Cipadessa* | *Owenia* | *Vavaea* |
| *Dysoxylum* | *Pseudobersama* | *Walsura* |
| *Ekebergia* | *Pseudocarapa* | *Xylocarpus* |
| *Entandrophragma* | *Pseudocedrela* | |

Dentre os gêneros descritos na Tabela 1, *Azadirachta*, *Melia*, *Toona* e *Trichilia* têm sido os mais explorados quanto à bioatividade de seus derivados sobre insetos-praga e, por essa razão, serão caracterizados a seguir.

## 2.1. *Azadirachta*

O gênero *Azadirachta* abrange as espécies *Azadirachta excelsa* (Jack) M. Jacobs e *Azadirachta indica* (Pennington e Styles, 1975), representadas por árvores com distribuição natural na região do subcontinente indiano, sul da China, Filipinas e Indonésia Ocidental (Pennington e Styles, 1975). Das duas espécies, *A. indica*, conhecida por nim, é a mais estudada e popularmente conhecida.

### 2.1.1. *Azadirachta indica* A. Juss.

As plantas de nim são árvores perenes, monoicas, com até 15 m de altura, tronco curto e robusto de coloração acastanhada, enrugado e fissurado. As folhas têm até 40 cm de comprimento, com 4 a 9 pares de folíolos opostos; folíolos ovado-lanceolados a lanceolados, fortemente falcados, com até 9 cm de comprimento e 3 cm de largura. A inflorescência é do tipo panícula axilar, com até 35 cm de comprimento. As flores apresentam 5 pétalas livres, imbricadas, de coloração esbranquiçada, formando um tubo estaminal cilíndrico, ligeiramente expandido no ápice. O fruto é uma drupa de 1,5 a 1,8 cm de comprimento de coloração amarelada (Ogbuewu et al., 2011) (Figura 1).

**Figura 1.** *Azadirachta indica*: A) Árvore adulta; B) Ramos; C) Flores; D) Frutos.

Essa espécie é encontrada em abundância na Austrália e em outros países do sul da Ásia (Ahmed et al., 1989). Dentro da família Meliaceae, *A. indica* é a espécie mais estudada e popularmente conhecida em razão dos resultados promissores obtidos com a utilização de várias de suas partes na área da medicina e no controle de microrganismos e insetos-praga. O nim é também utilizado comercialmente na produção de madeira e óleo, além de ser amplamente empregado na indústria de cosméticos. A espécie é também cultivada como árvore ornamental nas regiões tropicais e subtropicais, sendo considerada naturalizada em diversas regiões. Por todas essas razões, *A. indica* é considerada, segundo Ogbuewu et al. (2011), a espécie botânica mais promissora do século XXI.

### 2.2. *Melia*

*Melia* é um gênero pouco conhecido, na qual *Melia azedarach* L. é a espécie mais citada. Essas plantas são originárias do sul da Ásia (Irã, Índia e sul da China), tendo sido introduzidas, posteriormente, no Novo Mundo, cultivadas e naturalizadas na América tropical, desde o México até a Argentina (Pennington, 1981). O gênero possui ampla distribuição natural, extendendo-se da China, Índia e Japão até a Indonésia, norte da Austrália, África, América do Norte, América do Sul e sul da Europa (Chiffelle et al., 2009).

#### 2.2.1. *Melia azedarach* L.

Conhecida por muitos nomes comuns como cinamomo, paraíso, margosa, para-raio, jasmim-de-soldado e lilás-da-índia, entre outros, *M. azedarach* é uma árvore decídua, com geralmente 5 a 15 metros de altura, mas que pode atingir até 45 metros. O tronco tem 30 a 60 cm de diâmetro, sendo a copa pouco ramificada (Seth, 2004). Os ramos dessa espécie são robustos, com casca arroxeada e pontilhadas com lenticelas de cor amarela. As folhas são compostas, alternadas, longas, serrilhadas, pilosas na parte adaxial e de coloração verde-escura. A inflorescência é uma panícula, na qual as sépalas são verdes e as pétalas são rosadas, com 10 anteras. O fruto é carnoso, com aproximadamente 1 cm de diâmetro (Burks, 1997; Rubae, 2009) (Figura 2).

O cinamomo é utilizado como árvore ornamental e, às vezes, em consórcio em cafezais para sombreamento (Seth, 2004). Segundo a literatura, triagens fitoquímicas em *M. azedarach* revelaram a presença de terpenoides, flavonoides, esteroides, ácidos, antraquinonas, alcaloides, saponinas e taninos, tornando-a uma planta-alvo para estudos bioguiados visando à detecção de compostos inseticidas e/ou com propriedades medicinais (Rishi e Singh 2003; Suresh et al., 2008).

**Figura 2.** *Melia azedarach*: A) Árvore adulta; B) Ramos e folhas; C) Flores; D) Frutos (adaptada de Sharma e Paul. *Journal of Applied Pharmaceutical Science* 3: 133-138, 2013, com autorização).

## 2.3. *Toona*

O gênero *Toona* é constituído por árvores distribuídas em regiões de altitudes elevadas (Negi et al., 2011) e se estende do leste do Paquistão ao sudeste da Ásia e do sul da China ao leste da Austrália. O gênero consiste de apenas 4 ou 5 espécies: *Toona sinensis* (A. Juss.) M. Roem., *Toona fargesii* A. Chev., *Toona sureni* (Blume) Merr., *Toona ciliata* M. Roem. Roxb. ex Rottler e, possivelmente, *Toona calantas* Merr. & Rolfe, que tem sido também considerada uma variante frutificada de *T. ciliata* (Edmonds, 1995).

A representante mais importante do gênero é *T. ciliata*, que ocorre naturalmente em grande parte do sul e sudeste da Ásia, incluindo Austrália e ilhas do oeste do Oceano Pacífico (Edmonds, 1995; Hua e Edmonds, 2008). É conhecida como cedro-vermelho, toon ou toona ou tuni, cedro-vermelho-australiano, cedro-da-birmânia, cedro-indiano, cedro-moulmein ou cedro-vermelho-de-Queensland (Hossain et al., 2014).

A planta adulta é uma árvore decídua de tamanho médio a grande, que pode atingir até 30 m de altura (Wagner et al., 1999). Sua casca é marrom a cinza (Hua e Edmonds, 2008) e as folhas são paripinadas, geralmente com 9 a 17 folíolos (Wagner et al., 1999). O ápice das folhas é acuminado, a base é fortemente assimétrica, com margem inteira (mais ou menos dentada em mudas), geralmente glabra; as pétalas são brancas, com 5 a 6 mm de comprimento (Wagner et al., 1999). As flores são carregadas em panículas grandes, pendentes e densamente ramificadas. A semente é encapsulada em formato elipsoide (10 a 20 mm de comprimento e 6 a 8 mm de diâmetro) e as sementes são aladas em uma ou ambas as extremidades (Divakar, 2017).

Em função da baixa regeneração natural e da grande exploração da espécie, dada a sua importância para diversos segmentos (construção civil, tinturaria, medicina tradicional etc.), um declínio contínuo na população das plantas desse gênero tem sido observado, estando algumas espécies já ameaçadas de extinção (Li et al., 2015).

## 2.4. *Trichilia*

O gênero *Trichilia* pertence à subfamília Melioideae (Pennington e Styles, 1975), a qual compreende também os gêneros *Melia* e *Azadirachta*. *Trichilia* possui, aproximadamente, 70 espécies distribuídas pela América tropical, África e região Indomalaia. É um dos gêneros que possui o maior número de espécies na família e, dentro de Melioideae, é o gênero que apresenta a maior diversidade de limonoides (Pennington, 1981), sendo, portanto, muito explorado no desenvolvimento de bioinseticidas (Rodríguez-Hernández e Vendramim, 1996, 1997; Bogorni e Vendramim, 2003, 2005).

Derivados de *Trichilia pallida* Sw., *Trichilia elegans* A. Juss., *Trichilia casaretti* C. DC., *Trichilia catigua* A. Juss. e *Trichilia claussenii* C. DC. (Figura 3) foram amplamente avaliados no Brasil em estudos visando ao controle de importantes pragas, como *Spodoptera frugiperda* (J.E. Smith) (Lepidoptera: Noctuidae) e *Bemisia tabaci* (Gennadius) (Hemiptera: Aleyrodidae) (Bogorni e Vendramim, 2005; Baldin et al., 2007a; Baldin et al., 2020).

**Figura 3.** Partes de diferentes espécies do gênero *Trichilia*: A) *T. elegans*; B) *T. claussenii*; C) *T. pallida*; D) *T. catigua*; E) *T. casaretti*.

### 2.4.1. *Trichilia elegans* A. Juss.

Conhecida popularmente como pau-de-ervilha, catiguá, erva-de-cutia ou caferama (Klein, 1984; Patrício e Cervi, 2005), *T. elegans* produz madeira resistente e durável, sendo a casca empregada em curtumes (Matos, 2006).

Possui ampla dispersão no Brasil, sendo encontrada desde Goiás até Santa Catarina, em matas semidecíduas, apresentando-se como uma arvoreta de 3 a 6 metros, com florescimento de agosto a dezembro. Os frutos podem apresentar de uma a 3 sementes, o que determina sua forma (Patrício e Cervi, 2005; Matos, 2006) (Figura 4).

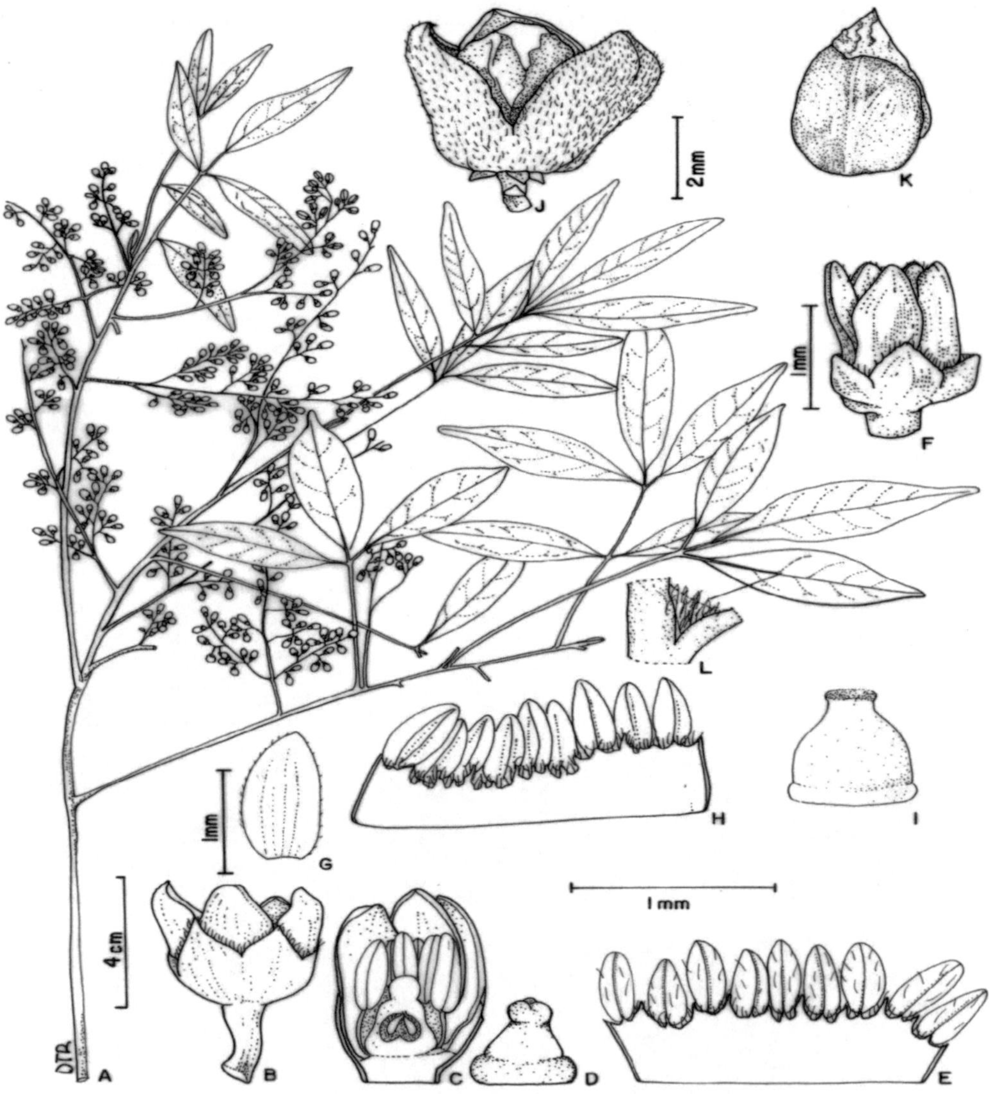


**Figura 4.** *Trichilia elegans* subsp. ***elegans***: A) Hábito; B) Flor estaminada; C) Flor em corte longitudinal, mostrando androceu e gineceu; D) Pistiloide; E) Tubo estaminal aberto (face dorsal); F) Flor pistilada; G) Pétala; H) Tubo estaminal aberto (face dorsal); I) Gineceu; J) Fruto; K) Semente; L) Detalhe de domácea. [A, L (G. Hatschbach, 55732 & J.M. Silva UPCB); B-E (S.B. Mikich, s.n. UPCB); F-K (P.C. Patrício et al., 25 UPCB)] (adaptada de Patrício e Cervi. ***Acta Biológica Paranaense*** 34: 27-71, 2005, com autorização).

## 2.4.2. *Trichilia claussenii* C. DC.

Popularmente conhecida como catiguá-vermelho, catiguá ou quebra-machado, *T. claussenii* é nativa do Brasil e ocorre desde Minas Gerais e Mato Grosso do Sul até o Rio Grande do Sul, na floresta latifoliada semidecídua, com árvores atingindo altura entre 6 e 12 m (Reitz, 1984; Araldi et al., 2006). Sua madeira é leve, compacta, medianamente resistente e moderadamente durável, sendo apropriada para marcenaria leve, confecção de forros, lambris e acabamentos internos em construção civil (Matos, 2006).

Floresce durante agosto a novembro e frutifica entre dezembro e maio (Patrício e Cervi, 2005). Seus frutos são avidamente consumidos por várias espécies de pássaros, que ingerem o arilo vermelho que envolve as sementes (Matos, 2006) (Figura 5).

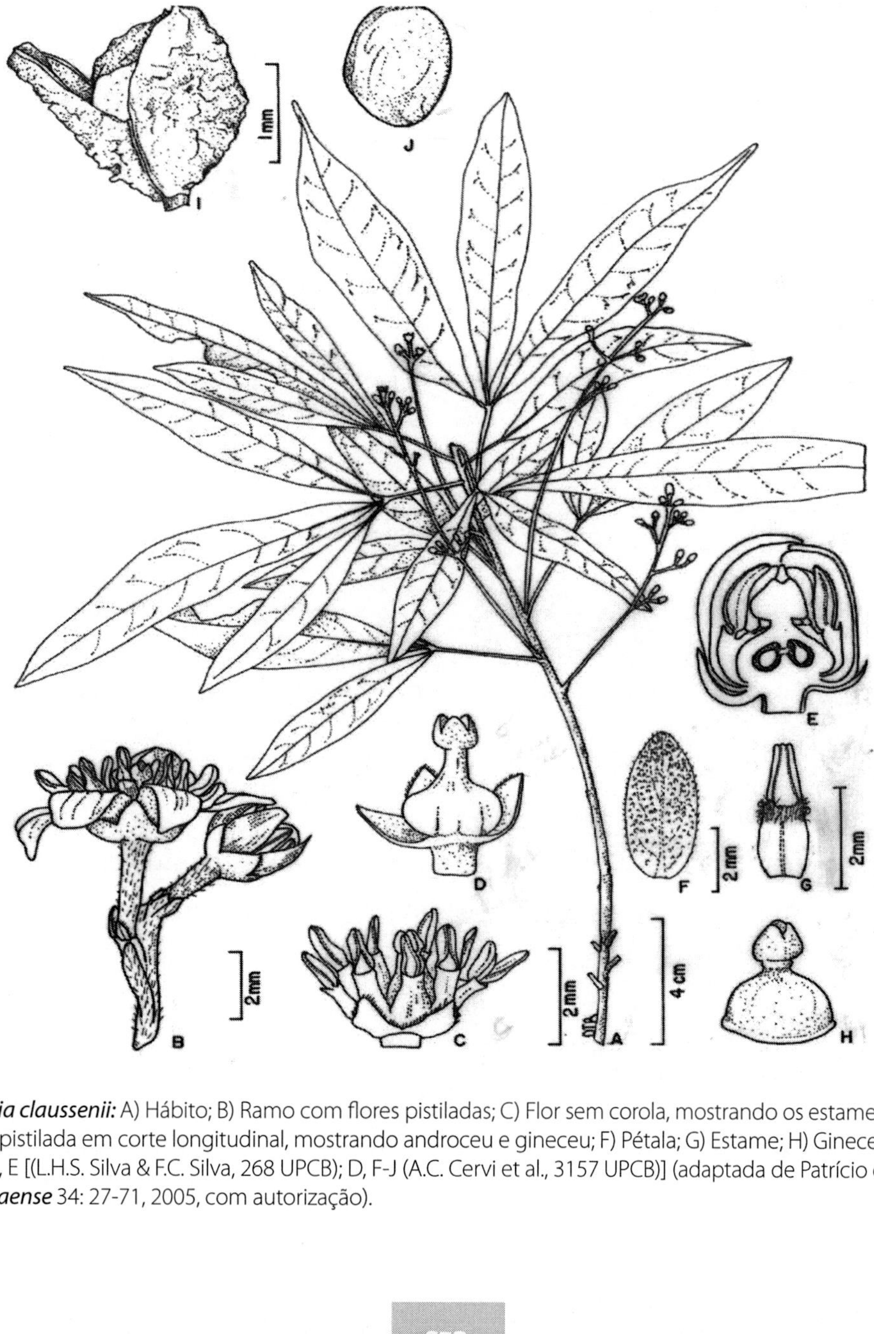


**Figura 5.** *Trichilia claussenii:* A) Hábito; B) Ramo com flores pistiladas; C) Flor sem corola, mostrando os estames; D) Flor pistilada; E) Flor pistilada em corte longitudinal, mostrando androceu e gineceu; F) Pétala; G) Estame; H) Gineceu; I) Fruto; J) Semente. A-C, E [(L.H.S. Silva & F.C. Silva, 268 UPCB); D, F-J (A.C. Cervi et al., 3157 UPCB)] (adaptada de Patrício e Cervi. ***Acta Biológica Paranaense*** 34: 27-71, 2005, com autorização).

### 2.4.3. *Trichilia catigua* A. Juss.

Popularmente conhecida como catiguá, cataguá, angelim-rosa ou mangaltô-catinga (Klein, 1984), *T. catigua* é encontrada desde o Rio Grande do Sul até Minas Gerais, ocorrendo preferencialmente nas matas ciliares e mesófilas do interior (Pastore, 2003). São árvores com cerca de 10 m de altura, podendo florescer o ano todo, com frutos em forma de cápsulas, avermelhados com apenas uma ou duas sementes (Patrício e Cervi, 2005) (Figura 6).

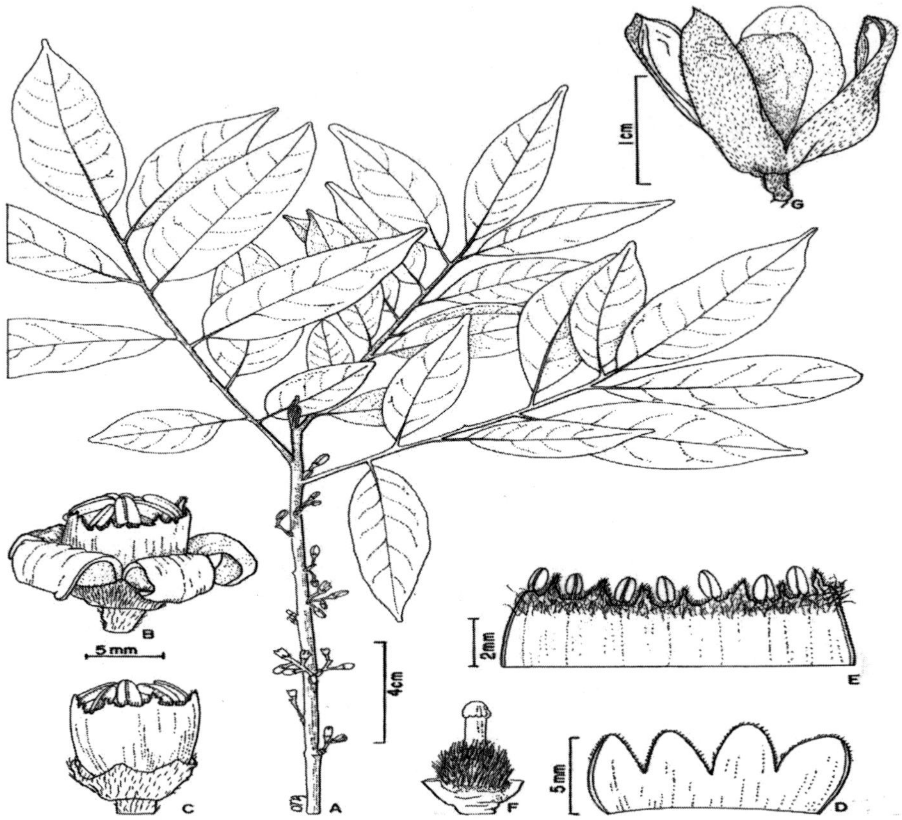


**Figura 6.** *Trichilia catigua:* A) Hábito; B) Flor estaminada; C) Flor estaminada sem a corola mostrando o tubo estaminal; D) Corola aberta (face ventral); E) Tubo estaminal aberto (face ventral); F) Pistiloide; G) Fruto. [A-F (P.C. Patrício et al., 24 UPCB); G (A. Uhlmann & G. Gatti, 125 UPCB)] (adaptada de Patrício e Cervi. ***Acta Biológica Paranaense*** 34: 27-71, 2005, com autorização).

### 2.4.4. *Trichilia casaretti* C. DC.

Conhecida como murta-vermelha, catiguá-branco, baga-de-morcego, catiguá ou orvalho (Klein, 1984; Patrício e Cervi, 2005), *T. casaretti* apresenta até 10 m de altura de seu dossel. Possui flores unissexuais, creme-esverdeadas, produzidas de dezembro a fevereiro e em agosto; os frutos maduros são coletados de março a maio e de julho a outubro (Pennington, 1981; Patrício e Cervi, 2005) (Figura 7).

A espécie está distribuída nas regiões Nordeste (Bahia), Sudeste (Minas Gerais, Espírito Santo, São Paulo e Rio de Janeiro) e Sul (Paraná, Santa Catarina e Rio Grande do Sul) (Sakuragui et al., 2012).

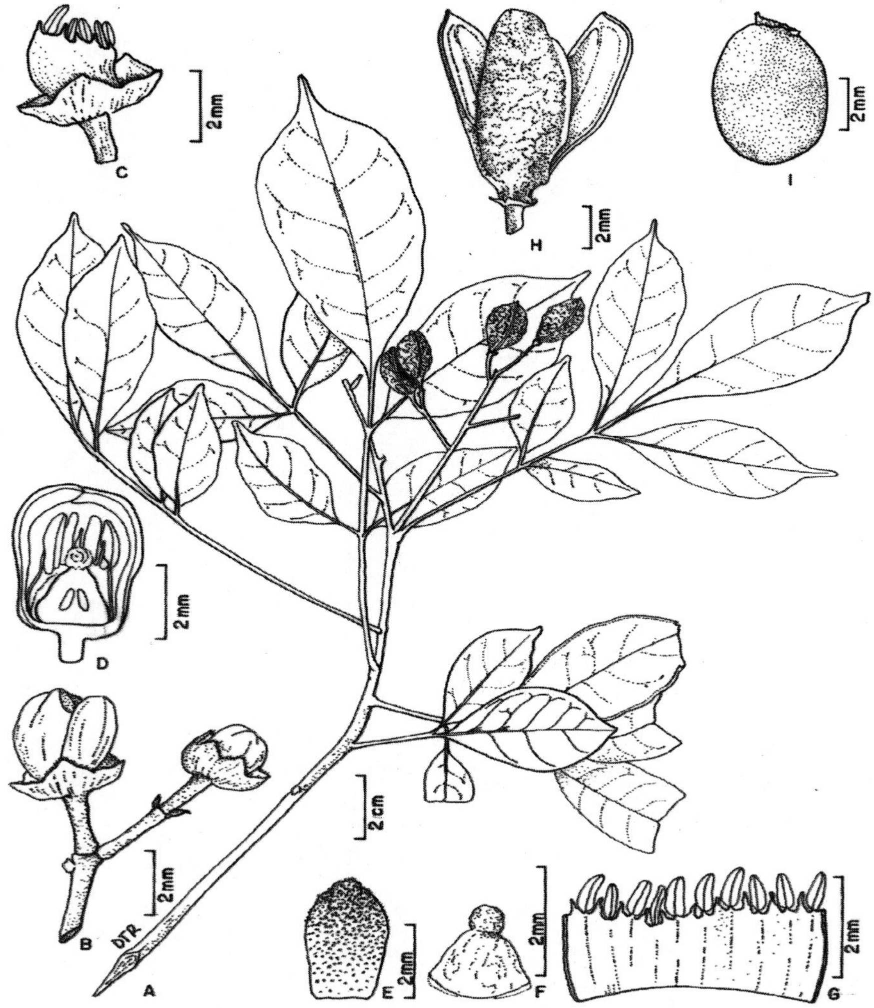


**Figura 7.** *Trichilia casaretti:* A) Hábito; B) Inflorescência; C) Flor sem corola, mostrando o tubo estaminal; D) Flor em corte longitudinal, mostrando androceu e gineceu; E) Pétala; F) Gineceu; G) Tubo estaminal aberto (face ventral); H) Fruto; I) Semente (adaptada de Patrício e Cervi. ***Acta Biológica Paranaense*** 34: 27-71, 2005, com autorização).

### 2.4.5. *Trichilia pallida* Swartz

Comumente chamada de baga-de-morcego, catiguá, catiguá-graúdo, tauvá ou amesca (Klein, 1984; Patrício e Cervi, 2005), *T. pallida* atinge de 3 a 8 m de altura, com flores unissexuais, presentes de janeiro a junho, e com frutos maduros a partir de maio (Patrício e Cervi, 2005) (Figura 8).

Encontra-se amplamente distribuída desde a Amazônia até Santa Catarina, porém não ocorre no nordeste brasileiro e no Rio Grande do Sul (Patrício e Cervi, 2005).

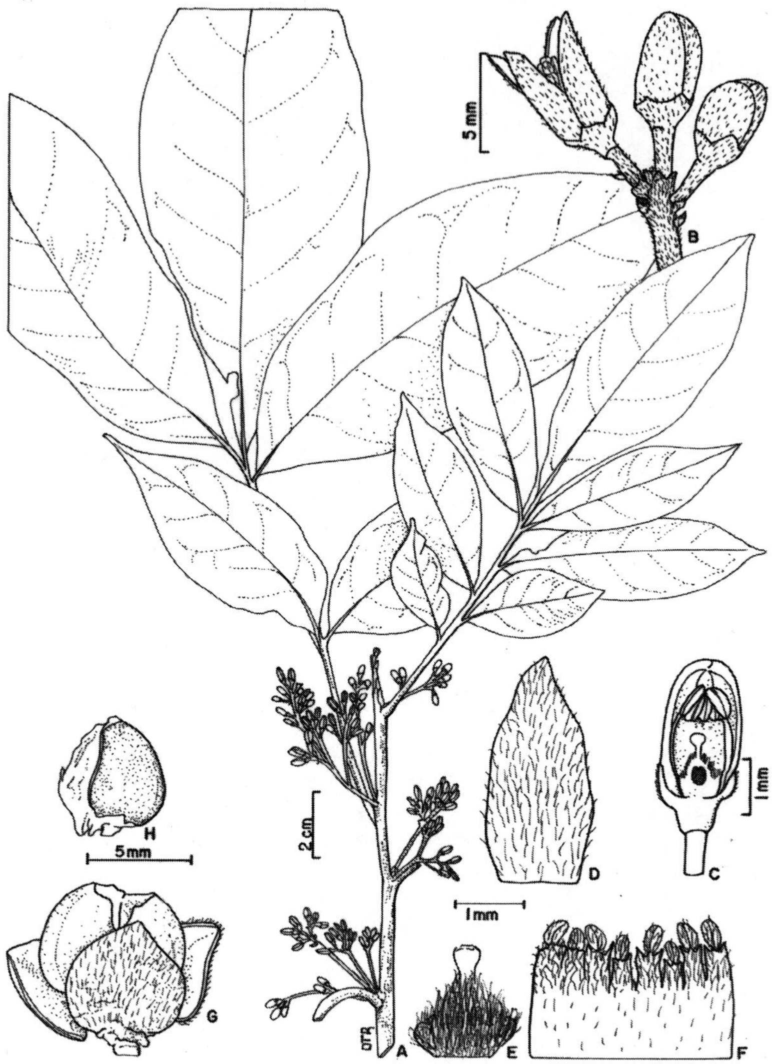


**Figura 8.** *Trichilia pallida*: A) Hábito; B) Inflorescência; C) Flor em corte longitudinal, mostrando androceu e gineceu; D) Pétala; E) Gineceu; F) Tubo estaminal aberto (face dorsal); G) Fruto; H) Semente. [(P.C. Patrício et al., 29 UPCB).] (adaptada de Patrício e Cervi. ***Acta Biológica Paranaense*** 34: 27-71, 2005, com autorização).

## 3. Compostos de Meliaceae com potencial inseticida

As meliáceas se caracterizam quimicamente pela presença de tetranortriterpenoides, também conhecidos como limonoides ou meliacinas. Além de Meliaceae, outras famílias como Rutaceae e Cneoraceae também sintetizam esses compostos secundários (Silva et al., 1984).

Os limonoides dessas plantas conferem sabor amargo e são os maiores representantes da classe dos terpenos com atividade inseticida (Viegas Jr., 2003; Ribeiro et al., 2008), possuindo também muitas propriedades anti-infecciosas e antimicrobianas (Kusari et al., 2012). Esses compostos podem ser encontrados em todos os tecidos das plantas; entretanto, individualmente, os órgãos podem produzir diferentes tipos de limonoides (Champagne et al., 1992; Nakatani et al., 1996).

O conjunto desses compostos, bem como cada um deles em separado, produz diferentes efeitos sobre os insetos, tais como: ação fagodeterrente, repelente, inibidora de crescimento, esterilizante ou inseticida propriamente dita (Jacobson, 1987).

Em *A. indica*, ocorre uma gama de compostos biologicamente ativos e que são estruturalmente complexos e quimicamente diversos (Koul et al., 2003; Kaur et al., 2004). Vários estudos revelaram os efeitos letais desses compostos sobre insetos, além de outras atividades inibitórias (Luo et al., 1999; Ngure et al., 2009).

O composto de Meliaceae com maior bioatividade é a azadiractina (Brasil, 2010; Kusari et al., 2012), isolada e caracterizada por Butterworth e Morgan em 1968 (Figura 9). Esse composto pertence ao grupo dos limonoides C-secos, classificados como tetranortriterpenoides (Ley et al., 1993), presentes nos gêneros *Azadirachta* e *Melia* (Champagne et al., 1992).

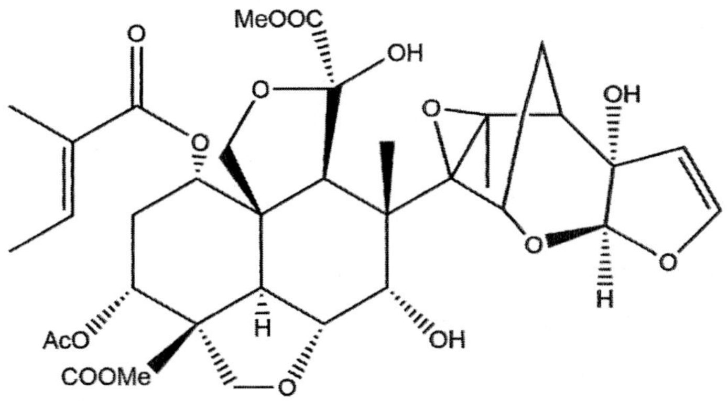


**Figura 9.** Estrutura do tetranortriterpenoide azadiractina.

Além da azadiractina, outros limonoides (também do grupo dos tetranortriterpenoides) também foram isolados do nim, incluindo a salanina, 14-epoxiazadiradiona, melantriol, nimbidina, nimbina, melianona, gedunina, nimbolina, nimbinen, deacetilsalanina, azadiractol, azadirona, vilosinina e meliacarpina (Kraus et al., 1987; Jones et al., 1989; Klocke, 1989; Lee et al., 1991; Hashmat et al., 2012) (Figura 10).

Diversas outras classes de compostos também estão presentes, como taninos, saponinas, flavonoides, alcaloides, glicosídeos, açúcares redutores, polifenois e terpenos (Kaur et al., 2004; Atangwho et al., 2009; Timothy et al., 2011; Pandey et al., 2012).

O gênero *Toona* também apresenta grande importância dentre as meliáceas. Folhas de *T. ciliata* representam uma importante fonte de componentes aromáticos já isolados e identificados, tais como: cumarinas (ácido cumárico e siderina), flavonoides (rutina, kaempfenol e quercetina), polifenois (taninos), vitaminas A (retinoides), B e C, glicosídeos (afzelina e quercitrina), compostos fenólicos (metil galato), limonoides e esteroides (Agostinho et al.,

1994; Park et al., 1994, 1996; Luo et al., 2000; Liao et al., 2007; Hossain et al., 2014). Dentre os limonoides, pode-se citar a toonacilina, a cedrelona (Oiano-Neto et al., 1998), a toonaciliatina e a toonafolina, entre outros (Kraus et al., 1978; Kraus e Grimminger, 1981; Chen et al., 2009; Liu et al., 2012). A toonacilina possui ação inseticida e fagodeterrente sobre *Epilachna varivestis* Mulsant (Coleoptera: Coccinellidae) (Kraus et al., 1978) e sobre *Spodoptera litura* (Fabricius) (Lepidoptera: Noctuidae) (Govindachari et al., 1995).

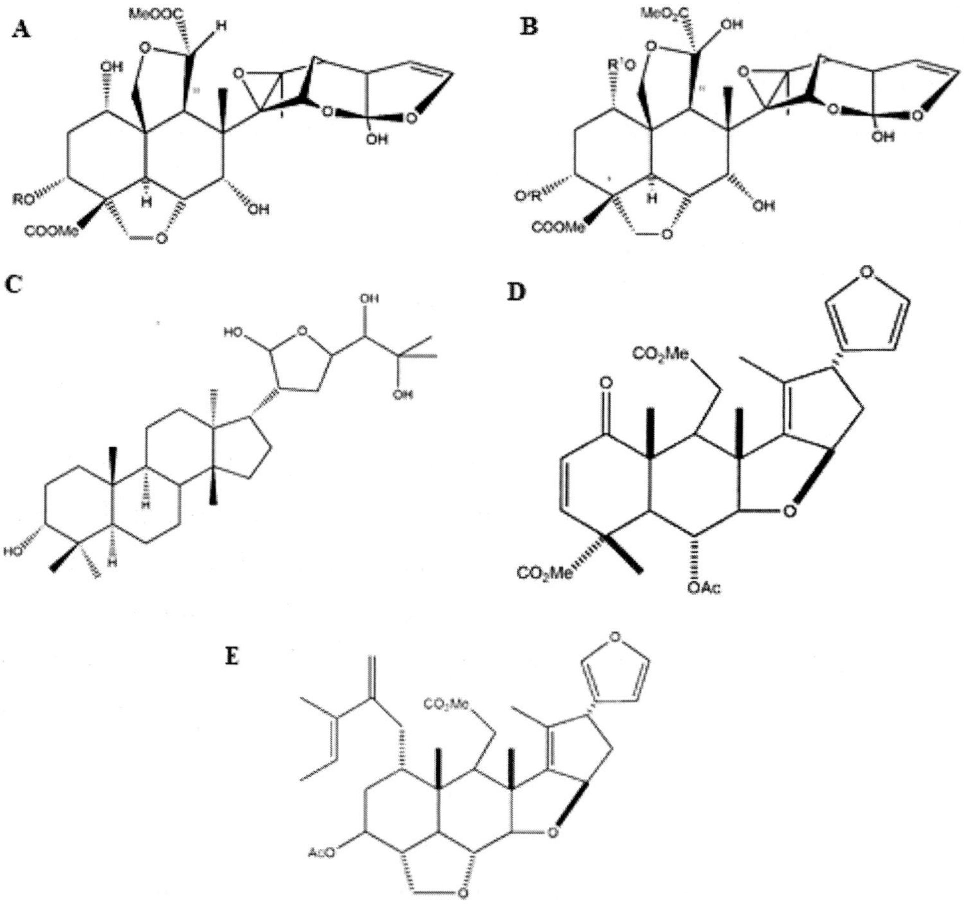

**Figura 10.** Estrutura química de alguns limonoides isolados de ***Azadirachta indica***: A) Azadiractol; B) Meliacarpina; C) Meliantriol; D) Nimbina; E) Salanina.

Na Figura 11, constam alguns exemplos de compostos isolados e identificados no gênero *Toona*.

A bioatividade de espécies do gênero *Melia* sobre microrganismos e artrópodes tem sido investigada há algumas décadas. A composição química do cinamomo (*M. azedarach*) foi avaliada por vários autores e a atividade antialimentar de limonoides extraídos de suas raízes foi constatada sobre *Spodoptera exigua* (Hübner) (Lepidoptera: Noctuidae). Os principais compostos identificados foram: triquilina B (Figura 12), 1,12 diacetiltriquilina B, 12-acetiltriquilina B, triquilina D, triquilina H e meliatoxina, sendo a triquilina B o composto com maior atividade (Nakatani et al., 1994).

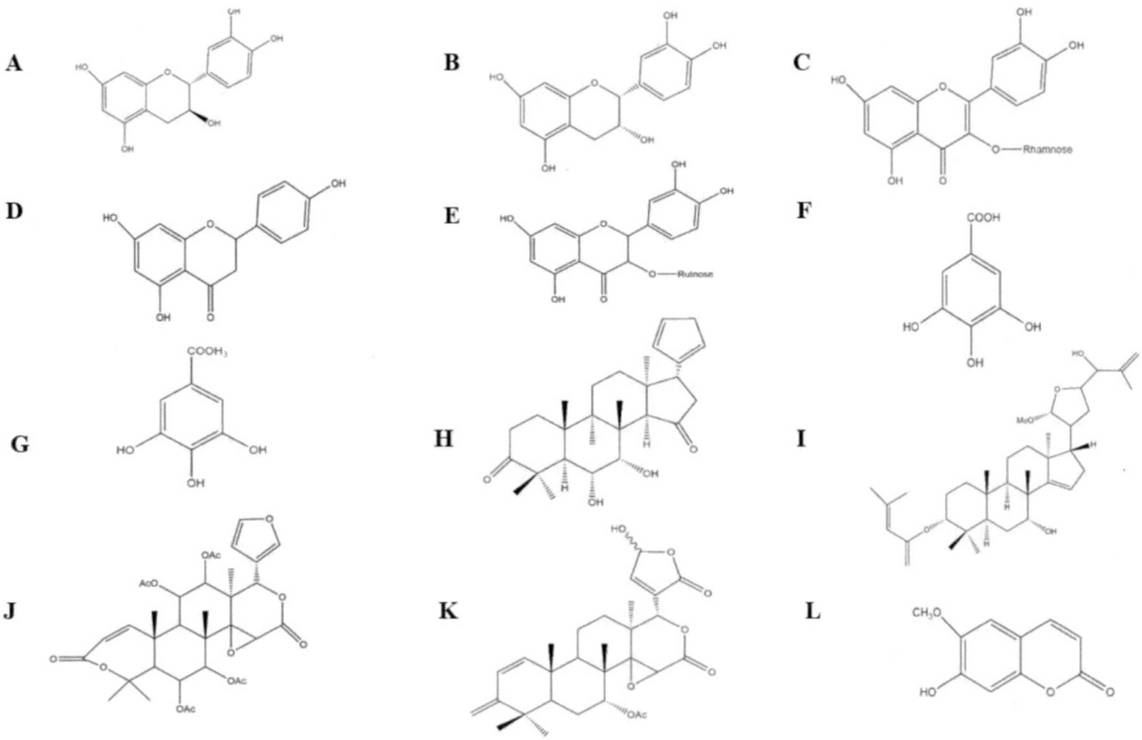

**Figura 11.** Estrutura de compostos secundários isolados a partir de espécies de *Toona*. A) Catequina; B) Epicatequina; C) Quercitrina; D) Kaempfenol; E) Rutina; F) Ácido gálico; G) Galato de metila; H) Toonaciliatona A; I) Toociliatina A; J) Perforina A; K) Fotogedunina; L) Escopeletina.

Outros limonoides também foram identificados nas raízes do cinamomo: salanal, meliacarpinina E, salanina, mimbolinina, di-acetilsalanina e nimbolidina B e testados para avaliar a inibição de alimentação de larvas de *Spodoptera eridania* (Stoll) (Lepidoptera: Noctuidae), com maior atividade para o salanal e a meliacarpinina E (Huang et al., 1996) (Figura 12).

As propriedades inseticidas das meliacarpinas extraídas de folhas de *M. azedarach* foram testadas sobre lagartas de *Spodoptera littoralis* (Boisduval) (Lepidoptera: Noctuidae) e comparadas com a azadiractina, verificando-se significativo efeito sobre a metamorfose do inseto (Bohnenstengel et al., 1999).

Outras classes de compostos, como esteroides, antraquinonas, alcaloides, fenois, glicopeptídeos, cumarinas, ácidos graxos, lignanas e neolignanas também estão presentes em *M. azedarach* e já foram identificados em diferentes partes da planta. Nakatani et al. (1985) isolaram o esteroide azedaracol (Figura 12) e comprovaram sua atividade sobre larvas de *Agrotis segetum* (Denis & Schiffermüller) (Lepidoptera: Noctuidae). A lignana pinoresinol apresentou efeito de inibição da ecdise das ninfas de *Rhodnius prolixus* Stal (Hemiptera: Reduviidae), quando administrada via oral na dose de 100 μg/mL (Cabral et al., 2000).

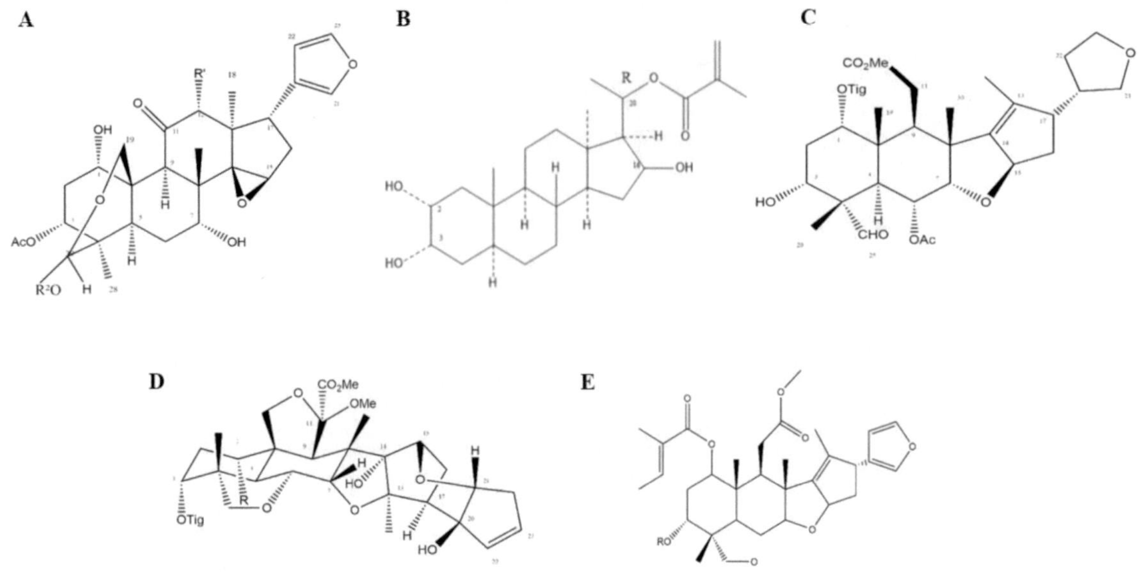

**Figura 12.** Estrutura de alguns compostos isolados a partir de ***Melia***. A) Triquilina B; B) Azedaracol; C) Salanal; D) Meliacarpinina E; E) Salanina.

O gênero *Trichilia* vem ganhando destaque por abranger o maior número de espécies (70) distribuídas na América Tropical, África e região Indomalaia, além de apresentar grande quantidade de limonoides em sua constituição química (Bogorni e Vendramim, 2003).

Muitos metabólitos secundários derivados, principalmente, da rota biossintética dos terpenos foram isolados nesse gênero botânico. Entre estes, incluem-se os sesquiterpenos, os triterpenos e os tetranortriterpenos, os quais estão relacionados à atividade inseticida observada em seus derivados (Beltrame, 2005; Matos, 2006; Akhtar et al., 2008; Souza, 2008; Matos et al., 2009). Em *Trichilia* spp., também já foi relatada a presença de esteroides, cumarinas, flavonoides, taninos, entre outros compostos (Figueiredo, 2010; Martinelli, 2010; Resende et al., 2011; Braz et al., 2012).

Na revisão de Paritala et al. (2015), foi citado um grande número de compostos extraídos de partes das plantas pertencentes aos 4 gêneros descritos anteriormente (Tabela 2).

Tabela 2. Compostos extraídos de diferentes partes de plantas dos gêneros *Azadirachta*, *Melia*, *Trichilia* e *Toona* (adaptada de Paritala et al. *Revista Brasileira de Farmacognosia* 25: 61-83, 2015, com autorização).

| Espécies | Estruturas | Compostos[1] | Referências |
|---|---|---|---|
| *Azadirachta indica* A. Juss. | Folhas | Nimbolide, 28-deoxonimbolide | Kigodi et al. (1989) |
| | | Nimbinene and 6-deacetyl nimbinene, nimbadiol, hyperoside, quercetin, rutin, meldenindiol, 4α,6α-dihydroxy-A-homoazadirone | Rastogi e Mehrotra (1993) |
| | | Tetracyclic triterpenoids zafaral 24,25,26,27-tetranorapotirucalla-(apoeupha)-6α-acetoxy-1,14-dien-3,16-dione-21-al(1) and meliacinanhydride 24,25,26,27-tetranorapotirucalla-(apoeupha)-6α-hydroxy, 11α-methoxy-7α,12α diacetoxy,1,14,20(22)-trien-3-one (2) | Siddiqui et al. (2004) |
| | | Teetranortriterpenoids 24,25,26,27 tetranorapotirucalla-(apoeupha)-6α-O-methyl, 7α-S enecioy (7-deacetyl)-1α, 12α, 21,23-tetrahydroxy-21,23-epoxy-2,14,20 (22)-trien-1,16-dione (1) | Siddiqui et al. (2003) |
| | | Triterpenoids 22,23-dihydronimocinol and des furano-6α-hydroxyazadiradione | Siddiqui et al. (2002) |
| | Sementes | 1α -Methoxy-1,2dihydroepoxyazadiradione, 1β, 2β,14β,15β -diepoxyazadiradione, 7-acetylneotrichilenone, three C-7 benzoates of tetranortriterpenoids (I, II, III), nimbin and β-sitosterol, nimbinene and 6-deacetyl nimbinene, nimbandiol | Rastogi e Mehrotra (1993) |
| | | Tetranortriterpenoids, 1α,2α -epoxy-17β -hydroxyazadiradione,1α,2α -epoxynimolicinol, 7-deacetyl nimolicinol | Hallur et al. (2002) |
| | | Margocin, margocinin and margocilin | Ara et al. (1990) |
| | | Limocinol, limonone, limocin A and B, limocinin. | Siddiqui et al. (1991) |
| | | Azadirachtin derivatives, 29-oxymethylene azadirachtin analogue, 29-oxymethylene-11-demethoxy-carbonyl-11--hydroxy azadirachtin (azadirachtin M), 22,23-dihydro-23α hydroxy-3-tigloyl-11-deoxyazadirachtin (azadirachtin N) | Luo et al. (1999) |
| | | Apo-tirucallols,1a,7a-diacetoxyl-17a-20S-21,24-epoxy-apotirucall-14-ene-3a,23R,24S,25-tetraol | Luo et al. (2002) |
| | | 11-Hydroxyazadirachtin-B, 1-tigloyl-3-acetylazadirachtinin, 1,2-diacetyl-7-tigloyl-12-hydroxy vilasinin and 23-desmethyl limocin-B | Kumar et al. (1996) |
| | | Azadirachtin | Jarvis et al. (1997) |
| | | Triterpenoid, 1α,7α-diacetoxy apo tirucall-14-ene-3 α,21,22,24,25-pentaol. | Luo et al. (2000) |
| | | 7α -acetoxy-4,4,8-trimethyl-5α -(13α Me)-androsta-1,14-dien-3,16-dione,7α -acetoxy- | |

Tabela 2. *continuação.*

| Espécies | Estruturas | Compostos[1] | Referências |
|---|---|---|---|
| *Azadirachta indica* A. Juss. | Casca de raízes | 4,4,8-trimethyl-5α -(13α _Me)-17-oxa-androsta-1,14-dien-3,16-dione and 7α -acetoxy-4,4,8-trimethyl-5α -17-oxa-androsta-1,14-dien-3,16-dione | Siddiqui et al. (1992) |
| | Frutos | Nimolicinol | Rastogi e Mehrotra (1993) |
| | Calos nodais | Azadirachtin | Babu e Nair (2004) |
| | Casca de frutos | Azadironolide, iso azadironolide, azadiradionolide | Siddiqui et al. (1999) |
| | | Tetracyclic triterpenoids, salimuzzalin, azadirolic acid, azadiradionol, azadironol | Siddiqui et al. (1998) |
| | | Tetranortriterpenoid, 11-epi-azadirachtin H | Ramji et al. (1996) |
| | Flores | Neeflone, a new tetranortriterpenoid-15-acetoxy-7-deacetoxydihydro azadione | Nanduri e Banstola (1995) |
| | Óleo essencial de flores | Sesquiterpenes α-cubebene, copaene, humulene, δ-cadinene, 3,4-dimethylthiophene, dipropyl disulphide, nonanal, propyl propenyl disulphide, δ-elemene, α-gurjunene, linalool, caryophyllene, aromadendrene, allo-aromadendrene, viridiflorene, α-muurolene, δ-cadinene, bicyclogermacrene, cis-3,5-diethyl-1,2-4-trithiolane, cadina-1,4-diene, trans-3,5-diethyl-1,2,4-trithiolane, 2-tridecanone, calamene, α-calacorene, palustrol, ledol, nerolidol, ethyl laurate, cubenol, epicubenol, globulol, viridiflorol, τ-cadinol, τ-muurolol, phytol | Aromdee e Sriubolmas (2006) |
| *Melia azedarach* L. | Folhas | Meliacarpin derivatives (C-seco limonoids) 1,3-dicinnamoyl-11-hydroxymeliacarpin,1-cinnamoyl-3-methacrylyl-11-hydroxy-meliacarpin and 1-cinnamoyl-3-acetyl-11-hydroxymeliacarpin. | Bohnenstengel et al. (1999) |
| | | Dipenta decylketone, glycerol 1,3-bis-undec-9-enoate 2-do-dec-9-enoateand glycerol tris-tri dec-9-enoate | Suhag et al. (2003) |
| | | Steroids (20*S*)-5,24(28)-ergostadiene-3β,7α,16 β, 20-tetrol (1),(20*S*)-5-ergostene-3β, 7α, 16β,20-tetrol (2), and 2 α,3β-dihydro-5-pregnen-16-one and 5-stigmastene-3β, 7α, 20-triol, 5-stigmastene-3β, 7α-diol, and 2α, 3α, 16β-trihydroxy-5α -pregnane 20R-methacrylate | Wu et al. (2009) |
| | Ramos | 12-hydroxy amoora statone, 12-hydroxy amoora statin, 12-acetooxy amoora statin | Ahn et al. (1994) |
| | Raízes | Teracrylmelazolide A, melazolide A and teracrylmelazolide B | Ambrosio e Guerriero (2002) |
| | | Limonoids, azecins 1, 2, 3 and 4 | Srivastava e Gupta (1985) |

Tabela 2. *continuação.*

| Espécies | Estruturas | Compostos[1] | Referências |
|---|---|---|---|
| *Melia azedarach* L. | Casca das raízes | Azadararide 12 α-acetoxy fraxinellone, fraxinellone, fraxinellonone | Nakatani et al. (1998) |
| | | Salannai, meliacarpinin E, salannin, nimbolinin B, nimbolidin B | Ruo Chun et al. (1996) |
| | | Azadarachin C | Huang et al. (1995) |
| | | Azadirachtin type limonoids: 1-tigloyl-3,20-diacetyl-11-methoxy meliacarpinin,3-tigloyl-1,20-diacetyl-11-methoxy meliacarpinin,1-cinnamoyl-3-hydroxy-11-methoxy melia carpinin,1-deoxy-3-methacrylyl-11-methoxy meliacarpinin,1-cinnamoyl-3-acetyl-11-methoxy melia carpinin | Takeya et al. (1996) |
| | | Azadirachtin type limonoids, 1-tigloyl-3-acetyl-11-methoxymeliacarpinin and1-acetyl-3-tigloyl-11-methoxy meliacarpinin, sendanin type limonoids, 29-isobutyl sendanin, 12-hydroxy amoorastin. 29-deacetvl sendanin | Itokawa et al. (1995) |
| | | Trichillin H, 12-acetyltrichillin B, 7,12 diacetyl trichillin B, trichillin B and D, meliatoxin A2 | Nakatani et al. (1994) |
| | Frutos | Meliarttenin | Carpinella et al. (2002) |
| | | Limonoids and one tirucallane-triterpenoid | Akihisa et al. (2013) |
| | Frutos maduros | C-Seco limonoids and new tetracyclic limonoids | Zhou et al. (2005) |
| | | New ring C-seco limonoids | Zhou et al. (2004) |
| *Toona ciliata* M. Roem. | Folhas | Limonoids, toonayunnanins A-L | Liu et al. (2012) |
| | Folhas e ramos | Siderin, 4,6,7-trimethoxy-5-methylcoumarin, isoscopoletin, scopoletin,6,7-dimethoxycoumarin, 7-hydroxy-6,8-dimethoxycoumarin, dehydrodiconiferyl alcohol, (−)-lariciresinol, *thero*-2,3-bis-(4-hydroxy-3-methoxypheyl)-3-methoxy-propa-nol, cycloeucalenol,8(14), 15-isopimaradiene-2,3,19-triol, 3*S*,5*R*-dihydroxy-6*R*, 7-megstigmadien-9-one,(−)-loliolide, (+)-catechin, dimethyl malate, diisobutyl phthalate, dibutyl phthalate,1,3,5-trimethoxybenzene, syringic acid, syringaldehyde, vanillic acid, vanillin, and 3,3',5,5'-tetra-tert-butyl-2,2'-dihydroxybiphenyl | Liu et al. (2011a) |
| | Ramos | Toonacilianins A-J, and two norlimonoids, toonacilianins K and L | Liu et al. (2011b) |
| | Casca dos ramos | Five new pregnane steroids, toonasterones A, B, (Z)-aglawone, (Z)-toonasterone C and (E)-toonasterone C | Wang et al. (2011) |
| *Trichilia casaretti* C. DC. | Folhas | β-sitosterol, stigmasterol | Figueiredo (2010) |

**Tabela 2.** *continuação.*

| Espécies | Estruturas | Compostos[1] | Referências |
|---|---|---|---|
| *Trichilia catigua* A. Juss. | Casca | Gamma lactones and its precursors omega-phenylalkanes, three omega phenylalkanoic acids. Five omega-phenyl-gamma lactones, two alkyl-gammalactones, one alkenyl-gamma lactone and mixture of fatty acids ranging from C-14 to C-26 | Pizzolatti et al. (2004) |
| | Planta toda | 7-Hydroxy-1-oxo-14-norcalamenene, 7,14-dihydroxy calamenene, sitosteryl- β -δ-glucopyranoside | Garcez et al. (1997a) |
| | Frutos | Meliacin-type limonoids fotogedunin A, B | Matos et al. (2009) |
| | Sementes | Methyl angolensate, 11 β-methoxycedrelone | Matos et al. (2007) |
| *Trichilia claussenii* C. DC. | Folhas | 24-Methylene-26-hydroxycycloartan-3-one, 24-methylene cycloartanol fatty acids derivatives, caryophyllene epoxide, a mixture of ω-phenyl alkanoic and alkenoic acids, plastocromenol, α-tocopherol, squalene and a mixture of sitosterol and stigmasterol | Pupo et al. (1996) |
| | | 3-*O*- β-glycopyranoside sitosterol, 3-*O*- β -glycopyranoside stigmasterol | Pupo et al. (1997) |
| | | β -Sitosterol etherified, stigmasterol etherified | Pupo et al. (2002) |
| | Frutos | γ-Lactones (2R,3S,4S)-3-hydroxy-4-methyl-2-(13'-phenyl-1'-n-tride cyl)-butanolide. (2R,3S,4S)-3-hydroxy-4-methyl-2-(11'-phenyl-1'-n-undecyl)-butanolide. (2R,3S,4S)-3-hydroxy-4-methyl-2-(1'n-hexa dec-7'(z)-enyl)-butanolide and (2R,3S,4S)-3-hydroxy-4methyl-2-(1'-n-tetra decyl)-butanolide | Pupo et al. (1998) |
| | Lenho | 2α,3α-dihydroxyandrostan-16-one-2β,19-hemiketal,2α ,3β -dihydroxypregnan-16-one-2β,19-hemiketal,2β, 3β, 4β-trihydroxypregnan-16-one,2α, 3α, 4β-trihydroxypregnan-16-one,2β, 3β-dihydroxypregnan-16-one | Pupo et al. (1997) |
| *Trichilia elegans* A. Juss. | Sementes e casca | *seco-A* ring protolimonoids | Garcez et al. (1996) |
| | Sementes | Limonoids seco-A, B and D carbocyclic rings, kihadanin A and B, 3-*O*-β-d-glucopyranosyl-sitosterol | Garcez et al. (1997b) |
| | | 7-Deoxo-7β-acetoxykihadanin A, B, 7-deoxo-7β-hidroxykihadanin A, B, 7-deoxo-7α-hidroxykihadanin A, 7-deoxo-7α-acetoxykihadanin A, B | Garcez et al. (2000) |
| *Trichilia havanensis* Jacq. | Sementes | Tetranortriterpenoid 1β, 2β: 21,23 diepoxy 7α-hydroxy-24,25,26,27 tetranor-apotirucalla-14,20,22-trien-3-one | Rodríguez et al. (2003) |
| | | Trichavensin | Rodríguez-Hahn et al. (1996) |
| | | Hydroxybutenolide | Arenas e Rodríguez-Hahn (1990) |

Tabela 2. *continuação.*

| Espécies | Estruturas | Compostos[1] | Referências |
|---|---|---|---|
| *Trichilia havanensis* Jacq. | Ramos | Limonoid *neo*-havanensin | Chan et al. (1967) |
| | Ramos e frutos | Limonoid triacetyl-havanensin, trichilenone acetate | Chan et al. (1967) |
| | Frutos | Carda-14,20(22)-dienolide-1,3,7-*tris*(acetyloxy)-21-hydroxy-4,4,8-trimethyl-α, 3α, 5α, 7α, 13α, 17α, 21*R* | Arenas e Rodríguez-Hahn (1990) |
| | | Limonoid 3,7-diacetyl-havanensin, havanensin | Chan et al. (1967) |
| *Trichilia hirta* L. | Frutos | Hirtinone, six protolimonoids – nilocitin, dihydronilocitin B, melianone epimers, piscidinol A, melianone lactone, one tertranortriterpenoid, hirtin, and one sesquiterpene, spathulenol | Vieira et al. (2013) |
| | | A limonoid methyl-11β-acetoxy-6,23-dihydroxy-12α (2-methylpropionyloxy) -3,7,21-trioxo-1,5,14,20-meliacatetraen-29-oate | Cortez et al. (1992) |
| | Sementes e folhas | Hirtine | Chan e Taylor (1966) |
| | Sementes e frutos | Deacetylhirtine, azadirone | Chan e Taylor (1966) |
| *Trichilia pallida* Sw. | Folhas | 24-methylen-3β, 4β, 22-trihydroxycolesterol, 24-methylen-3β, 22-dihydroxycolesterol, 24-methylen-colesterol | Cunha et al. (2008) |
| | Raízes | Tetranortriterpnoids 6-hydroxy-11β-acetoxy-12α-(2-methylpropanoyloxy)-3,7-dioxo-14β, 15β-epoxy-1,5-meliacadien-29-oate, methyl 6,11β-dihydroxy-12α-(2-methylpropanoyloxy)-3,7-dioxo-14β, 15β-epoxy-1,5-meliacadien-29-oate and methyl 6-hydroxy-11β-acetoxy-12 α-(2-methylbutanoyloxy)-3,7-dioxo-14β,15β-epoxy-1,5-meliacadien-29-oate | Simmonds et al. (2001) |

[1]Os nomes dos compostos foram mantidos em inglês, visando a evitar inconsistências na versão para o português.

## 4. Modo de ação dos compostos de Meliaceae sobre insetos

Dentre as meliáceas, o nim é, sem dúvida, um dos maiores responsáveis pelo crescente interesse na busca por novas espécies bioativas e novos compostos com propriedades inseticidas, incluindo o avanço na bioprospecção desses compostos a partir de outras famílias botânicas. O limonoide azadiractina, principal componente ativo do nim, não apresenta apenas complexidade química estrutural, mas também uma notável atividade biológica sobre grande número de espécies animais (Schumacher et al., 2011). De modo geral, a bioatividade de derivados de nim sobre artrópodes-praga é decorrente do sinergismo de diferentes compostos; porém, o fato de serem fotoinstáveis e termolábeis têm limitado a eficácia das formulações comercializadas para uso a campo (Stokes e Redfern, 1982).

Mordue e Blackwell (1993) afirmaram que insetos expostos ou confinados em substratos tratados com azadiractina podem apresentar alongamento da fase larval, deformidades de pupas e adultos, redução na longevidade, fecundidade e fertilidade dos adultos e até a morte dos insetos algumas horas após a exposição. A azadiractina também pode exercer ação antialimentar (atuando sobre os quimiorreceptores do inseto) e repelente, além de interferir no desenvolvimento das glândulas endócrinas que controlam a metamorfose dos insetos, comprometendo o processo da ecdise.

Estudos de relação estrutura-atividade indicaram que a porção acetal dihidrofurano é a principal parte da molécula da azadiractina responsável por seu efeito antialimentar, enquanto que, a fração decalina é a responsável pela regulação do crescimento dos insetos (Aldhous, 1992). O efeito antialimentar é produzido a partir do estímulo de quimiorreceptores deterrentes específicos presentes nas peças bucais dos insetos, juntamente com a interferência na percepção de fagoestimulantes por outros quimiorreceptores (Mordue et al., 1998). Já a ação fisiológica ocorre, em geral, a partir do comprometimento do sistema endócrino responsável pelo crescimento e pelos processos de muda dos insetos (Mordue e Nisbet, 2000).

Em razão dos expressivos resultados obtidos com a azadiractina, outros limonoides foram isolados a partir de várias espécies de meliáceas e tiveram suas atividades inseticidas já reportadas na literatura (Roel et al., 2000; Lopez-Olguin et al., 2002; Gonçalves-Gervásio e Vendramim, 2004). As atividades de limonoides isolados do gênero *Trichilia* sobre insetos incluem efeitos fagodeterrente e regulador de crescimento (Ramírez et al., 2000; Simmonds et al., 2001). Sementes de *M. azedarach* contêm um grande número de triterpenoides, similares à azadiractina, os quais também podem alterar o comportamento e a fisiologia de muitos insetos fitófagos (Lopez-Olguin et al., 2002; Gonçalves-Gervásio e Vendramim, 2004).

Os níveis de resposta aos derivados de Meliaceae é variável conforme a ordem do inseto-alvo e do derivado da espécie vegetal testada. Rodríguez-Hernández e Vendramim (1997) avaliaram diferentes extratos aquosos de caules, de folhas e de frutos de 15 espécies de meliáceas e verificaram que os extratos de *T. pallida*, *M. azedarach* e *Cabralea canjerana* Smith, incorporados em dieta artificial, causaram 100% de mortalidade larval de *S. frugiperda*. Os autores verificaram, ainda, que extratos de outras meliáceas causaram mortalidade reduzida, embora para várias destas, tenha sido constatada inibição alimentar, além de redução do crescimento larval e do peso de pupas.

Em estudo com a mosca-branca *B. tabaci* biótipo B em tomateiro (*Solanum lycopersicum* L.), foi avaliada a bioatividade de extratos aquosos provenientes de sementes de *A. indica* e de ramos e de folhas de *T. pallida* (Baldin et al., 2007b). Os autores relataram que ambas as espécies provocaram redução na oviposição e significativa mortalidade de ninfas.

## 5. Efeitos toxicológicos de derivados de Meliaceae

Muitas espécies de Meliaceae se destacam por apresentarem compostos secundários com atividade inseticida (Isman, 2002, 2006). Entre as meliáceas mais estudadas no controle de insetos-praga, destacam-se os gêneros *Azadirachta*, *Melia*, *Trichilia* e *Toona* (Akhila e Rani, 1999; Senthil-Nathan, 2013). Espécies desses gêneros podem promover efeitos toxicológicos distintos sobre artrópodes (Tabela 3), uma vez que apresentam composições químicas diferentes, bem como teores variáveis de compostos comuns ou específicos (Tan e Luo, 2011). Mesmo sem a pretensão de esgotar o assunto, este tópico descreve detalhes da toxicologia dos derivados de algumas espécies desses gêneros, principalmente sobre insetos de importância agronômica.

Tabela 3. Efeitos de derivados de Meliaceae sobre artrópodes.

| Espécies Botânicas | Artrópodes | Efeitos observados | Referências |
|---|---|---|---|
| *Azadirachta indica* A. Juss. | *Bemisia tabaci* (Gennadius) | Repelência, ovideterrência, ação ovicida e ninficida | Baldin et al. (2015, 2020) |
| | | Ação ovicida e ninficida | Souza e Vendramim (2000b, 2004, 2005); Bezerra-Silva et al. (2010) |
| | | Ação ninficida | Bezerra-Silva et al. (2012); Carvalho et al. (2015) |
| | | Ovideterrência | Bezerra-Silva et al. (2012) |
| | *Ceratitis capitata* (Wiedemann) | Ovideterrência | Silva et al. (2012) |
| | | Redução de fecundidade e fertilidade | Silva et al. (2013) |
| | *Chloridea virescens* (Fabricius) | Mortalidade e inibição de crescimento | Lee et al. (1988) |
| | *Ephestia kuehniella* (Zeller) | Fagodeterrência, inibição de crescimento e deformidades | Rembold et al. (1980) |
| | *Helicoverpa armigera* (Hübner) | Fagodeterrência | Katti et al. (1992) |
| | *Ostrinia nubilalis* (Hübner) | Fagodeterrência, mortalidade e inibição de crescimento | Arnason et al. (1985) |
| | *Phthorimaea operculella* (Zeller) | Mortalidade | Kroschel e Koch (1996) |
| | *Plodia interpunctella* (Hübner) | Mortalidade, inibição de crescimento e inibição enzimática | Rharrabe et al. (2008) |
| | *Plutella xyllostella* (L.) | Ação ovicida, larvicida e inibição de crescimento | Verkerk e Wright (1993) |
| | *Spodoptera frugiperda* (J.E. Smith) | Mortalidade | Rodríguez-Hernández e Vendramim (1997); Conceschi et al. (2011); Giongo et al. (2016a) |
| | | Mortalidade e inibição de crescimento | Bogorni e Vendramim (2003) |

Tabela 3. *continuação.*

| Espécies Botânicas | Artrópodes | Efeitos observados | Referências |
|---|---|---|---|
| | *Tetranychus urticae* (Koch) | Mortalidade | Castiglioni et al. (2002) |
| | *Trichoplusia ni* (Hübner) | Mortalidade e inibição de crescimento | Prabhaker et al. (1986) |
| | *Tuta absoluta* (Meyrick) | Mortalidade | Gonçalves-Gervásio e Vendramim (2004, 2007); Ferreira et al. (2012) |
| | | Ovideterrência, mortalidade, inibição de crescimento e redução de fecundidade | Brunherotto et al. (2010) |
| *Cabralea canjerana* (Vell.) Mart. | *S. frugiperda* | Mortalidade | Rodríguez-Hernández e Vendramim (1996) |
| *Cedrella fissilis* Vell. | *S. frugiperda* | Mortalidade e inibição de crescimento | Rodríguez-Hernández e Vendramim (1996, 1998) |
| *Cedrella odorata* L. | *S. frugiperda* | Mortalidade | Rodríguez-Hernández e Vendramim (1997) |
| *Guarea guidonia* (L.) Sleumer | *S. frugiperda* | Inibição de crescimento | Rodríguez-Hernández e Vendramim (1996) |
| *Melia azedarach* L. | *Agrotis ipsilon* (Hufnagel) | Fagodeterrência, mortalidade, inibição de crescimento e redução de fecundidade e fertilidade | Schmidt et al. (1997) |
| | | Alterações no sistema neuroendócrino | Schmidt et al. (1998) |
| | *B. tabaci* | Repelência e ovideterrência | Baldin et al. (2007a, 2020) |
| | | Ação ovicida e ninficida | Souza e Vendramim (2000a,b, 2001); Bezerra-Silva et al. (2010, 2012) |
| | *O. nubilalis* | Mortalidade e inibição de crescimento | Arnason et al. (1987) |
| | *P. operculella* | Mortalidade | Kroschel e Koch (1996) |
| | *S. frugiperda* | Inibição de crescimento | Mikolajczak et al. (1989) |
| | | Mortalidade, inibição de crescimento e de | Rodríguez-Hernández e Vendramim (1996, 1997, 1998) |

Tabela 3. *continuação..*

| Espécies Botânicas | Artrópodes | Efeitos observados | Referências |
|---|---|---|---|
| | | alimentação | |
| | | Mortalidade e inibição de crescimento | Vendramim e Scampini (1997) |
| | *T. urticae* | Mortalidade | Castiglioni et al. (2002) |
| | *T. absoluta* | Mortalidade e inibição de crescimento | Brunherotto e Vendramim (2001) |
| | | Ovideterrência, mortalidade e inibição de crescimento | Brunherotto e Vendramim (2010) |
| *Swietenia macrophylla* King | *S. frugiperda* | Inibição de crescimento | Rodríguez-Hernández e Vendramim (1997, 1998) |
| *Toona ciliata* M. Roem. | *B. tabaci* | Repelência, ovideterrência, ação ninficida e ovicida | Baldin et al. (2015) |
| | | Ação ovicida e ninficida | Bezerra-Silva et al. (2010) |
| | | Ovideterrência e ação ninficida e | Bezerra-Silva et al. (2012) |
| | *S. frugiperda* | Inibição de crescimento | Rodríguez-Hernández e Vendramim (1997) |
| | | Fagodeterrência e inibição de crescimento | Giongo et al. (2015) |
| *Trichilia casaretti* C. DC. | *B. tabaci* | Repelência, ovideterrência, ação ovicida, ninficida e adulticida | Baldin et al. (2015, 2020) |
| | *S. frugiperda* | Mortalidade e inibição de crescimento | Bogorni e Vendramim (2005) |
| *Trichilia catigua* A. Juss | *B. tabaci* | Repelência e ovideterrência | Baldin et al. (2020) |
| | *S. frugiperda* | Mortalidade | Bogorni e Vendramim (2005); Matos (2006); Matos et al. (2009) |
| *Trichilia claussenii* C. DC. | *B. tabaci* | Repelência e | Baldin et al. (2020) |

Tabela 3. *continuação.*

| Espécies Botânicas | Artrópodes | Efeitos observados | Referências |
|---|---|---|---|
| | | ovideterrência | |
| | *S. frugiperda* | Inibição de crescimento | Rodríguez-Hernández e Vendramim (1997, 1998) |
| | | Mortalidade | Bogorni e Vendramim (2005); Matos (2006) |
| *Trichilia elegans* A. Juss. | *B. tabaci* | Repelência e ovideterrência | Baldin et al. (2020) |
| | *S. frugiperda* | Mortalidade | Matos (2006); Matos et al. (2009) |
| *Trichilia pallens* C. DC. | *T. absoluta* | Mortalidade | Cunha et al. (2005) |
| | *S. frugiperda* | Mortalidade | Bogorni e Vendramim (2003, 2005); Conceschi et al. 2011) |
| | | Mortalidade e inibição de crescimento | Giongo et al. (2015) |
| *Trichilia pallida* Swartz | *B. tabaci* | Repelência, ovideterrência, ação ovicida, ninficida e adulticida | Baldin et al. (2015, 2020) |
| | | Ação ovicida e ninficida | Souza e Vendramim (2000a,b, 2001, 2004); Bezerra-Silva et al. (2010, 2012) |
| | *S. frugiperda* | Mortalidade | Rodríguez-Hernández e Vendramim (1997); Roel et al. (2000b); Bogorni e Vendramim (2003, 2005) |
| | | Mortalidade e inibição de crescimento | Torrecillas e Vendramim (2001); Roel e Vendramim (2000a, 2006) |
| | | Inibição de crescimento | Roel e Vendramim (1999); Giongo et al. (2015) |
| | *T. absoluta* | Mortalidade e inibição de crescimento | Thomazini et al. (2000); Vendramim e Thomazini (2001); Gonçalves-Gervásio e Vendramim (2004); Cunha e al. (2005, 2008) |
| | *T. urticae* | Mortalidade | Castiglioni et al. (2002) |

## 5.1. *Azadirachta*

O nim, *A. indica*, possui muitos compostos com propriedades biológicas, incluindo triterpenoides, fenois, carotenoides, esteroides e cetonas, que podem ser extraídos de diferentes partes da planta (Biswas et al., 2002). Os triterpenoides e mais especificamente os limonoides possuem atividades pesticidas, com destaque para a azadiractina, a solanina, o melantriol e a nimbina (Schmutterer, 1990; Huang et al., 1996).

A ação conjunta desses compostos citados anteriormente, bem como a atividade específica de cada um deles produz diferentes efeitos sobre os insetos, tais como esterilidade (Gajmer et al., 2002), desorientação na oviposição, mortalidade (Senthil-Nathan et al., 2006) e desbalanço hormonal (Schmutterer, 1990), além de alterações comportamentais (Sundaram, 1996) e fisiológicas (Mordue e Blackwell, 1993).

Senthil-Nathan (2013) avaliou possíveis deformidades em lepidópteros (Figura 13) provocadas a partir da exposição tópica a 0,5 ppm de azadiractina extraída de *A. indica*. As características observadas foram atribuídas à diminuição na atividade da enzima lactato desidrogenase (LDH), gerando redução no metabolismo do inseto devido aos efeitos tóxicos do nim na permeabilidade da membrana, especialmente no epitélio intestinal (Nathan et al., 2005; Senthil-Nathan, 2013).

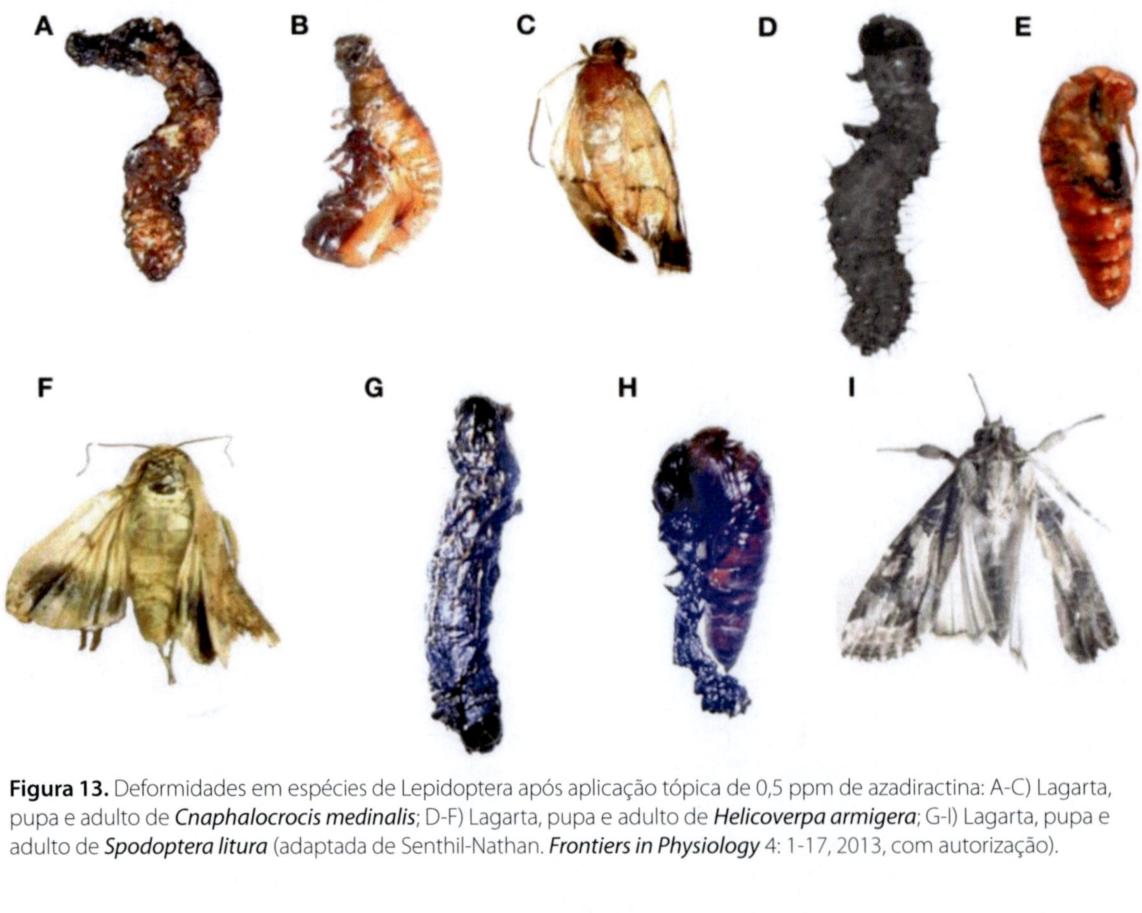


**Figura 13.** Deformidades em espécies de Lepidoptera após aplicação tópica de 0,5 ppm de azadiractina: A-C) Lagarta, pupa e adulto de ***Cnaphalocrocis medinalis***; D-F) Lagarta, pupa e adulto de ***Helicoverpa armigera***; G-I) Lagarta, pupa e adulto de ***Spodoptera litura*** (adaptada de Senthil-Nathan. ***Frontiers in Physiology*** 4: 1-17, 2013, com autorização).

Schneider et al. (2017) avaliaram o efeito tóxico de formulações comerciais à base de óleo de nim sobre pré-pupas e pupas de *Diatraea saccharalis* (Fabricius) (Lepidoptera: Crambidae). Os resultados demonstraram redução na taxa de oviposição de mariposas provenientes do tratamento e aumento da porcentagem de ovos inviáveis. As pupas que não originaram novos adultos apresentaram deformidades múltiplas (Figura 14), permitindo inferir que o referido tratamento tem grande potencial de controle para o estágio mais resistente da praga, além de reduzir o aparecimento das fases subsequentes. No estudo citado anteriormente, a fecundidade de *D. saccharalis* foi reduzida provavelmente pelo fato de a azadiractina inibir a oogênese e a produção de ecdisteroides (Rembold e Sieber, 1981) sintetizados pelas células foliculares durante o desenvolvimento do ovário e posteriormente incorporados aos ovos (Glass e Pasternack, 1978). A ação inibitória do nim na vitelogênese e reduções da fecundidade e da fertilidade de ovos do carrapato *Rhipicephalus sanguineus* (Latreille) (Acari: Ixodidae) também já foi documentada (Denardi et al., 2011). Khan et al. (2007) também constataram inibição no desenvolvimento de *Bactrocera cucurbitae* Coquillett (Diptera: Tephritidae) devido à redução do tamanho ovariano após tratamento com formulações provenientes de nim.

**Figura 14.** Alterações morfológicas causadas pelo óleo de nim em *Diatraea saccharalis*: A) Pré-pupas após 24 h do tratamento; B - E) Pupas jovens após 10 dias do tratamento; F) Pupa velha após 15 dias do tratamento; G - H) Adultos provenientes de pupas jovens; I - J) Adultos provenientes de pupas velhas (adaptada de Schneider et al. *Arquivos do Instituto Biológico* 84: e0432014, 2017, com autorização).

## 5.2. *Melia*

Desde a antiguidade, o gênero *Melia* é conhecido devido às suas propriedades inseticidas, geralmente relacionadas à presença de limonoides (Bohnenstengel et al., 1999), como azadiractina, melianona (Lavie et al., 1986) e cinamoilmelianolona (Lee et al., 1987). Muitos dos efeitos descritos sobre artrópodes estão relacionados com repelência, atraso no desenvolvimento, interrupção de ecdise, redução de fertilidade e fecundidade, mudanças comportamentais e fisiológicas, além da mortalidade de insetos (Defagó et al., 2006).

Yang et al. (2018) estudaram o composto fraxinelona 1, um limonoide que pode ser isolado a partir de algumas espécies das famílias Meliaceae e Rutaceae. Esse composto já tinha sido reportado nas meliáceas *M. azedarach* e *A. indica* e na rutácea *Fagaropsis glabra* Capuron (Ekong et al., 1969) e ocasiona efeitos bioativos para diversos organismos (Liu et al., 2008). Duas séries de derivados de fraxinelona 1 foram projetadas, sintetizadas e avaliadas quanto a sua atividade inseticida sobre *Mythimna separata* (Walker) (Lepidoptera: Noctuidae). As duas séries sintetizadas (4a - k e 5a - k) foram dissolvidas em acetona (1 mg/mL) e, na sequência, discos de folhas de milho foram mergulhados nas soluções e ofertados ao inseto. Os compostos 4g - i e 5g – j exibiram atividade inseticida mais potente que o limonoide toosendanina, um pesticida botânico comercial isolado de *M. azedarach* e de *Melia toosendan* Sieb. et Zucc., e que tem sido usado como inseticida botânico comercial de baixa toxicidade para o controle de lepidópteros-praga (Akhtar et al., 2008; Senthil-Nathan, 2013).

**Figura 15**. Lagartas de ***Mythimna separata*** apresentando deformidades após a exposição às séries de derivados de fraxinelona 1 5e (XSN-16), 4e (XSN-17), 4b (XSN-21), 5c (YG-158), 5d (YG-160), 5j (YG-163) e 5k (YG-165) durante o período larval (CK = lagarta do grupo controle) (adaptada de Yang et al. ***Industrial Crops and Products*** 117: 50-57, 2018, com autorização).

Foi demonstrado também que esses mesmos compostos (4g - i e 5g - j) afetaram o crescimento, ecdise e emergência de *M. separata*, além de causar diversas anormalidades na sua fase larval (Figuras 15, 16 e 17). Os efeitos observados sugerem que os compostos em questão interrompem o equilíbrio hormonal durante os processos de ecdise de larva para pupa e de pupa para adulto (Yang et al., 2018).

**Figura 16.** Pupas deformadas de ***Mythimna separata*** provenientes de lagartas expostas às séries de derivados de fraxinelona 1 4b (XSN-21), 5c (YG-158), 5d (YG-160), 5i (YG-161), 4a (YG-166), 4f (YG-167) e 4d (YG-170) (CK = pupas do grupo controle) (adaptada de Yang et al. ***Industrial Crops and Products*** 117: 50-57, 2018, com autorização).

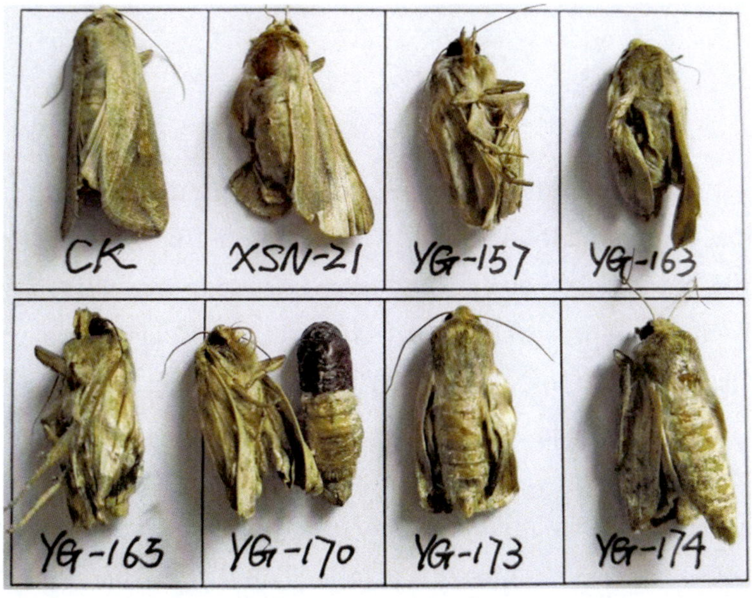


**Figura 17.** Adultos deformados de ***Mythimna separata*** provenientes de imaturos expostos às séries de derivados de fraxinelona 1 4b (XSN-21), 5c (YG-157), 5i (YG-163 vista dorsal), 5i (YG-163 vista ventral), 4a (YG-170), 4f (YG-173) e 4d (YG-174) durante o período pupal. CK = adulto do grupo controle (adaptada de Yang et al. ***Industrial Crops and Products*** 117: 50-57, 2018, com autorização).

Scapinello et al. (2014) avaliaram a ação inseticida e inibidora de crescimento de extratos supercríticos de *M. azedarach* incorporados à dieta artificial em concentrações crescentes sobre *S. frugiperda*. O extrato de frutos de *M. azedarach* afetou negativamente o desenvolvimento da lagarta-do-cartucho, com efeitos distintos em diferentes estágios do ciclo do inseto. Em concentrações mais elevadas, o efeito tóxico do extrato foi constatado nas fases imaturas, com altos índices de mortalidade e de inibição da alimentação. O baixo número de adultos emergidos e as deformidades verificadas indicaram que houve acúmulo de compostos tóxicos no organismo dos insetos durante o estágio larval, comprometendo a fisiologia e o desenvolvimento do inseto. As deformidades foram observadas nas asas das mariposas de *S. frugiperda* e também nas pupas durante a emergência dos adultos (Figura 18).

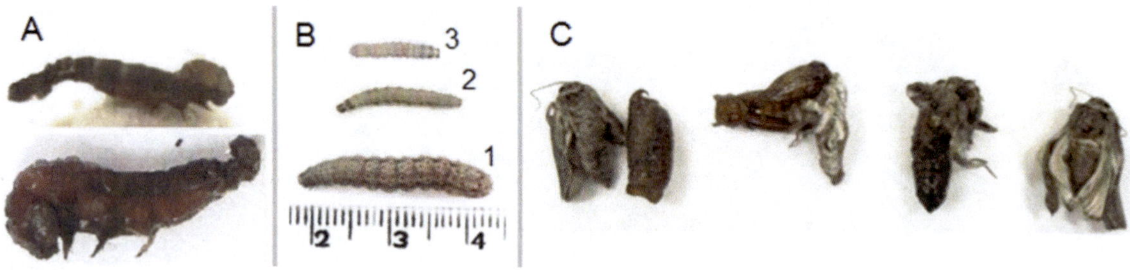


**Figura 18.** Efeitos adversos sobre ***Spodoptera frugiperda*** após exposição da fase larval à dieta tratada com o extrato supercrítico de ***Melia azedarach:*** A) Lagartas mortas durante o processo de ecdise; B1) Tratamento controle com lagartas apresentando desenvolvimento normal; B2-3) lagartas expostas em dieta contendo o referido extrato botânico com o desenvolvimento comprometido; C) Deformidades em adultos oriundos de lagartas alimentadas em dieta contendo o extrato (adaptada de Scapinello et al. ***Revista Brasileira de Engenharia Agrícola e Ambiental*** 18: 866-872, 2014, com autorização).

## 5.3. *Toona*

A partir de estudos fitoquímicos com *T. ciliata* já foram identificados alguns limonoides (acetoxitoonacilina, cedrelona, toonafilina e toonacilina) (Champagne e Grimm, 1995; Oiano-Neto et al., 1995, 1998; Veitch et al., 1999). Foi constatado que a bioatividade dos extratos dessa planta sobre insetos é provavelmente decorrente da associação de limonoides, como a cedrelona e a toonacilina (Oiano-Neto et al., 1995, 1998). Além disso, a ação fagodeterrente sobre *S. litura* já foi comprovada tanto para cedrelona (Koul, 1983) como para toonacilina (Govindachari et al., 1995).

Em estudo que avaliou a bioatividade do extrato metanólico de sementes do mogno-da-indonésia (*T. sureni*) sobre o besouro-da-farinha, *Tribolium castaneum* (Herbst) (Coleoptera: Tenebrionidae), verificou-se que, na concentração de 5% e após 8 dias da aplicação, os valores de mortalidade foram de 86,71; 88,32 e 85% para adultos, larvas e pupas, respectivamente (Parvin et al., 2012).

A bioatividade de catequinas, triglicerídeos e cedrelona isolados de ramos, frutos e caules de *T. ciliata* sobre *S. frugiperda* também foi avaliada (Giongo et al., 2016) por meio da incorporação em dieta artificial (ingestão), tratamento tópico e oferta de discos foliares de milho (*Zea mays* L.) tratados em testes com e sem chance de escolha. A cedrelona foi o composto mais bioativo e sua toxicidade foi caracterizada pela redução no crescimento, prolongamento do período larval, mortalidade e alterações na fisiologia nutricional. O aumento no metabolismo do inseto após a ingestão não foi relacionado à maior síntese de enzimas destoxificadoras, como tentativa de eliminar o composto, nem como efeito regulador de crescimento, pois não foram observadas deformidades ou alterações durante o processo de ecdise das lagartas. Verificou-se, entretanto, aumento na atividade da acetilcolinesterase, o que pode estar relacionado ao aumento no metabolismo e comprometimento na transmissão sináptica, retardando processos metabólicos importantes do inseto. A atividade proteolítica, contudo, foi reduzida após a ingestão de cedrelona. As proteases podem, portanto, ter sido o alvo de ação do limonoide, mas não se pode eliminar a hipótese de que a redução no metabolismo possa também ter sido resultante da menor ingestão de alimento, ocasionada pelo efeito tóxico do composto (Giongo et al., 2016).

**Tabela 4.** Alterações de variáveis biológicas (médias ± erro padrão) e fagodeterrência ocasionadas pela cedrelona em lagartas de *Spodoptera frugiperda* alimentadas com folhas de milho tratadas (adaptada de Giongo et al. *Neotropical Entomology* 45: 725-733, 2016, com autorização).

| Tratamentos | Mortalidade (%) | Ganho de peso (mg) | Consumo foliar ($cm^2$) | |
|---|---|---|---|---|
| | | | Sem chance | Com chance |
| Cedrelona | 19,2 ± 1,67 | 234,9 ± 12,42 | 2,3 ± 0,40[1]<br>1,9 ± 0,15[2] | 1,3 ± 0,30[1]<br>1,0 ± 0,15[2] |
| Controle | 7,5 ± 3,06 | 294,1 ± 12,40 | 2,4 ± 0,29[1]<br>3,1 ± 0,17[2] | 2,1 ± 0,32[1]<br>2,1 ± 0,42[2] |

[1]$CL_{50}$ correspondente a 365,3 µg/mL; [2]$CL_{90}$ correspondente a 659,69 µg/mL.

## 5.4. *Trichilia*

O gênero *Trichilia* representa uma fonte de moléculas com propriedades antibacteriana, anticarcinogênica e inseticida (Garcez et al., 1996; Tan e Luo, 2011). Dentre os compostos presentes, destacam-se monoterpenos, sesquiterpenos (Kumar et al., 2011), limonoides (Okorie e Taylor, 1967), esteroides (Wang et al., 2008), cumarinas e ligninas (Vieira et al., 2014), identificados em extratos polares da casca de *Trichilia* spp., além de diterpenos (Ramírez et al., 2000), protolimonoides (Garcez et al., 1996), limonoides (Nakatani et al., 1981), flavonoides (Castro et al., 1996), lactonas, fitoesterois e ácidos graxos (Pizzolatti et al., 2004), encontrados em extratos não polares da casca dessas espécies.

Tais compostos podem afetar negativamente os insetos de diversas formas, principalmente comprometendo os processos de alimentação (Simmonds et al., 2001), além da possível toxicidade letal (Matos et al., 2009), redução da taxa reprodutiva (Freitas et al., 2014) e deformidades de adultos (Cunha et al., 2008).

Rodríguez-Hernández e Vendramim (1996, 1997) avaliaram o extrato aquoso de folhas e de ramos de *T. pallida* sobre *S. frugiperda* e relataram elevada mortalidade larval. Em outro estudo, o extrato em acetato de etila de folhas e de ramos de *T. pallida* causou significativa mortalidade larval e afetou o desenvolvimento de *S. frugiperda* (Roel et al., 2000). Bogorni e Vendramim (2003, 2005) também relataram bioatividade de extratos aquosos de folhas e de ramos de *Trichilia pallens* C. DC. sobre *S. frugiperda*, com elevados índices de mortalidade e redução do peso larval.

Outras espécies de insetos-praga também mostraram suscetibilidade aos derivados de *Trichilia* spp., incluindo a traça-do-tomateiro, *Tuta absoluta* (Meyrick) (Lepidoptera: Gelechiidae). Assim, Cunha et al. (2005, 2006) verificaram que extratos aquosos de folhas de *T. pallida* e de *T. pallens* causam efeitos letais sobre *T. absoluta*, com índices de mortalidade de 92,6 e 47,6%, respectivamente, enquanto que extratos em diclorometano de folhas de *T. pallida* e de *T. pallens* causaram 17 e 15% de mortalidade, respectivamente.

Cunha et al. (2008) investigaram o extrato em diclorometano de folhas e de frutos de *T. pallida*, visando ao isolamento e à identificação de compostos com atividade inseticida sobre a traça-do-tomateiro. A partir do extrato de folhas de *T. pallida* foram isolados os triterpenos 24-metilenocicloarta-3β-ol (TRIT-1) (Figura 20 A), 24-metilenocicloarta-3β-26-diol (TRIT-2) (Figura 20 B) e cicloarta-23-eno-3β,25-diol (TRIT-3) (Figura 20 C); os esteroides 24-metileno-3,22-diidroxicolesterol (EST-1) (Figura 20 D), 24- metilenocolesterol (EST-2) (Figura 20 E) e 24-metileno-3β,4β, 22-triidroxicolesterol (EST-3) (Figura 20 F). Por sua vez, a partir dos extratos provenientes de frutos foi isolado o limonoide gedunina (LIM). Os pesquisadores avaliaram a mortalidade, a duração e sobrevivência das fases larval e pupal, o peso de pupas e a porcentagem de adultos deformados. TRIT-1, EST-1 e LIM foram os compostos com maior atividade deletéria sobre *T. absoluta*, alongando o desenvolvimento larval e reduzindo a sobrevivência dessa fase. Além disso, TRIT-1 ocasionou visíveis deformidades no corpo dos insetos (Figura 19).

**Figura 19.** Lagartas de *Tuta absoluta* após alimentação em folíolos de tomateiro tratados com o triterpeno 24-metilenocicloarta-3β-ol (TRIT-1), isolado de folhas de *Trichilia pallida*. As setas indicam o anelamento do abdome pela exúvia, bem como a posição da placa protorácica por ocasião da morte das lagartas (adaptada de Cunha et al. *Neotropical Entomology* 37: 709-715, 2008, com autorização).

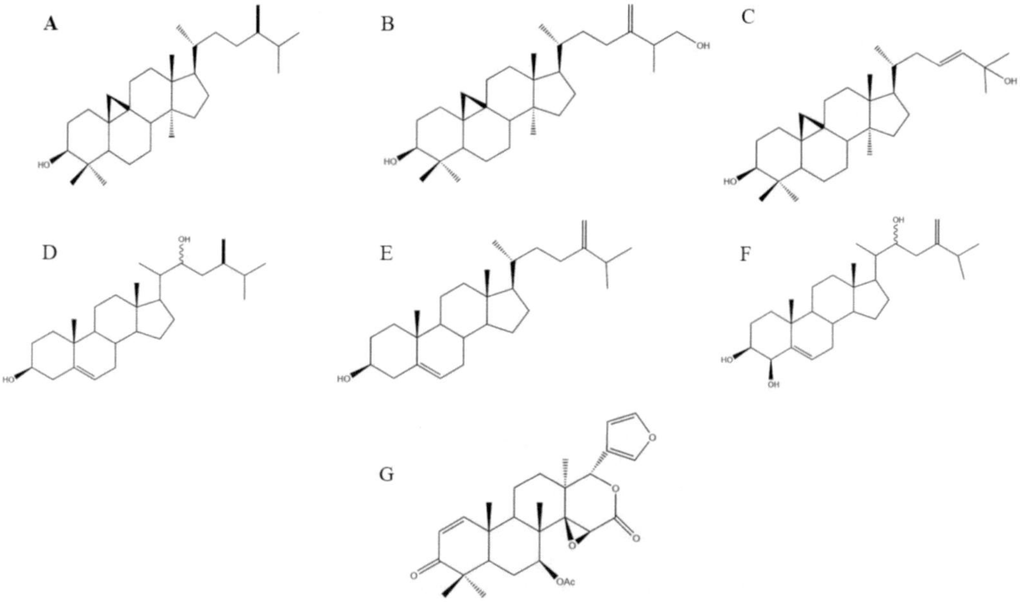


**Figura 20.** Compostos isolados a partir de extratos de folhas e de frutos de *T. pallida*. A) 24-metilenocicloarta-3β-ol (TRIT-1); B) 24-metilenocicloarta-3β-26-diol (TRIT-2); C) cicloarta-23-eno-3β,25-diol (TRIT-3); D) 24-metileno-3,22-diidroxicolesterol (EST-1); H) 24- metilenocolesterol (EST-2); I) 24-metileno-3β,4β, 22-triidroxicolesterol (EST-3); J) gedunina (LIM) (adaptada de Cunha et al. *Neotropical Entomology* 37: 709-715, 2008, com autorização).

García-Gómez et al. (2018) empregaram uma sequência de solventes (ordem crescente de polaridade) para extrair diferentes compostos da casca de *Trichilia americana* Sessé e Moc., *Trichilia hirta* L. e *Trichilia havanensis* Jacq. Posteriormente, os autores avaliaram a mortalidade, o peso e a duração das fases larval e pupal, além da fecundidade e fertilidade de *Copitarsia decolora* (Guenée) (Lepidoptera: Noctuidae) exposta à dieta suplementada com os extratos dessas 3 espécies. Todos os extratos apresentaram bioatividade, sendo, para as 3 espécies, a fração hexânica a mais letal para o estágio larval, com destaque para o derivado de *T. americana*, que mostrou a maior toxicidade, seguido por *T. hirta*. Essa última espécie também demonstrou efeito inseticida sobre os instares iniciais quando utilizado o extrato na fração aquosa. Os extratos em acetato de etila de *T. americana* e os extratos em hexano de *T. hirta* inibiram o crescimento e causaram mortalidade do inseto. A fecundidade e a fertilidade da praga foram reduzidas por todos os extratos testados.

Baldin et al. (2007a) avaliaram uma possível interação de genótipos de tomateiro resistentes e extratos aquosos à base de ramos e de folhas de *T. pallida* no controle da mosca-branca, *B. tabaci* biótipo B. Os autores constataram interação significativa, indicando um efeito aditivo pelo uso de genótipos resistentes e extratos vegetais no controle do inseto. Visando a identificar alternativas para o controle dessa praga em tomateiro, Baldin et al. (2007b) realizaram testes de atratividade e preferência para oviposição em casa de vegetação, utilizando extratos aquosos a 3% (p/v). Os resultados obtidos indicaram que a pulverização de extratos de ramos e de folhas de *T. pallida* tornou as plantas de tomateiro menos atrativas ou repelentes aos adultos de *B. tabaci* biótipo B. Em outro estudo, Baldin et al. (2020) compararam os efeitos letais e inibitórios de extratos orgânicos (em hexano, clorofórmio e etanol) provenientes de diferentes espécies de Meliaceae e Asteraceae e comprovaram que algumas frações dos extratos de *T. pallida*, *T. casaretti*, *T. claussenii*, *T. elegans* e *T. catigua* apresentam efeitos de repelência, ovideterrência, ovicida, ninficida e adulticida sobre a mesma espécie de mosca-branca em plantas de tomateiro.

## 6. Efeitos toxicológicos de derivados de Meliaceae sobre inimigos naturais

Devido ao histórico de bons resultados na utilização de derivados de meliáceas, seu emprego como método de controle de artrópodes-praga nas lavouras tem sido foco de diversas pesquisas (Champagne et al., 1992; Koul e Wahab, 2004). No entanto, é sabido que alguns inseticidas botânicos não apresentam seletividade a inimigos naturais (Wiesbrook, 2004).

Zanuncio et al. (2016) investigaram os efeitos do óleo de nim quanto à mortalidade, sobrevivência e alterações morfológicas (malformações) do percevejo predador *Podisus nigrispinus* (Dallas) (Hemiptera: Pentatomidae). O óleo foi aplicado via tópica, em doses crescentes, sobre ninfas e adultos, provocando mortalidade, inibição do crescimento e anomalias nas asas e pernas do inseto (Figura 21). Com base nisso, os autores recomendaram que seu uso associado ao controle biológico deve ser cuidadosamente avaliado.

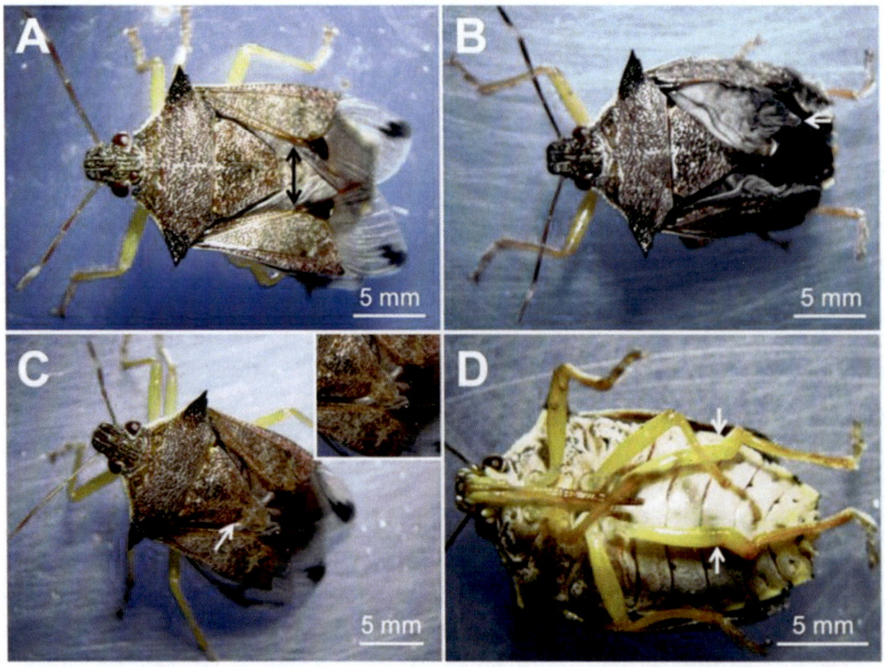


**Figura 21.** Deformidades em adultos de ***Podisus nigrispinus*** após aplicação tópica de óleo de nim sobre as ninfas: A) Redução do tamanho do hemieloma; B) Baixo número de veias e área membranosa reduzida das asas; C) Escutelo assimétrico; D) Extensão e dobramento das pernas (adaptada de Zanuncio et al. ***Scientific Reports*** 6: 1-8, 2016, com autorização).

Gonçalves-Gervásio e Vendramim (2004) avaliaram extratos etanólicos de *T. pallida* e de *A. indica* sobre *Trichogramma pretiosum* Riley (Hymenoptera: Trichogrammatidae) e observaram que o parasitoide foi sensível ao extrato de nim a 10% (p/v). O parasitismo não foi afetado quando os ovos do hospedeiro foram tratados com extrato de *T. pallida*. Já Klemm e Schmutterer (1993) avaliaram o efeito de óleo de nim sobre o comportamento de *Trichogramma principium* Sugonyaev & Sorokina (Hymenoptera: Trichogrammatidae) em laboratório e *T. pretiosum* a campo, e verificaram que ovos de *Plutella xylostela* (L.) (Lepidoptera: Plutellidae) tratados com esse óleo não afetaram o parasitismo dos microhimenópteros.

O parasitismo de *T. pretiosum* foi avaliado sobre ovos de *Helicoverpa zea* (Boddie) (Lepidoptera: Noctuidae) tratados com produto comercial à base de nim, não tendo sido verificados efeitos deletérios sobre o inimigo natural (Cano e Gladstone, 1994). Hohmann et al. (2002) relataram que ovos tratados com óleo de nim a 15% (v/v) foram drasticamente menos escolhidos para o parasitismo de *T. pretiosum*; contudo, concentrações mais baixas do óleo não afetaram a capacidade de parasitismo do inseto. Raguran e Singh (1999) avaliaram o efeito do óleo de nim sobre *Trichogramma chilonis* Ishii (Hymenoptera: Trichogrammatidae) e constataram ação deterrente sobre a oviposição e a alimentação do parasitoide.

Rampelotti-Ferreira et al. (2017) avaliaram a seletividade do extrato acetônico de *T. ciliata*, do óleo de nim comercial e de uma formulação nanoencapsulada de óleo de nim sobre *T. pretiosum* (Figura 22 e Tabela 5). A toxicidade dos derivados botânicos foi avaliada de acordo com as recomendações do Grupo de Trabalho da Organização Internacional para o Controle Biológico (IOBC). Os valores de toxicidade encontrados indicaram que a formulação à base de óleo de nim nanoencapsulado e o extrato de *T. ciliata* foram inócuos ao parasitoide. Somente o óleo de nim comercial foi considerado prejudicial, uma vez que reduziu a emergência de adultos e o índice de parasitismo.

Avaliando os efeitos da azadiractina sobre ovos e larvas de primeiro e quarto instares da joaninha *Cycloneda sanguinea* (L.) (Coleoptera: Coccinelidae), Cosme et al. (2007) verificaram que a azadiractina reduziu a viabilidade de ovos, e nas concentrações de 50 e 100 mg/L foi tóxica às larvas de quarto instar desse predador. Para o crisopídeo *Chrysoperla carnea* (Stephens) (Neuroptera: Chrysopidae), Vogt et al. (1998) relataram que a aplicação de formulações de nim em laboratório provocaram alterações na cutícula e nos músculos dos insetos tratados, má formação das mandíbulas, desorientação das microfibrilas, destruição das mitocôndrias e maior espaçamento das fibras musculares, além de mortalidade.

**Tabela 5.** Redução de emergência (%) de *Trichogramma pretiosum* em diferentes estágios de desenvolvimento em ovos de *Anagasta kuehniella* (Lepidoptera: Pyralidae) expostos a 3 tipos de formulações de inseticidas botânicos (adaptada de Rampelotti-Ferreira et al. *Ecotoxicology and Environmental Safety* 138: 78-82, 2017, com autorização).

| Tratamentos | Estágios de desenvolvimento | | | | | |
|---|---|---|---|---|---|---|
| | Ovo | | Lagarta | | Pupa | |
| | [a]RE | [b]Classe | [a]RE | [b]Classe | [a]RE | [b]Classe |
| Óleo de nim | 16,75 | 1 | 13,98 | 1 | 74,05 | 2 |
| Extrato acetônico de *Toona ciliata* | 9,88 | 1 | 12,18 | 1 | 0,00 | 1 |
| Óleo de nim nanoencapsulado | 2,59 | 1 | 0,56 | 1 | 0,00 | 1 |
| Controle (acetona) | 0,01 | 1 | 0,00 | 1 | 0,83 | 1 |

[a]RE = Redução de emergência comparada ao controle;
[b]Classes de toxicidade (IOBC): 1 = inofensivo (< 30%); 2 = ligeiramente prejudicial (30-79%); 3 = moderadamente prejudicial (80-99%); e 4 = nocivo (> 99%).

**Figura 22.** Ilustração dos principais efeitos toxicológicos proporcionados pela aplicação de 3 derivados de meliáceas sobre o parasitoide *Trichrogramma pretiosum* (adaptada de Rampelotti-Ferreira et al. *Ecotoxicology and Environmental Safety* 138: 78-82, 2017, com autorização).

# 7. Efeitos toxicológicos de derivados de Meliaceae sobre outros organismos

Alguns resultados de pesquisas realizadas com preparações de nim e de azadiractina isolada em animais de laboratório e algumas outras espécies podem ser acessadas na revisão de Ujváry (2010) e na Tabela 6.

**Tabela 6.** Compilação de estudos toxicológicos com derivados de nim e/ou de azadiractina sobre organismos não alvo.

| Organismos | Produtos testados | DL/ CL / CE | Referências |
|---|---|---|---|
| Abelha | Óleo de nim[k] | $CL_{30}$ = 0,53 mg/cm² | Melathopoulos et al. (2000) |
| Caracol | Extrato da casca de nim | $CL_{50}$ = 11 ppm | Osuala e Okwuosa (1993) |
| Camarão-capim | Neemix[h] | $CL_{50}$ = 1.520 ppm | Goktepe e Plhak (2004) |
| Codorna | Margosan-O[a] | $CL_{50}$ > 7.000 ppm | Larson (1989) |
| Coelho (inalação) | Margosan-O[a] | $CL_{50}$ > 43,9 mg/L | Larson (1989) |
| Coelho (dérmico) | Margosan-O[a] | $CL_{50}$ > 2 ml/kg | |
| Coelho | Óleo de nim | $DL_{50}$ = 24 g/kg | Gandhi et al. (1988) |
| Crustáceo | Margosan-O[a] | $CL_{50}$ = 13 ppm | Larson (1989) |
| Crustáceo | Margosan-O[a] | $CE_{50}$ = 125 ppm | Scott e Kaushik (1998) |
| Crustáceo | Margosan-O[a] | $CE_{50}$ = 923 ppm | |
| Lagosta | Azadiractina (95% pura) | $CL_{50}$ > 1 ppm | Goktepe e Plhak (2004) |
| Lagosta | Bioneem[g] | $CL_{50}$ = 5.180 ppm | |
| Pato-real | Margosan-O[a] | $CL_{50}$ > 7.000 ppm | Larson (1989) |
| Peixe afiosemião | Extrato da casca de nim | $CL_{50}$ = 15,1 ppm | Osuala e Okwuosa (1993) |
| Peixe Bluegill | Margosan-O[a] | $CL_{50}$ = 37 ppm | Larson (1989) |
| Peixe curimbatá | Extrato aquoso de folhas | $CL_{50}$ = 4.800 ppm | Winkaler et al. (2007) |
| Pulga-de-água | Azadiractina (95% pura) | $CL_{50}$ = 0,382 ppm | Goktepe e Plhak (2002) |
| Pulga-de-água | Bioneem[g] | $CL_{50}$ = 33 ppm | |
| Pulga-de-água | Neemix[h] | $CL_{50}$ = 28 ppm | |
| Pulga-de-água | Neemix[h] | $CL_{50}$ = 0,68 ppm | Stark e Banks (2001) |
| Rato | Óleo de nim | $DL_{50}$ = 14 g/kg | Gandhi et al. (1988) |
| Rato | Margosan-O[a] | $DL_{50}$ > 5 g/kg | Larson (1989) |
| Rato | Vepacide [c] | $DL_{50}$ = 1,47 g/kg | Mahboob et al. (1998) |
| Salmão Coho | Azadiractina[h] | $CL_{50}$ = 81 ppm | Goktepe e Plhak (2004) |
| Siri-azul | Neemixi[h] | $CL_{50}$ = 460 ppm | Larson (1989) |
| Truta arco-íris | Margosan-O[a] | $CL_{50}$ = 8,8 ppm | Wan et al. (1996) |
| Truta arco-íris | Margosan-O[a] | $CL_{50}$ = 29 ppm | |
| Truta arco-íris | Azatin[d] | $CL_{50}$ = 4 ppm | |
| Truta arco-íris | Azadiractina[e] | $CL_{50}$ = 4 ppm | |

[1]DL = Dose letal; [2]CL = Concentração letal; [3]CE = Concentração efetiva;
[a] Formulação contendo 14 a 20% de óleo de nim, resultando em um total de 3 g/L de azadiractina;
[b] Formulação contendo 1% de azadiractina;
[c] Formulação contendo 12% de azadiractina e 88% de outros constituintes do nim;
[d] Formulação contendo 3% de azadiractina e aproximadamente 27% de outros constituintes do nim;
[e] Formulação contendo 49% de azadiractina e 51% de outros constituintes do nim, incluindo salanina, nimbina etc.;
[f] Formulação contendo 4,6% de azadiractina e 15% de outros constituintes do nim;
[g] Formulação contendo azadiractina a 0,09%;
[h] Formulação contendo azadiractina a 0,25%;
[i] Formulação contendo 4,5% de azadiractina;
[j] Formulação contendo 3% de azadiractina;
[k] Vários óleos comerciais de nim com conteúdo não especificado de azadiractina e aplicados na superfície inferior de placas de Petri.

Khan e Awasthy (2003) acompanharam a reação de camundongos machos que receberam doses orais diárias entre 0,5 e 2 g/kg de extrato etanólico de folhas de nim. Após 7 dias de tratamento, os animais mostraram citotoxicidade e desenvolveram anormalidades cromossômicas em seus espermatócitos. Por outro lado, estudos com extratos de nim similares demonstraram que roedores da mesma espécie desenvolveram ação quimiopreventiva a tumores in vitro e *in vivo* sob condições laboratoriais (Haque e Baral, 2006). Além disso, o extrato etanólico de folhas de nim reduziu anormalidades cromossômicas em peixes expostos a pesticidas sob condições laboratoriais (Farah et al., 2006).

Com relação a animais de grande porte, já foi relatado que folhas de nim possuem ação tóxica sobre ovelhas (Ali e Salih, 1982), cabras e porquinhos-da-índia (Ali, 1987), mas são inócuas para coelhos (Thompson e Anderson, 1978). Dhongade et al. (2008) descreveram um caso grave de envenenamento em uma criança de 5 anos que apresentou convulsões epilépticas refratárias, pupilas dilatadas, taquicardia e dispnéia uma hora após ingestão acidental, além de relatos sobre dermatites ocasionais em indivíduos sensíveis que entraram em contato com o óleo de nim (Reutemann e Ehrlich, 2008).

## 8. Considerações finais

O isolamento de compostos químicos presentes em espécies de plantas da família Meliaceae vem atraindo crescente atenção de pesquisadores em razão das atividades inseticidas ou insestistáticas sobre importantes artrópodes-praga. Esse interesse é particularmente bem estabelecido em nível mundial para o nim, tanto no âmbito comercial, quanto no âmbito das pesquisas científicas.

Entretanto, nos últimos anos, também tem sido verificado um aumento significativo no número de estudos prospectivos com espécies dos gêneros *Trichilia*, *Toona* e *Melia*, em razão dos relatos que comprovaram a eficácia de seus derivados sobre insetos de diferentes ordens. Dessa maneira, Meliaceae deixa, cada vez mais, de ser reconhecida como a família do nim, e passa a ser referência geral como fonte de derivados botânicos com potencial inseticida.

Embora muitas pesquisas já tenham sido realizadas com *A. indica*, ainda existe uma imensa lacuna de conhecimento em relação a outros compostos presentes nas demais espécies e seus possíveis efeitos sobre artrópodes-praga. Considerando-se que o Brasil apresenta uma das mais ricas floras do planeta, com diversas meliáceas nativas, esse grupo deverá permanecer como alvo de inúmeras pesquisas nas próximas décadas.

## Referências bibliográficas


Agostinho, S.M.M.; Silva, M.F.G.F.; Fernandes, J.B.; Vieira, P.C.; Pinheiro, A.L.; Vilela, E.F. 1994. Limonoids from ***Toona ciliata*** and speculations on their chemosystematic and ecological significance. Biochemical Systematics and Ecology 22: 323-328.

Aguiar-Menezes, E.L. 2005. Inseticidas botânicos: Seus princípios ativos, modo de ação e uso agrícola. Seropédica: Embrapa Agrobiologia, 58p. (Embrapa Agrobiologia. Documentos, 205).

Ahmed, S.; Bamofleh, M.; Munshi, A. 1989. Cultivation of neem (***Azadirachta indica***) in Saudi Arabia. Economic Botany 43: 35-38.

Ahn, J.W.; Choi, S.U.; Lee, C.O. 1994. Cytotoxic limonoids from ***Melia azedarach*** var. ***japonica***. Phytochemistry 36: 1493-1496.

Akhila, A.; Rani, K. 1999. Chemistry of the neem tree (***Azadirachta indica*** A. Juss.). Progress in the Chemistry of Organic Natural Products 78: 47-149.

Akhtar, Y.; Yeoung, Y.R.; Isman, M.B. 2008. Comparative bioactivity of selected extracts from Meliaceae and some commercial botanical insecticides against two noctuid caterpillars, ***Trichoplusia ni*** and ***Pseudaletia unipuncta***. Phytochemistry Reviews 7: 77-88.

Akihisa, T.; Pan, X.; Nakamura, Y.; Kikuchi, T.; Takahashi, N.; Matsumoto, M.; Ogihara, E.; Fukatsu, M.; Koike, K.; Tokuda, H. 2013. Limonoids from the fruits of ***Melia azedarach*** and their cytotoxic activities. Phytochemistry 89: 59-70.

Aldhous, P. 1992. Neem chemicals: The pieces fall in place. Science 258: 893.

Ali, B.H.; Salih, A.M.M. 1982. Suspected ***Azadirachta indica*** toxicity in a sheep. Veterinary Record 111: 494.

Ali, B.H. 1987. Toxicity of ***Azadirachta indica*** leaves in goats and guinea pigs. Veterinary and Human Toxicology 29: 16-19.

Ambrosio, D.; Guerriero, A. 2002. Degraded limonoids from ***Melia azedarach*** and biogenetic implications. Phytochemistry 60: 419-424.

Ara, I.; Siddiqui, B.S.; Faizi, S.; Siddiqui, S. 1990. Tricyclic diterpenoids from root bark of ***Azadirachta indica.*** Phytochemistry 29: 911-914.

Araldi, D.B.; Mello Filho, J.A.; Araldi, E.F.; Silva, N.H.A. 2006. Contribuição ao estudo do catiguá (***Trichilia claussenii*** C.DC.) no Rio Grande do Sul. Séries Técnicas Fepagro, Editora Fepagro, Porto Alegre, RS, Brasil.

Arenas, C.; Rodríguez-Hahn, L. 1990. Limonoids from ***Trichilia havanensis***. Phytochemistry 29: 2953-2956.

Arnason, J.; Philogène, B.; Donskov, N.; Hudon, M.; McDougall, C.; Fortier, G. 1985. Antifeedant and insecticidal properties of azadirachtin to the European corn borer, ***Ostrinia nubilalis***. Entomologia Experimentalis et Applicata 38: 29-34.

Arnason, J.; Philogène, B.; Donskov, N.; Kubo, I. 1987. Limonoids from the Meliaceae and Rutaceae reduce feeding, growth and development of ***Ostrinia nubilalis***. Entomologia Experimentalis et Applicata 43: 221-226.

Aromdee, C.; Sriubolmas, N. 2006. Essential oil of the flowers of ***Azadirachta indica*** (Meliaceae). Journal of Science and Technology 28: 115-119.

Atangwho, I.J.; Ebong, P.E.; Eyong, E.U.; Willians, I.O.; Eteng, M.U.; Egbung, E. 2009. Comparative chemical composition of leaves of some antidiabetic medicinal plants: ***Azadirachta indica***, ***Vernonia amygdalina*** and ***Gongronema latifolium***. African Journal of Biotechnology 8: 4685-4689.

Babu, V.S.; Nair, G.M. 2004. Bioproduction of azadirachtin from callus cultures of neem (***Azadirachta indica*** A. Juss.). *In*: International Conference on Biodiversity and Natural Products Chemistry and Medical Applications. Abstracts. New Delhi, India.

Baldin, E.L.L.; Souza, D.R.; Souza, E.S.; Beneduzzi, R.A. 2007a. Controle de mosca-branca com extratos vegetais, em tomateiro cultivado em casa-de-vegetação. Horticultura Brasileira 25: 602-606.

Baldin, E.L.L.; Vendramim, J.D.; Lourenção, A.L. 2007b. Interaction between resistant tomato genotypes and plant extracts on ***Bemisia tabaci*** (Genn.) biotype B. Scientia Agricola 64: 476-481.

Baldin, E.L.L.; Fanela, T.L.M.; Pannuti, L.E.R.; Kato, M.J.; Takeara, R.; Crotti, A.E.M. 2015. Botanical extracts: Alternative control for silverleaf whitefly management in tomato. Horticultura Brasileira 33: 59-65.

Baldin, E.L.L.; Schlick-Souza, E.C.; Soares, M.C.E.; Lopes, N.P.; Lopes, J.L.C.; Bogorni, P.C.; Vendramim, J.D. 2020. Insecticidal and inhibitory effects of Meliaceae and Asteraceae extracts to silverleaf whitefly. Horticultura Brasileira 38: 280-287.

Beltrame, F.L. 2005. Caracterização de duas espécies vegetais (***Trichilia catigua*** e ***Anemopaegma arvense***) usadas como catuaba por métodos cromatográficos hifenados a métodos espectroscópicos e análise multivariada. São Carlos, 153p. Tese (Doutorado) - Universidade Federal de São Carlos.

Bezerra-Silva, G.C.D.; Silva, M.A.; Vendramim, J.D.; Dias, C.T.S. 2012. Insecticidal and behavioral effects of secondary metabolites from Meliaceae on Bemisia tabaci (Hemiptera: Aleyrodidae). Florida Entomologist 59: 743-751.

Bezerra-Silva, G.C.D.; Vendramim, J.D.; Silva, M.A.; Dias, C.T.S. 2010. Efeito de extratos orgânicos de Meliaceae sobre Bemisia tabaci (Gennadius) biótipo B em tomateiro. Arquivos do Instituto Biológico 77: 477-485.

Biswas, K.; Chattopadhyay, I.; Banerjee, R.K.; Bandyopadhyay, U. 2002. Biological activities and medicinal properties of neem (***Azadirachta indica***). Current Science 82: 1336-1345.

Bogorni, P.C.; Vendramim, J.D. 2003. Bioatividade de extratos aquosos de ***Trichilia*** spp. sobre ***Spodoptera frugiperda*** (J.E. Smith) (Lepidoptera: Noctuidae) em milho. Neotropical Entomology 32: 665-669.

Bogorni, P.C.; Vendramim, J.D. 2005. Efeito subletal de extratos aquosos de ***Trichilia*** spp. sobre o desenvolvimento de ***Spodoptera frugiperda*** (J.E. Smith) (Lepidoptera: Noctuidae) em milho. Neotropical Entomology 34: 311-317.

Bohnenstengel, F.I.; Wray, V.; Witte, L.; Srivastava, R.P.; Proksch, P. 1999. Insecticidal meliacarpins (C-seco limonoids) from ***Melia azedarach.*** Phytochemistry 50: 977-982.

Brasil, R.B. 2010. Estudo fitoquímico e atividade fungicida do extrato metanólico das folhas de ***Azadirachta indica***. Belém, 94p. Dissertação (Mestrado) - Universidade Federal do Pará.

Braz, R.; Wolf, L.G.; Lopes, G.C.; Mello, J.C.P. 2012. Quality control and TLC profile data on selected plant species commonly found in the Brazilian market. Revista Brasileira de Farmacognosia 22: 1111-1118.

Brunherotto, R.; Vendramim, J.D. 2001. Bioatividade de extratos aquosos de ***Melia azedarach*** L. sobre o desenvolvimento de ***Tuta absoluta*** (Meyrick) (Lepidoptera: Gelechiidae) em tomateiro. Neotropical Entomology 30: 455-459.

Brunherotto, R.; Vendramim, J.D.; Oriani, M.A.G. 2010. Efeito de genótipos de tomateiro e de extratos aquosos de folhas de Melia azedarach e de sementes de Azadirachta indica sobre ***Tuta absoluta*** (Meyrick) (Lepidoptera: Gelechiidae). ***Neotropical Entomology*** 39: 784-791.

Burks, K.C. 1997. ***Melia azedarach***. Fact sheet prepared by the Bureau of Aquatic Plant Management, Department of Environmental Protection, Tallahassee, USA.

Butterworth, J.H.; Morgan, E. 1968. Isolation of a substance that suppresses feeding in locusts. Chemical Communications 1: 23-24.

Cabral, M.M.; Azambuja, P.; Gottlieb, O.R.; Garcia, E.S. 2000. Effects of some lignans and neolignans on the development and excretion of ***Rhodnius prolixus***. Fitoterapia 71: 1-9.

Cano, E.; Gladstone, S.M. 1994. Efecto de insecticida botanico, NIM-20, sobre el parasitismo por ***Trichogramma pretiosum*** en huevos del ***Helicoverpa zea*** en el cultivo de melon. Manejo Integrado de Plagas 33: 23-25.

Carpinella, C.; Ferrayoli, C.; Valladares, G.; Defago, M.; Palacios, S. 2002. Potent limonoid insect antifeedant from ***Melia azedarach***. Bioscience, Biotechnology and Biochemistry 66: 1731-1736.

Carvalho, S.S.; Vendramim, J.D.; Sá, I.C.G.; Silva, M.F.G.F.; Ribeiro, L.P.; Forim, M.R. 2015. Efeito sistêmico de nanoformulações à base de nim (***Azadirachta*** indica A. Juss) sobre Be-misia tabaci (Genn.) biótipo B (Hemiptera: Aleyrodidae) em tomateiro. Bragantia 74: 298-306.

Castiglioni, E.; Vendramim, J.D.; Tamai, M.A. 2002. Evaluación del efecto tóxico de extractos acuosos y derivados de meliáceas sobre ***Tetranychus urticae*** (Koch) (Acari, Tetranychidae). Agrociencia 6: 75-82.

Castro, J.O.; Barrios, M.; Chinchilla, M.; Guerrero, O. 1996. Evaluación química y biológica del efecto de extractos de plantas contra ***Plasmodium berghei***. Revista de Biología Tropical 44: 361-367.

Champagne, D.E.; Koul, O.; Isman, M.B.; Scudder, G.G.E.; Towers, G.H.N. 1992. Biological activity of limonoids from the Rutales. Phytochemistry 31: 377-394.

Champagne, E.T.; Grimm, C.C. 1995. Stabilization of brown rice products using ethanol vapors as an antioxidant delivery system. Nonwheat Grains and Products 72: 255-258.

Chan, W.R.; Taylor, D.R. 1966. Hirtin and deacetylhirtin: New 'limonoids' from ***Trichilia hirta***. Chemical Communications 7: 206-207.

Chan, W.R.; Gibbs, J.A.; Taylor, D.R. 1967. The limonoids of ***Trichilia havanensis*** Jacq: An epoxide rearrangement. Chemical Communications 14: 720-721.

Chen, H.D.; Yang, S.P.; Wu, Y.; Dong, L.; Yue, J.M. 2009. Terpenoids from ***Toona ciliata***. Journal of Natural Products 72: 685-689.

Chiffelle, I.; Huerta, A.; Lizana, D. 2009. Physical and chemical characterization of ***Melia azedarach*** L. fruit and leaf for use as botanical insecticide. Chilean Journal of Agriculture Research 69: 38-45.

Cloyd, R. 2004. Natural indeed: Are natural insecticide safer and better than conventional insecticide? Illinois Pesticide Review 17: 1-3.

Conceschi, M.R.; Ansante, T.F.; Mazzonetto, F., Vendramim, J.D.; Sossai, V.L.M.; Pizetta, L.C.; Corbani, R.Z. 2011. Efeito de extratos aquosos de ***Azadirachta indica*** e de ***Trichilia pallida*** sobre lagartas de ***Spodoptera frugiperda*** (J.E. Smith) (Lepidoptera: Noctuidae) em milho. Bioassay 6: 1-6.

Cortez, D.A.G.; Fernandes, J.B.; Vieira, P.C.; Silva, M.F.G.F.; Ferreira, G.A. 1992. Limonoids from ***Trichilia hirta***. Phytochemistry 31: 625-628.

Cosme, L.; Carvalho, G.A.; Moura, A.P. 2007. Efeitos de inseticidas botânico e sintéticos sobre ovos e larvas de ***Cycloneda sanguinea*** (Linnaeus) (Coleopotera: Coccinellidae) em laboratório. Arquivos do Instituto Biológico 74: 251-258.

Cunha, U.S.; Vendramim, J.D.; Rocha, W.C.; Vieira, P.C. 2005. Potencial de ***Trichilia pallida*** Swartz (Meliaceae) como fonte de substâncias com atividade inseticida sobre a traça-do-tomateiro, ***Tuta absoluta*** (Meyrick) (Lepidoptera: Gelechiidae). Neotropical Entomology 34: 667-674.

Cunha, U.S.; Vendramim, J.D.; Rocha, W.C.; Vieira, P.C. 2006. Frações de ***Trichilia pallens*** com atividade inseticida sobre ***Tuta absoluta***. Pesquisa Agropecuária Brasileira 41: 1579-1585.

Cunha, U.S.; Vendramim, J.D.; Rocha, W.C.; Vieira, P.C. 2008. Bioatividade de moléculas isoladas de ***Trichilia pallida*** Swartz (Meliaceae) sobre ***Tuta absoluta*** (Meyrick) (Lepidoptera: Gelechiidae). Neotropical Entomology 37: 709-715.

D'amato, C.; Torres, J.P.M.; Malm, O. 2002. DDT (dicloro difenil tricloroetano): Toxicidade e contaminação ambiental - Uma revisão. Química Nova 25: 995-1002.

Defagó, M.; Valladares, G.; Banchio, E.; Carpinella, C.; Palacios, S. 2006. Insecticide and antifeedant activity of different plant parts of ***Melia azedarach*** on ***Xanthogaleruca luteola***. Fitoterapia 77: 500-505.

Denardi, S.E.; Bechara, G.H.; Oliveira, P.R.; Mathias, M.I.C. 2011. Inhibitory action of neem aqueous extract (***Azadirachta indica*** A. Juss) on the vitellogenesis of ***Rhipicephalus sanguineus*** (Latreille, 1806) (Acari: Ixodidae) ticks. Microscopy Research and Technique 74: 889-899.

Dhongade, R.K.; Kavade, S.G.; Damle, R.S. 2008. Neem oil poisoning. Indian Pediatric 45: 56-57.

Divakar, P.R. 2017. Phytopharmacology of ***Toona ciliata***: A review. International Research Journal of Pharmacy 8: 30-35.

Edmonds, J.M. 1995. ***Toona***. p.358-371. ***In***: Mabberley, D.J.; Pannell, C.M.; Sing, A.M., eds. Meliaceae, Flora Malesiana, Series Spermatophyta. Foundation Flora Malesiana, Leiden, The Netherlands.

Ekong, D.E.U.; Fakunle, C.O.; Fasina, A.I.; Okogun, J.I. 1969. The meliacins (limonoids). Nimbolin A and B, two new meliacin cinnarnates from ***Azadirachta indica*** L. and ***Melia azedarach*** L. Chemical Communications 926: 1166-1167.

Farah, M.A.; Ateeq, B.; Ahmad, W. 2006. Antimutagenic effect of neem leaves extract in freshwater fish, ***Channa punctatus*** evaluated by cytogenetic tests. Science of the Total Environment 364: 200-214.

Ferreira, F.T.R.; Vendramim, J.D.; Forim, M.R. 2012. Bioatividade de nanoformulações de nim sobre a traça-do-tomateiro. Ciência Rural 42: 1347-1353

Figueiredo, E.R. 2010. Estudo fitoquímico e avaliação biológica dos extratos de ***Trichilia casarettii*** e ***Trichilia silvatica*** (Meliaceae). Campos dos Goytacazes, 167p. Tese (Doutorado) - Universidade Estadual do Norte Fluminense.

Forim, M.R.; Matos, A.P.; Silva, M.F.G.F; Cass, Q.B.; Vieira, P.C.; Fernandes, J.B. 2010. Uso de CLAE no controle de qualidade em produtos comerciais de nim: Reprodutibilidade da ação inseticida. Química Nova 33: 1082-1087.

Freitas, A.F.; Formagio, A.S.N.; Pereira, F.F.; Lucchetta, J.T.; Vieira, M.C. 2014. Effect of extracts of ***Trichilia silvatica*** C. DC., on development and reproduction parameters of ***Spodoptera***

***frugiperda*** (J.E. Smith) (Lepidoptera: Noctuidae). African Journal of Biotechnology 13: 2041-2049.

Gajmer, T.; Singh, R.; Saini, R.; Kalidhar, S. 2002. Effect of methanolic extracts of neem (***Azadirachta indica*** A. Juss.) and bakain (***Melia azedarach*** L.) seeds on oviposition and egg hatching of ***Earias vittella*** (Fab.) (Lep., Noctuidae). Journal of Applied Entomology 126: 238-243.

Gandhi, M.; Lal, R.; Sankaranarayanan, A.; Banerjee, C.K.; Sharma, P.L. 1988. Acute toxicity study of the oil from ***Azadirachta indica*** seed (neem oil). Journal of Ethnopharmacology 23: 39-51.

Garcez, F.R.; Garcez, W.S.; Rodrigues, E.D.; Roque, N.F. 1996. Seco-protolimonoids from ***Trichilia elegans*** ssp. ***elegans***. Phytochemistry 42: 1399-1403.

Garcez, F.R.; Garcez, W.S.; Tsutsumi, M.T.; Roque, N.F. 1997a. Limonoids from ***Trichilia elegans*** ssp. ***elegans***. Phytochemistry 45: 141-148.

Garcez, W.S.; Garcez, F.R.; Ramos, L.; Camargo, M.J.; Damasceno Jr., G.A. 1997b. Sesquiterpenes from ***Trichilia catigua***. Fitoterapia 68: 87-88.

Garcez, F.R.; Garcez, W.S.; Roque, N.F.; Castellano, E.E.; Zukerman-Schpector, J. 2000. 7β-Oxygenated limonoids from ***Trichilia elegans*** ssp. ***elegans***. Phytochemistry 55: 733-740.

García-Gómez, A.R.; Figueroa-Brito, L.A.; García, S.; Jiménez-Pérez, A. 2018. ***Trichilia*** (Meliaceae) plants: Important source of biomolecules with insecticidal properties. Florida Entomologist 101: 470-479.

Ghini, R.; Bettiol, W. 2000. Proteção de plantas na agricultura sustentável. Cadernos de Ciência e Tecnologia 17: 61-70.

Giongo, A.M.M.; Vendramim, J.D.; Forim, M.R. 2016a. Evaluation of neem-based nanoformulations as alternative to control fall armyworm. Ciência & Agrotecnologia 40: 26-36.

Giongo, A.M.M.; Vendramim, J.D.; Freitas, S.D.L.; Silva, M.F.G.F. 2015. Growth and nutritional physiology of Spodoptera frugiperda (Lepidoptera: Noctuidae) fed on Meliaceae fractions. Revista Colombiana de Entomologia 41: 33-40.

Giongo, A.M.M.; Vendramim, J.D.; Freitas, S.D.L.; Silva, M.F.G.F. 2016b. Toxicity of secondary metabolites from Meliaceae against ***Spodoptera frugiperda*** (J.E. Smith) (Lepidoptera: Noctuidae). Neotropical Entomology 45: 725-733.

Glass, L.; Pasternack, J.S. 1978. Stable oscillations in mathematical models of biological control systems. Journal of Mathematical Biology 6: 207-223.

Goktepe, I.; Plhak, L.C. 2002. Comparative toxicity of two azadirachtin-based neem pesticides to ***Daphnia pulex***. Environmental Toxicology and Chemistry 21: 31-36.

Goktepe, I.; Plhak, L.C. 2004. Acute toxic effects of neem-based insecticides on crustaceans. Bulletin of Environmental Contamination and Toxicology 72: 1278-1284.

Gonçalves-Gervásio, R.C.R.; Vendramim, J.D. 2007. Bioatividade do extrato aquoso de sementes de nim sobre ***Tuta absoluta*** (Meyrick, 1917) (Lepidoptera: Gelechiidae) em três formas de aplicação. Ciência e Agrotecnologia 31: 28-34.

Gonçalves-Gervásio, R.C.R.; Vendramim, J.D. 2004. Efeito de extratos de meliáceas sobre o parasitóide de ovos ***Trichogramma pretiosum*** Riley (Hymenoptera: Trichogrammatidae). Neotropical Entomology 9: 607-612.

Govindachari, T.R.; Narasimhan, N.S.; Suresh, G.; Partho, P.D.; Gopalakrishnan, G.; Kumari, G.N.K. 1995. Structure-related insect antifeedant and growth regulating activities of some limonoids. Journal of Chemical Ecology 21: 1585-1600.

Hallur, G.; Sivaramakrishnan, A.; Bhat, S.V. 2002. Three new tetranortriterpenoids from neem seed oil. Journal of Natural Products 65: 1177-1179.

Haque, E.; Baral, R. 2006. Neem (***Azadirachta indica***) leaf preparation induces prophylactic growth inhibition of murine Ehrlich carcinoma in Swiss and C57BL/6 mice by activation of NK cells and NK-T cells. Immunobiology 211: 721-731.

Hashmat, I.; Azad, H.; Ahmed, A. 2012. Neem (***Azadirachta indica*** A. Juss) - A nature's drugstore: An overview. International Research Journal of Biological Sciences 1: 76-79.

Hilje, L.; Mora, G.A. 2006. Promissory botanical repellents/deterrents for managing two key tropical insect pests, the whitefly ***Bemisia tabaci*** and the mahogany shootborer ***Hypsipyla grandella***. p.379-403. ***In***: Rai, M.; Carpinella, M.C., eds. Naturally occurring bioactive compounds. Advances in Phytomedicine, Elsevier, Amsterdam, The Netherlands.

Hohmann, C.L.; Novaes, T.G.; Silva, F.A.C.; Andrade, E.A. 2002. Effect of neem, ***Azadirachta indica*** A. Juss. on ***Trichogramma pretiosum*** Riley and ***Trichogrammatoidea annulate*** De Santis. ***In***: International Egg Parasitoid Symposium, 6. Proceedings. IOBC. Perugia, Italy.

Hossain, H.; Akbar, P.N.; Rahman, S.E.; Khan, T.A.; Rahm, M.M. 2014. In-vivo anti-inflammatory and in-vitro antioxidant activities of ***Toona ciliata*** leaves native to Bangladesh. Global Journal of Medical Research 14: 16-25.

Hua, P.; Edmonds, J.M. 2008. ***Toona*** (Endlicher) M. Roemer, Fam. Nat. Syn. Monogr. 1: 131. 1846. p.112-115. ***In:*** Flora of China. Missouri Botanical Garden Press, Saint Louis, USA.

Huang, R.C.; Okamura, H.; Iwagawa, T.; Tadera, K.; Nakatani, N. 1995. Azedarachin C, a limonoid antifeedant from ***Melia azedarach***. Phytochemistry 38: 593-594.

Huang, R.C.; Tadera, K.; Yagi, F.; Minami, Y.; Okamura, H.; Iwagawa, T.; Nakatani, M. 1996. Limonoids from ***Melia azedarach.*** Phytochemistry 43: 581-583.

Huang, S.W.; Frankel, E.N.; Schwarz, K.; Aeschbach, R.B.G.J. 1996. Antioxidant activity of carnosic acid and methyl carnosate in bulk oils and oil-in-water emulsions. Journal of Agriculture and Food Chemistry 44: 2951-2956.

Isman, M.B. 2002. Insect antifeedants. Pesticide Outlook 13: 152-157.

Isman, M.B. 2006. Botanical insecticides, deterrents, and repellents in modern agriculture and an increasingly regulated world. Annual Review of Entomology 51: 45-66.

Isman, M.B.; Matsuura, H.; MacKinnon, S.; Durst, T.; Towers, G.H.N.; Arnason, J.T. 1996. Phytochemistry of the Meliaceae – So many terpenoids, so few insecticides. p.155-178. ***In:*** Romeo, J.T.; Saunders, J.A.; Barbosa, P., eds. Phytochemical diversity and redundancy in ecological interactions, Plenum Press, New York, USA.

Isman, M.B.; Miresmailli, S.; Machial, C. 2011. Commercial opportunities for pesticides based on plant essential oils in agriculture, industry and consumer products. Phytochemistry Reviews 10: 197-204.

Isman, M.B.; Grieneisen, M.L. 2014. Botanical insecticide research: Many publications, limited useful data. Trends in Plant Science 19: 140-145.

Itokawa, H.; Qiao, Z.S.; Hirobe, C.; Takeya, K. 1995. Cytotoxic limonoids and tetra-nortriterpenoids from ***Melia azedarach***. Chemical and Pharmaceutical Bulletin 43: 1171-1175.

Jacobson, M. 1987. Neem research and cultivation in the western hemisphere. p.33-44. ***In***: International Neem Conference, 3. Proceedings. GTZ Press, Eschborn, Germany.

Jarvis, A.P.; Morgan, E.D.; van der Esch, S.A.; Vitali, F.; Ley, S.V.; Pape, A. 1997. Identification of azadirachtin in tissue-cultured cells of neem (***Azadirachta indica***). Natural Product Letters 10: 95-98.

Jones, P.S.; Ley, S.V.; Morgan, E.D.; Santafianos, D. 1989. The chemistry of the neem tree. p.47-67. ***In***: Jacobson, M., ed. Focus on phytochemical pesticides, vol. 1, The neem tree. CRC, Boca Raton, USA.

Katti, G.; Saxena, H.; Sachan, J.N. 1992. Evaluation of antifeedant property of neem product against grampod borer, ***Helicoverpa armigera*** (Hubner). Neem Newsletter 9: 41-42.

Kaur, G.; Alam, S.; Athar, M. 2004. Nimbidin suppresses functions of macrophages and neutrophils: Relevance to its antiinflammatory mechanisms. Phytotherapy Research 18: 419-424.

Khan, P.K.; Awasthy, K.S. 2003. Cytogenetic toxicity of neem. Food and Chemical Toxicology 41: 1325-1328.

Khan, M.A.; Lee, H.J.; Lee, W.S.; Kim, H.S.; Ki, K.S.; Hur, T.Y.; Suh, G.H.; Kang, S.J.; Choi, Y.J. 2007. Structural growth, rumen development, and metabolic and immune responses of holster in male calves fed milk through step-down and conventional methods. Journal of Dairy Science 90: 3376-3387.

Kigodi, P.G.K.; Blaskó, G.; Thebtaranonth, Y.; Pezzuto, J.M.; Cordell, G.A. 1989. Spectroscopic and biological investigation of nimbolide and 28-deoxynimbolide from ***Azadirachta indica***. Journal of Natural Products 52: 1246-1251.

Klein, R.M. 1984. Meliaceae. Flora Ilustrada Catarinense**,** Itajaí, SC, Brasil.

Klemm, U.; Schmutterer, H. 1993. Effects of neem preparations on ***Plutella xylostella*** L. and its natural enemies of the genus ***Trichogramma***. Journal of Plant Diseases and Protection 100: 113-128.

Klocke, J. 1989. Plant compounds as source and models of insect-control agents. p.103-144. ***In:*** Wagner, H.; Hikino, H.; Farnsworth, N.R., eds. Economic and medicinal plant research. Academic Press, London, England.

Koul, O. 1983. Feeding deterrence induced by plant limonoids in the larvae of ***Spodoptera litura*** (F.) (Lepidoptera: Noctuidae). Zeitschrift für Angewandte Entomologie 95: 166-171.

Koul, O.; Multani, J.S.; Singh, G.; Daniewski, W.M.; Berlozecki,

S. 2003. 6β-Hydroxygedunin from ***Azadirachta indica***. Its potentiation effects with some non-azadirachtin limonoids in neem against lepidopteran larvae. Journal of Agricultural and Food Chemistry 51: 2937-2942.

Koul, O.; Wahab, S. 2004. Neem biotechnology - A synthesis. p.243-259. ***In:*** Koul, O.; Wahab, S., eds. Neem: Today and in the new millenium. Kluwey Academic, Dordrecht, The Netherlands

Kraus, W.; Grimminger, W.; Sawitzki, G. 1978. Toonacilin and 6-acetoxytoonacilin, two novel B-seco-tetranortriterpenoids with antifeeding activity. Angewandte Chemie International Edition 17: 452-453.

Kraus, W.; Grimminger, W. 1981. Toonafolin, a novel tetranortriterpenoid B lactone from ***Toona ciliata*** M. J. Roem var. ***australis***. (Meliaceae). Liebigs Annalen der Chemie 10: 1838-1843.

Kraus, W.; Bokel, M.; Bruhn, A.; Cramer, R.; Klaiber, I.; Klaiber, A.; Klenk, A.; Nagl, G.; Pohnl, H.; Sadlo, H.; Vogler, B. 1987. Structure determination by NMR of azadirachtin and related compounds from ***Azadirachta indica*** A. Juss. (Meliaceae). Tetrahedron Letters 43: 2817-2830.

Kroschel, J.; Koch, W. 1996. Studies on the use of chemicals, botanicals and ***Bacillus thuringiensis*** in the management of the potato tuber moth in potato stores. Crop Protection 15: 197-203.

Kumar, C.S.S.R.; Srinivas, M.; Yakkundi, R. 1996. Limonoids from the seeds of ***Azadirachta indica***. Phytochemistry 43: 451-455.

Kumar, R.; Verma, G.; Prakash, O.; Pant, A.K. 2011. Head space GC/MS analysis of volatile constituents of ***Trichilia connaroides*** (Wight and Arn) extracts and their in vitro anti-plasmodium activity against ***Plasmodium falciparum*** isolates. Research Journal of Phytochemistry 5: 41-47.

Kusari, S.; Verma, V.C.; Lamshoeft, M.; Spiteller, M. 2012. An endophytic fungus from ***Azadirachta indica*** A. Juss. that produces azadirachtin. World Journal of Microbiology and Biotechnology 28: 1287-1294.

Larson, R.O. 1989. The commercialization of neem. p.155-168. ***In:*** Jacobson, M., ed. The neem tree. CRC Press, Boca Raton, USA.

Lavie, D.; Gottlieb, H.E.; Pestchanker, M.J.; Giordano, O.S. 1986. Jaborosalactone L, a withanolide from ***Jaborosa leucotricha***. Phytochemistry 25: 1765-1766.

Lee, W.; Mitchell, P.; Tjian, R. 1987. Purified transcription factor AP-1 interacts with TPA-inducible enhancer elements. Cell 49: 741-752.

Lee, S.M.; Olsen, J.I.; Schweizer, M.P.; Klocke, J.A. 1988. 7-Deacetyl-17-hydroxyazidiradione, a new limonoid insect growth inhibitor from ***Azadirachta indica***. Phytochemistry 27: 2773-2775.

Lee, S.M.; Klocke, J.A.; Barnby, M.A.; Yamasaki, R.B.; Balandrin, M.F. 1991. Insecticidal constituents of ***Azadirachta indica*** and ***Melia azedarach*** (Meliaceae). ACS Symposium Series 449: 293-304.

Ley, S.V.; Denhom, A.A.; Wood, A. 1993. The chemistry of azadirachtin. Natural Product Reports: 109-157.

Li, P.; Zhan, X.; Que, Q.; Qu, W.; Liu, M.; Ouyang, K.; Li, J.; Deng, X.; Zhang, J.; Liao, B.; Pian, R.; Chen, X. 2015. Genetic diversity and population structure of ***Toona ciliata*** Roem. based on sequence-related amplified polymorphism (SRAP) markers. Forests 6: 1094-1106.

Liao, S.G.; Yang, S.P.; Yuan, T.; Zhang, C.R.; Chen, H.D.; Wu, Y.; Xu, Y.K.; Yue, J.M. 2007. Limonoids from the leaves and stems of ***Toona ciliata***. Journal of Natural Products 70: 1268-1273.

Liu, Z.L.; Ho, S.H.; Goh, S.H. 2008. Effect of fraxinellone on growth and digestive physiology of Asian corn borer, ***Ostrinia furnacalis*** Guenée. Pesticide Biochemistry and Physiology 91: 122-127.

Liu, Y.B.; Cheng, X.R.; Qin, J.J.; Yan, S.K.; Jin, H.Z.; Zhang, W.D. 2011a. Chemical constituents of ***Toona ciliata*** var. ***pubescens***. Chinese Journal of Natural Medicines 9: 115-119.

Liu, J.Q.; Yang, S.P.; Su, Z.S.; Lin, B.D.; Wu, Y.; Yue, J.M. 2011b. Limonoids from the stems of ***Toona ciliata*** var. ***henryi*** (Meliaceae). Phytochemistry 72: 2189-2196.

Liu, J.Q.; Wang, C.F.; Li, Y.; Chen, J.C.; Zhou, L.; Qiu, M.H. 2012. Limonoids from the leaves of ***Toona ciliata*** var. yunnanensis. Phytochemistry 76: 141-149.

López-Olguín, J.F.; Viñuela-Sandoval, E.; Budia-Marigil, F.; Ould-Abdallahi, E.; Adan-Del Rio, A., del Estal-Padilla, P. 2002. Actividad de ***Trichilia havanensis*** Jacq. (Meliaceae) en la mosca mediterranea de la fruta ***Ceratitis capitata*** (Wied.) (Diptera: Tephritidae). Boletín de Sanidad Vegetal. Plagas 28: 299-306.

Luo, X.; Ma, Y.; Wu, S.; Wu, D. 1999. Two novel azadirachtin derivatives from ***Azadirachta indica***. Journal of Natural Products 62: 1022-1024.

Luo, X.D.; Wu, S.H.; Ma, Y.B.; Wu, D.G. 2000. Limonoids and phytol derivatives from ***Cedrela sinensis***. Fitoterapia 71: 492-496.

Luo, X.D.; Wu, S.H.; Wu, D.G.; Ma, Y.B.; Qi, S.H. 2002. Three new apo-tirucallols with six-membered hemiacetal from Meliaceae. Tetrahedron 58: 6691-6695.

Mahboob, M.; Siddiqui, M.K.J.; Jamil, K. 1998. The effect of subacute administration of a neem pesticide on rat metabolic enzymes. Journal of Environmental Science and Health 33: 425-438.

Martinelli, F.R. 2010. Cinchonaínas - Método cromatográfico e produção de padrões para controle de qualidade de extratos polares de catuaba (***Trichilia catigua*** Adr. Juss.). Araraquara, 139p. Dissertação (Mestrado) - Instituto de Química, Universidade Estadual Paulista.

Matos, A.P. 2006. Busca de compostos inseticidas: Estudo de espécies do gênero ***Trichilia*** (Meliaceae). São Carlos, 194p. Tese (Doutorado) - Departamento de Química, Universidade Federal de São Carlos.

Matos, A.P.; Nebo, L.; Vieira, P.C.; Souza, P.R.; Fernandes, J.B.; Silva, M.F.G.F.; Rodrigues, R.R. 2007. Atividade biológica dos extratos de frutos e sementes de ***Trichilia*** spp. sobre ***Spodoptera frugiperda***: Limonóides de ***T. catigua***. ***In:*** Annual Convention of Brazilian Society of Chemistry, 30. Resumos. Sociedade Brasileira de Química, Águas de Lindóia, São Paulo.

Matos, A.P.; Nebo, L.; Vieira, P.C.; Fernandes, J.B.; Silva, M.F.G.F.; Rodrigues, R.R. 2009. Constituintes químicos e atividade inseticida dos extratos de frutos de ***Trichilia elegans*** e ***T. catigua*** (Meliaceae). Química Nova 32: 1553-1556.

Mavundza, E.J.; Maharaj, R.; Chukwujekwu, J.C.; Finnie, J.F.; Van Staden, J. 2013. Larvicidal activity against ***Anopheles arabiensis*** of South African plants that are traditionally used as mosquito repellents. South African Journal of Botany 88: 86-89.

Melathopoulos, A.P.; Winston, M.L.; Whittington, R.; Higo, H.L.; Doux, M. 2000. Field evaluation of neem and canola oil for the selective control of the honeybee (Hymenoptera: Apidae) mite parasites ***Varroa jacobsoni*** (Acari: Varroidae) and ***Acarapis woodi*** (Acari: Tarsonemidae). Journal of Economic Entomology 93: 559-567.

Mikolajczak, K.; Zilkowski, B.; Bartelt, R. 1989. Effect of meliaceous seed extracts on growth and survival of ***Spodoptera frugiperda*** (JE Smith). Journal of Chemical Ecology 15: 121-128.

Mordue, A.J.; Blackwell, A. 1993. Azadirachtin: An update. Journal of Insect Physiology 39: 903-924.

Mordue, A.J.; Simmonds, M.S.J.; Ley, S.V.; Blaney, W.M.; Nasiruddin, M.; Nisbet, A.J. 1998. Actions of azadirachtin, a plant allelochemical against insects. Pesticide Science 54: 277-284.

Mordue, A.J.; Nisbet, A.J. 2000. Azadirachtin from the neem tree ***Azadirachta indica***: Its action against insects. Anais da Sociedade Entomológica do Brasil 29: 615-632.

Nakatani, M.; James, J.C.; Nakanishi, K. 1981. Isolation and structures of trichilins, antifeedants against the Southern army worm. Journal of the American Chemical Society 103: 1228-1230.

Nakatani, M.; Takao, H.; Miura, I.; Hase, T. 1985. Azedarachol, a steroid ester antifeedant from ***Melia azedarach*** var. ***japonica***. Phytochemistry 24: 1945-1948.

Nakatani, M.; Huang, R.C.; Okamura, H.; Naoki, H.; Iwagawa, T. 1994. Limonoid antifeedants from Chinese ***Melia azedarach***. Phytochemistry 36: 39-41.

Nakatani, M.; Zhou, J.B.; Nakayama, N.; Okamura, H.; Iwagawa, T. 1996. Nimbolidins C-E, limonoid antifeedants from ***Melia toosendan***. Phytochemistry 41: 739-743.

Nakatani, M.; Huang, R.C.; Okamura, H.; Iwagawa, T.; Tadera, K.; Huang, R.C. 1998. Degraded limonoids from ***Melia azedarach***. Phytochemistry 49: 1773-1776.

Nakatani, M.; Abdelgaeil, S.A.M.; Kurawaki, J.; Okamura, H.; Iwagawa, T.; Doe, M. 2001. Antifeedant rings B and D opened limonoids from ***Khaya senegalensis***. Journal of Natural Products 65: 1261-1265.

Nanduri, S.; Banstola, P. 1995. Neeflone, a new tetranortriterpenoid from the flowers of ***Azadirachta indica*** A. Juss. (Meliaceae). Indian Journal of Chemistry 34: 1019-1021.

Nathan, S.S.; Kalaivani, K.; Murugan, K.; Chung, P.G. 2005. Efficacy of neem limonoids on ***Cnaphalocrocis medinalis*** (Guenée) (Lepidoptera: Pyralidae) the rice leaf folder. Crop Protection 24: 760-763.

Negi, J.S.; Bisht, V.K; Bhandari, A.K.; Bharti, M.K. 2011. Chemical and pharmacological aspects of ***Toona*** (Meliaceae). Research Journal of Phytochemistry 5: 14-21.

Ngure, R.M.; Ongeri, B.; Karori, S.M.; Wachira, W.; Maathai, R.G.; Kibugi, J.K.; Wachira, F.N. 2009. Anti-trypanosomal effects of ***Azadiracta indica*** (neem) extract on ***Trypanosoma brucei rhodesiense***-infected mice. Eastern Journal of Medicine 14: 2-9.

Ogbuewu, I.P.; Odoemenam, V.U.; Obikaonu, H.O.; Opara, M.N.; Emenalom, O.O.; Uchegbu, M.C.; Okoli, I.C.; Esonu, B.O.; Iloeje MU. 2011. The growing importance of neem (***Azadirachta indica*** A. Juss.) in agriculture, industry, medicine and environment: A review. Researh Journal of Medicinal Plant 5: 230-245.

Oiano-Neto, J.; Agostinho, S.M.M.; Silva, MF.G.F.; Vieira, P.C.; Fernandes, J.B.; Pinheiro, A.L.; Vilela, E.F. 1995. Limonoids from seeds of ***Toona ciliata*** and their chemosystematic significance. Phytochemistry 38: 397-398.

Oiano-Neto, J.; Silva, M.; Fo, E.R.; Fernandes, J.B.; Vieira, P.C.; Pinheiro, A.L. 1998. Norlimonoids from seeds of ***Toona ciliata***. Phytochemistry 49: 1369-1373.

Okorie, D.A.; Taylor, D.A.H. 1967. The structure of heudelottin, an extractive from ***Trichilia heudelottii***. Chemical Communications 2: 83-84.

Osuala, F.O.U.; Okwuosa, V.N. 1993. Toxicity of ***Azadirachta indica*** to freshwater snails and fish, with reference to the physicochemical factor effect on potency. Applied Parasitology 34: 63-68.

Pandey, I.P.; Ahmed, S.F.; Chhimwal, S.; Pandey, S. 2012. Chemical composition and wound healing activity of volatile oil of leaves of ***Azadirachta indica*** A. Juss. Pure and Applied Chemistry 1: 62-66.

Paritala, V.; Chiruvella, K.K.; Thammineni, C.; Ghanta, R.G.; Mohammed, A. 2015. Phytochemicals and antimicrobial potentials of mahogany family. Revista Brasileira de Farmacognosia 25: 61-83.

Park, J.C.; Yu, Y.B.; Lee, J.H.; Kim, N.J. 1994. Anti-inflammatory and analgesic effect of the components from some edible plants. Journal of the Korean Society of Food Science and Nutrition 23: 671-674.

Park, J.C.; Yu, Y.B.; Lee, J.H.; Choi, J.S.; Ok, K.D. 1996. Phenolic compounds from the rachis of ***Cedrela sinensis***. Korean Journal of Pharmacognosy 27: 219-223.

Pastore, J.A. 2003. Meliaceae. p.225-240. ***In***: Wanderley, M.D.G.L.; Shepherd, G.J.; Giulietti, A.M.; Melhem, T.S., eds. Flora Fanerogâmica do Estado de São Paulo. Rima, São Paulo, SP, Brasil.

Patrício, P.C; Cervi, A.C. 2005. O gênero ***Trichilia*** P. Browne (Meliaceae) no Estado do Paraná, Brasil. Acta Biológica Paranaense 34: 27-71.

Pennington, T.D. 1981. A monograph of neotropical Meliaceae. Flora Neotropica 28: 470.

Pennington, T.D.; Styles, B.T. 1975. A generic monograph of the Meliaceae. Blumea 22: 419-540.

Pérez-Flores, J.; Eigenbrode, S.D.; Hilje-Quiroz, L. 2012. Alkaloids, limonoids and phenols from Meliaceae species decrease survival and performance of ***Hypsipyla grandella*** larvae. American Journal of Plant Sciences 3: 988-994.

Pinto, A.C.; Silva, D.H.S.; Bolzani, V.S.; Lopes, N.P.; Epifânio, R.A. 2002. Produtos naturais: Atualidade, desafios e perspectivas. Química Nova 25: 45-61.

Pizzolatti, M.G.; Verdi, L.G.; Brighente, I.M.; Madureira, L.A.; Braz Filho, R. 2004. Minor γ-lactones from ***Trichilia catigua*** (Meliaceae) and its precursors by GC-MS. Natural Product Research 18: 433-438.

Pupo, M.T.; Vieira, P.C.; Fernandes, J.B.; Silva, M.F.G.F. 1996. A cycloartanetriterpenoid and-phenyl alkanoic and alkenoic acids ***Trichilia claussenii***. Phytochemistry 42: 795-798.

Pupo, M.T.; Vieira, P.C.; Fernandes, J.B.; Silva, M.F.G.F.; Rodrigues, E. 1997. Androstane e pregnane 2-beta, 19-hemiketal steroids from ***Trichilia claussenii***. Phytochemistry 45: 1495-1500.

Pupo, M.T.; Vieira, P.C.; Fernandes, J.B.; Silva, M.F.G.F. 1998. γ-Lactones from ***Trichilia claussenii***. Phytochemistry 48: 307-310.

Pupo, M.T.; Adorno, M.A.T.; Vieira, P.C.; Fernandes, J.B.; Silva, M.F.G.F.; Pirani, J.R. 2002. Terpenoids and steroids from ***Trichilia*** species. Journal of the Brazilian Chemical Society 13: 382-388.

Raguran, S.; Singh, R.P. 1999. Biological effects of neem (***Azadirachta indica***) seed on an egg parasitoid, ***Trichogramma chilonis***. Journal of Economic Entomology 92: 1274-1280.

Ramírez, M.C.; Toscano, R.A.; Arnason, J.; Omar, S.; Rojas, C.M.C.G.; Mata, R. 2000. Structure, conformation and absolute configuration of new antifeedant dolabellanes from ***Trichilia trifolia***. Tetrahedron 56: 5085-5091.

Ramji, N.; Venkatakrishnan, K.; Madyastha, K.M. 1996. 11-Epiazadirachtin H from ***Azadirachta indica***. Phytochemistry 42: 561-562.

Rampelotti-Ferreira, F.T.; Coelho Jr., A.; Parra, J.R.P.; Vendramim, J.D. 2017. Selectivity of plant extracts for ***Trichogramma pretiosum*** Riley (Hym.: Trichogrammatidae). Ecotoxicology and Environmental Safety 138: 78-82.

Rastogi, R.P.; Mehrotra, B.N. 1993. Compendium of Indian medicinal plants. CDRI, Lucknow, New Delhi, India.

Regnault-Roger, C. 2005. New insecticides of plant origin for the third millennium? p.17-35. ***In:*** Regnault-Roger, C.; Philogène, B.J.R.; Vincent, C., eds. Biopesticides of plant origin. Lavoisier Publishing, Paris, France.

Reitz, R. 1984. As plantas meliáceas. Flora Ilustrada Catarinense, Itajaí, SC, Brasil.

Rembold, H.; Sharma, G.; Czoppelt, C.; Schmutterer, H. 1980. Evidence of growth disruption in insects without feeding inhibition by neem seed fractions. Zeitschrift für Pflanzenkrankheiten und Pflanzenschutz 87: 290-297.

Rembold, H.; Sieber, K.P. 1981.Inhibition of oogenesis and ovarian ecdysteroidsnthesis by azadirachtin in ***Locusta migratoria migratorioides*** (R. and F.). Zeitschrift für Naturforschung 36: 466-469.

Resende, F.O.; Rodrigues-Filho, E.; Luftmann, H.; Petereitd, F.; Mello, J.C.P. 2011. Phenylpropanoid substituted flavan-3-ols from ***Trichilia catigua*** and their in vitro antioxidative activity. Journal of the Brazilian Chemical Society 22: 2087-2093.

Reutemann, P.; Ehrlich, A. 2008. Neem oil: An herbal therapy for alopecia causes dermatitis. Dermatitis: Contact, Atopic, Occupational, Drug 19: 12-15.

Rharrabe, K.; Amri, H.; Bouayad, N.; Sayah, F. 2008. Effects of azadirachtin on post-embryonic development, energy reserves and α-amylase activity of ***Plodia interpunctella*** (Hübner) (Lepidoptera: Pyralidae). Journal of Stored Products Research 44: 290-294.

Ribeiro, F.A.; Correia, T.R.; Fernandes, J.I.; Melo, R.M.P.S.; Vieira, V.P.C.; Bezerra, L.L.; Scott, F.B. 2008. Atividade do extrato de nim sobre o desenvolvimento embrionário de ***Ctenocephalides felis felis*** (Bouché, 1835) (Siphonaptera: Pulicidae). Revista Brasileira de Parasitologia Veterinária 17: 87-91.

Rishi, K.; Singh, R. 2003. Chemical components and insecticidal properties of Bakain (***Melia azedarach*** L.) - A review. Agricultural Reviews 24: 101-115.

Rodríguez-Hernández, C.; Vendramim, J.D. 1996. Toxicidad de extractos acuosos de Meliaceae en ***Spodoptera frugiperda*** (J.E. Smith, 1797) (Lepidoptera: Noctuidae). Manejo Integrado de Plagas 42: 14-22.

Rodríguez-Hernández, C.; Vendramim, J.D. 1997. Avaliação da bioatividade de extratos aquosos de Meliaceae sobre ***Spodoptera frugiperda*** (J.E. Smith). Revista de Agricultura 72: 305-318.

Rodríguez, B.; Caballero, C.; Ortego, F.; Castanera, P. 2003. A new tetranortriterpenoid from ***Trichilia havanensis***. Journal of Natural Products 66: 452-454.

Rodríguez-Hahn, L.; Cardenas, J.; Arenas, C. 1996. Trichavensin, a prieurianin deriva-tive from ***Trichilia havanensis***. Phytochemistry 43: 457-459.

Roel, A.R.; Vendramim, J.D. 1999. Desenvolvimento de Spodoptera frugiperda (J.E. Smith) em genótipos de milho tratados com extrato acetato de etila de ***Trichilia pallida*** (Swartz). Scientia Agricola 56: 581-586

Roel, A.R.; Vendramim, J.D. 2006. Efeito residual do extrato acetato de etila de ***Trichilia pallida*** Swartz (Meliaceae) para lagartas de diferentes idades de ***Spodoptera frugiperda*** (J.E. Smith, 1797) (Lepidoptera: Noctuidae). Ciência Rural 36: 1049-1054.

Roel, A.R.; Vendramim, J.D.; Frighetto, R.T.S.; Frighetto, N. 2000a. Atividade tóxica de extratos orgânicos de ***Trichilia pallida*** (Swartz) (Meliaceae) sobre ***Spodoptera frugiperda*** (J.E. Smith). Anais da Sociedade Entomológica do Brasil 29: 799-808.

Roel, A.R.; Vendramim, J.D.; Frighetto, R.T.S.; Frighetto, N. 2000b. Efeito do extrato acetato de etila de ***Trichilia pallida*** Swartz (Meliaceae) no desenvolvimento e sobrevivência da lagarta-do-cartucho. Bragantia 59: 53-58.

Rubae, L.A.Y. 2009. The potential uses of ***Melia azedarach*** L. as pesticidal and medicinal plant - Review. Eurasian Journal of Sustainable Agriculture 3: 185-194.

Ruo Chun, H.; Tadera, K.; Yagi, F.; Minami, Y.; Okamura, H.; Iwagawa, T.; Nakatani, M. 1996. Limonoids from ***Melia azedarach***. Phytochemistry 43: 581-583.

Saito, M.L.; Lucchini, F. 1998. Substâncias obtidas de plantas e a procura por praguicidas eficientes e seguros ao meio ambiente. EMBRAPA/CNPMA, Jaguariúna, SP, Brasil.

Sakuragui, C.M.; Stefano, M.V.; Calazans, L.S.B. 2012. Meliaceae. Lista de espécies da flora do Brasil, Jardim Botânico do Rio de Janeiro. Jardim Botânico do Rio de Janeiro. Disponivel em: <http://floradobrasil.jbrj.gov.br>. Acesso em: 7 out. 2020.

Scapinello, J.; Oliveira, J.V.; Chiaradia, L.A.; Tomazelli Jr., O.; Niero, R.; Dal Magro, J. 2014. Insecticidal and growth inhibiting action of the supercritical extracts of ***Melia azedarach*** on ***Spodoptera frugiperda***. Revista Brasileira de Engenharia Agrícola e Ambiental 18: 866-872.

Schmidt, G.; Rembold, H.; Ahmed, A.A.; Breuer, M. 1998. Effect of ***Melia azedarach*** fruit extract on juvenile hormone titer and protein content in the hemolymph of two species of noctuid lepidopteran larvae (Lepidoptera: Noctuidae). Phytoparasitica 26: 283-291.

Schumacher, M.; Cerella, C.; Reuter, S.; Dicato, M.; Diederich, M. 2011. Anti-inflammatory, pro-apoptotic and anti-proliferative effects of a methanolic neem (***Azadirachta indica***) leaf extract are mediated via modulation of the nuclear fator-kB pathway. Genes Nutrition 6: 149-160.

Schmutterer, H. 1990. Properties and potential of natural pesticides from the neem tree, ***Azadirachta indica***. Annual Review of Entomology 35: 271-297.

Schneider, L.C.L; Silva, C.V.; Conte, H. 2017. Toxic effect of commercial formulations of neem oil, ***Azadirachta indica*** A. Juss., in pupae and adults of the sugarcane borer, ***Diatraea saccharalis*** F. (Lepidoptera: Crambidae). Arquivos do Instituto Biológico 84: e0432014.

Scott, I.M.; Kaushik, N.K. 1998. The toxicity of Margosan-O, a product of neem seeds, to selected target and nontarget aquatic invertebrates. Archives of Environmental Contamination and Toxicology 35: 426-431.

Senthil-Nathan, S. 2013. Physiological and biochemical effect of neem and other Meliaceae plants secondary metabolites against Lepidopteran insects. Frontiers in Physiology 4: 1-17.

Senthil-Nathan, S.; Chung, P.G.; Murugan, K. 2006. Combined effect of biopesticides on the digestive enzymatic profiles of ***Cnaphalocrocis medinalis*** (Guenée) (Lepidoptera: Pyralidae). Ecotoxicology and Environmental Safety 64: 382-389.

Sharma, D.; Paul, Y. 2013. Preliminary and pharmacological profile of ***Melia azedarach*** L.: An overview. Journal of Applied Pharmaceutical Science 3: 133-138.

Siddiqui, S.; Siddiqui, B.S.; Ghiasuddin, S.F. 1991. Terpenoids from the fruit coatings of ***Azadirachta indica***. Phytochemistry 30: 1615-1619.

Siddiqui, B.S.; Ghiasuddin, S.F.; Siddiqui, S. 1992. Triterpenoids from the fresh fruit coats of ***Azadirachta indica***. Phytochemistry 31: 4275-4278.

Siddiqui, B.S.; Ghiasuddin, S.F. 1998. Tetracyclic triterpenoids of the fruit coats of ***Azadirachta indica***. Phytochemistry 47: 1631-1636.

Siddiqui, B.S.; Ghiasuddin, S.F.; Rasheed, M. 1999. Triterpenoids of the fruit coats of ***Azadirachta indica***. Journal of Natural Products 62: 1006-1009.

Siddiqui, B.S.; Afsjam, F.; Faizi, S.; Naqvi, S.N.H.; Tariq, R.M. 2002. Two new triterpenoids from ***Azadirachta indica*** and their insecticidal activity. Journal of Natural Products 65: 1216-1218.

Siddiqui, B.S.; Afshan, F.; Gulzar, T.; Sultana, R.; Naqvi, S.N.H.; Tariq, R.M. 2003. Tetracyclic triterpenoids from the leaves of ***Azadirachta indica*** and their insecticidal activities. Chemical and Pharmaceutical Bulletin 51: 415-417.

Siddiqui, B.S.; Afshan, F.; Gulzar, T.; Hanif, M. 2004. Tetracyclic triterpenoids from the leaves of ***Azadirachta indica***. Phytochemistry 65: 2363-2367.

Silva, M.A.; Bezerra-Silva, G.C.D.; Vendramim, J.D.; Mastrangelo, T. 2012. Inhibition of oviposition by neem extract: A behavioral perspective for the control of the Mediterranean fruit fly (Diptera: Tephritidae). Florida Entomologist 59: 333-337.

Silva, M.F.G.F; Gottlieb, O.R.; Dreyer, D.L. 1984. Evolution of limonoids in the Meliaceae. Biochemical Systematics and Ecology 12: 299-310.

Simmonds, M.S.J.; Stevenson, P.C.; Porter, E.A.; Veitch, N.C. 2001. Insect antifeedant activity of three new tetranortriterpenoids from ***Trichilia pallida***. Journal of Natural Products 64: 1117-1120.

Simões, C.M.O.; Schenkel, E.P. 2002. A pesquisa e a produção brasileira de medicamentos a partir de plantas medicinais: A necessária interação da indústria com a academia. Revista Brasileira de Farmacognosia 12: 35-40.

Souza, A.P.; Vendramim, J.D. 2000a. Atividade ovicida de extratos aquosos de meliáceas sobre a mosca-branca ***Bemisia tabaci*** (Gennadius) biótipo B em tomateiro. ***Scientia Agricola*** 57: 403-406.

Souza, A.P.; Vendramim, J.D. 2000b. Efeito de extratos aquosos de meliáceas sobre **Bemisia tabaci** biótipo B em tomateiro. Bragantia 59: 173-179.

Souza, A.P.; Vendramim, J.D. 2001. Atividade inseticida de extratos aquosos de meliáceas sobre a mosca-branca Bemisia tabaci (Gennadius) biótipo B (Hemiptera: Aleyrodidae). Neotropical Entomology 30: 133-137.

Souza, A.P.; Vendramim, J.D. 2004. Bioatividade de extratos orgânicos e aquosos de meliáceas sobre Bemisia tabaci (Genn.) biótipo B em tomateiro. Arquivos do Instituto Biológico 71: 493-497.

Souza, A.P.; Vendramim, J.D. 2005. Efeito translaminar, sistêmico e de contato de extrato aquoso de sementes de nim sobre Bemisia tabaci (Genn.) biótipo B em tomateiro. Neotropical Entomology 34: 83-87

Souza, P.R.T. 2008. Terpenos isolados de ***Trichilia casaretti*** e ***Trichilia silvatica*** (Meliaceae). Jequié, 133p. Dissertação (Mestrado) - Universidade Estadual do Sudoeste da Bahia.

Srivastava, S.K.; Gupta, H.O. 1985. New limnoids from the roots of ***Melia azedarah*** Linn. Indian Journal of Chemistry Section B 24: 166-170.

Stark, J.D.; Banks, J.E. 2001. "Selective" pesticides: Are they less hazardous to the environment? BioScience 51: 1-12.

Stokes, J.B.; Redfern, R.E. 1982. Effect of sunlight on azadirachtin: Antifeeding potency. Journal of Environmental Science and Health Part A 17: 57-65.

Suhag, P.; Meera, A.; Kalidhar, S.B. 2003. Phytochemical investigation of ***Melia azedarach*** leaves. Journal of Medicinal and Aromatic Plants 25: 397-399.

Sundaram, K.M.S. 1996. Root uptake, translocation, accumulation and dissipation of the botanical insecticide, azadirachtin, in young spruce trees. Journal of Environmental Science and Health 31: 1289-1306.

Suresh, K.; Deepa, P.; Harisaranraj, R.; Vaira, A.V. 2008. Antimicrobial and phytochemical investigation of the leaves of ***Carica papaya*** L., ***Cynodon dactylon*** L. Pers., ***Euphorbia hirta*** L., ***Melia azedarach*** L. and ***Psidium guajava*** L. Ethnobotanical Leaflets 12: 1184-1191.

Takeya, K.; Qiao, Z.; Hirobe, C.; Itokawa, H. 1996. Cytotoxic azadirachtin-typelimonoids from ***Melia azedarach***. Phytochemistry 42: 709-712.

Tan, Q.G.; Luo, X.D. 2011. Meliaceous limonoids: Chemistry and biological activities. Chemical Reviews 111: 7437-7522.

Thomazini, A.P.B.W.; Vendramim, J.D.; Lopes, M.T.R. 2000. Extratos aquosos de ***Trichilia pallida*** e a traça-do-tomateiro. Scientia Agricola 57: 13-17.

Thompson, E.B.; Anderson, C.C. 1978. Cardiovascular effects of ***Azadirachta indica*** extract. Journal of Pharmaceutical Sciences 67: 1476-478.

Timothy, S.; Goji, S.Y.; Abdussalam, B.; Mava, Y.; Galadima, I.H. 2011. Antibacterial and phytochemical screening of the ethanolic leaf extract of ***Azadirachta indica*** (neem) (Meliaceae). International Journal of Applied Biology and Pharmaceutical Technology 2: 194-199.

Torrecillas, S.M.; Vendramim, J.D. 2001. Extrato aquoso de ramos de ***Trichilia pallida*** e o desenvolvimento de ***Spodoptera frugiperda*** em genótipos de milho. ***Scientia Agricola*** 58: 27-31

Ujváry, I. 2010. Pest control agents from natural products. p.109-179. In: Krieger, R., ed. "Haye's handbook of pesticide toxicology. p. 109-179. Elsevier, Amsterdam, The Netherlands.

Veitch, N.C.; Wright, G.A.; Stevenson, P.C. 1999. Four new tetranortriterpenoids from ***Cedrela odorata*** associated with leaf rejection by ***Exopthalmus jekelianus***. Journal of Natural Products 62: 1260-1263.

Vendramim, J.D.; Castiglioni, E. 2000. Aleloquímicos, resistência de plantas e plantas inseticidas. p.113-128. ***In:*** Guedes, J.C.; Costa, I.D.; Castiglioni, E., eds. Bases e técnicas do manejo de insetos. Palotti, Santa Maria, RS, Brasil.

Vendramim, J.D.; Scampini, P.J. 1997. Efeito do extrato aquoso de ***Melia azedarach*** sobre o desenvolvimento de ***Spodoptera frugiperda*** (J.E. Smith) em dois genótipos de milho. Revista de Agricultura 72: 159-170.

Vendramim, J.D.; Thomazini, A.P.B.W. 2001. Traça ***Tuta absoluta*** (Meyrick) em cultivares de tomateiro tratadas com extratos aquosos de ***Trichilia pallida*** Swartz. ***Scientia Agricola*** 58: 607-611

Verkerk, R.H.; Wright, D.J. 1993. Biological activity of neem seed kernel extracts and synthetic azadirachtin against larvae of ***Plutella xylostella*** L. Pesticide Science 37: 83-91.

Viegas Jr., C. 2003. Terpenos com atividade inseticida: Uma alternativa para o controle químico de insetos. Química Nova 26: 390-400.

Vieira, I.J.C.; Azevedo, O.A.; Souza, J.J.; Braz-Filho, R.; Santos, M.G.; Araújo, M.F. 2013. Hirtinone, a novel cycloartane-type triterpene and other compounds from ***Trichilia hirta*** L. (Meliaceae). Molecules 18: 2589-2597.

Vieira, I.J.C.; Silva-Terra, W.; Santos, G.M.; Braz-Filho, R. 2014. Secondary metabolites of the genus ***Trichilia***: Contribution to the chemistry of Meliaceae family. American Journal of Analytical Chemistry 5: 91-121.

Vogt, H.; Degrande, P.; Just, J.; Klepa, S.; KuÈhner, C.; Wickless, A.; Ufer, A.; Waldburger, M. 1998. Side-effects of pesticides on larvae of ***Chrysoperla carnea***: Actual state of the laboratory method. p.123-138. ***In***: Haskell, P.T., ed. Ecotoxicology: Pesticides and beneficial organisms. Chapman & Hall, London, England.

Wagner, W.L.; Herbst, D.R.; Sohmer, S.H. 1999. Manual of the flowering plants of Hawaii. Revised edition. University of Hawaii Press/Bishop Museum Press, Honolulu, USA.

Wan, M.T.; Watts, R.G.; Isman, M.B.; Strub, R. 1996. Evaluation of the acute toxicity to juvenile Pacific Northwest salmon of azadirachtin, neem extract, and neem-based products. Bulletin of Environmental Contamination and Toxicology 56: 432-439.

Wang, P.H.; Tsai, M.J.; Hsu, C.Y.; Wang, C.Y.; Hsu, H.K.; Weng, C.F. 2008. ***Toona sinensis*** Roem (Meliaceae) leaf extract alleviates hyperglycemia via altering adipose glucose transporter. Food and Chemical Toxicology 46: 2554-2560.

Wang, J.R.; Shen, Q.; Fang, L.; Peng, S.Y.; Yang, Y.M.; Li, J.; Liu, H.L.; Guo, Y.W. 2011. Structural and stereochemical studies of five new pregnane steroids from the stem bark of ***Toona ciliata*** var. pubescens. Steroids 76: 571-576.

Wiesbrook, M.L. 2004. Natural indeed: Are natural insecticides safer and better than conventional insecticides? Illinois Pesticide Review 17: 1-3.

Winkaler, E.U.; Santos, T.R.M.; Machado-Neto, J.G.; Martinez, C.B.R. 2007. Acute lethal and sublethal effects of neem leaf extract on the neotropical freshwater fish ***Prochilodus lineatus***. Comparative Biochemistry and Physiology - C Toxicology and Pharmacology 145: 236-244.

Wu, S.B.; Ji, Y.P.; Zhu, J.J.; Zhao, Y.; Xia, G.; Hu, Y.H.; Hu, J.F. 2009. Steroids from the leaves of Chinese ***Melia azedarach*** and their cytotoxic effects on human cancercell lines. Steroids 74: 761-765.

Yadav, R.; Pednekar, A.; Avalaskar, A.; Rathi, M.; Rewachandani. 2015. A comprehensive review on Meliaceae family. World Journal of Pharmaceutical Sciences 3: 1572-1577.

Yang, R.; Xu, T.; Fan, J.; Zhang, Q.; Ding, M.; Huang, M.; Deng, L.; Lu, Y.; Guo, Y. 2018. Natural products-based pesticides: Design, synthesis and pesticidal activities of novel fraxinellone derivatives containing N-phenylpyrazole moiety. Industrial Crops and Products 117: 50-57.

Zanuncio, J.C.; Mourão, S.A.; Martínez, L.C.; Wilcken, C.F.; Ramalho, F.S.; Plata-Rueda, A.; Soares, M.A.; Serrão, J.E. 2016. Toxic effects of the neem oil (***Azadirachta indica***) formulation on the stink bug predator, ***Podisus nigrispinus*** (Heteroptera: Pentatomidae). Scientific Reports 6: 1-8.

Zhou, H.; Hamazaki, A.; Fontana, J.D.; Takahashi, H.; Esumi, T.; Wandscheer, C.B.; Tsu-jimoto, H.; Fukuyama, Y. 2004. New ring C-seco limonoids from Brazilian ***Melia azedarach*** and their cytotoxic activity. Journal of Natural Products 67: 1544-1547.

Zhou, H.; Hamazaki, A.; Fontana, J.D.; Takahashi, H.; Wandscheer, C.B.; Fukuyama, Y. 2005. Cytotoxic limonoids from Brazilian ***Melia azedarach***. Biological and Pharmaceutical Bulletin 28: 1362-1365.

Capítulo 10

# Principais famílias botânicas com potencial inseticida no Brasil: Piperaceae

Massuo Jorge Kato
Herlle Aparecido da Silva
Adalberto Alves Pereira Filho
Thiago Andrade Franco
Lydia Fumiko Yamaguchi

## 1. Introdução

No decurso da evolução humana os insetos têm desempenhado papéis cruciais, tanto por atuarem como vetores de patógenos causadores de doenças como por se constituírem em agentes de dano em cultivos agrícolas e de criações de animais. Dessa forma, o manejo de artrópodes-praga tem sido um dos grandes desafios da humanidade, tanto em ambientes domissanitários como em sistemas de produção agropecuária. Estima-se que os insetos comprometam de 10 a 16% da produção agrícola mundial antes da colheita e, aproximadamente, outro montante semelhante após a colheita (Bradshaw et al., 2016). Como vetores de agentes patogênicos, a Organização Mundial da Saúde (OMS) estima que cerca de 17% das doenças possuem insetos envolvidos em sua disseminação (OPAS, 2018).

Desde a antiguidade, estratégias de manejo de pragas têm sido adotadas de modo a reduzir o seu impacto, as quais foram inicialmente baseadas no uso do enxofre inorgânico (desde 1000 a.C.), arsênio (900 d.C.), seguidos de arsenato de chumbo, criolita e ácido bórico, alguns desses produtos ainda em uso (Casida e Quistad, 1998; Richardson et al., 2019). Em torno de 2000 a.C., há relatos na Índia, na China e no Egito do uso de inseticidas botânicos para o controle de pragas de grãos armazenados por meio de fumigações ou como agentes protetores de grãos (Flint e van den Bosch, 1981).

No século XX até os dias atuais, os piretroides constituem-se na classe de compostos mais amplamente utilizada comercialmente, principalmente no âmbito doméstico (Freitas et al., 2012; Macoris et al., 2018). Os primeiros membros dessa classe de compostos foram descobertos a partir das flores de espécies de piretro [*Tanacetum cinerariifolium* (Trevir.) Sch.

Bip (= *Chrysanthemum cinerariifolium* (Trevir.) Vis.) e *Chrysanthemum coccineum* Willd. (ambas Asteraceae), Figura 1] (Casida e Quistad, 1998). Os piretroides foram inicialmente sintetizados por Schechter em 1949, mas outros inseticidas organoclorados como o Aldrin e Dieldrin (Figura 1) já vinham sendo sintetizados por Otto Paul Hermann Diels e Kurt Alder desde 1928 (Prêmio Nobel de Química em 1950) e passaram a ser empregados na agropecuária a partir de 1940.

O DDT (diclorodifeniltricloroetano), sintetizado em 1874, teve suas propriedades inseticidas descobertas em 1939 pelo químico suíço Paul Hermann Müller (Prêmio Nobel de Fisiologia ou Medicina em 1948) e veio a constituir-se no primeiro pesticida moderno lançado após a Segunda Guerra Mundial para combater os mosquitos vetores de patógenos causadores da malária e da dengue (Raju, 1999). Apesar de ser um inseticida de baixo custo e com ação inseticida rápida (efeito *knock down*) e eficaz, o DDT apresentou restrições resultantes da sua persistência (meia vida de 30 anos), lipofilicidade, facilidade de dispersão por longas distâncias e efeitos prejudiciais cumulativos em organismos não alvo. Como consequência do impacto generalizado na cadeia alimentar a partir do uso generalizado do DDT, efeitos nocivos à saúde foram constatados, incluindo a indução de carcinogenicidade (Mansouri et al., 2016; Navarrete-Meneses e Pérez-Vera, 2019). A presença de átomos de cloro ou de bromo, inseridos nesses compostos para diminuir a volatilidade e melhorar a persistência, teve como consequência desastres ambientais com a contaminação generalizada do ecossistema (Tang et al., 2018). Dessa forma, o manejo de pragas baseado na utilização de inseticidas persistentes passou a sofrer críticas, especialmente a partir da publicação do livro "Primavera Silenciosa" por Rachel Carson em 1962 (Carson, 2013). Esse alerta contundente realizado pela autora resultou na proibição do DDT e na busca de alternativas ambientalmente mais amigáveis dentro de um contexto de química verde, objetivando a adoção de práticas mais racionais e a produção sustentável.

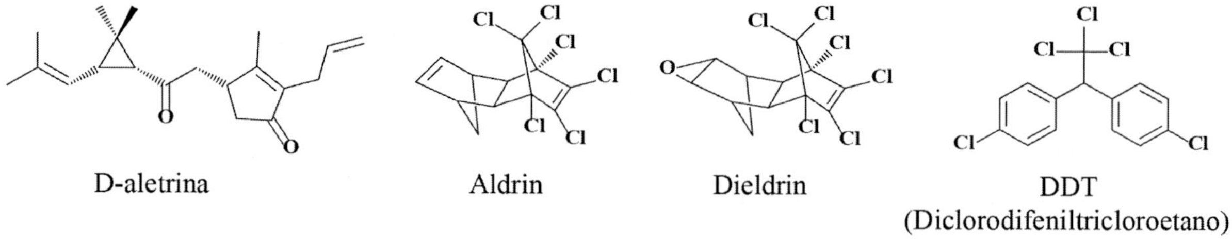


**Figura 1.** Estruturas químicas de um piretroide (D-aletrina) e de inseticidas organoclorados.

Desde 1970, compostos classificados como poluentes orgânicos persistentes (POPs) estão listados na Convenção de Estocolmo e proibidos de serem utilizados (Stockholm Convention, 2020). Porém, o uso indiscriminado de inseticidas registrados para o manejo de pragas agrícolas ou insetos antropofílicos tem resultado na seleção de populações resistentes, as quais têm demandado o uso de quantidades maiores e mais frequentes de tais xenobióticos para se obter o mesmo efeito bioativo desejado, com consequências ainda mais drásticas ao meio ambiente. Trata-se de um processo contínuo que resulta na prevalência na população de indivíduos resistentes a doses que seriam letais para a população suscetível de referência, selecionados por meio da pressão de seleção condicionada (Casida e Quistad, 1998; Scott et al., 2008).

Diante desse contexto, derivados botânicos com ação inseticida/insetistática são considerados importantes alternativas ao controle químico baseado na aplicação de inseticidas sintéticos (Scott et al., 2008). No que se refere à saúde pública, a maior preocupação, após a Segunda Guerra Mundial, era o combate aos mosquitos vetores de patógenos causadores da malária (gênero *Anopheles*). Atualmente, a maior preocupação recai sobre o mosquito *Aedes aegypti* (L.) (Diptera: Culicidae), transmissor do vírus da dengue, zika, chicungunha e febre amarela em áreas urbanas. Estimativas apontam que as doenças associadas a mosquitos vetores acarretam a morte de cerca de 750 mil pessoas por ano, sendo mais da metade por malária (World Health Organization, 2019). Não obstante, insetos-praga acarretam imensos prejuízos a diversas culturas agrícolas, com impactos marcantes na economia das regiões de cultivo em diversas partes do mundo. Assim, os inseticidas utilizados no controle de pragas e vetores são ferramentas sanitárias importantes.

Considerando-se o alto custo e o longo tempo necessário para o desenvolvimento de novos inseticidas, atrelados aos poucos produtos disponíveis no mercado para os quais os mosquitos culicídeos, pragas agrícolas ou ectoparasitas de importância médico-veterinária são os alvos prioritários, o desenvolvimento de estratégias alternativas de manejo tem assumido caráter prioritário em políticas públicas e em programas de pesquisa.

Os primeiros relatos do uso de derivados de espécies de Piperaceae com ação inseticida são bastante remotos. Do ponto de vista histórico e de estruturas químicas elucidadas, destaca-se a função 3,4-metilenodioxifenila (Figura 2), conhecida como grupo piperonílico. Essa denominação resulta da ocorrência desse tipo de substituinte em muitos produtos naturais como a piperina (Figura 2), que apresenta propriedades pungentes e é o principal constituinte nas sementes de pimenta-do-reino, *Piper nigrum* L. (Piperaceae). O isolamento da piperina foi realizado por Hans Christian Orsted em 1819, e consiste em um dos primeiros produtos naturais isolados pelo homem moderno (Orsted et al., 1998). Outros compostos, como o butóxido de piperonila, um dos principais agentes sinergistas utilizados comercialmente, principalmente em misturas com piretroides, rotenonas e carbamatos, foram desenvolvidos nos Estados Unidos da América (EUA) a partir de 1939 com o aumento da presença de vetores associados à doenças, especialmente a malária, resultantes do fluxo populacional entre os EUA e a América do Sul. Além disso, havia o receio de que o fornecimento de piretroides, controlado na época pelo Japão, pudesse ser insuficiente para atender a demanda para o controle desses vetores (Tozzi, 1999). Assim, foram realizados investimentos estratégicos no desenvolvimento de novos inseticidas, ou na melhoria da eficácia de inseticidas por meio de formulações contendo sinergistas.

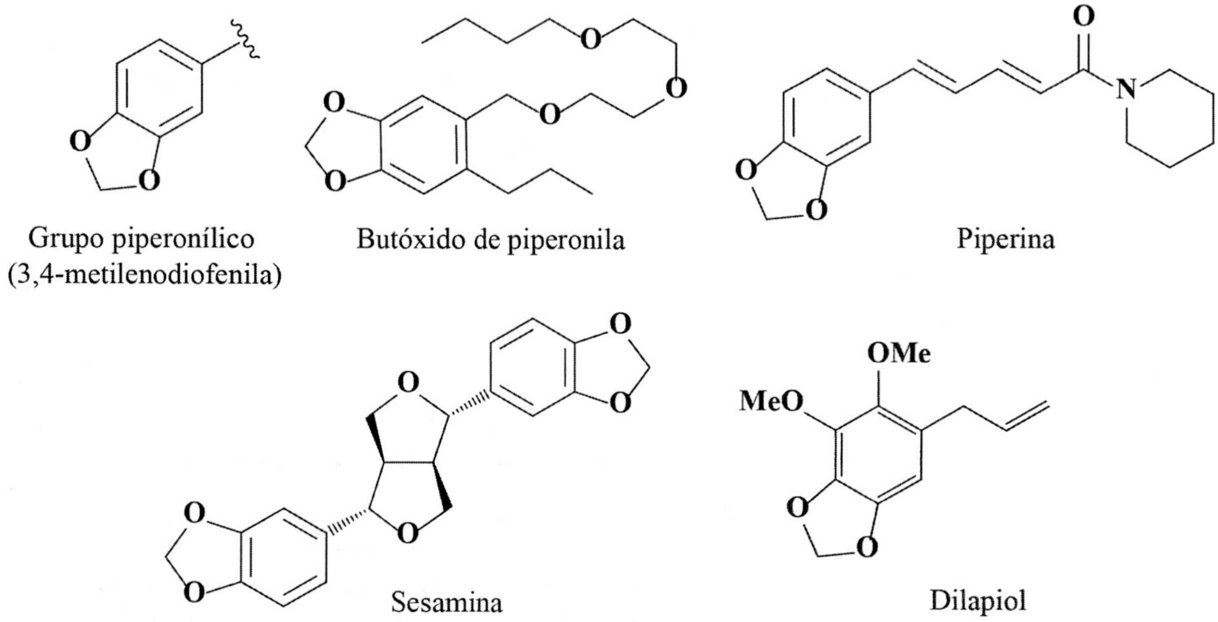


**Figura 2.** Compostos sinergistas de inseticidas contendo o grupamento metilenodioxifenila.

A partir dos estudos conduzidos entre 1938 e 1941, mais de 70 patentes foram registradas nos EUA, incluindo cerca de 1.400 compostos naturais ou sintéticos com potencial para substituir tanto piretroides (devido às suas atividades inseticidas), quanto sinergistas de inseticidas (Beroza, 1956). Dentro desse conjunto de compostos, a *N*-isobutil-undecil-2-enamida (Figura 3), tipicamente uma amida de espécies do gênero *Piper*, foi selecionada para ser sintetizada em ampla escala devido às suas propriedades repelentes e inseticidas. Ainda na fase inicial do desenvolvimento desses sinergistas, o óleo de gergelim, *Sesamum indicum* L. (Pedaliaceae), foi bastante empregado devido a suas propriedades, conferidas pelas lignanas presentes como a sesamina e análogos atuando como ativadores de piretroides (Figura 3) (Haller et al., 1942).

Fracionamentos bioguiados de extratos vegetais em busca de compostos com ação sinergista de inseticidas do grupo dos piretroides levaram ao isolamento da lignana sesamina (Figura 2) e de vários análogos que também continham o grupo piperonílico como substituinte (Beroza, 1956). A análise da atividade dos análogos sintéticos ou semissintéticos indicou que a função metilenodioxifenílica era essencial para a atividade sinergística. Mais recentemente, o fenilpropanoide dilapiol (Figura 2), componente majoritário do óleo essencial de *Piper aduncum* L. (Piperaceae), teve suas propriedades inseticida e sinergistica investigadas, assim como a obtenção de análogos nos quais se destaca a presença da função metilenodioxifenila (Belzile et al., 2000; Liu et al., 2014).

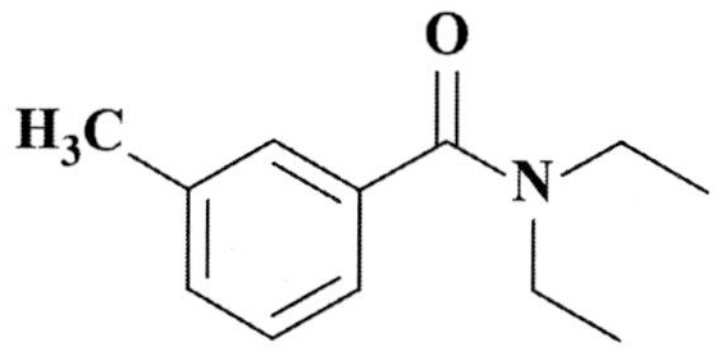

DEET (*N,N*-dietil *m*-toluamida)

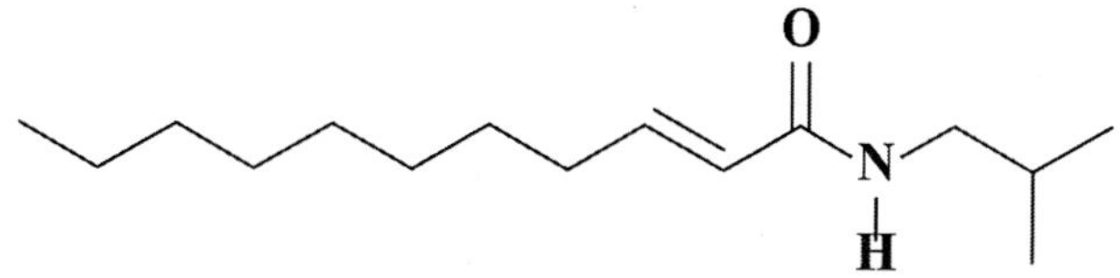

*N*-isobutil-undecilenamida

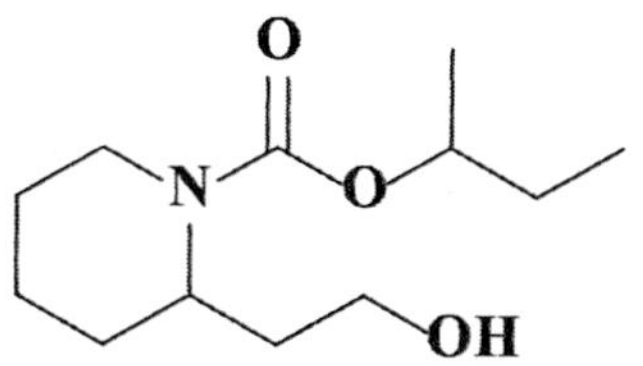

Icaridina (Picaridina)

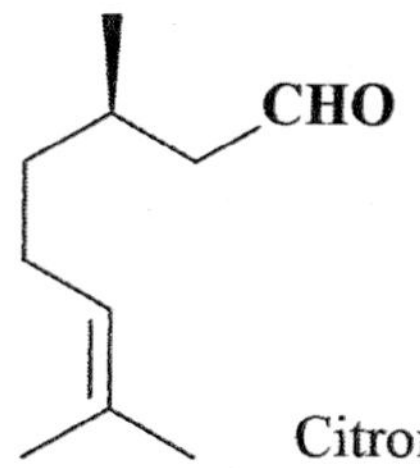

Citronelal

**Figura 3.** Exemplos de alguns produtos naturais e sintéticos com propriedades repelentes de insetos.

Com o recrudescimento de doenças associadas a insetos, a busca de novos inseticidas, especialmente de repelentes e variações de formulações vem sendo realizada de forma recorrente. O uso de repelentes para evitar a propagação de doenças causadas por patógenos transmitidos por vetores foi prática comum, especialmente nos EUA, com o uso do óleo de piretro. No Brasil, o uso do óleo de citronela, *Cymbopogon citratus* (DC.) Stapf. (Poaceae), cujo princípio ativo é o citronelal (Figura 3), é uma prática popular bastante difundida. No entanto, o repelente comercial mais efetivo e mundialmente utilizado é o DEET (*N,N*-dietil *m*-toluamida) (Figura 3), desenvolvido pelo exército norte-americano em 1946. Dada a importância do tema e dos mecanismos de repelência ainda desconhecidos, vários estudos vêm sendo realizados sobre os fatores atrativos aos mosquitos do gênero *Culex* e aos seus receptores olfativos, como, por exemplo, a identificação do receptor do DEET, CquiOR136 (Xu et al., 2014). No entanto, devido ao uso intensivo do DEET, que pode causar efeito irritante à pele, buscas de alternativas resultaram no desenvolvimento de compostos como a icaridina (ou picaridina), uma amida sintética com eficácia comparável ou superior ao DEET (Leal, 2014). Um repelente contendo essa amida foi, inicialmente, lançado na Europa em 2001 com o nome Bayrepel® e, posteriormente, introduzido no Brasil em 2005 (Leal, 2014).

A seleção de populações resistentes aos inseticidas ou acaricidas também foi observado para o carrapato-do-boi, *Boophilus microplus* (Canestrini) (Acari: Ixodidae), espécie com grande importância na medicina veterinária por ser vetor de patógenos, como *Babesia* e *Anaplasma*, responsáveis pela tristeza parasitária bovina que pode causar diferentes condições mórbidas como anemia intensa e diarreia (Perez et al., 2012, 2014). Somam-se a isso os prejuízos relacionados ao grande desconforto animal resultante da intensa hematofagia e perda de sangue, além de miíases decorrentes das lesões causadas pelos carrapatos (Gomes et al., 2011). O uso indiscriminado e prolongado de carrapaticidas dos grupos dos organofosforados, piretroides, amidinas, fipronílicos, triazolinas, lactonas macrocíclicas e fluazuronas (grupos mais utilizados no Brasil) resultou em populações de ectoparasitos com elevada frequência de resistência (Temeyer et al., 2007; Miller et al., 2008; Andreotti, 2011; Guerrero et al., 2012).

No presente capítulo são descritos diversos casos envolvendo a aplicação de derivados de espécies de Piperaceae sobre distintas espécies de artrópodes, tanto de extratos brutos, frações semipurificadas ou compostos isolados. Trata-se de uma revisão que procurou destacar estudos relevantes envolvendo o tema, especialmente aqueles realizados com o objetivo de compreender o modo de ação de extratos, compostos puros e de análogos sintéticos. Além disso, buscou-se destacar a importância de processos sinérgicos que geram oportunidades de utilização de misturas de compostos presentes em óleos essenciais, extratos brutos e frações ou mesmo de misturas envolvendo diferentes fontes vegetais. A pressão seletiva condicionada pela herbivoria possibilitou a seleção de plantas capazes de sintetizar produtos naturais com propriedades inseticidas para sua proteção. Por outro lado, adaptações dos artrópodes fitófagos a tais compostos também foram observadas.

## 2. A família Piperaceae

A família Piperaceae pertence à ordem Piperales, onde são encontradas plantas muitas vezes denominadas de paleo ervas, o que representa bem sua ancestralidade entre as angiospermas. Nessa ordem incluem-se também as famílias Aristolochiaceae, Chloranthaceae, Saururaceae e Hydnoraceae (Stevens, 2001). As espécies do gênero *Piper* possuem hábito herbáceo, arbustivo ou lianescente. Por sua vez, para *Peperomia* é comum o hábito epifítico, rupícola ou herbáceo suculento. Como característica da família Piperaceae, as inflorescências são em forma de racemos com flores pequenas e os frutos são drupas com pouco endosperma (Callejas, 2001).

As espécies de Piperaceae são amplamente dispersas nos trópicos e podem ter reprodução assexual formando agregações clonais. As espécies de *Piper*, quando produzem frutos férteis, têm suas sementes dispersas predominantemente por morcegos (Bianconi et al., 2007). No caso de *Piper gaudichaudianum* Kunth, foi descrita a dispersão pelos morcegos *Artibeus lituratus* (Olfers) e *Carollia perspicillata* (L.) (ambos Chiroptera: Phyllostomidae). No México, foram identificadas sementes de *Piper auritum* Kunth e uma espécie não identificada de *Peperomia* nas fezes de morcegos (Garcia-Estrada et al., 2012). Apesar de não haver muitos relatos sobre a ecologia de dispersão de espécies de *Piper*, constatou-se a importância do óleo essencial na localização dos frutos maduros de *P. gaudichaudianum* por morcegos (Mikich et al., 2003; Bianconi et al., 2007). Em relação aos compostos não voláteis, uma análise de espécies de *Piper* contendo amidas como principais constituintes dos frutos indicou a menor preferência pelos morcegos *C. perspicillata*, mas ao mesmo tempo, resultou em menor tempo de retenção das sementes no sistema digestivo dos morcegos, o que poderia representar uma vantagem para a germinação após a dispersão das sementes (Baldwin e Whitehead, 2014).

O exemplo mais conhecido de espécies de Piperaceae é *P. nigrum*, denominada o "rei das especiarias" em razão do volume mundialmente consumido na alimentação (Pelt, 2003). Segundo a Organização das Nações Unidas para Alimentação e Agricultura (FAO), a área mundial cultivada com essa espécie atingiu 527.848 hectares em 2016, propiciando uma produção total de 546.259 toneladas (FAO, 2016). Seu preço vem aumentando nos últimos 10 anos por causa de sua crescente popularidade e demanda internacional não atendida adequadamente (Sousa et al., 2019).

Foram descritas mundialmente cerca de 1.700 e 1.400 espécies de *Piper* e *Peperomia*, respectivamente (Jaramillo et al., 2008). No Brasil, são conhecidas 292 espécies de *Piper* e 173 espécies de *Peperomia*, as quais são encontradas com relativa facilidade nos vários biomas brasileiros, com destaque para a Mata Atlântica, especialmente nas bordas de matas e na Floresta Amazônica (Guimarães et al., 2015). Além do consagrado uso da pimenta-do-reino como condimento, várias espécies de *Piper* são utilizadas na medicina tradicional. Um dos casos mais importantes é o uso dos rizomas de *Piper methysticum* G. Forst. como fonte da bebida kava-kava, utilizada em rituais e servida em bares temáticos (p. ex.: Kava Bar) no Havaí e nas ilhas do Pacífico Sul (Singh, 1992). A atividade ansiolítica dessa bebida foi atribuída à presença das kavalactonas kavaína e metisticina e, embora pouco se conheça sobre o modo de ação de tais compostos, a ação hepatotóxica é descrita nas bulas de medicamentos fitoterápicos disponíveis inclusive no mercado brasileiro.

No Brasil, muitas espécies de *Piper* são vernacularmente conhecidas, dentre outras denominações, como pariparoba, caapeba, falso-jaborandi, aperta-ruão, pimenta-de-macaco, sendo empregadas para uma grande variedade de tratamentos, incluindo problemas digestivos, de fígado e de outras enfermidades humanas (Debonsi, 2002). Esse espectro de bioatividades, associada à grande abundância de suas espécies, motivaram estudos fitoquímicos que resultaram na descrição de amidas insaturadas (Navickiene et al., 2007), aristolactamas (Chaves et al., 2006), alcaloides (Parmar et al., 1998), cromenos, ácidos benzoicos prenilados (Lago et al., 2004), policetídeos, flavonoides (Freitas et al., 2014) e lignanas (Ramos et al., 2017). Destaca-se, ainda, o expressivo potencial antifúngico e antioxidante, além das propriedades antiplasmodiais, tripanocidas e citotóxicas detectados para vários compostos, assim como a promissora ação inseticida, o que sugere seu potencial uso em estudos prospectivos (Lago et al., 2004; Kato et al., 2009; Gutierrez et al., 2016).

Com relação às propriedades inseticidas, muitas publicações com espécies de *Piper* estão disponíveis, mas muito pouco se conhece em relação às espécies de *Peperomia*. Por exemplo, um estudo sistemático realizado com extratos de 14 espécies de *Piper* envolveu seu fornecimento em dietas de lepidópteros polífagos como a broca-europeia-do-milho, *Ostrinia nubilalis* (Hübner) (Lepidoptera: Crambidae), e a análise do efeito pós-digestivo (Bernard et al., 1995). O estudo bioguiado com *P. aduncum*, *Piper decurrens* C. DC. e *Piper tuberculatum* Jacq. resultou no isolamento de representantes de 3 classes distintas de produtos naturais: o fenilpropanoide dilapiol (**48b**), a amida piperlonguminina (**71**) e a neolignana dihidrobenzofurânica conocarpano (**53b**). Tais resultados demonstram o potencial dessas 3 classes; porém, cromenos, policetídeos e mesmo flavonoides, compostos igualmente frequentes em espécies de Piperaceae, ainda não foram investigados de forma consistente quanto a sua atividade inseticida (Bernard et al., 1995).

## 3. Bioatividade de óleos essenciais de espécies de Piperaceae

Desde os primórdios, os óleos essenciais são utilizados para diversas finalidades, incluindo fitoterapia, embalsamamento de corpos, cosmética e rituais místicos (Nazzaro et al., 2017). Possuem um crescente mercado mundial por serem amplamente utilizados na indústria de tintas, perfumaria, produtos domissanitários e aromaterapia. Além disso, muitas atividades biológicas são conferidas como, por exemplo, ação antimicrobiana, cicatrizante, antiparasitária e citotóxica (Sharifi-Rad et al., 2017). A facilidade de obtenção por meio de hidrodestilação ou arraste de vapor (para detalhes, consultar Capítulo 3 deste livro) tem contribuído para a popularização da obtenção de óleos essenciais e para estudos de suas propriedades.

Os óleos essenciais são misturas pouco solúveis em água devido à presença de hidrocarbonetos saturados e insaturados, mas também funcionalizados com álcoois, cetonas, ésteres e aldeídos. A alta volatilidade e, consequentemente, a baixa persistência no ambiente, aliados às promissoras atividades inseticidas ou repelentes tem apontado para óleos essenciais como promissoras fontes de novos produtos alternativos com grande potencial mercadológico para uso na agropecuária e na saúde pública. As técnicas consagradas para a análise de óleos essenciais envolvem a cromatografia gasosa acoplada à espectrometria de massas (CG-EM) (para detalhes, consultar Capítulo 4 deste livro) e a identificação dos constituintes está bastante consolidada pelos bancos de dados normalmente disponíveis nos equipamentos (Adams, 2012). No entanto, vários compostos não são passíveis de identificação, o que exige a necessidade de estudos de caracterização complementares que podem revelar novos arcabouços moleculares (Lago et al., 2007), motivando o estudo de novas atividades biológicas ou de novos genes envolvidos nas suas vias biossintéticas.

Na grande maioria dos casos, a composição química de óleos essenciais é baseada na presença de terpenoides voláteis incluindo hemi- (C5), mono- (C10) e sesquiterpenos (C15). Os derivados contendo C20 (diterpenos), C27-C30 (esteroides e triterpenos), C40 (carotenoides) e politerpenos são menos voláteis e, normalmente, não estão presentes em óleos essenciais, mas podem ser extraídos com solventes orgânicos. Outros constituintes presentes em frações voláteis incluem derivados do hexano, formados a partir da degradação de ácidos graxos polinsaturados como o ácido linolênico no processo de herbivoria ou a partir de danos mecânicos nas partes da planta (Connor et al., 2008). Em geral, os terpenoides são biossintetizados pela via do mevalonato e via do fosfato de metil eritritol ou fosfato de desoxixilulose (MEP ou DXP), envolvendo etapas biossintéticas altamente controladas que resultam na formação estereoespecífica de muitos constituintes em plantas (Eisenreich et al., 2004). Além dos terpenoides, fenilpropanoides, como o eugenol (**44a**), o safrol (**47a**) e outros análogos, também são comuns nas frações voláteis (Tabela 1). Esses compostos contendo anel benzênico são produzidos pela via do ácido chiquímico, seguidos da via fenilpropanoídica que possui a *L*-fenilalanina como precursor-chave, passando pela formação de ácidos cinâmicos, seguidos de etapas de redução da cadeia lateral até os alilfenóis ou propenilfenóis (Koeduka et al., 2006).

Os óleos essenciais são lipofílicos, o que confere afinidade por tegumentos de insetos, podendo penetrar nos corpos afetando órgãos e processos fisiológicos essenciais, justificando seu uso como inseticidas (Moretti et al., 2013). Apresentam toxicidade letal sobre diversas fases do desenvolvimento das espécies-praga ou, ainda, atuam como moduladores de comportamento e, assim, vêm sendo utilizados no controle de insetos-praga da agricultura ou de vetores de importância médica ou veterinária (Santos et al., 2012; Phukerd e Soonwera, 2014; Govindarajan et al., 2016; Benelli et al., 2017; Muturi et al., 2017).

Estudos das propriedades inseticidas de óleos essenciais de plantas são bastante frequentes. Uma coleção de 361 óleos essenciais provenientes de 269 espécies de plantas foi testada, e mais de 60% desses óleos foram considerados ativos com concentração letal mediana ($CL_{50}$) menor que 100 mg/L. Constatou-se o predomínio de espécies pertencentes às famílias Myrtaceae, Lamiaceae e Rutaceae como sendo as mais promissoras (Dias e Moraes, 2014).

**Tabela 1.** Atividade inseticida de óleos essenciais de espécies de *Piper*.

| Artrópodes-praga (estágio) | Espécies | Partes da planta | Composição química (%) | Toxicidade letal ($CL_{50}$, ppm) | Referências |
|---|---|---|---|---|---|
| *Aedes aegypti* (L.) (larva) | *Piper aduncum* L. | Partes aéreas | Dilapiol (**48b**) (86,9) | 54,5 | Almeida et al. (2009) |
| | | Folhas | 1,8-Cineol (**10**) (53,9)<br>α-Pineno (**11**) (12,7)<br>β-Pineno (**12**) (8,5)<br>*trans*-Ocimeno (**1**) (5,7) | 289,9 | Oliveira et al. (2013) |
| | | | Dilapiol (**48b**) (48,2)<br>*trans*-Ocimeno (**1**) (7,5)<br>β-Cariofileno (**27**) (4,8) | 23,73 | Scalvenzi et al. (2019) |
| | *Piper tuberculatum* Jacq. | | *E*-cariofileno (□4*cis*-**27**) (44,9)<br>γ-Muuroleno (**35**) (10,3)<br>(*E*)-Nerolidol (**42**) (7,7)<br>α-Pineno (**11**) (7,4)<br>β-Pineno (**12**) (7,1) | 106,3 | Lavor et al. (2012) |
| | *Piper corcovadensis* (Miq.) C. DC. | | 4-Butil-1,2-metilenodioxibenzeno (**50**) (30,6)<br>Terpinoleno (**2**) (17,4)<br>β-Cariofileno (**27**) (6,3)<br>α-Pineno (**11**) (5,9) | 30,5 | Silva et al. (2016) |
| | *Piper gaudichaudianum* Kunth | | Viridiflorol (**25**) (27,5)<br>Aromadendreno (**23**) (15,6)<br>Ishwarano (**34**) (10,0)<br>β-Selineno (**19**) (10,5)<br>Selin-11-en-4α-ol (**20**) (8,5) | 121 | Morais et al. (2007) |
| | *Piper hostmannianum* (Miq.) C. DC. | | Asaricina (**48a**) (27,4)<br>Miristicina (**47b**) (20,3)<br>Dilapiol (**48b**) (7,7)<br>Germacreno D (**17**) (6,8)<br>Piperitona (**9**) (5,6) | 50 | |

Tabela 1. *continuação.*

| Artrópodes-praga (estágio) | Espécies | Partes da planta | Composição química (%) | Toxicidade letal ($CL_{50}$, ppm) | Referências |
|---|---|---|---|---|---|
| | *Piper humaytanum* Yunck. | | Óxido de cariofileno (**28**) (16,6)<br>β-Selineno (**19**) (15,8) | 156,0 | |
| | | | Espatulenol (**24**) (6,3)<br>β-Oplopenona (**37**) (6,0)<br>Sesquicineol (**30**) (5,0) | | |
| | *Piper permucronatum* Yunck. | | Dilapiol (**48b**) (54,7)<br>Miristicina (**47b**) (25,6)<br>Elemicina (**44c**) (9,9)<br>Asaricina (**48a**) (8,6) | 36 | |
| | *Piper betle* L. | | Óleo essencial | 92,7 | Martianasari e Hamid (2019) |
| | *Piper marginatum* Jacq. | | (Z)-Asarona (**45e**) (30,4)<br>Patchoulol (**31**) (16,0)<br>Elemol (**16**) (9,7%)<br>Biciclogermacreno (**18**) (9,4)<br>β-Cariofileno (**27**) (7,5)<br>(*E*)-Asarona (**45d**) (6,4)<br>α-Acoradieno (**26**) (5,1) | 23,8 | Autran et al. (2009) |
| | | | | **$CL_{50}$ (mg/mL)** | |
| | *P. betle* | | Óleo essencial | 0,725 (linhagem suscetível)<br>0,646 (linhagem selvagem) | Vasantha-Srinivasan et al. (2017) |
| | | | | **$CL_{100}$ (ppm)** | |
| | *Piper longispicum* C. DC. | | β-Cariofileno (**27**) (45,2)<br>Óxido de cariofileno (**28**) (5,5) | 250 | Santana et al. (2016) |
| | *Piper hispidun* Sw. | | Dilapiol (**48b**) (57,7)<br>Piperitona (**9**) (10,0) | 250 | |
| | | | | **$CL_{50}$ (ppm)** | |
| | *Piper klotzschianum* (Kunth) C. DC. | Raízes | 4-Butil-1,2-metilenodioxibenzeno (**50**) (96,2) | 10,0 | Nascimento et al. (2013) |

Tabela 1. *continuação.*

| Artrópodes-praga (estágio) | Espécies | Partes da planta | Composição química (%) | Toxicidade letal ($CL_{50}$, ppm) | Referências |
|---|---|---|---|---|---|
| | *P. marginatum* | Flores | Patchoulol (**31**) (23,4)<br>(*E*)-Asarona (**45d**) (22,1)<br>β-Cariofileno (**27**) (13,1)<br>α-Acoradieno (**26**) (9,7)<br>α-Copaeno (**33**) (9,4) | 19,9 | Autran et al. (2009) |
| | | Caule | (*E*)-Asarona (**45d**) (32,6)<br>Patchoulol (**31**) (25,7)<br>(Z)-Asarona (**45e**) (8,5)<br>Elemicina (**44c**) (6,9)<br>β-Cariofileno (**27**) (6,8)<br>Seycheleno (**32**) (5,8) | 19,9 | |
| | *P. klotzschianum* | Sementes | 4-Butil-1,2-metilenodioxibenzeno (**50**) (36,9)<br>Limoneno (**4**) (17,8)<br>α-Felandreno (**3**) (17,0)<br>α-*trans*-Bergamoteno (**29**) (8,8)<br>*p*-Cimeno (**6**) (7,4) | 13,3 | Nascimento et al. (2013) |
| *A. aegypti* (adulto) | *P. betle* | Frutos | **Mortalidade (%) (2,5 µl/ml)** | | |
| | | | Óleo essencial | 100 | Martianasari e Hamid (2019) |
| | *Piper longum* L. | | **$DL_{50}$ (µg/mg) fêmea** | | |
| | | | Óleo essencial | 6,21 | Chaiyasit et al. (2006) |
| *Anopheles marajoara* Galvão & Damasceno (larva) | *P. aduncum* | Partes aéreas | **$CL_{50}$ (ppm)** | | |
| | | | Dilapiol (**48b**) (86,9) | 50,9 | Almeida et al. (2009) |
| *A. marajoara* (adulto) | *P. aduncum* | Partes aéreas | Dilapiol (**48b**) (86,9) | 417 | Almeida et al. (2009) |
| *Ochlerotatus caspius* (Pallas) (larva) | *Piper krukoffii* Yunck. | Folhas | Miristicina (**47b**) (40,6)<br>Apiol (**48c**) (25,3)<br>β-Elemeno (**15**) (8,2)<br>Elemicina (**44c**) (2,8) | 21,4 | Silva et al. (2011) |

Tabela 1. *continuação.*

| Artrópodes-praga (estágio) | Espécies | Partes da planta | Composição química (%) | Toxicidade letal ($CL_{50}$, ppm) | Referências |
|---|---|---|---|---|---|
| | | Galhos | Apiol (**48c**) (34,1)<br>Miristicina (**47b**) (26,7)<br>*epi*-α-Muurolol (**22**) (5,7)<br>β-Cariofileno (**27**) (3,7) | 3,6 | |
| *Lucilia cuprina* (Wiedemann) (larva) | *P. gaudichaudianum* | Folhas | Germacreno B (**36**) (21,5)<br>δ-Cadineno (**38**) (9,3)<br>γ-Elemeno (**40**) (6,1) | 3,69 | Chaaban et al. (2018) |
| *Spodoptera frugiperda* (J.E. Smith) (lagartas) | *Piper subtomentosum* Trel & Yunck. | Folhas | | **$CL_{50}$ (µL/L de ar)** | |
| | | | δ-Cadineno (**38**) (45,2)<br>β-Cariofileno (**27**) (14,6) | 146,0 | Avila et al. (2014) |
| | | Inflorescências | α-Pineno (**11**) (27,3)<br>β-Pineno (**12**) (15,0)<br>Óxido de cariofileno (**28**) (12,5) | 13,2 | |
| | *Piper septuplinervium* (Miq.) C. DC. | Partes aéreas | α-Pineno (**11**) (21,0)<br>β-Pineno (**12**) (13,8) | 9,4 | |
| *S. frugiperda* (adulto) | *Piper arboreum* L. | Folhas | | **$CI_{50}$ (mg/g)** | |
| | | | Zingibereno (**41**) (14,9)<br>β-Cariofileno (**26**) (8,26)<br>δ-Cadineno (**38**) (7,57)<br>Germacreno D (**17**) (6,53) | 10,91 | Dutra et al. (2019) |
| | *P. corcovadensis* | | 1-Butil-3,4-metilenodioxibenzeno (**49**) (35,1)<br>Terpinoleno (**2**) (13,7)<br>*E*-Cariofileno (**26**) (6,02) | 3,6 | |
| | *P. marginatum* | | 2-Metoxi-4,5-(metilenodioxi)-Propiofenona (**51b**) (22,19)<br>Exalatacina (**48d**) (9,12) | 4,18 | |
| *S. frugiperda* (lagarta) | *Piper hispidinervum C. DC.* | Folhas | | **$CL_{50}$ (mg/mL) (24h)** | |
| | | | Safrol (**47a**) (82,0)<br>α-Terpinoleno (7) (13,5)<br>δ-3-Careno (**13**) (1,4)<br>α-Pineno (**11**) (0,6) | 18,2 | Lima et al. (2009) |

Tabela 1. *continuação.*

| Artrópodes-praga (estágio) | Espécies | Partes da planta | Composição química (%) | Toxicidade letal ($CL_{50}$, ppm) | Referências |
|---|---|---|---|---|---|
| *Chrysodeixis includens* (Walker) (lagarta) | *P. aduncum* | Folhas | | **$CL_{50}$ (%) 24 h ingestão** | |
| | | | Dilapiol (**48b**) (53,6)<br>Miristicina (**47b**) (24,3)<br>Z-Carpacina (**46**) | 3,5 | Sanini et al. (2017) |
| *Callosobruchus chinensis* (L.) (adulto) | *Piper cubeba* L. | Frutos | | **($CL_{50}$) (µg/cm3 ar) fumigação** | |
| | | | Óleo essencial | 0,27 | Chaubey (2013) |
| | | | | **($CL_{50}$) (µL/cm²) contato** | |
| | | | Óleo essencial | 0,66 | Chaubey (2013) |
| *Sitophilus zeamais* Motschulsky (adultos) | *Piper nigrum* L. | | | **($CL_{50}$) (µg/cm³ ar) fumigação** | |
| | | | Óleo essencial | 0,253 | Chaubey (2013) |
| | | | | **($CL_{50}$) (µL/cm²) contato** | |
| | | | Óleo essencial | 0,185 | Chaubey (2013) |
| | *Piper capense* L.f. | Frutos | | **$DL_{50}$ (µL/g)** | |
| | | | β-Pineno (**12**) (59,3)<br>α-Pineno (**11**) (10,5)<br>Sabineno (**14**) (14,7) | 16,1 | François et al. (2009) |
| | *Piper guineense* Schumach. & Thonn. | | Limoneno (**4**) (15,8)<br>β-Pineno (**12**) (12,1)<br>α-Pineno (**11**) (10,6) | 10,0 | |
| | *P. nigrum* | | δ-3-Careno (**13**) (18,5)<br>Limoneno (**4**) (14,7)<br>Sabineno (**14**) (11,2)<br>β-Cariofileno (**26**) (12,8) | 26,4 | |
| | *P. aduncum* | Folhas e galhos finos | | **$CL_{50}$(µL/cm²) contato** | |
| | *P. hispidinervium* | | Óleo essencial | 2,87<br>0,51 | Estrela et al. (2006) |
| | | | | **$CL_{50}$ (µL/g) fumigação** | |
| | *P. aduncum*<br>*P. hispidinervium* | | Óleo essencial | 0,40<br>1,32 | Estrela et al. (2006) |
| *Tenebrio molitor* L. (adultos) | *P. aduncum* | Folhas e galhos finos | | **CL50 (µL/cm²) contato** | |
| | *P. hispidinervium* | | Óleo essencial | 0,045<br>0,033 | Fazolin et al. (2007) |

Tabela 1. *continuação.*

| Artrópodes-praga (estágio) | Espécies | Partes da planta | Composição química (%) | Toxicidade letal ($CL_{50}$, ppm) | Referências |
|---|---|---|---|---|---|
| *Solenopsis saevissima* (F. Smith) (adultos) | *P. aduncum* | Folhas e galhos finos | | **$Cl_{50}$(ppm)** | |
| | | | Dilapiol (**48b**) (64,4) | 135 | Souto et al. (2012) |
| | *Piper callosum* Ruiz & Pav. | | Safrol (**47a**) (69,2%)<br>Metileugenol (**44b**) (8,6%) | > 500 | |
| | *Piper divaricatum* G. Mey. | | Metileugenol (**44b**) (69,2%)<br>Eugenol (**44a**) (16,2%) | 453 | |
| | *P. marginatum* (quimiótipo 1) | | *p*-Menta-1(7),8-dieno (**5**) (39,0)<br>Propiopiperona (**51a**) (19,0)<br>(*E*)-β-Ocimeno (**1**) (9,8) | 240 | |
| | *P. marginatum* (quimiótipo 2) | | Isoosmorhizol (**45c**) (11,2)<br>(*E*)-Anetol (**45a**) (26,4)<br>(*E*)-Isoosmorhizol (**45b**) (32,2) | 439 | |
| *Euschistus heros* (Fabricius) (adultos) | *P. aduncum* | Folhas | | **$DL_{50}$ (mg/inseto)** | |
| | | | Miristicina (**47b**) (30,03)<br>Aromadendreno (**23**) (9.20)<br>Dilapiol (**48b**) (8,43)<br>α-Serineno (**39**) (7,31)<br>Tridecano (6,26)<br>γ-Elemeno (**40**) (4,58)<br>o-Cimeno (**8**) (4,20) | 36,23 | Cossolin et al. (2019) |
| | | | | **$CL_{50}$ (mg/mL) imersão/contato** | |
| | | | Miristicina (**47b**) (30,03)<br>Aromadendreno (**23**) (9,20)<br>Dilapiol (**48b**) (8,43) | 15,64/21,29 | Turchen et al. (2016) |
| *Bemisia tabaci* (Gennadius) (adultos) | *P. callosum* | Folhas | | **Infestação adultos/folha** | |
| | | | Safrol (**47a**) (29,3)<br>α-Pineno (**11**) (19,2)<br>β-Pineno (**12**) (14,3) | 30% menos | Fanela et al. (2015) |

Os óleos essenciais de espécies do gênero *Piper* são frequentemente investigados visando a avaliar suas propriedades inseticidas e insetistáticas. De modo geral, os constituintes de óleos essenciais de folhas de *Piper* são mono- e sesquiterpenos, mas os principais constituintes ativos estão relacionados à presença de fenilpropanoides como o dilapiol (**48b**) e compostos estruturalmente relacionados (Belzile et al., 2000; Liu et al., 2014). Estudos sistemáticos realizados sobre a composição química de óleos essenciais de *Piper* extraídos de plantas nativas da Amazônia representam uma importante base para a busca de componentes com diferentes atividades biológicas (Maia e Andrade, 2009; Andrade et al., 2011; Silva et al., 2011) (Tabela 1).

*Piper aduncum*, uma das espécies de Piperaceae de ampla ocorrência na região Neotropical, foi apresentada ao meio científico em 1753 por Linnaeus, sendo uma das espécies de *Piper* mais estudadas sob todos os aspectos (Figura 4). Essa espécie pode ser encontrada desde a América Central até o norte da Argentina, sendo uma das mais comuns no Brasil. Foi introduzida na Indonésia em 1860 como planta ornamental e, posteriormente, passou a ser utilizada para controlar erosão e aumentar a biomassa vegetal. No entanto, devido à dispersão por pássaros, morcegos, maquinário agrícola ou, propositadamente, se difundiu por Java, Papua Nova Guiné, Bornéu, Fiji, Samoa, Havaí e outras ilhas, onde se tornou uma ameaça devido à competição com áreas cultivadas (Leps et al., 2002; Hartemink, 2010). Por outro lado, devido à grande disponibilidade de material vegetal, diversos estudos foram realizados gerando informações botânicas, agronômicas, fitoquímicas e muitas aplicações farmacológicas.

As propriedades inseticidas do óleo essencial de *P. aduncum* devem-se à sua composição química e estão relacionadas à presença do fenilpropanoide dilapiol (**48b**), com teores variáveis entre 35 e 90% (Salehi et al., 2019). Por exemplo, o óleo com teor de dilapiol maior que 80% foi testado contra larvas e adultos de *Anopheles marajoara* Galvão & Damasceno (Diptera: Culicidae) e *A. aegypti* (mosquitos associados à malária e dengue, respectivamente), resultando na mortalidade total das larvas após 48 h de exposição, na concentração de 100 ppm, e de adultos após 30 min de exposição, na concentração de 600 ppm (Almeida et al., 2009). O óleo essencial de *Piper permucronatum* Yunck., que também possui dilapiol em sua composição, utilizando-se uma concentração de 54,7%, resultou em uma $CL_{50}$ de 36 ppm contra larvas de *A. aegypti* após 24 h de exposição (Morais et al., 2007), corroborando os resultados anteriores da alta atividade larvicida desse composto. Em outro estudo, no qual a concentração de dilapiol foi de 48%, obteve-se uma $CL_{50}$ de 23,73 ppm contra larvas de *A. aegypti*, sendo tal atividade atribuída novamente a esse fenilpropanoide (Scalvenzi et al., 2019). De fato, na ausência de dilapiol, a atividade larvicida é inferior ainda que outros constituintes como o 1,8-cineol (**10**, 54%) tenham sido identificados nesses óleos (Oliveira et al., 2013).

**Figura 4.** Espécime de *Piper aduncum* cultivada no campus da Universidade de São Paulo, em São Paulo, SP, Brasil.

Além do óleo essencial de *P. aduncum*, o óleo de uma segunda espécie de piperácea que apresentou atividade larvicida mais significativa contra *A. aegypti* foi o de *Piper klotzschianum* (Kunth) C. DC. Os óleos essenciais obtidos de raízes e de sementes dessa planta apresentaram potente ação larvicida, com $CL_{50}$ de 10,0 e 13,3 ppm, respectivamente (Nascimento et al., 2013). A análise da composição química dos referidos óleos revelou a presença do 4-butil-1,2-metilenedioxibenzeno (**50**) nas concentrações de 96,2 e 36,9% em raízes e sementes, respectivamente (Nascimento et al., 2013). Outra espécie que também contém o 4-butil-1,2-metilenedioxibenzeno (na concentração de 30,6%) é *Piper corcovadensis* (Miq.) C. DC., cujo óleo essencial apresentou $CL_{50}$ de 30,5 ppm para larvas de *A. aegypti* (Silva et al., 2016). Foi também verificado que tanto o óleo dessa espécie quanto seus constituintes majoritários interferiram na degradação de proteínas pelas enzimas digestivas das larvas de *A. aegypti* (Silva et al., 2016).

Outros óleos também apresentaram atividade larvicida contra *A. aegypti* bastante pronunciada, entre eles, aqueles obtidos das folhas ($CL_{50}$ = 23,8 ppm), das flores ($CL_{50}$ = 19,9 ppm) e do caule ($CL_{50}$ = 19,9 ppm) de *Piper marginatum* Jacq., que contêm o fenilpropanoide asarona (**45d**, **45e**) como constituinte majoritário (Autran et al., 2009). O óleo essencial de *Piper hostmannianum* (Miq.) C. DC. contém, majoritariamente, uma mistura dos fenilpropanoides asaricina (**48a**, 27,4%), miristicina (**47b**, 20,3%) e dilapiol (**48b**, 7,7%), ocasionando moderada ação larvicida para *A. aegypti* ($CL_{50}$ = 54 μg/mL) (Morais et al., 2007, Tabela 1). No caso de *Piper hispidum* Sw., o óleo essencial, com 57,7% de dilapiol em sua composição, causou significativa mortalidade de larvas de *A. aegypti* na concentração de 250 ppm (Santana et al., 2016). Por outro lado, os óleos essenciais cujas composições apresentam majoritariamente mono- e sesquiterpenos não proporcionam atividade larvicida contra *A. aegypti* pronunciada, como no caso do óleo essencial de *P. tuberculatum* ($CL_{50}$ = 106,3 ppm) (Lavor et al., 2012), de *P. gaudichaudianum* ($CL_{50}$ = 121 ppm) e de *Piper humaytanum* Yunck. ($CL_{50}$ = 156 ppm) (Morais et al., 2007).

No caso de larvas de *Ochlerotatus caspius* (Pallas) (Diptera: Culicidae), mosquito associado à febre do vale Rift no Quênia, uma zoonose que pode também acometer humanos, os óleos de *Piper krukoffii* Yunck. foram eficazes. O óleo essencial de galhos, contendo maior proporção de apiol (**48c**, 34,1%) em relação à miristicina (**47b**, 26,7%), apresentou $CL_{50}$ de 3,6 ppm, enquanto que o óleo de folhas, com maior proporção de miristicina (40,6%) do que apiol (25,3%), resultou em uma $CL_{50}$ aproximadamente 6 vezes maior (21,4 ppm) (Silva et al., 2011). A maior atividade do óleo de galhos não poderia ser justificada somente pela inversão de proporção entre apiol e miristicina, o qual merece um estudo mais aprofundado.

O óleo essencial de *P. gaudichaudianum*, testado contra larvas de *Lucilia cuprina* (Wiedemann) (Diptera: Calliphoridae), as quais causam miíase cutânea em ovelhas, podendo até mesmo causar a morte do hospedeiro, mostrou-se bastante eficiente, com $CL_{50}$ estimada em 3,6 ppm (Chaaban et al., 2018).

Em relação às pragas agrícolas, os monoterpenos parecem ser os constituintes mais ativos dos óleos essenciais de espécies de *Piper* sobre lagartas de *Spodoptera frugiperda* (J.E. Smith) (Lepidoptera: Noctuidae). Os óleos de folhas de *Piper septuplinervium* (Miq.) C. DC. e de inflorescências de *Piper subtomentosum* Trel & Yunck. contêm α-pineno (**11**) e β-pineno (**12**). Tais compostos apresentaram $CL_{50}$ de 9,4 e 13,2 μL/L de ar, respectivamente, sendo significativamente mais eficazes que o óleo das folhas de *P. subtomentosum* ($CL_{50}$ = 146 μL/L) que contém os sesquiterpenos cadineno (**38**) e cariofileno (**27**) como componentes majoritários (Ávila et al., 2014). No caso de *Piper hispidinervium* C. DC., o óleo apresentou deterrência alimentar que, posteriormente, resultou na morte das lagartas por inanição (Lima et al., 2009). Os adultos de *S. frugiperda* foram testados com óleos essenciais de folhas de *Piper arboreum* L., *P. corcovadensis* e *P. marginatum* aplicados topicamente. Após 48 h, foi constatado que o óleo de *P. corcovadensis* foi mais ativo, causando danos no intestino médio, com elongação de células colunares, formação de protrusões citoplasmáticas, aumento de apoptose e diminuição da proliferação celular (Dutra et al., 2019). O óleo de *P. marginatum* também promoveu os mesmos efeitos; porém, a taxa de recuperação foi maior (Dutra et al., 2019). Um potencial uso no controle de *S. frugiperda* foi sugerido para o óleo de *P. hispidinervum* na concentração de 50 mg/L, em sinergismo com o microrganismo entomopatogênico *Bacillus thuringiensis* (Berliner) (Bacillales: Bacillaceae) (Cruz et al., 2014).

*Callosobruchus chinensis* (L.) (Coleoptera: Bruchidae) e *Sitophilus zeamais* Motschulsky (Coleoptera: Curculionidae), duas espécies-praga de grãos armazenados, tiveram suas suscetibilidades avaliadas frente aos óleos essenciais de frutos de *Piper bettle* L. e *P. nigrum*, por fumigação e contato. Ambos os óleos foram efetivos por fumigação, com $CL_{50}$ de 0,27 e 0,28 μg/cm$^3$ de ar para *P. bettle* e *P. nigrum*, respectivamente (Chaubey, 2013, 2017). O óleo essencial de *P. aduncum* causou significativa toxicidade para *S. zeamais*, com taxas de mortalidade acima de 70% nas concentrações de 4 e 5%, por aplicação tópica e de fumigação, respectivamente (Estrela et al., 2006). Os óleos de *Piper capense* L.f., *Piper guineense* Schumach. & Thonn. e *P. nigrum*, que continham em sua composição basicamente mono- e sesquiterpenos, foram ensaiados contra *S. zeamais* e apresentaram atividade promissora, com dose letal mediana ($DL_{50}$) de 16,1; 10 e 26,4 μL/g de inseto, respectivamente (François et al., 2009).

Outro alvo investigado foi a falsa-medideira, *Chrysodeixis includens* (Walker) (Lepidoptera: Noctuidae), espécie polífaga considerada uma das principais pragas da cultura da soja. Estudos envolvendo a atividade do óleo essencial de *P. aduncum*, contendo aproximadamente 53% de dilapiol (**48b**), indicaram que o efeito tópico não foi significativo; já a ingestão de folhas de soja tratadas com o referido óleo provocou 93,3 e 73,3% de mortalidade larval nas concentrações de 8 e 4%, respectivamente, após 24 h de exposição (Sanini et al., 2017). Por sua vez, o tratamento tópico com óleo essencial de *P. aduncum* resultou em alta toxicidade para larvas de *Tenebrio molitor* L. (Coleoptera: Tenebrionidae), com taxas de mortalidade acima de 80% (Fazolin et al., 2007).

Os insetos da ordem Hemiptera também são considerados pragas importantes de sistemas de produção, com destaque para o percevejo-marrom, *Euschistus heros* (Fabricius) (Hemiptera: Pentatomidae), que ataca, entre outras culturas, a soja, e para a mosca-branca, *Bemisia tabaci* (Gennadius) (Hemiptera: Aleyrodidae), espécie polífaga transmissora de vírus fitopatogênicos para diversas culturas. Um óleo essencial de *P. aduncum* rico em miristicina (**47b**, 30,03%), mas sem dilapiol, apresentou atividade ovicida sobre *E. heros*, por imersão e por contato com superfície impregnada, com valores de $CL_{50}$ de 15,65 e 21,29 mg/mL de óleo, respectivamente (Turchen et al., 2016), e uma $DL_{50}$ de 36,23 mg/inseto (Cossolin et al., 2019). No caso do óleo essencial de folhas de *Piper callosum* Ruiz e Pav., observou-se 30% de redução na infestação de adultos da mosca-branca em folhas do tomateiro (Fanela et al., 2015).

O efeito do óleo essencial de *P. aduncum* sobre insetos não se restringe apenas às pragas agrícolas, pois apresentou efeito contra a formiga-de-fogo, *Solenopsis saevissima* (F. Smith)

(Hymenoptera: Formicidae), com $CL_{50}$ de 58,4 mg/L (após 48 h de exposição), atividade superior à dos óleos de *P. marginatum* ($CL_{50}$ = 167 mg/L), *P. divaricatum* ($CL_{50}$ = 301,7 mg/L) e *P. callosum* ($CL_{50}$ = 312,6 mg/L) (Souto et al., 2012).

Os óleos essenciais de diferentes partes de espécies de *Piper* têm ainda apresentado potencial ação carrapaticida sobre larvas e fêmeas totalmente ingurgitadas de *R. microplus*, destacando-se o óleo essencial de frutos de *P. nigrum* (0,1 mg/mL) que causou mortalidade de 80% das fêmeas, sendo o β–cariofileno (**27**) (26,2%) seu principal componente (Vinturelle et al., 2017). Os óleos essenciais das partes aéreas de *Piper mikanianum* (Kunth.) Steud. ($CL_{50}$ = 2,33 μL/mL) e *Piper xylosteoides* (Kunth.) Steud. ($CL_{50}$ = 6,15 μL/mL) apresentaram atividade sobre larvas de *R. microplus*, sendo os fenilpropanoides apiol (**48c**, 64,89%) e safrol (**47a**, 83%) os componentes majoritários (Ferraz et al., 2010). Resultado bastante interessante foi obtido com o óleo essencial de folhas de *P. aduncum*, que causou 100% de mortalidade das larvas desse aracnídeo expostas à concentração de 0,1 mg/mL, sendo a composição química baseada na presença do dilapiol (**48b**, 94%) (Silva et al., 2009) (Tabela 1).

Constatam-se vários estudos envolvendo a atividade inseticida de óleos essenciais de espécies de *Piper* dentre os quais se destacam aqueles com fenilpropanoides com variados padrões de substituição. Esses dados indicam que os fenilpropanoides (dilapiol, apiol, asarona e compostos relacionados) e fenilbutanoides (4-butil-1,2-metilenedioxibenzeno), se constituem em bons candidatos a inseticidas ou sinergistas alternativos aos comercialmente disponíveis. Torna-se ainda bastante evidente a grande variabilidade da composição química entre plantas das mesmas espécies, o que pode ser resultante de diferentes quimiótipos para os quais nenhum estudo de variabilidade genética foi até então realizado. Outros aspectos que poderiam causar eventuais alterações nas composições são os efeitos de fatores abióticos ou bióticos sobre o metabolismo secundário das espécies, sazonalidade da obtenção do material vegetal e mesmo identificação botânica equivocada. Todas essas variações devem ser consideradas em iniciativas envolvendo o desenvolvimento de inseticidas botânicos a partir de espécies de *Piper*.

## 4. Bioatividade de extratos de espécies do gênero *Piper* sobre artrópodes-praga

Os extratos brutos de plantas assim como outros inseticidas botânicos fazem parte da primeira geração de inseticidas, junto com alguns compostos inorgânicos (Casida e Quistad, 1998). Nesse primeiro conjunto de inseticidas incluem-se as piretrinas, a rotenona e a nicotina. Mais recentemente, formulações contendo extratos de nim, *Azadirachta indica* A. Juss. (Meliaceae), tornaram-se bastante populares, sendo seus principais constituintes ativos compostos da classe dos limonoides, como a azadiractina (Mordue e Nisbet, 2000). O uso de extratos de plantas apresenta vantagens semelhantes às dos óleos essenciais, tais como a facilidade de obtenção com solventes orgânicos. Por exemplo, a atividade larvicida contra *A. aegypti* foi avaliada em 84 extratos etanólicos obtidos de 51 plantas medicinais brasileiras, dos quais 11 apresentaram atividade significativa contra larvas ($CL_{50}$ < 100 µg/mL) (Omena et al., 2007).

No caso das espécies de *Piper* (Piperaceae), o uso de extratos com a finalidade de controlar insetos é mundialmente difundido; porém, pouco se conhece em relação aos princípios ativos responsáveis pela bioatividade. Esse é o caso de *Piper rotundistipulum* Trel. & Yunck. (= *Piper maranyonense* Trel.), espécie amazônica usada localmente como inseticida e veneno para peixe (Schultes e Raffauf, 1990), mas sem um único estudo fitoquímico realizado até o momento. *Piper guineense* e *P. nigrum* são utilizadas como inseticidas e moluscicidas em várias partes da África (Ivbijaro e Bolaji, 1990) e os estudos de composição química revelaram a presença de amidas como principais constituintes. Em estudo conduzido na Índia, *Piper longum* L., *Piper betle* L., *Piper peepuloides* Roxb. e *Piper cubeba* L. demonstraram atividade inseticida contra dípteros (Miyakado et al., 1989), além de repelência a pragas de grãos armazenados (Kokate et al., 1980). Nesse caso, foram descritas amidas, tais como a piperlonguminina (**71**) e a pipernonalina (**84**) em *P. longum* e de lignanas, como a cubebina e análogos em *P. cubeba* (Tabela 1). Os extratos apolares de folhas e de caules de *Piper falconeri* (C.DC.) e *Piper acutisleginum* C. DC. apresentaram atividade inseticida contra a mosca-doméstica, *Musca domestica* L. (Diptera: Muscidae), e contra o pernilongo, *A. aegypti* (Parmar et al., 1997).

Vários extratos foram testados como larvicidas sobre *A. aegypti*, sendo o extrato etanólico de frutos de *P. longum* o mais ativo, com $CL_{50}$ de 0,25 ppm, seguido de *P. nigrum*, com $CL_{50}$ de 0,41 ppm (Kumar et al., 2010). O extrato metanólico das folhas de *P. nigrum* danificou as células do epitélio do intestino médio de *A. aegypti*, que se tornaram vacuolizadas, enquanto os músculos apresentaram desorganização estrutural (Lija-Escaline et al., 2015). O extrato de frutos de *P. nigrum*, quando testado contra os culicídeos (Diptera) *Aedes atropalpus* (Coquillett), *Aedes togoi* (Theobald), *Anopheles gambiae* Giles e *Culex pipiens pallens* L., foram promissores, apresentando alta letalidade (Park et al., 2002; Hidayatulfathi et al., 2004; Kemabonta et al., 2018). Dentre as espécies neotropicais, *Piper ovatum* Vahl. (Kanis et al., 2013), *P. hispidum* e *P. aduncum* (Porto et al., 2017), *Ottonia anisum* Sprengel (Marques et al., 2017) e *Piper solmsianum* C. DC. (Macedo et al., 2018) foram testadas como larvicidas para *A. aegypti*. Os extratos hexânicos de *O. anisum* e *P. solmsianum* promoveram a mortalidade de 100 e 98,3% das larvas expostas, utilizando-se 200 e 100 µg/mL de extrato, respectivamente. *Piper ovatum* apresentou $CL_{50}$ de 2,9; 28 e 92 ppm para extratos (em 95% de etanol) de raízes, caules e folhas, repectivamente. O extrato de raízes de *P. ovatum*, com teor padronizado da amida piperlonguminina (**71**) em 13,6%, apresentou $CL_{50}$ de 2,1 ppm. O estudo de estabilidade e de atividade residual indicou 100% de mortalidade nos 12 dias iniciais, mas com significativo decréscimo na atividade até o 20º dia, quando não se observou mais qualquer efeito (Kanis et al., 2013). Ensaios contra adultos de *A. aegypti* também foram realizados com extrato hexânico de folhas e inflorescências de *P. aduncum*, que apresentou uma $CL_{50}$ de 0,20 mg/cm$^2$ de papel filtro impregnado com o respectivo extrato (Hidayatulfathi et al., 2004) (Tabela 2).

Os extratos etanólicos obtidos de folhas de *P. decurrens* e em acetato de etila de folhas de *P. tuberculatum* e de frutos de *P. guineense* foram testados contra larvas de *A. atropalpus*. O primeiro causou mortalidade das larvas de 30% com 10 μg/mL em 24 h (Chauret et al., 1996) e foram obtidos $CE_{50}$ (concentração efetiva da substância bioativa que causa resposta de 50% do valor máximo num determinado tempo) de 1,5 e 0,8 μg/mL para *P. tuberculatum* e *P. guineense*, respectivamente (Chauret et al., 1996; Scott et al., 2002). O extrato de *P. decurrens* foi ainda testado contra *O. nubilalis* e observou-se diminuição da massa larval e aumento da mortalidade das lagartas expostas em um meio artificial contendo 0,4% do referido extrato (Chauret et al., 1996).

*Piper retrofractum* Vahl., conhecida como pimenta-longa-balinesa ou javanesa, é comumente utilizada como condimento no Vietnã e Camboja (Wiwattanawanichakun et al., 2018). O extrato de seus frutos foi testado contra larvas do mosquito *Culex quinquefasciatus* Say (Diptera: Culicidae). O extrato hexânico, por ter sido o mais ativo ($CL_{50}$ = 0,29 ppm), foi ensaiado com enzimas destoxificativas, observando-se redução das atividades de carboxiesterases, da glutationa *S*-transferase e da acetilcolinesterase (Wiwattanawanichakun et al., 2018). Esse extrato demonstrou toxicidade moderada, com $CL_{50}$ de 1,73 ppm quando avaliado contra o peixe insetívoro *Poecilia reticulata* (Peters) (Cyprinodontiformes: Poeciliidae) como uma medida de sua toxicidade ao meio ambiente. Seu potencial uso foi demonstrado devido a sua toxicidade bem inferior à dos inseticidas piretroides β-cipermetrina ($CL_{50}$ = 21,37 μg/L) (Polat et al., 2002) ou α-cipermetrina ($CL_{50}$ = 9,43 μg/L) (Yilmaz et al., 2004). Num outro estudo, extratos de frutos de *P. retrofractum*, obtidos com acetona, etanol e hexano, foram testados contra diferentes estágios de desenvolvimento da barata *Blatella germanica* (L.) (Blattaria: Blattellidae). A ação inseticida desses extratos foi comparada com a de outros extratos botânicos e todos os extratos de *P. retrofractum* foram mais ativos, com $DL_{50}$ em torno de 40 μg/inseto, após 6 h de exposição. Contra ninfas, o extrato acetônico foi o mais eficaz ($DL_{50}$ = 69,3 μg/inseto), seguido do etanólico ($DL_{50}$ = 89,1 μg/inseto) e hexânico ($DL_{50}$ = 91,4 μg/inseto) (Saenmanot et al., 2018).

Num estudo bastante amplo, a eficácia de 3 extratos de *Piper*, preparados a partir de frutos de *P. nigrum* e de *P. guineense* e de folhas de *P. tuberculatum*, foi avaliada sobre espécies de Coleoptera, Hymenoptera, Hemiptera, Lepidoptera e Dermaptera (Scott et al., 2004). No caso de *P. nigrum*, as larvas foram mais suscetíveis que os adultos e a atividade sobre os lepidópteros e himenópteros testados foi maior do que sobre coleópteros e hemípteros. Por outro lado, as avaliações de toxidade dos extratos de *P. nigrum* e *P. guineense* sobre os dermápteros demonstraram uma redução significativa na taxa de sobrevivência desses insetos expostos as concentrações de 0,5 e 1,0% do extrato bruto dessas espécies de *Piper*. Além disso, o extrato de *P. guineense* reduziu a fecundidade e fertilidade dos insetos expostos (Scott et al., 2004).

Extratos de diferentes polaridades de folhas de *P. aduncum* foram avaliados em relação à mortalidade e ao desenvolvimento das larvas e pupas de *Anticarsia gemmatalis* Hübner (Lepidoptera: Erebidae) e de *S. frugiperda* (Lucena et al., 2017). A mortalidade de larvas de *A. gemmatalis* expostas aos extratos de *P. aduncum* resultou em $CL_{50}$ de 6,35 mg/mL (extrato hexânico) e de 5,79 mg/mL (extrato em acetato de etila). No caso de *S. frugiperda*, o extrato hexânico apresentou $CL_{50}$ de 8,22 mg/mL (Lucena et al., 2017). As atividades dos extratos resultaram em pequeno aumento da fase larval sem, contudo, afetar a fase pupal. A presença do fenilpropanoide apiol, um isômero do dilapiol (**48b**), poderia ser o princípio ativo responsável pela atividade dos extratos apolares onde foram detectados com teores variáveis entre 55 e 90% nos extratos hexânicos e em acetato de etila (Lucena et al., 2017).

*Piper auritum*, espécie de grande porte e bastante abundante na América Central, é rica em fenilpropanoides, com predomínio de safrol (**1a**) (Gupta et al., 1985). Os extratos aquosos e etanólicos de suas folhas secas foram avaliados em diferentes estágios de desenvolvimento do psilídeo *Bactericera cockerelli* (Sulc) (Hemiptera: Triozidae), juntamente com extratos de *Ambrosia artemisiifolia* L. e *Taraxacum officinale* F. H. Wigg (ambas Asteraceae). O extrato aquoso das folhas foi moderadamente tóxico, com uma dose de 0,2 g/mL quando aplicado sobre ninfas, apresentando atividade intermediária quando comparado aos extratos de *A. artemisiifolia* (mais tóxico) e *T. officinale* (menos tóxico). Os extratos etanólicos das 3 espécies causaram entre 50 e 60% de mortalidade de adultos na concentração de 0,1 g/mL, e entre 30 e 45% na concentração de 0,01 g/mL. No entanto, a atribuição da atividade biológica foi baseada em dados da literatura e não por meio do isolamento bioguiado ou por teste de padrões comerciais para os extratos de *P. auritum* (Granados-Echegoyen et al., 2015). Outros estudos com *P. auritum* objetivaram a determinação da atividade antioxidante de extratos ou da composição dos óleos essenciais, nos quais o safrol foi caracterizado como o composto predominante (93,2%), seguido da miristicina (4,3%) (Caballero-Gallardo et al., 2014; Conde-Hernandez e Guerrero-Beltran, 2014) (Tabela 2).

Tabela 2. Atividade inseticida de extratos brutos de espécies de Piper.

| Artrópodes-praga (estágio) | Espécies | Partes da planta | Solventes extratores | Atividades | Mecanismos | Referências |
|---|---|---|---|---|---|---|
| *Aedes aegypti* (L.) (larva) | | | | **$CL_{50}$ (ppm)** | | |
| | *Piper nigrum* L. | Folhas | Metanol | 32,23 | Vacuolização das células do epitélio do mesêntero, danos e desorganização muscular | Lija-Escaline et al. (2015) |
| | | Sementes | Etanol | 35,0 | | Gulzar et al. (2013) |
| | | | | 0,98 | | Simas et al. (2007) |
| | | | | 7,12 | | Santiago et al. (2014) |
| | *Piper longum* L. | Frutos | | 0,41<br>0,25 | | Kumar et al. (2010) |
| | *Piper ovatum* Vahl | Raízes<br>Caules<br>Folhas<br>Extrato de raízes com 13,6% de piperlonguminina (**71**) | Etanol 95% | 2,9<br>28,0<br>92,0<br>2,1 | | Kanis et al. (2013) |
| | | | | **$CL_{50}$ (mg/mL)** | | |
| | *Piper hispidum* Sw. | Folhas | Etanol<br>Clorofórmio | 0,17<br>0,57 | | Porto et al. (2017) |
| | *Piper aduncum* L. | Folhas | Hexano<br>Clorofórmio | 0,34<br>0,19 | | |
| | *Piper anisum* (Spreng.) Angely (= *Ottonia anisum* Spreng.) | | | **Mortalidade (%) (200 µg/mL/24 h)** | | |
| | | Folhas | Hexano | 100 | | Marques et al. (2017) |
| | *Piper solmsianum* | | | **Mortalidade (%) (100 µg/mL/24 h) (%)** | | |

Tabela 2. *continuação.*

| Artrópodes-praga (estágio) | Espécies | Partes da planta | Solventes extratores | Atividades | Mecanismos | Referências |
|---|---|---|---|---|---|---|
| | C. DC. | Folhas | n-Hexano | 98,3 | | Macedo et al. (2018) |
| *A. aegypti* (adulto) | *Piper aduncum* | | | **$CL_{50}$ (mg/cm² papel de filtro)** | | |
| | | Folhas e flores | Hexano | 0,20 | | Hidayatulfathi et al. (2004) |
| *Aedes atropalpus* (Coquillett) (larva) | *Piper decurrens* C. DC. | | | **Mortalidade (%) (10 µg/mL/24 h) (%)** | | |
| | | Folhas | Etanol | 30,0 | | Chauret et al. (1996) |
| | *Piper tuberculatum* Jacq. | | | **$CE_{50}$ (µg/mL)** | | |
| | | Folhas | Acetato de etila | 1,5 | | Scott et al. (2002) |
| | *Piper guineense* Schumach. & Thonn. | Folhas | | 0,8 | | |
| *Aedes togoi* (Theobald) (larva) | *P. nigrum* | | | **Mortalidade (%) (100 ppm/48 h) (%)** | | |
| | | Frutos | Metanol | 100 | | Park et al. (2002) |
| *Anopheles gambiae* Giles (larva) | *P. nigrum* | | | **$CL_{50}$ (g/mL)** | | |
| | | Sementes | Metanol<br>Água | 26,8<br>36,9 | | Kemabonta et al. (2018) |
| *Anopheles darlingi* Root (larva) | *P. tuberculatum* | | | **$CL_{50}$ (ppm)** | | |
| | | Folhas | Etanol 95% | 194 | | Trindade et al. (2012) |
| | *Piper alatabaccum* Trel. & Yunck. | | | 235 | | |
| *Culex pipiens pallens* L. (larva) | *P. nigrum* | | | **Mortalidade (100 ppm/48 h) (%)** | | |
| | | Frutos | Metanol | 100 | | Park et al. (2002) |
| *Culex quinquetasciatus* Say (larva) | *Piper retrofractum* Vahl. | | | **$CL_{50}$ (ppm)** | | |
| | | Frutos | Hexano | 1,73 | Redução da atividade de carboxiesterase, glutationa *S*-transferase e acetilcolinesterase | Wiwattanawanichakun et al. (2018) |
| *Ostrinia nubilalis* (Hübner) (lagarta) | *P. decurrens* | Folhas | Etanol | 0,4 % na dieta | Diminuição da massa larval e aumento da mortalidade com 0,4% de extrato na dieta | Chauret et al. (1996) |
| | | Folhas | Hexano<br>Acetato de etila | 6,35<br>5,79 | | Lucena et al. (2017) |

Tabela 2. *continuação.*

| Artrópodes-praga (estágio) | Espécies | Partes da planta | Solventes extratores | Atividades | Mecanismos | Referências |
|---|---|---|---|---|---|---|
| *Spodoptera frugiperda* (J.E. Smith) (lagarta) | *P. decurrens* | Folhas | Hexano | 8,22 | | Lucena et al. (2017) |
| *Malacosoma americanum* (Fabricius) (lagarta) | *P. nigrum* | | | **$CI_{50}$ (%)** | | |
| | | Sementes | Acetato de etila | 0,018 | | Scott et al. (2004) |
| *Pyrrhalta viburni* (Paykull) (adulto) | *P. nigrum* | Sementes | Acetato de etila | 0,103 | | Scott et al. (2004) |
| *Acalymma vittatum* (Fabricius) (adulto) | *P. nigrum* | Sementes | Acetato de etila | 0,130 | | Scott et al. (2004) |
| *Leptinotarsa decemlineata* (Say) (adulto) | *P. nigrum* | Sementes | Acetato de etila | 0,498 | | Scott et al. (2004) |
| *Blissus leucopterus hirtus* Montandon (adulto) | *P. nigrum* | Sementes | Acetato de etila | 0,746 | | Scott et al. (2004) |
| *Neodiprion sertifer* (Geoffroy (larva) | *P. nigrum* | Sementes | Acetato de etila | 0,046 | | Scott et al. (2004) |
| *Euschistus heros* (Fabricius) | *P. aduncum* | | | **Inviabilidade por imersão (%) (8% de extrato)** | | |
| | | Folhas | Acetona | Ovos 98<br>ninfas 72 | | Piton et al. (2014) |
| *Bactericera cockerelli* (Sulc) (adulto) | *Piper auritum* Kunth. | | | **Mortalidade (g/mL) (%)** | | |
| | | | Etanol | 60 | | Granados-Echegoyen et al. (2015) |
| *Blatella germanica* (L.) | *P. retrofractum* | | | **$DL_{50}$ µg/inseto (6 h)**<br>**grávidas adultos** | | |
| | | Frutos | Acetona<br>Etanol<br>Hexano | 39,4 53,2<br>41,2 62,4<br>42,5 80,1 | | Saenmanot et al. (2018) |

## 5. Bioatividade de compostos isolados de Piperaceae

### 5.1. Atividade sobre mosquitos vetores de patógenos causadores de doenças para humanos

Diante dos múltiplos usos de extratos e óleos essenciais de espécies de *Piper* como inseticidas ou repelentes botânicos, muitos de seus constituintes já foram identificados (Tabela 3). As amidas constituem-se numa classe de grande importância devido à variedade de atividades observadas, sendo a piperina (**79**) a mais conhecida por ser o princípio pungente das sementes de *P. nigrum*, com teores de até 33,5% (Scott et al., 2008). As amidas isoladas de diferentes espécies de *Piper* foram ativas contra espécies da ordem Diptera, que agrega importantes vetores de doenças, principalmente nas zonas tropicais do mundo. Dentre estas, as amidas de *P. nigrum* foram as mais investigadas contra larvas de *A. aegypti* (Park et al., 2002; Marques e Kaplan, 2015), sendo que a retrofractamida (**76a**) foi a mais ativa ($CL_{50}$ = 0,039 ppm), seguida da pipercida (**76b**) ($CL_{50}$ = 0,10 ppm) (Park et al., 2002). A $CL_{50}$ da piperina variou entre 5,1 (Park et al., 2002) e 10 ppm (Siddiqui et al., 2008) contra larvas de *A. aegypti*. Por sua vez, a retrofractamida foi a mais ativa contra larvas de *A. togoi* ($CL_{50}$ = 0,10 ppm), seguida novamente pela pipercida ($CL_{50}$ = 0,26 ppm). No entanto, a pipercida foi a mais ativa contra larvas de *C. pipiens pallens* com $CL_{50}$ de 0,004 ppm, seguida da retrofractamida com $CL_{50}$ de 0,028 ppm (Park et al., 2002) (Tabela 3).

A piperina apresentou forte toxicidade contra larvas de *C. quinquefasciatus*, com $CL_{50}$ de 0,16 ppm, seguida de piperamina ($CL_{50}$ = 2,9 ppm) (Wiwattanawanichakun et al., 2018). Observou-se, ainda, que o possível mecanismo de ação desse composto está relacionado com a inibição das enzimas destoxificativas carboxiesterase, glutationa *S*-transferase e acetilcolinesterase (Wiwattanawanichakun et al., 2018). Amidas de *P. tuberculatum* também foram testadas contra larvas de *A. aegypti*, sendo que a piperlonguminina (**71**) apresentou uma $DL_{50}$ de 12 μM, enquanto a piplartina (**88**) foi pouco eficiente ($DL_{50}$ = 490 μM) (Maleck et al., 2014). Uma terceira amida de *P. tuberculatum*, a diidropiperlonguminina (**73**), causou mortalidade de 47% de larvas de *A. atropalpus* quando testada na concentração de 0,01 ppm (Bernard et al., 1995) e a sua $CE_{50}$ foi de 6 ppm (Scott et al., 2002). A pipernonalina (**84**), uma amida isolada de *P. longum* também apresentou atividade pronunciada contra *C. pipens pallens*, com $CL_{50}$ de 0,21 ppm (Lee, 2000). Populações de *A. aegypti* resistentes a piretroides foram expostas à piperina (**79**) e à piperoleína (**83**), obtidas de *P. nigrum*, tendo se constatado a atividade larvicida desses compostos, com $CI_{50}$ (concentração inibitória de 50%) de 1,53 e 1,46 ppm, respectivamente (Simas et al., 2007).

Um estudo sobre a ação inseticida de espécies de *Piper* que continham piplartina (**88**) foi realizado contra larvas de *Anopheles darlingi* Root (Diptera: Culicidae), um importante vetor da malária na região norte do Brasil. Para extratos metanólicos de folhas de *P. tuberculatum* e de *Piper alatabaccum* Trel & Yuncker foram estimados os valores de $CL_{50}$ e $CL_{90}$ de 194 e 333 ppm e de 235 e 401 ppm, respectivamente, para os derivados das duas espécies. Entre os produtos isolados e testados estão as amidas piplartina (**88**) e dihidropiplartina, além do ácido 3,4,5-trimetoxi-di-hidrocinâmico e da 5,5',7-trimetoxi-3',4'-metilenodioxiflavona (Trindade et al., 2012). A mistura piplartina-dihidropiplartina apresentou menores valores de $CL_{50}$ e $CL_{90}$ (17 e 46 ppm, respectivamente), indicando vantagens para o uso de misturas pelo provável sinergismo quando associadas (Trindade et al., 2012).

Em ensaios contra a mosca-doméstica (*M. domestica*) também foi demonstrada a suscetibilidade dessa espécie às amidas isoladas de *P. guineense*. As amidas kalecida (**64**), pipercida (**76b**) e guineensina (**76c**) foram as mais letais, com $DE_{50}$ (dose efetiva: quantidade de composto que produz metade da resposta relativa à sua eficácia) de 1,01; 1,94 e 2,28 μg/inseto, respectivamente. A pelitorina (**65**) teve atividade moderada ($DE_{50}$ = 4,12 μg/inseto) e a guineensamida foi a menos efetiva ($DE_{50}$ = 4,12 μg/inseto) (Gbewonyo et al., 1993).

As lignanas e as neolignanas são dímeros de fenilpropanoides com ampla ocorrência em espécies de *Piper* (Parmar et al., 1997). A lignana tetraidrofurânica (-)-grandisina (**55**), principal metabólito secundário em todas as partes de *P. solmsianum*, teve sua atividade larvicida testada frente a *A. aegypti*, demonstrando vários níveis de atividade dependentes da fase de desenvolvimento, sendo nítida a maior susceptibilidade das fases de pupa e adulta, utilizando-se doses de 1 μg/mL (Cabral et al., 2009). A $CL_{50}$ estimada (150 ppm) para larvas de *A. aegypti* demonstra que sua atividade não é muito pronunciada, porém, estudos histológicos demonstraram que esse composto provoca destruição tecidual e desorganização celular na porção mediana do mesêntero (Leite et al., 2012). A purificação guiada por bioensaios resultou no isolamento da 7-epi-sesartemina (**57b**), 3,4,5-trimetóxi-3,4-metilenedioxi-7,9:7,-9-diepoxilignana (**57a**) e diaiangambina (**58**), sendo que as duas primeiras apresentaram maiores atividades ($CL_{100}$ = 17,6 e 25,0 ppm, respectivamente) (Solis et al., 2005).

A partir de *P. decurrens* foram isoladas as neolignanas eupomatenoide 5 (**52b**) e 6 (**52a**), conocarpano (**53b**), decurrenal (**53a**) e o esteroide sitosterol (**89**). O eupomatenoide 6 provocou a morte de 100% das larvas de *A. atropalpus* em 24 h, enquanto que o eupomatenoide 7 causou 70% de mortalidade larval (Chauret et al., 1996) e o conocarpano entre 47 e 80% na concentração de 0,1 ppm (Bernard et al., 1995; Chauret et al., 1996). Por sua vez, o decurrenal e o sitosterol não apresentaram resultados significativos. Apesar da baixa toxicidade, o conocarpano apresenta interessantes efeitos crônicos, reduzindo a taxa de crescimento ao longo do desenvolvimento (Bernard et al., 1995).

Os fenilpropanoides isolados principalmente dos óleos essenciais de *Piper* também apresentaram atividade contra larvas de *A. aegypti*, sendo que o dilapiol (**48b**), isolado de *P. aduncum*, causou mortalidade de 53% das larvas expostas à concentração de 200 μg/mL, além de ocasionar alteração no material nuclear das larvas (Rafael et al., 2008). Em outro estudo, o dilapiol (0,1 ppm) provocou a mortalidade de 92% de larvas de *O. nubilalis* (Bernard et al., 1995). O 4-butil-1,2-metilenedioxibenzeno (**50**), isolado de *O. anisum*, demonstrou alta eficácia para *A. aegypti* com uma $CL_{50}$ de 1,6 ppm (Marques et al., 2017). Os compostos isolados de *Piper sarmentosum* Roxb. apresentaram atividade neurotóxica para larvas de *A. aegypti*, de *Aedes albopictus* (Skuse) (Diptera: Culicidae) e de *C. quinquefasciatus* por meio da inibição da enzima acetilcolinesterase. A asaricina (**48a**) foi a que apresentou menor $CI_{50}$ (0,73 e 0,84 ppm,) contra a enzima acetilcolinesterase das espécies de *A. aegypti* e *A. albopictus*, respectivamente e $CI_{50}$ de 2,24 ppm para *C. quinquefasciatus*. A isoasarona (**44d**) foi o segundo composto mais ativo contra *A. aegypti* e *A. albopictus* ($CI_{50}$= 0,92 e 1,65 ppm, respectivamente) e o mais ativo contra *Culex* ($CI_{50}$= 1,87 ppm). A *trans*-asarona (**45d**) foi aproximadamente 10 vezes menos ativa que a *cis*-asarona (isoasarona), indicando elevada especificidade no sítio ativo da acetilcolinesterase (Hematpoor et al., 2016).

### 5.2. Atividade sobre espécies-praga de importância agrícola

Os produtos naturais de espécies de *Piper* também foram ativos sobre diferentes artrópodes-praga que atacam os cultivos agrícolas em pré e pós-colheita. Os efeitos de extratos e frações de galhos de *Piper ribersoides* Wall., uma espécie de ocorrência no Laos, foram avaliados sobre lagartas de *Spodoptera litura* (Fabricius) (Lepidoptera: Noctuidae) (Kitayama et al., 2013). A piperina (**79**) foi o composto ativo predominante, com potencial comparável à da salanina, limonoide isolado do nim (*A. indica*). Além disso, constatou-se que a isomerização fotoquímica da piperina para a isopiperina (**82**) acarretou na diminuição de cerca de 5 vezes na atividade fagodeterrente, e que uma mistura 1:1 (v/v) resulta, de forma intrigante, numa diminuição ainda mais significativa da bioatividade (Kitayama et al., 2013). Um caso semelhante de neolignanas com atividade fagodeterrente foi verificado a partir de extratos apolares das folhas de *Piper futokadsura* Sieb., de ocorrência no Taiwan e Japão (Matsui e Munakata, 1975). Nesse caso, foi isolada a neolignana piperenona (**54**), com esqueleto carbônico biossinteticamente associado ao conocarpano (**53b**), que apresentou propriedades antialimentares para larvas de *S. litura* (Tabela 3).

Amidas isoladas de *P. tuberculatum* foram testadas frente à lagarta-da-soja (*A. gemmatalis*) e à broca-da-cana-de-açúcar [*Diatraea saccharalis* (Fabricius) (Lepidoptera: Crambidae)]. Nesse estudo, foram isoladas duas amidas isobutílicas a partir das sementes de *P. tuberculatum*, a 4,5-diidropiperlonguminina (**73**) e a pelitorina (**65**), as quais apresentaram $DL_{90}$ e $DL_{50}$ de 92,83 e 176,50 μg/inseto (lagarta-da-soja) e de 91,19 e 184,56 μg/inseto (broca-da-cana-de-açúcar), respectivamente (Navickiene et al., 2007; Debonsi et al., 2009).

Tabela 3. Atividade inseticida de produtos naturais de espécies de *Piper*.

| Artrópodes-praga (estágio) | Espécies (ou composto-fonte) | Compostos | Atividade | Mecanismos | Referências |
|---|---|---|---|---|---|
| *Aedes aegypti* (L.) (larva) | *Piper nigrum* L. | | $CL_{50}$ (ppm) | | |
| | | Retrofractamida A (**76a**) | 0,039 | | Park et al. (2002) |
| | | Pipercida (**76b**) | 0,10 | | |
| | | Guineensina (**76c**) | 0,89 | | |
| | | Pelitorina (**65**) | 0,92 | | |
| | | Piperina (**79**) | 5,10 | | |
| | | Piperina (**79**) | 10 | | Siddiqui et al. (2008) |
| | | Pipercida (**76b**) | 19 | | |
| | | Guineensina (**76c**) | 25 | | |
| | | Piperonal (**43**) | 200 | | |
| | | Pipitigrina (**85**) | 15 | | Siddiqui et al. (2004a) |
| | | Pipwaquarina (**77b**) | 30 | | Siddiqui et al. (2005) |
| | | Pipyahyina (**77a**) | 30 | | Siddiqui et al. (2004c) |
| | | Pipnoohina (**66**) | 35 | | |
| | | Pipisaeedina (**86**) | 45 | | Siddiqui et al. (2004b) |
| | | Pipbinina (**87**) | 40 | | |
| | | Pipgulzarina (**70**) | 60 | | Siddiqui et al. (2003) |
| | | Pipzorina (**67**) | 70 | | |
| | | Pipiliasina (**63a**) | 29 | | Gulzar et al. (2013) |
| | | Pipzubedina (**63b**) | 22 | | |
| | | Pipiaqubina (**68**) | 31 | | |
| | | Pelitorina (**65**) | 20 | | |
| | | Pipercida (**76b**) | 25 | | |
| | | Piperina (**79**) | 10 | | |
| | | Piperina (**79**) | 1,53 | | Simas et al. (2007) |
| | | Piperoleína (**83**) | 1,46 | | |

Tabela 3. *continuação.*

| Artrópodes-praga (estágio) | Espécies (ou composto-fonte) | Compostos | Atividade | Mecanismos | Referências |
|---|---|---|---|---|---|
| | *Piper aduncum* L. | | **Mortalidade (200 μg/ml)** | | |
| | | Dilapiol (**48b**) | 53% | Alteração no material nuclear | Rafael et al. (2008) |
| | *Piper tuberculatum* Jacq. | | **$DL_{50}$ (μM)** | | |
| | | Piperlonguminina (**71**) | 12 | | Maleck et al. (2014) |
| | | Piplartina (**88**) | 490 | | |
| | *Piper solmsianum* C. DC. | Eupomatenoide 6 (**52a**) | 19,33 | | Macedo et al. (2018) |
| | | | **$CL_{50}$ (ppm)** | | |
| | | Grandisina (**55**) | 150 | Destruição de tecidos e desorganização celular nas porções anterior e média do mesêntero | Cabral et al. (2009); Leite et al. (2012) |
| | *Piper anisum* (Spreng.) Angely (= *Ottonia anisum* Spreng.) | 4-Butil-1,2-metilenodioxibenzeno (**50**) | 1,6 | | Marques et al. (2017) |
| | *Piper fimbriulatum* C. DC. | | **$CL_{100}$ (ppm)** | | |
| | | 7'-*Epi*-sesartemina (**57b**) | 17,6 | | Solis et al. (2005) |
| | | 3,4,5'-Trimetoxi-3',4'-metilenodioxi-7,9':7',9 Diepoxilignana (**57a**) | 25,0 | | |
| | | Diaiangambina (**58**) | > 500 | | |
| | *Piper sarmentosum* Roxb. | | **$CI_{50}$ (ppm)** | | |
| | | Asaricina (**48a**) | 0,73 | Inibição da acetilcolinesterase | Hematpoor et al. (2016) |
| | | Isoasarona (**44d**) | 0,92 | | |
| | | *trans*-Asarona (**45d**) | 15,75 | | |
| *Aedes albopictus* (Skuse) (larva) | | Asaricina (**48a**) | 0,84 | | |
| | | Isoasarona (**44d**) | 1,65 | | |
| | | *trans*-Asarona (**45d**) | 9,75 | | |
| *Aedes togoi* (Theobald) (larva) | *P. nigrum* | | **$CL_{50}$ (ppm)** | | |
| | | Retrofractamida A (**76a**) | 0,01 | | Park et al. (2002) |
| | | Pipercida (**76b**) | 0,26 | | |
| | | Pelitorina (**65**) | 0,71 | | |

Tabela 3. *continuação.*

| Artrópodes-praga (estágio) | Espécies (ou composto-fonte) | Compostos | Atividade | Mecanismos | Referências |
|---|---|---|---|---|---|
| | | Guineensina (**76c**) | 0,75 | | |
| | | Piperina (**79**) | 4,60 | | |
| *Aedes atropalpus* (Coquillett) (larva) | *Piper guanacostensis* C. DC. | | **$CL_{50}$ (ppm)** | | |
| | | 4-Hidroxi-3-(3'-metil-2'-butenila)-benzoato de metila (**59**) | 20,5 | | Pereda-Miranda et al. (1997) |
| | *Piper decurrens* C. DC. | | **Mortalidade (10 larvas/24 h)** | | |
| | | Eupomatenoide 6 (**52a**) | 10 | | Chauret et al. (1996) |
| | | Eupomatenoide 5 (**52b**) | 7 | | |
| | | Conocarpano (**53b**) | 8 | | |
| | | Decurrenal (**53a**) | 0 | | |
| | *P. aduncum* | | **Mortalidade (%)** | | |
| | | Dilapiol (**48b**) (0,1 ppm) | 92 | | Bernard et al. (1995) |
| | *P. decurrens* | Conocarpano (**53b**) (0,1 ppm) | 47 | | |
| | | Sitosterol (**89**) (0,1 ppm) | 6 | | |
| | *P. tuberculatum* | 4,5-Dihidropiperlonguminina (**73**) (0,01 ppm) | 47 | | |
| | | | **$CE_{50}$ (ppm)** | | |
| | | 4,5-Diidropiperlonguminina (**73**) | 6 | | Scott et al. (2002) |
| | | 4,5-Diidropiperina (ou piperanina) (**78**) | 13,5 | | |
| | | Piperina (**79**) | 11,1 | | |
| | | Piperlonguminina (**71**) | > 45 | | |
| *Culex pipiens pallens* L. (larva) | *P. nigrum* | | **$CL_{50}$ (ppm)** | | |
| | | Pipercida (**76b**) | 0,004 | | Park et al. (2002) |
| | | Retrofractamida A (**76a**) | 0,028 | | |
| | | Guineensina (**76c**) | 0,17 | | |
| | | Pelitorina (**65**) | 0,86 | | |
| | | Piperina (**79**) | 3,21 | | |
| | *Piper longum* L. | Pipernonalina (**84**) | 0,21 | | Lee (2000) |

Tabela 3. *continuação.*

| Artrópodes-praga (estágio) | Espécies (ou composto-fonte) | Compostos | Atividade | Mecanismos | Referências |
|---|---|---|---|---|---|
| *Culex quinquefasciatus* Say (larva) | *Piper sarmentosum* | | **$CI_{50}$ (ppm)** | | |
| | | Asaricina (**48a**) | 2,24 | Inibição da acetilcolinesterase | Hematpoor et al. (2016) |
| | | Isoasarona (**44d**) | 1,87 | | |
| | | *trans*-Asarona (**45d**) | 17,4 | | |
| | *Piper retrofractum* Vahl | | **$CL_{50}$ (ppm)** | | |
| | | Piperina (**79**) | 0,16 | Redução da atividade de carboxiesterase, glutationa S transferase e acetilcolinesterase | Wiwattanawanichakun et al. (2018) |
| | | Piperanina (**78**) | 2,9 | | |
| *Musca domestica* L. (adulto) | *Piper guineense* Schumach. & Thonn | | **$DE_{50}$ (µg/inseto)** | | |
| | | Kalecida (**64**) | 1,01 | | Gbewonyo et al. (1993) |
| | | Pipercida (**76b**) | 1,94 | | |
| | | Guineensina (**76c**) | 2,28 | | |
| | | Pelitorina (**65**) | 4,12 | | |
| | | Guineensinamida (**81**) | 26,8 | | |
| *Spodoptera litura* (Fabricius) (lagarta) | *Piper ribesioides* Wall. | | **$DE_{50}$ antialimentar (µmol/$cm^3$)** | | |
| | | Piperina (**79**) | 0,011 | | Kitayama et al. (2013) |
| | | Isopiperina (**82**) | 0,058 | | |
| *Spodoptera frugiperda* (J.E. Smith) (lagarta) | Síntese a partir da piperina (**79**) | | **$DL_{50}$ (ppm)** | | |
| | | (±)-(2*E*)-3-(1,3-benzodioxol-5-il)-*N*-(sec-butil)-acrilamida (**69a**) | 388,8 | | Batista-Pereira et al. (2006) |
| | | 5-(3,4-Metilenodioxifenil)-2*E*,4*E*-pentadienoico pirrolidinamida (**69d**) | 14,14 | | |
| | | 5-(3,4-Metilenodioxifenil)-2*E*,4*E*-pentadienoico piperidinamida (**69b**) | 1,07 | | |
| | | 2-Propen-1-ona-3-fenil-1-1-piperidinila (**69c**) | 17,07 | | |
| | | Piperina (**79**) | 41,79 | | |

Tabela 3. *continuação.*

| Artrópodes-praga (estágio) | Espécies (ou composto-fonte) | Compostos | Atividade | Mecanismos | Referências |
|---|---|---|---|---|---|
| *Spodoptera exigua* (Hübner) (lagarta) | *Piper kelleyi* Tepe | Ácido 3-geranil-4-hidroxi-5-(3",3"-dimetilalil)-benzoico (**60**)<br>Ácido 8-[(2*E*)-3,7-dimetil-2,6-octadienil]-2,2-dimetil-2*H*-cromeno-6-carboxílico (**61**)<br>Ácido 2-[(*E*)-2-{3-[(2*E*)-3,7-dimetil-2,6-octadienil]-5-carboxi-2-hidroxifenil}etenil]-8-[(2*E*)-3,7-dimetil-2,6-octadienil]-2-metil-4-(2-metil-1-propenil)-6-Cromanocarboxílico (**62**) | Tempo (dias) para empupar e masssa da pupa. | Prolongamento do tempo de desenvolvimento e redução da massa larval | Jeffrey et al. (2014) |
| *Plodia interpunctella* (Hübner) (lagarta) | *P. sarmentosum* | | **$CL_{50}$ (ppm)** | | |
| | | Asaricina (**48a**) | 17,37 | | Hematpoor et al. (2017) |
| | | Isoasarona (**44d**) | 15,76 | | |
| | | *trans*-Asarona (**45d**) | 432,42 | | |
| *Diatraea saccharalis* (Fabricius) (lagarta) | *P. tuberculatum* | | **$DL_{50}$ (µg/inseto)** | | |
| | | 4,5-Diidropiperlonguminina (**73**) | 92,83 | | Debonsi et al. (2009) |
| | | Pelitorina (**65**) | 91,19 | | |
| *Anticarsia gemmatalis* Hübner (lagarta) | *P. tuberculatum* | 4,5-Diidropiperlonguminina (**73**) | 31,30 | | Navickiene et al. (2007) |
| | | Pelitorina (**65**) | 122,3 | | |
| *Spilosoma obliqua* (Walker) (lagarta) | *Piper mullesua* Buch. Ham. ex D. Don | | **$DE_{50}$/$IG_{50}$ (ppm)** | | |
| | | Sesamina (**56**) | 3856/6212 | | Srivastava et al. (2001b) |
| | | | **$DL_{50}$ (µg/larva)** | | |
| | | Miristicina (**47b**) | 104 | | Srivastava et al. (2001a) |
| *Plutella xylostella* (L.) (lagarta) | *P. nigrum* | | **$CL_{50}$ (ppm)** | | |
| | | Piperchabamida D (**75**) | 0,95 | | Hwang et al. (2017) |
| | | Piperoleina B (**83**) | 2,0 | | |
| *Ascia monuste orseis* (Godart) (lagarta) | *P. nigrum* | | **Mortalidade (%) (40 µg/ng lagarta)** | | |
| | | Piperina (**79**) | 95 | | Paula et al. (2000) |
| | | Piperilina (**80**) | 40 | | |

Tabela 3. *continuação.*

| Artrópodes-praga (estágio) | Espécies (ou composto-fonte) | Compostos | Atividade | | Mecanismos | Referências |
|---|---|---|---|---|---|---|
| *Callosobruchus maculatus* (Fabricius) (adulto) | *P. nigrum* | | $DL_{50}$ µg/inseto) | | | |
| | | | Machos | fêmeas | | |
| | | (*E,E*)-*N*-(2-Metilpropil)-2,4-decadienamida (**65**) | 2,18 | 6,70 | | Su e Horvat (1981) |
| | | (*E,E,E*)-13-(l,3-Benzodioxol-5-il)-*N*-(2-metilpropil)-2,4,12-tridecatrienamida (**72a**) | 0,25 | 1,43 | | |
| | | (*E,E,E*)-11-(l,3-Benzodioxol-5-il)-*N*-(2-metilpropil)-2,4,10-undecatrienamida (**72b**) | 0,84 | 3,88 | | |
| *Callosobruchus chinensis* (L.) (adulto) | *P. nigrum* | | Toxicidade relativa (piretrina = 1) | | | |
| | | Pipercida (**76b**) | 0,23 | | | Miyakado et al. (1980) |
| | | Diidropipercida (**74**) | 0,56 | | | |
| | | Guineensina (**76c**) | 0,35 | | | |
| *Sitophilus oryzae* (L.) (adulto) | *P. sarmentosum* | | $CL_{50}$ (ppm) | | | |
| | | Asaricina (**48a**) | 4,70 | | | Hematpoor et al. (2017) |
| | | Isoasarona (**44d**) | 5,60 | | | |
| | | *trans*-Asarona (**45d**) | 258,90 | | | |
| | | Asaricina (**48a**) | 10,60 | | | |
| *Rhyzopertha dominica* (Fabricius) (adulto) | *P. sarmentosum* | Isoasarona (**44d**) | 8,70 | | | Hematpoor et al. (2017) |
| | | *trans*-Asarona (**45d**) | 396,48 | | | |

Os compostos isolados de *P. nigrum* são também bioativos contra a traça-das-crucíferas, *Plutella xylostella* (L.) (Lepidoptera: Plutellidae) (Hwang et al., 2017) e contra o curuquerê-da-couve, *Ascia monuste orseis* Godart (Lepidoptera: Pieridae) (Paula et al., 2000). A piperchabamida (**75**) e a piperoleina B (**83**) apresentaram toxicidade letal para *P. xylostella*, com $CL_{50}$ de 0,95 e 2,0 ppm, respectivamente. As mortalidades de *A. monuste orseis* causada pela piperina (**79**) e piperilina (**80**), utilizando-se 40 µg/ng de lagarta, foram de 95 e 40%, respectivamente (Paula et al., 2000). Sobre a lagarta *Spilosoma obliqua* Walker (Lepidoptera: Erebidae), a lignana sesamina (**56**) e o fenilpropanoide miristicina (**47b**), extraídos de *Piper mullesua* Buch. Ham. Ex D. Don, foram menos eficazes, com $DE_{50}$ e $DL_{50}$ de 3,86 ppm e 104 µg de composto/larva, respectivamente (Srivastava et al., 2001a,b). As amidas de *P. nigrum* também foram ativas contra *Callosobruchus maculatus* (Fabricius) (Coleoptera: Chrysomelidae: Bruchinae), caruncho que ataca os grãos de feijão-caupi armazenados. Várias amidas de cadeia alifática longa foram isoladas e testadas contra fêmeas e machos adultos de *C. maculatus*, obtendo-se $DL_{50}$ entre 0,2 e 2,0 µg/inseto para machos e uma dose maior para fêmeas (entre 1,4 e 6,7 µg/inseto), dependendo da amida em teste (Su e Horvat, 1981). No caso de *Callobruchus chinensis* (L.) (Coleoptera: Chrysomelidae: Bruchinae), considerando-se a toxicidade da piretrina (controle positivo) como valor unitário, a pipercida (**76b**), diidropipercida (**74**) e guineensina (**76c**) apresentaram 0,23; 0,56 e 0,35, respectivamente, de toxicidade relativa, o que denota que tais compostos não são muito eficientes contra essa espécie de caruncho (Miyakado et al., 1980).

## 6. Mecanismos de atividade e efeito sinérgico de compostos de Piperaceae

As piperamidas vêm sendo investigadas como potenciais neurotoxinas para o manejo de insetos-praga em função de sua potente bioatividade. Por exemplo, as isobutilamidas são até 4 vezes mais eficazes contra moscas resistentes (mutação super-kdr, resistente a DDT e a piretroides) do que moscas selvagens (Elliott et al., 1986). Inicialmente, foi sugerido que as piperamidas possuiam um mecanismo de atuação distinto dos piretroides no sistema nervoso central, uma vez que baratas resistentes aos piretroides foram afetadas por piperamidas nas mesmas concentrações e intensidades que baratas suscetíveis (Miyakado et al., 1989).

Um estudo do modo de ação de *N*-alquilamidas inspiradas na estrutura da pelitorina (**65**) foi realizado objetivando determinar seu modo de ação como inseticida. Para tal, foram avaliadas várias amidas sintéticas e, uma delas, a (2*E*,4*E*)-*N*-(1,2-dimetil)-propil-6-(5-bromonaft-2-il)-hexa-2,4-dienamida, demonstrou atuar como antagonista do fator de ativação do sítio de reconhecimento de canais de sódio na ausência de toxina do escorpião *Leiurus quinquestriatus* (Ehrenberg) (Scorpiones: Buthidae), mas como agonista na presença da mesma para captação de sódio. Tais dados sugerem que as *N*-alquilamidas representam uma nova classe de neurotoxinas que atuam no sítio 2 dos canais de sódio (Ottea et al., 1990).

Os fenilpropanoides asaricina (**48a**), isoasarona (**44d**) e *trans*-asarona (**45d**) foram testados contra *Sitophilus oryzae* (L.) (Coleoptera: Curculionidae) e *Rhyzopertha dominica* (Fabricius) (Coleoptera: Bostrichidae). A asaricina e isoasarona foram as mais ativas, com $CL_{50}$ de 4,7 e 5,6 ppm para *S. oryzae* e de 10,6 e 8,7 ppm para *R. dominica*, respectivamente. A *trans*-asarona foi menos ativa para os dois insetos-praga testados, com $CL_{50}$ de 258,9 e 396,5 ppm para *S. oryzae* e *R. dominica,* respectivamente (Hematpoor et al., 2017).

No caso dos fenilpropanoides dilapiol e apiol (Tabela 3), principais constituintes do óleo essencial de folhas de *P. aduncum* e de espécies de Apiaceae, Lauraceae e Lamiaceae, a potencial atividade inseticida ou sinergista é relativamente bem conhecida (Belzile et al., 2000). Estudos de genotoxicidade do dilapiol foram realizados por meio da detecção de células polinucleadas, micronúcleos e quebras cromossômicas em neuroblastos e oócitos de larvas de *A. aegypti* expostas, sucessivamente, ao longo de 4 gerações (Rafael et al., 2008). Posteriormente, o isômero isodilapiol (**49**) foi igualmente investigado, tendo sido detectado um aumento da expressão de GSTE7 e CYP6N12, genes reconhecidamente envolvidos na resistência contra xenobióticos (Lima et al., 2015). Efeitos mais pronunciados foram observados em doses mais baixas, indicando que outros fatores podem causar estresse oxidativo. Se por um lado o dilapiol apresenta efeito genotóxico, por outro causa amplos efeitos citotóxicos contra uma variedade de células tumorais. Constatou-se que o dilapiol, além de apresentar efeito pró-oxidante por meio da indução da liberação de espécies reativas de oxigênio, também apresenta propriedades antiproliferativas, inibindo células na fase G0/G1 e seus efeitos antimigratórios que, por sua vez, podem prevenir a proliferação de células tumorais (Ferreira et al., 2014).

A atividade sinergistica do dilapiol (**48b**) para inseticidas é baseada na presença do grupamento metilenodioxifenila que, tal qual o butóxido de piperonila, interage com monooxigenases dependentes do citocromo P-450, inibindo a atividade dessas enzimas responsáveis pelo metabolismo de xenobióticos, o que leva ao aumento da taxa de excreção (Belzile et al., 2000). O efeito sinérgico do dilapiol em diferentes classes de inseticidas, incluindo o DDT, carbamatos, piretrinas e α-tertienilas (composto fototóxico), foi investigado contra o besouro-da-farinha *Tribolium castaneum* (Herbst) (Coleoptera: Tenebrionidae) e contra a larva do mosquito *A. atropalpus* (Belzile et al., 2000). O efeito fototóxico de α-tertienilas resultante da irradiação com luz natural ou luz ultravioleta (300 a 400 nm) está associado à produção de oxigênio *singlete* causando danos a algumas membranas das larvas.

Entre os 19 análogos sintéticos do dilapiol, todos contendo o grupamento metilenodioxifenila, os mais eficientes foram aqueles contendo o grupamento alílico tal qual o dilapiol (Belzile et al., 2000). A alteração da estrutura desse grupamento, assim como a presença de grupos fenólicos ou alcoólicos resultou, em geral, na diminuição da atividade sinergista. No entanto, a presença de substituintes retiradores de elétrons, tais como o grupo acrilato de metila na posição C-3 do anel aromático, aumentaram o fator de sinergismo de 1,9, no caso do dilapiol, para 2,4 (Belzile et al., 2000). Desse conjunto de análogos, o dilapiol foi o segundo mais potente, indicando a potencialidade de utilização de produtos naturais como sinergistas de inseticidas de origem botânica ou sintética (para mais detalhes, consultar Capítulo 15 deste livro). O modo de ação sugerido para os análogos do dilapiol está associado ao aumento do tempo de retenção de α-tertienilas nos insetos, maximizando sua ação sob luz natural. Esse efeito resulta da inibição da atividade de monoxidases envolvidas na degradação dos compostos α-tertienílicos (Belzile et al., 2000).

Em função da ampla atividade inseticida e da facilidade de preparação, vários estudos envolvendo a obtenção de análogos de amidas, em especial da piperina (**79**), foram realizados objetivando uma melhoria nas atividades e melhor compreensão do modo de ação (Paula et al., 2000).

Mais recentemente, a neolignana conocarpano (**53b**) e análogos sintéticos resultantes do acoplamento oxidativo de ésteres dos ácidos *p*-cumárico e ferúlico foram examinados frente à mosca-branca, *B. tabaci*. Ambos os conjuntos de derivados foram efetivos em uma dose de 5 mg/L, matando entre 80 e 100% de ninfas da mosca após 3 dias da pulverização. Os derivados do éster ferúlico, possuindo maior caráter lipofílico devido à presença de grupos metoxílicos quando comparados aos derivados dos ésteres do *p*-cumarato de metila, apresentaram maior atividade repelente sobre adultos de *B. tabaci* (Baldin et al., 2019).

O desenvolvimento de uma formulação inseticida baseada em um único princípio ativo constitui o objetivo primordial a ser alcançado. No entanto, dados disponíveis sobre composições envolvendo diferentes componentes ativos e, consequentemente, diferentes modos de ação, parece ser uma possibilidade mais racional no sentido de maximizar os efeitos e minimizar a possibilidade de evolução de populações resistentes. Assim, estudos de combinações de extratos ou de compostos de diferentes fontes botânicas foram realizados, incluindo a associação de extratos de sementes de graviola, *Annona muricata* L. (Annonaceae) e de extratos de frutos de *P. nigrum*, contendo derivados ricos em acetogeninas de cadeia longa ($C_{32}$-$C_{34}$) e piperamidas, respectivamente (Grzybowski et al., 2012). As atividades individuais de extratos de *P. nigrum* indicaram uma $CL_{50}$ de 1,84 µg/mL contra larvas de terceiro instar de *A. aegypti*. A melhor combinação resultou de uma mistura 9:1 de extratos de sementes de *A. muricata* e *P. nigrum* que, por efeito de sinergismo, incrementou os efeitos deletérios sobre a morfofisiologia das larvas e a toxicidade letal (Grzybowski et al., 2012).

## 7. Novos métodos e abordagens na obtenção de formulações a partir de aleloquímicos de Piperaceae

O uso de novas tecnologias envolvendo o encapsulamento nanoparticulado de óleos essenciais surge como uma alternativa que deve ser considerada dentro do contexto de desenvolvimento de inseticidas botânicos a partir de princípios ativos consagrados. Tal abordagem é empregada para controlar potenciais toxicidades de fármacos por meio de liberação controlada, mas pode também ser empregada com óleos essenciais de plantas com atividade larvicida objetivando maximizar seus efeitos residuais.

Dentro dessa abordagem, os óleos essenciais de *P. aduncum* e *P. hispidinervium*, encapsulados em gelatinas nanoparticuladas, apresentaram, respectivamente, $DL_{50}$ de 68,2 e de 96,7 g/L em 24 h de exposição contra larvas de *A. aegypti* de terceiro instar (Silva et al., 2019). Os óleos essenciais de *P. aduncum* e *P. hispidinervum* nanoformulados apresentaram significativa atividade acaricida contra o ácaro-rajado, *Tetranychus urticae* Koch (Acari: Tetranychidae), com $DL_{50}$ de 56,5 e 84,3 g/L, respectivamente após 24 h de exposição (Silva et al., 2019). O óleo essencial de *P. hispidinervum* apresentou moderada atividade contra o afídeo *Cerataphis lataniae* (Boisduval) ($DL_{50}$ = 148,1 g/L, após 24 h de exposição) sendo mais ativo que o óleo essencial de *P. aduncum* ($DL_{50}$ = 219.4 g/L, após 24 h de exposição) (Silva et al., 2019). As partículas de gelatina apresentaram elevada capacidade e eficácia de encapsulamento com excelente estabilidade em até 140 h, indicando o potencial dessa tecnologia.

## 8. Mecanismos de destoxificação de compostos de Piperaceae por herbívoros

Agentes sinergistas foram desenvolvidos com o intuito de melhorar a eficácia de diversas classes de inseticidas. A efetividade da atividade sinergista para compostos contendo grupos metilenodioxifenílicos resultam do fato de que quantidades significativamente inferiores são utilizadas quando combinadas com esses agentes, que atuam inibindo a atividade da monoaminoxidades oxidases, minimizando a desativação de piretroides por essas enzimas destoxificativas. Vários mecanismos bioquímicos foram desenvolvidos por insetos ao longo do processo evolutivo para minimizar seus efeitos. Entre estes, incluem-se as reações durante o processo digestivo no qual toxinas são metabolizadas, geralmente em compostos de maior polaridade por meio de oxidações e clivagens ou mesmo por glicosilações que, em ambos os casos, resultam num aumento da solubilidade em água (Miyazawa, 2001).

Várias observações foram realizadas sobre compostos produzidos e acumulados nas folhas de espécies de *Piper* com efeitos significativos contra insetos. No entanto, indivíduos de diferentes espécies de Lepidoptera e Coleoptera vêm sendo observados com frequência em suas folhas, causando significativas injúrias (Figura 5).

**Figura 5.** Exemplos da diversidade de insetos herbívoros associados a espécies de Piperaceae: A) ***Piridinetus zinckenii***, B) ***Vossius*** sp. e C) ***Naupactus bipes*** sobre ***Piper gauchaudianum***; D) ***Edessa meditabunda*** e formigas sobre ***Piper aduncum***; E) ***Monoplatus*** sp. e F) larva de minador em ***Peperomia glabela***; G) ***Heraclydes brasiliensis*** sobre ***Piper regnellii***; H) ***Eois*** sp. sobre ***Piper malacophyllume*** I) ***Eois*** sp. sobre frutos de ***Peperomia*** sp.

Insetos herbívoros que se alimentam de espécies de Piperaceae são bastante diversificados e incluem espécies de Lepidoptera, Coleoptera e Hemiptera (Vanin et al., 2008). Estudos de biotransformações de metabólitos secundários durante o processo digestivo indicam reações de desmetilação da lignana tetraidrofurânica (-)-grandisina (**55**) por *Naupactus bipes* (Germar) (Coleoptera: Curculionidae: Brachycerinae), *Quadrus u-lucida* (Plötz) (Lepidoptera: Hesperiidae) e *Heraclides hectorides* (Esper) (Lepidoptera: Papilionidae) (Ramos et al., 2008) (Figura 6).

Mecanismos semelhantes haviam sido observados para *S. litura* (Miyazawa, 2001), acreditando-se que os produtos formados de maior polaridade possuem maior facilidade de serem excretados. As reações de desmetilações foram observadas somente na posição *para*, processos regioespecíficos observados para a desmetilação da lignana furofurânica (+)-mag-

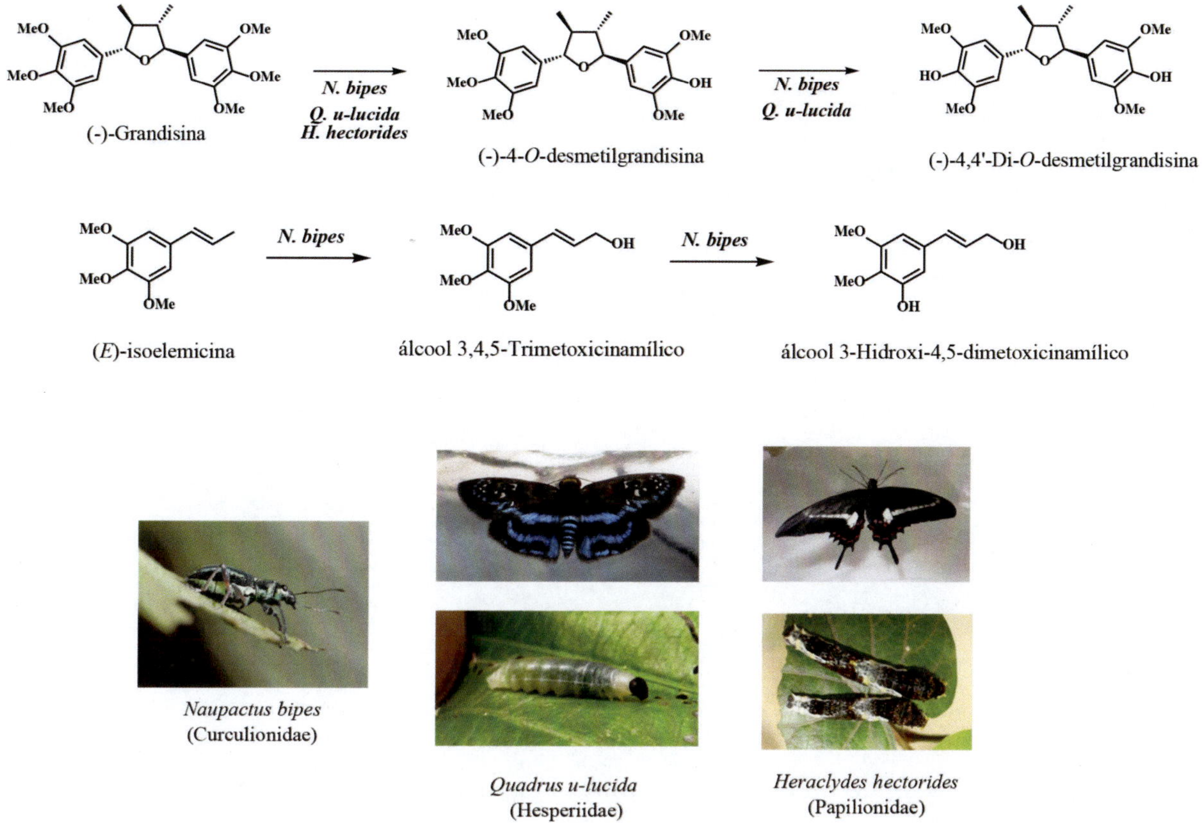


**Figura 6.** Biotransformação de lignoides por espécies de Coleoptera e Lepidoptera.

nolina por *S. litura* (Miyazawa et al., 1995) e para lignanas tetraidrofurânicas pelo fungo *Aspergillus niger* van Teighem (Eurotiales: Trichocomaceae) (Kasahara et al., 1996). Essa última informação coloca um componente ainda não devidamente investigado, que é a presença de fungos da filosfera ou mesmo endofíticos nesse processo, que ocorre durante a digestão dos compostos das folhas. Esses microrganismos poderiam desempenhar importante papel no metabolismo dos compostos de plantas durante o processo digestivo por herbívoros. De qualquer forma, processos de aumento de polaridade foram constatados com as hidrólises de ésteres benzoicos e clivagens oxidativas em neolignanas benzofurânicas de *Piper regnellii* (Miq.) C. DC. (Figura 7). Oxidações em metilas terminais foram também observadas no 4-nerolidil-catecol, principal metabólito secundário de *Piper umbellata* L. por *Heraclydes brasiliensis* (Rothschild & Jordan) (Lepidoptera: Papilionidae) (Ramos et al., 2012).

Como parte dos processos de destoxificações, uma outra estratégia é o sequestro de compostos para determinados compartimentos do corpo dos insetos, onde podem se tornar inócuos. No caso de ácidos benzoicos prenilados de *P. gaudichaudianum* e de *P. arboreum*, se observaram sequestros por *N. bipes*, ainda que um estudo de localização nos corpos dos insetos não tenha sido realizado (Ramos et al., 2008; 2009; Ramos e Kato, 2013).

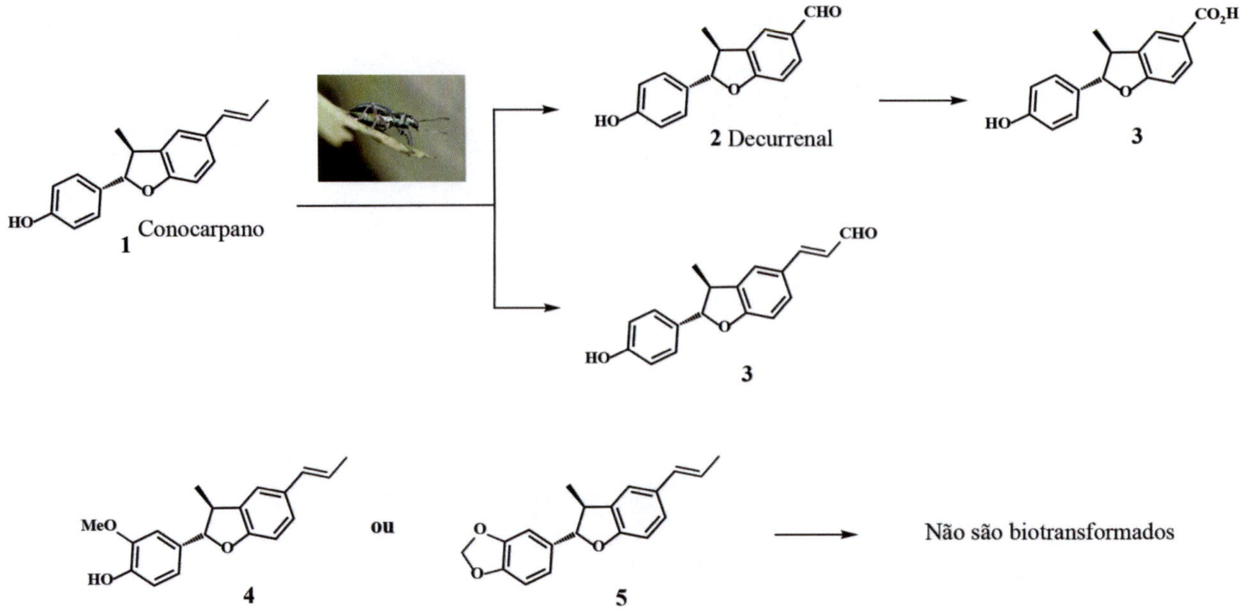


**Figura 7.** Biotransformação de neolignanas benzofurânicas de *Piper regnellii* por *Naupactus bipes*.

Além desses casos de herbivoria que poderiam ser considerados, até certo ponto, de insetos oportunistas, observações mais consistentes referem-se à presença de *Eois* spp. (Lepidoptera: Geometridae) com elevada especificidade para espécies de *Piper* (Strutzenberger et al., 2010; Strutzenberger e Fiedler, 2011). Lagartas de *Eois*, conhecidas como mede-palmo, são extremamente vorazes, sendo capazes de desfolhar plantas de *Piper* quase por completo.

No caso de espécies de *Peperomia*, os danos causados por insetos são bem mais limitados, mas observa-se a presença de espécies de Geometridae se alimentando quase que exclusivamente das inflorescências de plantas desse grupo. A rigor, entre 18 clados de espécies de *Eois*, a maioria é especializada em *Piper* e poucas em *Peperomia* (Strutzenberger et al., 2010). *Peperomia macrostachya* (Vahl) A. Dietr. é uma planta epifítica comum em florestas amazônicas e, com frequência, está envolvida em interações com as formigas *Camponotus femoratus* (Fabricius) (Hymenoptera: Formicidae). Trata-se de uma relação mutualística em que as formigas constroem ninhos em suas raízes aéreas e apresentam comportamento agressivo, protegendo as plantas contra a presença de outros insetos. Além disso, dispersam as sementes de *P. macrostachya* pelas copas de outras árvores (Youngsteadt et al., 2009, 2010). As análises realizadas por CG-EM revelaram compostos das sementes dessa planta que poderiam estar envolvidas na atração de *C. femoratus*. Foram identificados os compostos 3,5-dimetoxitolueno, 2-hidroxi-6-metilbenzoato de metila, 6-metil-o-anisato de metila, 3,5-dimetoxibenzoato de metila, além do diterpeno geranil linalol. Os compostos voláteis emitidos pelas sementes poderiam exercer atração por contato direto das antenas, partes bucais e pernas das formigas com as sementes (Youngsteadt et al., 2010). No caso das espécies de *Eois*, somente um entre 10 clados das lagartas foi considerado específico aos frutos de *Peperomia* (Strutzenberger et al., 2010). No entanto, até o momento, não há estudos sobre sinais químicos envolvidos na especificidade, biotransformação durante a digestão ou no sequestro de compostos que possam contribuir para justificar tais associações.

## 9. Considerações finais

Os metabólitos secundários de espécies de Piperaceae possuem grande relevância quanto às suas propriedades inseticidas. Uma das classes mais representativas dessa família botânica agrupa os compostos contendo a função amida, exemplificado pela piperina (**79**). Essa classe de produtos naturais é de ocorrência relativamente limitada a poucas famílias botânicas, incluindo Rutaceae, Solanaceae e Asteraceae, além de Piperaceae. Os inseticidas à base de amidas representam uma classe particularmente importante em função do espectro de toxicidade letal relatado em vários estudos sobre vários insetos-praga ou mesmo pela ação repelente contra mosquitos. Os casos mais relevantes de amidas repelentes envolvem o DEET e, mais recentemente, a icaridina. Cabe destacar que o estudo de amidas tem sido justificado devido à facilidade de obtenção de amidas sintéticas, as quais têm possibilitado avanços consideráveis no estudo do seu modo de ação. Em termos de estudos biossintéticos, os genes que codificam as enzimas, genericamente as *N*-acil-CoA transferases, associados à biossíntese de amidas, são ainda muito pouco conhecidos, mas representam um interessante potencial para a biologia sintética nos quais esse tema estrutural poderia ser explorado com a produção de compostos análogos.

Outras classes de compostos com frequente ocorrência em espécies de Piperaceae e que têm sido exploradas quanto às suas propriedades inseticidas são os fenilpropanoides e seus dímeros, tais como lignanas e neolignanas, com destaque para aqueles contendo a função piperonila. Considerando-se que tanto inseticidas quanto agentes sinergistas sempre podem ter seus efeitos diminuídos devido à resistência desenvolvida pelo processo de seleção natural imposta pelo uso rotineiro no manejo de insetos-praga (pressão de seleção), possivelmente o uso de associações de inseticidas naturais ou baseados em produtos naturais venha se tornar mais comum. Nesse sentido, a exploração da diversidade química oriunda de plantas ainda representa um caminho bastante promissor, considerando-se que estudos bioprospectivos sistemáticos são frequentemente utilizados para o desenvolvimento de produtos antimicrobianos ou mesmo antioxidantes, mas com poucos relatos do desenvolvimento de inseticidas a partir da flora brasileira. Interessante constatar a interação de espécies de Piperaceae com artrópodes das ordens Lepidoptera, Coleoptera e Hemiptera, sugerindo mecanismos praticamente desconhecidos de localização das plantas hospedeiras e estratégias bioquímicas de destoxificação dos produtos naturais pelos herbívoros.

A grande maioria dos estudos de bioatividade ou de fitoquímica são realizados com as partes aéreas das plantas, sendo muito pouco exploradas as demais partes da planta, especialmente raízes e frutos. Além disso, os insetos-alvo são muito diversificados, o que, de certa forma, limita um estudo de maior amplitude. No Brasil, as demandas atuais são inúmeras na área da saúde pública, com epidemias de doenças associadas a insetos vetores, assim como para a agropecuária, que sofre com perdas significativas em diferentes sistemas de produção. Certamente, incentivos e investimentos em estudos prospectivos de novos compostos inseticidas ou repelentes devem merecer mais atenção para um país extremamente dependente de insumos importados.

## Agradecimentos

Os autores agradecem à FAPESP (2014/50316-7), CAPES, CNPq e USP, pelos auxílios financeiros e bolsas de estudos. Os autores dedicam o capítulo à memória do Prof. Dr. Edson Luiz Lopes Baldin, um dos mentores desta obra.

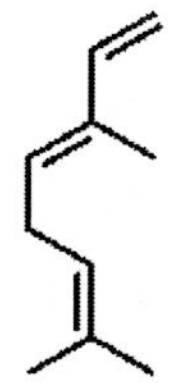

1

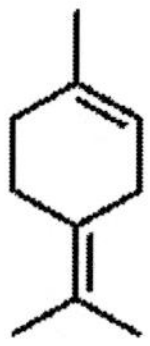

2

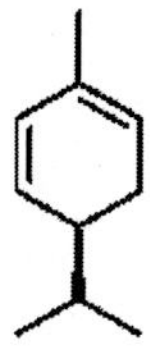

3

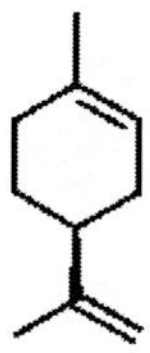

4

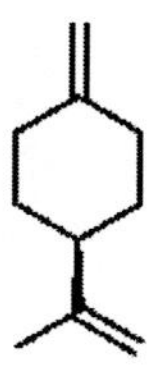

5

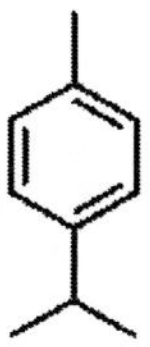

6

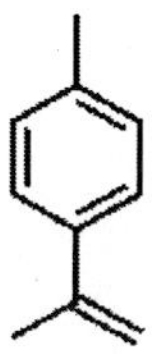

7

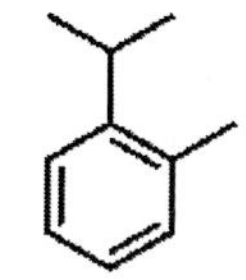

8

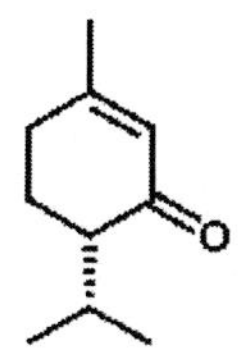

9

10

11

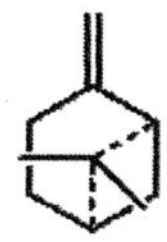

12

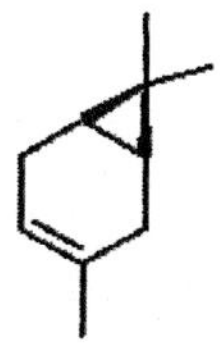

13

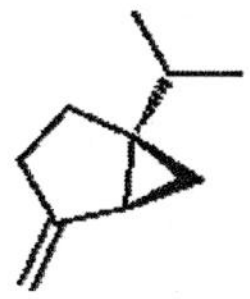

14

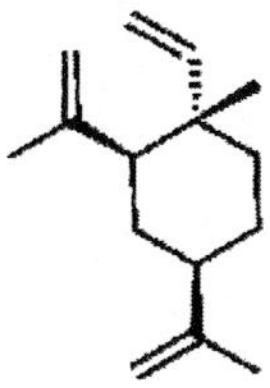

15

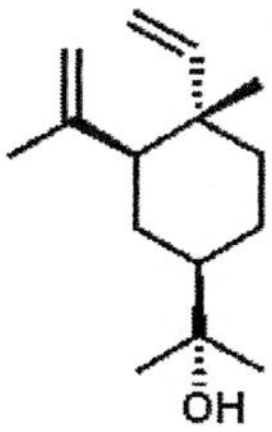

16

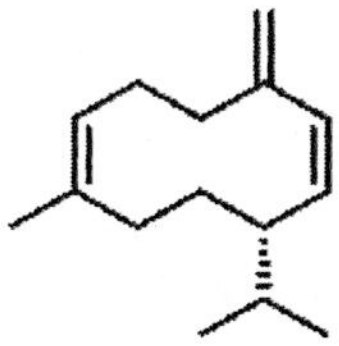

17

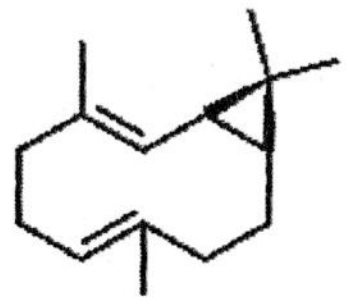

18

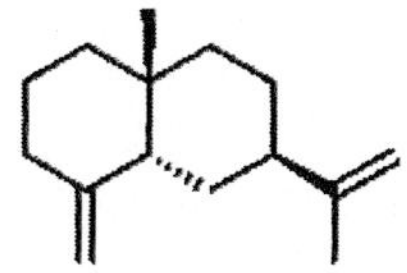

19

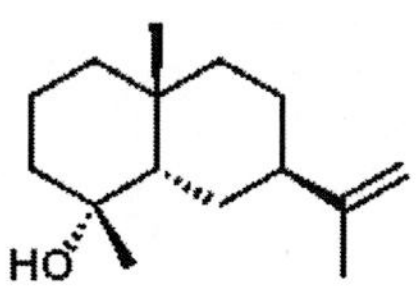

20

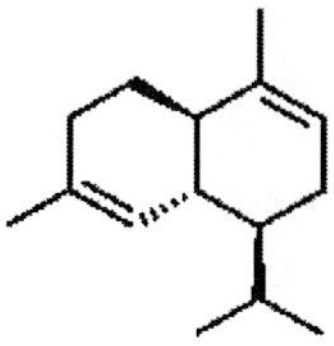

21

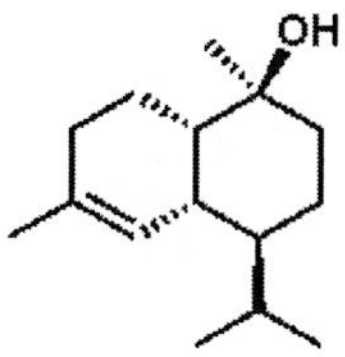

22

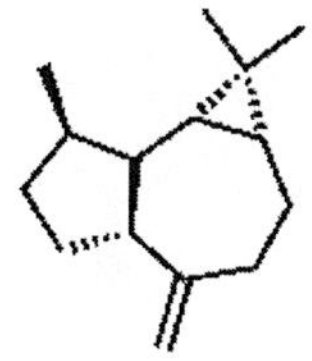

23

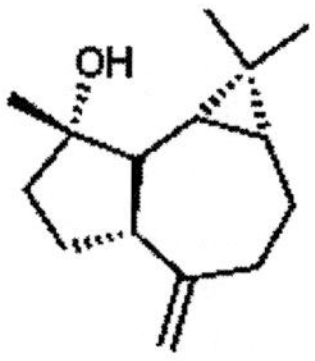

24

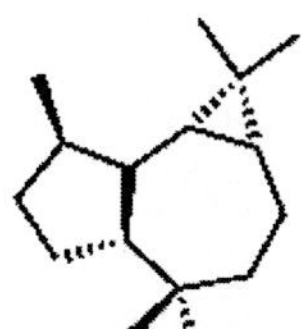

25

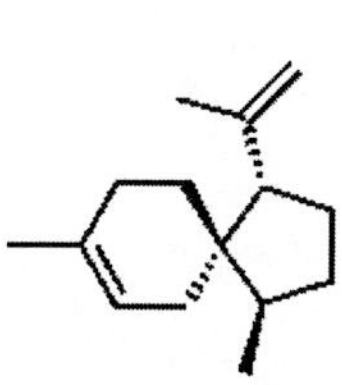

26

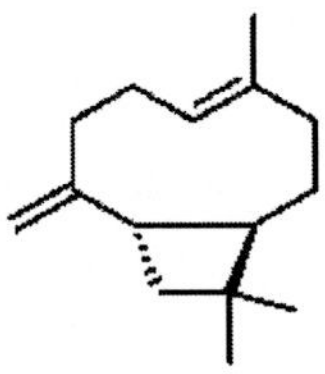
27

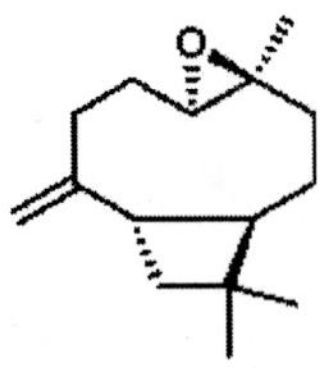
28

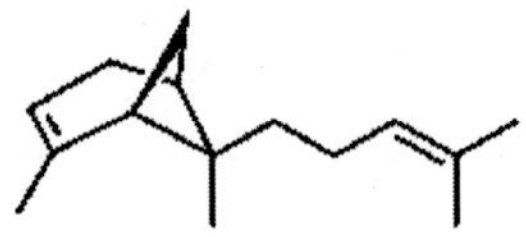
29

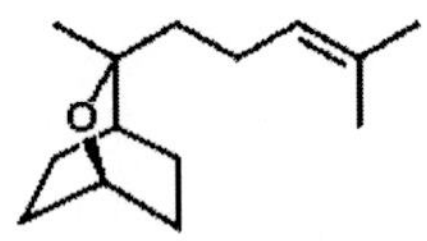
30

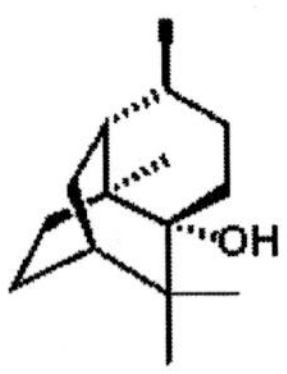
31

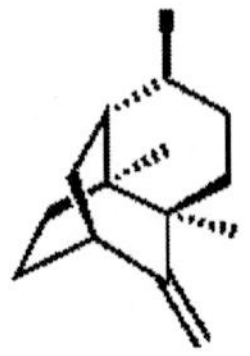
32

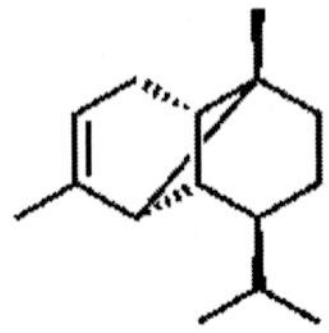
33

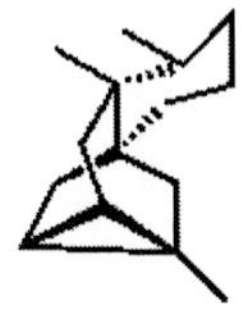
34

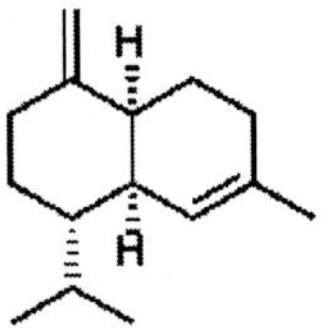
35

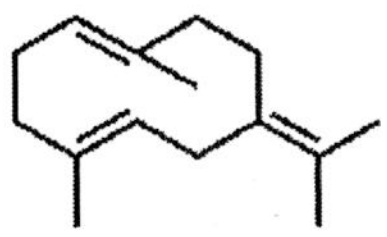
36

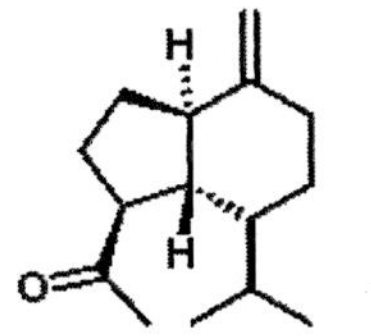
37

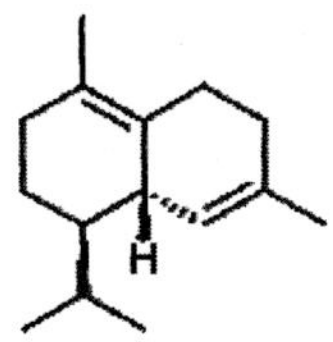
38

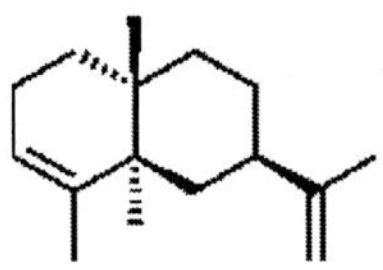
39

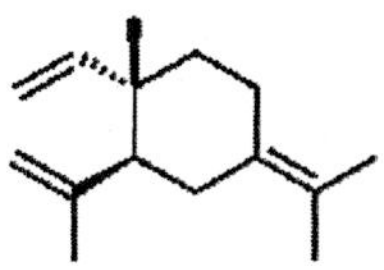
40

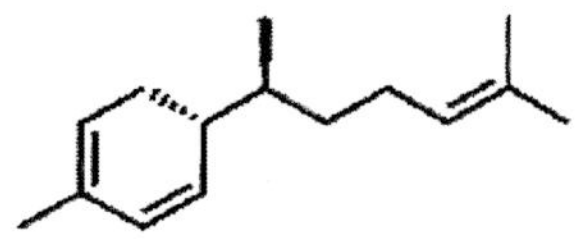
41

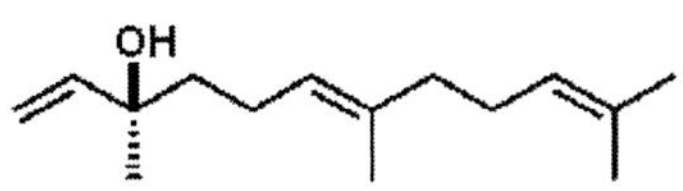
42

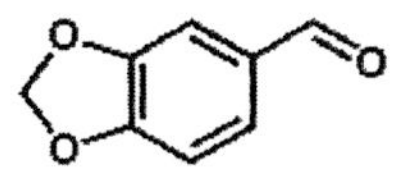
43

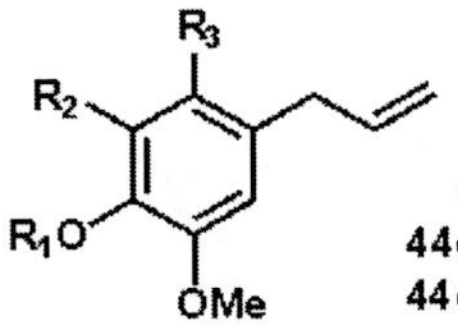

**44a** $R_1=R_2=R_3=H$
**44b** $R_1=Me$; $R_2=R_3=H$
**44c** $R_1=Me$; $R_2=OMe$; $R_3=H$
**44d** $R_1=Me$; $R_2=H$; $R_3=OMe$

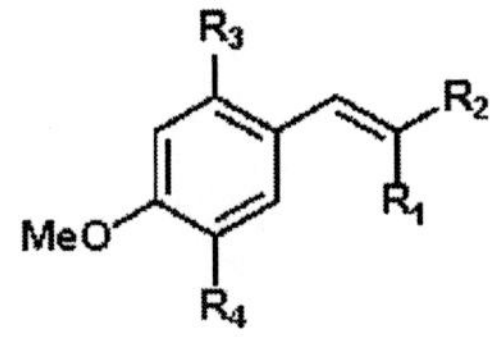

**45a** $R_1=H$; $R_2=Me$; $R_3=R_4=H$
**45b** $R_1=R_4=H$; $R_2=Me$; $R_3=OMe$
**45c** $R_1=Me$; $R_2=R_3=R_4=H$
**45d** $R_1=H$; $R_2=Me$; $R_3=R_4=OMe$
**45e** $R_1=Me$; $R_2=H$; $R_3=R_4=OMe$

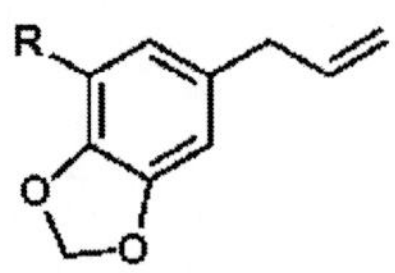

**47a** R=H
**47b** R=OMe

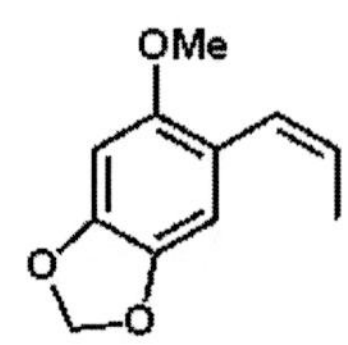

46

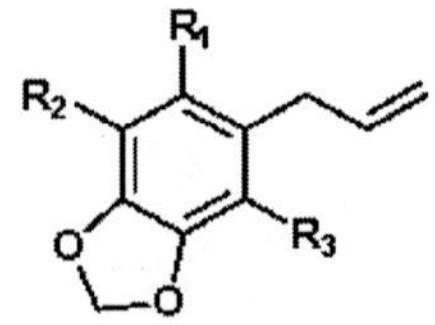

**48a** $R_1=OMe$; $R_2=R_3=H$
**48b** $R_1=R_2=OMe$; $R_3=H$
**48c** $R_1=H$; $R_2=R_3=OMe$
**48d** $R_1=R_3=OMe$; $R_2=H$

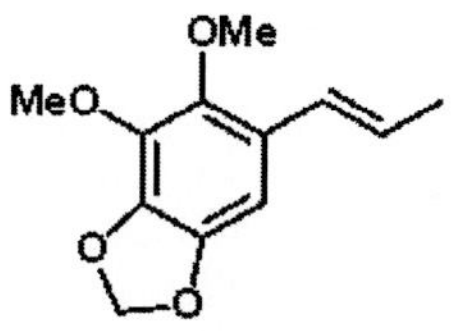

**49**

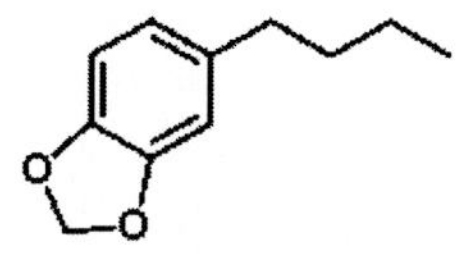

**50**

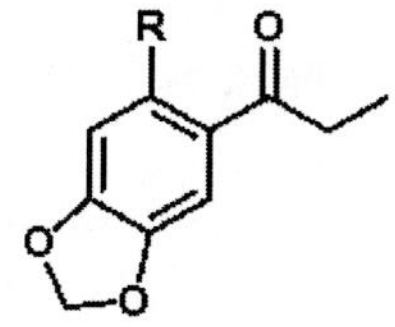

**51a** R=H
**51b** R=OMe

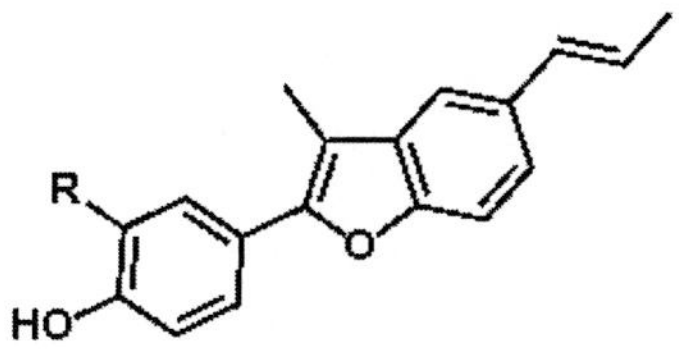

**52a** R=H
**52b** R=OMe

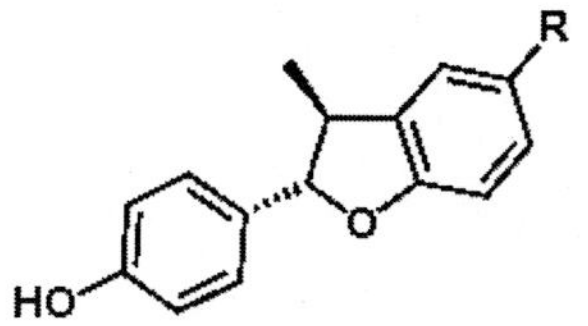

**53a** R=-CHO
**53b** R=-CH=CH-$CH_3$

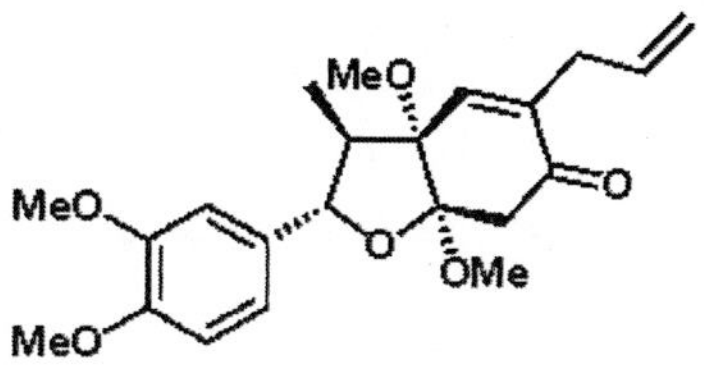

**54**

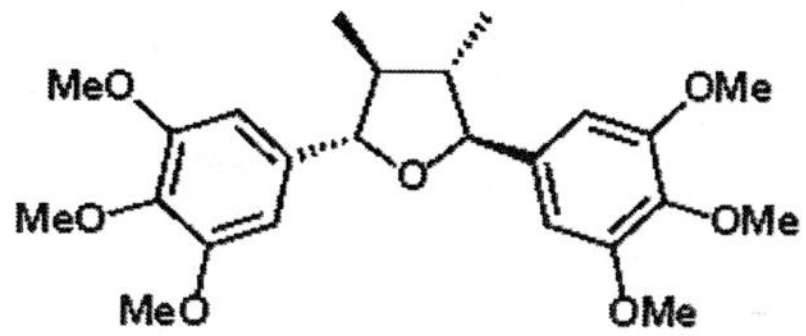

**55**

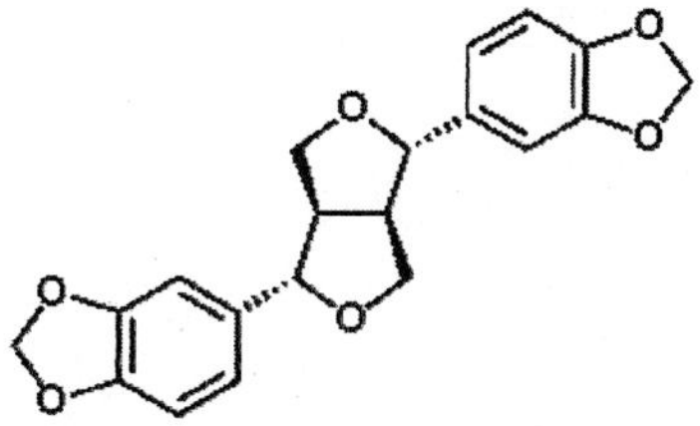

**56**

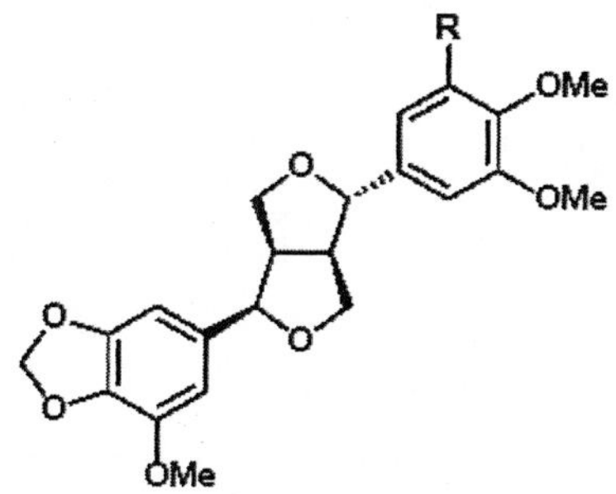

**57a** R=H
**57b** R=OMe

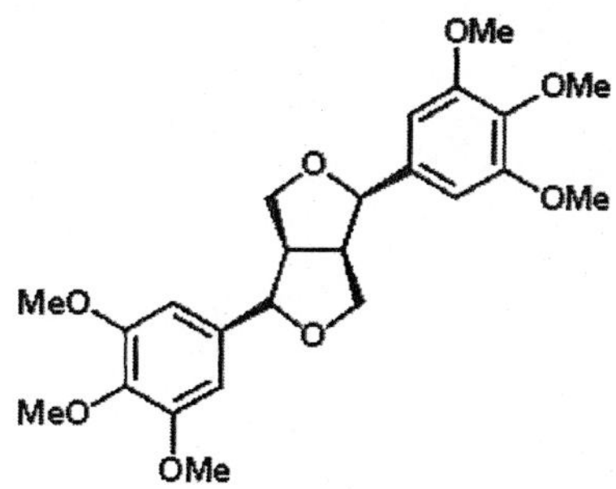

**58**

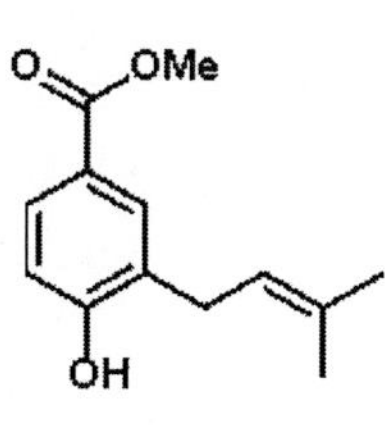

**59**

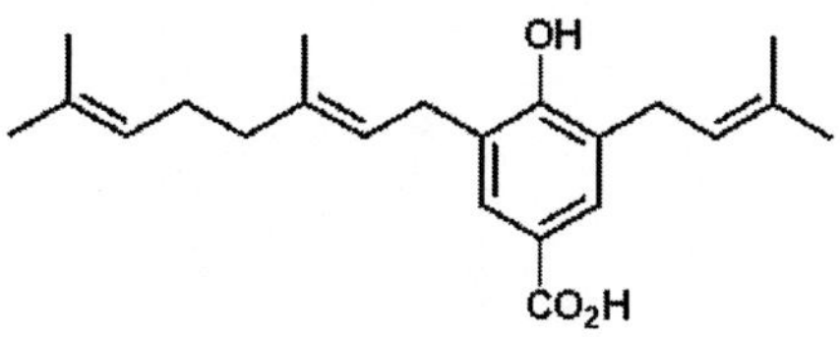

**60**

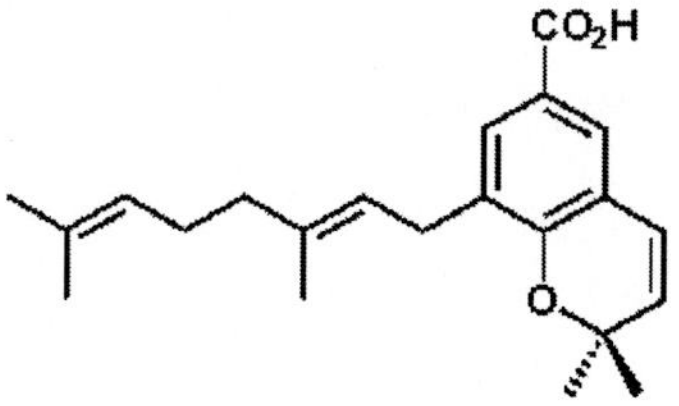

**61**

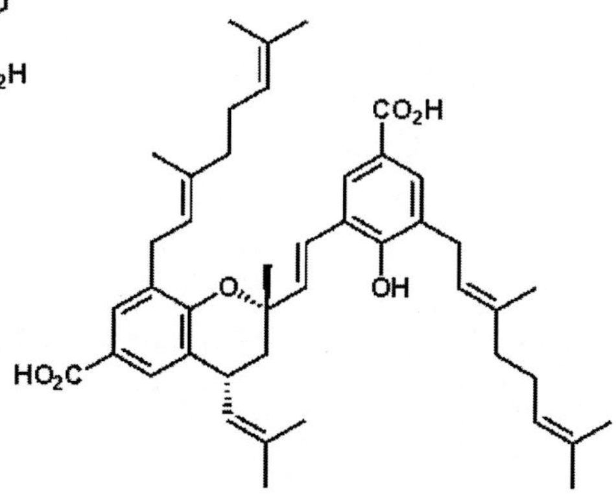

**62**

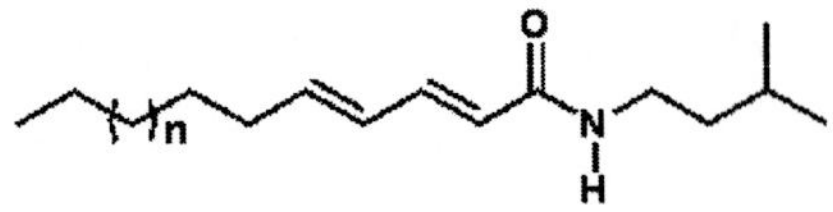

**63a** n=4
**63b** n=8

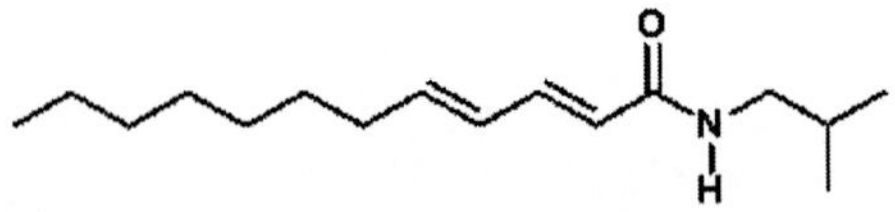

**64**

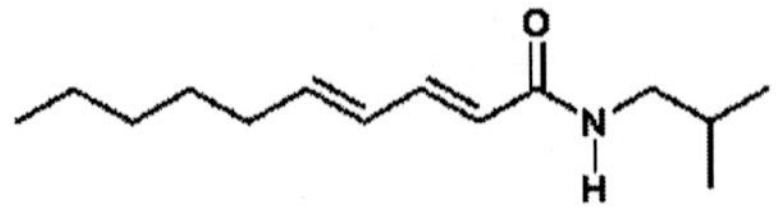

**65**

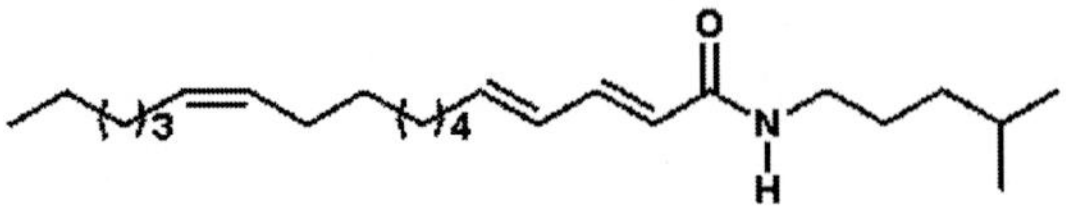

**66**

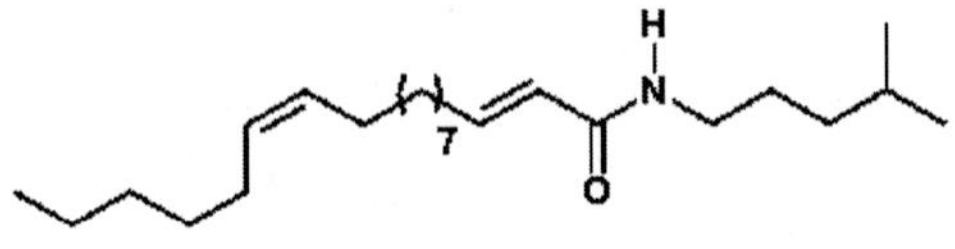

**67**

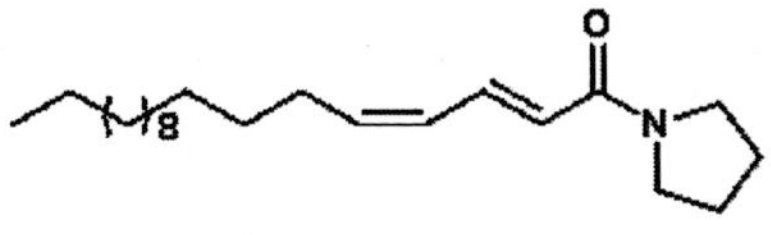

**68**

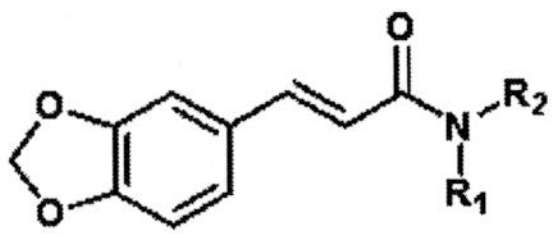

**69a** $R_1$=H; $R_2$= $-CH_2CH(CH_3)CH_2CH_3$
2-metil-butil
**69b** $R_1$=$R_2$=etil
**69c** $R_1$=H; $R_2$=hexil
**69d** $R_1$=$R_2$= hexil

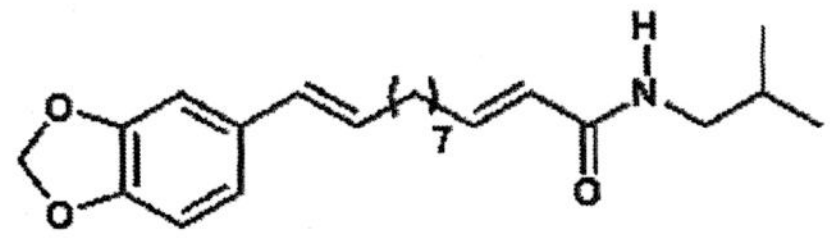

**70**

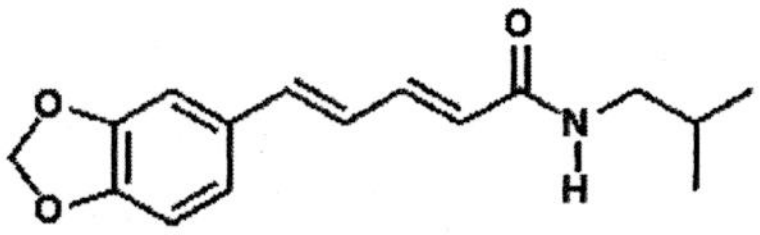

**71**

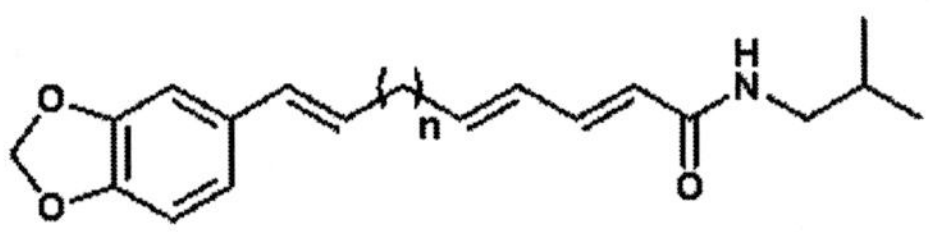

**72a** n = 6
**72b** n = 4

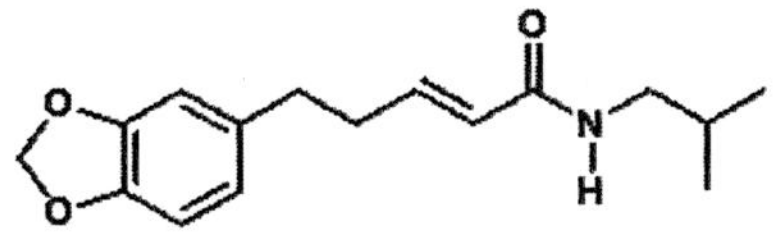

**73**

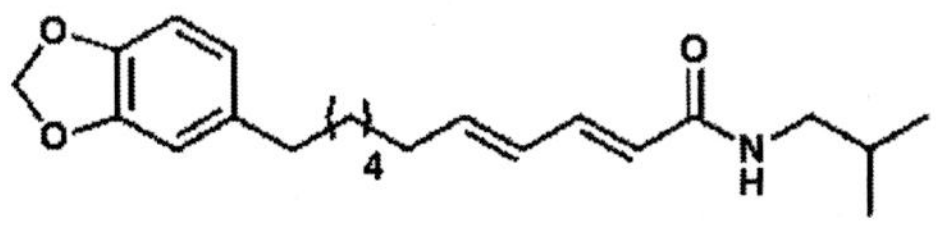

**74**

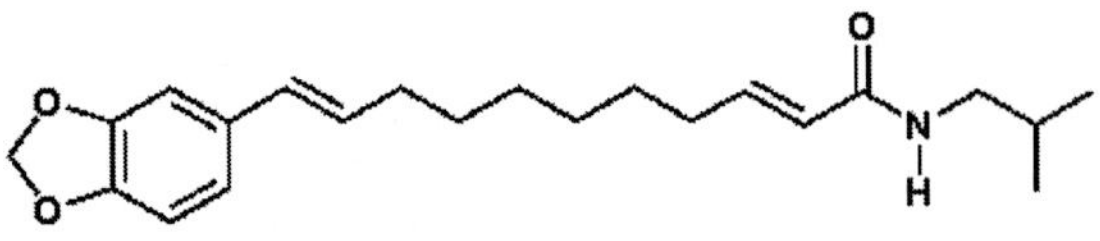

**75**

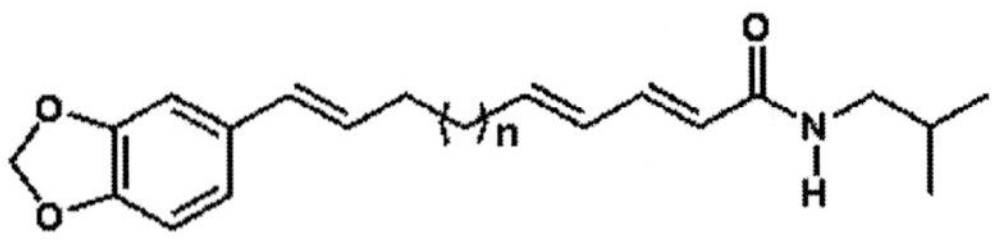

**76a** n=1
**76b** n=3
**76c** n=5

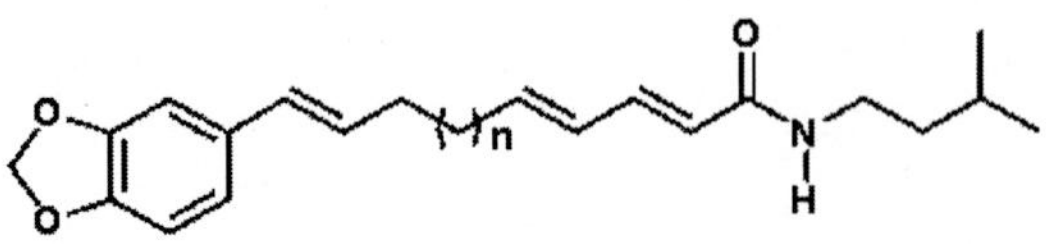

**77a** n=4
**77b** n=5

**Figura 8.** Estruturas químicas dos metabólitos secundários de espécies de Piperaceae.

# Referências bibliográficas


Adams, R.P. 2012. Identification of essential oils by ion trap mass spectroscopy. Academic Press, San Diego, USA.

Almeida, R.R.; Souto, R.N.; Bastos, C.N.; Silva, M.H.; Maia, J.G. 2009. Chemical variation in ***Piper aduncum*** and biological properties of its dillapiole-rich essential oil. Chemistry & Biodiversity 6: 1427-1434.

Andrade, E.H.A.; Alves, C.N.; Guimaraes, E.F.; Carreira, L.M.M.; Maia, J.G.S. 2011. Variability in essential oil composition of ***Piper dilatatum*** L.C. Rich. Biochemical Systematics and Ecology 39: 669-675.

Andreotti, R.; Guerrero, F.D.; Soares, M.A.; Barros, J.C.; Miller, R.J.; León, A.P. 2011. Acaricide resistance of ***Rhipicephalus*** (***Boophilus***) ***microplus*** in state of Mato Grosso do Sul, Brasil. Revista Brasileira de Parasitologia Veterinária 20: 127-133.

Autran, E.S.; Neves, I.A.; Silva, C.S.B.; Santos, G.K.N.; Câmara, C.A.G.; Navarro, D.M.A.F. 2009. Chemical composition, oviposition deterrent and larvicidal activities against ***Aedes aegypti*** of essential oils from ***Piper marginatum*** Jacq. (Piperaceae). Bioresource Technology 100: 2284-2288.

Ávila, M.M.C.; Cuca, S.L.E.; Ceron, S.J.A. 2014. Chemical composition and insecticidal properties of essential oils of ***Piper septuplinervium*** and ***P. subtomentosum*** (Piperaceae). Natural Product Communications 9: 1527-1530.

Baldin, E.L.L.; Dias, H.J.; Souza, C.M.; Soares, M.C.E.; Grundman, C.O.; Santos, T.L.B.; Crotti, A.E.M. 2019. Insecticidal and inhibitory effects of dihydrobenzofuran neolignans on ***Bemisia tabaci***. Journal of Pest Science 92: 861-869.

Baldwin, J.W.; Whitehead, S.R. 2014. Fruit secondary compounds mediate the retention time of seeds in the guts of Neotropical fruit bats. Oecologia 177: 453-466.

Batista-Pereira, L.G.; Castral, T.C.; Silva, M.T.M.; Amaral, B.R.; Fernandes, J.B.; Vieira, P.C.; Silva, M.F.G.F.; Corrêa, A.G. 2006. Insecticidal activity of synthetic amides on ***Spodoptera frugiperda***. Zeitschrift für Naturforschung C 61: 196-202.

Belzile, A.S.; Majerus, S.L.; Podeszfinski, C.; Guillet, G.; Durst, T.; Arnason, J.T. 2000. Dillapiol derivatives as synergists: Structure-activity relationship analysis. Pesticide Biochemistry and Physiology 66: 33-40.

Benelli, G.; Rajeswary, M.; Vijayan, P.; Senthilmurugan, S.; Alharbi, N.S.; Kadaikunnan, S. 2017. ***Boswellia ovalifoliolata*** (Burseraceae) essential oil as an eco-friendly larvicide? Toxicity against six mosquito vectors of public health importance, non-target mosquito fishes, backswimmers, and water bugs. Environmental Science and Pollution Research 25: 10264-10271.

Bernard, C.B.; Krishanmurty, H.G.; Chauret, D.; Durst, T.; Philogène, B.J.R.; Sánchez-Vindas, P.; Hasbun, C.; Poveda, L.; San Román, L.; Arnason, J.T. 1995. Insecticidal defenses of Piperaceae from the neotropics. Journal of Chemical Ecology 21: 801-814.

Beroza, M. 1956. 3,4-Methylenedioxyphenoxy compounds as synergists for natural and synthetic pyrethrins. Journal of Agricultural and Food Chemistry 4: 49-53.

Bianconi, G.V.; Mikich, S.B.; Teixeira, S.D.; Maia, B. 2007. Attraction of fruit-eating bats with essential oils of fruits: A potential tool for forest restoration. Biotropica 39: 136-140.

Bradshaw, C.J.A.; Leroy, B.; Bellard, C.; Roiz, D.; Albert, C.; Fournier, A.; Barbet-Massin, M.; Salles, J.M.; Simard, F.; Courchamp, F. 2016. Massive yet grossly underestimated global costs of invasive insects. Nature Communications 7: 1-8.

Caballero-Gallardo, K.; Olivero-Verbel, J.; Pino-Benitez, N.; Stashenko, E.E. 2014. Chemical composition and bioactivity of ***Piper auritum*** and ***P. multiplinervium*** essential oils against the red flour beetle, ***Tribolium castaneum*** (Herbst). Boletín Latinoamericano y del Caribe de Plantas Medicinales y Aromáticas 13: 10-19.

Cabral, M.M.O.; Alencar, J.A.; Guimaraes, A.E.; Kato, M.J. 2009. Larvicidal activity of grandisin against ***Aedes aegypti***. Journal of the American Mosquito Control Association 25: 103-105.

Callejas, R. 2001. Piperaceae. p.1928-1984. ***In***: Stevens, W.D.; Ulloa, C.; Pool, A.; Montiel, O.M., eds. Flora de Nicaragua. Monographs in systematics botany from the Missouri Botanical Garden 85. Missouri Botanical Garden, St. Louis, USA.

Carson, R. 2013. Primavera silenciosa. Editora Gaia, São Paulo, SP, Brasil.

Casida, J.E. 1980. Pyrethrum flowers and pyrethroid insecticides. Environmental Health Perspectives 34: 189-202.

Casida, J.E.; Quistad, G.B. 1998. Golden age of insecticide research: Past, present, or future? Annual Review of Entomology 43: 1-16.

Chaaban, A.; Santos, V.M.C.S.; Gomes, E.N.; Martins, C.E.N.; Amaral, W.; Deschamps, C.; Molento, M.B. 2018. Chemical composition of ***Piper gaudichaudianum*** essential oil and its bioactivity against ***Lucilia cuprina*** (Diptera: Calliphoridae). Journal of Essential Oil Research 30: 159-166.

Chaiyasit, D.; Choochote, V.; Rattanachanpichai, E.; Chaithong, U.; Chaiwong, P.; Jitpakdi, A.; Tippawangkosol, P.; Riyong, D.; Pitasa, B. 2006 Essential oils as potential adulticides against two populations of ***Aedes aegypti***, the laboratory and natural field strains, in Chiang Mai province, northern Thailand. Parasitology Research 99: 715-721.

Chaubey, M.K. 2013. Biological activities of ***Zingiber officinale*** (Zingiberaceae) and ***Piper cubeba*** (Piperaceae) essential oils against pulse beetle, ***Callosobruchus chinensis*** (Coleoptera: Bruchidae). Pakistan Journal of Biological Sciences 16: 517-523.

Chaubey, M.K. 2017. Evaluation of insecticidal properties of ***Cuminum cyminum*** and ***Piper nigrum*** essential oils against ***Sitophilus zeamais***. Journal of Entomology 14: 148-154.

Chauret, D.C.; Bernard, C.B.; Arnason, J.T.; Durst, T.; Krishnamurty, H.G.; Sanchez-Vindas, P.; Moreno, N.; San Roman, L.; Poveda, L. 1996. Insecticidal neolignans from ***Piper decurrens***. Journal of Natural Products 59: 152-155.

Chaves, M.C.O.; Oliveira, A.H.; Santos, B.V.O. 2006. Aristolactams from ***Piper marginatum*** Jacq. (Piperaceae). Biochemical Systematics and Ecology 34: 75-77.

Conde-Hernandez, L.A.; Guerrero-Beltran, J.A. 2014. Total phenolics and antioxidant activity of ***Piper auritum*** and ***Porophyllum ruderale***. Food Chemistry 142: 455-460.

Connor, E.C.; Rott, A.S.; Zeder, M.; Juttner, F.; Dorn, S. 2008. $^{13}$C-labelling patterns of green leaf volatiles indicating different dynamics of precursors in ***Brassica*** leaves. Phytochemistry 69: 1304-1312.

Cossolin, J.F.S.; Pereira, M.J.B.; Martinez, L.C.; Turchen, L.M.; Fiaz, M.; Bozdogan, H.; Serrão, J.E. 2019. Cytotoxicity of ***Piper aduncum*** (Piperaceae) essential oil in brown stink bug ***Euschistus heros*** (Heteroptera: Pentatomidae). Ecotoxicology 28: 763-770.

Cruz, G.S.; Wanderley-Teixeira, V.; Oliveira, J.V.; Correia, A.A.; Breda, M.O.; Alves, T.J.S.; Cunha, F.M.; Teixeira, A.A.C.; Dutra, K.A.; Navarro, D. 2014. Bioactivity of ***Piper hispidinervum*** (Piperales: Piperaceae) and ***Syzygium aromaticum*** (Myrtales: Myrtaceae) oils, with or without formulated Bta on the biology and immunology of ***Spodoptera frugiperda*** (Lepidoptera: Noctuidae). Journal of Economic Entomology 107: 144-153.

Debonsi, H.M. 2002. Estudo químico, biológico e biossintético em ***Piper tuberculatum*** (Piperaceae). Araraquara, 233p. Tese (Doutorado) - Instituto de Química, Universidade Estadual Paulista.

Debonsi, H.M.; Miranda, J.E.; Murata, A.T.; Bortoli, S.A.; Kato, M.J.; Bolzani, V.S.; Furlan, M. 2009. Isobutyl amides - Potent compounds for controlling ***Diatraea saccharalis***. Pest Management Science 65: 47-51.

Dias, C.N.; Moraes, D.F.C. 2014. Essential oils and their compounds as ***Aedes aegypti*** L. (Diptera: Culicidae) larvicides: Review. Parasitology Research 113: 565-592.

Dutra, K.A.; Teixeira, V.W.; Cruz, G.S.; Silva, C.T.S.; Assunção, C.G.D.; Ferreira, C.G.M.; Monteiro, A.L.B.; Agra Neto, A.C.; Lapa Neto, C.J.C.; Teixeira, A.A.C.; Navarro, D.M.A.F. 2019. Morphological and immune histochemical study of the midgut and fat body of ***Spodoptera frugiperda*** (J.E. Smith) (Lepidoptera: Noctuidae) treated with essential oils of the genus ***Piper***. Biotechnic & Histochemistry 8: 1-16.

Eisenreich, W.; Bacher, A.; Arigoni, D.; Rohdich, F. 2004. Biosynthesis of isoprenoids via the non-mevalonate pathway. Cellular and Molecular Life Sciences 61: 1401-1426.

Elliott, M.; Farnham, A.W.; Janes, N.F.; Johnson, D.M.; Pulman, D.A.; Sawicki, R.M. 1986. Insecticidal amides with selective potency against a resistant (Super-kdr) strain of houseflies (***Musca domestica*** L.). Agricultural and Biological Chemistry 50: 1347-1349.

Estrela, J.L.V.; Fazolin, M.; Catani, V.; Alecio, M.R.; Lima, M.S. 2006. Toxicidade de óleos essenciais de ***Piper aduncum*** e ***Piper hispidinervium*** em ***Sitophilus zeamais***. Pesquisa Agropecuária Brasileira 41: 217-222.

Fanela, T.L.M.; Baldin, E.L.L.; Pannuti, L.E.R.; Cruz, P.L.; Crotti, A.E.M.; Takeara, R.; Kato, M.J. 2015. Lethal and inhibitory activities of plant-derived essential oils against ***Bemisia tabaci***

Gennadius (Hemiptera: Aleyrodidae) biotype B in tomato. Neotropical Entomology 45: 201-210.

FAO. 2016. Food and Agriculture Organization. Disponível em: <http://www.fao.org/faostat/en/#search/Pepper%20piper%20 spp>. Acesso em: 14 jan. 2020.

Fazolin, M.; Estrela, J.L.V.; Catani, V.; Alécio, M.R.; Lima, M.S. 2007. Propriedade inseticida dos óleos essenciais de ***Piper hispidinervum*** C. DC., ***Piper aduncum*** L. e ***Tanaecium nocturnum*** (Barb. Rodr.) Bur. & K. Shum sobre ***Tenebrio molitor*** L., 1758. Ciência & Agrotecnologia 31: 113-120.

Ferraz, A.B.F.; Balbino, J.M.; Zini, C.A.; Ribeiro, V.L.; Bordignon, S.A.; Von Poser, G. 2010. Acaricidal activity and chemical composition of the essential oil from three ***Piper*** species. Parasitology Research 107: 243-248.

Ferreira, A.K.; Sá-Jr., P.L.; Pasqualoto, K.F.; Azevedo, R.A.; Câmara, D.A.; Costa, A.S.; Figueiredo, C.R.; Matsuo, A.L.; Massaoka, M.H.; Auada, A.V.; Lebrun, I.; Damião, M.C.; Tavares, M.T.; Magri, F.M.; Kerkis, I.; Parise Filho, R. 2014. Cytotoxic effects of dillapiole on MDA-MB-231 cells involve the induction of apoptosis through the mitochondrial pathway by inducing an oxidative stress while altering the cytoskeleton network. Biochimie 99: 195-207.

Flint, M.L.; van den Bosch, R. 1981. Introduction to integrated pest management. Plenum, New York, USA.

François, T.; Michel, J.D.P.; Lambert, S.M.; Ndifor, F.; Vyry, W.N.A.; Henri, A.Z.P.; Chantal, M. 2009. Comparative essential oils composition and insecticidal effect of different tissues of ***Piper capense*** L., ***Piper guineense*** Schum. et Thonn., ***Piper nigrum*** L. and ***Piper umbellatum*** L. grown in Cameroon. African Journal Biotechnology 8: 424-431.

Freitas, R.M.; Aguiar, R.; Bruno, R.V.; Guimarães, M.C.; Lourenço-de-Oliveira, R.; Sorgine, M.H.; Struchiner, C.J.; Valle, D.; O'Neill, S.L.; Moreira, L.A. 2012. Why do we need alternative tools to control mosquito-borne diseases in Latin America? Memórias do Instituto Oswaldo Cruz 107: 828-829.

Freitas, G.C.; Batista Jr., J.M.; Franchi Jr., G.C.; Nowill, A.E.; Yamaguchi, L.F.; Vilcachagua, J.D.; Favaro, D.C.; Furlan, M.; Guimarães, E.F.; Jeffrey, C.S.; Kato, M.J. 2014. Cytotoxic non-aromatic B-ring flavanones from ***Piper carniconnectivum*** C. DC. Phytochemistry 97: 81-87.

García-Estrada, C.; Damon, A.; Sánchez-Hernández, C.; Soto-Pinto, L.; Ibarra-Núñez, G. 2012. Diets of frugivorous bats in montane rain forest and coffee plantations in Southeastern Chiapas, Mexico. Biotropica 44: 394-401.

Gbewonyo, W.S.K.; Candy, D.J.; Anderson, M. 1993. Structure-activity relationships of insecticidal amides from ***Piper guineense*** root. Pesticide Science 37: 57-66.

Gomes, A.; Koller, W.W.; Barros, A.T.M. 2011. Suscetibilidade de ***Rhipicephalus*** (***Boophilus***) ***microplus*** a carrapaticidas em Mato Grosso do Sul, Brasil. Ciência Rural 41: 1447-1452.

Govindarajan, M.; Kadaikunnan, S.; Alharbi, N.S. 2016. Acute toxicity and repellent activity of the ***Origanum scabrum*** Boiss. & Heldr. (Lamiaceae) essential oil against four mosquito vectors of public health importance and its biosafety on non-target aquatic organisms. Environmental Science and Pollution Research International 23: 23228-23238.

Granados-Echegoyen, C.; Pérez-Pacheco, R.; Bautista-Martínez, N.; Alonso-Hernandez, N.; Sanchez-Garcia, J.A.; Martinez-Tomas, S.H.; Sánchez-Mendoza, S. 2015. Insecticidal effect of botanical extracts on developmental stages of ***Bactericera cockerelli*** (Sulc) (Hemiptera: Triozidae). Southwestern Entomologist 40: 97-110.

Grzybowski, A.; Tiboni, M.; Silva, M.A.N.; Chitolina, R.F.; Passos, M.; Fontana, J.D. 2012. The combined action of phytolarvicides for the control of dengue fever vector, ***Aedes aegypti***. Brazilian Journal of Pharmacognosy 22: 549-557.

Guerrero, F.D.; Lovis, L.; Martins, J.R. 2012. Acaricide resistance mechanisms in ***Rhipicephalus*** (***Boophilus***) ***microplus***. Revista Brasleira de Parasitologia Veterinária 21: 1-6.

Guimarães, E.F.; Carvalho-Silva, M.; Monteiro, D.; Medeiros, E.S.; Queiroz, G.A. 2015. Piperaceae. ***In***:___Lista de espécies da flora do Brasil. Jardim Botânico do Rio de Janeiro, RJ, Brasil. Disponivel em: <http://floradobrasil.jbrj.gov.br/jabot/FichaPublicaTaxonUC/FichaPublicaTaxonUC.do?id=-FB12735>. Acesso em: 13 jan. 2020.

Gulzar, T.; Uddin, N.; Siddiqui, B.S.; Naqvi, S.N.H.; Begum, S.; Tariq, R.M. 2013. New constituents from the dried fruit of ***Piper nigrum*** Linn., and their larvicidal potential against the Dengue vector mosquito ***Aedes aegypti***. Phytochemistry Letters 6: 219-223.

Gupta, M.P.; Arias, T.D.; Williams, N.H.; Bos, R.; Tattje, D.H.E. 1985. Safrole, the main component of the essential oil from ***Piper auritum*** of Panama. Journal of Natural Products 48: 330-330.

Gutierrez, Y.V.; Yamaguchi, L.F.; Moraes, M.M.; Jeffrey, C.S.; Kato, M.J. 2016. Natural products from ***Peperomia***: Occurrence, biogenesis and bioactivity. Phytochemistry Reviews 15: 1009-1033.

Haller, H.L.; LaForge, F.B.; Sullivan, V.N. 1942. Some compounds related to sesamin: Their structures and their synergistic effect with pyrethrum insecticides. Journal of Organic Chemistry 7: 185-188.

Hartemink, A. 2010. The invasive shrub ***Piper aduncum*** in Papua New Guinea: A review. Journal of Tropical Forest Science 22: 202-213.

Hematpoor, A.; Liew, S.; Azirun, M.S.; Awang, K. 2017. Insecticidal activity and the mechanism of action of three phenylpropanoids isolated from the roots of ***Piper sarmentosum*** Roxb. Scientific Reports 7: 1-13.

Hematpoor, A.; Liew, S.Y.; Chong, W.L.; Azirun, M.S.; Lee, V.S.; Awang, K. 2016. Inhibition and larvicidal activity of phenylpropanoids from ***Piper sarmentosum*** on acetylcholinesterase against mosquito vectors and their binding mode of interaction. PLoS ONE 11: 1-27.

Hidayatulfathy, O.; Sallehuddin, S.; Ibrahim, J. 2004. Adulticidal activity of some Malaysian plant extracts against ***Aedes aegypti*** Linnaeus. Tropical Biomedicine 21: 61-67.

Hwang, K.S.; Kim, Y.K.; Park, K.W.; Kim, Y.T. 2017. Piperolein B and piperchabamide D isolated from black pepper (***Piper nigrum*** L.) as larvicidal compounds against the diamondback moth (***Plutella xylostella***). Pest Management Science 73: 1564-1567.

Ivbijaro, M.F.; Bolaji, O.O. 1990. Effects of cypermethrin + dimethoate and extracts of ***Piper guineense*** and ***Azadirachta indica*** on the pests and yield of cowpea, ***Vigna unguiculata***. The Journal of Agricultural Science 115: 227-231.

Jaramillo, M.A.; Callejas, R.; Davidson, C.; Smith, J.F.; Stevens, A.C.; Tepe, E.J. 2008. A phylogeny of the tropical genus ***Piper*** using ITS and the chloroplast intron psbJ-petA. Systematic Botany 33: 647-660.

Jeffrey, C.S.; Leonard, M.D.; Glassmire, A.E.; Dodson, C.D.; Richards, L.A.; Kato, M.J.; Dyer, L.A. 2014. Antiherbivore prenylated benzoic acid derivatives from ***Piper kelleyi***. Journal of Natural Products 77: 148-153.

Kanis, L.A.; Rabelo, B.D.; Moterle, D.; Nogaretti, R.M.; Nunes, T.; Silva, O.S.; Prophiro, J.S. 2013. Standardized extract of ***Piper ovatum*** (Piperaceae) to control ***Aedes aegypti*** larvae (Diptera: Culicidae). Industrial Crops and Products 50: 816-820.

Kasahara, H.; Miyazawa, M.; Kameoka, H. 1996. Meta-O-demethylation of (-)-magnofargesin in ***Spodoptera litura***. Phytochemistry 43: 1217-1218.

Kato, M.J.; Furlan, M.; Murata, A.T.; Bortoli, S.A.; Miranda, J.E.; Debonsi, H.M.; Marques, J.V.; Kawano, T.; Teixeira, E.; Bolzani, V.S.; Mendes, M.C.; Young, M.C.M. 2009. Uso de compostos com atividade inseticida, carrapaticida e/ou moluscicida. INPI, PI 0703109-2. Depósito: 7 ago. 2007. Concessão: 21 out. 2008.

Kemabonta, K.A.; Adediran, O.I.; Ajelara, K.O. 2018. The insecticidal efficacy of the extracts of ***Piper nigrum*** (black pepper) and ***Curcuma longa*** (turmeric) in the control of ***Anopheles gambiae*** Giles (Dip., Culicidae). Jordan Journal of Biological Sciences 11: 195-200.

Kitayama, T.; Yasuda, K.; Kihara, T.; Ito, M.; Fukumoto, H.; Morimoto, M. 2013. Piperine analogs in a hydrophobic fraction from ***Piper ribersoides*** (Piperaceae) and its insect antifeedant activity. Applied Entomology and Zoology 48: 455-459.

Koeduka, T.; Fridman, E.; Gang, D.R.; Vassao, D.G.; Jackson, B.L.; Kish, C.M.; Orlova, I.; Spassova, S.M.; Lewis, N.G.; Noel, J.P.; Baiga, T.J.; Dudareva, N.; Pichersky, E. 2006. Eugenol and isoeugenol, characteristic aromatic constituents of spices, are biosynthesized via reduction of a coniferyl alcohol ester. Proceedings of the National Academy of Sciences of the United States of America 103: 10128-10133.

Kokate, C.K.; Tipnis, H.P.; Gonsalves, L.X.; D'Cruz, J.L. 1980. Anti-insect and juvenile hormone mimicking activities of essential oils of ***Adhatoda vasica***, ***Piper longum*** and ***Cyperus rotundus***. ***In***: Asian Symposium on Medicinal Plants and Spices, 4. Abstracts. Bangkok, Thailand.

Kumar, S.; Warikoo, R.; Wahab, N. 2010. Larvicidal potential of ethanolic extracts of dried fruits of three species of peppercorns against different instars of an indian strain of dengue fever mosquito, ***Aedes aegypti*** L. (Diptera: Culicidae). Parasitology Research 107: 901-907.

Lago, J.H.G.; Oliveira, A.; Guimaraes, E.F.; Kato, M.J. 2007. 3-Ishwarone and 3-ishwarol, rare sesquiterpenes in essential oil from leaves of ***Peperomia oreophila*** Hensch. Journal of the Brazilian Chemical Society 18: 638-642.

Lago, J.H.G.; Ramos, C.S.; Casanova, D.C.C.; Morandim, A.D.; Bergamo, D.C.B.; Cavalheiro, A.J.; Bolzani, V.D.S.; Furlan, M.; Guimarães, E.F.; Young, M.C.M.; Kato, M.J. 2004. Benzoic acid derivatives from ***Piper*** species and their fungitoxic activity against ***Cladosporium cladosporioides*** and ***C. sphaerospermum***. Journal of Natural Products 67: 1783-1788.

Lavor, P.L.; Santiago, G.M.; Gois, R.W.; Sousa, L.M.; Bezerra, G.P.; Romero, N.R.; Arriaga, A.M.; Lemos, T.L.; Alves, P.B.; Gomes, P.C. 2012. Larvicidal activity against ***Aedes aegypti*** of essential oils from Northeast Brazil. Natural Products Communications 7: 1391-1392.

Leal, W.S. 2014. The enigmatic reception of DEET - The gold standard of insect repellents. Current Opinion in Insect Science 6:93-98.

Lee, S.E. 2000. Mosquito larvicidal activity of pipernonaline, a piperidine alkaloid derived from long pepper, ***Piper longum***. Journal of the American Mosquito Control Association 16: 245-247.

Leite, A.; Kato, M.J.; Soares, R.O.A.; Guimaraes, A.E.; Santos-Mallet, J.R.; Cabral, M.M.O. 2012. Grandisin caused morphological changes larval and toxicity on ***Aedes aegypti***. Revista Brasileira de Farmacognosia 22: 517-521.

Leps, J.; Novotny, V.; Cizek, L.; Molem, K.; Isua, B.; Boen, W.; Kutil, R.; Auga, J.; Kasbal, M.; Manumbor, M.; Hiuk, S. 2002. Successful invasion of the Neotropical species ***Piper aduncum*** in rain forests in Papua New Guinea. Applied Vegetation Science 5: 255-262.

Lija-Escaline, J.; Senthil-Nathan, S.; Thanigaivel, A.; Pradeepa, V.; Vasantha-Srinivasan, P.; Ponsankar, A.; Edwin, E.S.; Selin-Rani, S.; Abdel-Megeed, A. 2015. Physiological and biochemical effects of botanical extract from ***Piper nigrum*** Linn. (Piperaceae) against the dengue vector ***Aedes aegypti*** Liston (Diptera: Culicidae). Parasitology Research 114: 4239-4249.

Lima, R.K.; Cardoso, M.G.; Moraes, J.C.; Melo, B.A.; Rodrigues, V.G.; Guimarães, P.L. 2009. Insecticidal activity of long-pepper essential oil (***Piper hispidinervum*** C. DC.) on fall armyworm ***Spodoptera frugiperda*** (J.E. Smith, 1797) (Lepidoptera: Noctuidae). Acta Amazonica 39: 377-382.

Lima, V.S.; Pinto, A.C.; Rafael, M.S. 2015. Effect of isodillapiole on the expression of the insecticide resistance genes GSTE7 and CYP6N12 in ***Aedes aegypti*** from central Amazonia. Genetics and Molecular Research 14: 16728-16735.

Liu, S.Q.; Scott, I.M.; Pelletier, Y.; Kramp, K.; Durst, T.; Sims, S.R.; Arnason, J.T. 2014. Dillapiol: A pyrethrum synergist for control of the Colorado potato beetle. Journal of Economic Entomology 107: 797-805.

Lucena, D.C.; Bertholdo-Vargas, L.R.; Silva, W.C.; Machado, A.F.; Lopes, T.S.; Moura, S.; Barros, N.M. 2017. Biological activity of ***Piper aduncum*** extracts on ***Anticarsia gemmatalis*** (Hübner) (Lepidoptera: Erebidae) and ***Spodoptera frugiperda*** (JE Smith) (Lepidoptera: Noctuidae). Anais da Academia Brasileira de Ciências 89: 1869-1879.

Macedo, A.L.; Duprat, R.C.; Moreira, D.L.; Kaplan, M.A.C.; Vasconcelos, T.R.A.; Pinto, L.C.; Montenegro, R.C.; Ratcliffe, N.A.; Mello, C.B.; Valverde, A.L. 2018. Isolation of a larvicidal compound from ***Piper solmsianum*** C.D.C. (Piperaceae). Natural Product Research 32: 2701-2704.

Macoris, M.L.; Martins, A.J.; Andrighetti, M.T.M.; Lima, J.B.P.; Valle, D. 2018. Pyrethroid resistance persists after ten years without usage against ***Aedes aegypti*** in governmental campaigns: Lessons from São Paulo State, Brazil. PLoS Neglected Tropical Diseases 12: e0006390.

Maia, J.G.S.; Andrade, E.H.A. 2009. Data base of the Amazon aromatic plants and their essential oils. Química Nova 32: 595-622.

Maleck, M.; Ferreira, B.; Mallet, J.; Guimaraes, A.; Kato, M. 2014. Cytotoxicity of piperamides towards ***Aedes aegypti*** (Diptera: Culicidae). Journal of Medical Entomology 51: 458-463.

Mansouri, A.; Cregut, M.; Abbes, C.; Durand, M.J.; Landoulsi, A.; Thouand, G. 2016. The environmental issues of DDT pollution and bioremediation: A multidisciplinary review. Applied Biochemistry and Biotechnology 181: 309-339.

Marques, A.M.; Kaplan, M.A.C. 2015. Active metabolites of the genus ***Piper*** against ***Aedes aegypti***: Natural alternative sources for dengue vector control. Universitas Scientiarum 20: 61-82.

Marques, A.M.; Velozo, L.S.; Carvalho, M.A.; Serdeiro, M.T.; Honório, N.A.; Kaplan, M.A.; Maleck, M. 2017. Larvicidal activity of ***Ottonia anisum*** metabolites against ***Aedes aegypti***: A potential natural alternative source for mosquito vector control in Brazil. Journal of Vector Borne Diseases 54: 61-68.

Martianasari, R.; Hamid, P.H. 2019. Larvicidal, adulticidal, and oviposition-deterrent activity of ***Piper betle*** L. essential oil to ***Aedes aegypti***. Veterinary World 12: 367-371.

Matsui, K.; Munakata, K. 1975. The structure of piperenone, a new insect antifeeding substance from ***Piper futokadzura***. Tetrahedron Letters 16: 1905-1908.

Mikich, S.B.; Bianconi, G.V.; Helena, B.; Maia, N.S.; Teixeira, S.D. 2003. Attraction of the fruit-eating bat ***Carollia perspicillata*** to ***Piper gaudichaudianum*** essential oil. Journal of Chemical Ecology 29: 2379-2383.

Miller, R.J.; Li, A.Y.; Tijerina, M.; Davey, R.B.; George, J.E. 2008. Differential response to diazinon and coumaphos in a strain of ***Boophilus microplus*** (Acari: Ixodidae) collected in Mexico. Journal of Medical Entomology 45: 905-911.

Miyakado, M.; Nakayama, I.; Yoshioka, H. 1980. The Piperaceae amides. Part III. Insecticidal joint action of pipercide and co-occurring compounds isolated from ***Piper nigrum*** L. Agricultural and Biological Chemistry 44: 1701-1703.

Miyakado, M.; Nakayama, L.; Ohno, N. 1989. Insecticidal unsaturated isobutylamides: From natural products to agrochermical leads. p.183-187. ***In***: Arnason, J.T.; Philogène, B.J.R.; Morand, P., eds. Insecticides of plant origin. ACS Symposium Series 387, American Chemical Society, New York, USA.

Miyazawa, M. 2001. Biotransformation of lignans and neolignans. Current Organic Chemistry 5: 975-986.

Miyazawa, M.; Kasahara, H.; Kameoka, H. 1995. Biotransformation of lignans: Metabolism of (+)-eudesmin and (+)-magnolin in ***Spodoptera litura***. Phytochemistry 39: 1027-1028.

Morais, S.M.; Facundo, V.A.; Bertini, L.M.; Cavalcanti, E.S.B.; Anjos Jr., J.F.; Ferreira, S.A.; Brito, E.S.; Neto, M.A.S. 2007. Chemical composition and larvicidal activity of essential oils from ***Piper*** species. Biochemical Systematics and Ecology 35: 670-675.

Mordue, A.J.; Nisbet, A.J. 2000. Azadirachtin from the neem tree ***Azadirachta indica***: Its action against insects. Anais da Sociedade Entomológica do Brasil 29: 615-632.

Moretti, A.N.; Zerba, E.N.; Alzogaray, R.A. 2013. Behavioral and toxicological responses of ***Rhodnius prolixus*** and ***Triatoma infestans*** (Hemiptera: Reduviidae) to 10 monoterpene alcohols. Journal of Medical Entomology 50: 1046-1054.

Muturi, E.J.; Ramirez, J.L.; Doll, K.M.; Bowman, M.J. 2017. Repellents combined toxicity of three essential oils against ***Aedes aegypti*** (Diptera: Culicidae) larvae. Journal of Medical Entomology 54: 1684-1691.

Nascimento, J.C.; David, J.M.; Barbosa, L.C.A.; Paula, V.F.; Demuner, A.J.; David, J.P.; Conserva, L.M.; Ferreira Jr., J.C.; Guimarães, E.F. 2013. Larvicidal activities and chemical composition of essential oils from ***Piper klotzschianum*** (Kunth) C. DC. (Piperaceae). Pest Management Science 69: 1267-1271.

Navarrete-Meneses, M.D.P.; Pérez-Vera, P. 2019. Pyrethroid pesticide exposure and hematological cancer: Epidemiological, biological and molecular evidence. Reviews on Environmental Health 34: 197-210.

Navickiene, H.M.D.; Miranda, J.E.; Bortoli, S.A.; Kato, M.J.; Bolzani, V.S.; Furlan, M. 2007. Toxicity of extracts and isobutyl amides from ***Piper tuberculatum***: Potent compounds with potential for the control of the velvetbean caterpillar, ***Anticarsia gemmatalis***. Pest Management Science 63: 399-403.

Nazzaro, F.; Fratianni, F.; Coppola, R.; Feo, V. 2017. Essential oils and antifungal activity. Pharmaceuticals 10: e86.

Oliveira, G.L.; Cardoso, S.K.; Lara Jr., C.R.; Vieira, T.M.; Guimarães, E.F.; Figueredo, L.S.; Martins, E.R.; Moreira, D.L.; Kaplan, M.A.C. 2013. Chemical study and larvicidal activity against ***Aedes aegypti*** of essential oil of ***Piper aduncum*** L. (Piperaceae). Anais da Academia Brasileira de Ciências 85: 1227-1234.

Omena, M.C.; Navarro, D.M.A.F.; Paula, J.E.; Luna, J.S.; Ferreira-de-Lima, M.R.; Sant'ana, A.E.G. 2007. Larvicidal activities against ***Aedes aegypti*** of some Brazilian medicinal plants. Bioresource Technology: 2549-2556.

OPAS. 2018. Organização Pan-Americana da Saúde. Disponível em: <https://www.paho.org/bra/index.php?option=com_content&view=article&id=5767:ministros-da-saude-das-americas-fazem-acordo-para-fortalecer-acoes-de-prevencao-as-doencas-transmitidas-por-vetores&Itemid=812>. Acesso em: 7 jan. 2020.

Orsted, H.C.; Jackson, A.D.; Knudsen, O.; Karen, J., eds. 1998. Selected scientific works of Hans Christian Orsted. Princeton University Press, Princeton, USA.

Ottea, J.A.; Payne, G.T.; Soderlund, D.M. 1990. Action of insecticidal N-alkylamides at site 2 of the voltage-sensitive sodium channel. Journal of Agriculture and Food Chemistry 38: 1724-1728.

Park, I.K.; Lee, S.G.; Shin, S.C.; Park, J.D.; Ahn, Y.J. 2002. Larvicidal activity of isobutylamides identified in ***Piper nigrum*** fruits against three mosquito species. Journal of Agricultural and Food Chemistry 50: 1866-1870.

Parmar, V.S.; Jain, S.C.; Bisht, K.S.; Jain, R.; Taneja, P.; Jha, A.; Tyagi, O.D.; Prasad, A.K.; Wengel, J.; Olsen, C.E.; Boll, P.M. 1997. Phytochemistry of the genus ***Piper***. Phytochemistry 46: 597-673.

Parmar, V.S.; Jain, S.C.; Gupta, S.; Talwar, S.; Rajwanshi, V.K.; Kumar, R.; Azim, A.; Malhotra, S.; Kumar, N.; Jain, R.; Sharma, N.K.; Tyagi, O.D.; Lawrie, S.J.; Errington, W.; Howarth, O.W.; Olsen, C.E.; Singh, S.K.; Wengel, J. 1998. Polyphenols and alkaloids from piper species. Phytochemistry 49: 1069-1078.

Paula, V.F.; Barbosa, L.C.A.; Demuner, A.J.; Piló-Veloso, D.; Picanço, M.C. 2000. Synthesis and insecticidal activity of new amide derivatives of piperine. Pest Management Science 56: 168-174.

Pelt, J.M. 2003. Especiarias & ervas aromáticas – História, botânica e culinária. Zahar, Rio de Janeiro, RJ, Brasil.

Pereda-Miranda, R.; Bernard, C.B.; Durst, T.; Arnason, J.T.; Sanchez-Vindas, P.; Poveda, L.; San Roman, L. 1997. Methyl 4-hydroxy-3-(3'-methyl-2'-butenyl)benzoate, major insecticidal principle from ***Piper guanacastensis***. Journal of Natural Products 60: 282-284.

Perez, A.A.L.; Teel, P.D.; Auclair, A.N.; Messenger, M.T.; Guerrero, F.; Schuster, G.; Miller, R. 2012. Integrated strategy for sustainable cattle fever tick eradication in USA is required to mitigate the impact of global change. Frontiers in Physiology 3: e195.

Perez, A.A.L.; Vannier, E.; Almazan, C.; Krause, P.J. 2014. Tick-borne protozoa. p.147-179. ***In***: Sonenshine, D.E.; Roe, R.M., eds. Biology of ticks. Oxford University Press, New York, USA.

Phukerd, U.; Soonwera, M. 2014. Repellency of essential oils extracted from Thai native plants against ***Aedes aegypti*** (Linn.) and ***Culex quinquefasciatus*** (Say). Parasitology Research 113: 3333-3340.

Piton, L.P.; Turchen, L.M.; Butnariu, A.R.; Pereira, M.J.B. 2014. Natural insecticide based-leaves extract of ***Piper aduncum*** (Piperaceae) in the control of stink bug brown soybean. Ciência Rural 44: 1915-1920.

Polat, H.; Erkoc, F.U.; Viran, R.; Kocak, O. 2002. Investigation of acute toxicity of beta cypermethrin on guppies ***Poecilia reticulata***. Chemosphere 49: 39-44.

Porto, K.R.A.; Motti, P.R.;Yano, M.; Roel, A.R.; Cardoso, C.A.L.; Matias, R. 2017. Screening of plant extracts and fractions on ***Aedes aegypti*** larvae found in the state of Mato Grosso do Sul (Linnaeus, 1762) (Culicidae). Anais da Academia Brasileira de Ciências 89: 895-906.

Rafael, M.S.; Hereira-Rojas, W.J.; Roper, J.; Nunomura, S.; Tadei, W. 2008. Potential control of ***Aedes aegypti*** (Diptera: Culicidae) with ***Piper aduncum*** L. (Piperaceae) extracts demonstrated by chromosomal biomarkers and toxic effects on interphase nuclei. Genetics and Molecular Research 7: 772-781.

Raju, T.N.K. 1999. The nobel chronicles. The Lancet 353: 1196.

Ramos, C.S.; Vanin, S.A.; Kato, M.J. 2008. Metabolism of (-)-grandisin from ***Piper solmsianum*** in Coleoptera and Lepidoptera species. Phytochemistry 69: 2157-2161.

Ramos, C.S.; Vanin, S.A.; Kato, M.J. 2009. Sequestration of prenylated benzoic acid and chromenes by ***Naupactus bipes*** (Coleoptera: Curculionidae) feeding on ***Piper gaudichaudianum*** (Piperaceae). Chemoecology 19: 73-80.

Ramos, C.S.; Souza, L.J.; Kato, M.J.; Batista, R. 2012. Biotransformation of 4-nerolidylcatechol by ***Heraclides brasiliensis*** (Lepidoptera: Papilionidae) reduces the toxicity of ***Piper umbellata*** (Piperaceae). Chemoecology 22: 39-45.

Ramos, C.S.; Kato, M.J. 2013. Metabolism of neolignans from ***P. regnellii*** (Piperaceae) in the beetle ***Naupactus bipes*** (Coleoptera: Curculionidae). Chemoecology 23: 143-148.

Ramos, C.S.; Linnert, H.V.; Moraes, M.M.; Amaral, J.H.; Yamaguchi, L.F.; Kato, M.J. 2017. Configuration and stability of naturally occurring all-***cis***-tetrahydrofuran lignans from ***Piper solmsianum***. RSC Advances 7: 46932-46937.

Richardson, J.R.; Fitsanakis, V.; Westerink, R.H.S.; Kanthasamy, A.G. 2019. Neurotoxicity of pesticides. Acta Neuropathologica 138: 343-362.

Saenmanot, S.; Insung, A.; Pumnuan, J.; Tawatsin, A.; Thavara, U.; Phumee, A.; Gay, F.; Tachaboonyakiat, W.; Siriyasatien, P. 2018. Insecticidal activity of Thai botanical extracts against development stages of German cockroach, ***Blattella germanica*** (L.) (Orthoptera: Blattellidae). Southeast Asian Journal of Tropical Medicine and Public Health 49: 46-59.

Salehi, B.; Zakaria, Z.A.; Gyawali, R.; Ibrahim, S.A.; Rajkovic, J.; Shinwari, Z.K.; Khan, T.; Sharifi-Rad, J.; Ozleyen, A.; Turkdonmez, E.; Valussi, M.; Tumer, T.B.; Monzote Fidalgo, L.; Martorell, M.; Setzer, W.N. 2019. ***Piper*** species: A comprehensive review on their phytochemistry, biological activities and applications. Molecules 24: e1364.

Sanini, C.; Massarolli, A.; Krinski, D.; Butnariu, A.R. 2017. Essential oil of spiked pepper, ***Piper aduncum*** L. (Piperaceae), for the control of caterpillar soybean looper, ***Chrysodeixis includens*** (Walker) (Lepidoptera: Noctuidae). Brazilian Journal of Botany 40: 399-404.

Santana, A.I.; Vila, R.; Cañigueral, S.; Gupta, M.P. 2016. Chemical composition and biological activity of essential oils from different species of ***Piper*** from Panama. Planta Medica 82: 986-991.

Santiago, V.S.; Alvero, R.G.; Villaseñor, I.M. 2014. ***Aedes aegypti*** larvicide from the ethanolic extract of ***Piper nigrum*** black peppercorns. Natural Products Research 29: 441-443.

Santos, G.K.N.; Dutra, K.A.; Barros, R.A.; Câmara, C.A.G.; Lira, D.D.; Gusmão, N.B.; Navarro, D.M.A.F. 2012. Essential oils from ***Alpinia purpurata*** (Zingiberaceae): Chemical composition, oviposition deterrence, larvicidal and antibacterial activity. Industrial Crops and Products 40: 254-260.

Scalvenzi, L.; Radice, M.; Toma, L.; Severini, F.; Boccolini, D.; Bella, A.; Romi, R.; Di, L.M.; Guerrini, A.; Tacchini, M.; Sacchetti, G.; Chiurato, M. 2019. Larvicidal activity of ***Ocimum campechianum***, ***Ocotea quixos*** and ***Piper aduncum*** essential oils against ***Aedes aegypti***. Parasite 26: e23.

Schultes, R.E.; Raffauf, R.F. 1990. Medicinal and toxic plants of the Indians of northwest Amazonia, Piperaceae. p.362-368. ***In***: Schultes, R.E.; Raffauf, R.F., eds. The healing forest: Medicinal and toxic plants of the Northwest Amazonia. Historical, Ethno- & Economic Botany Series, 2. Dioscoride Press, Portland, USA.

Scott, I.M.; Durst, T.; Phelps, D.; Merali, S.; Assabgui, R.A.; Sánchez-Vindas, P.; Poveda, L.; Philogène, B.J.R.; Arnason, J.T. 2002. Insecticidal activity of ***Piper tuberculatum*** Jacq. extracts: Synergistic interaction of piperamides. Agricultural and Forest Entomology 4: 137-144.

Scott, I.M.; Jensen, H.; Nicol, R.; Lesage, L.; Bradbury, R.; Sanchez-Vindas, P.; Poveda, L.; Arnason, J.T.; Philogène, B.J.R. 2004. Efficacy of ***Piper*** (Piperaceae) extracts for control of common home and garden insect pests. Journal of Economic Entomology 97: 1390-1403.

Scott, I.M.; Jensen, H.R.; Philogène, B.J.R.; Arnason, E.J.T. 2008. A review of ***Piper*** spp. (Piperaceae) phytochemistry, insecticidal activity and mode of action. Phytochemistry Reviews 7: 65-75.

Sharifi-Rad, J.; Sureda, A.; Tenore, G.C.; Daglia, M.; Sharifi-Rad, M.; Valussi, M.; Tundis, R.; Sharifi-Rad, M.; Loizzo, M.R.; Ademiluyi, A.O.; Sharifi-Rad, R.; Ayatollahi, S.A.; Iriti, M. 2017. Biological activities of essential oils: From plant chemoecology to traditional healing systems. Molecules 22: e70.

Siddiqui, B.S.; Gulzar, T.; Begum, S.; Rasheed, M.; Sattar, F.A.; Afshan, F. 2003. Two new insecticidal amides and a new alcoholic amide from ***Piper nigrum*** Linn. Helvetica Chimica Acta 86: 2760-2767.

Siddiqui, B.S.; Gulzar, T.; Begum, S.; Afshan, F. 2004a. Piptigrine, a new insecticidal amide from ***Piper nigrum*** Linn. Natural Product Research 18: 473-477.

Siddiqui, B.S.; Gulzar, T.; Begum, S.; Afshan, F.; Sattar, F.A. 2004b. Two new insecticidal amide dimers from fruits of ***Piper nigrum*** Linn. Helvetica Chimica Acta 87: 660-666.

Siddiqui, B.S.; Gulzar, T.; Mahmood, A.; Begum, S.; Khan, B.; Afshan, F. 2004c. New insecticidal amides from petroleum ether extract of dried ***Piper nigrum*** L. whole fruits. Chemical and Pharmaceutical Bulletin 52: 1349-1352.

Siddiqui, B.S.; Gulzar, T.; Begum, S.; Afshan, F.; Sattar, F.A. 2005. Insecticidal amides from fruits of ***Piper nigrum*** Linn. Natural Product Research 19: 143-150.

Siddiqui, B.S.; Gulzar, T.; Begum, S.; Afshan, F.; Sultana, R. 2008. A new natural product and insecticidal amides from seeds of ***Piper nigrum*** Linn. Natural Product Research 22: 1107-1111.

Silva, W.C; Martins, J.R.S.; Souza, E.M.; Heizen, H.; Cesio, M.V.; Mato, M. 2009. Toxicity of ***Piper aduncum*** L. (Piperales: Piperaceae) from the Amazon forest for the cattle tick ***Rhipicephalus*** (***Boophilus***) ***microplus*** (Acari: Ixodidae). Veterinary Parasitology 164: 267-274.

Silva, J.K.R.; Andrade, E.H.A.; Kato, M.J.; Carreira, L.M.M.; Guimarães, E.F.; Maia, J.G.S. 2011. Antioxidant capacity and larvicidal and antifungal activities of essential oils and extracts from ***Piper krukoffii***. Natural Product Communications 6: 1361-1366.

Silva, M.F.; Bezerra-Silva, P.C.; Lira, C.S.; Lima Albuquerque, B.N.; Agra Neto, A.C.; Pontual, E.V.; Maciel, J.R.; Paiva, P.M.; Navarro, D.M. 2016. Composition and biological activities of the essential oil of ***Piper corcovadensis*** (Miq.) C. DC (Piperaceae). Experimental Parasitology 165: 64-70.

Silva, L.S.; Mar, J.M.; Azevedo, S.G.; Rabelo, M.S.; Bezerra, J.A.; Campelo, P.H.; Machado, M.B.; Trovati, G.; Santos, A.L.; Fonseca Filho, H.D.; Souza, T.P.; Sanches, E.A. 2019. Encapsulation of ***Piper aduncum*** and ***Piper hispidinervum*** essential oils in gelatin nanoparticles: A possible sustainable control tool of ***Aedes aegypti***, ***Tetranychus urticae*** and ***Cerataphis lataniae***. Journal of the Science of Food and Agriculture 99: 685-695.

Simas, N.K.; Lima, E.C.; Kuster, R.M.; Lage, C.L.; Oliveira Filho, A.M. 2007. Potential use of ***Piper nigrum*** ethanol extract against pyrethroid-resistant ***Aedes aegypti*** larvae. Revista da Sociedade Brasileira de Medicina Tropical 40: 405-407.

Singh, Y.N. 1992. Kava: An overview. Journal of Ethnopharmacology 37: 13-45.

Solis, P.N.; Olmedo, D.; Nakamura, N.; Calderon, A.I.; Hattori, M.; Gupta, M.P. 2005. A new larvicidal lignan from ***Piper fimbriulatum***. Pharmaceutical Biology 43: 378-381.

Souto, R.N.; Harada, A.Y.; Andrade, E.H.; Maia, J.G. 2012. Insecticidal activity of ***Piper*** essential oils from the Amazon against the fire ant ***Solenopsis saevissima*** (Smith) (Hymenoptera: Formicidae). Neotropical Entomology 41: 510-517.

Sousa, A.I.; Ferreira, I.M.P.L.V.O.; Faria, M.A. 2019. Sensitive detection of ***Piper nigrum*** L. adulterants by a novel screening approach based on qPCR. Food Chemistry 283: 596-603.

Srivastava, S.; Gupta, M.M.; Prajapati, V.; Tripathi, A.K.; Kumar, S. 2001a. Insecticidal activity of myristicin from ***Piper mullesua***. Pharmaceutical Biology 39: 226-229.

Srivastava, S.; Gupta, M.M.; Prajapati, V.; Tripathi, A.K.; Kumar, S. 2001b. Sesamin a potent antifeedant principle from ***Piper mullesua***. Phytotherapy Research 15: 70-72.

Stevens, P.F. 2001. Angiosperm phylogeny website. Disponível em: <http://www.mobot.org/MOBOT/research/APweb/>. Acesso em: 8 abr. 2020.

Stockholm Convention. 2020. POPRC recommendation for listing chemicals. Disponível em: <http://chm.pops.int/TheConvention/POPsReviewCommittee/Recommendations/tabid/243/Default.aspx>. Acesso em: 13 jan. 2020.

Strutzenberger, P.; Brehm, G.; Bodner, F.; Fiedler, K. 2010. Molecular phylogeny of ***Eois*** (Lepidoptera, Geometridae): Evolution of wing patterns and host plant use in a species-rich group of Neotropical moths. Zoologica Scripta 39: 603-620.

Strutzenberger, P.; Fiedler, K. 2011. Temporal patterns of diversification in Andean ***Eois***, a species-rich clade of moths (Lepidoptera, Geometridae). Journal of Evolutionary Biology 24: 919-925.

Su, H.C.F.; Horvat, R. 1981. Isolation, identification, and insecticidal properties of ***Piper nigrum*** amides. Journal of Agricultural and Food Chemistry 29: 115-118.

Tang, W.; Wang, D.; Wang, J.; Wu, Z.; Li, L.; Huang, M.; Xu, S.; Yan, D. 2018. Pyrethroid pesticide residues in the global environment: An overview. Chemosphere 191: 990-1007.

Temeyer, K.B.; Pruett, J.H.; Olafson, P.U.; Chen, A.C. 2007. R86Q, a mutation in BmAChE3 yielding a ***Rhipicephalus microplus*** organophosphate-insensitive acetylcholinesterase. Journal of Medical Entomology 44: 1013-1018.

Tozzi, A. 1999. A brief history of the development of piperonyl butoxide as an insecticide synergist. p.1-5. ***In***: Jones, D.G., ed. Piperonyl butoxide. Academic Press, San Diego, USA.

Trindade, F.T.T.; Stabeli, R.G.; Facundo, V.A.; Cardoso, C.T.; Silva, M.A.; Gil, L.H.S.; Silva-Jardim, I.; Silva, A.A. 2012. Evaluation of larvicidal activity of the methanolic extracts of ***Piper alatabaccum*** branches and ***P. tuberculatum*** leaves and compounds isolated against ***Anopheles darlingi***. Revista Brasileira de Farmacognosia 22: 979-984.

Turchen, L.M.; Piton, L.P.; Dall'Oglio, E.L.; Butnariu, A.R.; Pereira, M.J.B. 2016. Toxicity of ***Piper aduncum*** (Piperaceae) essential oil against ***Euschistus heros*** (F.) (Hemiptera: Pentatomidae) and non-effect on egg parasitoids. Neotropical Entomology 45: 604-611.

Vanin, S.A.; Ramos, C.S.; Gulmarães, E.F.; Kato, M.J. 2008. Insect feeding preferences on Piperaceae species observed in Sao Paulo city, Brazil. Revista Brasileira de Entomologia 52: 72-77.

Vasantha-Srinivasan, P.; Senthil-Nathan, S.; Ponsankar, A.; Thanigaivel, A.; Edwin, E.S.; Selin-Rani, S.; Chellappandian, M.; Pradeepa, V.; Lija-Escaline, J.; Kalaivani, K.; Hunter, W.B.; Duraipandiyan, V.; Al-Dhabi, N.A. 2017. Comparative analysis of mosquito (Diptera: Culicidae: ***Aedes aegypti*** Liston) responses to the insecticide Temephos and plant derived essential oil derived from ***Piper betle*** L. Ecotoxicology and Environmental Safety 139: 439-446.

Vinturelle, R.; Mattos, C.; Meloni, J.; Nogueira, J.; Nunes, M.J.; Vaz Jr., I.S.; Rocha, L.; Lione, V.; Castro, H.C.C.; Chagas, E.F. 2017. In vitro evaluation of essential oils derived from ***Piper nigrum*** (Piperaceae) and ***Citrus limonum*** (Rutaceae) against the tick ***Rhipicephalus*** (***Boophilus***) ***microplus*** (Acari: Ixodidae). Biochemistry Research International 2017: 1-9.

World Health Organization. 2019. Malaria. Disponível em: <https://www.who.int/en/news-room/fact-sheets/detail/malaria>. Acesso em: 15 jul. 2019.

Wiwattanawanichakun, P.; Ratwatthananon, A.; Poonsri, W.; Yooboon, T.; Pluempanupat, W.; Piyasaengthong, N.; Nobsathian, S.; Bullangpoti, V. 2018. The possibility of using isolated alkaloid compounds and crude extracts of ***Piper retrofractum*** (Piperaceae) as larvicidal control agents for ***Culex quinquefasciatus*** (Diptera: Culicidae) larvae. Journal of Medical Entomology 55: 1231-1236.

Xu, P.; Choo, Y.M.; La Rosa, A.; Leal, W.S. 2014. Mosquito odorant receptor for DEET and methyl jasmonate. Proceedings of the National Academy of Sciences of the United States of America 111: 16592-16597.

Yilmaz, M.; Gul, A.; Erbasli, K. 2004. Acute toxicity of alpha-cypermethrin to guppy (***Poecilia reticulata***, Pallas, 1859). Chemosphere 56: 381-385.

Youngsteadt, E.; Baca, J.A.; Osborne, J.; Schal, C. 2009. Species-specific seed dispersal in an obligate ant-plant mutualism. PLoS ONE 4: e4335.

Youngsteadt, E.; Guerra Bustios, P.; Schal, C. 2010. Divergent chemical cues elicit seed collecting by ants in an obligate multi-species mutualism in lowland Amazonia. PLoS ONE 5: e15822.

Capítulo 11

# Principais famílias botânicas com potencial inseticida no Brasil: Solanaceae

Gabriel Luiz Padoan Gonçalves
José Djair Vendramim

## 1. Introdução

A família Solanaceae inclui várias espécies de relevância econômica presentes na dieta de grande parte da humanidade e, consequentemente, que apresentam enorme importância para a horticultura mundial. Um levantamento das espécies comestíveis da subfamília Solanoideae contabilizou 180 espécies usadas como alimento no mundo (Samuels, 2015). As espécies alimentícias de Solanaceae de maior representatividade são o tomate (*Solanum lycopersicum* L.) e a batata (*Solanum tuberosum* L.), com produções mundiais de 18,23 e 368,17 milhões de toneladas, respectivamente (FAO, 2020). A família abrange, ainda, outros importantes produtos como a berinjela (*Solanum melongena* L.), diversas pimentas do gênero *Capsicum*, além de produtos menos populares como os frutos de fisalis (*Physalis* spp.), atualmente valorizados em razão de sua riqueza nutricional e propriedades medicinais. No total, a família Solanaceae agrupa cerca de 2.300 espécies descritas até o momento, reunidas em 92 gêneros distribuídos nas zonas temperada e tropical (Martins e Barkman, 2005). *Solanum* é o maior gênero da família com aproximadamente 1.500 espécies, sendo muitas delas de grande importância econômica (Weese e Bohs, 2007). Em adição, diversas espécies silvestres de *Solanum* e de outros gêneros produzem uma grande diversidade de metabólitos secundários (aleloquímicos) que podem ser usados como ingredientes ativos para a formulação de inseticidas botânicos (Veleiro et al., 2005; Luo et al., 2011; Boulogne et al., 2012; Chowański et al., 2016).

O Brasil apresenta uma enorme diversidade de espécies de solanáceas distribuídas em diferentes ecossistemas (Carvalho et al., 2001; Mentz et al., 2007; Soares et al., 2007; Moraes et al., 2009; Cruz-Barros et al., 2011). Um aspecto importante dessas espécies é a grande diversidade de compostos químicos bioativos que elas produzem (Veleiro et al., 2005; Luo et al., 2011; Boulogne et al., 2012). O exemplo mais proeminente é o alcaloide nicotina extraído das folhas do tabaco (*Nicotiana tabacum* L.), um importante inseticida botânico que serviu como molécula-modelo para a síntese dos inseticidas neonicotinoides (Elbert et al., 2008; Pavela, 2016). Todavia, espécies dessa família também sintetizam outros tipos de alcaloides, tais como os alcaloides esteroidais, glicosilados, tropânicos e capsaicinoides (Shonle e Bergelson, 2000; Alves et al., 2003; Torres et al., 2010; Luo et al., 2011; Pinto et al., 2011; Ohyama et al., 2013), além de diversos vitanolídeos e flavonoides (Anjaneyulu et al., 1997; Veleiro et al., 2005; Pinto et al., 2011). Neste capítulo serão apresentados diversos aspectos relacionados à importância e ao potencial dos aleloquímicos de Solanaceae na descoberta e desenvolvimento de novos inseticidas botânicos visando ao manejo de artrópodes-praga.

## 2. Bioatividade de moléculas inseticidas de Solanaceae sobre insetos

As espécies de Solanaceae produzem uma grande variedade de compostos químicos com atividade inseticida, incluindo alcaloides, vitanolídeos e glicosídeos, entre outros. Essa grande diversidade de compostos químicos é capaz de promover efeitos letais ou subletais sobre insetos e abrem grandes perspectivas para a bioprospecção de novas moléculas, especialmente aquelas dotadas de novos modos de ação sobre esses organismos. Todavia, a literatura a respeito dos efeitos inseticidas/insetistáticos de moléculas de Solanaceae ainda é escassa, sobretudo se considerarmos a enorme diversidade de espécies presentes na flora tropical e subtropical (Tabela 1).

Os alcaloides são compostos com anéis heterocíclicos contento nitrogênio e carbono em sua estrutura (Bennett e Wallsgrove, 1994). As solanáceas apresentam uma grande diversidade de alcaloides (Figura 1), entre os quais, se destaca a nicotina, produzida por *N. tabacum*, usada como inseticida botânico e como molécula-modelo para a síntese de compostos análogos (Pavela, 2016). A nicotina é um composto neurotóxico que atua como agonista dos receptores pós-sinápticos de acetilcolina, promovendo a morte dos insetos (El-Wakeil, 2013). Além desse aspecto, são relatados efeitos subletais da nicotina como fagodeterrência e repelência (Shields et al., 2008; Kohler et al., 2012). Outro importante alcaloide presente em espécies de *Capsicum* (pimentas) é a capsaicina, responsável pela pungência e ardor dos frutos desse gênero (Luo et al., 2011), mas que também atua como um composto de defesa contra insetos herbívoros. A capsaicina de frutos de *Capsicum* sp. pode promover a inibição do crescimento de *Earias insulana* (Boisduval) (Lepidoptera: Noctuidae) (Weissenberg et al., 1986). Além disso, ela é capaz de interferir na termorregulação dos insetos e reduzir os microrganismos presentes no proctodeu desses artrópodes (Doolittle et al., 2007; Olszewska e Tegowska, 2011).

Espécies da família Solanaceae também produzem alcaloides tropânicos, como a hiosciamina e a escopolamina biosintetizados por *Datura stramonium* L., e glicoalcaloides, como solamargina e solasonina biosintetizados por *Solanum asperum* Rich. (Shonle e Bergelson, 2000; Alves et al., 2003; Pinto et al., 2011; Ohyama et al., 2013). Os glicoalcaloides são glicosídeos esteroidais facilmente encontrados em solanáceas cultivadas como o tomate e a batata, onde atuam como mecanismo de defesa contra pragas (Maga e Fitzpatrick, 1980; Tingey, 1984; Friedman, 2002). Os glicoalcaloides α-chaconina, α-solanina e α-tomatina são exemplos desses compostos, os quais podem promover diversos efeitos sobre diferentes espécies de insetos. A α-chaconina provoca a mortalidade de *Tribolium castaneum* (Herbst) (Coleoptera: Tenebrionidae), *Myzus persicae* (Sulzer) (Hemiptera: Aphididae), *Ceratitis capitata* (Wiedemann) (Diptera: Tephritidae) e *Empoasca fabae* (Harris) (Hemiptera: Cicadellidae) (Fragoyiannis et al., 1998; Friedman, 2002; Nenaah, 2011). Já a α-solanina reduz a fecundidade e a alimentação dos adultos de *M. persicae*, e diminui a fertilidade e a fecundidade de *Galleria mellonella* (L.) (Lepidoptera: Pyralidae) (Fragoyiannis et al., 1998; Buyukguzel et al., 2013).

Outros glicoalcaloides importantes encontrados em solanáceas são a solamargina, a solasonina e a solasodina (Weissenberg et al., 1998; Gunter et al., 2000; Lingampally et al., 2014). A solamargina promove fagodeterrência em *Macrosiphum euphorbiae* (Thomas) (Hemiptera: Aphididae) e inibe o crescimento larval de *T. castaneum*, enquanto que a solasodina é capaz de repelir *M. euphorbiae* e ocasionar deformidades morfológicas em *Tribolium confusum* Jacquelin du Val (Coleoptera: Tenebrionidae) (Weissenberg et al., 1998; Gunter et al., 2000; Lingampally et al., 2014). Os alcaloides tropânicos são compostos encontrados em espécies dos gêneros *Datura*, *Brugmansia* e *Duboisia* (Griffin e Lin, 2000). Entre eles, a atropina e a anabasina promovem fagodeterrência alimentar em *Spodoptera litura* (Fabricius) (Lepidoptera: Noctuidae) e *Leptinotarsa decemlineata* (Say) (Coleoptera: Chrysomelidae) (Gonzalez-Coloma et al., 2004), enquanto que a escopolamina e a hiosciamina são capazes de repelir *Apis mellifera* L. (Hymenoptera: Apidae) (Detzel e Wink, 1993).

Os vitanolídeos são lactonas esteroidais que apresentam atividade inseticida e podem atuar como antagonistas de ecdisteroides, hormônios relacionados ao processo da ecdise em insetos (Dinan et al., 1996; Mareggiani et al., 2002; Bado et al., 2004). Esses compostos já foram identificados em diversos gêneros de Solanaceae nativos da América do Sul, tais como: *Deprea, Dunalia, Exodeconus, Jaborosa, Salpichroa, Vassobia* e *Withania* (Anjaneyulu et al., 1997; Veleiro et al., 2005). A vitaferina A, isolada pela primeira vez de *Withania somnifera* (L.) Dunal, e a nicandrenona presente em espécies do gênero *Nicandra*, como *Nicandra physalodes* (L.) Gaertn., são exemplos dos primeiros vitanolídeos isolados (Nalbandov et al., 1964). Os vitanolídeos salpicrolídeos A, C e G promoveram fagodeterrência em *Musca domestica* L. (Diptera: Muscidae) (Mareggiani et al., 2000). Bado et al. (2004) avaliaram os salpicrolídeos A, B, C, G e seus análogos e constataram a toxicidade letal de todos esses compostos sobre adultos de *C. capitata*. Por fim, os glicosídeos são compostos químicos orgânicos formados por uma glicona (açúcar) e uma aglicona (genina) que podem apresentar atividade inseticida (Torkey et al., 2009). Os glicosídeos esteroidais laxumina A ($CL_{50}$ = 4,3 μM) e laxumina B ($CL_{50}$ = 6,1 μM), obtidos das folhas de *Solanum laxum* Spreng., promoveram a mortalidade de *Schizaphis graminum* (Rondani) (Hemiptera: Aphididae) quando incorporados à dieta artificial desse pulgão (Soule et al., 1999).

**Tabela 1.** Compostos de Solanaceae e seus respectivos efeitos sobre insetos (adaptada de Chowański et al. *Toxins* 8: 1-28, 2016, com autorização).

| Insetos-alvo | Compostos | Concentrações | Efeitos observados | Referências |
|---|---|---|---|---|
| *Aphis craccivora* Koch | 2-Undecanona<br>2-Dodecanona<br>2-Tridecanona<br>2-Pentadecanona | 0,48 µmol/cm²<br>0,32 µmol/cm²<br>0,22 µmol/cm²<br>0,22 µmol/cm² | Mortalidade de adultos | Antonious et al. (2014) |
| *Apis mellifera* L. | Escopolamina<br>Hiosciamina<br>Hiosciamina | 0,03%<br>0,01%<br>0,10% | Repelência<br>Repelência<br>Mortalidade | Detzel e Wink (1993) |
| *A. mellifera* | Anabasina | 2-25 ppm | Fagodeterrência | Singaravelan et al. (2005) |
| *A. mellifera* | Nicotina | 50 ppm | Mortalidade de larvas | Singaravelan et al. (2006) |
| *A. mellifera* | Nicotina | 3-1.000 µM | Repelência e mortalidade | Kohler et al. (2012) |
| *A. mellifera* | Nicotina | 2-25 ppm | Redução de alimentação | Singaravelan et al. (2005) |
| *A. melifera* | Nicotina | 0,03%<br>0,20% | Repelência<br>Mortalidade | Detzel e Wink (1993) |
| *Bombyx mori* (L.) | Calistegina B4 (1α,2β,3α ,4α-Tetrahidroxi-*nor*-tropano) | 19 µM | Inibição de trealase do intestino | Asano et al. (1996) |
| *Ceratitis capitata* (Wiedemann) | α-Chaconina | - | Mortalidade de larvas e redução do peso de pupas | Friedman (2002) |
| *C. capitata* | Salpicrolídeo A<br>Salpicrolídeo B<br>Salpicrolídeo C<br>Salpicrolídeo G | 500 ppm | Mortalidade de adultos | Bado et al. (2004) |
| *Coptotermes formosanus* Shiraki | Capsaicina | 0,15-1 ppm | Redução de microrganismos no proctodeu | Doolittle et al. (2007) |
| *Cotesia congregata* (Say) | Nicotina | 0,025-0,1% | Redução do número de casulos e de emergência | Barbosa et al. (1986) |
| *Chrysodeixis includens* (Walker) | Ácido clorogênico, rutina e tomatina | - | Redução de crescimento | Stamp e Osier (1998) |
| *Drosophila melanogaster* Meigen | α-Tomatina | 0,001-50 µM | Citotóxico | Oberdorster et al. (2001) |
| *Earias insulana* (Boisduval) | Capsaicina | 0,2% | Inibição de crescimento | Weissenberg et al. (1986) |
| *Empoasca fabae* (Harris) | α-Chaconina | - | Mortalidade de ninfas | Friedman (2002) |
| *Galleria mellonella* L. | α-Solanina | 0,15-15 µg/g dieta | Mortalidade e redução da fertilidade e da fecundidade | Buyukguzel et al. (2013) |
| *G. mellonella* | α-Solanina | 3,1 mg/g dieta | Mortalidade e redução da fertilidade e da fecundidade | Adamski et al. (2014) |
| *Chloridea virescens* (Fabricius) | Ácido clorogênico, rutina e tomatina | - | Redução de crescimento | Stamp e Osier (1998) |
| *Helicoverpa zea* (Boddie) | α-Tomatina | 0,3 µmol/g dieta | Redução de alimentação e inibição de crescimento | Bloem et al. (1989) |

Tabela 1. *continuação.*

| Insetos-alvo | Compostos | Concentrações | Efeitos observados | Referências |
|---|---|---|---|---|
| *Hyposoter annulipes* (Cresson) | Nicotina | 0,025-0,1% | Redução do número de casulos e de emergência | Barbosa et al. (1986) |
| *Hyposoter exiguae* (Viereck) | α-Tomatina | 12-20 mol/g dieta | Redução de viabilidade pupal e deformidades morfológicas | Campbell e Duffey (1981) |
| *Leptinotarsa decemlineata* (Say) | Capsaicina | $10^{-4}$-$10^{-7}$ M | Aumento da taxa metabólica | Maliszewska e Tegowska (2012) |
| *L. decemlineata* | Leptina | 8,200 μg/g | Redução de alimentação | Rangarajan e Miller (2000) |
| *L. decemlineata* | Leptina I | 0,01-1 mM | Fagodeterrência | Hollister et al. (2001) |
| *L. decemlineata* | Atropina | 7,38 μg/cm² | Fagodeterrência | Gonzalez-Coloma et al. (2004) |
| *L. decemlineata* | Anabasina | 50 μg/cm² | Fagodeterrência | Gonzalez-Coloma et al. (2004) |
| *Liriomyza trifolii* (Burgess) | (2*S*,4*R*)-4-Hidroxi-1-metil-2-pirrolidina ácido carboxílico<br>4-Amino-1-*β*-D-ribofuranosil-2(1*H*)-pirimidinona<br>Ácido 4-aminobutanóico<br>7-*O*-*β*-D-apiofuranosil-(1 → 2)-*β*-D-Glucopiranósido | 3,7-16 μg/cm² | Ovideterrência e repelência | Dekebo et al. (2007) |
| *L. trifolii* | Fitol {(2*E*)-3,7,11,15-tetrametil-2-hexadecen-1-ol} | 0,1% de dieta | Ovideterrência | Dekebo et al. (2007) |
| *Lymantria dispar* (L.) | Atropina<br>Nicotina<br>Nicotina | 4,39 nM<br>15,6 nM<br>28,3 nM | Fagodeterrência e repelência<br>Fagodeterrência e repelência<br>Fagodeterrência e repelência | Shields et al. (2008) |
| *Macrosiphum euphorbiae* (Thomas) | Solamargina | 50-500 μM | Fagodeterrência e redução de fecundidade | Gunter et al. (2000) |
| *M. euphorbiae* | α-Tomatina e α-solanina | 3,1 mg/g of diet | Redução de fecundidade | Friedman (2002) |
| *M. euphorbiae* | Solasodina | 50-500 μM | Repelência | Gunter et al. (2000) |
| *M. euphorbiae* | Solanidina<br>Tomatidina | 51,6 mg/L | Mortalidade de adultos e repelência | Friedman (2002) |
| *Manduca sexta* (L.) | α-Tomatina | 50-500 μM | Inibição de desenvolvimento larval | Weissenberg et al. (1998) |
| *M. sexta* | Ácido clorogênico, rutina e tomatina | - | Redução de crescimento | Stamp e Osier (1998) |
| *M. sexta* | Nicotina | 0,1% de dieta | Redução de peso de larvas | Kumar et al. (2014) |
| *M. sexta* | Inibidores de serina protease | - | Inibição de proteases no intestino | Hartl et al. (2010) |
| *Musca domestica* L. | Salpicrolídeo A<br>Salpicrolídeo C<br>Salpicrolídeo G | 290 ppm<br>310 ppm<br>203 ppm | Fagodeterrência | Mareggiani et al. (2000) |
| *Myzus persicae* (Sulzer) | α-Chaconina | - | Repelência e mortalidade | Friedman (2002) |
| *M. persicae* | α-Chaconina<br>α-Solanina | 0,1-1,6 mg/mL de dieta<br>0,1-1,6 mg/mL de dieta | Redução da fecundidade, fagodeterrência (adultos) e mortalidade de ninfas | Fragoyiannis et al. (1998) |

Tabela 1. *continuação.*

| Insetos-alvo | Compostos | Concentrações | Efeitos observados | Referências |
|---|---|---|---|---|
| *M. persicae* | Capsaicina | 1-105 mg/L | Aumento da eficácia de inseticidas sintéticos | Edelson et al. (2002) |
| *Plutella xylostella* (L.) | α-Chaconina | - | Efeito ovicida | Friedman (2002) |
| *Podisus maculiventris* (Say) | Ácido clorogênico, rutina e tomatina | 5-20 mol/g de dieta | Prolongamento de ecdise | Weiser e Stamp (1998) |
| *Schizaphis graminum* (Rondani) | Luciamina | 50-500 μM | Fagodeterrência e mortalidade de adultos | Soule et al. (2000) |
| *S. graminum* | Laxumina A<br>Laxumina B<br>Foliumina<br>Solanina<br>Chaconina<br>Tomatina | 4,3 μM<br>6,1 μM<br>137 μM<br>138 μM<br>137 μM<br>7,3 μM | Mortalidade de adultos | Soule et al. (1999) |
| *Spodoptera exigua* (Hübner) | α-Tomatina | 1 μmol/g de dieta | Redução de alimentação e inibição do crescimento | Bloem et al. (1989) |
| *S. exigua* | Nicotina | 0,1% de dieta | Mortalidade e redução de peso larval | Kumar et al. (2014) |
| *Spodoptera frugiperda* (J.E. Smith) | Ácido clorogênico, rutina e tomatina | - | Prolongamento da ecdise | Stamp e Osier (1998) |
| *Spodoptera littoralis* (Boisduval) | Inibidores de serina protease | - | Inibição de proteases no intestino | Hartl et al. (2010) |
| *Spodoptera litura* (Fabricius) | Calistegina B4 (1α,2β,3α,4α-Tetrahidroxi-*nor*-tropano) | 40 μM | Inibição de trealase no intestino | Asano et al. (1996) |
| *S. litura* | Anabasina | 60 μg/cm² | Fagodeterrência | Gonzalez-Coloma et al. (2004) |
| *S. litura* | Atropina | 51 μg/cm² | Fagodeterrência | Gonzalez-Coloma et al. (2004) |
| *Tenebrio molitor* L. | Capsaicina | $10^{-7}$-$10^{-4}$ M | Alterações de termorregulação | Olszewska e Tegowska (2011) |
| *Tribolium castaneum* (Herbst) | Salpicrolídeo A e salpicrolídeo G | - | Aumento do tempo de desenvolvimento | Mareggiani et al. (2002) |
| *T. castaneum* | Solamargina, solasonina e tomatina | 1-3 mol/g of diet | Inibição de crescimento larval | Weissenberg et al. (1998) |
| *T. castaneum* | α-Solanina<br>α-Chaconina<br>α-Tomatina | 64,8 μg/cm²<br>76,4 μg/cm²<br>118,0 μg/cm² | Mortalidade | Nenaah (2011) |
| *Tribolium confusum* Jacquelin du Val | Solasodina | 0,1%-3,0% | Deformidades morfológicas e inibição da metamorfose | Lingampally et al. (2014) |
| *Zophobas atratus* (Fabricius) | α-Solanina<br>α-Chaconina<br>α-Tomatina<br>Solamargina<br>Solasonina | $10^{-6}$-$10^{-3}$ M | Redução da atividade cardíaca de pupas e adultos | Ventrella et al. (2015) |

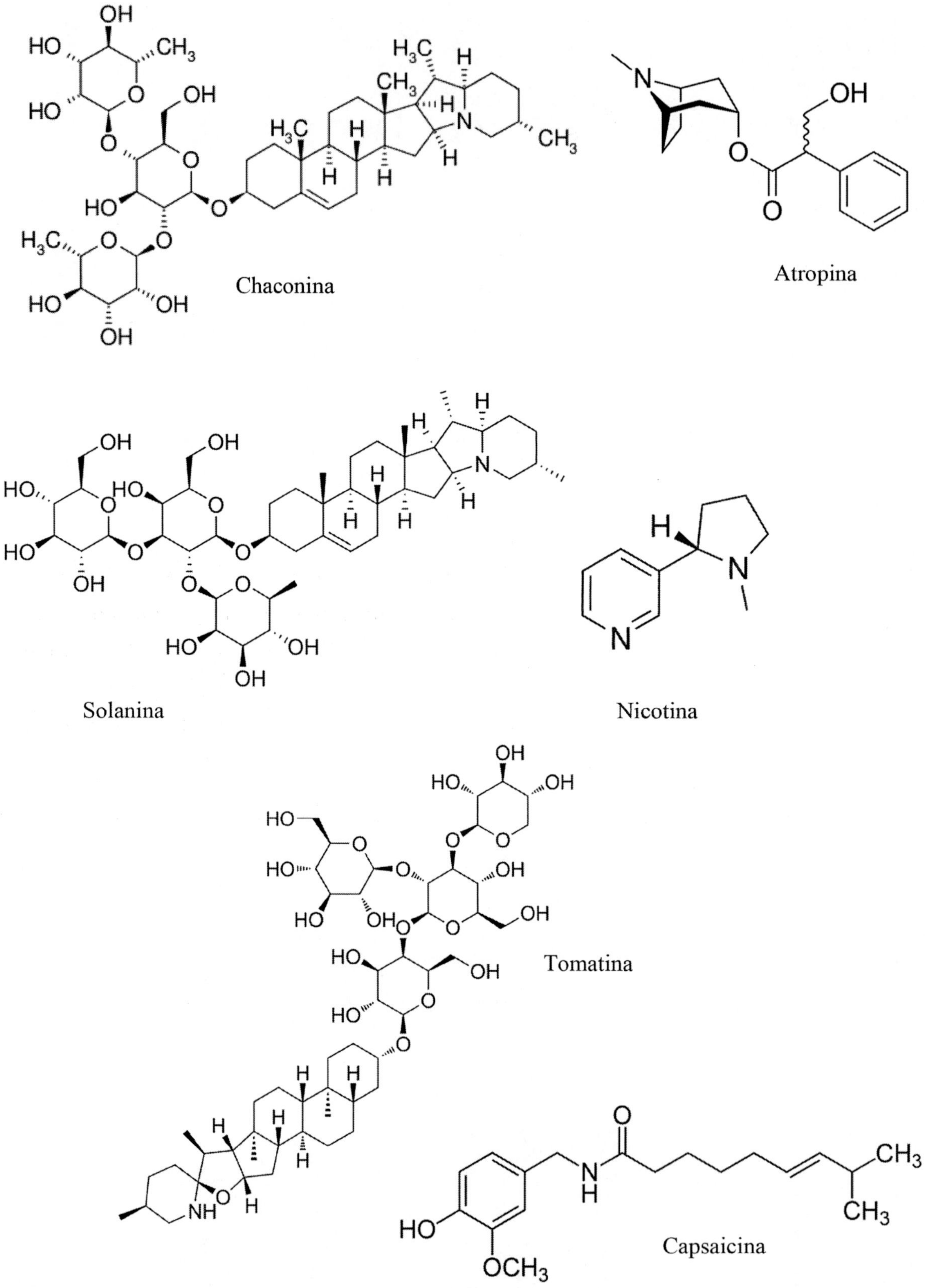


**Figura 1.** Exemplos de moléculas de Solanaceae com atividade inseticida/insetistática reportada.

## 3. Aplicações de derivados de Solanaceae no controle de insetos-praga

No século XVII iniciou-se o uso de extrato de tabaco (*N. tabacum*) para controle de insetos na agricultura (Pavela, 2016). O uso de inseticidas botânicos à base de extratos de folhas de tabaco foi amplamente difundido principalmente para o controle de insetos sugadores das subordens Auchenorrhyncha, Heteroptera e Sternorrhyncha (Casida, 2018). Atualmente, os produtos Nico Dust® ou Nico Neem® (Nico Orgo Manures, Índia) e 10% Nicotina AS® (Beijing Kingbo Biotech Ltd.), derivados de *N. tabacum*, encontram-se registrados para uso agrícola (Pavela, 2016). Inseticidas botânicos que contêm o alcaloide nicotina são eficientes no controle de insetos sugadores por terem ação translaminar e sistêmica e atuarem como agonistas dos receptores pós-sinápticos de acetilcolina no neurônio dos insetos, promovendo assim hiperexcitação e consequente perda da coordenação muscular (El-Wakeil, 2013). Todavia, tanto a nicotina como os inseticidas neonicotinoides podem promover toxicidade sobre abelhas e sua aplicação no controle de artrópodes-praga é alvo de diversas críticas e ressalvas (Esther et al., 2015; Woodcock et al., 2017). No Brasil, inseticidas à base de folhas de tabaco podem ser produzidos na própria propriedade rural; no entanto, de acordo com a Instrução Normativa Nº 46/2011 do Ministério da Agricultura, Pecuária e Abastecimento (MAPA, 2011), é proibido o uso de nicotina pura nos sistemas de produção orgânica, e o uso de extrato de tabaco somente é permitido mediante autorização do Organismo de Avaliação da Conformidade Orgânica (OAC). Outros inseticidas botânicos à base de solanáceas registrados no mundo são o Hot Pepper Wax® (Rincon-Vitova Insectaries, EUA) e ChileNey® (Invernaderos Hidroponicos Neisi, México) formulados a partir de *Capsicum annuum* L. e que apresentam o alcaloide capsaicina como princípio ativo. Esses produtos interferem no sistema nervoso dos insetos e têm ação repelente (Pavela, 2016). Interessantemente, a capsaicina pode atuar como sinergista de inseticidas e, dessa forma, reduzir a quantidade de moléculas sintéticas a ser aplicada. Nesse contexto, a adição de capsaicina a inseticidas organofosforados incrementou a mortalidade de *L. decemlineata* em até 73% (Maliszewska e Tegowska, 2012). Um efeito sinérgico similar também foi observado para piretroides; nesse caso, a adição de capsaicina aumentou a eficácia de controle de barata-doméstica, *Periplaneta americana* (L.) (Blattaria: Blattidae), em temperaturas superiores a 25ºC (Adamkiewicz et al., 2012).

O potencial desses derivados botânicos no controle de insetos abre perspectivas para a investigação de moléculas inseticidas em outras espécies de *Capsicum* e *Nicotiana*. Tais gêneros apresentam outras espécies que podem ser estudadas e exploradas para produção de novos inseticidas botânicos em diferentes regiões brasileiras. No Rio Grande do Sul existem 6 espécies nativas de *Nicotiana* (*Nicotiana alata* Link & Otto, *Nicotiana bonariensis* Lehm., *Nicotiana forgetiana* hort. ex Hemsl., *Nicotiana langsdorffii* Weinm. ex Roem. & Schult., *Nicotiana longiflora* Cav. e *Nicotiana mutabilis* Stehmann

& Semir) que podem ser exploradas para o controle de pragas (Vignoli-Silva e Mentz, 2005). O gênero *Capsicum* apresenta espécies distribuídas na região litorânea brasileira como: *Capsicum baccatum* L., *Capsicum campylopodium* Sendtner, *Capsicum dusenii* Bitter, *Capsicum mositicum* Toledo, *Capsicum parvifolium* Sendtner, *Capsicum schottianum* Sendtner var. *flexuosum* (Sendtner) A. T. Hunziker e *Capsicum xillosum* Sendtner var. *villosum* (Bianchetti, 1996). Barboza e Bem (2005) identificaram 3 novas espécies de *Capsicum* no Brasil: *Capsicum pereirae* Barboza & Bianch. no Espírito Santo, *Capsicum friburgense* Barboza & Bianch. no Rio de Janeiro e *Capsicum hunzikerianum* Barboza & Bianch. em São Paulo, que vem se somar à enorme diversidade de espécies de solanáceas previamente descritas no Brasil (Carvalho et al., 2001; Mentz et al., 2007; Soares et al., 2007; Moraes et al., 2009; Cruz-Barros et al., 2011).

Os compostos bioativos de solanáceas exercem sua toxicidade sobre os insetos por meio de contato e ingestão promovendo vários efeitos como mortalidade, repelência, distúrbios no desenvolvimento larval, redução na fecundidade e na fertilidade de adultos (Tabelas 2 a 5). Dessa forma, extratos de solanáceas (folhas, frutos e sementes) são fontes promissoras de compostos passíveis de serem utilizados na formulação de inseticidas botânicos utilizando--se, para isso, diferentes solventes (hexano, etanol, metanol, água etc.). Nesse contexto, os extratos etanólicos e aquosos são uma forma simples e acessível para a maioria dos agricultores produzirem seu próprio inseticida botânico dentro das propriedades. A literatura referente aos efeitos letais e subletais de extratos de solanáceas abrange uma ampla gama de espécies de insetos, incluindo espécies com diferentes dietas e hábitos alimentares (sugadores e mastigadores) e que ocupam diferentes hábitats (Tabelas 2 a 5).

A maioria dos estudos de caracterização da bioatividade de extratos de Solanaceae sobre Coleoptera foram realizados visando ao manejo de espécies-praga de grãos armazenados, incluindo muitas espécies de importância cosmopolita, tais como *Callosobruchus chinensis* L. e *Callosobruchus maculatus* (Fabricius) (Coleoptera: Chrysomelidae), *Rhyzopertha dominica* (Fabricius) (Coleoptera: Bostrichidae), *Sitophilus granarius* (L.), *Sitophilus oryzae* (L.) e *Sitophilus zeamais* Motschulsky (todos Coleoptera: Curculionidae), *T. castaneum* e *Trogoderma granarium* Everts (ambos Coleoptera: Dermestidae) (Tabela 2). Dependendo da espécie do inseto, os danos nos grãos armazenados são causados tanto pela fase larval quanto pela adulta.

Extratos provenientes de diferentes gêneros (*Capsicum*, *Datura*, *Nicotiana* e *Solanum*) provocam mortalidade e repelência de adultos, inibição de oviposição, redução da progênie $F_1$ e fagodeterrência de coleópteros-praga (Tabela 2). Tal gama de efeitos promovidos pelos extratos de solanáceas são cruciais para um bom controle dessas pragas, pois auxiliam na redução da infestação presente nos armazéns e na prevenção de novas infestações.

Em relação às espécies de Lepidoptera, os extratos de solanáceas podem causar mortalidade, fagodeterrência, deformidades morfológicas e redução da fecundidade e da fertilidade de adultos (Tabela 3). O extrato das sementes de *Solanum pseudocapsicum* L. promoveu deformidades morfológicas em *S. litura* e *Helicoverpa armigera* (Hübner) (Lepidoptera: Noctuidae), enquanto que o extrato das folhas de *W. somnifera* promoveu o mesmo efeito sobre *S. litura* (Gaur e Kumar, 2010; Jeyasankar et al., 2012). Deformidades em pupas e adultos indicam a presença de compostos com capacidade de interferir na regulação hormonal do processo de metamorfose dos insetos. Em *W. somnifera*, por exemplo, ocorre a biossíntese do vitanolídeo vitaferina A que apresenta similaridade estrutural aos ecdisteroides (Nalbandov et al., 1964; Anjaneyulu et al., 1997; Veleiro et al., 2005).

Além disso, os efeitos de extratos de solanáceas também já foram avaliados em relação a importantes pragas de outras ordens de insetos (Tabela 4). Algumas espécies de baratas e cupins são pragas de ambientes urbanos e domiciliares e podem atuar como transmissores de doenças ou promover prejuízos econômicos às construções. Tarmadi et al. (2014) verificaram que a fração hexânica do extrato metanólico de *Brugmansia x candida* Pers. (*B. aurea* x *B. versicolor*) aplicado a 3 e 4% matou todos os indivíduos de *Coptotermes gestroi* (Wasmann) (Isoptera: Rhinotermitidae) e *Cryptotermes cynocephalus* Light (Isoptera: Kalotermitidae), respectivamente. O extrato de *Solanum elaeagnifolium* Cav. (50-150 mg/mL) provocou repelência e fagodeterrência para *Blattella germanica* (L.) (Blattaria: Ectobiidae). Zouiten et al. (2006) avaliaram 4 extratos (em hexano, diclorometano, acetato de etila e metanol) de cascas de frutos de *Solanum sodomaeum* L. sobre ninfas de quinto instar do gafanhoto *Schistocerca gregaria* (Forskål) (Orthoptera: Acrididae) e observaram efeito fagodeterrente, prolongamento do instar, mortalidade e alterações na morfologia (pernas e antenas distorcidas) dos indivíduos sobreviventes devido à presença de alcaloides e saponinas.

Os extratos de solanáceas exercem ainda bioatividade sobre afídeos (Tabela 4), importantes pragas agrícolas principalmente devido a sua capacidade de transmitir vírus às plantas cultivadas durante sua alimentação. Devido a esse aspecto, é bastante desejável que o derivado botânico utilizado possa promover não apenas a mortalidade dos insetos, mas também sua fagodeterrência, efeito já relatado para alguns extratos de solanáceas sobre afídeos (Tabela 4). O extrato das folhas de *N. tabacum* ocasionou fagodeterrência de *Brevicoryne brassicae* (L.) (Hemiptera: Aphididae), enquanto que o extrato de *Nicotiana megalosiphon* Van Heurck & Müll. Arg. promoveu mortalidade de *B. brassicae* e de *M. persicae* (Amoabeng et al., 2013; Amoabeng et al., 2018). Similarmente, Castillo et al. (2009) observaram que o extrato das folhas de *Lycium cestroides* Schltdl. provocou a morte e a fagodeterrência de *M. persicae* e *Rhopalosiphum padi* (L.) (Hemiptera: Aphididae).

A bioatividade dos extratos de solanáceas não se restringe às pragas agrícolas. Diversos estudos foram realizados para verificar os efeitos inseticida e insetistático de derivados de solanáceas sobre importantes vetores de organismos causadores de doenças em humanos, tais como mosquitos do gênero *Anopheles*, *Aedes aegypti* (L.) (Diptera: Culicidae) e *Culex quinquefasciatus* Say (Diptera: Culicidae), respectivamente associados com a malária, a dengue e a filariose linfática no Brasil (Tabela 5). A maior parte desses estudos focaram na caracterização do efeito larvicida, ou seja, na fase do ciclo mais indicada para evitar a emergência dos adultos vetores.

Tabela 2. Bioatividade de extratos de Solanaceae sobre insetos da ordem Coleoptera.

| Insetos-alvo | Extratos vegetais (partes da planta) | Efeitos observados | Concentrações | Referências |
|---|---|---|---|---|
| *Attagenus unicolor* (Brahm) | *Capsicum annuum* L. (frutos) | Fagodeterrência | 1,3-5,2 mg/cm$^2$ | Han et al. (2006) |
| *Callosobruchus chinensis* L. | *Solanum surattense* Burm. f. (planta inteira) | Ovideterrência | 1-10% | Srivastava e Gupta (2007) |
| *Callosobruchus maculatus* (Fabricius) | *Solanum melongena* L. (folhas) | Mortalidade e repelência | 10% | Freire et al. (2016) |
| *C. maculatus* | *C. annuum* (folhas) | Mortalidade e repelência | 10% | Freire et al. (2016) |
| *C. maculatus* | *Datura stramonium* L. (folhas) | Inibição da α-amilase | 0,125-2,0 mg/mL | Mehrabadi et al. (2011) |
| *Cylas formicarius* (Fabricius) | *Nicotiana tabacum* L. (folhas) | Mortalidade de adultos | 0,625-20 µg/inseto | Lokesh et al. (2017) |
| *Epilachna paenulata* (Germar) | *Lycium cestroides* Schltdl. (folhas) | Mortalidade e fagodeterrência | 0,1 mg/cm$^2$ | Castillo et al. (2009) |
| *Leptinotarsa decemlineata* Say | *Solanum nigrum* Velloso (planta) | Mortalidade | - | Gokce et al. (2007) |
| *Rhyzopertha dominica* (Fabricius) | *D. stramonium* (folhas) | Inibição da α-amilase | 0,125-2,0 mg/mL | Mehrabadi et al. (2011) |
| *Sitophilus granarius* (L.) | *D. stramonium* (folhas) | Inibição da α-amylase | 0,125-2,0 mg/mL | Mehrabadi et al. (2011) |
| *Sitophilus oryzae* (L.) | *C. annuum* (folhas) | Mortalidade e fagodeterrência | 1,06 mg/g de dieta | Rani e Devanand (2011) |
| *S. oryzae* | *S. melongena* (folhas) | Mortalidade e repelência | 0,05-0,5 mg/cm$^2$ | Rani e Devanand (2011) |
| *S. oryzae* | *Datura alba* F. Muell. (folhas) | Redução das progênies $F_1$ e $F_2$ | 2,50% | Ali et al. (2012) |
| *Sitophilus zeamais* Motschulsky | *N. tabacum* (folhas) | Mortalidade de adultos | 2% | Idoko e Adebayo (2011) |
| *Tribolium castaneum* (Herbst) | *S. melongena* (folhas) | Mortalidade e repelência | 0,05-0,5 mg/cm$^2$ | Rani e Devanand (2011) |
| *T. castaneum* | *C. annuum* (folhas) | Mortalidade e fagodeterrência | 1,24 mg/g of diet | Rani e Devanand (2011) |
| *T. castaneum* | *D. stramonium* (planta inteira) | Mortalidade e fagodeterrência | 3,94 mg/L | Abbasipour et al. (2011) |
| *T. castaneum* | *Solanum sisymbriifolium* Lam. (planta inteira) | Mortalidade | 1.000 ppm | Padin et al. (2013) |
| *Trogoderma granarium* (Everts) | *D. stramonium* (folhas) | Inibição da α-amilase | 0,125-2,0 mg/mL | Mehrabadi et al. (2011) |
| *Zophobas atratus* (Fabricius) | *Solanum lycopersicum* L. (folhas) | Inibição da atividade cardíaca | $10^{-6}$-$10^{-3}$ M | Ventrella et al. (2015) |
| *Z. atratus* | *Solanum tuberosum* L. (folhas) | Inibição da atividade cardíaca | $10^{-7}$-$10^{-1}$ M | Ventrella et al. (2015) |

Tabela 3. Bioatividade de extratos de Solanaceae sobre insetos da ordem Lepidoptera.

| Insetos-alvo | Extratos vegetais (partes da planta) | Efeitos observados | Concentrações | Referências |
|---|---|---|---|---|
| *Achaea janata* (L.) | *Capsicum annuum* L. (folhas) | Fagodeterrência e interferência na ecdise | 0,5-5 mg/cm$^2$ | Devanand e Rani (2011) |
| *A. janata* | *Solanum lycopersicum* L. (folhas) | Fagodeterrência e repelência | 3,81 mg/cm$^2$ | Devanand e Rani (2011) |
| *A. janata* | *Solanum melongena* L. (frutos) | Fagodeterrência e redução do crescimento larval | 0,5-5 mg/cm$^2$ | Devanand e Rani (2011) |
| *Agrotis ipsilon* (Hufnagel) | *Solanum pseudocapsicum* L. (planta inteira) | Fagodeterrência e deformidades morfológicas | 0,625-5% | Alagarmalai et al. (2012) |
| *Grapholita molesta* (Busck) | *Nicotiana tabacum* L. (folhas) | Mortalidade larval | 2 mg/ml | Sarker e Lim (2018) |
| *Helicoverpa armigera* (Hübner) | *S. pseudocapsicum* (sementes) | Fagodeterrência e deformidades morfológicas | 0,625-5 mg/L | Jeyasankar et al. (2012) |
| *Plutella xylostella* (L.) | *N. tabacum* (folhas) | Fagodeterrência e repelência | - | Amoabeng et al. (2013) |
| *P. xylostella* | *Nicotiana megalosiphon* Van Heurck & Müll. Arg. (folhas) | Mortalidade | 5% | Amoabeng et al. (2018) |
| *P. xylostella* | *Capsicum frutescens* L. (folhas) | Fagodeterrência | - | Amoabeng et al. (2013) |
| *Spodoptera exigua* (Hübner) | *Solanum tuberosum* L. (folhas) | Mortalidade e redução de fecundidade e fertilidade | 1 mg/g de dieta | Adamski et al. (2014) |
| *Spodoptera littoralis* (Boisduval) | *Cestrum parqui* L'Hér. (folhas) | Mortalidade | 2-32% na dieta | Ikbal et al. (2007) |
| *S. littoralis* | *Lycium cestroides* Schltdl. (folhas) | Fagodeterrência e mortalidade | 0,1 mg/cm$^2$ | Castillo et al. (2009) |
| *Spodoptera litura* (Fabricius) | *L. esculentum* (folhas) | Deformidades morfológicas | 3,60 mg/cm$^2$ | Devanand e Rani (2011) |
| *S. litura* | *S. melongena* (frutos) | Fagodeterrência e redução de crescimento larval | 0,5-5 mg/cm$^2$ | Devanand e Rani (2011) |
| *S. litura* | *C. annuum* (folhas) | Fagodeterrência e interferência na muda | 0,5-5 mg/cm$^2$ | Devanand e Rani (2011) |
| *S. litura* | *S. pseudocapsicum* (sementes) | Fagodeterrência e deformidades morfológicas | - | Jeyasankar et al. (2012) |
| *S. litura* | *Withania somnifera* (L.) (folhas) | Mortalidade e deformidades morfológicas | 50-100 µg/inseto | Gaur e Kumar (2010) |

**Tabela 4.** Bioatividade de extratos de Solanaceae sobre insetos de diversas ordens.

| Insetos-alvo | Extratos vegetais (partes da planta) | Efeitos observados | Concentrações | Referências |
|---|---|---|---|---|
| *Amitermes messinae* Fuller | *Solanum incanum* L. (folhas) | Mortalidade de adultos | - | Elsayed (2011) |
| *Blattella germanica* (L.) | *Solanum elaeagnifolium* Cav. (frutos) | Repelênciae fagodeterrência | 50-150 mg/mL | Chopa et al. (2009) |
| *Brevicoryne brassicae* (L.) | *Capsicum frutescens* L. (folhas) | Repelênciae fagodeterrência | - | Amoabeng et al. (2013) |
| *B. brassicae* | *Nicotiana tabacum* L. (folhas) | Repelênciae fagodeterrência | - | Amoabeng et al. (2013) |
| *B. brassicae* | *Nicotiana megalosiphon* Van Heurck & Müll. Arg. (folhas) | Mortalidade | 5% | Amoabeng et al. (2018) |
| *Coptotermes gestroi* (Wasmann) | *Brugmansia* spp. (folhas) | Mortalidade | 3% | Tarmadi et al. (2014) |
| *Cryptotermes cynocephalus* Light | *Brugmansia* spp. (folhas) | Mortalidade | 4% | Tarmadi et al. (2014) |
| *Frankliniella occidentalis* (Pergande) | *Capsicum annuum* L. (folhas) | Mortalidade larval, repelência e fagodeterrência | - | Maharijaya et al. (2012) |
| *Microtermes najdensis* Harris | *S. incanum* (folhas) | Mortalidade de adultos | - | Elsayed (2011) |
| *Myzus persicae* (Sulzer) | *Lycium cestroides* Schltdl. (folhas) | Mortalidade e fagodeterrência | 0,1 mg/cm$^2$ | Castillo et al. (2009) |
| *M. persicae* | *N. megalosiphon* (folhas) | Mortalidade | 5% | Amoabeng et al. (2018) |
| *Rhopalosiphum padi* (L.) | *L. cestroides* (folhas) | Mortalidade e fagodeterrência | 0,1 mg/cm$^2$ | Castillo et al. (2009) |
| *Schistocerca gregaria* (Forskål) | *Solanum sodomaeum* L. (casca dos frutos) | Mortalidade, fagodeterrência e deformidades morfológicas | 1.000 ppm | Zouiten et al. (2006) |

**Tabela 5.** Bioatividade de extratos de Solanaceae sobre insetos da ordem Diptera.

| Insetos-alvo | Extratos vegetais (partes da planta) | Efeitos observados | Concentrações | Referências |
|---|---|---|---|---|
| *Aedes aegypti* (L.) | *Capsicum frutescens* var. *longum* L.H. Bailey (folhas e frutos) | Larvicida | 100 mg/ml | Vinayaka et al. (2010) |
| *A. aegypti* | *Solanum nigrum* Velloso (folhas) | Larvicida | 359 ppm | Raghavendra et al. (2009) |
| *A. aegypti* | *Solanum trilobatum* L. (folhas) | Larvicida | 125,43 ppm | Premalatha et al. (2013) |
| *A. aegypti* | *Solanum villosum* Mill. (frutos) | Larvicida | 0,1-0,5% | Chowdhury et al. (2008) |
| *A. aegypti* | *Solanum xanthocarpum* Schrad. & J. C. Wendl. (frutos) | Larvicida | 170,91 ppm | Kumar et al. (2012a) |
| *A. aegypti* | *Cestrum nocturnum* Duss (folhas) | Larvicida | 15,4 ppm | Patil et al. (2011) |
| *Aedes caspius* (Pallas) | *S. nigrum* (folhas) | Larvicida | 51,29 mg/L | Ahmed et al. (2001) |
| *Anopheles culicifacies* Giles | *S. nigrum* (folhas) | Larvicida | 208,5 ppm | Raghavendra et al. (2009) |
| *Anopheles funestus* Giles | *Solanum sisymbriifolium* Lam. (frutos) | Larvicida | 0,75 g/mL | Bagalwa et al. (2010) |
| *Anopheles gambiae* Giles | *S. sisymbriifolium* (frutos) | Larvicida | 0,75 g/mL | Bagalwa et al. (2010) |
| *Anopheles subpictus* Grassi | *Datura metel* L. (folhas) | Larvicida | 2,11 mg/mL | Elango et al. (2011) |
| *Anopheles stephensi* Liston | *S. nigrum* (folhas e frutos) | Larvicida | 2,12 ppm | Rawani et al. (2013) |
| *A. stephensi* | *Cestrum diurnum* L. (folhas) | Larvicida | 0,70% | Ghosh e Chandra (2006) |
| *A. stephensi* | *Solanum torvum* Sw. (folhas) | Larvicida | 29,65 ppm | Kamaraj et al (2010) |
| *A. stephensi* | *S. trilobatum* (folhas) | Larvicida | 127,77 ppm | Premalatha et al. (2013) |
| *A. stephensi* | *Solanum tuberosum* L. (resíduo vegetal) | Larvicida | 20,56 ppm | Singha e Chandra (2011) |
| *A. stephensi* | *Nicotiana plumbaginifolia* Viv. (folhas) | Larvicida | 15,49 ppm | Singh et al. (2015) |
| *A. subpictus* | *S. villosum* (frutos) | Larvicida | 24,20 ppm | Chowdhury et al. (2009) |
| *Ceratitis capitata* (Wiedemann) | *Cestrum parqui* L'Hér. (folhas) | Larvicida | 0,90% | Zapata et al. (2006) |
| *Culex pipiens* L. | *Withania somnifera* (L.) (planta inteira) | Larvicida | 132,6 ppm | Abdel-Sattar et al. (2015) |
| *C. pipiens* | *S. nigrum* (folhas) | Larvicida | 125,89 mg/L | Ahmed et al. (2001) |

Tabela 5. *continuação.*

| Insetos-alvo | Extratos vegetais (partes da planta) | Efeitos observados | Concentrações | Referências |
|---|---|---|---|---|
| *Culex quinquefasciatus* Say | *C. diurnum* (folhas) | Larvicida | 0,29% | Ghosh et al. (2008) |
| *C. quinquefasciatus* | *D. metel* (folhas) | Larvicida | - | Rahuman et al. (2008) |
| *C. quinquefasciatus* | *S. nigrum* (folhas) | Larvicida | 44,97 pp | Rawani et al. (2010) |
| *C. quinquefasciatus* | *S. nigrum* (folhas) | Larvicida | 337,2 ppm | Raghavendra et al. (2009) |
| *C. quinquefasciatus* | *S. nigrum* (folhas e frutos) | Larvicida | 2,62 ppm | Rawani at al. (2013) |
| *C. quinquefasciatus* | *Solanum surattense* Burm. f. (folhas) | Larvicida e deformidades morfológicas | 23,53% | Muthukrishnana et al. (1997) |
| *C. quinquefasciatus* | *S. torvum* (folhas) | Larvicida | 20,56 ppm | Kamaraj et al. (2010) |
| *C. quinquefasciatus* | *S. trilobatum* (folhas) | Larvicida | 116,64 ppm | Premalatha et al. (2013) |
| *C. quinquefasciatus* | *S. tuberosum* (resíduo vegetal) | Larvicida | 29,65 ppm | Singha e Chandra (2011) |
| *C. quinquefasciatus* | *Solanum verbasicum* L. (folhas) | Larvicida | 100-1.000 ppm | Arivoli et al. (2000) |
| *C. quinquefasciatus* | *S. villosum* (frutos) | Larvicida | 321,89 ppm | Chowdhury et al. (2007) |
| *C. quinquefasciatus* | *S. xanthocarpum* (folhas) | Larvicida | 155,29 ppm | Kumar et al. (2012b) |
| *C. quinquefasciatus* | *S. trilobatum* (folhas) | Efeito ovicida | 100 ppm | Rajkumar e Jebanesan (2004) |
| *Culex tritaeniorhynchus* Giles | *S. trilobatum* (folhas) | Efeito ovicida | 100 ppm | Rajkumar e Jebanesan (2004) |
| *Hippobosca maculata* Leach | *S. trilobatum* (folhas) | Mortalidade de adultos | 432,77 ppm | Zahir et al. (2010) |
| *Liriomyza trifolii* (Burgess) | *Capsicum annuum* L. (folhas) | Ovideterrência | 0,15-147 g/cm$^2$ | Kashiwagi et al. (2005) |
| *Phlebotomus papatasi* (Scopoli) | *Solanum jasminoides* Paxton (planta) | Larvicida e repelência | - | Schlein et al. (2001) |

## 4. Toxicidade de metabólitos secundários de Solanaceae sobre organismos não alvo

Um aspecto essencial para o desenvolvimento de qualquer inseticida, seja sintético ou botânico, é a estimativa de sua toxicidade para seres humanos e a respectiva quantidade de resíduos nos produtos tratados de modo a evitar possíveis intoxicações agudas e/ou crônicas. Apesar do senso comum considerar os inseticidas botânicos menos tóxicos e nocivos do que os sintéticos, diversas espécies cultivadas e não cultivadas da família Solanaceae estão envolvidas em casos de intoxicação de seres humanos com maior ou menor gravidade (Rayburn et al., 1994; Isbister et al., 2003; Krenzelok, 2010).

Nesse sentido, atenção especial dever ser dada às espécies do gênero *Brugmansia*, comumente conhecidas como trombetas e destinadas ao uso ornamental. Um levantamento de casos de intoxicação de seres humanos devido ao consumo de plantas desse grupo revelou que os principais sintomas apresentados foram midríase (dilatação da pupila), ressecamento da boca e delírios, os quais foram associados à presença de alcaloides tropânicos (Isbister et al., 2003). Existem também relatos de vários casos de intoxicação de pessoas devido ao consumo de *D. stramonium* (Roblot et al., 1995; Chang et al., 1999; Diker et al., 2007).

Espécies de *Datura* apresentam diversos alcaloides incluindo atropina e escopolamina que podem causar midríase, boca seca, taquicardia, febre e eritema (vermelhidão da pele) (Krenzelok, 2010). Além disso, a ingestão de frutos de *Solanum torvum* Sw. pode causar diarreia, fraqueza, paralisia facial entre outros sintomas, provavelmente devido à presença dos glicoalcaloides solasonina e solamargina (Smith et al., 2008).

Apesar da maior frequência de intoxicação ocorrer com espécies silvestres de Solanaceae, as espécies domesticadas também podem apresentar risco. A batata, apesar de ser uma das culturas agrícolas mais importantes do mundo, já foi relatada como causadora de intoxicações devido à presença de glicoalcaloides (principalmente solanina e chaconina) em seus tubérculos (McMilan e Thompson, 1979; Korpan et al., 2004). Os efeitos promovidos por esses glicoalcaloides variam de acordo com a concentração ingerida. Em concentrações mais baixas provocam dores abdominais, vômito e diarreia, enquanto que doses mais elevadas podem causar febre e desordens neurológicas (Rayburn et al., 1994).

Além dos casos de intoxicação com seres humanos, os animais domésticos também podem sofrer com as propriedades tóxicas de solanáceas. Há relatos de cães, que após consumirem raízes de manacá-de-jardim *Brunfelsia* spp. (que produzem glicoalcaloides, brunsfelsamidina e escopoletina), apresentaram diarreia, náusea, dores abdominais, arritmia cardíaca, tremores musculares entre outros sintomas (Singh et al., 2008; Clipsham, 2012). Também existem registros de intoxicações com cavalos, os quais apresentaram aumento da salivação, urinação mais frequente, cólicas e diarreia, após a ingestão de partes da planta *Solanum triflorum* Nutt. (Stegelmeier et al., 2007).

## 5. Considerações finais

A família botânica Solanaceae apresenta uma grande diversidade de compostos secundários (aleloquímicos) que podem ser usados como ingredientes ativos para a elaboração de inseticidas botânicos, especialmente os alcaloides e vitanolídeos (Martins e Barkman, 2005). Além da formulação de inseticidas botânicos, outro aspecto interessante da bioprospecção de moléculas inseticidas em plantas dessa família é a possibilidade de síntese de tais compostos. A síntese de moléculas inseticidas a partir de aleloquímicos e seus análogos amplia a gama de possibilidades para a produção de inseticidas sintéticos com novos modos de ação. Essa potencialidade vem sendo atestada pela *Environmental Protection Agency* (EPA, Estados Unidos da América), ao reportar que 21,4% dos novos ingredientes ativos inseticidas registrados entre 1997 e 2010 foram de moléculas sintéticas derivadas de naturais (Cantrell et al., 2012). No entanto, é fundamental que o processo de síntese de tais compostos seja viável nos aspectos técnicos e econômicos.

Na literatura existem alguns exemplos da síntese de moléculas provenientes de espécies da família Solanaceae. O exemplo clássico e de grande sucesso são os neonicotinoides. Essa classe de inseticidas representa uma expressiva parcela do mercado mundial de inseticidas (Cantrell et al., 2012; Sparks, 2013). O alcaloide nicotina serviu como modelo para o desenvolvimento dos neonicotinoides, característicos por sua ação sistêmica e translaminar (Elbert et al., 2008). Outro alcaloide de Solanaceae cuja síntese já foi possível é a capsaicina e seu análogo sintético nonivamida (Kaga et al., 1989; Xue et al., 2013). Espécies de *Capsicum* podem ser cultivadas para produção de inseticidas botânicos e os capsaicinoides podem ser extraídos diretamente delas (Antonious et al., 2007; Ngo, 2017). Todavia, espera-se que o processo de síntese possa viabilizar economicamente o uso desses compostos no controle de pragas em maiores escalas. Anderson et al. (2014) desenvolveram um método de síntese de análogos de capsaicina a partir de compostos derivados da lignina, a qual é uma matéria-prima amplamente disponível e renovável. A síntese de glicoalcaloides por meio da combinação de solanidina, extraída da batata, com monossacarídeos (D-glucose, D-galactose and L-rhamnose) foi realizada por Beaulieu et al. (2019). Os glicoalcaloides sintéticos promoveram efeitos sobre a sobrevivência de ninfas e adultos de *M. euphorbiae*, assim como reduziram sua fecundidade; na concentração de 200 μM, os compostos se mostraram mais eficientes que a solanidina, seu precursor natural. Além disso, também existem técnicas para a síntese de alcaloides tropânicos que utilizam a tropinona como ponto de partida para o processo de obtenção dos compostos (Majewski e Lazny, 1995).

A associação dos conhecimentos da bioatividade de compostos da família Solanaceae sobre insetos com técnicas eficientes de extração de seus princípios ativos pode viabilizar a formulação de inseticidas botânicos à base de plantas dessa família, os quais sejam úteis ao controle de pragas na agricultura orgânica, em sistemas protegidos e jardinagem. Caso esse processo não seja viável, existe ainda a alternativa de síntese de princípios ativos prospectados a partir das espécies dessa família botânica. Levantamentos globais apontam um limitado número de inseticidas botânicos (Nico Dust®,10% Nicotina AS®, Hot Pepper Wax® e ChileNey®) elaborados com base em derivados de Solanaceae e registrados para controle de pragas na agricultura (Pavela, 2016), ainda mais se for considerada a enorme diversidade de espécies e compostos químicos dessa família no território brasileiro. Isso abre perspectivas para a bioprospecção de moléculas inseticidas a partir de outras espécies e que apresentem novos modos de ação e distintos efeitos sobre artrópodes-praga (mortalidade, repelência, fagodeterrência etc.).

# Referências bibliográficas


Abbasipour, H.; Mahmoudvand, M.; Rastegar, F.; Hosseinpour, M.H. 2011. Bioactivities of jimsonweed extract, ***Datura stramonium*** L. (Solanaceae), against ***Tribolium castaneum*** (Coleoptera: Tenebrionidae). Turkish Journal of Agriculture and Forestry 35: 623-629.

Abdel-Sattar, E.; El Sayed, A.M.; Zaitoon, A.; Bakhashwain, A.A. 2015. Evaluation of some medicinal plants for control of ***Culex pipiens*** mosquitoes. Research Journal of Pharmaceutical, Biological and Chemical Sciences 6: 898-905.

Adamkiewicz, B.; Tęgowska, E.; Grajpel, B.; Olszewska, J. 2012. How capsaicin changes the toxicity of pyrethroids in American cockroach (***Periplaneta americana***). Ecological Chemistry and Engineering 19: 1263-1270.

Adamski, Z.; Marciniak, P.; Ziemnicki, K.; Buyukguzel, E.; Erdem, M.; Buyukguzel, K.; Ventrella, E.; Falabella, P.; Cristallo, M.; Salvia, R.; Bufo, S.A.; Scrano, L. 2014. Potato leaf extract and its component, alpha-solanine, exert similar impacts on development and oxidative stress in ***Galleria mellonella*** L. Archives of Insect Biochemistry and Physiology 87: 26-39.

Ahmed, A.H.; Kamal, I.H.; Ramzy, R.M. 2001. Studies on the molluscicidal and larvicidal properties of ***Solanum nigrum*** L. leaves ethanol extract. Journal of the Egyptian Society of Parasitology 31: 843-852.

Alagarmalai, J.; Premalatha, S.; Rani, S.J. 2012a. Bio-efficacy of ***Solanum pseudocapsicum*** L. (Solanaceae) against black cutworm, ***Agrotis ipsilon*** Hüfnagel (Lepidoptera: Noctuidae). Journal of Biological Sciences 12: 174-179.

Ali, A.; Ahmad, F.; Biondi, A.; Wang, Y.S.; Desneux, N. 2012. Potential for using ***Datura alba*** leaf extracts against two major stored grain pests, the khapra beetle ***Trogoderma granarium*** and the rice weevil ***Sitophilus oryzae***. Journal of Pest Science 85: 359-366.

Alves, C.C.F.; Alves, J.M.; Silva, T.D.; Carvalho, M.D.; Neto, J.J. 2003. Atividade alelopática de alcalóides glicosilados de ***Solanum crinitum*** Lam. Floresta e Ambiente 10: 93-97.

Amoabeng, B.W.; Gurr, G.M.; Gitau, C.W.; Nicol, H.I.; Munyakazi, L.; Stevenson, P.C. 2013. Tri-trophic insecticidal effects of African plants against cabbage pests. PLoS ONE 8: 1-10.

Amoabeng, B.W.; Stevenson, P.C.; Pandey, S.; Mochiah, M.B.; Gurr, M.G. 2018. Insecticidal activity of a native Australian tobacco, ***Nicotiana megalosiphon*** Van Heurck & Muell. Arg. (Solanales: Solanaceae) against key insect pests of brassicas. Crop Protection 106: 6-12.

Anderson, M.; Afewerki, S.; Berglund, P.; Córdova, A. 2014. Total synthesis of capsaicin analogues from lignin-derived compounds by combined heterogeneous metal, organocatalytic and enzymatic cascades in one pot. Advanced Synthesis & Catalysis 356: 2113-2118.

Anjaneyulu, A.S.R.; Rao, D.S.; Lequesne, P.W. 1997. Withanolides, biologically active natural steroidal lactones: A review. p.135-260. ***In***: Rahman, A., ed. Studies in natural products chemistry. Elsevier, Oxford, England.

Antonious, G.F.; Kamminga, K.; Snyder, J.C. 2014. Wild tomato leaf extracts for spider mite and cowpea aphid control. Journal of Environmental Science and Health part B 49: 527-531.

Antonious, G.F.; Meyer, J.E.; Rogers, J.A.; Hu, Y.H. 2007. Growing hot pepper for cabbage looper, ***Trichopulsia ni*** (Hübner) and spider mite, ***Tetranychus urticae*** (Koch) control. Journal of Environmental Science and Health part B 42: 559-567.

Arivoli, S.; Narendran, T.; Ignacimuthu, S. 2000. Larvicidal activity of some botanicals against ***Culex quinquefasciatus*** Say. Journal of Advanced Zoology 21: 19-23.

Asano, N.; Kato, A.; Kizu, H.; Matsui, K.; Watson, A.A.; Nash, R.J. 1996. Calystegine B4, a novel trehalase inhibitor from ***Scopolia japonica***. Carbohydrate Research 293: 195-204.

Bagalwa, J.J.; Voutquenne-Nazabadioko, L.; Sayagh, C.; Bashwira, A.S. 2010. Evaluation of the biological activity of the molluscicidal fraction of ***Solanum sisymbriifolium*** against non-target organisms. Fitoterapia 81: 767-771.

Barbosa, P.; Saunders, J.A.; Kemper, J.; Trumbule, R.; Olechno, J.; Martinat, P. 1986. Plant allelochemicals and insect parasitoids effects of nicotine on ***Cotesia congregata*** (Say) (Hymenoptera: Braconidae) and ***Hyposoter annulipes*** (Cresson) (Hymenoptera: Ichneumonidae). Journal of Chemical Ecology 12: 1319-1328.

Barboza, G.E.; Bem, B. 2005. Three new species of ***Capsicum*** (Solanaceae) and a key to the wild species from Brazil. Systematic Botany 30: 863-871.

Bado, S.; Mareggiani, G.; Amiano, N.; Burton, G.; Veleiro, A.S. 2004. Lethal and sublethal effects of withanolides from ***Salpichroa origanifolia*** and analogues on ***Ceratitis capitata***. Journal of Agricultural and Food Chemistry 52: 2875-2878.

Beaulieu, R.; Grand, E.; Stasik, I.; Attoumbré, J.; Chesnais, Q.; Gobert, V.; Ameline, A.; Giordanengo, P.; Kovensky, J. 2019. Synthesis and insecticidal activities of novel solanidine derivatives. Pest Management Science 75: 793-800.

Bennett, R.N.; Wallsgrove, R.M. 1994. Secondary metabolites in plant defence-mechanisms. New Phytologist 127: 617-633.

Bianchetti, L.D.B. 1996. Aspectos morfológicos, ecológicos e biogeográficos de 10 táxons de ***Capsicum*** (Solanaceae) ocorrentes no Brasil. Acta Botanica Brasilica 10: 393-394.

Bloem, K.A.; Kelley, K.C.; Duffey, S.S. 1989. Differential effect of tomatine and its alleviation by cholesterol on larval growth and efficiency of food utilization in ***Heliothis zea*** and ***Spodoptera exigua***. Journal of Chemical Ecology 15: 387-398.

Boulogne, I.; Petit, P.; Ozier-Lafontaine, H.; Desfontaines, L.; Loranger-Merciris, G. 2012. Insecticidal and antifungal chemicals produced by plants: A review. Environmental Chemistry Letters 10: 325-347.

Buyukguzel, E.; Buyukguzel, K.; Erdem, M.; Adamski, Z.; Marciniak, P.; Ziemnicki, K.; Ventrella, E.; Scrano, L.; Bufo, S.A. 2013. The influence of dietary alpha-solanine on the waxmoth ***Galleria mellonella*** L. Archives of Insect Biochemistry and Physiology 83: 15-24.

Campbell, B.C.; Duffey, S.S. 1981. Alleviation of α-tomatine--induced toxicity to the parasitoid, ***Hyposoter exiguae***, by phytosterols in the diet of the host, ***Heliothis zea***. Journal of Chemical Ecology 7: 927-946.

Cantrell, C.L.; Dayan, F.E.; Duke, S.O. 2012. Natural products as sources for new pesticides. Journal of Natural Products 75: 1231-1242.

Carvalho, L.D.A.; Costa, L.H.P.; Duarte, A.C. 2001. Diversidade taxonômica e distribuição geográfica das solanáceas que ocorrem no Sudeste Brasileiro (***Acnistus***, ***Athenaea***, ***Aureliana***, ***Brunfelsia*** e ***Cyphomandra***). Rodriguésia 52: 31-45.

Casida, J.E. 2018. Neonicotinoids and other insect nicotinic receptor competitive modulators: Progress and prospects. Annual Review of Entomology 63: 125-144.

Castillo, L.; Gonzalez-Coloma, A.; Gonzalez, A.; Diaz, M.; Santos, E.; Alonso-Paz, E.; Bassagoda, M.J.; Rossini, C. 2009. Screening of Uruguayan plants for deterrent activity against insects. Industrial Crops and Products 29: 235-240.

Chang, S.S.; Wu, M.L.; Deng, J.F.; Lee, C.C.; Chin, T.F.; Liao, S.J. 1999. Poisoning by ***Datura*** leaves used as edible wild vegetables. Veterinary and Human Toxicology 41: 242-5.

Chopa, C.S.; Benzi, V.; Alzogaray, R.; Ferrero, A.A. 2009. Repellent activity of hexanic and ethanolic extracts from fruits of ***Solanum eleagnifolium*** (Solanaceae) against ***Blattella germanica*** (Insecta, Dictyoptera, Blattellidae) adults. Boletín Latinoamericano y del Caribe de Plantas Medicinales y Aromáticas 8: 172-175.

Chowański, S.; Adamski, Z.; Marciniak, P.; Rosiński, G.; Büyükgüzel, E.; Büyükgüzel, K.; Falabella, P.; Scrano, L.; Ventrella, E.; Lelario, F.; Bufo, S.A. 2016. A review of bioinsecticidal activity of Solanaceae alkaloids. Toxins 8: 1-28.

Chowdhury, N.; Bhattacharjee, I.; Laskar, S.; Chandra, G. 2007. Efficacy of S***olanum villosum*** Mill. (Solanaceae: Solanales) as a biocontrol agent against fourth instar larvae of C***ulex quinquefasciatus*** Say. Turkish Journal of Zoology 31: 365-370.

Chowdhury, N.; Ghosh, A.; Chandra, G. 2008. Mosquito larvicidal activities of ***Solanum villosum*** berry extract against the dengue vector ***Stegomyia aegypti***. BMC Complementary and Alternative Medicine 8: 1-8.

Chowdhury, N.; Chatterjee, S.; Laskar, S.; Chandra, G. 2009. Larvicidal activity of ***Solanum villosum*** Mill. (Solanaceae: Solanales) leaves to ***Anopheles subpictus*** Grassi (Diptera: Culicidae) with effect on non-target ***Chironomus circumdatus*** Kieffer (Diptera: Chironomidae). Journal of Pest Science 82: 13-18.

Clipsham, R. 2012. ***Brunfelsia australis*** (yesterday, today, and tomorrow tree) and ***Solanum*** poisoning in a dog. Journal of the American Animal Hospital Association 48: 139-44.

Cruz-Barros, M.A.V.D.; Silva, E.L.; Gasparino, E.C.; Souza, L.N.; Oliveira, A.C.D. 2011. Pollen flora of "Reserva do Parque Estadual das Fontes do Ipiranga" (São Paulo, Brazil): Family: 136-Solanaceae. Hoehnea 38: 661-686.

Dekebo, A.; Kashiwagi, T.; Tebayashi, S.I.; Kim, C.S. 2007. Nitrogenous ovipositional deterrents in the leaves of sweet pepper (***Capsicum annuum***) at the mature stage against the leafminer, ***Liriomyza trifolii*** (Burgess). Bioscience, Biotechnology, and Biochemistry 71: 421-426.

Detzel, A.; Wink, M. 1993. Attraction, deterrence or intoxication of bees (***Apis mellifera***) by plant allelochemicals. Chemoecology 4: 8-18.

Devanand, P.; Rani, P.U. 2011. Insect growth regulatory activity of the crude and purified fractions from ***Solanum melongena*** L., ***Lycopersicum esculentum*** Mill, and ***Capsicum annuum*** L. Journal of Biopesticides 4: 118-130.

Diker, D.; Markovitz, D.; Rothman, M.; Sendovski, U. 2007. Coma as a presenting sign of ***Datura stramonium*** seed tea poisoning. European Journal of Internal Medicine 18: 336-338.

Dinan, L.; Whiting, P.; Alfonso, D.; Kapetanidis, I. 1996. Certain withanolides from ***Iochroma gesneriodes*** antagonize ecdysteroid action in a ***Drosophila melanogaster*** cell line. Entomologia Experimentalis et Applicata 80: 415-420.

Doolittle, M.; Raina, A.; Lax, A.; Boopathy, R. 2007. Effect of natural products on gut microbes in Formosan subterranean termite, ***Coptotermes formosanus***. International Biodeterioration & Biodegradation 59: 69-71.

Edelson, J.V.; Duthie, J.; Roberts, W. 2002. Toxicity of biorational insecticides: Activity against the green peach aphid, ***Myzus persicae*** (Sulzer). Pest Management Science 58: 255-260.

Elango, G.; Rahuman, A.A.; Kamaraj, C.; Bagavan, A.; Zahir, A.A. 2011. Screening for feeding deterrent activity of herbal extracts against the larvae of malaria vector ***Anopheles subpictus*** Grassi. Parasitology Research 109: 715-726.

Elbert, A.; Haas, M.; Springer, B.; Thielert, W.; Nauen, R. 2008. Applied aspects of neonicotinoid uses in crop protection. Pest Management Science 64: 1099-1105.

Elsayed, G. 2011. Insecticidal effect of plant extracts on two termite species. Archives of Phytopathology and Plant Protection 44: 356-361.

El-Wakeil, N.E. 2013. Botanical pesticides and their mode of action. Gesunde Pflanzen 65: 125-149.

Esther, E.; Smit, S.; Beukes, M.; Apostolides, Z.; Pirk, C.W.; Nicolson, S.W. 2015. Detoxification mechanisms of honey bees (***Apis mellifera***) resulting in tolerance of dietary nicotine. Scientific Reports 5: e11779.

FAO. 2020. Crops (production). Food and Agriculture Organization of the United Nations. Disponível em: <http://www.fao.org/faostat/en/#data/QC>. Acesso em: 21 mai. 2020.

Fragoyiannis, D.A.; McKinlay, R.G.; D'Mello, J.P.F. 1998. Studies of the growth, development and reproductive performance of the aphid ***Myzus persicae*** on artificial diets containing potato glycoalkaloids. Entomologia Experimentalis et Applicata 88: 59-66.

Freire, G.F.; Leite, D.T.; Pereira, R.A.; Melo, B.A.; Silva, J.F.; Maracaja; P.B. 2016. Bioactivity of ***Solanum melongena*** L. and ***Capsicum annuum*** L. on ***Callosobruchus maculatus*** (Coleoptera: Bruchidae). Acta Biologica Colombiana 21: 123-130.

Friedman, M. 2002. Tomato glycoalkaloids: Role in the plant and in the diet. Journal of Agricultural and Food Chemistry 50: 5751-5780.

Gaur, R.; Kumar, K. 2010. Insect growth-regulating effects of ***Withania somnifera*** in a polyphagous pest, ***Spodoptera litura***. Phytoparasitica 38: 237-241.

Ghosh, A.; Chandra, G. 2006. Biocontrol efficacy of ***Sestrum diurnum*** L. (Solanaceae: Solanales) against the larval forms of ***Anopheles stephensi***. Natural Products Research 20: 371-379.

Ghosh, A.; Chowdhury, N.; Chandra, G. 2008. Laboratory evaluation of a phytosteroid compound of mature leaves of day jasmine (Solanaceae: Solanales) against larvae of ***Culex quinquefasciatus*** (Diptera: Culicidae) and nontarget organisms. Parasitology Research 103: 271-277.

Gokce, A.; Whalon, M.E.; Cam, H.; Yanar, Y.; Demirtas, I.; Goren, N. 2007. Contact and residual toxicities of 30 plant extracts to colorado potato beetle larvae. Archives of Phytopathology and Plant Protection 40: 441-450.

González-Coloma, A.; Reina, M.; Medinaveitia, A.; Guadaño, A.; Santana, O.; Martínez-Díaz, R.; Ruiz-Mesía, L.; Alva, A.; Grandez, M.; Díaz, R.; Gavín, J.A.; De la Fuente, G. 2004. Structural diversity and defensive properties of norditerpenoid alkaloids. Journal of Chemical Ecology 30: 1393-1408.

Griffin, W.J.; Lin, G.D. 2000. Chemotaxonomy and geographical distribution of tropane alkaloids. Phytochemistry 53: 623-637.

Günter, C.; Vázquez, A.; González, G.; Usubillaga, A.; Ferreira, F.; Moyna, P. 2000. Effect of ***Solanum*** glycoalcaloids on potato aphid, ***Macrosiphum euphorbiae***: Part II. Journal of Chemical Ecology 26: 1113-1121.

Han, M.K.; Kim, S.I.; Ahn, Y.J. 2006. Insecticidal and antifeedant activities of medicinal plant extracts against ***Attagenus unicolor japonicus*** (Coleoptera: Dermestidae). Journal of Stored Products Research 42: 15-22.

Hartl, M.; Giri, A.P.; Kaur, H.; Baldwin, I.T. 2010. Serine protease inhibitors specifically defend ***Solanum nigrum*** against generalist herbivores but do not influence plant growth and development. Plant Cell 22: 4158-4175.

Hollister, B.; Dickens, J.C.; Perez, F.; Deahl, K.L. 2001. Differential neurosensory responses of adult colorado potato beetle, ***Leptinotarsa decemlineata***, to glycoalkaloids. Journal of Chemical Ecology 27: 1105-1118.

Idoko, J.E.; Adebayo, R.A. 2011. Efficacy of single and combined leaf powder of ***Nicotiana tabacum*** L. (Solanales: Solanaceae) with reduced rates of pirimiphos-methyl in management of ***Sitophilus zeamais*** Motschulsky (Coleoptera: Curculionidae). Journal of Agricultural Science 3: 276-280.

Ikbal, C.; Monia, B.H.; Habib, B. 2007. Development perturbation of cotton leave noctuid with green cestrum extracts. Journal of Entomology 4: 121-128.

Isbister, G.K.; Oakley, P.; Dawson, A.H.; Whyte, I.M. 2003. Presumed Angel's trumpet (***Brugmansia***) poisoning: Clinical effects and epidemiology. Emergency Medicine 15: 376-382.

Jeyasankar, A.; Premalatha, S.; Elumalai, K.; Krishnappa, K. 2012. Biological activities of ***Solanum pseudocapsicum*** (Solanaceae) against cotton bollworm, ***Helicoverpa armigera*** (Hübner) and armyworm, ***Spodoptera litura*** Fabricius (Lepidotera: Noctuidae). Asian Pacific Journal of Tropical Biomedicine 2: 981-986.

Kaga, H.; Miura, M.; Orito, K. 1989. A facile procedure for synthesis of capsaicin. The Journal of Organic Chemistry 54: 3477-3478.

Kamaraj, C.; Abdul Rahman, A.; Bagavan, A.; Abduz Zahir, A.; Elango, G.; Kandan, P.; Rajakumar, G.; Marimuthu, S.; Santhoshkumar, T. 2010. Larvicidal efficacy of medicinal plant extracts against ***Anopheles stephensi*** and ***Culex quinquefasciatus*** (Diptera: Culicidae). Tropical Biomedicine 27: 211-219.

Kashiwagi, T.; Mikagi, E.; Mekuria, D.B.; Boru, A.D.; Tebayashi, S.; Kim, C.S. 2005. Ovipositional deterrent on mature stage of sweet pepper, ***Capsicum annuum***, against ***Liriomyza trifolii*** (burgess). Zeitschrift Für Naturforschung C 60: 739-742.

Kohler, A.; Pirk, C.W.; Nicolson, S.W. 2012. Honeybees and nectar nicotine: Deterrence and reduced survival versus potential health benefits. Journal of Insect Physiology 58: 286-292.

Korpan, Y.I.; Nazarenko, E.A.; Skryshevskaya, I.V.; Martelet, C.; Jaffrezic-Renault, N.; Anna, V. 2004. Potato glycoalkaloids: True safety or false sense of security? Trends in Biotechnology 22: 147-51.

Krenzelok, E.P. 2010. Aspects of ***Datura*** poisoning and treatment. Clinical Toxicology 48: 104-110.

Kumar, M.P.; Murugan, K.; Kovendan, K.; Panneerselvam, C.; Prasanna Kumar, K.; Amerasan, D.; Subramaniam, J.; Kalimuthu, K.; Nataraj, T. 2012a. Mosquitocidal activity of ***Solanum xanthocarpum*** fruit extract and copepod ***Mesocyclops thermocyclopoides*** for the control of dengue vector ***Aedes aegypti***. Parasitology Research 111: 609-618.

Kumar, M.P.; Murugan, K.; Kovendan, K.; Subramaniam, J.; Amaresan, D. 2012b. Mosquito larvicidal and pupicidal efficacy of ***Solanum xanthocarpum*** (Solanaceae) leaf extract and bacterial insecticide, ***Bacillus thuringiensis***, against ***Culex quinquefasciatus*** Say (Diptera: Culicidae). Parasitology Research 110: 2541-2550.

Kumar, P.; Rathi, P.; Schottner, M.; Baldwin, I.T.; Pandit, S. 2014. Differences in nicotine metabolism of two ***Nicotiana attenuata*** herbivores render them differentially susceptible to a common native predator. PLoS ONE 9: 1-10.

Lingampally, V.; Solanki, V.R.; Anuradha, D.L.; Raja, S.S. 2014. Effect of solasodine against last instar larvae of ***Tribolium confusum***. Journal of Entomology and Zoology Studies 2: 118-120.

Lokesh, K.V.; Kanmani, S.; Adline, J.D.; Raveen, R.; Samuel, T.; Arivoli, S.; Jayakumar, M. 2017. Adulticidal activity of ***Nicotiana tabacum*** Linnaeus (Solanaceae) leaf extracts against the sweet potato weevil ***Cylas formicarius*** Fabricius 1798 (Coleoptera: Brentidae). Journal of Entomology and Zoology Studies 5: 518-524.

Luo, X.J.; Peng, J.; Li, Y.J. 2011. Recent advances in the study on capsaicinoids and capsinoids. European Journal of Pharmacology 650: 1-7.

Maga, J.A.; Fitzpatrick, T.J. 1980. Potato glycoalkaloids. Critical Reviews in Food Science & Nutrition 12: 371-405.

Maharijaya, A.; Vosman, B.; Verstappen, F.; Steenhuis-Broers, G.; Mumm, R.; Purwito, A.; Visser, R.G.F.; Voorrips, R.E. 2012. Resistance factors in pepper inhibit larval development of thrips (***Frankliniella occidentalis***). Entomologia Experimentalis et Applicata 145: 62-71.

Majewski, M.; Lazny, R. 1995. Synthesis of tropane alkaloids via enantioselective deprotonation of tropinone. Journal of Organic Chemistry 60: 5825-5830.

Maliszewska, J.; Tegowska, E. 2012. Capsaicin as an organophosphate synergist against colorado potato beetle (***Leptinotarsa decemlineata*** Say). Journal of Plant Protection Research 52: 28-34.

MAPA. 2011. Instrução Normativa nº 46 do Ministério da Agricultura, Pecuária e Abastecimento, de acordo com a Lei nº 10.831, de 23 de dezembro de 2003, e Decreto nº 6.323, de 27 de dezembro de 2007. Estabelece o regulamento técnico para os sistemas orgânicos de produção, bem como as listas de substâncias e práticas permitidas para uso nos sistemas orgânicos de produção, na forma desta Instrução Normativa e de seus Anexos I a VIII. Diário Oficial [da] República Federativa do Brasil, Poder Executivo, Brasília, DF, 7 out. 2011. Disponível em: <https://www.gov.br/agricultura/pt-br/assuntos/sustentabilidade/organicos/produtos-fitossanitarios/IN46.2011alteradapelaIN17.2014epelaIN35.2017.pdf>. Acesso em: 24 out. 2020.

Mareggiani, G.; Picollo, M.I.; Veleiro, A.S.; Tettamanzi, M.C.; Benedetti-Doctorovich, M.O.V.; Burton, G.; Zerba, E. 2002. Response of ***Tribolium castaneum*** (Coleoptera, Tenebrionidae) to ***Salpichroa origanifolia*** withanolides. Journal of Agricultural and Food Chemistry 50: 104-107.

Mareggiani, G.; Picollo, M.I.; Zerba, E.; Burton, G.; Tettamanzi, M.C.; Benedetti-Doctorovich, M.O.; Veleiro, A.S. 2000. Antifeedant activity of withanolides from ***Salpichroa origanifolia*** on ***Musca domestica***. Journal of Natural Products 63: 1113-1116.

Martins, T.R.; Barkman, T.J. 2005. Reconstruction of Solanaceae phylogeny using the nuclear gene SAMT. Systematic Botany 30: 435-447.

McMilan, M.; Thompson, J.C. 1979. An outbreak of suspected solanine poisoning in schoolboys: Examination of criteria of solanine poisoning. Quarterly Journal of Medicine 48: 227-243.

Mehrabadi, M.; Bandani, A.R.; Saadati, F.; Mahmudvand, M. 2011. α-Amylase activity of stored products insects and its inhibition by medicinal plant extracts. Journal of Agricultural Science and Technology 13: 1173-1182.

Mentz, L.A.; Vendruscolo, G.S.; Soares, E.L.C.; Vignoli-Silva, M. 2007. Solanaceae nativas no Rio Grande do Sul, Brasil - Listagem II: ***Solanum*** L. Revista Brasileira de Biociências 5: 1059-1061.

Moraes, A.O.; Melo, E.; Fátima Agra, M.; França, F. 2009. A família Solanaceae nos "Inselbergues" do semi-árido da Bahia, Brasil. Iheringia 64: 109-122.

Muthukrishnana, J.; Pushpalathaa, E.; Kasthuribhai, A. 1997. Biological effects of four plant extracts on ***Culex quinquefasciatus*** Say larval stages. International Journal of Tropical Insect Science 17: 389-394.

Nalbandov, O.; Yamamoto, R.T.; Fraenkel, G.S. 1964. Insecticides from plants - Nicandrenone new compound with insecticidal properties isolated from ***Nicandra physaloides***. Journal of Agricultural and Food Chemistry 12: 55-59.

Nenaah, G. 2011. Individual and synergistic toxicity of solanaceous glycoalkaloids against two coleopteran stored-product insects. Journal of Pest Science 84: 77-86.

Ngo, N.T. 2017. Fraction and determination of capsaicinoids from red pepper fruits with insecticidal activity against mealworm, ***Tenebrio molitor***, and superworm, ***Zophobas morio***. Vietnam Journal of Science and Technology 55: 57-64.

Oberdorster, E.; Clay, M.A.; Cottam, D.M.; Wilmot, F.A.; McLachlan, J.A.; Milner, M.J. 2001. Common phytochemicals are ecdysteroid agonists and antagonists: A possible evolutionary link between vertebrate and invertebrate steroid hormones. The Journal of Steroid Biochemistry and Molecular Biology 77: 229-238.

Ohyama, K.; Okawa, A.; Moriuchi, Y.; Fujimoto, Y. 2013. Biosynthesis of steroidal alkaloids in Solanaceae plants: Involvement of an aldehyde intermediate during C-26 amination. Phytochemistry 89: 26-31.

Olszewska, J.; Tegowska, E. 2011. Opposite effect of capsaicin and capsazepine on behavioral thermoregulation in insects. Journal of Comparative Physiology A 197: 1021-1026.

Padin, S.B.; Fuse, C.; Urrutia, M.I.; Dal Bello, G.M. 2013. Toxicity and repellency of nine medicinal plants against ***Tribolium castaneum*** in stored wheat. Bulletin of Insectology 66: 45-49.

Patil, C.D.; Patil, S.V.; Salunke, B.K.; Salunkhe, R.B. 2011. Bioefficacy of ***Plumbago zeylanica*** (Plumbaginaceae) and ***Cestrum nocturnum*** (Solanaceae) plant extracts against ***Aedes aegypti*** (Diptera: Culicide) and nontarget fish ***Poecilia reticulata***. Parasitology Research 108: 1253-1263.

Pavela, R. 2016. History, presence and perspective of using plant extracts as commercial botanical insecticides and farm products for protection against insects - A review. Plant Protection Science 52: 229-241.

Pinto, F.C.L.; Uchoa, D.E.A.; Silveira, E.R.; Pessoa, O.D.L.; Braz-Filho, R.; Silva, F.M.E.; Theodoro, P.; Espindola, L.S. 2011. Antifungal glycoalkaloids, flavonoids and other chemical constituents of ***Solanum asperum*** Rich (Solanaceae). Química Nova 34: 284-356.

Premalatha, S.; Elumalai, K.; Jeyasankar, A. 2013. Mosquitocidal properties of ***Solanum trilobatum*** L. (Solanaceae) leaf extracts against three important human vector mosquitoes (Diptera: Culicidae). Asian Pacific Journal of Tropical Medicine 6: 854-858.

Raghavendra, K.; Singh, S.P.; Subbarao, S.K.; Dash, A.P. 2009. Laboratory studies on mosquito larvicidal efficacy of aqueous and hexane extracts of dried fruit of ***Solanum nigrum*** Linn. Indian Journal of Medical Research 130: 74-77.

Rahuman, A.A.; Venkatesan, P.; Gopalakrishnan, G. 2008. Mosquito larvicidal activity of oleic and linoleic acids isolated from ***Citrullus colocynthis*** (Linn.) Schrad. Parasitology Research 103: 1383-1390.

Rajkumar, S.; Jebanesan, A. 2004. Ovicidal activity of ***Solanum trilobatum*** L. (Solanaceae) leaf extract against ***Culex quinquefasciatus*** Say and ***Culex tritaeniorhynchus*** Giles (Diptera: Culicidae). International Journal of Tropical Insect Science 24: 340-342.

Rangarajan, A.; Miller, A.R. 2000. Leptine glycoalkaloids reduce feeding by colorado potato beetle in diploid ***Solanum*** sp. hybrids. Journal of the American Society for Horticultural Science 125: 689-693.

Rani, P.U.; Devanand, P. 2011. Efficiency of different plant foliar extracts on grain protection and seed germination in maize. Research Journal of Seed Science 4: 1-14.

Rawani, A.; Ghosh, A.; Chandra, G. 2010. Mosquito larvicidal activities of ***Solanum nigrum*** L. leaf extract against ***Culex quinquefasciatus*** Say. Parasitology Research 107: 1235-1240.

Rawani, A.; Ghosh, A.; Chandra, G. 2013. Mosquito larvicidal and antimicrobial activity of synthesized nano-crystalline silver particles using leaves and green berry extract of ***Solanum nigrum*** L. (Solanaceae: Solanales). Acta Tropica 128: 613-622.

Rayburn, J.R.; Bantle, J.A.; Friedman, M. 1994. Role of carbohydrate side chains of potato glycoalkaloids in developmental toxicity. Journal of Agricultural and Food Chemistry 42: 1511-1515.

Roblot, F.; Montaz, L.; Delcoustal, M.; Gaboriau, E.; Chavagnat, J.J.; Morichaud, G.; Pourrat, O.; Scepi, M.; Patte, D. 1995. ***Datura stramonium*** poisoning: The diagnosis is clinical, treatment is symptomatic. La Revue de Medecine Interne 16: 187-90.

Samuels, J. 2015. Biodiversity of food species of the Solanaceae family: A preliminary taxonomic inventory of subfamily Solanoideae. Resources 4: 277-322.

Sarker, S.; Lim, U.T. 2018. Extract of ***Nicotiana tabacum*** as a potential control agent of ***Grapholita molesta*** (Lepidoptera: Tortricidae). PLoS ONE 13: 1-20.

Schlein, Y.; Jacobson, R.L.; Muller, G.C. 2001. Sand fly feeding on noxious plants: A potential method for the control of leishmaniasis. The American Journal of Tropical Medicine and Hygiene 65: 300-303.

Shields, V.D.; Smith, K.P.; Arnold, N.S.; Gordon, I.M.; Shaw, T.E.; Waranch, D. 2008. The effect of varying alkaloid concentrations on the feeding behavior of gypsy moth larvae, ***Lymantria dispar*** (L.) (Lepidoptera: Lymantriidae). Arthropod-Plant Interactions 2: 101-107.

Shonle, I.; Bergelson, J. 2000. Evolutionary ecology of the tropane alkaloids of ***Datura stramonium*** L. (Solanaceae). Evolution 54: 778-788.

Singh, A.; Bhattacharya, K.; Chandra, G. 2015. Efficacy of ***Nicotiana plumbaginifolia*** (Solanaceae) leaf extracts as larvicide against malarial vector ***Anopheles stephensi*** Liston 1901. International Journal of Pharmacy and Biological Sciences 6: 860-868.

Singh, M.; Cowan, S.; Child, G. 2008. ***Brunfelsia*** spp. (yesterday, today, tomorrow) toxicity in four dogs. Australian Veterinary Journal 86: 214-218.

Singha, S.; Chandra, G. 2011. Mosquito larvicidal activity of some common spices and vegetable waste on ***Culex quinquefasciatus*** and ***Anopheles stephensi***. Asian Pacific Journal of Tropical Medicine 4: 288-293.

Singaravelan, N.; Inbar, M.; Ne'eman, G.; Distl, M.; Wink, M.; Izhaki, I. 2006. The effects of nectar-nicotine on colony fitness of caged honeybees. Journal of Chemical Ecology 32: 49-59.

Singaravelan, N.; Nee'man, G.; Inbar, M.; Izhaki, I. 2005. Feeding responses of free-flying honeybees to secondary compounds mimicking floral nectars. Journal of Chemical Ecology 31: 2791-2804.

Smith, S.W.; Giesbrecht, E.; Thompson, M.; Nelson, L.S.; Hoffman, R.S. 2008. Solanaceous steroidal glycoalkaloids and poisoning by ***Solanum torvum***, the normally edible susumber berry. Toxicon 52: 667-76.

Soares, E.L.C.; Vignoli-Silva, M.; Vendruscolo, G.S.; Mentz, L.A. 2007. Solanaceae nativas no Rio Grande do Sul, Brasil: Listagem I. Revista Brasileira de Biociências 5: 1050-1052.

Soule, S.; Guntner, C.; Vazquez, A.; Argandona, V.H.; Ferreira, F.; Moyna, P. 1999. Effect of ***Solanum*** glycosides on the aphid ***Schizaphis graminum***. Journal of Chemical Ecology 25: 369-374.

Soule, S.; Guntner, C.; Vazquez, A.; Argandona, V.V.; Moyna, P.; Ferreira, F. 2000. An aphid repellent glycoside from ***Solanum laxum***. Phytochemistry 55: 217-222.

Sparks, T.C. 2013. Insecticide discovery: An evaluation and analysis. Pesticide Biochemistry and Physiology 107: 8-17.

Srivastava, M.; Gupta, L. 2007. Effect of formulations of ***Solanum surratense*** (Family: Solanaceae) an Indian desert plant on oviposition by the pulse beetle ***Callosobruchus chinensis*** Linn. African Journal of Agricultural Research 2: 552-554.

Stamp, N.E.; Osier, T.L. 1998. Response of five insect herbivores to multiple allelochemicals under fluctuating temperatures. Entomologia Experimentalis et Applicata 88: 81-96.

Stegelmeier, B.L.; Lee, S.T.; James, L.F.; Gardner, D.R.; Panter, K.E.; Ralphs, M.H.; Pfister, J.A. 2007. Cutleaf nightshade (***Solanum triflorum*** Nutt.) toxicity in horses and hamsters. p. 296-300. ***In:*** Panter, K.E.; Wierenga, T.L.; Pfister J.A., eds. Poisonous plants: Global research solutions. CABI Publishing, Wallingford, England.

Tarmadi, D.; Himmi, S.K.; Yusuf, S. 2014. Termiticidal activity of an extract of ***Brugmansia candida*** leaves against a subterranean termite ***Copotermes gestroi*** Wasmann and a drywood termite ***Cryptotermes cynocephalus*** Light. Proceedings. ***In:*** Pacific Termite Research Group Conference, 10. Kuala Lumpur, Malaysia. Disponível em: <http://prtrg.org/trg10-finalprogram.htm>. Acesso em: 25 abr. 2019.

Tingey, W.M. 1984. Glycoalkaloids as pest resistance factors. American Potato Journal 61: 157-167.

Torkey, H.M.; Abou-Yousef, H.M; Abdel Azeiz, A.Z.; Hoda, E.A.F. 2009. Insecticidal effect of cucurbitacin E glycoside isolated from ***Citrullus colocynthis*** against ***Aphis craccivora***. Australian Journal of Basic and Applied Sciences 3: 4060-4066.

Torres, M.C.M.; Pinto, F.C.L.; Silveira, E.R.; Braz-Filho, R.; Pessoa, O.D.L. 2010. Novos alcalóides esteroidais das folhas de ***Solanum campaniforme***. ***In***: Reunião Anual da Sociedade Brasileira de Química, 25. Resumos. Sociedade Brasileira de Química, Águas de Lindoia, SP, Brasil.

Veleiro, A.S.; Oberti, J.C.; Burton, G. 2005. Chemistry and bioactivity of withanolides from South American Solanaceae. p.1019-1052. ***In***: Rahman, A., ed. Studies in natural products chemistry. Elsevier, Oxford, England.

Ventrella, E.; Marciniak, P.; Adamski, Z.; Rosinski, G.; Chowanski, S.; Falabella, P.; Scrano, L.; Bufo, S.A. 2015. Cardioactive properties of Solanaceae plant extracts and pure glycoalkaloids on ***Zophobas atratus***. Insect Science 22: 251-262.

Vignoli-Silva, M.; Mentz, L.A. 2005. O gênero ***Nicotiana*** L. (Solanaceae) no Rio Grande do Sul, Brasil. Iheringia 60: 151-173.

Vinayaka, K.S.; Prashith-Kekuda, T.R.; Nandini, K.C.; Rakshitha, M.N.; Ramya, M.; Shruthi, J.; Anitha, B. 2010. Potent insecticidal activity of fruits and leaves of ***Capsicum frutescens*** (L.) var. ***longa*** (Solanaceae). Der Pharmacia Lettre 2: 172-176.

Weese, T.L.; Bohs, L. 2007. A three-gene phylogeny of the genus ***Solanum*** (Solanaceae). Systematic Botany 32: 445-463.

Weiser, L.A.; Stamp, N.E. 1998. Combined effects of allelochemicals, prey availability, and supplemental plant material on growth of a generalist insect predator. Entomologia Experimentalis et Applicata 87: 181-189.

Weissenberg, M.; Klein, M.; Meisner, J.; Ascher, K.R.S. 1986.

Larval growth-inhibition of the spiny bollworm, ***Earias insulana***, by some steroidal secondary plant-compounds. Entomologia Experimentalis et Applicata 42: 213-217.

Weissenberg, M.; Levy, A.; Svoboda, J.A.; Ishaaya, I. 1998. The effect of some ***Solanum*** steroidal alkaloids and glycoalkaloids on larvae of the red flour beetle, ***Tribolium castaneum***, and the tobacco hornworm, ***Manduca sexta***. Phytochemistry 47: 203-209.

Woodcock, B.A.; Bullock, J.M.; Shore, R.F.; Heard, M.S.; Pereira, M.G.; Redhead, J.; Ridding, L.; Dean, H.; Sleep, D.; Henrys, P.; Peyton, J. 2017. Country-specific effects of neonicotinoid pesticides on honey bees and wild bees. Science 356: 1393-1395.

Xue, K.; Guanhong, C.; Liwen, Z.; Yongchao, G.; Jianing, W. 2013. Preparation of nonivamide and its insecticidal activities. Plant Diseases and Pests 4: 29-31.

Zahir, A.A.; Rahuman, A.A.; Bagavan, A.; Santhoshkumar, T.; Mohamed, R.R.; Kamaraj, C.; Rajakumar, G.; Elango, G.; Jayaseelan, C.; Marimuthu, S. 2010. Evaluation of botanical extracts against ***Haemaphysalis bispinosa*** Neumann and ***Hippobosca maculata*** Leach. Parasitology Research 107: 585-592.

Zapata, N.; Budia, F.; Vinue la, E.; Medina, P. 2006. Insecticidal effects of various concentrations of selected extractions of ***Cestrum parqui*** on adult and immature ***Ceratitis capitata***. Journal of Economic Entomology 99: 359-365.

Zouiten, H.; Abbassi, K.; Atay-Kadiri, Z.; Mzari, M.; El Mahi, M.; Essassi, E.M. 2006. Insecticidal activity of ***Solanum sodomaeum*** (Solanaceae) extracts on ***Schistocerca gregaria*** (Forskål) larvae. Journal of Orthoptera Research 15: 171-173.

PARTE III

# Aplicações de inseticidas botânicos no manejo integrado de pragas (MIP)

# Capítulo 12

# Compatibilidade de inseticidas botânicos com agentes de controle biológico

Daniel Bernardi
Felipe Andreazza
Maria Aparecida Cassilha Zawadneak
Dori Edson Nava

## 1. Introdução

A agricultura enfrenta muitos desafios, incluindo mudanças climáticas, perda de biodiversidade e demanda cada vez maior por alimentos mais saudáveis e seguros (Tilman et al., 2011; Deutsch et al., 2018). Em resposta a esses desafios, um volume crescente de informações está sendo gerado para fornecer aos sistemas agrícolas a possibilidade de obtenção de produtos agroalimentares diferenciados produzidos em compatibilidade com os agroecossistemas dos diferentes sistemas produtivos atuais (Struik e Kuyper, 2017; Pretty et al., 2018). Nesse contexto, há uma crescente evidência que uma intensificação sustentável da agricultura pode ser alcançada pela combinação de diferentes conhecimentos científicos e experiências práticas, de modo a desenvolver métodos de manejo ecológico e agronomicamente compatíveis (Pretty et al., 2018).

Fatores como a toxicidade sobre organismos não alvo e os riscos ambientais decorrentes do rotineiro uso de inseticidas sintéticos para o controle de insetos-praga têm elevado a necessidade de mudanças na concepção de programas de manejo e na adoção de abordagens mais seguras, sustentáveis e ecologicamente corretas para o controle de pragas incidentes em cultivos agrícolas (Desneux et al., 2006; Barzman et al., 2015; Chagnon et al., 2015; Borel, 2017; Isman, 2017; Li et al., 2017; Sumon et al., 2018).

O Manejo Integrado de Pragas (MIP) é um exemplo de abordagem intensiva e sustentável (Kogan, 1998), a qual sugere que as tomadas de decisões de controle sejam adotadas levando em consideração critérios econômicos, sociais e ambientais, privilegiando a integração de múltiplas estratégias. Além do uso racional de produtos xenobióticos, quer sejam de origem natural ou sintética, um dos pilares do MIP é o controle biológico, que se fundamenta na utilização de organismos benéficos (parasitoides, predadores e agentes entomopatogênicos) que se constituem nos agentes naturais de mortalidade e de equilíbrio biológico nos agroecossistemas (Kogan, 1998; Parra, 2014).

O controle biológico decorre da atuação de inimigos naturais já presentes em um agroecossistema (controle biológico natural) e também mediante a liberação inoculativa (controle biológico clássico) ou inundativa (controle biológico aplicado) de agentes de controle biológico visando a minimizar o impacto das pragas-alvo, reduzindo, dessa forma, o uso e os efeitos secundários de inseticidas no ambiente (Begg et al., 2017; Xu et al., 2017; Pretty et al., 2018). De forma similar ao controle biológico, o uso de produtos naturais menos agressivos ao ambiente também constitui uma ferramenta importante para o manejo de pragas dentro dos programas de MIP (Pretty et al., 2018; Amoabeng et al., 2019). Compostos naturais com potencial inseticida podem ter origem animal (p. ex.: toxinas de escorpiões com ação neurotóxica), microbiana (p. ex.: espinosinas) ou vegetal. Por outro lado, considerando que plantas e artrópodes herbívoros coevoluíram por milhões de anos, as plantas são consideradas as principais fontes naturais dessas substâncias (Isman, 2017). Assim, as plantas produtoras de metabólitos secundários (aleloquímicos) sintetizam uma grande diversidade de substâncias usadas na sua defesa contra a herbivoria (Isman, 2017). O uso desses derivados na forma de inseticidas não sintéticos, conhecidos popularmente como inseticidas botânicos, tem sido considerado uma ferramenta promissora dentro de diversas estratégias de MIP, buscando a redução dos níveis populacionais das espécies-praga ou mesmo a modificação de seu comportamento (Barzman et al., 2015; Isman, 2017).

Inseticidas botânicos são substâncias que apresentam, em geral, um amplo espectro de efeitos sobre as espécies-praga, podendo causar efeitos tóxicos (toxicidade aguda) ou comportamentais, como repelência, fagodeterrência e ovideterrência (Koul et al., 2008; Ribeiro et al., 2016; Bernardi et al., 2017; Isman, 2017; Geisler et al., 2019). Estudos têm demonstrado a ação de aleloquímicos sobre artrópodes-praga de diferentes hábitos alimentares, como mastigadores (lagartas e escarabeídeos), minadores (larvas de moscas e de mariposas) e sugadores (ácaros, tripes, pulgões e percevejos) (Koul et al., 2008; Barzman et al., 2015; Isman, 2017; Amoabeng et al., 2019). Pela rápida degradação (geralmente são foto e termoinstáveis), os inseticidas botânicos são considerados produtos mais seguros e sustentáveis, passando a integrar cada vez mais os programas de MIP de diferentes cultivos agrícolas sob distintos sistemas de produção. De fato, esses compostos, na forma de extratos e óleos essenciais, têm sido usados para proteger as culturas contra a herbivoria de artrópodes por muitos anos (Belmain et al., 2012). No entanto, apesar dessa potencialidade, os inseticidas botânicos representam, atualmente, menos de 1% do mercado global de defensivos agrícolas (Hikal et al., 2017; Isman, 2017; Amoabeng et al., 2019).

As plantas com metabólitos secundários estão na natureza por milênios sem quaisquer efeitos adversos no ecossistema, possuindo características como rápida degradação, reduzida contaminação ambiental e baixos riscos para a saúde humana e animal (Isman, 2017; Amoabeng et al., 2019). Entretanto, os inseticidas botânicos devem ser usados com os mesmos cuidados e critérios preconizados para os inseticidas convencionais. Assim, critérios relacionados à seletividade a artrópodes não alvo, como entomófagos e entomopatógenos, e satisfatória eficácia de controle para os artrópodes-praga alvos devem ser observados (Bakry et al., 2016; Isman, 2017; Pretty et al., 2018; Amoabeng et al., 2019). Embora os inseticidas botânicos sejam, geralmente, menos tóxicos para espécies não herbívoras e não alvo (parasitoides e predadores) e possuírem risco reduzido de evolução de resistência (Amoabeng et al., 2013; Isman, 2017; Tembo et al., 2018), estudos até então realizados relataram diversos impactos negativos sobre a fauna benéfica, de forma similar àqueles causados por inseticidas sintéticos (Desneux et al., 2007; Ndakidemi et al., 2016; Isman, 2017; Amoabeng et al., 2019). Sendo assim, a seletividade e/ou compatibilidade desses derivados botânicos com agentes de controle biológico deve ser conhecida e estudada para sua recomendação segura e assertiva.

Dessa forma, o presente capítulo tem por objetivo sumarizar informações referentes às possibilidades de associação de inseticidas botânicos e agentes de controle biológico em programas de manejo integrado de pragas. A abordagem proposta irá cobrir desde os aspectos gerais a serem considerados no desenvolvimento e planejamento de uso desses produtos até a revisão do conhecimento gerado por pesquisas de seletividade envolvendo aleloquímicos e produtos botânicos formulados, visando a indicar as compatibilidades dessas duas importantes ferramentas alternativas de manejo para os programas de MIP em diferentes sistemas de produção agrícola.

## 2. Aspectos gerais da compatibilidade e conceituações

Insetos predadores e parasitoides compõem uma parte considerável dos agentes biológicos de controle de artrópodes-praga. Assim, a aplicação de um composto tóxico [p. ex.: um derivado botânico] visando ao manejo de determinada praga pode ser incompatível com as técnicas de controle biológico, seja ele natural ou aplicado. De fato, determinados inseticidas botânicos podem apresentar toxicidade também para inimigos naturais (Regnault-Roger et al., 2012; Ndakidemi et al., 2016). Contudo, fatores relacionados às características da formulação, composição, culturas a serem protegidas e espécies de inimigos naturais em questão, modulam a seletividade desses compostos a determinados grupos de insetos. Assim, existem vários casos de compatibilidade entre inseticidas botânicos e controle biológico, bem como com outras estratégias alternativas (Bernardi et al., 2012; Campos et al., 2016). É importante salientar, contudo, que existem outros agentes de controle biológico, como fungos e vírus (entomopatógenos), que apesar de pertencerem a outros táxons, também podem ser impactados pelo uso de inseticidas botânicos, conforme apresentado de forma mais detalhada na próxima seção, com alguns estudos de caso.

Além da eficácia de controle das espécies-alvo e de características de sua aplicabilidade agronômica, são necessárias avaliações criteriosas do efeito de novos inseticidas botânicos desenvolvidos sobre agentes benéficos presentes nos agroecossistemas. Em tais investigações, deverão ser avaliados os efeitos negativos na biologia, fisiologia e comportamento de insetos benéficos importantes em cada agroecossistema onde serão utilizados (Regnault-Roger et al., 2012; Ndakidemi et al., 2016; Zanuncio et al., 2016; Amoabeng et al., 2019).

Os impactos gerados pela aplicação de um xenobiótico sobre determinada espécie de artrópode, seja benéfica ou não, podem ser classificados de diversas maneiras. De acordo com a força dos efeitos aparentes, os inseticidas botânicos podem causar efeitos letais e subletais. Os efeitos letais estão relacionados à mortalidade direta dos indivíduos (Desneux et al., 2007; Biondi et al., 2013). Já os efeitos subletais, decorrentes de exposições agudas e crônicas, impactam negativamente o crescimento demográfico da população da fauna benéfica (Biondi et al., 2013) e podem comprometer várias atividades fisiológicas e comportamentais dos organismos expostos, como por exemplo, a taxa reprodutiva (He et al., 2013; Campos et al., 2017), a longevidade (Duso et al., 2008; Bengochea et al., 2013), a orientação espacial dos indivíduos, assim como, provocar a repelência destes (Bostanian e Akalach, 2004) ou mesmo interferir no seu comportamento alimentar e na capacidade de parasitismo ou predação (Biondi et al., 2013). Esses fatores estão relacionados à incompatibilidade dos produtos sobre os inimigos naturais e podem levar à extinção da população local e à ressurgência das espécies-praga por meio da interferência em um dos pilares fundamentais do MIP (Desneux et al., 2007; Cabral et al., 2011).

Considerando que os inseticidas botânicos são degradados rapidamente no ambiente, sendo em sua maioria foto e termossensíveis e, consequentemente, apresentam baixo efeito residual (Isman, 2008; Xavier et al., 2015; Campos et al., 2018), a natureza química do inseticida botânico ou a natureza da praga a ser controlada e a cultura agrícola em questão, podem facilmente modular o peso de cada efeito nos distintos tipos de exposição. Em contraste, se a natureza química do produto permitir uma meia-vida longa no campo, os potenciais efeitos subletais mediante exposições agudas também devem ser abordados dentro de um contexto de exposição crônica aos resíduos (Desneux et al., 2007). Todavia, se uma praga recorrente requerer aplicações frequentes desses inseticidas, mesmo que sem efeitos residuais, o somatório das exposições subletais de várias aplicações de um produto pode também se comportar como uma exposição crônica. Sendo assim, todos esses fatores devem ser considerados nas análises de compatibilidade desses compostos com o controle biológico.

Outra classificação a ser definida e que será discutida ao longo da próxima seção são os efeitos diretos e indiretos. Mesmo que um determinado inimigo natural não seja o alvo de determinada molécula presente em um inseticida botânico aplicado em uma cultura agrícola, qualquer efeito causado pela interação da molécula com alguma parte do corpo do inimigo natural é considerado um efeito direto. Esse efeito inclui as vias de contaminação por contato e ingestão de presas ou hospedeiros contaminados ou até mesmo a repelência pelo contato com moléculas voláteis ou irritação por moléculas não volatilizadas (Arnason et al., 1990; Das, 2014; Ndakidemi et al., 2016). Os efeitos indiretos são limitados aos impactos sobre os inimigos naturais, pela alteração da qualidade e da disponibilidade dos recursos naturais, como presa, hospedeiro e condições ambientais, causada pelo uso desses inseticidas ou por seus efeitos secundários. Embora existam particularidades de cada espécie, seja praga ou inimigo natural, algumas características ecológicas e comportamentais comuns entre alguns grupos de insetos podem ser utilizadas como parâmetros para prever as magnitudes dos efeitos de compostos potencialmente tóxicos, e auxiliar nas tomadas de decisão do uso conjunto de ambas as ferramentas.

Do ponto de vista comportamental, os predadores e os parasitoides, em geral, se movimentam mais rapidamente que as presas ou seus hospedeiros e, assim, a probabilidade de estes entrarem em contato com uma área contaminada pode ser maior (Ndakidemi et al., 2016). Em contraste, eles também estão mais sujeitos a escapar da ação do produto ao evitar com frequência as porções da planta ou campo tratado, diminuindo assim a exposição contínua ao composto tóxico (Desneux et al., 2007). Dessa forma, estudos de dispersão em condições de campo e o conhecimento da ecologia e comportamento de cada inimigo natural presente na área passa a ter maior importância para se obter sucesso no manejo da praga-alvo, mantendo sua ação seletiva aos agentes entomófagos presentes nos cultivos tratados. Para salientar a necessidade de análises pontuais, deve ser mencionado que há exceções dentro desses padrões comportamentais já mencionados, assim como em outros padrões a serem indicados nos próximos parágrafos. Espécies próximas, ou com mesma função ecológica (p. ex.: parasitoides de ovos), podem apresentar padrões comportamentais opostos, sendo alguns com vida adulta efêmera e com pequenos deslocamentos (p. ex.: os parasitoides *Anagrus* spp.) ou vida longa e com maiores deslocamentos (p. ex.: o parasitoide *Fopius* spp.).

Os predadores, mesmo apresentando distintas características de deslocamento, desde os que são muito móveis, como vespas predadoras de insetos minadores, medianamente móveis como percevejos predadores, e pouco móveis como as larvas de joaninha ou do bicho-lixeiro, acabam por se alimentar de presas intoxicadas, podendo assim adquirir quantidades maiores do inseticida em relação a parasitoides adultos. Considerando-se esses aspectos, pode-se esperar que o efeito do produto no inseto predador ocorra de forma mais pronunciada na mesma geração dos indivíduos que estão sendo expostos durante a predação, em comparação aos potenciais efeitos em seus descendentes.

Por outro lado, para uma grande quantidade de espécies de parasitoides em que os adultos não se alimentam no hospedeiro, o risco de intoxicação aguda é reduzido. Nesse caso, os efeitos diretos mais pronunciados são esperados na sua prole, que irá se desenvolver consumindo um hospedeiro contaminado. Esse fato acarretaria impactos negativos, afetando diretamente o parasitismo apenas na geração seguinte à da aplicação do (bio)inseticida (Desneux et al., 2007). A maior parte dos parasitoides pertence à ordem Hymenoptera, e possui processos de destoxificação mediados principalmente por hidrólise (Plapp e Vinson, 1977). Em contraste, os insetos-praga realizam destoxificação principalmente por reações de oxidação, que é mais eficiente na decomposição de metabólitos secundários tóxicos de suas plantas hospedeiras, e, portanto, de inseticidas botânicos. Essas diferenças intrínsecas entre esses grupos de insetos já foram apontadas, muitas vezes, como uma das características que levam à falta de seletividade, com compostos que precisam ser degradados por oxidação sendo mais tóxicos aos inimigos naturais (que não conseguem metabolizar esses compostos tão eficientemente) do que às pragas, enquanto moléculas mais sujeitas a reações de hidrólise são mais seletivas aos inimigos naturais (Plapp e Vinson, 1977). Mesmo assim, alguns estudos ainda contestam que essa não é, necessariamente, a única ou principal diferença fisiológica para obter a seletividade de compostos botânicos aos insetos predadores e parasitoides (Scott et al., 1990). Independentemente de qual característica é avaliada na seletividade aos inimigos naturais, essa falta de seleção natural de mecanismos fisiológicos capazes de manipular e lidar com metabólicos tóxicos que são antropologicamente distribuídos no ambiente é o que muitas vezes diminui a compatibilidade do uso de inseticidas com outras táticas de controle em sistemas agrícolas sustentáveis (Isman, 2008; Xavier et al., 2015; Campos et al., 2018).

Os efeitos diretos, principalmente aqueles relacionados à repelência ou irritação causada pelo produto aos inimigos naturais, poderão dificultar que esses indivíduos liberados artificialmente no campo contribuam efetivamente para o controle da praga, especialmente quando o controle biológico é direcionado a uma fase imatura da praga e que não pode ser atingida, na maioria das vezes, com pulverizações do inseticida botânico utilizado para o controle da fase adulta (p. ex.: parasitoides larvais de moscas-das-frutas) (Regnault-Roger et al., 2012; Ndakidemi et al., 2016; Amoabeng et al., 2019). Por outro lado, o controle biológico clássico e natural pode ser largamente impactado pelos efeitos diretos e indiretos ou agudos e crônicos.

Considerando essa complicada inter-relação de fatores e as peculiaridades de cada sistema, pode-se tornar imprudente estabelecer padrões definidos entre moléculas inseticidas e organismos não alvo. Sendo assim, a seletividade dos novos produtos, que pode ocorrer devido a características fisiológicas/metabólicas e ecológicas das espécies em questão e de características intrínsecas de cada nova molécula, deve ser cuidadosamente analisada individualmente, sem deixar de considerar as relações tritróficas envolvendo a planta, a praga e o inimigo natural (Regnault-Roger e Philogène, 2008).

## 3. Compatibilidade de derivados botânicos e agentes de controle biológico: Alguns exemplos dessa interação

Os inseticidas botânicos são considerados ferramentas promissoras e sustentáveis para o manejo de pragas agrícolas (Isman e Grieneisen, 2014; El Hajj et al., 2017; Isman, 2017; Amoabeng et al., 2019). As vantagens do uso de produtos de origem vegetal estão relacionadas, principalmente, à reduzida persistência sobre as plantas devido à rápida degradação dos componentes ativos em condições de campo e à baixa toxicidade para humanos (Regnault-Roger e Philogène, 2008; Amoabeng et al., 2019). Frente a isso, nos últimos anos tem-se destacado o uso de inseticidas botânicos derivados das famílias Meliaceae, Annonaceae, Piperaceae, Asteraceae e Solanaceae (Isman, 2017), sendo que a interação de derivados dessas famílias com agentes biológicos de controle serão abordadas com maior ênfase nesse capítulo (Tabela 1).

No contexto dos produtos naturais, o portfólio de moléculas botânicas bioativas aumentou muito nos últimos anos. Contudo, existem poucos exemplos de derivados botânicos que foram efetivamente convertidos em formulações comerciais para uso agrícola, veterinário ou domissanitário (Isman e Grieneisen, 2014; Isman, 2017). Entre aqueles que chegaram a ser utilizados comercialmente no controle de pragas, destacam-se os derivados de nim [*Azadirachta indica* A. Juss. (Meliaceae), principalmente a azadiractina] e alguns óleos essenciais (Amoabeng et al., 2019), principalmente em países que dispensam ou facilitam o registro desses derivados para uso como produtos fitossanitários, domissanitários ou sanitizantes de animais (Isman, 2017). Além disso, alguns produtos à base de acetogeninas obtidos de extratos de sementes de espécies de Annonaceae também foram lançados recentemente no mercado, especialmente em países asiáticos (Isman, 2006; Isman e Grieneisen, 2014; Ribeiro et al., 2016).

Entretanto, estudos demonstraram que, mesmo sendo produtos de origem vegetal, estes podem ocasionar toxicidade letal e subletal sobre inimigos naturais (predadores, parasitoides e entomopatógenos) e, consequentemente, ser incompatíveis com o controle biológico natural ou aplicado (Ndakidemi et al., 2016; Monsreal-Ceballos et al., 2018). Dessa forma, para otimizar as estratégias integradas de manejo de pragas, os potenciais efeitos de inseticidas botânicos sobre agentes de controle biológico devem ser criteriosamente avaliados antes de sua recomendação ou liberação comercial (Desneux et al., 2007; Biondi et al., 2013).

A possível toxicidade sobre organismos não alvo pode desfavorecer as estratégias de MIP e ocasionar desequilíbrio no ecossistema (Desneux et al., 2007; Isman e Grieneisen, 2014). Contudo, devido à crença de que produtos de origem natural não ocasionam efeitos adversos sobre outros organismos, tal lacuna do conhecimento acaba ficando negligenciada (Ndakidemi et al., 2016; Monsreal-Ceballos et al., 2018). De qualquer forma, a associação do controle biológico com produtos fitossanitários elaborados com base em derivados vegetais em sistemas de produção de base orgânica e/ou ecológica só é possível se estes apresentarem seletividade aos inimigos naturais, seja fisiológica ou ecológica (Efrom et al., 2011; Gontijo et al., 2015).

Devido a sua ampla toxicidade, vários produtos botânicos elaborados à base de extratos ou óleos fixos/óleos essenciais causam efeitos letais e subletais em organismos benéficos (predadores e parasitoides), como por exemplo, produtos à base de limonoides de nim (p. ex.: azadiractina) considerado um dos derivados botânicos mais estudados e utilizados na agricultura mundial (Isman e Grieneisen 2014; Amoabeng et al., 2019). Isso pode estar relacionado ao fato de que a azadiractina é considerada um antagonista de ecdisona e, assim, possui diversos alvos de ação putativos, o que diminui a probabilidade da seletividade e confere ao produto um amplo espectro de ação. A não seletividade sobre organismos-alvo e não alvo foi observada quando os insetos foram expostos em bioensaios de contato, ingestão ou aplicação tópica em laboratório (Ascher, 1993). Contudo, a seletividade ecológica pode ainda ocorrer no campo, aspecto ainda a ser mais bem elucidado em futuros estudos. De acordo com Amoabeng et al. (2019), aproximadamente 90% dos trabalhos publicados visando à compatibilidade de inseticidas preparados a partir de derivados vegetais foram avaliados apenas em condições de laboratório, sob diferentes condições e formas de bioensaio, com destaque para os bioensaios de ingestão, contato residual e aplicação tópica (para mais detalhes das diferentes modalidades de bioensaio, consultar Capítulo 5 deste livro). Dessa forma, é necessário validar tais resultados em condições de campo (Bernardi et al., 2012; Amoabeng et al., 2019).

As avaliações conduzidas em campo fornecem informações mais concretas em relação às interações inseticidas e inimigos naturais e a possibilidade de emprego de estratégias de seletividade ecológica (Rumpf et al., 1998), uma vez que pode-se inferir que a exposição em campo seja menos severa e mais variável do que a exposição em bioensaios de laboratório (Rumpf et al., 1998; Suma et al., 2009). Isso ocorre devido a fatores como a arquitetura da planta (arranjo de folhas e galhos), cobertura de aplicação de pulverização, degradação do produto e, possivelmente, recolonização dos inimigos naturais que habitam áreas adjacentes (Bernard et al., 2004; Suma et al., 2009), entre outros fatores já discutidos anteriormente. Dessa forma, fica evidente a necessidade de estudos sistemáticos para tirar conclusões claras a respeito do uso de inseticidas botânicos, tais como o realizado por Monsreal-Ceballos et al. (2018). Isso é necessário devido à variabilidade de respostas que ocorrem em função das espécies de pragas e inimigos naturais em estudo, suas interações e peculiaridades, bem como a concentração do produto utilizado, o tempo de exposição e o método de bioensaio utilizado (Bostanian et al., 2005; Almeida et al., 2010; El-Wakeil, 2013; Tunca et al., 2014; Ndakidemi et al., 2016; Monsreal-Ceballos et al., 2018; Amoabeng et al., 2019).

## 3.1. Interação de derivados botânicos com predadores e parasitoides

Em situação de campo, observou-se uma redução de aproximadamente 40% na diversidade de espécies de joaninhas (Coleoptera: Coccinelidae) em plantas de feijão após a aplicação de produtos à base de azadiractina (Mollah et al., 2013; Khan et al., 2014). Da mesma forma, verificou-se elevada mortalidade de larvas de primeiro instar de *Coccinella septempunctata* L. (Coleoptera: Coccinelidae) que se alimentaram de pulgões contaminados com óleo de nim (Ahmad et al., 2003), o que também foi constatado para o crisopídeo *Chrysoperla carnea* (Stephens) (Neuroptera: Chrysopidae) (Khan et al., 2013). Diferentemente, Medina et al. (2001) verificaram que a azadiractina foi compatível, de acordo com o índice de compatibilidade adotado, com o predador *C. carnea* em bioensaios laboratoriais, mesmo implicando em redução da fecundidade das fêmeas.

Kraiss e Cullen (2008) avaliaram a seletividade da azadiractina sobre *Harmonia axyridis* (Pallas) (Coleoptera: Coccinellidae) e demostraram que, diferentemente do encontrado para outras joaninhas em testes de campo, as larvas de primeiro instar dessa espécie, quando expostas ao referido limonoide em laboratório, exibiram aumento do tempo de desenvolvimento, porém sem alterar a fecundidade de fêmeas expostas na fase adulta. De acordo com os autores, a toxicidade ocorreu devido ao fato de que produtos à base de azadiractina agem, principalmente, como reguladores de crescimento, que são mais ativos nos primeiros instares do desenvolvimento. Dessa forma, sugere-se que a azadiractina seja mais prejudicial às ninfas e às larvas do que aos adultos em condições de laboratório; contudo, em situação de campo, esses efeitos negativos podem ser anulados ou pouco significativos frente a tantos outros fatores com elevadas variabilidades (Schmutterer, 2000).

Ao avaliar a toxicidade relativa de extratos de folhas, sementes e óleo da torta de sementes de *A. indica* sobre o ácaro predador *Iphiseiodes zuluagai* Denmark & Muma (Acari: Phytoseiidae) em laboratório, o óleo da torta de sementes foi considerado altamente tóxico, enquanto os extratos etanólicos das folhas e das sementes foram seletivos a essa espécie (Mourão et al., 2004). Contudo, ao avaliar um produto comercial à base de azadiractina (Azamax™), foi verificada baixa toxicidade para os ácaros predadores *Phytoseiulus persimilis*

(Athias-Henriot) (Acari: Phytoseiidae) (Duso et al., 2008) e *Neoseiulus baraki* (Athias-Henriot) (Acari: Phytoseiidae) (Lima et al., 2016), quando submetidos à aplicação tópica em laboratório, o que denota uma toxicidade diferenciada de acordo com as espécies-alvo. Já sobre os predadores *Neoseiulus californicus* (McGregor) e *Phytoseiulus macropilis* (Banks) (ambos Acari: Phytoseiidae), foi observada redução de 50% da fecundidade, embora a azadiractina tenha sido compatível com ambas as espécies de ácaros predadores, o que foi caracterizado pela baixa taxa de mortalidade ocasionada (Bernardi et al., 2012; Schlesener et al., 2013).

A baixa toxicidade de produtos à base de azadiractina também foi verificada sobre os percevejos predadores *Amphiareus constrictus* (Stal), *Blaptostethus pallescens* Poppius e *Orius horvathi* (*Reuter*) (todos Hemiptera: Anthocoridae) (Gontijo et al., 2015). A azadiractina, no entanto, afetou negativamente a capacidade de as ninfas dos predadores alcançarem o estágio adulto, o que pode afetar diretamente o tamanho da população desses predadores na geração seguinte (Razavi e Ahmadi, 2016). Por outro lado, em bioensaios de aplicação tópica sobre o predador *Podisus nigrispinus* (Dallas) (Heteroptera: Pentatomidae), tanto altas doses como doses subletais de azadiractina ocasionaram mortalidade, inibiram o crescimento e a sobrevivência e resultaram em anomalias nas asas e nas pernas dos adultos do inseto (Pedroso et al., 2016; Zanuncio et al., 2016).

### 3.2. Interação de derivados botânicos com parasitoides

Em estudo realizado com a vespa *Venturia canescens* (Gravenhorst) (Hymenoptera: Ichneumonidae), verificou-se 100% de mortalidade de adultos quando submetidos ao contato tópico com produtos à base de azadiractina (Tunca et al., 2012). Além disso, efeitos subletais no parasitismo e/ou desenvolvimento (redução de 50 a 70% das taxas de parasitismo e emergência) de *Trichogramma minutum* Riley, *Trichogramma galloi* Zucchi e *Trichogramma pretiosum* Riley (Hymenoptera: Trichogrammatidae) em ovos de *Helicoverpa* sp. (Lepidoptera: Noctuidae) e/ou *Anagasta kuehniella* (Zeller) (Lepidoptera: Pyralidae) em bioensaios de imersão, ingestão e contato também foram verificados (Gonçalves-Gervásio e Vendramim, 2004; El-Wakeil et al., 2006; Parreira et al., 2018). Em estudos anteriores, foi verificado que, além de ocasionar redução na taxa de parasitismo, ocorreu malformação dos inimigos naturais durante o desenvolvimento no interior do hospedeiro (Fernandes et al., 2010), fato confirmado posteriormente por Packiam e Ignacimuthu (2012).

Resultados contraditórios foram observados para o parasitoide *T. pretiosum*, em bioensaio de imersão de ovos de *A. kuehniella* nas caldas contendo azadiractina, a qual foi considerada inócua ou compatível (Silva e Bueno, 2015; Almeida et al., 2010; Rampelotti-Ferreira et al., 2017), conforme a classificação da Organização Internacional para Controle Biológico e Integrado (*International Organization for Biological and Integrated Control*, IOBC) - Grupo de Trabalho para Pesticidas e Organismos Benéficos (Hassan et al., 2000). Além disso, resultados semelhantes foram verificados para *Telenomus remus* Nixon (Hymenoptera: Platygastridae) (Silva et al., 2016) e *Aenasius bambawalei* Hayat (Hymenoptera: Encyrtidae) (Ullah et al., 2017). O parasitoide de ovos *T. pretiosum* também foi considerado insensível aos extratos aquoso e clorofórmico de *Trichilia pallida* Swartz (Miliaceae) em laboratório (Gonçalves-Gervásio e Vendramim, 2004).

Para derivados da família Annonaceae, foi verificado que extratos etanólicos de *Annona crassiflora* Mart. ocasionam redução de parasitismo de *Trissolcus urichi* (Crawford) (Hymenoptera: Platygastridae), quando em altas concentrações; contudo o produto pode ser considerado compatível por meio da classificação da IOBC. Resultados semelhantes a estes foram verificados com *Trichopria anastrephae* Lima (Hymenoptera: Diapriidae), parasitoide pupal de *Drosophila suzukii* (Matsumura) (Diptera: Drosophilidae), em bioensaio de ingestão utilizando o extrato etanólico de sementes de *Annona mucosa* Jacq. (Bernardi et al., 2017). Para esse mesmo derivado botânico, também foi reportada baixa toxicidade sobre o parasitoide larval de moscas-das-frutas, *Diachasmimorpha longicaudata* (Ashmead) (Hymenoptera: Braconidae), em bioensaios de aplicação tópica e de ingestão (Stupp et al., 2020).

### 3.3. Interação de derivados botânicos com entomopatógenos

Assim como para predadores e parasitoides, a grande maioria dos trabalhos que avaliaram a compatibilidade de inseticidas botânicos com entomopatógenos foram realizados para produtos derivados de *A. indica*. Alguns desses estudos demostraram que produtos à base de azadiractina são incompatíveis com fungos entomopatogênicos, principalmente com *Beauveria bassiana* (Bals.) Vuil. e *Metarhizium anisopliae* (Metschnikoff) Sorokin (ambos Deuteromycotina: Hyphomycetes) em condições de laboratório (Depieri et al., 2005). Contudo, resultados divergentes foram constatados por Ribeiro et al. (2012), que relatam compatibilidade desses mesmos entomopatógenos com derivados de *A. indica*. É importante destacar que variações de resultados muitas vezes estão relacionadas à formulação ou ao tipo de derivado em questão, sendo o óleo das sementes de *A. indica* menos compatível com fungos entomopatogênicos que os extratos aquosos ou etanólicos de folhas e de sementes (Depieri et al., 2005; Ribeiro et al., 2012). Além das variações entre os diferentes tipos de extratos, há também variações na suscetibilidade aos componentes ativos de *A. indica* entre diversos isolados de *B. bassiana*, sendo que os isolados compatíveis promovem um efeito sinérgico, enquanto os menos compatíveis acabam por ser antagônicos quando associados aos inseticidas botânicos à base de nim (Mohan et al., 2007).

Outros derivados, como extratos de folhas de tabaco (*Nicotiana tabacum* L., Solanaceae) ou extrato etanólico de sementes de *Annona squamosa* L. (Annonaceae) também se mostraram tóxicos para entomopatógenos (Sahayaraj et al., 2011). Contudo, ao menos para os derivados de Annonaceae, ricos em acetogeninas, há compatibilidade com isolados comerciais de fungos entomopatogênicos (Ribeiro et al., 2014), embora os estudos ainda sejam escassos.

## 4. Considerações finais

O principal objetivo do uso de estratégias sustentáveis de proteção de cultivos agrícolas, especialmente dentro dos preceitos do MIP, é preservar e/ou aumentar os fatores de mortalidade natural das pragas combinando medidas compatíveis com a fauna benéfica. Dessa forma, o conhecimento sobre os riscos associados ao uso de inseticidas sintéticos e botânicos sobre inimigos naturais é de primordial importância para sua incorporação em programas que visam ao manejo integrado, especialmente naqueles sistemas de produção de base orgânica e/ou ecológica. Os inseticidas botânicos obtidos de espécies de meliáceas, anonáceas, piperáceas, asteráceas e solanáceas, entre outras, possuem vários compostos ativos com modos de ação distintos e podem causar significativa mortalidade das espécies-praga alvo. Contudo, esses inseticidas botânicos também podem afetar negativamente o crescimento demográfico de agentes de controle biológico, por meio dos efeitos letais e subletais nas mais diversas formas, conforme abordado neste capítulo.

Considerando a natureza e a diversidade de efeitos desses compostos sobre os inimigos naturais que integram estratégias de controle biológico, faz-se necessária uma avaliação criteriosa da compatibilidade de cada molécula ou derivado botânico dentro de cada sistema/tipo/abordagem de controle biológico disponível para o manejo de pragas da cultura de interesse. Também fica evidente que para estabelecer a compatibilidade das duas ferramentas é necessário considerar as perspectivas do controle biológico e do uso do inseticida botânico em questão, visto que uma mesma molécula (p. ex.: azadiractina) se mostra compatível em alguns sistemas, mas não em outros. Também vale ressaltar que se forem verificados casos de incompatibilidade com o controle biológico, o uso de derivados botânicos em cultivos orgânicos, que possuem maiores restrições para o manejo de pragas, deve ser realizado de forma ainda mais criteriosa que em sistemas convencionais que utilizem o MIP.

Apesar de existirem potenciais efeitos negativos causando incompatibilidade entre as duas ferramentas/estratégias, ao se analisarem as frequências de casos compatíveis e incompatíveis reportados na literatura (Tabela 1), constata-se que os casos de incompatibilidade são menos frequentes. Contudo, muitos casos de incompatibilidade de moléculas conhecidas como “resultados negativos” em pesquisas que visam a encontrar justamente o oposto podem estar contribuindo para essa baixa frequência de casos com incompatibilidade, sendo que nem sempre eles são reportados nos artigos científicos. Nesse caso, a não divulgação dos dados desfavoráveis pelos pesquisadores, além de mascarar a frequência de casos de (in)compatibilidade, pode também contribuir para a estagnação do avanço das pesquisas nessa área ao permitir a repetição de muitos estudos já realizados, mas não reportados. Dessa forma, fica clara a importância de realização de mais pesquisas de cunho aplicado, especialmente em condições de campo, e a publicação dos resultados, tanto positivos como negativos. Esses estudos garantirão o avanço no desenvolvimento de novas ferramentas e estratégias de manejo de pragas nas quais os inseticidas botânicos possam ser utilizados, fornecendo os benefícios intrínsecos de suas características em prol de uma agricultura mais sustentável e rentável.

**Tabela 1.** Exemplos de derivados botânicos com propriedades inseticidas/insetistáticas e sua compatibilidade com agentes de controle biológico.

| Famílias/compostos vegetais | Locais dos testes | Produtos testados | Formas de exposição | Inimigos naturais | C/I[1] | Referências |
|---|---|---|---|---|---|---|
| **Meliaceae** | | | | | | |
| Azadiractina | Laboratório | Align® | Aplicação tópica, contato residual e imersão | *Chrysoperla carnea* (Stephens) | C | Medina et al. (2001) |
| Azadiractina | Laboratório e casa de vegetação | Neemix® | Contato residual | *Cotesia plutellae* (Kurdjumov) e *Diadromus collaris* (Gravenhorst) | C | Charleston et al. (2005) |
| Azadiractina | Laboratório | Neemseto® | Aplicação tópica e contato residual | *Euseius alatus* De Leon e *Phytoseiulus macropilis* (Banks) | C | Brito et al. (2006) |
| Azadiractina | Laboratório e casa de vegetação | NeemAzal® | Contato residual | *Trichogramma* spp. e *C. carnea* | C | El-Wakeil et al. (2006) |
| Azadiractina | Laboratório | Oikos® | Microimersão | *Phytoseiulus persimilis* (Athias-Henriot) | C | Duso et al. (2008) |
| Azadiractina | Laboratório | Natuneem® | Ingestão | *Eriopis connexa* (Germar) | C | Tavares et al. (2010) |
| Azadiractina | Laboratório | * | Contato residual | *Cycloneda sanguinea* (L.) | I | Breda et al. (2011) |
| Azadiractina | Laboratório | * | Contato residual | *Cotesia ayerza* (Brèthes) | C | Defagó et al. (2011) |
| Azadiractina | Laboratório | Organic Neem® e Natuneem® | Aplicação tópica e contato residual | *Cryptolaemus montrouzieri* Mulsant | C | Efrom et al. (2011) |
| Azadiractina | Laboratório | PONNEEM# | Pulverização | *Trichogramma chilonis* Ishii | C | Packiam e Ignacimuthu (2012) |
| Azadiractina | Laboratório e campo | * | Contato residual | *P. macropilis* e *Neoseiulus californicus* (McGregor) | C | Bernardi et al. (2012) |

Tabela 1. *continuação.*

| Famílias/compostos vegetais | Locais dos testes | Produtos testados | Formas de exposição | Inimigos naturais | C/I[1] | Referências |
|---|---|---|---|---|---|---|
| Azadiractina | Laboratório | Azamax™ e Neemseto® | Contato residual | *P. macropilis* e *N. californicus* | C | Schlesener et al. (2013) |
| Azadiractina | Laboratório | Natuneem® | Pulverização | *Telenomus podisi* Ashmead | C | Smaniotto et al. (2013) |
| Azadiractina | Laboratório e campo | * | Aplicação tópica e contato residual | *Bracon nigricans* (Szépligeti) | I | Biondi et al. (2013) |
| Azadiractina | Campo | * | Pulverização | *C. carnea* | I | Khan et al. (2013) |
| Azadiractina | Laboratório | Topneem® | Contato residual | *Trichogramma pretiosum* Riley | C | Luckmann et al. (2014) |
| Azadiractina | Laboratório | Azamax™ | Aplicação tópica, contato residual e ingestão | *Blaptostethus pallescens* Poppius | I | Gontijo et al. (2015) |
| Azadiractina | Laboratório | Neemseto® | Contato residual | *T. pretiosum* | C | Silva e Bueno (2015) |
| Azadiractina | Laboratório | Azamax™ | Imersão | *Neoseiulus baraki* (Athias-Henriot) | C | Lima et al. (2016) |
| Azadiractina | Laboratório | Neemseto® | Contato residual | *Telenomus remus* Nixon | C | Silva et al. (2016) |
| Azadiractina | Laboratório | Bioneem® | Aplicação tópica | *Podisus nigrispinus* (Dallas) | I | Zanuncio et al. (2016) |
| Azadiractina | Laboratório | Organic Neem® | Imersão | *T. pretiosum* | I | Rampelotti-Ferreira et al. (2017) |
| Azadiractina | Laboratório | Óleo de nim bruto | Imersão e pulverização | *Trichogramma galloi* Zucchi | I | Parreira et al. (2018) |
| **Anonaceae** | | | | | | |
| Acetogeninas | Laboratório | *Annona crassiflora* Mart. (extrato metanólico de sementes) | Imersão | *Trissolcus urichi* (Crawford) | C | Turchen et al. (2014) |
| Acetogeninas | Laboratório | *Annona mucosa* Jacq., *Annona sylvatica* A.St.-Hil. e *Annona muricata* L. (extrato etanólico de sementes) | Aplicação tópica e ingestão | *Trichopria anastrephae* Lima | C | Bernardi et al. (2017) |

Tabela 1. *continuação.*

| Famílias/compostos vegetais | Locais dos testes | Produtos testados | Formas de exposição | Inimigos naturais | C/I[1] | Referências |
|---|---|---|---|---|---|---|
| Acetogeninas | Laboratório | *A. muricata* e *Annona squamosa* L. (extrato etanólico e hexânico de sementes) | Ingestão e contato residual | *E. connexa* | C | Santos et al. (2018) |
| Acetogeninas | Laboratório | *A. mucosa*, *A. sylvatica* e *A. muricata* (extrato etanólico de sementes) | Aplicação tópica e ingestão | *Diachasmimorpha longicaudata* (Ashmead) | C | Stupp et al. (2020) |
| **Piperaceae** | | | | | | |
| *Piper aduncum* L. | Laboratório | Extrato etanólico de folhas | Imersão | *T. podisi* e *T. urichi* | C | Turchen et al. (2016) |
| *Piper* sp. | Laboratório | Óleo essencial | Aplicação tópica e ingestão | *T. anastrephae* | C | Souza et al. (2020) |
| **Solanaceae** | | | | | | |
| *Solanum habrochaites* S.Knapp & D.M.Spooner | Laboratório | Extrato etanólico de folhas e ramos | Contato residual | *Palmistichus elaeisis* Delvare & LaSalle | C | Santos (2015) |

*Nome comercial não especificado ou derivado botânico não comercial;
[1]Conclusão obtida pelos autores de cada pesquisa em relação à seletividade dos produtos testados sobre cada inimigo natural e, assim, sua potencial compatibilidade com o controle biológico, sendo C = compatível e I = incompatível.

# Referências bibliográficas


Ahmad, M.; Ossiewatsch, H.R.; Basedow, T. 2003. Effects of neem-treated aphids as food/hosts on their predators and parasitoids. Journal of Applied Entomology 127: 458-464.

Almeida, G.D.; Zanuncio, J.C.; Pratissoli, D.; Andrade, G.S.; Cecon, P.R.; Serrão, J.E. 2010. Effect of azadirachtin on the control of ***Anticarsia gemmatalis*** and its impact on ***Trichogramma pretiosum***. Phytoparasitica 38: 413-419.

Amoabeng, B.W.; Gurr, G.M.; Gitau, C.W.; Nicol, H.I.; Munyakazi, L.; Stevenson, P.C. 2013. Tri-trophic insecticidal effects of African plants against cabbage pests. PLoS ONE 8: e78651.

Amoabeng, B.W.; Johnson, A.C.; Gurr, G.M. 2019. Natural enemy enhancement and botanical insecticide source: A review of dual use companion plants. Applied Entomology and Zoology 54: 1-29.

Arnason, J.T.; Philogène, B.J.R.; Morand, P. 1990. Insecticide of plant origin. American Chemical Society, Washington, USA.

Ascher, K.R.S. 1993. Nonconventional insecticidal effects of pesticides available from the neem tree, ***Azadirachta indica***. Archives of Insect Biochemistry and Physiology 22: 433-449.

Bakry, A.M.; Abbas, S.; Ali, B.; Majeed, H.; Abouelwafa, M.Y.; Mousa, A.; Liang, L. 2016. Microencapsulation of oils: A comprehensive review of benefits, techniques, and applications. Comprehensive Reviews in Food Science and Food Safety 15: 143-182.

Barzman, M.; Barberi, P.; Birch, A.N.E.; Boonekamp, P.; Dachbrodt-Saaydeh, S.; Graf, B.; Hommel, B.; Jensen, J.E.; Kiss, J.; Kudsk, P.; Lamichhane, J.R.; Messean, A.; Moonen, A.C.; Ratnadass, A.; Ricci, P.; Sarah, J.L.; Sattin, M. 2015. Eight principles of integrated pest management. Agronomy for Sustainable Development 35: 1199-1215.

Begg, G.S.; Cook, S.M.; Dye, R.; Ferrante, M.; Franck, P.; Lavigne, C.; Lovei, G.L.; Mansion-Vaquie, A.; Pell, J.K.; Petit, S.; Quesada, N.; Ricci, B.; Wratten, S.D.; Birch, A.N.E. 2017. A functional overview of conservation biological control. Crop Protection 97: 145-158.

Belmain, S.R.; Amoah, B.A.; Nyirenda, S.P.; Kamanula, J.F.; Stevenson, P.C. 2012. Highly variable insect control efficacy of ***Tephrosia vogelii*** chemotypes. Journal of Agricultural and Food Chemistry 60: 10055-10063.

Bengochea, P.; Amor, F.; Saelices, R.; Hernando, S.; Budia, F.; Adán, A.; Medina, P. 2013. Kaolin and copper-based products applications: Ecotoxicology on four natural enemies. Chemosphere 91: 1189-1195.

Bernard, M.B.; Horne, P.A.; Hoffmann, A.A. 2004. Developing an ecotoxicological testing standard for predatory mites in Australia: Acute and sublethal effects of fungicides on ***Euseius victoriensis*** and ***Galendromus occidentalis*** (Acarina: Phytoseiidae). Journal of Economic Entomology 97: 891-899.

Bernardi, D.; Botton, M.; Cunha, U.S.; Bernardi, O.; Malausa, T.; Garcia, M.S.; Nava, D.E. 2012. Effects of azadirachtin on ***Tetranychus urticae*** (Acari: Tetranychidae) and its compatibility with predatory mites (Acari: Phytoseiidae) on strawberry. Pest Management Science 69: 75-80.

Bernardi, D.; Ribeiro, L.P.; Andreazza, F.; Neitzke, C.; Oliveira, E.E.; Botton, M.; Nava, D.E.; Vendramim, J.D. 2017. Potential use of ***Annona*** by products to control ***Drosophila suzukii*** and toxicity to its parasitoid ***Trichopria anastrephae***. Industrial Crops and Products 110: 1-6.

Biondi, A.; Zappala, L.; Stark, J.D.; Desneux, N. 2013. Do biopesticides affect the demographic traits of a parasitoid wasp and its biocontrol services through sublethal effects? PLoS ONE 9: e76548.

Borel, B. 2017. CRISPR, microbes and more are joining the war against crop killers. Nature 543: 302-304.

Bostanian, N.J.; Akalach, M. 2004. The contact toxicity of indoxacarb and five other insecticides to ***Orius insidiosus*** (Hemiptera: Anthocoridae) and ***Aphidius colemani*** (Hymenoptera: Braconidae), beneficials used in the greenhouse industry. Pest Management Science 60: 1231-1236.

Bostanian, N.J.; Akalach, M.; Chiasson, H. 2005. Effects of a ***Chenopodium*** based botanical insecticide/acaricide on ***Orius insidiosus*** (Hemiptera: Anthocoridae) and ***Aphidius colemani*** (Hymenoptera: Braconidae). Pest Management Science 61: 979-984.

Breda, M.O.; Oliveira, J.V.; Marques, E.J.; Ferreira, R.G.; Santana, M.F. 2011. Inseticidas botânicos aplicados sobre ***Aphis gossypii*** e seu predador ***Cycloneda sanguinea*** em algodão-colorido. Pesquisa Agropecuária Brasileira 46: 1424-1431.

Brito, H.M.; Gondim Jr., M.G.C.; Oliveira, J.V.; Câmara, C.A.G. 2006. Toxicidade de formulações de nim (***Azadirachta indica*** A. Juss) ao ácaro-rajado e ***Euseius alatus*** DeLeon e ***Phytoseiulus macropilis*** (Banks) (Acari: Phytoseiidae). Neotropical Entomology 35: 500-505.

Cabral, S.; Soares, A.O.; Garcia, P. 2011. Voracity of ***Coccinella undecimpunctata***: Effects of insecticides when foraging in a prey/plant system. Journal of Pest Science 84: 373-379.

Campos, E.V.R.; Oliveira, J.L.; Pascoli, M.; Lima, R.; Fraceto, L.F. 2016. Neem oil and crop protection: From now to the future. Frontiers in Plant Science 7: 1494.

Campos, E.V.R.; Proença, P.L.F.; Oliveira, J.L.; Melville, C.C.; Della Vechia, F.J.; Andrade, D.J.; Fraceto, L.F. 2018. Chitosan nanoparticles functionalized with β-cyclodextrin: A promising carrier for botanical pesticides. Scientific Reports 8: 2067-2073.

Campos, M.R.; Biondi, A.; Adiga, A.; Guedes, N.C.; Desneux, N. 2017. From the Western Palaearctic region to beyond: ***Tuta absoluta*** ten years after invading Europe. Journal of Pest Science 90: 787-796.

Chagnon, M.; Kreutzweiser, D.; Mitchell, E.A.; Morrissey, C.A.; Noome, D.A.; Van der Sluijs, J.P. 2015. Risks of large-scale use of systemic insecticides to ecosystem functioning and services. Environmental Science and Pollution Research 22: 119-134.

Charleston, D.S.; Kfir, R.; Dicke, M.; Vet, L.E.M. 2005. Impact of botanical pesticides derived from ***Melia azedarach*** and ***Azadirachta indica*** on the biology of two parasitoid species of the diamondback moth. Biological Control 33: 131-142.

Das, S.K. 2014. Recent development and future of botanical pesticides in India. Popular Kheti 2: 93-99.

Defagó, M.T.; Dumón, A.; Avalos, D.S.; Palacios, S.M.; Valladares, G. 2011. Effects of ***Melia azedarach*** extract on ***Cotesia ayerza***, parasitoid of the alfalfa defoliator ***Colias lesbia***. Biological Control 57: 75-78.

Depieri, R.A.; Martinez, S.S.; Menezes Jr., A.O. 2005. Compatibility of the fungus ***Beauveria bassiana*** (Bals.) Vuill. (Deuteromycetes) with extracts of neem seeds and leaves and the emulsible oil. Neotropical Entomology 34: 601-606.

Desneux, N.; Decourtye, A.; Delpuech, J.M. 2007. The sublethal effects of pesticides on beneficial arthropods. Annual Review of Entomology 52: 81-106.

Desneux, N.; Denoyelle, R.; Kaiser, L. 2006. A multi-step bioassay to assess the effect of the deltamethrin on the parasitic wasp ***Aphidius ervi***. Chemosphere 65: 1697-1706.

Deutsch, C.A.; Tewksbury, J.J.; Tigchelaar, M.; Battisti, D.S.; Merrill, S.C.; Huey, R.B.; Naylor, R.L. 2018. Increase in crop losses to insect pests in a warming climate. Science 361: 916-919.

Duso, C.; Malagnini, V.; Pozzebon, A.; Buzzetti, F.M.; Tirello, P. 2008. A method to assess the effects of pesticides on the predatory mite ***Phytoseiulus persimilis*** (Acari: Phytoseiidae) in the laboratory. Journal of Invertebrate Pathology 18: 1027-1040.

Efrom, C.F.S.; Redaelli, L.R.; Meirelles, R.N.; Ourique, C.B. 2011. Selectivity of phytosanitary products used in organic farming on adult of ***Cryptolaemus montrouzieri*** (Coleoptera: Coccinellidae) under laboratory conditions. Ciências Agrárias 32: 1429-1438.

El Hajj, A.K.; Rizk, H.; Gharib, M.; Houssein, M.; Talj, V.; Taha, N.; Aleik, S.; Mousa, J. 2017. Management of ***Tuta absoluta*** Meyrick (Lepidoptera: Gelechiidae) using biopesticides on tomato crop under greenhouse conditions. Journal of Agricultural Science 9: 123-129.

El-Wakeil, N.E. 2013. Botanical pesticides and their mode of actions. Gesunde Pflanzen 65: 125-149.

El-Wakeil, N.; Gaafar, N.; Vidal, S. 2006. Side effect of some neem products on natural enemies of ***Helicoverpa*** (***Trichogramma*** spp.) and ***Chrysoperla carnea***. Archives of Phytopathology and Plant Protection 39: 445-455.

Fernandes, F.L.; Bacci, L.; Fernandes, M.S. 2010. Impact and selectivity of insecticides to predators and parasitoids. EntomoBrasilis 3: 1-10.

Geisler, F.C.S.; Nachtigall, L.M.; Treptow, R.C.B.; Baronio, C.A.; Stupp, P.; Ribeiro, L.P.; Garcia, F.R.M.; Bernardi, D. 2019. Laboratorial and field assessments of lethal and sublethal toxicities of acetogenin-based formulated bioinsecticides against ***Zaprionus indianus*** (Diptera: Drosophilidae). Chilean Journal of Agricultural Research 79: 1-9.

Gonçalves-Gervásio, R.C.R.; Vendramim, J.D. 2004. Efeito de extratos de meliáceas sobre o parasitóide de ovos ***Trichogramma pretiosum*** Riley (Hymenoptera: Trichogrammatidae). Neotropical Entomology 33: 607-612.

Gontijo, L.M.; Celestino, D.; Queiroz, O.S.; Guedes, R.N.; Picanço, M.C. 2015. Impacts of azadirachtin and chlorantraniliprole on the developmental stages of pirate bug predators (Hemiptera: Anthocoridae) of the tomato pinworm ***Tuta absoluta*** (Lepidoptera: Gelechiidae). Florida Entomologist 98: 59-64.

Hassan, S.A.; Halsall, N.; Gray, A.P.; Kuehner, C.; Moll, M.; Bakker, F.M.; Roembke, J.; Yousef, A.; Nasr, F.; Abdelgader, H.A. 2000. A laboratory method to evaluate the side effects of plant protection products on ***Trichogramma cacoeciae*** Marchal (Hymenoptera: Trichogrammatidae). p.107-119. ***In***: Candolfi, M.P.; Blümel, S.; Forster, R.; Bakker, F.M.; Grimm, C.; Hassan, S.A.; Heimbach, U.; Mead-Briggs, M.A.; Reber, B.; Schmuck, R.; Vogt, H., eds. Guidelines to evaluate side-effects of plant protection products to non-target arthropods. IOBC/WPRS, Reinheim, Germany.

Hikal, W.M.; Baeshen, R.S.; Ahl, H.A.S.; Ujházy, K. 2017. Botanical insecticide as simple extractives for pest control. Cogent Biology 3: e1404274.

He, Y.H.; Zhao, J.W.; Zheng, Y.; Weng, Q.Y.; Biondi, A.; Desneux, N.; Wu, K. 2013. Assessment of potential sublethal effects of various insecticides on key biological traits of the tobacco whitefly, ***Bemisia tabaci***. International Journal of Biological Sciences 9: 246-255.

Isman, M.B. 2006. Botanical insecticides, deterrents, and repellents in modern agriculture and an increasingly regulated world. Annual Review of Entomology 51: 45-66.

Isman, M.B. 2008. Botanical insecticides: For richer, for poorer. Pest Management Science 64: 8-11.

Isman, M.B. 2017. Bridging the gap: Moving botanical insecticides from the laboratory to the farm. Industrial Crops and Products 110: 10-14.

Isman, M.B.; Grieneisen, M.L. 2014. Botanical insecticide research: Many publications, limited useful data. Trends in Plant Science 19: 140-145.

Khan, A.A.; Afzal, M.; Raza, A.M.; Khan, A.M.; Iqbal, J.; Tahir, H.M.; Qureshi, J.A.; Khaliq, A.; Zia-ul-Haq, M.; Aqeel, M.A. 2013. Toxicity of botanicals and selective insecticides to Asian citrus psylla, ***Diaphorina citri*** K. (Homoptera: Psyllidae), in laboratory conditions. Jökull Journal 63: 52-72.

Khan, A.A.; Afzal, M.; Qureshi, J.A.; Khan, A.M.; Raza, A.M. 2014. Botanicals, selective insecticides, and predators to control ***Diaphorina citri*** (Hemiptera: Liviidae) in citrus orchards. Insect Science 21: 717-726.

Kogan, M. 1998. Integrated pest management: Historical perspectives and contemporary developments. Annual Review of Entomology 43: 243-270.

Koul, O.; Walia, S.; Dhaliwal, G. 2008. Essential oils as green pesticides: Potential and constraints. Biopesticides International 4: 63-84.

Kraiss, H.; Cullen, E.M. 2008. Insect growth regulator effects of azadirachtin and neem oil on survivorship, development and fecundity of ***Aphis glycines*** (Hemiptera: Aphididae) and its predator, ***Harmonia axyridis*** (Coleoptera: Coccinellidae). Pest Management Science 64: 660-668.

Li, H.; Cheng, F.; Wei, Y.; Lydy, M.J.; You, J. 2017. Global occurrence of pyrethroid insecticides in sediment and the associated toxicological effects on benthic invertebrates: An overview. Journal of Hazardous Materials 324: 258-271.

Lima, D.B.; Melo, J.W.S.; Gondim Jr., M.G.C.; Guedes, R.N.C.; Oliveira, J.E.M. 2016. Population-level effects of abamectin, azadirachtin and fenpyroximate on the predatory mite ***Neoseiulus baraki***. Experimental and Applied Acarology 70: 165-177.

Luckmann, D.; Gouvea, A.; Silva, E.R.L.; Puretz, B.; Dallacort, S.; Gonçalves, T.E. 2014. Seletividade de produtos naturais comerciais a ***Trichogramma pretiosum*** (Riley, 1879) (Hymenoptera: Trichogrammatidae). Revista Ceres 61: 924-931.

Medina, P.; Budia, F.; Tirry, L.; Smagghe, G.; Viñuela, E. 2001. Compatibility of spinosad, tebufenozide and azadirachtin with eggs and pupae of the predator ***Chrysoperla carnea*** (Stephens) under laboratory conditions. Biocontrol Science and Technology 11: 597-610.

Mollah, M.I.; Rahman, M.; Alam, Z. 2013. Effect of insecticides on lady bird beetle (Coleoptera: Coccinellidae) in country bean field. Middle-East Journal of Scientific Research 17: 1607-1610.

Monsreal-Ceballos, R.J.; Ruiz-Sánchez, E.; Ballina-Gómez, H.S.; Reyes-Ramírez, A.; González-Moreno, A. 2018. Effects of botanical insecticides on Hymenopteran parasitoids: A meta-analysis approach. Neotropical Entomology 47: 681-688.

Mourão, S.A.; Silva, J.C.T.; Guedes, R.N.C.; Vezon, M.; Jham, G.N.; Oliveira, C.L.; Zanuncio, J.C. 2004. Seletividade de extratos de nim (***Azadirachta indica*** A. Juss.) ao ácaro predador ***Iphiseiodes zuluagai*** (Denmark & Muma) (Acari: Phytoseiidae). Neotropical Entomology 33: 613-617.

Ndakidemi, B.; Mtei, K.; Ndakidemi, P. 2016. Impacts of synthetic and botanical pesticides on beneficial insects. Agricultural Sciences 7: 364-372.

Parra, J.R.P. 2014. Biological control in Brazil: An overview. Scientia Agricola 71: 420-429.

Packiam, S.M.; Ignacimuthu, S. 2012. Effect of PONNEEM[#] on ***Spodoptera litura*** (Fab.) and its compatibility with ***Trichogramma chilonis*** Ishii. Brazilian Archives of Biology and Technology 55: 291-298.

Parreira, D.S.; Cruz, R.A.; Zanuncio, J.C.; Lemes, P.G.; Rolim, G.S.; Barbosa, L.R.; Leite, G.L.D.; Serrão, J.E. 2018. Essential oils cause detrimental effects on biological parameters of ***Trichogramma galloi*** immatures. Journal of Pest Science 91: 887-895.

Plapp, F.W.; Vinson, S.B. 1977. Comparative toxicities of some insecticides to the tobacco budworm and its ichneumonid parasite, ***Campoletis sonorensis***. Environmental Entomology 6: 381-384.

Poderoso, J.C.M.; Correia-Oliveira, M.E.; Chagas, T.X.; Zanuncio, J.C.; Ribeiro, G.T. 2016. Effects of plant extracts on developmental stages of the predator ***Podisus nigrispinus*** (Hemiptera: Pentatomidae). Florida Entomologist 99: 113-116.

Pretty, J.; Benton, T.G.; Bharucha, Z.P.; Dicks, L.V.; Flora, C.B.; Godfray, H.C.J.; Goulson, D.; Hartley, S.; Lampkin, N.; Morris, C.; Pierzynski, G.; Prasad, P.V.V.; Reganold, J.; Rockstrom, J.; Smith, P.; Thorne, P.; Wratten, S. 2018. Global assessment of agricultural system redesign for sustainable intensification. Nature Sustainability 1: 441-446.

Rampelotti-Ferreira, F.T.; Coelho Jr., A.; Parra, J.R.P.; Vendramim, J.D. 2017. Selectivity of plant extracts for ***Trichogramma pretiosum*** Riley (Hymenoptera: Trichogrammatidae). Ecotoxicology and Environmental Safety 138: 78-82.

Razavi, N.; Ahmadi, K. 2016. Compatibility assessment between four ethanolic plant extracts with a bug predator ***Orius horvathi*** (Reuter) (Heteroptera: Anthocoridae) used for controlling the western flower thrips ***Frankliniella occidentalis*** (Pergande) (Thysanoptera: Thripidae). Journal of Plant Protection Research 56: 1-6.

Ribeiro, L.P.; Blume, E.; Bogorni, P.C.; Dequech, S.T.B.; Brand, S.C.; Junges, E. 2012. Compatibility of ***Beauveria bassiana*** commercial isolate with botanical insecticides utilized in organic crops in southern Brazil. Biological Agriculture & Horticulture 28: 223-240.

Ribeiro, L.P.; Mota, L.H.C.; D'Alessandro, C.P.; Vendramim, J.D.; Delalibera Jr., I. 2014. In vitro compatibility of an acetogenin-based bioinsecticide with three species of entomopathogenic fungi. Florida Entomologist 97: 1395-1403.

Ribeiro, L.P.; Vendramim, J.D.; Gonçalves, G.P.; Ansante, T.F.; Gloria, E.M.; Lopes, J.C.; Mello-Silva, R.; Fernandes, J.B. 2016. Searching for promising sources of grain protectors in extracts from Neotropical Annonaceae. Boletín Latinoamericano y del Caribe de Plantas Medicinales y Aromáticas 15: 215-232.

Regnault-Roger, C.; Philogène, B.J.R. 2008. Past and current prospects for the use of botanicals and plant allelochemicals in integrated pest management. Pharmaceutical Biology 46: 41-52.

Regnault-Roger, C.; Vincent, C.; Arnason, J.T. 2012. Essential oils in insect control: Low-risk products in a high-stakes world. Annual Review of Entomology 57: 405-424.

Rumpf, S.; Frampton, C.; Dietrich, D.R. 1998. Effects of conventional insecticides and insect growth regulators on fecundity and other life-table parameters of ***Micromus tasmaniae*** (Neuroptera: Hemerobiidae). Journal of Economic Entomology 91: 34-40.

Sahayaraj, K.; Namasivayam, K.R.; Rathi, J.M. 2011. Compatibility of entomopathogenic fungi with extracts of plants and commercial botanicals. African Journal of Biotechnology 10: 933-938.

Santos, C.A.M. 2015. Toxicidade de extratos de ***Solanum habrochaites*** (Solanaceae) para ***Anticarsia gemmatalis*** (Lepidoptera: Noctuidae) e seletividade a ***Palmistichus elaeisis*** (Hymenoptera: Eulophidae). Viçosa, 54p. Tese (Doutorado) - Programa de Pós-Graduação em Entomologia, Universidade Federal de Viçosa.

Santos, L.; Trindade, R.C.P.; Santos, D.S.; Dias, M.; Broglio, S.M.F.; Lemos, E.E.P. 2018. Effect of anonaceous extracts on ***Aphis gossypii*** (Glover, 1887) (Hemiptera: Aphididae) and selectivity to ***Eriopis connexa*** (Germar, 1824) (Coleoptera: Coccinellidae). Acta Scientiarum. Agronomy 40: 362-367.

Schlesener, D.C.H.; Duarte, A.F.; Guerrero, M.F.C.; Cunha, U.S.; Nava, D.E. 2013. Efeitos do nim sobre ***Tetranychus urticae*** Koch (Acari: Tetranychidae) e os predadores ***Phytoseiulus macropilis*** (Banks) e ***Neoseiulus californicus*** (Mcgregor) (Acari: Phytoseiidae). Revista Brasileira de Fruticultura 35: 59-66.

Schmutterer, H. 2010. Side-effects of neem (***Azadirachta indica***) products on insect pathogens and natural enemies of spider mites and insects. Journal of Applied Entomology 34: 121-128.

Scott, J.G.; Dong, K.; Geden, C.J.; Rutz, D.A. 1990. Evaluation of the biochemical basis of insecticide selectivity between host and parasitoid species. Environmental Entomology 19: 1722-1725.

Silva, D.M.; Bueno, A.F. 2015. Organic products selectivity for ***Trichogramma pretiosum*** (Hymenoptera: Trichogrammatidae). Arquivos do Instituto Biológico 82: 1-8.

Silva, D.; Bueno, A.F.; Andrade, K.; Stecca, C.S.; Neves, P.M.O.J.; Moscardi, F. 2016. Selectivity of organic compounds to the egg parasitoid ***Telenomus remus*** Nixon (Hymenoptera: Plastygastridae). Ciências Agrárias 37: 55-66.

Smaniotto, L.F.; Potrich, M.; Silva, E.R.L.; Silva, J.; Pegorini, C.C. 2013. Seletividade de produtos alternativos a ***Telenomus podisi*** Ashmead (Hymenoptera: Scelionidae). Ciências Agrárias 34: 3295-3306.

Souza, M.T.; Bernardi, D.; Krinski, D.; Melo, D.J.; Oliveira, D.C.; Rakes, M.; Zarbin, P.H.G.; Maia, B.H.L.N.S.; Zawadneak, M.A.C. 2020. Chemical composition of essential oils of selected species of ***Piper*** and their insecticidal activity against ***Drosophila suzukii*** and ***Trichopria anastrephae***. Environmental Science and Pollution Research 27: 13056-13065.

Stupp, P.; Rakes, M.; Martins, L.N.; Piovesan, B.; Oliveira, D.C.; Contreras-Miranda, J.A.; Ribeiro, L.P.; Nava, D.E.; Bernardi, D. 2020. Lethal and sublethal toxicities of acetogenin-based bioinsecticides on ***Ceratitis capitata*** and the parasitoid ***Diachasmimorpha longicaudata***. Phytoparasitica 48: 477-489.

Struik, P.C.; Kuyper, T. 2017. Sustainable intensification in agriculture: The richer shade of green. Agronomy for Sustainable Development 37: 1-15.

Suma, P.; Zappalá, L.; Mazzeo, G.; Siscaro, G. 2009. Lethal and sub-lethal effects of insecticides on natural enemies of citrus scale pests. BioControl 54: 651-661.

Sumon, K.A.; Ritika, A.K.; Peeters, E.; Rashid, H.; Bosma, R.H.; Rahman, M.S.; Fatema, M.K.; Van den Brink, P.J. 2018. Effects of imidacloprid on the ecology of sub-tropical freshwater microcosms. Environmental Pollution 236: 432-441.

Tavares, W.S.; Costa, M.A.; Cruz, I.; Silveira, R.D.; Serrão, J.E.; Zanuncio, J.C. 2010. Selective effects of natural and synthetic insecticides on mortality of ***Spodoptera frugiperda*** (Lepidoptera: Noctuidae) and its predator ***Eriopis connexa*** (Coleoptera: Coccinellidae). Journal of Environmental Science and Health 45: 557-561.

Tembo, Y.; Mkindi, A.G.; Mkenda, P.A.; Mpumi, N.; Mwanauta, R.; Stevenson, P.C.; Ndakidemi, P.A.; Belmain, S.R. 2018. Pesticidal plant extracts improve yield and reduce insect pests on legume crops without harming beneficial arthropods. Frontiers in Plant Science 9: 14-25.

Tilman, D.; Balzer, C.; Hill, J.; Befort, B.L. 2011. Global food demand and the sustainable intensification of agriculture. Proceedings of the National Academy of Sciences of the United States of America 108: 20260-20264.

Tunca, H.; Kilinçer, N.; Özkan, C. 2012. Side-effects of some botanical insecticides and extracts on the parasitoid ***Venturia canescens*** (Hymenoptera: Ichneumonidae). Turkish Journal of Entomology 36: 205-214.

Tunca, H.; Kilinçer, N.; Özkan, C. 2014. Toxicity and repellent effects of some botanical insecticides on the egg-larval parasitoid ***Chelonus oculator*** Panzer (Hymenoptera: Braconidae). Scientific Research and Essays 9: 106-113.

Turchen, L.M.; Golin, V.; Butnariu, A.R.; Pereira, M.J.; Barbosa, M.J. 2014. Selectivity of ***Annona*** (Annonaceae) extract on egg parasitoid ***Trissolcus urichi*** (Hymenoptera: Platygastridae). Revista Colombiana de Entomología 40: 176-180.

Turchen, L.M.; Piton, L.P.; Dall`oglio, E.L.; Butnariu, A.R.; Pereira, M.J.B. 2016. Toxicity of ***Piper aduncum*** (Piperaceae) essential oil against ***Euschistus heros*** (F.) (Hemiptera: Pentatomidae) and non-effect on egg parasitoids. Neotropical Entomology 45: 604-611.

Ullah, M.I.; Ali Zahid, S.M.; Arshad, M.; Iftikhar, Y.; Khalid, S.; Ochoa, J.M.; Naveed, M. 2017. Toxicity of botanicals and conventional insecticides to ***Aenasius bambawalei*** Hayat, an endoparasitoid of cotton mealybug, ***Phenacoccus solenopsis*** Tinsley. Southwestern Entomologist 42: 941-952.

Xavier, V.M.; Message, D.; Picanço, M.C.; Chediak, M.; Santana Jr., P.A.; Ramos, R.S.; Martins, J.C. 2015. Acute toxicity and sublethal effects of botanical insecticides to honey bees. Journal of Insect Science 15: 137-144.

Xu, H.X.; Yang, Y.J.; Lu, Y.H.; Zheng, X.S.; Tian, J.C.; Lai, F.X.; Fu, Q.; Lu, Z.X. 2017. Sustainable management of rice insect pests by nonchemical-insecticide technologies in China. Rice Science 24: 61-72.

Zanuncio, J.C.; Mourão, S.A.; Martínez, L.C.; Wilcken, C.F.; Ramalho, F.S.; Plata-Rueda, A.; Soares, M.A.; Serrão, J.E. 2016. Toxic effects of the neem oil (***Azadirachta indica***) formulation on the stink bug predator, ***Podisus nigrispinus*** (Heteroptera: Pentatomidae). Scientific Reports 6: 302-361.

Capítulo 13

# Associações de inseticidas botânicos e inseticidas sintéticos

Edson Luiz Lopes Baldin
Jéssica Emiliane Rodrigues Gorri

## 1. Introdução

Há muitas décadas, inseticidas/acaricidas sintéticos vêm sendo empregados como principal método de manejo de artrópodes-praga de importância agrícola, médica e veterinária. No entanto, apesar da valiosa contribuição dessa técnica para a agricultura, a utilização excessiva de moléculas sintéticas nas lavouras vem ocasionando efeitos adversos ao meio ambiente e à saúde do trabalhador, além de propiciar a seleção de populações resistentes aos principais ingredientes ativos disponíveis no mercado (Kohler e Triebskorn, 2013).

A maioria dos relatos de espécies de insetos de importância agrícola resistentes aos inseticidas envolve princípios ativos dos grupos dos organofosforados e carbamatos, intensamente utilizados no controle de pragas há quase meio século (Coates et al., 2016). Face aos desafios da agricultura moderna e da exigência dos consumidores, enfoques multidisciplinares envolvendo várias áreas de conhecimento são necessários para o desenvolvimento de novos compostos com atividade inseticida (Mingyue et al., 2013), bem como de estratégias de manejo de artrópodes-praga em consonância com os preceitos da sustentabilidade.

Nessa linha, a descoberta de novas moléculas com ação inseticida, bem como o desenvolvimento de formulações mais seguras ao ambiente e menos tóxicas a organismos não alvo são fundamentais para a continuidade da produção agrícola de modo rentável e sustentável. Assim, inúmeros estudos vêm sendo realizados no intuito de selecionar derivados botânicos ou compostos bioativos de espécies vegetais (aleloquímicos), os quais têm sido considerados ecologicamente mais seguros e com menor impacto para a saúde humana (Pavela, 2007; Dayan et al., 2009; Hong et al., 2013; Anbalagan et al., 2014).

Extratos e óleos essenciais com propriedades inseticidas/insetistáticas são constituídos por metabólitos secundários diversificados (p. ex.: alcaloides, flavonoides, saponinas, terpenoides e fitohormônios, entre outros), os quais são produzidos em grande parte para defesa da planta contra a herbivoria (Isman, 2006). Contudo, esses derivados botânicos geralmente possuem baixa estabilidade físico-química, alta volatilidade e sensibilidade térmica, além de não haver um número suficiente de estudos quanto a sua ação sobre inimigos naturais (entomófagos e entomopatógenos), o que, de certa forma, limita sua adoção em larga escala para o manejo de pragas agrícolas (Cloyd e Chiasson, 2007; Asbahani et al., 2015). Outras dificuldades desse método são a instabilidade de formulações, o baixo poder residual e a rápida degradação, aspectos também discutidos em outros capítulos deste livro.

Dentre as estratégias para contornar características inconvenientes do emprego de inseticidas sintéticos e de derivados botânicos, merece destaque o uso associado das duas práticas (Guedes e Oliveira, 2002; Zahid et al., 2016). O manejo de pragas por meio da combinação entre moléculas sintéticas com ação inseticida já comprovada (registradas para uma praga em determinado hospedeiro) e inseticidas/acaricidas botânicos pode potencializar o efeito dos produtos utilizados, em virtude de possíveis interações aditivas ou sinérgicas.

Essa combinação pode proporcionar redução do uso de ingredientes ativos sintéticos, uma vez que vários compostos ativos podem estar envolvidos, retardando o surgimento de populações resistentes, além da redução dos impactos ambientais advindos da aplicação de compostos xenobióticos e dos custos de controle (Curtis, 1985; Sahayaraj e Amalraj, 2005; Morales González et al., 2009). Contudo, deve-se considerar a possibilidade de ocorrência de incompatibilidades físicas e químicas das misturas ou mesmo de o efeito ser antagônico (Mohan et al., 2006; Bhan et al., 2015), uma vez que as combinações envolvem compostos com propriedades distintas ou se encontram em proporções discrepantes nas misturas.

## 2. Tipos de interação entre compostos

A partir da interação entre compostos químicos, os principais efeitos resultantes podem ser: aditivismo, sinergismo e antagonismo. Quando o efeito final de uma determinada mistura é igual à soma dos efeitos de cada um dos agentes envolvidos, o efeito proporcionado é chamado de aditivismo. Caso o resultado da interação seja maior que a soma da resposta de cada agente em separado, esse efeito é considerado sinérgico, e se esse resultado é menor o efeito é classificado como antagônico. No decorrer deste capítulo, será dada maior ênfase às interações sinérgicas e antagônicas envolvendo derivados botânicos e compostos sintéticos.

## 2.1. Sinergismo

Sinergismo é o que ocorre quando o efeito de dois ou mais agentes químicos combinados é maior do que a soma dos efeitos individuais (Wagner e Ulrich-Merzenich, 2009). Quando se trata de compostos inseticidas, são considerados sinergistas aqueles produtos químicos, naturais ou sintéticos, em que suas concentrações ou doses testadas consigam aumentar a eficácia do outro composto inseticida envolvido (Batista, 1974; Raffa e Priester, 1985; Bernard e Philogène, 1993; Wagner e Ulrich-Merzenich, 2009).

Os primeiros estudos sobre sinergismo foram realizados com piretrinas na década de 1940, quando foi registrado o primeiro composto com essa característica (Gist e Pless, 1985). Posteriormente, na década de 1950, foi registrado o butóxido de piperonila (PBO), considerado um dos principais compostos sinergistas de piretroides e carbamatos (Tozzi, 1998). Desde então, os pesquisadores têm demonstrado interesse sobre as possibilidades de que outras classes de compostos provenientes de plantas possam ser sinergistas. Até o momento, um número limitado de estudos identificou derivados botânicos atuando como sinergistas em combinação com inseticidas químicos sintéticos, sendo a maioria com outros inseticidas botânicos (extratos ou óleos essenciais ou fixos) e inseticidas sintéticos do grupo dos organofosforados e piretroides. Entre eles, foram reportados exemplos com artrópodes-praga de grandes culturas e de grãos armazenados e insetos de importância médica (Baki et al., 2005; Faraone et al., 2015). No Capítulo 15 desta publicação, a ação sinérgica de óleos essenciais em formulações de inseticidas é abordada com maior profundidade.

É possível que a ação sinérgica a partir da mistura de dois produtos químicos seja resultante da atuação em diferentes sítios de ação dos insetos-praga (Sun e Johnson, 1960; Faraone et al., 2015), o que potencializaria o efeito inseticida e reduziria a possibilidade de evolução de populações resistentes a uma determinada molécula sintética, na ausência de resistência múltipla documentada. No entanto, é de difícil compreensão a ação sinérgica de uma mistura de dois ou mais compostos inseticidas com relação ao modo de ação e biodinâmica no inseto-alvo (Sun e Johnson, 1960); assim, são necessários, ainda, estudos para uma melhor compreensão dos aspectos fisiológicos resultantes dessas interações. A ação sinérgica é geralmente atribuída à inibição de importantes enzimas destoxificantes no metabolismo de inseticidas, como, por exemplo, as monooxigenases dependentes do citocromo P450 e as carboxilesterases (Tong e Bloomquist, 2013).

## 2.2. Antagonismo

Antagonismo é o que ocorre quando o efeito de dois ou mais agentes químicos combinados é menor do que a soma dos efeitos individuais (Batista et al., 1976; Wagner e Ulrich-Merzenich, 2009). As interações químicas entre diferentes compostos de uma mistura podem variar de acordo com a proporção dos componentes, a duração da exposição aos compostos e os alvos a serem atingidos. Quando essas interações ocorrem no mesmo local, podem provocar efeitos divergentes no alvo e, como consequência, um composto reduz a eficácia do outro, resultando em antagonismo (Reffstrup et al., 2010; Tong e Bloomquist, 2013).

Embora pesquisas relacionadas com interação entre inseticidas sintéticos e botânicos tenham demonstrado, em muitos casos, efeitos antagônicos entre os compostos estudados (Mohan et al., 2006; Maurya et al., 2012; Bhan et al., 2015; Faraone et al., 2015), alguns desses estudos também evidenciaram que as mesmas misturas envolvidas podem também causar sinergismo, dependendo das proporções utilizadas. Dessa maneira, a fim de evitar efeitos inesperados, recomenda-se que para cada mistura testada sejam conhecidas as proporções de cada composto envolvido (Reffstrup et al., 2010).

Além do equilíbrio nas proporções, as propriedades químicas e físicas dos compostos sintéticos e botânicos também devem ser consideradas. Tong e Bloomquist (2013) relataram efeito antagônico entre óleos essenciais de algumas plantas e a permetrina (piretroide) sobre larvas do mosquito *Aedes aegypti* (L.) (Diptera: Culicidae), o que foi atribuído à alta hidrofobicidade da permetrina, que pode ter inviabilizado a ação larvicida da mistura. De forma semelhante, Faraone et al. (2015) demonstraram antagonismo entre os óleos essenciais de lavanda [*Lavandula angustifolia* Mill. (Lamiaceae)] e de tomilho [*Thymus vulgaris* L. (Lamiaceae)] com um inseticida à base de espirotetramato sobre o pulgão-verde [*Myzus persicae* (Sulzer) (Hemiptera: Aphididae)], em que a ação antagônica foi justificada pela insolubilidade de todos os compostos na mistura.

## 2.3. Efeitos de misturas e classificação

Para avaliar a interação entre compostos, as mortalidades esperadas são calculadas de acordo com a fórmula: $ME = MOA + MOB\ (1 - MOA/100)$, onde ME = mortalidade esperada e MOA e MOB = mortalidades observadas usando os compostos A e B, respectivamente (Hummelbrunner e Isman, 2001). Os efeitos das misturas binárias são classificados comparando o $\chi 2$ calculado ao $\chi 2$ tabelado ($\chi 2$ tab = 3,84; df = 1; $\alpha$ = 0,05). O $\chi 2$ calculado é obtido a partir da seguinte fórmula: $\chi 2 = (MOAB - ME)2/ME$, onde MOAB = mortalidade observada usando a mistura binária (A + B). Quando $\chi 2$ calculado < 3,84, o efeito da mistura binária é aditivo. Quando o valor do $\chi 2$ calculado > 3,84, o efeito pode ser sinérgico ou antagônico. Nesse caso, as mortalidades esperadas e observadas das misturas binárias devem ser avaliadas. Se a mortalidade observada for maior que a mortalidade esperada, o efeito da mistura binária é classificado como sinérgico; ao passo que, se a mortalidade observada for menor que a mortalidade esperada, o efeito da mistura binária é classificado como antagônico (Figura 1).

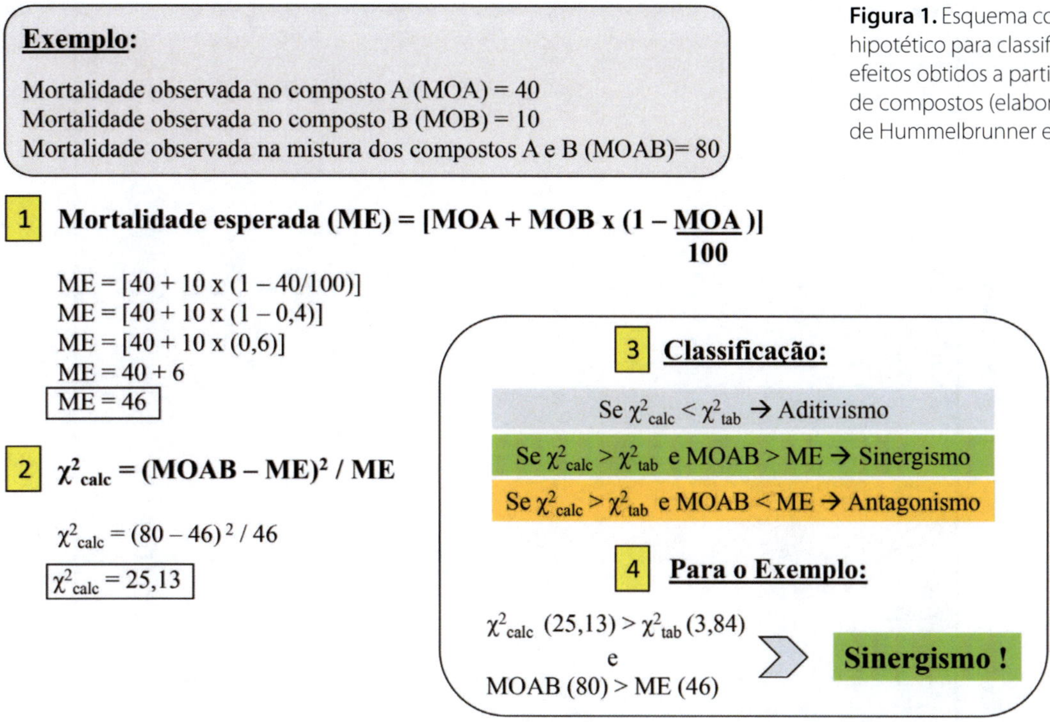


**Figura 1.** Esquema com exemplo hipotético para classificação de efeitos obtidos a partir de misturas de compostos (elaborado a partir de Hummelbrunner e Isman, 2001).

Quando um dos compostos envolvidos em uma mistura é não tóxico, pode-se calcular-se o índice de sinergismo (IS), que é definido como o aumento da toxicidade da mistura causada pela ação do composto não tóxico. Esse índice é obtido pela razão entre a CL50 do composto tóxico e a CL50 da mistura.

IS= CL50 composto tóxico/ CL50 (composto tóxico + composto não tóxico).

onde se IS > 1 é sinergismo ou se IS < 1 é antagonismo.

O IS, nesse caso, aumenta com a concentração do sinergista (não tóxico) em relação ao composto tóxico, o que pode ser explicado pelo bloqueio mais efetivo que maiores concentrações do sinergista causa nos mecanismos destoxificadores do inseto (Batista et al., 1976). Alguns exemplos de interações envolvendo inseticidas sintéticos e derivados botânicos (extratos e óleos), bem como seus efeitos sobre algumas espécies de artrópodes encontram-se nas Tabelas 1 e 2.

**Tabela 1.** Exemplos de associações envolvendo inseticidas sintéticos e extratos botânicos e respectivos efeitos de interação observados sobre artrópodes-praga" de importância agrícola e para a saúde pública.

| Associações | Extratores | Artrópodes | Efeitos observados | Referências |
|---|---|---|---|---|
| Piretroide + extrato de *Ruta graveolens* L. | Acetona/acetato de etila/etanol | *Anopheles stephensi* (Linston) | Sinergismo | Aivazi e Vijayan (2010) |
| Neonicotinoide + extrato de *Ocimum basilicum* L. | Metanol | *A. stephensi* | Sinergismo e antagonismo | Maurya et al. (2012) |
| Piretroide + extrato de *Solanum xanthocarpum* Schrad. & J. C. Wendl. | Éter de petróleo | *Culex quinquefasciatus* (Say) | Sinergismo e antagonismo | Mohan et al. (2006) |
| Piretroide/carbamato/organofosforado/benzolureia (P/C/O/B) + extrato de *Azadirachta indica* A. Juss.<br>P/C/O/B + extrato de *Cichorium intybus* L.<br>P/C/O/B + extrato de *Citrus aurantifolia* Swingle<br>P/C/O/B + extrato de *Conyza aegyptiaca* (L.) Ainton<br>P/C/O/B + extrato de *Eucalyptus globulus* Labill.<br>P/C/O/B + extrato de *E. globulus*<br>P/C/O/B + extrato de *Piper nigrum* L.<br>P/C/O/B + extrato de *Punica granatum* L.<br>P/C/O/B + extrato de *Salix safsaf* Forssk<br>P/C/O/B + extrato de *Sonchus oleraceus* L.<br>P/C/O/B + extrato de *Zea mays* L. | Etanol | *Musca domestica* L. | Sinergismo | Mansour et al. (2011) |
| Organofosforado + extrato de *Cuscuta reflexa* Roxb. | Hexano/metanol | *A. stephensi* | Sinergismo e antagonismo | Bhan et al. (2015) |
| Organofosforado + extrato de *C. reflexa* | | *C. quinquefasciatus* | Sinergismo e antagonismo | |
| Análogo do hormônio juvenil + extrato de *A. indica* | Água | *Pieris brassicae* (L.) | Sinergismo | Ali et al. ( 2017) |
| Piretroide + extrato de *Wedelia calendulacea* Less. | Acetona/etanol/metanol | *Tribolium castaneum* (Herbst) | Sinergismo | Baki et al. (2005) |
| Organofosforado + extrato de *Murraya koenigii* L. | Acetona/éter de petróleo | *Aedes aegypti* (L.) | Sinergismo | Harve e Kamath (2004) |

Tabela 2. Exemplos de efeitos sinérgicos envolvendo inseticidas sintéticos e óleos fixos ou essenciais obtidos de diferentes espécies botânicas e respectivos efeitos de interação observados sobre artrópodes-praga.

| Associações | Artrópodes | Referências |
|---|---|---|
| Piretroide/carbamato + óleo essencial de *Piper nigrum* L. | *Aedes aegypti* (L.) | Tong e Bloomquist (2013) |
| Piretroide + óleo resina de *Copaifera multijuga* Hayne | *Spodoptera frugiperda* (J.E. Smith) | Almeida (2017) |
| Organofosforado + óleo resina de *C. multijuga* | *S. frugiperda* | Almeida (2017) |
| Organofosforado + óleo de sementes de *Azadirachta indica* A. Juss. | *Spodoptera litura* (Fabricius) | Radhika e Sahayaraj (2014) |
| Organofosforado + óleo essencial de *Piper aduncum* L. | *S. frugiperda* | Fazolin et al. (2017) |
| Carbamato + óleo essencial de *P. aduncum* | *S. frugiperda* | Fazolin et al. (2017) |
| Organoclorado + formulação contendo óleo de sementes de *A. indica* | *S. litura* | War et al. (2011) |
| Organofosforado + óleo de sementes de *A. indica* | *Aproaerema modicella* (Deventer), *Helicoverpa armigera* (Hübner) e *S. litura* | Sahayaraj e Amalraj (2005) |
| Organofosforado/carbamato + óleo essencial de *Majorana hortensis* Moench | *Aphis fabae* (Scopoli) | Abbassy et al. (2009) |
| Organofosforado/carbamato + óleo essencial de *M. hortensis* | *S. litura* | Abbassy et al. (2009) |
| Piretroide + óleo de sementes de *Sesamum indicum* L. | *Plutella xylostella* (L.) | Visetson et al. (2003) |

## 3. Interações de derivados botânicos e inseticidas sintéticos no manejo de insetos-praga

### 3.1. Ordem Lepidoptera

A ordem Lepidoptera compreende um amplo grupo de insetos-praga para diversas culturas de importância agrícola, muitos dos quais são polífagos, o que intensifica o seu potencial de danos às lavouras. Os principais métodos de controle para lepidópteros-praga envolvem pulverizações com inseticidas químicos sintéticos e a utilização de eventos geneticamente modificados que expressam proteínas inseticidas de *Bacillus thuringiensis* Berliner (eventos *Bt*). Entretanto, são crescentes os relatos de redução da eficácia dessas duas ferramentas no campo (Tabashnik e Carrière, 2017; Bass e Jones, 2018). Sob essa ótica, existe uma grande demanda para o desenvolvimento de novas ferramentas de controle para esse grupo de pragas. Dentre as estratégias a serem adotadas e que também auxiliam no manejo da resistência de insetos, Guedes e Oliveira (2002) sugerem a combinação de dois inseticidas ou de um inseticida com um sinergista.

Fazolin et al. (2017) avaliaram o efeito sinérgico de doses subletais do óleo essencial de pimenta-de-macaco [*Piper aduncum* L. (Piperaceae)] (OEPA), em combinações com formulações de organofosforados (profenofós e clorpirifós) e carbamato (metomil), sobre a lagarta-do-cartucho [*Spodoptera frugiperda* (J.E. Smith) (Lepidoptera: Noctuidae)]. Os resultados obtidos a partir das diferentes proporções das combinações dos inseticidas com o OEPA indicaram sinergismo, conforme o índice de equivalência que classifica as combinações como aditivas, sinérgicas ou antagônicas (Ramakrishnan e Jusko, 2001). Para os inseticidas organofosforados, os maiores fatores de sinergismo (FS) foram constatados para as combinações com ¼ da $CL_{50}$ do OEPA em comparação à metade das respectivas $CL_{50}$ (Tabela 3).

**Tabela 3.** Toxicidade das combinações de inseticidas sintéticos dos grupos dos organofosforados e carbamatos com o óleo essencial de *Piper aduncum* (OEPA) para controle de lagartas de *Spodoptera frugiperda* via contato residual (adaptada de Fazolin et al. *Revista Agro@mbiente On-line* 11: 232-240, 2017, com autorização).

| Combinações | [2]$CL_{50}$ ([3]IC 95%) ($\mu L\ cm^{-2}$) | [3]FS | Efeito |
|---|---|---|---|
| [1]OEPA | $1,2 \times 10^{-2}$ ($7,1 \times 10^{-3}$-$1,8 \times 10^{-2}$) | - | - |
| Profenofós (organofosforado) | $6,8 \times 10^{-3}$ ($5,6 \times 10^{-3}$-$8,2 \times 10^{-3}$) | - | - |
| Metomil (carbamato) | $8,3 \times 10^{-3}$ ($5,8\times10^{-3}$-$1,2\times10^{-2}$) | - | - |
| Clorpirifós (organofosforado) | $3,0 \times 10^{-5}$ ($2,3\times10^{-5}$-$4,3\times10^{-5}$) | - | - |
| Profenofós +1/2 OEPA | $1,3 \times 10^{-3}$ ($8,9\times10^{-4}$-$1,6\times10^{-3}$) | 5,4 | Sinergismo |
| Profenofós +1/4 OEPA | $8,8 \times 10^{-4}$ ($7,3\times10^{-4}$-$1,0\times10^{-3}$) | 7,7 | Sinergismo |
| Clorpririfós +1/2 OEPA | $1,6 \times 10^{-5}$ ($1,3\times10^{-5}$-$2,0\times10^{-5}$) | 3,4 | Sinergismo |
| Clorpririfós +1/4 OEPA | $6,8 \times 10^{-6}$ ($4,5\times10^{-6}$-$9,1\times10^{-6}$) | 7,8 | Sinergismo |
| Metomil +1/2 OEPA | $4,8 \times 10^{-4}$ ($1,9\times10^{-4}$-$1,2\times10^{-3}$) | 17,2 | Sinergismo |
| Metomil +1/4 OEPA | $5,0 \times 10^{-4}$ ($2,7\times10^{-4}$-$9,0\times10^{-4}$) | 16,5 | Sinergismo |

[1]OEPA: óleo essencial de *Piper aduncum*;
[2]$CL_{50}$: concentração necessária para matar 50% dos insetos expostos;
[3]FS: fator de sinergismo calculado em função das concentrações letais.

Ali et al. (2017) avaliaram opções de controle da lagarta *Pieris brassicae* L. (Lepidoptera: Pieridae), considerada uma das pragas-chave de Brassicaceae em alguns países produtores (Hasan e Ansari, 2010). Os pesquisadores avaliaram a mortalidade (Figura 2), crescimento (Figura 3) e consumo alimentar (Figura 4) de lagartas submetidas a diferentes inseticidas sintéticos (tiametoxam 25% SP, acetamiprido 20% SP e piriproxifem 10,8% EC), extratos etanólicos de nim [*Azadirachta indica* A. Juss. (Meliaceae)] (5 e 7%) e combinações de inseticidas sintéticos e botânicos em comparação com água (controle negativo). O estudo demonstrou que os extratos de nim isolados ou em combinação com os inseticidas sintéticos podem ser usados para o controle de *P. brassicae*, com efeitos significativos sobre a mortalidade, crescimento e comportamento alimentar das lagartas (Figuras 2 a 4). A combinação do inseticida piriproxifem com o extrato a 7% causou menor mortalidade em comparação com a aplicação do extrato isoladamente (Figura 2). Esse efeito antagônico foi atribuído pelos autores a possíveis mecanismos de destoxificação que levam à inativação de alguns metabólitos. Nesse contexto, é possível que a toxicidade da mistura entre piriproxifem e extrato tenha sido reduzida a partir da degradação de um ou mais constituintes da mistura (Yi et al., 2012).

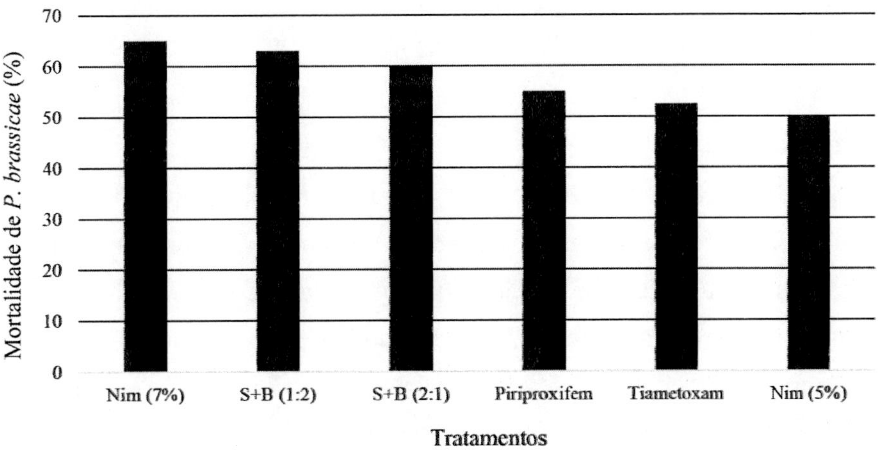


**Figura 2.** Mortalidade (%) de lagartas de ***Pieris brassicae*** após a aplicação de derivados botânicos (B) e sintéticos (S) isoladamente ou em combinação [S + B, inseticida (piriproxifem) + botânico (nim 7%)] (adaptada de Ali et al. ***Turkish Journal of Entomology*** 41: 275-284, 2017, com autorização).

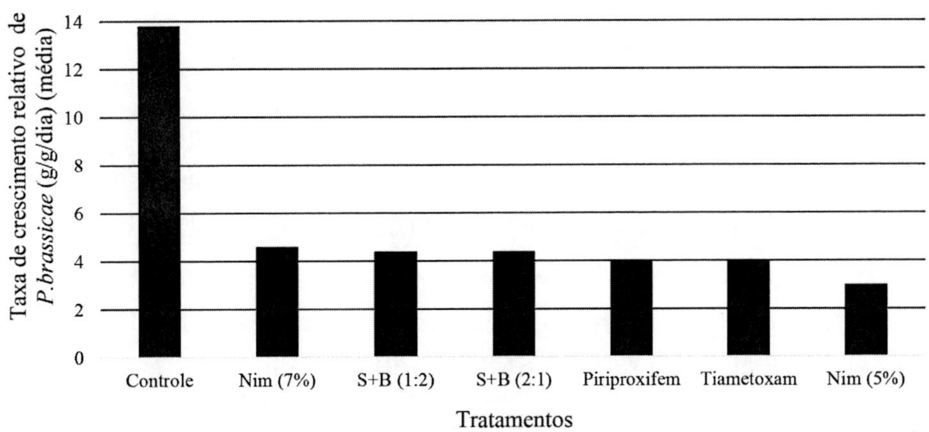


**Figura 3.** Taxa de crescimento relativo de ***Pieris brassicae*** após a aplicação de derivados botânicos (B) e sintéticos (S) isoladamente ou em combinação [S + B, inseticida (piriproxifem) + botânico (nim 7%)] (adaptada de Ali et al. ***Turkish Journal of Entomology*** 41: 275-284, 2017, com autorização).

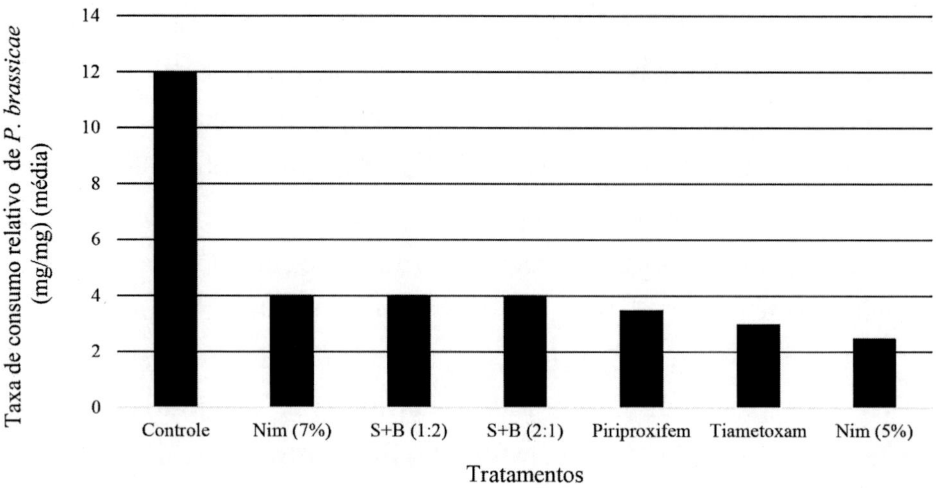


**Figura 4.** Taxa de consumo relativo de ***Pieris brassicae*** após a aplicação de derivados botânicos (B) e sintéticos (S) isoladamente ou em combinação [S + B, inseticida (piriproxifem) + botânico (nim 7%)] (adaptada de Ali et al. *Turkish Journal of Entomology* 41: 275-284, 2017, com autorização).

## 3.2. Ordem Hemiptera

Muitos insetos da ordem Hemiptera são pragas primárias importantes para diferentes cultivos agrícolas, causando significativas perdas econômicas. O principal método de controle para os insetos dessa ordem se baseia na pulverização de moléculas sintéticas, as quais, mesmo demonstrando eficácia na redução das populações, ocasionam efeitos deletérios sobre a saúde humana e o meio ambiente, além da perda gradativa da eficácia pela evolução da resistência (Cloyd et al., 2009). Assim, a possibilidade de obtenção de efeitos sinérgicos a partir da combinação de compostos sintéticos e derivados botânicos revela-se uma alternativa bastante promissora (Bernard e Philogene, 1993; Isman, 2006).

Em estudos com o pulgão-verde *M. persicae*, foi avaliado o possível sinergismo entre o inseticida neonicotinoide imidacloprido (Tabela 4), óleos essenciais de lavanda (*L. angustifolia*) e de tomilho (*T. vulgaris*) e os compostos majoritários isolados desses óleos (linalol e timol, respectivamente), usando como parâmetro a mortalidade do inseto (Faraone et al., 2015). Os autores verificaram elevado índice de sinergismo a partir da mistura do composto sintético com cada um dos óleos testados; entretanto, o sinergismo foi menor quando o imidacloprido foi misturado com cada um dos compostos majoritários (linalol e timol), o que sugeriu que a ação conjunta dos constituintes minoritários dos óleos e o composto sintético foram os responsáveis pelo sinergismo verificado (Tabela 4).

Uma possível hipótese para explicar o sinergismo citado no referido estudo seria que o efeito observado é resultado da mistura de dois produtos químicos que atacam diferentes sítios-alvo no inseto. O imidacloprido é um agonista dos receptores de acetilcolina (Matsuda et al., 2001), já o óleo de *L. angustifolia* inibe a acetilcolinesterase (Lopez e Pascual-Villalobos, 2010), enquanto que o óleo de *T. vulgaris* interfere nos receptores de GABA e na síntese de octopamina (Essam, 2005). Entretanto, os autores justificam os resultados de sinergismo a partir do processo de inibição enzimática com base em outros estudos já conduzidos (Ghadamyari et al., 2012; Ramirez et al., 2012), sendo essa inibição a responsável por elevar o potencial inseticida resultando no sinergismo do imidacloprido com os óleos testados sobre *M. persicae*, espécie com relatos de resistência a esse neonicotinoide (Nauen e Denholm, 2005).

**Tabela 4.** Mortalidade de ninfas de segundo instar de *Myzus persicae* em aplicação tópica ou em discos foliares com imidacloprido misturado a óleos essenciais de *Lavandula angustifolia* e de *Thymus vulgaris* e aos compostos majoritários desses óleos (linalol e timol) (adaptada de Faraone et al. *PLos ONE* 10: e0127774, 2015, com autorização).

| Tratamento | Exposição | [1]$CL_{50}$ (ppm) | [2]FS | Classificação |
|---|---|---|---|---|
| Imidacloprido | Tópica | 0,79 (0,59-1,07) | - | - |
| | Disco foliar | 1,30 (0,89-1,83) | - | - |
| + *L. angustifolia* | Tópica | 0,05 (0,02-0,08) | 15,8 | Sinergismo |
| | Disco foliar | 0,72 (0,45-1,30) | 1,8 | Sinergismo |
| + *T. vulgaris* | Tópica | 0,04 (0,02-0,06) | 19,8 | Sinergismo |
| | Disco foliar | 0,44 (0,28-0,67) | 3,0 | Sinergismo |
| + Linalol | Tópica | 0,28 (0,21-0,38) | 2,8 | Sinergismo |
| | Disco foliar | 0,72 (0,45-1,24) | 1,8 | Sinergismo |
| + Timol | Tópica | 0,25 (0,19-0,35) | 1,8 | Sinergismo |
| | Disco foliar | 0,19 (0,12-0,28) | 4,8 | Sinergismo |

[1]$CL_{50}$: concentração necessária para matar 50% dos insetos expostos;
[2]FS: fator de sinergismo calculado em função das concentrações letais.

## 3.3. Ordem Coleoptera

A maioria dos trabalhos reportando a interação entre inseticidas sintéticos e derivados botânicos para o controle de coleópteros-praga envolve espécies que infestam produtos agrícolas armazenados (Lorini et al., 2011; Hashem et al., 2012). Para esses alvos, o mais comum é o uso de produtos sintéticos via fumigação ou pulverização, porém esse tipo de prática vem apresentando restrições de uso principalmente devido à seleção de populações resistentes e pelos riscos de contaminação dos alimentos (Lorini e Galley, 1996; Lorini et al., 2011). Dessa maneira, a mistura com sinergistas ou a adição desses agentes nas formulações pode representar uma ferramenta importante para controle de populações resistentes de pragas de grãos armazenados.

Baki et al. (2005) avaliaram o efeito sinérgico da mistura de extratos da planta inteira de vedélia [*Wedelia calendulacea* Less. (Asteraceae)] (obtidos por extração com éter de petróleo, acetato de etila, acetona e metanol) e o inseticida sintético lambda-cialotrina (piretroide) sobre o besouro-castanho [*Tribolium castaneum (*Herbst) (Coleoptera: Tenebrionidae)]. Foram avaliadas quatro proporções (1:1, 1:2, 1:5 e 1:10) envolvendo doses de inseticida: extrato botânico (v/v) sobre adultos do inseto, utilizando o método de contato em superfície contaminada com aplicação dos tratamentos sobre o local onde os indivíduos são acondicionados. O efeito sinérgico do extrato de *W. calendulacea* combinado com lambda-cialotrina foi constatado em todas as combinações testadas.

Khalequzzaman e Khanom (2006) observaram o efeito do inseticida sintético cipermetrina (piretroide) em combinação com extratos de folhas e de sementes de nim (*A. indica*) provenientes de extrações em éter de petróleo, acetato de etila, acetona e metanol sobre 4 populações de adultos de *T. castaneum*. Os derivados botânicos foram testados pelo método de contato em superfície contaminada, avaliando-se a mortalidade dos besouros após 24 e 48 h de exposição. Os autores utilizaram 0,00196 μg/cm$^2$ do inseticida e 4 concentrações de extrato de folhas de nim (33,96; 123,82; 67,76 e 86,27 μg/cm$^2$) e outras 4 concentrações de extratos de sementes de nim (44,41; 155,78; 116,53 e 110,13 μg/cm$^2$) para os extratos em éter de petróleo, acetato de etila, acetona e metanol, respectivamente. Os extratos de folhas e de sementes demonstraram efeito sinérgico em mistura com cipermetrina para o referido inseto, com exceção apenas para o extrator acetona em algumas populações avaliadas (Tabela 5).

**Tabela 5.** Valores de $\chi^2$ baseados na mortalidade esperada de adultos de *Tribolium castaneum* a partir da soma dos efeitos individuais de cipermetrina e de extrato de nim após 24 e 48 h de exposição (adaptada de Khalequzzaman e Khanom. *University Journal of Zoology Rajshahi University* 25: 45-49, 2006, com autorização).

| Parte da planta | Exposição (horas) | Extrator | Valor $\chi^2$ | | | |
|---|---|---|---|---|---|---|
| | | | [1]Pop. 1 | [1]Pop. 2 | [1]Pop. 3 | [1]Pop. 4 |
| Folha | 24 | Éter de petróleo | 9,76** | 7,56** | 7,81** | 17,57*** |
| | | Acetato de etila | 7,88** | 12,13*** | 5,35* | 7,12** |
| | | Acetona | 6,38* | 0,90 | 0,27 | 1,02 |
| | | Metanol | 7,72** | 13,48*** | 4,12* | 8,40** |
| | 48 | Éter de petróleo | 15,01*** | 10,81*** | 20,16*** | 24,80*** |
| | | Acetato de etila | 13,00*** | 14,97*** | 13,95*** | 14,77*** |
| | | Acetona | 0,46 | 0,99 | 2,06 | 8,81** |
| | | Metanol | 11,20*** | 9,77** | 6,53** | 12,47*** |
| Semente | 24 | Éter de petróleo | 19,20*** | 14,97*** | 12,12*** | 18,71*** |
| | | Acetato de etila | 9,77** | 17,44*** | 11,53*** | 5,03* |
| | | Acetona | 0,99 | 3,02 | 0,27 | 3,56 |
| | | Metanol | 3,62 | 10,04*** | 4,30* | 4,74* |
| | 48 | Éter de petróleo | 17,55*** | 15,26*** | 10,61*** | 23,97*** |
| | | Acetato de etila | 5,71* | 6,72** | 11,99*** | 4,33* |
| | | Acetona | 1,24 | 4,83* | 2,28 | 0,99 |
| | | Metanol | 8,72** | 14,48*** | 3,94* | 5,98* |

* = $p < 0,05$, ** = $p < 0,01$; *** = $p < 0,001$, valores de $\chi^2$ significativos indicam que a mortalidade a partir da combinação dos compostos é maior, com possível efeito sinérgico (Benz, 1971);
[1]Pop.: diferentes populações de ***T. castaneum***.

Os autores justificam seus resultados com base em pesquisas anteriores que relatam a capacidade de os insetos-praga metabolizarem inseticidas, tornando-os compostos sem toxicidade ou de toxicidade reduzida na ausência de algum sinergista. Tais argumentos são baseados na capacidade dos compostos sinérgicos de inibirem o complexo enzimático responsável pela degradação dos inseticidas sintéticos. Dessa maneira, um maior teor do ingrediente ativo permanece disponível e poderá atuar no organismo do artrópode-praga (Hewlett, 1960; Sun e Johnson 1960; Othaki e Williams, 1970; (Walker e Thomson, 1973).

### 3.4. Ordem Diptera

Diante da constante necessidade de controle de dípteros prejudiciais em áreas agrícolas e urbanas, a identificação de compostos sinérgicos e sua utilização em misturas com fitoquímicos pode levar ao desenvolvimento de biolarvicidas mais eficazes, bem como reduzir os teores de moléculas sintéticas, diminuindo, assim, a pressão de seleção e prolongando os níveis de eficácia de produtos já disponíveis no mercado (Shaalan et al., 2005).

Até o momento, os estudos disponíveis sobre sinergismo entre misturas envolvendo derivados botânicos e inseticidas sintéticos sobre dípteros são relacionados a espécies de importância médica. Thangam e Kathiresan (1990) relataram que misturas entre compostos sintéticos e botânicos podem ser responsáveis pela redução da atividade de enzimas que inativam compostos inseticidas sintéticos em larvas de Diptera. Desde então, pesquisas subsequentes têm buscado identificar derivados botânicos com potencial sinérgico para auxiliar ou incrementar os métodos de controle para esse grupo de insetos.

Mansour et al. (2011) avaliaram os efeitos de misturas dos inseticidas (A) metomil (carbamato), clopirifós (organofosforado), deltametrina (piretroide), flufenoxuron (benzoilureia) em $CL_0$ (concentração que não causa mortalidade) com a $CL_{50}$ de extratos etanólicos; (B) preparados a partir de diferentes espécies vegetais [*A. indica* (amêndoas), *Cichorium intybus* L. (Asteraceae) (planta toda), *Citrus aurantifolia* Swingle (Rutaceae) (cascas de frutos), *Conyza aegyptiaca* (L.) Ainton (Asteraceae) (planta toda), *Eucalyptus globulus* Labill. (Myrtaceae) (frutos), *E. globulus* (folhas), *Piper nigrum* L. (Piperaceae) (sementes), *Punica granatum* L. (Punicaceae) (cascas de frutos), *Salix safsaf* Forssk. (Salicaceae) (folhas), *Sonchus oleraceus* L. (Asteraceae) (planta toda), *Zea mays* L. (Poaceae) (folhas e estilo-estigmas)] resultando em 44 combinações. As misturas foram incorporadas em iscas de farelo de trigo e oferecidas para a alimentação de larvas de terceiro instar de moscas [*Musca domestica* L. (Diptera: Muscidae)]. Os resultados da pesquisa evidenciaram considerável sinergismo, com fatores de sinergismo variáveis entre 1,6 e 1,9 (Tabela 6).

**Tabela 6.** Efeito sinérgico de misturas de inseticidas sintéticos e extratos botânicos sobre larvas de quarto instar de *Musca domestica* (adaptada de Mansour et al. *The Open Toxinology Journal* 4: 1-13, 2011, com autorização).

| Mistura | | [1]$CL_0$ (A) (ppm) | [2]$CL_{50}$ (B) (ppm) | Mortalidade (%) | [3]FS |
|---|---|---|---|---|---|
| **Inseticida (A)** | **Extrato botânico (B)** | | | | |
| Clorpirifós | *Azadirachta indica* A. Juss. | 0,15 | 76,9 | 90,3 | 1,8 |
| | *Cichorium intybus* L. | | 96,8 | 92,0 | 1,8 |
| | *Citrus aurantifolia* Swingle | | 106,7 | 93,0 | 1,9 |
| | *Conyza aegyptiaca* (L.) Ainton | | 77,0 | 85,0 | 1,7 |
| | *Eucalyptus globulus* Labill. | | 118,3 | 87,9 | 1,8 |
| | *E. globulus* | | 114,9 | 91,0 | 1,8 |
| | *Piper nigrum* L. | | 50,0 | 90,0 | 1,8 |
| | *Punica granatum* L. | | 213,9 | 90,3 | 1,8 |
| | *Salix safsaf* Forssk. | | 178,6 | 91,5 | 1,8 |
| | *Sonchus oleraceus* L. | | 104,1 | 90,9 | 1,8 |
| | *Zea mays* L. | | 204,9 | 90,7 | 1,8 |
| Clorpirifós | *A. indica* | 0,03 | 76,9 | 90,5 | 1,8 |
| | *C. intybus* | | 96,8 | 90,3 | 1,8 |
| | *C. aurantifolia* | | 106,7 | 93,0 | 1,9 |
| | *C. aegyptiaca* | | 77,0 | 95,0 | 1,8 |
| | *E. globulus* | | 118,3 | 90,0 | 1,8 |
| | *E. globulus* | | 114,9 | 90,0 | 1,8 |
| | *P. nigrum* | | 50,0 | 91,9 | 1,8 |
| | *P. granatum* | | 213,9 | 90,0 | 1,8 |
| | *S. safsaf* | | 178,6 | 95,0 | 1,9 |
| | *S. oleraceus* | | 104,1 | 95,1 | 1,9 |
| | *Z. mays* | | 204,9 | 95,0 | 1,8 |
| Flufenoxuron | *A. indica* | 0,64 | 76,9 | 85,5 | 1,7 |
| | *C. intybus* | | 96,8 | 83,0 | 1,7 |
| | *C. aurantifolia* | | 106,7 | 87,9 | 1,8 |
| | *C. aegyptiaca* | | 77,0 | 89,0 | 1,7 |
| | *E. globulus* | | 118,3 | 85,0 | 1,7 |
| | *E. globulus* | | 114,9 | 80,9 | 1,6 |
| | *P. nigrum* | | 50,0 | 80,5 | 1,6 |
| | *P. granatum* | | 213,9 | 80,7 | 1,6 |
| | *S. safsaf* | | 178,6 | 85,5 | 1,7 |
| | *S. oleraceus* | | 104,1 | 87,0 | 1,7 |
| | *Z. mays* | | 204,9 | 90,0 | 1,8 |
| Metomil | *A. indica* | 0,03 | 76,9 | 92,7 | 1,9 |
| | *C. intybus* | | 96,8 | 95,7 | 1,9 |
| | *C. aurantifolia* | | 106,7 | 90,9 | 1,8 |

Tabela 6. *continuação.*

| Mistura | | $^1CL_0$ (A) (ppm) | $^2CL_{50}$ (B) (ppm) | Mortalidade (%) | $^3$FS |
|---|---|---|---|---|---|
| Inseticida (A) | Extrato botânico (B) | | | | |
| | *C. aegyptiaca* | | 77,0 | 89,1 | 1,8 |
| | *E. globulus* | | 118,3 | 90,0 | 1,8 |
| | *E. globulus* | | 114,9 | 95,0 | 1,9 |
| | *P. nigrum* | | 50,0 | 92,3 | 1,8 |
| | *P. granatum* | | 213,9 | 93,3 | 1,9 |
| | *S. safsaf* | | 178,6 | 90,5 | 1,7 |
| | *S. oleraceus* | | 104,1 | 91,7 | 1,8 |
| | *Z. mays* | | 204,9 | 92,0 | 1,8 |

[1] $CL_0$: concentração que não provoca mortalidade dos insetos expostos;
[2] $CL_{50}$: concentração necessária para matar 50% dos insetos expostos;
[3] FS: fator de sinergismo calculado em função das concentrações letais.

# 4. Considerações finais

Diversas características de praticabilidade agronômica, ambiental e bioquímica dos inseticidas botânicos limitam seu uso na proteção de cultivos e de produtos armazenados contra a ação de insetos-praga. Nesse sentido, as principais limitações estão relacionadas à inconsistência na eficácia, variação na composição, menor toxicidade contra pragas-alvo em comparação a muitos inseticidas sintéticos, além de, na maioria das vezes, apresentarem menor persistência e período residual (Cloyd e Chiasson, 2007; Asbahani et al., 2015).

Diante desse cenário, a mistura de inseticidas botânicos com sintéticos tende a ser uma importante via de emprego dos derivados botânicos no manejo de pragas em sistemas de produção agrícola. Com base na literatura citada ao longo deste capítulo, o uso em conjunto desses compostos, associados com inseticidas sintéticos, visando a uma ação sinérgica, traz diversas vantagens, dentre as quais se destacam: possibilidade de registro de novos produtos contendo misturas de derivados botânicos e inseticidas sintéticos para uso em áreas agrícolas; aumento de eficácia dos produtos em função de diferentes modos de ação dos componentes envolvidos na mistura; retardamento do processo de evolução de resistência por parte dos insetos-alvo e aumento do tempo de uso de alguns produtos sintéticos já disponíveis.

Embora este capítulo tenha evidenciado o potencial das misturas de compostos e os possíveis ganhos da adição de agentes sinergistas, ainda existe carência de estudos multidisciplinares envolvendo entomologistas, químicos, bioquímicos e físicos, visando à ampliação de uso dessas misturas em programas de manejo integrado de pragas.

# Referências bibliográficas


Abbassy, M.; Samir, A.; Rasha, Y.A.R. 2009. Insecticidal and synergistic effects of ***Majorana hortensis*** essential oil and some of its major constituents. Entomologia Experimentalis et Applicata 131: 225-232.

Aivazi, A.A.; Vijayan, V.A. 2010. Efficacy of ***Ruta graveolens*** extract and its synergistic effect with cypermethrin against ***Anopheles stephensi*** Liston larvae. Toxicological and Environmental Chemistry 92: 893-901.

Ali, S.; Ullah, M.; Arshad, M.; Iftikhar, Y.; Saqib, M.; Afzal, M. 2017. Effect of botanicals and synthetic insecticides on ***Pieris brassicae*** (L., 1758) (Lepidoptera: Pieridae). Turkish Journal of Entomology 41: 275-284.

Almeida, W.A. 2017. Óleo de copaíba e óleo mineral associados com inseticidas sintéticos no controle da ***Spodoptera frugiperda*** (Lepidoptera: Noctuidae). Rio Branco, 42p. Dissertação (Mestrado) - Universidade Federal do Acre.

Anbalagan, S.K.; Kathirvelu, B.; Ajith, J.; Savarior, V. 2014. Geographic variation in cypermethrin insecticide resistance and morphometry in ***Spodoptera litura*** (Fab.) (Lepidoptera: Noctuidae). Journal of Coastal Life Medicine 2: 225-229.

Asbahani, E.A.; Miladi, K.; Badri, W.; Sala, M.; Addi, A.; Casabianca, H.; Mousadik, A.E.; Hartmann, D.; Jilale, A.; Renaud, F.N.R.; Elaissari, A. 2015. Essential oils: From extraction to encapsulation. International Journal of Pharmaceutics 483: 220-243.

Baki, A.; Akhtar, N.; Rahman, M.M.; Islam, M.N., Hossain, M.; Islam, N.; Alam, K.M.; Islam, R.;.Khatun, N.A.; Mondal, K. 2005. Synergistic action of ***Wedelia calendulacea*** Less. plant extracts with lamda cyhalothrin on adult red flour beetle ***Tribolium castaneum*** Herbst. Journal of Agronomy 4: 18-22.

Bass, C.; Jones, C.M. 2018. Editorial overview - Pests and resistance: Resistance to pesticides in arthropod crop pests and disease vectors: Mechanisms, models and tools. Current Opinion in Insect Science 27: 4-7.

Batista, G.C.; Dias, E.A; Amaral, E. 1976. Variação do índice de sinergismo da mistura de carbaril com butóxido de piperonila em proporções variadas para operárias de abelhas. Anais da Sociedade Entomológica do Brasil 15: 69-73.

Benz, G. 1971. Synergism of micro-organism and chemical insecticides. p.237-256. ***In***: Burges, H.D.; Hussey, N.W., eds. Microbial control of insects and mites. Academic Press, New York, USA.

Bernard, C.B.; Philogene, B.J.R. 1993. Insecticide synergists: Role, importance, and perspectives. Journal of Toxicology and Environmental Health 38: 199-223.

Bhan, S.; Mohan, L.; Srivastava, C.N. 2015. Efficacy of ***Cuscuta reflexa*** extract and its synergistic activity with temephos against mosquito larvae. International Journal of Mosquito Research 2: 34-41.

Cloyd, R.A.; Chiasson, H. 2007. Activity of an essential oil derived from ***Chenopodium ambrosioides*** on greenhouse insect pests. Journal of Economic Entomology 100: 459-466.

Cloyd, R.A.; Galle, C.L.; Keith, S.K.; Kemp, K.K. 2009. Effect of commercially available plant-derived essential oil products on arthropod pests. Journal of Economic Entomology 102: 1567-79.

Coates, B.S.; Alves, A.P.; Wang, H.; Zhou, X.; Nowatzki, T.; Chen, H.; Rangasamy, M.; Robertson, H.M.; Whitfield, C.W.; Walden, K.K.; Kachman, S.D.; French, B.W.; Meinke, L.J.; Hawthorne, D.; Abel, C.A.; Sappington, T.W.; Siegfried, B.D.; Miller, N.J. 2016. Quantitative trait locus mapping and functional genomics of an organophosphate resistance trait in the western corn rootworm, ***Diabrotica virgifera virgifera***. Insect Molecular Biology 25: 1-15.

Curtis, C.F. 1985. Theoretical models of the use of insecticide mixtures for management of resistance. Bulletin of Entomological Research 75: 259-265.

Dayan, F.E.; Cantrell, C.L.; Duke, S.O. 2009. Natural products in crop protection. Bioorganic and Medical Chemistry 17: 4022-4034.

Essam, E.E. 2005. Molecular response of ***Drosophila melanogaster*** tyramine receptor cascade to plant essential oils. Insect Biochemistry and Molecular Biology 35: 309-321.

Faraone, N.; Hillier, N.K.; Cutler, G.C. 2015. Plant essential oils synergize and antagonize toxicity of different conventional insecticides against ***Myzus persicae*** (Hemiptera: Aphididae). PLos ONE 10: e0127774.

Fazolin, M.; Estrela, J.L.V.; Monteiro, A.F.M.; Silva, I.M.S.; Gomes, L.P. 2017. Sinérgico alternativo para inseticidas inibidores de acetilcolinesterase. Revista Agro@mbiente On-line

11: 232-240.

Ghadamyari, M.; Talebi, K.; Memarizade, N. 2012. The effect of ***Artemisia annua*** L. (Asteraceae) essential oil on detoxify enzymes of two-spotted spider mite, ***Tetranychus urticae*** Koch (Acari: Tetranychidae). Journal of Plant Protection Research 26: 29-42.

Gist, G.L.; Pless, C.D. 1985. Sinergistic activity of piperonyl butoxide with nine synthetic pyrethroids agains the fall armyworm, ***Spodoptera frugiperda***. Florida Entomologist 68: 316-320.

Guedes, R.N.C.; Oliveira, E.E. 2002. Resistência a inseticidas. Pragas do cafeeiro: Situação e perspectivas. p.471-497. ***In***: Zambolim, L., ed. O estado da arte de tecnologias na produção de café. Editora UFV, Viçosa, MG, Brasil.

Harve, G.; Kamath, V. 2004. Larvicidal activity of plant extracts used alone and in combination with known synthetic larvicidal agents against ***Aedes aegypti***. Indian Journal of Experimental Biology 42: 1216-1219.

Hasan, F.; Ansari, M.S. 2010. Effects of different brassicaceous host plants on the fitness of ***Pieris brassicae*** (L.). Crop Protection 30: 854-862.

Hashem, M.Y.; Ahmed, S.S.; El-Mohandes, M.A.; Gharib, M.A. 2012. Susceptibility of different life stages of saw-toothed grain beetle ***Oryzaephilus surinamensis*** (L.) (Coleoptera: Silvanidae) to modified atmospheres enriched with carbon dioxide. Journal of Stored Products Research 48: 46-51.

Hewlett, P.S. 1960. Joint action in insecticide. Advanced Pest Control Research 3: 27-74.

Hong, T.; Qi, S.; Zhou, X.; Bai, L. 2013. Field resistance of ***Spodoptera litura*** (Lepidoptera: Noctuidae) to organophosphates, pyrethroids, carbamates and four newer chemistry insecticides in Hunan, China. Journal of Pest Science 86: 599-609.

Isman, M.B. 2006. Botanical insecticides, deterrents and repellents in modern agriculture and an increasingly regulated world. Annual Review of Entomology 51: 45-66.

Khalequzzaman, M.; Khanom, M. 2006. Effects of cypermethrin alone and in combination with leaf and seed extracts of neem against adult ***Tribolium castaneum*** (Herbst). University Journal of Zoology Rajshahi University 25: 45-49.

Kohler, H.R.; Triebskorn, R. 2013. Wildlife ecotoxicology of pesticides: Can we track effects to the population level and beyond. Science 341: 759-765.

Lopez, M.D.; Pascual-Villalobos, M.J. 2010. Mode of inhibition of acetylcholinesterase by monoterpenoids and implications for pest control. Industrial Crops and Products 31: 284-288.

Lorini, I.; Galley, D.J. 1996. Changes in resistance status of ***Rhyzopertha dominica*** (F.) (Coleoptera: Bostrychidae), a pest of stored grain in Brazil, with and without deltamethrin selection. Resistant Pest Management 8: 12-14.

Lorini, I.; Krzyzanowski, F.C.; França-Neto, J.B.; Henning, A.A. 2011. Monitoramento da liberação do gás PH3 por pastilhas de fosfina usadas para expurgo de sementes. Informativo Abrates 21: 57-60.

Mansour, S.; Reda, F.A.; Bakr. 2011. Larvicidal activity of some botanical extracts, commercial insecticides and their binary mixtures against the housefly, ***Musca domestica*** L. The Open Toxinology Journal 4: 1-13.

Matsuda, K.; Buckingham, S.D.; Kleier, D.; Rauh, J.J.; Grauso, M.; Sattelle, D.B. 2001. Neonicotinoids: Insecticides acting on insect nicotinic acetylcholine receptors. Trends in Pharmacological Sciences 22: 573-580.

Maurya, P.; Sharma, P.; Mohan, L.; Verma, M.M.; Srivastava, C.N. 2012. Larvicidal efficacy of ***Ocimum basilicum*** extracts and its synergistic effect with neonicotinoid in the management of ***Anopheles stephensi***. Asian Pacific Journal of Tropical Disease 2: 110-116.

Mingyue, Z.; Xian, L.; Yuan, X.; Honglin, L.; Cheng, L.; Hualiang, J. 2013. Computational methods for drug design and discovery: Focus on China. Trends in Pharmacological Sciences 34: 549-559.

Mohan, L.; Sharma, P.; Srivastava, C.N. 2006. Evaluation of ***Solanum xanthocarpum*** extract as a synergist for cypermethrin against larvae of the filarial vector ***Culex quinquefasciatus*** (Say). Entomological Research 36: 220-225.

Morales González, J.A.; Fernández Sánches, A.M.; Bautista Ávila, M.; Vargas Mendoza, N.; Santillán, E.O.M. 2009. Los antioxidantes y las enfermedades crónico degenerativas. UAEH, Pachuca, México.

Nauen, R.; Denholm, I. 2005. Resistance of insect pests to neonicotinoid insecticides: Current status and future prospects. Archives of Insect Biochemistry and Physiology 58: 200-215.

Othaki, J.; Williams, C.M. 1970. Inactivation of β- ecdysone and cyasterone by larvae of the flesh fly, ***Sacrophaga peregrina*** and pupae of the silkworm, ***Sesamia cynthia***. Biological Bulletin 138: 326-333.

Pavela, R. 2007. Possibilities of botanical insecticide exploitation in plant protection. Pest Technology 1: 47-52.

Radhika, S.A.; Sahayaraj, K. 2014. Synergistic effects of monocrotophos with botanical oils and commercial neem formulation on ***Spodoptera litura*** (Fab.) (Lepidoptera: Noctuidae). Journal of Biopesticides 7: 152-159.

Raffa, K.F.; Priester, T.M. 1985. Synergists as research tools and control agents in agriculture. Journal of Agricultural Entomology 2: 27-45.

Ramakrishnan, R.; Jusko, W.J. 2001. Interactions of aspirin and salicylic acid with prednisolone for inhibition of lymphocyte proliferation. International Immunopharmacology 1: 2035-2042.

Ramirez, G.I.J.; Logan, J.G.; Loza-Reyes, E.; Stashenko, E.; Moores, G.D. 2012. Repellents inhibit P450 enzymes in ***Stegomyia*** (***Aedes***) ***aegypti***. PLos ONE 7: e48698.

Reffstrup, T.K.; Larsen, J.C.; Meyer, O. 2010. Risk assessment of mixtures of pesticides. Current approaches and future strategies. Regulatory Toxicology and Pharmacology 56: 174-192.

Sahayaraj, K.; Amalraj, A. 2005. Impact of monocrotophos and neem oil mixture on defoliator management in groundnut. Journal of Food, Agriculture & Environment 3: 313-315.

Shaalan, E.A.S.; Canyon, D.V.; Younes, M.W.F.; Abdel, W.H; Mansour, A.H. 2005. A review of botanical phytochemicals with mosquitocidal potential. Environment International 31: 49-66.

Sun, Y.P.; Johnson, E.R. 1960. Analysis of joint action of insecticides against house flies. Journal of Economic Entomology 53: 887-892.

Tabashnik, B.E.; Carrière, Y. 2017. Surge in insect resistance to transgenic crops and prospects for sustainability 35: 926-935.

Thangam, T.S.; Kathiresan, K. 1990. Synergistic effects of insecticides with plant extracts on mosquito larvae. Tropical Biomedicine 7: 135-137.

Tong, F.; Bloomquist, J.R. 2013. Plant essential oils affect the toxicities of carbaryl and permethrin against ***Aedes aegypti*** (Diptera: Culicidae). Journal of Medical Entomology 50: 826-832.

Tozzi, A. 1998. A brief history of the development of piperonyl butoxide as an insecticide synergist. p.1-5. ***In***: Jones, D.G., ed. Piperonyl butoxide: The insecticide synergist. Academic Press, San Diego, USA.

Visetson, S.; Milne, J.; Milne, M.; Kanasutar, P. 2003. Synergistic effects of sesame oil with cypermethrin on the survival and detoxification enzyme activity of ***Plutella xylostella*** L. Natural Science 37: 52-59.

Wagner, H.; Ulrich-Merzenich, G. 2009. Synergy research: Approaching a new generation of phytopharmaceuticals. Phytomedicine 16: 97-110.

Walker, W.F.; Thomson, M.J. 1973. 22,25-Bis-deoxy-ecdyson: Pathological effects on Mexican bean beetle and synergism with juvenile hormone compound. Journal of Economic Entomology 66: 64-67.

War, A.R.; Paulraj, M.G.; Ignacimuthu, S. 2011. Synergistic activity of endosulfan with neem oil formulation against tobacco caterpillar ***Spodoptera litura*** (Fab.) (Lepidoptera: Noctuidae). Journal of Entomology 8: 530-538.

Yi, F.; Zou, C.; Hu, Q.; Hu, M. 2012. The joint action of destruxins and botanical insecticides (rotenone, azadirachtin and paeonolum) against the cotton aphid, ***Aphis gossypii*** Glover. Molecules 17: 7533-7542.

Zahid, S.M.A.; Arshad, M.; Murtaza, G.; Ali, S.; Aaqib, M.; Yousaf, R.W.; Hussain, S. 2016. Synergetic effect of plant extracts with synthetic insecticides against citrus mealybug ***Planococcus citri*** (Pseudococcidae: Homoptera). Journal of Agricultural and Social Studies 1: 1-7.

Capítulo 14

# Resistência de plantas a insetos: Perspectiva de associações com inseticidas botânicos

Élio César Guzzo
Gabriel Luiz Padoan Gonçalves
José Djair Vendramim

## 1. Introdução

Um dos grandes desafios na produção agrícola é a manutenção das populações de artrópodes-praga em níveis que não causem perdas significativas de produtividade. O impacto dos prejuízos promovidos pelos artrópodes sobre plantas cultivadas e grãos armazenados não é recente na história da humanidade, e medidas de controle têm sido extensivamente empregadas de modo a preservar o potencial produtivo dos genótipos cultivados. No entanto, a ocorrência cada vez mais frequente de problemas relacionados ao uso excessivo, continuado e indiscriminado de ingredientes ativos sintéticos para controle de pragas, incluindo a seleção de populações de artrópodes resistentes e a contaminação ambiental com compostos xenobióticos, têm conduzido ao aumento da adoção de métodos de controle de pragas mais seguros ao ser humano e ao ambiente.

Diversos sistemas de produção agrícola têm sido fundamentados no policultivo, na rotação de culturas, no alqueive, e na seleção de variedades resistentes e adaptadas às características específicas das microrregiões de cultivo (Mazoyer e Roudart, 2008), condições essas que favorecem o Manejo Integrado de Pragas (MIP) e são mais propícias para a adoção de métodos de controle alternativos, incluindo o emprego de inseticidas botânicos. Há séculos, as plantas inseticidas e seus derivados desempenham função importante no controle de pragas (Pavela, 2016). Entretanto, a partir da revolução verde, que incorporou os pesticidas sintéticos à agropecuária (Pavela, 2016), os derivados botânicos foram substituídos e deslocados a uma posição inexpressiva no contexto do MIP.

O MIP consiste num sistema de decisão que integra técnicas de manejo de pragas compatíveis entre si, mantendo a população da praga em densidades que não provoquem prejuízo econômico, e que, ao mesmo tempo, preservem o equilíbrio no ambiente e o potencial produtivo dos agroecossistemas, considerando os benefícios sociais e ambientais resultantes dessas práticas. Nesse contexto, os inseticidas botânicos se apresentam como uma ferramenta promissora, face à possibilidade de seu uso associado com inseticidas sintéticos, ou até mesmo com outras estratégias como o controle biológico, o comportamental e a resistência varietal. O presente capítulo tem o objetivo de discorrer sobre alguns aspectos da Resistência de Plantas a Insetos (RPI) e o potencial de uso associado dessa estratégia com os inseticidas botânicos dentro de um programa de manejo integrado, assunto ainda pouco explorado na literatura científica apesar das inúmeras vantagens da associação dessas duas técnicas de controle.

## 2. Considerações gerais sobre resistência de plantas a insetos

A RPI é uma técnica de controle de pragas que, por apresentar diversas potencialidades, incluindo a compatibilidade com as demais táticas de controle, se constitui em uma importante ferramenta para o MIP. Como vantagem, pode-se citar o fato de essa técnica não produzir poluentes no ambiente, não intoxicar os operadores, não gerar resíduos nos alimentos, não eliminar os polinizadores e geralmente não produzir desequilíbrios na cadeia trófica do agroecossistema. Além dessas vantagens, existem ganhos econômicos e operacionais, uma vez que a RPI geralmente apresenta menor custo de adoção e promove ação ininterrupta contra os artrópodes-alvo (Vendramim e Guzzo, 2009, 2011). Embora a resistência de plantas, quando usada de forma isolada como único método de controle, possa apresentar alta eficácia, dependendo da cultura e da praga-alvo, considera-se que, de um modo geral, uma maior eficácia é obtida quando ela é associada a outros métodos de controle (Vendramim e Castiglioni-Rosales, 2019).

### 2.1. Conceito e categorias de resistência de plantas

Uma planta resistente pode ser definida como aquela que, devido à sua constituição genotípica, é menos danificada que outras, quando submetidas às mesmas condições edafoclimáticas e de interação com o herbívoro. A manifestação da resistência por uma planta depende da fenologia, da estrutura atacada e da condição fisiológica desta, além das características do ambiente, assim como da espécie, do biótipo e do estágio de desenvolvimento do artrópode e seu nível de infestação (Panda e Khush, 1995). De acordo com Painter (1951), Kogan e Ortman (1978), Lara (1991), Vendramim e Guzzo (2009, 2011) e Baldin et al. (2019), a resistência de plantas pode ser classificada em 3 categorias funcionais:

a) Antixenose, também chamada de não preferência, a qual consiste na inabilidade da planta de servir como hospedeira (para oviposição, alimentação ou abrigo) a um artrópode, devido às suas características morfológicas e químicas, que interferem no comportamento de seleção hospedeira deste.

b) Antibiose, em que, embora o artrópode se alimente normalmente da planta, esta provoca efeitos adversos à sua biologia e fisiologia. Isso ocorre devido à presença, na planta, de fatores biofísicos e bioquímicos, assim como de fatores antinutricionais que afetam o artrópode devido: (i) à ação de compostos químicos que promovem intoxicação aguda ou crônica ou indisponibilizam nutrientes essenciais ou mesmo interferem na reprodução do artrópode, e (ii) à impropriedade nutricional da planta para o artrópode-alvo.

c) Tolerância, em que a planta sofre menor dano, em comparação a outras, sob um mesmo nível de infestação de um artrópode, sem que exerça efeitos negativos sobre a biologia ou o comportamento deste. Isso ocorre porque a planta tolerante apresenta a capacidade de suportar melhor o ataque da praga ou recuperar-se dele mais rapidamente por meio de diversos mecanismos de compensação, tais como: maior taxa fotossintética líquida, taxa de crescimento relativo elevada, maior capacidade de ramificação e perfilhamento, presença de níveis elevados de carbono armazenado previamente nas raízes, e habilidade de realocar o carbono armazenado das raízes para os brotos. Em uma perspectiva agronômica, uma planta tolerante produz mais biomassa (folhas, frutos, sementes, flores, fibras, raízes, rizomas etc.) que uma não tolerante quando atacada pelo herbívoro.

Durante o processo evolutivo, a pressão exercida por insetos fitófagos conduziu à seleção de espécies vegetais dotadas de um complexo mecanismo de defesa, caracterizado pela presença de estruturas físicas e compostos químicos (aleloquímicos) com ação adversa sobre a biologia e o comportamento dos artrópodes fitófagos associados (Wink, 2003). Os mecanismos de defesa das plantas podem atuar diretamente sobre o herbívoro, afetando negativamente seu desenvolvimento, seus processos fisiológicos e seu comportamento, ou indiretamente, atraindo e melhorando a performance dos inimigos naturais do artrópode-alvo por meio da liberação de voláteis (compostos sinalizadores) ou oferecendo fontes alternativas de alimento para o inimigo natural (p. ex.: néctar extrafloral e pólen) (Gatehouse, 2002).

Os compostos de defesa podem ser expressos constitutivamente ou ter sua biossíntese induzida a partir do ataque do herbívoro associado. No primeiro caso, os aleloquímicos são produzidos continuamente pela planta mesmo que esta não tenha sofrido uma injúria resultante da alimentação do artrópode; já no segundo caso, a produção do aleloquímico é desencadeada pelo dano físico resultante da alimentação do herbívoro, pelos elicitores presentes na saliva do artrópode ou por compostos voláteis emitidos por outras plantas (Arimura et al., 2005; Vendramim e França, 2005; Després et al., 2007; Vendramim e Ribeiro, 2019).

## 2.2. Fatores de resistência de plantas

Os fatores de resistência (também chamados de causas da resistência por alguns autores) se devem às complexas interações das plantas hospedeiras com os artrópodes fitófagos e são resultantes de um longo e contínuo processo evolutivo. Tais fatores são desenvolvidos basicamente sob dois aspectos: seleção hospedeira pelo artrópode e resistência da planta ao artrópode (Gatehouse, 2002; Després et al., 2007). Embora esses aspectos possam parecer fenômenos distintos, eles não podem ser estudados separadamente e, assim, para a caracterização dos fatores de resistência, tanto a planta quanto o artrópode-alvo devem ser considerados. Mesmo sendo a planta um organismo séssil, ela não pode ser vista como uma entidade passiva na relação planta-artrópode, mas sim como um organismo ativo que adquiriu ao longo do processo evolutivo caracteres qualitativos e quantitativos de resistência que inibem ou reduzem o consumo de tecidos vegetais pelos herbívoros associados (Vendramim e Guzzo, 2009, 2011). Os fatores de resistência podem ser físicos, químicos ou morfológicos

Os fatores físicos correspondem basicamente à cor do substrato vegetal, e pode também atuar indiretamente sobre a biologia do inseto, mas afeta principalmente a seleção hospedeira para alimentação e oviposição. Pelo fato de haver variação na sensibilidade do homem e dos insetos a uma mesma cor, é difícil se buscar, por meio de melhoramento genético, variedades com esse mecanismo de resistência. Por esse motivo, os casos efetivos de resistência causada pela cor são pouco frequentes, embora a repelência e a ovideterrência causada pela cor vermelha a algumas espécies de artrópodes-praga já tenham sido relatadas (Lara, 1991; Smith, 2005).

Os fatores morfológicos são representados por diversas características da planta que podem afetar a locomoção, o acasalamento, a seleção hospedeira para alimentação e oviposição, além da ingestão e digestão do alimento pelos herbívoros. Tais características podem ser agrupadas basicamente em fatores estruturais, relacionados à dimensão e à disposição das estruturas vegetais, e aos fatores da epiderme, entre os quais se incluem a sua espessura, dureza, textura, cerosidade e pilosidade (Vendramim et al., 2019).

Finalmente, os fatores químicos incluem tanto os compostos que atuam negativamente no comportamento ou metabolismo do artrópode, quanto as impropriedades nutricionais da planta. A alteração do comportamento do inseto/ácaro ocorre principalmente durante o processo de seleção hospedeira para alimentação ou oviposição, e está relacionada à resistência por antixenose. O efeito no metabolismo é resultante principalmente da ingestão de compostos prejudiciais (metabólitos tóxicos, inibidores enzimáticos, inibidores reprodutivos etc.) pelo herbívoro ou da impropriedade nutricional da planta (deficiência qualitativa ou quantitativa de nutrientes), estando, portanto, relacionado à resistência por antibiose (Vendramim et al., 2019).

## 3. Aleloquímicos: Interface entre as plantas resistentes e os inseticidas botânicos

Os compostos químicos presentes nas plantas compreendem dois grandes grupos. Um deles é formado pelos compostos essenciais às atividades metabólicas da planta (nutrientes) e que são resultantes do seu metabolismo primário; o outro grupo é formado por uma ampla gama de moléculas que, em sua maioria, apresentam baixo peso molecular e são produzidas e armazenadas pelas plantas, sendo denominadas de substâncias secundárias. Esses compostos são utilizados para defesa contra microrganismos, insetos e outros herbívoros, e para atração de polinizadores ou de inimigos naturais das espécies-praga (Vendramim e Castiglioni, 2000; Hoffmann-Campo e Graça, 2019).

Os compostos resultantes do metabolismo secundário que atuam nas interações entre organismos de espécies diferentes (p. ex.: insetos e plantas) são denominados aleloquímicos. Portanto, os aleloquímicos são definidos como compostos sem função nutricional, produzidos por uma determinada espécie e que interferem no comportamento ou nos processos fisiológicos de outra espécie (Whittaker, 1970).

No que se refere às relações inseto-planta, os aleloquímicos mais importantes são os alomônios e os cairomônios. Os alomônios proporcionam vantagens ao organismo produtor (no caso, a planta hospedeira) e os cairomônios conferem benefícios ao organismo receptor (no caso, o artrópode fitófago) (Whittaker e Feeny, 1971). Os sinomônios e os antimônios são compostos importantes quando são consideradas as interações tritróficas (planta-herbívoro-inimigo natural). Os sinomônios incluem compostos que favorecem tanto o organismo produtor quanto o receptor; enquanto que os antimônios são compostos que prejudicam tanto o produtor quanto o receptor (Whitman, 1988).

No contexto do manejo integrado de pragas, os aleloquímicos constituem a principal interface entre os inseticidas botânicos e as variedades de plantas resistentes (especialmente aquelas cujo fator ou fatores de resistência são de natureza química), constituindo a base comum para o uso dessas duas técnicas no manejo de espécies-praga. Do ponto de vista da resistência de plantas, os fatores de resistência desejados, como, por exemplo, a produção e o acúmulo de aleloquímicos prejudiciais aos artrópodes herbívoros, devem ser incorporados a plantas cultivadas, por meio do melhoramento genético (clássico ou transgenia). No caso dos inseticidas botânicos, o conceito se expande para a utilização dos aleloquímicos como o princípio ativo de um preparado caseiro ou mesmo formulado (Vendramim e Castiglioni, 2000).

Os metabólitos secundários (aleloquímicos) são separados em 3 grupos quimicamente distintos, de acordo com sua biossíntese: terpenos, compostos fenólicos e compostos nitrogenados (Hoffmann-Campo e Graça, 2019).Os terpenos podem participar de processos relacionados ao crescimento e ao desenvolvimento vegetal, como as giberelinas (diterpenos), o ácido abscísico (sesquiterpeno), os brassinosteroides que regulam o crescimento, os esteróis que compõem as membranas celulares, e os carotenoides, de coloração vermelha, laranja e amarela (tetraterpenos), que reduzem a fotoxidação durante a fotossíntese. Os terpenos podem também atuar na proteção das plantas contra herbívoros, como por exemplo as piretrinas, os limonoides (triterpenos), os óleos essenciais (misturas de monoterpenos e sesquiterpenos voláteis), as fitoecdisonas (esteroides capazes de interferir na ecdise dos insetos), os cardenolídeos e as saponinas (esteroides e triterpenos glicosídeos) (Bennett e Wallsgrove, 1994; Osbourn e Lanzotti, 2009; Mithöfer e Boland, 2012).

Os compostos fenólicos são caracterizados pela presença de um grupo fenol e seus principais constituintes são os fenilpropanoides simples; as cumarinas e furanocumarinas, que são ativados pela luz ultravioleta; a lignina (polímeros fenólicos), que auxilia na sustentação mecânica da planta e proteção contra herbívoros; os taninos, polímeros fenólicos que diminuem a palatabilidade, a digestibilidade e a atratividade da planta aos herbívoros; os flavonoides que incluem as antocianinas (que conferem cores a flores e frutos, atraindo polinizadores e dispersores de sementes); os isoflavonoides (rotenoides com ação inseticida e fitoalexinas com ação antimicrobiana); as flavonas e os flavonóis (Bennett e Wallsgrove, 1994; Osbourn e Lanzotti, 2009; Mithöfer e Boland, 2012).

Os compostos nitrogenados englobam uma enorme variedade de compostos químicos contendo nitrogênio em suas estruturas, tais como os alcaloides (compostos com anéis heterocíclicos contento N e C), os glicosídeos cianogênicos (que liberam ácido cianídrico), os glucosinolatos (presentes na família Brassicaceae e afins) e os aminoácidos não proteicos (Bennett e Wallsgrove, 1994; Osbourn e Lanzotti, 2009; Mithöfer e Boland, 2012).

### 3.1. Efeitos dos aleloquímicos sobre a biologia e o comportamento dos insetos

Os aleloquímicos produzidos pelas espécies vegetais podem promover diversos efeitos adversos sobre os artrópodes fitófagos, tais como mortalidade, repelência, fagodeterrência, ovideterrência, redução da massa corporal, prolongamento do desenvolvimento da fase imatura, deformações corporais e redução da fecundidade e fertilidade dos adultos (Vendramim e Castiglioni, 2000; Dayan et al., 2009). Esses efeitos são resultantes da ação dos aleloquímicos vegetais sobre os processos sensoriais, bioquímicos e fisiológicos dos insetos (Rattan, 2010).

Diversos terpenos, como por exemplo o timol, o eugenol, o geraniol, a cumarina, o eucaliptol e o carvacrol, comumente presentes em óleos essenciais de muitas espécies, promovem efeitos neurotóxicos sobre os insetos, podendo atuar como inibidores do neurotransmissor acetilcolina, como bloqueadores dos receptores de octopamina e sobre os receptores do neurotransmissor ácido gama-aminobutírico (GABA) (Kostyukovsky et al., 2002; Priestley et al., 2003; Enan, 2005; Tong e Coats, 2010; Khanikor et al., 2013).

Outros aleloquímicos com ação neurotóxica e importantes no controle de pragas são as piretrinas e a nicotina. As piretrinas, provenientes das flores de crisântemo [*Tanacetum cinerariifolium* (Trevir.) Sch. Bip. (Asteraceae)], desestabilizam a troca de íons nos canais de sódio nos axônios dos nervos (Dayan et al., 2009), enquanto que o alcaloide nicotina [oriundo de tabaco *Nicotiana tabacum* L. (Solanaceae)] se liga aos receptores nicotínicos (nAChR) do neurotransmissor acetilcolina no neurônio pós-sináptico, promovendo hiperexcitação e perda da coordenação muscular no inseto (El-Wakeil, 2013). Diferentemente, o alcaloide rianodina [obtido de *Ryania speciosa* Vahl (Salicaceae)] se liga aos canais de cálcio do retículo endoplasmático, interferindo no fluxo de íons de cálcio para dentro das células (Fill e Coronado, 1988).

A azadiractina, limonoide presente no nim [*Azadirachta indica* A. Juss. (Meliaceae)], é capaz de inibir a liberação do hormônio protoracicotrópico (HPTT) pelos corpos cardíacos (Dwivedi, 2008), bem como de promover fagodeterrência e interferir na síntese e liberação de ecdisteroides (Aerts e Mordue, 1997; Nisbet, 2000), além de poder também inibir a atividade da acetilcolinesterase nos insetos (Nathan et al., 2004). Extratos de outras meliáceas como *Trichilia pallens* C. DC. e *Toona ciliata* M. Roem., também apresentam compostos [p. ex.: escopoletina, (+/-)-catequinas e cedrelona] que promovem efeitos adversos sobre a biologia de insetos-praga (Giongo et al., 2016).

Diversas espécies da família Annonaceae produzem alcaloides e acetogeninas para sua defesa contra artrópodes fitófagos e fitopatógenos (González-Esquinca et al., 2014). As acetogeninas bloqueiam a produção de energia na mitocôndria por meio da inibição do complexo I [NADH (Nicotinamida Adenina Dinucleotídeo Hidreto): ubiquinona oxirredutase] do sistema de transporte de elétrons e da NADH oxidase (Zafra-Polo et al., 1996). Outro composto vegetal que atua sobre a mitocôndria é o isoflavonoide rotenona, extraído de espécies do gênero *Derris* (Fabaceae). A rotenona se liga à NADH: Q oxirredutase e impede a oxidação do $NADH_2$ na cadeia transportadora de elétrons do complexo I da cadeia respiratória mitocondrial, bloqueando, dessa forma, a respiração celular dos insetos (Tada-Oikada et al., 2003). Para mais informações sobre o modo de ação de inseticidas botânicos, consultar o Capítulo 2 deste livro.

Aleloquímicos de origem vegetal são capazes de desencadear uma ampla gama de respostas comportamentais sobre artrópodes fitófagos durante o processo de seleção hospedeira, permanência sobre a planta escolhida e continuidade ou interrupção da alimentação (Schoonhoven et al., 1992). A percepção de sinais químicos em tecidos vegetais pelos insetos é essencial para a identificação e seleção do hospedeiro mais apropriado para sua alimentação e oviposição (Srinivasan, 2019). A percepção de compostos voláteis dispersos em meios gasosos é realizada por quimiorreceptores multiporosos presentes principalmente nas antenas e peças bucais, enquanto que a percepção de compostos químicos em fluidos é realizada por quimiorreceptores uniporosos presentes, principalmente, no aparelho bucal, tarsos e ovipositor (Luo e Carlson, 2018). Os neurônios que inervam as sensilas gustativas dos insetos podem responder especificamente a metabólitos primários vegetais fagoestimulantes, tais como açúcares específicos (p. ex.: sacarose e frutose), açúcares de álcoois (p. ex.: inositol) e aminoácidos (p. ex.: GABA, glicina, prolina etc.) que atuam como indicadores da qualidade nutricional do tecido vegetal (Srinivasan, 2019). Da mesma forma, os neurônios também são sensíveis a metabólitos secundários com efeito fagodeterrente (Schoonhoven et al., 1992).

Diversos compostos vegetais podem promover repelência sobre os insetos (Nerio et al., 2010). No Brasil, estudos sobre a toxicidade e a repelência de metabólitos secundários vegetais sobre insetos têm sido realizados (Giorgi et al., 2013; Melo et al., 2015; Peixoto et al., 2015; Andrade et al., 2016; Costa et al., 2020; Ribeiro et al., 2020; Silva et al., 2020).

Por exemplo, foi demonstrado que o óleo essencial de *Pimenta pseudocaryophyllus* (Gomes) Landrum (Myrtaceae), espécie nativa do Brasil, que contém os fenilpropanoides chavibetol (38,14%) e metil eugenol (11,35%), além do terpeno terpinoleno (9,17%) como componentes majoritários, promove repelência sobre *Sitophilus zeamais* Motschulsky (Coleoptera: Curculionidae) (Ribeiro et al., 2015). Já a cedrelona causou fagodeterrência em lagartas de quarto instar de *Spodoptera frugiperda* (J.E. Smith) (Lepidoptera: Noctuidae) em teste de livre escolha com folhas de milho [*Zea mays* L. (Poaceae)] tratadas com esse composto (Giongo et al., 2016). Costa et al. (2020) observaram variações na repelência e na toxicidade entre monoterpenos do óleo essencial de cultivares e híbridos de manjericão [*Ocimum basilicum* L. (Lamiaceae)]. Nesse estudo, o monoterpeno (*E*)-metil cinamato foi mais tóxico sobre *Callosobruchus maculatus* (Fabricius) (Coleoptera: Chrysomelidae) ($CL_{50}$ = 0,14 μL/mL) e *S. zeamais* ($CL_{50}$ = 0,34 μL/mL) do que o linalol e o citral; todavia, ele foi o único dentre os 3 compostos que não promoveu repelência sobre *S. zeamais*.

## 4. Uso associado de inseticidas botânicos com variedades resistentes

Diversos compostos de origem vegetal têm sido empregados para a indução de resistência em plantas suscetíveis a artrópodes-praga, como por exemplo, o ácido salicílico, extraído originalmente da casca do salgueiro [*Salix* spp. (Salicaceae)], e o jasmonato, extraído do óleo de jasmim [*Jasminum* spp. (Oleaceae)] (Vendramim e França, 2005). Contudo, tais indutores não ocasionam toxicidade letal quando usados de forma isolada, e tampouco a planta se mostra resistente sem a aplicação do indutor. Assim, no presente capítulo, serão abordados apenas os casos em que um composto (derivado botânico) com comprovada ação inseticida é utilizado em conjunto com alguma variedade de planta reconhecidamente resistente devido à sua constituição genética. Mais informações sobre indução de resistência em plantas podem ser consultadas em Vendramim e França (2005) e Vendramim e Ribeiro (2019). Como citado na introdução deste capítulo, essa é uma área de estudo ainda pouco explorada, considerando-se o seu enorme potencial para o controle de pragas. No entanto, apesar dos poucos relatos na literatura, alguns estudos demonstraram significativo potencial no manejo de populações de insetos a partir da combinação das duas táticas de controle. A seguir, serão apresentados exemplos de estudos demonstrando o uso conjunto de variedades resistentes e inseticidas botânicos no contexto do MIP.

Em um dos primeiros estudos realizados no Brasil, Vendramim e Scampini (1997) avaliaram a interação do extrato aquoso de frutos de cinamomo [*Melia azedarach* L. (Meliaceae)] (10 g de pó/100 mL de água) com os genótipos de milho Mp 707 (resistente) e IAC 7777 (suscetível) sobre parâmetros biológicos da lagarta-do-cartucho *S. frugiperda*. Para isso, folhas dos respectivos genótipos foram tratadas com os extratos e fornecidas a lagartas neonatas. Os autores constataram interação significativa do inseticida botânico com o genótipo resistente, com efeito aditivo sobre a duração e a viabilidade do período larval, bem como efeito sinérgico em relação ao peso das lagartas (Figura 1). Para ambos os genótipos, o uso do inseticida botânico reduziu a massa corporal das lagartas (Figura 1). Além disso, o uso conjunto do genótipo Mp 707 com o extrato aquoso de cinamomo quase dobrou a mortalidade larval em comparação com o mesmo genótipo não tratado com o extrato (Figura 2).

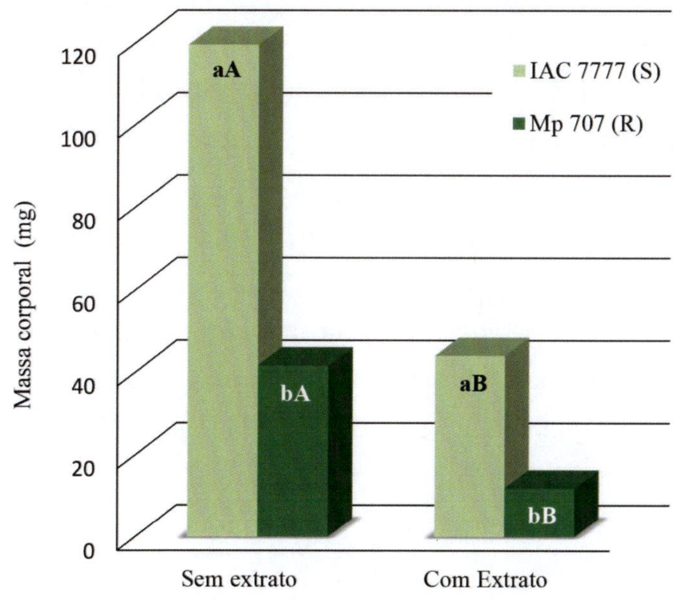


**Figura 1.** Peso larval de *Spodoptera frugiperda* (com 10 dias de idade) alimentada com genótipos de milho (*Zea mays*) com diferentes níveis de resistência e/ou tratados com extrato aquoso de cinamomo, *Melia azedarach*, em concentração subletal (10 g de pó/100 mL de água). Médias seguidas pela mesma letra minúscula para os genótipos no mesmo tratamento, e pela letra maiúscula para os tratamentos no mesmo genótipo, não diferem entre si pelo teste de Tukey ($p > 0,05$) (elaborada a partir de Vendramim e Scampini. *Revista de Agricultura* 72: 159-170, 1997).

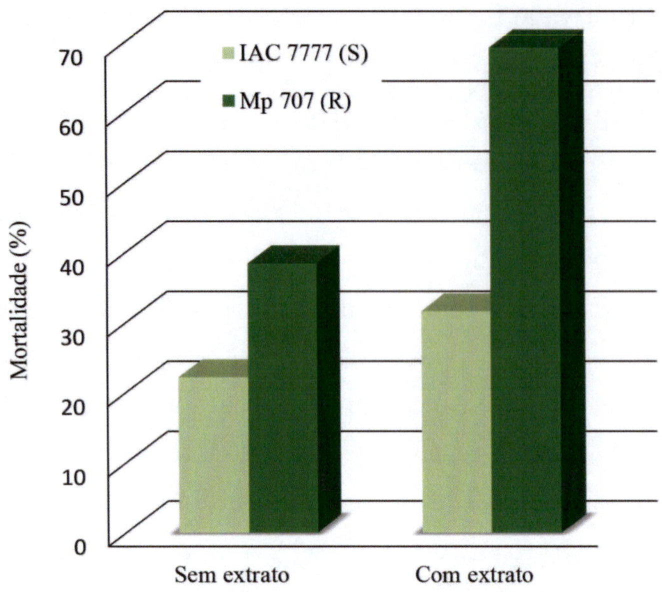


**Figura 2.** Mortalidade larval de *Spodoptera frugiperda* alimentada com genótipos de milho (*Zea mays*) com diferentes níveis de resistência e/ou tratados com extrato aquoso de cinamomo, ***Melia azedarach***, em concentração subletal (10 g de pó/100 mL de água) (elaborada a partir de Vendramim e Scampini. ***Revista de Agricultura*** 72: 159-170, 1997).

Posteriormente, o efeito do extrato em acetato de etila de folhas e de ramos de catiguá [*Trichilia pallida* Swartz (Meliaceae)] sobre o desenvolvimento de *S. frugiperda* em genótipos de milho suscetível (Piranão) e resistentes (CMS 14C, Zapalote Chico e ESALQ-PB-4) foi estudado por Roel e Vendramim (1999). Os autores avaliaram o peso, a duração e a viabilidade das fases larval e pupal do inseto, criado sobre folhas dos genótipos de milho tratados com o extrato a 0,001% (1 mg do extrato/100 mL de acetona). O extrato provocou significativa redução do peso das lagartas e das pupas e o prolongamento da fase larval, mas os autores não verificaram interação significativa entre os fatores genótipo e extrato.

Torrecillas e Vendramim (2001) estudaram, então, o efeito do extrato aquoso de ramos de *T. pallida* sobre o desenvolvimento e sobrevivência de *S. frugiperda* em folhas de genótipos resistente (CMS 23) e suscetível (C 901) de milho. Os autores verificaram interação significativa do inseticida botânico com o genótipo resistente para o peso das lagartas e a viabilidade larval (Tabela 1 e Figura 3). Quanto ao peso larval, tanto o fator genótipo quanto o fator extrato reduziram a taxa de desenvolvimento do inseto, sendo também significativa a interação entre ambos. Essa interação ficou evidente ao se observar que a redução de peso causada pelo genótipo só foi constatada na ausência do extrato (Tabela 1). A mortalidade larval no genótipo resistente, na ausência do extrato (testemunha), foi de 14,3%, enquanto que no genótipo suscetível tratado com o extrato aquoso de *T. pallida*, a 0,1%, a mortalidade foi de 52,1%. A interação das duas técnicas de controle tornou-se ainda mais expressiva quando o genótipo resistente foi tratado com o extrato na mesma concentração, situação em que a mortalidade larval atingiu 84,1% (Figura 3).

**Tabela 1.** Peso (mg) de lagartas de *Spodoptera frugiperda* aos 15 dias, alimentadas com genótipos de milho (*Zea mays*) tratados com extrato aquoso de ramos de catiguá *Trichilia pallida* (adaptada de Torrecillas e Vendramim. *Scientia Agricola* 58: 27-31, 2001, com autorização).

| Genótipos | Peso de lagartas (mg) | |
|---|---|---|
| | Testemunha* | Extrato (0,1%) |
| C 901 (suscetível) | 205,7 A a | 34,9 B a |
| CMS 23 (resistente) | 81,1 A b | 16,9 B a |

Médias seguidas da mesma letra, maiúscula na horizontal e minúscula na vertical, não diferem pelo teste de Tukey (p > 0,05).
* Folhas tratadas com água destilada.

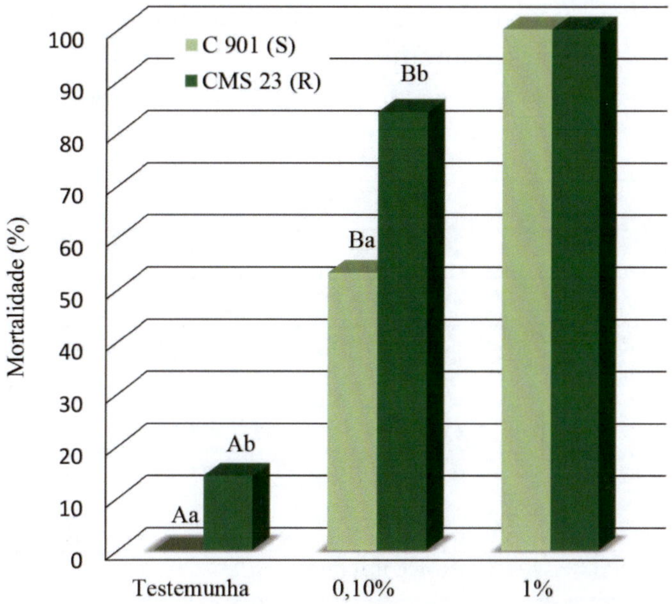


**Figura 3.** Mortalidade larval de *Spodoptera frugiperda* alimentada em genótipos de milho (*Zea mays*) com diferentes níveis de resistência e/ou tratados com extrato aquoso de ramos de catiguá *Trichilia pallida*, em duas concentrações, ou com água destilada (testemunha). Médias seguidas pela mesma letra, maiúscula para os tratamentos em um mesmo genótipo e pela letra minúscula para os genótipos no mesmo tratamento, não diferem entre si pelo teste de Tukey (p > 0,05) (elaborada a partir de Torrecillas e Vendramim. *Scientia Agricola* 58: 27-31, 2001).

Resultados interessantes também foram encontrados na avaliação da interação de variedades resistentes de tomate [*Solanum lycopersicum* L. (Solanaceae)] com inseticidas botânicos. Vendramim e Thomazini (2001) compararam a atividade dos extratos de folhas e de ramos de *T. pallida* associados a duas cultivares de tomate, uma delas resistente, sobre o desenvolvimento da traça-do-tomateiro *Tuta absoluta* (Meyrick) (Lepidoptera: Gelechiidae). Os autores observaram interação significativa entre os extratos e os genótipos de tomate para duração da fase larval e para viabilidade pupal. No entanto, a interação não foi significativa para viabilidade larval e peso de pupas.

Em outro estudo, Brunherotto et al. (2010) também avaliaram o efeito de extratos aquosos de folhas de cinamomo (*M. azedarach*) e de sementes de nim (*A. indica*) sobre o desenvolvimento, a reprodução e a longevidade de *T. absoluta* em 3 genótipos de tomate, sendo dois deles portadores de resistência moderada à praga. O uso dos extratos de nim e de cinamomo reduziu a sobrevivência de lagartas e pupas quando aplicados sobre as cultivares suscetíveis (Santa Clara e IPA-5) e resistente (LA444-1) (Tabela 2). Embora os autores tenham constatado o efeito adverso dos dois inseticidas botânicos e de uma das cultivares sobre a praga quando as duas técnicas foram empregadas separadamente, não foi constatado sinergismo ou antagonismo com a utilização associada, observando-se apenas efeito aditivo. Os autores consideraram que a elevada mortalidade larval provocada pela variedade resistente pode ter mascarado a ação dos inseticidas botânicos nesse material, dificultando a verificação do efeito associado desses fatores.

**Tabela 2.** Médias (± EP) da duração e sobrevivência de lagartas e pupas de *Tuta absoluta* alimentadas durante a fase larval em folhas de genótipos de tomate (*Solanum lycopersicum*) tratadas com extratos aquosos (0,1%) de folhas de cinamomo (*Melia azedarach*) e de sementes de nim (*Azadirachta indica*) (adaptada de Brunherotto et al. *Neotropical Entomology* 39: 784-791, 2010, com autorização).

| Tratamentos | Genótipos | | | |
|---|---|---|---|---|
| | Santa Clara | IPA-5 | LA444-1 | Média |
| | | Sobrevivência larval (%) | | |
| Testemunha* | 74,5 ± 4,69 | 61,1 ± 5,82 | 28,9 ± 5,62 | 54,8 c |
| Nim | 54,5 ± 4,37 | 52,2 ± 4,69 | 26,7 ± 4,55 | 44,4 b |
| Cinamomo | 35,5 ± 4,77 | 34,4 ± 5,8 | 15,6 ± 4,10 | 28,5 a |
| Média | 54,8 A | 49,3 A | 23,7 B | |
| CV (%) | | | | 28,59 |
| | | Sobrevivência pupal (%) | | |
| Testemunha* | 62,2 ± 3,72 | 53,3 ± 4,87 | 26,7 ± 6,44 | 47,4 c |
| Nim | 43,3 ± 5,1 | 41,1 ± 4,69 | 22,2 ± 5,35 | 36,6 b |
| Cinamomo | 30,0 ± 3,75 | 25,6 ± 6,31 | 13,3 ± 3,44 | 23,0 a |
| Média | 45,2 A | 40,0 A | 20,7 B | |
| CV (%) | - | - | - | 34,41 |

Médias seguidas pela mesma letra, maiúscula nas linhas e minúscula nas colunas, não diferem entre si pelo teste de Tukey ($p > 0,05$).
* Folhas tratadas com água destilada.

Em outra pesquisa, também foi verificado que extratos vegetais e genótipos resistentes de tomate interagiram de forma aditiva no controle da mosca-branca, *Bemisia tabaci* (Gennadius) biótipo B (Hemiptera: Aleyrodidae). A associação dos genótipos resistentes (PI-

134417, PI-134418 e PI-127826) com os extratos aquosos de *A. indica* e de *T. pallida* elevou significativamente a mortalidade de ninfas da mosca-branca em relação aos controles (Tabela 3) (Baldin et al., 2007).

**Tabela 3.** Mortalidade (% ± EP) de ninfas de *Bemisia tabaci* biótipo B em diferentes genótipos de tomate (*Solanum lycopersicum*) após 5 dias da aplicação de extratos vegetais de sementes de nim (*Azadirachta indica*) e de folhas e de ramos de catiguá (*Trichilia pallida*) (adaptada de Baldin et al. *Scientia Agricola* 64: 476-481, 2007, com autorização).

| Genótipos | Extratos | | | |
|---|---|---|---|---|
| | Água destilada | *A. indica* (sementes) | *T. pallida* (folhas) | *T. pallida* (ramos) |
| IAC-Santa Clara | 6,8 ± 1 c C | 71,3 ± 1,88 c A | 52,1 ± 2,89 b B | 64,3 ± 1,74 b A |
| PI-134417 | 22,9 ± 2,23 b D | 85,4 ± 1,21 b A | 57,3 ± 4,49 ab C | 71,6 ± 0,96 b B |
| PI-134418 | 25,6 ± 2,63 b D | 87,6 ± 1,92 ab A | 58,8 ± 0,95 ab C | 72,8 ± 2,11 ab B |
| PI-127826 | 35,2 ± 2,02 a D | 91,9 ± 1,24 a A | 66,1 ± 3,59 a C | 80,8 ± 0,84 a B |

Médias seguidas da mesma letra, minúscula na coluna e maiúscula na linha, não diferem entre si (Teste de Tukey, $p > 0,05$). Genótipo suscetível IAC-Santa Clara; genótipos resistentes: PI-134417, PI-134418 e PI-127826.

O efeito combinado da aplicação de um inseticida botânico formulado à base de piretrina + azadiractina e uma variedade de soja [*Glycine max* (L.) Merril (Fabaceae)] resistente (contendo o gene *Rag1*) ao pulgão *Aphis glycines* Matsumura (Hemiptera: Aphididae) foi avaliado em relação a essa praga por Hanson e Koch (2018), em campo e casa de vegetação. Nos experimentos de campo, a mistura dos inseticidas botânicos não reduziu a população de pulgões em relação às áreas não tratadas, para ambos os genótipos de soja. Esse fato pode estar associado à rápida degradação das moléculas de piretrina e azadiractina quando expostas à radiação solar. Em casa de vegetação, contudo, os autores verificaram que a mortalidade do pulgão na variedade resistente tratada com o inseticida botânico foi significativamente maior do que na resistente não tratada, na suscetível tratada, e na suscetível não tratada. As curvas de mortalidade resultantes mostraram que o inseticida botânico não causou alteração na suscetibilidade dos pulgões nas cultivares de soja resistente e suscetível, evidenciando também um efeito aditivo dos tratamentos.

O uso associado de inseticidas botânicos com variedades resistentes também pode ser uma forma eficaz de reduzir as infestações de pragas sobre grãos armazenados. Por se tratar de um ambiente favorável ao desenvolvimento do inseto, o nível de controle nos armazéns é atingido com a simples constatação da presença da praga. Dessa forma, a aplicação do inseticida botânico pode reduzir o número de insetos na infestação inicial, e após seu efeito residual terminar, a variedade resistente reduziria as chances de a praga se estabelecer nos grãos armazenados. Nesse sentido, Lale e Mustapha (2000) investigaram o potencial da associação do óleo de sementes de nim com genótipos de feijão-caupi [*Vigna unguiculata* (L.) Walpers (Fabaceae)] para controle do caruncho *C. maculatus*. Os autores combinaram concentrações crescentes do óleo (25, 50, 75 e 100 mg/5 g de grãos) e genótipos com diferentes níveis de resistência [suscetível (IT89KD-374), moderadamente resistente (IT89KD-391 e Borno Brown) e altamente resistente (Kanannado)] e verificaram que o tratamento dos grãos com 50 mg/5 g e com 75 ou 100 mg/5 g reduziu os danos sobre os grãos de mais de 25% (controles) para menos de 10% e 5%, respectivamente, em todos os genótipos. Os autores ainda verificaram que as diferentes concentrações do óleo de nim interagiram significativamente com a resistência varietal do feijão-caupi, reduzindo a oviposição e a emergência de adultos de *C. maculatus*. A interação também diminuiu significativamente a porcentagem de grãos de feijão-caupi infestados pela praga.

Law-Ogbomo e Enobakhare (2006) estudaram a combinação de diferentes óleos vegetais com variedades de milho para controle de *S. zeamais*. Os autores utilizaram os óleos de sementes de seringueira, de dendê (polpa) e de palmiste (amêndoa do dendê) (nomes científicos não informados), nas concentrações de 2,5; 5,0; 7,5 e 10 mL/kg de grãos, e os genótipos de milho Uselu Local, SUWAN-1 e Oba Super 1 (8321-18). Embora a resistência/suscetibilidade dos genótipos não tenha sido previamente informada, os resultados mostraram que Uselu Local foi mais resistente do que os demais genótipos. Todos os óleos vegetais foram tóxicos a *S. zeamais*, sendo o óleo de sementes de seringueira o mais efetivo. Quando comparados aos controles, os óleos vegetais proporcionaram uma diferença média de aproximadamente 70,5% na mortalidade dos insetos adultos (aos 21 dias após o tratamento), 74,7% na oviposição, 76,4% na emergência de adultos e 45,1% na perda de peso dos grãos, além de não prejudicarem a qualidade dos mesmos. Os autores, contudo, não mencionam nenhuma interação entre os genótipos e os óleos vegetais.

Os mesmos 3 óleos vegetais citados anteriormente, nas mesmas concentrações, foram avaliados por Law-Ogbomo (2007) para o controle de *C. maculatus* em 3 cultivares de feijão-caupi: Ife White, Ife Brown e Kano White. A cultivar Ife Brown foi a mais resistente e, de maneira semelhante ao trabalho anterior, todos os óleos vegetais causaram mortalidade variável entre 70 e 96% dos adultos de *C. maculatus* aos 7 dias após o tratamento, sendo significativamente maior do que nos controles (grãos não tratados). Os óleos vegetais também proporcionaram redução considerável na perda de peso dos grãos (0,1 a 1,7%), quando comparada à verificada nos controles (48,2%), redução significativa na porcentagem de grãos perfurados (0 a 32% nos tratamentos contra 93,2% nos controles), além de não terem afetado a viabilidade das sementes. Também de maneira similar, embora todos os óleos testados tenham sido efetivos, o óleo de sementes de seringueira, na concentração de 10 mL/kg de grãos, foi o que mais reduziu a perda de peso do feijão-caupi durante o armazenamento, e a sua aplicação na cultivar Ife Brown (a mais resistente) foi a combinação mais efetiva para redução da população de *C. maculatus* e dos danos causados pela praga.

Barbosa et al. (2002) avaliaram o efeito do óleo de nim na proteção de genótipos de feijão-comum [*Phaseolus vulgaris* L. (Fabaceae)] com e sem arcelina, visando ao manejo do caruncho *Zabrotes subfasciatus* (Bohemann) (Coleoptera: Chrysomelidae). No entanto, os autores apresentaram os resultados de forma separada para cada fator, não permitindo a verificação dos efeitos combinados dessas diferentes formas de controle. Guzzo (2008) também avaliou o desenvolvimento de *Z. subfasciatus* em variedades de feijão-comum suscetível e resistente (portador de arcelina), tratadas com inseticida botânico à base de nim. O autor verificou que a viabilidade dos ovos, a duração do período de desenvolvimento e o peso de adultos (machos e fêmeas) do inseto foram expressivamente afetados pela variedade resistente, independentemente do inseticida botânico. A duração do período de desenvolvimento das fêmeas e o peso das fêmeas adultas foram mais afetados pela variedade resistente isolada do que pela sua associação com o inseticida botânico. Esse resultado poderia ser explicado com base no tipo de resistência do genótipo de feijão, uma vez que a arcelina, fator de resistência presente nesse genótipo, não atua apenas como deterrente alimentar ou antinutriente, mas também apresenta efeito tóxico a *Z. subfasciatus* (Paes et al., 2000). Dessa forma, o efeito fagodeterrente da azadiractina (Isman, 2006) levaria a um menor consumo de alimento e, consequentemente, a uma menor ingestão da proteína tóxica do feijão (arcelina) pelas larvas de *Z. subfasciatus*.

Castro (2013) avaliou o efeito da associação dos genótipos de feijão-caupi IT81 D-1045 Ereto, IT85 F-2687 (ambos resistentes) e BRS - Urubuquara (suscetível), e a $CL_{50}$ dos óleos essenciais de *Chenopodium ambrosioides* L. (Amaranthaceae), *Lippia sidoides* Cham. (Verbenaceae), *Mansoa alliacea* (Lam.) A. Gentry (Bignoniaceae), *Piper callosum* Ruiz & Pav., *Piper marginatum* Jacq. (Piperaceae) e *Vitex agnus castus* L. (Lamiaceae) sobre aspectos comportamentais e biológicos de *C. maculatus*. A autora verificou que todos os óleos essenciais foram prejudiciais ao inseto de forma isolada. Contudo, a combinação do óleo de *V. agnus castus* com o genótipo resistente IT85 F-2687 foi a única com interação significativa na repelência da praga, e efeitos aditivos ou sinérgicos não foram verificados para os parâmetros biológicos número e viabilidade dos ovos, número de adultos emergidos, consumo e peso dos insetos.

Tabadkani et al. (2017) estudaram a suscetibilidade do caruncho *C. maculatus*, criado em cultivares suscetível (Parto) e resistente (Sahar) de feijão-mungo [*Vigna radiata* (L.) (Fabaceae)], associadas à $CL_{50}$ do óleo essencial de *Echinophora platyloba* DC. (Apiaceae). Os autores encontraram diferenças significativas na taxa de oviposição, porcentagem de emergência dos adultos, e duração do período de desenvolvimento do coleóptero-praga quando os insetos foram criados na cultivar resistente ou na suscetível, e tratados ou não com o óleo essencial. Contudo, interação significativa entre a cultivar resistente e o óleo essencial só foi observada para a taxa de oviposição e para a duração do período de desenvolvimento do inseto, o que significa que, para esses parâmetros, o efeito causado pela combinação dos dois fatores foi maior do que o efeito causado pelos mesmos isoladamente, sugerindo que a resistência da cultivar Sahar tenha intensificado os efeitos do óleo essencial de *E. platyloba* sobre *C. maculatus*.

Uma série de ensaios foi conduzida por Luz et al. (2017) para selecionar genótipos de feijão-comum, de feijão-caupi e de fava [*Vicia faba* L. (Fabaceae)], de cores variadas e portadores de resistência do tipo antixenose e/ou antibiose a *Z. subfasciatus*, e avaliar se a combinação de diferentes níveis de resistência com um inseticida botânico (nim) e um sintético (deltametrina) poderia ser mais efetiva no controle da praga. Inicialmente, os autores avaliaram a antixenose de 6 genótipos (dois de cada espécie vegetal) não tratados e de 5 genótipos (dois de feijão-comum, dois de feijão-caupi e um de fava) tratados com produto formulado à base de óleo de nim (na concentração de 3 mL/30 mL de água destilada) contra o caruncho. Não houve diferença significativa na preferência pelos genótipos não tratados; contudo, o tratamento à base de nim afetou a preferência dos insetos, reduzindo a infestação entre 40,5 e 100%. Posteriormente, os autores avaliaram a antibiose de 8 genótipos (4 de feijão-comum, um de feijão-caupi e 3 de fava) sem inseticidas, e selecionaram 5 (um de feijão-comum, um de feijão-caupi e 3 de fava) para uma avaliação final de antibiose, isolados e em combinação com os inseticidas botânico e sintético. Os inseticidas reduziram a oviposição na maioria dos genótipos avaliados (Tabela 4), havendo efeito significativo da interação entre genótipo e inseticida. Também houve efeito significativo dos genótipos e dos inseticidas, mas não da interação entre eles, na redução do número e do peso de adultos emergidos. Os inseticidas reduziram a oviposição entre 53 e 100% e proporcionaram de duas a 5 vezes menos adultos emergidos, com peso 35 a 40% menor nos genótipos com antibiose. A fava rajada foi o genótipo mais resistente, sendo que ela e outros genótipos portadores de antibiose, mostraram efeito sinérgico com o nim ou com a deltametrina.

Nwosu e Adedire (2019) avaliaram a associação entre variedades de milho (suscetível, moderadamente resistente, resistente e altamente resistente) com inseticidas botânicos provenientes de 4 espécies vegetais [alho (*Allium sativum* L.) (Amaryllidaceae), cravo-da-índia (*Syzygium aromaticum* (L.) Merr. & L.M. Perry) (Myrtaceae), *Dennettia tripetala* Baker f. (Annonaceae) e *Viscum album* L. (Santalaceae)] sobre a mortalidade de adultos do gorgulho *S. zeamais* em grãos de milho armazenado. Os autores constataram que, sem a aplicação de inseticidas botânicos, os valores de mortalidade dos adultos foram de 0 e 5% nas variedades suscetível e altamente resistente, respectivamente. Já com o uso do inseticida à base de *A. sa-*

*tivum* (1 mL/20 g de grãos), a mortalidade de adultos subiu para 50% na variedade suscetível e para 80% na variedade altamente resistente, após 96 h de exposição.

**Tabela 4.** Número (± EP) de ovos de *Zabrotes subfasciatus* obtidos em ensaio de antibiose, em genótipos de feijão-comum (*Phaseolus vulgaris*), de feijão-caupi (*Vigna unguiculata*) e de fava (*Vicia faba*) tratados com diferentes inseticidas (adaptada de Luz et al. *Australian Journal of Crop Science* 11: 1168-1175, 2017, com autorização).

| Genótipos | Tratamentos dos grãos | | |
|---|---|---|---|
| | Controle | Deltametrina | Nim |
| Fava amarela | 67,0 ± 17,56 A a | 25,4 ± 7,02 A b | 25,2 ± 7,92 A b |
| Feijão-caupi | 39,2 ± 15,82 B a | 12,2 ± 3,35 B b | 13,6 ± 5,55 ABC b |
| Fava branca | 17,4 ± 10,09 BC a | 0,6 ± 1,34 C b | 0,6 ± 0,89 C b |
| Feijão rajado marrom | 22,4 ± 10,06 BC a | 12,4 ± 4,50 B a | 18,2 ± 12,70 AB a |
| Fava rajada | 13,6 ± 6,80 C a | 5,4 ± 3,13 BC b | 6,4 ± 2,07 BC ab |

Médias seguidas da mesma letra, maiúscula na coluna e minúscula na linha, não diferem entre si (Teste de Tukey, $p > 0,05$).

Barbosa et al. (2020) estudaram o efeito combinado de 4 cultivares de feijão-caupi (BR 17 Gurgueia, BRS Tracuateua, Epace 10 e Sempre Verde) com concentrações subletais de 3 compostos bioativos comumente encontrados em óleos essenciais de plantas com atividade inseticida (eugenol, geraniol e trans-anetol), no controle de *C. maculatus*. Com base nas variáveis número total de ovos, número de ovos por grão após 12 dias, viabilidade dos ovos, número total de adultos emergidos, número de adultos emergidos por grão, viabilidade da fase imatura, taxa instantânea de crescimento, perda de peso dos grãos e duração do período de ovo a adulto, os autores verificaram que as cultivares BRS Tracuateua e BR 17 Gurgueia foram prejudiciais ao desenvolvimento do inseto quando comparadas às demais. A $CL_{30}$ e a $CL_{50}$ de cada um dos compostos foram estimadas e aplicadas em combinação com as mesmas 4 cultivares de feijão-caupi. Conforme esperado, para a maioria dos parâmetros, a $CL_{50}$ causou um efeito adverso significativamente maior do que a $CL_{30}$. Além disso, os autores observaram interação significativa entre os fatores cultivar, composto e concentração, para os parâmetros número total de ovos, número de ovos por grão após 12 dias, número total de adultos emergidos, número de adultos emergidos por grão, perda de peso dos grãos e duração do período de ovo a adulto. De um modo geral, as associações da cultivar BR 17 Gurgueia com eugenol e com geraniol foram as que afetaram mais significativamente os parâmetros biológicos de *C. maculatus*.

## 4. Considerações finais

Apesar das vantagens que apresentam, os derivados botânicos com propriedades inseticidas/acaricidas nem sempre têm grande aceitação e adoção por parte do agricultor, principalmente devido às lacunas no conhecimento qualitativo e quantitativo dos compostos ativos presentes e pela falta de um rigoroso controle de qualidade das formulações comerciais. As variedades resistentes, por sua vez, também acabam tendo seu potencial muitas vezes questionado em razão de o agricultor esperar um nível de resistência maior do que aquele expresso no material. De qualquer modo, deve-se destacar que as pesquisas tanto na área de produtos naturais bioativos como na área de resistência de plantas têm evoluído nos últimos anos, graças ao desenvolvimento de métodos modernos de identificação, quantificação e caracterização da bioatividade de aleloquímicos presentes em plantas, bem como em razão do aperfeiçoamento de processos biotecnológicos, incluindo os novos métodos de introdução de genes de resistência em plantas, especialmente aqueles que se baseiam na engenharia genética.

Por isso, a associação de inseticidas botânicos com variedades resistentes tem se mostrado bastante promissora para o manejo de pragas, ainda que os estudos a esse respeito sejam relativamente escassos, e que a maioria deles tenha sido conduzida em condições de laboratório e/ou casa de vegetação, ou mesmo em condições de armazenamento, onde o ambiente é mais estável em comparação com a realidade de campo. A melhoria das formulações de inseticidas botânicos para a obtenção de produtos com maior estabilidade e menor degradação das moléculas ativas no campo, bem como o desenvolvimento de variedades de plantas e a identificação de aleloquímicos que, em conjunto, produzam efeitos sinérgicos, certamente levarão a um aumento no emprego das duas técnicas de maneira associada por parte dos produtores, contribuindo ainda mais com o manejo de pragas na agricultura, principalmente em sistemas de produção de base orgânica ou ecológica, onde o uso de pesticidas sintéticos para o controle de pragas não é permitido.

# Referências bibliográficas


Aerts, R.J.; Mordue, A.J. 1997. Feeding deterrence and toxicity of neem triterpenoids. Journal of Chemical Ecology 23: 2117-2132.

Andrade, M.S.; Ribeiro, L.P.; Bogorni, P.C.; Silva, M.F.G.F.; Forim, M.R.; Fernandes, J.B.; Vieira, P.C.; Vendramim, J.D.; Machado, M.A. 2016. Essential oil variation from twenty two genotypes of citrus in Brazil - Chemometric approach and repellency against ***Diaphorina citri*** Kuwayama. Molecules 21: e814.

Arimura, G.; Kost, C.; Boland, W. 2005. Herbivore-induced, indirect plant defences. Biochimica et Biophysica Acta - Molecular and Cell Biology of Lipids 1734: 91-111.

Baldin, E.L.L.; Vendramim, J.D.; Lourenção, A.L. 2007. Interaction between resistant tomato genotypes and plant extracts on ***Bemisia tabaci*** (Genn.) biotype B. Scientia Agricola 64: 476-481.

Baldin, E.L.L.; Vendramim, J.D.; Lourenção, A.L. 2019. Introdução. p.25-64. ***In:*** Baldin, E.L.L.; Vendramim, J.D.; Lourenção, A.L., eds. Resistência de plantas a insetos: Fundamentos e aplicações. Fealq, Piracicaba, SP, Brasil.

Barbosa, D.R.S.; Oliveira, J.V.; Silva, P.H.S.; Breda, M.O.; Dutra, K.A.; Lopes, F.S.C.; Araújo, A.M.N. 2020. Efficacy of bioactive compounds and their association with different cowpea cultivars against their major stored pest. Pest Management Science 76: 3770-3779.

Barbosa, F.R.; Yokoyama, M.; Pereira, P.A.A.; Zimmermann, F.J.P. 2002. Controle do caruncho-do-feijoeiro ***Zabrotes subfasciatus*** com óleos vegetais, munha, materiais inertes e malathion. Pesquisa Agropecuária Brasileira 37: 1213-1217.

Bennett, R.N.; Wallsgrove, R.M. 1994. Secondary metabolites in plant defence mechanisms. New Phytologist 72: 617-633.

Brunherotto, R.; Vendramim, J.D.; Oriani, M.A.G. 2010. Efeito de genótipos de tomateiro e de extratos aquosos de folhas de ***Melia azedarach*** e de sementes de ***Azadirachta indica*** sobre ***Tuta absoluta*** (Meyrick) (Lepidoptera: Gelechiidae). Neotropical Entomology 39: 784-791.

Castro, M.J.P. 2013. Efeitos de genótipos de feijão-caupi e de espécies botânicas em diferentes formulações sobre ***Callosobruchus maculatus*** (Fabr.). Botucatu, 117p. Tese (Doutorado) - Faculdade de Ciências Agronômicas, Universidade Estadual Paulista.

Costa, A.S.; Arrigoni-Blank, M.F.; Bacci, L.; Blank, A.F.; Alves, P.B.; Peixoto, M.G.; Santos, A.C.C. 2020. Toxicity of the essential oil of basil cultivars and hybrids and its repellent effect on stored grain pests. Bioscience Journal 36: 341-352.

Dayan, F.E.; Cantrell, C.L.; Duke, S.O. 2009. Natural products in crop protection. Bioorganic & Medicinal Chemistry 17: 4022-4034.

Després, L.; David, J.; Gallet, C. 2007. The evolutionary ecology of insect resistance to plant chemicals. Trends in Ecology & Evolution 22: 298-307.

Dwivedi, N. 2008. Neem: Present status and future prospects. Plant Archives 8: 17-22.

El-Wakeil, N. 2013. Botanical pesticides and their mode of action. Gesunde Pflanzen 65: 125-149.

Enan, E.E. 2005. Molecular and pharmacological analysis of an octopamine receptor from American cockroach and fruit fly in response to plant essential oils. Archives of Insect Biochemistry and Physiology 59: 161-171.

Fill, M.; Coronado, R. 1988. Ryanodine receptor channel of sarcoplasmatic reticulum. Trends in Neuroscience 11: 453-457.

Gatehouse, J.A. 2002. Plant resistance towards insect herbivores: A dynamic interaction. New Phytologist 156: 145-169.

Giongo, A.M.M.; Vendramim, J.D.; Freitas, S.D.L.; Silva, M.F.G.F. 2016. Toxicity of secondary metabolites from Meliaceae against ***Spodoptera frugiperda*** (J.E. Smith) (Lepidoptera: Noctuidae). Neotropical Entomology 45: 725-733.

Giorgi, A.; De Marinis, P.; Granelli, G.; Chiesa, L.M.; Panseri, S. 2013. Secondary metabolite profile, antioxidant capacity, and mosquito repellent activity of ***Bixa orellana*** from Brazilian Amazon region. Journal of Chemistry ID409826: 1-10.

González-Esquinca, A.R.; De-La-Cruz-Chacón, I.; Castro-Moreno, M.; Orozco-Castillo, J.A.; Riley-Saldaña, C.A. 2014. Alkaloids and acetogenins in Annonaceae development: Biological considerations. Revista Brasileira de Fruticultura 36: 1-16.

Guzzo, E.C. 2008. Seleção de genótipos de feijoeiro ***Phaseolus vulgaris*** (L.) (Leguminosae) resistentes aos carunchos ***Acanthoscelides obtectus*** (Boh.) e ***Zabrotes subfasciatus*** (Say) (Coleoptera: Bruchidae) e o seu uso associado com inseticidas botânicos. Piracicaba, 116p. Tese (Doutorado) - Escola Superior de Agricultura "Luiz de Queiroz", Universidade de São Paulo.

Hanson, A.A.; Koch, R.L. 2018. Interactions of host-plant resistance and foliar insecticides for soybean aphid management. Crop Protection 112: 232-238.

Hoffmann-Campo, C.B.; Graça, J.P. 2019. O papel dos metabólitos secundários na resistência de plantas a insetos. p.99-136. ***In:*** Baldin, E.L.L.; Vendramim, J.D.; Lourenção, A.L., eds. Resistência de plantas a insetos: Fundamentos e aplicações. Fealq, Piracicaba, SP, Brasil.

Isman, M.B. 2006. Botanical insecticides, deterrents, and repellents in modern agriculture and an increasingly regulated world. Annual Review of Entomology 51: 45-66.

Khanikor, B.; Parida, P.; Yadav, R.N.S.; Bora, D. 2013. Comparative mode of action of some terpene compounds against octopamine receptor and acetyl cholinesterase of mosquito and human. Journal of Applied Pharmaceutical Science 3: 6-12.

Kogan, M.; Ortman, E.E. 1978. Antixenosis - A new term proposed to replace Painter's "nonpreference" modality of resistance. Bulletin of the Entomological Society of America 24: 175-176.

Kostyukovsky, M.; Rafaeli, A.; Gileadi, C.; Demchenko, N.; Shaaya, E. 2002. Activation of octopaminergic receptors by essential oil constituents isolated from aromatic plants: Possible mode of action against insect pests. Pest Management Science 58: 1101-1106.

Lale, N.E.S.; Mustapha, A. 2000. Potential of combining neem (***Azadirachta indica*** A. Juss) seed oil with varietal resistance for the management of the cowpea bruchid, ***Callosobruchus maculatus*** (F.). Journal of Stored Products Research 36: 215-222.

Lara, F.M. 1991. Princípios de resistência de plantas a insetos. Ícone, São Paulo, SP, Brasil.

Law-Ogbomo, K.E. 2007. Reduction of post-harvest loss caused by ***Callosobruchus maculatus*** (F.) in three varieties of cowpea treated with plant oils. Journal of Entomology 4: 194-201.

Law-Ogbomo, K.E.; Enobakhare, D.A. 2006. Efficacy of rubber seed oil, palm oil and palm kernel oil as grain protectants against ***Sitophilus zeamais*** (Mots.) (Coleoptera: Curculionidae) in three maize varieties. Journal of Entomology 3: 40-47.

Luo, Y.; Carlson, J.R. 2018. Sensory biology: Structure of an insect chemoreceptor. Current Biology 28: R1202-R1205.

Luz, C.E.A.; Araújo, T.A.; Ribeiro, A.V.; Bastos, C.S.; Torres, J.B.; Krieger, Y.S.T. 2017. Resistance of important bean genotypes to the Mexican bean beetle [***Zabrotes subfasciatus*** (Bohemann)] during storage and its control with chemical synthetic and botanical insecticides. Australian Journal of Crop Science 11: 1168-1175.

Mazoyer, M.; Roudart, L. 2008. História das agriculturas no mundo. Do neolítico à crise contemporânea. Editora UNESP, São Paulo, SP, Brasil.

Melo, B.A.; Molina-Rugama, A.J.; Haddi, K.; Leite, D.T.; Oliveira, E.E. 2015. Repellency and bioactivity of Caatinga biome plant powders against ***Callosobruchus maculatus*** (Coleoptera: Chrysomelidae: Bruchinae). Florida Entomologist 98: 417-423.

Mithöfer, A.; Boland, B. 2012. Plant defense against herbivores: Chemical aspects. Annual Review of Plant Biology 63: 431-450.

Nathan, S.S.; Chung, P.G.; Murugan, K. 2004. Effect of botanicals and bacterial toxin on the gut enzyme of ***Cnaphalocrocis medinalis***. Phytoparasitica 32: 433-443.

Nerio, L.S.; Olivero-Verbel, J.; Stashenko, E. 2010. Repellent activity of essential oils: A review. Bioresource Technology 101: 372-378.

Nisbet, A.J. 2000. Azadirachtin from the neem tree ***Azadirachta indica***: Its action against insects. Anais da Sociedade Entomológica do Brasil 29: 615-632.

Nwosu, L.C.; Adedire, C.O. 2019. Effects of host resistance and plant-derived insecticides on mortality of ***Sitophilus zeamais*** (Coleoptera: Curculionidae) adults in stored maize. International Journal of Tropical Insect Science 39: 165-173.

Osbourn, A.E.; Lanzotti, V. 2009. Plant-derived natural products. Springer, New York, USA.

Paes, N.S.; Gerhardt, I.R.; Coutinho, M.V.; Yokoyama, M.; Santana, E.; Harris, N.; Chrispeels, M.J.; Grossi-de-Sá, M.F. 2000.

The effect of arcelin-1 on the structure of the midgut of bruchid larvae and immunolocalization of the arcelin protein. Journal of Insect Physiology 46: 393-402.

Painter, R.H. 1951. Insect resistance in crop plants. McMillan, New York, USA.

Panda, N.; Khush, G.A. 1995. Host plant resistance to insects. Cab International, Wallingford, England.

Pavela, R. 2016. History, presence and perspective of using plant extracts as commercial botanical insecticides and farm products for protection against insects - A review. Plant Protection Science 52: 229-241.

Peixoto, M.G.; Bacci, L.; Blank, A.F.; Araújo, A.P.A.; Alves, P.B.; Silva, J.H.S.; Santos, A.A.; Oliveira, A.P.; Costa, A.S.; Arrigoni-Blank, M.F. 2015. Toxicity and repellency of essential oils of ***Lippia alba*** chemotypes and their major monoterpenes against stored grain insects. Industrial Crops and Products 71: 31-36.

Priestley, C.M.; Williamson, E.M.; Wafford, K.A.; Satelle, D.B. 2003. Thymol, a constituent of thyme essential oil, is a positive allosteric modulator of human GABA receptors and a homo-oligomeric GABA receptor from ***Drosophila melanogaster***. British Journal of Pharmacology 140: 1363-1372.

Rattan, R.S. 2010. Mechanism of action of insecticidal secondary metabolites of plant origin. Crop Protection 29: 913-920.

Ribeiro, L.P.; Ansante, T.F.; Niculau, E.S.; Pavarini, R.; Silva, M.F.G.F.; Seffrin, R.C.; Vendramim, J.D. 2015. ***Pimenta pseudocaryophyllus*** derivatives: Extraction methods and bioactivity against ***Sitophilus zeamais*** Motschulsky (Coleoptera: Curculionidae). Neotropical Entomology 44: 634-642.

Ribeiro, L.P.; Domingues, V.C.; Gonçalves, G.L.; Fernandes, J.B.; Glória, E.M.; Vendramim, J.D. 2020. Essential oil from ***Duguetia lanceolata*** St.-Hil. (Annonaceae): Suppression of spoilers of stored-grain. Food Bioscience 36: e100653.

Roel, A.R.; Vendramim, J.D. 1999. Desenvolvimento de ***Spodoptera frugiperda*** (J.E. Smith) em genótipos de milho tratados com extrato acetato de etila de ***Trichilia pallida*** (Swartz). Scientia Agricola 56: 581-586.

Schoonhoven, L.M.; Blaney, W.M.; Simmonds, M.S.J. 1992. Sensory coding of feeding deterrents in phytophagous insects. p.59-79. ***In***: Bernays, E.A., ed. Insect-plant interactions. CRC Press, Boca Raton, USA.

Silva, K.L.C.; Silva, M.M.C.; Moraes, M.M.; Camara, C.A.; Santos, M.L; Fagg, C.W. 2020. Chemical composition and acaricidal activity of essential oils from two species of the genus ***Bauhinia*** that occur in the Cerrado biome in Brazil. Journal of Essential Oil Research 32: 23-31.

Smith, C.M. 2005. Plant resistance to arthropods: Molecular and conventional approaches. Springer, Berlin, Germany.

Srinivasan, R. 2019. Introduction: Host plant choice and feeding ecology of insects. Entomologia Experimentalis et Applicata 167: 288-291.

Tabadkani, S.M.; Khoobdel, M.; Tavakoli, H.R. 2017. Host resistance enhances susceptibility of ***Callosobruchus maculatus*** (Coleoptera: Chrysomelidae) to herbal extract of ***Echinophora platyloba***. Entomological Research 47: 28-34.

Tada-Oikada, S.; Hiraku, Y.; Kawanishi, M.; Kawanishi, S. 2003. Mechanism for generation of hydrogen peroxide and change of mitochondrial membrane potential during rotenone-induced apoptosis. Life Science 73: 3277-3288.

Tong, F.; Coats, J.R. 2010. Effects of monoterpenoid insecticides on [$^3$H]-TBOB binding in house fly GABA receptor and $^{36}Cl^-$ uptake in American cockroach ventral nerve cord. Pesticide Biochemistry and Physiology 98: 317-324.

Torrecillas, S.M.; Vendramim, J.D. 2001. Extrato aquoso de ramos de ***Trichilia pallida*** e o desenvolvimento de ***Spodoptera frugiperda*** em genótipos de milho. Scientia Agricola 58: 27-31.

Vendramim, J.D.; Castiglioni, E.A. 2000. Aleloquímicos, resistência de plantas e plantas inseticidas. p.113-135. ***In***: Guedes, J.C.; Costa, I.D.; Castiglioni, E., orgs. Bases e técnicas de manejo de insetos. Pallotti, Santa Maria, RS, Brasil.

Vendramim, J.D.; Castiglioni-Rosales, E.A. 2019. A resistência de plantas e o manejo de pragas. p.435-472. ***In***: Baldin, E.L.L.; Vendramim, J.D.; Lourenção, A.L., eds. Resistência de plantas a insetos: Fundamentos e aplicações. Fealq, Piracicaba, SP, Brasil.

Vendramim, J.D.; França, S.C. 2005. Indução de resistência a insetos. p.219-238. ***In***: Cavalcanti, L.S.; Di Piero, R.M.; Cia, P.; Pascholati, S.F.; Resende, M.L.V.; Romeiro, R.S., orgs. Indução de resistência em plantas a patógenos e insetos. Fealq, Piracicaba, SP, Brasil.

Vendramim, J.D.; Guzzo, E.C. 2009. Resistência de plantas e a bioecologia e nutrição dos insetos. p.1055-1105. ***In***: Panizzi,

A.R.; Parra, J.R.P., eds. Bioecologia e nutrição de insetos: Base para o manejo integrado de pragas. Embrapa Informação Tecnológica, Brasília, DF, Brasil.

Vendramim, J.D.; Guzzo, E.C. 2011. Plant resistance and insect bioecology and nutrition. p.657-685. ***In***: Panizzi, A.R.; Parra, J.R.P., eds. Insect bioecology and nutrition for integrated pest management. CRC Press, Boca Raton, USA.

Vendramim, J.D.; Guzzo, E.C.; Ribeiro, L.P. 2019. Antibiose. p.185-224. ***In***: Baldin, E.L.L.; Vendramim, J.D.; Lourenção, A.L., eds. Resistência de plantas a insetos: Fundamentos e aplicações. Fealq, Piracicaba, SP, Brasil.

Vendramim, J.D.; Ribeiro, L.P. 2019. Indução de resistência a insetos. p.365-390. ***In***: Baldin, E.L.L.; Vendramim, J.D.; Lourenção, A.L., eds. Resistência de plantas a insetos: Fundamentos e aplicações. Fealq, Piracicaba, SP, Brasil.

Vendramim, J.D.; Scampini, P.J. 1997. Efeito do extrato aquoso de ***Melia azedarach*** sobre o desenvolvimento de ***Spodoptera frugiperda*** (J.E. Smith) em dois genótipos de milho. Revista de Agricultura 72: 159-170.

Vendramim, J.D.; Thomazini, A.P.B.W. 2001. Traça ***Tuta absoluta*** (Meyrick) em cultivares de tomateiro tratadas com extratos aquosos de ***Trichilia pallida*** Swartz. Scientia Agricola 58: 607-611.

Whitman, D.W. 1988. Allelochemical interactions among plants, herbivores and their predators. p.11-64. ***In***: Barbosa, P.; Letourneau, D.K., eds. Novel aspects of insect-plant interactions. John Wiley & Sons, New York, USA.

Whittaker, R.H. 1970. The biochemical ecology of higher plants. p.43-70. ***In***: Sondheimer, E.; Simeone, J.B., eds. Chemical Ecology. Academic Press, New York, USA.

Whittaker, R.H.; Feeny, P.P. 1971. Allelochemics: Chemical interactions between species. Science 171: 757-770.

Wink, M. 2003. Evolution of secondary metabolites from an ecological and molecular phylogenetic perspective. Phytochemistry 64: 3-19.

Zafra-Polo, M.C.; González, M.C.; Estornell, E.; Sahpaz, S.; Cortes, D. 1996. Acetogenins from Annonaceae, inhibitors of mitochondrial complex I. Phytochemistry 42: 253-271.

Capítulo 15

# Óleos essenciais como sinergistas de formulações inseticidas

Murilo Fazolin
André Fábio Medeiros Monteiro
Fernando Wagner Malavazi
Joelma Lima Vidal Estrela

## 1. Introdução

Para o desenvolvimento de um produto fitossanitário são necessários de 10 a 12 anos entre a descoberta das propriedades inseticidas de um composto químico e o início de sua produção em escala comercial. O custo total de desenvolvimento gira ao redor de 150 milhões de doláres, sendo 40% desse montante empregados em estudos de avaliação toxicológica, metabolismo e segurança ambiental do produto (Zambolim et al., 2008). Segundo esses mesmos autores, o fluxo de caixa acumulado passa a ser positivo somente após 6 anos do lançamento comercial pela empresa detentora. Para a obtenção da proteção patentária no Brasil são necessários, em média, 12 anos, com uma duração da proteção de 20 anos a partir do depósito da patente (INPI, 2018). Muitas vezes, durante a vigência da proteção, o agroquímico perde parte de sua eficácia devido à seleção de populações resistentes, diminuindo o seu tempo de mercado.

Entre as estratégias utilizadas para retardar o processo de evolução da resistência está a utilização de compostos sinergistas para bloquear processos metabólicos, especialmente a destoxificação enzimática. O sinergista mais utilizado em formulações comerciais de inseticidas é o butóxido de piperonila (PBO) (Jones, 1998). Produzido desde 1947, esse composto apresenta múltiplas possibilidades de emprego em formulações de inseticidas, principalmente em associação com piretrinas, piretroides, rotenona e carbamatos, em formulações na forma de pós, aerossóis e líquidas (Knowles, 1991; Tozzi, 1998) ou mesmo em formulações de bioinseticidas, como na combinação com piretro (0,3% piretro + 3% PBO) (Biebel et al., 2003). Cabe salientar, contudo, que o PBO não é autorizado para uso em sistemas de produção orgânica (Prestes et al., 2012).

Uma alternativa ao PBO sintético são os óleos essenciais, os quais podem sinergizar inseticidas pela capacidade de inibição de enzimas metabólicas relacionadas ao processo de destoxificação enzimática dos insetos (Waliwitiya et al., 2012; Tak et al., 2016). Essa destoxificação pode ocorrer no intestino médio, nos corpos gordurosos e nos tubos de Malpighi dos insetos, sendo o maior nível de atividade enzimática encontrada no intestino médio (Chapman, 1998). Apesar de os óleos essenciais serem geralmente constituídos por uma mistura complexa de mais de 200 componentes, principalmente do grupo de terpenos e de derivados fenilpropânicos, tais componentes são estruturalmente semelhantes dentro de cada um desses dois grupos químicos; os terpenos de forma simplificada nas frações mais voláteis e outros grupos de constituintes nas frações residuais com menor volatilidade (Nollet e Rathore, 2017).

Os constituintes de óleos essenciais são compostos secundários de plantas que interferem em variados processos fisiológicos e comportamentais dos insetos, cuja ação inseticida encontra-se amplamente difundida na literatura (Bakkali et al., 2008; Zoubiri e Baaliouamer, 2014; Ebadollahi e Jalali, 2015). Dimetry (2014) sugere que efeitos insetistáticos, como repelência, inibição de alimentação e redução de crescimento, são mais frequentes que os efeitos inseticidas nas mais de 2.000 espécies de plantas bioativas usadas no controle de artrópodes-praga. Diversos estudos apontam que compostos isolados de óleos essenciais como, por exemplo, o apiol, o citronelal, o mentol e a mentona, inibem dois grupos de importantes enzimas destoxificativas dos insetos: as monooxigenases dependentes do citocromo P450 e as esterases. Além desses dois grupos de enzimas, o dilapiol, o pulegone, o timol e o eugenol também inibem a glutationa S-transferase (Handa e Dewan, 1974; Lichtenstein et al., 1974; Mukerjee, 1979; Yu et al., 1979; Parmar e Tomar, 1983; Bernard et al., 1990; Bertrand, 1992; Bernard e Philogène, 1993; Lee et al., 2001; Waliwitiya et al., 2012; Shankarganesh et al., 2009; Liu et al., 2014; Lima et al., 2015). O sinergismo proporcionado pelos óleos essenciais não se resume às combinações específicas com inseticidas sintéticos. Há também a possibilidade de serem formulados os chamados inseticidas botânicos por *blend* de compostos sinergistas, tanto nas combinações de óleos essenciais de plantas distintas quanto pelo enriquecimento de óleos essenciais e/ou de suas frações com moléculas com efeito sinérgico previamente conhecido ou reportado.

Diante desse contexto, conhecer a potencialidade do uso de óleos essenciais e de seus componentes como adjuvantes sinergistas em formulações inseticidas poderá viabilizar a elaboração de formulações de agroquímicos mais eficazes ou mesmo a criação de novos produtos naturais a partir da sinergia de compostos botânicos estruturalmente diversificados, constituindo, assim, alternativas importantes para os programas de manejo integrado de pragas (MIP). Além disso, há a possibilidade da diminuição considerável das doses comerciais dos agroquímicos atualmente recomendados para o manejo de determinada espécie-praga, contribundo, consequentemente, para a redução do impacto ambiental e do nível de resíduos nos produtos agroalimentares finais.

## 2. Óleos essenciais

Óleos essenciais são produtos obtidos pelo processo de extração por arraste com vapor d'água ou hidrodestilação (para mais detalhes dos processos de obtenção de óleos essenciais, consultar Capítulo 3 deste livro). Tais produtos se encontram em estruturas especiais de secreção das plantas, tais como órgãos celulares (organelas ou células especializadas), cavidades e canais esquizógenos ou lisígenos (originados por separação ou lise de células) e pelos glandulares, podendo ainda ser depositados no lenho das árvores (Gottlieb e Salatino, 1987). Para a classificação de um produto natural como óleo essencial, as características de alta volatilidade e a ocorrência em estruturas anatômicas definidas são mais importantes do que seu odor (Gottlieb e Salatino, 1987).

Os óleos essenciais são elementos voláteis contidos em vários órgãos das plantas e, assim, são denominados devido à composição química lipofílica que apresentam em contraste com a composição glicerídica dos verdadeiros óleos e gorduras. Estão associados a várias funções necessárias à sobrevivência do vegetal em seu ecossistema, exercendo papel fundamental na defesa contra microrganismos e herbívoros predadores, e também na atração de polinizadores (Gottlieb e Salatino, 1987).

## 3. Bioquímica da resistência dos artrópodes-praga e o emprego de sinergistas

A Organização Mundial da Saúde (OMS) define resistência como a capacidade de uma linhagem de organismo em tolerar doses de tóxicos que seriam letais para a maioria da população, ou seja, é a seleção de indivíduos que estão predispostos geneticamente a sobreviver a doses que seriam letais para a maioria da população suscetível (Li et al., 2007). O desenvolvimento da resistência de artrópodes-praga a inseticidas/acaricidas é resultado da microevolução acelerada. Sob pressão de seleção, os insetos mais aptos sobrevivem ao ingrediente ativo aplicado, multiplicam-se e se reproduzem, aumentando a frequência de indivíduos resistentes na população (Kranthi, 2005).

De uma maneira geral, os insetos possuem ciclo de vida curto e alto potencial biótico, o que favorece o surgimento de populações com variadas características genéticas. A evolução da resistência a inseticidas/acaricidas em populações de artrópodes está intimamente relacionada com a frequência de sua utilização, ou seja, com a pressão seletiva condicionada pelo uso rotineiro desses xenobióticos. Nesse contexto, os indivíduos com mutações (p. ex.: alterações nos sítios-alvo ou capacidade de destoxificação enzimática) conseguem sobreviver sob exposição a determinado inseticida/acaricida, contribuindo para que se tornem numericamente superiores aos suscetíveis, resultando no aumento da frequência de indivíduos resistentes nas gerações subsequentes e falhas consideráveis nos níveis de controle (Hemingway e Ranson, 2000).

A resistência metabólica é decorrente da ação de 3 grupos enzimáticos principais que estão envolvidos na destoxificação de xenobióticos: monooxigenases dependentes do citocromo P450 (CYPs), esterases (ESTs) e glutationa S-transferases (GSTs) (Hemingway, 2000; Perry et al., 2011). Normalmente, um xenobiótico lipofílico que entra no corpo de um animal é rapidamente destoxificado. A destoxificação pode ser dividida em dois processos: fase I (primária) e fase II (secundária). A fase I consiste em oxidação, hidrólise, redução e transferência de grupo. Os metabólitos de fase I são por vezes suficientemente polares para serem excretados, mas são normalmente convertidos por reações na fase II. Nas reações de fase II, os produtos polares são conjugados com uma variedade de compostos endógenos e subsequentemente excretados. As reações da fase I são normalmente responsáveis pela diminuição da atividade biológica de um xenobiótico e, por conseguinte, as enzimas envolvidas limitam a velocidade da toxicidade. Nas reações de fase I, a oxidação é considerada a mais importante, a qual é realizada por CYPs (Dauterman, 1994; Hodgson e Levi, 1994). As CYPs estão envolvidas na destoxificação de quase todas as classes de inseticidas (Hemingway e Ranson, 2000).

O aumento da destoxificação metabólica deve-se, principalmente, à ação de enzimas destoxificativas envolvidas em reações de fase I (correspondentes a reações sem síntese). Nelas, um grupo polar reativo (OH, SH, NH2, COOH) é introduzido numa molécula inseticida tornando-a mais solúvel em água. O efeito mais importante dessas reações é tornar o inseticida um substrato mais adequado à ação de reações de fase II (correspondentes a reações de biossíntese ou conjugações) (Dauterman, 1994; Hodgson e Levi, 1994).

As enzimas CYPs são hemeproteínas que utilizam o NADPH como co-substrato. Essa complexa família de enzimas é encontrada em muitos organismos, incluindo os insetos. Estão envolvidas com o metabolismo de drogas, xenobióticos e na destoxificação de quase todas as classes de inseticidas (Hemingway e Ranson, 2000). Elas também possuem um papel no metabolismo endógeno de esteroides, ácidos graxos e colesterol (Martins et al., 2003). São enzimas que catalisam reações de oxirredução, com a utilização de oxigênio molecular, onde apenas um dos átomos de oxigênio é incorporado ao substrato orgânico e o outro é reduzido à água.

Por sua vez, as ESTs compreendem 6 famílias de proteínas pertencentes à superfamília de alfa e beta hidrolases que metabolizam um amplo espectro de inseticidas, por meio da hidrólise das ligações ésteres desses compostos (Oakeshott et al., 1993). As ESTs sequestram princípios ativos de inseticidas mais rapidamente em comparação à metabolização dos mesmos, impedindo, desse modo, que cheguem aos sítios de ação ou sítios-alvo. Apresentam grande importância na evolução da resistência aos inseticidas organofosforados e carbamatos e, em menor escala, aos piretroides.

As enzimas GSTs são diméricas e multifuncionais, as quais possuem capacidade de destoxificar vários xenobióticos. Elas são responsáveis pela resistência a organofosforados e piretroides por conjugação da glutationa reduzida a esses compostos ou a produtos tóxicos primários do metabolismo desses inseticidas. Duas famílias de GSTs, classificadas como I e II, são conhecidas em insetos e ambas parecem ter associação com a resistência aos inseticidas (Hemingway, 2000).

Com base no banco de dados *Arthropod Pesticide Resistance Database*, até 2016 havia 575 espécies de artrópodes-praga com relatos de resistência a ingredientes ativos de inseticidas e/ou acaricidas em todo o mundo (APRD, 2017). Desse total, 160 espécies ocorrem no Brasil, onde 20 delas possuem importância agrícola e apresentam populações resistentes documentadas. Quanto aos ingredientes ativos, há relatos de resistência no Brasil a 56 deles, o que equivale a 22% dentre os 254 inseticidas e acaricidas categorizados pelo IRAC-BR (Comitê de Ação à Resistência a Inseticidas, Brasil). Esses ingredientes pertencem a 22 grupos distintos e os que apresentaram maior número de relatos de resistência são organofosforados (16), organoclorados (16) e piretroides/piretrina (12) (Oliveira, 2017).

Segundo Georghiou (1983), o manejo da evolução da resistência pode ser realizado por estratégias de moderação, saturação e ataque múltiplo. A estratégia de manejo por moderação consiste na redução da pressão de seleção por meio da redução das doses utilizadas, para que os indivíduos suscetíveis sejam preservados em determinada população (Georghiou, 1983; Roush, 1989; Denholm e Rowland, 1992). O manejo por saturação, proporcionado tanto pela elevação das doses dos inseticidas aplicados como pela utilização de sinergistas, objetiva reduzir o valor adaptativo dos indivíduos resistentes, tornando o alelo que lhe confere esse atributo funcionalmente recessivo (Tabashnik e Croft, 1982; Georghiou, 1983). Finalmente, o manejo por ataque múltiplo consiste na utilização de dois ou mais princípios ativos em rotação ou mistura e é considerado complementar às demais estratégias (Mallet, 1993; MacKenzie, 1996).

Com base em uma extensa revisão de literatura (Tabela 1), constatou-se que 16 compostos sinergistas foram utilizados, até o momento, em avaliações experimentais. Como a maioria deles são inibidores metabólicos, o termo sinergista, muitas vezes, se refere a esse modo específico de ação. Destes, apenas 3, ou seja, o butóxido de piperonila (PBO), o S.S.S-tributilfosforotritioato (DEF) e o N,N-dibutil-4-clorobenzenosulfonamida (WARF) apresentam potencial de inibição de dois grupos diferentes de enzimas destoxificativas simultaneamente, enquanto os demais têm uma atuação restrita a somente um grupo enzimático. Devido a essa especificidade de atuação da maioria desses produtos, há, consequentemente, limitações quanto ao número de grupos químicos de inseticidas que poderão ser sinergizados por eles. Isso resulta em dificuldades para produção e comercialização desses agentes sinergistas em escala comercial, uma vez que sua atuação, centrada em vias metabólicas específicas, condiciona em um reduzido espectro de atividade, restringindo também suas aplicações. Desse modo, o amplo espectro de ação desejado pelo usuário (agricultor) e pelo fabricante, em termos de espécies passíveis de serem controladas, não será atendido com o emprego desses sinergistas clássicos (Raffa e Priester, 1985).

As dificuldades na descoberta de novos ingredientes dotados de novos modos de ação e a limitação da disponibilidade de compostos inseticidas alternativos, seguros e, ao mesmo tempo, eficazes para o controle de pragas requer a adoção urgente de estratégias de manejo da resistência. As regras básicas desse manejo incluem a ausência de resistência cruzada e a falta de similaridade nos mecanismos bioquímicos dos insetos. Além disso, o uso de sinergistas para inibir enzimas destoxificativas representa não apenas uma alternativa para melhorar o controle, mas uma ferramenta para elucidar os mecanismos da própria resistência (Pennetier et al., 2009; Sarwar, 2016).

O sinergista mais utilizado em formulações comerciais de inseticidas é o butóxido de piperonila (PBO), obtido por meio de síntese a partir do safrol pela incorporação de um radical éter do dietileno glicol. O PBO tem sua utilização reduzida devido ao custo de sua síntese, o que restringe sua utilização em combinações sinérgicas em escalas industriais com agroquímicos de alto valor agregado ou direcionados para segmentos específicos, especialmente em associações com sanitizantes veterinários, protetores de grãos e inseticidas domissanitários. No Brasil, existe apenas um inseticida comercial (K-Obiol® 25 EC, deltametrina), com uso agrícola na proteção de grãos armazenados, que utiliza o PBO em sua formulação.

Nas últimas décadas, questionamentos foram realizados sobre a segurança do PBO, especialmente sobre sua ação carcinogênica para humanos (Muguruma et al., 2009), suas propriedades endocrinológicas disruptoras (Horton et al., 2011), sua capacidade de causar tumores hepatocelulares em ratos (Kawai et al., 2009) e de aumentar a incidência de tosse não infecciosa em crianças (Liu et al., 2012). Além disso, o PBO causa impacto negativo na produção de esteroides humanos (Hecker et al., 2011). Por esses motivos, o uso do PBO foi proibido na Europa em cultivos orgânicos (Di Matteo, 2004; Canyon et al., 2010; Bioland, 2019).

**Tabela 1.** Compostos sinergistas mais utilizados em combinações com inseticidas comerciais ou princípios ativos de inseticidas.

| Sinergistas | Siglas | Enzimas inibidas | Referências |
|---|---|---|---|
| Butóxido de piperonila | PBO | P450 e esterases | Casida (1970); Young et al. (2005) |
| Sesoxano (sesamex) | - | P450 | Kuhr e Hessney (1977) |
| Dimetilsulfóxido | DMSO | P450 | Shono e Casida (1978) |
| N-octil bicicloepteno dicarboximida | MGK-264 | P450 | Wilkinson et al. (1974) |
| N-decliimidazol | - | P450 | Casida (1970) |
| N,N-dietil-meta-toluamida | DEET | P450 | Pennetier et al. (2009) |
| N,N-dibutil-4-clorobenzenosulfonamida | WARF-antirresistente | P450 e dehidroclorinase* | Cohen e Tahori (1957); Casida (1970) |
| S.S.S-tributilfosforotritioato | DEF ou TBPT | ESTs (carboxilesterase, amidases e fosfatases) e GSTs (transferases) | Plapp et al. (1963); Chen e Dauterman (1971); Motoyama e Dauterman (1974); Georghiou (1983) |
| Trifenilfosfato | TPP | ESTs (carboxilesterase, amidases e fosfatases) | Plapp et al. (1963); Chen e Dauterman (1971); Motoyama e Dauterman (1974); Georghiou (1983) |
| 5-Benzil-0,0-diisoprilfosforotioato | IBP | ESTs (hidrolase e fosfatases) | Chen e Dauterman (1971); Ishaaya e Casida (1980, 1981); Motoyama e Dauterman (1974); Georghiou (1983) |
| Fosfato cíclico fenilsaligenin | PSCP | ESTs (hidrolase) | Ishaaya e Casida (1980, 1981) |
| t-Fenilbutenona | - | GSTs (transferase) | Motoyama e Dauterman (1974); Georghiou (1983) |
| Dietilmaleato | DEM | GSTs (transferase) | Motoyama e Dauterman (1974); Georghiou (1983) |
| Clorfenetol | DMC | Dehidroclorinase* | Cohen e Tahori (1957); Casida (1970) |
| Trifluorometilcarbinol | FDMC | Dehidroclorinase* | Cohen e Tahori (1957); Casida (1970) |
| I,I,I-Tricloro-2,3-epóxipropano | ETP | EHs (epóxido hidrolase)* | Brooks (1974) |
| 1,2-Epóxi1,2,3,4-tetrahidronaftaleno | ETN | EHs (epóxido hidrolase)* | Brooks (1974) |

P450: Monooxigenases dependentes do citocromo P450; ESTs: Esterases; GSTs: Glutationa S-transferases. *Enzimas que degradam organoclorados (são enzimas em que as oxidases P450 são terminais).

Dessa forma, há necessidade de serem disponibilizados ao mercado de agroquímicos novos sinergistas com baixo custo e amplo espectro de inibição enzimática, os quais possam ser utilizados em combinação com uma maior gama de princípios ativos de diferentes grupos químicos. Desse modo, alguns óleos essenciais, dependendo de sua composição química, podem se apresentar como uma alternativa promissora para essa finalidade.

## 4. Potencialidade dos óleos essenciais pela ação de seus constituintes majoritários

### 4.1. Utilização como inseticida

Desde 1947, a Agência de Proteção Ambiental dos Estados Unidos da América (*Environmental Protection Agency*, EPA) forneceu registros de pelo menos 10 óleos essenciais para serem utilizados como biopesticidas na categoria "sem riscos ao meio ambiente". No Brasil, a aplicação industrial de óleos essenciais para outras finalidades (cosméticos, aditivos aromatizantes, medicamentos fitoterápicos etc.) está normatizada por Resoluções de Diretoria Colegiada (RDC's), pareceres técnicos, resoluções e instruções normativas da Agência Nacional de Vigilância Sanitária - ANVISA (Wolffenbuttel, 2010).

Um grande volume de publicações aponta a potencialidade de óleos essenciais como ferramenta para o controle de pragas, principalmente como inseticidas (Pavela, 2015a; Nollet e Rathore, 2017). Um levantamento das publicações realizadas no período de 1945-2019, indexadas na coleção principal da *Web of Science*, mostrou que: 1) Há aproximadamente 1.500 trabalhos científicos publicados sobre ação inseticida de óleos essenciais, sendo 400 deles publicados nos últimos dois anos; 2) O Brasil é o país que mais publica nessa área, estando os principais grupos de pesquisa localizados em Minas Gerais, Pernambuco, Sergipe e Acre; 3) Em relação a sinergistas de inseticidas, são pouco mais de 100 publicações disponíveis, sendo que 2/3 delas ocorreram a partir de 2014. Nesse campo, o Brasil divide a liderança na pesquisa do tema com Canadá, China, Estados Unidos da América, Índia e Itália.

Nos últimos anos, o emprego de óleos essenciais obtidos de plantas aromáticas como inseticidas de baixo risco aumentou consideravelmente devido às exigências dos consumidores e às restrições do mercado aos inseticidas sintéticos. As principais famílias de plantas das quais eles podem ser extraídos são Apiaceae, Asteraceae, Cupressaceae, Hypericaceae, Lamiaceae, Lauraceae, Myrtaceae, Pinaceae, Piperaceae, Rutaceae, Santalaceae e Zingiberaceae (Hunter, 2009).

Os óleos essenciais podem apresentar efeitos inseticida, repelente e de redução de crescimento sobre diversos insetos-praga, controlando efetivamente espécies fitófagas de pré- e pós-colheita, além de poder apresentar efeito repelente sobre mosquitos vetores de patógenos causadores de doenças, insetos domésticos e pragas de plantas ornamentais. Com poucas exceções, sua toxicidade a mamíferos é baixa com curta persistência no ambiente (Regnault-Roger et al., 2012).

Os mecanismos de ação inseticida relacionados aos óleos essenciais até então investigados incluem: inibição da enzima acetilcolinesterase (Miyazawa et al., 1997; Miyazawa e Yamafuji, 2005; Picollo et al., 2008; Siramon et al., 2009; Fujiwara et al., 2010; López e Pascual-Villalobos, 2010), ligação ao receptor do neurotransmissor ácido gama-aminobutírico (GABA) (Priestley et al., 2003; Tong e Bloomquist, 2013), ligação ao receptor nicotínico de acetilcolina (Tong e Bloomquist, 2013), inibição dos canais do potencial receptor transitório (TRP) (Parmar e Tomar, 1983) e atividade sobre os receptores de octopamina (Enan, 2001, 2005a; Kostyukovsky et al., 2002; Gross et al., 2014) e de tiramina (Enan, 2005b). Para mais informações sobre os mecanismos de ação de inseticidas botânicos, consultar o Capítulo 2 deste livro.

Um aumento substancial da penetração de diferentes terpenoides com ação inseticida, quando combinados, em comparação com seu emprego isolado foi atribuída à redução da tensão superficial, ao aumento da solubilidade e/ou à interação de alguns compostos com a camada lipídica da cutícula do inseto (Tak e Isman, 2015). Caso seja observado o mesmo efeito na combinação de terpenoides com pricípios ativos de inseticidas sintéticos, é possível que se trate de um mecanismo adicional para promoção do aumento da eficácia desses últimos.

Embora muitos estudos tenham sido realizados visando a avaliar a eficácia inseticida de óleos essenciais e/ou de seus componentes, ainda são necessárias informações mais detalhadas sobre o mecanismo de ação contra insetos. A relação entre o efeito inseticida e a composição química do óleo essencial é difícil de ser determinada devido à ocorrência de interações entre os compostos presentes (majoritários e minoritários) que podem influenciar na sua atividade global. Em princípio, todo composto aromático contido em um óleo essencial é único em termos de estrutura e atividade biológica. Vários mecanismos de ação de compostos individualizados, muitos dos quais ainda permanecem desconhecidos, podem em suas combinações não apenas fornecer um aumento significativo na eficácia, mas também retardar a evolução da resistência das pragas-alvo (Rattan, 2010).

Avanços consideráveis na compreensão dos sítios-alvo e modo de ação dos monoterpenos foram obtidos nos últimos anos. Assim, a ação citotóxica de monoterpenos para tecidos animais e plantas foi bem elucidada e está relacionada à drástica redução no número de mitocôndrias e corpos do complexo de Golgi, prejudicando, dessa forma, a respiração e a fotossíntese e diminuindo a permeabilidade da membrana celular (Rathore, 2017). Nesse contexto, alguns óleos essenciais, embora contendo menores proporções de monoterpenos, causam fitotoxicidade às plantas pulverizadas devido à concentração elevada que necessitam para promover o controle da praga-alvo (Volpe et al., 2018).

Os efeitos da fitotoxicidade de óleos essenciais nas folhas das plantas podem ser agudos ou crônicos. A lesão pode incluir a chamuscagem e escurecimento das folhas, redução da floração e retardamento do crescimento. A fitotoxicidade pode estar associada, ainda, ao estresse da planta, temperatura e umidade do ambiente, concentração do óleo na aplicação e natureza da formulação. Pode variar entre espécies de plantas e cultivares. No entanto, a fitotoxicidade causada pelos óleos essenciais sobre as plantas é menor que aquela causada pelos óleos minerais (Rathore, 2017).

### 4.2. Potencial de utilização de óleos essenciais como componentes sinergistas de formulações inseticidas

Alguns óleos essenciais apresentam em sua constituição compostos com capacidade de inibição de grupos enzimáticos responsáveis pela destoxificação dos insetos. Dessa forma, pode-se, teoricamente, se utilizar desse atributo para empregá-los como sinergistas de princípios ativos de inseticidas de origem sintética ou natural. Como fontes de óleos essenciais com propriedades sinergisticas, além de espécies das famílias Myrtaceae, Lauraceae, Lamiaceae e Asteraceae, também podem ser incluídas nessa relação espécies pertencentes às famílias Rutaceae e Piperaceae (Tabela 2) (Tong e Bloomquist, 2013; Fazolin et al., 2016b). Esta última apresenta a particularidade, embora não de forma exclusiva, de ser produtora de óleos essenciais contendo, como compostos majoritários, os fenilpropanoides, classe de compostos de reconhecida ação sinérgica de vários inseticidas pela capacidade de inibirem até 3 das principais famílias de enzimas destoxificativas ocorrentes em insetos (esterases, monooxigenases dependentes do P450 e glutationa S-transferases) (Qin et al., 2010; Joffe et al., 2011; Niu et al., 2012; Tong e Bloomquist, 2013).

A família Lamiaceae destaca-se entre as famílias de plantas pelo número de espécies que apresentam produção de óleos essenciais com potencial de uso como sinergistas (Tabela 2), seguido pelas famílias Apiaceae, Asteraceae, Cupressaceae, Genariaceae, Lauraceae, Piperaceae, Rutaceae e Zingiberaceae.

Há controvérsias na definição de um valor porcentual da participação de um composto para ele ser considerado como majoritário na composição de um óleo essencial. Uma definição mais rígida considera como majoritários aqueles presentes em concentrações razoavelmente altas (20 a 70%). A partir daí, o óleo essencial é caracterizado por dois ou 3 componentes principais em comparação com outros componentes presentes em quantidades vestigiais

(Pavela, 2015a). No entanto, na prática, os valores superiores a 10% na ocorrência de um composto na proporção total de componentes de um óleo essencial já o credencia como majoritário, aumentando a possibilidade de até 5 deles poderem ser considerados como tal (Pavela, 2015b).

Com base na compilação de estudos publicados (Tabela 2), verifica-se que alguns compostos podem ocorrer em várias espécies de plantas da mesma família e, portanto, serem considerados típicos de determinada família botânica (marcadores quimiossistemáticos) como, por exemplo, o timol para lamiáceas do gênero *Thymus*. No entanto, os mesmos compostos podem ser encontrados em famílias diferentes, como o linalol em Lauraceae e Lamiaceae (Tabela 2).

Dentro da variabilidade de composições dos óleos essenciais e o espectro de atividades até então avaliado de inseticidas comerciais, os principios ativos inseticidas sinergizados por esses produtos está restrito ao grupo químico dos neonicotinoides, organofosforados, metil-carbamatos e, principalmente, piretroides sintéticos (Tabela 2). É interessante salientar que inseticidas de origem botânica, tais como aqueles derivados do piretro [*Tanacetum cinerariifolium* (Trevir.) Sch. Bip., Asteraceae], do nim (*Azadirachta indica* A. Juss., Meliaceae) e da rotenona (*Derris* spp., *Lonchocarpus* spp. e *Tephrosia* spp., todas Fabaceae), também podem ser sinergizados por óleos essenciais de cânfora [*Rosmarinus officinalis* (L.), Lamiaceae], pimenta-de-macaco (*Piper aduncum* L., Piperaceae) rico em dilapiol, tomilho [*Thymus vulgaris* (L.), Lamiaceae], aniz (*Illicium verum* Hook., Illiciaceae), artemísia (*Artemisia vulgaris* L., Asteraceae), cinamomo (*Melia azedarach* L., Meliaceae), toosendanina (*Melia toosendan* Sieb & Zucc., Meliaceae) e tanaceto (*Tanacetum vulgare* L., Asteraceae) (Youssef, 1997; Hori, 1998; Larocque et al., 1999; Bhuiyan et al., 2001; Liu et al., 2006; Joffe et al., 2012) (Tabela 2).

Considerando-se possíveis interações com inseticidas de origem microbiana, alguns óleos essenciais podem atuar como sinergistas, melhorando a ação inseticida quando em combinação com esses agentes biológicos de controle. Mansour et al. (2015) avaliaram o efeito sinérgico de 9 diferentes óleos essenciais associados a *Bacillus thuringiensis* subsp. *israelensis* (Berliner) e *Bacillus sphaericus* Neide (ambos Eubacteriales: Bacillaceae) para o controle de *Culex pipiens* L. (Diptera: Culicidae), importante vetor de vírus causadores de doenças em humanos. Os óleos essenciais foram extraídos de plantas das famílias Apiaceae, Piperaceae e Zingiberaceae e apresentaram efeito sinérgico significativo quando associados às diferentes espécies de *Bacillus* (Tabela 3). A hipótese levantada pelos autores para interpretar o sinergismo das associações foi que os óleos essenciais avaliados facilitaram o transporte transcuticular das toxinas bacterianas para o interior do intestino do inseto.

Quanto à associação de terpenoides com microrganismos entomopatogênicos, Konecka et al. (2018) obtiveram resultados positivos da interação entre cristais de *B. thuringiensis* e timol quando a concentração de cristais aplicada foi maior ou igual a 0,4% (v/v), o que permitiu a aplicação de doses menores desse microrganismo para controlar lepidópteros-praga. O mecanismo da interação sinérgica entre o timol e as toxinas de *B. thuringiensis* ainda não está bem elucidado, porém pode-se inferir na possibilidade de as proteínas bacterianas se ligarem aos receptores da membrana celular epitelial formando poros (George e Crickmore, 2012; Palma et al., 2014; Schünemann et al., 2014). O timol destrói o epitélio do intestino médio do inseto (Lija-Escaline et al., 2015), complementando o modo de ação das toxinas e, dessa forma, aumentando seu nível de atividade.

A membrana peritrófica que protege o intestino médio dos insetos é constituída de tecido epitelial que envolve os alimentos ingeridos, atuando como uma barreira física e química para a entrada de patógenos, permitindo, entretanto, a passagem de enzimas digestivas no lúmen e a absorção dos produtos da digestão. Corzo et al. (2012) observaram significativas alterações das células da membrana peritrófica em lagartas de *Spodoptera frugiperda* (J.E. Smith) (Lepidoptera: Noctuidae), quando alimentadas com sesquiterpenos e diterpenos, causando a mortalidade dos insetos avaliados.

Considerando-se que *Bacillus* apresenta característica de coloração gram positiva, esses resultados promissores de associação confirmam a observação de Nikaido (1996) sobre a dificuldade em generalizar o modo de ação dos óleos essenciais sobre bactérias e leveduras. Segundo o autor, geralmente bactérias gram positivas são consideradas mais sensíveis do que as gram negativas devido a sua menor complexidade de membrana. Bactérias gram negativas possuem uma membrana externa que proporciona para ela uma superfície hidrofílica, devido à presença de moléculas de lipopolissacarídeo. Pequenos solutos hidrofílicos são capazes de passar pela membrana externa através de abundantes porinas, fornecendo canais hidrofílicos trans-membranais, enquanto a parede externa serve como uma barreira, evitando a entrada de macromoléculas e compostos hidrofóbicos. Por essa razão, bactérias gram negativas são relativamente resistentes a xenobióticos hidrofóbicos. Diante desse contexto, as associações entre bactérias entomopatogênicas e óleos essenciais com o objetivo de obter um efeito sinérgico deverão ser analisadas caso a caso, levando-se em consideração a composição do óleo e o agente de controle, evitando possíveis generalizações e potenciais efeitos deletérios do composto natural sobre o microrganismo avaliado.

Com relação aos fungos entomopatogênicos, Immediato et al. (2016) obtiveram resultados promissores na associação entre o óleo essencial de *Eucalyptus globulus* Labill. (Myrtaceace), que tem como composto majoritário o 1,8-cineol, com *Beauveria bassiana* (Bals.-Criv.) Vuill. (Ascomycota: Hypocreales) para o controle de *Dermanyssus gallinae* (De Geer)

(Acari: Dermanyssidae). Nardoni et al. (2018) avaliaram como positiva a associação dos fungos *B. bassiana* e *Metarhizium anisopliae* (Metchnikoff) Sorokin (Ascomycota: Hypocreales) com o óleo essencial de *Pelargonium graveolens* L'Hér (Geraneaceae), que apresenta como compostos majoritários o citronelol e o geraniol, no controle de *Rhipicephalus microplus* (Canestrini) (Acari: Ixodidae). Monteiro et al. (2014) também obtiveram resultados positivos pela associação de nematoides entomopatogênicos, *Heterorhabditis bacteriophora* Poinar e *Heterorhabditis indica* Poinar, Karunakar e David (Rhabditida: Heterorhabditidae), com o óleo essencial de *Lippia sidoides* Cham. (Verbenaceae), com altos teores de timol e o-cimeno, no controle de *R. microplus*.

Como os sinergistas são definidos como compostos que, em doses subletais, aumentam a letalidade dos inseticidas (Bernard e Philogène,1993), pressupõe-se que a utilização de óleos essenciais como sinergistas desses produtos serão utilizados em combinações em reduzidas concentrações em relação àquela empregada para uso direto como inseticidas no controle de pragas. Com isso, a potencialidade de utilização dos óleos essenciais nessas formulações, por não requererem tratamentos especiais, pode aumentar o interesse da indústria de agroquímicos, principalmente daquelas empresas que apresentam produtos com redução considerável na eficácia de controle de determinados artrópodes-alvo em função da rápida evolução da resistência aos seus ingredientes ativos.

## 5. Principais compostos isolados de óleos essenciais com potencial ação sinérgica de inseticidas

Entre as reações de destoxificação em insetos, a oxidação é considerada a mais importante, a qual é realizada pelas monooxigenases dependentes do citocromo P450. Essas enzimas podem ser induzidas por uma variedade de produtos químicos, incluindo-se aleloquímicos de estruturas diversificadas, tais como terpenoides, indóis, flavonoides e furanocumarinas (Terriere, 1984; Yu, 1985). Em ambiente natural, os herbívoros polífagos se deparam com misturas complexas de aleloquímicos produzidos pelas plantas hospedeiras, e a toxicidade de um composto individual pode ser influenciada pelo contexto da diversidade química em que a mistura é encontrada (Berenbaum, 1985).

Brattsten et al. (1977) observaram a indução de monooxigenases dependentes do citocromo P450 em lagartas de *Spodoptera eridania* (Stoll) (Lepidoptera: Noctuidae) pela adição na dieta de terpenoides como limoneno, mirceno, α-pineno e β-pineno. O mesmo efeito foi verificado com terpinen-4-ol para larvas de *Aedes aegypti* (L.) (Diptera: Culicidae) (Waliwitiya et al., 2012). Bernard et al. (1995) atribuíram a inibição de alimentação e a mortalidade de larvas de *Ostrinia nubilalis* (Hübner) (Lepidoptera: Pyralidae) aos fenilpropanoides presentes nas folhas de *P. aduncum*, que ao inibirem enzimas destoxificativas, promoviam a mortalidade dos insetos por meio da intoxicação gerada pelo consumo da dieta tratada.

Larvas de *Peridroma saucia* (Hübner) (Lepidoptera: Noctuidae), quando alimentadas com hortelã-pimenta (*Mentha piperita* L., Lamiaceae), rica em mentona e mentol, também apresentaram uma ativação significativa para esse grupo enzimático, diminuindo a eficácia do inseticida carbaril (metilcarbamato) para o controle dessa praga (Moldenke et al., 1983).

A ativação de enzimas glutationa S-transferases, responsáveis pelas reações destoxificativas de fase II, na qual os produtos polares são conjugados com uma variedade de compostos endógenos tais como glicose, sulfato, fosfato, aminoácido, ou glutationa e, subsequentemente, excretados, foi demonstrada por Yu (1985). Nesse estudo, a influência de várias plantas hospedeiras foi avaliada após a alimentação de lagartas de *S. frugiperda*, quando foi medida a atividade dessas enzimas no intestino médio, apontando um gradiente decrescente de inibição. A diferença de atividade enzimática entre as larvas alimentadas com folhas frescas de *Petroselinum crispum* (Mill) (Apiaceae), ou com soja, *Glycine max* (L.) Merr. (Fabaceae), foi de 5 vezes.

Além das esterases, monoterpenos, sesquiterpenos e fenilpropanoides podem também inibir as monooxigenases dependentes do citocromo P450 e as glutationa S-transferases (Tabela 4). Asssim, tais compostos são apontados como potenciais sinergistas de grupos específicos de princípios ativos de inseticidas comerciais com vistas ao manejo da resistência bioquímica em insetos.

Há nítida diferença no volume de informações dos 28 compostos considerados quanto ao efeito sinérgico (Tabela 4). Os monoterpenos representam 82% de todos os compostos estudados, podendo-se destacar o pulegone, o timol e o α-pineno como os mais promissores, por inibirem concomitantemente os 3 grupos enzimáticos responsáveis pelo processo destoxificativo em insetos. No entanto, essa propriedade não serviu de incentivo para que avaliações complementares envolvendo a combinação desses compostos com princípios ativos de inseticidas fossem realizadas, perfazendo, ainda, uma lacuna de conhecimento a ser preenchida. Além disso, conforme comentado anteriormente, α-pineno também pode estar relacionado à ativação de algumas enzimas do grupo das monooxigenases dependentes do citocromo P450. Seria oportuno conhecer em que limite da rota bioquímica da destoxificação ocorre a separação dos efeitos totalmente ambíguos para esse grupo enzimático durante a ação desse monoterpeno.

Por outro lado, avaliações de inibição enzimática causada por monoterpenos, contemplando sinergismo de grupos de princípios ativos de inseticidas comerciais, podem revelar uma potencialidade de uso como sinergistas e de geração de produtos comerciais para tal finalidade. Podem ser apontados como promissores o α-terpineno, a carvona, o terpinen-4-ol e o α-terpineno quanto ao efeito sinérgico de carbamatos e organofosforados (Tabela 4). Embora o carvacrol tenha sido relatado como inibidor de esterases por Lee et al. (2001) e Yeom et al. (2012), Anderson e Coats (2012) verificaram inibição limitada da acetilcolinesterase em *Musca domestica* L. (Diptera: Muscidae), *Periplaneta americana* (L.) (Blattaria: Blattidae) e *Dermarcentor variabilis* (Say) (Ixodida: Ixodidae) e ausência de inibição enzimática para *A. aegypti*.

O único sesquiterpeno presente nessa relação é o β-cariofileno, importante composto presente em vários óleos essenciais, que apresenta a propriedade de inibição dos 3 grupos enzimáticos responsáveis pela destoxificação dos insetos, apesar de que os maiores pesos moleculares desses compostos podem dificultar a penetração de produtos químicos através da cutícula dos insetos (Lewis, 1980; Medina et al., 2002).

No grupo dos fenilpropanoides, o eugenol e o dilapiol são os mais importantes devido à propriedade de inibirem também os 3 grupos enzimáticos envolvidos no processo. Para o eugenol, a redução da atividade de glutationa S-transferase foi dependente da concentração e do tempo de exposição de larvas de *A. aegypti* (Waliwitiya et al., 2012).

Destaca-se o volume de informações sobre o efeito sinérgico do dilapiol, que revela a sua importância como um dos compostos com maior possibilidade de suceder o PBO sintético (Walia et al., 2004). Além da inibição enzimática de todos os principais grupos de enzimas destoxificativas, o dilapiol apresenta potencial para sinergizar um grande número de princípios ativos de diferentes grupos químicos de inseticidas (metilcarbamatos, organofosforados, piretroides e neonicotinoides) formulados comercialmente na forma de misturas prontas de princípios ativos, além de inseticidas naturais como piretro, nim e tenulina (Tabela 4). Outros dois fenilpropanoides importantes são a miristicina e o apiol, sendo que esse último apresenta restrições de uso devido a sua alta toxicidade para humanos.

Particularidades do efeito sinérgico de alguns compostos foram observadas a partir de estudos já publicados. Por exemplo, López e Pascual-Villalobos (2010) verificaram, in vitro, o aumento na atividade inibitória da enzima acetilcolinesterase a partir da adição dos monoterpenos linalol e estragol, ao passo que uma inibição reversível a partir de 15 min de experimentação foi observada após adição de outros monoterpenos, como cânfora, geraniol, S-carvona, fenchona e terpineno. A concentração desses compostos também influencia a atividade inibitória, uma vez que fenchona, S-carvona e linalol necessitam de maiores concentrações que 1,8-cineol para inibirem esse mesmo grupo enzimático.

**Tabela 2.** Plantas produtoras de óleos essenciais que apresentam evidências de efeito sinérgico por inibição de enzimas destoxificativas, tanto para princípios ativos de inseticidas sintéticos quanto de produtos naturais.

| Espécies (Nomes populares) | Compostos majoritários | Inseticidas sintéticos ou naturais sinergizados (referências) | Enzimas inibidas |
|---|---|---|---|
| *Agastache foeniculum* (Pursh) Kuntze (falso-aniz) | Estragol | Óleo essencial de tomilho (*Thymus vulgaris* L.) (Youssef, 1997; Ebadollahi et al., 2017) | GSTs |
| *Alpinia galanga* (L.) Willd. (gengibre-tailandês) | β-Bisaboleno, α-bergamoteno e chavicol | Permetrina (Chansang et al., 2018) e cipermetrina (Ruttanaphan et al., 2019) | - |
| *Amyris balsamifera* L. (amiris) | Valerianol | Carbaril (Tong e Bloomquist, 2013) | - |
| *Anethum graveolens* L. (endro) | Carvona | Carbaril (Tong e Bloomquist, 2013) e piretro (Joffe et al., 2012) | ESTs |
| *Aristolochia trilobata* L. (angelicó) | Acetato de sulcatila, limoneno, p-cimeno e linalol | *Entre componentes desse óleo essencial (Oliveira, 2017) | - |
| *Artemisia princeps* Pamp. (artemísia) | 1,8-Cineol | Óleo de cânfora (Liu et al., 2006) | ESTs |
| *Boesenbergia rotunda* (L.) Mansf. (gengibre) | δ-3-Careno, alcânfora e metil-cinamato | Permetrina e deltametrina (Suwannayod et al., 2019) | - |
| *Calea serrata* Less. (erva-de-cobra) | Precoceno II, germacreno D e β-selineno | *Entre componentes desse óleo essencial (Ribeiro et al., 2012) | ESTs e GSTs |
| *Cedrus atlantica* (Endl.) Manetti ex Carrière (cedro-do-atlas) | β-Himacaleno, α-himacaleno e γ-himacaleno | Permetrina (Gross et al., 2017; Norris et al., 2015) | - |
| *Chenopodium ambrosioides* L. (mastruz) | α-Terpineno, p-cimeno e ascaridol | Vários compostos presentes em óleos essenciais (Wei et al., 2015; Pavela et al., 2018) | ESTs e GSTs |
| *Cinnamomum cassia* (L.) J. Presl (canela-chinesa) | Cinamaldeído | Dimeflutrina (Yuan et al., 2019) e deltametrina (O'Neal et al., 2019) | - |

Tabela 2. *continuação.*

| Espécies (Nomes populares) | Compostos majoritários | Inseticidas sintéticos ou naturais sinergizados (referências) | Enzimas inibidas |
|---|---|---|---|
| *Cinnamomum camphora* (L.) J. Presl. (cânfora) | Linalol | Óleo essencial de *A. princeps* (Liu et al., 2006) | P450, ESTs e GSTs |
| *Cinnamomum zeylanicum* Blume (canela) | Cinamaldeído, β-cariofileno e linalol | Deltametrina (Norris et al., 2015, 2018; Gross et al., 2017; Saad et al., 2018) | ESTs |
| *Ciperus rotundus* L. (tiririca) | Cipereno e calameneno | Permetrina (Chansang et al., 2018) | - |
| *Citrus aurantiifolia* (Christm.) (lima 'Swingle') | Limoneno e z-b-ocimeno | Deltametrina (Melo, 2017) | - |
| *Citrus aurantium* subsp. *bergamia* (Risso & Poit.) Wight & Arn. ex Engl. (bergamota) | Limoneno | Piretro (Joffe et al., 2012) | P450, ESTs e GSTs |
| *Citrus paradisi* Macfad. (toranja) | Limoneno | Piretro (Joffe et al., 2012) | P450, ESTs e GSTs |
| *Citrus sinensis* (L.) (laranja-doce) | Limoneno | Espirodiclofeno (Shafiei et al., 2016), *Entre componentes deste óleo essencial (Martins et al., 2017) | - |
| *Cymbopogon citratus* (DC.) Stapf (capim-limão) | Citral, limoneno e geranil acetato | *Entre componentes desse óleo essencial (Tak et al., 2017), óleo de *C. zeylanicum* (Jyoti et al. 2019) | - |
| *Curcuma longa* L. (açafrão) | β-Turmerona | Permetrina e deltametrina (Suwannayod et al., 2019) | - |
| *Corymbia citriodora* (Hook.) K.D. Hill & L.A.S. Johnson (eucalipto-limão) | Limoneno e citronelal | Deltametrina (Melo, 2017) e nim (Khairul et al., 2005) | - |
| *Eucalyptus globulus* Labill. (eucalipto-comum) | 1,8-Cineol | Deltametrina (Melo, 2017) e nicotina (Meshram et al., 2012) | - |
| *Eucalyptus maculata* Hook. (eucalipto-manchado) | Eudesmol | Malation (Sarma et al., 2019) | - |
| *Geranium maculatum* L. (gerânio-selvagem) | Citronelol, geraniol e citronelil formato | *Entre componentes desse óleo essencial (Gallardo et al., 2012) | - |
| *Helichrysum italicum* G. Donf. (sempre-viva) | Neril acetato | Carbaril (Tong e Bloomquist, 2013) | P450 |

Tabela 2. *continuação.*

| Espécies (Nomes populares) | Compostos majoritários | Inseticidas sintéticos ou naturais sinergizados (referências) | Enzimas inibidas |
|---|---|---|---|
| *Juniperus virginiana* L. (junípero-vermelho) | Tujopseno, α-cedreno e cedrol | Carbaril (Tong e Bloomquist, 2013) | P450, GSTs e ESTs |
| *Juniperus ashei* J. Buchholz (junípero-mexicano) | Tujopseno, cedrol e α-cedreno | Permetrina (Gross et al., 2017), deltametrina (Norris et al., 2018) e β-ciflutrina (Norris et al., 2019) | P450, GSTs e ESTs |
| *Lavandula angustifolia* Mill. (lavanda) | Linalol | Imidacloprido (Faraone et al., 2015) | P450, ESTs e GSTs |
| *Lippia sidoides* Cham. (alecrim-pimenta) | Timol e p-cimeno | *Entre componentes desse óleo essencial (Soares et al., 2016) | - |
| *Litsea cubeba* (Lour.) Pers. (pimenta-chinesa) | Geranial e neral | Permetrina (Norris et al., 2015; Gross et al., 2017) | P450, ESTs e GSTs |
| *Majorana hortensis* Moench (manjerona) | α-Terpinen-4-ol e γ-terpineno | Profenofós e metomil (Abbassy et al., 2009) | - |
| *Mentha arvensis* L. (menta-japonesa) | Mentol e citronelal | *Entre componentes desse óleo essencial (Akhtar et al., 2012) | - |
| *Mentha piperita* L. (hortelã-pimenta) | Mentol e mentil-acetato | *Entre componentes desse óleo essencial (Akhtar et al., 2012) | - |
| *Mentha pulegium* L. (poejo) | Pulegona, mentol, mentona e isometona | *Entre componentes desse óleo essencial (Franzios et al., 1997) | - |
| *Mentha spicata* L. (hortelã-verde) | Carvona, limoneno e (Z)-dihidrocarvona | *Entre componentes desse óleo essencial (Franzios et al., 1997) | - |
| *Melaleuca alternifolia* Cheel (árvore-do-chá) | Terpin-4-ol e α-terpineno | Deltametrina (Melo, 2017) | - |
| *Ocimum basilicum* L. (manjericão) | Linalol | Permetrina (Gross et al., 2017), deltametrina (Norris et al., 2018) e β-ciflutrina (Norris et al., 2019) | P450, ESTs e GSTs |
| *Ocimum gratissimum* L. (alfavaca) | δ-3-Careno | Permetrina e deltametrina (Suwannayod et al., 2019) | - |
| *Origanun* spp. (orégano) | Carvacrol | Deltametrina (Norris et al., 2018), permetrina (Norris et al., 2015; Gross et al., 2017) e β-ciflutrina (Norris et al., 2019) | ESTs |

Tabela 2. *continuação.*

| Espécies (Nomes populares) | Compostos majoritários | Inseticidas sintéticos ou naturais sinergizados (referências) | Enzimas inibidas |
|---|---|---|---|
| *Pelargonium graveolens* L'Hér. ex Aiton. (gerânio) | Citronelol, citronelil formato e 10-epi-γ-eudesmol | Deltametrina (Norris et al., 2018) e permetrina (Norris et al., 2015; Gross et al., 2017) | GSTs, P450 e ESTs |
| *Petroselinum crispum* (Mill.) Fuss. (salsa) | Apiol e miristicina | Fenitrothion (Mansour et al., 2015) e piretro (Joffe et al., 2012) | P450 e ESTs |
| *Pimpinella anisum* L. (erva-doce) | Anetol | *Entre componentes desse óleo essencial (Andrade-Ochoa et al., 2018; Shahriari et al., 2018) | - |
| *Piper aduncum* L. (pimenta-de-macaco) | Dilapiol | Carbaril, carbofuran e paration, 12 diferentes piretroides (Joffe et al., 2011; Fazolin et al., 2015; 2016 a,b,c; 2017); *Melia* spp., nim, toosendanina, rotenona, piretro (Bhuiyan et al., 2001; Joffe, 2011) e óleo de tanaceto (Larocque et al., 1999; Joffe, 2011) | P450, ESTs e GSTs |
| *Piper sarmentosum* Roxb. (pariparoba) | Miristicina | α-Cipermetrina (Qin et al., 2010; Niu et al., 2012) | P450, ESTs e GSTs |
| *Piper nigrum* (pimenta-do-reino) | β-Cariofileno, limoneno e β-pineno | Carbaril (Tong e Bloomquist, 2013) | P450, ESTs e GSTs |
| *Pogostemon* spp. Desf. (patchouli) | Patchoulol, δ-guaieno e α-guaieno | Deltametrina (Norris et al., 2015; 2018) e β-ciflutrina (Norris et al., 2019) | P450 |
| *Rosmarinus officinalis* L. (alecrim) | 1,8-Cineol e cânfora | *Entre componentes desse óleo essencial (Tak et al., 2016) | - |
| *Salvia officinalis* L. (sálvia) | α-Tujona, cânfora e 1,8-cineol | Deltametrina (O'Neal et al., 2019) | - |
| *Santalum album* L. (sândalo) | (Z)-Santalol e (Z)-β - santalol | Carbaril (Tong e Bloomquist, 2013) | P450 |
| *Syzygium aromaticum* (L.) Merr. & L.M. Perry (cravo-da-índia) | Eugenol | Deltametrina (Norris et al., 2018) | - |
| *Tagetes minuta* L. (chinchilho) | (Z)-β-Ocimeno e dihydrotagetona | Deltametrina (O'Neal et al., 2019) | P450 |
| *Thymus vulgaris* L. (tomilho) | Timol | Imidacloprido (Faraone et al., 2015) e óleos essenciais de *Agastache foeniculum* (Pursh) (Youssef, 1997) e de *Pimpinella anisum* L. (Erler et al., 2009) | P450, ESTs e GSTs |

Enzimas inibidas: ESTs – esterases; P450s – monooxigenases dependentes do citocromo P450; GSTs – glutationa S-transferases.
*Entre componentes desse óleo essencial: sinergismo relatado entre compostos presentes nos óleos essenciais avaliados (ver seção 6 deste capítulo).

**Tabela 3.** Plantas produtoras de óleos essenciais que apresentam evidências de efeito sinérgico em combinação com microrganismos entomopatogênicos.

| Famílias | Espécies vegetais | Nomes comuns | Compostos majoritários do óleo essencial | Microrganismos sinergizados (referências) |
|---|---|---|---|---|
| Apiaceae | *Anethum graveolens* L. | Endro | Carvona | *Bacillus thunringiensis* subsp. *israelensis* Barjac e *Bacillus sphaericus* Neide, cepa 2632 (Mansour et al., 2012) |
| | *Apium graveolens* L. | Aipo | Limoneno e β-selineno | |
| | *Carum carvi* L. | Alcarávia | Limoneno e carvona | |
| | *Cuminum cyminum* L. | Cominho | Cuminaldeído e γ-terpineno | |
| | *Foeniculum vulgare* Mill. | Erva-doce | Anetol | |
| | *Petroselinum crispum* (Mill.) Fuss. | Salsa | Apiol e miristicina | |
| Geraniaceae | *Pelargonium graveolens* L'Hér. ex Aiton. | Gerânio | Citronelol e geraniol | *Beauveria bassiana* (Bals.-Criv.) Vuill. e *Metarhizium anisopliae* (Metchnikoff) Sorokin (Nardoni et al., 2018) |
| Lamiaceae | *Mentha piperita* L. | Hortelã-pimenta | Limoneno, mentol e mentona | *Lecanicillium muscarium* (Zare & Gams) (Ebadollahi et al., 2017) |
| | *Mentha pulegium* L. | Poejo | Pulegona | |
| Myrtaceae | *Eucalyptus globulus* Labill. | Eucalipto | 1,8-Cineol | *B. bassiana* (isolado CD 1123) (Immediato et al., 2016) |
| Piperaceae | *Piper nigrum* L. | Pimenta-do-reino | β-Cariofileno, limoneno e β-pineno | *B. thunringiensis* subsp. *israelensis* e *B. sphaericus* cepa 2362 (Mansour et al., 2012) |
| Verbenaceae | *Lippia sidoides* Cham. | Alecrim-pimenta | Timol e orto-cimeno | *Heterorhabditis bacteriophora* Poinar (isolado HP 88) e *Heterorhabditis indica* Poinar, Karunakar e David (isolado LPP1) (Monteiro et al., 2014) |
| Zingiberaceae | *Curcuma longa* L. | Açafrão | β-Turmerone | *B. thunringiensis* subsp. *israelensis* e *B.sphaericus* cepa 2362 (Mansour et al., 2012) |

Geralmente, o modo de ação dos terpenoides nos insetos é diversificado. Os fenóis monoterpenoides geralmente causam pronunciada ação inseticida (Tsao et al., 1995), e estudos sugerem que a mortalidade dos insetos ocorre principalmente por meio de efeitos neurotóxicos. Carvacrol e timol podem causar inibição da enzima acetilcolinesterase, levando à superexcitação do sistema nervoso (Jukic et al., 2007; Anderson e Coats, 2012). O receptor de GABA também é um importante local de ação dos compostos cavacrol e timol, que atuam como moduladores desses receptores e aumentam o influxo de cloro nos neurônios, levando o inseto à morte por inibição do sistema nervoso (Tong e Coats, 2010; Waliwitiya et al., 2010). O grupo fenol é considerado um dos principais componentes estruturais para a modulação positiva dos receptores de GABA em insetos (Tong e Coats, 2010).

Para glutationa S-transferase, o aumento da concentração e do tempo de exposição de larvas de *A. aegypti* aos monoterpenos timol, pulegona e α-terpineol, reduzem a atividade desse grupo enzimático, embora a intensidade de redução dependa do composto avaliado (Waliwitiya et al., 2012).

Bernard et al. (1995) relataram que vários fenilpropanoides na forma de lignanas (p. ex.: dilapiol), ao inibirem a defesa bioquímica vital de herbívoros, como as enzimas destoxificativas dependentes do citocromo P450, permitem que componentes potencialmente tóxicos contidos nos alimentos dos insetos possam se acumular até um nível tóxico, causando, consequentemente, a sua morte. No entanto, resultados de pesquisa apontaram que há possibilidade de determinados componentes de óleos essenciais serem metabolizados pelos insetos e excretados, inibindo, dessa forma, suas propriedades de interferência biológica. A exposição de larvas de *Spodoptera litura* (Fabricius) e *Tricloplusia ni* (Hübner) (ambas Lepidoptera: Noctuidade) ao timol, resultou na conversão e excreção de 3-O-β-glicosídeo (macromoléculas de carboidratos), enquanto o trans-anetol foi hidroxilado no grupo metil da cadeia lateral (Passreiter et al., 2005). Larvas de *S. litura* apresentaram também capacidade de transformar limoneno em uroterpenol e ácido perílico (Miyazawa et al., 1998) e α-terpineol a 7-hidroxi-α-terpineol e oleuropéico (Miyazawa e Ohsawa, 2002).

Machial (2010), avaliando o efeito inseticida de compostos majoritários de 17 diferentes óleos essenciais sobre *Choristoneura rosaceana* (Harris) (Lepidoptera: Tortricidae), *Dysaphis plantaginea* (Passerini) (Hemiptera: Aphididae), *Myzus persicae* (Sulzer) (Hemiptera: Aphididae) e *T. ni*, observou que as formas jovens dessas espécies, que inicialmente pareciam apresentar distúrbios biológicos, se recuperavam, especialmente quando submetidas a tratamentos com baixas concentrações dos compostos, sugerindo a atuação de enzimas destoxificativas. No entanto, devido ao limitado número de pesquisas desenvolvidas sobre esse tema, a autora argumenta que, em condições de campo, é improvável que a resistência seja uma preocupação, pois um inseticida ou sinergista à base de óleos essenciais provavelmente seria constituído por mais de um composto com modos de ação não relacionados, o que exigiria que os insetos desenvolvessem resistência múltipla aos ingredientes ativos. Isso provavelmente exigiria múltiplas mutações genéticas, o que poderia trazer impactos negativos ao crescimento e desenvolvimento das espécies envolvidas (custo adaptativo ou *trade-offs*), causando, por exemplo, redução da fecundidade e/ou redução da sobrevivência durante os estágios embrionário e pós-embrionário. Tal argumento reforça a ideia de serem desenvolvidos produtos comerciais sinergistas, por meio da combinação de compostos que exerçam essa ação de forma individualizada, a fim de garantir um produto final com padronização química e consequente manutenção da interferência biológica sobre as pragas-alvo a serem controladas.

## 6. Interações sinérgicas, antagônicas e aditivas dos compostos dentro do próprio óleo essencial

O uso de um único composto ativo purificado de um óleo essencial, que apresente apenas um mecanismo de ação, poderá resultar na rápida seleção de populações de insetos resistentes, da mesma forma que para outros inseticidas produzidos sinteticamente (Ranson et al., 2009; WHO, 2012). No entanto, o fato de os óleos essenciais se apresentarem como misturas complexas de compostos ativos com diferentes mecanismos de ação impede ou retarda o processo de evolução da resistência, podendo ser apontado como uma grande vantagem desses produtos (Rattan, 2010; Sutthanont et al., 2010; Regnault-Roger et al., 2012).

Embora a bioatividade de óleos essenciais seja geralmente atribuída a alguns compostos majoritários, uma interação sinérgica entre seus componentes pode resultar em um maior nível de atividade em comparação com os componentes empregados isoladamente (Hummelbrunner e Isman, 2001; Gillij et al., 2008). Estudos têm demonstrado que misturas binárias de componentes de óleos essenciais apresentam maior potencial inseticida quando comparadas com os compostos puros (Liu et al., 2006; Singh et al., 2009).

Antes mesmo da extração dos compostos, acredita-se que os efeitos sinérgicos de misturas complexas sejam importantes nas defesas das plantas contra a herbivoria. As plantas geralmente apresentam defesas resultantes de um conjunto de compostos e, dessa forma, acredita-se que os constituintes minoritários podem agir como sinergistas, aumentando o efeito dos constituintes majoritários por meio de uma variedade de mecanismos. Constata-se, frequentemente, que os óleos essenciais constituidos pela mistura de compostos são consideravelmente mais eficazes do que os compostos isolados. A identificação de tais compostos sinergistas dentro de misturas complexas pode permitir o desenvolvimento de um produto mais eficaz, bem como a utilização de menores quantidades absolutas na mistura para atingir níveis satisfatórios de controle. Cabe salientar, no entanto, que compostos isolados de óleos essenciais podem exibir tanto efeito sinérgico quanto antagônico (Hummelbrunner e Isman, 2001).

As interações entre os constituintes de um determinado óleo essencial podem ter uma interferência significativa na eficácia biológica global dos óleos essenciais. Baseado na compreensão desse fenômeno, poderão ser desenvolvidos novos (bio) inseticidas à base de óleos essenciais cujas formulações serão misturas padronizadas com eficácia conhecida (Hummelbrunner e Isman 2001; Pavela, 2008, 2014).

Por meio de combinações binárias, Pavela (2014) avaliou as interações entre 30 compostos aromáticos presentes em óleos essenciais com comprovada toxicidade aguda para larvas de *Spodoptera littoralis* (Boisduval) (Lepidoptera: Noctuidae). Destes, 6 foram capazes de proporcionar interações sinérgicas significativas para combinações binárias com mais de 20 compostos distintos: γ-terpineno, limoneno, borneol, cânfora, trans-anetol e p-cimeno. Apenas γ-terpineno, limoneno e cânfora não apresentaram antagonismo com nenhum dos compostos utilizados nas combinações (Tabela 5).

A mesma série de combinações binárias desses mesmos compostos foi avaliada por Pavela (2015a), tendo como alvo *Culex quinquafasciatus* Say (Diptera: Culicidae). Nesse estudo, 4 compostos se destacaram pelo número significativo de interações sinérgicas, quando combinados com 29 compostos distintos. Borneol interagiu sinergicamente com 27 compostos, mentona com 26, isoeugenol com 24 e α-terpineol com 18 (Tabela 5). Nenhum desses constituintes mostrou efeito antagônico com qualquer um dos compostos avaliados nas respectivas combinações. Foram ainda selecionados 6 outros compostos que apresentaram efeito sinérgico com mais de 20 outros compostos diferentes: carvacrol interagiu sinergicamente com 25 compostos, carvona com 24, estragol com 23, cânfora com 22, trans-anetol com 21 e limoneno com 20 compostos. Tomando-se como referência esses resultados para duas espécies de insetos, foi possível apontar os monoterpenos borneol, cânfora, trans-anetol e limoneno como os compostos com maior probabilidade de serem utilizados como sinergistas quando em combinação com grande parte dos compostos presentes em óleos essenciais.

Deve ser destacado, ainda, que borneol e cânfora, quando utilizados de forma individualizada, causaram baixa mortalidade mesmo nas maiores concentrações testadas. Quando combinados entre si causaram baixa mortalidade com a mistura preparada na proporção 1:2 (v/v) de cânfora/borneol, enquanto que nas proporções de 2:1 e 1:1 foi observado aumento significativo na eficácia, manifestado pelos valores de dose letal mediana ($DL_{50}$) estimada (Pavela, 2014).

**Tabela 4.** Principais compostos presentes em óleos essenciais que apresentam evidências de efeito sinérgico por inibição de enzimas destoxificativas, ou sinergismo para princípios ativos empregados em formulações de inseticidas comerciais.

| Compostos | Monooxigenases (P450) | | Esterases | | Glutationa S-transferase | | Inseticidas sinergizados | Referências |
|---|---|---|---|---|---|---|---|---|
| | Inibe | Ativa | Inibe | Ativa | Inibe | Ativa | | |
| **Fenilpropanoides** | | | | | | | | |
| Apiol | X | | X | | | | Paration | Lichtenstein et al. (1974) |
| Dilapiol | X | | X | | X | | Carbaril, carbofuran, paration, profenofós e 12 inseticidas piretroides comerciais, piretro, nim e tenulin | Handa e Dewan (1974); Lichtenstein et al. (1974); Mukerjee (1979); Tomar et al. (1979); Bernard et al. (1990, 1993); Bertrand (1992); Shankarganesh et al. (2009); Liu et al. (2014); Fazolin et al. (2016a,b,c, 2017) |
| Eugenol | X | | X | | X | | - | Waliwitiya et al. (2012) |
| Miristicina | | | X | | X | | Carbaril, carbofuran e paration | Lichtenstein et al. (1974); Qin et al. (2010) |
| **Monoterpenos** | | | | | | | | |
| 1,8-Cineol | X | | X | | | | - | Savelev et al. (2003); Abdelgaleil et al. (2009); Ruttanaphan et al. (2019) |
| Borneol | | | X | | | | - | Keane e Ryan (1999) |
| Cânfora | X | | | | | | - | De-Oliveira et al. (1997) |
| Carvona | | | X | | | | Carbaril, carbofuran e paration | Lichtenstein et al. (1974); Abdelgaleil et al. (2009); López e Pascual-Villalobos (2010) |
| Carvracrol | | | X | | | | - | Lee et al. (2001); Yeom et al. (2012) |
| Citral | | | X | | | | - | Keane e Ryan (1999) |
| Citronelal | X | | X | | | | - | De-Oliveira et al. (1997); Waliwitiya et al. (2012) |
| Estragol | | | X | | | | - | López e Pascual-Villalobos (2010) |
| Fenchona | | | X | | | | - | Abdelgaleil et al. (2009); López e Pascual-Villalobos (2010) |

Tabela 4. *continuação.*

| Compostos | Monooxigenases (P450) | | Esterases | | Glutationa S-transferase | | Inseticidas sinergizados | Referências |
|---|---|---|---|---|---|---|---|---|
| | Inibe | Ativa | Inibe | Ativa | Inibe | Ativa | | |
| Geranial | X | | X | | | | - | Ryan e Byrne (1988); De-Oliveira et al. (1997) |
| Limoneno | X | X | X | | | | - | Brattsten et al. (1977); Yu et al. (1979); Ryan e Byrne (1988); De-Oliveira et al. (1997); Lee et al. (2001); Abdelgaleil et al. (2009) |
| Linalol | X | | X | | | | - | Keane et al. (1999); López e Pascual-Villalobos (2010); Ruttanaphan et al. (2019) |
| Mentol | | X | X | | | | - | Yu et al. (1979); Lee et al. (2001) |
| Mentona | | X | X | | | | - | Yu et al. (1979); Lee et al. (2001) |
| Mirceno | | X | | | | | - | Brattsten et al. (1977) |
| p-Cimeno | | | X | | | | - | Lee et al. (2001); Waliwitiya et al. (2009) |
| Pulegona | X | | X | | X | | - | Ryan e Byrne (1988); Keane e Ryan (1999); Waliwitiya et al. (2012) |
| Terpinen-4-ol | | X | X | | X | | Profenofós e metomil | Abbassy et al. (2009); Waliwitiya et al. (2012) |
| Timol | X | | X | | X | | - | Waliwitiya et al. (2012) |
| α-Pineno | X | X | X | | X | | - | Brattsten et al. (1977); Yu et al. (1979); De-Oliveira et al. (1997); Liu et al. (2010); Yeom et al. (2012) |
| α-Terpineno | X | | X | | | | Profenofós e metomil | De-Oliveira et al. (1997); Abbassy et al. (2009) |
| β-Mirceno | X | | | | | | - | De-Oliveira et al. (1997) |
| β-Pineno | X | X | X | | | | - | Brattsten et al. (1977); Yu et al. (1979); Lee et al. (2001); Yeom et al. (2012) |
| **Sesquiterpeno** | | | | | | | | |
| β-Cariofileno | X | | X | | X | | - | Liu et al. (2010) |

Ainda com relação às interações sinérgicas em combinações com cânfora, Tak e Isman (2015) observaram aumento da eficácia desse composto quando associado ao 1,8-cineol, que promoveu o aumento da sua penetração na cutícula de larvas de *T. ni*. Os autores argumentam, ainda, que o 1,8-cineol não apenas interagiu com a camada de cera do tegumento do inseto, mas também com a cânfora. Outra possível hipótese para o aumento da penetração de cânfora pelo 1,8-cineol é o aumento da solubilidade desse monoterpeno. Aumento da ação sinérgica em compostos que apresentam em sua estrutura química os grupos funcionais metil (p. ex.: p-cimeno, γ-terpineno e limoneno), assim como o grupo funcional metoxi, como trans-anetol e ergosterol, também foi verificado por Pavela (2014).

Uma análise conjunta dos resultados das interações entre compostos organizados e apresentados na Tabela 5 demonstra que 48% dos efeitos interativos observados foram de sinergismo, 22% dos efeitos observados foram de antagonismo, enquanto em 30% delas não ocorreu interação significativa. Pavela (2014) selecionou as melhores combinações sinérgicas (com base nos valores de $\chi^2$ de curvas de concentração/dose-resposta), concluindo que cânfora, borneol e limoneno foram os compostos que apresentaram interações sinérgicas significativas quando combinados com os demais constituintes.

Avaliações complementares envolvendo outros compostos, principalmente combinações de sesquiterpenos com monoterpenos e fenilpropanoides, apontaram atividade sinérgica e ou aditiva na maioria das interações (Tabela 6) (Hummelbrunner e Isman, 2001; Savelev et al., 2003; Attia et al., 2011; Chaubey, 2012; Chang et al., 2014). Em todos os casos, é notória a variação da atividade sinérgica das combinações binárias em função do inseto-alvo e do seu estágio de desenvolvimento, confirmando as observações prévias realizadas por Chang et al. (2014).

Sob esse aspecto chama atenção a inversão do efeito (de sinérgico para antagônico) da carvona para 16 compostos, dependendo exclusivamente de o alvo ser uma larva de díptero ou de lepidóptero, respectivamente (Tabela 5). Isso evidencia a necessidade de ser levada em consideração a ordem do inseto a ser controlado quando for realizada uma formulação com esses compostos, impedindo, nesses casos, uma generalização de aplicação para todas as ordens de importância econômica. Inversões de efeito puderam ser observadas para mirceno, mentona e cinamaldeído com relação a todas as combinações com carvacrol, timol, vanilina e álcool cinamílico, além da própria carvona (Tabela 5).

Diante do exposto, pode-se concluir que a capacidade de promover efeito sinérgico em combinações de compostos presentes em óleos essenciais depende das respectivas estruturas químicas, combinação entre compostos e proporção adequada dos mesmos na mistura. Assim, é provável que compostos aparentemente inativos na composição de um óleo essencial possam desempenhar um papel importante em misturas complexas, sintetizadas por meio do processo metabólico das plantas na intenção de proporcionar uma interação defensiva da planta contra os artrópodes herbívoros. Aceita essa hipótese, o mesmo princípio poderá ser utilizado de forma artificial no desenvolvimento de novas formulações inseticidas a partir de *blends* de compostos sinergistas.

## 7. Produção de *blends* a partir de compostos sinergistas de óleos essenciais e desenvolvimento de produtos comerciais

Resultados eficazes de misturas de óleos essenciais ou mesmo de combinações artificiais de alguns de seus constituintes isolados, de modo a se aproximar da composição padronizada ("natural") do respectivo óleo essencial, realçaram a importância da ausência e presença de certos componentes majoritários e/ou minoritários. Misturas artificiais (*blends*) foram desenvolvidas nos últimos anos e servem como referência para o desenvolvimento de novas formulações inseticidas, inclusive a partir de *blends* de compostos sinergistas. Trata-se de observações complexas que, muitas vezes, não seguem uma lógica predeterminada por avaliações dos compostos de forma individual ou em combinações binárias, em relação à toxicidade ou possíveis interações sinérgicas, aditivas ou antagônicas que poderão ocorrer em misturas.

Miresmailli et al. (2006) avaliaram as interações dos principais componentes do óleo essencial de *R. officinalis* (alecrim), os quais correspondem a 75% dos seus constituintes identificados, quanto à toxicidade ao ácaro-rajado, *Tetranychus urticae* Koch (Acari: Tetranychidae). Com base nos resultados, os autores concluíram que, quando dois dos 3 componentes majoritários (1,8-cineol ou α-pineno) estavam ausentes nas misturas artificiais, houve significativa diminuição na toxicidade da mistura frente ao ácaro-rajado. A remoção de compostos minoritários como p-cimeno, α-terpineol ou acetato de bornil também acarretou redução significativa, porém muito menor que a causada pela ausência dos compostos majoritários. Considerando-se que p-cimeno, quando avaliado individualmente não apresentou toxicidade, pode-se concluir que esse tipo de constituinte minoritário apresenta efeito sinérgico sobre os constituintes majoritários e, embora não seja ativo isoladamente, sua presença é necessária para promover toxicidade total contra *T. urticae.*

Tomando-se como referência os resultados da interação de compostos de óleos essenciais apresentados na Tabela 5, pode-se atribuir o efeito sinérgico do 1,8-cineol com todos os compostos que foram combinados no *blend* (canfeno, β-pineno, cânfora, p-cimeno, borneol, limoneno, α-terpineol e α-pineno). O mesmo resultado não pode ser constatado para o α-pineno que apresentou efeito antagônico para β-pineno e p-cimeno, e efeito sinérgico em combinação aos demais compostos.

**Tabela 5.** Interações sinérgicas, antagônicas e aditivas entre os compostos presentes em óleos essenciais para larvas de *Culex quinquefasciatus* e lagartas de *Spodoptera littoralis* e de *Spodoptera litura*, compilados a partir de resultados obtidos por Hummelbrunner e Isman (2001) e Pavela (2014, 2015a).

| Compostos | 1,8-Cineol | Borneol | Canfeno | Cânfora | Carvona | Carvracrol | Citronelal | Estragol | Limoneno | Linalol | Mentona | Mirceno | p-Cimeno | Terpinoleno | Timol | Trans-anetol | α-Pineno | α-Terpineno | α-Terpineol | β-Citronelol | β-Pineno | γ-Terpineno | Ácido galico | Ácido cinâmico | Álcool cinamílico | Dimetil sulfido | Vanilina | Cinamaldeído | Eugenol | Isoeugenol |
|---|---|---|---|---|---|---|---|---|---|---|---|---|---|---|---|---|---|---|---|---|---|---|---|---|---|---|---|---|---|---|
| **Monoterpenos** | | | | | | | | | | | | | | | | | | | | | | | | | | | | | | |
| 1,8-Cineol | | | | | | | | | | | | | S | | | | | | | | | S | | | | | | | S | S/I |
| Borneol | S | | | S | S/I | S | S | | S | S | | | S | | S | S | S | S | | S | S/A | I/S | I | S | | | S | | S | S |
| Canfeno | A/S | S | | S | S/I | S | A/S | | I/S | I/S | | | A/I | | S | S | S | I/S | | S | A/I | A/S | A/I | A/S | A/I | | S/A | | I | S/I |
| Cânfora | S | | | | S/I | S | I/S | | S | S | | | I/S | | S | | S/I | S | | S | S/I | A/S | I | S | | | I/S | | S/I | S/I |
| Carvona | S/I | | | | | | | | | S | | | I/A | | | | | | | | | I/S | | | | | | | S | S/I |
| Carvracrol | S | | | | S/A | | I/S | | S | S | | | S | | | | S/A | | | S/I | | S/I | | | | | | | S | S |
| Citronelal | I/S | | | | A/I | | | | S | S | | | I/S | | | | A/S | | | | | A/S | | | | | | | I | S |
| Estragol | I/S | S | S | S | S/A | S | S | | S | I | | | S | I | S | S | S/I | S/I | | S/I | S/I | S | A/I | S | S A | I | I/A | | S/I | S |
| Limoneno | I/S | | | | S | | | | | S | | | S | | | | | | | | | I/S | | | | | | | S | S |
| Linalol | S | | | | | | | | | | | | S | | | | | | | | | I/S | | | | | | | S/I | S |
| Mentona | S/A | S/I | S/I | S | S/A | S/A | S/I | S | S | S/I | | S | S | S/A | S/A | S/I | S/I | S/A | S | S/A | S/I | S | S/A | I/A | S/A | I/A | S/A | | S/I | S/I |
| Mirceno | S/I | S | A | S | S/A | S/A | A/S | S | S | S/I | | | I/S | I/A | S/A | S/I | A | S/I | I/S | I | I A | I/S | I/A | I/A | S | I/A | S/A | | I | S |
| Terpinoleno | A | S | A/I | S | S/A | S | A/S | | S/I | I/S | | | S | | I | S | A | S/A | | S/I | A/I | S | I/A | A/I | S A | | I/A | | S/I | S/I |
| Timol | S | | | | S/A | S | I/S/AD | | I/S | A/S | | | S | | | | S/I | | | S | | S | | | | | | | S | S/I |
| Trans-anetol | I/S | | | S | S/A | S | I/S | | S | I/S | | | S | | S | | S | S | | S | I | S | A | I/S | | | I/S | | S | S |
| α-Pineno | I/S | | | | A | | | | A/S | S | | | A/I | | | | | | | | | A/S | | | | | | | I/A | I |
| α-Terpineno | A/S | | | | S/A | S/A | A/S | | S | A/S | | | S | | A/I | | A | | | I | | S | | | | | | | I/S | S/I |
| α-Terpineol | S/I | S | S | S | S/A | S | I/S | S | S | S/I | | | I/S | I/A | S/I/A D | S | S/I | S/A | | S/I | I/S | I/S | I/A | I | S/I | I/A | S/I | | S | S |
| β-Citronelol | S | | | | S/A | | S | | A/S | S | | | I/S | | | | A/I | | | | | A/S | | | | | | | S | S |
| β-Pineno | S/I | | | | S/A | S/I | A/I | | S | A/I | | | I | | I | | A | I | | I | | I | | | | | | | I | I |
| γ-Terpineno | | | | | | | | | | | | | S | | | | | | | | | | | | | | | | | |
| **Outros grupos** | | | | | | | | | | | | | | | | | | | | | | | | | | | | | | |
| Ácido gálico | I/A | | | | S/A | S/A | I | | A/I | I/A | | | I | | I/A | | A | A/I | | S/A | A | I/S | | | | | | | A | S |
| Ácido cinâmico | S/I | | | | S/A | A/I | A/I | | S | S/I | | | I/S | | A | | A | A/I | | I/A | A | A/S | S/I | | | | | | I | S |
| Álcool cinamílico | A | S | | S/I | S/A | S | A/I | | S/I | A/I | | | I | | S/A | S/I | S/A | S/A | | S/A | I/A | A/S | I/A | S/I | | | S | | S/I | I |
| Dimetil sulfeto | S/I | S | I/S | I/S | A | A/S | A/I | | S | I/S | | | I/S | I/A | A/I | I/S | A | A/I | | I | A/I | A/S | S/I | I/S | A/I | | I | | S | S/A |

Tabela 5. *continuação.*

| Compostos | 1,8-Cineol | Borneol | Canfeno | Cânfora | Carvona | Carvacrol | Citronelal | Estragol | Limoneno | Linalol | Mentona | Mirceno | p-Cimeno | Terpinoleno | Timol | Trans-anetol | α-Pineno | α-Terpineno | α-Terpineol | β-Citronelol | β-Pineno | γ-Terpineno | Ácido galico | Ácido cinâmico | Álcool cinamílico | Dimetil sulfido | Vanilina | Cinamaldeído | Eugenol | Isoeugenol |
|---|---|---|---|---|---|---|---|---|---|---|---|---|---|---|---|---|---|---|---|---|---|---|---|---|---|---|---|---|---|---|
| Vanilina | S/A | | | | S/A | S/I | A/I | | S | I | | | I/S | | A/I | | A | A/I | | S/A | A | A/S | I/S | I/S | | | | | I/A | S/A |
| **Fenilpropanoides** | | | | | | | | | | | | | | | | | | | | | | | | | | | | | | |
| Cinamaldeído | S | S/I | S/I | S | S/A | I/A | A/I | S | S | I | S | I/S | I/S | S/I | S/A | S/I | A/S | I | S | I/A | I | A/S | I/A | I | S/A | I | S/A | | S/I | S |
| Eugenol | | | | | | | | | | | | | S | | | | | | | | | S | | | | | | | | |
| Isoeugenol | | | | | | | | | | | | | I/S | | | | | | | | | I/S | | | | | | | S/I | |

S: sinergismo; A: antagonismo; I: inefetivo ou sem efeito e; AD: aditivismo, com base nas observações de Hummelbrunner e Isman (2001). Efeito de diferentes interações de compostos: primeira letra maiuscula trata-se da classificação de interação de compostos para larvas de ***Culex quinquefasciatus*** e segunda letra maiúscula classificação para interação de compostos para larvas de ***Spodoptera littoralis*** e ***S. litura***. Letras únicas referem-se à classificação para os dois grupos de artrópodes (mosquito e lagartas).

Tabela 6. Exemplos de compostos presentes em óleos essenciais que apresentam interações entre si. Dados compilados a partir dos resultados obtidos por Hummelbrunner e Isman (2001), Savelev et al. (2003), Attia et al. (2011), Chaubey (2012) e Chang et al. (2014).

| Compostos | 1,8-Cineol | Citronelal | Eugenol | Terpinoleno | Timol | Trans-anetol | α-Humuleno | α-Pineno | α-Terpineno | β-Cariofileno |
|---|---|---|---|---|---|---|---|---|---|---|
| **Monoterpeno** | | | | | | | | | | |
| Trans-anetol | - | S | A | S | S | - | - | - | S | - |
| **Sesquiterpenos** | | | | | | | | | | |
| (±) -Trans-nerolidol | - | - | - | - | - | | S | S | - | S |
| Óxido de cariofileno | S | - | - | - | - | - | - | - | - | - |
| β-Cariofileno | - | - | - | - | - | - | - | S | - | S |
| **Fenilpropanoide** | | | | | | | | | | |
| Cinamaldeído | - | - | S + AD | - | - | S+ AD | - | - | - | - |

A: antagonismo; AD: aditivismo; S: sinergismo; - ausência de informação.

Quando o inseto alvo foi *T. ni*, a resposta das larvas em bioensaios que avaliaram a remoção de compostos do óleo essencial original apontaram o 1,8-cineol como o principal componente inseticida do óleo de *R. officinalis* via contato tópico (Tak et al., 2016). Usando a $DL_{95}$ do óleo de alecrim como referência de eficácia inseticida, houve diminuição significativa na mortalidade quando 1,8-cineol foi eliminado do *blend* artificial. Já no ensaio por fumigação, as remoções ou ausências mais impactantes na toxicidade das misturas artificiais foram as de 1,8-cineol e de cânfora, demonstrando que esses dois compostos são mais ativos do que todos os outros constituintes desse óleo (Tak et al., 2016). Isso indica que esses compostos não devem ser removidos em uma formulação inseticida à base desse óleo essencial, uma vez que são os mais importantes para expressão da toxicidade global. Por outro lado, α-terpineol, além de ter o menor valor de $DL_{50}$, apresenta teor ou concentração no óleo relativamente baixa (1,7%), e sua eliminação da mistura artificial não levou à diminuição da mortalidade. Isso sugere que a contribuição desse constituinte para a toxicidade total é limitada e, dessa forma, ele pode ser removido ou desconsiderado na padronização de *blends* artificiais. Esses autores também avaliaram interações entre 4 constituintes majoritários desse óleo, testando *blends* ou combinações artificais de dois, 3 ou 4 constituintes. A sinergia mais significativa foi a mistura de cânfora + α-pineno + canfeno. Outro efeito variável nesse estudo foi obtido em relação ao α-terpineol, que apresentou baixa toxicidade quando aplicado topicamente, sendo que sua ausência na mistura artificial não causou decréscimo de mortalidade, sugerindo que sua contribuição para a toxicidade global é limitada para as larvas do inseto-alvo.

Se a remoção de α-terpineol do *blend* provocou redução da toxicidade do óleo de alecrim testado sobre o ácaro-rajado (*T. urticae*) no estudo conduzido por Miresmailli et al. (2006), para *T. ni* a remoção desse mesmo constituinte não teve qualquer impacto sobre a toxicidade desse *blend*. Fica evidente, portanto, a variabilidade do efeito sinérgico/toxicológico de combinações desses compostos em relação ao artrópode-praga considerado.

A composição artificial do óleo essencial de *Deverra scoparia* Coss. & Durieu (Apiaceae) foi avaliada para o controle de *T. urticae* por meio de *blend* dos 10 constituintes mais abundantes, que corresponderam a 98,5% da composição total do óleo bruto, incluindo o mirceno, com ocorrência de 3,5% do total do óleo e promotor da menor mortalidade na avaliação individual de cada componente. Mesmo com a baixa concentração do mirceno na mistura ou na composição artificial, sua presença permitiu atingir uma taxa de mortalidade máxima do ácaro (83%), sugerindo que esse constituinte minoritário apresenta contribuição significativa para a toxicidade global do óleo, possivelmente pelo efeito sinérgico (Attia et al., 2011). Outro resultado interessante desse estudo está relacionado à combinação artificial dos constituintes majoritários (α-pineno, 3-careno e terpineno-4-ol) do óleo essencial de *D. scoparia*, responsável por 65% da mortalidade de ninfas de *T. urticae*, valor equivalente ao da mortalidade causada pela aplicação individual de cada um desses compostos. Dessa forma, esses componentes ativos não teriam nenhum efeito adicional um sobre o outro, porque seu nível de toxicidade foi similar quando testados isoladamente ou em uma mistura com os outros dois constituintes ativos. Além disso, a remoção de α-pineno da mistura causou diminuição significativa na toxicidade (na ordem de 80%) para *T. urticae*, o que levou à conclusão que esse constituinte é o de maior importância para a toxicidade do óleo bruto. Entretanto, em combinação com α-pineno, 43% dos compostos avaliados em outros estudos (Tabela 5) apresentaram efeito antagônico, dependendo do inseto-alvo avaliado, o que sugere atenção no sentido da expressiva ambiguidade ou incerteza da ação desse constituinte nas combinações em virtude da não ocorrência de repetibilidade dos efeitos de interação. Portanto, os efeitos de toxicidade são espécie-específicos e se faz necessário testar óleos ou compostos puros para as diferentes espécies que se deseja controlar.

Yeom et al. (2012) avaliaram 11 óleos essenciais de plantas da família Apiaceae e selecionaram *Anethum graveolens* L. (endro), *Carum carvi* L. (alcarávia) e *Cuminum cyminum* L. (cominho) como fumigantes eficazes para o controle de *Blatella germanica* (L.) (Blattaria: Ectobiidae). *Blends* artificiais de cada um desses óleos essenciais foram produzidos, sendo que a ausência de carvona do óleo essencial de *A. graveolens* e de *C. carvi* causou uma redução significativa na toxicidade das combinações via fumigação. Tais resultados indicaram que a carvona é o principal agente fumigante dos óleos de endro e de alcarávia; coincidentemente, esse é o composto majoritário desses dois óleos essenciais (com composição relativa de 41 e 56%, respectivamente). No entanto, para *A. graveolens* a eliminação conjunta de carvona e limoneno influenciaram negativamente na toxicidade para essa espécie de inseto-praga, sugerindo sinergia entre esses dois compostos e corroborando as hipóteses levantadas e discutidas anteriormente (Tabela 5).

Evidência de interação sinérgica entre compostos também pode ser observada para o óleo essencial de *C. cyminum*, quando a ausência de p-cimeno, de γ-terpineno e de cuminaldeído na combinação artificial causou significativa diminuição da toxicidade sobre *B. germanica* (Yeom et al., 2012). Os autores sugeriram efeito sinérgico entre p-cimeno e γ-terpineno (Tabela 5), além da interação de cada um deles com cuminaldeído.

A complexidade das interações entre compostos aumenta quando o perfil químico do óleo essencial considerado é diversificado quanto aos grupos químicos dos seus componentes majoritários. Moraes et al. (2017) avaliaram a toxicidade de *blends* de compostos presentes no óleo essencial de duas espécies de *Ocotea* (Lamiaceae) frente a *T. urticae*. Os compostos majoritários verificados, nesse caso, foram os sequiterpenoides aromadendreno e β-cariofileno, compondo os *blends* com presença e ausência dos terpenoides α-pineno, β-pineno, p-cimeno, limoneno, terpinoleno, terpinen-4-ol, α-terpineol e α-humuleno. Os autores concluíram que a remoção de α-pineno não afetou a toxicidade via fumigação do *blend* artificial e que a toxicidade residual do óleo não foi reduzida pela remoção do limoneno ou terpinen-4-ol. No entanto, a remoção de aromadendreno levou a uma drástica redução na mortalidade dos ácaros expostos, indicando que esse sesquiterpeno contribuia mais para a toxicidade do *blend* artificial elaborado a partir do óleo essencial de *Ocotea glomerata* (Nees) Mez (Lamiaceae), seguido de β-cariofileno e p-cimeno.

As toxicidades relativas individuais dos constituintes que mais contribuíram para a letalidade do *blend* artificial de *O. glomerata* mostraram que o componente principal, aromadendreno, exibiu o mesmo grau de toxicidade do p-cimeno, independentemente do tipo de exposição (fumigação ou contato residual), enquanto o segundo componente mais abundante do *blend*, β-cariofileno, foi 170 e 50 vezes mais tóxico que o aromadendreno nos bioensaios de contato residual e fumigação, respectivamente. Esses resultados sugerem que a contribuição de um constituinte químico em uma mistura complexa não é previsível com base apenas em sua toxicidade individual ou na proporção em que é encontrado na mistura.

Como os óleos essenciais obtidos de plantas variam quimicamente, com base em numerosos fatores bióticos e abióticos, o perfil químico desses óleos poderá não ser uniforme. Para contornar tal limitação, óleos essenciais de diferentes fontes podem ser intencionalmente misturados para obter uma composição com menor variação (Tak et al., 2016). Dessa forma, destaca-se a importância de compreender as contribuições dos constituintes individuais de cada óleo e de suas combinações na toxicidade do derivado resultante, possibilitando a utilização dessa informação na padronização e controle de qualidade de formulações comerciais.

O estudo de Tak e Isman (2015) trouxe importantes contribuições para a compreensão dos mecanismos envolvidos no aumento da penetração celular favorecida pelo sinergista, demonstrada por meio da redução da tensão superficial, aumento da solubilidade e interação entre o sinergista e a camada lipídica da cutícula do inseto. Conhecer o papel de cada constituinte e suas interações na composição de um óleo essencial é um fator primordial para a avaliação da toxicidade letal e subletal sobre determinada espécie de artrópode, o que permite selecionar e obter compostos de interesse para aplicação na agricultura e oportunidades de desenvolvimento de misturas artificiais passíveis de serem empregadas na formulação de novos inseticidas e/ou acaricidas botânicos.

Na prática, o fator limitante para a formulação de produtos comerciais, tomando-se como referência esse conhecimento, é o custo dos compostos purificados. Portanto, o mais viável economicamente é a utilização de *blends* de óleos essenciais contendo compostos majoritários ativos em concentrações expressivas e dominantes. Caso não seja possível a obtenção natural desses óleos essenciais dentro das características desejáveis, poder-se-á lançar mão de processos de purificação ou fracionamento. Cabe salientar, ainda, que nesses processos são possíveis de serem eliminados compostos considerados antagonistas, permanecendo no *blend* somente aqueles que possam sinergizar a combinação ou parte dela.

Em adição, *blends* de compostos atuam muitas vezes como inibidores de enzimas destoxificativas, viabilizando a utilização tanto como inseticidas como sinergistas de inseticidas comerciais. Nesse caso, como a quantidade de produto necessário formulado em *blend* é menor, abre-se a perspectiva de serem utilizados compostos minoritários purificados que apresentem a propriedade de sinergizarem compostos majoritários, logicamente após uma avaliação da viabilidade econômica desse enriquecimento artificial.

Não bastassem tais barreiras, adiciona-se ainda, a falta de interesse aparente no desenvolvimento de sinergistas para substituir o butóxido de piperonila por parte da indústria de agroquímicos. Muitas vezes, essa ausência de informações sobre o assunto está acobertada por interesses comerciais no desenvolvimento de produtos sinergistas que apresentem a possibilidade de serem protegidos por propriedade intelectual. Tal fato encontra respaldo nos relatos do *Community Research and Development Information Service* (CORDIS), principal fonte de divulgação de resultados da Comissão Europeia de Projetos, os quais são financiados pelos programas de pesquisa e inovação da União Europeia. Um dos projetos, o EcoSyn, consiste em um consórcio de especialistas para otimizar o uso de sinergistas na agricultura, elucidando a relação entre estrutura química e atividade sinérgica em uma variedade de enzimas metabólicas de insetos-praga e insetos benéficos, tanto em laboratório, quanto em campo. Ao longo dos últimos anos, foram desenvolvidos dois produtos sinergistas passíveis de proteção patentária, que servirão para a formulação de agroquímicos comerciais para controle de pragas de importância mundial, uma vez que são enquadrados como "produtos ambientalmente amigáveis". Com isso, nota-se o interesse de países desenvolvidos na utilização de sinergistas para reduzir o volume de inseticidas químicos a serem empregados no manejo de pragas e incrementar a eficácia dos ingredientes ativos disponíveis.

### 7.1. Produtos comerciais formulados com óleos essenciais

Com relação a produtos disponíveis no mercado, empresas como a Mycotech Corporation (EUA) produzem uma formulação do tipo concentrado emulsionável (EC) com ação sobre múltiplos alvos (inseticida, acaricida e fungicida), tendo como base o óleo de canela (*C. zeylanicum*) com teor padronizado de 30% de cinamaldeído, com indicação para uso em horticultura (estufa ou campo) e fruticultura. Muitos produtos comerciais (p. ex.: Buzz Away®) contêm uma mistura de óleos de citronela (*C. nardus*), de cedro (*J. cedrus*), de eucalipto (*E. globulus*) e de erva-cidreira (*M. officinalis*). Como exemplo, o produto Green Ban® possui em sua composição os óleos de citronela (*C. nardus*), óleo de *Melaleuca* spp., lavanda (*L. angustifolia*), sassafrás (*O. odorifera*) sem safrol, hortelã-pimenta (*Mentha* × *piperita*) e óleo de bergamota (*C. aurantium* subsp. *bergamia*) sem bergapteno. Da mesma forma, muitas outras formulações foram desenvolvidas por empresas americanas e europeias em pequena escala, as quais contêm óleo de alho ou óleo de menta para controle de pragas domiciliares e de jardins, ou mentol para controle de ácaros ectoparasitas de abelhas (Rathore, 2017).

Na Itália, foram desenvolvidas formulações como a ApilifeVar®, contendo mentol e quantidades menores de cineol, mentol e cânfora, para controlar ácaros ectoparasitas de abelhas. Estudos vêm sendo desenvolvidos com o intuito de desenvolver novas formulações e novas tecnologias para o armazenamento e aplicação desses produtos, especialmente em laboratórios no Canadá, França e Israel. Contudo, fatores como a escassez de matéria-prima, a necessidade de padronização química e de controle de qualidade, além das dificuldades de registro em muitos países, têm dificultado a comercialização desses produtos (Rathore, 2017).

Na década de 2000, pesticidas à base de óleos essenciais foram disponibilizados no mercado norte americano pela EcoSmart, empresa especializada nesse ramo. Foram introduzidos vários inseticidas botânicos para as mais diversas finalidades, utilizando, principalmente, como matéria-prima e principais ativos, os óleos essenciais de alecrim (*R. officinalis*), cravo-da-índia (*S. aromaticum*), hortelã-pimenta (*Mentha* × *piperita*), canela (*C. zeylanicum*), citronela (*C. nardus* ) e tomilho (*T. vulgaris*) (Tak et al., 2016).

A Tabela 7 compila informações sobre produtos, disponíveis comercialmente, destinados ao controle de artrópodes-praga. Além dos produtos comercializados pela EcoSmart, outras empresas podem ser apontadas nesse ramo, tais como UPL OpenAg, Brandt, Key Plex e Zoecon. Dos 22 produtos listados (Tabela 7), 68% deles possuem em sua formulação o óleo essencial de *R. officinalis* (alecrim), 50% *Mentha* × *piperita* (menta), 27% *T. vulgaris* (tomilho), 22% *S. aromaticum* (cravo-da- índia) e 9% *C. zeylanicum* (canela).

Com exceção de Biomate® (UPL OpenAg), os demais são combinações de dois ou mais óleos essenciais que possuem como composto(s) majoritário(s) aqueles relatados na literatura e que apresentam a propriedade de sinergizar outros compostos majoritários dos demais óleos essenciais de uma formulação, conforme exemplificado na Tabela 5. Quando o produto é formulado por apenas um óleo essencial, emprega-se geralmente o óleo de *R. officinalis* que possui como compostos majotitários o 1,8-cineol (32%), o α-pineno (18%) e a cânfora (20%), compostos comprovadamente tóxicos para artrópodes e sinérgicos entre si.

Entre os produtos listados (Tabela 7), 8 deles apresentam na formulação pelo menos um óleo essencial e um composto isolado, geralmente o geraniol. Ressalta-se, ainda, que a porcentagem dos óleos essenciais nas formulações é baixa, não ultrapassando 10%, ao passo que os compostos isolados não ultrapassaram 5% do total da composição. Todavia, o custo de produção influência na definição dos componentes da mistura, uma vez que compostos isolados tendem a ser mais caros que os óleos essenciais brutos.

Embora mentol e mentona, compostos majoritários do óleo essencial de menta, sejam considerados ativadores de enzimas monooxigenases dependentes do citocromo P450 e, ao mesmo tempo, inibidores da acetilcolinesterase (Yu et al., 1979; Lee et al., 2001), na formulação do inseticida Eco PCO WP-X®, à base de piretrina, ficou evidenciado que a propriedade sinérgica do óleo essencial foi preponderante para o efeito tóxico do produto. Acrescenta-se a isso que a proporção do sinergista (óleo de menta) para o princípio ativo inseticida piretrina foi de 10:1 (v/v), à semelhança da proporção das formulações sinérgicas de inseticidas químicos que utilizam PBO sintético. Com a proibição do PBO para cultivos orgânicos na Europa (Di Matteo, 2004; Canyon et al., 2010; Bioland, 2019), a utilização de sinergistas naturais na forma de compostos isolados ou mesmo na forma de *blends* sinérgicos poderá ser uma opção na formulação de produtos à base de piretro.

O aspecto mais positivo do uso de óleos essenciais e/ou de seus constituintes para o controle de pragas é sua baixa toxicidade aos mamíferos, uma vez que muitos deles e de seus constituintes são comumente obtidos de ervas e especiarias culinárias. Esses novos pesticidas geralmente são uma combinação de pequenas quantidades de óleos essenciais de duas a 4 espécies diferentes de plantas. Alguns promovem a morte de insetos e aracnídeos enquanto outros os repelem. Os nichos de mercado para comercialização desses produtos são bem diversificados, não estando limitados ao uso doméstico para controle de pragas urbanas e de jardins (Tabela 7). Além disso, muitos dos produtos comerciais utilizam óleos essenciais que estão incluídos na lista GRAS (*Generally Recognized as Safe*) do *Food and Drug Administration* (FDA) e *Environmental Protection Agency* (EPA) (órgãos regulatórios dos EUA), inclusive para uso como aditivos em alimentos e bebidas (EPA, 1993). Dessa forma, não necessitam de aprovação regulatória extensiva e podem estar disponíveis mais rapidamente no mercado que um pesticida convencional. Isso coloca as empresas norte-americanas em situação de vantagem em termos de inovação nesse segmento de mercado em comparação àquelas de outros países.

Óleos essenciais e substâncias ativas com esse status especial nos EUA podem ser usados sem a exigência de requisitos onerosos e demorados para seu uso em formulações. Esses requisitos incluem testes toxicológicos e ecotoxicológicos necessários para registro de produtos comerciais. O tratamento como insumos de exceção pela regulação federal nos EUA permitiu o surgimento de muitos produtos e empresas que comercializam diversos pesticidas derivados de óleos essenciais (Isman, 2016).

De modo geral, o mercado europeu é mais regulamentado e menos desenvolvido. Entretanto, a empresa Pranarom (França) comercializa *blends* de óleos essenciais repelentes de mosquitos para crianças e gestantes (Pranarom Anti-Mosquito Spray). Esse tipo de produto também é comercializado para controle de ácaros domésticos, piolhos e irritações cutâneas devido a picadas de mosquitos. Para tais produtos, não são reveladas as proporções entre os óleos essenciais (entre 4 e 9 óleos) na formulação dos *blends*.

Embora os óleos essenciais tenham um futuro promissor no mercado de biopesticidas, uma simplificação do processo de registro deve ser alcançado para que eles ocupem uma participação significativa no mercado global de pesticidas (Regnault-Roger et al., 2012). Assim, a barreira da aprovação regulatória é uma restrição à comercialização de produtos à base de óleos essenciais e continuará sendo até que uma política específica possa viabilizar o uso desses produtos. Poucos países isentam de registro produtos derivados de óleos essenciais empregados como pesticidas ou repelentes.

Alguns biopesticidas são definidos nos EUA como pesticidas de risco mínimo pela Lei Federal para Inseticidas, Fungicidas e Rodenticidas (FIFRA), seção 25 (item b), porque seus ingredientes ativos e inertes são de baixo risco e geralmente reconhecidos como seguros (lista GRAS). Consequentemente, eles estão isentos dos requisitos de regulamentação FIFRA da EPA e podem ser usados em qualquer cultura descrita no rótulo do produto, bem como para uso não agrícola, pois não precisam ser registrados como pesticidas. Para uso na agricultura orgânica, essas substâncias precisam estar presentes na listagem da OMRI (*Organic Materials Review Institute*) (Marrone, 2019).

O desenvolvimento de formulações comerciais de pesticidas botânicos contendo óleos essenciais pode ter 4 vias de industrialização em função da origem dos ingredientes ativos: mistura de óleos essenciais, um único óleo essencial ou constituinte dele derivado, um *blend* de compostos sinteticamente produzidos, que imitam ou se aproximam do *blend* da composição original ou natural de um óleo essencial de planta ou um *blend* inovador obtido de constituintes de óleos essenciais de espécies botânicas distintas. Deve-se, para isso, superar os principais fatores que limitam o uso de óleos essenciais para produção de biopesticidas, tais como a disponibilidade do recurso natural, seu preço e sua chance de aprovação regulatória (Isman, 2019). Alguns dos constituintes terpenoides purificados dos óleos essenciais são moderadamente tóxicos para mamíferos. No entanto, a alta volatilidade dos seus componentes promove persistência reduzida em condições de campo, permitindo que, embora os inimigos naturais sejam suscetíveis por contato direto, ocorra pequena probabilidade de que, após um ou mais dias do tratamento, os predadores e parasitoides, ao adentrarem uma cultura tratada, sejam intoxicados pelo contato com os resíduos, como ocorre frequentemente com o inseticida convencional. Além disso, há algumas especificidades na ação neurotóxica entre invertebrados e vertebrados, que resultam em diferentes níveis de toxicidade para mamíferos e invertebrados expostos ao mesmo xenobiótico (Koul et al., 2008).

Dessa forma, na formulação de produtos à base de óleos essenciais deve-se levar em consideração a interação entre os componentes dos óleos utilizados e a adição de outros com a finalidade de aumentar a eficácia de controle por meio de sinergismo. Outros aspectos que necessitam ser avaliados para o sucesso dos produtos à base de óleos essenciais são: o método de aplicação, o solvente utilizado na formulação, a composição da membrana do organismo-alvo e a capacidade de penetração do produto na cutícula, o estágio de desenvolvimento do artrópode-alvo e o mecanismo de ação do produto. Todos esses fatores podem afetar a sua bioatividade e, mais especificamente, as suas propriedades físico-químicas que podem ser parcialmente responsáveis pelas diferenças interespecíficas observadas (Pavela et al., 2008; Rattan, 2010; Tak et al., 2016).

Recentemente, nanoemulsões estão sendo desenvolvidas como uma opção de nanopesticidas para substituir os concentrados emulsionáveis tradicionais (óleos), reduzindo o uso de solventes orgânicos e aumentando as propriedades de dispersão e penetração das gotículas. As vantagens de usar microemulsões de óleo em água nas formulações contendo óleos essenciais é a melhoria da eficácia biológica e a redução da dose a ser utilizada, constituindo-se uma estratégia adequada para o desenvolvimento comercial de pesticidas verdes em escala comercial (Bullangpoti, 2017).

Por último, na produção de sinergistas a partir de óleos essenciais e/ou de seus compostos, tanto em combinações com princípios ativos de inseticidas químicos ou por *blends* de compostos sinergistas, há necessidade de que sejam estabelecidas proporcionalidades entre o agente a ser sinergizado e o sinergista propriamente dito. Para tanto, a construção de isobologramas específicos na formulação desses agentes de controle é de fundamental importância. O isobolograma foi inicialmente empregado na farmacologia e trazido para a área de defensivos agrícolas por Tammes (1964), o qual é considerado de grande utilidade no estudo de sinergismo. A descrição da ação conjunta de dois compostos por meio desse método permite que os princípios e alterações ligados à análise das associações possam ser claramente evidenciados (Kruse et al., 2006).

Tabela 7. Principais produtos comerciais formulados à base de óleos essenciais e/ou compostos isolados e respectivas aplicações.

| Produtos comerciais (fabricantes) | Composição das formulações contendo óleos essenciais e/ou seus compostos | Aplicações |
|---|---|---|
| Akabrown (Green Corp Biorganiks) | Canela (1,5%), cravo (1%), menta (1%) e orégano (0,5%) | Acaricida para uso agrícola |
| Ant & Roach Killer (EcoSmart) | Alecrim (1,5%) e menta 1,5% | Inseticida para manejo de pragas urbanas (baratas e formigas) |
| ApiLife Var (Chemicals LAIF) | Timol (74,1%), eucalipto (tipo cineol) (16%) e L-mentol (3,73%) | Acaricida para pragas associadas a abelhas |
| Natural Insect Repellent (Babyganics) | Alecrim (1,5%), citronela (0,95%), gerânio (0,75%), junípero (0,7%), menta (0,6%) e capim-limão (0,25%) | Repelente para uso humano (mosquitos) |
| Bed Bug Killer (EcoSmart) | Alecrim (1,5%) e menta (1,5%) | Inseticida para manejo de pragas urbanas (percevejos) |
| Bed Bug Repellent (EcoSmart) | Alecrim (1,5%) e menta (1,5%) | Repelente para uso humano (percevejos) |
| BioBlock (Homs) | Junípero (1,5%) e capim-limão (0,5%) | Repelente e inseticida de amplo espectro para manejo de pragas urbanas |
| Biomite (UPL OpenAg) | Citronelol (0,42%), geraniol (0,42%), nerolidol (0,42%) e farnesol (0,17%) | Acaricida para manejo de pragas agrícolas e de jardins |
| Bite Blocker Xtreme (Homs) | Gerânio (6%) | Repelente para uso humano (mosquitos) |
| Botanical Insect Control (EcoShield) | Junípero (2%) | Inseticida para manejo de pragas agrícolas, veterinárias e de jardins |
| Ebioluzion Plus vO (Green Corp Biorganiks) | Cravo (2%), canela (1,24%) e pimenta-negra (1,24%) | Inseticida de amplo espectro para manejo de pragas agrícolas |
| Eco PCO WP- X (Zoecon) | Menta (5%) e permetrina (0,5%) | Inseticida de amplo espectro para manejo de pragas urbanas e de jardins |
| Eco-oil (Organic Crops Protection) | Frações de *Melaleuca* sp. e de *Eucalyptus* sp. (2%) | Acaricida e inseticida para manejo de pragas agrícolas |
| Ecotec Plus (Brandt) | Alecrim (10%), geraniol (5%) e menta (2%) | Acaricida e inseticida para manejo de pragas agricolas e de jardins |
| Ecotrol G (Key Plex) | Tomilho (2,7%), cravo (2%) e canela (1%) | Inseticida para manejo de pragas agrícolas |
| Ecotrol Plus (Key Plex) | Alecrim (10%), geraniol (5%) e menta (2%) | Acaricida e inseticida de amplo espectro para manejo de pragas agrícolas e de jardins |
| Equine & Livestock Fly Spray (Homs) | Gerânio (8%), junípero (1%) e capim-limão (0,5%) | Inseticida para manejo de pragas veterinárias (equinos e bovinos) |
| Essentria All Purpose (Zoecon) | Alecrim (10%) e menta (2%) | Inseticida de amplo espectro para manejo de pragas agrícolas e veterinárias |
| Essentria G (Zoecon) | Eugenol (2,9%) e tomilho (0,6%) | Inseticida de amplo espectro para manejo de pragas urbanas |
| Essentria IC 3 (Zoecon) | Alecrim (10%) e geraniol (5%) | Inseticida de amplo espectro para manejo de pragas urbanas |
| Essentria Wasp & Hornet (Zoecon) | Alecrim (1,5%) | Inseticida de amplo espectro para manejo de pragas urbanas |

Tabela 7. *continuação.*

| Produtos comerciais (fabricantes) | Composição das formulações contendo óleos essenciais e/ou seus compostos | Aplicações |
|---|---|---|
| Flying Insect Killer (EcoSmart) | Alecrim (1%) e geraniol (0,5%) | Inseticida para manejo de pragas urbanas (mosquitos e traças) |
| Garden Insect (EcoSmart) | Alecrim (0,5%) e menta (0,5%) | Inseticida e acaricida para manejo de pragas de jardins |
| Herbal Insect Repellent (Burst's Bees) | Alecrim (3,77%), capim-limão (2,83%), junípero (0,94%), menta (0,76%), citronela (0,57%), canela (0,38%) e gerânio (0,19%) | Repelente para uso humano (mosquitos) |
| Home Pest Control (EcoSmart) | Alecrim (0,5%), cravo (0,5%) e tomilho (0,25%) | Inseticida e aracnicida para manejo de pragas urbanas |
| Home Pest Control (Orange Guard) | d-Limoneno (5,8%) | Repelente e inseticida de amplo espectro para manejo de pragas urbanas e de jardins |
| Insect Killer (EcoSmart) | Cravo (0,5%) e tomilho (0,25%) | Inseticida para manejo de pragas urbanas |
| Insect Repellent (EcoSmart) | Geraniol (1%), alecrim (0,5%), canela (0,5%) e citronela (0,5%) | Repelente para uso humano (mosquitos e carrapatos) |
| Lawn Insect Killer (EcoSmart) | Cravo (1%) e tomilho (1%) | Inseticida para manejo de pragas urbanas e de jardins (formigas e baratas) |
| Mosquito & Tick Control (EcoSmart) | Menta (1,5%), alecrim (1%), cravo (0,7%) e tomilho (0,5%) | Inseticida, acaricida e aracnicida para manejo de pragas de jardins |
| Mosquito Repellent Spray (Kinven) | Menta (1,6%), citronela (0,6%), gerânio (1,1%), alecrim (0,6%) e canela (1,1%) | Repelente para uso humano (mosquitos) |
| Mosquito Repellent Incense (Murphy's) | Alecrim (4,5%), menta (2%), citronela (1,5%), capim-limão (1%) e junípero (1%) | Repelente para uso humano (mosquitos) |
| Mosquito Fogger (EcoSmart) | Geraniol (3%), alecrim (2%) e menta (0,4%) | Inseticida e repelente para manejo de pragas urbanas (mosquitos e moscas) |
| PetFresh Insect Repellent (Homs) | Gerânio (6%), junípero (1%) e capim-limão (0,5%) | Repelente de insetos para uso em cães e cavalos |
| Plant Based Lemon Eucalyptus Insect Repellent (Repel) | Citriodol (19,5%) | Repelente para uso humano (mosquitos) |
| Prev-Am (Oro Agri) | Laranja (5-6%) | Acaricida e inseticida de amplo espectro para manejo de pragas agrícolas |
| Requiem (Bayer) | α-Terpineno (59,7%), p-cimeno (22,4%) e D-limoneno (17,9%) | Acaricida e inseticida para manejo de pragas agrícolas |
| Spider Blaster (EcoSmart) | Alecrim (5%) | Aracnicida para manejo de pragas urbanas |
| Sporan EC2 (Keyplex) | Alecrim (16%), canela (10%), tomilho (10%) e menta (2%) | Fungicida |
| TetraCURB (Kemin) | Alecrim (50%), cravo (3%) e menta (1,95%) | Acaricida para manejo de pragas agrícolas |
| Wasp & Hornet (EcoSmart) | Menta (0,4%) | Inseticidas e repelente para manejo de pragas urbanas (vespas) |

Alecrim: OE de ***Rosmarinus officinalis*** L.; Canela: OE de ***Cinnamomum zeylanicum Blume***; Capim-limão: OE de ***Cymbopogon citratus*** (DC.) ***Stapf.***; Cravo: OE de ***Syzygium aromaticum*** (L.) ***Merr. & L.M. Perry***; Citronela: OE de ***Cymbopogon nardus*** (L.) ***Rendle***; Junípero: OE de ***Juniperus virginiana*** L.; Laranja: OE de ***Citrus sinensis*** (L.) ***Osbeck***; Menta: OE de Mentha × piperita; Gerânio: OE de ***Pelargonium graveolens L'Hér. ex Aiton***; Orégano: OE de ***Origanum*** spp.; Pimenta-negra: OE de ***Piper nigrum*** L.; Tomilho: OE de ***Thymus vulgaris*** L.

## 8. Potencial de produção e comercialização de óleos essenciais com potencial sinérgico no Brasil

### 8.1. Aspectos gerais

Existem aproximadamente 17,5 mil plantas aromáticas conhecidas até o momento, as quais produzem cerca de 3 mil óleos essenciais distintos, dos quais somente cerca de 300 são comercialmente importantes para as indústrias farmacêutica, de pesticidas ou de aromatizantes (Chang e Cheng, 2002; Bakkali et al., 2008). A produção global de óleos essenciais foi estimada em mais de 160 mil t em 2014 (Comex Stat, 2019). Os óleos essenciais mais produzidos e comercializados no mundo são: laranja [*Citrus sinensis* (L.) Osbeck], menta (*Mentha arvensis* L.), limão (*Citrus limonum* Risso), eucalipto (*Eucalyptus globulus* Labill.), eucalipto-limão [*Corymbia citriodora* (Hook.) K.D. Hill & L.A.S. Johnson], hortelã-pimenta (*M. piperita*), cravo-da-índia [*Syzygium aromaticum* (L.) Merr. & L.M. Perry], ciprestre [*Chamaecyparis funebris* (Endl.) Franco], anis-estrelado (*Illicium verum* Hook.f.), lima (*Citrus aurantifolia* Swingle), citronela [*Cymbopogon nardus* (L.)], citronela-de-java (*Cymbopogon winterianus* Jowitt ex Bor.), lavanda (*Lavandula angustifolia* Miller), patchouli [*Pogostemon cablin* (Blanco) Benth.] e hortelã-comum (*Mentha spicata* L.). Todos esses óleos têm produção acima de 1.000 t/ano (Franz e Novak, 2010), podendo, assim, ser considerados óleos essenciais com movimentação bem estabelecida no mercado internacional.

O Brasil destaca-se na produção de óleos essenciais, ao lado da Índia, China e Indonésia. Entre os principais óleos essenciais ofertados no mercado mundial, encontram-se os obtidos de espécies cítricas, eucalipto (quimiótipos 1,8-cineol e citronelal), hortelã-pimenta, cravo-da-índia, cedro, lavanda, hortelã-pimenta, sassafrás, cânfora, coentro, toranja e patchouli (Bizzo et al., 2009). O Brasil é líder mundial na produção do óleo essencial de laranja, classificada como um subproduto das indústrias de processamento dessa fruta (FAO, 2012).

### 8.2. Potencial de utilização de óleos essenciais como sinergistas com movimentação de mercado desconhecida

#### 8.2.1. Óleos essenciais obtidos por extrativismo da matéria-prima

Compostos provenientes de óleos essenciais de plantas amazônicas exploradas comercialmente no Brasil são utilizados, na sua grande maioria, tanto como fitoterápicos como em formulações cosméticas e, em menor frequência, como componentes de essências de banhos aromáticos e condimentos alimentares. O maior mercado desses óleos é o de exportação, o que ocorre sem uma identificação específica (código referente à Nomenclatura Comum do Mercosul), dificultando a obtenção de dados de movimentação de quantidades e de divisas. Sabe-se que esses óleos essenciais são minuciosamente estudados no exterior e seus ativos isolados e aplicados em produtos protegidos por segredo industrial (Morais e Gutjahr, 2011).

A sacaca, *Croton cajucara* Benth (Euphorbiaceae), e a catinga-de-mulata, *Aellanthus suaveolens* Matt. ex Spreng (Lamiaceae), são fontes importantes de linalol (32 e 50% dos teores totais, respectivamente), composto considerado sinergista para princípios ativos de inseticidas dos grupos dos neonicotinoides e piretroides. O mesmo potencial pode ser apontado para as espécies pataqueira, *Conobea scoparioides* Cham. & Schltdl (Scrophulariaceae) e envira-de-macaco, *Xylopia aromatica* (Lam.) Mart. (Annonaceae), em relação à produção dos compostos timol e limoneno, nos teores de 52 e 45%, respectivamente. Outras espécies, como a casca-preciosa, *Aniba canelilla* (Kunth) (Lauraceae) e a salva-de-marajó, *Hyptis crenata* Pohl ex Benth (Lamiaceae) são produtoras de óleos essenciais cujos compostos majoritários são metil eugenol e 1,8-cineol e apresentam potencial sinérgico pela capacidade de inibição de importantes grupos de enzimas destoxificativas. Somente *A. suaveolens*, no entanto, apresenta produção de óleo essencial a partir de cultivo da biomassa, sendo as demais espécies produtoras de óleo obtidas por extrativismo.

### 8.2.2. Óleo essencial de *Piper aduncum* L. (Piperaceae)

Levantamentos das espécies de Piperaceae ocorrentes na Amazônia foram realizadas no final da década de 1990, confirmando que *P. aduncum* é abundante nessa região. Quando domesticada, pode ser processada para a obtenção de seu óleo essencial por meio de destilação por arraste a vapor (Fazolin et al., 2006). O óleo essencial de *P. aduncum* (OEPA) tem como composto majoritário o dilapiol (Fazolin et al., 2007), cuja estrutura química é formada pelo grupo metilenodioxifenil ligado a dois grupos metoxila (OCH3). Esse composto interfere nas funções das 3 principais famílias de enzimas destoxificativas dos insetos: monooxigenases dependentes do citocromo P450, esterases e glutationa S-transferases, viabilizando sua utilização como inseticida e componente sinergista de inseticidas sintéticos convencionais (Nagabu e Lakshmaiah,1994; Janiaud et al., 1997).

A variabilidade genética entre plantas de *P. aduncum* é acompanhada por uma variação na produção entre 18 e 56 compostos distintos em seu óleo essencial, dependendo da planta e de variações sazonais (Andrade et al., 2009). No entanto, a presença majoritária do dilapiol pode explicar o efeito inseticida do óleo utilizado para o controle de vários artrópodes, tais como *O. nubilalis* (Bernard et al., 1990, 1995), *Aedes atropalpus* (Coquillett) (Diptera: Culicidae) (Bernard et al., 1995), *Cerotoma tingomarianus* Bechyné (Coleoptera: Chrysomelidae) (Fazolin et al., 2005), *Sitophilus zeamais* Motschulsky (Coleoptera: Curculionidae) (Estrela et al., 2006), *Tenebrio molitor* L. (Coleoptera: Tenebrionidae) (Fazolin et al., 2007), *Aetalion* sp. (Hemiptera: Aetalionidae) (Silva et al., 2007), *Aleurocanthus woglumi* Ashby (Hemiptera: Aleyrodidae) (Castro et al., 2009), *Solenopsis saevissima* (F. Smith) (Hymenoptera: Formicidae) (Souto et al., 2011) e *Diaphorina citri* Kuwayama (Hemiptera: Psyllidae) (Volpe et al., 2015).

Foi observado que o OEPA, com teor de dilapiol ao redor de 75%, embora tivesse expresado um efeito sinérgico significativo em comparação ao butóxido de piperonila, apresentou variação nos fatores de sinergismo. Para 12 piretroides diferentes, a variação foi de 5,1 (zeta-cipermetrina) a 565,7 (cipermetrina) (Fazolin et al. 2015, 2016a,b); para inseticidas formulados por meio de combinações de piretroides com neonicotinoides a variação foi de 16,7 a 221,4 (Fazolin et al., 2016c). Por sua vez, para o grupo dos organofosforados, a variação do fator de sinergismo foi de 2,8 (clorpirifós) a 17,5 (fenitrotiona) (Fazolin et al., 2017). Dessa forma, a variação na padronização de resposta pode estar associada à variação química do OEPA, uma vez que contendo 75% de dilapiol, os 25% dos componentes restantes são terpenoides, os quais podem influenciar no grau de potencialização sinérgica do dilapiol, o que resultou em uma oscilação do fator de sinergismo utilizado para medir o efeito de interação.

Projetos de pesquisa estão sendo propostos para a realização de avaliações complementares, utilizando-se fracionamento do OEPA, cujas frações serão enriquecidas de forma individualizada, incluindo-se combinações (*blends*) com compostos de eficácia sinérgica comprovada, oferecendo uma avaliação mais apurada de uma possível estabilidade da eficácia sinérgica desse óleo.

A Embrapa Acre, líder na pesquisa do óleo essencial dessa piperácea como inseticida ou composto sinergista de inseticidas químicos, possui: zoneamento pedoclimático da espécie, demonstrando seu potencial de exploração no estado do Acre (Amaral et al., 2016); banco ativo de germoplasma (BAG), contendo 765 acessos distintos; área de produção proveniente da propagação vegetativa de plantas com teores de dilapiol acima de 75%; destilaria por arraste de vapor e retificação piloto, que proporciona a obtenção do óleo essencial com uma composição constante e reprodutível, para atingir um nível desejado de bioatividade.

## 8.3. Potencial de utilização de óleos essenciais como sinergistas com movimentação de mercado estabelecida

A maior parte das atividades industriais gera subprodutos que, na sua grande maioria, não podem ser aproveitados em outros processos produtivos ou mesmo proporcionar retorno financeiro. Em algumas agroindústrias esse cenário é diferente, já que o retorno financeiro na comercialização dos subprodutos pode ser determinante na viabilidade econômica da atividade agroindustrial. Levando-se em consideração a viabilidade de serem utilizados *blends* de óleos essenciais e ou de seus compostos isolados como sinergistas de inseticidas químicos ou como inseticidas botânicos pela mistura de compostos sinergistas, uma análise da viabilidade econômica a partir dos óleos essenciais produzidos e comercializados pelo Brasil é considerada de grande valia para tomada de decisão futura com relação à formulação de produtos comerciais.

Diante desse contexto, a abordagem a seguir busca analisar e sintetizar o comércio exterior (importação e exportação) de óleos essenciais que poderão ser utilizados em composições sinérgicas, com potencial de comercialização pelo Brasil. São analisados dados de exportação e importação brasileira desses óleos, assim como o fluxo comercial mundial dos óleos essenciais que apresentam compostos majoritários passíveis de serem utilizados nos *blends* sinérgicos, tais como os obtidos de laranja, de menta, de lima, de limão, de citronela, de eucalipto e de pau-rosa [*Aniba rosaeodora* Ducke (Lauraceae)], bem como os compostos limoneno e linalol isolados, destacando-se as quantidades (em t), preços praticados por kg e aplicações mais frequentes para cada um deles.

As espécies cítricas, de eucaliptos e a menta-japonesa sempre ocuparam um lugar de destaque entre as principais matérias-primas usadas no Brasil para extração de óleos essenciais e, assim, serão detalhadas a seguir algumas das peculiaridades desses óleos.

### 8.3.1. Óleos essenciais como fontes de limoneno

A elevada participação dos óleos essenciais cítricos e do composto limoneno nas exportações é consequência direta das características da própria indústria citrícola brasileira, líder mundial no cultivo de laranja e nas exportações de suco de laranja concentrado (Bizzo et al., 2009). De 2008 a 2018, o Brasil exportou em média 28 mil t anuais de óleo essencial de laranja e 286 t de limoneno, com uma tendência a estabilidade na produção do óleo e aumento na produção de limoneno (Tabela 8). Os preços médios desse óleo e do limoneno aumentaram de 4,9 e 4,6 US$/kg para 8,3 e 7,4 US$/kg nos últimos 3 anos, respectivamente (Tabela 8).

Houve aumento na produção dos óleos essenciais de limão (*C. limonum*) e de laranja-azeda (*Citrus aurantium* L.) e redução na de lima (*C. aurantiifolia*). Além disso, houve expressiva redução no preço médio do óleo de laranja-azeda em função do considerável aumento na sua produção (Tabela 8). Os óleos de bergamota (*C. bergamia*), de limão (*C. limonum*), de mandarina ou tangerina (*Citrus reticulata* Blanco) e de laranja (*C. sinensis*) estão entre as composições cítricas (*blends*) mais vendidas no mundo para a perfumaria (Bizzo et al., 2009).

**Tabela 8.** Quantidades (t) dos principais óleos essenciais ou seus subprodutos no comércio exterior brasileiro no período de 2008 a 2018 (adaptada de Comex Stat, 2019).

| Códigos NCM* | Óleos essenciais ou compostos químicos | Quantidades comercializadas (t) | |
|---|---|---|---|
| | | 2018 | 2008 |
| **Exportações** | | | |
| 33011290 | Laranja [*Citrus sinensis* (L.) Osbeck] | 28890 | 30064 |
| 29021910 | Limoneno | 773 | 236 |
| 33012919 | Eucalipto [*Corymbia citriodora* (Hook.) K.D. Hill & L.A.S. Johnson, *Eucalyptus globulus* Labill. e *Eucalyptus staigeriana* F. Muell. ex F.M. Bailey] | 483 | 253 |
| 33011300 | Limão (*Citrus limonum* Risso) | 355 | 264 |
| 33011910 | Lima [*Citrus aurantiifolia* (Christm.) 'Swingle'] | 105 | 149 |
| 33011210 | Laranja-azeda [*Citrus aurantium* L.] | 87 | 1 |
| **Importações** | | | |
| 29061100 | Mentol | 1122 | 891 |
| 29052210 | Linalol | 704 | 472 |
| 33012510 | Menta-japonesa [*Mentha arvensis* L.] | 496 | 606 |
| 33012990 | Outros óleos essenciais | 382 | 414 |
| 29093011 | Anetol | 259 | 285 |
| 29061950 | Terpineóis | 230 | 235 |
| 29142910 | Carvona | 183 | 55 |
| 29052220 | Geraniol | 165 | 102 |
| 29121921 | Citral | 91 | 49 |
| 29329911 | Eucaliptol | 87 | 54 |
| 29142920 | 1-Mentona | 45 | 78 |

*NCM: Nomenclatura comum do Mercosul.

### 8.3.2. Óleos essenciais de eucaliptos

Todas as espécies de eucalipto são ricas em compostos monoterpênicos, sendo as espécies com fins medicinais ricas em cineol (mínimo de 70%), enquanto aquelas de aplicação industrial destacam-se pelo teor de felandreno e piperitona e as de uso na perfumaria são ricas em citronelal, citral ou acetato de geranila. No Brasil, a principal espécie produtora de óleo medicinal é *E. globulus*, enquanto que a espécie produtora de óleo destinada à perfumaria é *C. citriodora*, rica em citronelal, ao lado de *Eucalyptus staigeriana* F. Muell. ex F.M. Bailey, rica em citral (Bizzo et al., 2009).

O óleo essencial de eucalipto encontra uso extensivo na indústria de alimentos, perfumaria e farmacêutica. Além disso, o óleo de eucalipto possui um amplo espectro de atividades biológicas, incluindo as ações antimicrobiana, fungicida, inseticida, repelente de insetos, herbicida, acaricida e nematicida (Batish et al., 2008). De 2008 a 2018, o Brasil exportou em média 300 t anuais de óleos essenciais de eucalipto, com tendência a aumento na produção (Tabela 8) e pouca oscilação de preço nesse período, permanecendo em torno de 15 US$/kg (Tabela 9).

**Tabela 9.** Preço de óleos essenciais ou de seus subprodutos obtidos pelo Brasil no mercado internacional (US$ FOB/kg) na década (2008-2018) e em anos mais recentes (2016-2018) (adaptada de Comex Stat, 2019).

| Códigos NCM* | Óleos essenciais ou compostos químicos | Preços médios (US$ FOB/kg) Década (2008-2018) | Preços médios (US$ FOB/kg) 2 anos recentes (2016-2018) | Variação entre preços médios (%) |
|---|---|---|---|---|
| **Exportações** | | | | |
| 29021910 | Limoneno | 4,6 | 7,4 | 62 |
| 33011290 | Laranja [*Citrus sinensis* (L.) Osbeck] | 4,9 | 8,3 | 71 |
| 33012919 | Eucalipto [*Corymbia citriodora* (Hook.) K.D. Hill & L.A.S. Johnson, *Eucalyptus globulus* (Labill.) e *Eucalyptus staigeriana* F. Muell. ex F.M. Bailey] | 14,9 | 14,7 | -1 |
| 33011910 | Lima [*Citrus aurantiifolia* (Christm.) Swingle] | 22,8 | 27,4 | 20 |
| 33011300 | Limão [*Citrus limonum* Risso] | 26,2 | 25,2 | -4 |
| 33011210 | Laranja-azeda [*Citrus aurantium* L.] | 34,4 | 7,8 | -77 |
| **Importações** | | | | |
| 29061950 | Terpineóis | 5,8 | 5,5 | -4 |
| 29052210 | Linalol | 6,5 | 6,4 | -3 |
| 29052220 | Geraniol | 8,3 | 8,6 | 3 |
| 29121921 | Citral | 9,6 | 9,4 | -2 |
| 29093011 | Anetol | 13,3 | 10,1 | -24 |
| 29061920 | Borneol e isoborneol | 13,3 | 14,4 | 9 |
| 29142910 | Carvona | 15,4 | 15,8 | 3 |
| 29329911 | Eucaliptol | 17,1 | 23,1 | 35 |
| 33012911 | Citronela | 17,4 | 21 | 19 |
| 33012510 | Menta-japonesa (*Mentha arvensis* L.) | 17,8 | 16 | -9 |
| 29121922 | Citronelal | 18,4 | 15,5 | -16 |
| 29142920 | 1-Mentona | 19,3 | 16,1 | -16 |
| 29061100 | Mentol | 19,4 | 16,3 | -16 |
| 29095012 | Eugenol | 20,8 | 23,5 | 13 |
| 33012590 | Outras mentas | 23,9 | 22 | -9 |
| 33012914 | Capim-limão [*Cymbopogon citratus* (DC) Stapf.] | 26,4 | 24 | -8 |
| 33012520 | Hortelã-verde (*Mentha viridis* L.) | 36,8 | 49 | 34 |
| 33012400 | Hortelã-pimenta (*Mentha piperita* L.) | 37,5 | 36 | -3 |
| 33012990 | Outros óleos essenciais | 58,1 | 73 | 26 |

*NCM: Nomenclatura Comum do Mercosul.

### 8.3.3. Óleo essencial como fonte de mentol

Alguns produtos comerciais do óleo de menta (*M. arvensis*) podem ser apontados, tais como o seu proprio óleo essencial, mentol cristalizado, o óleo essencial desmentolado e outros monoterpenos fracionados a partir desse óleo. Esses produtos são utilizados em larga escala nas indústrias alimentícias, farmacêuticas, cosméticas e de perfumarias (Chagas et al., 2011).

As propriedades inseticidas de óleos de diferentes espécies de *Mentha* têm sido bastante estudadas e correlacionadas com a sua composição química. Entretanto, faltam estudos direcionados à formulação ou desenvolvimento de produtos e à avaliação de desempenho em condições reais de campo necessários para garantir uma aplicação em larga escala (Kumar et al., 2011).

O Brasil importou, em média, 500 t anuais de óleos essenciais de *M. arvensis* e 1.000 t anuais de mentol entre 2008 e 2018 (Tabela 8), apresentando tendência à redução de preço nos últimos 3 anos para 16 US$/kg para ambos os produtos (Tabela 9).

### 8.3.4. Outros produtos comerciais

O tamanho do mercado de óleo essencial dos EUA foi avaliado em 3,4 bilhões de dólares em 2015 e deve crescer a uma taxa anual de 9% entre 2016 e 2024. Mais de 200 tipos de óleos essenciais são consumidos globalmente e o mercado americano desempenha um papel crucial dentro dessa demanda total. Os principais óleos essenciais comercializados nesse país são os de hortelã-comum, citronela, manjericão, tomilho, alecrim, junípero, capim-limão, limão-siciliano, eucalipto, cravo, sândalo, melaleuca, hortelã-pimenta e lavanda (Grand View Research, 2014).

Nos últimos 3 anos, a maior parte de compostos importados pelo Brasil com uso superior a 40 t anuais (terpineóis, linalol, geraniol, citral, anetol, borneol, citronelal, mentol e mentona) apresentaram preços iguais ou inferiores a 16 US$/kg (Tabela 9), o que poderia torná-los competitivos, uma vez que sinergistas como o butóxido de piperonila apresenta preço médio em torno de 15 US$/kg.

## 9. Considerações finais

A potencialidade de utilização de óleos essenciais e de alguns de seus componentes como sinergistas de inseticidas químicos e naturais e a possibilidade de serem produzidas formulações de inseticidas botânicos a partir de combinações sinérgicas foram evidenciadas no presente capítulo. Diante desse contexto, o Brasil apresenta um grande potencial para produzir formulações comerciais de (bio)inseticidas dessa natureza, uma vez que o volume produzido e comercializado das fontes de compostos sinergistas são abundantes no País. Todavia, o custo de oportunidade de utilização dos óleos essenciais e seus compostos deverá ser levado em consideração na formulação de produtos comerciais, uma vez que o mercado e o destino dessas matérias-primas já estão bem estabelecidos, especialmente para aplicações como flavorizantes, cosméticos, perfumaria e domissanitários. O desenvolvimento e/ou finalização de sistemas de produção de óleos essenciais a partir de plantas nativas ou pouco exploradas, principalmente daqueles com movimentação de mercado ainda não estabelecida, poderá constituir em uma alternativa viável dentro desse processo.

Adicionalmente, deve-se ter em mente os benefícios ambientais do desenvolvimento de novas tecnologias e sistemas produtivos para a obtenção de óleos essenciais, de modo a torná-los competitivos dentro de um cenário de aumento de demanda. Particularmente sob o ponto de vista da utilização dos óleos essenciais como sinergistas, trata-se de uma quebra de paradigma, em que inseticidas químicos que apresentem limitações de comercialização ou de uso pela evolução de populações de artrópodes-praga resistentes aos seus princípios ativos possam voltar a serem utilizados em menores dosagens dentro de novas formulações.

No Brasil e em outros países, a utilização de óleos essenciais na forma sugerida se depara com barreiras que impedem uma maior velocidade de geração de produtos nessa linha e comercialização em larga escala, destacando-se: a limitada quantidade de matéria-prima disponível, tanto cultivada como processada; a necessidade de padronização das proporções das combinações após estudos de isobologramas; aspectos regulatórios que nivelam os métodos e critérios de avaliação de impacto entre inseticidas botânicos e sintéticos e avaliação da eficácia das formulações propostas frente ao custo de comercialização com vistas à competitividade com produtos puramente sintéticos.

Por outro lado, a produção e a comercialização de óleos essenciais não tradicionais necessitam da definição de uma qualidade química que os caracterizam, bem como de estimulo da demanda de mercado por meio do estudo de potenciais aplicações. Os estudos nem sempre indicam uma só aplicação, podendo gerar uma variedade distinta que respondam a diferentes alternativas comerciais e que devem ser consideradas (Viturro et al., 2010). Nem sempre os compostos marcadores são os responsáveis por seu valor comercial ou por suas propriedades, uma vez que a ocorrência de sinergia entre os componentes do óleo é bastante comum, porém dificilmente prevista (Viturro et al., 2010). Pode ser útil identificar também marcadores negativos, ou seja, definir compostos que não devem aparecer em um óleo essencial por serem adulterantes comuns ou terem restrições de segurança e barreiras comerciais ou regulatórias (Viturro et al., 2010). Além disso, se fazem necessários estudos e parâmetros que normalizem o controle de qualidade desse tipo de produto. Para isso, é necessário definir os intervalos de validade de cada parâmetro de qualidade, bem como dispor de uma nomenclatura taxonômica atualizada do material de origem do óleo essencial (Viturro et al., 2010).

Em resumo, deve ser demonstrada a composição real que um óleo essencial deva ter para limitar sua variabilidade natural, bem como definido, o mais rigorosamente possível, o perfil químico do produto mais apropriado para uma finalidade específica. Somente desse modo poderão ser demonstrados e enfatizados seus verdadeiros benefícios. Além disso, é indispensável individualizar o componente ou grupos de componentes de uma planta que melhor caracterizem um efeito, finalidade ou aplicação. Nem sempre um produto isolado de uma planta é mais eficaz do que um extrato bruto ou semipurificado. Assim, deve-se avaliar até que ponto é conveniente purificar uma substância natural sem comprometer suas qualidades ou seus atributos comerciais (Bandoni et al., 2009).

# Referências bibliográficas


Abbassy, M.A.; Abdelgaleil, S.A.; Rabie, R.Y. 2009. Insecticidal and synergistic effects of ***Majorana hortensis*** essential oil and some of its major constituents. Entomologia Experimentalis et Applicata 131: 225-232.

Abdelgaleil, S.A.; Mohamed, M.I.; Badawy, M.E.; El-arami, S.A. 2009. Fumigant and contact toxicities of monoterpenes to ***Sitophilus oryzae*** (L.) and ***Tribolium castaneum*** (Herbst) and their inhibitory effects on acetylcholinesterase activity. Journal of Chemical Ecology 35: 518-525.

Akhtar, Y.; Pages, E.; Stevens, A.; Bradbury, R.O.D.; Camara, C.A.; Isman, M.B. 2012. Effect of chemical complexity of essential oils on feeding deterrence in larvae of the cabbage looper. Physiological Entomology 37: 81-91.

Amaral, E.F.; Bardales, N.; Negreiros, J.D.S.; Araújo, E.A. 2016. Zoneamento pedoclimático da pimenta-longa (***Piper hispidinervum***) e pimenta-de-macaco (***Piper aduncum***) no Estado do Acre. Série Documentos, 144. Embrapa Acre, Rio Branco, AC, Brasil.

Anderson, J.A.; Coats, J.R. 2012. Acetylcholinesterase inhibition by nootkatone and carvacrol in arthropods. Pesticide Biochemistry and Physiology102: 124-128.

Andrade, E.D.A.; Guimarães, E.F.; Maia, J.G.S. 2009. Variabilidade química em óleos essenciais de espécies de ***Piper*** da Amazônia. FEQ/UFPA, Belém, PA, Brasil.

Andrade-Ochoa, S.; Sánchez-Aldana, D.; Chacón-Vargas, K.F.; Rivera-Chavira, B.E.; Sánchez-Torres, L.E.; Camacho, A.D.; Nevárez-Moorillón, G.V. 2018. Oviposition deterrent and larvicidal and pupaecidal activity of seven essential oils and their major components against ***Culex quinquefasciatus*** Say (Diptera: Culicidae): Synergism-antagonism effects. Insects 9: e25.

APRD. 2017. Arthropod pesticide resistance database. Disponível em: <http://www.pesticideresistance.org/>. Acesso em: 20 mai. 2017.

Attia, S.; Grissa, K.L.; Lognay, G.; Heuskin, S.; Mailleux, A.C.; Hance, T. 2011. Chemical composition and acaricidal properties of ***Deverra scoparia*** essential oil (Araliales: Apiaceae) and blends of its major constituents against ***Tetranychus urticae*** (Acari: Tetranychidae). Journal of Economic Entomology 104: 1220-1228.

Bakkali, F.; Averbeck, S.; Averbeck, D.; Idaomar, M. 2008. Biological effects of essential oils - A review. Food and Chemical Toxicology 46: 446-475.

Bandoni, A.L.; Retta, D.; Lira, P.M.D.L.; Van Baren, C.M. 2009. Son realmente útiles los aceites esenciales? Boletín Latinoamericano y del Caribe de Plantas Medicinales y Aromáticas 8: 317-322.

Batish, D.R.; Singh, H.P.; Kohli, R.K.; Kaur, S. 2008. Eucalyptus essential oil as a natural pesticide. Forest Ecology and Management 256: 2166-2174.

Berenbaum, M.C. 1985. The expected effect of a combination of agents: The general solution. Journal of Theoretical Biology 114: 413-431.

Bernard, C.B.; Arnason, J.T.; Philogène, B.J.R.; Lam, J.; Waddel, T. 1990. In vivo effect of mixtures of allelochemicals in the life cycle of the European corn borer, ***Ostrinia nubilalis***. Entomologia Experimentalis et Applicata 57: 17-22.

Bernard, C.B.; Krishanmurty, H.G.; Chauret, D.; Durst, T.; Philogène, B.J.R.; Sanchez-Vindas, P.; Arnason, J.T. 1995. Insecticidal defenses of Piperaceae from the neotropics. Journal of Chemical Ecology 21: 801-814.

Bernard, C.B.; Philogène, B.J.R. 1993. Insecticides synergists: Role, importance, and perspectives. Journal of Toxicology and Environmental Health 38: 199-233.

Bertrand, M.C. 1992. Etudes toxicocinetiques et synergiques de l'azadirachtine dihydrogénée chez la pyrale du mais, ***Ostrinia nubilis.*** Ottawa, 129p. Tese (Mestrado) - Université d'Ottawa.

Bhuiyan, K.R.; Hassan, E.; Isman, M.B. 2001. Growth inhibitory and lethal effects of some botanical insecticides and potential synergy by dillapiol in ***Spodoptera litura*** (Fab.) (Lepidoptera: Noctuidae). Journal of Plant Diseases and Protection 1: 82-88.

Biebel, R.; Rametzhofer, E.; Klapal, H.; Polheim, D.; Viernstein, H. 2003. Action of pyrethrum-based formulations against grain weevils. International Journal of Pharmaceutics 256: 175-181.

Bioland, R.F. 2019. Verband für organisch-biologischen Landbau. Disponível em: <https://www.bioland.de/suche/search>. Acesso em: 01 jan. 2019.

Bizzo, H.R.; Hovell, A.M.C.; Rezende, C.M. 2009. Óleos essenciais no Brasil: Aspectos gerais, desenvolvimento e perspectivas. Química Nova 32: 588-594.

Brattsten, L.B.; Wilkinson, C.F.; Eisner, T. 1977. Herbivore-plant interactions: Mixed-function oxidases and secondary plant substances. Science 196: 1349-1352.

Brooks, G.T. 1974. Inhibitors of cyclodiene epoxide ring hydrating enzymes of the blowfly, ***Calliphova erythvocephala***. Pesticide Science 5: 177-183.

Bullangpoti, V. 2017. Essential oils and synthetic pesticides. p.449-478. ***In***: Nollet, L.M; Rathore, H.S., eds. Green pesticides handbook: Essential oils for pest control. CRC Press, New York, USA.

Canyon, D.V.; Heukelbach, J.; Shaalan, E.S.; Speare, R. 2010. Piperonyl butoxide. p.2306-2309. ***In***: Grayson, M.L., ed. Kucer: The use of antibiotics. Hodder Arnold, London, England.

Casida, J.E. 1970. Mixed-function oxidase involvement in the biochemistry of insecticide synergists. Journal of Agricultural and Food Chemistry 18: 753-772.

Castro, R.S.; Pena, M.R.; Silva, N.M.; Vendramim, J.D.; Costa, I.B. 2009. Atividade ovicida de extratos aquosos de folhas de ***Piper aduncum*** L. sobre a mosca-negra-dos-citros, ***Aleurocanthus woglumi*** Ashby (Aleyrodidae) em condições de laboratório. ***In:*** Reunião Anual da Sociedade Brasileira para o Progresso da Ciência, 61. Anais. Sociedade Brasileira para o Progresso da Ciência, Manaus, AM, Brasil.

Chagas, J.H.; Pinto, J.E.B.P.; Bertolucci, S.K.; Santos, F.M.; Botrel, P.P.; Pinto, L.B. 2011. Produção da hortelã-japonesa em função da adubação orgânica no plantio e em cobertura. Horticultura Brasileira 29: 412-417.

Chang, K.S.; Shin, E.H.; Yoo, D.H.; Ahn, Y.J. 2014. Enhanced toxicity of binary mixtures of ***Bacillus thuringiensis*** subsp. ***israelensis*** and three essential oil major constituents to wild ***Anopheles sinensis*** (Diptera: Culicidae) and ***Aedes albopictus*** (Diptera: Culicidae). Journal of Medical Entomology 51: 804-810.

Chang, S.T.; Cheng, S.S. 2002. Antitermitic activity of leaf essential oils and components from ***Cinnamomum osmophleum***. Journal of Agricultural and Food Chemistry 50: 1389-1392.

Chansang, A.; Champakaew, D.; Junkum, A.; Jitpakdi, A.; Amornlerdpison, D.; Aldred, A.K.; Pitasawat, B. 2018. Synergy in the adulticidal efficacy of essential oils for the improvement of permethrin toxicity against ***Aedes aegypti*** L. (Diptera: Culicidae). Parasites & Vectors 11: 417.

Chaubey, M.K. 2012. Acute, lethal and synergistic effects of some terpenes against ***Tribolium castaneum*** Herbst (Coleoptera: Tenebrionidae). Ecologia Balkanica 4: 53-62.

Chapman, R.F. 1998. Excretion and salt and water regulation. p.478-508. ***In***: Chapman, R.F, ed. The insects: Structure and function. Cambridge University Press, Cambridge, England.

Chen, P.R.; Dauterman, W.C. 1971. Studies on the toxicity of dimethoate analogs and their hydrolysis by sheep liver amidase. Pesticide Biochemistry and Physiology 1: 340-348.

Cohen, S.; Tahori, A.S. 1957. Insecticide synergism, mode of action of di-(p-chlorophenyl)-(trifluoromethyl)-carbinol, as a synergist to DDT against DDT-resistant houseflies. Journal of Agricultural and Food Chemistry 5: 519-523.

Comex Stat. Ministério da Indústria, Comércio Exterior e Serviços. Disponível em: <http://comexstat.mdic.gov.br>. Acesso em: 12 ago. 2019.

Corzo, F.L.; Gilabert, M.; Alcaide, M.F.; Bardón, A. 2012. Toxicity of ***Porella chilensis*** sesqui- and diterpenoids against larvae of the corn pest ***Spodoptera frugiperda*** (J.E. Smith) (Lepidotera: Noctuidae). Neotropical Entomology 41: 414-419.

Dauterman, W.C. 1994. Metabolism of toxicants: Phase II reactions. p.126132. ***In***: Hodgson, E.; Levi, P.E., eds. Introduction to biochemical toxicology. Appleton & Lange, Norwalk, USA.

De-Oliveira, A.C.; Ribeiro-Pinto, L.F; Paumgartten, F.J. 1997. In vitro inhibition of CYP2B1 monooxygenase by β-myrcene and other monoterpenoid compounds. Toxicology Letters 92: 39-46.

Denholm, I.; Rowland, M.W. 1992. Tactics for managing pesticide resistance in arthropods: Theory and practic. Annual Review of Entomology 37: 91-112.

Di Matteo, K. 2004. Pesticides and organic agriculture. Environmental Health Perspectives 112: 865.

Dimetry, N.Z. 2014. Different plant families as bioresource for pesticides. p.1-20. ***In***: Singh, D., ed. Advances in plant biopesticides. Springer, New Delhi, India.

Ebadollahi, A.; Davari, M.; Razmjou, J.; Naseri, B. 2017. Separate and combined effects of ***Mentha piperata*** and ***Mentha pulegium*** essential oils and a pathogenic fungus ***Lecanicillium muscarium*** against ***Aphis gossypii*** (Hemiptera: Aphididae). Journal of Economic Entomology 110: 1025-1030.

Ebadollahi, A.; Jalali, S.J. 2015. A review on recent research results on bio-effects of plant essential oils against major Coleopteran insect pests. Toxin Reviews 34: 76-91.

Enan, E. 2001. Insecticidal activity of essential oils: Octopaminergic sites of action. Comparative Biochemistry and Physiology - Part C 130: 325-337.

Enan, E.E. 2005a. Molecular and pharmacological analysis of an octopamine receptor from American cockroach and fruit fly in response to plant essential oils. Archives of Insect Biochemistry and Physiology 59: 161-171.

Enan, E.E. 2005b. Molecular response of ***Drosophila melanogaster*** tyramine receptor cascade to plant essential oils. Insect Biochemistry and Molecular Biology 35: 309-321.

EPA. 1993. Flower and vegetable oils: Prevention, pesticides, and toxic substances (7508W). EPA-738-F-93-027. Disponível em: <http://www.epa.gov/oppsrrd1/REDs/factsheets/4097fact.pdf>. Acesso em: 20 abr. 2019.

Erler, F.; Erdemir, T.; Ceylan, F.O.; Toker, C. 2009. Fumigant toxicity of three essential oils and their binary and tertiary mixtures against the pulse beetle, ***Callosobruchus maculatus*** F. (Coleoptera: Bruchidae). Fresenius Environmental Bulletin 18: 975-981.

Estrela, J.L.V.; Fazolin, M.; Catani, V.; Alécio, M.R.; Lima, M.S.D. 2006. Toxicity of essential oils of ***Piper aduncum*** and ***Piper hispidinervum*** against ***Sitophilus zeamais***. Pesquisa Agropecuária Brasileira 41: 217-222.

FAO. Flavours and fragrances of plant origin: ***Eucalyptus*** oil. FAO Document Repository. Disponível em: <http://www.fao.org/docrep/v5350e/v5350e07.htm>. Acesso em: 01 mai. 2012.

Faraone, N.; Hillier, N.K.; Cutler, G.C. 2015. Plant essential oils synergize and antagonize toxicity of different conventional insecticides against ***Myzus persicae*** (Hemiptera: Aphididae). PLoS ONE 10: e0127774.

Fazolin, M.; Estrela, J.L.; Catani, V.; Lima, M.S.D.; Alécio, M.R. 2005. Toxicity of ***Piper aduncum*** oil to adults of ***Cerotoma tingomarianus*** Bechyné (Coleoptera: Chrysomelidae). Neotropical Entomology 34: 485-489.

Fazolin, M.; Estrela, J.L.V.; Catani, V.; Costa, C.R. 2006. Potencialidades da pimenta-de-macaco (***Piper aduncum*** L.): Características gerais e resultados de pesquisa. Série Documentos, 103. Embrapa Acre, Rio Branco, AC, Brasil.

Fazolin, M.; Estrela, J.L.V.; Catani, V.; Alecio, M.R.; Lima, M.S. 2007. Propriedade inseticida dos óleos essenciais de ***Piper hispidinervum*** C. DC., ***Piper aduncum*** L. e ***Tanaecium nocturnum*** (Barb. Rodr.) Bur. & K. Shum sobre ***Tenebrio molitor*** L., 1758. Ciência & Agrotecnologia 31: 113-120.

Fazolin, M.; Estrela, J.V.E.; Monteiro, A.F.M.; Gomes, L.P.; Silva, I.M.; Silva, M.S.F. 2015. Sinérgico alternativo para o manejo da resistência da lagarta do cartucho do milho a piretroides. Revista Brasileira de Milho e Sorgo 14: 316-325.

Fazolin, M.; Estrela, J.V.E.; Monteiro, A.F.M.; Gomes, L.P.; Silva, I.M.; Silva, M.S.F. 2016a. Synergistic potential of dillapiole-rich essential oil with synthetic pyrethroid insecticides against fall armyworm. Ciência Rural 46: 382-388.

Fazolin, M.; Estrela, J.V.E.; Monteiro, A.F.M.; Silva, I.M.; Gomes, L.P.; Silva, M.S.F. 2016b. Combining the essential oil of ***Piper aduncum*** L. with commercial insecticides. Semina: Ciências Agrárias 37: 3903-3914.

Fazolin, M.; Estrela, J.L.V.; Medeiros, A.F.M.; Gomes, L.P.; Silva, I.M.; Silva, M.S.F. 2016c. Potencial sinérgico do óleo de ***Piper aduncum*** para inseticidas formulados com misturas de princípios ativos. Amazonian Journal of Agricultural and Environmental Sciences 59: 362-369.

Fazolin, M.; Estrela, J.L.V.; Monteiro, A.F.M.; Silva, I.M.; Gomes, L.P. 2017. Sinérgico alternativo para inseticidas inibidores de acetilcolinesterase. Revista Agro@mbiente On-line 11: 232-240.

Franz, C.; Novak, J. 2010. Sources of essential oils. p.39-81. ***In***: Baser, K.; Husnu, C.; Buchbauer, G., eds. Handbook of essential oils: Science, technology, and applications. CRC Press, Boca Raton, USA.

Franzios, G.; Mirotsou, M.; Hatziapostolou, E.; Kral, J.; Scouras, Z.G.; Mavragani-Tsipidou, P. 1997. Insecticidal and genotoxic activities of mint essential oils. Journal of Agricultural and Food Chemistry 45: 2690-2694.

Fujiwara, M.; Yagi, N.; Miyazawa, M. 2010. Acetylcholinesterase inhibitory activity of volatile oil from ***Peltophorum dasyrachis*** Kurz ex Bakar (Yellow Batai) and bisabolane-type sesquiterpenoids. Journal of Agricultural and Food Chemistry 58: 2824-2829.

Gallardo, A.; Picollo, M.I.; González-Audino, P.; Mougabure--Cueto, G. 2012. Insecticidal activity of individual and mixed monoterpenoids of geranium essential oil against ***Pediculus humanus capitis*** (Phthiraptera: Pediculidae). Journal of Medical Entomology 49: 332-335.

George, Z.; Crickmore, N. 2012. ***Bacillus thuringiensis*** applications in agriculture. p.19-39. ***In***: Sansinenea, E., ed. ***Bacillus thuringiensis*** biotechnology. Springer, Dordrecht, The Netherlands.

Georghiou, G.P. 1983. Management of resistance in arthropods. p.769-792. ***In***: Georghiou, G.P.; Saito, T., eds. Pest resistance to pesticides. Springer, Boston, USA.

Gillij, Y.G.; Gleiser, R.M.; Zygadlo, J.A. 2008. Mosquito repellent activity of essential oils of aromatic plants growing in Argentina. Bioresource Technology 99: 2507-2515.

Gottlieb, O.R.; Salatino, A. 1987. Função e evolução de óleos essenciais e de suas estruturas secretoras. Ciência e Cultura 39: 707-716.

Grand View Research. 2014. Essential oil market analysis by product. U.S. Essential oil market size, share & trends analysis report by product (Eucalyptus, Lemon), by application (flavors, fragrances), and segment forecasts, 2016 - 2024. Report ID: GVR-1-68038-405-5. Disponível em: <https://www.grandviewresearch.com/industry-analysis/us-essential-oil--market>. Acesso em: 2 ago. 2019.

Gross, A.D.; Norris, E.J.; Kimber, M.J.; Bartholomay, L.C.; Coats, J.R. 2017. Essential oils enhance the toxicity of permethrin against ***Aedes aegypti*** and ***Anopheles gambiae***. Medical and Veterinary Entomology 31: 55-62.

Gross, A.D.; Kimber, M.J.; Day, T.A.; Ribeiro, P.; Coats, J.R. 2014. Investigating the effect of plant essential oils against the American cockroach octopamine receptor (Paoa1) expressed in yeast. p.113-130. ***In***: Gross, A.D.; Coats, J.R.; Duke, S.O.; Seiber, J.N., eds. Biopesticides: State of the art and future opportunities. American Chemical Society, Washington, USA.

Handa, S.K.; Dewan, R.S. 1974. Evaluation of dillapiole and dihydrodillapiole as synergists for pyrethrins in dust formulations. Pyrethrum Post 13: 45-46.

Hecker, M.; Hollert, H.; Cooper, R.; Vinggaard, A.M.; Akahori, Y.; Murphy, M.; Buckalew, A. 2011. The OECD validation program of the H295R steroidogenesis assay: Phase 3. Final inter-laboratory validation study. Environmental Science and Pollution Research 18: 503-515.

Hemingway, J. 2000. The molecular basis of two contrasting metabolic mechanisms of insecticide resistance. Insect Biochemistry and Molecular Biology 30: 1009-1015.

Hemingway, J.; Ranson, H. 2000. Insecticide resistance in insect vectors of human disease. Annual Review of Entomology 45: 371-391.

Hodgson, E.; Levi, P.E. 1994. Metabolism of toxicants: Phase I reactions. p.75-93. ***In***: Hodgson, E.; Levi, P.E., eds. Introduction to biochemical toxicology. Appleton & Lange, Norwalk, USA.

Hori, M. 1998. Repellency of rosemary oil against ***Myzus persicae*** in a laboratory and in a screenhouse. Journal of Chemical Ecology 24: 1425-1432.

Horton, M.K.; Rundle, A.; Camann, D.E.; Barr, D.B.; Rauh, V.A.; Whyatt, R.M. 2011. Impact of prenatal exposure to piperonyl butoxide and permethrin on 36-month neurodevelopment. Pediatrics 12: e699.

Hummelbrunner, L.A.; Isman, M.B. 2001. Acute, sublethal, antifeedant, and synergistic effects of monoterpenoid essential oil compounds on the tobacco cutworm, ***Spodoptera litura*** (Lep., Noctuidae). Journal of Agricultural and Food Chemistry 49: 715-720.

Hunter, M. 2009. Essential oils: Art, agriculture, science, industry and entrepreneurship. Nova Science Publishers Inc., New York, USA.

Immediato, D.; Figueredo, L.A.; Iatta, R.; Camarda, A.; Luna, R.L.N.; Giangaspero, A.; Cafarchia, C. 2016. Essential oils and ***Beauveria bassiana*** against ***Dermanyssus gallinae*** (Acari: Dermanyssidae): Towards new natural acaricides. Veterinary Parasitology 229: 159-165.

INPI. 2018. Instituto Nacional de Propriedade Industrial. Disponível em: <http://www.inpi.gov.br/menu-servicos/patente>. Acesso em: 30 nov. 2018.

Ishaaya, I.; Casida, J.E. 1980. Properties and toxicological significance of esterases hydrolyzing permethrin and cypermethrin in ***Trichoplusia ni*** larval gut and integument. Pesticide Biochemistry and Physiology 1: 178-184.

Ishaaya, I.; Casida, J.E. 1981. Pyrethroid esterase(s) may contribute to natural pyrethroid tolerance of larvae of the common green lacewing. Environmental Entomology 10: 681-684.

Isman, M.B. 2016. Pesticides based on plant essential oils: Phytochemical and practical considerations. p.13-26. *In*: Zheljazkov, V.D.; Cantrell, C.L., eds. Medicinal and aromatic crops: Production, phytochemistry, and utilization. American Chemical Society. Washington, USA.

Isman, M.B. 2019. Commercial development of plant essential oils and their constituents as active ingredients in bioinsecticides. Phytochemistry Reviews 19: 235-241.

Janiaud, P.; Delaforge, M.; Levi, P.; Bonnard, O.; Mcrizot, J.P.; Padieu, P. 1977. Epithelial-cells of adult liver in culture and hepatocarcinogenic metabolism of safrol and analogs. Biologie Cellulaire 30: 14.

Joffe, T. 2011. Evaluation of potential pyrethrum sinergists on agriculturally significant inset species. Hobart, 262p. Thesis (Doctorate) - School of Agricultural Science/TIAR, University of Tasmania.

Joffe, T.; Gunning, R.V.; Allen, G.R.; Kristensen, M.; Alptekin, S.; Field, L.M.; Moores, G.D. 2012. Investigating the potential of selected natural compounds to increase the potency of pyrethrum against houseflies ***Musca domestica*** (Diptera: Muscidae). Pest Management Science 68: 178-184.

Jones, D.G. 1998. Piperonyl butoxide: The insecticide synergist. Academic Press, San Diego, USA.

Jyoti, N.; Singh, N.K.; Singh, H.; Mehta, N.; Rath, S.S. 2019. In vitro assessment of synergistic combinations of essential oils against ***Rhipicephalus*** (***Boophilus***) ***microplus*** (Acari: Ixodidae). Experimental Parasitology 201: 42-48.

Jukic, M.; Politeo, O.; Maksimovic, M.; Milos, M. 2007. In vitro acetylcholinesterase inhibitory properties of thymol, carvacrol and their derivatives thymoquinone and thymohydroquinone. Phytotherapy Research 21: 259-261.

Kasai, S.; Komagata, O.; Itokawa, K.; Shono, T.; Ng, L.C.; Kobayashi, M.; Tomita, T. 2014. Mechanisms of pyrethroid resistance in the dengue mosquito vector, ***Aedes aegypti***: Target site insensitivity, penetration, and metabolism. Plos Neglected Tropical Diseases 8: e2948.

Kawai, M.; Saegusa, Y.; Jin, M.; Dewa, Y.; Nishimura, J.; Harda, T.; Shibutani, M.; Mitsumori, K. 2009. Mechanistic study on hepatocarcinogenesis of piperonyl butoxide in mice. Toxicologic Pathology 37: 761-769.

Keane, S.; Ryan, M.F. 1999. Purification, characterisation, and inhibition by monoterpenes of acetylcholinesterase from the waxmoth, ***Galleria mellonella*** (L.). Insect Biochemistry and Molecular Biology 29: 1097-1104.

Khairul, F.K.; Harbant, S.; Hunter, M.; Ahmad, M.N. 2005. A novel mosquitoes repellent soap based on ***Azadirachta indica*** and ***Eucalyptus citriodora*** oil. Journal Penyelidikan Utara Malaysia 2: 77-81.

Knowles, C.O. 1991. Miscellaneous pesticides. p.1471-1526. *In*: Hayes, W.J.; Laws, E.R., eds. Handbook of pesticide toxicology. Academic Press, San Diego, USA.

Konecka, E.; Czarniewska, E.; Kaznowski, A.; Grochowska, J. 2018. Insecticidal activity of ***Bacillus thuringiensis*** crystals and thymol mixtures. Industrial Crops and Products 117: 272-277.

Kostyukovsky, M.; Rafaeli, A.; Gileadi, C.; Demchenko, N.; Shaaya, E. 2002. Activation of octopaminergic receptors by essential oil constituents isolated from aromatic plants: Possible mode of action against insect pests. Pest Management Science 58: 1101-1106.

Koul, O.; Walia, S.; Dhaliwal, G.S. 2008. Essential oils as green pesticides: Potential and constraints. Biopesticides International 4: 63-84.

Kranthi, K.R. 2005. Insecticide resistance: Monitoring, mechanisms and management manual. Central Institute for Cotton Research, Coimbatore, India.

Kruse, N.D.; Vidal, R.A.; Trezzi, M.M. 2006. Curvas de resposta e isobolograma como forma de descrever a associação de herbicidas inibidores do fotossistema II e da síntese de carotenóides. Planta Daninha 24: 579-587.

Kuhr, R.J.; Hessney, C.W. 1977. Toxicity and metabolism of methomyl in the European corn borer. Pesticide Biochemistry and Physiology 7: 301-308.

Kumar, P.; Mishra, S.; Malik, A.; Satya, S. 2011. Insecticidal properties of ***Mentha*** species: A review. Industrial Crops and Products 34: 802-817.

Larocque, N.; Vincent, C.; Belanger, A.; Bourassa, J.P. 1999. Effects of tansy essential oil from ***Tanacetum vulgare*** on biology of oblique-banded leafroller, ***Choristoneura rosaceana***. Journal of Chemical Ecology 25: 1319-1330.

Lee, S.E.; Lee, B.H.; Choi, W.S.; Park, B.S.; Kim, J.G.; Campbell, B.C. 2001. Fumigant toxicity of volatile natural products from Korean spices and medicinal plants towards the rice weevil, ***Sitophilus oryzae*** (L). Pest Management Science 57: 548-553.

Lewis, C.T. 1980. The penetration of cuticle by insecticides. p.367-400. ***In***: Miller, T.A., ed. Cuticle techniques in arthropods. Springer, New York, USA.

Li, X.; Schuler, M.A.; Berenbaum, M.R. 2007. Molecular mechanisms of metabolic resistance to synthetic and natural xenobiotics. Annual Review of Entomology 52: 231-253.

Lichtenstein, E.P.; Liang, T.T.; Schulz, K.R.; Schnoes, H.K.; Carter, G.T. 1974. Insecticidal and synergistic components isolated from dill plants. Journal of Agricultural and Food Chemistry 22: 23-28.

Lija-Escaline, J.; Senthil-Nathan, S.; Thanigaivel, A.; Pradeepa, V.; Vasantha-Srinivasan, P.; Ponsankar, A.; Edwin, E.S.; Selin-Rani, S.; Abdel-Megeed, A. 2015. Physiological and biochemical effects of botanical extract from ***Piper nigrum*** Linn (Piperaceae) against the dengue vector ***Aedes aegypti*** Liston (Diptera: Culicidae). Parasitology Research 114: 4239-4249.

Lima, V.S.; Pinto, A.C.; Rafael, M.S. 2015. Effect of isodillapiole on the expression of the insecticide resistance genes GSTE7 and CYP6N12 in ***Aedes aegypti*** from central Amazonia. Genetics and Molecular Research 14: 16728-16735.

Liu, Y.; Xue, M.; Zhang, Q.; Zhou, F.; Wei, J. 2010. Toxicity of β-caryophyllene from ***Vitex negundo*** (Lamiales: Verbenaceae) to ***Aphis gossypii*** Glover (Homoptera: Aphididae) and its action mechanism. Acta Entomologica Sinica 53: 396-404.

Liu, B.; Jung, K.H.; Horton, M.K.; Camann, D.E.; Liu, X.; Reardon, A.M.; Miller, R.L. 2012. Prenatal exposure to pesticide ingredient piperonyl butoxide and childhood cough in an urban cohort. Environment International 48: 156-161.

Liu, P.T.; Stenger, S.; Li, H.; Wenzel, L.; Tan, B.H.; Krutzik, S.R.; Ochoa, M.T. 2006. Toll-like receptor triggering of a vitamin D-mediated human antimicrobial response. Science 311: 1770-1773.

Liu, S.Q.; Scott, I.M.; Pelletier, Y.; Kramp, K.; Durst, T.; Sims, S.R.; Arnason, J.T. 2014. Dillapiol: A pyrethrum synergist for control of the colorado potato beetle. Journal of Economic Entomology 107: 797-805.

López, M.D.; Pascual-Villalobos, M.J. 2010. Mode of inhibition of acetylcholinesterase by monoterpenoids and implications for pest control. Industrial Crops and Products 31: 284-288.

Machial, C.M. 2010. Efficacy of plant essential oils and detoxification mechanisms in ***Choristoneura rosaceana***, ***Trichoplusia ni***, ***Dysaphis plantaginea*** and ***Myzus persicae***. Vancouver, 123p. Thesis (Doctorate) - University of British Columbia.

MacKenzie, J.A. 1996. Ecological and evolutionary aspects of insecticide resistance. Academic Press, Austin, USA.

Mallet, J. 1993. The evolution of insecticide resistance: Have the insects won? Trends in Ecology & Evolution 4: 336-340.

Mansour, S.A.; Foda, M.S.; Aly, A.R. 2012. Mosquitocidal activity of two ***Bacillus*** bacterial endotoxins combined with plant oils and conventional insecticides. Industrial Crops and Products 35: 44-52.

Mansour, S.A.; El-Sharkawy, A.Z.; Abdel-Hamid, N.A. 2015. Toxicity of essential plant oils, in comparison with conventional insecticides, against the desert locust, ***Schistocerca gregaria*** (Forskål). Industrial Crops and Products 63: 92-99.

Marrone, P.G. 2019. Pesticidal natural products - Status and future potential. Pest Management Science 75: 2325-2340.

Melo, J.P.R. 2017. Produtos formulados à base de óleos essenciais para o manejo de populações de traça-das-crucíferas ***Plutella xylostella*** (L.) (Lepidoptera: Plutellidae) resistentes ao ingrediente ativo deltametrina. Recife, 121p. Tese (Doutorado) - Universidade Federal de Pernanbuco.

Martins, G.D.S.O.; Zago, H.B.; Costa, A.V.; Araujo Jr., L.M.D., Carvalho, J.R.D. 2017. Chemical composition and toxicity of ***Citrus*** essential oils on ***Dysmicoccus brevipes*** (Hemiptera: Pseudococcidae). Revista Caatinga 30: 811-817.

Martins, R.C.; Lago, J.H.G.; Albuquerque, S.; Kato, M.J. 2003. Trypanocidal tetrahydrofuran lignans from inflorescences of ***Piper solmsianum***. Phytochemistry 64: 667-670.

Medina, P.; Smagghe, G.; Budia, F.; Del Estal, P.; Tirry, L.; Viñuela, E. 2002. Significance of penetration, excretion, and transovarial uptake to toxicity of three insect growth regulators in predatory lacewing adults. Archives of Insect Biochemistry and Physiology 51: 91-101.

Meshram, M.D.; Kulkarni, M.D.; Pawalkar, D.A.; Ghumare, B.C.; Muluk, P.K.; Pawar, A.J. 2012. Acaricidal effect of a herbal spray formulation of tobacco extract (nicotine) and eucalyptus oil combination in Holstein Friesian crossbred cattle. Animal Science Reporter 61: 31-35.

Miresmailli, S.; Bradbury, R.; Isman, M.B. 2006. Comparative toxicity of ***Rosmarinus officinalis*** L. essential oil and blends of its major constituents against ***Tetranychus urticae*** Koch (Acari: Tetranychidae) on two different host plants. Pest Management Science 62: 366-371.

Miyazawa, M.; Ohsawa, M. 2002. Biotransformation of α-terpineol by the larvae of common cutworm (***Spodoptera litura***). Journal of Agricultural and Food Chemistry 50: 4916-4918.

Miyazawa, M.; Watanabe, H.; Kameoka, H. 1997. Inhibition of acetylcholinesterase activity by monoterpenoids with a p-menthane skeleton. Journal of Agricultural and Food Chemistry 45: 677-679.

Miyazawa, M.; Yamafuji, C. 2005. Inhibition of acetylcholinesterase activity by bicyclic monoterpenoids. Journal of Agricultural and Food Chemistry 53: 1765-1768.

Miyazawa, M.; Yoshio, K.; Ishikawa, Y.; Kameoka, H. 1998. Insecticidal alkaloids against ***Drosophila melanogaster*** from ***Nuphar japonicum*** DC. Journal of Agricultural and Food Chemistry 46: 1059-1063.

Moldenke, A.F.; Berry, R.E.; Terriere, L.C. 1983. Cytochrome P-450 in insects: Monoterpene induction of cytochrome P-450 and associated monooxygenase activities in the larva of the variegated cutworm ***Peridroma saucia*** (Hübner). Comparative Biochemistry and Physiology 74: 365-371.

Monteiro, C.M.O.; Araújo, L.X.; Gomes, G.A.; Senra, T.O.S.; Calmon, F.; Daemon, E.; Azevedo Prata, M.C. 2014. Entomopathogenic nematodes associated with essential oil of ***Lippia sidoides*** for control of ***Rhipicephalus microplus*** (Acari: Ixodidae). Parasitology Research 113: 189-195.

Moraes, M.M.; Camara, C.A.D.; Silva, M. 2017. Comparative toxicity of essential oil and blends of selected terpenes of ***Ocotea*** species from Pernambuco, Brazil, against ***Tetranychus urticae*** Koch. Anais da Academia Brasileira de Ciências 89: 1417-1429.

Morais, L.R.B.; Gutjahr, E., eds. 2011. Cheiros da Amazônia, aromas da sociobiodiversidade. Agência GIZ do Brasil, Brasilia, DF, Brasil.

Motoyama, N.; Dauterman, W.C. 1974. Role of nonoxidative metabolism in organophosphorus resistance. Journal of Agricultural and Food Chemistry 22: 350-356.

Muguruma, M.; Kawai, M.; Dewa, Y.; Nishimura, J.; Saegusa, Y.; Yasuno, H.; Jin, M.; Matsumoto, S.; Takabatake, M.; Arai, K.; Mitsumori, K. 2009. Threshold dose of piperonyl butoxide that induces reactive oxygen species-mediated hepatocarcinogenesis in rats. Archives of Toxicology 83: 183-193.

Mukerjee, P. 1979. Solubilization in aqueous micellar systems. p.153-174. ***In***: Rubingh, D.N.; Mittal, K.L., eds. Solution chemistry of surfactants. Springer, Boston, USA.

Nagabu, E.; Lakshmaiah, N. 1994. Inhibition of microsomal lipid peroxidation and monooxygenase activities by eugenoll. Free Radical Research 20: 253-266.

Nardoni, S.; Ebani, V.V.; D'Ascenzi, C.; Pistelli, L.; Mancianti, F. 2018. Sensitivity of entomopathogenic fungi and bacteria to plants secondary metabolites, for an alternative control of ***Rhipicephalus*** (***Boophilus***) ***microplus*** in cattle. Frontiers in Pharmacology 9: e937.

Nikaido, H. 1996. Outer membrane. p.29-471. ***In***: Neidhardt, F.C., ed. ***Escherichia coli*** and ***Salmonella***: Cellular and molecular biology. ASM Press, Washington, USA.

Niu, G.; Pollock, H.S.; Lawrance, A.; Siegel, J.P.; Berenbaum, M.R. 2012. Effects of a naturally occurring and a synthetic synergist on toxicity of three insecticides and a phytochemical to navel orangeworm (Lepidoptera: Pyralidae). Journal of Economic Entomology 105: 410-417.

Nollet, L.M.; Rathore, H.S. 2017. Essential oil mixtures for pest control. p.509-520. ***In***: Rathore, H.S.; Nollet, L.M. Green pesticides handbook: Essential oils for pest control. CRC Press, Washington, USA.

Norris, E.J.; Gross, A.D.; Dunphy, B.M.; Bessette, S.; Bartholomay, L.; Coats, J.R. 2015. Comparison of the insecticidal characteristics of commercially available plant essential oils against ***Aedes aegypti*** and ***Anopheles gambiae*** (Diptera: Culicidae). Journal of Medical Entomology 52: 993-1002.

Norris, E.; Johnson, J.; Gross, A.; Bartholomay, L.; Coats, J. 2018. Plant essential oils enhance diverse pyrethroids against multiple strains of mosquitoes and inhibit detoxification enzyme processes. Insects 9: e132.

Norris, E.J.; Gross, A.D.; Bartholomay, L.C.; Coats, J.R. 2019. Plant essential oils synergize various pyrethroid insecticides and antagonize malathion in ***Aedes aegypti***. Medical and Veterinary Entomology 33: 453-466.

Oakeshott, J.G.; Van Papenrecht, E.A.; Boyce, T.M.; Healy, M.J.; Russell, R.J. 1993. Evolutionary genetics of ***Drosophila*** esterases. Genetica 90: 239-268.

Oliveira, I.M. 2017. Resistência de artrópodos de importância agrícola ao controle químico. Viçosa, 78p. Dissertação (Mestrado Profissional em Defesa Sanitária Vegetal) - Universidade Federal de Viçosa.

O'Neal, S.T.; Johnson, E.J.; Rault, L.C.; Anderson, T.D. 2019. Vapor delivery of plant essential oils alters pyrethroid efficacy and detoxification enzyme activity in mosquitoes. Pesticide Biochemistry and Physiology 157: 88-98.

Palma, L.; Muñoz, D.; Berry, C.; Murillo, J.; Caballero, P. 2014. ***Bacillus thuringiensis*** toxins: An overview of their biocidal activity. Toxins 6: 3296-3325.

Parmar, B.S.; Tomar, S.S. 1983. Review of research on insecticide synergists in India - Retrospect and prospect. International Journal of the Tropical Agriculture 1: 7-17.

Passreiter, C.M.; Akhtar, Y.; Isman, M.B. 2005. Insecticidal activity of the essential oil of ***Ligusticum mutellina*** roots. Zeitschrift für Naturforschung C 60: 411-414.

Pavela, R. 2008. Acute and synergistic effects of some monoterpenoid essential oil compounds on the house fly (***Musca domestica*** L.). Journal of Essential Oil Bearing Plants 11: 451-459.

Pavela, R. 2014. Acute, synergistic and antagonistic effects of some aromatic compounds on the ***Spodoptera littoralis*** Boisd. (Lep., Noctuidae) larvae. Industrial Crops and Products 60: 247-258.

Pavela, R. 2015a. Acute toxicity and synergistic and antagonistic effects of the aromatic compounds of some essential oils against ***Culex quinquefasciatus*** Say larvae. Parasitology Research 114: 3835-3853.

Pavela, R. 2015b. Essential oils for the development of eco-friendly mosquito larvicides: A review. Industrial Crops and Products 76: 174-187.

Pavela, R.; Maggi, F.; Lupidi, G.; Mbuntcha, H.; Woguem, V.; Womeni, H.M.; Benelli, G. 2018. ***Clausena anisata*** and ***Dysphania ambrosioides*** essential oils: From ethno-medicine to modern uses as effective insecticides. Environmental Science and Pollution Research 25: 10493-10503.

Pennetier, J.B.C.; Stephane, D.; Lapied, B.; Corbel, V. 2009. Multi-function oxidases are responsible for the synergistic interactions occurring between repellents and insecticides in mosquitoes. Parasites & Vectors 2: e17.

Perry, T.; Batterham, P.; Daborn, P.J. 2011. The biology of insecticidal activity and resistance. Insect Biochemistry and Molecular Biology 41: 411-422.

Picollo, M.I.; Toloza, A.C.; Cueto, G.M.; Zygadlo, J.; Zerba, E. 2008. Anticholinesterase and pediculicidal activities of monoterpenoids. Fitoterapia 79: 271-278.

Prestes, O.D.; Padilla, S.J.A.; Romero, G.R.; Grio, S.L.; Frenich, A.G.; Martínez, V.J.L. 2012. Comparison of several extraction procedures for the determination of biopesticides in soil samples by ultrahigh pressure LC-MS/MS. Journal of Separation Science 35: 861-868.

Priestley, C.M.; Williamson, E.M.; Wafford, K.A.; Sattelle, D.B. 2003. Thymol, a constituent of thyme essential oil, is a positive allosteric modulator of human GABA(A) receptors and a homo-oligomeric GABA receptor from ***Drosophila melanogaster***. British Journal of Pharmacology 140: 1363-1372.

Qin, W.; Huang, S.; Li, C.; Chen, S.; Peng, Z. 2010. Biological activity of the essential oil from the leaves of ***Piper sarmentosum*** Roxb. (Piperaceae) and its chemical constituents on ***Brontispa longissima*** (Gestro) (Coleoptera: Hispidae). Pesticide Biochemistry and Physiology 96: 132-139.

Raffa, K.F.; Priester, T.M. 1985. Synergists as research tools and control agents in agriculture. Journal of Agricultural Entomology 2: 27-45.

Ranson, H.; Abdallah, H.; Badolo, A.; Guelbeogo, W.; Hinzoumbe, C.; Yangalbe-Kalnone, E.; Sagnon, N.; Simard, F.; Coetzee, M. 2009. Insecticide resistance in ***Anopheles gambiae***: Data from the first year of a multi-country study highlight the extent of the problem. Malaria Journal 8: e299.

Rathore, H.S. 2017. Green pesticides for organic farming: Occurrence and properties of essential oils for use in pest control. p.3-26. ***In***: Nollet, L.M.; Rathore, H.S., eds. Green pesticides handbook: Essential oils for pest control. CRC Press, Washington, USA.

Rattan, R.S. 2010. Mechanism of action of insecticidal secondary metabolites of plant origin. Crop Protection 29: 913-920.

Regnault-Roger, C.; Vincent, C.; Arnason, J.T. 2012. Essential oils in insect control: Low-risk products in a high-stakes world. Annual Review of Entomology 57: 405-424.

Ryan, M.F.; Byrne, O. 1988. Plant-insect coevolution and inhibition of acetylcholinesterase. Journal of Chemical Ecology 14: 1965-1975.

Ribeiro, V.L.S. 2012. Estudo do mecanismo de ação da atividade acaricida de ***Calea serrata*** (Asteraceae) em ***Rhipicephalus*** (***Boophilus***) ***microplus*** e da sua toxicidade em roedores. Porto Alegre, 101p. Tese (Doutorado) - Universidade Federal do Rio Grande do Sul.

Roush, R.T. 1989. Designing resistance management programs: How can you choose? Pesticide Science 26: 423-441.

Ruttanaphan, T.; Pluempanupat, W.; Aungsirisawat, C.; Boonyarit, P.; Goff, G.L.; Bullangpoti, V. 2019. Effect of plant essential oils and their major constituents on cypermethrin tolerance associated detoxification enzyme activities in ***Spodoptera litura*** (Lepidoptera: Noctuidae). Journal of Economic Entomology 20: 1-10.

Saad, M.M.; Abou-Taleb, H.K.; Abdelgaleil, S.A. 2018. Insecticidal activities of monoterpenes and phenylpropenes against ***Sitophilus oryzae*** and their inhibitory effects on acetylcholinesterase and adenosine triphosphatases. Applied Entomology and Zoology 53: 173-181.

Sarma, R.; Adhikari, K.; Mahanta, S.; Khanikor, B. 2019. Combinations of plant essential oil based terpene compounds as larvicidal and adulticidal agent against ***Aedes aegypti*** (Diptera: Culicidae). Scientific Reports 9: e9471.

Sarwar, M. 2016. Usage spots of biological insecticides in consort with target insect pests or vectors and application in habitat. International Journal of Entomology and Nematology 3: 14-20.

Savelev, S.; Okelloan, E.; Perry, N.S.L.; Wilkins, R.M.; Perry, E.K. 2003. Synergistic and antagonistic interactions of anticholinesterase terpenoids in ***Salvia lavandulaefolia*** essential oil. Pharmacology Biochemistry and Behavior 75: 661-668.

Schünemann, R.; Knaak, N.; Fiuza, L.M. 2014. Mode of action and specificity of ***Bacillus thuringiensis*** toxins in the control of caterpillars and stink bugs in soybean culture. International Scholarly Research Notices: Microbiology 2014: e135675.

Shafiei, S.; Talebi, J.K.; Sabahi, Q. 2016. Effects of mixture of orange peel essential oil with two chemical acaricides, spirodiclofen and propargite against adult females of ***Tetranychus urticae*** (Acari: Tetranychidae). Plant Pest Research 5: 39-50.

Shahriari, M.; Zibaee, A.; Sahebzadeh, N.; Shamakhi, L. 2018. Effects of α-pinene, trans-anethole, and thymol as the essential oil constituents on antioxidant system and acetylcholine esterase of ***Ephestia kuehniella*** Zeller (Lepidoptera: Pyralidae). Pesticide Biochemistry and Physiology 150: 40-47.

Shankarganesh, K.; Subahmanyam, B.; Walia, S..; Dhingra, S. 2009. Dillapiole mediated esterase inhibition in insecticide resistant ***Spodoptera litura*** (Fabricius). Pesticide Research Journal 21: 143-147.

Shono, T.; Casida, J.E. 1978. Species-specificity in enzymatic oxidation of pyrethroid insecticides: 3-Phenoxybenzyl and alpha-cyano-3-phenoxybenzyl 3-(2, 2-dihalovinyl)-2, 2-dimethylcyclopropanecarboxylates. Journal of Pesticide Science 3: 165-168.

Silva, W.C.; Ribeiro, J.D.; Souza, H.D.; Corrêa, R.D.S. 2007. Atividade inseticida de ***Piper aduncum*** L. (Piperaceae) sobre ***Aetalion*** sp. (Hemiptera: Aetalionidae), praga de importância econômica no Amazonas. Acta Amazonica 37: 293-298.

Singh, B.; Sharma, D.K.; Kumar, R.; Gupta, A. 2009. Controlled release of the fungicide thiram from starch-alginate-clay based formulation. Applied Clay Science 45: 76-82.

Siramon, P.; Ohtani, Y.; Ichiura, H. 2009. Biological performance of ***Eucalyptus camaldulensis*** leaf oils from Thailand against the subterranean termite ***Coptotermes formosanus*** Shiraki. Journal of Wood Science 55: 41-46.

Soares, A.M.D.S.; Penha, T.A.; Araújo, S.A.D.; Cruz, E.M.O.; Blank, A.F.; Costa-Junior, L.M. 2016. Assessment of different ***Lippia sidoides*** genotypes regarding their acaricidal activity against ***Rhipicephalus*** (***Boophilus***) ***microplus***. Revista Brasileira de Parasitologia Veterinária 25: 401-406.

Souto, R.N.P.; Harada, A.Y.; Maia, J.G.S. 2011. Estudos preliminares da atividade inseticida de óleos essenciais de espécies de ***Piper*** L. (Piperaceae) em operárias de ***Solenopsis saevissima*** F. Smith (Hymenoptera: Formicidae), em laboratório. Biota Amazônia 1: 42-48.

Sutthanont, N.; Choochote, W.; Tuetun, B.; Junkum, A.; Jitpakdi, A.; Chaithong, U.; Riyong, D.; Pitasawa, B. 2010. Chemical composition and larvicidal activity of edible plant-derived essential oils against the pyrethroid-susceptible and -resistant strains of ***Aedes aegypti*** (Diptera: Culicidae). Journal of Vector Ecology 35: 106-115.

Suwannayod, S.; Sukontason, K.L.; Pitasawat, B.; Junkum, A.; Limsopatham, K.; Jones, M.K.; Thavara, U. 2019. Synergistic toxicity of plant essential oils combined with pyrethroid insecticides against blow flies and the house fly. Insects 10: e178.

Tabashnik, B.E.; Croft, B.A. 1982. Managing pesticide resistance in crop-arthropod complexes: Interactions between biological and operational factors. Environmental Entomology 11: 1137-1144.

Tak, J.H.; Isman, M.B. 2015. Enhanced cuticular penetration as the mechanism for synergy of insecticidal constituents of rosemary essential oil in ***Trichoplusia ni***. Scientific Reports 5: e12690.

Tak, J.H.; Jovel, E.; Isman, M.B. 2016. Comparative and synergistic activity of ***Rosmarinus officinalis*** L. essential oil constituents against the larvae and an ovarian cell line of the cabbage looper, ***Trichoplusia ni*** (Lepidoptera: Noctuidae). Pest Management Science 72: 474-480.

Tak, J.H.; Jovel, E.; Isman, M.B. 2017. Synergistic interactions among the major constituents of lemongrass essential oil against larvae and an ovarian cell line of the cabbage looper, ***Trichoplusia ni***. Journal of Pest Science 90: 735-744.

Tammes, P.M.L. 1964. Isoboles, a graphic representation of synergism in pesticides. Netherlands Journal of Plant Pathology 70: 73-80.

Terriere, L.C. 1984. Induction of detoxication enzymes in insects. Annual Review of Entomology 29: 71-88.

Tomar, S.S.; Maheshwari, M.L.; Mukerjee, S.K. 1979. Synthesis and synergistic activity of dillapiole based pyrethrum synergists. Journal of Agricultural and Food Chemistry 43: 1479-1483.

Tong, F.; Bloomquist, J.R. 2013. Plant essential oils affect the toxicities of carbaryl and permethrin against ***Aedes aegypti*** (Diptera: Culicidae). Journal of Medical Entomology 50: 826-832.

Tong, F.; Coats, J.R. 2010. Effects of monoterpenoid insecticides on [3H]-TBOB binding in house fly GABA receptor and 36Cl-uptake in American cockroach ventral nerve cord. Pesticide Biochemistry and Physiology 98: 317-324.

Tozzi, A.A. 1998. Brief history of the development of piperonyl butoxide as an insecticide synergist. p.1-5. ***In***: Jones, D.G., ed. Piperonyl butoxide: The insecticide synergist. Academic Press, San Diego, USA.

Tsao, R.; Lee, S.; Rice, P.J.; Jensen, C.; Coats, J.R. 1995. Monoterpenoids and their synthetic derivatives as leads for new insect control agents. p.312-334. ***In***: Baker, D.R.; Fenyes, J.G.; Basarab, G.S., eds. Synthesis and chemistry of organochemicals IV. American Chemical Society, Washington, USA.

Viturro, C.; Bandoni, A.; Dellacassa, E.; Serafini, L.; Elder, H. 2010. Problemática ***Schinus*** en Latinoamérica. p.205-280. ***In***: Dellacassa, E., Org. Normalización de productos naturales obtenidos de especies de la flora aromática latinoamericana – Proyecto CYTED IV.20. EDIPUCRS, Porto Alegre, RS, Brasil.

Volpe, H.X.L.; Fazolin, M.; Garcia, R.B.; Magnani, R.F.; Barbosa, J.C.; Miranda, M.P. 2015. Efficacy of essential oil of ***Piper aduncum*** against nymphs and adults of ***Diaphorina citri***. Pest Management Science 72: 1242-1249.

Volpe, H.X.L.; Fazolin, M.; Magnani, R.F.; Garcia, R.B.; Barbosa, J.C.; Miranda, M.P. 2018. Eficácia do óleo essencial de ***Piper aduncum*** L. (Piperaceae) para o controle de ***Diaphorina citri*** Kuwayama. Boletim de pesquisa e desenvolvimento, 59. Embrapa Acre, Rio Branco, AC, Brasil.

Walia, S.; Saha, S.; Parmar, B.S. 2004. Liquid chromatographic method for the analysis of two plant based insecticide synergists dillapiole and dihydrodillapiole. Journal of Chromatography A 1047: 229-233.

Waliwitiya, R.; Kennedy, C.J.; Lowenberger, C.A. 2009. Larvicidal and oviposition-altering activity of monoterpenoids, trans-anithole and rosemary oil to the yellow fever mosquito ***Aedes aegypti*** (Diptera: Culicidae). Pesticide Science 65: 241-248.

Waliwitiya, R.; Belton, P.; Nicholson, R.A; Lowenberger, C.A. 2010. Effects of the essential oil constituent thymol and other neuroactive chemicals on flight motor activity and wing beat frequency in the blow fly ***Phaenicia sericata***. Pest Management Science 66: 277-289.

Waliwitiya, R.; Nicholson, R.A.; Kennedy, C.J.; Lowenberger, C.A. 2012. The synergistic effects of insecticidal essential oils and piperonyl butoxide on biotransformational enzyme activities in ***Aedes aegypti*** (Diptera: Culicidae). Journal of Medical Entomology 49: 614-623.

Wei, H.; Liu, J.; Li, B.; Zhan, Z.; Chen, Y.; Tian, H.; Gu, X. 2015. The toxicity and physiological effect of essential oil from ***Chenopodium ambrosioides*** against the diamondback moth, ***Plutella xylostella*** (Lepidoptera: Plutellidae). Crop Protection 76: 68-74.

WHO. 2012. Global plan for insecticide resistance management in malaria vectors (GPIRM). Disponível em: <http://whqlibdoc.who.int/Publications/2012/9789241564472_eng.pdf>. Acesso em: 30 mai. 2019.

Wilkinson, C.F.; Hetnarski, K.; Hicks, L.J. 1974. Substituted imidazoles as inhibitors of microsomal oxidation and insecticide synergists. Pesticide Biochemistry and Physiology 4: 299-312.

Wolffenbuttel, A.N. 2010. Base da química dos óleos essenciais e aromaterapia: Abordagem técnica e científica. Editora Roca, São Paulo, SP, Brasil.

Yeom, H.J.; Kang, J.S.; Kim, G.H.; Park, I.K. 2012. Insecticidal and acetylcholine esterase inhibition activity of Apiaceae plant essential oils and their constituents against adults of German cockroach (***Blattella germanica***). Journal of Agricultural and Food Chemistry 60: 7194-7203.

Young, S.J.; Gunning, R.V.; Moores, G.D. 2005. The effect of piperonyl butoxide on pyrethroid resistance associated esterases in ***Helicoverpa armigera*** (Hübner) (Lepidoptera: Noctuidae). Pest Management Science 61: 397-401.

Youssef, N.S. 1997. Toxic and synergistic properties of several volatile oils against larvae of the house fly, ***Musca domestica vicina*** Maquart (Diptera: Muscidae). Journal of the Egyptian German Society of Zoology 22: 131-150.

Yu, S.J. 1985. Microsomal sulfoxidation of phorate in the fall armyworm, ***Spodoptera frugiperda*** (J.E. Smith). Pesticide Biochemistry and Physiology 23: 273-281.

Yu, S.J.; Berry, R.E.; Terriere, L.C. 1979. Host plant stimulation of detoxifying enzymes in a phytophagous insect. Pesticide Biochemistry and Physiology 12: 280-284.

Yuan, L.; Yang, X.; Yu, X.; Wu, Y.; Jiang, D. 2019. Resistance to insecticides and synergistic and antagonistic effects of essential oils on dimefluthrin toxicity in a field population of ***Culex quinquefasciatus*** Say. Ecotoxicology and Environmental Safety 169: 928-936.

Zambolim, L.; Conceição, M.D.; Santiago, T. 2008. O que engenheiros agrônomos devem saber para orientar corretamente o uso de produtos fitossanitários. Editora UFV, Viçosa, MG, Brasil.

Zoubiri, S.; Baaliouamer, A. 2014. Potentiality of plants as source of insecticide principles. Journal of Saudi Chemical Society 18: 925-938.

# Capítulo 16

# Obtenção e aplicações de inseticidas botânicos nano e microformulados

Moacir Rossi Forim
João Batista Fernandes
Luciano da Silva Pinto
Deyvid de Souza Porto
Maria de Fátima das Graças Fernandes da Silva
Roberta Manzano Maria

## 1. Introdução

O crescente aumento da população mundial tem requerido a incorporação de ferramentas tecnológicas inovadoras na produção agropecuária de modo a aumentar a produtividade e a produção global para suprir a maior demanda por alimentos, em um cenário de aumento do rigor das legislações ambientais e da instabilidade nas colheitas em virtude de fatores climáticos limitantes e do aumento da pressão de agentes bióticos (p. ex.: pragas e doenças). Estudos recentes apontam que até 2050 a população mundial chegará a 9,1 bilhões e, desta, 70% residirá em áreas urbanas (Cole et al., 2018), o que reforça a necessidade de incrementos na produtividade agrícola.

Na maioria dos sistemas de produção, o controle de pragas agrícolas é realizado, majoritariamente, pelo uso de pesticidas quimicamente sintetizados. Os inseticidas são produtos específicos para o manejo de insetos-praga e podem ser classificados em diversos grupos químicos, incluindo organofosforados, carbamatos, piretroides, espinosinas, diamidas etc., os quais possuem variados espectros de ação e comportamento no ambiente.

O emprego de inseticidas sintéticos em larga escala iniciou-se na década de 1940 e, desde então, o controle de insetos-praga tem proporcionado substanciais ganhos de produtividade para diversos sistemas de produção agrícola. Entretanto, o uso indiscriminado desses inseticidas tem resultado em danos severos ao meio ambiente, incluindo a contaminação do solo, do ar e dos organismos não alvo e, principalmente, causado efeitos negativos para a saúde dos agricultores e consumidores pela exposição a tais compostos e pela presença de resíduos nos produtos agroalimentares, respectivamente (Mishra et al., 2018). Além disso, o uso indiscriminado desses pesticidas tem resultado na seleção de populações de insetos-praga resistentes a diversos ingredientes ativos (Chapin, 1991; Bezemer et al., 2003).

Os produtos naturais se destacam como alternativas sustentáveis ao uso de inseticidas sintéticos convencionais. A evolução dos produtos naturais (metabólitos secundários), suas estruturas e funções, tem ocorrido sob interações com organismos vivos (p. ex.: planta-insetos) por meio de uma pressão coevolutiva em processos biológicos dinâmicos, não apenas fornecendo uma enorme quantidade de diferentes compostos ativos por biossíntese convergente, mas também sua modulação por sistemas enzimáticos, que colaboram na descoberta de atividades biológicas (Chevrette et al., 2020).

Todavia, o perfil químico de uma espécie vegetal pode ser facilmente alterado por diversos estresses ambientais. Por exemplo, alterações no metabolismo primário das plantas resultam também na disfunção do metabolismo secundário de substâncias associadas a mecanismos de defesa vegetal, acarretando, inicialmente, em alterações nos níveis de fenilalanina e tirosina, compostos precursores da biossíntese de compostos fenólicos (Mithöfer e Boland, 2012). A partir dessa rota biossintética, pode ocorrer aumento na produção e acúmulo de flavonoides e taninos, os quais são capazes, muitas vezes, de inibir a produção proteica de herbívoros, reduzindo assim, a alimentação, desenvolvimento e oviposição de várias espécies de insetos-praga (Golan et al., 2017).

Os metabólitos secundários produzidos pelas plantas, também conhecidos por aleloquímicos, apresentam importantes funções adaptativas, incluindo a comunicação planta-planta e a defesa contra herbivoria (Obata e Fernie, 2012). Dentre essas funções, a regulação por fatores bióticos como herbivoria e interações com microrganismos (p. ex.: mutualismo, parasitismo etc.) e/ou abióticos (p. ex.: temperatura, constituintes do solo, clima, radiação etc.) estimula a planta a regular a concentração de aleloquímicos (compostos fixos e voláteis), além de conduzir a mudanças diretas na cascata enzimática das rotas biossintéticas de compostos às quais eles pertencem, para que esses indivíduos possam restabelecer o processo de desenvolvimento natural de crescimento e reprodução (Rai et al., 2017).

Os aleloquímicos normalmente sofrem modificações estruturais tais como oxidações e glicosilações para facilitar a sua translocação através da planta, seja das raízes para as partes aéreas (via xilema) ou então das partes aéreas para as raízes (via floema), bem como seu armazenamento em estruturas de reserva (Hartley e Jones, 1996). Essa capacidade de adaptação da planta está normalmente associada às alterações de espécies oxidativas, resultando em mudanças em níveis micro e macromoleculares, assim como alterações morfológicas nos fenótipos (Potters et al., 2009; Timilsina et al., 2019). Portanto, essas alterações de metabolismo fornecem uma espécie de mapa da condição fisiológica da planta e, dessa forma, o resultado de suas alterações impacta os herbívoros de diversas maneiras, tornando a planta não palatável, tóxica, com odor indesejável ao inseto etc., afetando assim a interação inseto-planta e o processo de seleção hospedeira (Bezemer e Jones, 1998; Gobbo-Neto e Lopes, 2007).

Na planta, o acúmulo de aleloquímicos induzidos por herbivoria pode ser localizado ou sistêmico. Por exemplo, os teores de nicotina foliar em plantas de tabaco (*Nicotiana tabacum* L., Solanaceae) aumentam quando as raízes estão infestadas pelo nematoide *Meloidogyne incognita* (Kofoid & White) Chitwood (Tylenchida: Meloidogynidae), enquanto o dano foliar reflete no aumento dos teores de nicotina nas raízes do tabaco (Hanounik e Osborne, 1977). Infecções radiculares por fungos micorrízicos arbusculares têm sido responsáveis pelo aumento das concentrações de micromoléculas nos tecidos foliares com função de defesa contra herbivoria (Gange e West, 1994).

No Brasil, já foram relatadas aproximadamente 41.000 espécies de plantas, algas e fungos, incluindo angiospermas (76,0%), fungos (8,8%), algas (8,5%), briófitas (3,7%), samambaias e licófitas (2,9%) e gimnospermas (0,1%) (Forzza et al., 2010). Diante de tamanha diversidade, resultante de processos adaptativos no curso da evolução, a variação dos genótipos e o processo de especiação têm sido cada vez mais frequentes. Além dos mecanismos de defesa intrínsecos (constitutivos), as plantas podem apresentar mecanismos de defesa induzido quando submetidas aos mais diversos tipos de estresses bióticos (ataque de herbívoros e de microrganismos, competição com plantas daninhas etc.) e abióticos (temperatura, umidade, radiação, $CO_2$ etc.). Todos esses processos resultam no modo de resposta da planta, desde priorizar o mecanismo de defesa e reduzir o processo de crescimento, até mesmo considerar o ataque menos importante do que seu processo de reprodução; assim, essa resposta da planta sempre será um equilíbrio de prioridades frente ao ataque do predador (Morales e Munné-Bosch, 2016).

As alterações no metabolismo das plantas por tais estresses têm efeitos diretos nos precursores de diversas rotas biossintéticas de metabólitos secundários (*building blocks*), sendo as principais: a) via do chiquimato, precursor de diversas substâncias aromáticas, lignanas, flavonoides, cumarinas etc.; b) aminoácidos, precursores de alcaloides e peptídeos; c) via do acetato, que leva à produção de policetídeos, ácidos graxos, prostaglandinas, macrocíclicos, polifenóis etc. e; d) via do mevalonato, responsável pela biossíntese de terpenos, esteroides e carotenoides (Dewick, 2009).

Muitas dessas substâncias são utilizadas no mecanismo de defesa contra herbívoros, microrganismos ou plantas invasoras. Conhecer como a alteração da cascata enzimática interfere na biossíntese dessas substâncias permite desenvolver estratégias de manejo de pragas agrícolas. A Tabela 1 descreve a atividade de alguns extratos vegetais aplicados no manejo de insetos-praga. Diante disso, devem ser destacadas algumas abordagens importantes nesse âmbito, tais como:

a) *Push-pull*: nessa estratégia de manejo de artrópodes-praga, compostos provenientes de fontes naturais atuam sobre o comportamento dos insetos, sendo atrativos aos predadores e parasitoides (*push*), porém ao mesmo tempo tóxicos (*pull*) às pragas, reduzindo, assim, a pressão sobre a cultura (Miller e Cowles, 1990; Pickett et al., 2014).

b) Prospecção de extratos e moléculas bioativas biodegradáveis: estudos bioguiados buscando moléculas bioativas produzidas por plantas e microrganismos, geralmente de menor toxicidade a organismos não alvo e ao meio ambiente que os inseticidas sintéticos convencionais, assim como dotadas de mecanismos de degradação ambiental e microbiana e distintos modos de ação sobre as espécies-praga alvo;

c) Estímulos biológicos: procedimento adotado para que plantas passem a produzir maior concentração de moléculas advindas de determinadas rotas biossintéticas (usadas no mecanismo de defesa vegetal) para resistência induzida ao ataque de herbívoros;

d) Modelos bioativos: identificação de vias biossintéticas e/ou substâncias bioativas que possam inspirar a síntese de novas moléculas ou até mesmo realizar modificações estruturais visando à potencialização da atividade biológica das mesmas.

O uso comercial de inseticidas de origem vegetal ou inseticidas botânicos ainda é pouco difundido no Brasil e em outras partes do mundo. Entre os principais fatores limitantes no desenvolvimento de inseticidas botânicos encontram-se: a) identificação e domesticação de espécies vegetais como fontes de matéria-prima para o desenvolvimento de extratos e/ou substâncias em escala comercial e; b) limitações de métodos de extração, de isolamento e de controle de qualidade dos produtos gerados, assim como o aperfeiçoamento do processo de formulação dos mesmos de modo a melhorar a eficácia e a reprodutibilidade. A Figura 1 demonstra uma rota para o desenvolvimento comercial de inseticidas fitoquímicos.

O estudo de uma matriz vegetal requer alguns cuidados importantes, visto que diversas classes de substâncias podem ser produzidas por uma mesma planta. Além disso, estímulos externos podem alterar a produção de aleloquímicos, assim como fatores do processo de produção e industrialização dos derivados vegetais, resultando em variações nas concentrações dos componentes ativos, na transformação dos compostos obtidos por processos físico-químicos, causando, consequentemente, alterações nos níveis de bioatividade dos produtos obtidos (Länger et al., 2018; Agapouda et al., 2019).

Para o efetivo controle de qualidade dos inseticidas botânicos são analisados os constituintes químicos levando em consideração aspectos como sazonalidade na biossíntese e acúmulo na matriz vegetal, qualidade dos processos de extração, decomposição e/ou degradação dos metabólitos etc., o que requer vários equipamentos e conhecimentos técnicos específicos (Michalska et al., 2017; Rivera-Mondragón et al., 2017).

Tabela 1. Atividades biológicas de extratos e metabólitos secundários com reconhecidas atividades sobre insetos-praga.

| Espécies vegetais | Metabólitos secundários | Insetos-alvo | Atividades biológicas | Referências |
|---|---|---|---|---|
| *Acmella oleracea* (L.) R.K. Jansen | Óleo essencial | *Culex* sp. | Inseticida | Benelli et al. (2019) |
| *Azadirachta indica* A. Juss. | Azadiractina | *Tuta absoluta* (Meyrick) | Inseticida | Tomé et al. (2013) |
| | Óleo de nim | *Lutzomyia longipalpis* (Lutz & Neiva) | Inseticida | Maciel et al. (2010) |
| *Baccharis dracunculifolia* DC. | Óleo essencial | *Cochliomyia macellaria* (Fabricius) | Inseticida | Chaaban et al. (2018) |
| *Capsicum annuum* L. | Pó de folhas | *Callosobruchus maculatus* (Fabricius) | Repelente e inseticida | Freire et al. (2016) |
| *Lantana montevidensis* (Spreng.) Briq. | Óleo essencial | *Drosophila melanogaster* Meigen | Inseticida | Bezerra et al. (2017) |
| *Myrciaria floribunda* (H. West ex Willd.) O. Berg | Óleo essencial | *Rhodnius prolixus* (Stål) | Inseticida | Tietbohl et al. (2019) |
| *Pimenta pseudocaryophyllus* (Gomes) Landrum | Óleo essencial | *Sitophilus zeamais* Motschulsky | Inseticida | Ribeiro et al. (2015) |
| *Solanum melongena* L. | Pó de folhas | *Callosobruchus maculatus* (Fabricius) | Repelente e inseticida | Freire et al. (2016) |

Diante disso, os estudos metabolômicos visando à busca de extratos e/ou metabólitos bioativos seguem basicamente dois caminhos: a) estudo da viabilidade do uso do extrato bruto e/ou fração enriquecida como inseticida fitoquímico para aplicação direta no manejo de pragas ou, b) desenvolvimento de um procedimento robusto e reprodutível para isolamento e caracterização dos metabólitos bioativos (Figura 1). Ambos os procedimentos apresentam vantagens e desvantagens e precisam ser monitorados por meio de ensaios biológicos para identificação e/ou confirmação da eficácia agronômica e da segurança toxicológica após a condução de ensaios de toxicidade sobre os organismos-alvo e não alvo (Luz et al., 2016; Lang et al., 2017).

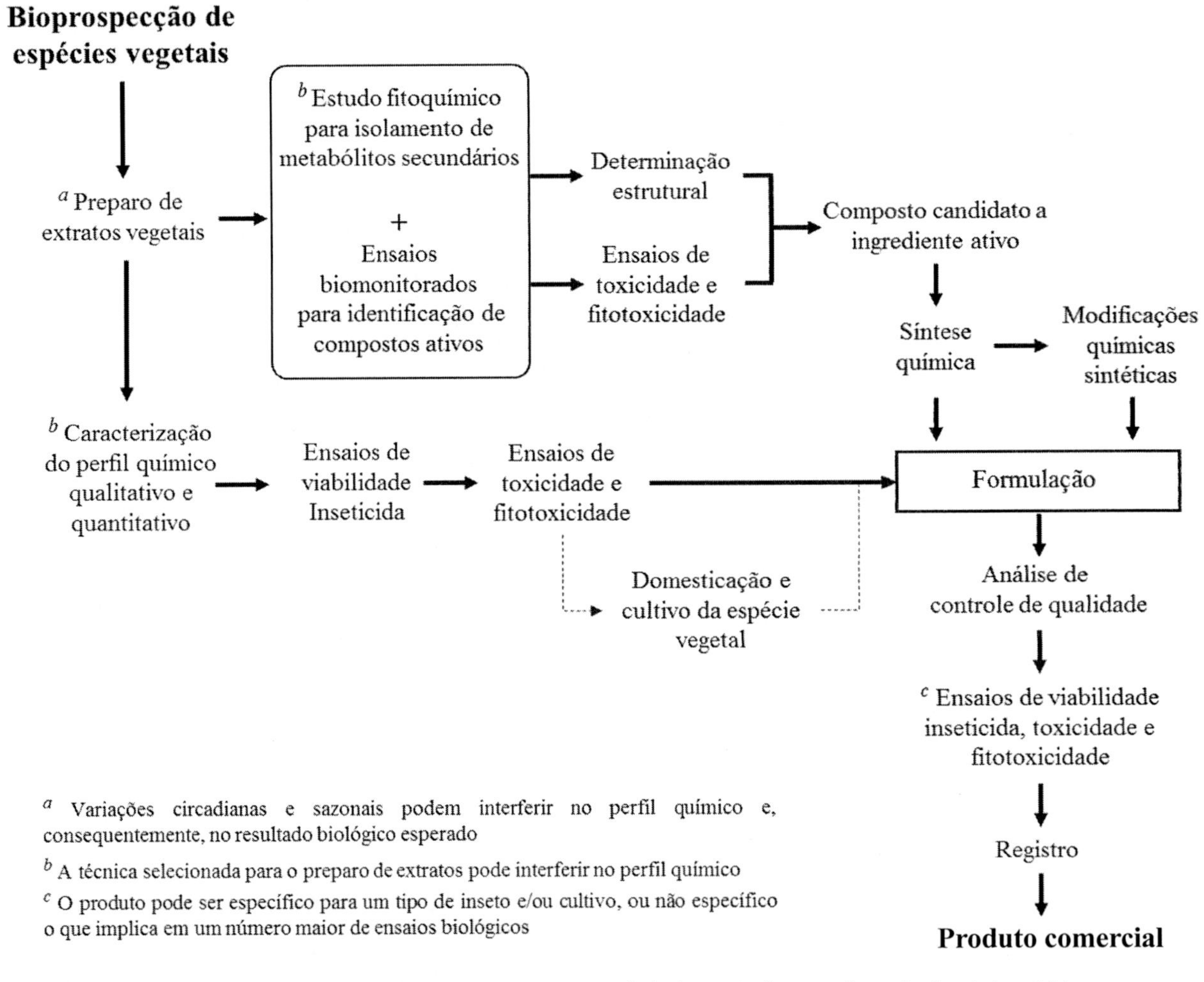


**Figura 1.** Esquema para bioprospecção de extratos vegetais visando à obtenção de novas formulações de inseticidas botânicos.

A utilização de extratos e/ou frações enriquecidas em detrimento aos metabólitos isolados apresenta vantagens, tais como baixo custo de produção, efeito sinérgico entre os componentes presentes no derivado e menor probabilidade de evolução de populações resistentes etc. No entanto, a identificação e o isolamento dos metabólitos bioativos responsáveis pela atividade inseticida simplifica o controle de qualidade dos produtos gerados. Além disso, a partir da estrutura molecular, é possível realizar também alterações estruturais via semissíntese para melhorar a atividade biológica e diminuir possíveis inconvenientes, incluindo a fitotoxicidade sobre as culturas agrícolas a serem protegidas. Por outro lado, o isolamento de metabólitos requer muitas etapas, o que inviabiliza, na maioria das vezes, a produção em escala industrial. Além disso, o uso de metabólitos isolados favorece a seleção de indivíduos resistentes com variados mecanismos de destoxificação enzimática e de insensibilidade aos componentes ativos (Brownbridge e Buitenhuis, 2019; Carrasco et al., 2019; Collins et al., 2019; Fardisi et al., 2019). Portanto, entender os processos de obtenção de inseticidas vegetais e associar o estudo metabolômico ao processo de fracionamento e/ou isolamento biomonitorado tem sido a abordagem mais coerente e assertiva quanto à busca de metabólitos bioativos.

Tão importante quanto identificar um inseticida botânico é sua correta disponibilização ao mercado. Uma das grandes vantagens do uso de produtos fitoquímicos para o controle de insetos-praga é sua biodegradabilidade. Contudo, sua instabilidade no meio ambiente, também é seu maior ponto fraco. Assim, para maior aceitação comercial de inseticidas botânicos existe a necessidade do desenvolvimento de formulações mais eficientes, favorecendo e simplificando não somente o preparo de caldas de pulverização, mas também promovendo ganhos de estabilidade. Atualmente, entre as técnicas de formulação, o preparo de nano e micropartículas carregadas com extratos vegetais e/ou moléculas bioativas, tem ganhado destaque.

## 2. Produção e caracterização de extratos vegetais

Em escala industrial, extratos vegetais e seus derivados têm sido empregados principalmente na indústria de medicamentos, de alimentos e de cosméticos, em razão das suas propriedades antioxidante e antimicrobiana e do uso como corantes, fragrâncias etc. Na indústria de agroquímicos, pode ser destacada sua aplicação como pesticidas alternativos, incluindo produtos com ação inseticida, nematicida, bactericida, fungicida, herbicida etc. (Pfennig et al., 2011).

A classe de metabólitos de interesse não está, muitas vezes, presente em todos os órgãos da planta. Diante disso, alguns aspectos devem ser observados para a escolha do órgão vegetal, tais como disponibilidade de biomassa, procedimento de secagem, de moagem e de homogeneização para posterior extração.

Não apenas a seleção do espécime vegetal (variação planta-planta no acúmulo de aleloquímicos) pode impactar na propriedade química e/ou biológica de seus derivados, mas também o procedimento de processamento desta. O estudo de Forim et al. (2010) demonstrou que extratos preparados a partir de sementes de um mesmo lote de nim, *Azadirachta indica* A. Juss. (Meliaceae), obtidos por diferentes processos de extração, apresentaram não somente diferenças na eficiência de extração do ingrediente ativo majoritário (azadiractina), mas também diferentes níveis de toxicidade frente a *Spodoptera frugiperda* (J.E. Smith) (Lepidoptera: Noctuidae) (Tabela 2). Nesse estudo, extratos preparados de modo seletivo ou não para azadiractina apresentaram uma ampla faixa de atividade biológica frente a essa praga. Extratos obtidos por processos de extração de azadiractina mais seletivos propiciaram mortalidade larval de 100% em poucos dias, mesmo quando aplicados em baixas concentrações. Por sua vez, extratos obtidos por processos de extração menos seletivos causaram taxas de mortalidade menores, sendo que alguns apresentaram atividade biológica semelhante à do controle negativo em determinadas concentrações. Os extratos que apresentaram baixas respostas no controle de *S. frugiperda* demonstraram ganhos de eficácia com o aumento da concentração, ficando evidente a importância da escolha do processo de preparo de extratos em conjunto com métodos de controle de qualidade, na qual o uso de métodos quantitativos permitiu associar a eficiência de extração entre os diversos processos avaliados com dados de toxicidade letal em curvas de concentração-resposta (Forim et al., 2010), dando suporte ao desenvolvimento de formulações. A Tabela 2 associa as etapas de preparo de amostras de *A. indica* ao controle de qualidade e à atividade biológica sobre lagartas de *S. frugiperda* e destaca o aumento na mortalidade de *S. frugiperda* para uma concentração de 500 mg de extratos de *A. indica* por kg de dieta em função do tempo. Foi possível observar que processos que resultaram na extração de menores teores de azadiractina demonstraram menor eficácia em relação à praga. Assim, o extrato MHE (obtido por maceração com hexano seguido por etanol), com teor de azadiractina de 34,7 g/kg de extrato, propiciou 50% de mortalidade de *S. frugiperda* em apenas 5 dias, atingindo 100% em 10 dias. Por sua vez, o extrato ME (obtido por maceração com etanol), com teor de azadiractina de 21 g/kg de extrato, causou mortalidade acumulada de 70% em 15 dias, atingindo 100% somente após 20 dias (Tabela 2).

Com essas informações fica evidente que na busca de extratos vegetais e/ou compostos com ação inseticida 3 fatores principais devem ser considerados: a) escolha da espécie vegetal como fonte de biomassa; b) conhecimento dos fatores ambientais (bióticos e abióticos) que impactam no perfil químico do vegetal e; c) escolha do processo de manipulação e preparo dos extratos de interesse, o qual pode afetar diretamente a qualidade do inseticida botânico e sua resposta biológica esperada. Estudos fitoquímicos clássicos, quando executados monitorando a relação entre o perfil químico e as respostas biológicas, permitem a identificação precisa de espécies vegetais bioativas, bem como a identificação dos compostos responsáveis pela atividade biológica. Métodos de controle de qualidade podem auxiliar na avaliação das condições ambientais ótimas para coleta e/ou na qualidade do lote da matéria-prima obtida,

**Tabela 2.** Mortalidade (%) de lagartas de *Spodoptera frugiperda* alimentadas com dieta artificial contendo extratos de *Azadirachta indica* (adaptada de Forim et al. *Química Nova* 33: 1082-1087, 2010, com autorização).

| Processos de extração [a] | Teor de azadiractina (g/kg) | Eficiência de extração (%) [b] | Mortalidade (%) em função da concentração de extrato na dieta (mg/kg) | | | Aumento de mortalidade (%) em função dos dias [c] | | |
|---|---|---|---|---|---|---|---|---|
| | | | 100 | 250 | 500 | 5 | 10 | 15 |
| MHE | 34,7 | 100 | 100 | 100 | 100 | 50 | 100 | 100 |
| EU | 29,5 | 56,6 | 70 | 100 | 100 | 40 | 70 | 100 |
| MV | 18,5 | 58,0 | 60 | 60 | 100 | 20 | 50 | 70 |
| MEA | 19,5 | 99,1 | 50 | 100 | 100 | 0 | 40 | 70 |
| ME | 21,0 | 100 | 20 | 100 | 100 | 0 | 40 | 70 |
| MM | 12,1 | 54,3 | 10 | 80 | 100 | 10 | 70 | 90 |
| EC | 1,38 | 45,1 | 10 | 0 | 100 | 0 | 10 | 10 |
| Controle | 0 | -o- | 10 | 10 | 10 | 0 | 0 | 10 |

[a]Processos de extração: MHE - maceração com hexano seguido por etanol; EU - extração por ultrassom; MV - maceração com etanol e homogeneização em vórtex; MEA - maceração com etanol e homogeneização com impelidor; ME - maceração com etanol; MM - maceração com metanol; EC - maceração com etanol em centrífuga; [b]eficiência de extração conforme protocolo selecionado; [c]neste bioensaio,a quantidade de extrato na dieta foi de 500 mg/L.

eliminando variações decorrentes de fatores bióticos e abióticos. Além disso, bons métodos de controle de qualidade podem auxiliar na determinação da quantidade de material vegetal a ser utilizada numa determinada formulação, ajustando a dosagem do princípio ativo e garantindo, com isso, a reprodutibilidade da bioatividade de interesse.

O terceiro fator que afeta a qualidade de um extrato vegetal bioativo é o resultado de uma escolha consciente e técnica, ou seja, que dependa exclusivamente de decisões com base no custo, no volume de produção, na disponibilidade de recursos humanos e técnicos, nas preocupações ambientais com o tipo de resíduo a ser gerado durante o processo de produção e com o tipo de composto a ser extraído (voláteis ou fixos) etc. Nesse caso, a seleção dos processos de preparo dos extratos bioativos depende do produto desejado, e cada etapa do processo deve ser verificada e otimizada, assegurando a reprodutibilidade industrial e a qualidade do produto final desejado. Para mais detalhes dos processos de obtenção de derivados botânicos com propriedades inseticidas, consultar o Capítulo 3 deste livro.

Diversos processos encontram-se disponíveis para o preparo de um extrato vegetal, os quais devem ser selecionados conforme o tipo de material desejado e as características dos compostos a serem extraídos (p. ex.: compostos orgânicos voláteis ou fixos). A Figura 2 ilustra as etapas de preparo de um extrato vegetal e as variáveis que afetam a qualidade final do derivado obtido. A extração de derivados a partir da biomassa vegetal pode ser realizada de diversas formas: por maceração (estática ou com agitação), por micro-ondas, por Soxhlet,

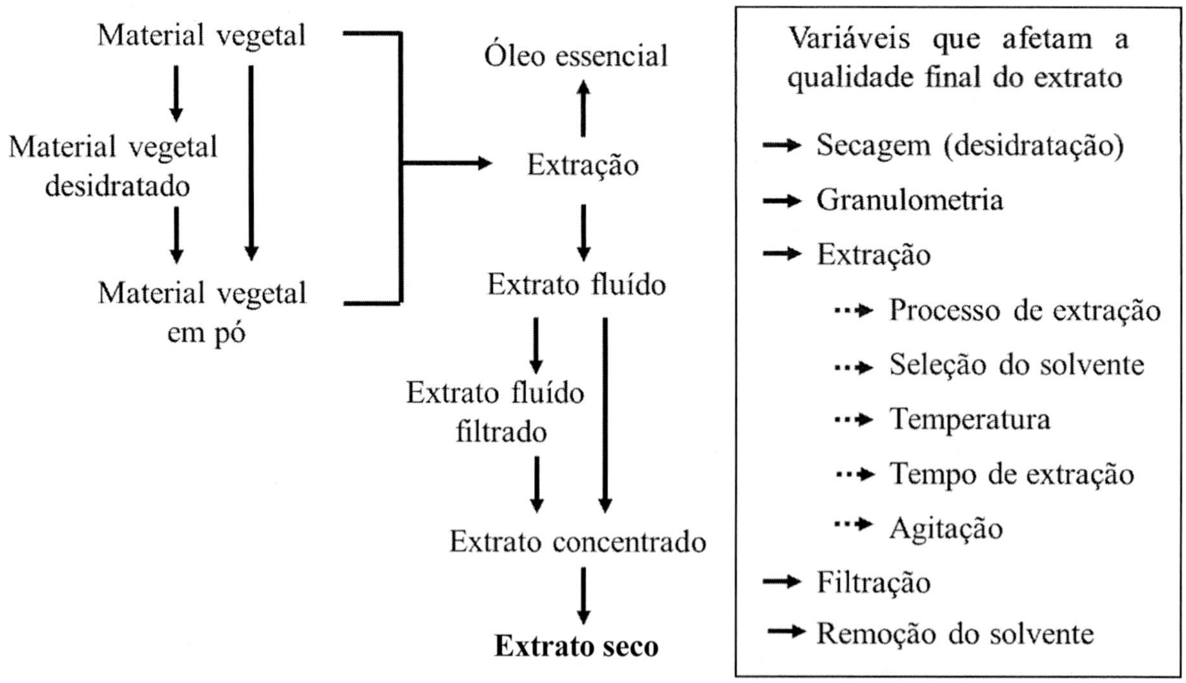


**Figura 2.** Etapas usualmente realizadas no processo de preparo de extratos vegetais bioativos.

por fluído supercrítico, por hidrodestilação etc. Para tanto, podem ser empregados os mais diversos solventes extratores. Muitas vezes, a escolha do solvente é determinante para que a extração possa ser direcionada a determinadas classes de metabólitos secundários e para obtenção de extratos enriquecidos com metabólitos bioativos com menor número de interferentes (Figura 2).

Antes do processo de extração propriamente dito, atenção especial deve ser dada aos procedimentos de secagem e moagem do material vegetal. A secagem e a moagem são etapas determinantes para a eficiência da extração dos metabólitos, porque quanto menos água nas partes internas do material a ser submetido à extração, maior será a quantidade de solvente que poderá entrar na matriz vegetal para a sua extração, e quanto menor a granulometria (no processo de moagem), maior será a superfície de contato do solvente extrator com o material vegetal.

O processo de extração sólido-líquido compreende 3 abordagens: percolação, imersão e maceração. A percolação caracteriza-se pelo processo em que o solvente extrator passa pelo material vegetal, comumente utilizando a força da gravidade, sendo que o solvente pode ser reutilizado e passado diversas vezes para a obtenção da maior quantidade de extrato possível (ou até atingir o ponto de saturação). Por sua vez, a extração por imersão consiste na submersão do material triturado no solvente extrator, sendo a mistura mantida sob agitação para aumentar a eficiência de extração por meio de maior contato do material vegetal com o solvente extrator. Ainda, pode ser citada a extração por maceração, que difere da imersão apenas pelo fato de que a extração por maceração é realizada em modo estático (sem agitação). Além disso, na maceração, o solvente fica em contato por tempo determinado com o material vegetal, até que o solvente seja trocado, seguindo-se a extração até a exaustão (Pfennig et al., 2011).

Outro método importante para extração convencional nos laboratórios é o Soxhlet, caracterizado por uma extração "total" dos constituintes do material vegetal, auxiliado pelo aquecimento do solvente no sistema. Contudo, em cada processo de extração, dependendo do tempo, da temperatura, do solvente etc., pode haver a geração de subprodutos indesejados, reforçando a necessidade de caracterização do extrato vegetal obtido.

Como alternativa que associa eficiência de extração e segurança quanto às alterações químicas dos metabólitos secundários, a extração por micro-ondas consiste no aquecimento das moléculas do solvente pela energia de micro-ondas, em que a extração ocorre à baixa pressão, com menor tempo de extração e menor uso de solvente etc. (Li et al., 2017; Lompart et al., 2019). Deve ser citada, ainda, a extração em ultrassom, que confere característica especial por utilizar frequência de ondas sonoras de alta intensidade de modo a romper a parede celular do material vegetal, facilitando assim, a extração dos metabólitos secundários de interesse. Por meio dessa abordagem, não somente é possível obter uma alta eficiência na extração, mas também uma redução na geração de possíveis produtos de degradação com o uso de aquecimento e maior eficiência na transferência de massa (Li et al., 2017).

A extração de óleo essencial pode ser realizada por meio de diversos métodos, como a destilação por arraste de vapor (aparato Clevenger), bem como a partir do uso de fluído supercrítico, extração de óleo essencial por micro-ondas (quando o aparato de aquecimento do material vegetal fica dentro do micro-ondas e o sistema de resfriamento na parte superior externa para coletar os voláteis arrastados pelo processo de extração) etc. O diferencial entre esses métodos é a eficiência de extração (rendimento em óleo essencial), o tempo de extração e a degradação dos metabólitos de interesse, dentre outros fatores (Preedy et al., 2016). A escolha do método de extração é guiada pela análise química dos alvos de estudo (biomarcadores), os quais direcionarão a escolha do melhor método a seguir.

Devido ao fato de que os extratos vegetais normalmente são resultantes da combinação de vários tipos de substâncias bioativas e com diferentes polaridades, a separação destas ainda é um grande desafio no processo de identificação e caracterização dos compostos isolados. Uma pratica comum no isolamento desses compostos bioativos é o uso de diferentes técnicas cromatográficas de separação, tais como Cromatografia em Camada Delgada (CCD), Cromatografia em Coluna (CC) e Cromatografia Líquida de Alta Eficiência (CLAE) (Sasidharan et al., 2011). Para mais detalhes dos métodos de caracterização e identificação de compostos inseticidas a partir de derivados botânicos, consultar o Capítulo 4 deste livro.

Além disso, métodos acoplados como HPLC-UV, HPLC-DAD, HPLC-MS/MS, GC--FID, GC-MS etc. têm sido empregados não somente na caracterização de matrizes complexas, mas também no controle de qualidade de suas composições químicas, visto que o produto final não é apenas um princípio ativo, e sim uma formulação com muitos compostos (Nafiu et al., 2017). O uso dessas abordagens também se configura em métodos robustos e reprodutíveis para estudos de vias de degradação de metabólitos por vários fatores (presença de luz, temperatura, acidez/basicidade, presença de espécies reativas de oxigênio etc.).

Muitas vezes, a degradação de princípios ativos em matrizes complexas é o fator responsável pela inviabilidade do uso de extratos vegetais para diversas finalidades, tanto na área de farmácia quanto na agricultura. Algumas vezes, é detectado que os metabólitos ativos não apresentam estabilidade no processo de extração, assim como outras moléculas sofrem degradação, resultando na ineficácia da aplicação dessa matriz vegetal. Além disso, em alguns casos, os produtos da degradação ainda apresentam fitotoxicidade. Contudo, uma vantagem do uso de matrizes complexas é o menor dispêndio quanto ao tratamento e purificação da amostra, além de contar com o possível efeito sinérgico apresentado pela mistura de metabólitos secundários. Assim, o desenvolvimento de formulações contendo extratos vegetais confere maior estabilidade, aumento na capacidade de dispersão em meio aquoso, biodisponibilidade, liberação controlada no meio ambiente, além de manter a integridade do potencial biológico da matriz por mais tempo no ambiente.

## 3. Estabilidade de extratos vegetais e a necessidade de formulação

Os inseticidas botânicos apresentam um ou mais componentes ativos em sua composição, os quais são capazes de atuar sobre a fisiologia dos insetos-alvo, desencadeando variados efeitos letais e subletais. Para isso, os compostos devem possuir capacidade de penetração tegumentar e interagir com os sítios-alvo, de modo a apresentar efetividade de controle, considerando as peculiaridades das espécies de insetos-praga a serem controladas, as características físico-químicas de cada substância obtida e o ambiente no qual será aplicado (Kim et al., 2007).

Na aplicação de inseticidas em cultivos agrícolas é comum a pulverização de soluções, emulsões e/ou suspensões coloidais. Usualmente, o preparo envolve o emprego de água como veículo para formar uma distribuição homogênea, permitindo o seu uso em diferentes ambientes e finalidades. Além disso, também é de grande aplicação o uso de nebulizadores e iscas granuladas contendo a molécula inseticida.

Contudo, a utilização de polímeros e outros materiais para a proteção das formulações exige que estes possuam características físico-químicas compatíveis com os princípios ativos (conferindo eficácia da proteção destes e estabilidade) de modo a não perder solubilidade em água (ou capacidade de dispersão) e, consequentemente, possibilitar sua apropriada aplicação em campo (Perlatti et al., 2013).

Muitos compostos com atividade inseticida apresentam alta pressão de vapor (voláteis à temperatura ambiente), degradação térmica e alta taxa de fotodegradação, principalmente para moléculas que apresentam aromaticidade e ligações pi ($\pi$) conjugadas. Além disso, quando inseridos no meio ambiente, eles podem sofrer outros processos de degradação como hidrólise, perda pela fixação ineficiente (lixiviação) e por temperaturas elevadas e ação de microrganismos (Perlatti et al., 2013). A presença de diversos íons metálicos no meio ambiente pode ainda acelerar o processo de degradação. A degradação por diferentes formas pode exigir a utilização do inseticida em altas concentrações e/ou em repetidas aplicações para promover a proteção desejada dos cultivos de interesse. Consequentemente, o maior uso promove a elevação dos custos de produção e dos impactos ambientais, assim como os efeitos sobre organismos não alvo, além de acelerar a seleção de populações de pragas resistentes.

Diante dos fatores de baixa solubilidade, estabilidade e rápida degradação aos quais os inseticidas estão sujeitos, em especial os inseticidas botânicos, é importante buscar processos capazes de tornar as aplicações mais eficientes. Os inseticidas botânicos já possuem um sistema natural de biodegradação que os torna menos agressivos ao meio ambiente. De tal forma, esses derivados requerem maior número de aplicações, em menor período de tempo (devido ao menor período residual em campo). Contudo, essas características ressaltam a importância de que os inseticidas de origem vegetal sejam provenientes de fontes renováveis e tenham baixo custo de obtenção (Forim et al., 2012).

A degradação do imidacloprido e do tiacloprido (neonicotinoides), amplamente utilizados em diversas culturas agrícolas, foi avaliada por Yin et al. (2018). Processos oxidativos avançados (UV/cloro) foram aplicados e, mesmo após a quebra de porções das cadeias de ambos os inseticidas, foi observada a presença de produtos halogenados tóxicos (Yin et al., 2018). Diferentemente, o óleo de *A. indica* possui uma degradação natural no meio ambiente pela ação de microrganismos e da radiação solar. Do ponto de vista ambiental, a biodegradação se mostra como uma vantagem a mais do uso de inseticidas de origem vegetal no manejo de insetos-praga, visto a sua eficácia e rápida biodegradabilidade (Benelli et al., 2017).

A formulação de inseticidas envolve etapas de processamento para melhorar o armazenamento, o manuseio, a segurança, a aplicação e/ou a eficácia (modo mais adequado para uso agrícola) de compostos ativos. No entanto, tais etapas devem ser desenvolvidas considerando todo o sistema, desde as propriedades do composto ativo até as características do meio específico ao qual será aplicado e o modo de ação sobre a praga-alvo. Além disso, se faz necessário adicionar componentes e desenvolver métodos compatíveis com o uso do inseticida para o controle da praga, reduzindo os impactos ambientais e os custos de produção.

As formulações precisam levar em conta diversos aspectos como a praga-alvo, o modo de ação dos componentes ativos e sua estabilidade em condições de campo, a época do ano em que o produto vai ser utilizado, os níveis populacionais do alvo a ser controlado e o veículo de aplicação da formulação desenvolvida. Assim, a formulação pode e deve melhorar as propriedades químicas de armazenamento do produto, de aplicação, de manipulação e, se possível, aumentar significativamente a eficácia e a segurança de seu uso (Sarwar, 2015). A seguir, estão detalhados os requisitos de um bom processo de formulação:

a) Eficácia: a correta formulação do inseticida na concentração desejada de componentes ativos pode aumentar a sua permanência no ambiente ou na planta a ser protegida, reduzir o impacto dos fatores de degradação e propiciar níveis satisfatórios de controle da espécie-praga alvo;

b) Propriedades de armazenamento: a estabilidade do componente ativo na formulação pode ser aumentada por um determinado período de armazenamento (*shelf life*), evitando, por exemplo, a sua perda por volatilização e hidrólise, e mantendo os níveis de bioatividade requeridos para sua finalidade de uso;

c) Manipulação: formulações sólidas (p. ex.: pó seco, pó molhável, granulados etc.), líquidas (p. ex.: concentrado emulsionável, concentrado solúvel etc.), sistemas coloidais (p. ex.: emulsão, espumas, nanopartículas etc.) devem ser desenvolvidas considerando todo o sistema, desde as propriedades do composto ativo (p. ex.: solubilidade, estabilidade, estado físico, liberação etc.) até a forma em que o inseticida será transportado e aplicado no cultivo a ser protegido e considerando o inseto-alvo a ser controlado. Esse planejamento permite o uso eficaz da formulação quanto a sua finalidade e custo operacional;

d) Segurança de armazenamento, manipulação e uso: o preparo da formulação inseticida considerando a sua eficácia, propriedades de armazenamento, manipulação e impacto ambiental permite otimizar sua segurança ou mesmo restringir seu uso pelas exigências regulatórias. Um composto ativo puro pode apresentar toxicidade ao manipulador por meio da absorção por vias áreas, ingestão ou dérmica, ou ainda por contaminar o solo e água, as plantas (fitotoxicidade) e outras espécies de animais não alvo. Nesse caso, a formulação específica para um alvo deve ser preparada usando constituintes inertes, com baixa inflamabilidade e oferecer meios para aumentar a sua segurança, como, por exemplo, reduzir a volatilidade dos componentes ativos e o risco de contato com tais produtos tóxicos;

e) Aplicação: a forma de aplicação é um dos principais fatores a ser considerado no desenvolvimento da formulação. Se o acesso a uma grande plantação é limitado e a logística de aplicação mais viável economicamente é por via área (pulverização), não será favorável a utilização de inseticidas em pó ou espuma, por exemplo. Mesmo sendo possível formular o inseticida em espuma, a maior parte será perdida no momento da aplicação. Ainda, itens como o tipo de ponta de pulverização, vazão, maquinário adequado ao tipo de cultivo (espécies anuais de pequeno porte, perenes arbóreas etc.) influenciam na escolha das formulações a serem preparadas.

As formulações mais comuns são preparadas a partir de uma mistura do ingrediente ativo com componentes inertes e outros adjuvantes, tais como dispersantes, fixadores, antioxidantes, acidificantes, antiespumantes etc. (Sarwar, 2015). A formulação tem grande importância para obtenção de um inseticida eficaz e de baixo custo. Contudo, grande parte dos pesticidas usados no mundo, principalmente no Brasil, são preparados a partir de compostos sintéticos, que podem causar muitos problemas ambientais, inclusive para a saúde humana. O terbufós, um organofosforado de grande utilização em culturas como algodão e cana-de-açúcar, tem promovido a contaminação de cursos d'água, como relatado nos Estados Unidos da América em 2006 (Gerage, 2016; Nascimento e Melnyk, 2016).

Um dos principais focos estabelecidos até hoje é a busca e o desenvolvimento de biopesticidas, elaborados a partir de biomoléculas com atividade no controle de pragas provenientes de fontes renováveis e de fácil acesso e baixo custo para sobrepor a barreira encontrada pelo menor tempo residual (Forim et al., 2012).

Uma ampla variedade de biopesticidas, como extratos botânicos e óleos essenciais foi investigada e avaliada quanto a sua eficácia sobre espécies-praga de diferentes culturas. Por exemplo, derivados de citronela, *Cymbopogon nardus* L. Rendle (Poaceae), possuem ação repelente para mosquitos e efeito ectoparasiticida contra carrapatos. Tais propriedades de derivados de citronela são associadas a compostos presentes nas folhas, como citronelal, eugenol, geraniol, limoneno e outros monoterpenos (Olivo et al., 2008). Todavia, existem vários problemas no uso de biopesticidas à base desses compostos em termos de estabilidade, tanto em aspectos logísticos e de armazenamento como de aplicação no campo, refletindo, consequentemente, na sua eficácia. Muitos compostos ativos, como os terpenos presentes na citronela, não são estáveis à temperatura ambiente e mesmo tendo atividade inseticida, são perdidos por volatilização em um curto período (Koul, 2019). Nesse sentido, as formulações comumente empregadas em inseticidas sintéticos (p. ex.: formulações aquosas e por spray) muitas vezes não são capazes de inibir a rápida degradação de biopesticidas expostos a fatores do ambiente, como luz, temperatura e umidade (Miresmailli e Isman, 2014).

Para superar alguns problemas inerentes aos produtos naturais com propriedades inseticidas/insetistáticas, especialmente aqueles relacionadas à foto e à termoestabilidade (cada formulação confere uma cinética de liberação particular), diferentes formulações têm sido desenvolvidas por meio de novas técnicas e métodos, capazes de permitir uma aplicação e atuação mais eficiente dos bioinseticidas (Koul, 2019). O micro e o nanoencapsulamento são técnicas promissoras e têm sido extensivamente estudadas e aplicadas, demonstrando resultados interessantes na proteção de substâncias e misturas facilmente suscetíveis a degradações de diferentes naturezas (Kah et al., 2016; Papanikolaou et al., 2018; Shao et al., 2018; Nuruzzaman et al., 2019). O desenvolvimento de nanoformulações de piretrinas naturais no controle do pulgão-do-algodoeiro, *Aphis gossypii* Glover (Hemiptera: Aphididae), e de microformulações de biopesticidas à base de norcantaridina sobre a traça-das-crucíferas, *Plutella xylostella* (L.) (Lepidoptera: Plutellidae), são exemplos dos avanços dos processos de formulação de inseticidas botânicos (Papanikolaou et al., 2018; Shao et al., 2018).

## 4. Desenvolvimento de micro e nanoformulações

A busca pela otimização de pesticidas de modo a obter resultados mais promissores e consistentes levou ao desenvolvimento de novos processos de formulações, incluindo as técnicas de micro e nanoformulações. Esses tipos de formulações começaram a ser desenvolvidos na década de 1970, quando surgiram as primeiras microcápsulas comerciais. Já o termo nanotecnologia surgiu em 1974 para descrever processos de semicondutores, como no desenvolvimento da deposição de filmes finos (nanômetros) por Norio Taniguchi, professor e pesquisador da Universidade de Ciência de Tóquio (Taniguchi, 1974). Assim, nanoformulações envolvem a obtenção de formulados com tamanhos na ordem de nanômetros e de microformulações na ordem de micrômetros (Koul, 2019).

A microformulação surgiu como uma importante ferramenta para ingredientes ativos hidrofóbicos, pois promove o aumento da sua dispersão em meio aquoso e possibilita o controle de liberação (Perlatti et al., 2013). Como as aplicações no ambiente de cultivo utilizam a água como seu principal veículo, possibilitar que compostos apresentem maior interação com a água é um fator relevante para promover o aumento de sua eficácia.

A formulação de compostos ativos de origem natural, como aqueles obtidos de plantas (aleloquímicos), também requer a análise das propriedades físico-químicas inerentes à aplicação. Óleos essenciais constituídos majoritariamente por terpenos (p. ex.: limoneno, citronelal etc.) são voláteis à temperatura ambiente e necessitam de formulações que permitam sua liberação controlada, como nanopartículas. O uso de inseticidas naturais nanoformulados no manejo de pragas de importância agrícola possibilita preservar o potencial produtivo dos cultivos a serem protegidos, aliando eficácia de controle e um maior equilíbrio do agroecossistema pelas características inerentes das biomoléculas empregadas (Koul, 2019).

## 4.1. Técnicas de encapsulamento

Diversos métodos de encapsulamentos são conhecidos e estão disponíveis para utilização em formulações de bioinseticidas, incluindo diferentes processos por gotejamento (secagem por pulverização, gelificação iônica ou térmica etc.) e emulsificação (polimerização interfacial, gelificação iônica etc.). Esses processos permitem obter partículas carregadas com princípios ativos, sejam extratos vegetais e/ou compostos isolados ou mesmo compostos sintéticos, variando suas estruturas de acordo com o tamanho (nanômetro ou micrômetro) e modo de encapsulamento, tais como cápsulas, esferas, micelas e géis (Nuruzzaman et al., 2019).

As nano e micropartículas podem ser classificadas nas diferentes técnicas de obtenção, tais como: 1) processos físicos como liofilização (*freeze-dry*), pulverização (*spray-drying*), gelificação iônica etc.; 2) processos químicos como inclusão molecular e polimerização interfacial; 3) processos físico-químicos como encapsulamento de lipossomo e coacervação (Miresmailli e Isman, 2014; Ozkan et al., 2019).

Por sua vez, tanto as nanopartículas quanto as micropartículas podem ser subgrupadas, segundo McClements (2012), Costa et al. (2017), Papanikolaou et al. (2018), Koul (2019) e Singh et al. (2019) em:

a) Nano ou microcápsulas: agregados poliméricos onde o composto ativo fica em sua maior parte no centro do núcleo, recoberto por uma matriz polimérica;

b) Nano ou microesferas: matriz polimérica isenta de um núcleo definido, estando o composto ativo disperso na matriz polimérica ou adsorvido sobre a mesma;

c) Nano e microemulsões: a formação das diferentes partículas envolve duas fases líquidas imiscíveis (óleo em água ou água em óleo, dependendo se o óleo é disperso como gotículas na água ou vice-versa), em que a fase interna (dispersa) é dispersada na fase externa (contínua) de maneira controlada, formando um núcleo hidrofóbico das caudas de óleo e surfactante e uma concha hidrofílica dos grupos principais do surfactante. O agente encapsulante e o composto ativo, solubilizados em fases opostas, formam então nano e micropartículas. Para nanoemulsões é comum o uso de um cossurfactante;

d) Nano e micromicelas: formadas em solução aquosa por moléculas anfifílicas que possuem regiões hidrofóbicas (direcionadas para o interior) e hidrofílicas (direcionadas para o exterior), gerando micelas esféricas. As micelas são formadas de acordo com a concentração das moléculas anfifílicas, tamanho do domínio hidrofóbico-hidrofílico, temperatura e solvente.

e) Nano e microgéis (hidrogéis ou géis hidrofílicos): formados por polímeros hidrofílicos ligados entre si por ligações cruzadas que se caracterizam por absorver grande volume de água (ou solvente) e interagir com as moléculas do composto ativo.

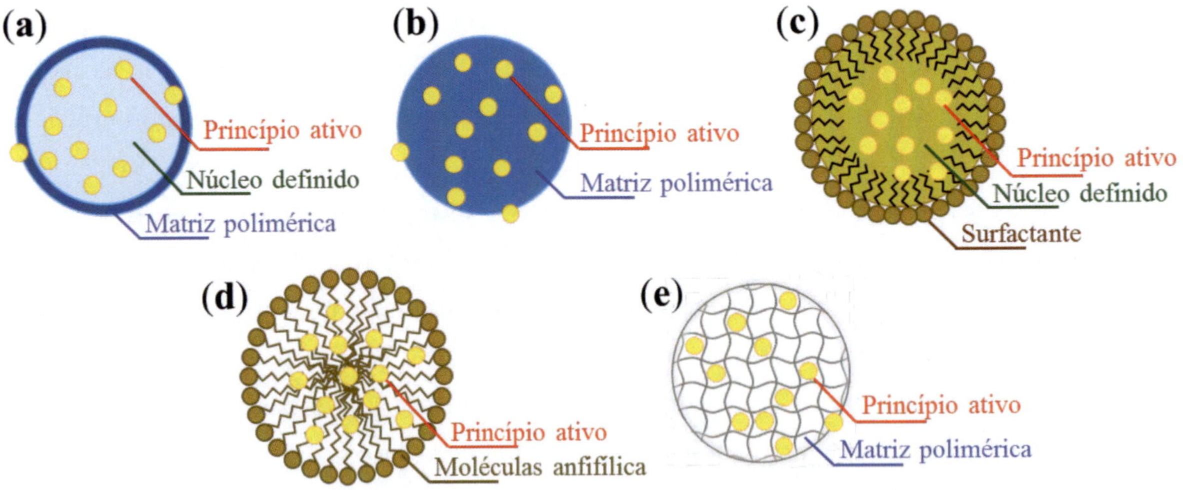


**Figura 3.** Diagrama esquemático de nano e micropartículas: a) Cápsulas; b) Esferas; c) Emulsões; d) Micelas e; e) Hidrogéis.

Alguns exemplos dos diferentes tipos de nano e microformulações utilizadas com inseticidas botânicos, preparados com polímeros sintéticos ou naturais, podem ser observados na Tabela 3.

Tabela 3. Exemplos de nano e microformulações de derivados botânicos.

| Princípios ativos | Veículos encapsulantes | Técnicas de encapsulamento | Insetos-alvo | Referências |
|---|---|---|---|---|
| Piretrinas[a] e óleo essencial de *Citrus limon* (L.) Osbeck | Tween®80 e Tween®20 | Nanoemulsão | *Aphis gossypii* Glover | Papanikolaou et al. (2018) |
| Óleo essencial de *Zanthoxylum riedelianum* Engl. | Poli-ε-caprolactona | Nanoesfera | *Bemisia tabaci* (Gennadius) | Pereira et al. (2018) |
| Óleo essencial de *Schinus molle* L. | Maltodextrina | Microcápsula | *Haematobia irritans* (L.) | López et al. (2014) |
| Piretrinas[a] | P(MEO2MA94–co–ODA6) | Nanomicela | *Aedes aegypti* (L.) e *Culex pipiens pallens* (L.) | Zhang et al. (2019) |
| Óleo de *Azadirachta indica* A. Juss. | Lignina | Microcápsula | *Spodoptera frugiperda* (J.E. Smith) e *Diatraea saccharalis* (Fabricius) | Costa et al. (2017) |
| Óleos essenciais de *Geranium maculatum* Dum. Cours. e de *Citrus bergamia* Risso & Poit. | PEG 6000 | Nanopartícula | *Blattella germanica* (L.) | González et al. (2016) |
| Óleo essencial de *Lippia sidoides* Cham. | Quitosana/goma de caju | Nanogel | *A. aegypti* | Abreu et al. (2012) |
| Óleo essencial de *Carum copticum* (L.) Benth. & Hook. f. ex C.B. Clarke | Ácido mirístico/quitosana | Nanogel | *Sitophilus granarius* (L.) e *Tribolium confusum* Jacquelin du Val | Ziaee et al. (2014) |

[a] Os autores não mencionam a origem botânica das piretrinas naturais utilizadas no estudo.

### 4.1.1. Nano ou microcápsulas

O encapsulamento na formação de nano ou microcápsulas permite que o extrato ou composto ativo isolado permaneça em maior quantidade no núcleo lipofílico da partícula, promovendo um meio de vetorização e estabilização de bioinseticidas usualmente pouco solúveis em meio aquoso. O polímero para encapsulamento pode ser obtido pela síntese de vários blocos hidrofílicos e hidrofóbicos de diferentes estruturas e comprimentos. Como resultado é possível preparar nanopartículas de diferentes tamanhos e propriedades com capacidade de encapsular compostos hidrofílicos ou hidrofóbicos (Singh et al., 2019).

O processo de pulverização por *spray-dryer* apresenta bons resultados na formação de microcápsulas sólidas com capacidade de produzir partículas em escala industrial. Resumidamente, o processo é composto de 3 etapas, sendo: 1) atomização (pulverização) de um líquido; 2) evaporação dos solventes presentes nas microgotas numa corrente de gás aquecida; e 3) coleta do material em pó seco (Liu et al., 2015).

A coacervação complexa é um processo de microencapsulação, no qual micropartículas são obtidas num processo de separação das fases de uma mistura líquido-líquido de polieletrólitos com cargas opostas (Girardi et al., 2016; Ozkan et al., 2019). Microcápsulas com óleo essencial de *Schinus molle* L. (Anacardiaceae) foram preparadas para o controle da mosca-dos-chifres, *Haematobia irritans* (L.) (Diptera: Muscidae), a partir da técnica de *spray-drying*. Diferentes suspensões foram preparadas usando maltodextrina (MDX) e goma arábica como carregadores, seguindo-se com a incorporação do óleo essencial. As amostras foram submetidas ao processo de secagem por *spray-dryer* e microcápsulas sólidas foram obtidas, com o óleo essencial no interior do filme do material encapsulado. A aplicação de soluções das microcápsulas obtidas (100 mg/mL) sobre *H. irritans* promoveu mortalidade de mais de 70% dos indivíduos após 4 h de exposição (López et al., 2014). Klein et al. (2015) também prepararam microcápsulas de maltodextrina (MDX) e goma arábica carregadas com extratos de guaraná semipurificados, otimizando sua estabilidade. Os autores demonstraram uma taxa satisfatória de eficiência de encapsulamento sem a perda das atividades antioxidantes (Klein et al., 2015).

#### 4.1.2. Nano ou microesferas

As nano ou microesferas apresentam uma parede polimérica que encapsula o composto ativo em sua matriz ou o mantém adsorvido. Nesse caso, não há um núcleo definido nas nano e microesferas devido à dispersão das moléculas ou misturas bioativas na matriz polimérica.

Nanoesferas contendo óleo essencial de *Zanthoxylum riedelianum* Engl. (Rutaceae) foram preparadas por Pereira et al. (2018) e avaliadas quanto a sua atividade inseticida sobre a mosca-branca, *Bemisia tabaci* (Gennadius) (Hemiptera: Aleyrodidae). Para a produção das nanoesferas foram utilizados poli-ε-caprolactona (PCL) como polímero, Tween® 80 como dispersante, além de acetona e Span® 60, a partir do método de nanoprecipitação de polímero pré-formado. As nanoesferas obtidas foram avaliadas na concentração de 1,5% (m/m) sobre *B. tabaci*, causando 82,9% de mortalidade das ninfas expostas.

#### 4.1.3. Nano e microemulsões

Para o preparo de emulsões, o polímero, um óleo e o ingrediente ativo são solubilizados em fases opostas sendo, geralmente, uma das fases, o meio aquoso. Uma das soluções é adicionada gota a gota sobre a outra, mantida em um recipiente sob agitação. A classificação da emulsão é dada pela ordem de adição da água e do óleo (fase orgânica). Se a água é a fase dispersa, a emulsão é chamada como O/A (óleo em água); se o contrário ocorre, a emulsão é classificada como A/O (água em óleo) (Villalobos, 2010).

O desenvolvimento de micro e nanoemulsões como carreadoras de pesticidas diminui o uso de solventes orgânicos e promove maior dispersibilidade, molhabilidade, penetração e, consequentemente, aumento na eficácia do composto ativo (Papanikolaou et al., 2018). Para polímeros e compostos ativos que apresentam solubilidades bem distintas, a emulsão pode ser uma técnica importante na obtenção do biopesticida formulado.

Uma formulação por microemulsão de um novo biopesticida foi preparada para o controle de *P. xylostella* (L.) (Lepidoptera: Noctuidae), importante praga de diversas brassicáceas. Para isso, foi utilizado como princípio ativo a norcantaridina, molécula que possui rápida degradação em campo e ação inibidora das proteínas serina/treonina fosfatases, além dos surfactantes Tx-13 (polioxietileno alquil fenol) e Tween® 80 (monooleato de polioxietileno sorbitano). A melhor formulação foi obtida a partir da mistura com dimetilformamida, ciclohexano e etil butirato (1:1:2, m/m/m) para a fase orgânica, que causou a mortalidade total das larvas de *P. xylostella* após 24 h de exposição (Shao et al., 2018).

Nanoemulsões com piretrinas foram avaliadas sobre o pulgão-do-algodoeiro *A. gossypii* e seu predador *Coccinella septempunctata* L. (Coleoptera: Coccinellidae), preparadas com terpenos de óleo de limão [*Citrus limon* (L.) Osbeck (Rutaceae)] como dispersante, mistura de água/glicerol como fase aquosa dispersada e Tween® 80 e Tween® 20 como estabilizadores. As piretrinas (piretrina I, piretrina II, cinerina I, cinerina II, jasmolina I e jasmolina II) foram extraídas a partir de *Tanacetum cinerariifolium* (Trevir.) Sch. Bip. [=*Chrysanthemum cinerariifolium* (Trevir.) Vis.] (Asteraceae). Dois sistemas de microemulsões foram preparados, sendo o sistema 1 com terpenos de óleo de limão, Tween® 20 e água/glicerol (1:2, m/v) e o sistema 2 com terpenos de óleo de limão, Tween® 80 e água/glicerol (1:2, m/v), com concentrações de piretrinas variando entre 3,1 e 1,86% (m/v) da emulsão. O sistema 1 (piretrinas a 3,1%, m/v), causou maior mortalidade de pulgões sem, contudo, apresentar ação sobre o predador, indicando a seletividade das nanoformulações produzidas (Papanikolaou et al., 2018).

#### 4.1.4. Nano e micromicelas

Nano e micromicelas são de grande interesse para formulação de agentes insolúveis em água. Geralmente, as micelas são formadas a partir das propriedades anfifílicas de polímeros

ros, copolímeros, entre outros, em meio aquoso (Nuruzzaman et al., 2019). Uma mistura de nanomicelas de piretrinas naturais foi preparada com poli-[metacrilato de 2-(2-metoxietoxi) etila-*co*-metacrilato de octadecila] como polímero e dois copolímeros [monometoxi-polietilenoglicol-13-poli(ácido-D,L-lático-*co*-glicólico) e polietilenoglicol-45-poli(D,L-ácido lático)]. Essas nanomicelas foram aplicadas sobre larvas de *Aedes aegypti* (L.) e *Culex pipiens pallens* L. (ambos Diptera: Culicidae) e causaram mortalidades entre 30 e 70% nas diferentes fases do desenvolvimento dos mosquitos (Zhang et al., 2019).

### 4.1.5. Nano e microgéis

Nano e microgéis são redes poliméricas hidrofílicas ligadas entre si, com capacidade de serem dispersas e/ou entumecidas em água (ou outros solventes). Apresentam alta capacidade de cargas, estabilidade e capacidade de resposta a fatores como força iônica e temperatura (Nuruzzaman et al., 2019). Os grupos funcionais hidrofílicos ligados ao esqueleto carbônico polimérico gerenciam a capacidade de absorver água (ou outro solvente) e a resistência à dissolução é devida a redes poliméricas reticuladas (Singh et al., 2019).

A atividade inseticida de nanogéis contendo óleo essencial de *Carum copticum* (L.) Benth. & Hook. f. ex C.B. Clarke (Apiaceae) foi avaliada contra *Sitophilus granarius* (L.) (Coleoptera: Curculionidae) e *Tribolium confusum* Jacquelin du Val (Coleoptera: Tenebrionidae) (Ziaee et al., 2014). Nanogéis com ácido mirístico/quitosana foram sintetizados com a técnica de automontagem, os quais foram carregados com óleo essencial de *C. copticum*. Para ambas as espécies-praga, os nanogéis aumentaram a atividade inseticida do óleo essencial comparado ao produto aplicado puro e promoveram a mortalidade de 100% dos indivíduos após 48 h de exposição, nas doses de 15 µL/L para *S. granarius* e de 43 µL/L para *T. confusum*. Os nanogéis mantiveram a atividade inseticida durante 20 dias (Ziaee et al., 2014).

Nanogéis baseados em quitosana e goma de caju foram preparadas com óleo essencial de *Lippia sidoides* Cham. (Verbenaceae). Os nanogéis foram preparados em diferentes proporções de quitosana/goma de caju/óleo essencial, sendo posteriormente avaliada a atividade inseticida sobre larvas de *A. aegypti*. Os nanogéis com razão 10:2 matriz/óleo causaram 87% de mortalidade larval após 48 h de exposição, com eficácia superior à do óleo essencial não encapsulado (Abreu et al., 2012).

## 4.2. Técnicas de secagem - nano e micropartículas em pó

As partículas nano e microformuladas são produzidas em suspensão coloidal utilizando um meio de dispersão, geralmente aquoso. Contudo, para promover maior estabilidade e redução na relação volume/peso, aspectos importantes para facilitar seu armazenamento e transporte (o que envolve a redução de custos operacionais), é de grande interesse a obtenção de nano e microformulações secas em pó. Para isso, as formulações precisam ser secáveis e passíveis de reutilização em uma nova dispersão em meio aquoso para aplicação na forma de pulverização, ou então como pó seco, os quais apresentam limitações para alguns tipos de cultivos e artrópodes-praga (Embrapa, 2003).

Entre as técnicas de secagem mais comuns estão *spray-drying*, liofilização e coacervação (Sagiri et al., 2016), conforme descrições a seguir.

#### 4.2.1. *Spray-drying*

O *spray-drying*, ou secagem por aspersão ou pulverização, é um processo que tem se destacado no preparo de micro e nanopartículas em pó. Usualmente, a matriz polimérica e o composto ativo são formulados em nano ou micropartículas, utilizando diferentes processos de preparo e, em seguida, secos utilizando o *spray-dryer*. Para o processo de secagem é comum o uso de um adjuvante de secagem evitando a aglutinação das nano e/ou micropartículas em macropartículas. Micropartículas carregadas com princípios ativos também podem ser obtidas diretamente pelo *spray-dryer* durante a etapa de retirada do meio de dispersão, num processo comumente denominado microencapsulação.

A secagem por pulverização pode ser escalonada em níveis comerciais, em processos ajustados com o mínimo de desperdício. O entendimento de como as partículas funcionais são formadas pode ajudar no desenvolvimento de uma rota econômica, com diferentes propriedades e facilidade de manuseio (Perlatti et al., 2013; Liu et al., 2015).

O processo de secagem por pulverização é simples e consta de 3 etapas: 1) atomização de um líquido (solução, suspensão ou emulsão) que é disperso na forma de microgotículas com uma grande área superficial; 2) contato das microgotículas com uma corrente de gás aquecida; e 3) evaporação do solvente e coleta das partículas em pó (Liu et al., 2015). O contato das microgotículas com o fluxo de ar quente promove a evaporação instantânea do solvente sendo o material seco exposto a temperaturas moderadas (temperatura de saída), o que limita a degradação térmica.

Como todo processo, para se obterem bons rendimentos e baixa taxa de degradação térmica, a operacionalização do *spray-dryer* precisa ser otimizada. Os principais parâmetros são a temperatura da suspensão, que afeta diretamente a viscosidade do líquido, a vazão de alimentação, a temperatura de entrada e de saída do ar de secagem, a carga de material no fluído de alimentação etc.

Para controle da lagarta-do-cartucho, *S. frugiperda*, e da broca-da-cana, *Diatraea saccharalis* (Fabricius) (Lepidoptera: Crambidae), Costa et al. (2017) prepararam microcápsulas a partir do óleo de nim como dispersão coloidal em meio aquoso, contendo lignina como polímero/macromolécula (extraída do bagaço de cana-de-açúcar e derivatizada), Tween® 80 como surfactante e dióxido de silício coloidal como suporte de secagem. A suspensão coloidal foi homogeneizada com agitação magnética e levada ao *spray-dryer* para obtenção das micropartículas em pó. As formulações mostraram aumento da estabilidade térmica e de fotodegradação em até 40%, comparadas com as amostras do óleo de nim não formuladas, acarretando, assim, elevados níveis de bioatividade sobre as duas espécies-praga. As formulações utilizando ligninas e óleo de nim foram promissoras, podendo se constituir em potentes "pesticidas verdes" devido ao uso de biopolímeros (Costa et al., 2017).

#### 4.2.2. Liofilização

A liofilização é um processo de secagem a frio para retirada dos solventes (principalmente a água). Basicamente, o procedimento de liofilização consiste de 3 etapas principais: 1) resfriamento de uma solução ou dispersão abaixo do ponto de congelamento; 2) sublimação do material congelado, geralmente realizada sob pressão reduzida a vácuo (secagem primária); e 3) remoção da água residual descongelada da solução solidificada (secagem secundária) (Franks, 2007). Uma das vantagens desse processo é o não uso de temperatura de aquecimento para retirada do solvente, evitando assim possíveis perdas por degradação térmica ou evaporação da amostra, propiciando aumento da estabilidade dos produtos em pó e evitando, por exemplo, a aglutinação das nano/micropartículas etc. Um dos desafios desse processo, na etapa de congelamento do material, é evitar a formação de gradientes de produtos na solução congelada que formaria uma amostra não homogênea, contendo núcleos com diferentes temperaturas de fusão comprometendo a etapa de sublimação. O processo de liofilização pode, em alguns casos, apresentar algumas desvantagens como a agregação das partículas com a perda da integridade do material nanoencapsulado. Isso, porém, pode ser resolvido com o uso de adjuvantes de secagem (como açúcares), que podem aumentar a resistência das partículas e a sua estabilidade (Fonte et al., 2016; Ozkan et al., 2019).

Nanomicelas com diferentes polímeros sintetizados e carregadas com piretrinas naturais foram preparadas e a atividade inseticida avaliada sobre larvas de *A. aegypti* e de *C. pipiens pallens*. No processo de carreamento dos polímeros com as piretrinas, foi feita diálise e, posteriormente, as soluções foram diluídas, centrifugadas e secas pelo processo de liofilização. As amostras secas foram ressuspendidas em meio aquoso para análise e aplicação frente *C. pipiens pallens* e *A. aegypti* sendo o produto formulado mais eficiente que os controles positivos (piretrinas comerciais) em ensaios com 24 h de exposição (Zhang et al., 2019).

### 4.2.3. Coacervação

A técnica de coacervação tem como base a adição de um agente dessolvatante ou coacervante a uma solução homogênea de polímeros. O agente coacervante dessolvata a solução polimérica em um coacervado (fase rica) e um meio de coacervação (fase pobre), com cargas opostas. No processo de encapsulamento, o composto ativo será encapsulado na fase rica do polímero formando, por exemplo, microcápsulas (Sagiri et al., 2016; Ozkan et al., 2019).

O processo de coacervação foi aplicado na obtenção de nanocápsulas com óleo essencial de jasmim (*Jasminum grandiflorum* L., Oleaceae). Para isso, Lv et al. (2014) utilizaram gelatina (tipo B) e goma arábica de *Acacia senegal* (L.) Willd. (Fabaceae) como biopolímeros, e Span® 80 e Tween® 80 como surfactantes, tendo sido o processo realizado em meio ácido (pH = 4,8) e à temperatura de 80°C.

## 4.3. Técnicas de caracterização das nano e microformulações

As qualidades únicas e o desempenho das nano e micropartículas são diretamente dependentes de suas propriedades físico-químicas e parâmetros quantitativos. Assim, propriedades de vetorização, ganhos de estabilidade e eficiência biológica, por exemplo, são dependentes das características individuais de cada sistema formulado. Desse modo, a caracterização de nano e microformulações são cruciais para a avaliação de suas características estruturais, funcionalização, possíveis modificações e aplicações. Geralmente, tais caracterizações envolvem o tamanho, a morfologia, a estabilidade e a carga de superfície, utilizando técnicas como Microscopia Eletrônica de Varredura (MEV) e de Transmissão (TEM), Espalhamento Dinâmico de Luz (DLS) e Microscopia de Força Atômica (AFM) (Haskell, 2006; Pal et al., 2011; Mourdikoudis et al., 2018). Além disso, é fundamental a investigação da dose do composto ativo no produto formulado, da eficiência de recuperação e de encapsulamento e de estudos de estabilidade e cinética de liberação, os quais podem ser avaliados e monitorados pelo uso de métodos quantitativos.

Na Tabela 4 encontram-se destacadas algumas técnicas comumente usadas na caracterização de nano e microformulações, assim como informações sobre suas aplicações.

**Tabela 4.** Técnicas de caracterização comumente empregadas para avaliar as propriedades das nano e micropartículas em suspensão coloidal e em pó.

| Técnicas | Principais informações |
|---|---|
| **Caracterização físico-química** | |
| Espalhamento Dinâmico de Luz (DLS), Espalhamento Estático de Luz (SLS), filtração, Turbidimetria [a] | Constatação de aglomerados, tamanho e distribuição hidrodinâmico das partículas |
| Medida do pH [a] | Determinação do pH do meio de dispersão |
| Espalhamento de Luz Eletroforético (Mobilidade Eletroforética, Potencial Zeta); métodos bioanalíticos (Centrifugação Isopícnica e Focagem Isoelétrica) [a] | Carga superficial das partículas |
| Cromatografia por Exclusão de Tamanho (SEC) [a] | Distribuição do peso molecular, massa molecular média e grau de ramificação dos polímeros |
| Microscopia Eletrônica de Transmissão (MET) [a,b] | Morfologia, tamanho, monodispersidade de tamanho, forma, estado de agregação, detecção e localização/quantificação de nanoformulados em matrizes e cinética de crescimento |
| Microscopia Eletrônica de Varredura (MEV) [a,b] | Morfologia, distribuição de tamanho, estado de aglomeração e dispersão em matrizes |
| Microscopia de Força Atômica (AFM) [a,b] | Morfologia, tamanho e forma em modo 3D, grau de cobertura de uma superfície com morfologia e dispersão em células e outras matrizes |
| Difração de Raio-X (DRX) [a,b] | Composição, estrutura cristalina e tamanho de grão cristalino |
| Calorimetria Exploratória Diferencial (DSC) [b] | Determinação da natureza e da especiação da cristalinidade nas nanopartículas pelas temperaturas vítreas e do ponto de fusão, e suas entalpias associadas |
| Análise Termogravimétrica (TGA) [b] | Teor de umidade no produto após as etapas de secagem, quantidade do princípio ativo encapsulado e pureza |
| **Caracterização quantitativa do princípio ativo** | |
| Análises cromatográficas (cromatografia em fase líquida ou gasosa) [a,b] | Determinação do teor do princípio ativo na suspensão coloidal e encapsulado (análise da eficiência de encapsulamento), investigação da eficiência de recuperação do princípio ativo e suporte para estudos de cinética de liberação, estabilidades e controle de qualidade |

[a] Em suspensão coloidal; [b] Em pó

## 4.4. Biopolímeros

Na produção de uma formulação comercial para uso agrícola é esperado que o material seja de baixo custo e biodegradável (compatível com o meio ambiente), sem a geração de produtos tóxicos a partir de sua degradação. Muitas formulações de bioinseticidas são preparadas com polímeros e/ou surfactantes sintéticos, principalmente derivados da indústria do petróleo, que podem ainda provocar problemas ambientais se usados em larga escala. Por isso, o uso de biopolímeros é de grande interesse uma vez que são macromoléculas (ou derivados) de origem natural facilmente biodegradadas no meio ambiente. Ao mesmo tempo, os biopolímeros apresentam propriedades físico-químicas compatíveis com os processos de preparo de nano e micropartículas em suspensão coloidal e/ou em pó (Perlatti et al., 2013).

Entre os biopolímeros utilizados no preparo de nano e microformulados se destacam: quitosana, maltodextrina, gomas xantana e arábica, gelatinas, ligninas, polihidroxialcanoatos etc. Como exemplo, Addesso et al. (2018) prepararam encapsulados com nootkatona extraída de *Chamaecyparis nootkatensis* (D. Don) Spach (Cupressaceae), utilizando a lignina como biopolímero. Essa formulação foi aplicada sobre *Tetranychus urticae* Koch (Acari: Tetranychidae) e causou 85% de mortalidade após 42 h de exposição, indicando ser uma potencial formulação para manejo desse importante ácaro-praga que infesta diversos cultivos agrícolas (Addesso et al., 2018).

Vários fatores precisam ser levados em consideração para a escolha de biopolímeros ou de suas combinações, tais como o tamanho e a sequência de repetição de monômeros em copolímeros, suas propriedades (solubilidade, porosidade, cargas, higroscopicidade e forças intermoleculares), a natureza do princípio ativo (polaridade, estabilidade e degradabilidade) e as propriedades físico-químicas desejadas para as partículas a serem produzidas (dispersão no preparo de caldas de pulverização, cinética de liberação, período residual, tamanho, estabilidade etc.). A utilização de biopolímeros ainda precisa levar em consideração a cultura a ser protegida, o modelo de aplicação, sua interação com aspectos da praga-alvo, o custo de produção e a disponibilidade de matéria-prima em volumes desejados (Joye e Julian, 2014).

## 5. Considerações finais

As técnicas de nano e microformulação contribuem para o desenvolvimento de inseticidas botânicos com maior atividade sobre os artrópodes-alvo, maior estabilidade dos componentes ativos e melhor perfil de segurança. Pesquisas têm demonstrado que essas formulações são capazes de proteger as moléculas bioativas contra a degradação por processos físicos (radiação, temperatura, hidrólise etc.) e biológicos e, consequentemente, possibilitam não somente maior eficácia agronômica e segurança ecotoxicológica, mas também maior tempo de armazenamento. Além disso, as nano e microformulações têm condicionado melhores propriedades do produto formulado em relação ao composto ativo não formulado, incluindo maior ação inseticida contra insetos-praga, maior estabilidade de transporte e de armazenamento (*shelf life*), menor foto e termodegradação, maior segurança de uso, maior facilidade de manipulação e aplicação e menor toxicidade para organismos não alvo.

O uso de biopolímeros na formulação de inseticidas botânicos tem propiciado o desenvolvimento dos chamados pesticidas verdes, pois são preparados em maior parte com compostos naturais. O uso desses biopesticidas é de grande interesse, pois biomoléculas apresentam menor persistência na natureza quando comparadas às moléculas sintéticas convencionais, com maior segurança ao ambiente e aos agricultores. Consequentemente, também protegem a saúde humana, reduzindo ou eliminando o uso de xenobióticos aos sistemas biológicos. Diversos estudos indicaram que muitas moléculas naturais, descritas em diversos exemplos neste capítulo, não apresentam toxicidade. Como resultado, os bioinseticidas devidamente formulados podem ser eficazes no controle de insetos-praga e seguros aos demais partícipes do elo produtivo, incluindo o consumidor final.

Mesmo com todos os benefícios da nanotecnologia, é necessário analisar criteriosamente os possíveis impactos de micro e nanoformulações para uma cultura e seu ambiente específico. Os biopesticidas formulados também precisam ser submetidos a programas de controle de qualidade e segurança ecotoxicológica, sendo avaliados quanto à alteração do solo, seletividade sobre organismos não alvo e fitotoxicidade sobre as plantas a serem protegidas, entre outros fatores. Assim, é possível verificar as vantagens e entender os possíveis impactos, para então estabelecer sistemas que diminuam tais inconvenientes, mantendo sua produção eficaz e sustentável.

## Referências bibliográficas


Abreu, F.O.M.S.; Oliveira, E.F.; Paula, H.C.B.; Paula, R.C.M. 2012. Chitosan/cashew gum nanogels for essential oil encapsulation. Carbohydrate Polymers 89: 1277-1282.

Addesso, K.M.; O`Neal, P.A.; Leahy, S.; Trotel, K.; Behle, R.W. 2018. Evaluation of a lignin-encapsulated nootkatone formulation against ***Tetranychus urticae*** (Acari: Tetranychidae). Florida Entomologist 101: 435-440.

Agapouda, A.; Booker, A.; Kiss, T.; Hohmann, J.; Heinrich, M.; Csupor, D. 2019. Quality control of ***Hypericum perforatum*** L. analytical challenges and recent progress. Journal of Pharmacy and Pharmacology 71: 15-37.

Benelli, G.; Canale, A.; Toniolo, C.; Higuchi, A.; Murugan, K.; Pavela, R.; Nicoletti, M. 2017. Neem (***Azadirachta indica***): Towards the ideal insecticide? Natural Products Research 31: 369-386.

Benelli, G.; Pavela, R.; Drenaggi, E.; Maggi, F. 2019. Insecticidal efficacy of the essential oil of jambú (***Acmella oleracea*** (L.) R.K. Jansen) cultivated in central Italy against filariasis mosquito vectors, houseflies and moth pests. Journal of Ethnopharmacology 229: 272-279.

Bezemer, T.M.; Jones, T.H. 1998. Plant-insect herbivore interactions in elevated atmospheric CO2: Quantitative analyses and guild effects. Oikos 82: 212-222.

Bezemer, T.M.; Wagenaar, R.; Van Dam, N.M.; Wäckers, F.L. 2003. Interactions between above- and belowground insect herbivores as mediated by the plant defense system. Oikos 101: 555-562.

Bezerra, J.W.A.; Rodrigues, F.C.; Costa, A.R.; Boligon, A.A.; Rocha, J.B.T.; Barros, L.M. 2017. Chemical-biological study of the essential oil of ***Lantana montevidensis*** (chumbinho) (Spreng.) Briq. (Verbenaceae) against ***Drosophila melanogaster***. Revista Cubana de Plantas Medicinales 22: 1-13.

Brownbridge, M.; Buitenhuis, R. 2019. Integration of microbial biopesticides in greenhouse floriculture: The Canadian experience. Journal of Invertebrate Pathology 165: 4-12.

Carrasco, D.; Lefèvre, T.; Moiroux, N.; Pennetier, C.; Chandre, F.; Cohuet, A. 2019. Behavioural adaptations of mosquito vectors to insecticide control. Current Opinion in Insect Science 34: 48-54.

Chaaban, A.; Martins, C.E.N.; Bretanha, L.C.; Micke, G.A.; Carrer, A.R.; Rosa, N.F.; Ferreira, L.; Molento, M.B. 2018. Insecticide activity of ***Baccharis dracunculifolia*** essential oil against ***Cochliomyia macellaria*** (Diptera: Calliphoridae). Natural Products Research 32: 2954-2958.

Chapin, F.S. 1991. Integrated responses of plants to stress: A centralized system of physiological responses. Bioscience 41: 29-36.

Chevrette, M.G.; Gutierrez-Garcıa, K.; Selem-Mojica, N.; Aguilar-Martınez, C.; Yanez-Olvera, A.; Ramos-Aboites, H.E.; Hoskisson, P.A.; Barona-Gomez, F. 2020. Evolutionary dynamics of natural product biosynthesis in bacteria. Natural Product Reports 37: 566-599.

Cole, M.B.; Augustin, M.A.; Robertson, M.J.; Manners, J.M. 2018. The science of food security. NPJ Science of Food 2: 14.

Collins, E.; Vaselli, N.M.; Sylla, M.; Beavogui, A.H.; Orsborne, J.; Lawrence, G.; Wiegand, R.E.; Irish, S.R.; Walker, T.; Messenger, L.A. 2019. The relationship between insecticide resistance, mosquito age and malaria prevalence in ***Anopheles gambiae*** sl from Guinea. Scientific Reports 9: e8846.

Costa, E.S.; Perlatti, B.; Silva, E.; Matos, A.P.; Silva, M.F.G.F.; Fernandes, J.B.; Zuin, V.G.; Silva, C.M.P.; Forim, M.R. 2017. Use of lignins from sugarcane bagasse for assembling microparticles loaded with ***Azadirachta indica*** extracts for use as neem-based organic insecticides. Journal of Brazilian Chemical Society 28: 126-135.

Dewick, P.M. 2009. Medicinal natural products: A biosynthetic approach: John Wiley & Sons, Chichester, England.

Embrapa. 2003. Empresa Brasileira de Pesquisa Agropecuária: Cultivo da Videira Niágara Rosada em regiões tropicais do Brasil. Disponível em: <https://sistemasdeproducao.cnptia.embrapa.br/FontesHTML/Uva/UvaNiagaraRosadaRegioesTropicais/praga.htm#topo>. Acesso em: 17 jun. 2019.

Fardisi, M.; Gondhalekar, A.D.; Ashbrook, A.R.; Scharf, M.E. 2019. Rapid evolutionary responses to insecticide resistance management interventions by the German cockroach (***Blattella germanica*** L.). Scientific Reports 9: e8292.

Fonte, P.; Reis, S.; Sarment, B. 2016. Facts and evidences on the lyophilization of polymeric nanoparticles for drug delivery. Journal of Controlled Release 225: 75-86.

Forim, M.R.; Matos, A.P.; Silva, M.F.G.F.; Cass, Q.B.; Vieira, P.C.; Fernandes, J.B. 2010. Uso de CLAE no controle de qualidade em produtos comerciais de nim: Reprodutibilidade da ação inseticida. Química Nova 33: 1082-1087.

Forim, M.R.; Silva, M.F.G.F.; Fernandes, J.B. 2012. Secondary metabolism as a measurement of efficacy of botanical extracts: The use of ***Azadirachta indica*** (neem) as a model. p.367-390. *In*: Perveen, F.K., ed. Insecticides - Advances in integrated pest management. In Tech, Rijeka, Croatia.

Forzza, R.C. 2010. Catálogo de plantas e fungos do Brasil. Andrea Jakobsson Estúdio, Instituto de Pesquisas Jardim Botânico do Rio de Janeiro, Rio de Janeiro, RJ, Brasil.

Franks, F. 2007. Freeze-drying of pharmaceuticals and biopharmaceuticals. RCS Publising, Cambridge, England.

Freire, G.F.; Leite, D.T.; Pereira, R.A.; Melo, B.A.; Silva, J.F.; Maracajá, P.B. 2016. Bioactivity of ***Solanum melongena*** L. and ***Capsicum annuum*** L. on ***Callosobruchus maculatus*** (Coleoptera: Bruchidae). Acta Biologica Colombiana 21: 123-130.

Gange, A.C.; West, H.M. 1994. Interactions between arbuscular mycorrhizal fungi and foliar-feeding insects in ***Plantago lanceolata*** L. New Phytologist 128: 79-87.

Gerage, J.M. 2016. Exposição aos resíduos de agrotóxicos por meio do consumo alimentar da população brasileira. Piracicaba, 102p. Dissertação (Mestrado) - Escola Superior de Agricultura "Luiz de Queiroz", Universidade de São Paulo.

Girardi, N.S.; Garcia, D.; Robledo, S.N.; Passone, M.A.; Nesci, A.; Etcheverry, M. 2016. Microencapsulation of ***Peumus boldus*** oil by complex coacervation to provide peanut seeds protection against fungal pathogens. Industrial Crops and Products 92: 93-101.

Gobbo-Neto, L.; Lopes, N.P. 2007. Medicinal plants: Factors of influence on the content of secondary metabolites. Química Nova 30: 374-381.

Golan, K.; Sempruch, C.; Górska-Drabik, E.; Czerniewicz, P.; Łagowska, B.; Kot, I.; Kmieć, K.; Magierowicz, K.; Leszczyński, B. 2017. Accumulation of amino acids and phenolic compounds in biochemical plant responses to feeding of two different herbivorous arthropod pests. Arthropod-Plant Interactions 11: 675-682.

González, J.W.; Yeguerman, C.; Marcovecchio, D.; Delrieux, C.; Ferreiro, A.; Fernández-Band, B. 2016. Evaluation of sublethal effects of polymer-based essential oils nanoformulation on the German cockroach. Ecotoxicology and Environmental Safety 130: 11-18.

Hanounik, S.B.; Osborne, W.W. 1977. The relationships between population density of ***Meloidogyne incognita*** and nicotine content of tobacco. Nematologica 23: 147-152.

Hartley, S.E.; Jones, C.G. 1996. Plant chemistry and herbivory, or why the world is green. p.284-324. *In*: Crawley, M.J., ed. Plant ecology. Blackwell Scientific, Oxford, England.

Haskell, R.J. 2006. Physical characterization of nanoparticles. p.103-138. *In*.: Gupta, R.B.; Kompella, U.B., eds. Nanoparticle technology for drug delivery. Drugs and the Pharmaceutical Sciences. Taylor & Francis Group, New York, USA.

Joye, I.J.; Julian, D. 2014. Current opinion in colloid & interface science biopolymer-based nanoparticles and microparticles: Fabrication, characterization, and application. Current Opinion in Colloid & Interface Science 19: 417-427.

Kah, M.; Weniger, A.K.; Hofmann, T. 2016. Impacts of (nano) formulations on the fate of an insecticide in soil and consequences for environmental exposure assessment. Environmental Science & Technology 50: 10960-10967.

Kim, Y.J.; Kim, Y.A.; Lee, Y.T.; Lee, H.S. 2007. Enzyme-linked immunosorbent assays for the insecticide fenitrothion. Influence of hapten conformation and sample matrix on assay performance. Analytica Chimica Acta 591: 183-190.

Klein, T.; Longhini, R.; Bruschi, M.L; Mello, J.C.P. 2015. Microparticles containing guaraná extract obtained by spray-drying technique: Development and characterization. Revista Brasileira de Farmacognosia 25: 292-300.

Koul, O. 2019. Nanobiopesticides: An introduction. p.1-15. *In*: Koul, O., ed. Nanobiopesticides today and future perspectives. Elsevier Inc., Amsterdam, The Netherlands.

Lang, K.; Corrêa, J.; Wolff, F.; Silva, G.F.; Malheiros, A.; Cechinel Filho, V.; Silva, R.M.L.; Quintão, N.L.M.; Sandjo, L.P.; Bonomini, T.J.; Bresolin, T.M.B. 2017. Biomonitored UHPLC-ESI-QTOF-MS2 and HPLC-UV thermostability study of the aerial parts of ***Sphagneticola trilobata*** (L.) Pruski, Asteraceae. Talanta 167: 302-309.

Länger, R.; Stöger, E.; Kubelka, W.; Helliwell, K. 2018. Quality standards for herbal drugs and herbal drug preparations - Appropriate or improvements necessary? Planta Medica 84: 350-360.

Li, J.; Li, C.; Smith, S.M.; Su, Y.; Xia, S.; Wang, R.; Xiao, L. 2017. Phytohormonal quantification based on biological principles. p.431-470. ***In***.: Li, J.; Li, C.; Smith, S.M., eds. Hormone metabolism and signaling in plants. Academic Press, London, England.

Liu, W.; Chen, X.D.; Selomulya, C. 2015. On the spray drying of uniform functional microparticles. Particuology 22: 1-12.

Lompart, M.; Garcia-Jares, C.; Celeiro, M.; Dagnac, T. 2019. Extraction microwave-assisted extraction. p.67-77. ***In***: Worsfold, P.; Poole, C.; Townshend, A.; Miró, M., eds. Encyclopedia of analytical science. Elsevier Inc., Amsterdam, The Netherlands.

López, A.; Castro, S.; Andina, M.J.; Ures, X.; Munguía, B.; Llabot, J.M.; Elder, H.; Dellacass, E.; Palma, S.; Domínguez, L. 2014. Insecticidal activity of microencapsulated ***Schinus molle*** essential oil. Industrial Crops and Products 53: 209-216.

Luz, L.E.C.; Kanunfre, C.C.; Paludo, K.S.; Justo, A.S.; Petry, V.K.; Lemes, B.M.; Barison, A.; Nepel, A.; Wang, M.; Avula, B.; Khan, I.A.; Beltrame, F.L. 2016. Cytotoxic biomonitored study of ***Euphorbia umbellata*** (Pax) Bruyns. Journal of Ethnopharmacology 183: 29-37.

Lv, Y.; Yang, F.; Li, X.; Zhang, X.; Abbas, S. 2014. Formation of heat-resistant nanocapsules of jasmine essential oil via gelatin/gum arabic based complex coacervation. Food Hydrocolloids 35: 305-314.

Maciel, M.V.; Morais, S.M.; Bevilaqua, C.M.L.; Silva, R.A.; Barros, R.S.; Sousa, R.N.; Sousa, L.C.; Machado, L.K.A.; Brito, E.S.; Souza-Neto, M.A. 2010. In vitro insecticidal activity of seed neem oil on ***Lutzomyia longipalpis*** (Diptera: Psychodidae). Revista Brasileira de Parasitologia Veterinária 19: 7-11.

McClements, D.J. 2012. Nanoemulsions versus microemulsions: Terminology, differences, and similarities. Soft Matter 8: 1719-1729.

Michalska, A.; Wojdyło, A.; Łysiak, G.P.; Figiel, A. 2017. Chemical composition and antioxidant properties of powders obtained from different plum juice formulations. International Journal of Molecular Sciences 18: e176.

Miller, J.R.; Cowles, R.S. 1990. Stimulo-deterrent diversionary cropping: A concept and its possible application to onion maggot control. Journal of Chemical Ecology 16: 3197-3212.

Miresmailli, S.; Isman, M.B. 2014. Botanical insecticides inspired by plant-herbivore chemical interactions. Trends in Plant Science 19: 29-35.

Mishra, P.; Tyagi, B.K.; Chandrasekaran, N.; Mukherjee, A. 2018. Biological nanopesticides: A greener approach towards the mosquito vector control. Environmental Science and Pollution Research 25: 10151-10163.

Mithöfer, A.; Boland, W. 2012. Plant defense against herbivores: Chemical aspects. Annual Review of Plant Biology 64: 431-450.

Morales, M.; Munné-Bosch, S. 2016. Oxidative stress: A master regulator of plant trade-offs? Trends in Plant Science 21: 996-999.

Mourdikoudis, S.; Pallares, R.M.; Thanh, N.T.K. 2018. Characterization techniques for nanoparticles: Comparison and complementarity upon studying nanoparticle properties. Nanoscale 10: 12871-12934.

Nafiu, M.O.; Hamid, A.A.; Muritala, H.F.; Adeyemi, S.B. 2017. Preparation, standardization, and quality control of medicinal plants in Africa. p.171-204. ***In***: Kuete, V., ed. Medicinal spices and vegetables from Africa: Therapeutic potential against metabolic, inflammatory, infectious and systemic diseases. Academic Press, Massachussets, USA.

Nascimento, L.; Melnyk, A. 2016. A química dos pesticidas no meio ambiente e na saúde. Revista Mangaio Acadêmico 1: 54-61.

Nuruzzaman, M.; Liu, Y.; Rahman, M.M.; Dharmarajan, R.; Duan, L.; Uddin, A.F.M.; Naidu, R. 2019. Nanobiopesticides: Composition and preparation methods. p.69-131. ***In***: Koul, O., ed. Nano-biopesticides today and future perspectives. Elsevier, Amsterdam, The Netherlands.

Obata, T.; Fernie, A.R. 2012. The use of metabolomics to dissect plant responses to abiotic stresses. Cellular and Molecular Life Sciences 69: 3225-3243.

Olivo, C.J.; Carvalho, N.M.; Silva, J.H.S.; Vogel, F.F.; Massariol, P.; Meinerz, G.; Agnolin, C.; Morel, A.F.; Viau, L.V. 2008. Óleo de citronela no controle do carrapato de bovinos. Ciência Rural 38: 406-410.

Ozkan, G.; Franco, P.; Marco, I.; Xiao, J.; Capanoglu, E. 2019. A review of microencapsulation methods for food antioxidants: Principles, advantages, drawbacks and applications. Food Chemistry 272: 494-506.

Pal, S.L.; Jana, U.; Manna, P.K.; Mohanta, G.P.; Manavalan, R. 2011. Nanoparticle: An overview of preparation and characterization. Journal of Applied Pharmaceutical Science 1: 228-234.

Papanikolaou, N.E.; Kalaitzaki, A.; Karamouna, F.; Michaelakis, A.; Papadimitriou, V.; Dourtoglou, V.; Papachristos, D.P. 2018. Nano-formulation enhances insecticidal activity of natural pyrethrins against ***Aphis gossypii*** (Hemiptera: Aphididae) and retains their harmless effect to non-target predators. Environmental Science and Pollution Research 25: 10243-10249.

Pereira, K.C.; Quintela, E.D.; Silva, D.J.; Nascimento, V.A.; Rocha, D.V.M.; Arruda, J.F.; Forim, M.R.; Silva, F.G.; Cazal, C.M. 2018. Characterization of nanospheres containing ***Zanthoxylum riedelianum*** fruit essential oil and their insecticidal and deterrent activities against ***Bemisia tabaci*** (Hemiptera: Aleyrodidae). Molecules 23: e2052.

Perlatti, B.; Bergo, P.L.S.; Silva, M.F.G.F.; Fernandes, J.B.; Forim, M.R. 2013. Polymeric nanoparticle-based insecticides: A controlled release purpose for agrochemicals. p.523-550. ***In***: Trdan, S., ed. Insecticides - Development of safer and more effective technologies. IntechOpen, London, England.

Pfennig, A.; Delinski, D.; Johannisbauer, W.; Josten, H. 2011. Extraction technology. p.181-220. ***In***: Bart, H.J.; Pilz, S., eds. Industrial scale natural products extraction. John Wiley & Sons, Weinheim, Germany.

Pickett, J.A.; Woodcock, C.M.; Midega, C.A.O.; Khan, Z.R. 2014. Push-pull farming systems. Current Opinion Biotechnology 26: 125-132.

Potters, G.; Pasternak, T.P.; Guisez, Y.; Jansen, M.A.K. 2009. Different stresses, similar morphogenic responses: Integrating a plethora of pathways. Plant, Cell & Environment 32: 158-169.

Preedy, V.R.; Stratakos, A.C.; Koidis, A. 2016. Methods for extracting essential oils. p.31-38. ***In***: Preedy, V.R., ed. Essential oils in food preservation, flavor and safety. Academic Press, San Diego, USA.

Rai, A.; Saito, K.; Yamazaki, M. 2017. Integrated omics analysis of specialized metabolism in medicinal plants. The Plant Journal 90: 764-787.

Ribeiro, L.P.; Ansante, T.F.; Niculau, E.S.; Pavarini, R.; Silva, M.F.G.F.; Seffrin, R.C.; Vendramim, J.D. 2015. ***Pimenta pseudocaryophyllus*** derivatives: Extraction methods and bioactivity against ***Sitophilus zeamais*** Motschulsky (Coleoptera: Curculionidae). Neotropical Entomology 44: 634-642.

Rivera-Mondragón, A.; Ortíz, O.O.; Bijttebier, S.; Vlietinck, A.; Apers, S.; Pieters, L.; Caballero-George, C. 2017. Selection of chemical markers for the quality control of medicinal plants of the genus ***Cecropia***. Pharmaceutical Biology 55: 1500-1512.

Sagiri, S.S.; Anis, A.; Pal, K. 2016. Review on encapsulation of vegetable oils: Strategies, preparation methods, and applications. Polymer - Plastics Technology and Engineering 55: 291-311.

Sarwar, M. 2015. Commonly available commercial insecticide formulations and their applications in the field. International Journal of Materials Chemistry and Physics 1: 116-123.

Sasidharan, S.; Chen, Y.; Saravanan, D.; Sundram, K.M.; Yoga Latha, L. 2011. Extraction, isolation and characterization of bioactive compounds from plants' extracts. African Journal of Traditional, Complementary and Alternative Medicines 8: 1-10.

Shao, H.; Xi, N.; Zhang, Y. 2018. Microemulsion formulation of a new biopesticide to control the diamondback moth (Lepidoptera: Plutellidae). Scientific Reports 8: e10565.

Singh, A.P.; Biswas, A.; Shukla, A.; Maiti, P. 2019. Targeted therapy in chronic diseases using nanomaterial-based drug delivery vehicles. Signal Transduction and Targeted Therapy 4: e33.

Taniguchi, N. 1974. On the basic concept of nano-technology. ***In***: International Conference on Production Engineering, 1974. Proceedings. Japan Society of Precision Engineering, Tokyo, Japan.

Tietbohl, L.A.C.; Mello, C.B.; Silva, L.R.; Dolabella, I.B.; Franco, T.C.; Enríquez, J.J.S.; Santos, M.G.; Fernandes, C.P.; Machado, F.P.; Mexas, R.; Azambuja, P.; Araújo, H.P.; Moura, W.; Ratcliffe, N.A.; Feder, D.; Rocha, L.; Gonzalez, M.S. 2019. Green insecticide against Chagas disease: Effects of essential oil from ***Myrciaria floribunda*** (Myrtaceae) on the development of ***Rhodnius prolixus*** nymphs. Journal of Essential Oil Research 32: 1-11.

Timilsina, R.; Kim, J.H.; Nam, H.G.; Woo, H.R. 2019. Temporal changes in cell division rate and genotoxic stress tolerance in quiescent center cells of ***Arabidopsis*** primary root apical meristem. Scientific Reports 9: e3599.

Tomé, H.V.V.; Martins, J.C.; Corrêa, A.S.; Galdino, T.V.S.; Picanço, M.C.; Guedes, R.N.C. 2013. Azadirachtin avoidance by larvae and adult females of the tomato leafminer ***Tuta absoluta***. Crop Protection 46: 63-69.

Villalobos, E.M.C. 2010. Formação de emulsão no escoamento bifásico de óleo e água através de orifícios. Rio de Janeiro, 102p. Dissertação (Mestrado) - Pontifícia Universidade Católica do Rio de Janeiro.

Yin, K.; Deng, Y.; Liu, C.; He, Q.; Wei, Y.; Chen, S.; Liu, T.; Luo, S. 2018. Kinetics, pathways and toxicity evaluation of neonicotinoid insecticides degradation via UV/chlorine process. Chemical Engineering Journal 346: 298-306.

Zhang, Y.; Chen, W.; Jing, M.; Liu, S.; Ma, Z. 2019. Self-assembled mixed micelle loaded with natural pyrethrins as an intelligent nano-insecticide with a novel temperature-responsive release mode. Chemical Engineering Journal 361: 1381-1391.

Ziaee, M.; Moharramipour, S.; Mohsenifar, A. 2014. Toxicity of ***Carum copticum*** essential oil-loaded nanogel against ***Sitophilus granarius*** and ***Tribolium confusum***. Journal of Applied Entomology 138: 763-771.